Herbert Bruderer

Meilensteine der Rechentechnik

Weitere empfehlenswerte Titel

Meilensteine der Rechentechnik, Band 1
Bruderer, Herbert, 2020
ISBN 978-3-11-066933-6, e-ISBN 978-3-11-066966-4,
e-ISBN (EPUB) 978-3-11-066972-5, Set-ISBN 978-3-11-070295-8

Grundlagen der Informatik
Gumm, Heinz-Peter / Sommer, Manfred
SET-ISBN 978-3-11-067389-0

Band 1: Programmierung, Algorithmen und Datenstrukturen
ISBN 978-3-11-044227-4, e-ISBN 978-3-11-044226-7,
e-ISBN (EPUB) 978-3-11-044231-1

Band 2: Rechnerarchitektur, Betriebssysteme, Rechnernetze
ISBN 978-3-11-044235-9, e-ISBN 978-3-11-044236-6,
e-ISBN (EPUB) 978-3-11-043442-2

Band 3: Formale Sprachen, Compilerbau, Berechenbarkeit und Komplexität
ISBN 978-3-11-044238-0, e-ISBN 978-3-11-044239-7,
e-ISBN (EPUB) 978-3-11-043405-7

Analog and Hybrid Computer Programming
Ulmann, Bernd, 2020
ISBN 978-3-11-066207-8, e-ISBN 978-3-11-066220-7,
e-ISBN (EPUB) 978-3-11-066224-5

Maschinelles Lernen
Alpaydin, Ethem, 2019
ISBN 978-3-11-061788-7, e-ISBN 978-3-11-061789-4,
e-ISBN (EPUB) 978-3-11-061794-8

Herbert Bruderer

Meilensteine der Rechentechnik

Band 2:
Erfindung des Computers, Rechnerbau in Europa, weltweite Entwicklungen, zweisprachiges Fachwörterbuch, Bibliografie

3., völlig neu bearbeitete und stark erweiterte Auflage

DE GRUYTER
OLDENBOURG

Autor
Herbert Bruderer
Seehaldenstraße 26
Postfach 47
CH-9401 Rorschach
Schweiz
Telefon +41 71 855 77 11
herbert.bruderer@bluewin.ch
bruderer@retired.ethz.ch

ISBN 978-3-11-066962-6
e-ISBN (PDF) 978-3-11-066967-1
e-ISBN (EPUB) 978-3-11-066973-2
Set-ISBN 978-3-11-070295-8

Library of Congress Control Number: 2020936586

Bibliografische Information der Deutschen Nationalbibliothek
Die Deutsche Nationalbibliothek verzeichnet diese Publikation in der Deutschen Nationalbibliografie; detaillierte bibliografische Daten sind im Internet über http://dnb.dnb.de abrufbar.

Umschlagabbildung: Elektronischer Röhrenrechner Edsac 1, Nachbau,

Druck und Bindung: CPI books GmbH, Leck

www.degruyter.com

Vorwort

Wie aus dem Titel des Buchs hervorgeht, werden in dieser Schrift *ausgewählte Meisterwerke* der Rechentechnik und verwandter Gebiete vorgestellt. Es geht um Beiträge *zur* Geschichte der Mathematik, um Aufsätze *aus* der Geschichte der Informatik. Ziel ist also nicht eine lückenlose Darstellung der historischen Entwicklung. Im Mittelpunkt stehen die *technischen* Errungenschaften, nicht aber ihre Auswirkungen auf Wirtschaft und Gesellschaft. Es wurden zudem keine Lebensläufe aufgenommen. Die Geschichte der Mathematik und der Informatik ist eine *kulturgeschichtliche Zeitreise*, eine Reise in die Vergangenheit.

Zwei Bände

Wegen des Umfangs erscheint dieses Werk in zwei Bänden. Einige ausgewählte Schlagworte zum jeweiligen Inhalt:

Band 1

Schwerpunkt: Grundlagen, Mechanische Rechengeräte und Automaten

- Grundlagen (mechanische und elektronische Rechner, digitaler Wandel)
- weltweite Übersicht über frühe Digitalrechner
- Entwicklung der Rechenkunst
- mechanische Rechenmaschinen
- Einteilung der Rechenhilfsmittel
- Museen und ihre Sammlungen
- Berühmte Nachbauten (Babbage, Pascal, Leibniz, Hollerith)
- Rechenschieber (Rechenstab, Rechenscheibe, Rechenwalze, Rechenuhr)
- römischer Handabakus
- historische Automaten und Roboter (Figurenautomaten, Musikautomaten, Leonardo da Vincis Roboter)
- Automatenuhren
- wissenschaftliche Instrumente (Mathematik, Astronomie, Vermessung, Zeitmessung)
- Zeittafeln
- Technik-, Wirtschafts-, Sozial- und Kulturgeschichte
- Schritt-für-Schritt-Anleitungen.

Band 2

Schwerpunkt: Elektronische Rechengeräte, Wörterbuch und Bibliografie

- Erfindung des Computers (Babbage, Turing, Zuse, von Neumann)
- Entwicklung in Deutschland (Zuse, Telefunken, Siemens)
- Entwicklung in Großbritannien (Enigma, Turing-Welchman-Bombe, Colossus, Bletchley Park)
- Entwicklung in der Schweiz (Zuse Z4, Ermeth)
- Originaldokumente zur Zuse Z4 und zur Ermeth

https://doi.org/10.1515/9783110669671-201

- Weltweite Entwicklung der Rechentechnik
- Fachwortverzeichnis Deutsch-Englisch
- Fachwortverzeichnis Englisch-Deutsch
- Weltweite Bibliografie.

Es gibt Mischformen zwischen Analog- und Digitalrechnern. Die Nutzung mechanischer und elektronischer Rechenmaschinen überschneidet sich. Daher ist die Grenze zwischen den beiden Bänden unscharf. Das Kapitel „Grundlagen" deckt beispielsweise ältere und neuere Rechengeräte ab. Das deutsch-englische und das englisch-deutsche Fachwortverzeichnis und die Bibliografie enthalten Einträge für die gesamte Geschichte der Rechentechnik. Die 20 Schritt-für-Schritt-Anleitungen (mit dem römischem Handabakus und dem Pantografen) beziehen sich auf analoge und digitale Rechengeräte.

Das Buch in Zahlen

Die beiden Bände umfassen zusammen rund 2000 Seiten und haben über 150 Tabellen und mehr als 700 Abbildungen. Die beiden Fachwörterbücher Deutsch-Englisch und Englisch-Deutsch zählen je weit über 5000 Einträge. Die Bibliografie enthält mehr als 6000 Schriften.

Was ist neu?

Im Vergleich zur preisgekrönten ersten Auflage wurde die zweite Ausgabe von Grund auf überarbeitet und stark erweitert. Für die englische Fassung wurde das ganze Werk neu bearbeitet und ergänzt, Fehler wurden berichtigt. Hier die wichtigsten Änderungen der zweiten und dritten Auflage:

- neue Funde: Mehrfach-Curta (kleinster mechanischer Parallelrechner der Welt), webersche Rechenscheibe und Scheibenaddierer Summus,
- zusätzliche Schritt-für-Schritt-Gebrauchsanweisungen für besonders lehrreiche mechanische Rechengeräte: Millionär, Madas, Simex, Summus, Brunsviga, Original-Odhner,
- stark erweiterte weltweite Übersicht über die in den bedeutendsten Museen vorhandenen Bestände an wertvollen historischen Objekten,
- rund 280 neue Abbildungen (im Vergleich zur zweiten Auflage) von seltenen analogen und digitalen Rechenhilfsmitteln und weiteren wissenschaftlichen Instrumenten (vor allem aus der Zeitmessung und der Astronomie), bedeutenden Figuren- und Musikautomaten, römischen Kugelrechnern, Leonardos Robotern sowie berühmten Nachbauten von Rechenmaschinen
- vertiefte Erläuterung zum Jahrhundertfund des Räderwerks von Antikythera (weltweit erste bekannte astronomische Rechenmaschine), verbunden mit einer Umfrage unter den international führenden Forscherinnen und Forschern,
- rund 50 neue Tabellen (im Vergleich zur zweiten Auflage) zu unterschiedlichen Themen,

- umfangreiches Fachwortverzeichnis Deutsch-Englisch und Englisch-Deutsch zur Geschichte der Rechentechnik und angrenzenden Bereichen mit je über 5000 Einträgen,
- stark erweiterte und nachgeführte Bibliografie mit über 6000 Einträgen, zusätzlich mit ausgewählten Veröffentlichungen zu Rechenmeistern, zur Technikgeschichte, Naturwissenschaftsgeschichte sowie zur Geschichte von Astronomie, Vermessung, Uhren und Automaten, ferner zum digitalen Wandel,
- allgemein stärkere Berücksichtigung von verwandten Gebieten, u.a. wissenschaftliche Instrumente (Mathematik, Himmelskunde, Vermessung, Zeitmessung), Schreibmaschinen, lochbandgesteuerte Webstühle und Automaten: Figurenautomaten (Androiden und Tierfiguren), Musikautomaten (mechanische Musikinstrumente), Bilderuhren, Automatenuhren, Schach-, Schreib- und Zeichenautomaten sowie historische Roboter,
- Auseinandersetzung mit Grundfragen zur Naturwissenschafts- und Technikgeschichte sowie mit der Erhaltung des technischen Kulturerbes,
- zusätzliche Begriffsbestimmungen wie Algorithmus, Logarithmus, numerisches und grafisches Rechnen,
- zahlreiche neue Begriffserklärungen zu mechanischen Rechenmaschinen, Buchungsmaschinen und Lochkartenmaschinen,
- ergänzende Darstellung zum Gegensatz zwischen analog und digital,
- Angaben zur Entstehung des Dualsystems vor Leibniz,
- Übersicht zu aktuellen Entwicklungen wie Digitalisierung, digitaler Wandel, künstliche Intelligenz, maschinelles Lernen, industrielle Revolutionen, Robotik, Drohnen, soziale Netze, Internethandel, Schutz der Privatsphäre, Dateneigentum,
- Hinweise zu DNA- und Quantenrechnern,
- ausführliche Erläuterung von Streitfragen: Ada Lovelace (angeblich erste Programmiererin), Alan Turing (Universalrechner, Speicherprogramm, Einfluss auf den Rechnerbau), Thales von Milet (Messung der Pyramidenhöhe, Strahlensatz), Heron von Alexandria (Erfindung des Pantografen), Anfänge der künstlichen Intelligenz (internationale Rechenmaschinenkonferenz 1951 in Paris),
- weitere Schriftstücke zur ersten Weltausstellung 1851 in London,
- Auswertung von Messekatalogen (u.a. Mustermesse Basel, Bürofachmesse Zürich) und kaufmännischen Zeitschriften,
- Altersbestimmung von schweizerischen Rechenmitteln anhand von Messekatalogen und Handelsregistereinträgen,
- Datierung der weltberühmten Einmaleinskörperrechenmaschine „Millionär“ aufgrund der Seriennummern (dank neuer Funde von Dokumenten der Herstellerfirma, verbunden mit einer weltweiten Umfrage bei Museen, Sammlern, Vermessungsämtern usw.),
- Gedanken zum Eigenbau analoger Geräte (Pantograf, Proportionalwinkel, Reduktionszirkel),
- sehr ausführliches Personen-, Orts- und Sachverzeichnis.

Ausgewählte Marksteine

In diesem Werk werden einige aufsehenerregende Leuchttürme und überraschende Funde vorgestellt:

- erste (mechanische) astronomische Rechenmaschine der Welt,
- größte und genaueste gewerbliche Rechenwalzen der Welt,
- erste (wirtschaftlich) erfolgreiche Rechenmaschine der Welt,
- älteste erhaltene Tastenaddiermaschine der Welt,
- erster (mechanischer) „Prozessrechner" der Welt,
- kleinste mechanische Rechenmaschine der Welt,
- kleinster mechanischer Parallelrechner der Welt.

Weltweite Übersichten

Diese Abhandlung enthält zahlreiche weltweite Übersichten, etwa über die ersten (elektromechanischen) Relais- und (elektronischen) Röhrenrechner, die Pionierinnen und Pioniere der Rechentechnik und ihre Erfindungen sowie zu Museumsbeständen. Sie vermittelt ferner einen Überblick über die mechanischen Rechenmaschinen der Schweiz. Das erleichtert in Verbindung mit dem ausführlichen Personen-, Orts- und Sachverzeichnis die Verwendung als *Nachschlagewerk*.

Schritt-für-Schritt-Anweisungen

Die in Geschichtsbüchern eher unüblichen Bedienungsanleitungen für historische Analog- und Digitalrechner sollen den *Nutzwert* dieser Schrift erhöhen. Sie machen deutlich, wie umständlich das Rechnen einst war.

Erhaltung des technischen Kulturerbes

Vielleicht gelingt es mit dem vorliegenden Buch, die Leserinnen und Leser für das technische Kulturerbe zu begeistern und für die Erhaltung solcher Schätze zu gewinnen. Vielleicht vermag dieser Veröffentlichung einige herausragende Errungenschaften der Rechentechnik der Vergessenheit zu entreißen. Schön wäre, wenn es Jugendliche zu einer technischen Ausbildung anregt und so den Nachwuchsmangel etwas mildert. Ein weiteres wichtiges Anliegen ist die Förderung der Technikgeschichte.

Digitaler Wandel

Wegweisende Erfindungen wie das Rad, die Dampfmaschine, der Buchdruck, der Stromgenerator, die Zahl 0, der Computer, der Transistor, das Internet, das World Wide Web und der Roboter haben zu einer tiefgreifenden Umgestaltung der Welt geführt. Dem Wechsel von der *Mechanik* zur *Elektronik* sind viele Unternehmen zum Opfer gefallen. Sie hatten die Zeichen der Zeit nicht erkannt und die Entwicklung verschlafen. Eine ähnliche, schnelle Umwälzung lässt sich auch beim Übergang von der *Analogtechnik* zur *Digitaltechnik* feststellen. In diesem Zusammenhang sind ebenfalls viele Betriebe untergegangen. Der Aufschwung des weltumspannenden Internets hat einschneidende, vielfältige und schwer abschätzbare Auswirkungen auf Politik,

Gesellschaft, Wirtschaft, Technik und Wissenschaft. Die allgegenwärtige Informatik durchdringt fast alle Lebensbereiche. Der derzeitige digitale Wandel wird oft als vierte industrielle Revolution bezeichnet.

Vor 50 Jahren hat niemand diesen grundlegenden technischen Umbruch erahnt. Die unaufhaltsamen Veränderungen überfordern viele Menschen. Wer erinnert sich heute noch daran, wie beschwerlich der Umgang mit Rechenstab und Logarithmentafel und mit der Schreibmaschine war? Wie wird die Welt in 50 Jahren aussehen? Werden unsere elektronischen Dokumente dann noch lesbar sein? Wie hoch ist die Lebensdauer von digitalen Nachschlagewerken oder etwa von Webseiten? Bücher und Zeitschriften überdauern Jahrhunderte. – Zur Erinnerung: Albert Einstein hat seine bahnbrechenden Erkenntnisse mit Papier und Bleistift gewonnen, ohne elektronische Hilfsmittel.

Zur Entstehung dieses Buchs

Bei der Arbeit für dieses mit einem ungeheuren Aufwand verbundene Werk habe ich neben vielen positiven auch negative Erfahrungen gemacht.

Hindernisse

Die vieljährigen – ausschließlich ehrenamtlichen – Nachforschungen wurden durch den Umstand erschwert, dass die Bereitschaft zur Unterstützung leider häufig dürftig war, manchmal verursacht durch engstirnigen Futterneid. Die Arbeit wurde zuweilen gar bewusst behindert.

Was für bedeutsame historische Rechengeräte sind an bestimmten Orten vorhanden? Die maßgeblichen Museen wurden gebeten, die Listen auf Richtigkeit und Vollständigkeit zu überprüfen. Leider blieben manche (wiederholte) Anfragen unbeantwortet. Eine große Zurückhaltung war auch bei der Lieferung von schwer zugänglichen Schriftstücken festzustellen.

Weitere Hürden traten bei der Eintragung des Werks in Wikipedia auf.

Diebstahl geistigen Eigentums

Deckt man einen Diebstahl geistigen Eigentums oder eine Fälschung auf, wird oft nicht der Täter, sondern das Opfer bestraft. Fast noch schlimmer als die Fehlleistungen ist das Verhalten der Beteiligten, wenn der Schwindel auffliegt: von eisernem Schweigen bis zur Einschüchterung mit der Androhung rechtlicher Schritte. Statt Plagiate und Fälschungen vom Markt zu nehmen, werden sie tatkräftig weiter verkauft.

Fremde Werke werden allzu oft totgeschwiegen, um den Wettbewerb auszuschalten.

Beschaffung von hochwertigen Bildern

Die Beschaffung von hoch auflösenden Bildern historischer Rechenhilfsmittel war äußerst zeitraubend und teilweise sehr teuer. Zunächst galt es, die Ansprechpartnerinnen und -partner ausfindig zu machen. In manchen Fällen musste ich zunächst ein Konto bei der entsprechenden Bilddatenbank eröffnen und die Sammlungen stundenlang durchsehen. Für den Bezug und die Nutzung der Aufnahmen sind überdies jeweils Verträge zu schließen, die man in Einzelfällen nur mit der Briefpost zustellen darf.

Viele Museen fordern selbst für wissenschaftliche Werke, die erfahrungsgemäß bloß kleine Auflagen erreichen, abschreckend hohe Gebühren. Eine einzige Aufnahme kostet, außer einem oder mehreren Belegexemplaren, nicht selten mehr als ein 1000-seitiges Buch. Dies obwohl man für die betreffende Institution grenzüberschreitend kostenfrei Werbung macht. Aus finanziellen Gründen wurde in mehreren Fällen auf Abbildungen verzichtet. Mitunter werden Fotos wie Staatsgeheimnisse gehütet.

Aus urheberrechtlichen und qualitativen Gründen wurden *keine Illustrationen aus dem Internet* bezogen. In einem einzigen Fall, bei der Aufnahme vom Wettspiel zwischen dem amerikanischen Kybernetiker Norbert Wiener und dem Schachautomaten des Spaniers Leonardo Torres Quevedo (1951), ist unbekannt, wem das Urheberrecht zusteht. Hier handelt es sich wohl um eine Pressefotografie. Die Bilder wurden aus den folgenden Ländern bezogen: Australien, Belgien, China, Deutschland, Frankreich, Griechenland, Großbritannien, Italien, Kanada, Liechtenstein, Niederlande, Österreich, Schweden, Schweiz, Spanien und USA.

Keine finanziellen Zuwendungen
Die gesamte Arbeit wurde ausschließlich vom Verfasser finanziert. Es standen keinerlei Drittmittel zur Verfügung. Somit bestehen auch keine Verpflichtungen und Abhängigkeiten. Die Arbeit entstand im Alleingang.

Kunterbunte Mischung
Dieses Werk ist eine praxisbezogene Mischung aus Geschichtsbuch, Informatikbuch, Lehrbuch, Museumsführer, Gebrauchsanleitung, Wörterbuch, Bibliografie und Nachschlagewerk. Es werden manche Glanzleistungen vorgestellt, Streitfragen angeschnitten und Schwerpunkte gesetzt. Digital- wie auch Analogrechner sind berücksichtigt. Einbezogen werden auch kunstvolle Automaten. Dieser Aufbau mag verständlicherweise etwas verwirren. Es ist natürlich nicht einfach, eine solche Vielfalt unter einen Hut zu bringen. Man kann der Schrift ankreiden, dass sie „weder Fisch noch Vogel" ist, dass sich der rote Faden nicht immer auf Anhieb erkennen lässt.

Ergänzungen und Verbesserungen
Soweit möglich wurden alle Aussagen anhand der Urschriften auf ihre Richtigkeit überprüft. Trotz großer Sorgfalt lassen sich Irrtümer leider nicht ausschließen. Der Verfasser ist dankbar für Verbesserungsvorschläge – Hinweise auf Fehler sowie Ergänzungen.

Suche von Gegenständen und Schriftstücken
Ich freue mich über Hinweise zu seltenen und unbekannten historischen Rechengeräten – mechanische Rechenmaschinen, Rechenschieber aller Art – und zu unbekannten Dokumenten.

Englische Ausgabe
Die langwierige internationale Suche nach Geldgebern für die umfangreiche Übersetzung ins Englische blieb ohne Erfolg. Daher übernahm der Verfasser die Kosten für die Übertragung. Sehr zeitraubend war es überdies, geeignete muttersprachliche Übersetzerinnen und Übersetzer zu finden. Die Ermittlungen wurden vor allem in Nordamerika, Großbritannien, Deutschland und der Schweiz durchgeführt. Besonders hilfreich war dabei die Datenbank des deutschen Bundesverbandes der Dolmetscher und Übersetzer. Schließlich ergab sich eine gute Lösung.

Es ist nicht selbstverständlich, dass sich ein Verlag bereit erklärt, ein so großes, durchgehend vierfarbiges Werk zu veröffentlichen.

Umweltschutz
Obwohl weltumspannende Untersuchungen durchgeführt wurden, war für das Werk kein einziger Flug erforderlich. Für alle In- und Auslandreisen zu europäischen Museen, Bibliotheken, Archiven, Tagungen usw. wurde der öffentliche Verkehr (Bahn und Bus) benutzt.

Hervorhebung
Durch Kursivschrift werden gewisse Textstellen hervorgehoben.

Herbert Bruderer — August 2020

Bruderer Informatik, Seehaldenstraße 26, Postfach 47, CH-9401 Rorschach, Schweiz,
Telefon +41 71 855 77 11,
elektronische Post: herbert.bruderer@bluewin.ch und bruderer@retired.ethz.ch.
http://orcid.org/0000-0001-9862-1910

Danksagung

An der Entstehung dieses Buchs waren unzählige Personen beteiligt. Ohne ihre liebenswürdige Hilfe wäre dieses Werk nicht zustande gekommen. Allen, die mich während der rund zehnjährigen Arbeit unterstützt haben, ein herzliches Dankeschön! Ich möchte, von wenigen Ausnahmen abgesehen, auf eine namentliche Erwähnung verzichten. Denn die Gefahr wäre zu groß, dass manche Mitwirkende vergessen gingen.

Bibliotheken

An erster Stelle möchte ich die Bibliothek der Eidgenössischen Technischen Hochschule Zürich (ETH Zürich) nennen. Ich bin den Mitarbeiterinnen und Mitarbeitern der verschiedenen Bereiche wie Ausleihe, Fernleihe, alte und seltene Drucke, Hochschularchiv, Bildarchiv, Sammlung Sternwarte, Publikationsplattform Research collection zu großem Dank verpflichtet. Beatrice Ackermann, Ursula Albrecht, Manuela Christen, Aristidis Harissiadis und Patricia Robertson haben für mich unzählige, oft schwer zugängliche Schriften im In- und Ausland beschafft.

Museen und Archive

Unzählige technische, naturwissenschaftliche und historische Museen aus vielen Ländern haben bei den Nachforschungen mitgewirkt. Von manchen privaten und öffentlichen Archiven habe ich wertvolle Auskünfte erhalten.

Voll funktionsfähige prachtvolle Androiden aus dem 18. Jahrhundert

Die drei erstmals 1774 vorgestellten Figurenautomaten der Jaquet-Droz, die „Musikerin", der „Schriftsteller" und der „Zeichner" gelten als die weltweit schönsten und ausgereiftesten Androiden. Sie stehen im Musée d'art et d'histoire in Neuenburg. Im Zusammenhang mit einem Film für die amerikanische Zeitschrift „Communications of the ACM" hat Thierry Amstutz uns die mechanischen Wunderwerke vorgeführt.

Bereitstellung mechanischer Rechenmaschinen und Rechenwalzen

Einige Sammler förderten die Erhebungen durch die Bereitstellung historisch bedeutender analoger und digitaler Geräte: Heiri Hefti, Fritz Menzi, Niklaus Ragaz und Urs Rüfenacht.

Wissenschaftliche Zeitschriften und Tagungsbände

Die Ergebnisse der zeitraubenden Bemühungen haben international Anklang gefunden, nicht zuletzt durch die Veröffentlichungen im Flaggschiffmagazin der Association for Computing Machinery (ACM), New York. Eine besondere Anerkennung gebührt der Redaktion der auflagenstarken Communications of the ACM (Moshe Y. Vardi, Andrew A. Chien, Diane Crawford, Andrew Rosenbloom, David Roman und

https://doi.org/10.1515/9783110669671-202

Lawrence Fisher). Die ACM vergibt den Turingpreis, der als Nobelpreis für Informatik gilt.

Weitere Aufsätze (Vorträge in London und New York) sind in den Tagungsbänden der International Federation for Information Processing (Ifip, Laxenburg, Österreich) erschienen, der weltumspannenden Dachorganisation der nationalen wissenschaftlichen Informatikgesellschaften.

Zu erwähnen sind ferner die IEEE Annals of the History of Computing (New York), die führende Zeitschrift für Informatikgeschichte, ferner das Journal of the Oughtred Society (Kalifornien), der CBI Newsletter (Charles Babbage Institute, Universität von Minnesota, Minneapolis) und Resurrection, das Mitteilungsblatt der britischen Computer Conservation Society (London).

Abbildungen

Viele Institutionen haben mir verdienstvollerweise hoch auflösende Schwarzweiß- und Farbfotos von geschichtsträchtigen Geräten, Maschinen und Dokumenten zur Verfügung gestellt und die Abdruckbewilligung erteilt. Nähere Angaben sind jeweils bei den einzelnen Abbildungen zu finden.

Preisgekröntes Buch

Die Oughtred Society hat die 1. Auflage dieses Werks im Jahr 2016 ausgezeichnet. Diese in den USA ansässige internationale Vereinigung befasst sich mit der Geschichte des Rechenschiebers und weiterer mathematischer Instrumente. Der Brite William Oughtred hat den Rechenschieber erfunden.

Buchbesprechungen

Hervorragende Buchbesprechungen zur 1. Auflage sind Thomas Sonar (Technische Universität Braunschweig), Steven Deckelman (Universität Wisconsin Stout, Menomonie, Wisconsin), Rainer Gebhardt (Adam-Ries-Bund, Annaberg-Buchholz) und Maik Schmidt sowie Peter Schmitz (Magazin für Computertechnik c't, Hannover) zu verdanken. Sie sind u.a. bei der Mathematical Association of America und in den Mathematischen Semesterberichten (Springer-Verlag) erschienen und wurden vom Newsletter der European Mathematical Society sowie von der Deutschen Mathematiker-Vereinigung übernommen.

Der Verlag

Eine besondere Anerkennung für die Betreuung und Herausgabe dieses Buchs gilt schließlich allen am Buch beteiligten Mitarbeiterinnen und Mitarbeitern des Verlags De Gruyter, Berlin.

Inhalt

1 Wer hat den Computer erfunden?

Zusammenfassung: Zunächst geht es im Kapitel „Wer hat den Computer erfunden?“ um die Klärung von Begriffen wie Algorithmus, Compiler, Computer, Turingmaschine, Universalrechner, selbstveränderliches Programm, Speicherprogramm und Von-Neumann-Rechner. Erörtert werden ferner manche Streitfragen: Wer hat wann und wo den Von-Neumann-Rechner, den Computer und den Compiler erfunden? Von wem stammen das Speicherprogramm und die automatische Programmierung? Wie groß war Turings Einfluss auf den Rechnerbau? War Ada Lovelace wirklich die erste Programmiererin? Welches waren die maßgeblichen frühen Veröffentlichungen zum Rechnerbau und zur Programmierung? Was für Pionierinnen und Pioniere stecken hinter den Errungenschaften? Der Computer hatte zahlreiche Schöpfer in mehreren Ländern und auch zahlreiche Vorläufer. Beim Rechnerbau kam es natürlich auch zu Misserfolgen. Manche messen der Priorität, z.B. beim speicherprogrammierten Rechner, eine hohe Bedeutung zu. Eine Zusammenstellung zählt frühe Relais- und Röhrenrechner in Europa und den USA sowie ihre Nachfolgemaschinen auf. Zur Sprache kommen einflussreiche Rechenautomaten. Ferner werden die ersten marktfähigen Computer vorgestellt. Erwähnt werden auch aufkommende europäische und US-amerikanische Transistorrechner. Eine Zeittafel gibt Auskunft über frühe mechanische und elektronische Digitalrechner aus den Vereinigten Staaten, Australien und Europa. Eine Liste ausgewählter Jubiläen zur Geschichte der Rechentechnik rundet das Kapitel ab.

Schlüsselwörter: ABC, Algorithmus, automatische Programmierung, Charles Babbage, Compiler, Presper Eckert, Eniac, Erfindung des Computers, Kurt Gödel, Harvard Mark, Ada Lovelace, John Mauchly, Priorität, Speicherprogramm, Alan Turing, Turingmaschine, Univac, Universalrechner, John von Neumann, Von-Neumann-Rechner, Konrad Zuse

1.1 Vorbemerkungen

In den 1930er Jahren beginnen Konrad Zuse (Deutschland) sowie Howard Aiken, George Stibitz und John Atanasoff (USA) mit dem Bau digitaler Relais- und Röhrenrechner. Alan Turing (England) macht sich Gedanken zu einer universellen Turingmaschine. Brauchbare Geräte erscheinen ab den 1940er Jahren. Der Ausdruck „Computer“ im heutigen Sinn war noch nicht geläufig, Computer waren damals rechnende Menschen.

Wer hat nun was wann erfunden? Für die Nachwelt, besonders die Nutzerinnen und Nutzer, ist im Grunde entscheidend, *dass* eine wegweisende Erfindung gemacht wurde. Urheber und Zeitpunkt sind für sie weniger wichtig. Darüber gehen die Auffassungen ohnehin häufig auseinander. Für die Beteiligten sieht die Sache natürlich

https://doi.org/10.1515/9783110669671-001

anders aus (Patentrecht). Noch heute werden die Begriffe „Computer“, „Turingmaschine“ und „Von-Neumann-Rechner“ unterschiedlich ausgelegt.

Es war ein langer Weg von den mechanischen zu den elektronischen Rechnern (vgl. Tab. 1.1).

Tab. 1.1: Vorläufer der Relais- und Röhrenrechner (Auswahl)

Mechanische Vorboten der heutigen Rechenmaschinen			
Merkmal	**Erfinder**	**Land**	**Jahr**
erste (mechanische) Rechenmaschine	Wilhelm Schickard	Deutschland	1623
erste erhaltene (mechanische) Rechenmaschine (Zweispeziesmaschine)	Blaise Pascal	Frankreich	1642
erste (mechanische) Vierspeziesrechenmaschine	Gottfried Wilhelm Leibniz	Deutschland	1673
programmierbarer Schreibautomat	Friedrich Knaus	Österreich	1760
programmierbarer Schreibautomat	Pierre Jaquet-Droz	Schweiz	1768
mechanischer Webstuhl	Joseph-Marie Jacquard	Frankreich	1805
analytische Maschine	Charles Babbage	England	1834
erste Tastenrechenmaschine	Luigi Torchi	Italien	1834
erster erhaltener Tastenaddierer	Jean-Baptiste Schwilgué	Frankreich	1844
erste Lochkartenanlage	Herman Hollerith	USA	1890
programmgesteuerte elektromechanische Rechenmaschine	Leonardo Torres Quevedo	Spanien	1920
© Bruderer Informatik, CH-9401 Rorschach 2020			

Anmerkungen
Der Rechenrahmen (Kugelrechner) gilt nicht als Rechenmaschine. Die schickardsche Rechenuhr hatte getrennte Rechenwerke für die Addition und die Subtraktion bzw. die Multiplikation und die Division (nepersche Einmaleinswalzen). Du Bois Parmelee (USA) erhielt 1850 ein Patent für seine Tastenrechenmaschine. Victor Schilt (Schweiz) fertigte 1850 einen (erhaltenen) Nachbau des schwilguéschen Geräts an. Von Schwilgués Maschine sind neben Vorläufern zwei Exemplare (1844 und 1851) bekannt. Vor der Einführung der Maschinen mit *Tasten*antrieb hatten die Einstellwerke Schieber, Drehscheiben u. dgl.

Die beiden Maschinen von Schickard gingen verloren, von Leibniz ist nur ein (einziges) späteres Gerät bewahrt. Torchis Tastenmaschine ist nicht überliefert. Von der Pascaline sind noch mehrere Ausführungen vorhanden. *Charles Babbage* (England) hat weder seine Differenzen- noch seine analytische Maschine vollendet.

1.2 Was ist ein Computer?

Die Ansichten der Fachleute über das Wesen des Computers gehen weit auseinander. Erwartungsgemäß gibt es viele unterschiedliche Umschreibungen. Hinzu kommt, dass sich die Bedeutung des Begriffs „Computer" im englischsprachigen Raum je nach dem Stand der technischen Entwicklung mehrfach verändert hat. Der Bedeutungswandel erstreckt sich vom rechnenden Menschen über analoge und digitale, mechanische und elektronische Rechenmaschinen zu programmgesteuerten und speicherprogrammierten Rechenautomaten. Von wenigen raumfüllenden Riesenrechnern (meist Einzelanfertigungen) ging es zu einer unüberschaubaren Masse von leichten, tragbaren, allgegenwärtigen Vielzweckgeräten und zu einer ungeheuren Menge von verborgenen winzigen Spezialeinrichtungen, die in Dinge aller Art eingebaut sind.

Im deutschen, französischen, italienischen und spanischen Sprachraum waren Rechner, calculateur/calculatrice, calcolatore/calcolatrice und calculador ursprünglich ebenfalls Menschen. Heute werden unter „Rechnern" üblicherweise Maschinen verstanden. Die Wende setzte erst in der zweiten Hälfte des 20. Jahrhunderts ein. Lange Zeit unterschied man auch zwischen datenverarbeitenden und technisch-wissenschaftlichen Rechenanlagen. Die Datenverarbeitung spielte beispielsweise in der Statistik und der Buchhaltung eine erhebliche Rolle. In den frühen angelsächsischen Schriften finden sich neben „computer" auch Ausdrücke wie „computing machine", „calculator" und „calculating machine". Der Gebrauch ist jedoch uneinheitlich.

Die Bezeichnung „Computer" wird in dieser Arbeit in einem weiten Sinn verwendet. Darunter fallen bestimmte analoge sowie digitale, mechanische, elektromechanische und elektronische Rechner, Relais-, Röhren- wie auch Transistormaschinen, festprogrammierte, stecktafelgesteuerte, programmgesteuerte und speicherprogrammierte Geräte. Weil die Vielfalt dieser Rechenhilfsmittel groß ist, gibt es nicht nur einen einzigen, sondern *mehrere* Erfinder des Computers.

1.3 Was ist eine Turingmaschine?

Im Folgenden finden Sie einige Gedanken zu der für Laien ziemlich schwer verständlichen Turingmaschine.

1.3.1 Aufbau der Turingmaschine

Eine Turingmaschine ist ein mathematisches Modell einer (idealisierten, universellen) Rechenmaschine. Die Turingmaschine ist ein Gedankenmodell, keine echte Maschine. Alan Turing hat sie in seiner 1936 eingereichten (heute berühmten) Abhandlung „On computable numbers, with an application to the Entscheidungs-

problem“ vorgestellt. Sie gleicht einem Tonbandgerät. Das Grundmodell besteht aus folgenden Bestandteilen:
- Steuerwerk (Steuereinheit, Schaltwerk),
- Lese-Schreib-Kopf,
- beidseitig unendliches Speicherband.

Das unendlich lange Band ist in Felder (Zellen) eingeteilt. Jede Speicherzelle kann ein (einziges) Zeichen (aus einem Alfabet mit endlich vielen Zeichen) aufnehmen oder leer sein. In einem Feld kann z.B. die Zahl 0 oder 1 stehen. Das „Alfabet“ (Zeichenvorrat) umfasst nicht nur Buchstaben, sondern auch Ziffern.

Ist die Turingmaschine ein Automat? Darüber sind die Meinungen geteilt. Die Antwort hängt von der zugrunde liegenden Begriffsbestimmung ab.

1936 waren Rechner Menschen

> „Turing's achievement was to determine not what machines could compute, but what human beings could compute with enough resources of time and space for the computation.“ (siehe Robert Irving Soare: Turing computability, Springer-Verlag, Berlin, Heidelberg 2016, Seite 238).

Turings Meisterleistung bestand darin zu bestimmen, was *Menschen* mit ausreichend Zeit und Platz berechnen konnten und nicht, was *Maschinen* zu berechnen imstande waren.

1.3.2 Programmablauf

Das Steuerprogramm (Zustandsänderungstabelle) bestimmt die Handlungen (Lesen, Schreiben, Bewegen, Zustandsänderung) der Turingmaschine. Sie hängen vom jeweiligen Zustand der Maschine und vom Inhalt der Zelle ab. Das Programm legt dabei für jeden Zustand fest, welcher Buchstabe welchen Vorgang auslöst. Nach jeder Handlung kann sich der Zustand der Maschine ändern. Der Lese-Schreib-Kopf liest oder beschreibt jeweils das Feld (Arbeitsfeld, Arbeitszelle), das sich zu diesem Zeitpunkt unter ihm befindet. Er kann den Zellinhalt überschreiben oder unverändert lassen. Das Speicherband (Arbeitsband) lässt sich um ein Feld nach rechts oder links verschieben. Die Steuereinheit kann eine endliche Zahl von Zuständen einnehmen.

Jede Turingmaschine entspricht einer bestimmten Rechenvorschrift (Algorithmus). Diese ist dann berechenbar, wenn die zugehörige Turingmaschine nach endlich vielen Schritten anhält.

Dank der Turingmaschine lassen sich grundlegende Erkenntnisse über die Fähigkeiten von Rechenmaschinen (Berechenbarkeit, Entscheidbarkeit) gewinnen. Der Amerikaner *Emil Leon Post* hat 1936 ein gleichwertiges mathematisches Modell erarbeitet, auch *Alonzo Church* (USA) hat eine vergleichbare Untersuchung durchgeführt. Posts (gedankliche) universelle Maschine hat sich aber nicht durchgesetzt.

1.3.3 Bedeutung für die theoretische Informatik

Der Turingmaschine kommt in der theoretischen Informatik eine grundlegende Bedeutung zu. Ihr Schöpfer hat gezeigt, dass es Aufgabenstellungen gibt, die mit Rechenverfahren (Algorithmen) *nicht lösbar*, d.h. nicht entscheidbar sind. Als Beispiele werden das hilbertsche Entscheidungsproblem (Untersuchung, ob eine Formel der Prädikatenlogik allgemein gültig ist) und das Halteproblem (Frage, ob die Ausführung eines Algorithmus endlos lange verläuft, ob die Turingmaschine jemals zum Stillstand kommt) angeführt.

Alle Berechnungen, die auf einem derzeitigen Computer, z.B. einem Von-Neumann-Rechner, durchführbar sind, können nach der Church-Turing-These auch auf der Turingmaschine ausgeführt werden. Es handelt sich hier um eine durch die Erfahrung bestätigte Annahme. Sämtliche bisher bekannten sinnvollen Berechnungsmodelle und Rechner sind gleich mächtig wie die Turingmaschine. Diese kann einen Von-Neumann-Rechner nachahmen (simulieren). Eine Aufgabe lässt sich genau dann berechnen, wenn sie sich durch eine Turingmaschine bewältigen lässt. Eine Datenverarbeitungsanlage gilt als turingmächtig (turingvollständig), wenn sie universell (d.h. frei) programmierbar ist.

Die Turingmaschine ist Gegenstand der Berechenbarkeitstheorie (Welche Probleme lassen sich grundsätzlich algorithmisch lösen? Welche Funktionen lassen sich automatisch berechnen?) und der Komplexitätstheorie (Wie hoch sind der Aufwand an Rechenzeit und der Speicherbedarf, um eine Fragestellung zu lösen? Ist die Aufgabe mit vertretbarem Aufwand praktisch lösbar?).

Die Turingmaschine ist überdies bedeutsam für die Automatentheorie (Wie verhält sich die abstrakte Maschine, wie ist das mathematische Modell aufgebaut?) und die Theorie der formalen Sprachen (z.B. Programmiersprachen). Sie eignet sich für das Beweisen von Behauptungen algorithmischer Art.

1.3.4 Algorithmus

Ein Grundbegriff der Informatik ist der Algorithmus. Ein Algorithmus lässt sich etwa so umschreiben:

- Anleitung zur Lösung einer Aufgabe; Verfahren zur Lösung eines Problems; Lösungsverfahren; Verarbeitungsvorschrift; Verfahrensregel; Rechenvorschrift; Rechenverfahren;
- *endliche Folge von allgemein(gültig)en, eindeutigen, ausführbaren Anweisungen (Arbeitsschritten).*

Der Fachbegriff ist nach dem persischen Mathematiker *Muhammad Ibn Musa Al* Chwarismi, Verfasser eines Werks über Rechenregeln (etwa 780 bis 850 n.Chr.), benannt.

Beispiele aus dem Alltag sind Kochrezept, Bastelanleitung, Spielregeln, Gebrauchsanweisung, Partitur, Schnittmuster.

Babylonische und griechische Algorithmen

Die ersten bekannten schriftlichen Algorithmen wurden um 2000 v. Chr. im Zweistromland (Mesopotamien) geschaffen (siehe Donald E. Knuth; Luis Trabb Pardo: The early development of programming languages, in: Donald E. Knuth (Hg.): Selected papers on computer languages, Center for the study of language and information, Stanford 2003, Seite 4, sowie Donald E. Knuth: Ancient Babylonian algorithms, in: Communications of the ACM, Band 15, 1972, Heft 7, Seiten 671–677, und Band 19, 1976, Heft 2, Seite 108).

Zu den klassischen Algorithmen gehören:

- das sumerisch-babylonische Wurzelziehen (Verfahren zur Lösung quadratischer Gleichungen, Kodex Hammurapi (Rechtssammlung), um 1700 v. Chr.),
- der euklidische Algorithmus (Verfahren zur Ermittlung des größten gemeinsamen Teilers; Euklid von Alexandria, 4. Jh. v. Chr.),
- das Sieb des Eratosthenes (Verfahren für die Bestimmung von Primzahlen; Eratosthenes von Kyrene, 3. Jh. v. Chr.),
- die Annäherung der Kreiszahl $\pi\pi$ (Archimedes von Syrakus, 3. Jh. v. Chr.) und
- das Heron-Verfahren (Heron von Alexandria, 1. Jh. n. Chr.).

Ein weit verbreitetes Rechenverfahren wird schon im *Papyrus Rhind* (um 1550 v. Chr.) festgehalten: die ägyptische Multiplikation. Sie entspricht der äthiopischen und der russischen Multiplikation. Das vom Schriftgelehrten Ahmose verfasste äußerst wertvolle Dokument enthält 84 mathematische Aufgaben. Es ist nach dem schottischen Anwalt Alexander Henry Rhind benannt und befindet sich im British Museum, London. Das Dokument wurde Mitte des 19. Jahrhunderts in Ägypten gefunden.

Erst 2013 fand Menso Folkerts Jost Bürgis „Kunstweg" (1592). Über 400 Jahre lang war Bürgis Verfahren zur Berechnung von Sinuswerten ein Rätsel.

Für weitere Angaben vgl.
Jochen Ziegenbalg; Oliver Ziegenbalg; Bernd Ziegenbalg: Algorithmen von Hammurapi bis Gödel, Springer Fachmedien, Wiesbaden, 4., überarbeitete und erweiterte Auflage 2016, Seiten 55–85.

1.3.5 Universalmaschine

> „These postwar machines were designed to be all-purpose universal devices capable of carrying out any symbolic process whatever, so long as the steps in the process were specified precisely. Of course, some processes may require more memory than is available or may simply take too long to be feasible, so these machines can only be approximations to Turing's idealized universal

machine. Nevertheless it was crucial that they had a large „memory" (corresponding to Turing's infinite tape) in which instructions and data could coexist. This fluid boundary between what was instruction and what was data meant that programs could be developed that treated other programs as data. In early years, programmers mainly used this freedom to produce programs that could and did modify themselves. In today's world of operating systems and hierarchy of programming languages, the way has been opened to far more sophistic applications. To an operating system, the programs that it launches (e. g. your word processor or e-mail program) are data for it to manipulate, providing each program with its own part of the memory [...]. Compilers translate programs written in one of today's popular programming languages into the underlying instructions that can be directly executed by the computer: for the compiler these programs are data." (siehe Martin Davis: The universal computer, CRC press, Boca Raton, Florida, London usw. 2012, Seiten 164–165).

Diese Nachkriegsmaschinen wurden als universelle Allzweckgeräte ausgestaltet. Sie konnten jeden beliebigen symbolischen Prozess ausführen, sofern die Verfahrensschritte genau festgelegt waren. Natürlich erfordern gewisse Vorgänge mehr Speicher als verfügbar ist oder dauern übermäßig lang. Daher können diese Maschinen nur Annäherungen an die idealisierte universelle Turingmaschine darstellen. Dennoch war es entscheidend, dass sie einen großen Speicher hatten (entsprechend Turings unendlichem Band), in dem gleichzeitig sowohl Anweisungen als auch Daten abgelegt sind. Diese fließende Grenze zwischen Befehlen und Daten bedeutete, dass man Programme entwickeln konnte, die andere Programme als Daten behandelten. In der Frühzeit nutzten Programmierer diese Freiheit hauptsächlich, um Programme zu schreiben, die sich selbst verändern konnten. In der heutigen Welt der Betriebssysteme und der Rangordnung der Programmiersprachen sind viel anspruchsvollere Anwendungen möglich. Für ein Betriebssystem stellen die Programme (z.B. für die Textverarbeitung oder die elektronische Post), die es aufruft, Daten dar, die sich verarbeiten lassen. Dabei wird jedem Programm ein eigener Speicherplatz zur Verfügung gestellt [...]. Compiler (Übersetzer) übertragen Programme, die in einer der heute gängigen Programmiersprachen geschrieben sind, in die zugrunde liegenden Anweisungen. Der Rechner kann diese unmittelbar ausführen, denn für den Compiler sind diese Programme Daten.

Anmerkung
Zu Beginn waren selbst speicherprogrammierte Maschinen nur teilweise universell. Es gab nämlich Anlagen für die kaufmännische Datenverarbeitung und das wissenschaftliche Rechnen.

Im Zusammenhang mit dem Speicherprogramm tauchen die Namen Gödel, Turing und von Neumann (vgl. Abb. 1.1) auf.

Abb. 1.1: Turing, Gödel und von Neumann. Alan Turing, Kurt Gödel und John von Neumann haben die theoretischen Voraussetzungen für den Rechnerbau geschaffen (© Ingrid Zámečníková, Bratislava).

1.4 Was ist ein Von-Neumann-Rechner?

1.4.1 Aufbau eines Von-Neumann-Rechners

John von Neumann und seine Mitarbeiter beschreiben in ihren Abhandlungen von 1945 und 1946 die grundlegende Gestaltung eines Universalrechners.

Ein Von-Neumann-Rechner besteht aus *fünf Einheiten*, die miteinander über Datenpfade (Datenwege, Datenkanäle) verbunden sind:
- Steuerwerk (Leitwerk),
- Rechenwerk,
- Speicherwerk (Speicher),
- Eingabewerk,
- Ausgabewerk.

Neben dem internen Kurzzeitspeicher (Hauptspeicher oder Arbeitsspeicher) gibt es auch externe Langzeitspeicher (Massenspeicher, Zusatzspeicher).

Die Von-Neumann-Bauweise gilt auch heute noch als wegweisend (vgl. Kasten).

Von Neumann-Rechner
Wichtige Merkmale der Von-Neumann-Bauweise sind:
- Der Aufbau des Rechners ist *unabhängig* von den zu lösenden Aufgabenstellungen. Programme sind auswechselbar, die Geräte werden dadurch zu Vielzweckmaschinen.
- Die Daten (Ausgangswerte, Zwischenergebnisse, Endwerte) und die *Programme* (Anweisungen) werden im *gleichen Speicher* (Hauptspeicher) abgelegt.
- Der Hauptspeicher (Arbeitsspeicher) ist in gleich große Speicherzellen unterteilt. Der Zugriff zu den einzelnen, fortlaufend benummerten Speicherstellen erfolgt über ihre Adresse (Nummer).
- Aufeinander folgende Befehle stehen in aufeinanderfolgenden Speicherzellen. Das Steuerwerk spricht den nächsten Befehl an, indem es die Befehlsadresse um Eins erhöht.
- Daten und das Programm können von der Rechenmaschine während der Laufzeit *verändert* werden.
- Dank Sprungbefehlen (bedingter Sprung) kann die Abarbeitung des Programms je nach Zwischenergebnis bei einem von zwei möglichen Befehlen fortgesetzt werden.
- Für die interne Verarbeitung der Daten, Anweisungen (Befehle) und Adressen wird das Zweiersystem (Binärsystem, Dualsystem) verwendet.

Anmerkungen
Ein Von-Neumann-Rechner ist ein *Vielzweckrechner* mit *gespeichertem Programm*. Charles Babbage plante in den 1830er Jahren einen programmierbaren Universalrechner. Für die Steuerung seiner analytischen Maschine war aber nicht ein inneres, sondern ein äußeres Programm vorgesehen. Er dachte auch an Sprungbefehle. *Alan Turing* wird neben von Neumann ebenfalls als Schöpfer des Speicherprogramms genannt. Auch Konrad Zuse nutzte das Dualsystem, das u.a. schon Gottfried Wilhelm Leibniz vorgeschlagen hatte. Mehr zu den *veränderlichen Programmen* im Abschnitt 1.7.6.

Turing und von Neumann hatten unterschiedliche Vorstellungen von der zweckmäßigen Bauweise von Elektronenrechnern (vgl. Tab. 1.2).

Tab. 1.2: Vorstellungen von Alan Turing und John von Neumann im Vergleich

Gegenüberstellung der speicherprogrammierten Rechner Edvac und Ace		
Rechner	**Edvac**	**Ace**
Schöpfer	John von Neumann	Alan Turing
Verhältnis zwischen Befehlen und Zahlen	Unterscheidung zwischen Befehlen und Zahlen	Gleichbehandlung von Befehlen und Zahlen
Befehlsänderung	beschränkte Befehlsänderung	unbeschränkte Befehlsänderung
Programmierbarkeit	einfachere Programmierung	schwierigere Programmierung
Einfluss	viele Nachfolgemaschinen	wenige Nachfolgemaschinen

1.5 Ist der Von-Neumann-Rechner eine Serien- oder eine Parallelmaschine?

Der Engpass beim Datenaustausch zwischen dem Steuerwerk, dem Rechenwerk und dem Hauptspeicher wird als „Von-Neumann-Flaschenhals“ bezeichnet. Der Verkehr läuft über einen (einzigen) Datenpfad, was zu einem Stau führen kann. Demnach sind Von-Neumann-Maschinen *Serienrechner* (mit einem einzigen Rechen- und Steuerwerk). Nach einer abweichenden Auffassung gelten Von-Neumann-Maschinen jedoch als *Parallelrechner.*

Ursache der Verwirrung sind wohl die beiden unterschiedlichen Ausprägungen der Eniac-Nachfolger:

- Bei dem an der Moore school of electrical engineering der Universität von Pennsylvania in Philadelphia entwickelten Röhrenrechner *Edvac* (1952) handelt es sich um eine *Serienmaschine* (mit Quecksilberspeicher).
- Im Unterschied dazu wurde am Institute for advanced study in Princeton ein elektronischer *Parallelrechner* namens *IAS-Rechner* oder Princetonmaschine (1952, mit elektrostatischem Speicher) gebaut.

Die Antwort auf die Frage „Ist der Von-Neumann-Rechner eine Serien- oder eine Parallelmaschine?“ fällt unterschiedlich aus. Je nachdem, ob man sich auf den Rechner von Philadelphia oder von Princeton bezieht, liegt eine Serien- oder Parallelmaschine vor.

Beide Maschinen wurden als Modellrechner betrachtet und mehrfach nachgebaut. Von Neumann war an zwei Orten tätig, in Philadelphia als Berater und in Princeton als Forscher. Die Herstellung des Serienrechners Edvac war technisch einfacher. Die Fertigung der parallelen, schnelleren IAS-Maschine war anspruchsvoller. Bei beiden Anlagen kam es zu Verzögerungen. Philadelphia litt unter häufigem Personalwechsel. In Princeton machte die ursprünglich vorgesehene Selectron-Speicherröhre Bauchweh. Sie war schließlich in den frühen 1950er Jahren verfügbar und wurde von Rand verwendet (Rechner Johnniac).

1.6 Wer hat den Von-Neumann-Rechner erfunden?

Es waren vor allem zwei Schriften, die den (logischen) Aufbau von Rechnern nachhaltig prägten:

- John von Neumann: First draft of a report on the Edvac (1945) und
- Arthur Walter Burks; Herman Heine Goldstine; John von Neumann: Preliminary discussion of the logical design of an electronic computing instrument (1946).

Kennzeichen der beiden Maschinen – Edvac und IAS-Rechner (Princetonmaschine) – waren das Speicherprogramm und die Nutzung des Dualsystems. Das erste Gerät war wie erwähnt ein Serienrechner, das zweite ein Parallelrechner.

Eine Gliederung von Rechenmaschinen in mehrere Funktionseinheiten gab es schon früher, u.a. bei Herons Automaten und auch bei Figurenautomaten:

Die programmierbaren aufziehbaren Schreibautomaten von *Friedrich Knaus* (1760) und *Pierre Jaquet-Droz* (1772), die (mit gewissen Einschränkungen) einen beliebigen kurzen Text in Handschrift aufsetzen konnten, nutzten eine Gänsefeder für die Ausgabe, hatten einen Speicher für die Buchstaben bzw. die Wörter und ein Steuerwerk. Die Eingabe geschah über eine Stiftwalze bzw. eine Nockenscheibe.

Auch *Charles Babbage* hatte für seine analytische Maschine (1834) mehrere Baueinheiten vorgesehen: Rechenwerk (Mühle), Steuerwerk, Speicherwerk, Eingabeeinheit, Ausgabeeinheit.

Ähnlich *Leonardo Torres Quevedo*. Seine elektromechanische Rechenmaschine (1920) nutzte für die Ein- und Ausgabe eine Schreibmaschine.

Konrad Zuse schuf für seinen Relaisrechner Z3 (1941) einen vergleichbaren Aufbau.

Ist der Begriff „Von-Neumann-Rechner" zutreffend?
Die meisten modernen Computer sind so genannte Von-Neumann-Rechner. Die Bezeichnung ist allerdings umstritten, denn von Neumann war *nicht* der *alleinige* Urheber. Die Auseinandersetzung betrifft insbesondere die Speicherprogrammierung. Von Neumann verhalf aber diesem Konzept zum Durchbruch. Mehr dazu in den Abschnitten 1.9 und 6.18.1.

1.7 Was bedeutet Speicherprogramm?

1.7.1 Gespeicherte Programme sind nichts Neues

Schon im Altertum und im Mittelalter waren gespeicherte Programme gang und gäbe, z.B. beim Automatentheater des Heron von Alexandria. Die programmierbare *Schnurwicklung* um eine mit Zapfen versehene Trommel legte den Ablauf des Schauspiels fest. Die Art der Schnurführung um die Pflöcke bestimmte die Drehrichtung der Walze.

Programmwalzen sind auch bei *Ibn al Razzāz al-Jazarī* und *Athanasius Kircher* (Wasserorgel) zu finden. Die Wasserorgel (eine mit Wasserkraft (Wasserrad) angetriebene Orgel) von *Salomon de Caus* ist mit einer Stiftwalze ausgestattet. Ihr Musikrad (musikalisches Steinrad) ist mit einem Papierband versehen. In ähnlicher Weise arbeiten Glockenspiele und Walzenspieldosen. Eine andere Form der Programmspeicherung nutzen die Figurenautomaten der Jaquet-Droz, nämlich Trommeln mit Kurvenscheiben. Lochstreifen steuern Webmaschinen. Lochplatten sind die Programmträger bei Scheibenspieldosen. Nocken legten die Fahrrichtung des mechanischen Wagens von Leonardo da Vinci fest.

1.7.2 Daten und Programm im gleichen Speicher

Bei speicherprogrammierten Rechnern sind nicht nur die Daten, sondern auch die *Programme* im gleichen Speicher (Haupt- oder Arbeitsspeicher) abgelegt. Anweisungen werden gleich behandelt wie die Daten. Damit lassen sich nicht nur die Informationen, sondern auch die Rechenbefehle mit vergleichsweise kleinem Aufwand ändern. Anwendungen können ohne weiteres ausgetauscht werden. Im Gegensatz dazu mussten bei schalttafelgesteuerten Geräten die Kabelverbindungen jeweils für neue Aufgabenstellungen umgesteckt werden, was umständlich und langwierig war. Es gab allerdings auch auswechselbare Steckbretter. Programme auf Lochkarten oder Lochstreifen sind im Gegensatz zu den im Arbeitsspeicher abgelegten Anweisungen schwer zu verändern.

Üblicherweise werden Daten und Programme im gleichen *internen* Speicher abgelegt. In Frage kommen aus heutiger Sicht auch *externe* Hochgeschwindigkeitsspeicher. Entscheidend ist, dass die Programme in einen Speicher geladen und von diesem aus durch das Rechenwerk ausgeführt werden können. Die Anweisungen können überdies auf *unterschiedlichen* Speichern gehalten werden. Das wurde etwa bei den Harvard-Rechnern so gehandhabt.

> „Die Fähigkeit des speicherprogrammierten Rechenautomaten, sein Programm selbsttätig zu modifizieren und logische Entscheidungen zu treffen, unterschied Anlagen dieser Struktur grundsätzlich von jedem starren Automaten und war mitentscheidend für seine heutige Bedeutung." (siehe Karl Ganzhorn; Wolfgang Walter: Die geschichtliche Entwicklung der Datenverarbeitung, IBM Deutschland, Stuttgart 1975, Seite 54).

Die Befehlsspeicherung auf Lochstreifen (oder auch Magnetbändern), d.h. auf äußeren Speichern, bremste den Rechenbetrieb. Das Auslesen der Anweisungen und die Suchzeit für Sprungbefehle beanspruchten viel Zeit. Beim Einsatz einer Magnettrommel (wie bei Harvard mark 3) ließ sich dieser Nachteil weitgehend beheben.

> „Diese Art der Befehlsspeicherung [Befehle im Zahlenspeicher, d.h. Befehle und Zahlen im gleichen Speicher] gewährleistet eine gute Ausgeglichenheit der Rechenzeiten, der Suchzeiten für die Befehle und der für einen Sprung benötigten Zeit; ferner bieten sich dem Mathematiker bedeutende Möglichkeiten in der Planfertigung [...]. Dagegen wird der Rechenprozeß etwas verlangsamt, weil dem Speicher nach jeder Operation ein neuer Befehl entnommen werden muß." (siehe Heinz Rutishauser; Ambros Speiser; Eduard Stiefel: Programmgesteuerte digitale Rechengeräte (elektronische Rechenmaschinen), Birkhäuser Verlag, Basel 1951, Seite 92).

Die Trennung von Befehls- und Zahlenspeicher erwies sich in der Praxis als unzweckmäßig. Denn manche Aufgaben erfordern viele unterschiedliche Rechenvorgänge für wenige Daten (z.B. Bestimmung der Zahl π). In anderen Fällen werden wenige Vorgänge auf eine Fülle von Daten angewandt (z.B. kaufmännische Lösungen). Das Wort Plan steht für Rechenplan (Rechenprogramm).

1.7.3 Rechner ohne und mit Programmspeicher

In der Frühzeit der Informatik sprach man von:

- Rechenautomaten *ohne* Befehlsspeicher
  Anweisungen werden *direkt vom Befehlsstreifen* (Lochstreifen) abgelesen und *ausgeführt*. Für jeden Unterplan (Unterprogramm) ist ein eigener Befehlsstreifen erforderlich. Die Anzahl der nutzbaren Unterprogramme ist von der Menge der verfügbaren Lochstreifenlesestationen abhängig. Mit Sprungbefehlen hüpft man jeweils zu anderen *Unterprogrammen* und damit zu einem anderen Abtaster.

  „Ein Sprungbefehl bewirkt entweder das Weiterlaufen des Streifens *ohne* Ausführung der dabei durchlaufenen Befehle und Wiedereinsetzen bei einem späteren Befehl oder dann den Übergang auf einen anderen Befehlsstreifen." (siehe Heinz Rutishauser; Ambros Speiser; Eduard Stiefel: Programmgesteuerte digitale Rechengeräte (elektronische Rechenmaschinen), Birkhäuser Verlag, Basel 1951, Seite 19).

- Rechenautomaten *mit* Befehlsspeicher
  Anweisungen werden vom Befehlsstreifen (Lochstreifen) abgetastet und *in den Befehlsspeicher übertragen.*

  „Jede Zelle des Befehlsspeichers enthält dann einen Befehl. Ein in die Maschine eingebauter *Befehlszähler* [...] ruft nun die einzelnen Zellennummern in ihrer natürlichen Reihenfolge auf; der in der Zelle enthaltene Befehl wird abgelesen und vom Leitwerk ausgeführt. [...]. Im Falle von bedingten Sprungbefehlen muß auch das Rechenwerk den Stand des Befehlszählers beeinflussen können. Diese Organisation der Maschine erlaubt ein sehr flexibles Springen von einer Befehlsreihe zur andern." (siehe Heinz Rutishauser; Ambros Speiser; Eduard Stiefel: Programmgesteuerte digitale Rechengeräte (elektronische Rechenmaschinen), Birkhäuser Verlag, Basel 1951, Seite 19).

  Die Anzahl der zulässigen Anweisungen ist durch das Leistungsvermögen des inneren Speichers begrenzt. Mit Sprungbefehlen gelangt man jeweils zu einer bestimmten Anweisung, d.h. zur Speicherzellennummer des nächsten auszuführenden Befehls.

1.7.4 Voraussetzungen für die Programmspeicherung

Voraussetzung, um das Programm im (internen) Arbeitsspeicher zu halten, waren leistungsfähige Speicher. Sie war 1941 nicht erfüllt, als Zuse seinen Relaisrechner

Z3 vorführte. Die Relaismaschinen Complex computer/Bell-Rechner 1 (1939) und Harvard mark 1/IBM ASCC (1944) wie auch die Röhrenrechner ABC (1942), Colossus (1943) und Eniac (1946) hatten keinen inneren Programmspeicher. Die Lage verbesserte sich allmählich ab 1947 mit der Einführung von Quecksilberlaufzeitspeichern, Kathodenstrahlröhrenspeichern (elektrostatische Speicherröhren) und Magnettrommeln. Die ersten (elektronischen) Geräte mit gespeichertem Programm tauchen 1948 auf. Vorher waren die Anweisungen fest verdrahtet oder extern auf Lochkarten, Lochstreifen und Steckbrettern abgelegt.

1.7.5 Schnellere Datenverarbeitung dank Programmspeicherung

Bei lochstreifengesteuerten und vor allem bei stecktafelprogrammierten Rechnern verschlang die Eingabe der Befehlsfolgen viel Zeit. Eniac setzte für neue Anwendungen jeweils eine Umkabelung voraus. Selbst für Harvard mark 1/IBM ASCC wurden kurze Unterprogramme auf einem Schaltbrett ausgesteckt. Dieses Vorgehen mochte für Spezialrechner (z.B. Colossus) angehen. Für „Universalrechner" wie Eniac war das aber, vor allem bei nur vorübergehend benutzten Problemlösungen, ein lästiger Flaschenhals. Bei Lochkartenmaschinen, beispielsweise Rechenlochern, wurden auswechselbare Schalttafeln mit vorgefertigter Verkabelung eingesetzt. Man konnte so wiederkehrende Aufgabenstellungen als fertige Programmbausteine fest verdrahten.

Damit Berechnungen mit hoher Geschwindigkeit durchgeführt werden können, müssen nicht nur die Daten, sondern auch die Anweisungen rasch zur Verfügung stehen. Der Ablauf lässt sich beschleunigen, wenn ein Programm nicht vom (mechanischen) Lochstreifen gelesen und ausgeführt, sondern zunächst in den (elektronischen) Hauptspeicher übertragen und dann abgearbeitet wird. Dafür ist aber ein ausreichender Arbeitsspeicher notwendig.

Eine hohe Rechengeschwindigkeit zwingt zur Programmspeicherung:

> „Bei einigen neueren Rechenautomaten (Mark III, Binac, Edsac, IAS, Raytheon usw.) ist die Rechengeschwindigkeit zu groß, als daß noch Lochstreifen für die Befehlsgebung in Frage kämen. Man ist deshalb dazu übergegangen, alle Befehle schon vor Beginn der eigentlichen Rechnung in die Maschine einzugeben und dort während der ganzen Rechnung aufzubewahren, sei es, daß wie bei Mark III ein besonderes Befehlsspeicherwerk zur Aufnahme der Befehle vorhanden ist, sei es, daß die Befehle im gleichen Speicherwerk wie die Zahlen aufbewahrt werden". (siehe Heinz Rutishauser; Ambros Speiser; Eduard Stiefel: Programmgesteuerte digitale Rechengeräte (elektronische Rechenmaschinen), Birkhäuser Verlag, Basel 1951, Seite 53).

Nach dieser zeitgenössischen Darstellung aus dem Jahr 1951 waren also langsame externe Programmträger Anlass für die interne Programmspeicherung. Von einem Einfluss Alan Turings ist hier nicht die Rede.

1.7.6 Was ist ein selbstveränderliches Programm?

Die Speicherprogrammierung ermöglicht selbstveränderliche Programme. Sie waren einst beliebt. Solche Anwendungen sind in der Lage, ihre eigenen Anweisungen während des Ablaufs zu ändern. Bei der Abarbeitung einer Schleife lassen sich die in den Befehlen enthaltenen Speicheradressen anpassen.

> „Eine weitere durch die programmgesteuerten Rechenmaschinen realisierte Operation, welche kein Gegenstück beim Arbeiten mit Bürorechenmaschinen hat, ist das Ablesen einer Zahl vom Speicherwerk, deren Adresse zuvor durch die Maschine selbst errechnet wurde. Die Notwendigkeit einer solchen Operation, die für das programmgesteuerte Rechnen von außerordentlicher Bedeutung ist, soll am folgenden Beispiel klargemacht werden. [...]. Werden die Befehle im Zahlenspeicher der Maschine aufbewahrt, so ist die Erhöhung der Adresse relativ einfach: man faßt den abzuändernden Befehl vorübergehend als Zahl auf und addiert zu dieser eine geeignete Konstante. [...]. Falls aber die Maschine mit Lochstreifen gesteuert wird, können natürlich die Befehle nicht abgeändert werden.“ (siehe: Heinz Rutishauser; Ambros Speiser; Eduard Stiefel: Programmgesteuerte digitale Rechengeräte (elektronische Rechenmaschinen), Birkhäuser Verlag, Basel 1951, Seiten 53–54).

Howard Aiken hat erstmals für die Harvard mark 3 (1950) ein i-Register eingeführt. Es kann wie eine gewöhnliche Speicheradresse eine berechnete Zahl aufnehmen. Anstelle einer von vornherein bekannten Adresse kann in einer Anweisung ein besonderes Zeichen eingefügt werden, welches das Steuerwerk veranlasst, die fehlende Adresse aus dem i-Register zu entnehmen.

> „Zusammenfassend sei festgestellt, dass die beiden grundsätzlich verschiedenen Verfahren, mit Adressen zu rechnen, zwar praktisch ebenbürtig sind, doch bietet die Verwendung eines *i*-Registers den Vorteil größerer Rechensicherheit, denn es kann nicht bestritten werden, dass das Rechnen mit Befehlen, die als Zahlen aufgefasst werden, ein gewisses Risiko einschließt. Man kann sich leicht vorstellen, dass ein Rechenfehler, der sich beim Rechnen mit Befehlen einschleicht, eine ungleich größere Verwirrung zur Folge hat als ein Rechenfehler beim gewöhnlichen Zahlenrechnen. Es ist dies auch der Grund, warum H. H. Aiken Zahlen und Befehle streng getrennt speichert und das Rechnen mit Befehlen ablehnt, solange nicht die Zuverlässigkeit der zur Verwendung kommenden Schaltelemente ganz erheblich gesteigert werden kann.“ (siehe Heinz Rutishauser; Ambros Speiser; Eduard Stiefel: Programmgesteuerte digitale Rechengeräte (elektronische Rechenmaschinen), Birkhäuser Verlag, Basel 1951, Seiten 55–56).

Mit den unzuverlässigen Schaltelementen waren vor allem Relais und Elektronenröhren gemeint. Man unterschied zwischen einem *Zahlenspeicher (Datenspeicher)* und einem *Befehlsspeicher (Programmspeicher)*. Auf den Zahlenstreifen waren Ausgangswerte, Zwischen- und Endergebnisse abgelegt, auf den Befehlsstreifen Haupt- und Unterprogramme.

Um den Adressteil der Befehle zu ändern, wurden später *Indexregister* eingeführt. Sie erlauben die Anpassung von Speicheradressen während der Programmausführung. Mit diesem Hilfsmittel muss man nur den Inhalt des Indexregisters, nicht aber den Adressteil des zugehörigen Befehls ändern. Das Verfahren wurde erstmals beim Manchester mark 1 (Version vom April 1949 mit zwei Indexregistern) angewandt. Das Patent (1949) wurde auf die Namen Max Newman, Frederic Williams, Thomas Kilburn und Geoff Tootill ausgestellt. Das Indexregister wurde ursprünglich „B-lines“ oder „modifier“ genannt. A stand für Akkumulator, C für Steuerung (control), daher der Buchstabe B (siehe Simon Lavington: Early British computers, Manchester university press, Manchester 1980, Seite 114, und Simon Lavington: A history of Manchester computers, NCC publications, Manchester 1975, Seite 12). Register sind Speicher mit kurzer Zugriffszeit. Sie befinden sich vorzugsweise im Leitwerk.

Früher nutzte man wie erwähnt selbstveränderliche Programme. Heute werden sie vermieden, etwa durch die *indirekte Adressierung* oder den Aufruf von Unterprogrammen. Bei der indirekten Adressierung verweist man auf eine Adresse, in der die physikalische Adresse aufgezeichnet ist. Erfinder der (patentierten) indirekten Adressierung (1953) ist Heinz Schecher von der (damaligen) Technischen Hochschule München. Die Selbstveränderung hat also nicht mehr den gleichen Stellenwert wie einst, sie ist entbehrlich.

Dazu eine Aussage eines britischen Informatikhistorikers:

> „At first great advantage was taken of the consequent ability of a program to read and modify itself during the course of a computation, since such ideas as index registers and indirect addressing had still to be thought of. However of more lasting significance was the subsequent realisation that it would be a practical and attractive proposition to use a computer to assist with the preparation of its own programs, thus opening the way to the development of programming aids such as assemblers, compilers, operating systems, etc.“ (siehe Brian Randell (Hg.): The origins of digital computers, Springer-Verlag, Berlin, Heidelberg usw., 3. Auflage 1982, Seite 375).

Zunächst nutzte man die Fähigkeit eines intern gespeicherten Programms, sich während seiner Abarbeitung selbst zu ändern. Denn Errungenschaften wie Indexregister und indirekte Adressierung waren noch nicht bekannt. Nachher erkannte man, dass sich der Rechner für die Herstellung von Programmen verwenden lässt. Das war von längerfristiger Bedeutung und ermöglichte die Entwicklung von Programmierhilfen wie Assembler [maschinenbezogene Programmiersprache bzw. Programmübersetzer], Compiler [Programmübersetzer], Betriebssysteme usw. Mehr zur automatischen Programmierung in den Abschnitten 1.10 und 4.9.

Randell hält fest:

> „This situation led to the realization, probably first in the Eniac/Edvac team at the University of Pennsylvania, of the advantages of storing the program within the computer, in a memory that could be read at electronic speeds during program execution. [...]. However, [...], the concept also has strong connotations of the computer being able to construct, manipulate, and then [...], execute its own programs, all completely automatically. With this latter view, the stored-program concept becomes an engineering approximation to the theoretical universal automaton that Turing had postulated in his (now) famous 1936 paper – that is, a machine which is general-purpose in a very fundamental mathematical sense as well as in a very practical sense. Thus,

given the practical requirement of replacing the Turing machine's infinite tape by a sufficiently large random access store, it is crucial for the computer to be able to calculate the addresses that are used to access the store, rather than only being able to use precalculated (i. e. fixed) addresses. This, to my mind, is a crucial characteristic of a modern stored-program computer. By these standards the first (1945) design of Edvac does not qualify as a stored program computer. Although data and instructions were to be held in the same store, their representations were quite distinct, and no means were provided for converting data items into instructions. Furthermore, normal arithmetic operations could not be applied to instructions – though the address field of an instruction could be modified. This inadequacy, as we would of course view it, was not present in Turing's proposed design for an automatic computing engine (ACE), which slightly postdated the Edvac report, and was also very quickly remedied in the Edvac design." (siehe Brian Randell: The origins of computer programming, in: IEEE Annals of the history of computing, Band 16, 1994, Heft 4, Seite 13).

Dies führte dazu, dass – wahrscheinlich erstmals in der Eniac/Edvac-Gruppe der Universität von Pennsylvania in Philadelphia – die Vorzüge des im Innenspeicher des Rechners abgelegten Programms erkannt wurden. So konnte man während des Programmablaufs den Speicher mit elektronischer Geschwindigkeit lesen. [...]. Der Begriff des (intern) gespeicherten Programms beinhaltet aber meines Erachtens zugleich, dass der Rechner imstande ist, seine eigenen Programme vollautomatisch zu erstellen, zu ändern und auszuführen. Damit wird das Speicherprogrammkonzept zu einer technischen Annäherung an den theoretischen universellen Automaten, den Turing in seinem (nun) berühmten Aufsatz von 1936 vorgeschlagen hat.

Es handelt sich um eine in mathematischer und auch praktischer Hinsicht wegweisende Vielzweckmaschine. Wenn nun das Endlosband der Turingmaschine durch einen ausreichend großen Speicher mit wahlfreiem Zugriff ersetzt wird, muss der Rechner zwangsläufig in der Lage sein, die Speicheradressen zu berechnen, anstatt nur vorgegebene (d.h. feste) Adressen zu nutzen. Meiner Meinung nach ist das ein entscheidendes Merkmal eines modernen speicherprogrammierten Geräts.

Legt man diesen Maßstab zugrunde, entspricht der erste Entwurf für den Edvac von 1945 nicht einem speicherprogrammierten Rechner. Obwohl Daten und Programm im gleichen Speicher gehalten werden, ist ihre Darstellung völlig verschieden. Es wurden zudem keine Mittel für die Umwandung von Daten in Befehle zur Verfügung gestellt. Überdies ließen sich keine gewöhnlichen Rechenvorgänge auf die Anweisungen anwenden, obwohl der Adressteil eines Befehls veränderbar war.

Dieser offensichtliche Mangel kommt in Turings Vorschlag für die Automatic computing engine (Ace) nicht vor, und er wurde im Edvac-Entwurf sehr schnell beseitigt. Turings Schrift erschien kurz nach dem Edvac-Bericht.

Der deutsche Informatiker Friedrich Bauer schreibt:

„Es hat sich eingebürgert, als primäres Merkmal all dieser [speicherprogrammierten] Rechner ihre Eigenschaft anzusehen, daß nicht nur Befehle in einem überschreibbaren Speicher liegen [...], sondern dass Befehle auch während des Programmablaufs durch das Programm selbst abgeändert werden konnten [...]. Das wird heute üblicherweise mit *stored program computer*

(„speicherprogrammierter Rechner") bezeichnet. Man bekommt es fast gratis, wenn man, was eigentlich nicht notwendig wäre, Befehle und Daten im selben (überschreibbaren) Speicher ablegt. Eben diese Idee hatten schon im Januar 1944 die Chefs des Teams, das die Eniac entwickelte, J. Presper Eckert und John W. Mauchly, die sich Gedanken über eine weit leistungsfähigere und weit flexiblere Nachfolgemaschine machten. Im weiteren Verlauf, jedenfalls vor dem 30. Juni 1945 [Erscheinungsdatum des vonneumannschen Edvac-Berichts], hatte Eckert dann die Idee, in der künftigen Edvac Befehle durch die Maschine abändern zu lassen. [...]. Es gibt keinen Grund daran zu zweifeln, dass Eckert und Mauchly das, was später funktionell unter der ‚von-Neumann-Maschine' verstanden wurde, ausgetüftelt hatten, bevor von Neumann, initiiert durch Herman Goldstine, mit dem Aberdeen Proving Ground und der Moore School Kontakt hatte." (siehe Friedrich Bauer: Historische Notizen zur Informatik, Springer-Verlag, Berlin, Heidelberg 2009, Seiten 136–137).

Bauer fügt hinzu:

„Ironischerweise sind auch Eckert und Mauchly („the program would be stored in exactly the same sort of memory device as that used for numbers" [das Programm würde in einem gleichartigen Speicher wie die Zahlen abgelegt]) nur die Erfinder eines *zahm* speicherprogrammierten Rechners" [fortwährende Adressenänderung in einer Schleife in Verbindung mit laufenden Indizes, umgesetzt durch eine Addition im Adressenteil eines Befehls; dadurch konnte man aber nur primitiv-rekursive Funktionen berechnen]. [...]. Von Neumann einerseits, (Eckert und) Mauchly andererseits fanden die ungezähmte Form eines speicherprogrammierten Rechners, die einer universellen Turingmaschine äquivalent ist, sozusagen unfreiwillig. Noch 1946 bzw. 1947 merkten sie anscheinend nicht, was für ein Goldkorn sie mit dem ‚stored program concept' gefunden [...] hatten. Es verblieb also Logikern, in den fünfziger Jahren *in Strenge* die Äquivalenz der speicherprogrammierten Maschine mit der Turing-Maschine zu zeigen, nachdem man dies wohl schon eine Weile stillschweigend unterstellt hatte – einer der ersten publizierten Beweise ist der von Hans Hermes, 1954" [Die Universalität programmgesteuerter Rechenmaschinen, in: Mathematisch-physikalische Semesterberichte, Band 4, 1954, Seiten 42–53]. (siehe Friedrich Bauer: Historische Notizen zur Informatik, Springer-Verlag, Berlin, Heidelberg 2009, Seiten 139–141).

1.7.7 Ist die Turingmaschine selbstveränderlich?

Der amerikanische Informatikhistoriker Haigh meint zu diesem Thema:

„Yet while Turing's paper showed one machine could, in modern terms, emulate the functioning of another it never described a machine altering its own instructions. Furthermore, at the very end of the „First draft" von Neumann expressly forbade Edvac from overwriting the operation fields in its instructions, even though he relied on modifications to their address fields to accomplish basic operations such as conditional branching. This address modification was a very influential idea in the „First draft", but was, of course, absent from Turing's paper as his machines did not use addresses." (siehe Thomas Haigh: Actually, Turing did not invent the computer, in: Communications of the ACM, Band 57, 2014, Heft 1, Seite 41).

Turing zeigte in seinem Aufsatz, dass eine Maschine (in heutiger Ausdrucksweise) die Arbeitsweise einer anderen nachbilden kann. Er beschrieb aber kein Gerät, das seine eigenen Anweisungen ändert. Zudem verbot von Neumann ganz am Schluss seines Edvac-Berichts das Überschreiben des Operationsfelds von Befehlen ausdrücklich. Dies, obwohl er auf die Änderung des Adressfelds angewiesen war, um grundlegende Vorgänge wie bedingte Sprünge ausführen zu können. Die Adressänderung war ein sehr einflussreicher Gedanke im Edvac-Bericht. Sie fehlte jedoch in Turings Abhandlung, weil seine Maschinen nicht mit Adressen arbeiten.

Ein weiterer Kommentar aus Belgien:

> „Turing's universal machine did not modify its own instructions, nor did it modify the instructions of other machines that it simulated.“ (siehe Edgar Graham Daylight: Turing tales, Lonely Scholar, Geel (Belgien) 2016, Seite 4).

Turings universelle Maschine änderte weder ihre eigenen Anweisungen noch die der Maschinen, welche sie nachbildete.

Wird die Rolle der Logik überschätzt?

> „Similarly, the claim that the general-purpose nature of the computer stems from Turing's universal machine concept seems to overstate the role of logic.“ (siehe Mark Priestley: A science of operations, Springer-Verlag, London 2011, Seite 154).

Gleichermaßen scheint die Behauptung, dass die vielfältigen Fähigkeiten des elektronischen Digitalrechners von der universellen Turingmaschine herrühren, die Rolle der Logik zu übertreiben.

> „It would oversimplify a complex historical situation to suggest, with Mahoney and Davis, that the stored-program design emerged simply as a byproduct of theoretical research in logic.“ (siehe Mark Priestley: A science of operations, Springer-Verlag, London 2011, Seiten 136–137).

Man würde eine vielschichtige historische Entwicklung zu stark vereinfachen, wenn man, wie (Michael) Mahoney und (Martin) Davis, behauptet, dass der Gedanke des Speicherprogramms einfach als Nebenprodukt der Forschung in theoretischer Logik aufkam.

> „The historical evidence supporting the idea of a direct influence from logic on the idea of the stored program is rather circumstancial.“ (siehe Mark Priestley: A science of operations, Springer-Verlag, London 2011, Seite 138).

Der Beweis, wonach die Logik einen direkten Einfluss auf den Gedanken des Speicherprogramms hatte, beruht auf Indizien.

1.7.8 Ist die Turingmaschine speicherprogrammiert?

Bei der Diskussion, ob Turing oder von Neumann das Speicherprogramm ausgedacht hat, stellt sich zunächst die Grundfrage, ob die Turingmaschine ein gespeichertes Programm hat. Dazu sind widersprüchliche Meinungen festzustellen: Für die einen ist die Turingmaschine speicherprogrammiert, für die anderen nicht. Ist die Turingmaschine nicht speicherprogrammiert, dürfte sich die endlose Debatte erübrigen.

Turingmaschine ohne beschreibbaren Innenspeicher
Bei der Turingmaschine wird zwischen einem Programm- und einem Datenspeicher unterschieden. Das Steuerprogramm und die Daten sind folglich *nicht* im gleichen Speicher abgelegt.

Nach Wolfgang Coy hat die Turingmaschine einen (unendlichen) *externen* Datenspeicher (Speicherband) und einen (endlichen) *unveränderbaren internen* Programmspeicher (Zustandsspeicher) (siehe Wolfgang Coy: Speicher-Medium, in: Wolfgang Reisig; Johann-Christoph Freytag (Hg.): Informatik. Aktuelle Themen im historischen Kontext, Springer-Verlag, Berlin, Heidelberg 2006, Seite 81). Demnach hat die Turingmaschine einen internen Festspeicher, sie ist „fest verdrahtet".

Haigh streitet den vom britischen Turing-Spezialisten Copeland behaupteten Einfluss Turings auf von Neumann ab:

> „Edvac went far beyond this to store a program in addressable internal memory rather on a sequential instruction tape. To suggest this advance came from Turing is odd, as the machine Turing described had no internal writable memory and took its instructions from a tape." (siehe Thomas Haigh: Actually, Turing did not invent the computer, in: Communications of the ACM, Band 57, 2014, Heft 1, Seite 41).

Nach von Neumanns Edvac-Bericht soll das Programm statt auf einem (externen) sequentiellen Befehlsstreifen (Lochband) in einem adressierbaren internen Speicher abgelegt werden. Die Aussage, dieser Gedanke stamme von Turing, ist seltsam, denn die von Turing vorgestellte Maschine hatte *keinen beschreibbaren internen Speicher*. Sie bekam ihre Anweisungen von einem Band.

Eine *universelle Turingmaschine* ist eine Turingmaschine, die jede beliebige Turingmaschine nachbilden kann. Das Programm der nachgeahmten Maschine, ein Fremdprogramm, befindet sich dabei im *Daten*speicher (Speicherband) der universellen Turingmaschine. Die universelle Turingmaschine trägt zwar den Gedanken des Speicherprogramms in sich, ist aber – im Unterschied zum Von-Neumann-Rechner – selbst *nicht* speicherprogrammiert. Eine (universelle) Turingmaschine kann ihr eigenes Programm während der Laufzeit *nicht* verändern. Die (universelle) Turingmaschine, ein Gedankenmodell, ist daher *kein* Von-Neumann-Rechner, sie kann aber einen Von-Neumann-Rechner simulieren.

1.7.9 Turingmaschine: Programm und Daten auf demselben Speicher? (Speicherband als Programm -und Datenspeicher)

Friedrich Bauer glaubt: „Die Turing-Maschine kann ebenfalls als speicherprogrammierter Rechner aufgefasst werden.“ (siehe Friedrich Bauer: Historische Notizen zur Informatik, Springer-Verlag, Berlin, Heidelberg 2009, Seite 140, Fußnote).

Aspray schreibt im Kapitel „Logic machines“ in dem von ihm herausgegebenen Werk:

> „The importance of the universal Turing machine to computer science becomes clear once it is recognized that it is a theoretical model of a digital, stored-program computer. Instructions programming the operation of the machine, as well as data, are entered on the tape. The tape serves the dual function of input-output medium and memory – similar to magnetic tape in computers (which is used, however, only as a secondary storage medium).“ (siehe William Aspray (Hg.): Computing before computers, Iowa State university press, Ames, Iowa 1990, Seiten 118–119).

Die Bedeutung der universellen Turingmaschine für die Informatik offenbart sich, sobald man erkennt, dass sie ein theoretisches Modell eines digitalen speicherprogrammierten Rechners ist. *Programmanweisungen* für den Rechenbetrieb wie auch die Daten werden auf dem *Band* abgelegt. Dieses hat eine doppelte Aufgabe als Eingabe-Ausgabe-Medium und als Speicher – ähnlich dem Magnetband in Elektronenrechnern (das jedoch nur als externer Massenspeicher verwendet wird).

Ganzhorn und Walter glauben:

> „Die Turingmaschine hat einen bandförmigen Speicher, eine primitive Lese- und Schreibeinrichtung und eine Programmiertrommel, deren Inhalt selbst wieder mit einer Turingmaschine identisch gemacht werden kann. Durch Kopieren solcher Trommelinformationen kann eine spezifische Turingmaschine zu einer allgemeinen erweitert werden, deren Universalität die berechenbaren Zahlen erfasst.“ (siehe Karl Ganzhorn; Wolfgang Walter: Die geschichtliche Entwicklung der Datenverarbeitung, IBM Deutschland, Stuttgart 1975, Seite 67).

Copeland hält fest:

> „The universal Turing machine consists of a limitless memory in which both data and instructions are stored, in symbolically encoded form, and a scanner that moves back and forth through the memory, symbol by symbol, reading what it finds and writing further symbols. By inserting different programs into the memory, the machine can be made to carry out any calculation that can be done by a human computer. That is why Turing called the machine *universal*.“ (siehe Brian Jack Copeland: Colossus. The secrets of Bletchley Park's codebreaking computers, Oxford university press, Oxford 2006, Seite 104).

Die universelle Turingmaschine besteht aus einem unendlichen Speicher, in dem sowohl Daten als auch Befehle in symbolisch verschlüsselter Form gespeichert sind, und einem Schreib-Lese-Kopf, der sich im Speicher hin und her bewegt, Zelle für

Zelle, und dabei die vorliegenden Zeichen liest und weitere Zeichen schreibt. Bringt man verschiedene Programme in den Speicher ein, so kann man die Maschine dazu veranlassen, jede beliebige Berechnung auszuführen, die menschliche Rechnerinnen und Rechner machen können. Daher hat Turing die Machine als universell bezeichnet.

1.7.10 Turingmaschine: Programm und Daten auf unterschiedlichen Speicherbändern?

> „The argument goes on to point out that Turing's universal machine seems to incorporate this idea: the tape of the universal machine contains a representation of the machine simulated, as well as the other data required by the simulation. [...]. One objection that can be made to this is the observation that the use of a single tape is not essential to Turing's arguments. A universal machine requires access to some representation of the machine it is simulating, but this representation does not need to be in the same medium as the data generated in the course of the simulation. Turing's arguments in 1936 would not have been affected if he had equipped the universal machine with a second tape to hold the coded table of the machine being simulated." (siehe Mark Priestley: A science of operations, Springer-Verlag, London 2011, Seiten 137–138).

In der Auseinandersetzung wird darauf hingewiesen, dass die universelle Turingmaschine anscheinend diesen Gedanken (Haltung von Anweisungen und Daten im gleichen Speicher) in sich birgt: Das Band der universellen Maschine enthält sowohl eine Darstellung der nachgeahmten Maschine als auch die übrigen Daten, welche für die Nachahmung notwendig sind. [...]. Dagegen lässt sich einwenden, dass die Nutzung eines einzigen Bandes für Turings Beweisführung nicht entscheidend ist. Eine universelle Maschine erfordert zwar den Zugang zu einer Darstellung der zu simulierenden Maschine. Diese Darstellung muss aber nicht auf dem gleichen Speichermedium sein wie die im Lauf der Nachbildung erzeugten Daten.

Wenn Turing die universelle Maschine mit einem zweiten Band ausgestattet hätte, welches das Programm der zu simulierenden Maschine aufbewahrt, so hätte das seine Aussagen von 1936 nicht beeinträchtigt.

Hinweis
Es gibt Einband- und Mehrband-Turingmaschinen.

1.7.11 Rückwirkende Zeitzeugenaussagen

Späte, rückwirkende Zeitzeugenaussagen sind grundsätzlich heikel. Es besteht nämlich die Gefahr, dass nachträglich Leistungen in Errungenschaften hineingedeutet werden, die nie darin steckten.

„The attribution of credit for the invention of the stored-program concept has proved to be very controversial. Turing's universal machine has been retrospectively interpreted as embodying the notion, and some writers have therefore argued that credit ought ultimately to be given to Turing.“ (siehe Mark Priestley: A science of operations, Springer-Verlag, London 2011, Seite 129).

Die Auffassungen, wem das Verdienst für die Schaffung des Speicherprogrammbegriffs zukommt, gehen weit auseinander. Man hat der universellen Turingmaschine rückwirkend die Eigenschaft der Speicherprogrammierung zugeschrieben. Gewisse Verfasser machen daher geltend, dass die Ehre letztlich Turing zustehen sollte.

Copeland stellt fest:

„The first historians to insist that the stored-program concept originated in Turing's 1936 paper were (so far as is known) Brian Carpenter and Bob Doran in a classic article [...]: Carpenter, B. E., Doran, R. W. 'The other Turing machine', The computer journal, vol. 20 (1977), pp. 269–279. They said: 'It is reasonable to view the universal Turing machine as being programmed by the description of the machine it simulates; since this description is written on the memory tape of the universal machine, the latter is an abstract stored program computer (p. 270). In the United States, Martin Davis has been advocating powerfully for the same claim since 1987;' [...].“ (siehe Brian Jack Copeland; Giovanni Sommaruga: The stored-program universal computer: Did Zuse anticipate Turing and von Neumann?, in: Giovanni Sommaruga; Thomas Strahm (Hg.): Turing's revolution, Birkhäuser, Cham, Heidelberg usw., 2015, Seite 60).

Die ersten Historiker, die darauf hinwiesen, dass das Speicherprogrammkonzept seinen Ursprung in Turings 1936er Aufsatz hat, waren (soweit bekannt) Brian Carpenter und Bob Doran in einem bekannten Beitrag [...]: B. E. Carpenter; R. W. Doran 'The other Turing machine', in: The computer journal, Band 20 (1977), Seiten 269–279. Sie schrieben: Es macht Sinn, davon auszugehen, dass die universelle Turingmaschine durch die Beschreibung der Maschine programmiert wird, die sie nachahmt. Denn diese Beschreibung befindet sich auf dem Speicherband der universellen Maschine. Letztere ist ein abstrakter speicherprogrammierter Rechner (Seite 270). In den Vereinigten Staaten vertritt Martin Davis seit 1987 mit Nachdruck dieselbe Meinung.

Die Verfasser ergänzen, dass diese Erkenntnis bei Turings Nachkriegskollegen im National physical laboratory geläufig war und dass Mitglieder von Max Newmans Gruppe in Bletchley Park im zweiten Weltkrieg wussten, dass man Turings universelle Maschine von 1936 in einen praktischen digitalen Elektronenrechner umsetzen konnte.

Anscheinend ist erst seit den späten 1970er bzw. den 1980er Jahren (allgemein) bekannt, dass Turing der Schöpfer des Speicherprogrammkonzepts ist. Das deutet darauf hin, dass der britische Mathematiker den Bau der frühen speicherprogrammierten Digitalrechner kaum beeinflusst hat.

1.8 Universeller Rechner ≠ speicherprogrammierter Rechner

Die Meinungen zur Beziehung zwischen Universalmaschinen und Rechnern mit Speicherprogramm widersprechen sich. Ein Beispiel: Die Zuse-Rechner Z3 und Z4 werden zwar als (frei programmierbare) Universalrechner bezeichnet, sie waren aber nicht speicherprogrammiert.

> „Turing's 1936 paper is about universal computers which is quite different from the stored-program concept. As explained in Daylight's „A Turing tale": a stored-program computer can (at best) be viewed as a practical realization of the theoretical concept of a „universal machine" but not as a synonym. To put it differently: universal computation can also be implemented by means of external paper tape without having a program stored inside the computer." (Stellungnahme eines namenlosen Gutachters zum Aufsatz des Verfassers in der Ausgabe vom Februar 2017 der Communications of the ACM).

In Turings Abhandlung von 1936 geht es um universelle Rechner, was nichts mit dem Begriff des Speicherprogramms zu tun hat. Nach Edgar Graham Daylights „A Turing tale" könne ein speicherprogrammierter Rechner (bestenfalls) als praktische Umsetzung des theoretischen Konzepts einer „universellen Maschine" betrachtet werden. Mit anderen Worten: Universelle Berechnungen sind auch mit einem externen Lochstreifen – ohne ein intern gespeichertes Programm – durchführbar.

Nach Daylight (= Karel van Oudheusden) gehört Turing *nicht* zu den Schöpfern des Speicherprogramms.

> „Von Neumann referred here [*)] to Turing's 1936 universal machine, which is not the same as the „stored program" computer of the 1940s. A „stored program" is only a means to constructing a practical realization of a „universal Turing machine". Turing and von Neumann were able to make this observation, exactly because they were well versed in both theory and practice." (siehe Edgar Graham Daylight: A Turing tale, in: Communications of the ACM, Band 57, 2014, Heft 10, Seite 38).

*) Copeland then continues: "On the contrary, von Neumann said that Turing's great positive contribution was to show that one, definite mechanism can be *universal*."

Von Neumann bezog sich hier [*)] auf Turings universelle Maschine von 1936, was nicht dasselbe ist wie der speicherprogrammierte Rechner der 1940er Jahre. Ein Speicherprogramm ist nur ein Mittel, um eine universelle Turingmaschine zu verwirklichen. Turing und von Neumann war dieser Unterschied bewusst, denn beide waren sowohl mit der Theorie wie auch mit der Praxis gut vertraut.

*) Copeland fährt dann so fort: „Im Gegenteil, von Neumann sagte, dass Turing in seinem großartiger positiver Beitrag zeigte, dass ein bestimmter Mechanismus universell sein kann. "

Der britische Informatikhistoriker Priestley stellt fest:

„This suggests that a connection between stored-program computers and the universal machine was not widely made in 1946.“ (siehe Mark Priestley: A science of operations, Springer-Verlag, London 2011, Seite 145).

Dies [Bevorzugung des aus der Praxis entstandenen von Neumann-Rechners gegenüber der vergleichsweise wenig bekannten Logikmaschine Turings] weist darauf hin, dass man 1946 zwischen speicherprogrammierten Rechnern und der universellen Maschine im Allgemeinen keinen Zusammenhang sah.

Für Priestley sind nicht nur die Turingmaschine und Edvac universelle Geräte:

[...] „a computer does not have to incorporate a stored program in order to be universal in this sense. [...] the argument [...] leads to the conclusion that these machines [Zuse's Z3 or the ASCC] can also be described as universal, despite the fact that they read their programs from external storage devices.“ (siehe Mark Priestley: A science of operations, Springer-Verlag, London 2011, Seite 147).

[...]. ein Rechner muss kein Speicherprogramm aufweisen, um in diesem Sinn universell zu sein. [...] die Aussage [...] führt zum Schluss, dass diese Maschinen [Zuse Z3 oder IBM ASCC/Harvard mark 1] ebenfalls als universell betrachtet werden können, obwohl sie ihre Programme von externen Speichermedien einlesen.

„After 1950, it became common to describe electronic digital computers as being instantiations of Turing's concept of a universal machine, and stored-program computers are to this day described as being based on the „von Neumann architecture.“ (siehe Mark Priestley: A science of operations, Springer-Verlag, London 2011, Seite 124).

Nach 1950 wurden elektronische Digitalrechner üblicherweise als Verwirklichung der universellen Turingmaschine betrachtet. Speicherprogrammierte Rechner gelten bis heute als Von-Neumann-Maschinen.

Anmerkung
In einem Tagungsband des Institute of radio engineers erwähnt Claude Shannon in seinem Beitrag zwar die Turingmaschine (siehe Claude Elwood Shannon: Computers and automata, in: Proceedings of the IRE, Band 41, 1953, Heft 10, Seiten 1234–1241), und Maurice Wilkes führt in seinem Aufsatz den Turingtest (siehe Maurice Vincent Wilkes: Can machines think?, in: Proceedings of the IRE, Band 41, 1953, Heft 10, Seiten 1230–1234) an. Das Speicherprogramm kommt aber nicht zur Sprache.

1.9 Wer kam zuerst auf die Idee des Speicherprogramms?

Wem fiel das Speicherprogramm ein? In der Fachliteratur werden mehrere Namen genannt: Charles Babbage, Kurt Gödel, Alan Turing, Konrad Zuse, Presper Eckert/John Mauchly/Herman Goldstine/Arthur Burks, John von Neumann, Richard Clippinger, Sergei Lebedew, Heinz Rutishauser. Das Turingjahr 2012 hat den Meinungsstreit erneut entfacht, vor allem zwischen amerikanischen und britischen Fachleuten.

Der Ausdruck Speicherprogramm ist vergleichsweise jung (vgl. Kasten).

Wann taucht der Begriff Speicherprogramm erstmals auf?
Der Begriff „stored program" (Speicherprogramm) war in den 1930er und 1940er Jahren noch nicht gebräuchlich. Er taucht möglicherweise erstmals in einem Bericht vom 17. Mai 1949 mit der Überschrift „A calculator using electrostatic storage and a stored program" (Ein Rechner mit elektrostatischem Speicher und einem gespeicherten Programm) von Nathaniel Rochester auf, und zwar im Zusammenhang mit dem elektronischen Rechenlocher IBM 604 (IBM corporate archives, Somers, New York) (siehe Thomas Haigh; Mark Priestley; Crispin Rope: Eniac in action, MIT press, Cambridge, Massachusetts, London 2016, Seiten 239–240).

Charles Babbage befasste sich im Rahmen seiner analytischen Maschine in den 1830er Jahren am Rande mit nichtstarren Abläufen. Seine unfertige Maschine nutzte kein intern abgelegtes Programm. Als Alan Turing 1936 seine Abhandlung über die (gedankliche) universelle Rechenmaschine verfasste, gab es noch keine Computer im heutigen Sinn. Computer waren damals im englischsprachigen Raum Menschen, die mit mechanischen Tischrechenmaschinen Berechnungen durchführten („human computers with desk calculators").

In die engere Wahl für die Entstehung des Speicherprogramms kommen Alan Turing, Konrad Zuse, Presper Eckert, John Mauchly sowie John von Neumann. Burks und Goldstine hatten an den Vorhaben in Philadelphia und Princeton mitgewirkt und waren anschließend von Neumanns Mitarbeiter. Sie stellten keine (ausschließlichen) Prioritätsansprüche. Clippinger und Lebedew traten erst später auf. Kurt Gödel kommt als Vorläufer in Betracht.

In seiner Einleitung zum Kapitel „Stored program electronic computers" schrieb Brian Randell:

> „Whether or not Babbage had in essence conceived of stored programs there is absolutely no evidence to suggest that this aspect of his work had any influence on later pioneers. In fact the idea of a stored program has little attraction when a machine has only a slow mechanical internal memory. Thus it is not surprising that Zuse, whose 1936 paper, reprinted earlier, contains a comparatively clear reference to the possibility of a stored program, does not seem to have pursued the idea any further. Turing's 1936 paper can perhaps be regarded as implying the stored program concept, and there has recently been some speculation [...] as to whether, through his wartime contacts with von Neumann and his association with the secret British code-breaking machines, he might have played some part in the development of the practical stored program concept. Should this in fact turn out to be the case, his paper, which is usually regarded as being of „merely theoretical" importance, will be seen to have been considerably undervalued. However at present it still seems reasonable to assume that the concept originated with the Eniac group, in 1944 or 1945. (The earliest known document [...] by Turing on electronic computers, his proposal for the ACE computer [...] at the National Physical Laboratory, the pilot version of which was completed in 1951, was written in 1945 but refers to von Neuman's draft report on

Edvac, which is discussed below)." (siehe Brian Randell (Hg.): The origins of digital computers, Springer-Verlag, Berlin, Heidelberg usw., 3. Auflage 1982, Seite 376).

Ob Babbage das Speicherprogramm im Kern ausgedacht hat oder nicht: es gibt keinerlei Belege dafür, dass dieser Gesichtspunkt seiner Arbeit irgendeinen Einfluss auf spätere Pioniere hatte. Der Gedanke zu einem gespeicherten Programm ist ja wenig verlockend, wenn eine Maschine bloß einen langsamen mechanischen Innenspeicher hat. Daher überrascht es nicht, dass Zuse offenbar die Idee nicht weiter verfolgt hat. Sein weiter vorn abgedruckter Aufsatz von 1936 enthält nämlich einen vergleichsweise klaren Hinweis auf die Möglichkeit eines Speicherprogramms [Patentanmeldung vom 11. April 1936, auszugsweise auf den Seiten 163–170 auf Englisch wiedergegeben]. Man kann vielleicht davon ausgehen, dass Turings Abhandlung von 1936 den Begriff des gespeicherten Programms einschließt.

Vor kurzem wurde vermutet, dass er – aufgrund seiner Kontakte während des Kriegs mit von Neumann und seiner Beziehung zu den geheimen britischen Entzifferungsmaschinen – möglicherweise an der Entwicklung des praktischen Speicherprogrammkonzepts beteiligt war. Träfe das zu, würde man seine Abhandlung in erheblichem Maß unterschätzen. Ihr wird in der Regel nur eine „theoretische" Bedeutung zugemessen. Zurzeit nimmt man jedoch immer noch an, dass das Konzept 1944 oder 1945 in der Eniac-Gruppe entstand. (Das früheste bekannte Schriftstück von Turing über Elektronenrechner, sein Vorschlag zum Bau des Ace-Computers für das National physical laboratory, wurde 1945 verfasst. Das Versuchsmodell war 1951 fertig gestellt. Das Dokument verweist auf von Neumanns Edvac-Bericht, der unten besprochen wird).

Randell fährt fort:

„The draft report makes no mention of the consequences, from the point of view of either logical design or of programming, of the decision to store instructions in the internal memory. (Indeed in the report it states that stored instructions and data are to be distinguished, and provisions are made for modifying only the address field of an instruction.)" (siehe Brian Randell (Hg.): The origins of digital computers, Springer-Verlag, Berlin, Heidelberg usw., 3. Auflage 1982, Seiten 377–378).

Der Edvac-Bericht erwähnt die Auswirkungen der internen Befehlsspeicherung auf den logischen Entwurf und die Programmierung nicht. (Die Abhandlung legt freilich fest, dass gespeicherte Anweisungen und Daten zu unterscheiden sind. Es werden Vorkehrungen getroffen, damit nur der Adressteil eines Befehls geändert wird).

Ganzhorn und Walter halten fest:

„Hierin [Edvac-Bericht] forderte er [von Neumann] erstmalig, neben den Zahlenwerten auch das Programm mit Operationsbefehlen und Adressen intern als Information zu speichern." (siehe Karl Ganzhorn; Wolfgang Walter: Die geschichtliche Entwicklung der Datenverarbeitung, IBM Deutschland, Stuttgart 1975, Seite 53).

Der amerikanische Zeitzeuge und Rechnerpionier Harry Huskey berichtet über seine Erfahrungen mit Eniac und Edvac:

> „Who was responsible for the concept of the stored-program computer? [...]. Storing instructions like data in the delay lines was the only way that the instructions would be available at the required speed. I think Eckert deserves credit for the stored-program concept." (siehe Brian Jack Copeland (Hg.): Alan Turing's electronic brain, Oxford university press, Oxford 2012, Seite 283).

Von wem stammt der Begriff des speicherprogrammierten Rechners? Nur wenn man die Anweisungen gleich wie die Daten im Quecksilberspeicher aufbewahrt, stehen die Anweisungen rechtzeitig zur Verfügung. Ich glaube, dass wir das Konzept des gespeicherten Programms Eckert verdanken.

Huskey war vom Edvac-Bericht nicht angetan:

> „The first draft of a report on the Edvac was of little help to those of us working on the project, because von Neumann approached the topic from the more theoretical point of view. His report was of little value to the computer designer." (siehe Brian Jack Copeland (Hg.): Alan Turing's electronic brain, Oxford university press, Oxford 2012, Seite 283).

Der Edvac-Bericht war für die am Vorhaben Beteiligten wenig hilfreich, denn von Neumann behandelte den Gegenstand aus ziemlich theoretischer Sicht. Seine Abhandlung war für den Rechnerbauer wenig nutzbringend.

Der britische Informatikhistoriker Martin Campbell-Kelly stellt fest:

> „If one examines the Ace and the Edvac reports side by side, it is plain that much of Turing's notation as well as some aspects of the design of the Ace are derived from the Edvac. [...]. The use of „logical elements" is derivative, and some of Turing's diagrams are almost identical to von Neumann's. Likewise, the addressable memory of fixed-length binary numbers had no equivalent in the Turing machine." (siehe Brian Jack Copeland (Hg.): Alan Turing's electronic brain, Oxford university press, Oxford 2012, Seite 157).

Nimmt man die beiden Berichte zu Ace und Edvac näher unter die Lupe, so wird klar, dass Turing manche Bezeichnungen wie auch einige Entwurfsideen vom Edvac übernommen hat. [...]. Das gilt auch für die Verwendung von logischen Bausteinen. Mehrere Schaubilder stimmen mit den vonneumannschen Diagrammen weitgehend überein. Der ansprechbare Speicher mit Binärzahlen fester Länge kommt in der Turingmaschine nicht vor.

Anweisungen waren im Edvac nacheinander abgelegt. Im Unterschied dazu konnten sie im Ace-Rechner beliebig angeordnet werden, weil jeder Befehl den nächsten bestimmte.

Philadelphia als Ursprungsort des Speicherprogramms?

Priestley sieht den Ursprung des Speicherprogramms in den USA:

> „The stored-program concept was evolved by the Eniac group in collaboration with the mathematician John von Neumann, who joined them on a consultancy basis in 1944, and was first described in a proposal describing the Eniac's successor, known as the Edvac." (siehe Mark Priestley: A science of operations, London 2011, Seiten 123–124).

Das Speicherprogrammkonzept wurde von der Eniac-Gruppe in Zusammenarbeit mit dem Mathematiker John von Neumann entwickelt. 1944 schloss er sich ihr als Berater an. Die Idee wurde erstmals in einem Bericht erläutert, der den Eniac-Nachfolger Edvac beschrieb.

> „This decision to have a single uniform memory is the innovation that makes the *draft report* the canonical source of the stored-program idea. Again, although von Neumann did not comment on this, the design is reminiscent of Turing's universal machine, which used its single tape to store both the information required for, and that generated in the course of, a computation." (siehe Mark Priestley: A science of operations, Springer-Verlag, London 2011, Seiten 134–135).

Die Entscheidung für einen einzigen einheitlichen Speicher macht den Edvac-Bericht zur maßgebenden Quelle für den Gedanken des Speicherprogramms. Obwohl sich von Neumann dazu nicht äußerte, erinnert dieser Entwurf an die universelle Turingmaschine. Diese verwendet bei einer Berechnung ihr einziges Band für die Speicherung sowohl der Ausgangsdaten wie auch der Ergebnisse.

Hinweis
Speicherplatz war damals knapp und teuer. Ein einziger Speicher für Anweisungen und Daten erhöhte die Flexibilität.

Haigh, Priestley und Rope erkären:

> „The fourth objective, the simpler and faster setting up of problems, was eventually met by storing program information and data in the same high-speed memory. It is not clear if the team had this method in mind when setting the goal, or whether the idea predated von Neumann's involvement." (siehe Thomas Haigh; Mark Priestley; Crispin Rope: Eniac in action, MIT press, Cambridge, Massachusetts, London 2016, Seite 135).

Das vierte Ziel, nämlich die einfachere und schnellere Programmierung von Aufgaben, ließ sich schließlich erreichen, indem man Anweisungen und Daten im gleichen Hochgeschwindigkeitsspeicher ablegte. Es ist offen, ob die Arbeitsgruppe bei der Planung an diese Lösung dachte oder ob man schon vor von Neumanns Beteiligung auf diesen Gedanken kam.

> „The „stored program concept" is almost universally agreed to have been present in von Neumann's „First Draft of a Report on the Edvac" [...]. Authors have disputed whether the First Draft was the first or the most influential statement of the concept. Some favor either Alan Turing or J. Presper Eckert and John Mauchly as its true originator or originators." (siehe Thomas Haigh; Mark Priestley; Crispin Rope: Eniac in action, MIT press, Cambridge, Massachusetts, London 2016, Seite 231)

Es wird allgemein anerkannt, dass die Idee des Speicherprogramms in von Neumanns „First Draft of a Report on the Edvac“ enthalten ist [...]. Umstritten bleibt, ob dies die erste oder einflussreichste Darstellung dieses Sachverhalts ist. Einige Fachleute betrachten entweder Alan Turing oder Presper Eckert und John Mauchly als Urheber.

Universelle Turingmaschine ist kein Bauplan für speicherprogrammierte Rechner
Der israelische Informatikhistoriker Leo Corry kommt in seinem Aufsatz „Turing's pre-war analog computers: The fatherhood of the modern computer revisited“ (Communications of the ACM, Band 60, 2017, Heft 8, Seite 50) zu drei Kernaussagen:

> „There is no straightforward, let alone deterministic, historical path leading from Turing's 1936 ideas on the Universal Machine to the first stored-program electronic computers of the mid-1940s.“
>
> „Turing's own pre-war ideas on the Universal Machine were not intended as a possible blueprint for the actual construction of physical automatic calculating machines.“
>
> „Turing's personal interaction with von Neumann while at Princeton had little impact, if at all, on the later involvement of both men on the design and construction of the early stored-program computers, beginning in the mid-1940s.“

Es gibt keinen geraden, geschweige denn vorbestimmten historischen Weg, der von Turings Gedanken von 1936 über die universelle Maschine zu den ersten, Mitte der 1940er Jahre entstandenen speicherprogrammierten Elektronenrechnern führt.

Turings Vorkriegsgedanken über die universelle Maschine waren nicht gedacht als mögliche Vorlage für den tatsächlichen Bau physischer Rechenautomaten.

Turings persönliche Beziehung zu John von Neumann während seines Aufenthalts in Princeton hatte, wenn überhaupt, nur einen geringen Einfluss auf die spätere Beteiligung beider Männer am Entwurf und Bau der frühen speicherprogrammierten Rechner Mitte der 1940er Jahre.

Sowohl Einstein wie auch Gödel (vgl. Abb. 1.2) waren in Princeton tätig.

Abb. 1.2: Gödel und Einstein. Princeton war eine Zufluchtsstätte sowohl für Albert Einstein als auch für Kurt Gödel (© Ingrid Zámečníková, Bratislava).

1.9.1 Kurt Gödel als Stammvater des Speicherprogramms?

Vardi, ehemals langjähriger Chefredakteur der Communications of the ACM, geht davon aus, dass das Speicherprogramm – die Gleichbehandlung von Programm und Daten – im Kern auf Kurt Gödel (1931) zurückzuführen ist (siehe Moshe Vardi: Who begat computing?, in: Communications of the ACM, Band 56, 2013, Heft 1, Seite 5).

Die Verschlüsselung von Anweisungen in Form von Zahlen ist ein altes Verfahren. Nach dem amerikanischen Informatikhistoriker Aspray kam Turing zweifellos dank Gödels Unvollständigkeitssatz auf diesen Gedanken.

> „Turing's ACE report provided the first *complete* design of a *stored program* computer architecture, for Turing allowed instructions to be encoded as numbers and thereby to be stored in the memory just like other data." (siehe William Aspray: From mathematical constructivity to computer science: Alan Turing, John von Neumann, and the origins of computer science in mathematical logic, University of Wisconsin-Madison 1980, Seiten 191–192).

Mit seiner Abhandlung zum Ace-Rechner bot Turing den ersten *vollständigen* Entwurf für *speicherprogrammierte* Rechner an, denn er ließ es zu, Befehle als Zahlen zu verschlüsseln. Damit konnten sie gleich wie andere Daten im Speicher abgelegt werden.

> „Turing also provided ACE with the capability of *program modification*. He allowed for the modification of addresses of instructions as the machine executed. He also allowed for the manipulation of instructions as if they were numbers." (siehe William Aspray: From mathematical constructivity to computer science: Alan Turing, John von Neumann, and the origins of computer science in mathematical logic, University of Wisconsin-Madison 1980, Seite 193).

Turing sah für den Ace-Rechner auch die Fähigkeit zur *Programmänderung* vor. Befehlsadressen lassen sich während der Abarbeitung anpassen. Anweisungen können gleich wie Zahlen verändert werden.

Bei von Neumann konnten nur Adressen geändert werden. Bei Turing waren bedingte Verzweigungen einfacher.

1.9.2 Zuses Ansätze zum gespeicherten Programm

Konrad Zuse hatte sich schon früh Gedanken zum Speicherprogramm gemacht, wie aus einer Patentanmeldung vom 11. April 1936 und aus seinen Lebenserinnerungen hervorgeht:

> „Auch der Rechenplan lässt sich speichern, wobei die Befehle im Takt der Rechnung den Steuervorrichtungen zugeführt werden. Die Rechenpläne lassen sich entsprechend in fester Form speichern, falls die Maschine oft dieselbe Rechnung ausführen soll." (Patentanmeldung vom 11. April 1936: Verfahren zur selbsttätigen Durchführung von Rechnungen mit Hilfe von Rechenmaschinen).

> „Das Prinzip der Programmspeicherung war mir ebenfalls bekannt. Allerdings glaubte ich, dass es sich dabei nicht um eine anmeldungsfähige Erfindung handele; denn konstruktiv werden die gleichen Elemente wie für die Zahlenspeicherung verwendet." (siehe Konrad Zuse: Der Computer – Mein Lebenswerk, Springer-Verlag, Berlin, Heidelberg, 5., unveränderte Auflage 2010, Seite 97).

> „Während des Krieges wäre es freilich ohnehin kaum möglich gewesen, leistungsfähige Geräte mit Speicherprogrammen zu bauen. Wie in der Anlage 4 des wissenschaftlichen Anhangs gezeigt, wäre es auch wenig sinnvoll gewesen, im Rahmen der elektromechanischen Technik Geräte nach solchen Prinzipien zu konstruieren. Doch fand ich neben der praktischen Arbeit an der Z4 noch Zeit, auf dem Papier Geräte mit Programmspeicherung und Adressumrechnung zu entwerfen. Ich arbeitete die Patentzeichnungen für ein solches Gerät aus, für das außerdem assoziative Speicher vorgesehen waren." (siehe Konrad Zuse: Der Computer – Mein Lebenswerk, Springer-Verlag, Berlin, Heidelberg, 5., unveränderte Auflage 2010, Seite 78).

Bei den frühen Zusemaschinen waren Daten- und Programmspeicher (Befehlsspeicher) getrennt. Die Hauptspeicher der ersten Rechenautomaten von Zuse, Aiken und Eckert/Mauchly waren allgemein sehr klein.

Es folgen einige Stellungnahmen zu Zuses Vorstellungen zur Programmspeicherung. Sie wurden in zwei deutschen Dissertationen veröffentlicht.

„Er [Zuse] hatte bereits 1936 die Möglichkeit vorgesehen, das Programm im Speicher genau so wie die Zahlen zu speichern, da es ja ebenfalls in Ja-Nein-Werte zu zerlegen war. Die sechzehn Worte, die der mechanische Speicher der Z 4 bei Kriegsende enthielt, machte die Speicherung eines größeren Programms unmöglich. Zuse arbeitete den Plan der Programmspeicherung und Adressenrechnung ebenso wie die Möglichkeit des „assoziativen" Speichers auf dem Papier für eine geplante Patentanmeldung aus." (siehe Hartmut Petzold: Rechnende Maschinen, VDI-Verlag, Düsseldorf 1985, Seite 332).

„Im gleichen Jahr [1945] arbeitete Zuse auf dem Papier verschiedene weit über seine gebauten Maschinen hinausreichende Entwürfe und Pläne für Rechner mit Programmspeicherung und Adressenumrechnung aus. Der Entwurf für eine entsprechende Patentschrift enthielt auch den Plan für einen assoziativen Speicher." (siehe Hartmut Petzold: Rechnende Maschinen, VDI-Verlag, Düsseldorf 1985, Seite 325).

„Zuse hatte während der letzten Kriegsmonate mit dem Entwurf des Plankalküls eine theoretische Systematik entwickelt, mit der eine erst auf dem Papier konzipierte, sehr leistungsfähige, mit Sprungbefehlen, gespeicherten Programmen und assoziativen Speichern versehene Maschine programmiert werden konnte." (siehe Hartmut Petzold: Rechnende Maschinen, VDI-Verlag, Düsseldorf 1985, Seite 480).

„Weitgehend unbekannt und international kaum akzeptiert ist, daß Zuse auch die Möglichkeit der Programmspeicherung sowie die Möglichkeit des Einsatzes bedingter Befehle frühzeitig erkannte." (siehe Rolf Zellmer: Die Entstehung der deutschen Computerindustrie, Dissertation, Universität Köln 1990, Seite 57).

Die ersten englischsprachigen Veröffentlichungen zur Zusemaschine tauchen nach bisherigem Wissen erst 1947 auf. Im Ausland wurde der deutsche Wegbereiter in den ersten Nachkriegsjahren kaum zur Kenntnis genommen.

1.9.3 Mechanik bremst Elektronik

Beim amerikanischen Röhrenrechner Eniac wurden die Daten mit *elektronischer* Geschwindigkeit übertragen und verarbeitet. Die Programme musste man aber *mechanisch* über Steckverbindungen und Drehschalter eingeben, was den Rechenbetrieb lähmte. Die Steuerung des Relaisrechners Harvard mark1/IBM ASCC erfolgte über Lochstreifen. In diesem Fall war der Geschwindigkeitsunterschied weniger ausgeprägt, weil ausschließlich mechanische Geräte eingesetzt wurden.

Nur wenn die Anweisungen in einem sehr *schnellen* Speicher zur Verfügung stehen, lässt sich die hohe Geschwindigkeit von Elektronenrechnern ausschöpfen. Diese Einsicht war nahe liegend und schlug sich im Von-Neumann-Bericht nieder. Für die Umsetzung bedurfte es jedoch leistungsfähiger Trägermedien. Der Mangel an Speicherplatz blieb lange Zeit ein Dauerproblem. Wenn Daten und Programme im gleichen Speicher gehalten wurden, ließ sich der knappe, kostspielige Platz besser ausnutzen (einfachere Aufteilung). Sind die Anweisungen in einem (elektronischen)

Schnellzugriffsspeicher aufgehoben, lassen sie sich wie Daten ändern, und zwar während der Abarbeitung des Programms.

1.9.4 Durchbruch des Speicherprogramms dank von Neumann

Es ist offensichtlich, dass der einflussreiche John von Neumann vom Institute for advanced study (Princeton) mit seinen Abhandlungen aus den Jahren 1945 und 1946 der Einführung des Speicherprogramms zum Durchbruch verholfen hat. Ort der Handlung war die Moore school of electrical engineering der Universität von Pennsylvania in Philadelphia, wo das Ungetüm Eniac fertig gestellt wurde. Die Programmierung dieser von John Mauchly und Presper Eckert gebauten Riesenanlage über Steckkabel und Schalter war mühsam. Ein wirksameres Vorgehen drängte sich auf.

Heinz Rutishauser, der Erfinder der automatischen Programmierung und maßgeblicher Vater der Programmiersprache Algol, stellte am 29. November 1952 in seiner Antrittsvorlesung an der ETH Zürich fest, dass die Programmspeicherung um 1947 eingeführt wurde:

> „Durch die Einführung der Entscheidungsbefehle und der Unterprogramme wurde der Wirkungsbereich der programmgesteuerten Rechenmaschinen wesentlich erweitert. Dagegen befriedigten die Lochstreifen als Programmträger bald nicht mehr, da bei schnellen Maschinen das Abtasten der Befehle der Rechengeschwindigkeit nicht mehr folgen konnte. Zum Teil aus diesem, zum Teil aus anderen Gründen ist man ungefähr im Jahre 1947 noch einen Schritt weitergegangen. Da die während der Rechnung gebrauchten Zahlen in der Maschine gespeichert werden, kann man ebenso gut auch das ganze Rechenprogramm mit all seinen Unterplänen in der Maschine speichern und durch Zahlen darstellen. Da also die einzelnen Befehle in der Maschine wie Zahlen behandelt werden, haben wir sogar die Möglichkeit, das Programm während der Rechnung noch abzuändern, wovon man in der Tat gerne Gebrauch macht." (siehe Hanna Rutishauser; Walter Gander: Programmieren, welche Bürde!, in: Informatik-Spektrum, Band 38, 2015, Seite 153).

1.9.5 Turing, von Neumann oder Eckert/Mauchly?

Hat der damals wenig bekannte Alan Turing von der Universität Cambridge in seiner bahnbrechenden Arbeit zur universellen Rechenmaschine von 1936 den Grundstein für das zukunftsträchtige Vielzweckgerät gelegt?

Nehmen wir an, dass Turing der Begründer der Programmspeicherung war. Weshalb wurden dann seine Erkenntnisse für die im zweiten Weltkrieg gebauten britischen und amerikanischen Relais- und Röhrengeräte nicht übernommen? Wie groß war sein Einfluss auf von Neumann und die englischen Konstrukteure Thomas Flowers, Frederic Williams, Thomas Kilburn, Maurice Wilkes und Andrew Booth?

Der Anstoß für die Verwirklichung des Speicherprogramms bei den englischen Nachkriegsrechnern (Universitäten Manchester, Cambridge, London) ging offenbar nicht von Turing aus, sondern kam aus Philadelphia (Vorlesungsreihe 1946) und Princeton (Gastaufenthalte europäischer Forscher). Hat Turing die Bekanntgabe seiner Errungenschaften vernachlässigt, oder wurde ihre Bedeutung nicht erkannt? Weshalb hat von Neumann Turings Verdienste in seinen Schriften nicht (angemessen) gewürdigt?

Von Neumann oder Eckert/Mauchly?

1945 begann ein erbitterter Zwist zwischen *Presper Eckert* und *John Mauchly* (Universität von Pennsylvania in Philadelphia) einerseits und *John von Neumann* (Institute for advanced study, Princeton) andererseits. Die betroffenen Wegbereiter (Presper Eckert, John Mauchly) und manche Zeitgenossen haben Stellung zum Werden des Speicherprogramms genommen, manchmal allerdings erst deutlich später: Alice Burks, Arthur Burks, Herman Goldstine aus dem „Lager" von Neumanns, ferner amerikanische und britische Fachleute: Harry Huskey, Nicholas Metropolis und Maurice Wilkes. Aus den deutschsprachigen Ländern meldeten sich Friedrich Bauer, Wilfried de Beauclair, Fritz-Rudolf Güntsch, Ambros Speiser, Heinz Zemanek und Konrad Zuse zu Wort. Im Mittelpunkt der Erörterungen stand jeweils die Frage: Wem steht das Erstrecht zu, von Neumann oder Eckert/Mauchly? Turing wurde dabei üblicherweise nicht genannt. John von Neumann hat zu den Anfeindungen, soweit bekannt, stets geschwiegen.

Auch namhafte Technikhistorikerinnen und -historiker haben sich mit dem Streit befasst, z.B.: William Aspray, Paul Ceruzzi, Nancy Stern, Michael Williams. Die Meinungen sind gegensätzlich. Die einen gehen davon aus, dass sich von Neumann mit fremden Federn geschmückt hat. Die anderen halten ihn für den geistigen Vater der gespeicherten Programms.

Von Neumann oder Turing?

Seit einiger Zeit geht es bei der Auseinandersetzung zwischen englischsprachigen Technikhistorikern nun vorwiegend um das Erstrecht von *Alan Turi*ng und *John von Neumann.* Konrad Zuse wird dabei selten erwähnt. In seinem Vorschlag zum Bau eines speicherprogrammierten Rechners (Ace) von 1945 zitiert Turing von Neumann, von Neumann führt Turing in seinem Bericht zum Rechnerbau (Edvac) hingegen nicht an. Britische Geschichtsschreiber setzen sich z.T. für Turing ein, amerikanische wehren sich bevorzugt für von Neumann.

In diesem Zusammenhang gibt Vardi zu bedenken:

> [...] „we should not confuse a mathematical idea with an engineering design. It was the Edvac report of 1945 that offered the first explicit exposition of the stored-program computer." (siehe Moshe Vardi: Who begat computing?, in: Communications of the ACM, Band 56, 2013, Heft 1, Seite 5).

Wir sollten einen mathematischen Gedanken nicht mit einem technischen Vorhaben verwechseln. Der Edvac-Bericht hat 1945 erstmals den speicherprogrammierten Rechner ausdrücklich beschrieben.

Eine Frage der Definition?
Teresa Numerico unterscheidet drei Bedeutungen des Begriffs „Speicherprogramm“ (siehe Brian Jack Copeland (Hg.): Alan Turing’s electronic brain, Oxford university press, Oxford 2012, Seite 183):
- Anweisungen lassen sich im Speicher als Zahlen verschlüsseln. Diese Vorgehensweise beruht unmittelbar auf der in Gödels Logik verwendeten Arithmetisierungstechnik. Das Speicherprogramm war in diesem Sinn in der universellen Turingmaschine von 1936 vorhanden.
- Anweisungen und Daten werden gemeinsam gespeichert, wobei die gleichen Symbolarten verwendet werden. Dieser Gedanke stammt von der universellen Turingmaschine.
- Anweisungen, die als Zahlen dargestellt sind, können verändert werden. Das führt zu veränderlichen Programmen.

Numerico fügt hinzu, dass laut Edvac-Bericht nur der Adressteil einer Anweisung geändert werden konnte. Von Neumann habe erst später die Idee übernommen, Anweisungen gleich wie Daten zu verändern.

1.9.6 Schlussfolgerungen

Die Streitfrage zur Herkunft des Speicherprogramms dürfte sich mangels ausreichender Belege nicht mehr mit Sicherheit klären lassen. Viele Zeitgenossen und die frühen Informatikpioniere haben sich dazu gegensätzlich geäußert. Das Verdienst wurde meist von Neumann oder Eckert zugeschrieben, Turing hingegen kaum berücksichtigt. Alan Turing und John von Neumann haben anscheinend keine Stellung zu dieser Zwietracht genommen. Der *Durchbruch* der Speicherprogrammierung ist zweifellos der internationalen Ausstrahlung von Neumanns zu verdanken.

Nicht auszuschließen ist, dass mehrere Personen unabhängig voneinander auf den Gedanken des Speicherprogramms kamen, wie das bei vielen Erfindungen geschah. Ob und wie weit sich Turing, von Neumann und Eckert/Mauchly gegenseitig beeinflusst haben, lässt sich nur schwer feststellen.

Das Speicherprogramm hat mehrere Väter (vgl. Kasten).

Mehrere Schöpfer des Speicherprogramms
Eine mögliche Antwort auf die langjährige Streitfrage:
- *Alan Turing* ist 1936 in Cambridge aufgrund *theoretischer* Überlegungen auf den Gedanken des Speicherprogramms gekommen. Seine Erkenntnisse wurden aber weder in Großbritannien noch in Nordamerika verstanden bzw. zur Kenntnis genommen. Er hatte wohl die umfassendste Vorstellung einer Universalmaschine.
- Der Konstrukteur *Konrad Zuse* dachte ebenfalls 1936 in Berlin an die Möglichkeit der Programmspeicherung, konnte sie jedoch damals nicht in die Praxis umsetzen. Es gab noch keine leistungsfähigen Hauptspeicher. Seine Einsichten blieben weitgehend unbekannt.

- *John von Neumann* entwickelte 1945 in Princeton in Zusammenarbeit mit *Presper Eckert* und John Mauchly (Philadelphia) aufgrund *praktischer* Erfahrungen mit dem Elektronenrechner Eniac die Idee des gespeicherten Programms.

Turing, Zuse und von Neumann gelangten *unabhängig* voneinander und aus *unterschiedlichen* Gründen zu ähnlichen Ergebnissen.

Maßgebliche Darstellungen zur Programmspeicherung

Hier einige Hinweise auf ausgewählte Schriften zum Thema Speicherprogramm:
- Alan Turing: On computable numbers, with an application to the Entscheidungsproblem (1936, universelle Turingmaschine) sowie The automatic computing engine (1945, Beschreibung eines speicherprogrammierten elektronischen Digitalrechners),
- John von Neumann: First draft of a report on the Edvac (1945, Vorstellung eines speicherprogrammierten elektronischen Digitalrechners),
- Nancy Stern: From Eniac to Univac (1981, Stellungnahme zugunsten von Eckert und Mauchly),
- Alice Burks: Who invented the computer? (2003, Stellungnahme zugunsten von Neumanns).

Für weitere Angaben zu diesem Zwist vgl.
Herbert Bruderer: Konrad Zuse und die Schweiz, de Gruyter Oldenbourg-Verlag, München 2012, Seiten 43–59.

1.10 Wer hat als Erster die automatische Programmierung ausgedacht?

Heinz Rutishauser (ETH Zürich) gilt als Erfinder der *automatischen Programmierung*. Das ist die Grundlage für den *Compiler* (Programm zur Übersetzung von einer höheren Programmiersprache in die Maschinensprache), siehe Heinz Rutishauser: Automatische Rechenplanfertigung bei programmgesteuerten Rechenmaschinen, Birkhäuser Verlag, Basel 1952 (Habilitationsschrift). Damals sprach man von „automatischer Programmierung", „automatischer Rechenplanfertigung" und „automatischer Formelübersetzung". Der Ausdruck „automatische Programmierung" ist missverständlich. Denn nicht die Maschine, sondern der Mensch schrieb die Anweisungen.

Rutishauser ist zudem einer der Väter der Programmiersprache *Algol*. Beteiligt war u.a. auch Friedrich Bauer (Deutschland). Algol bildete die Grundlage für eine Reihe von „Nachkommen" (Formelsprachen), z.B. Pascal.

Mit seiner Programmiersprache Plankalkül war Zuse seiner Zeit weit voraus. Weil sie kaum zur Kenntnis genommen wurde, blieb ihr Einfluss freilich gering. Mit Formelübersetzern (Compiler) haben sich auch Grace Hopper (USA, 1952) und Corrado

Böhm (Italien, 1954) befasst, desgleichen Halcombe Laning und Niel Zierler (USA, 1954).

Eine Vorstufe der Compiler waren die *Planfertigungsgeräte* für die Z4 von Konrad Zuse (1945, auch Programmator genannt, unvollendet) und Harvard mark 3 von Howard Aiken (1950). Die Verschlüsselung des Befehlsstreifens wurde durch eine Chiffriermaschine besorgt (siehe Heinz Rutishauser; Ambros Speiser; Eduard Stiefel: Programmgesteuerte digitale Rechengeräte (elektronische Rechenmaschinen), Birkhäuser Verlag, Basel 1951, Seiten 10 und 63).

Die Ausdrücke „Rechenplan" und „Rechenprogramm" werden hier der Einfachheit halber einander gleichgesetzt, ebenso „Unterrechenplan", „Unterplan" und „Unterprogramm". Nach der folgenden Umschreibung liegt ein *Rechenprogramm* in einer *höheren Programmiersprache*, der *Rechenplan* hingegen in der *Maschinensprache* vor:

> „Zur Abgrenzung der Begriffe „Rechenprogramm" und „Befehlsreihe" (letztere auch Rechenplan genannt [...]), sei nochmals hervorgehoben, dass das Rechenprogramm die durch Formeln und Vorschriften ausgedrückte, noch sehr allgemein gehaltene numerische Lösung der gestellten Aufgabe ist, die an sich für jeden Automaten paßt; demgegenüber bezieht sich die Befehlsreihe immer auf eine spezielle Rechenmaschine." (siehe Heinz Rutishauser; Ambros Speiser; Eduard Stiefel: Programmgesteuerte digitale Rechengeräte (elektronische Rechenmaschinen), Birkhäuser Verlag, Basel 1951, Seiten 43–44).

Die gleichen Verfasser haben (1951) das Ungleichgewicht zwischen der hohen Rechengeschwindigkeit einerseits und der mangelhaften Betriebssicherheit sowie der zeitraubenden Vorbereitung des Problems bis zur Herstellung des Lochstreifens andererseits beklagt.

> „Es kann nicht bestritten werden, daß die programmgesteuerten Rechenmaschinen infolge Versagens ihrer Bauelemente (Relais, Elektronenröhren, Widerstände, Kondensatoren, mechanische Teile usw.) gelegentlich Rechenfehler begehen." (siehe Heinz Rutishauser; Ambros Speiser; Eduard Stiefel: Programmgesteuerte digitale Rechengeräte (elektronische Rechenmaschinen), Birkhäuser Verlag, Basel 1951, Seite 63).

> „Der Einsatz einer programmgesteuerten Rechenmaschine lohnt sich um so eher, je häufiger jeder Befehl des Rechenplans im Mittel ausgeführt wird, weil dann die relativ hohen Kosten der Vorbereitung weniger ins Gewacht fallen. Tatsächlich ist der Aufwand für die Aufstellung eines Rechenplans wesentlich größer als die einmalige Durchrechnung aller Befehle desselben auf einer Bürorechenmaschine." (siehe Heinz Rutishauser; Ambros Speiser; Eduard Stiefel: Programmgesteuerte digitale Rechengeräte (elektronische Rechenmaschinen), Birkhäuser Verlag, Basel 1951, Seite 45).

1.11 Wer hat den ersten Übersetzer (Compiler) geschaffen?

Als erste Programmiersprache wird üblicherweise Konrad Zuses Plankalkül bezeichnet. Untersuchungen zur Entstehung des Übersetzungsprogramms, des *Compilers*, sind eher selten. Die Anschauungen zu seiner Herkunft gehen weichen voneinander ab. In manchen Schriften wird die Ehre Grace Hopper (USA) zuteil, was aber umstritten ist. Die Antwort auf die Frage der Priorität (Erstrecht, Vorrang) hängt auch in diesem Fall von der Begriffsbestimmung ab.

In der Frühzeit der Informatik sprach man wie erwähnt von *automatischer Programmierung* und automatischer *Rechenplanfertigung.* Der Ausdruck „Compiler" im heutigen Sinn bürgerte sich erst später ein. Zu lesen war von einem Übersetzer, einem „programmierenden Programm", einem Programm für die Übersetzung von einer Programmiersprache in die Maschinensprache. Die Bedeutung des Übersetzerbegriffs hat sich mit der Zeit gewandelt. Auf einem Symposium zur automatischen Programmierung von Digitalrechnern (Mai 1954) wurde der Ausdruck je nach Vortrag in unterschiedlicher Weise gebraucht.

Manche sogenannte „Compiler" waren wenig anspruchsvoll. Das trifft nach Donald Knuth auch für Hoppers Ausgestaltung zu. Der amerikanische Technikhistoriker Ceruzzi meint dazu:

> „The term „compiler" has come into common use today to mean a program that translates instructions written in a language that human beings are comfortable with, into binary codes that a computer can execute. That meaning is not what Hopper had in mind. For her, a compiler handled subroutines stored in libraries. A compiler method, according to Hopper's definition, was a program that copied the subroutine code into the proper place in the main program where a programmer wanted to use it." (siehe Paul E. Ceruzzi: A history of modern computing, MIT press, Cambridge, Massachusetts, London, 2. Auflage 2003, Seite 85).

Unter dem Begriff „Compiler" versteht man heute in der Regel ein Programm, das Anweisungen, die in einer für den Menschen verständlichen Sprache geschrieben sind, in binäre Zeichenfolgen überträgt. Diese kann ein Digitalrechner ausführen. Hopper verfolgte jedoch einen anderen Zweck. Nach ihrer Umschreibung handhabte ein Compiler in Bibliotheken gespeicherte Unterprogramme. Er kopierte ein Unterprogramm an den Standort im Hauptprogramm, wo ein Programmierer es verwenden wollte.

Solche Unterprogramme berechneten beispielsweise Winkelfunktionen, Logarithmen und die Gleitkommadarstellung.

Corrado Böhm (Italien)
Die Erfahrungen mit der Zusemaschine Z4 an der ETH Zürich veranlassten den Italiener Corrado Böhm, einen Übersetzer zu entwerfen (Dissertation 1954).

Alick Glennie (England)

Die Engländer J. M. Bennett und Alick E. Glennie erwähnen in ihrem Beitrag „Programming for high-speed digital calculating machines" (1953) einen Autocode. Nach Christopher S. Strachey wurde dieser Compiler ab September 1952 für den Rechner Manchester mark 1 verwendet.

Hopper veröffentlichte ihren Aufsatz vor Glennie, dennoch betrachtet Knuth Glennie als Schöpfer des ersten *echten* Compilers, der tatsächlich eingebaut und genutzt worden sei (siehe Donald E. Knuth; Luis Trabb Pardo: The early development of programming languages, in: Nicholas Constantine Metropolis; Jack Howlett; Gian-Carlo Rota (Hg.): A history of computing in the twentieth century, Academic press, New York, London usw. 1980, Seiten 218 ff.).

Grace Hopper (USA)

Ein erster „Compiler" namens A-0 von Grace Murray Hopper war im Frühling 1952 für den Univac-Rechner in Betrieb. Er war Thema ihres Vortrags „The education of a computer" auf der ersten ACM National conference (Pittsburgh 1952). Verbesserte Fassungen waren A-1 (Januar 1953) und A-2 (August 1953), A-2 wurde Ende 1953 ausgeliefert.

Halcombe Laning und **Niel Zierler (USA)**

J. Halcombe Laning und Niel Zierler vom Massachusetts Institute of Technology (MIT) verfassten den Bericht „A program for translation of mathematical equations for Whirlwind 1" (Januar 1954). Laning schrieb im Sommer 1952 einen vorläufigen algebraischen Übersetzer (Formelübersetzer). Bis Mai 1953 hatte er ihn gemeinsam mit Zierler zu einem brauchbaren Verfahren erweitert.

Alexej Ljapunow (Sowjetunion)

Der erste Programmierkurs „Grundlagen der Programmierung" an einer sowjetischen Hochschule fand im Studienjahr 1952/1953 an der Staatsuniversität Moskau statt. Alexej A. Ljapunow ging dabei erstmals auf das Problem der automatischen Programmierung ein. S. S. Kamynin und E. Z. Lubimski vom mathematischen Institut der sowjetischen Akademie der Wissenschaften entwickelten ab 1954 auf dem Rechner Strela ein vorläufiges „Programmierprogramm". 1955 war die endgültige Fassung des Compilers fertig. Andrej Erschow, L. N. Korolew und V. M. Kurotschkin arbeiteten an einem ähnlichen Vorhaben für den Rechner Besm (siehe Andrei P. Ershov, Michael R. Shura-Bura: The early development of programming in the USSR, in: Nicholas Constantine Metropolis; Jack Howlett; Gian-Carlo Rota (Hg.): A history of computing in the twentieth century, Academic press, New York, London usw. 1980, Seiten 155 ff.).

Schlussfolgerungen

Diese Darlegungen lassen sich wie folgt zusammenfassen: *Heinz Rutishauser* schlug als Erster die automatische Programmherstellung vor (maschinelle Übersetzung mithilfe des Rechengeräts, 1951/52). *Grace Hopper* schuf die ersten Dienstprogramme für die Verwaltung von Unterprogrammen (1952). *Alick Glennie* ist Urheber des ersten echten Compilers, der tatsächlich auf einer Rechenmaschine eingesetzt wurde (1952). Mehr zu Rutishauser im Abschnitt 4.9.

1.12 Frühzeit der Programmierung

> „In 1914, Leonardo Torres y Quevedo used natural language to describe the steps of a short program for his hypothetical automaton. Helmut Schreyer gave an analogous description in 1939 for the machine that he had helped Konrad Zuse to build.“ (siehe Donald E. Knuth; Luis Trabb Pardo: The early development of programming languages, in: Donald E. Knuth (Hg.): Selected papers on computer languages, Center for the study of language and information, Stanford 2003, Seite 6, und in: Nicholas Constantine Metropolis; Jack Howlett; Gian-Carlo Rota (Hg.): A history of computing in the twentieth century, Academic press, New York, London usw. 1980, Seite 201).

Leonardo Torres Quevedo verwendete 1914 die natürliche Sprache, um die Schritte eines kurzen Programms für seinen hypothetischen (auf einer unbewiesenen Vermutung beruhenden) Automaten zu beschreiben. Helmut Schreyer erarbeitete 1939 eine ähnliche Darstellung für die Zusemaschine, an deren Bau er mitgewirkt hatte.
Die modernen Programmiersprachen hatten manche Vorläufer (vgl. Tab. 1.3).

Tab. 1.3: Frühe Entwicklungen zur Programmierung

Bemühungen in den USA und in Europa			
Sprache	**Schöpfer**	**Jahr**	**Land**
Plankalkül	Konrad Zuse	1945	Deutschland
flow diagrams	Herman H. Goldstine, John von Neumann	1946	USA
composition	Haskell B. Curry	1948	USA
short code	John W. Mauchly, William F. Schmitt	1949	USA
intermediate program language	Arthur W. Burks	1950	USA
Klammerausdrücke	Heinz Rutishauser	1951	Schweiz
formules	Corrado Böhm	1951	Italien
autocode	Alick E. Glennie	1952	England
A-2	Grace Murray Hopper	1953	USA
algebraic interpreter (Whirlwind translator)	J. Halcombe Laning, Niel Zierler	1953	USA
autocode	Ralph Anthony Brooker	1954	England
PP-2	S. S. Kamynin E. Z. Ljubimskij	1954	Russland

Quelle
Donald E. Knuth; Luis Trabb Pardo: The early development of programming languages, in: Donald E. Knuth (Hg.): Selected papers on computer languages, Center for the study of language and information, Stanford 2003, Seite 76.

Die Entwicklung mündete schließlich in die Programmiersprachen Fortran (John Backus, 1954 ff.), Algol und die unzähligen Nachfolger.

Für weitere Angaben zur Geschichte der Programmiersprachen vgl.
Jean E. Sammet: Programming languages: History and fundamentals, Prentice-Hall, Inc., Englewood Cliffs, New Jersey 1969,
Richard L. Wexelblat (Hg.): History of programming languages, Academic press, New York, London usw. 1981.

1.13 Offene Fragen zur Informatikgeschichte

Zur Frühgeschichte der Rechentechnik gibt es viele ungeklärte Fragen. Oft fehlen ausreichende Belege. Ungewiss sind beispielsweise die Beziehungen zu Vorläufern: Welche Wegbereiter haben John Napier, Jost Bürgi, Wilhelm Schickard, Blaise Pascal, Gottfried Wilhelm Leibniz, Jacques Vaucanson, Pierre Jaquet-Droz, Charles Babbage, Herman Hollerith, Leonardo Torres Quevedo, Alan Turing und Konrad Zuse gekannt?

Es folgen einige ausgewählte Fragen:

- Hat John Mauchly beim Bau des Röhrenrechners Eniac das Urheberrecht von John Atanasoff verletzt?
  Im langwierigen Patentprozess wurde Atanasoff als Erfinder des digitalen elektronischen Rechenautomaten (ABC) bestimmt. Das Bundesgerichtsurteil (1973) ist jedoch nach wie vor umstritten.
- Wurde John von Neumann von Alan Turings Abhandlung über die universelle Turingmaschine (1936) beeinflusst?
  Warum fehlen in von Neumanns Bericht (1945) nähere Quellenangaben? Hat von Neumann das Urheberrecht von Alan Turing, Presper Eckert und John Mauchly verletzt?
- Wem ist die Idee des Speicherprogramms zu verdanken?
  Am häufigsten werden Alan Turing und John von Neumann erwähnt. Zu nennen sind auch Konrad Zuse, Presper Eckert und John Mauchly. Unklar ist, ob von Neumann die Gedanken zum Speicherprogramm von Turing oder anderen Fachleuten übernommen oder unabhängig hatte.
- Auf wen geht die Trennung von Steuerwerk (Leitwerk), Rechenwerk, Speicherwerk sowie Eingabe- und Ausgabeeinheit zurück?
  Damit haben sich vor John von Neumann schon Charles Babbage und Konrad Zuse befasst.

- Hat Grace Hopper den Compiler (Übersetzer) erfunden?
  Dieses Verdienst wird meist Hopper (1952) zugeschrieben, es kommt aber eher Alick Glennie (1952) zu. Im Spiel ist auch der Name von Heinz Rutishauser, der wohl als Erster die automatische Programmierung (1951/52) vorschlug.
- Wer ist der Vater des Computers?
  Diese Ehre wird verschiedenen Bahnbrechern zuteil: Howard Aiken, John Atanasoff, Charles Babbage, Presper Eckert, Thomas Flowers, John Mauchly, George Stibitz, Leonardo Torres Quevedo, Alan Turing, John von Neumann, Konrad Zuse. Es gibt offensichtlich mehrere Erfinder.
- Wer hat das erste Rechenprogramm geschrieben?
  Als erste Programmiererin gilt Ada Lovelace mit ihrem Aufsatz (1843) über die analytische Maschine von Charles Babbage. Der erste Programmierer war aber wohl Babbage.
- Von wem stammt die erste Programmiersprache?
  Allgemein wird der Plankalkül (1945/46) von Konrad Zuse als erste Programmiersprache oder als erster Vorläufer betrachtet.
- Wer hat das erste Schachprogramm geschrieben?
  Gedanken zu Schachprogrammen haben sich schon Alan Turing (1941) und Konrad Zuse (Plankalkül 1945/46, logistisches Gerät) gemacht. Dabei wird aber die Schachmaschine von Leonardo Torres Quevedo (1912) übersehen.
- Wer hat die maschinelle (künstliche) Intelligenz begründet?
  Babbage, Torres Quevedo, Turing, Zuse?
- Hat der britische Premierminister Winston Churchill nach dem zweiten Weltkrieg die Beseitigung der geheimen Colossus-Rechner angeordnet?
- Wer ist Urheber der Mikroprogrammierung? Charles Babbage, Alan Turing, Maurice Wilkes? Diesen drei Erfindern wird auch das Unterprogramm zugeschrieben.

1.14 Woher kamen die Baukenntnisse?

Kurz nach dem zweiten Weltkrieg machten Nachrichten über den bis anhin unbekannten riesigen US-Elektronenrechner Eniac die Runde. Schon vorher waren anscheinend Gerüchte über Geheimdienste nach Europa durchgesickert. Der Mammut erregte Argwohn, machte neugierig. Die Kriegswirren hatten einen erheblichen Nachholbedarf in vielen Bereichen verursacht. Der Informationsfluss war jahrelang überaus spärlich.

Zudem bahnte sich langsam ein Umbruch an. Die *Elektronik* bedrohte die *Mechanik*, die *Digitaltechnik* bedrängte die *Analogtechnik*. Der Wettbewerb zwischen Analog- und Digitalrechnern dauerte noch dreißig Jahre.

Große Wissenslücken

Die Anzahl der weltweiten Veröffentlichungen zur analogen und digitalen Rechentechnik von 1930 bis 1945 ist äußerst mager. Zu den aufkommenden programmgesteuerten Rechenmaschinen und den damit verbundenen Wissenszweigen gab es, von seltenen Ausnahmen abgesehen, weder Bücher noch Lehrveranstaltungen. Niemand hatte einen Überblick über den Stand der Forschung. So hielten sich denn manche europäische Wissenschaftler in den Vereinigten Staaten auf, um sich kundig zu machen. Ein Mekka war Princeton, wo u.a. Einstein und von Neumann lehrten. Viele wollten programmierbare Rechner anfertigen, aber es mangelte an grundlegenden Kenntnissen. Aus Gründen der Geheimhaltung blieb der Zugang zu manchen neuen Rechenanlagen gesperrt.

Die ersten bekannten Veröffentlichungen zum Relaisrechner Harvard mark 1/IBM ASCC und zum Röhrenrechner Eniac erschienen 1946. Die Kunde über die deutsche Zuse Z4 verbreitete sich ab 1947 nur langsam, der britische Colossus galt bis 1975 als Staatsgeheimnis (vgl. Bibliografie, Abschnitt „Frühe Veröffentlichungen"). Die vier erwähnten Maschinen hatten eine militärische Vergangenheit. Die beiden amerikanischen Maschinen wurden u.a. für Berechnungen zur Atombombe bzw. zur Wasserstoffbombe eingesetzt. Colossus diente fürs Brechen geheimer Funknachrichten. Und Zuse erhielt Kriegsaufträge.

1.14.1 Lehrveranstaltungen

Moore school lectures „Theory and techniques for design of electronic digital computers" (1946)

Von großer Bedeutung war die *Lehrveranstaltung* an der Universität von Pennsylvania in Philadelphia (vgl. Kasten):

Moore school lectures

An dieser wichtigsten Vorlesung zu digitalen Rechenautomaten kurz nach Kriegsende nahmen 28 Personen aus militärischen Einrichtungen, Universitäten, Industrie und Bundesverwaltung teil. Aus England besuchten *Maurice Wilkes* von der Universität Cambridge, Schöpfer des Rechners Edsac, und *David Rees* von der Universität Manchester (Manchester baby) den Anlass, ferner Douglas Hartree (als Vortragender). Aus den USA hatten sich u.a. Robert Everett vom MIT (Miterbauer des Whirlwind) und Claude Shannon von den Bell Labs eingeschrieben.

Die Vortragsliste umfasst die Namen fast aller damaligen Pioniere der Rechentechnik: Howard *Aiken* (Harvard mark 1/IBM ASCC), Arthur *Burks* (Eniac/IAS-Maschine), Presper *Eckert* (Eniac), Herman *Goldstine* (IAS-Maschine), Douglas *Hartree* (Integrieranlage), John *Mauchly* (Eniac), Jan *Rajchman* (Selectronröhre), Kite *Sharpless* (Eniac/Edvac), George *Stibitz* (Bell-Rechner), John *von Neumann* (IAS-Maschine), Samuel *Williams* (Bell-Rechner) (siehe Martin Campbell-Kelly; Michael Roy Williams (Hg.): The Moore school lectures, MIT press, Cambridge, Massachusetts, London/Tomash publishers, Los Angeles, San Francisco 1985, Seiten XV–XVII).

Nicht aufgeführt sind John Atanasoff (ABC) und Clair Lake (Harvard mark 1/IBM ASCC). Atanasoff war zu diesem Zeitpunkt in einem andern Bereich tätig. Die Harvard-Universität und IBM gingen nach einer Auseinandersetzung um Harvard mark 1/IBM ASCC getrennte Wege.

Es fehlen ferner die Europäer Thomas *Flowers* (Colossus, 1943), Alan *Turing* (Turingmaschine, 1936) und Konrad *Zuse* (Z4, 1941). Colossus war geheim, die Z4 in einer Notunterkunft im Allgäu unterbracht. In Princeton (John von Neumann) und in New York (Bell Telephone Laboratories) kannte man Turing persönlich.

Vortragsreihe in London
In England bemühte sich das National physical laboratory (Teddington), das neue Wissen um die zukunftsträchtigen Digitalmaschinen weiterzugeben. James Wilkinson und Alan Turing hielten vom 12. Dezember 1946 bis 13. Februar 1947 in London eine Reihe von neun Vorträgen über den Entwurf des Elektronenrechners Ace (siehe Brian Jack Copeland (Hg.): Alan Turing's electronic brain, Oxford university press, Oxford 2012, Seiten 459–527). Daran nahm *Thomas Kilburn* teil, der mit Frederic Williams den Röhrenrechner der Universität Manchester schuf.

Arthur Porter erwähnt in seinen Lebenserinnerungen einen zehn Vorträge umfassenden Kurs über die Rechnerentwicklung, den Turing nach dem Krieg in den Labors der Post office research station in Dollis Hill durchgeführt hat. Nur fünf Personen waren dabei (siehe Arthur Porter: So many hills to climb, Beckham publications, Silver Spring, Maryland, 2004, Seiten 157–158).

1.14.2 Veröffentlichungen

Erst mit den folgenden Schriften sprang der zündende Funke für die weltweite Aufnahme des Rechnerbaus über (vgl. Kasten):

Rechnerbau
- John von Neumann: First draft of a report on the Edvac (1945) und
- Arthur Burks; Herman Goldstine; John von Neumann: Preliminary discussion of the logical design of an electronic computing instrument (1946).

Diese einflussreichen Arbeiten beschreiben den Aufbau von *speicherprogrammierten Elektronenrechnern*, den *Von-Neumann-Maschinen*. Ihre Grundzüge sind auch heute noch gültig.

Der Edvac-Bericht von 1945 trägt nur den Namen des Mathematikers John von Neumann. Die Streitfrage, wer was zu dieser Schrift beigetragen hat, dauert bis heute an. An den vorbereitenden Gesprächen wirkten u.a. John Mauchly und Presper Eckert mit.

Zwei grundlegende Beiträge stammen von Alan Turing (vgl. Kasten):

Universalmaschine
- Alan Turing: On computable numbers, with an application to the Entscheidungsproblem (1936),
- Alan Turing: Proposals for development in the mathematics division of an automatic computing engine (1946).

Die Maschinenbauer haben diese beiden (nicht allgemein zugänglichen) Schriften offenbar kaum zur Kenntnis genommen. Unklar ist, was für Auswirkungen Turings Aufsatz von 1936 in Bletchley Park hatte.

Turing hatte seine Arbeit zur universellen Turingmaschine 1936/37 veröffentlicht. Dieses mathematische Gedankenmodell blieb aber zunächst ohne unmittelbar sichtbare Folgen. Turing fuhr im September 1936 für seine Doktorarbeit bei Alonzo Church nach Princeton.

Überblick über den Stand der Dinge

Anfang der 1950er Jahre erlaubten vor allem zwei Veröffentlichungen eine Übersicht über die neue Rechentechnik (vgl. Kasten):

Gesamtdarstellungen
- Engineering research associates, Inc.: High-speed computing devices (1950) und
- Heinz Rutishauser; Ambros P. Speiser; Eduard Stiefel: Programmgesteuerte digitale Rechengeräte (elektronische Rechenmaschinen) (1951).

Programmierung

Wegweisend für die Herstellung von Rechenplänen waren damals die folgenden Werke (vgl. Kasten):

Programmherstellung
- Herman Goldstine; John von Neumann: Planning and coding of problems for an electronic computing instrument (1947),
- Maurice Wilkes; David Wheeler; Stanley Gill: The preparation of programs for an electronic digital computer, with special reference to the Edsac and the use of a library of subroutines (1951),
- Heinz Rutishauser: Automatische Rechenplanfertigung bei programmgesteuerten Rechenmaschinen (1952).

Martin Campbell-Kelly hebt die Bedeutung von „Planning and coding of problems for an electronic computing instrument“ von Herman Goldstine und John von Neumann hervor:

> „The *Planning and coding* reports were the key documents used by every group building a computer in the late 1940s and early 1950s.“ (siehe Martin Campbell-Kelly: From theory to practice: The invention of programming, 1947–51, in: Cliff B. Jones; John L. Lloyd (Hg.): Dependable and historic computing, Springer-Verlag, Heidelberg usw. 2011, Seiten 26–28).

Die Abhandlung „Planning and coding" war die Schlüsseldokumente, die von [fast] allen Gruppen benutzt wurden, die in den späten 1940er und den frühen 1950er Jahren einen Rechner bauten.

Campbell-Kelly beruft sich dabei auf eine Aussage von Donald Knuth und Luis Trabb Pardo: The early development of programming languages, in: Nicholas Constantine Metropolis; Jack Howlett; Gian-Carlo Rota (Hg.): A history of computing in the twentieth century, Academic press, New York, London usw. 1980, Seite 208). Nach Knuth und Trabb Pardo bildete der Bericht weltweit die Grundlagen der Programmtechnik.

Weitere Marksteine waren das Lehrbuch „The preparation of programs for an electronic digital computer, with special reference to the Edsac and the use of a library of subroutines" von Maurice Wilkes, David Wheeler und Stanley Gill sowie Heinz Rutishausers Werk „Automatische Rechenplanfertigung bei programmgesteuerten Rechenmaschinen".

1.14.3 Bau der ersten Rechenmaschinen

In der zweiten Hälfte der 1930er Jahre arbeiteten George Stibitz, Konrad Zuse und Howard Aiken an Relaisrechnern, und John Atanasoff baute einen Röhrenrechner. Zwei dieser Maschinen waren festprogrammiert, zwei lochstreifengesteuert, keine hat ein Speicherprogramm.

Die Zeit für die interne Programmspeicherung war offenbar noch nicht reif. Dafür kommen verschiedene Gründe in Frage: Man wusste nichts von Turings Vorschlägen oder hatte ihre Bedeutung nicht erkannt; man kam gar nicht auf die Idee des Speicherprogramms, oder es haperte bei der Umsetzung (Speichermangel). Auch der (unter hohem Zeitdruck entwickelte) elektronische Spezialrechner Colossus ließ sich nur extern über Steckkabel steuern. Alan Turing war durch seine Tätigkeit in Bletchley Park mit dem Colossus vertraut. Newman hatte seinerzeit Turings Arbeit zur Universalmaschine an der Universität Cambridge betreut.

Nicht sein Landsmann Alan Turing, sondern von Neumanns Bericht und die Lehrveranstaltung in Philadelphia hatten Maurice Wilkes aus *Cambridge* zur Entwicklung eines speicherprogrammierten Rechners veranlasst.

An der Universität *Manchester* begann der Bau eines Digitalrechners ebenfalls erst in der Nachkriegszeit. Nachdem Turing das National physical laboratory verlassen hatte, war er an dieser Hochschule tätig, wo auch sein ehemaliger Lehrer Max Newman lehrte.

1.14.4 Einführung in die Rechentechnik und Bestandsaufnahme (Überblick)

Eduard Stiefel von der ETH Zürich und seine beiden Assistenten Heinz Rutishauser und Ambros Speiser hatten ab 1948 Studienaufenthalte in den USA, England und Deutschland gemacht. 1948 war Stiefel 39, Rutishauser war 30 und Speiser 26 Jahre alt. Ihre Erfahrungen gaben sie in einer bedeutsamen Schrift weiter, vgl. Heinz Rutishauser, Ambros Speiser, Eduard Stiefel: Programmgesteuerte digitale Rechengeräte (elektronische Rechenmaschinen), Birkhäuser Verlag, Basel 1951. Die Teile 1 und 2 erschienen bereits 1950 in der Zeitschrift für angewandte Mathematik und Physik, die Teile 3 und 4 folgten 1951.

Das Werk vermittelt – wahrscheinlich erstmals im deutschsprachigen Raum – grundlegende Kenntnisse zum neuen Fachgebiet. Wie aus der Abhandlung hervorgeht, waren der Dreiergruppe folgende Rechner bekannt, die entweder fertig gestellt oder noch im Bau waren: Ace, ARC, Bark, mehrere Bell-Rechner, Binac, Edsac, Edvac, Eniac, drei Harvard-Rechner, IAS, IBM SSEC, Manchester baby, Seac, Univac, Z4. Sie erfuhren aber offensichtlich nichts von ABC, Colossus, Csirac, Mesm und Whirlwind. Ihre Zusammenstellung wurde angeblich auch ins Russische übersetzt.

In ihrer Arbeit geht das Dreigespann nicht auf das Zerwürfnis um den 1945 verteilten *Edvac-Bericht* (siehe John von Neumann: First draft of a report on the Edvac, in: William Aspray; Arthur Walter Burks (Hg.): Papers of John von Neumann on computing and computer theory, MIT press, Cambridge, Massachusetts, London 1987, Seiten 17–82) ein. Die Schrift fehlt im Literaturverzeichnis. Sie erwähnen aber eine 1947 erschienene, 42-seitige Abhandlung (vgl. Arthur Burks; Herman Goldstine; John von Neumann: Preliminary discussions of an electronic computing instrument, Institute for advanced study, Princeton, 2. Auflage 1947) sowie die wichtigen Werke aus den Jahren 1947/48 (vgl. Herman Goldstine; John von Neumann: Planning and coding for an electronic computing instrument, Band 1: 69 Seiten; Band 2: 68 Seiten; Band 3: 23 Seiten). Diese im Institute for advanced study in Princeton erstellten Berichte waren (damals) „nicht allgemein zugänglich“, eine Aussage, die auch für „Theory and techniques for design of electronic digital computers (Lectures given at the Moore school, July 8 to August 31, 1946)“ zutrifft. Die vier hektografierten Teile im Gesamtumfang von etwa 600 Seiten kamen 1946 bei der Moore school of electrical engineering der Universität von Pennslyvania in Philadelphia heraus.

Es fällt auf, dass *Turings Aufsatz über die universelle Turingmaschine* (1936) im Schriftenverzeichnis des Zürcher Trios nicht aufgeführt ist. Alan Turing wird (gemeinsam mit James Wilkinson) auf Seite 11 der Broschüre als Erbauer einer Maschine des National physical laboratory genannt. Diese Automatic calculating engine (Ace) ist in der „Übersicht über die im Betrieb oder im Bau befindlichen Rechenautomaten (Stand Dezember 1949)“ auf Seite 98 aufgeführt. Die Arbeit geht zwar auf die Speicherprogrammierung ein, Turing und von Neumann werden aber nicht erwähnt (siehe Heinz Rutishauser; Ambros Speiser; Eduard Stiefel: Programmgesteuerte digitale Rechengeräte (elektronische Rechenmaschinen), Birkhäuser Verlag, Basel 1951, Seiten 19 und 53). Offenbar war Turings wegweisender Aufsatz damals kaum bekannt.

Im Werk von Rutishauser, Speiser und Stiefel werden mehrere Beiträge aus den Jahren 1947 bis 1950 angeführt, die in der Zeitschrift *Mathematical tables and other aids to computation* (MTAC) veröffentlicht wurden, so auch „The Zuse computer" von Roger Johnson (1947). Die ETH Zürich hatte aber erst 1949 von der Zuse Z4 erfahren. Hingewiesen wird ferner auf ein technisches Sonderheft des „Wirtschaftspiegel" vom März 1948: „Beschreibung des Rechengerätes von Zuse." (siehe Heinz Rutishauser; Ambros Speiser; Eduard Stiefel: Programmgesteuerte digitale Rechengeräte (elektronische Rechenmaschinen), Birkhäuser Verlag, Basel 1951, Seiten 101 bzw. 102). Diese Aufsätze waren wohl erst später zugänglich.

1.15 Frühe Relais- und Röhrenrechner und ihre Nachfolger

Im Folgenden wird versucht, ausgewählte Entwicklungslinien der ersten mechanischen, elektromechanischen und elektronischen Computer aus den Vereinigten Staaten, England und Deutschland darzustellen (vgl. Kasten). Die Zeitangaben sind selbst in den Originalschriften teilweise widersprüchlich.

Entwicklung von frühen Relais- und Röhrenrechnern in Amerika und Europa
Vereinigte Staaten von Amerika (USA)

- **Differential analyzer 1** (1930/31) (Massachusetts Institute of Technology, Cambridge)
  ⇨ Differential analyzer 2 (1942) ⇨ weltweit zahlreiche Nachbauten sowie Einfluss auf Eniac/ Whirlwind
- **Bell-Rechner 1**/Complex computer (1939) (Bell Labs, New York)
  ⇨ Bell-Rechner 2–6 (1943–1949) (Bell Labs, Murray Hill, New Jersey)
- **ABC** (1942) (Iowa state college, Ames)
  ⇨ Eniac (1946) (Universität von Pennsylvania in Philadelphia)
- **Harvard mark 1/IBM ASCC** (1944) (Harvard-Universität, Cambridge)
  ⇨ Harvard mark 2 (1947) ⇨ Harvard mark 3 (1950) (Harvard-Universität, Cambridge)
- **Eniac** (1946) (Universität von Pennsylvania in Philadelphia)
  ⇨ **Binac** (1949) (Eckert-Mauchly computer corporation, Philadelphia) ⇨ **Univac 1** (1951) ⇨ Univac 2 (1957) ⇨ Univac 3 (1962) (Remington Rand, Philadelphia) ⇨ **Edvac** (1952) (Universität von Pennsylvania in Philadelphia) ⇨ Edsac (1949) (Universität Cambridge) ⇨ **IAS-Rechner** (1952) (Institute for advanced study, Princeton)
- **Era 1101** (1950) (Engineering research associates, St. Paul, Minnesota)
  ⇨ Era 1103 (1953) ⇨ Era 1103A (1956) ⇨ Univac-Rechner
- **IBM 701** (1952) (International Business Machines corporation, Poughkeepsie, New York)
  ⇨ IBM 700er Reihe

Großbritannien (Vereinigtes Königreich)

- **Colossus (mark 1)** (1943/44) (Post office research station, Dollis Hill, London)
  ⇨ **Colossus mark 2** (1944) (Post office research station, Dollis Hill, London)

- **SSEM** (1948) (Universität Manchester)
  ⇨ **Manchester mark 1** (1949) ⇨ **Ferranti mark 1** (1951) ⇨ Ferranti mark 1* (1953) ⇨ Ferranti mercury (1957) ⇨Ferranti-Reihe mit Pegasus, Perseus u.a. (Ferranti Ltd., Manchester)
- **Edsac 1** (1949) (Universität Cambridge)
  ⇨ **Edsac 2** (1958) (Universität Cambridge) ⇨**Leo 1** (1951) (John Lyons & Co. Ltd., London) ⇨ Leo 2 (1957), ferner Leo 3 (1962) (Leo computers Ltd., London)
- **Pilot Ace** (1950) (National physical laboratory, Teddington)
  ⇨ **Deuce 1** (1955) (English electric company Ltd., Stafford) ⇨ Deuce 2 bzw. 2A (1955/57), ferner Mosaic ⇨**Ace** (1958) (National physical laboratory, Teddington), Mosaic und Bendix
- **ARC 2** (1947) (Birkbeck college, Universität London)
  ⇨ SEC (1950) ⇨ Apec (1952) ⇨ Hec 1 (1951) ⇨**Hec 2M/BTM 1200** (1955) ⇨ Hec 4/BTM 1201 (1956) (British tabulating machine Co., Letchworth)

Deutschland
- **Z3** (1941) (Konrad Zuse, Berlin)
  ⇨ **Z4** (1945) ⇨ Z5 (1952/53) (Zuse KG, Neukirchen, später Bad Hersfeld).

Hinweise
Der eindrückliche, aber schwerfällige, stecktafelgesteuerte Großrechner Eniac ohne Speicherprogramm war kein zukunftsweisendes Vorbild, sondern vielmehr eine Sackgasse. Die „Nachfolger" weichen in ihrem Aufbau stark von ihrem Vorgänger ab. Eniacs Mängel spornten aber zur Suche nach besseren Lösungen an. Der IAS-Rechner (Princetonmaschine) war Ausgangspunkt mancher in- und ausländischer Nachbauten. In einigen Fällen waren die Nachahmer schneller als ihre Vorbilder (z.B. war Edsac vor Edvac fertig). ABC beeinflusste offenbar den Bau des Riesenrechners Eniac. Die Maschine Era 1101 hieß ursprünglich Atlas 1 (1950). Für Deuce 2 wird als Baujahr ebenfalls 1958 erwähnt, Leo 3 wird auch mit 1963 datiert.

1.16 Beweggründe für den Rechnerbau

Welches waren die Beweggründe für den Bau von mathematischen Maschinen? Ein erheblicher Rechenbedarf ist schon früh in den Bereichen Sternkunde, Seefahrt und Vermessungswesen festzustellen. Später kommen das Versicherungswesen, die Nachrichtentechnik, die Ermittlung von Geschoßbahnen und das Knacken von Geheimmeldungen hinzu. Die Nachfrage war also ziviler wie auch militärischer Art. Auch die Wissenschaft (z.B. Mathematik, Physik), die Wirtschaft (Handel, Banken, Steuerwesen) und die Statistik (Volkszählung) beflügelten zunehmend den Maschinen- und Instrumentenbau sowie die Uhrmacherkunst. Jahrhundertelang reichten aber vergleichsweise kleine Rechengeräte aus. Sie mussten von Hand betrieben werden, etwa mit Hilfe einer Kurbel. Elektrischer Strom stand noch nicht zur Verfügung. Charles Babbage hatte für seine analytische Rechenmaschine sogar an die Dampfkraft gedacht. Hauptsächliche Wurzeln der Informatik sind die numerische Mathematik und das Ingenieurwesen.

Die wichtigste Triebfeder war wohl das Grundbedürfnis, sich vom mühevollen Rechnen zu befreien. Die Maschinen trugen überdies dazu bei, dass bisher ausgeschlossene zeitraubende Fragestellungen angepackt werden konnten. Die Beschäftigung mit dem maschinellen Rechnen erlaubte es zudem, neue wissenschaftliche Erkenntnisse zu gewinnen und neuartige Rechenverfahren auszuprobieren. Die Vermarktung von mathematischen Maschinen und Werkzeugen versprach finanziell einträgliche Geschäfte. Der Besitz moderner Computer steigerte auch die Macht.

Der erste Großrechner

Viele anspruchsvolle mathematische Aufgabenstellungen ließen sich wegen des ungeheuren Rechenaufwands mit herkömmlichen Rechenschiebern und mechanischen Tischrechenmaschinen nicht lösen. So schuf Vannevar Bush am Massachusetts Institute of Technology (Cambridge) den ersten Großrechner, eine mächtige analoge Integrieranlage (1930/31). Sie diente als Vorlage für viele Nachbauten rund um die Erde, z.B. durch Douglas Hartree von der Universität Manchester.

Nachholbedarf in Europa

Ab Mitte der 1940er Jahre erschienen in der Presse Berichte über leistungsfähige programmierbare digitale Relais- und Röhrenrechner, die an der Harvard-Universität (Harvard mark 1/IBM ASCC, 1944) und der Universität von Pennsylvania in Philadelphia (Eniac, 1946) in Betrieb standen. Um den Anschluss nicht zu verpassen, begannen europäische Forschungseinrichtungen mit dem Eigenbau von solchen (allerdings weniger kostspieligen) Rechenanlagen. Vor allem in Großbritannien kam es zu einer Aufholjagd. Es entbrannte ein Wettstreit um den ersten speicherprogrammierten Elektronenrechner. 1948 kamen der IBM SSEC (USA) und das Manchester baby (England) zur Welt. Programmgesteuerte elektronische Rechenautomaten (Ferranti mark und Univac) wurden erst seit 1951auf dem Markt angeboten.

Elektronikkenntnisse

Manche Wegbereiter, z.B. Presper Eckert, Maurice Wilkes und Frederic Williams, hatten im zweiten Weltkrieg Erfahrungen mit der Radartechnik gemacht und sich so Kenntnisse der Elektronik angeeignet. Dieses Wissen war auch für die Entwicklung von Quecksilber- und elektrostatischen Speichern hilfreich.

Beweggründe ausgewählter Pioniere

Es folgen einige Beispiele, welche die unterschiedlichen Beweggründe für den Bau von Rechengeräten zeigen sollen:

Howard Aiken

Der Physiker Aiken war 1938 auf der Suche nach einem geeigneten Hilfsmittel, um wissenschaftliche Berechnungen für seine Doktorarbeit durchzuführen.

Jakob Amsler
Um die anspruchsvolle Berechnung von Flächen zu erleichtern, schuf der Mathematiker Amsler 1854 das analoge Polarplanimeter.

John Atanasoff
Der elektronische Spezialrechner ABC (1942) des Physikers Atanasoff war für die Lösung von Gleichungssystemen bestimmt.

Charles Babbage
Fehlerhafte mathematische Tafelwerke sollen den Mathematiker Babbage um 1822 zum Entwurf einer Differenzenmaschine angespornt haben. Nach ihrem Misserfolg machte er sich Gedanken zu einem programmgesteuerten Vielzweckgerät, der analytischen Maschine (1834).

Vannevar Bush
Für die Lösung von umfangreichen Differenzialgleichungen konstruierte der Ingenieur Bush eine mechanische Integrieranlage (1930/31).

Presper Eckert und *John Mauchly*
Der Physiker Mauchly und der Ingenieur Eckert wollten eine digitale Integrieranlage schaffen. Eniac (1946) entstand im Auftrag des US-Heers ursprünglich als Spezialmaschine für ballistische Berechnungen. In der Absicht, leistungsfähige Elektronenrechner zu entwickeln und zu verkaufen, gründeten die beiden Forscher ein eigenes Rechenbauunternehmen. Es wurde später von Remington Rand übernommen. Die Univac-Maschinen wurden weltweit mit Erfolg vermarktet. Mauchly schied später aus.

Thomas Flowers
Um die deutschen Geheimmeldungen zu entziffern, schuf der Ingenieur Flowers 1943 in wenigen Monaten den Röhrenrechner Colossus, der in Bletchley Park gegen die Lorenzmaschine eingesetzt wurde.

Curt Herzstark
Die Nachfrage nach einer leichten, handlichen mechanischen Taschenrechenmaschine veranlasste den Ingenieur Herzstark zur Fertigung der Curta (1948–1971).

Herman Hollerith
Die langwierige Auswertung der amerikanischen Volkszählung von 1880 bildete für den Ingenieur Hollerith den Anreiz zur Entwicklung von Lochkartenmaschinen. Zehn Jahre später bestanden sie ihre Feuertaufe bei der nächsten Volkszählung (1890).

Gottfried Wilhelm Leibniz
Der Universalgelehrte Leibniz erfand das Sprossenrad und auch die Staffelwalze. Neben der dezimalen Vierspeziesmaschine (1673) entwarf er eine binäre „Kugelmaschine“ und eine Verschlüsselungsmaschine. Er erleichterte der Nachwelt die Rechenarbeit erheblich.

Max Newman
Nach den Erfahrungen mit dem elektronischen Spezialrechner Colossus in Bletchley Park (1945) war es ein Anliegen des Mathematikers Newman, einen elektronischen Digitalrechner auf die Beine zu stellen und seine Leistungsfähigkeit zu nutzen. Das Vorhaben wurde von *Frederic Williams* und *Thomas Kilburn* 1948 in die Tat umgesetzt.

William Oughtred
Um die Multiplikation und die Division zu vereinfachen, erfand der Mathematiker Oughtred um 1622 den logarithmischen Rechenstab.

Blaise Pascal
Der Mathematiker Pascal baute für seinen Vater, der sich mit Steuerabrechnungen abplagen musste, zahlreiche Zweispeziesmaschinen (Addierer/Subtrahierer) (ab 1642).

Wilhelm Schickard
Der vielseitige Gelehrte Schickard wollte seinen Freund Johannes Kepler bei der Berechnung von astronomischen Tabellen unterstützen (1623).

Jean-Baptiste Schwilgué
Der Bau der astronomischen Uhr des Straßburger Münsters setzte umfangreiche Berechnungen voraus. Für die Fertigung der Zahnräder entwickelte der Uhrmacher Schwilgué einen „Prozessrechner" (um 1830).

George Stibitz
Für die Nachrichtentechnik mussten die Bell Labs mit Tischrechenmaschinen aufwendige Berechnungen (vor allem Multiplikation und Division) komplexer Zahlen durchführen. Der Mathematiker Stibitz fand eine Lösung mit einem Relaisrechner (1939).

Charles-Xavier Thomas
Der Versicherungskaufmann und Versicherungsunternehmer Thomas wollte mit seinem Arithmometer (1820), einer mechanischen Vierspezies-Staffelwalzenmaschine, die mühselige Rechnerei erleichtern.

Leonardo Torres Quevedo
Ziel des spanischen Ingenieurs Torres Quevedo war u.a. die Verwirklichung von Babbages Traum. Zunächst konstruierte er eine algebraische Maschine (1893), dann einen Schachautomaten (1912) und schließlich einen elektromechanischen Rechner, der mit einer Schreibmaschine gekoppelt war (1920).

Alan Turing
David Hilberts Entscheidungsproblem regte den Mathematiker Turing an, ein mathematisches Gedankenmodell einer universellen Rechenmaschine zu schaffen (1936). Der Wunsch, eine praktisch brauchbare speicherprogrammierte Maschine herzustellen, war naheliegend, insbesondere nach den Erfahrungen mit dem Röhrenrechner

Colossus in Bletchley Park. Turing entwarf den Elektronenrechner (Ace). Er wechselte aber schon vor seiner Fertigstellung (1950) an die Universität Manchester, weil es bei der Umsetzung zu erheblichen Verzögerungen kam.

John von Neumann
Die Berechnungen für den Bau der Atombombe waren äußerst zeitraubend. Die Beschäftigung mit dem schwerfälligen Röhrenrechner Eniac veranlasste den Mathematiker von Neumann zum Entwurf einer Arbeit über speicherprogrammierte Maschinen (1945) und zur Fertigung der elektronischen Princetonmaschine (1952).

Maurice Wilkes
Die Abhandlung über den Von-Neumann-Rechner und der Besuch der Vortragsreihe an der Universität von Pennsylvania in Philadelphia gaben für den Mathematiker Wilkes den Ausschlag für die Fertigung des Röhrenrechners Edsac (1949). Er erhielt von der Universität Cambridge den Auftrag, das mathematische Labor mit einem Rechendienst auszustatten. Schon früher hatte er die hauseigene analoge Integrieranlage für Berechnungen verwendet.

Konrad Zuse
Der Bauingenieur Zuse wollte die mühseligen statischen Berechnungen loswerden und suchte dazu einen elektromechanischen Gehilfen. Er erkannte bald, dass sich Digitalrechner für vielfältige Zwecke nutzbar machen lassen. Ergebnis war der Relaisrechner Z3 (1941).

Programmiermaschine
Das beschwerliche Programmieren brachte den Mathematiker *Heinz Rutishauser* auf den Gedanken, für das Übersetzen von Anweisungen in die Maschinensprache den Computer einzusetzen (1951).

Automaten für Fürstenhöfe
Mit der Entwicklung „programmierbarer“ Schreibautomaten befassten sich die Uhrmacher *Friedrich Knaus* (allesschreibende Wundermaschine, 1760) und *Pierre Jaquet-Droz* (Schriftsteller, 1772). Solche Kunstwerke wurden besonders an den Fürstenhäusern vorgeführt. Leonardo da Vinci entwarf einen mechanischen Ritter (1495), einen mechanischen Löwen (1515) und einen selbstfahrenden Wagen (1478). Herons Automatentheater (1. Jh.) diente ebenfalls der Unterhaltung.

1.17 Wer war an der Entwicklung des Computers beteiligt?

Unzählige Forscher und manche Programmiererinnen haben an der Entwicklung der programmgesteuerten Rechenautomaten mitgewirkt. Die Frage, wer den Computer erfunden hat, lässt sich daher nicht eindeutig beantworten.

1.17.1 Charles Babbage

Der englische Gelehrte Charles Babbage hat einen Spezialrechner – die Differenzenmaschine – und einen Universalrechner – die analytische Maschine – entworfen. „Analytisch" bedeutet in diesem Zusammenhang programmgesteuert.

Schon Johann Helfrich Müller hatte sich mit der Differenzenmaschine befasst. Mit Hilfe von Unterschieden sollten mathematische Tafeln berechnet werden. Babbages Geräte blieben unvollendet. Seine Erkenntnisse wurden jedoch von den Schweden Pehr Georg Scheutz und Edvard Raphael Scheutz aufgegriffen.

Für die analytische Maschine war – nach dem Vorbild des Jacquard-Webstuhls – eine Lenkung durch ein äußeres Programm vorgesehen. Die Lochkarten- und Lochbandsteuerung wurde allerdings nicht von Joseph-Marie Jacquard, sondern von seinen französischen Landsleuten Basile Bouchon, Jean-Baptiste Falcon und Jacques Vaucanson ersonnen.

Die analytische Maschine, die Babbage ab 1834 entwickelte, wies bereits entscheidende Merkmale moderner Rechenautomaten auf: Steuerwerk, Rechenwerk, Speicher, Programmsteuerung. Sein Vorhaben war eine bahnbrechende Konstruktion. Bis zur Verwirklichung sollten noch 100 Jahre vergehen. Weil die Maschinen nie (fertig) gebaut wurden, kann man Charles Babbage kaum als den Erfinder des Computers bezeichnen, wohl aber als Vorläufer.

1.17.2 Alan Turing

Der englische Logiker Alan Turing hat 1936 in einem Aufsatz zur Berechenbarkeit ein wegweisendes mathematisches Modell, die Turingmaschine, vorgestellt. Zu seiner Zeit waren Computer noch (rechnende) Menschen. Seine Abhandlung beschreibt ein theoretisches, gedankliches Gerät. Es besteht u.a. aus einem unendlich langen Band und lässt sich deshalb in dieser Form nicht umsetzen. Die Handhabung seines Modells ist beschwerlich.

Turing hat im zweiten Weltkrieg zusammen mit Gordon Welchman einen elektromechanischen Relaisrechner gebaut, der in Anlehnung an eine polnische Vorgängermaschine „Bombe" genannt wurde. Er diente für das Knacken der Funksprüche, die mit Unterstützung der deutschen Verschlüsselungsmaschine Enigma erzeugt wurden.

Von der Turingmaschine bis zu einem praktisch brauchbaren Digitalrechner war es noch ein weiter Weg. Turing schlug 1945 in einem Bericht den Bau des Elektronenrechners Ace (Automatic computing engine) vor. Seine Vorstellungen, die von der üblichen Bauweise von Neumanns abweichen, gelten als elegant und schlank, haben sich aber nicht durchgesetzt. 1950 lief eine veränderte, abgespeckte Ausführung erstmals, Turing war allerdings daran nicht mehr beteiligt. An der Universität Manchester war bereits zwei Jahre vorher ein ähnlicher speicherprogrammierter Röhrenrechner zur Welt gekommen.

Weil die universelle Turingmaschine nur eine Papiermaschine ist und sich im Alltag nicht einsetzen lässt, kann man Alan Turing wohl nicht als den Schöpfer des heutigen Digitalrechners betrachten. Zudem müsste man die fast gleichzeitig entstandenen Arbeiten von Alonzo Church und Emil Leon Post in die Überlegungen mit einbeziehen. Ihre Ansätze gelten als gleichwertig.

Es ist also umstritten, ob Alan Turing den Computer erfunden hat:

> „Turing did not invent the computer, nor did his 1936 paper lead to the invention of the computer." (siehe Edgar Graham Daylight: Turing tales, Lonely Scholar, Geel (Belgien), 2016, Seite 187).

Turing hat den Computer nicht erfunden, seine Abhandlung von 1936 hat auch nicht zur Erfindung des Computers geführt.

Dieser Frage wird im folgenden Aufsatz ausführlich nachgegangen:
Thomas Haigh: Historical reflections. Actually, Turing did not invent the computer, in: Communications of the ACM, Band 57, 2014, Heft 1, Seiten 36–41.

1.17.3 John von Neumann

Der ungarisch-amerikanische Mathematiker John von Neumann hat 1945 grundlegende Einsichten über die Gestaltung von Elektronenrechnern veröffentlicht. Es ist freilich bis heute heftig umstritten, wer als erster den Einfall des Speicherprogramms (Aufbewahren der Daten sowie der Anweisungen im gleichen inneren Hauptspeicher) hatte: Alan Turing, Konrad Zuse, Presper Eckert, John Mauchly, John von Neumann oder andere. Auch die Trennung zwischen mehreren Baueinheiten – Rechenwerk, Steuerwerk, Speicherwerk, Eingabe- und Ausgabegerät – war nicht neu. Solche Gedanken hatten beispielsweise schon Charles Babbage und Konrad Zuse.

Von Neumann hat die Entwicklungsgeschichte des Computers maßgeblich mitgeprägt, etwa 1946 durch eine maßgebliche Abhandlung (vgl. Arthur Walter Burks; Herman Goldstine; John von Neumann: Preliminary discussion of the logical design of an electronic computing instrument, The Institute for advanced study, Princeton, 2. Auflage 1947). Der IAS-Rechner (Institute for advanced study) war zwar vergleichsweise spät fertig, bewirkte aber manche Nachbauten. Von Neumann ist allerdings nicht der Vater der programmgesteuerten Rechenmaschine. Denn schon vor seiner Einflussnahme gab es mehrere betriebsfähige Relais- und Röhrenrechner: Bells Complex computer, Zuse Z3, ABC (Atanasoff-Berry computer), Colossus, Harvard mark 1 /IBM ASCC, Eniac.

1.17.4 Konrad Zuse

Der deutsche Bauingenieur Konrad Zuse brachte 1941 seinen Relaisrechner Z3 (damals noch V3 genannt, V = Versuchsmodell) zum Laufen. Er gilt als erster „frei" programmierbarer, programmgesteuerter Digitalrechner, arbeitete mit dem Zweiersystem und mit Gleitkommadarstellung. Das Relaisgerät war jedoch nicht speicherprogrammiert und kannte zudem keine bedingten Sprünge. Die Z3 war wie der – ebenfalls elektromechanische – Harvard mark 1/IBM ASCC ein Universalrechner, im Unterschied zu den frühen elektronischen Spezialrechnern ABC und Colossus.

Im Gegensatz zur unvollendeten analytischen Maschine von Babbage und zu Turings mathematischem Gedankenmodell war die Zusemaschine praktisch nutzbar. Sie wurde über Lochstreifen, also durch ein äußeres Programm, gesteuert. Konrad Zuse ist daher einer der Erfinder der programmgesteuerten Rechenmaschine. Seine Patentanmeldung wurde „mangels Erfindungshöhe" abgelehnt.

1.17.5 Weitere mögliche Erfinder

An der Schaffung des mechanischen und elektronischen Digitalrechners waren u.a. auch Howard Aiken, John Atanasoff, Thomas Flowers und George Stibitz beteiligt. Hinzu kommen Presper Eckert und John Mauchly, deren Patent nachträglich aufgehoben wurde.

1.17.6 Wer hat welche Rechenmaschine erfunden?

Mit der folgenden Zusammenstellung (vgl. Tab. 1.4) wird versucht, einen Überblick über die Erfinder bedeutender Rechenmaschinen zu vermitteln. Es wird unterschieden zwischen den Pionieren, welche die Geräte als erste *ausgedacht* bzw. als erste *gebaut* haben. Als wirkliche Erfinder kommen am ehesten Personen in Frage, die beide Eigenschaften erfüllen. Die Übersicht erhebt keinen Anspruch auf Vollständigkeit. Turing und von Neumann haben je einen frühen speicherprogrammierten Rechner entworfen und (mit)gebaut (Pilot Ace bzw. Princetonmaschine).

Tab. 1.4: Viele Pioniere haben zur Erfindung von Rechenmaschinen beigetragen

Wer hat die Rechenmaschine erfunden?			
Kennzeichen	**Wer hat die Rechenmaschine erdacht?**	**Wer hat die Rechenmaschine erstmals gebaut?**	**Wer hat die Rechenmaschine erfunden (erdacht und gebaut)?**
Analogrechner (Spezialmaschine)			unbekannter Grieche (Räderwerk von Antikythera) Jean-Baptiste Schwilgué (Kirchenrechner)
Analogrechner (Integrieranlage)	William Thomson (mechanisch)		Vannevar Bush (mechanisch), Helmut Hoelzer (elektronisch), George A. Philbrick (elektronisch)
Digitalrechner, festprogrammiert			Wilhelm Schickard (mechanisch, Mehrspeziesmaschine), Blaise Pascal (mechanisch, Zweispeziesmaschine), Gottfried Wilhelm Leibniz (mechanisch, Vierspeziesmaschine), Charles-Xavier Thomas (mechanisch, Vierspeziesmaschine), Curt Herzstark (mechanisch, Vierspezies-Taschenrechenmaschine), George Stibitz (elektromechanisch), John Atanasoff (elektronisch)
Digitalrechner, stecktafelgesteuert			Herman Hollerith (Lochkartenmaschine), Thomas Flowers (elektronisch, Spezialrechner), John Mauchly/ Presper Eckert (elektronisch, Universalrechner)

Wer hat die Rechenmaschine erfunden?			
Kennzeichen	**Wer hat die Rechenmaschine erdacht?**	**Wer hat die Rechenmaschine erstmals gebaut?**	**Wer hat die Rechenmaschine erfunden (erdacht und gebaut)?**
Digitalrechner, programmgesteuert	Charles Babbage (mechanisch)		Konrad Zuse (elektromechanisch), Howard Aiken (elektromechanisch)
Digitalrechner, speicher-programmiert	Alan Turing (mechanisch und elektronisch), John von Neumann (elektronisch)	Wallace Eckert (elektromechanisch/ elektronisch), Frederic Williams (elektronisch), Maurice Wilkes (elektronisch)	John Mauchly/ Presper Eckert (elektronisch, Universalrechner)

Anmerkungen
In Spanien wird auch Leonardo Torres Quevedo als Erfinder des Computers gehandelt. Ob die Turingmaschine speicherprogrammiert ist, ist umstritten.

1.18 Wo befindet sich die Wiege des Computers?

Der heutige Digitalrechner kam in der ersten Hälfte der 1940er Jahre *unabhängig in drei verschiedenen Ländern* zur Welt: Deutschland, England und USA. In Berlin war der Computer das Werk einer Einzelperson, anderswo waren Hochschulen, staatliche Betriebe oder die Industrie beteiligt. Der deutsche Erfinder war aus politischen Gründen weitgehend von der Außenwelt abgeschnitten. Die Briten arbeiteten unter größter Geheimhaltung, ging es doch um das Knacken verschlüsselter Funksprüche. Innerhalb der Vereinigten Staaten gab es hingegen teilweise einen Meinungsaustausch. Der heutige Digitalrechner hatte viele Geburtshelfer (vgl. Tab. 1.5).

Tab. 1.5: Wurzeln des heutigen Computers im 19. und 20. Jahrhundert

Mitfinder des Computers			
Name	**Land**	**Jahr**	**Maschine**
Charles Babbage	England	1834	analytische Maschine (unvollendet)
Leonardo Torres Quevedo	Spanien	1920	analytische Maschine (Versuchsgerät)
George Stibitz	USA	1939	Complex computer
Konrad Zuse	Deutschland	1941	Z3

Mitfinder des Computers			
Name	**Land**	**Jahr**	**Maschine**
John Atanasoff	USA	1942	Atanasoff-Berry-Rechner
Thomas Flowers	England	1943	Colossus 1
Howard Aiken	USA	1944	Harvard mark 1/IBM ASCC

Anmerkung
Der Computer ist eine von vielen Erfindungen, die unabhängig an mehreren Orten gemacht wurden.

Der Computer kam in drei Ländern zur Welt (vgl. Tab. 1.6).

Tab. 1.6: Herkunft des Computers

Wiege des programmgesteuerten Digitalrechners			
Land	**Name**	**Jahr**	**Maschine**
Deutschland	Konrad Zuse	1941	Zuse Z3
England	Thomas Flowers	1943	Colossus 1
USA	George Stibitz	1939	Complex computer
	John Atanasoff Clifford Berry	1942	Atanasoff-Berry-Rechner
	Howard Aiken Clair Lake	1944	Harvard mark 1/IBM ASCC

Anmerkungen
Der Computer soll – wenn auch deutlich später (1950) – unabhängig auch in der ehemaligen Sowjetunion entstanden sein: Mesm von Sergei Lebedew.

Die ersten nordamerikanischen Entwicklungszentren für programmgesteuerte Digitalrechner waren das Iowa state college, Ames (heute Staatsuniversität), die Bell Telephone Laboratories (damals in New York City) sowie die Harvard-Universität (Cambridge, Massachusetts) und die Universität von Pennsylvania in Philadelphia, ferner das Massachusetts Institute of Technology in Cambridge, das Institute for advanced study, Princeton, sowie die Columbia-Universität, New York. Manche Maschinen trugen die Bezeichnung „mark“, Kürzel Mk., was „Modell“ bedeutet.

Zu den Wegbereitern des heutigen Digitalrechners gehören Turing und von Neumann (vgl. Tab. 1.7).

Tab. 1.7: Schöpfer der theoretischen Voraussetzungen für den Computer

Wer hat die theoretischen Grundlagen geschaffen?			
Name	**Land**	**Jahr**	**Thema**
Alan Turing	England	1936	universelle Turingmaschine
John von Neumann	USA	1945	Von-Neumann-Rechner

Anmerkungen
Neben Turing und von Neumann gibt es viele weitere Forscher, welche die theoretischen Voraussetzungen für die modernen Rechenautomaten geschaffen haben. So hat sich auch Zuse mit solchen Fragen befasst (Dualsystem, Gleitkomma, logistisches Gerät). Die Wurzeln der Von-Neumann-Architektur reichen bis ins 19. Jahrhundert (Charles Babbage) zurück.

Wichtige Grundzüge der heutigen Digitalrechner werden in den folgenden Abhandlungen vorgestellt:

- Alan Mathison Turing (Universität Cambridge):
  On computable numbers, with an application to the Entscheidungsproblem (Veröffentlichung am 30. November/23. Dezember 1936),
  Vorstellung der *universellen Turingmaschine;*
- John von Neumann (Institute for advanced study, Princeton):
  First draft of a report on the Edvac
  (Verbreitung am 30. Juni 1945),
  Vorstellung des *speicherprogrammierten Universalrechners.*

Mit der Entstehung des Computers werden viele weitere Namen in Verbindung gebracht (vgl. Tab. 1.8). Hier handelt es sich jedoch nicht um Ersterfinder.

Tab. 1.8: Konstrukteure von Röhrenrechnern

Erbauer von Elektronenrechnern		
Name	**Jahr**	**Maschine**
John Presper Eckert	1946	Eniac
Thomas Kilburn	1948	Manchester baby
John William Mauchly	1946	Eniac
Maurice Vincent Wilkes	1949	Edsac
Frederic Calland Williams	1948	Manchester baby

1.19 Welcher Zeitpunkt ist bei einer Erfindung maßgebend?

Welcher Zeitpunkt ist richtig? Diese Frage stellt sich beim Verfassen von Zeittafeln und der Ermittlung von Rangfolgen. Die verfügbaren Daten sind häufig widersprüchlich, ungenau und unvollständig. Die Angaben lassen sich daher nur schwer vergleichen. Was ist bei der Erfindung einer Rechenmaschine entscheidend:

- der Erstlauf, der Beginn des Versuchsbetriebs oder die Aufnahme des Dauerbetriebs,
- die erste private oder öffentliche Vorführung (des Versuchsmodells oder der praktisch brauchbaren Anlage),
- die Produktankündigung in den Medien,
- die erste Vorführung auf einer Fachmesse,
- die Lieferung der ersten Maschine an die Kundschaft,
- die Einrichtung der Anlage beim Nutzer,
- die Inbetriebnahme des Geräts,
- die Einweihung/Enthüllung des Computers?

Die Beobachtungen machen deutlich, dass die Erfinder und Hersteller aus Wettbewerbsgründen dazu neigen, für ein Gerät den Termin des Erstlaufs zu nennen, unabhängig vom Reifegrad der Maschine. Manchmal dauert es noch mehrere Jahre, bis die Anlage im Alltag verwendbar ist. Zudem werden Automaten oft schrittweise in Betrieb genommen.

1.20 Wer gewann den Wettlauf?

Superlative sind in der Praxis allgegenwärtig und beliebt, in der Geschichtswissenschaft jedoch heikel. Im Alltag zählen vor allem Höchst- und Bestleistungen sowie Ersterfindungen. Bewertungen und Ranglisten können je nach den angewandten Maßstäben und Auswahlkriterien stark voneinander abweichen.

Auswahlkriterien

Es gibt mehrere „erste“ Maschinen. Die Antwort nach dem Ursprung des Computers hängt davon ab, was man unter einer solchen Rechenmaschine versteht und welcher Entwicklungszeitpunkt zugrunde gelegt wird. Was für Geräte sollen in die Beurteilung mit einbezogen werden:

- nur Digital- oder auch Analogrechner,
- nur elektronische oder auch elektromechanische oder gar mechanische Geräte,
- nur speicherprogrammierte, programmgesteuerte oder auch lochstreifen-, lochkarten- und stecktafelgesteuerte oder fest verdrahtete Maschinen,
- nur Universal- oder auch Spezialmaschinen (Mehrzweck- oder Einzweckgeräte),
- nur ausgereifte, ausgewachsene Rechner oder auch Versuchsmodelle,

- nur voll und dauerhaft funktionstüchtige oder auch bloß vorübergehend oder lediglich teilweise betriebsfähige Automaten,
- nur öffentlich zugängliche, zivile oder auch geheime militärische Vorhaben?

Die Frage nach dem Erstling lässt sich nur bedingt beantworten, sie ist teilweise dem Ermessen anheimgestellt (vgl. Kasten). Die Ergebnisse sind, wie in der Geschichtsschreibung gang und gäbe, häufig patriotisch beeinflusst.

Wer war zuerst?

Es gibt viele digitale *Erstrechner*. Die Relaisrechner sind (elektro)mechanisch, die Röhrenrechner elektronisch. Auf die Röhrenrechner folgten die (elektronischen) Transistorrechner. Heute werden alle diese Maschinen üblicherweise mit Computer bezeichnet. Beispiele:

- erster (fest programmierter) arbeitsfähiger spezieller Relaisrechner mit Fernzugriff: Complex computer (1939),
- erster arbeitsfähiger programmgesteuerter binärer Relaisrechner mit Gleitpunktrechnung: Zuse Z3 (1941),
- erster (fest programmierter) binärer spezieller Röhrenrechner: ABC (1942),
- erster programmierbarer amerikanischer Relaisrechner: Bell-Rechner 2 (1943),
- erster großer, praktisch nutzbarer spezieller Röhrenrechner: Colossus 1 (1943),
- erster serienmäßig gefertigter spezieller Röhrenrechner: Colossus 2 (1944),
- erster arbeitsfähiger universeller Relaisrechner der USA: Harvard mark 1/IBM ASCC (1943/44),
- erster käuflicher programmgesteuerter Relaisrechner: Zuse Z4 (1945),
- erster arbeitsfähiger universeller Röhrenrechner: Eniac (1946),
- erster ansatzweise speicherprogrammierter Relais-Röhren-Mischrechner: IBM SSEC (1948),
- erster experimenteller speicherprogrammierter Röhrenrechner: Manchester baby (1948),
- erster praktisch nutzbarer speicherprogrammierter Röhrenrechner: Edsac 1 (1949),
- erster käuflicher speicherprogrammierter Röhrenrechner: Binac (1949),
- erster speicherprogrammierter Röhrenrechner der USA: Binac (1949),
- erster serienmäßig gefertigter käuflicher Röhrenrechner: Ferranti mark 1 (1951),
- erster serienmäßig gefertigter kaufmännischer Röhrenrechner der USA: Univac 1 (1951),
- erster in mehreren Exemplaren gefertigter wissenschaftlicher Röhrenrechner der USA: Era 1101 (ursprünglich Atlas 1, Vertrieb als Era 1101 ab 1951),
- erster Röhrenrechner mit Echtzeitbetrieb: Whirlwind (1951),

- erster serienmäßig gefertigter wissenschaftlicher Röhrenrechner von IBM: IBM 701 (1952),
- erster massenhaft gefertigter speicherprogrammierter Röhrenrechner: IBM 650 (1953).

1.20.1 Wettlauf um die erste speicherprogrammierte Rechenanlage

Es ist offensichtlich, dass nicht Turings Abhandlung von 1936, sondern von Neumanns Edvac-Bericht (1945) und die Vortragsreihe der Universität von Pennsylvania in Philadelphia (1946) allgemein den Anstoß zur Herstellung speicherprogrammierter Maschinen gaben. Beim nun einsetzenden Wettlauf hatten englische Forschungsstätten, die Universitäten Manchester und Cambridge, die Nase vorn. Ihre Vorhaben waren bescheidener als die der Amerikaner. Hilfreich waren wohl auch die Erfahrungen mit dem (geheimen) Colossus, dessen Existenz 1945 in Manchester bekannt war (siehe David Anderson: Contested histories: De-mythologising the early history of modern British computing, in: Arthur Tatnall (Hg.): History of computing. Learning from the past, Springer, Berlin 2010, Seiten 58–67). Den Anstoß zu dem weltweiten Bau moderner Elektronenrechner gaben amerikanische Meisterleistungen: Eniac, Edvac, IAS-Maschine (Philadelphia und Princeton).

Ab Anfang der 1940er Jahre entstanden die ersten Digitalrechner (vgl. Tab. 1.9).

Tab. 1.9: Entwicklung der ersten digitalen Rechenautomaten 1940–1946 (Auswahl)

Frühe digitale Relais- und Röhrenrechner: 1940–1946 (Auswahl)								
Land	**1939/40**	**1941**	**1942**	**1943**	**1944**	**1945**	**1946**	**Bemerkungen**
USA	Bell-Rechner 1							fest-programmierter Relaisrechner
Deutschland		Zuse Z3						lochstreifen-gesteuerter Relaisrechner
USA			ABC					fest-programmierter Röhrenrechner
England				Colossus 1				stecktafel-gesteuerter Röhrenrechner
USA					Harvard mark 1			lochstreifen-gesteuerter Relaisrechner

Deutschland	Zuse Z4		lochstreifengesteuerter Relaisrechner
USA		Eniac	stecktafelgesteuerter Röhrenrechner

Anmerkungen
Der erste Bell-Rechner war Ende 1939 fertig und wurde Anfang 1940 in Betrieb genommen. In dieser Übersicht fehlen weitere Bell-Rechner (2–5 A, 1943–1946). Harvard mark 1 war bereits 1943 vollendet, kam aber erst 1944 nach Cambridge. ABC ist ein Kürzel für Atanasoff-Berry-Computer. In der Nachkriegszeit nahm die Anzahl der Computer deutlich zu.

Nach dem Krieg beschleunigte sich die Entwicklung (vgl. Tab. 1.10).

Tab. 1.10: Entwicklung der ersten digitalen Rechenautomaten 1947–1953 (Auswahl, Teil 1)

Frühe digitale Relais- und Röhrenrechner: 1947–1953 (Auswahl, Teil 1)								
Land	**1947**	**1948**	**1949**	**1950**	**1951**	**1952**	**1953**	**Bemerkungen**
England	ARC 2							lochstreifengesteuerter Relaisrechner
USA		IBM SSEC						lochstreifengesteuerter Mischrechner
England		SSEM						speicherprogrammierter Röhrenrechner
USA			Binac					speicherprogrammierter Röhrenrechner
Australien			Csirac					speicherprogrammierter Röhrenrechner
England			Edsac					speicherprogrammierter Röhrenrechner
Schweden				Bark				stecktafelgesteuerter Relaisrechner

Frühe digitale Relais- und Röhrenrechner: 1947–1953 (Auswahl, Teil 1)								
Land	**1947**	**1948**	**1949**	**1950**	**1951**	**1952**	**1953**	**Bemerkungen**
USA				Era 1101				speicher-programmierter Röhrenrechner
England				Pilot Ace				speicher-programmierter Röhrenrechner

In den 1950er Jahren gaben die USA den Ton an (vgl. Tab. 1.11).

Tab. 1.11: Entwicklung der ersten digitalen Rechenautomaten 1947–1953 (Auswahl, Teil 2)

Frühe digitale Relais- und Röhrenrechner: 1947–1953 (Auswahl, Teil 2)								
Land	**1947**	**1948**	**1949**	**1950**	**1951**	**1952**	**1953**	**Bemerkungen**
USA				Seac				speicher-programmierter Röhrenrechner
USA				Swac				speicher-programmierter Röhrenrechner
England					Ferranti mark 1			speicher-programmierter Röhrenrechner
England					Leo 1			speicher-programmierter Röhrenrechner
Ukraine					Mesm			speicher-programmierter Röhrenrechner
USA					Univac 1			speicher-programmierter Röhrenrechner
USA					Whirl-wind			speicher-programmierter Röhrenrechner
USA						Edvac		speicher-programmierter Röhrenrechner
USA						IAS-Rechner		speicher-programmierter Röhrenrechner

Frühe digitale Relais- und Röhrenrechner: 1947–1953 (Auswahl, Teil 2)

Land	1947	1948	1949	1950	1951	1952	1953	Bemerkungen
USA						IBM 701		speicher-programmierter Röhrenrechner
USA							IBM 650	speicher-programmierter Röhrenrechner

Anmerkungen
SSEM ist das Manchester baby. IBM SSEC ist ein Mischrechner aus Relais und Röhren. In dieser Übersicht fehlen Harvard mark 2 (1947, Zwillingsmaschine), mark 3 (1950) und mark 4 (1952) sowie die Bell-Rechner 5B (1947) und 6 (1949). ARC steht für automatic relay calculator, Era für Engineering research associates.

1.21 Welches ist der erste speicherprogrammierte Rechner?

Die Antwort auf die Frage nach der ersten speicherprogrammierten Rechenanlage fällt meist national gefärbt aus. Das überrascht nicht, denn speicherprogrammierte Rechner gelten als Universalrechner, als moderne Computer schlechthin. Dem Hersteller der ersten speicherprogrammierten Maschine kommt daher eine besondere Bedeutung zu, in der Technikgeschichte wie in der Werbung. In England hat man sich offenbar auf ein eigenartiges salomonisches „Doppelpaket" mit Manchester und Cambridge geeinigt, in den USA weist man auf Maschinen aus New York und Philadelphia hin.

Britische Technikhistoriker betonen, dass das Manchester baby (Manchester, Juni 1948) die erste speicherprogrammierte *Versuchs*maschine und Edsac (Cambridge, Mai 1949) der erste *praktisch brauchbare* speicherprogrammierte Rechner war.

Das Manchester baby (vgl. Abb. 1.3) gilt als erster *echter* speicherprogrammierter Rechner. Es war keine ausgereifte Maschine. Zielsetzung war angeblich in erster Linie die Erprobung der neuen Williams-Kilburn-Speicherröhre. Der „Säugling" wurde zum Manchester mark und zum Ferranti mark 1 weiter entwickelt. Dieser wissenschaftlich ausgerichtete Digitalrechner wurde ab 1951 vertrieben.

Amerikaner bestehen hingegen darauf, dass der Mischrechner IBM SSEC (Endicott bei New York) gewisse Anweisungen in seinem Schnellspeicher speichern und ändern konnte. Mit dem lochstreifengesteuerten Zwitter IBM SSEC (Januar 1948) gab es schon vor dem Manchester baby ein speicherprogrammiertes Gerät, wenn auch nur ansatzweise. Der Großrechner hatte einen kleinen elektronischen und einen größeren Relaisspeicher.

Allgemein wird der Vorrang den englischen Rechnern zugestanden, das ist jedoch bis heute umstritten. Randell äußert sich in seiner Einleitung zum Kapitel "Stored program electronic computers" wie folgt:

> „[...] the IBM SSEC, which first worked in 1947, did have the ability to modify and then execute instructions held in its eight-word memory, but this was hardly a stored program computer in the normal sense of the phrase, being basically a tape-controlled machine in the tradition of the Harvard mark I or the Bell Laboratories model V." (siehe Brian Randell (Hg.): The origins of digital computers, Springer-Verlag, Berlin, Heidelberg usw., 3. Auflage 1982, Seite 379).

IBM SSEC lief erstmals 1947. Der Rechner war in der Lage, Befehle, die in seinem 8-Wort-Hauptspeicher abgelegt waren, zu verändern und dann auszuführen. Das war aber kaum ein speicherprogrammierter Digitalrechner im üblichen Sinn. Denn es handelt sich in erster Linie um eine lochstreifengesteuerte Maschine nach dem Muster des Harvard mark 1 oder des Bell-Rechners 5.

Abb. 1.3: Manchester mark 1 (1948). Diese zeitgenössische Aufnahme zeigt den (laut britischen Angaben) ersten vollelektronischen *speicherprogrammierten* Rechner in Betrieb. Er wurde unter der Leitung von Max Newman an der Universität Manchester gebaut, unterstützt durch einen Zuschuss der Royal society. Aufgrund des Erfolgs beauftragte die Regierung die Waffen- und Elektronikfabrik Ferranti Ltd. (Manchester) mit der Fertigung der Maschine. 1951 wurde der erste Ferranti mark im Handel angeboten (© Science Museum, London/Science & society picture library).

Hinweis
Üblicherweise unterscheidet man zwischen dem Manchester baby (1948), dem speicherprogrammierten Erstrechner, und seiner Weiterentwicklung zum Manchester mark 1 (1949). Hier liegt also ein Widerspruch vor.

Der Zeitzeuge Goldstine, ein enger Mitarbeiter von John von Neumann, berichtet:

> „During 1947 von Neumann realized that the lack of a centralized control organ for the Eniac was not an incurable deficiency. He suggested that the whole machine could be programmed into a somewhat primitive stored program computer. He turned the task over to Adele Goldstine, who worked out such a system and passed it along to Richard Clippinger, who was then the head of the Computing Laboratory at the Ballistic Research Laboratories and is also a mathematician of note. He and his associates made certain emendations and put the final touches on the idea, and on 16 September 1948 the new system ran on the Eniac. Although it slowed down the machine's operation, it speeded up the programmer's task enormously. Indeed, the change was so profound that the old method was never used again." (siehe Herman Heine Goldstine: The computer from Pascal to von Neumann, Princeton university press, Princeton, New Jersey 1993, Seite 233).

1947 erkannte von Neumann, dass das Fehlen eines zentralen Steuerwerks für Eniac kein unbehebbarer Mangel war. Er wies darauf hin, dass sich die ganze Maschine in einen ziemlich einfachen speicherprogrammierten Rechner umwandeln lasse. Er übertrug die Aufgabe an Adele Goldstine [Goldstines Frau]. Sie entwarf eine entsprechende Lösung und leitete sie an Richard Frederick Clippinger weiter, den damaligen Vorstand des Rechenzentrums der Ballistic research laboratories. Dieser war auch ein namhafter Mathematiker. Er und seine Mitarbeiter verbesserten den Vorschlag. Am 16. September 1948 lief das neue Verfahren auf Eniac. Obwohl es den Betrieb der Maschine verlangsamte, beschleunigte es das Programmieren stark. Die Veränderung war so bedeutend, dass die alte Methode nie wieder verwendet wurde.

Eniac ist kein echter speicherprogrammierter Rechner (vgl. Kasten).

Enicac hatte eine starre Speicherprogrammierung mit Funktionstafeln
Eniac war ursprünglich (1946) eine Spezialmaschine für ballistische Berechnungen und wurde von außen über Steckverbindungen und Schrittschalter gesteuert. Auch nach der Umgestaltung blieb die Speicherprogrammierung der Maschine *starr*. Die Abläufe ließen sich ab 1948 manuell (extern) über *Funktionstafeln* einstellen. Der Elektronenrechner hatte einen mit Schaltern gesetzten (nicht veränderbaren) Nurlesespeicher (Festspeicher).

Der krampfhafte Versuch dreier Technikhistoriker, Eniac zum ersten Rechner mit Speicherprogramm zu küren, vermag nicht zu überzeugen (siehe Thomas Haigh; Mark Priestley; Crispin Rope: Eniac in action, MIT press, Cambridge, Massachusetts, London 2016).

Hinweis
Wie dem Werk von Haigh, Priestley und Rope (Seiten 164, 194 und 244) zu entnehmen ist, ist das von Goldstine genannte Datum 16. September 1948 irrtümlich. Am 12. April 1948 fand die erste Vorführung mit neuer Kodiertechnik statt. Der Nutzbetrieb begann am 28. April 1948.

Zusammenfassung

Als erster vollwertiger speicherprogrammierter Rechenautomat gilt *Edsac* (Mai 1949) (vgl. Abb. 1.4– 1.5). Nachfolger war Edsac 2. Edsac wurde für kaufmännische Bedürfnisse ausgestaltet und im Handel unter der Marke Leo angeboten.

Der erste echte, speicherprogrammierte amerikanische Rechner war Binac (August 1949), eine Einzelanfertigung (Zwillingsmaschine). Seac (1950) wird als erster speicherprogrammierter US-Rechner in regelmäßigem Betrieb bezeichnet. Der erste marktfähige und in höheren Stückzahlen gefertigte amerikanische Universalrechner hieß Univac 1 (1951). IBM 701 (1952) wird als erster (echter) speicherprogrammierter IBM-Rechner betrachtet. Das Manchester baby, IBM SSEC und Eniac zählen als eingeschränkt speicherprogrammierte Rechner.

Anmerkungen

Als „Universalrechner" werden auch Automaten mit externer Programmsteuerung wie die Zuse Z4 betrachtet. Und selbst gewisse Integrieranlagen, bei denen die Lösung von Differenzialgleichungen im Vordergrund steht, schmücken sich zur Abgrenzung von Spezialgeräten mit dem Kennzeichen „universell". Der britische Spezialrechner Colossus (1943) war zwar programmgesteuert, aber nicht speicherprogrammiert.

Abb. 1.4: Röhrenrechner Edsac (A). Unter der Leitung von Maurice Wilkes wurde in der Universität Cambridge der speicherprogrammierte Elektronenrechner Edsac 1 entwickelt. Er ist dank eines Nachbaus wieder auferstanden (© The National Museum of Computing, Bletchley Park).

Abb. 1.5: Röhrenrechner Edsac (B). Edsac 1 gilt als erste wirklich praxistaugliche Maschine mit Speicherprogramm. Auf der Grundlage dieses Rechners entstanden die marktfähigen Bürorechner Leo (© The National Museum of Computing, Bletchley Park). Rechner mit Speicherprogramm tauchen zuerst in England und den USA auf (vgl. Tab. 1.12).

Tab. 1.12: Entstehung der Digitalrechner mit gespeichertem Programm

Frühe speicherprogrammierte Rechner		
Jahr	**Rechner**	**Ort**
1948	IBM SSEC	IBM, New York
1948	Manchester baby	Universität Manchester
1948	Eniac	Universität von Pennsylvania in Philadelphia
1949	Edsac	Universität Cambridge
1949	Binac	Eckert-Mauchly, Philadelphia
1949	Csirac	Csiro, Sydney
1950	Pilot Ace	National physical laboratory, Teddington
1950	Seac	Bureau of standards Ost, Washington, D.C.
1950	Era 1101	Engineering research associates, St. Paul
1950	Mesm	Institut für Elektrotechnik, Kiew

1.22 Wer hatte wieviel Einfluss auf die Rechnerentwicklung?

Auf dem steinigen Weg zum heutigen Computer haben unzählige Tüftler, Erfinder, Forscher und Kaufleute mitgewirkt. Beteiligt waren auch *Frauen*: Ada Lovelace, Grace Hopper, die Programmiererinnen des Rechenriesen Eniac und die Mitarbeiterinnen im britischen Geheimdienstzentrum Bletchley Park.

Ohne die vielen grundlegenden theoretischen Arbeiten und die zeitraubende praktische Umsetzung wäre die Entwicklung undenkbar. Im Folgenden werden die Meisterwerke ausgewählter Pionierinnen und Pioniere der Frühzeit gestreift. Zu ergänzen sind die Leistungen von *George Boole* (boolesche Algebra), *Claude Shannon* (Informationstheorie) und vieler anderer. Erwähnt werden Vorreiter aus Deutschland, England, Frankreich, Österreich, Schweiz, Spanien, Ukraine, Russland, USA.

Europäische Forscher besuchten meist US-amerikanische Einrichtungen, etwa in Princeton, Cambridge (Massachusetts) und Philadelphia, sie hielten sich vergleichsweise selten in England auf.

1.22.1 Institute for advanced study, ein Besuchermagnet

Das Institute for advanced study in Princeton, wo John von Neumann lehrte, übte eine große Anziehungskraft aus. Es war ein Mekka für künftige Rechnerbauer.

Goldstine erwähnt in seinem Buch zur Informatikgeschichte (siehe Herman Goldstine: The computer from Pascal to von Neumann, Princeton university press, Princeton, New Jersey 1993, Seiten 217, 247, 249–250, 292, 306, 349–350, 353, 355) unzählige europäische „Wallfahrer", die mit dem Rechnerbau in Beziehung stehen. Sie weilten vorwiegend in Princeton (Institute for advanced study, ferner Radio Corporation of America), aber auch in Cambridge, Massachusetts (Harvard-Universität, MIT), und in Philadelphia (Moore school). Die Jahrzahl gibt (soweit verfügbar) den Beginn des Aufenthalts wieder:

- Deutschland: Heinz Billing,
- England: Andrew Booth (1946), Kathleen Booth (1946), Leslie Comrie (1945), Douglas Hartree (1945), Max Newman (1946), David Rees (1946), Alan Turing (1936), Maurice Wilkes (1946), John Womerlsey (1945),
- Frankreich: Louis Couffignal (1946),
- Schweden: Stig Ekelöf (1946), Carl Erik Fröberg (1947), Göran Kjellberg (1947), Gösta Neovius (1947), Erik Stemme,
- Schweiz: Hans Mähly, Ambros Speiser (1948).

Julian Bigelow, Chefingenieur der Princetonmaschine, zählt für die Zeit des Baus der Princetonmaschine u.a. auf: Andrew Booth, Kathleen Booth (beide Birkbeck college, London), Ambros Speiser (ETH Zürich), Adriaan van Wijngaarden (Mathematisch centrum, Amsterdam), Maurice Wilkes (Universität Cambridge) (siehe Julian Bigelow:

Computer development at the Institute for advanced study, in: Nicholas Constantine Metropolis; Jack Howlett; Gian-Carlo Rota (Hg.): A history of computing in the twentieth century, Academic press, New York, London usw. 1980, Seite 310).

Robert Piloty (Technische Hochschule München) besuchte vom Mai bis Oktober 1948 die Sommerschule des Massachusetts Institute of Technology. Dabei sah er auch die (später geheime) Großrechenanlage Whirlwind, deren Entwicklung erst begonnen hatte. Er konnte zudem den Von-Neumann-Bericht beschaffen, der die Grundlage für die Anfertigung der programmgesteuerten elektronischen Rechenanlage München (Perm) bildete (siehe Hartmut Petzold: Rechnende Maschinen, VDI-Verlag, Düsseldorf 1985, Seite 389).

Marcel Linsman und William Pouliart aus Belgien waren an der Fertigung von Harvard mark 3 beteiligt (siehe Marie d'Udekem-Gevers: A little-known chapter in the history of computing in Belgium: The machine mathématique IRSIA-FNRS, in: Kai Kimppa; Diane Whitehouse; Tiina Kuusela; Jackie Phahlamohlaka (Hg.): ICT and society, Springer, Heidelberg, New York usw. 2014, Seite 147).

> „In passing it should be said that, despite the relatively late completion of the Princeton project, there is little doubt that John von Neumann himself was the most influential of all the early computer pioneers." (siehe Simon Lavington: Early British computers, Manchester university press, Manchester 1980, Seite 25).

Nebenbei soll bemerkt werden, dass John von Neumann gewiss der einflussreichste aller frühen Computerpioniere war, obwohl die Princetonmaschine vergleichsweise spät fertig gestellt wurde.

Mächtige analoge Integrieranlagen erleichterten das Rechnen (vgl. Abb. 1.6)

Abb. 1.6: Integrieranlage aus Manchester (1934/35). Vannevar Bushs großer Analogrechner (MIT, Cambridge, 1930/31) regte den britischen Pionier Douglas Hartree zum Nachbau an (© The British Council/Universtität Manchester).

Der riesige Röhrenrechner Eniac (vgl. Abb. 1.7–1.8) hat weltweit eine große Beachtung gefunden.

Abb. 1.7: Eniac (1). Der an der Universität von Pennsylvania in Philadelphia gebaute Röhrenrechner wurde über Steckkabel programmiert (© United States Army).

Abb. 1.8: Eniac (2). Auf dieser Aufnahme sehen Sie zwei Programmiererinnen vor dem Riesenrechner (um 1946) (© United States Army).

1.22.2 Wer war tonangebend?

Es folgen in alfabetischer Reihenfolge einige ausgewählte Hauptdarsteller.

Howard Aiken
Howard Aiken gehört zu den bekanntesten frühen Informatikpionieren. Sein Vorbild war Charles Babbage. Das programmgesteuerte elektromechanische Gerät Harvard mark 1/IBM ASCC (1944) entstand gemeinsam mit IBM. Anschließend trennten sich die Wege, denn Aiken hatte die Verdienste von IBM missachtet. Es wurden drei Nachfolgemaschinen hergestellt. Die Relaisrechner hatten den Ruf, zuverlässig zu sein, waren technisch aber bald veraltet. Bei allen vier Harvard-Maschinen bestand eine Trennung von Programm- und Datenspeicher. Eine Mitarbeiterin des Rechenzentrums war Grace Hopper, die sich (später) mit der Entwicklung von „Übersetzern" (Compiler) und Programmiersprachen einen Namen gemacht hat. Die *Harvard-Universität* in Cambridge veranstaltete schon in den 1940er Jahren Tagungen zur Rechentechnik. Zu nennen ist auch die Aiken-Verschlüsselung.

John Atanasoff
Bis zum Patentstreit Honeywell gegen Sperry Rand wusste man wenig von John Atanasoff und dem Atanasoff-Berry-Computer (Iowa State College, Ames, 1942). Seine wegen des zweiten Weltkriegs abgebrochene Arbeit hatte laut dem bis heute umstrittenen, 1973 verkündeten Bundesgerichtsurteil einen so starken Einfluss auf den Bau der Röhrenmaschine Eniac, dass das Patent von Mauchly und Eckert aufgehoben wurde. Mauchly hatte nach mehreren Besuchen bei Atanasoff offenbar ohne Erlaub-

nis Erkenntnisse genutzt, die bei der Konstruktion des Elektronenrechners ABC gewonnen worden waren.

Charles Babbage
Der an der englischen Universität Cambridge tätige Charles Babbage war ein berühmter Mathematiker. Seine Differenzenmaschine blieb zwar unvollendet, hatte aber mehrere Nachbauten zur Folge, beispielsweise in Schweden. Die von Ada Lovelace beschriebene, 1834 begonnene analytische Maschine war ihrer Zeit um volle 100 Jahre voraus. Lovelace hatte einen in einer Genfer Zeitschrift erschienenen Aufsatz von Luigi Federico Menabrea ins Englische übersetzt und stark erweitert. Babbages programmgesteuerter Digitalrechner wurde nie gebaut und geriet in Vergessenheit. Dem Erfinder blieb eine Anerkennung für seine zukunftsträchtige Arbeit versagt. Heute gilt die programmgesteuerte analytische Maschine als bedeutende Vorläuferin unserer Elektronenrechner.

Vannevar Bush
1930/31 war Vannevar Bushs erste mechanische Integrieranlage fertig gestellt, 1942 folgte die zweite, eine elektromechanische Maschine. Der Rockefeller differential analyzer (RDA) wurde im zweiten Weltkrieg für das Manhattan-Projekt (Atombombe) sowie für die Radar- und Ballistikforschung verwendet. Das große analoge Vielzweckgerät des Massachusetts Institute of Technology (Cambridge) wurde vielerorts nachgebaut, u.a. in England (Manchester, Cambridge), Norwegen (Oslo) und auch in Philadelphia. Elektronische Analogrechner waren bis zu ihrer Verdrängung durch digitale programmgesteuerte Rechenautomaten weit verbreitet. 1945 schlug Bush das Memexsystem (webähnliches Verweissystem auf Mikrofilm) vor.

Presper Eckert
Der im zweiten Weltkrieg an der Universität von Pennsylvania in Philadelphia gebaute Röhrenrechner Eniac (1946) verblüffte die Fachwelt durch seine riesigen Ausmaße. Die Programmierung über Steckkabel und Schalter war hingegen schwerfällig. Nach einer Auseinandersetzung mit von Neumann verließen John Mauchly und Presper Eckert die Moore school of electrical engineering und gründeten ein eigenes Unternehmen. Ihre Erzeugnisse wurden schließlich als Univac-Rechner weltweit vertrieben. Eckert verbesserte die aus der Radartechnik stammenden, mit Quecksilber gefüllten Elektronenröhren. Sie waren wie die Williamsröhren häufig verwendete Speicherbausteine.

Thomas Flowers
Der 1943 von Thomas Flowers entwickelte britische Elektronenrechner Colossus, mit dem die Funksprüche der deutschen Lorenz-Schlüsselmaschine (SZ42) geknackt wurden, war bis 1975 hoch geheim. Die an der Londoner Post office research station gefertigte stecktafelgesteuerte Röhrenmaschine blieb (angeblich) lange Zeit unbeachtet. Max Newman hat jedoch laut David Anderson den Vorstand der Fakultät für Elektrotechnik der Universität Manchester (Willis Jackson) über die Existenz des

Colossus ins Bild gesetzt und ihm in Bletchley Park im Sommer 1945 mehrere Maschinen gezeigt (siehe David Anderson: Contested histories: De-mythologising the early history of modern British computing, in: Arthur Tatnall (Hg.): History of computing. Learning from the past, Springer, Berlin 2010, Seiten 58–67).

Douglas Hartree
Zu den besten Kennern der analogen und digitalen Rechnerwelt gehörte Douglas Hartree. 1933/34 baute er mit Arthur Porter an der Universität Manchester die erste britische Integrieranlage (aus Meccano-Bauteilen). Sein Vorbild war der Analogrechner von Vannevar Bush vom MIT, Cambridge (1930/31). Hartree sorgte im Auftrag der britischen Regierung für die wissenschaftliche Verbindung zwischen den USA und Großbritannien. Schon 1946 verbreitete er die Kunde über den im zweiten Weltkrieg entwickelten Mammutrechner Eniac. Wahrscheinlich hatte er Maurice Wilkes (Universität Cambridge) und David Rees (Universität Manchester) eine Einladung zum Besuch der Lehrveranstaltung an der Moore school in Philadelphia vermittelt, wo Hartree auch einen Vortrag hielt. Er hatte Wilkes sein persönliches Exemplar des Von-Neumann-Berichts (Edvac-Bericht) ausgeliehen.

Curt Herzstark
Die winzige mechanische Taschenrechenmaschine von Curt Herzstark, die Curta, die von 1948 bis 1971 in Liechtenstein in Serie gebaut wurde, gilt immer noch als technisches Wunderwerk. Die Universität Birmingham hatte 1953 einen Matrixrechner mit 12 Curtas konstruiert. Die aufkeimende Elektronik löste die Mechanik allerdings rasch ab.

Helmut Hoelzer
Helmut Hoelzer gilt in Deutschland als Erbauer des ersten elektronischen Analogrechners (1941). Im Ausland weiß man aber wenig über seine Errungenschaften.

Herman Hollerith
Die Lochkartenmaschinen von Herman Hollerith bestanden ihre erste große Bewährungsprobe bei der 11. amerikanischen Volkszählung von 1890. Ein Mitbewerber war James Powers. IBM und Remington Rand teilten sich später den Markt auf. Die Lochkartenanlagen waren weltweit in hohen Stückzahlen jahrzehntelang lang in Gebrauch.

Grace Hopper
Grace Hopper arbeitete mit dem Relaisrechner Harvard mark 1/IBM ASCC und war bei Remington Rand tätig. Sie wird oft als Erfinderin des Übersetzers (Compiler) genannt, was aber wohl unzutreffend ist. Ihr Name ist verbunden mit der Schaffung der Programmiersprache Cobol.

Joseph-Marie Jacquard
Die Steuerung von Webstühlen durch Lochkarten und Lochstreifen hat die Rechentechnik nachhaltig geprägt. Joseph-Marie Jacquard hatte allerdings mehrere (fran-

zösische) Vorläufer: Basile Bouchon, Jean-Baptiste Falcon und Jacques Vaucanson. Dank der Lochbänder (aneinandergebundene Lochkarten) ließen sich die Abläufe automatisieren.

Sergei Lebedew (auch Sergej Lebedjew und Sergei Lebedev)
Sergei Lebedew ist der Vater der sowjetischen Informatik. Er stellte u.a. die beiden Röhrenmaschinen Mesm (erster speicherprogrammierter Rechner Kontinentaleuropas) und Besm her und soll unabhängig auf den Gedanken der Speicherprogrammierung gekommen sein.

Gottfried Wilhelm Leibniz
Gottfried Wilhelm Leibniz führte seine erste mechanische Vierspeziesrechenmaschine (Gerät für alle vier Grundrechenarten) 1673 in London vor. Nach dem Sprossenrad erfand er auch die Staffelwalze. Mit diesem Schaltelement waren ab etwa 1850 unzählige, bis in die 1970er Jahre z.T. in hohen Stückzahlen gefertigte Rechenmaschinen ausgestattet. Mechanische und elektronische Geräte arbeiteten lange Zeit dezimal. Leibniz ist einer der Väter des Dualsystems. Valtat, Couffignal und Zuse hatten es für Rechenmaschinen eingesetzt.

Ada Lovelace (Ada Augusta King)
Ada Lovelace hat sich mit der Beschreibung der analytischen Rechenmaschine von Charles Babbage verdient gemacht. Sie soll auch Anweisungen zur Berechnung von Bernoullizahlen verfasst haben. Urheber des Programms ist aufgrund von Archivdokumenten jedoch Charles Babbage. Zu ihren Ehren wurde eine Programmiersprache auf den Namen Ada getauft.

John Mauchly
Der im zweiten Weltkrieg an der Universität von Pennsylvania in Philadelphia gebaute Röhrenrechner Eniac (1946) verblüffte die Fachwelt durch seine riesigen Ausmaße. Die Programmierung über Steckkabel und Schalter war hingegen schwerfällig. Nach einer Auseinandersetzung mit von Neumann verließen John Mauchly und Presper Eckert die Moore school of electrical engineering und gründeten ein eigenes Unternehmen. Ihre Erzeugnisse wurden schließlich als Univac-Rechner weltweit vertrieben.

John Napier
Die neperschen Rechenstäbchen (Edinburgh, 1617), welche die Multiplikation und die Division (sowie das Ziehen der Quadrat- und Kubikwurzel) erleichtern sollen, wurden in unterschiedlichen Formen (z.B. drehbare Walzen) in Rechenhilfsmitteln von Grillet (Vierspeziesgerät), Hahn (Rechentrommel), Kircher (mathematischer Schrein) (vgl. Abb. 1.9), Leupold (Rechentrommel), Morland (Multiplizier- und Dividiergerät), Petit (Rechentrommel), Schickard (Rechenuhr), Schott (Rechenkasten) u.a. verwendet. Genaille und Lucas boten noch Ende des 19. Jahrhunderts Rechenstäbchen an. Neben den Rechenstäbchen (vgl. Abb. 1.10) hatte Napiers noch ein zweites Rechenhilfsmittel

hinterlassen, das Promptuarium (vgl. Abb. 1.11). Es geriet offenbar schnell in Vergessenheit. Die Rechenstäbchen waren weit verbreitet.

John Napier und Jost Bürgi haben unabhängig voneinander die Logarithmen entdeckt. Sie bildeten die Voraussetzung für die beliebten Rechenschieber und stellen einen bedeutenden Markstein in der Geschichte der Mathematik dar. Wegen Bürgis Geheimniskrämerei war Napiers Einfluss viel größer.

Abb. 1.9: Kirchers mathematischer Schrein. Das tragbare, durch einen Deckel verschließbare Kästchen enthält neun nebeneinander angeordnete senkrechte Fächer. Sie sind jeweils einem Thema gewidmet (z.B. Arithmetik, Geometrie, Astronomie, Astrologie, Zeitrechnung, Sonnenuhren). In jedem Fach befinden sich 24 flache Holzstäbe unterschiedlicher Länge. Auf beiden Seiten sind sie mit Zahlen und Buchstaben beschriftet. Erfinder des Lehrmittels ist der deutsche Universalgelehrte Athanasius Kircher. Sein Schüler Kaspar Schott hat den mathematischen Schrein, das Organum mathematicum, 1688 beschrieben (© Museo Galileo, Florenz).

Abb. 1.10: Nepersche Rechenstäbchen. Das vom Schotten John Napier geschaffene digitale Rechenhilfsmittel erleichterte das Vervielfachen und Teilen von Zahlenwerten (© ETH-Bibliothek Zürich, Sammlung Sternwarte).

Abb. 1.11: Napiers Rechenschrank. Wer dieses prachtvolle Rechengerät hergestellt hat, ist unbekannt. Erst nach langer Zeit fand man heraus, dass es sich um ein Promptuarium handelt. Die Aufnahme stellt das weltweit wohl schönste überlebende Original dar (© Museo arqueológico nacional, Madrid). *Max Newman*

Max Newman hatte an der Universität Cambridge durch eine Vorlesung Alan Turing zu der wegweisenden Arbeit über die Turingmaschine (1936) angeregt und ihre Veröffentlichung befürwortet. Newman unterstützte überdies Turings Studienaufenthalt bei Alonzo Church in Princeton. Im britischen Geheimdienstzentrum Bletchley Park hatte Newman die Vorgaben für die teils elektromechanische, teils elektronische Schlüsselbrechmaschine Heath Robinson erarbeitet. Die Nachfolgemaschine, der Elektronenrechner Colossus, war hingegen ausschließlich das Werk von Thomas Flowers. Nach dem Krieg wechselte er an die Universität Manchester und schlug den Bau eines Elektronenrechners vor. 1948 kam in Manchester der erste speicherprogrammierte (Versuchs-)Rechner Europas zur Welt.

William Oughtred
Die Erfindung des Rechenstabs und der Rechenscheibe (1622) wird William Oughtred zugeschrieben. Die analogen Rechenschieber wurden jahrhundertelang in großer Zahl verwendet.

Blaise Pascal
Die in zahlreichen Exemplaren gefertigte Pascaline (Paris, 1642) (vgl. Abb. 1.12–1.13), eine Zweispeziesmaschine, war wohl die bekannteste der frühen mechanischen Rechenmaschinen. Bis zur Wiederentdeckung der schickardschen Rechenuhr galt Blaise Pascal als (erster) Erfinder der mechanischen Rechenmaschine. Die indirekte Subtraktion mit Ergänzungszahlen wurde auch in späteren Geräten angewandt, etwa der Curta.

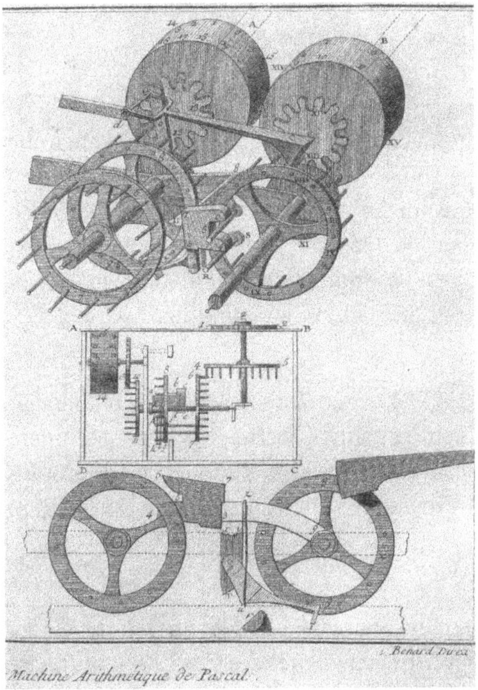

Abb. 1.12: Pascaline (1). Diese Zeichnung gibt einen Einblick in die Arbeitsweise des Addierer-Subtrahierers (aus: Denis Diderot; M. d'Alembert: Encyclopédie, ou dictionnaire raisonné des sciences, des arts et des métiers, Pellet, Genf 1778) (Quelle: ETH-Bibliothek Zürich, Alte und seltene Drucke).

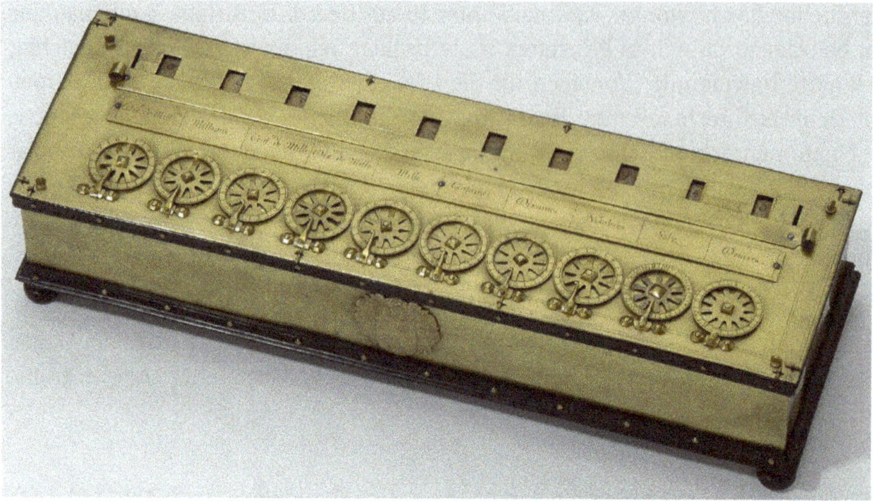

Abb. 1.13: Pascaline (2). Blaise Pascal hat rund 50 Zweispeziesmaschinen (Additions- und Subtraktionsmaschinen) hergestellt. Davon sind mehrere Originale erhalten. Dieses um 1650 gefertigte Exemplar hat ein Gehäuse aus Messingblech, eine hölzerne Bodenplatte mit gedrechselten Füßen und zwei umlaufende, ebenfalls aus braunem Holz bestehende Zierfriesen. Das Einstellwerk (unten) und das Ergebniswerk (oben) weisen je zehn Stellen auf. Die Zahlen werden mit einem Griffel eingegeben, indem man die speichenkranzförmigen Einstellräder im Uhrzeigersinn bis zum Anschlag dreht. Die Ergebnisse erscheinen in den Ablesefenstern. Für die Subtraktion werden Ergänzungszahlen verwendet. Die Pascaline zeichnet sich durch einen automatischen Zehnerübertrag aus (© Mathematisch-physikalischer Salon, Dresden).

Heinz Rutishauser

Heinz Rutishauser gilt als Schöpfer der automatischen Programmierung. Er erkannte als erster, dass man die Rechenmaschine selbst für das (beschwerliche) Programmieren nutzen kann. Konrad Zuse und Howard Aiken hatten für diesen Zweck noch besondere Planfertigungsgeräte vorgesehen. Rutishauser war einer der führenden Mitbegründer der maschinenunabhängigen Programmiersprache Algol, die viele Nachkommen (z.B. Pascal) hatte. Nun war es möglich, Programme auszutauschen.

Wilhelm Schickard

Die erste mechanische Rechenmaschine, ein Werk von Wilhelm Schickard (Tübingen, 1623), ist nicht überliefert. Sie hat daher keinen nennenswerten Nachhall gefunden. Unterlagen dazu tauchten erst 1957 auf, so dass sie sich rekonstruieren ließ. Die Multiplikation wird mit drehbaren Zylindern vollzogen. In vielen Museen sind Nachbauten ausgestellt.

Jean-Baptiste Schwilgué

Die 1842 vollende astronomische Uhr des Straßburger Münsters wartet mit einem einzigartigen Kirchenrechner auf. Jean-Baptiste Schwilgués Meisterwerk läuft heute noch. Seine 1844 patentierte Tastenaddiermaschine kam erst vor kurzem zum Vorschein, sein „Prozessrechner“ aus den 1830er Jahren wurde erst Ende 2014 aufgespürt.

George Stibitz
Der elektromechanische Complex computer von George Stibitz (Bell Labs, New York, 1939) hatte fünf Nachfolger. Der Spezialrechner hat die weitere Entwicklung aber kaum nachhaltig geprägt. Zu erwähnen ist hingegen die Stibitz-Verschlüsselung. In die Geschichte eingegangen ist eine Vorführung mit einer Fernsteuerung.

Charles-Xavier Thomas
Das 1820 patentierte Arithmometer von Charles-Xavier Thomas aus Colmar war die erste und bis in die 1870er Jahre einzige Rechenmaschine in Serienfabrikation. Hergestellt wurde sie in Paris. Später kamen viele Geräte ähnlicher Bauart in den Handel. Die Ausdrücke „Arithmometer“ und „Thomasmaschine“ wurden zum Inbegriff von Staffelwalzenmaschinen und allgemein von mechanischen Rechenmaschinen.

Leonardo Torres Quevedo
Leonardo Torres Quevedo versuchte schon 1893, mit mechanischen Mitteln schwierige algebraische Gleichungen zu lösen. 1912 baute er den ersten Schachspielautomaten, den er 1914 in Paris vorstellte. Er entwarf eine automatische elektromechanische Rechenmaschine, die 1920 in Paris ausgestellt wurde, und schrieb eine wichtige Abhandlung zur Automation. Torres Quevedo war vor allem in Spanien und Frankreich ein berühmter Gelehrter. Im deutsch- und englischsprachigen Raum ist er heute weitgehend vergessen. Seine Rechengeräte waren allerdings nicht marktreif. Torres Quevedo hat die weitere Entwicklung nicht entscheidend beeinflusst. Er war der Zeit voraus, seine spanischsprachigen Veröffentlichungen sind wenig bekannt.

Alan Turing
Es ist unbestritten, dass sich Alan Turing im zweiten Weltkrieg unermessliche Verdienste erworben hat. Nach den bedeutenden Vorleistungen der polnischen Schlüsselknacker (Codebrecher) hat er mit Unterstützung von Gordon Welchman eine *Bombe* genannte elektromechanische Maschine für das Brechen der deutschen Enigmas entwickelt. Es ist ihm und seinen Mitarbeitenden in Bletchley Park überdies gelungen, die unverständlichen Funksprüche der Marine-Enigma zu entziffern. Zudem hat er mit grundlegenden Verfahren (z.B. Banburismus) dazu beigetragen, die Nachrichten u.a. der Lorenzmaschine zu enträtseln. Wegen der Geheimniskrämerei der britischen Regierung erfuhr die Umwelt erst mit jahrzehntelanger Verspätung von diesen herausragenden Leistungen.

Alan Turings theoretische Abhandlung zur universellen Turingmaschine (1936) fand bei ihrer Veröffentlichung hingegen ein geringes Echo. In der theoretischen Informatik hat die Turingmaschine heute zwar eine wegweisende Stellung erlangt, allerdings erst mit einer großen Verspätung. Sie ermöglicht wichtige Aussagen etwa zur Berechenbarkeit. Turings Arbeiten zur künstlichen Intelligenz genießen ebenfalls eine hohe Wertschätzung. Der „Nobelpreis" der Informatik, der Turingpreis, ist nach ihm benannt.

Manche Kryptanalytiker (Codebrecher) aus Bletchley Park wurden als Professoren an britische oder amerikanische Universitäten berufen, Turing musste sich mit einem Lehrauftrag an der Universität Manchester begnügen.

Historikerstreit: Copeland versucht hartnäckig, den Einfluss von Turings berühmter Schrift „On computable numbers" (1936) auf John von Neumann nachzuweisen. Angeführt werden u.a. Aussagen von Zeitzeugen wie Julian Bigelow (Chefingenieur der Princetonmaschine), Stanley Frankel und Stanislaw Ulam (beide Kernforschungszentrum Los Alamos national laboratory, New Mexico), die allerdings erst Jahrzehnte später gemacht wurden (siehe Brian Jack Copeland (Hg.): The essential Turing, Clarendon press, Oxford 2004, Seiten 21–27, und Brian Jack Copeland (Hg.): Alan Turing's electronic brain, Oxford university press, Oxford 2012, Seiten 114–117). Haigh lehnt dieses Unterfangen jedoch ab (siehe Thomas Haigh: Actually, Turing did not invent the computer, in: Communications of the ACM, Band 57, 2014, Heft 1, Seiten 36–41).

John von Neumann
John von Neumann hat mit seinen Abhandlungen zum Rechnerbau und zum Speicherprogramm (1945 und 1946) die Entwicklungsgeschichte des Computers entscheidend mitgeprägt. Die in Princeton entwickelte Röhrenmaschine, der IAS-Rechner (Institute for advanced study), war erst 1952 einsatzfähig. Trotzdem wurde der speicherprogrammierte Parallelrechner weltweit vielfach nachgebaut. Den Durchbruch des Speicherprogramms verdanken wir in erster Linie von Neumann.

Turings Schrift zur universellen Turingmaschine erschien 1936/37. Die ersten speicherprogrammierten Rechner wurden jedoch erst 1948 in den USA und in England fertig gestellt. Von Neumann war zweifellos der einflussreichste frühe Informatikpionier. Das ist auf nicht zuletzt auf seine weltweite Ausstrahlung als Mathematiker zurückzuführen.

Maurice Wilkes
Der von Maurice Wilkes an der Universität Cambridge entwickelte speicherprogrammierte Röhrenrechner Edsac (1949) hatte als Abkömmling u.a. den kaufmännischen Rechner Leo. Wilkes gilt als Vater der Mikroprogrammierung. Diese Errungenschaft soll allerdings Turing im Entwurf zum Röhrenrechner Ace vorweggenommen haben.

Frederic Williams
Das 1948 an der Universität Manchester geschaffene speicherprogrammierte Manchester baby war Ausgangspunkt für eine erfolgreiche Rechnerreihe des englischen Herstellers Ferranti. Die Maschinen wurden international angeboten. Ferranti mark 1 war 1951 der erste im Handel erhältliche Elektronenrechner Europas. Frederic Williams und Thomas Kilburn haben die (meist verbreitete) elektrostatische Speicherröhre erfunden.

Konrad Zuse

Obwohl Konrad Zuses Relaisrechner Z3 (Berlin, 1941) sich durch bemerkenswerte Vorzüge (Lochstreifensteuerung, Dualsystem, Gleitkomma) auszeichnete, hat er international wenige Spuren hinterlassen. Das trifft auch auf die (erst spät veröffentlichte) wegweisende Programmiersprache Plankalkül zu. Zuse war wegen der Ereignisse im dritten Reich lange Zeit abgeschottet. Er hat die erste europäische Firma für den Rechnerbau gegründet, die viele Relais-, Röhren- und Transistorrechner angeboten hat.

1.22.3 War Ada Lovelace wirklich die erste Programmiererin?

Luigi Federico Menabrea hat in seinem Bericht über die analytische Maschine von Charles Babbage in Tabellenform ein *Programm zur Lösung linearer Gleichungssysteme* veröffentlicht. Diese Arbeit entstand aufgrund eines Konferenzvortrags von Babbage in Turin (1840) (siehe Luigi Federico Menabrea: Notions sur la machine analytique de M. Charles Babbage, in: Bibliothèque universelle de Genève, 1842, neue Serie, Band 41, Seiten 352–376).

Ada Lovelace hat Menabreas Aufsatz ins Englische übersetzt und mit vielen Anmerkungen ergänzt. Sie beschreibt – ebenfalls in tabellarischer Form – ein *Programm zur Berechnung von Bernoulli-Zahlen* (siehe Ada Augusta Lovelace: Notes by the translator, for L. F. Menabrea, sketch of the analytical engine invented by Charles Babbage, esq., in: Scientific memoirs, Band 3, Richard und John E. Taylor, London 1843, Seiten 666–731).

Zum 200. Geburtstag (2015) von Ada Lovelace gab es zahlreiche Neuerscheinungen.

Ada Lovelace war die erste Programmiererin

> „The most elaborate program developed by Babbage and Lady Lovelace for this machine was a routine for calculating Bernoulli numbers." (siehe Donald E. Knuth; Luis Trabb Pardo: The early development of programming languages, in: Donald E. Knuth (Hg.): Selected papers on computer languages, Center for the study of language and information, Stanford 2003, Seite 5).

Das ausgereifteste Programm, das Babbage und Ada Lovelace für die analytische Maschine geschrieben haben, diente zur Berechnung der Bernoullizahlen.

> „There is direct documentary evidence that Ada Lovelace created this table (writing it out in pencil)." (siehe Thomas J. Misa: Charles Babbage, Ada Lovelace, and the Bernoulli numbers, in: Robin Hammerman; Andrew L. Russell (Hg.): Ada's legacy, Association for computing machinery/Morgan & Claypool publishers, San Rafael, Kalifornien 2016, Seite 15).

Wie schriftliche Belege beweisen, hat Ada Lovelace diese Tafel [Tabelle mit dem Algorithmus für die Bernoullizahlen] erstellt und mit Bleistift aufgezeichnet.

> „Even if Babbage provided Ada with the mathematical expressions for the Bernoulli numbers, and assisted with the derivation of a general formula, the transformation of the general formula into a step-by-step algorithm remains Ada's achievement, as the letters clearly indicate." (siehe
>
> Thomas J. Misa: Charles Babbage, Ada Lovelace, and the Bernoulli numbers, in: Robin Hammerman; Andrew L. Russell (Hg.): Ada's legacy, Association for computing machinery/Morgan & Claypool publishers, San Rafael, Kalifornien 2016, Seite 26).

Selbst wenn Babbage Ada die mathematischen Ausdrücke für die Bernoullizahlen bereitgestellt und sie bei der Herleitung einer allgemeinen Formel unterstützt hätte, bleibt die Umwandlung dieser Gleichung in eine Schritt-für-Schritt-Rechenvorschrift Adas Leistung. Das geht aus dem Briefwechsel eindeutig hervor.

> „For Note G on the Bernoulli numbers, the table-algorithm has ten data variables, three working variables, and four result variables. The computation has just 25 operations, but there are in addition two nested loops: an outer loop consisting of steps 13–23, and two inner loops consisting of steps 13–16 and 17–20. [...]. Nothing like it appeared in Menabrea's original." (siehe Thomas J. Misa: Charles Babbage, Ada Lovelace, and the Bernoulli numbers, in: Robin Hammerman; Andrew L. Russell (Hg.): Ada's legacy, Association for computing machinery/Morgan & Claypool publishers, San Rafael, Kalifornien 2016, Seite 28).

Die Anmerkung G über die Bernoullizahlen enthält eine Rechenvorschrift in Tabellenform. Sie hat zehn Datenvariablen, drei Variablen für die Zwischen- und vier für die Schlussergebnisse. Die Berechnungen umfassen nur 25 Vorgänge. Zusätzlich gibt es aber zwei verschachtelte Schleifen, eine äußere mit den Schritten 13–23 und zwei innere mit den Schritten 13–16 und 17–20. [...]. Nichts dergleichen ist in Menabreas Urtext zu finden.

> „At the least, we can grant her primary authorship of the first algorithm intended for a computing machine." (siehe Thomas J. Misa: Charles Babbage, Ada Lovelace, and the Bernoulli numbers, in: Robin Hammerman; Andrew L. Russell (Hg.): Ada's legacy, Association for computing machinery/Morgan & Claypool publishers, San Rafael, Kalifornien 2016, Seiten 29/30).

Wir können Ada mindestens das Erstrecht zugestehen für die Urheberschaft am ersten Programm, das für eine Rechenmaschine geschrieben wurde.

Ada Lovelace war nicht die erste Programmiererin

> „Lovelace is widely celebrated for a variety of reasons. She is variously described as a mathematical genius, as having a critical influence on the invention of the Analytical Engine, of being the first programmer, and of being a prophet of the computer age. The first two of these are unsupported by evidence of any kind and are readily disproved by the simple chronology of events. The third claim to fame (that she was the first programmer) is understandable but wrong. But the tribute of being a visionary of the computer age justifies as fully deserved the tributes paid to her for otherwise mistaken reasons." (siehe Doron D. Swade: Pre-electronic computing, in: Cliff B. Jones; John L. Lloyd (Hg.): Dependable and historic computing, Springer-Verlag, Heidelberg usw. 2011, Seiten 75–76).

Lovelace wird aus mancherlei Gründen weit und breit gefeiert. Sie wird etwa als überaus schöpferische Mathematikerin beschrieben. Ada soll die Erfindung der analytischen Maschine entscheidend beeinflusst haben, die erste Programmiererin und eine Prophetin des Informatikzeitalters sein. Es gibt keinerlei Belege für die ersten beiden Behauptungen, sie lassen sich schon durch die zeitliche Abfolge der Ereignisse ohne weiteres widerlegen. Der dritte Anspruch auf Ruhm (erste Programmiererin) ist verständlich, aber falsch. Der Ruf als Visionärin des Informatikzeitalters rechtfertigt die ihr ansonsten irrtümlich zuteil gewordene Anerkennung jedoch vollauf.

> „The notes contain examples of algorithmic stepwise sequences of operations executed by the notional Analytical Engine to find solutions, what we would now call „programs", though neither Babbage nor Ada used these terms. The most detailed worked example was a „program" to compute Bernoulli numbers. So the first published example of a „program" appeared under Ada's name. While it is edifying to describe her as „the first programmer" and therefore the originator of the practices and prodecures of computational solution by machine, it is misleading to do so. Those familiar with the archival sources are clear that the techniques and examples in the paper were those devised by Babbage much earlier and suggested or supplied by him." (siehe Doron D. Swade: Pioneer profile Ada Lovelace, in: Resurrection. The bulletin of the computer conservation society, Winter 2010/2011, Heft 53, Seite 33).

Adas Notizen enthalten Beispiele von algorithmischen Schritt-für-Schritt-Anweisungen, die durch die entworfene, aber nicht gebaute analytische Maschine abgearbeitet wurden. Diese Vorgaben würden wir heute als „Programm" bezeichnen, obwohl weder Babbage noch Ada diesen Ausdruck verwendet haben. Das am ausführlichsten ausgestaltete Beispiel war ein „Programm" für die Berechnung von Bernoullizahlen. Das erste Beispiel eines „Programms" wurde also unter Adas Namen veröffentlicht. Es ist zwar naheliegend, sie als „erste Programmiererin" und somit als Wegbereiterin für die maschinelle Lösung von Rechenaufgaben zu beschreiben, das ist aber irreführend. Wer mit den Archivquellen vertraut ist, weiß, dass die im Aufsatz erwähnten Techniken und Beispiele viel früher von Babbage ausgedacht wurden. Er hatte sie ihr offensichtlich vorgeschlagen oder zur Verfügung gestellt.

Folgerungen

Im Streit zwischen Technikern (Doron Swade, England, und auch Allan Bromley, Australien) und Historikern (Thomas Misa, USA) ist wohl den Ingenieuren beizupflichten: Wie aus Archivdokumenten hervorgeht, sind die Programme zur Lösung linearer Gleichungssysteme und zur Berechnung der Bernoullizahlen wahrscheinlich Babbage zuzuschreiben. Es ist deshalb anzunehmen, dass Ada Lovelace zu Unrecht als Urheberin des ersten Programms gefeiert wird.

1.22.4 Die Meinungen zu Turings Einfluss auf den Rechnerbau gehen auseinander

Turings Einfluss auf den Rechnerbau wird überschätzt (vgl. Kasten).

Wie groß war Turings Einfluss auf die frühen britischen Rechenautomaten?

Was für Spuren hat Turing hinterlassen?

- Post office research station, Dollis Hill (Nordwest-London)
  Anlass für die Herstellung des Röhrenrechners Colossus (1943) waren die mit der deutschen Lorenz-Schlüsselmaschine angefertigten Geheimmeldungen. Verantwortlich war Thomas Flowers. Obwohl der Koloss bis 1975 geheim war, beeinflusste er offenbar die Bemühungen an der Universität Manchester. Alan Turing war an der Entwicklung des Colossus *nicht* beteiligt.
- National physical laboratory, Teddington (London)
  Alan Turing entwarf 1945 für John Womersley einen speicherprogrammierten Röhrenrechner namens Ace. Beim Bau kam es allerdings zu Verzögerungen (Pilot Ace, 1950) (vgl. Abb. 1.14). Der ernüchterte Turing wechselte vor dessen Fertigstellung an die Universität Manchester.
- Universität Cambridge
  Maurice Wilkes erhielt von Douglas Hartree einen kurzen Einblick in die wegweisende Abhandlung über den Von-Neumann-Rechner (1945). Diese Schrift war im Zusammenhang mit dem Elektronenrechner Eniac entstanden. Ein Besuch einer Vortragsreihe an der Universität von Pennsylvania in Philadelphia (1946) festigte seinen Entschluss zum Rechnerbau. Die speicherprogrammierte Röhrenmaschine Edsac wurde 1949 vollendet.
- Universität Manchester
  In Bletchley Park hatte Max Newman die Leistungsfähigkeit digitaler Rechenmaschinen erkannt. Er schlug 1945 der Universität Manchester die Entwicklung eines Elektronenrechners vor und machte auf die Existenz des Colossus aufmerksam. Das von Frederic Williams und Thomas Kilburn gebaute speicherprogrammierte Manchester baby erblickte 1948 das Licht der Welt. Kilburn hatte 1946/47 eine Lehrveranstaltung zum Rechnerentwurf von Wilkinson und Turing besucht. Der Manchester Versuchsrechner lief erstmals im Juni 1948, Alan Turing kam erst im September 1948 an die Universität Manchester. Zu diesem Zeitpunkt war das Vorhaben schon weit fortgeschritten.

Erläuterungen

Die bahnbrechende Arbeit über die (universelle) Turingmaschine wurde 1936/37 veröffentlicht. Von diesem theoretischen Modell bis zu Turings Entwurf des Röhrenrechners Ace (1945) vergingen viele Jahre. Der stecktafelgesteuerte Colossus (1943) war nicht speicherprogrammiert. Die Bedeutung der zukunftsträchtigen Digitalrechner wurde Wilkes anscheinend erst über den Umweg über die USA bewusst. Bei Ace steht ein unmittelbarer Einfluss Turings fest. In Manchester, wo er die Vorgaben für die Ein- und Ausgabe festlegte und das Programmierhandbuch schrieb, ist seine Handschrift weniger deutlich. Die in Cambridge und Manchester gebauten speicherprogrammierten Maschinen entsprechen der Von-Neumann-Bauweise.

Abb. 1.14: Pilot Ace. Alan Turing entwarf am National physical laboratory in London den Elektronenrechner Automatic computing engine (Ace). 1950 war das abgemagerte, arbeitsfähige Versuchsmuster nach großen Verzögerungen fertig gestellt. Zu diesem Zeitpunkt war der Erfinder allerdings bereits an der Universität Manchester. Ace ist das Gegenstück zu John von Neumanns Edvac. Die Firma English electric (Stafford) entwickelte die speicherprogrammierte Maschine weiter und bot sie ab 1955 unter dem Markennamen Deuce an. Pilot Ace ist einer der wenigen erhaltenen elektronischen Digitalrechner aus der Frühzeit (© Science Museum, London/Science & society picture library).

Bemerkenswert ist die folgende Aussage von Brian Randell:

> „They [Williams and Kilburn] learned from Newman the basic principles of von Neumann's stored-program computer which was then fully designed but not yet operative [...]." (siehe Brian Randell: The colossus, in: Nicholas Constantine Metropolis; Jack Howlett; Gian-Carlo Rota (Hg.): A history of computing in the twentieth century, Academic press, New York, London usw. 1980, Seite 86).

Max Newman unterrichtete [1946] Frederic Williams und Thomas Kilburn von der Universität Manchester über die Grundzüge des speicherprogrammierten Von-Neumann-Rechners. Diese Maschine war damals schon voll durchdacht, aber noch nicht betriebsfähig.

Goldstine, Mitarbeiter von Neumanns, geht davon aus, dass vor allem die Reisen britischer Wissenschaftler in die USA den Rechnerbau in England ausgelöst haben:

> „It is however remarkable that Great Britain had such vitality that it could immediately after the war embark on so many well-conceived and well-executed projects in the computer field. These include the construction by Wilkes of the Edsac at Cambridge, by Williams of Madm and its successors at Manchester, by Turing (and his successors) at Teddington, and by Booth at Birkbeck College, London [...]. Out of these developments, which essentially started with the visits of Hartree and of Womersley, grew a considerable industry in Britain.“ (siehe Herman Goldstine: The computer from Pascal to von Neumann, Princeton university press, Princeton, New Jersey 1993, Seite 321).

Es ist indessen bemerkenswert, dass sich Großbritannien sofort nach dem Krieg mit solcher Energie in so viele gut geplante und gut umgesetzte Rechnervorhaben eingelassen hat. Sie umfassen den Bau des Edsac in Cambridge durch Wilkes, die Herstellung mehrerer Digitalautomaten in Manchester durch Williams und in Teddington durch Turing (und seine Nachfolger) sowie durch Booth am Londoner Birkbeck college [...]. Diese Unternehmungen, die im Wesentlichen mit Hartrees und Womersleys [USA-]Besuchen begannen, führten zu einer beachtlichen englischen Industrie.

Douglas Hartree wirkte zunächst an der Universität Manchester, später in Cambridge, John Womersley am National physical laboratory in Teddington (London). Der britische Tatendrang lässt sich teilweise durch die mit dem Colossus gewonnenen Erkenntnisse erklären.

Goldstine, dem der Colossus damals wahrscheinlich nicht bekannt war, stellt fest:

> „During this same eventful spring and summer a number of British visitors came to the Moore School, and from these visits stemmed the computerization of Great Britain. Specifically, they resulted in the development and construction of machines at the National Physical Laboratory, Teddington – the ACE, automatic computing engine; at Cambridge University – the Edsac, electronic delay storage automatic calculator; and at the University of Manchester – Madm, Manchester automatic digital machine.“ (siehe Herman Goldstine: The computer from Pascal to von Neumann, Princeton university press, Princeton, New Jersey 1993, Seite 217).

Während des gleichen ereignisreichen Frühlings und Sommers [1945] kamen mehrere englische Besucher an die Moore school [Philadelphia]. Auf diese Besuche ist der Rechnerbau in Großbritannien zurückzuführen. Sie hatten insbesondere die Entwicklung und die Fertigung von Maschinen im National physical laboratory, Teddington (ACE), an der Universität Cambridge (Edsac) und der Universität Manchester (Madm) zur Folge.

Diese Auffassung teilt Martin Campbell-Kelly:

> „From Britain, Maurice Wilkes attended on behalf of Cambridge University and David Rees for Manchester. The Moore school lectures had the effect of establishing the stored-program computer as the big idea in computing and after the lectures computing groups in America and Britain set to work to turn the design into a reality.“ (siehe Martin Campbell-Kelly: The Ace and the shaping of British computing, in: Brian Jack Copeland (Hg.): Alan Turing's electronic brain, Oxford 2012, Seite 152).

Aus Großbritannien nahmen Maurice Wilkes und David Rees im Namen der Universität Cambridge bzw. Manchester teil. Die Vortragsreihe an der Moore school verhalf dem speicherprogrammierten Rechner zum Durchbruch. Nach der Veranstaltung begannen Arbeitsgruppen in Amerika und Großbritannien mit der Umsetzung des Vorhabens.

Campbell-Kelly ergänzt:

„The modern computer is based on the Edvac, which owed very little to the design of Eniac and absolutely nothing to the Colossus." (siehe Martin Campbell-Kelly: The Ace and the shaping of British computing, in: Brian Jack Copeland (Hg.): Alan Turing's electronic brain, Oxford university press, Oxford 2012, Seiten 152/153).

Der moderne Digitalrechner baut auf dem Edvac auf. Dieser verdankt der Gestaltung des Eniac sehr wenig und dem Colossus gar nichts.

Außer dem (seriellen) Edvac (mit Umlaufspeicher) gab es ein weiteres Vorbild: die (parallele) Princetonmaschine (mit elektrostatischem Speicher).

Britische und nordamerikanische Historiker stufen von Neumanns Edvac-Bericht so ein:

„His report, entitled *A first draft of a report on the Edvac*, dated 30 June 1945, was the seminal document describing the stored-program computer. It offered the complete logical formulation of the new machine and ultimately was the technological basis for the worldwide computer industry." (siehe Martin Campbell-Kelly; William Aspray; Nathan Ensmenger; Jeffrey R. Yost: Computer. A history of the information machine, Westview press, Boulder, Colorado, 3. Auflage 2016, Seite 77).

Von Neumanns Abhandlung mit der Überschrift „A first draft of a report on the Edvac" vom 30. Juni 1945 war die zukunftsträchtige Arbeit zum speicherprogrammierten Rechner. Sie vermittelte eine vollständige logische Beschreibung der neuen Maschine und war schließlich die technische Grundlage für die weltweite Informatikindustrie.

Der britische Informatikhistoriker Lavington schreibt:

„Successors to Colossus were built, but it is not thought that these developments contributed in any significant way to the design of general-purpose stored-program computers." (siehe Simon Lavington: Early British computers, Manchester university press, Manchester 1980, Seite 53).

Es wurden Colossus-Nachfolger gebaut. Man nimmt aber nicht an, dass diese Entwicklungen wesentlich zum Entwurf des programmgespeicherten Universalrechners beigetragen haben.

Campbell-Kelly fasst zusammen:

„The place of the universal Turing machine in the history of computing is difficult to assess at the present time. This is particularly so in Britain where Turing has become lionized, and many people feel that the Turing machine just *has* to be one of the foundations of computing. The story is very complex, and we will probably not resolve it for many years. In all my researches on the early history of computing, I cannot recall a direct reference to the Turing machine in the context of computer design. My own view is that the Turing machine was really a fairly abstruse branch of mathematics that was only appropriated by computing about a decade after the first machines were built when computer scientists first began to study computability.“ (siehe Martin Campbell-Kelly: The Ace and the shaping of British computing, in: Brian Jack Copeland (Hg.): Alan Turing's electronic brain, Oxford university press, Oxford 2012, Seite 153).

Die Stellung der Turingmaschine in der Informatikgeschichte lässt sich zurzeit nur schwer beurteilen. Das gilt vor allem im Vereinigten Königreich, wo Turing als Held gefeiert wird. Manche glauben, dass die Turingmaschine eine der Grundlagen der Informatik sein *muss*. Die Angelegenheit ist sehr vielschichtig, und wir werden sie wahrscheinlich viele Jahre lang nicht bewältigen können. Ich kann mich nicht daran erinnern, dass in allen meinen Nachforschungen zur Frühgeschichte der Informatik im Zusammenhang mit dem Rechnerentwurf je ein direkter Hinweis auf die Turingmaschine aufgetaucht ist. Nach meiner persönlichen Meinung war die Turingmaschine ein ziemlich verworrener Zweig der Mathematik. Er wurde in der Informatik erst etwa ein Jahrzehnt nach dem Bau der ersten Maschinen beachtet, als man anfing, sich mit der Berechenbarkeit auseinanderzusetzen.

In der Frühzeit des Rechnerbaus wird die Turingmaschine auch im deutschsprachigen Raum kaum je gewürdigt. Im Grundlagenwerk von Heinz Rutishauser, Ambros Speiser, Eduard Stiefel: Programmgesteuerte digitale Rechengeräte (elektronische Rechenmaschinen), Birkhäuser Verlag, Basel 1951, sind keine Hinweise zur Turingmaschine zu finden. In seiner Schrift Automatische Rechenplanfertigung bei programmgesteuerten Rechenmaschinen, Birkhäuser Verlag, Basel 1952, erwähnt Rutishauser zwar Aiken, Kilburn, von Neumann, Wilkes und Zuse, nicht aber Turing. Er kannte den Plankalkül, wusste aber wohl nichts von Turings schwerverständlicher Arbeit (1936).

Turings Einfluss auf die frühe Rechnerentwicklung bei Elliott Brothers (Borehamwood) war offenbar gering. Dazu bemerkt Simon Lavington:

„There is abundant evidence that Cambridge, and especially Maurice Wilkes who became an Elliott consultant, provided an on-going inspiration for Borehamwood. [...]. As for the great logico-mathematicians Alan Turing and Max Newman, their influence on Borehamwood's computing endeavours appears to have been minimal.“ (siehe Simon Lavington: Swords and ploughshares: Connections between computer projects for war and peace, 1945–55, in: Cliff B. Jones; John L. Lloyd (Hg.): Dependable and historic computing, Springer-Verlag, Heidelberg usw. 2011, Seiten 316–317).

Es gibt viele Belege, dass Cambridge und vor allem Maurice Wilkes, der ein Berater von Elliott wurde, Borehamwood immer wieder Anregungen vermittelte [...]. Der Einfluss der großen mathematischen Logiker Alan Turing und Max Newman auf den Rechnerbau in Borehamwood scheint hingegen gering zu sein.

> [...]. „I do remember going to the first two of the series of lectures that he [Turing] gave in the Ministry of Supply building in London at the end of 1946 and the beginning of 1947. [...]. I did not believe that computers would develop along the lines that Turing was advocating, and for this reason I stopped going to his lectures. [...]. I did not see eye to eye with Turing on computer architecture [...]. The Edsac project was, however, by this time well under way, and it was becoming abundantly clear that it would be in everyone's interest that we should proceed independently." (siehe Maurice Vincent Wilkes: Memoirs of a computer pioneer, MIT press, Cambridge, Massachusetts, London 1985, Seiten 135–137).

[...]. Ich [Wilkes] erinnere mich, dass ich die ersten beiden Vorträge von Turings Vorlesungsreihe besucht habe, die er Ende 1946 und Anfang 1947 in London im Gebäude des Versorgungsministeriums hielt. [...]. Ich glaubte nicht, dass sich die Rechenautomaten nach Turings Vorstellungen entwickeln würden, und daher brach ich die Teilnahme an den Vorträgen ab. [...]. Unsere Ansichten zum Rechnerbau ließen sich nicht unter einen Hut bringen. [...]. Das Vorhaben Edsac war zu dieser Zeit jedoch bereits ziemlich fortgeschritten, und es wurde immer klarer, dass wir beide unabhängig voneinander weitermachen sollten. – Es kam in der Folge nicht zu einer Zusammenarbeit zwischen London und Cambridge.

Turing: universelle Rechenmaschine und Speicherprogramm
Francis Morley Colebrook, Leiter der Elektronikabteilung des Londoner National physical laboratorys (Teddington, Middlesex), leitete seinen Vortrag auf der internationalen Konferenz zu Rechenmaschinen in Paris 1951 wie folgt ein:

> „En 1936, la London Mathematical society publia dans ses comptes-rendus une étude du docteur A. M. Turing intitulée „Sur les nombres calculables, avec application au problème d'Entscheidung". Cette étude est peut-être la première à d'écrire en termes généraux un calculateur automatique universel arithmétique. C'est pourtant une étude des plus abstraites et elle ne laisse, en aucun point, prévoir les types de machine désignés maintenant sous le nom de calculateurs automatiques universels arithmétiques. Néanmoins, elle suscita l'intérêt de M. J. R. Womersley qui inaugura le projet Ace lors de son arrivée au N.P.L. en 1944; on peut bien regarder l'étude en question comme le point de départ de l'Ace. Turing lui-même vint travailler au N.P.L. en 1945 et se mit à l'étude de ce qu'on appelle la structure logique de la machine avec le concours de quelques-uns de ses collègues de la Mathematics division." (siehe Francis Morley Colebrook: Le modèle pilote du calculateur automatique électronique arithmétique (Ace) du NPL, in: Joseph Pérès (Hg.): Les machines à calculer et la pensée humaine, Paris, 8–13 janvier 1951, Colloques internationaux du Centre national de la recherche scientifique, Editions du Centre national de la recherche scientifique, Paris 1953, Seite 65).

Die Londoner Mathematische Gesellschaft veröffentlichte 1936 in ihrem Tagungsband eine Abhandlung von Alan Mathison Turing unter der Überschrift „On computable numbers, with an application to the Entscheidungsproblem" (Über berechenbare Zahlen, mit einer Anwendung auf das Entscheidungsproblem). Das ist vielleicht der erste Aufsatz, der einen universellen Rechenautomaten allgemeinen beschreibt. Es handelt sich jedoch um eine schwer verständliche, äußerst theoretische Untersuchung. Sie lässt in keiner Weise die Art von Maschinen voraussehen, die jetzt als universelle Rechenautomaten bezeichnet werden. Dennoch erweckte sie die Aufmerksamkeit von John Ronald Womersley, der 1944 bei der Aufnahme seiner Arbeit im National physical laboratory (NPL) das Vorhaben Ace in die Wege leitete. Man kann die erwähnte Abhandlung durchaus als Ausgangspunkt für Ace betrachten. Turing selbst kam 1945 ans NPL, wo er mit Unterstützung einiger seiner Kollegen der Mathematikabteilung den logischen Aufbau der Maschine entwarf.

Anmerkung
Colebrook erwähnt im Zusammenhang mit Alan Turing das Speicherprogramm nicht.

Copeland zufolge beeinflusste Turing Kilburn:

> „Tom Kilburn and I knew nothing about computers ... Professor Newman and Mr. A. M. Turing ... knew a lot about computers ... They took us by the hand and explained how numbers could live in houses with addresses. [...]. Turing's direct early input to the developments at Manchester, hinted at by Williams in the preceding quotation, was via the lectures on computer design that Turing and his assistant Jim Wilkinson gave in London between December 1946 and February 1947." (siehe Brian Jack Copeland: The Manchester computer: A revised history. Part 2: The baby computer, in: IEEE Annals of the history of computing, Band 33, 2011, Heft 1, Seite 22).

Tom Kilburn und ich hatten keine Ahnung von Elektronenrechnern. Professor Newman and A. M. Turing wussten hingegen viel über Computer. Sie nahmen uns an der Hand und erklärten, wie Zahlen in Häusern mit Adressen leben konnten. [...]. Der unmittelbare frühe Beitrag Turings zu den Entwicklungen in Manchester, die Williams im vorangehenden Zitat anspricht, geschah über die Vorträge zum Rechnerentwurf, die Turing und sein Assistent Jim Wilkinson vom Dezember 1946 bis Februar 1947 in London hielten.

> „The lectures were attended by representatives from various organizations that planned to use or build an electronic computer. Kilburn was among the audience." (siehe Brian Jack Copeland: The Manchester computer: A revised history. Part 2: The baby computer, in: IEEE Annals of the history of computing, Band 33, 2011, Heft 1, Seite 23).

Vertreter verschiedener Organisationen, die im Sinn hatten, einen Elektronenrechner zu verwenden oder zu bauen, besuchten diese Vorträge. Kilburn war einer der Teilnehmer.

Wang meint zu Turings Einfluss:

> „Turing's theory of computable functions antedated but has not much influenced the extensive actual construction of digital computers. These two aspects of theory and practice have been developed almost entirely independently of each other. The main reason is undoubtedly that logicians are interested in questions radically different from those with which the applied mathematicians and electrical engineers are primarily concerned." (siehe Hao Wang: A variant to Turing's theory of computing machines, in: Journal of the Association for computing machinery, Band 4, 1957, Heft 1, Seite 63).

Turings Theorie der berechenbaren Funktionen hat den weit verbreiteten (praktischen) Bau von Digitalrechnern *nur wenig beeinflusst*, obwohl sie zeitlich voranging. Die Theorie und die Praxis haben sich nahezu unabhängig voneinander entwickelt. Der Hauptgrund dafür ist zweifellos, dass sich die Logiker mit völlig anderen Fragestellungen befassen als die angewandten Mathematiker und die Elektroingenieure.

Priestley teilt diese Auffassung:

> „This idea has been reinforced by Davis, whose writings give the impression that the first stored-program computers were created by means of a relatively straightforward implementation of Turing's abstract machines." (siehe Mark Priestley: A science of operations, Springer-Verlag, London 2011, Seite 125).

Dieser Gedanke [die Entstehung der ersten speicherprogrammierten Rechner – Logikmaschinen – als Nebenprodukt aus theoretischen Untersuchungen zum Wesen und den Grenzen des logischen Denkens] wurde von (Martin) Davis untermauert. Seine Schriften vermitteln nämlich den Eindruck, dass die ersten speicherprogrammierten Rechner gleichsam durch die direkte praktische Umsetzung der abstrakten Turingmaschinen geschaffen wurden.

Daylight vertritt die Ansicht, dass Turings Einfluss auf die Informatikgeschichte (Rechnerbau und Programmierung) überschätzt wird. Bis in die 1950er Jahre sei seine Abhandlung von 1936 offenbar weitgehend unbekannt gewesen (siehe Edgar Graham Daylight: The dawn of software engineering, Heverlee 2012, Seiten 1–6, 13–14, 41–42, 187–197).

Folgerungen
Turing hatte wohl nur einen geringen Einfluss auf den Rechnerbau. Selbst an den speicherprogrammierten Maschinen Englands war er, vom Elektronenrechner Ace abgesehen, nicht oder nur am Rand beteiligt. Die Konstrukteure der ersten Relais- und Röhrenrechner (Aiken, Atanasoff, Eckert, Lebedew, Mauchly, Stibitz, Zuse) kannten mindestens zu Beginn ihrer Bemühungen Turings wegweisende Gedanken vermutlich nicht. Mit Ausnahme von Lebedew waren ihre frühen Geräte nicht speicherprogrammiert.

Hinweis
Thomas Haigh; Mark Priestley: Historical reflections. Von Neumann thought Turing's universal machine was 'simple and neat.' But that didn't tell him how to design a computer, in: Communications of the ACM, Band 63, Januar 2020, Heft 1, Seiten 26–32.

1.23 Welches waren die einflussreichsten Rechenanlagen?

Die folgenden Anlagen beeinflussten die Entwicklung der programmgesteuerten Rechenmaschinen wohl am meisten:

- ABC (Iowa state college, Ames, Iowa),
- Colossus (Post office research station, Dollis Hill, London),
- Edvac (Universität von Pennsylvania in Philadelphia),
- Eniac (Universität von Pennsylvania in Philadelphia),
- Harvard mark (Harvard-Universität, Cambridge, Massachusetts),
- IAS-Rechner (Institute for advanced study, Princeton, New Jersey).

Der vergleichsweise kleine Atanasoff-Berry-Rechner ABC gab offenbar ausschlaggebende Anregungen für die Ausgestaltung des Rechenriesen Eniac. Der mühsame Umgang mit diesem Koloss veranlasste den Bau des Edvac. Die Eniac-Erbauer fertigten die binäre Anlage Binac und den erfolgreichen Großrechner Univac.

Zwei Entwicklungslinien haben sich herausgebildet:

- Der *serielle* Edvac mit Quecksilberlaufzeitspeicher war das Vorbild für den britischen Edsac sowie für Manchester mark, Seac, Binac, Univac usw.
- Der *parallele* IAS-Rechner mit elektrostatischem Speicher hatte zahlreiche Nachbauten sowohl in den Vereinigten Staaten (Avidac, IBM 701, Illiac, Johnniac, Maniac, Oracle, Ordvac, Swac, Whirlwind) wie auch im Ausland: Besk (Schweden), Dask (Dänemark), Silliac (Australien), Smil (Schweden), Weizac (Israel) usw.

Die Erfahrungen mit dem bis 1975 geheim gehaltenen Colossus regten offensichtlich den Bau des speicherprogrammierten Manchester babys an und prägten auch die Entwicklung des Pilot Ace.

Die im Krieg zerstörte, kaum bekannte Zusemaschine Z3 hat die Entwicklung nicht nachhaltig geprägt. Die Z4 hat die Konstruktion der Schweizer Ermeth gefördert, aber auch verzögert. Als Nachfolgerechner ist die Z5 zu nennen.

Die analytische Maschine von Charles Babbage wirkte sich auf die Arbeit von Leonardo Torres Quevedo aus. Konrad Zuse kannte Charles Babbage lange Zeit nicht (siehe Konrad Zuse: Der Computer – Mein Lebenswerk, Springer-Verlag, Berlin, Heidelberg, 5., unveränderte Auflage 2010, Seite 30). Er erfuhr erst im Zusammenhang mit einer Patentanmeldung zu der Programmsteuerung und den Rechenwerken vom amerikanischen Patentamt von der analytischen Maschine. Howard Aiken, Mitschöpfer der elektromechanischen Rechenmaschine Harvard mark 1/IBM ASCC, hielt sich laut seinem Biografen Bernard Cohen hingegen für den Erben von Babbage.

1.23.1 Einflussreiche Musterrechner

Viele große Elektronenrechner folgten einem von zwei Modellen (vgl. Tab. 1.13), der Edvac-Bauweise (Serienrechner mit Laufzeitspeicher), der Princeton- oder IAS-Bauweise (Parallelrechner mit elektrostatischem Speicher).

Tab. 1.13: Eigenschaften der beiden bedeutenden Modellrechner mit Programmspeicher

Vergleich von Edvac und IAS-Rechner		
Merkmale	**Edvac**	**IAS**
Serienrechner	■	
Parallelrechner		■
Quecksilberspeicher	■	
elektrostatischer Speicher		■
Binärrechner	■	■
Speicherprogramm	■	■
Festkommadarstellung	■	■

Zeichenerklärung
■ ja

1.24 Welches waren die ersten marktfähigen Rechner?

Zu den ersten US-Unternehmen, die Digitalrechner herstellten, gehörten *Engineering research associates*, Inc. (ERA, St. Paul, Minnesota, *1946), *Eckert-Mauchly computer corporation* (EMCC, Philadelphia, Pennsylvania, *1946, ursprünglicher Name: Electronic control company, Philadelphia), ferner Raytheon manufacturing company (Waltham, Massachusetts) mit dem Raydac (Raytheon digital automatic computer).

In Deutschland entstand die *Zuse* KG, Neukirchen (Kreis Hünfeld, *1949). Zu den frühen britischen Anbietern zählten *Ferranti* Ltd. (Moston, Manchester), *English electric company* Ltd. (Stafford) bzw. English electric computers sowie *Elliott brothers* (London) Ltd. und *Leo computers* Ltd. (London).

1.24.1 Ferranti mark 1 und Univac 1

Ab 1951 waren in höheren Stückzahlen gefertigte elektronische Digitalrechner erhältlich. Als erster in Serie hergestellter marktgerechter Digitalrechner gilt *Ferranti mark 1* (Vertrieb ab Februar 1951, Verkauf von insgesamt 9 Geräten) aus England.

Der nordamerikanische Großrechner *Univac 1* (universal automatic computer) von Remington Rand kam einen Monat später, im März 1951, in den Handel. 46 Stück wurden insgesamt abgesetzt.

Ein weiterer verkäuflicher technisch-wissenschaftlicher Rechner war der Binac der Firma EMCC (1 Stück, September 1949). Engineering research associates verkaufte die Maschine Era 1101 (3 Stück, ab Dezember 1950). Beide Firmen wurden später von RemRand übernommen.

1.24.2 Leo 1 und IBM 701 bzw. 650

Der britische *Leo 1* (Lyons electronic office 1) ist der erste geschäftlich genutzte europäische Rechner (Erstlauf 1951, Vollendung im Dezember 1953).

Im Frühling 1953 war *IBM 701* erhältlich. Ab Ende 1954 wurde die sehr erfolgreiche mittelgroße Anlage *IBM 650* (für kaufmännisch-gewerbliche und auch technisch-wissenschaftliche Anwendungen) ausgeliefert.

1.24.3 Zuse Z4

Der Relaisrechner *Zuse Z4* (1945) war die erste marktfähige programmgesteuerte Rechenmaschine. Die Relaismaschine Z11 (1956) der Zuse KG ist das erste in Serie gefertigte programmgesteuerte Rechengerät Deutschlands für technisch-wissenschaftliche Anwendungen.

1.25 Woher kam das Geld?

In der Frühzeit der Informatik, in den 1930er, 1940er und 1950er Jahren, wurden die meisten Relais- und Röhrenrechner im Auftrag von amerikanischen Regierungsstellen entwickelt. In den Vereinigten Staaten standen somit viel mehr Finanzmittel zur Verfügung als in Europa. Bedeutende Geldgeber waren vor allem die Marine, die Luftwaffe und das Heer der USA. Manche der an den amerikanischen Hochschulen gefertigten programmierbaren Maschinen wurden auf dem entsprechenden militärischen Versuchsgelände eingerichtet. Treibende Kraft für die Konstruktion mathematischer Maschinen waren umfangreiche langwierige Berechnungen beispielsweise für die *ballistischen Tabellen*, das *Knacken verschlüsselter Geheimmeldungen* (Kryptologie), die *Radartechnik* und die *Kernenergie*. Die Geräte Harvard mark 1/IBM ASCC und Eniac kamen beim Bau der Atombombe bzw. der Wasserstoffbombe zum Einsatz.

Vereinigte Staaten von Amerika (USA)
Die ersten amerikanischen Analog- und Digitalcomputer waren kostspielige Einzelanfertigungen. Hersteller der mächtigen Anlagen waren in der Regel Universitäten (insbesondere Harvard, Philadelphia, MIT). Beteiligt waren auch Unternehmen wie International Business Machines (IBM) und American Telephone and Telegraph company (AT&T). Die Mehrheit der Maschinenbauer war an der Ostküste angesiedelt. Von der US-Regierung (Verteidigungsministerium) geförderte frühe Großrechner waren Bihac, Eniac, Era 1101, Harvard mark 2 und 3, Seac. Der ab 1953 ausgelieferte Wissenschaftsrechner IBM 701, der erste in Serie gefertigte elektronische Digitalrechner des blauen Riesen, hieß ursprünglich „defense calculator“ (Verteidigungsrechner). Die militärische Unterstützung ging im kalten Krieg vorerst weiter.

Die beiden 1946 gegründeten Firmen Eckert-Mauchly computer corporation (EMCC) und Engineering research associates (ERA) waren nicht überlebensfähig und wurden im Februar 1950 bzw. Dezember 1951 von Remington Rand (Norwalk, Connecticut) übernommen.

Bald wagten außer Remington Rand und IBM andere große, alt eingesessene Anbieter wie Burroughs, General Electric (GE), National Cash Register (NCR) und Radio Corporation of America (RCA) den Sprung ins kalte Wasser. Weniger zurückhaltend als die Großunternehmen waren neben EMCC und ERA weitere kleine, neue Betriebe, z.B. Computer research corporation (CRC), Consolidated electrodynamics corporation (CEC). Viele verschwanden wieder von der Bildfläche oder zogen sich vom Rechnermarkt zurück.

Großbritannien (Vereinigtes Königreich)
Die obigen Befunde treffen weitgehend auch auf Großbritannien zu. An der Spitze der Forschung sind die Universitäten Manchester, Cambridge und London zu finden. Weitere staatliche Forschungseinrichtungen wie die Post office research station (Spezialmaschine Colossus) und das National physical laboratory (Röhrenrechner Ace) befassten sich mit dem Rechnerbau. Zu nennen sind ferner die Forschungsstätten *Telecommunications research establishment* (Röhrengerät Treac) und *Atomic energy research establishment* (Relaisanlage Harwell). Der erste kommerzielle Anbieter von elektronischen Digitalrechnern war wie erwähnt Ferranti.

Deutschland
Deutsche Hochschulen (Aachen, Darmstadt) widmeten sich zunächst der Herstellung von analogen Integrieranlagen. Konrad Zuse hatte auch Kriegsaufträge. Er wurde für die digitalen Relaisrechner Z3 und Z4 von der Deutschen Versuchsanstalt für Luftfahrt bzw. vom Reichsluftfahrtministerium unterstützt. Für seine Spezialrechner S1 und S2 stand Zuse im Sold der Henschel-Flugzeugwerke. Die ersten bedeutenden Aufträge für die 1949 geschaffene Zuse KG stammen von der ETH Zürich und der Remington Rand, Zürich.

Schweden, Niederlande, Frankreich und Sowjetunion
Ähnliche Verhältnisse sind in Schweden und den Niederlanden zu beobachten. Der Relaisrechner Bark entstand unter der Federführung der schwedischen Behörde für Rechenmaschinen und des königlichen Telegrafenamts.

Die niederländische Relaismaschine Arra war das Kind des Mathematisch centrums Amsterdam. Das Relaisgerät Arco ist der Technischen Universität Delft zu verdanken. Schließlich war beim Rechner Ptera (PTT electronische reken-automaat, 1953) ein Betrieb der Fernmeldetechnik (PTT) mit von der Partie.

Hinter den erfolglosen Bemühungen Couffignals für einen französischen Rechenautomaten steckte das Centre national de la recherche scientifique (CNRS). Die frühen sowjetischen Elektronenrechner entstanden, soweit bekannt, an universitären Einrichtungen oder wurden vom Staat finanziert.

Australien und Japan
Für das erste speicherprogrammierte Gerät Australiens (Csirac) (vgl. Abb. 1.15) war die Commonwealth scientific and industrial research organization (CSIR) in Sydney verantwortlich. Das Elektrotechnische Labor (ETL), Roppongi (später Tsukuba), entwarf den ersten japanischen Relaisrechner.

Abb. 1.15: Röhrenrechner Csirac. Der Elektronenrechner der Commonwealth scientific and industrial research organization nahm 1949 in Sydney seinen Versuchsbetrieb auf. Er hatte einen Quecksilberspeicher und eine Magnettrommel. Die speicherprogrammierte australische Maschine gehört zu den wenigen überlebenden Großrechnern aus der Pionierzeit (© Museums Victoria, Melbourne).

Für weitere Angaben vgl. die folgenden Untersuchungen:

James Cortada: The digital flood. The diffusion of information technology across the U.S., Europe and Asia, Oxford university press, Oxford, New York 2012,

Kenneth Flamm: Creating the computer. Government, industry, and high technology, The Brookings Institution, Washington, D.C. 1988.

1.26 Misserfolge beim Rechnerbau

In der Geschichte der Rechentechnik, der Datenverarbeitung und der Informatik sind viele Rückschläge zu verzeichnen. Es erstaunt nicht, dass bei der Entwicklung hoch komplexer Geräte und Programme nicht immer alles rund läuft. Irrwege lassen sich nicht vermeiden, Schwierigkeiten nicht immer voraussehen. Die Gründe fürs Scheitern sind vielfältig: Geldsorgen, Zeitnot, Personalprobleme, Fehlplanung, Führungsmängel, ungenügende technische Voraussetzungen, unüberwindbare technische Schwierigkeiten, zu geringe Kenntnisse in der Fertigung, mangelnde Nachfrage usw. Bei den mechanischen Rechenmaschinen wird der Misserfolg ab und zu mit der zu wenig fortgeschrittenen Feinmechanik erklärt. Veröffentlichungen über abgebrochene, misslungene Entwicklungen sind selten. Man erfährt selbst bei einer erfolgreichen Vollendung kaum etwas über die Hindernisse, die zu überwinden waren.

Einige zufällige Beispiele: *Blaise Pascals* Addier- und Subtrahiermaschinen sollen nur mangelhaft gearbeitet haben. Bei den Rechenmaschinen von *Gottfried Wilhelm Leibniz* wird vielfach angeführt, dass sie am durchgehenden Zehnerübertrag krankten. Neue Nachbauten widerlegen offenbar diese Aussage teilweise. Der verbitterte *Charles Babbage* konnte weder die Differenzen- noch die analytische Maschine vollenden. Hier waren aber nicht feinmechanische Probleme – wie oft behauptet – ausschlaggebend.

Der unter Leitung von *Louis Couffignal* entwickelte französische binäre Parallelrechner kam nie zum Laufen. Beim Darmstädter elektronischen Rechenautomaten Dera verzichtete man auf einen Dauerbetrieb. Die Entwicklung der Transistormaschine D5 (Dresden) wurde abgebrochen, die Weiterentwicklung des Röhrenrechners ICCE2 des Londoner Imperial college aufgegeben.

Die am Mathematisch Centrum in Amsterdam von Carel Scholten und Bram Jan Loopstra 1952 fertig gestellte Relaismaschine Arra 1 war unbrauchbar, sie versagte im Betrieb. Standard Elektrik Lorenz strich nach der Vollendung ihres einzigen Transistorrechners ER 56 die Segel.

Die kanadische Universität Toronto baute den Parallelrechner Utec, brach jedoch das Vorhaben ab und kaufte einen Ferranti-Rechner (Modell 1).

Verlust von Dokumenten und Objekten

Die Bewahrung des technischen Kulturguts lässt oft zu wünschen übrig: Die Dokumente wurden vernichtet, die Geräte verschrottet, elektronische Daten sind unlesbar. Oder bei der Lagerung der Schriftstücke und der Gegenstände mangelte es an Sorgfalt und Pflege.

Viele Geräte verfaulten, verrosteten, zerbrachen, waren abgenutzt oder unbrauchbar. Manche Maschinen kamen abhanden (Schwilgués Kirchenrechnermodell), verbrannten (Schickards Rechenuhr, mehrere Figurenautomaten, Schachtürke), gingen im Meer unter (Räderwerk von Antikythera), wurden angeblich eigenhändig vom

Erfinder (Polenis Sprossenradmaschine) oder im Krieg (Zuse Z3) zerstört, um nur einige Beispiele zu nennen.

Erfolg trotz Pech
Dank der Funde im Hochschularchiv der ETH Zürich gelang es, den bisher unbekannten Ablauf bei der Herstellung des ersten Schweizer Elektronenrechners Ermeth nachzuzeichnen, für weitere Angaben vgl. Abschnitt 4.2.

1.27 Maschinen mit Schreibwerk

Sprechen, Schreiben, Lesen, Rechnen sind grundlegende Kulturtechniken. Geräte für das Zählen und Rechnen sind viel älter als schreibende Maschinen. Diese Maschinen erscheinen erst mit Verspätung (vgl. Tab. 1.14).

Tab. 1.14: Schreibautomaten mit Handschrift und Rechenmaschinen mit Druckschrift

Frühe Maschinen mit Schreibwerk				
Bezeichnung	**Erfinder**	**Land**	**Jahr**	**Merkmal**
Allesschreibende Wundermaschine	Friedrich Knaus	Deutschland	1760	programmierbarer Schreibautomat mit Gänsefeder (Androide mit externer Mechanik)
Schriftsteller (L'écrivain)	Pierre Jaquet-Droz	Schweiz	1772	programmierbarer Schreibautomat mit Gänsefeder (Androide mit interner Mechanik)
Differenzenmaschine	Georg und Edvard Scheutz	Schweden	1853	druckende Rechenmaschine (für mathematische Tafelwerke)
Addiermaschine	William Burroughs	USA	1888	druckende Addiersegmentmaschine
elektromechanisches Arithmometer	Leonardo Torres Quevedo	Spanien	1920	elektromechanische Rechenmaschine mit Schreibmaschine für Ein- und Ausgabe

Knaus (vgl. Abb. 1.16) hat mehrere Schreibautomaten hergestellt, die Jaquet-Droz (vgl. Abb. 1.17) haben verschiedene Androiden gebaut. Ein Meisterwerk von Timothy Williamson (vgl. Abb. 1.18) ging nach China.

Abb. 1.16: Handschriftautomat von Friedrich Knaus . Der Federkiel dieser Maschine wird wie von Geisterhand gesteuert. Die Mechanik ist im unteren Teil der Maschine verborgen (© Museo Galileo, Florenz).

Abb. 1.17: Schriftsteller von Jaquet-Droz. Für die Speicherung der Buchstaben und ihrer Formen nutzt dieser großartige Figurenautomat Kurvenscheiben (Bildmitte). Der Wortlaut des Textes wird mithilfe der kreisrunden Nockenscheibe (unten) festgelegt (© Musée d'art et d'histoire, Neuenburg).

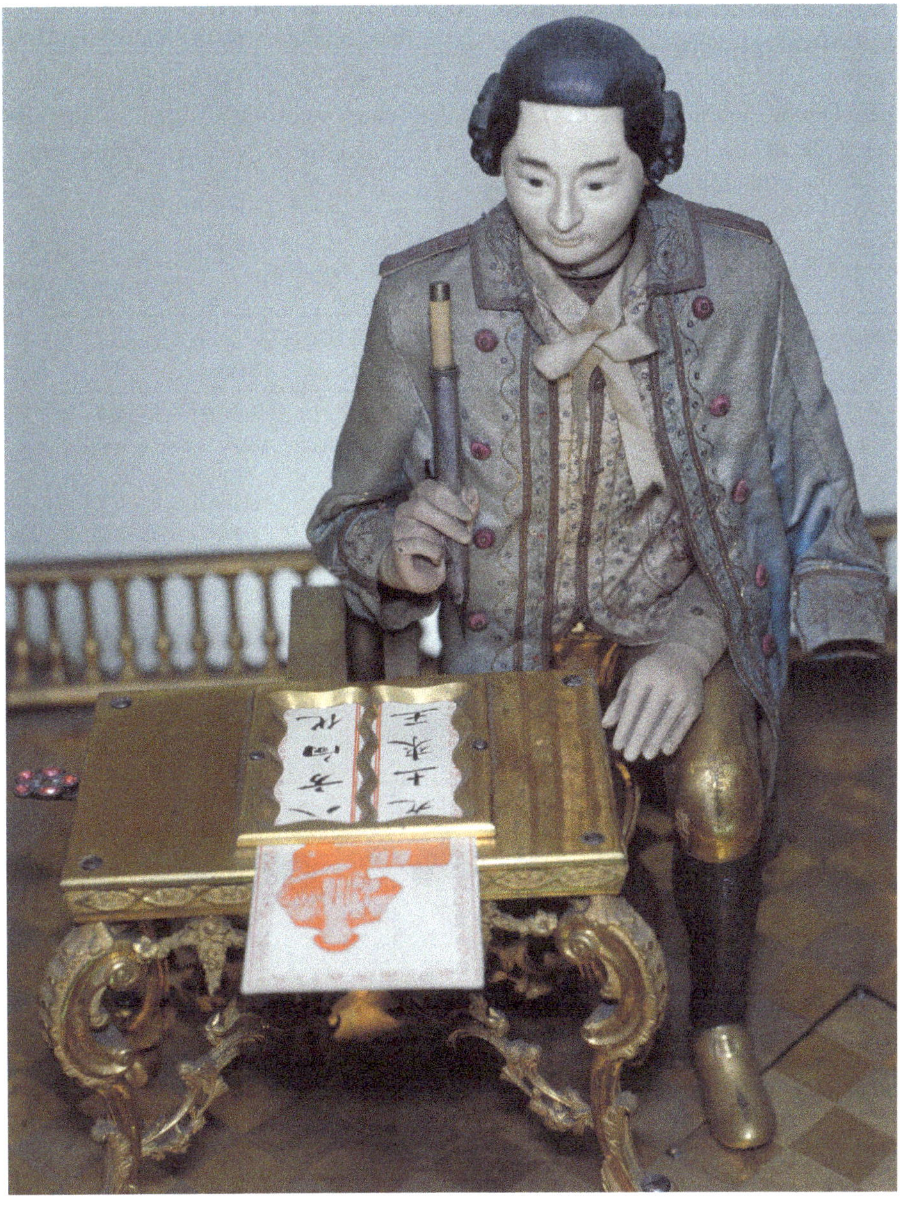

Abb. 1.18: Musikfigurenuhr aus Peking. Der funktionsfähige „Schriftsteller“, der Timothy Williamson (England) zugeschrieben wird, schreibt mit einem Pinsel einen festgelegten kurzen chinesischen Text. Dieses Bild zeigt einen Ausschnitt aus einem mehrstöckigen Turm, der auch eine Uhr und einen Glockenschläger beherbergt (© Palastmuseum Peking/The Palace Museum, Beijing).

1.28 Zeittafel: frühe elektromechanische und elektronische Digitalrechner

Die folgende Zeittafel (vgl. Tab. 1.15) vermittelt einen weltweiten Überblick über die ersten mechanischen, elektromechanischen und elektronischen programmgesteuerten Rechenmaschinen (Auswahl).

Tab. 1.15: Bedeutende Relais- und Röhrenrechner in zeitlicher Reihenfolge

Zeittafel: frühe elektromechanische und elektronische Digitalrechner (Auswahl)				
Jahr	**Monat**	**Name**	**Land**	**Bauart**
1939	Oktober	Complex computer	USA	elektromechanisch
1941	Mai	Zuse Z3	Deutschland	elektromechanisch
1942	Mai	Atanasoff-Berry-Rechner	USA	elektronisch
1943	Dezember	Colossus 1	England	elektronisch
1944	August	Harvard mark 1/IBM ASCC	USA	elektromechanisch
1945	März	Zuse Z4	Deutschland	elektromechanisch
1946	Februar	Eniac	USA	elektronisch
1948	Januar	IBM SSEC	USA	gemischt
1948	Juni	Manchester baby/SSEM	England	elektronisch
1949	Mai	Edsac 1	England	elektronisch
1949	August	Binac	USA	elektronisch
1949	November	Csirac	Australien	elektronisch
1950	Februar	Bark	Schweden	elektromechanisch
1950	Mai	Pilot Ace	England	elektronisch
1950	Juni	Seac	USA	elektronisch
1950	August	Swac	USA	elektronisch
1950	November	Mesm	Ukraine	elektronisch
1950	Dezember	Era 1101	USA	elektronisch
1951	Februar	Ferranti mark 1	England	elektronisch
1951	März	Univac 1	USA	elektronisch
1951	April	Whirlwind	USA	elektronisch
1951	Frühling	Leo 1	England	elektronisch
1952	Jahresanfang	Edvac	USA	elektronisch
1952	Juni	IAS-Rechner	USA	elektronisch
1952	Dezember	IBM 701	USA	elektronisch
1953	Juli	IBM 650	USA	elektronisch
© Bruderer Informatik, CH-9401 Rorschach 2020				

Anmerkung
Der Complex computer und ABC waren festprogrammiert.

1.29 Frühe Transistorrechner

Der Bau von Relaismaschinen begann in der zweiten Hälfte der 1930er Jahre, die Röhrenmaschinen folgten in der ersten Hälfte der 1940er Jahre. Die Transistorrechner entstanden in der ersten Hälfte der 1950er Jahre. Obwohl diese Halbleitermaschinen 20 Jahre jünger sind als ihre mechanischen Vorläufer, liegen ihre Anfänge noch mehr im Dunkeln.

- *MV 950*
  Richard L. Grimsdale, Douglas C. Webb, Universität Manchester
  15. November 1953;
  Richard Grimsdale und Douglas Webb von Thomas Kilburns Gruppe haben laut Lavington 1953 an der Universität Manchester den ersten Transistorrechner gebaut (siehe Simon Lavington: A history of Manchester computers, Manchester university press, Manchester 1980, Seiten 27–30, sowie Simon Lavington: Early British computers, Manchester university press, Manchester 1980, Seiten 48-51). Beteiligt waren auch J. R. Foster (Diplomarbeit zu Transistorrechnern, Universität Manchester, Oktober 1954) und G. B. B. Chaplin. Es gab zwei Versuchsmaschinen. Die erste war im November 1953 lauffähig, die zweite folgte im April 1955. Die Transistoren („Kristalltrioden") waren zu Beginn allerdings weniger zuverlässig als Vakuumröhren. Die Firma Metropolitan-Vickers company (Manchester) hatte die Maschine 1956 als Metrovick 950 (MV 950) herausgebracht und sechs Geräte hergestellt.
- *Tradic* (transistor airborne digital computer);
  Jean Howard Felker, J. R. Harris, Bell Telephone Laboratories, Murray Hill, New Jersey;
  Probebetrieb: Januar 1954, Vorführung: Mai 1955; spätere Modelle: flyable Tradic, Leprechaun von J. A. Githens, J. A. Baird, XMH-3 Tradic;
- *Cadet*
  Edward Cooke-Yarborough; Robert Barnes, J. H. Stephen, G. A. Howells, Atomic energy research establishment, Harwell;
  Probebetrieb: Februar 1955, Dauerbetrieb August 1956;
- *TX-0* (transistorized experimental computer zero);
  William Papian, Wesly Clark, Kenneth Olsen, MIT (Lincoln laboratory), Cambridge, Massachusetts;
  Erstlauf: 1956; späteres Modell: TX-2;
- *Transac S 1000* (Transistor automatic computer)
  Philco corporation, Philadelphia;
  1957
  Erstlauf S 1000: Mai 1957;
  S 2000 (1958), erster im Handel erhältlicher Transistorrechner;
- *Mailüfterl*
  Heinz Zemanek, Technische Hochschule Wien (heute Technische Universität, Wien);
  Bauzeit: 1956 – Mai 1958.

Es folgten weitere Rechner wie IBM 608 (Rechenlocher, 1955), Larc (Univac, 1957), National Elliott 803 (1958), IBM 1610 (1958) und Stretch (IBM, 1960).

Quellen

Friedrich Bauer: Historische Notizen zur Informatik, Springer-Verlag, Berlin, Heidelberg 2009, Seiten 57–60,

Jean Howard Felker: Performance of Tradic transistor digital computer, in: Proceedings of the Eastern joint computer conference, Philadelphia, Dezember 1954, Seiten 46–48,

Thomas Kilburn; Richard L. Grimsdale, Douglas C. Webb: A transistor digital computer with a magnetic drum store, in: Proceedings IEE (Institution of electrical engineers), 1956, Band 103, Teil B, Nachträge 1–3, Seiten 390–406.

Über das Aufkommen der frühen Transistorrechner ist wenig bekannt (vgl. Tab. 1.16).

Tab. 1.16: Die ersten Transistorrechner

Frühe Transistorrechner (Auswahl) **Hersteller**	**Land**	**Rechnername**	**Jahr**
Universität Manchester	Großbritannien	–	1953
Bell Telephone Laboratories, Murray Hill, New Jersey	USA	Tradic	1954
Atomic energy research establishment, Harwell	Großbritannien	Cadet	1955
Massachusetts Institute of Technology, Cambridge	USA	TX-0	1956
Metropolitan-Vickers, Manchester	Großbritannien	MV 950	1956
Philco, Philadelphia	USA	Transac S 1000	1957
Technische Universität Wien	Österreich	Mailüfterl	1958

1.30 Jahrhundertelang geringer Rechenbedarf

Zu den frühen Rechenhilfsmitteln gehören Rechenbretter und Multiplikationstafeln. Das schwerfällige römische Zahlensystem, das keine Ziffer Null kannte, verhinderte eine anspruchsvolle Mathematik. Nach der griechischen Blütezeit kam es zu einem Niedergang, unter dem auch die Naturwissenschaften litten. Eine Wende brachte die allmähliche Einführung des Stellenwertsystems mit den indisch-arabischen Ziffern. Ein Markstein war die Entdeckung der Logarithmen durch Jost Bürgi und John Napier. Die Multiplikation konnte damit auf die Addition, die Division auf die Subtraktion von Strecken zurückgeführt werden.

Im 17. Jahrhundert wurde in England der logarithmische Rechenstab erfunden. Er setzte sich aber nur langsam als Alltagswerkzeug durch. Die Nachfrage nach Rechenmitteln blieb vergleichsweise gering. Der größte Bedarf bestand wohl in der Himmelskunde und im Vermessungswesen. Fehlerhafte mathematische Tabellen veranlassten

Charles Babbage in der ersten Hälfte des 19. Jahrhunderts zum (erfolglosen) Bau einer Differenzenmaschine. Ab etwa 1850 wurde das thomassche Arithmometer in beachtlichen Mengen vertrieben. Das Verlangen nach maschineller Unterstützung hielt sich allerdings weiterhin in Grenzen. Denn die schweren Geräte galten allgemein als teuer. Überdies war die Handhabung der Tischrechenmaschinen umständlich, u.a. die Zahleneingabe über Schieber, Griffel, Drehscheiben, Drehräder. Elektromechanische Rechenmaschinen mit Tastatur, Speicher und Druckwerk kamen erst im 20. Jahrhundert auf den Markt.

Wegen der bewaffneten Auseinandersetzungen in den 1940er Jahren stieg die Nachfrage nach Rechenleistungen stark, besonders für die Ermittlung der Flugbahn von Geschossen (Ballistik, Lehre von den Flugbahnen geschossener Körper), das Entziffern von geheimen Funksprüchen, die *Kryptanalyse*, und den Bau der *Atombombe*.

Falscheinschätzung des Rechenbedarfs
Manche Pioniere haben den Rechenbedarf völlig falsch eingeschätzt. Man glaubte, mit wenigen Großrechnern die weltweite Nachfrage abdecken zu können. Niemand hat geahnt, welche Bedeutung die Computer innerhalb eines halben Jahrhunderts erlangen würden. Ein Beispiel: Am 13. Oktober 1949 und am 2. November 1949 schrieb Eduard Stiefel, der die Informatik in der Schweiz begründet hatte, dass Großrechner vorläufig sehr teure Einzelgeräte seien, von denen (wenigstens in Europa) auch in den nächsten Jahren jedes Land höchstens eines besitzen werde (Gesuch an die Eidgenössische Volkswirtschaftsstiftung bzw. an den Jubiläumsfonds ETH 1930). In der zweiten Hälfte des 20. Jahrhunderts benötigten Technik, Wissenschaft, Industrie, Banken, Versicherungen, Handel und Verwaltung immer leistungsfähigere Anlagen für die automatische Datenverarbeitung. Für Privatleute blieben die Maschinen hingegen lange Zeit unerschwinglich.

In einem Beitrag im *Time magazine* von 1977 wird der Kenneth Olsen (Gründer von Digital Equipment Corporation) mit folgender Aussage zitiert:

> „There is no reason for any individual to have a computer in their home." (siehe Edgar H. Schein; Peter S. de Lisi; Paul J. Kampas; Michael Sonduck: DEC is dead, long live DEC, Berrett-Koehler publishers, Inc., San Francisco 2003, Seite 38).
>
> „Kein Mensch braucht zu Hause einen Computer" (siehe Edgar H. Schein; Peter S. de Lisi; Paul J. Kampas; Michael Sonduck: Aufstieg und Fall von Digital Equipment Corporation, EHP-Verlag Andreas Kohlhage, Bergisch Gladbach 2006, Seite 49).

1.31 Pionierinnen und Pioniere als ACM- und IEEE-Preisträger

Der *Turingpreis* (A. M. Turing award) der amerikanischen *Association for computing machinery* (ACM) gilt als „Nobelpreis" der Informatik. Er wurde bisher vorwiegend für den Bereich Programme, seltener für Geräte vergeben. Anbei ein Verzeichnis ausgewählter Preisträger aus der Frühgeschichte (vgl. Tab. 1.17). Sie stammen meist aus den USA. Aus dem deutschsprachigen Raum ist nur *Niklaus Wirth* zu finden.

Tab. 1.17: Turingpreisträger aus der Frühgeschichte der Informatik (Auswahl)

Wer hat den Turingpreis erhalten?		
Jahr	**Name**	**Land**
1966	Alan Perlis	USA
1967	Maurice Wilkes	Großbritannien
1970	James Wilkinson	Großbritannien
1972	Edsger Dijkstra	Niederlande
1974	Donald Knuth	USA
1977	John Backus	USA
1984	Niklaus Wirth	Schweiz
2005	Peter Naur	Dänemark
© Bruderer Informatik, CH-9401 Rorschach 2020		

Das amerikanische *Institute of electrical and electronics engineers* (IEEE) hat mit dem Informatikpionierpreis (Computer pioneer award) zahlreiche Wegbereiterinnen und Wegbereiter ausgezeichnet (vgl. Tab. 1.18). Im gleichen Jahr sind mehrere Preisträger möglich. Geehrt wurden auch Wissenschaftler aus Deutschland, Österreich und der Schweiz: *Friedrich Bauer, Niklaus Wirth, Heinz Zemanek.*

Der Erfinder des World Wide Web, Tim Berners-Lee (Großbritannien), erhielt 2016 den Turingpreis.

Tab. 1.18: Informatikpionierpreisträgerinnen und -preisträger aus der Frühgeschichte (Auswahl)

Wer hat den Informatikpionierpreis erhalten?					
Jahr	**Preisträgerinnen/Preisträger**				
1982	Arthur Burks	Harry Huskey			
1984	John Atanasoff	Jerrier Haddad	Nicholas Metropolis	Nathaniel Rochester	Willem van der Poel
1985	Alan Perlis	David Wheeler	Heinz Zemanek		
1986	Peter Naur	Adriaan van Wijngaarden			
1987	Robert Everett	Niklaus Wirth			
1988	Friedrich Bauer				

Wer hat den Informatikpionierpreis erhalten?

Jahr	Preisträgerinnen/Preisträger			
1993	Jack Kilby			
1996	Richard Clippinger	Sergei Lebedew	Alexej Ljapunow	Antonin Svoboda
1998	Jack Good			
2008	Jean Bartik			
2009	Jean Sammet			

Weitere Preisträger waren z.B. Linus Torvalds (2014, Finnland) und Larry Page (2018, USA).

Hinweis
Zu den bedeutendsten Mathematikauszeichnungen zählen der Abel-Preis und die Fields-Medaille.

1.32 Jubiläen zur Geschichte der Rechentechnik

In den letzten Jahren wurden mehrere Pionierinnen und Pioniere und ihre Werke gefeiert. Einige ausgewählte Beispiele:

1991	Charles Babbage	England	200. Geburtstag
1992	Adam Ries	Deutschland	500. Geburtstag
2010	Konrad Zuse	Deutschland	100. Geburtstag
2012	Alan Turing	England	100. Geburtstag
2014	John Napier	Schottland	400 Jahre Logarithmen
2015	Ada Lovelace	England	200. Geburtstag
2016	Gottfried Wilhelm Leibniz	Deutschland	300. Todestag
2019	Leonardo da Vinci	Italien	500. Todestag
2020	Jost Bürgi	Schweiz	400 Jahre Logarithmen
2023	Blaise Pascal	Frankreich	400. Geburtstag

Weitere Ereignisse

2017	10 Jahre internetfähiges Mobiltelefon
2019	30 Jahre World Wide Web
2019	50 Jahre Internet

2 Rechnerentwicklung in Deutschland

Zusammenfassung: Das Kapitel „Rechnerentwicklung in Deutschland“ enthält eine Übersicht über Zuses Relais-, Röhren- und Transistormaschinen. Erwähnt werden auch seine Programmiersprache Plankalkül und die Spezialrechner. Relais- und Röhrenrechner aus Darmstadt, Dresden, Göttingen, Jena und München werden vorgestellt. Auch die ersten deutschen Transistorrechner (Siemens, Standard Elektrik Lorenz, Telefunken) sind mit einbezogen. In Deutschland entstanden ferner Analogrechner (z.B. Telefunken, Dornier). Die Zeittafel listet frühe deutsche Relais-, Röhren- und Transistorrechner auf.

Schlüsselwörter: Cellatron, Dera, Dornier, Oprema, Perm, Siemens, Standard Elektrik Lorenz, Telefunken, ZRA 1, Konrad Zuse, Zuse-Rechner

2.1 Vorbemerkungen

Es ist nicht das Ziel, einen allgemeinen Überblick z.B. über mechanische Rechenmaschinen zu vermitteln. Solche Geräte waren weit verbreitet. Sie kamen vor allem aus Deutschland und den Vereinigten Staaten. Die unten stehenden Werke beschreiben die wichtigsten Modelle.

Für weitere Angaben vgl.

Erhard Anthes; Ina Prinz: Historische Rechenmaschinen, Arithmeum, Rheinische Friedrich-Wilhelms-Universität Bonn, 2010

Ernst Martin: Die Rechenmaschinen und ihre Entwicklungsgeschichte, Verlag Johannes Meyer, Pappenheim, 1. Auflage 1925

Martin Reese: Neue Blicke auf alte Maschinen, Verlag Dr. Kovac, Hamburg 2002

Thomas A. Russo: Antique office machines: 600 years of calculating devices, Schiffer publishing Ltd., Atglen, Pennsylvania 2001

Joseph A. V. Turck: Origin of modern calculating machines, The Western society of engineers, Chicago 1921

Hans-Joachim Vollrath: Verborgene Ideen. Historische mathematische Instrumente, Springer Fachmedien, Wiesbaden 2013

Detlef Zerfowski: Unser weltweites Wissen über mechanische Rechenmaschinen, Rechenschieber und andere Rechenhilfsmittel, Bangalore, Indien 2012

Pragersche Rechenübungstafel
Der Volksschullehrer Wilhelm Prager aus Bruchsal erfand eine Rechenübungstafel. Dazu gibt es ein Schweizer Patent aus dem Jahr 1927. Das 30 Franken teure Lehrmittel fand Anklang bei der Lehrerschaft des Kantons Luzern (siehe Rolf Schmitt: Patentierte Rechenübungstafel hat Ursprung in Bruchsal, in: Der Kurier (Ausgabe Bruchsal), 2. Juni 2016, Seite 13).

https://doi.org/10.1515/9783110669671-002

2.2 Plankalkül

Konrad Zuse hat nicht nur im Rechnerbau ein Meisterwerk geschaffen, sondern auch bei den Programmiersprachen. Er entwickelte eine formale, algorithmische Sprache, in der sich Lösungsverfahren für beliebige Probleme beschreiben lassen. Sein 1945/46 im Allgäu (Bayern) aufgesetzter Plankalkül gilt als Vorläufer der höheren Programmiersprachen. Der Plankalkül wurde allerdings erst 1972 (vollständig) veröffentlicht. 2000 war dafür ein lauffähiges Übersetzungsprogramm verfügbar. Nach Raúl Rojas wurden im Februar 2000 die ersten Plankalkülprogramme mit einem modernen Rechner ausgeführt (siehe Hans Dieter Hellige (Hg.): Geschichten der Informatik, Springer-Verlag, Berlin, Heidelberg 2004, Seite 216).

John Backus vermerkt zum Plankalkül:

> „Like most of the world (except perhaps Heinz Rutishauser and Corrado Böhm, the latter of whom was the first to describe a compiler of his own language), we were entirely unaware of the work of Konrad Zuse. Zuse's „Plankalkül", which he completed in 1945, was, in some ways, a more elegant and advanced programming language than those that appeared 10 and 15 years later." (siehe John Backus: The history of Fortran 1, 2, and 3, in: IEEE Annals of the history of computing, Band 20, 1998, Heft 4, Seite 69).

Wie den meisten Leuten (vielleicht mit Ausnahme von Heinz Rutishauser und Corrado Böhm, der [1951] als erster einen Übersetzer in seiner eigenen Sprache beschrieben hat) war uns das Werk von Konrad Zuse völlig unbekannt. Der „Plankalkül", den Zuse 1945 vollendet hatte, war in mancher Hinsicht eine geschicktere und fortgeschrittenere Programmiersprache als jene, die 10 und 15 Jahre später erschienen sind.

2.3 Frühe deutsche Relais- und Röhrenrechner

2.3.1 Informatikpionier Konrad Zuse

Konrad Zuse ist unbestritten der bedeutendste deutsche Wegbereiter des programmgesteuerten Digitalrechners (vgl. Tab. 2.1).

Tab. 2.1: Mechanische, elektromechanische und elektronische Zusemaschinen (Auswahl)

Zuserechner (Auswahl)		
Name	**Jahr**	**Bemerkungen**
Z1	1938	mechanisches Rechenwerk; mechanisches Speicherwerk
Z2	1939	elektromechanisches Rechenwerk (Relais); mechanisches Speicherwerk
Z3	1941	elektromechanisches Rechenwerk (Relais) elektromechanisches Speicherwerk (Relais)

Zuserechner (Auswahl)

Name	Jahr	Bemerkungen
S1	1942	Spezialrechner
S2	1944	Spezialrechner
Z4	1945	elektromechanisches Rechenwerk; mechanisches Speicherwerk
Z5	1952	Relaisrechner
M9	1953	elektromechanischer Rechenlocher
Z11	1956	Relaisrechner
Z22	1958	Röhrenrechner
Z23	1961	Transistorrechner

Anmerkungen
Die Jahrangaben beziehen sich auf den Zeitpunkt der Fertigstellung. Ursprünglich hießen die Zusemaschinen V1, V2, V3, V4 (V für Versuchsmodell).

Die Z4 wurde 1949/50 instand gestellt, erweitert und 1950 ausgeliefert. Die 1952 vollendete Z5 nahm 1953 bei der Firma Ernst Leitz in Wetzlar ihren Betrieb auf. Die Z11 war anfänglich eine festverdrahtete Spezialmaschine, ließ sich aber später dank Lochstreifensteuerung allgemein nutzen. Z1 bis Z5 waren Einzelanfertigungen. Ab der Z11 wurden jeweils größere Stückzahlen gebaut.

Die Z22 und die Z23 hatten ein gespeichertes Programm. Die frühen Geräte wurden über Lochstreifen gesteuert. Der Graphomat Z64 (1961) war ein lochstreifen- bzw. lochkartengesteuerter Zeichentisch (in Transistortechnik). Das ursprünglich mit Relais bestückte Gerät entstand in Zusammenarbeit mit der Wild Heerbrugg AG (heute Leica Geosystems AG).

Von den ersten zehn Maschinen sind bloß die Z4 (Deutsches Museum, München) und eine M9 (Museum für Kommunikation, Bern) erhalten. Die Z1 und die Z3 wurden nachgebaut.

Die Z6 (1951), eine Neukonstruktion, wurde nicht vollendet. Die von der Zuse KG für Remington Rand entworfenen Rechenlocher Z7 und Z8 wurden 1952 ausgeliefert.

Für die Z9 und die Z10 wurden die Decknamen M9 und M10 (M für Mithra) verwendet. Die Mithra AG, Zürich (Tochter von Remington Rand), entwickelte für die ETH Zürich den Rechenlocher M10. Technische Schwierigkeiten führten zum Abbruch der Arbeiten. Die M9 (1953) ist das erste in Serie hergestellte Zusegerät, es wurden rund 25 Stück gefertigt. Die Spezialrechner S1 und S2 waren festverdrahtete Relaisgeräte.

Zuse hatte mehrere Unternehmen mit unterschiedlichen Standorten (vgl. Tab. 2.2). Von der Zuse Z3 (vgl. Abb. 2.1) gibt es nur noch Nachbauten. Die Zuse Z4 (vgl. Abb. 2.2) ist einer der wenigen überlebenden Zeugen aus der Frühzeit der Informatik.

Abb. 2.1: Zuse Z3 (Nachbau). Die im zweiten Weltkrieg zerstörte Z3 (1941) war der weltweit erste programmierbare, programmgesteuerte, binäre, mit Gleitkommaarithmetik arbeitende Digitalrechner. Die Steuerung der Relaismaschine erfolgte mit Lochbändern (Filmstreifen). Sie hat kein Speicherprogramm. Es gibt mehrere Nachbauten (© Deutsches Museum, München).

Abb. 2.2: Zuse Z4 (Original). Der programmgesteuerte binäre Gleitkommarechner (1945) war von 1950 bis 1955 an der ETH Zürich in Betrieb. Die Relaismaschine ist nicht mehr funktionstüchtig. Sie gilt als der älteste erhaltene programmierbare und der erste käufliche Computer (© Deutsches Museum, München).

Hinweis
Mehr zur Zuse Z4 im Abschnitt 4.1.

Tab. 2.2: Zuses Firmen

Konrad Zuse als Unternehmer		
Gründung	**Firmenname**	**Ort**
1940	Zuse-Apparatebau	Berlin
1946	Zuse-Ingenieurbüro	Hopferau
1949	Zuse KG	Neukirchen (Kreis Hünfeld)
1957		Bad Hersfeld

Quelle
Zuse KG: Zuse. 25 Jahre Entwicklung programmgesteuerter Rechenanlagen (1961).

Anmerkungen
Zuse erwähnt in seinen Lebenserinnerungen (2010) eine Firma namens „Zuse Ingenieurbüro und Apparatebau, Berlin". 1957 wurde die Zuse KG aus Platzmangel von Neukirchen nach Bad Hersfeld verlegt. 1964 übernahm Brown Boveri & Cie. AG, Mannheim, das Unternehmen. 1967 war die Siemens AG (München) Eigentümerin.

Zuse hat auch zwei Spezialrechner entwickelt (vgl. Kasten).

Spezialrechner S1 (1942) und S2 (1944)
Mit dem Zuse-Relaisrechner *S1* führten die Berliner Henschel-Flugzeugwerke von 1942 bis 1944 in mehrschichtigem Einsatz Flügelvermessungen durch. Sie berechneten den Einfluss von Fertigungsungenauigkeiten an Tragflächen und Leitwerken von ferngesteuerten Flugkörpern, d.h. einer ferngesteuerten fliegenden Bombe. Die Steuerung erfolgte über Programme und Festwerte (Konstanten), die beide auf Schrittschaltern fest verdrahtet waren. Die in einem Protokoll eingetragenen Messwerte mussten von Hand eingegeben werden. Bei dem von 1943 bis 1944 gebauten verbesserten und erweiterten Spezialrechner *S2* wurden die an den Messuhren direkt erfassten (abgetasteten, abgefühlten) Werte elektrisch auf das Rechenwerk übertragen. Dieses Spezialmodell wurde allerdings nicht mehr in Betrieb genommen, es kam im Krieg abhanden.

2.3.2 Zuses Prozessrechner

Konrad Zuse hat nach eigenen Angaben den ersten Prozessrechner gebaut. Dabei handelt es sich um einen Spezialrechner „mit auf Schrittschaltern fest verdrahtetem Programm, welcher der serienmäßigen Auswertung von Meßwerten diente. In einer Montagestraße für ferngesteuerte Flugkörper (Hs 293) wurden die Flügelungenauigkeiten über eine besonders dafür konstruierte Meßanlage ermittelt". Das Relaisgerät war über zwei Jahre im mehrschichtigen Einsatz (siehe Konrad Zuse: Die ersten programmgesteuerten Relais-Rechenmaschinen, in: Martin Graef (Hg.): 350 Jahre Rechenmaschinen, Carl Hanser-Verlag, München 1973, Seite 53). In seinen Lebenserinnerungen schreibt Zuse:

„Ich konstruierte das [...] Spezialmodell für die Flügel-Vermessung S1, das diese Rechnungen vollautomatisch durchführte. Es war in Relaistechnik – achthundert Relais – ausgeführt, arbeitete im Binärsystem mit festem Komma und hatte fest eingebaute, auf Schrittschaltern verdrahtete Programme. Der Schrittschalter ist ein ebenso bewährtes Bauelement der Fernmeldetechnik wie das Relais. Da die Programme bei dieser Maschine stets die gleichen blieben, konnte man durch die Verwendung von Schrittschaltern Lochstreifen und zugehörige Geräte einsparen. In seinem Schaltungsaufbau war das Gerät ein Vorläufer des späteren Modells Z11. Es war etwa zwei Jahre lang Tag und Nacht in Betrieb, bis es 1944 durch Bomben zerstört wurde. [...]. Die Flügelvermessung regte mich zu einem weiteren Gedanken an: Das Ablesen von Meßuhren mußte sich ebenfalls mechanisieren lassen. Damit war die Idee der Prozeßsteuerung geboren. Es wurden besondere Meßgeräte gebaut, Analog-Digital-Wandler, wie wir heute sagen, bei denen die Positionen der Meßuhren schrittweise vom Rechengerät her abgetastet wurden. Gleichzeitig lief ein Schrittschalter im Rechengerät mit, der die so abgelesenen Positionen als Binärzahlen auf das Rechenwerk übertrug. Das ganze Gerät fand ein tragikomisches Ende: Es wurde Anfang 1944 in einem ausgelagerten Werk der Henschel-Flugzeug-Werke in Warnsdorf im Sudetenland aufgestellt, und noch während ich es aufbaute, kam der Befehl zur Demontage des gerade errichteten Werkes wegen der für Deutschland bedrohlichen Kriegsentwicklung. Ich baute dennoch wie ein Besessener weiter, allein getrieben von dem Ehrgeiz, dieses interessante Gerät wenigstens einmal wirklich arbeiten zu sehen. Schließlich war es geschafft: die erste Prozeßsteuerung per Computer." (siehe Konrad Zuse: Der Computer – Mein Lebenswerk, Springer-Verlag, Berlin, Heidelberg, 5., unveränderte Auflage 2010, Seiten 62–63).

2.3.3 Zuses logistisches Gerät und das Schachspiel

Konrad Zuse unterschied zwischen *Zahlenrechengeräten* und *logistischen Geräten*. Er machte sich schon 1947 Gedanken zur automatischen Programmierung und zum Universalrechner. Die mathematische Logik wurde als *Logistik* bezeichnet. Das Thema Schachprogramm wird bereits im Anhang zum Plankalkül angeschnitten.

„Die Bezeichnung „logistisches" Gerät für diesen neuartigen Gerätetyp wurde deshalb gewählt, um diese Geräte, welche vorwiegend kombinatorische Denkaufgaben lösen, gegen die Zahlenrechengeräte abzugrenzen. [...]. Logistische Geräte könnten Schach spielen, d.h. aus bestimmten Figurenkombinationen Schlüsse ziehen bzw. Züge angeben, welche zu einem bestimmten Ziel führen. Das Schachspiel stellt nicht etwa eine der geplanten typischen Anwendungen logistischer Geräte dar, sondern veranschaulicht lediglich ihr Wesen, indem die kombinatorischen Denkaufgaben des Schachspiels für weite Kreise einen bekannten Begriff darstellen. [...]. Das logistische Gerät kann die Fertigung solcher Rechenpläne übernehmen, indem es z.B. von einem ihm vorgelegten Problem feststellt: „Es handelt sich um ein System linearer Gleichungen mit n-Unbekannten" und daraufhin die Reihenfolge der vorzunehmenden Rechenoperationen angibt, wie sie zur späteren zahlenmäßigen Durchrechnung erforderlich ist. Das Resultat ist also eine formelmäßige Rechenanweisung für ein System linearer Gleichungen mit n-Unbekannten. [...]. Es wäre grundsätzlich möglich, ein „allgemeines" logistisches Gerät zu bauen, welches Löhne berechnen, Brücken konstruieren, Integrale lösen oder Schach spielen kann, da die Denkoperationen im Gerät abstrakt durchgeführt werden, und erst eine entsprechende Voreinstellung des Gerätes ihnen die „Bedeutung" im speziellen Fall zuordnet." (siehe Zuse-Ingenieurbüro

Hopferau (Hg.): Zuse-Rechengeräte, Hopferau, Oktober 1947, in: Wilfried de Beauclair (Hg.): Rechnen mit Maschinen, Springer-Verlag, Berlin, Heidelberg, 2. Auflage 2005, Seiten 79–80).

Zuse meldete seine logistische Maschine im Oktober 1944 zum Patent an und erstellte 1944 ein kleines Versuchsmodell. Es handelt sich um ein allgemeines Rechengerät für numerische und (vor allem auch) nichtnumerische Anwendungen (siehe Hartmut Petzold: Rechnende Maschinen, VDI-Verlag, Düsseldorf 1985, Seiten 325–326).

„Der Plankalkül sollte es ermöglichen, auch nichtnumerische, logische Rechnungen wie zum Beispiel das Schachspiel zu programmieren." (siehe Hartmut Petzold: Rechnende Maschinen, VDI-Verlag, Düsseldorf 1985, Seite 480). Schon damals war die Rede vom „künstlichen Gehirn."

Das Deutsche Museum, das Zuses Nachlass verwaltet, hält fest: „1944/45 machte Konrad Zuse Entwürfe für ein „logistisches Rechengerät" in elektronischer Ausführung. Im Zusammenhang damit skizzierte er ein „Planfertigungsgerät", das aus einem „Rechenplan allgemeiner Struktur" einen speziellen, starren Rechenplan für einen bestimmten Anwendungsfall herstellt. Daran schließt sich 1945/46 mit dem „Plankalkül" eine Theorie solcher Rechenpläne allgemeiner Struktur an, die dem Begriff einer universellen Maschine gleichwertig ist. Der „Plankalkül" ist überdies, obschon ineffizient, die erste höhere Programmiersprache." (siehe Friedrich Bauer: Informatik. Führer durch die Ausstellung, Deutsches Museum, München 2004, Seite 175).

2.3.4 Übernahme der Zuse KG durch BBC Mannheim mit Millionenverlust

Die 1900 gegründete Brown, Boveri & Cie. AG, Mannheim, war eine Tochtergesellschaft der Schweizer BBC (Baden AG). Zwischen den beiden Verwaltungsratspräsidenten Walter Boveri (Baden) und Kurt Lotz (Mannheim) gab es Meinungsverschiedenheiten. Im Abschnitt „Spannungen zwischen Baden und Mannheim" der BBC-Jubiläumsschrift wird über das Abenteuer mit der Zuse KG berichtet:

„Die Mannheimer BBC-Hauszeitung „Kontakt" vom Januar 1965 stellt stolz die neueste Erwerbung der deutschen BBC vor: die Firma Zuse mit ihrem von einem Plus- und einem Minuszeichen eingerahmten „+Z-„ als Signet. Für die BBC Mannheim sollte das Minus bei weitem überwiegen. Die Firmenzeitung „Kontakt" fabulierte: „Das ist nicht einfach graphischer Fassadenschmuck, dieses Z ist das Zeichen für Zuse und der Name Zuse bedeutet Technik in modernster Ausprägung. [...]. Als BBC Mannheim das 1940 gegründete, inzwischen an Rheinstahl übergegangene Unternehmen erwarb, arbeitete es zwar mit moderneren Mitteln, doch Zuse hatte den Anschluss an die von IBM beherrschte Zukunft schon längst verloren [...]. Auf über ein Dutzend manufakturartige Fertigungsstätten mit 1200 Mitarbeitern in Bad Hersfeld verteilt, war das Unternehmen bereits hoffnungslos ins Hintertreffen geraten, als der BBC-Vorstandsvorsitzende Kurt Lotz enthusiastisch zugriff. „Ein faules Ei, das bereits roch“, kommentiert Dr. Hans Göhringer, der damalige Finanzvorstand und spätere Vorstandsvorsitzende, im Rückblick, „wir hätten an diesem Engagement verbluten können!“ Lotz beteuert, dass er von seinen Technikern, allen voran dem für Technik zuständigen Vorstandsmitglied Ostendorf, bedrängt worden sei, nach den gescheiterten Anläufen mit Philips und Hartmann und Braun, jetzt endlich einmal auf dem Gebiet der Mikroelektronik zuzugreifen. [...]. Die Firma Zuse, die nicht richtig in die Mannheimer Unternehmenskultur hineinpassen wollte, hing wie ein Mühlstein am Hals der deutschen BBC, bis man sie schliesslich mit einem zweistelligen Millionenverlust an Siemens abstiess. Der mächtige Konkurrent wurde mit der Zukunft von gestern auch nicht glücklich.“ (siehe Werner Catrina: BBC, Orell Füssli Verlag, Zürich, Wiesbaden 1991, Seiten 117–118).

2.3.5 Weitere deutsche Relais- und Röhrenrechner

In Deutschland wurden neben der Zuse KG und der 1952 von Heinz Nixdorf gegründeten Nixdorf Computer AG in den 1950er Jahren an mehreren Orten Rechenautomaten entwickelt:

Göttingen – Max-Planck-Institut für Physik (Institut für Instrumentenkunde, Sommer 1958 Umzug nach München): *Ludwig Biermann, Heinz Billing*

- **G1**, Inbetriebnahme am 7. Juni 1952 (Probebetrieb), regelmäßiger Zweischichtenbetrieb ab November 1952, Nutzung in Göttingen bis Juni 1958, an der Universität München bis 1965 (dualer elektronischer Serienrechner mit dezimaler Ein- und Ausgabe, Festkommarechnung, keine bedingten Befehle, Programm- und Dateneingabe (Ziffern) über Lochstreifen, Magnettrommelspeicher, erster deutscher programmgesteuerter Elektronenrechner),
- **G1a**, beschränkter Betrieb ab 1958, Nutzung bis 1968, 3 Stück (dualer elektronischer Serienrechner mit dezimaler Ein- und Ausgabe, Gleitkommarechnung, bedingte Befehle, Programmsteuerung über Lochstreifen, Magnettrommelspeicher, Mikroprogramme, mäßige Betriebssicherheit),
- **G2**, Inbetriebnahme im Januar 1955, Vollbetrieb ab Sommer 1955, Nutzung bis Juni 1961 (dualer elektronischer Serienrechner, Festkommarechnung, bedingte Befehle, Programmsteuerung ab Magnettrommelspeicher, erster deutscher speicherprogrammierter Elektronenrechner),
- **G3**, Inbetriebnahme im Januar 1961, Nutzung bis 9. November 1972 (dualer elektronischer Parallelrechner, Gleitkommarechnung, bedingte Befehle, Programm- und Dateneingabe über Lochstreifen, Mikroprogrammsteuerung ab Magnetkernspeicher). Die Göttinger Rechner G1–G3 waren Röhrenrechner;

Jena – VEB Carl Zeiß: *Herbert Kortum, Wilhelm Kämmerer*

- **Oprema** (*Op*tik-*Re*chen*ma*schine), Fertigstellung Ende 1954, Probebetrieb Mai 1955, Produktionsbetrieb August 1955 (erster programmierbarer Digitalrechner der ehemaligen DDR, duale Relaisrechenmaschine, Spezialrechner, ursprünglich als Zwillingsrechner ausgelegt, aufgrund der Zuverlässigkeit Verwendung als zwei Einzelrechner, Zahleneingabe sowie Programmierung über Stecktafeln, Gleitkommarechnung, Nutzung auch für Fremdaufträge), Nachfolgemodell:
- **ZRA 1** (*Z*eiß-*R*echen-*A*utomat 1), Elektronenrechner, programmgesteuerter Röhrenrechner, Fest- und Gleitkommarechnung, Serienherstellung (32 Stück) ab 1961 im Zweigwerk Saalfeld;

Dresden – Technische Hochschule (heute Technische Universität, Institut für maschinelle Rechentechnik): *Friedrich Willers, Joachim Lehmann*

- **D1** (Dresden 1), Fertigstellung 1956 (elektronischer Rechenautomat, dualer, serieller Röhrenrechner, Magnettrommelspeicher, Kleinrechner, 2 Stück),
- **D2**, Fertigstellung 1959 (Röhrenrechner, Magnettrommelspeicher, Gleitkommarechnung; Zusammenarbeit mit dem VEB Funkwerk Dresden);

München – Technische Hochschule (heute Technische Universität, Institut für Nachrichtentechnik/Mathematisches Institut): (Vater) *Hans Piloty, Robert Sauer,* (Sohn) *Robert Piloty, Friedrich L. Bauer, Klaus Samelson*

- **Perm** (*p*rogrammgesteuerte *e*lektronische *R*echenanlage *M*ünchen), Inbetriebnahme der ersten Ausbaustufe am 7. Mai 1956, Vollbetrieb ab 1958, Nutzung bis März 1974 (dualer Parallelrechner, Röhrenrechner, Gleitkommarechnung, Magnettrommel, Kernspeicher, Magnetbandspeicher);

Darmstadt – Technische Hochschule (heute Technische Universität, Institut für praktische Mathematik): *Alwin Walther, Hans-Joachim Dreyer*

- **Dera** (*D*armstädter *e*lektronischer *R*echen*a*utomat), 1959 Fertigstellung bzw. Einstellung des Vorhabens (dezimaler Serienrechner, Röhrenrechner, dezimalbinäre Zahlendarstellung, kein Dauerbetrieb).

2.4 Frühe deutsche Transistorrechner

Dresden – Technische Hochschule (heute Technische Universität, Institut für maschinelle Rechentechnik): *Friedrich Willers, Nikolaus JoachimLehmann*

- **D4a**, Fertigstellung Mitte 1963 (universeller Rechenautomat, Transistorrechner, Kleinstrechner, Gleitkommarechnung, Serienherstellung als **Cellatron** C 8201 durch VEB Büromaschinenwerk Zella-Mehlis (Thüringen), über 3000 Stück, ferner 1200 Stück Cellatron 8001–8005). Die Entwicklung des D5 wurde 1966 abgebrochen.

Es waren vor allem vier Firmen, die sich in der Frühzeit dem Bau von Transistorrechnern (vgl. Tab. 2.3) widmeten. Später gesellte sich u.a. Nixdorf dazu.

Tab. 2.3: Die ersten deutschen Transistorrechner

Frühe deutsche Anbieter von Transistorrechnern			
Hersteller	**Ort**	**Gerät**	**Jahr**
Siemens & Halske AG	Berlin/München	Siemens 2002	1959
Standard Elektrik Lorenz AG (SEL)	Stuttgart	ER 56	1959
Technische Hochschule Dresden	Dresden	D4a	1963
Telefunken GmbH	Konstanz	TR4	1962
Zuse KG	Bad Hersfeld	Z23	1961

Anmerkungen
Siemens & Halske AG: Werner Siemens, Johann Georg Halske. Am Elektronenrechner ER 56 waren Hans-Joachim Dreyer und Rolf Basten beteiligt. An der Siemens-Maschine haben Hans und Robert Piloty mitgewirkt. Siemens & Halske war einst in Erlangen und Berlin. Mit dem Großrechner TR4 sind die Namen Wolfgang Händler und Hans-Otto Leilich verbunden. Die Standard Elektrik (später Standard Elektrik Lorenz) war in Stuttgart-Zuffenhausen angesiedelt. Backnang, wo Telefunken ebenfalls eine Niederlassung hatte, liegt bei Stuttgart.

Auf der Hannover Messe (Deutsche Industrie-Messe) 1962 waren u.a. folgende Geräte ausgestellt: Transistorrechner TR4 von Telefunken, Konstanz, Transistorrechner Zuse Z23 und Graphomat Z64 (Zeichentisch) der Zuse KG, Bad Hersfeld, automatischer Koordinatograf der Contraves AG, Zürich, Buchungsautomat (Hermes C-3) der Paillard SA, Yverdon. In Hannover dabei war auch Remington Rand Univac, eine Abteilung der Remington Rand GmbH, Frankfurt am Main.

2.5 Die ersten deutschen Digitalrechner (Übersicht)

Die Bandbreite der frühen deutschen Digitalrechner erstreckt sich von den Relaismaschinen bis zu den Transistorrechnern (vgl. Tab. 2.4).

Tab. 2.4: Übersicht über die frühen deutschen Digitalrechner

Zeittafel (Auswahl)			
Jahr	**Name**	**Hersteller**	**Bauart**
1941	Z3	Zuse, Berlin	Relaisrechner
1945	Z4	Zuse, Berlin	Relaisrechner

Zeittafel (Auswahl)

Jahr	Name	Hersteller	Bauart
1952	G1	Max-Planck-Institut für Physik, Göttingen	Röhrenrechner
1955	G2	Max-Planck-Institut für Physik, Göttingen	Röhrenrechner
1955	Oprema	Carl Zeiß, Jena	Relaisrechner
1956	Z11	Zuse KG, Neukirchen	Relaisrechner
1956	D1	Technische Hochschule Dresden	Röhrenrechner
1956	Perm	Technische Hochschule München	Röhrenrechner
1958	Z22	Zuse KG, Bad Hersfeld	Röhrenrechner
1959	ER 56	Standard Elektrik Lorenz (SEL), Stuttgart	Transistorrechner
1959	Dera	Technische Hochschule Darmstadt	Röhrenrechner
1959	Siemens 2002	Siemens & Halske, Berlin/München	Transistorrechner
1961	G3	Max-Planck-Institut für Physik, Göttingen	Röhrenrechner
1961	Z23	Zuse KG, Bad Hersfeld	Transistorrechner
1962	TR4	Telefunken, Konstanz	Transistorrechner
1963	D4a	Technische Hochschule Dresden	Transistorrechner

2.5.1 Telefunken GmbH, Berlin: Rechnerbau in Konstanz

Wie Silke Schöttle vom Stadtarchiv Konstanz in ihrem Brief vom 17. Juli 2017 mitteilt, war die Firma Telefunken (zunächst GmbH, ab 1963 AG) laut den Gewerbesteuerunterlagen von 1958 bis 1967 in der Bodenseestadt ansässig und ging dann in die AEG (Allgemeine Elektrizitätsgesellschaft, Berlin) über. Der Südkurier vom 15. Januar 1967 berichtet in einem Beitrag „Briefsortieranlage für Moskau" dass das Zweigwerk Konstanz 2500 Beschäftigte hatte und mechanische sowie elektronische Anlagen herstellte, u.a. die elektronischen Rechenmaschinen TR4 und TR440. Am 2. Mai 1960 hatte die Tageszeitung Südkurier mitgeteilt: „Das Konstanzer Werk wird von der Telefunken-Gesellschaft zum Zentrum ihrer Arbeiten auf dem Gebiet der Informationstechnik ausgebaut."

Wollenhaupt berichtet, dass der binäre, parallele Transistorrechner TR4 in Backnang entwickelt und dort in vier Exemplaren gefertigt wurde. [...]. „1962 wurde die gesamte weitere Entwicklung und Fertigung sowie der Vertrieb der von Telefunken entwickelten digitalen Rechnertechnik von Backnang nach Konstanz verlegt, wo bis zum Verkauf dieses Bereiches an die Firma Siemens – Mitte der 1970er Jahre – die gesamte Rechnertechnik der AEG-Telefunken-Gruppe konzentriert wurde." (siehe Heinz Wollenhaupt: Die digitale Telefunken-Rechenanlage TR4 – ein in Backnang entwickeltes Spitzenprodukt, in: Gerhard Fritz; Bernhard Trefz (Hg.): Backnanger Jahrbuch 2006, Fr. Stroh Verlag, Backnang 2006, Seite 218).

> „Dann [nach der Fertigung der ersten Exemplare] wurde das Rechnergeschäft in die ehemalige Firma Pintsch Electro GmbH, Konstanz, die von Telefunken 1958 gekauft wurde, verlagert und

als Telefunken Rechnertechnik weitergeführt. Vom TR4 wurden noch über 30 Stück in Konstanz gefertigt, bevor der Nachfolger TR440 auf den Markt kam.“ (Mitteilung von Heinz Wollenhaupt vom 2. August 2017).

„Insgesamt wurden bis 1968 in Konstanz 30 TR-4-Anlagen gefertigt, die hauptsächlich für technisch-wissenschaftliche Aufgaben in Hochschulen und Großforschungseinrichtungen der Industrie eingesetzt waren.“ (siehe Erdmann Thiele (Hg.): Telefunken nach 100 Jahren, Nicolaische Verlagsbuchhandlung GmbH, Berlin 2003, Seite 332).

Hinweis
Die Broschüre „Telefunken Digital-Rechenanlage TR4“ (Juni 1959) wurde in Backnang (Württemberg) herausgegeben.

Für weitere Angaben vgl.

Winfrid Fengler; Klaus Schaaf: Erkennen worauf es ankommt, AEG Electrocom, Konstanz 1994/Stadler Verlagsgesellschaft mbH, Konstanz 2001.

2.5.2 Analog- und Hybridrechner von Dornier, Friedrichshafen

Der bedeutendste deutsche Hersteller von Analogrechnern war Telefunken. Am Bodensee fertigte auch Dornier, Friedrichshafen, ab 1969 elektronische Analogrechner (Modelle Do 80, Do 240, Do720) und Hybridmaschinen.

Für weitere Angaben vgl.

Peter Kiefer: Elektronik-Produkte auf der Interkama 74, in: Dornier-Post 3/4 74, Seiten 32–34

Manfred Mall; Helmut Roderer: Dornier-Hybridrechner, in: Dornier Post 4/70, Seiten 17–21

Gerhard Schweizer; Rainer Kärcher: DO80 – ein neuer Dornier-Analogrechner, in: Dornier Post 1/72, Seiten 4–6

Bernd Ulmann: Analogrechner. Wunderwerke der Technik – Grundlagen, Geschichte und Anwendung, Oldenbourg-Verlag, München 2010

Bernd Ulmann: Analog computing, Oldenbourg Wissenschaftsverlag, München 2013

3 Rechnerentwicklung in Großbritannien

Zusammenfassung: Im Mittelpunkt des Kapitels „Rechnerentwicklung in Großbritannien“ stehen die Ereignisse in Bletchley Park. Sie sind u.a. geprägt von der Verschlüsselungsmaschine Enigma. Jahrzehntelang war nur wenig über die Turing-Welchman-Bomben und die Colossi bekannt, mit deren Hilfe im zweiten Weltkrieg die rätselhaften Funksprüche der Nazis geknackt wurden. Davon wurden funktionsfähige Nachbauten hergestellt. Die Darstellung der damaligen Geschehnisse wird ergänzt durch eine Liste von Decknamen und schwerverständlichen Fachausdrücken sowie durch eine Zeittafel. Berücksichtigt wird auch die Computerentwicklung an den Universitäten Manchester, Cambridge und London (Birkbeck College). Bekannte Rechnermarken waren z.B. Elliott, Ferranti und Leo. Als ältester betriebsbereiter Relaisrechner gilt die Harwellmaschine. Aus Manchester kommen auch frühe Transistorrechner. Eine Zeittafel zu ersten britischen Relais- und Röhrenrechnern rundet das Bild ab.

Schlüsselwörter: Bletchley Park, Winston Churchill, Colossus, Edsac, Enigma, Ferranti, Thomas Flowers, Harwell-Rechner, Leo, Lorenzmaschine, National Physical Laboratory, Pilot Ace, polnische Bombe, Post Office Research Station, Tunny, Alan Turing, Turing-Welchmann-Bombe, Verschlüsselungsmaschine

3.1 Vorbemerkungen

Mechanischer Parallelrechner
An der Universität Birmingham entstand 1953 ein mechanischer Parallelrechner mit zwölf Curtas.

Fünf führende britische Forschungszentren
In England waren die (ehemalige) Post Office Research Station, Dollis Hill, Nordwest-London), das National Physical Laboratory in Teddington (Südwest-London) sowie die Universitäten Manchester und Cambridge tonangebend. Die Arbeiten der Post Office Research Station für den Geheimdienst in Bletchley Park (BP) waren jahrzehntelang unbekannt. Die verdienstvollen Leistungen blieben daher ohne Anerkennung, auch die Patentanmeldungen entfielen. Beim National Physical Laboratory gab es erhebliche Verzögerungen bei der Umsetzung des von Alan Turing vorgeschlagenen Rechenautomaten. Bedeutende Entwicklungen fanden auch am Imperial College und vor allem an der Universität London (Birkbeck College) statt.

https://doi.org/10.1515/9783110669671-003

3.2 Enigma

Verwirrung um Turing, Enigma und Colossus

Im Zusammenhang mit *Alan Turing*, der deutschen Verschlüsselungsmaschine *Enigma* und dem britischen Geheimrechner *Colossus* besteht eine beträchtliche Verwirrung. Oft wird Colossus irrtümlicherweise als Gegenspieler von Enigma betrachtet.

Die elektromechanischen Turingbomben halfen beim Knacken der Enigmas, die elektronischen Colossi nahmen die Lorenzmaschinen aufs Korn.

Der Gebrauch der Begriffe Ver- und Entschlüsselung ist uneinheitlich (vgl. Kasten).

Verschlüsseln und Entziffern

Das Gegenstück zu *Ver*schlüsselungsmaschinen (Chiffriermaschinen) sind die *Ent*schlüsselungsmaschinen (Dechiffriermaschinen) oder die Entzifferungsmaschinen.

Sammelbegriffe sind „Schlüsselmaschine" und „krypto*logische* Maschine". Mit krypto*grafischen* Geräten wird (meist) verschlüsselt, mit krypt*analytischen* geknackt. Vorrichtungen, die den Schlüssel ermitteln, sind Schlüsselfinder, Schlüsselknacker oder Schlüsselbrechmaschinen. Der Sprachgebrauch ist uneinheitlich.

- Das *befugte* Umwandeln eines Geheimtextes in einen Klartext heißt *Entschlüsseln*. Beide, Sender und Empfänger, kennen den Schlüssel.
- Das *unbefugte* Enträtseln des unlesbaren Schriftstücks wird als *Entziffern*, *Brechen* oder *Knacken* bezeichnet.

3.2.1 Enigma, ein Rätsel

Die von Arthur Scherbius entwickelte Enigma (1923) ist eine *Rotor*chiffriermaschine mit mehreren Walzen (Rotoren). Die deutschen Streitkräfte hatten im zweiten Weltkrieg etwa 100 000 Stück.

Ab den 1920er Jahren waren im Handel *zivile* Enigmas erhältlich. Sie hatten eine Glühlampenanzeige und wurden beispielsweise von Banken verwendet. Im dritten Reich kamen bei der deutschen Wehrmacht (Heer, Kriegsmarine, Luftwaffe) geheime *militärische* Enigmas (Wehrmachts-Enigma) zum Einsatz. Andere Einrichtungen wie die *Reichsbahn*, die *Reichspost* und die *Polizei* setzten einfachere Enigmas ohne Steckerbrett (Steckerfeld) ein.

Platz für 3 oder 4 Rotoren

Die Maschinen (vgl. Abb. 3.1–3.3) hatten meist *drei* Rotoren (Schlüsselwalzen). Seltener wurden Modelle mit *vier* (austauschbaren) Schlüsselrädern genutzt, etwa für die Unterseeboote und die *Abwehr* (Geheimdienst):

- Heeres-Enigma 3 Walzen,
- Luftwaffen-Enigma 3 Walzen,
- Marine-Enigma 3, später 4 Walzen (U-Boot-Enigma),
- Abwehr-Enigma 4 Walzen.

Die vierte Walze der Marine-Enigma hieß auch „Griechenwalze".

5 oder 8 Rotoren zur Auswahl

Bei dem *Hee*r und der *Luftwaffe* standen jeweils *fünf* Rotoren mit unterschiedlicher Verdrahtung zur Auswahl. Bei der *Kriegsmarine* konnten sogar *acht* Schlüsselräder ausgesucht werden, was das Brechen wesentlich erschwerte. Die Nachrichten der Marine-Enigma (insbesondere Modelle mit vier Walzen) galten daher lange Zeit als unknackbar.

Zusätzlich wurde jeweils eine *Umkehrwalze* (Reflektor) verwendet. Sie sorgte dafür, dass dieselben Geräte für die Verschlüsselung und die Entschlüsselung genutzt werden konnten, was aber auch eine Schwachstelle darstellte. Die Verschlüsselung wurde umkehrbar.

Der Tagesschlüssel setzt unterschiedliche Angaben voraus (vgl. Kasten).

Tagesschlüssel

Der Tagesschlüssel für die Enigmas umfasste folgende Angaben:
- Datum,
- Walzenauswahl,
- *Walzenlage* (Walzenstellung, Reihenfolge),
- *Ringstellung* (drehbarer Buchstabenring),
- *Steckerverbindungen*,
- Kenngruppen.

Mit dem Tagesschlüssel wurde die Grundeinstellung (Anfangsstellung) festgelegt. Er wurde stets um Mitternacht gewechselt. Später kam für jede Meldung ein *Spruchschlüssel* hinzu. Dieser beschreibt die Ausgangsstellung der Walzen.

Abb. 3.1: Enigma, Gesamtaufnahme. Die Verschlüsselungsmaschine Enigma der deutschen Kriegsmarine galt als unknackbar. Die militärische Enigma hatte im Unterschied zur kommerziellen Enigma ein *Steckerbrett* (vorn im Bild). Um den Schlüssel für die rätselhaften Funkmeldungen zu ermitteln, setzte der britische Geheimdienst in Bletchley Park eine von Alan Turing und Gordon Welchman entwickelte elektromechanische Maschine ein. Sie wurde nach dem polnischen Vorbild „Bombe" genannt (© Deutsches Technikmuseum, Berlin).

Abb. 3.2: Enigma, Nahaufnahme. Je mehr Rotoren (Schlüsselwalzen) zur Auswahl standen, desto umfangreicher waren die Chiffriermöglichkeiten. Die meisten Maschinen hatten drei Schlüsselräder. Die Verschlüsselung beim Sender und die Entschlüsselung beim Empfänger waren zeitraubend und setzten in beiden Fällen mindestens zwei Personen (Bediener und Funker) voraus. Je nach Tagesschlüssel leuchteten beim Drücken der Tasten unterschiedliche Glühlampen mit den Buchstaben des Geheim- oder des Klartextes auf (© Deutsches Technikmuseum, Berlin).

Abb. 3.3: Enigma, Walzen. Die meisten Enigmas hatten drei (oder seltener) vier auswechselbare Walzen. Mithilfe dieser Rotoren und des Steckerbretts wurde der Tagesschlüssel eingestellt (© Deutsches Technikmuseum, Berlin).

3.3 Polnische Bombe und Turing-Welchman-Bombe

3.3.1 Polnische Bombe

Die führenden polnischen Kryptanalytiker waren Marian Rejewski, Jerzy Różycki und Henryk Zygalski. Sie entwickelten 1938 die erste „bomba kryptologiczna“ genannte Schlüsselbrechmaschine. Die Bezeichnung soll von der Eisbombe herrühren. Schon vorher hatten sie ein *Zyklometer* gebaut, das aus zwei verbundenen Enigmas bestand. Die polnischen Entzifferer hatten ihre Erkenntnisse und Erfahrungen den Briten zur Verfügung gestellt.

3.3.2 Elektromechanische Bombe

Der Mathematiker *Alan Turing* hat 1940 eine elektromechanische Maschine entworfen, die *Turingbombe* (vgl. Abb. 3.4–3.5). Die Wirksamkeit der ersten Version war aber unbefriedigend. Die Maschine unterbrach die automatische Suche, wenn eine mögliche Enigma-Walzenstellung gefunden wurde. Die Unterbrechungen verursachten viele manuelle Eingriffe.

Der Mathematiker *Gordon Welchman* schlug vor, zusätzliche Schaltungen einzubauen. Sie wurden als diagonales Relaisbrett (diagonal board) bezeichnet. Damit konnte man gleichzeitig den Eingang und den Ausgang der Schaltungen prüfen. So ließ sich das Knacken der Enigma entscheidend verbessern und erheblich beschleunigen.

Die Bomben hatten jeweils 36 Rotoren. Die verbesserte Maschine wurde auch als *Turing-Welchman-Bombe* bezeichnet.

Aufgabe der Bomben war es, das Brechen der geheimen Funksprüche der Nazis zu unterstützen. Diese entstanden mit Hilfe der Verschlüsselungsmaschine *Enigma*. Mit den Bomben wurde – von 1940 bis 1945 – die jeweilige *Walzenlage* des Enigma-Tagesschlüssels ermittelt. Das war die Voraussetzung für die anschließende Entzifferung. Die Turing-Welchman-Bombe hat also nicht die unlesbaren Nachrichten in verständliche Mitteilungen umgewandelt, sondern die Grundlage für das Brechen geschaffen. Die Geheimtexte wurden dank des nun verfügbaren Rezepts mit veränderten britischen *Typex-Schlüsselmaschinen* von Hand in Klartext übertragen und ins Englische übersetzt. Diese Geräte hatten fünf Walzen, sie ahmten die Enigma nach (Emulation). Die auch Type X genannten Maschinen wurden ab 1937 (Modell 1) bzw. 1938 (Modell 2) gefertigt. Die Ver- und Entschlüsselungsmaschine wurde fürs Enträtseln der Enigmasprüche umgebaut.

Der Mathematiker *Peter Twinn* hatte die Verdrahtung der Enigma aufgedeckt. Fürs Knacken der geheimen Funksprüche war auch die Erbeutung von Schlüsselbüchern (Codebücher) entscheidend.

Irvin Jack Good, ein Mitarbeiter Turings, bemerkt:

„I won't say that what Turing did made us win the war, but I dare say we might have lost it without him." (siehe Raymond Kurzweil: The age of intelligent machines, MIT press, Cambridge, Massachusetts 1990, Seite 175).

Ich will nicht behaupten, dass wir dank Turings Arbeit den Krieg gewonnen haben, aber ich wage zu behaupten, dass wir ihn ohne Turing wohl verloren hätten.

Für die Turing-Welchman-Bombe gab es mehrere Decknamen (vgl. Tab. 3.1):

Tab. 3.1: Die verschiedenen Versionen der Turing-Welchman-Bombe

Die drei Ausführungen der Turing-Welchman-Bombe			
Deckname	**Lieferung**	**Anzahl**	**Bemerkungen**
Victory	18. März 1940	1	enttäuschende Leistung, da zu viele falsche Unterbrechungen
Agnus dei (Agnes), Spider	8. August 1940	>200	vorzügliche Leistung dank zusätzlicher, von Gordon Welchman vorgeschlagener Schaltungen
Jumbo	Ende 1941	wenige	zusätzliche Schaltungen zur automatischen Ausmerzung bestimmter Unterbrechungen

Quellen

Frank Carter: The Turing bombe, Bletchley Park Trust, Bletchley Park, Milton Keynes 2008

Brian Oakley: The first break into German enigma at Bletchley Park, Bletchley Park Trust, Bletchley Park, Milton Keynes 2011.

Anmerkungen

Es wurden 211 Bomben hergestellt, 6 davon waren in Bletchley Park, die übrigen in Außenstellen. Die Decknamen lauten in deutscher Übersetzung: Sieg (victory), Lamm Gottes (agnus dei), Spinne (spider) und Riese (jumbo).

Abb. 3.4: Turing-Welchman-Bombe, Vorderseite. Bei dieser 3-Walzen-Turingbombe handelt es sich um einen lauffähigen Nachbau (3 x 12 Einheiten zu 3 Rotoren). Über 200 Stück wurden im zweiten Weltkrieg im Vereinigten Königreich einsetzt, um die deutsche Enigma zu knacken (© Turing Welchman Bombe Rebuild Trust, Bletchley Park).

Anmerkung
Die Turing-Welchman-Bombe befindet sich im National Museum of Computing.

Abb. 3.5: Turing-Welchman-Bombe, Rückseite. Diese Aufnahme erlaubt einen Blick ins Innenleben der Maschine, die von Alan Turing entworfen und von Gordon Welchman verbessert wurde. Die Bomben werden in Bletchley Park regelmäßig vorgeführt (© Turing Welchman Bombe Rebuild Trust, Bletchley Park).

3.4 Colossus

3.4.1 Lorenz SZ

Die C. Lorenz AG, Berlin, baute die *Fernschreib*chiffriermaschinen Lorenz SZ 40 und Lorenz SZ 42. SZ bedeutet „Schlüsselzusatz". Diese Geräte wurden von der obersten Führungsebene verwendet, sie waren viel seltener als die Enigmas. Die Enigmas und die Lorenzmaschinen wurden im zweiten Weltkrieg nicht nacheinander, sondern nebeneinander (parallel) eingesetzt.

3.4.2 Der elektronische Koloss

Thomas Flowers entwickelte 1943 aufgrund der Erfahrungen mit Heath Robinson die Röhrenmaschine *Colossus* (vgl. Abb. 3.6–3.11), obwohl Bletchley Park das Vorhaben abgelehnt hatte. Mit Unterstützung dieses bis zum 20. Oktober 1975 hoch geheimen Elektronenrechners wurden die rätselhaften Texte entziffert, die mit der deutschen Lorenz-Schlüsselmaschine erstellt wurden. Die große, schwere Lorenzmaschine war noch schwieriger zu brechen als die Enigma. Sie hatte zwölf Schlüsselwalzen. Bis Kriegsende hatte niemand in Bletchley Park einen solchen Lorenzfernschreiber SZ 40/42 (Chiffrierfernschreiber) gesehen.

Mit den (10) Colossus-Rechnern wurden – von 1943 bis 1945 – die Phasenlage und die Ausgangsstellung der Lorenz-Schlüsselräder ausfindig gemacht. Man ermittelte die Perioden der einzelnen Schlüsselräder (Periodenbestimmung), die Wirkungsweise der beiden Zusatzwalzen (Getriebeübersetzung, „motor wheels"), die der Fortschaltung dienten, die Anfangsstellung der Schlüsselräder (Spruchschlüssel, „wheel setting") und die Einstellungen der Schaltstifte („wheel patterns").

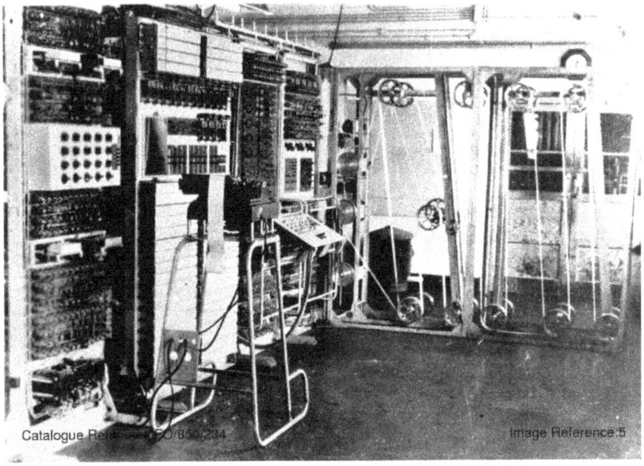

Abb. 3.6: Colossus (a). Die lange Zeit hochgeheime Gesamtaufnahme aus dem Jahr 1943 zeigt die Vorderseite des Elektronenrechners (© National Archives, Kew, Richmond, Surrey).

Abb. 3.7: Colossus (b). Die Stromversorgung ist an der linken Wand zu sehen (© National Archives, Kew, Richmond, Surrey).

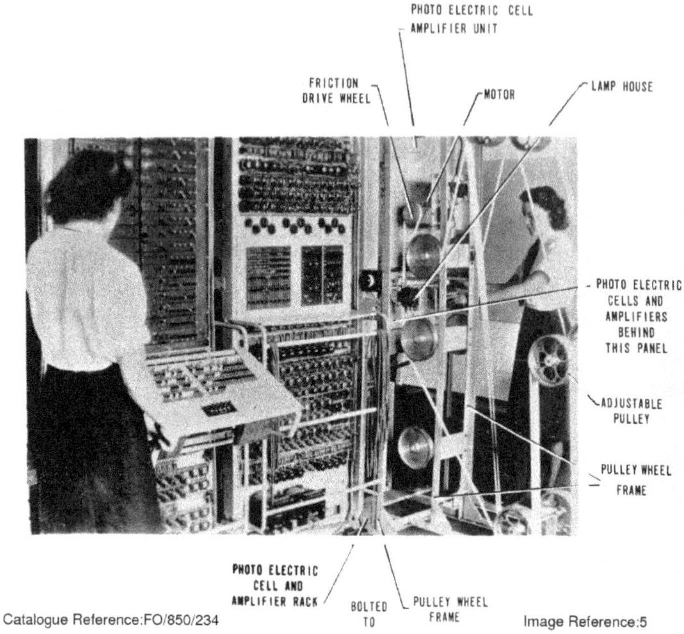

Abb. 3.8: Colossus (c). Frauen (Wrens genannt) bedienten das Ungetüm. Verschiedene Bestandteile sind beschriftet; Fotozelle, Verstärker, Reibradantrieb, Seilrollengestell (© National Archives, Kew, Richmond, Surrey).

Abb. 3.9: Colossus (d). Die Thyratrons auf der Rückseite sind gasgefüllte Elektronikröhren (© National Archives, Kew, Richmond, Surrey).

Abb. 3.10: Colossus (e) (Nachbau). Die Post Office Research Station baute in wenigen Monaten den ersten Colossus. Es handelt sich dabei um den weltweit ersten großen Röhrenrechner. Seine Existenz wurde erst im Oktober 1975 bekannt gegeben (© The National Museum of Computing, Bletchley Park).

3.4.3 War Turing am Colossus beteiligt?

Zur Beteiligung Turings am Bau des Colossus eine Stellungnahme des britischen Informatikhistorikers Brian Randell, der Zeitzeugen befragt hat:

> „Apparently he [Turing] did not have any direct involvement in, or influence on, the design or use of Colossus [...]. His visits to Dollis Hill occurred prior to the start of the Colossus work, and Newman does not remember his presence at any of the meetings that Newman and Flowers held at Bletchley Park, Turing's prewar work on computability was well known, and virtually all of the people I have interviewed recollect wartime discussions of his idea of a universal automaton [...]. Good has written that „Newman was perhaps inspired by his knowledge of Turing's 1936 paper". However, Newman's view now is that although he and his people all knew that the planned Colossus was theoretically related to a Turing machine, they were not conscious of their work having any dependence on either these ideas or those of Babbage." (siehe Brian Randell: The colossus, in: Nicholas Constantine Metropolis; Jack Howlett; Gian-Carlo Rota (Hg.): A history of computing in the twentieth century, Academic press, New York, London usw. 1980, Seite 78).

Anscheinend war er (Alan Turing) nicht unmittelbar an dem Entwurf oder der Nutzung des Colossus beteiligt und beeinflusste das Vorhaben nicht [...]. Seine Besuche in Dollis Hill [Herkunft des Colossus] geschahen vor der Entwicklung des Colossus.

[Max] Newman erinnert sich nicht, dass Turing an irgendeiner der Besprechungen dabei war, die Newman und [Thomas] Flowers in Bletchley Park abhielten [...]. Turings Arbeit zur Berechenbarkeit aus der Vorkriegszeit war gut bekannt. Nahezu alle Leute, die ich befragt habe, erwähnen Diskussionen über seine Idee eines universellen Automaten, die während des Kriegs stattfanden [...]. [Jack] Good hat geschrieben, dass „Newman vielleicht durch seine Kenntnis von Turings 1936er Abhandlung angeregt wurde." [...]. Nach Newmans derzeitiger Meinung waren sie sich jedoch nicht bewusst, dass ihre Bemühungen irgendeinen Zusammenhang mit diesen Gedanken oder jenen von Babbage hatten, obwohl er und alle seine Leute wussten, dass der geplante Colossus theoretisch einen Bezug zur Turingmaschine hatte.

3.4.4 Hat Churchill die Vernichtung aller Colossus-Rechner angeordnet?

Jahrzehntelang hieß es, dass Premierminister Winston Churchill unmittelbar nach Kriegsende die Zerstörung aller Colossi befohlen hatte. Dieses Gerücht ist offensichtlich falsch, wie Tony Sale, der die Schlüsselbrechmaschine nachgebaut hat, erklärt:

> „Eight of the ten Colossi were dismantled in Bletchley Park. Two went to Eastcote in North London and then to GCHQ (Government communications headquarters) at Cheltenham. These last two were dismantled in about 1960, and in 1960 all the drawings of Colossus were burnt, and its very existence was kept secret." (siehe Anthony E. Sale: The Colossus computer 1943–1996 and how it helped to break the German Lorenz cipher in WWII, M & M Baldwin, Cleobury Mortimer, Shropshire 2011, Seiten 11–12).

Acht der zehn Colossi wurden in Bletchley Park zerlegt. Zwei kamen nach Eastcote in Nord-London und später zum britischen Geheimdienst nach Cheltenham. Diese letzten beiden wurde etwa 1960 abgebrochen, und 1960 wurden alle Zeichnungen zum Colossus verbrannt. Selbst seine Existenz wurde geheim gehalten.

Bestandteile der in Bletchley Park auseinander genommenen Maschinen wurden durch Vermittlung von Max Newman angeblich zur Universität Manchester gebracht.

Dass wir heute viel mehr über die Geschehnisse in Bletchley Park wissen, ist in erster Linie Brian Randell zu verdanken. Er hat die Freigabe von Dokumenten gefordert und zahlreiche Gespräche mit ehemaligen Zeitzeugen durchgeführt.

Abb. 3.11: Colossus (f) (Nachbau). Wie die Turing-Welchman-Bombe ist auch der Colossus funktionstüchtig und wird regelmäßig in Bletchley Park vorgeführt. Der jahrzehntelang hochgeheime Rechner ist stecktafelprogrammiert. Es ist das Verdienst der britischen Computer conservation society, dass mehrere historisch bedeutsame Relais- und Röhrenmaschinen nachgebildet wurden und lauffähig sind (© The National Museum of Computing, Bletchley Park).

3.5 Tunny

Die mit der Lorenzmaschine erzeugten Geheimtexte wurden mit der Thunfischmaschine (Tunny) (vgl. Abb. 3.12), einer Nachbildung des Schlüsselzusatzes SZ 40/42, in Klartext übertragen und dann ins Englische übersetzt. Der Mathematiker *William Tutte* hatte mit Unterstützung von John Tiltman die Arbeitsweise (logischer Aufbau) der Lorenzmaschine hergeleitet.

Abb. 3.12: Tunny (Nachbau). Im zweiten Weltkrieg wurde in Bletchley Park die Lorenzmaschine rekonstruiert, ohne dass man diese Chiffriermaschine je gesehen hatte. Tunny (Thunfisch) war ihr englischer Deckname (© The National Museum of Computing, Bletchley Park).

3.6 Enigma und Bombe, Lorenz und Colossus (Übersicht)

3.6.1 Ausgewählte Verschlüsselungsmaschinen

Die Enigma ist bei Weitem die berühmteste Verschlüsselungsmaschine (vgl. Tab. 3.2):

Tab. 3.2: Historische Chiffriermaschinen

Kryptologische Maschinen		
Land	**Name**	**Walzen**
Deutschland	Enigma	3 oder 4
Deutschland	Lorenz SZ 40/42	12
Großbritannien	Typex	5
Schweiz	Nema	10

Schweizer Enigma und Nema

Die Enigma K (Schweizer Enigma) hatte vier Walzen, aber kein Steckerbrett. Sie wurde 1941 geknackt (siehe Walter Schmid: Die Chiffriermaschine Nema, Hombrechtikon, 3., überarbeitete und erweiterte Auflage 2004, Seiten 61–63). Die Nachfolgemaschine Nema wurde von der Apparate- und Maschinenfabrik Zellweger (Zellweger AG, ZAG) in Uster ZH hergestellt. Ob sie gebrochen wurde, ist unbekannt.

Weitere Verschlüsselungsmaschinen

Neben der Enigma, die in unzähligen Ausgestaltungen verwendet wurde, und dem Lorenz-Schlüsselzusatz SZ 40 und SZ 42 gab es viele weitere Chiffriermaschinen, z.B. den *Geheimschreiber* (Schlüsselfernschreiber T52 und T43) von Siemens & Halske (Wernerwerk, Berlin), die Maschinen von Boris Hagelin, die Geräte von Crypto (Steinhausen ZG) und Gretag (Regensdorf ZH). Der wenig verbreitete Geheimschreiber wurde vor allem von der Luftwaffe eingesetzt. Die gegen Kriegsende von Siemens & Halske in geringer Stückzahl gefertigte T43 ließ sich nicht knacken. Die Funkfernschreibgeräte von Telefunken sowie Siemens & Halske hießen *Sägefisch* (englisch saw fish).

Quellen

Friedrich Ludwig Bauer: Entzifferte Geheimnisse, Springer-Verlag, Berlin, Heidelberg usw., 3., überarbeitete und erweiterte Auflage 2000

Michael Pröse: Chiffriermaschinen und Entzifferungsgeräte im zweiten Weltkrieg, m press, München 2006.

3.6.2 Bomben und Colossi

Man versuchte, mit Nachbauten die deutschen Verschlüsselungsmaschinen zu knacken (vgl. Tab. 3.3):

Tab. 3.3: Nachbildung von Enigma und Lorenzmaschine

Britische Hilfsmittel gegen geheime Meldungen		
Verschlüsselungsmaschine Chiffriermaschine (Deutschland)	**Entschlüsselungsmaschine** Dechiffriermaschine (Großbritannien)	**Ver- und Entschlüsselungsmaschine** kryptologische Maschine (Großbritannien)
Enigma	Turing-Welchman-Bombe	Type X (Typex) (angepasste britische Chiffrier- und Dechiffriermaschine)
Lorenz-Schlüsselzusatz SZ 40/42	Colossus	Fernschreiber (nachgebaute Tunnymaschine)

Anmerkungen
Vorläuferin der Turingbombe bzw. Turing-Welchman-Bombe war die polnische Bomba. Für die Entzifferung der von der Lorenzmaschine verschlüsselten Texte wurden veränderte Fernschreiber genutzt. *Sid Broadhurst* war für die von der Post Office Research Station nachgebauten Tunnymaschinen verantwortlich.

Die Bomben und die Colossi waren die wichtigsten britischen Dechiffrierer (vgl. Tab. 3.4):

Tab. 3.4: Turingbombe gegen Enigma, Colossus gegen Lorenzmaschine

Bauweise und Baujahr der britischen Schlüsselbrechmaschinen				
Name	**Bausteine**	**Jahr**	**Anzahl**	**Gegenstück (Deutschland)**
Bombe	Relais	1940	>200	Enigma
Robinson	Relais/Röhren	1943	wenige	Lorenz-Schlüsselmaschine SZ 40/42
Colossus 1	Röhren	1943	1	Lorenz-Schlüsselmaschine SZ 40/42
Colossus 2	Röhren	1944	9	Lorenz-Schlüsselmaschine SZ 40/42

Die Bombe ist vor allem den Mathematikern Alan Turing und Gordon Welchman, der Colossus im Wesentlichen dem Ingenieur Thomas Flowers zu verdanken (vgl. Tab. 3.5):

Tab. 3.5: Britische Maschinen gegen deutsche Verschlüsselungsgeräte

Entwurf und Bau der britischen Schlüsselbrecher				
Gerät	**Vorgaben**	**Entwurf**	**Technik**	**Hersteller**
Bombe	–	Alan Turing, Gordon Welchman	Harold Keen	British Tabulating Machine Company (BTM), Letchworth
Robinson	Max Newman	Charles Eryll Wynn-Williams		Telecommunications Research Establishment (TRE), Malvern
			Arnold C. Lynch, Eric A. Speight, F. O. Morell, D. A. Campbell	[Post Office Research Station, Dollis Hill]
Colossus 1	–	Thomas Flowers	Thomas Flowers	Post Office Research Station, Dollis Hill
Colossus 2	–	Thomas Flowers	Allen W. M. Coombs	Post Office Research Station, Dollis Hill

Anmerkungen

Die British Tabulating Machine Company (BTM) in Letchworth (Hertfordshire) baute die 3-Walzen-Turingbomben. National Cash Register (NCR, Dayton, Ohio) stellte 1943 über 120 Stück der US-Version der Bombe (4-Walzen-Bomben) von Joe Desch her. Eine solche Bombe ist im National Cryptologic Museum in Fort George G. Meade, Maryland, ausgestellt.

Die Vorläufer von Colossus wurden als „Robinson" bezeichnet. Es gab mehrere Modelle: *„Heath Robinson"* (Name des Karikaturisten William Heath Robinson), *„Peter Robinson"*, *„Robinson and Cleaver"* (Namen von Londoner Kaufhäusern) und *„Super Robinson"*.

Telecommunications Research Establishment (TRE) konstruierte Heath Robinson in Zusammenarbeit mit der Post Office Research Station. Diese Maschine war jedoch unzuverlässig. Die Colossi wurden in Dollis Hill und einer Fabrik der britischen Post nahe Birmingham hergestellt.

Das ehemalige Forschungszentrum Telecommunications Research Establishment (TRE) war zunächst in Dundee und Swanage, später in Malvern (Worcestershire).

3.7 Bletchley Park

3.7.1 Decknamen

Bletchley Park war äußerst verschwiegen (vgl. Tab. 3.6).

Tab. 3.6: Decknamen förderten die Geheimhaltung

In Bletchley Park benutzte Decknamen (Auswahl)	
Deckname	**Bedeutung**
dolphin (Delfin)	mit der Marine-Enigma (3 Walzen-Maschine) verschlüsselte, über Funk (in Morseschrift) übermittelte Geheimtexte
fish (Fisch)	mit der Lorenzmaschine SZ 40/42 sowie T52 und T43 verschlüsselte, über Fernschreiber übermittelte Geheimtexte
shark (Hai)	mit der U-Boot-Enigma (4 Walzen-Maschine) verschlüsselte, über Funk (in Morseschrift) übermittelte Geheimtexte
station X	Bletchley Park (X: zehntes Grundstück des Geheimdienstes)
sturgeon (Stör)	Geheimschreiber T52 (Schlüsselfernschreibmaschine von Siemens)
thrasher (Fuchshai)	Schlüsselfernschreibmaschine T43 von Siemens
tunny (Thunfisch)	Lorenzmaschine (Schlüsselzusatz SZ 40/42)
ultra	Erkenntnisse aus den entzifferten und ins Englische übersetzten Geheimmeldungen der deutschen, italienischen und japanischen Verschlüsselungsmaschinen, ergänzt durch Informationen aus anderen Quellen
Y station	Abhörstation

Anmerkung
Fischnamen gab es auch für Verbindungen, z.B. Berlin–Paris (= jellyfish, Qualle).

3.7.2 Fachausdrücke

In den Darstellungen über die sehr komplexen Ereignisse in Bletchley Park werden manche z.T. schwer verständliche Bezeichnungen (vgl. Tab. 3.7) verwendet. Ein Versuch, einige Ausdrücke zu erklären:

Tab. 3.7: Schwer verständlicher Fachwortschatz in Bletchley Park

In Bletchley Park verwendete Fachausdrücke (Auswahl)	
Bezeichnung	**Bedeutung**
banburismus	von Alan Turing entwickeltes manuelles Verfahren, um den Tagesschlüssel der Marine-Enigmas zu knacken, Ziel war die Senkung des Zeitbedarfs für die Turing-Welchman-Bomben; Bezeichnung nach den in der nahen Stadt Banbury gedruckten Lochblättern
cillies	fehlerhafte Handhabung durch Enigma-Bediener (z.B. unterlassene Änderung der Walzenlage vor der Übermittlung einer Nachricht); Bezeichnung wahrscheinlich nach der Freundin namens Cilli eines Bedieners
crib	Anhaltspunkte (vermutete Klartextstellen) für das maschinelle Brechen des Schlüssels
depth	verschiedene mit dem gleichen Schlüssel verschlüsselte Geheimtexte; gleicher, mit unterschiedlichen Schlüsseln verschlüsselter Text
Herivel tip	nachlässige Handhabung der Verschlüsselungsmaschine (nach der Wahl der Walzen und der Eingabe der Ringstellung wurden die Walzen nicht in eine zufällige Stellung gedreht); Bezeichnung nach dem Schöpfer, dem Entzifferer John Herivel
menu	Anweisungen für a) die Bedienerinnen der veränderten britischen Typex-Verschlüsselungsmaschinen, b) die Bedienerinnen der Turing-Welchman-Bomben zur Festlegung der täglichen Walzenwahl und der Walzenlage der Enigmas
pinch	Erbeutung von Schlüsselbüchern
Turingery (Turingismus)	von Alan Turing entwickeltes planmäßiges Verfahren zum Knacken der mit der Lorenzmaschine verschlüsselten Nachrichten (auch Delta K genannt)

Quellen

Francis Harry Hinsley; Alan Stripp (Hg.): Codebreakers, Oxford university press, Oxford 1993, Seiten XVI–XXI

Michael Pröse: Chiffriermaschinen und Entzifferungsgeräte im zweiten Weltkrieg, m press, München 2006.

3.7.3 Baracken

In Bletchley Park gab es neben dem Landhaus viele aus Backstein und Holz gebaute Baracken. Man nannte sie „huts“. Später entstanden zusätzlich viele Betongebäude. Die bekanntesten (ehemaligen) Baracken sind:

– Baracke 3
  Übersetzung und Verarbeitung der geknackten Funksprüche der deutschen Heer- und Luftwaffe-Enigmas

- Baracke 4
  Übersetzung und Verarbeitung der geknackten Funksprüche der deutschen Marine-Enigmas
- Baracke 6
  Entzifferung der deutschen Heer- und Luftwaffe-Enigmas (Gordon Welchman)
- Baracke 8
  Entzifferung der deutschen Marine-Enigmas (Alan Turing)
- Baracke 11
  Turing-Welchman-Bomben.

3.7.4 Zur Geschichte von Bletchley Park

Bletchley ist eine englische Kleinstadt, Bletchley Park war ursprünglich ein viktorianisches Landhaus. Die 1921 geschaffene Government Code und Cipher School (GC&CS) war eine Abteilung des Geheimdienstes MI6 (military intelligence, Abteilung 6). Der Geheimdienst unterstand dem Außenministerium. Nach dem zweiten Weltkrieg kam er zunächst nach Eastcote (Nordwest-London) und später nach Cheltenham. Zudem wurde er umgetauft in Government Communications Headquarters (GCHQ).

Bedeutende Mitwirkende in Bletchley Park waren u.a. *Hugh Alexander, Frank Birch, Alastair Denniston, Hugh Foss, Jack Good, John Herivel, Harry Hinsley, John Jeffreys, Dillwyn Knox, Donald Michie, Max Newman, Ralph Tester, John Tiltman, Edward Travis, Alan Turing, William Thomas Tutte, Peter Twinn, Gordon Welchman.*

Turing galt als der klügste Kopf, hatte aber einen verschrobenen Lebensstil. Die unzähligen Wrens (WRNS, Women's royal naval service) bedienten die Robinson-Maschinen, die Bomben und die Colossi. Turing war in der Baracke 8 (Marine-Enigma) tätig, Welchman in Baracke 6 (Heer- und Luftwaffe-Enigma). Die Bomben waren in Baracke 11.

Turing hatte auch grundlegende Verfahren wie *Turingery* oder Turingismus, Banburismus (nach einem Ortsnamen) zum Brechen der Lorenzmaschine ausgedacht.

Die *Newmanry* war die Abteilung von Max Newman. Sie nutzte vorwiegend maschinelle Methoden. Die *Testery* unterstand Ralph Tester. Hier lag das Schwergewicht auf dem manuellen Vorgehen.

Ohne die hervorragende Leistung der Fachleute in Bletchley Park hätte der zweite Weltkrieg in Europa laut Einschätzung des Historikers Hinsley von der Universität Cambridge etwa zwei Jahre länger gedauert. So konnten Tausende von Leben gerettet werden (siehe Francis Harry Hinsley; Alan Stripp (Hg.): Codebreakers: The inside story of Bletchley Park, Oxford University press, Oxford 1993, Seite 12). Der Zeitzeuge Hinsley wirkte ab 1939 in Bletchley Park.

In der geheimnisumwitterten Geschichte von Bletchley Park gibt es manche Wegmarken (vgl. Tab. 3.8).

Tab. 3.8: Zeittafel zu Bletchley Park

Wichtige Ereignisse in und um Bletchley Park (Auswahl)	
Jahr	**Ereignis**
1932	Marian Rejewski entziffert die deutsche militärische Enigma (Weihnacht 1932). Polen kann daher bis Ende 1938 viele geheime Nachrichten lesen.
1937	Dilly Knox enträtselt in London eine italienische Marine-Enigma (April).
1938	Deutschland ändert die Enigma grundlegend (Dezember 1938). Anstatt wie bisher *drei* stehen nun fünf Rotoren (Schlüsselwalzen) zur Auswahl. Polen vermag die verschlüsselten Meldungen nicht mehr zu enträtseln.
1939	Die polnische Regierung stellt dem britischen und dem französischen Geheimdienst umfassende Angaben über die Enigma und ihre Entzifferung sowie je einen polnischen Nachbau der Enigma zur Verfügung (Juli). Alan Turing und Gordon Welchman nehmen ihre Arbeit in Bletchley Park auf (September).
1940	Dilly Knox knackt in Bletchley Park erstmals die veränderte deutsche Enigma mit Zygalskilochblättern (Januar). Die erste Version der von Alan Turing entwickelten elektromechanischen Bombe (Turingbombe) kommt nach Bletchley Park (März). Die Ergebnisse sind jedoch enttäuschend. Eine verbesserte Version der Bombe mit zusätzlichen, von Gordon Welchman vorgeschlagenen Schaltungen (Diagonalverkabelung) wird geliefert (August). Für die Serienfertigung der nun erfolgreichen Bombe ist Harold Keen von der British Tabulating Machine Company in Letchworth zuständig. Ende 1943 waren rund 100 Bomben in Betrieb. Fast alle wurden aus Sicherheitsgründen in Außenstellen eingesetzt.
1941	Adolf Hitler, das Oberkommando der Wehrmacht und die Feldmarschälle des Heers nutzen die neue Lorenzschlüsselmaschine SZ42 (Juni). Alan Turing und Peter Twinn brechen die Marine-Enigma (Juli). Dilly Knox bricht die mit vier Walzen ausgestattete Abwehr-Enigma (Dezember).
1942	Max Newman macht wichtige Vorschläge zur maschinellen Entzifferung der Lorenzschlüsselmaschine (November). Die mit vier Walzen versehene U-Boot-Enigma wird geknackt (Dezember).
1943	Die erste von Newman vorgeschlagene Maschine, „Robinson“, geht ein, erweist sich aber als langsam und unzuverlässig (Juni). Hersteller war das Telecommunications Research Establishment (Malvern) in Zusammenarbeit mit der Post Office Research Station (London). Die erste Version des von Thomas Flowers von der Post Office Research Station in elf Monaten entworfenen und gebauten elektronischen Röhrenrechners Colossus wird fertig gestellt (Dezember). Turing verlässt im Herbst 1943 Bletchley Park und arbeitet bis Kriegsende im nahen Hanslope Park (Funkstation) an der Entwicklung der Sprachverschlüsselungsmaschine Delilah.
1944	Colossus 1 wird am 18. Januar in Bletchley Park eingerichtet und nimmt am 5. Februar seinen Betrieb auf. Der viel schnellere Colossus 2 steht ab 1. Juni, rechtzeitig für den D-day, 6. Juni (Tag X, Landung in der Normandie), zur Verfügung. Nach der Invasion in Frankreich (Juni) wurden in Bletchley Park täglich bis 18 000 Morsefunksprüche enträtselt.

Wichtige Ereignisse in und um Bletchley Park (Auswahl)

Jahr	Ereignis
1945	Im Ganzen wurden über 200 Bomben sowie 10 Colossus-Maschinen gebaut. Der elfte Colossus war bei Kriegsende (Mai) fast fertig. In Bletchley Park arbeiteten insgesamt etwa 8600 Personen, in der Umgebung weitere 1500. Über 2000 Personen bedienten die Maschinen, worunter 1676 Frauen (WRNS). Über 20 000 Enigmaschlüssel wurden ermittelt.

Quellen

Bletchley Park at war, Faltprospekt, Bletchley Park Trust, Bletchley Park, Milton Keynes, o. J., sowie die gleichnamige Ausstellung (2013)

Frank Carter: Breaking naval enigma, Bletchley Park Trust, Bletchley Park, Milton Keynes 2008

Frank Carter: Codebreaking with the colossus computer, Bletchley Park Trust, Bletchley Park, Milton Keynes 2008

Frank Carter: The Turing bombe, Bletchley Park Trust, Bletchley Park, Milton Keynes 2008

Frank Carter: Enigma in depth, Bletchley Park Trust, Bletchley Park, Milton Keynes 2011

Brian Oakley: The first break into German enigma at Bletchley Park, Bletchley Park Trust, Bletchley Park, Milton Keynes 2011.

3.8 Birkbeck College, Universität London

Die Maschinen ARC, Sec und Apec von Andrew Donald Booth vom Birkbeck College der Universität London haben verhältnismäßig wenig Beachtung gefunden. Booth entwickelte schon früh Trommelrechner. Ab 1946 bauten er und Kathleen H. V. Britten (seine spätere Frau) für die British rubber producers' research association den binären elektromechanischen Parallelrechner ARC (automatic relay calculator, 1947; Neugestaltung des Spezialgeräts als Von-Neumann-Rechner, arbeitsfähig im Mai 1948). ARC2 hatte eine Magnettrommel, sie war Ende 1947 fertig.

Booth entwarf ab etwa 1949 den von Norbert Kitz (später Norman Kitz) gefertigten elektronischen Sec (simple electronic computer, Versuchsmodell, fertig Ende 1950, aber nicht arbeitsfähig) und um 1952 den speicherprogrammierten Universalrechner Apec (all-purpose electronic computer), von dem sechs Stück hergestellt wurden. Das in Klammern gesetzte Kürzel (vierter Buchstabe) deutet jeweils auf den Auftraggeber hin:

- Ape(x)c (x für x-ray, Röntgenstrahlen, Birkbeck College),
- Ape(r)c (r= British Rayon Research Association),
- Ape(k)c (k = King's College, London),
- Ape(w)c (w = Wharf Engineering),
- Ape(n)c (n = Norwegian Board for Computing Machines),
- Ape(h)c (h = Hollerith).

Auf der Technik des Apec aufbauend stellte Raymond Bird von der British Tabulating Machine Company (BTM) in Letchworth das Versuchsmodell Hec 1 (Hollerith electronic computer, auch Ape(h)c genannt) her. Hec 1 war Ende 1951 betriebsbereit, Hec 2 wurde 1953 vorgestellt. Marktgerechte Nachfolger waren Hec 2M (= BTM 1200, 1955) und der erfolgreiche Hec 4 (= BTM 1201, 1956).

Die nächsten von Booth auf der Grundlage des Apec gestalteten Maschinen hießen UCC (University College, London), Mac (magnetic automatic calculator) und M.2. Wharf Engineering Company (Firma von Booths Vater, nach dessen Tod Andrews Firma) stellte die M.2 her. An der Universität Saskatchewan (Kanada) entstand die Maschine M.3. Überdies war Ape(x)c die Grundlage für die erfolgreichen ICT-Rechner (International Computers and Tabulators Ltd.).

3.9 Imperial College, London

Am damaligen Imperial College of science and technology der Universität London wurden ebenfalls Rechenautomaten entwickelt. Ralph Anthony Brooker fertigte im Auftrag von Hyman Levy eine Relaisrechenmaschine, die 1949 betriebsfähig war. Brookers Nachfolger war Sidney Michaelson. Keith D. Tocher stellte für ihn die kleine, programmierbare Relaismaschine ICCE 1 (Imperial College computing engine) her, die 1953 fertig war. Es handelte sich um einen binären, (parallelen) lochkartengesteuerten Relaisrechner mit Festkommadarstellung. Die Daten und die Anweisungen waren in *getrennten Speichern* abgelegt. Das nächste Vorhaben, der Röhrenrechner ICCE 2 (mit Mikroprogrammierung, Fest- und Gleitpunktrechnung) wurde 1956 aufgegeben.

3.10 Harwell-Rechner

3.10.1 Harwell-Rechner: älteste betriebsbereite Relaisrechenmaschine

Der Harwell-Rechner (vgl. Abb. 3.13–3.14), auch als Harwell-Dekatron-Rechner oder Witch (Wolverhampton instrument for teaching computation from Harwell) bezeichnet, gilt als die älteste funktionstüchtige Relaismaschine. Das Gerät wurde 1949 von Edward H. Cooke-Yarborough, Robert Barnes und Gurney Thomas (Atomic Energy Research Establishment, AERE, Harwell) entworfen und 1951 fertig gestellt. Der dezimale Digitalrechner verwendet Dekatron-Röhren (gasgefüllte Kaltkathodenzählröhren) für die Programm- und Datenspeicherung, Fernmelderelais für die Ablaufsteuerung und Elektronenröhren für das Rechenwerk. Die Dekatron-Röhren waren in der Regel mit Neon- oder Heliumgas gefüllt. Kaltkathoden werden im Gegensatz zu den weit verbreiteten Glühkathoden nicht beheizt.

Im Unterschied zu den Relaismaschinen von Howard Aiken (Harvard-Universität) und Konrad Zuse (Z4) ist das Gerät *speicherprogrammiert*. Man konnte einfache Programme direkt in den Dekatron-Speicher einlesen und von dort ausführen. Größere Programme wurden auf Lochstreifen gestanzt. Die Maschine wurde von 1952 bis 1956 in Harwell (bei Oxford) und anschließend bis 1973 vom Wolverhampton and Staffordshire College of Technology (heute Universität Wolverhampton) benutzt. Dann wurde die Anlage viele Jahre lang im Birmingham Science Museum ausgestellt, schließlich abgebrochen und geriet in Vergessenheit. *Kevin Murrell* entdeckte sie 2008 zufällig wieder. Der Rechner steht als Leihgabe im National Museum of Computing in Bletchley Park, wo er von der Computer conservation society bis Ende 2012 überholt und zu neuem Leben erweckt wurde.

Abb. 3.13: Harwell-Rechner (1951) (1). Die Relaismaschine ist immer noch lauffähig. Das in Vergessenheit geratene Gerät kam erst 2008 wieder zum Vorschein (© The National Museum of Computing, Bletchley Park).

Abb. 3.14: Harwell-Rechner (1951) (2). Die Relaismaschine ist im Gegensatz zur Zuse Z4 speicherprogrammiert. Für umfangreichere Programme wurden Lochstreifen eingesetzt (© The National Museum of Computing, Bletchley Park).

3.11 Die ersten britischen Digitalrechner (Übersicht)

Die britischen Universitäten und staatlichen Forschungszentren waren bei der Vermarktung ihrer Rechner besonders erfolgreich:
- National Physical Laboratory, London: Deuce, Bendix,
- Universität Cambridge: Leo (Leo Computers),
- Universität London (Birkbeck College): Hec/BTM (British Tabulating Machine),
- Universität Manchester: Ferranti-Maschinen.

Ferranti brachte zahlreiche Rechnermodelle auf den Markt (vgl. Tab. 3.9):

Tab. 3.9: Universität Manchester: Rechnerbau und Vermarktung

Rechnerentwicklung an der Universität Manchester				
Versuchsmodell	**Jahr**	**Handelsmodell**	**Jahr**	**Stückzahl**
Manchester baby/ Manchester mark 1	1948 (Juni)	Ferranti mark 1/ Ferranti mark 1 star	1951 (Februar)	2 bzw. 7 (star)
Manchester mark 2	1954 (Mai)	Ferranti mercury	1957 (August)	19
Muse	–	Ferranti atlas	1962 (Dezember)	2
Transistorrechner	1953 (November)	Metropolitan-Vickers MV 950	1956	6
MU5	1974 (Oktober)	(ICL 2900)	–	–

Quellen
Simon Lavington: A history of Manchester computers; NCC publications, Manchester 1975
Simon Lavington: Early British computers, Manchester university press, Manchester 1980.

Anmerkungen
Beim Manchester baby/mark 1 gab es drei Versionen (Juni 1948, April 1949, Oktober 1949). Manchester mark 1 hieß auch „Madm“ (Manchester automatic digital machine) oder „MUC“ (Manchester University computer). Der Serienparallelrechner Manchester mark 2 hörte auf „Meg“ („megacycle machine/engine“). Muse („micro-second engine“) führte zu einem gemeinsamen Vorhaben mit Ferranti (Atlas-Rechner). Die 2900er Serie von International Computers Ltd. (ICL) baute teilweise auf dem fünften Manchester-Rechner (MU5) auf. Mercury hatte einen Kernspeicher und eine Magnettrommel. Der in zwei Ausgaben erstellte (namenlose) Transistorrechner der Universität Manchester (November 1953 und April 1955) gilt als der welterste Transistorrechner.

In der Pionierzeit war Großbritannien neben den Vereinigten Staaten der bedeutendste Rechnerhersteller (vgl. Tab. 3.10):

Tab. 3.10: Übersicht über die frühen britischen Digitalrechner

Zeittafel: Relais- und Röhrenrechner (Auswahl)			
Jahr	**Name**	**Hersteller**	**Bauart**
1943	Colossus	Post Office Research Station, Dollis Hill, London	Röhrenrechner
1948	ARC	Birkbeck College, Universität London	Relaisrechner
1948	Manchester baby	Universität Manchester	Röhrenrechner
1949	Edsac 1	Universität Cambridge	Röhrenrechner
1949	Manchester mark 1	Universität Manchester	Röhrenrechner
1950	Pilot Ace	National Physical Laboratory (NPL), Teddington, London	Röhrenrechner
1950	Elliott 152	Elliott Brothers, London	Röhrenrechner
1950	Sec	Birkbeck College, Universität London	Röhrenrechner
1951	Ferranti mark 1	Ferranti, Manchester	Röhrenrechner
1951	Harwell	Atomic Energy Research Establishment, (AERE), Harwell	Relaisrechner
1951	Leo 1	J. Lyons, London	Röhrenrechner
1951	Hec 1	British Tabulating Machine (BTM), Letchworth	Röhrenrechner
1952	Ape(x)c	Birkbeck College, Universität London	Röhrenrechner
1952	Nicholas	Elliott Brothers, London	Röhrenrechner
1953	Ferranti mark 1* (1 star)	Ferranti, Manchester	Röhrenrechner
1953	Mosaic	Post Office Research Station, Dollis Hill, London	Röhrenrechner
1953	ICCE 1	Imperial College, Universität London	Relaisrechner
1953	Treac	Telecommunications Research Establishment (TRE), Malvern	Röhrenrechner
1953	Elliott 401	Elliott Brothers, London	Röhrenrechner
1954	Elliott 153	Elliott Brothers, London	Röhrenrechner
1954	Oedipus	Elliott Brothers, London	Kryptanalyse-Spezialrechner
1955	Deuce	English Electric, Stafford	Röhrenrechner
1955	BTM 1200 (Hec 2M)	British Tabulating Machine (BTM), Letchworth	Röhrenrechner
1955	Elliott 402	Elliott Brothers, London	Röhrenrechner
© Bruderer Informatik, CH-9401 Rorschach 2020			

Anmerkungen
Mosaic ist ein Kürzel für Ministry of supply automatic integrator and computer. Er wurde unter der Leitung von Allen Coombs gebaut und beruht auf Turings Ace-Entwurf. Für die Entwicklung des Parallelrechners Treac war Albert M. Uttley verantwortlich. Pilot Ace hatte bedingte Befehle und Unterprogramme. Von Ace gab es weitere „Nachkommen“: Deuce (English Electric), Electronic Business Machine (EBM) von EMI (Electrical and Musical Industries Ltd.), Bendix G15, Packard Bell PB 250. Die Elliott-Rechner wurden in Borehamwood (Hertfordshire) hergestellt. Treac war weder ein Dezimal- noch ein Binärrechner, sondern ein Ternärrechner.

Ferranti Ltd. baute weitere Rechner mit verheißungsvollen Namen: Pegasus 1 (1956), Pegasus 2 (1959), Mercury (1957), Perseus (1959), Sirius (1961), Apollo (1961), Atlas (1962), Orion (1963), ab Sirius waren es Transistorrechner.

Leo 2 folgte 1957, Leo 3 wurde 1962 ausgeliefert. Elliott 405 von Elliott Brothers (London) Ltd. kam 1956 zur Welt, 1958 wurde Elliott 802 angeboten, ein Jahr später 803. BTM 1201 erschien 1956, das nächste Modell (1202) 1959.

Der parallele Röhrenrechner Edsac 2 (Fest- und Gleitkommadarstellung, Kernspeicher, Magnetband) war 1957 betriebsfähig.

British Tabulating Machine Co. Ltd. (BTM) und Powers-Samas Accounting Machines Ltd. (Herstellerin von Lochkartenmaschinen) schlossen sich 1959 zur International Computers and Tabulators Ltd. (ICT) zusammen. 1963 kam auch die Rechnerabteilung von Ferranti zu ICT. English Electric Co. Ltd. übernahm 1963 Leo Computers Ltd. und 1967 Elliott Automation Computer Ltd. (Borehamwood). 1968 verschmolzen ICT und English Electric Co. zu International Computers Ltd. (ICL).

Für Arc, Sec und Ape(x)c werden auch die Jahre 1947, 1949 bzw. 1951 genannt. Bei Mosaic wird als Baujahr auch 1952, bei Treac auch 1954 angeführt.

Quellen
Martin Campbell-Kelly: ICL, Clarendon press, Oxford 1989
Simon Lavington: Early British computers, Manchester university press, Manchester 1980
Simon Lavington: Moving targets; Springer-Verlag, London 2011
Simon Lavington: Early computing in Britain. Ferranti Ltd. and government funding, 1948–1958, Springer Nature Switzerland AG, Cham 2019.

4 Rechnerentwicklung in der Schweiz

Zusammenfassung: Wie im Kapitel „Rechnerentwicklung in der Schweiz" dargestellt, beginnt die Geschichte der Informatik in der Schweiz mit der Gründung des Instituts für angewandte Mathematik an der ETH Zürich. Bedeutsam war die Miete der programmgesteuerten Relaismaschine Zuse Z4. Viel Raum wird der Beziehung zu Zuse gewidmet. Beim Bau des Elektronenrechners Ermeth traten erhebliche Schwierigkeiten auf, vor allem mit dem Magnettrommelspeicher. Es wird versucht, die Frage „Warum scheiterte in den 1950er Jahren der Aufbau einer Schweizer Informationstechnikindustrie?" zu beantworten. Remington Rand (Zürich) erteilte der Zuse KG einen Auftrag zur Serienfertigung des Rechenlochers M9. Angeschnitten wird auch die Entstehung des ersten Schweizer Transistorrechners Cora. Der bedeutendste Schweizer Informatikpionier aus der Frühgeschichte, Heinz Rutishauser, wird kurz vorgestellt.

Schlüsselwörter: Ceres, Cora, Ermeth, Lilith, Rechenlocher, Remington Rand, Heinz Rutishauser, Smaky, Ambros Speiser, Eduard Stiefel, Niklaus Wirth, Konrad Zuse, Zuse Z4

4.1 Zuses Relaisrechner und die ETH Zürich

4.1.1 Wann erfuhr die ETH Zürich von der Zusemaschine?

In seinem Brief vom 20. Juni 1949 an den Schulratspräsidenten der ETH Zürich, Hans Pallmann, bestätigt Eduard Stiefel, Vorstand des Instituts für angewandte Mathematik, dass er in den letzten Tagen mit dem Zuse-Ingenieurbüro in Bayern Verbindung aufgenommen habe. Stiefel weist darauf hin, dass die Firma Zuse die Entwicklung einer Relaismaschine plane, deren Leistungsfähigkeit zwischen den IBM-Geräten und den großen elektronischen Maschinen liege. Die Maschine koste nur etwa 30 000 Franken. Zuse schlage der *Kommission zur Entwicklung von Rechengeräten in der Schweiz* vor, an der Entwicklungsarbeit teilzunehmen. Dieser Brief belegt, dass Eduard Stiefel im *Juni 1949* von Zuse Kenntnis hatte. Die im Dezember 1947 eingesetzte Kommission beauftragte in der Sitzung vom 25. Juni 1949 ihren Vorsitzenden, Eduard Stiefel, die deutsche Maschine in Hopferau bei Füssen zu besichtigen. Der Schweizerische Schulrat heißt heute ETH-Rat.

Im Schulratsprotokoll vom 6. Oktober 1949 (Seite 268) ist zu lesen:

> „Im Juli 1949 erfuhr die Kommission von einer Rechenmaschine des deutschen Ingenieurs Zuse, die von der ETH zu aussergewöhnlich günstigen Bedingungen übernommen werden könnte. Prof. Stiefel und Dr. Lattmann besichtigten die Apparatur. Sie rühmten besonders deren mathematische Disposition und erklärten, dass die Maschine mit relativ geringen Mitteln weiter ausgebaut werden könne."

https://doi.org/10.1515/9783110669671-004

Die Niederschrift nennt (wohl irrtümlich) den Monat Juli. *Max Lattmann*, technischer Direktor der Contraves, Zürich, war Mitglied des erwähnten Ausschusses. Das Versuchsmodell V4 (spätere Bezeichnung Z4) war seit 1945 im Allgäu. Erst vier Jahre später erreichte diese Nachricht Zürich.

4.1.2 Wie erfuhr die ETH Zürich von der Zusemaschine?

Die Streitfrage, *wie* die ETH Zürich von der V4 Wind bekam, lässt sich wohl kaum mehr klären. 1947 hatte Schulratspräsident Arthur Rohn den Rechengeräteausschuss eingesetzt. Im gleichen Jahr begannen die Vorbereitungen für die Gründung des Instituts für angewandte Mathematik. 1947 und 1948 sind nach bisherigem Wissen die ersten (eher schwer zugänglichen) Berichte von und zu Zuse erschienen. Sie wurden offenbar nicht zur Kenntnis genommen:

Harro Stucken: Über eine neue Rechengeräteentwicklung, in: Die Naturwissenschaften, Band 34, 1947, Seite 32

Roger C. Lyndon: The Zuse computer, in: Mathematical tables and other aids to computation, Band 2, Oktober 1947, Heft 20, Seiten 354–359

Machine development laboratory of the National bureau of standards: Bibliography, Z-I, in: Mathematical tables and other aids to computation, Band 2, Oktober 1947, Heft 20, Seiten 367–368

Konrad Zuse: Ein neues Rechengerät für technische und wissenschaftliche Rechnungen, in: Der Wirtschaftspiegel. Technisches Sonderheft, Band 1, 1948, Heft 1, Seiten 55–58

Konrad Zuse: Über den allgemeinen Plankalkül als Mittel zur Formulierung schematisch-kombinativer Aufgaben, in: Archiv der Mathematik, Band 1, 1948, Heft 6, Seiten 441–449.

Abb. 4.1: Konrad Zuse. Der deutsche Bauingenieur ist einer der Erfinder des Computers. Seine Zuse Z3 (1941) (ursprünglich V3) gilt als die erste programmgesteuerte binäre Rechenmaschine mit Gleitkommadarstellung. Er schuf überdies mit dem Plankalkül die erste höhere Programmiersprache (Quelle: ETH-Bibliothek Zürich, Bildarchiv).

Donald Brinkmann von der Universität Zürich stand mit dem deutschen Pionier in Verbindung. Das geht aus einer Postkarte (siehe Kasten) hervor, die er am 3. September 1947 an Konrad Zuse (vgl. Abb. 4.1) nach Hopferau bei Füssen sandte. 1949 sind weitere Hinweise auf den deutschen Bauingenieur zu verzeichnen. Am 7. Juli 1949 erwähnt der „Spiegel" Zuses Rechner. Zu diesem Zeitpunkt war Stiefel aber bereits über die V4 im Bild. Seine Mitarbeiter Heinz Rutishauser und Ambros Speiser, die sich bis Ende 1949 in den USA weiterbildeten, hörten erst dort von Zuses Relaisrechner.

Im Vorwort zu seinen Lebenserinnerungen dankt Konrad Zuse u.a. Donald Brinkmann, Oskar Weder, Heinz Rutishauser und ganz besonders Eduard Stiefel für ihre Unterstützung (siehe Konrad Zuse: Der Computer – Mein Lebenswerk, Springer-Verlag, Berlin, Heidelberg, 5., unveränderte Auflage 2010, Seite XI). Ambros Speiser ist an anderer Stelle verewigt. Max Lattmann und Hans Brändli werden im Buch hingegen nicht erwähnt.

Postkarte von Donald Brinkmann, Zürich, an Konrad Zuse, Hopferau bei Füssen (Allgäu/Bayern/ US Zone) vom 3. September 1947

Sehr geehrter Herr Kollege
Empfangen Sie meinen besten Dank für Ihren freundlichen Brief vom 22.8.47. Es freut mich, dass wir nun direkt in Briefwechsel treten können, um die uns gemeinsam interessierenden Fragen zu klären. Heute nur dieses kurze Lebenszeichen, damit Sie wissen, das[s] ich Ihren Brief erhalten habe. Als Philosoph und Psychologe, der aus der Technik hervorgegangen ist, interessiere ich mich natürlich für alle Probleme, die die beiden Disziplinen verbinden können. Und das scheint mir bei Ihrer Arbeit in ganzem besonders hohem Grade der Fall zu sein. Mit Logistik befasse ich mich selbstverständlich sehr intensiv. Es gibt hier in Zürich einen ganzen Kreis von Fachleuten auf diesem Gebiet, die z.T. aus Göttingen z.T. aus der Wiener Schule herkommen. Besonders interessant sind Ihre Arbeiten auch deshalb, weil ja Leibniz seinerzeit von bestimmten philosophischen Fragestellungen her zur Konstruktion der Rechenmaschine gelangte. Nun erfüllt sich also sein Programm. Ich werde demnächst mal nach München fahren, wo ich schon im Mai Gastvorlesungen gehalten habe und hoffe Sie dann zu treffen.
Beste Grüsse Ihr
D. Brinkmann

Abb. 4.2: Zuse Z4 in Hopferau, vor der Werkstatt. Die Arbeitsstätte in Hopferau bei Füssen (Allgäu) befand sich im Mehllager einer Bäckerei (um 1949). Ursprünglich hieß die Maschine V4 (Versuchsmodell) (Quelle: ETH-Bibliothek Zürich, Bildarchiv).

Abb. 4.3: Zuse Z4 in Hopferau, Seitenansicht. In diesem Zustand war der Relaisrechner im Allgäu im Jahr 1949. Seit dem Kriegsende hielt sich der mittellose Erfinder in Bayern auf. Die ETH Zürich finanzierte die Instandstellung und die Erweiterung der Maschine (Quelle: ETH-Bibliothek Zürich, Bildarchiv).

4.1.3 Zuse und die ETH Zürich

Konrad Zuse und seine Familie lebten in schwierigen Verhältnissen im Allgäu. Sein Relaisgerät war durch die Flucht aus Berlin in Mitleidenschaft gezogen. Zuse war in Geldnot, er bemühte sich um Abnehmer für die V4. Die ETH Zürich suchte den Anschluss an die britische und vor allem an die amerikanische Entwicklung von programmgesteuerten Rechenmaschinen. Die Hochschule hatte beschlossen, selber einen solchen Automaten zu bauen. (Die Röhrenmaschine Ermeth wurde 1956 in Betrieb genommen.) Doch die dafür notwendigen Fachkenntnisse fehlten. Daher verbrachten Stiefel, Rutishauser und Speiser längere Zeit in den USA. Als die damals wichtigsten Zentren galten die Harvard-Universität in Cambridge, Massachusetts (Howard Aiken), und das Institute for advanced study in Princeton, New Jersey (John von Neumann).

Nun gelangte die überraschende Kunde vom einzigen erwerbbaren programmierbaren Rechengerät, der V4 (vgl. Abb. 4.2–4.4), an die ETH. – Die ersten Elektronenrechner waren ab 1951 im Handel erhältlich: Ferranti mark 1 (England) und Univac (USA). – Die Miete der Zusemaschine ermöglichte Stiefel, den Bedarf an Rechenleistung rasch zu decken. Die Übernahmebedingungen waren überaus günstig. Für den deutschen Rechenmaschinenbauer bedeutete die Zusammenarbeit mit der ETH die erste wissenschaftliche Anerkennung seiner Verdienste durch eine Universität. Die Schweiz war im Vergleich zu den USA und England im Rückstand und konnte dank der V4 aufholen.

Für Stiefel war das Vorhaben aber nicht ungefährlich. Die vergleichsweise langsame V4 hatte ein merkwürdiges (patentiertes) Speicherwerk aus mechanischen Schaltgliedern. Würde es durchhalten? Die Maschine war nicht in einem gebrauchsfertigen Zustand. Das ist einer Stellungnahme des Mathematikers Walter Saxer zu entnehmen, die er am 15. August 1949 zum Vertragsentwurf geschrieben hatte. Ungewiss war auch, ob Zuse eine Ausfuhrbewilligung erhalten würde. Wem gehörte die vom Reichsluftfahrtministerium mitfinanzierte Maschine? War Zuse in der Lage, die im Keller des Mehllagers einer Bäckerei in Hopferau eingelagerte V4 zu einem praktisch brauchbaren Automaten umzugestalten?

Die beiden Partner trafen zwei ziemlich vielschichtiges Vereinbarungen. Im Hauptvertrag vom 7. September 1949 verpflichtete sich das Institut für angewandte Mathematik, die Kosten für die *Instandstellung* und den *Ausbau* der Z4 zu tragen. Im Gegenzug durfte die ETH das Ungetüm von 1950 bis 1955 in Zürich *nutzen*, was im Zusatzvertrag vom 22. September/8. Oktober 1949 (Mietvertrag) geregelt wurde. Das Gerät wurde zudem an die ETH verpfändet. Diese Abkommen entstanden offensichtlich aus einer Zwangslage. Der mittellose, wenig bekannte Zuse sah sich nach einem Kunden für seine einzige Rechenmaschine um, die den Krieg überlebt hatte. Die Schweiz wollte an einer bedeutenden Entwicklung mitmachen, es standen aber keine ausreichenden Geldmittel zur Verfügung.

Abb. 4.4: Zuse Z4 in Hopferau, Gesamtaufnahme. Der programmgesteuerte Digitalrechner war im Keller des Mehllagers einer Bäckerei in Hopferau bei Füssen untergebracht. Er lief erstmals 1945 und blieb in der Nachkriegszeit jahrelang unbeachtet. 1949 mietete die ETH Zürich die Relaismaschine. Sie stand von 1950 bis 1955 in der Limmatstadt (Quelle: ETH-Bibliothek Zürich, Bildarchiv).

4.1.4 Warum bereitete Zuse 1949 eine Flucht in die Schweiz vor?

Gesuch des Schweizerischen Schulratspräsidenten an die Grenzorgane

Im Hochschularchiv der ETH Zürich kam u.a. ein Briefwechsel zwischen Konrad Zuse und dem Schweizerischen Schulrat zu einem „Ausnahmefall" zum Vorschein: Am 29. September 1949, wenige Tage nach der Genehmigung des Hauptvertrags durch den Schweizer Schulratspräsidenten Hans Pallmann, kündigte dieser Zuse die Übermittlung eines Schreibens an, das „bei ganz besonderen Verhältnissen" in Deutschland Zuses Übertritt in die Schweiz erleichtern sollte (gemäß Besprechung zwischen Konrad Zuse und Eduard Stiefel) (vgl. Abb. 4.5). Es kam jedoch zu einer Verzögerung. Zuse und sein Mitarbeiter Harro Stucken beklagten sich nämlich am 12. Oktober 1949 in einem Brief an Pallmann, dass das am 29. September 1949 in Aussicht gestellte Schreiben für den Ausnahmefall noch nicht in ihre Hände gelangt sei. Am 18. Oktober 1949 bat Stiefel seinen Vorgesetzten Pallmann erneut um die Zusendung des erwähnten Schreibens für den Ausnahmefall („Erleichterung eines plötzlichen Grenzübertrittes in die Schweiz"). Zwei Tage später erfüllte Pallmann Zuses Anliegen. Der Schulratspräsident legte in seinem Brief vom 20. Oktober 1949 an Stiefel dar, dass er mit der Zustellung des Schreibens zum Grenzübertritt absichtlich zugewartet habe, nachdem Harro Stucken gekommen sei und die Durchführung des ganzen Vertrags in Frage gestellt habe. Am 27. Oktober 1949 schließlich bestätigten Konrad Zuse und Harro Stucken den Eingang von Pallmanns Schreiben für den „Ausnahmefall" vom 20. Oktober 1949.

Die Gründe für das von Stucken befürchtete Scheitern des Abkommens könnten in einem Ausfuhrverbot für die Z4, in den unklaren Eigentumsverhältnissen der Z4 oder etwa in Zuses finanziellen Schwierigkeiten liegen. Schon kurze Zeit nach dem Hauptvertrag wurden nämlich die Zahlungsbedingungen zugunsten Zuses angepasst, und in einer Unterredung mit Hans Pallmann hatte Max Lattmann am 16. Juli 1949 auf die dürftigen Lebensbedingungen Zuses hingewiesen.

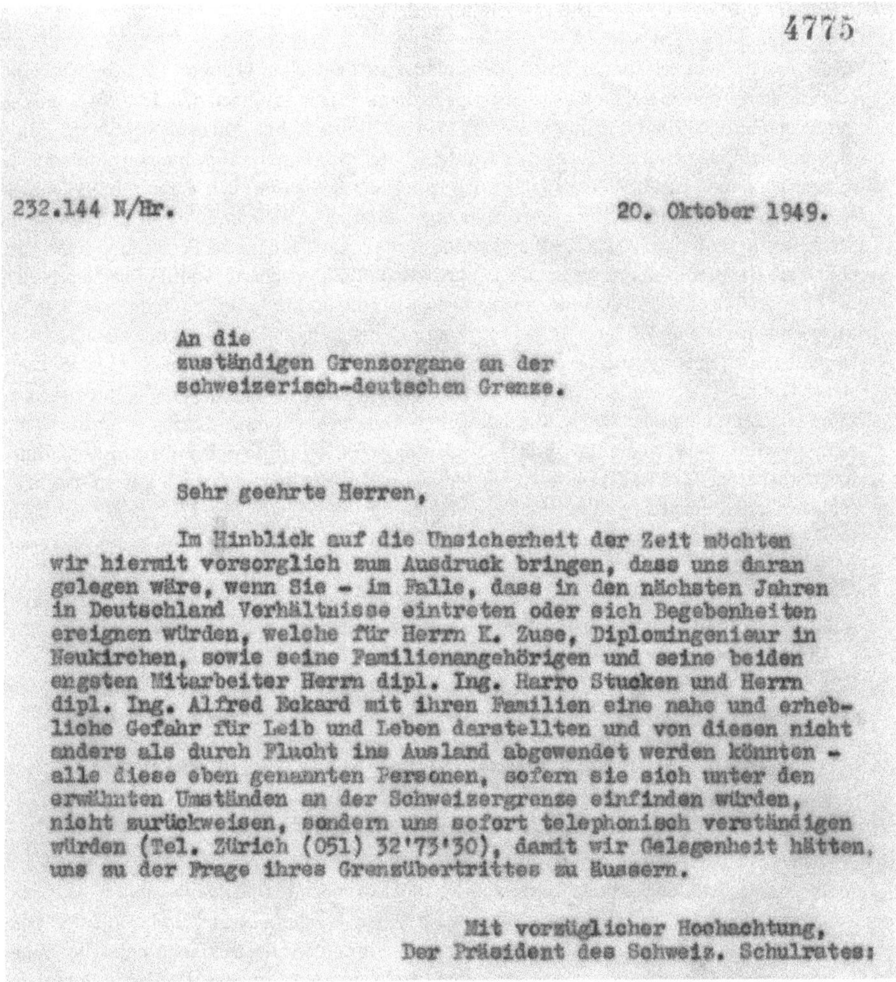

4775

232.144 N/Hr. 20. Oktober 1949.

An die
zuständigen Grenzorgane an der
schweizerisch-deutschen Grenze.

Sehr geehrte Herren,

Im Hinblick auf die Unsicherheit der Zeit möchten wir hiermit vorsorglich zum Ausdruck bringen, dass uns daran gelegen wäre, wenn Sie – im Falle, dass in den nächsten Jahren in Deutschland Verhältnisse eintreten oder sich Begebenheiten ereignen würden, welche für Herrn K. Zuse, Diplomingenieur in Neukirchen, sowie seine Familienangehörigen und seine beiden engsten Mitarbeiter Herrn dipl. Ing. Harro Stucken und Herrn dipl. Ing. Alfred Eckard mit ihren Familien eine nahe und erhebliche Gefahr für Leib und Leben darstellten und von diesen nicht anders als durch Flucht ins Ausland abgewendet werden könnten – alle diese oben genannten Personen, sofern sie sich unter den erwähnten Umständen an der Schweizergrenze einfinden würden, nicht zurückweisen, sondern uns sofort telephonisch verständigen würden (Tel. Zürich (051) 32'73'30), damit wir Gelegenheit hätten, uns zu der Frage ihres Grenzübertrittes zu äussern.

Mit vorzüglicher Hochachtung,
Der Präsident des Schweiz. Schulrates:

Abb. 4.5: Zuses Fluchtgedanken. 1949 bereitete Zuse eine Flucht in die Schweiz vor. Der Präsident des Schweizerischen Schulrats, Hans Pallmann, richtete ein Gesuch an die Grenzorgane (Quelle: ETH-Bibliothek Zürich, Archive, Nachlass von Eduard Stiefel, Hs 385:47).

Vor wem hatte Zuse Angst?

Der deutsche Informatikpionier Konrad Zuse und seine engsten Mitarbeiter haben sich 1949 Gedanken darüber gemacht, mit ihren Familien in die Schweiz zu fliehen. Zu den möglichen Gründen wurden 2013 einige Fachleute, vorwiegend Historiker, befragt. Hopferau bei Füssen und der anschließende Sitz der Zuse KG in Neukirchen (Kreis Hünfeld) lagen in der amerikanischen Besatzungszone. Hünfeld war in Grenznähe zur sowjetischen Besatzungszone (SBZ).

Jakob Tanner von der Universität Zürich schreibt dazu:

„Zuse war ein genialer Kopf, der allerdings intellektuell zwischen 1939 und 1945 völlig isoliert war und im Regime des Nationalsozialismus arbeitete. Er kam erst nach dem Krieg, u.a. ausgehend vom Betrieb seines Computers an der ETH Zürich, zum Ruhm, den er als Pionier der Computerentwicklung verdiente. Zuse war nie Mitglied der NSDAP, seine Forschungen wurden vom Regime aber doch zunehmend als kriegswichtig betrachtet, was sie auch waren. Ab 1939 wurde er durch das NS-Regime mitfinanziert. Sein enger Mitarbeiter, Helmut Schreyer, war hingegen schon seit 1933 Mitglied der NSDAP und verlor deshalb nach 1945 seine Position. Von 1943 an galten die Bemühungen der beiden als „wehrwirtschaftlich gesichert". Werner Osenberg – der die Liste wichtiger Wissenschaftler zusammenstellte, die den USA in die Hände fiel – hat bis Kriegsende rund 5000 Wissenschaftler vom Waffendienst freigestellt, unter ihnen auch Zuse. Im November 1944 beantragt dieser dann selber beim Rüstungskommando Berlin die Anerkennung seiner Firma als „Wehrwirtschaftsbetrieb", um seine Forschung und Entwicklung fortzusetzen. Er erhielt dann eine Bewilligung, um mit seinem Unternehmen nach Göttingen umzuziehen, seine Z4 wurde dabei in ein unterirdisches Rüstungswerk verlegt, in dem etwa 20.000 KZ-Häftlinge arbeiteten. Zuse wollte da rasch wieder weg. Es gelang ihm, sich nach Bayern durchzuschlagen. Nach dem Krieg sahen die Perspektiven für ihn schlecht aus. Erst als er 1949 nach Neukirchen umgezogen war und die Zuse KG gegründet hatte, ging es wieder aufwärts, und zwar mit Spezialrechnern für die Industrie.

Zuse sah sich Ende der 1940er Jahre mit drei Problemen konfrontiert:

- Erstens konnte er in Deutschland seine Projekte nur mit Schwierigkeiten weiterführen. Die Übersiedlung in die Schweiz war für ihn vielleicht eine geeignete Alternative zur Firmengründung in Neukirchen. In einem Hochschulumfeld hätte er wohl wissenschaftlich rasch auf einen grünen Zweig kommen und das Potenzial, das in seinen Entwicklungen steckte, ausschöpfen können. Mit dem Transfer seines Computers gelang das doch in beträchtlichem Ausmass. Es kann sein, dass Schulratspräsident Pallmann ein Interesse hatte, Zuse zu einer Übersiedlung nach Zürich zu bewegen und dass er deshalb diese drastischen Formulierungen wählte, um Einreiseschwierigkeiten auszuräumen.
- Zweitens gingen die Besatzungsmächte ab Juli 1945 mit dem Kontrollratsgesetz vom 5. März 1946 „zur Befreiung Deutschlands von Nationalsozialismus und Militarismus" nicht nur gegen die Spitze des NS-Staates, sondern auch gegen „Minderbelastete" und „Mitläufer" vor. Zuse konnte in diese Kategorien fallen. Er schreibt in seinen Lebenserinnerungen (Der Computer, mein Lebenswerk), er sei „zwar kein ‚Nazi' gewesen", er bekenne aber „offen, dass ich angesichts des Bombenkrieges auf die deutsche Zivilbevölkerung meine Aufgabe nicht gerade darin sah, die Bemühungen um den Bau von Flugabwehrraketen zu sabotieren." Und es war durchaus so, dass die maschinellen Rechenleistungen, die er zur Verfügung stellte, für diese Luftabwehr von Bedeutung waren. Somit könnte es sein, dass Zuse sich nach 1945 mit dem Problem der Einstufung seiner Vergangenheit hätte auseinandersetzen müssen. Kontakte zur Schweiz waren damals für viele – sowohl für Anhänger des „Dritten Reiches" wie auch – im Fall Zuse – für Nichtmitglieder der NSDAP wichtig. Ich erwähne nur Ernst von Weizsäcker, der von der Schweiz aus unterstützt wurde, als er in Nürnberg antreten musste, oder den Ernährungswissenschaftler Heinrich Kraut, der Experimente durchführte, die heute ohne weiteres als kriminell eingestuft würden. Zuse gehört nicht in diese Kategorie. Es ist denkbar, dass für ihn eine Übersiedlung in die Schweiz eine attraktive Möglichkeit war – und in diesen Fällen ist es wichtig, die Zukunft in Deutschland drastisch schlecht darzustellen. Das Entnazifizierungsschlussgesetz stammt aus dem Mai 1951. 1949 waren diese Verfahren nicht abgeschlossen.

- Drittens ist der Ende der 1940er Jahre einsetzende Kalte Krieg zu beachten. Viele Wissenschaftler, die unter dem NS Karriere gemacht hatten, gelangten im Rahmen der Operation „Paperclip“ in die USA. Die Sowjets hatten (vermutlich) zwei frühere Zuse-Spezialrechner in ihre Gewalt gebracht. Zuse war aufgrund seiner Leistungen eine begehrte Person. Man brauchte ja dringend Computer für die Atom- und Raketenrüstung. Vielleicht befürchtete er Ende der 1940er Jahre, als sich die Spannungen zwischen den sich nach und nach formierenden Supermächten verschärften, eine Verschleppung.“

Für *Michael Hagner* von der ETH Zürich bezieht sich Zuses Beunruhigung auf „einen nicht für ausgeschlossen gehaltenen Überfall der Sowjetunion bzw. des Warschauer Paktes auf die BRD. Die BRD wurde im Mai 1949, die DDR am 7. Oktober 1949 gegründet. Es gab nicht wenige Zeitgenossen, die daraufhin einen bewaffneten Konflikt fürchteten, und bisweilen war es ja auch dicht dran. Es ist gut vorstellbar, dass die Sowjets ihrerseits erhebliches Interesse an Zuse hatten, was aber kaum auf Gegenseitigkeit beruht haben dürfte. Wenn Zuse übervorsichtig war, hat er vielleicht in der Weise vorgesorgt.“ Hagner hält die Formulierung „Leib und Leben“ für eine Übertreibung.

Hans Dieter Hellige von der Universität Bremen hat folgende Vermutungen:

„Bei den Ängsten Zuses um Leib und Leben handelt es sich meines Erachtens, wenn ich alle mir bekannten schriftlichen und mündlichen Äußerungen zusammen nehme, um eine für Zuse nicht untypische irrationale Verquickung von unterschiedlichen Verfolgungsängsten:
- wegen seiner und der anderen beiden Personen Aktivitäten im Dritten Reich, d.h. vor allem die Teilnahme an der NS-Rüstungsforschung bzw. der Beschäftigung Eckhards im Bendler-Block,
- wegen der Angst vor den Sowjets und der Nähe seiner Firma zur Grenze der SBZ/DDR (nur 17 km bis zum „Eisernen Vorhang“) und vielleicht auch
- wegen der möglichen Nachstellung durch die IBM, die sehr massiv an den Zuse-Patenten interessiert waren.“

Für *Ulf Hashagen* vom Deutschen Museum in München sind die Ursachen für Zuses Fluchtgedanken schleierhaft. Die Amerikaner hätten kein besonderes Interesse an Zuses Errungenschaften bekundet. *Horst Zuse* aus Berlin, Zuses ältester Sohn, glaubt nicht, dass sein Vater um 1949 bedroht war.

Weshalb gingen Pallmann und Stiefel überhaupt auf Zuses Ansinnen ein? Die Antwort scheint nahe liegend: Wegen der Übernahme der Z4 war die ETH Zürich auf Zuse angewiesen. Es gab bei Vertragsabschluss ja keine Gewähr, dass das Gerät tatsächlich einwandfrei laufen würde. Es traten später in der Tat erhebliche Betriebsstörungen auf, was auch aus dem Zeitzeugenbericht von Urs Hochstrasser (siehe Herbert Bruderer: Konrad Zuse und die Schweiz, de Gruyter Oldenbourg-Verlag, München 2012, Seiten 19–27) hervorgeht. An der ETH gab es damals nur einen einzigen Fachmann, der die Z4 (nach seiner Rückkehr aus den USA) technisch beherrschte. Das war der Elektroingenieur Ambros Speiser. Ein Stillstand des Rechenautomaten wäre für die die Schweiz schädlich und überaus peinlich gewesen. Hätte man Zuse z.B. nach

Russland verschleppt, wäre die Hochschule wohl aufgeschmissen gewesen. Die Einreise nach und die Ausreise aus Deutschland waren um 1950 übrigens sehr umständlich. Man musste dafür stets aufwendige Bewilligungen einholen.

Anmerkungen
Zuses Fluchtgedanken erinnern an die folgenden Ereignisse: 1945 floh *Curt Herzstark*, der Erfinder der Taschenrechenmaschine Curta, vor russischen Häschern aus Thüringen. Als britische Informatiker 1947 deutsche Wissenschaftler in Göttingen ausfragten, fehlte der Wegbereiter *Friedrich Willers* aus Dresden. Laut dem Computerpionier Heinz Billing durfte er wohl die sowjetische Besatzungszone nicht verlassen.

Abb. 4.6: Zuse Z4 in Zürich, Gesamtaufnahme. Der Relaisrechner stand im Hauptgebäude der ETH Zürich (Quelle: ETH-Bibliothek Zürich, Bildarchiv).

Abb. 4.7: Zuse Z4 in Zürich, Rechenwerk. Relaisschränke des Rechenwerks der programmgesteuerten Rechenmaschine Z4 an der ETH Zürich. Im Bild sind Heinz Rutishauser (links), einer der Väter der Programmiersprache Algol, und Ambros Speiser (rechts), später Gründungsdirektor des IBM Forschungslabors, Rüschlikon ZH (IBM Research Zürich) (Quelle: ETH-Bibliothek Zürich, Bildarchiv).

4.1.5 Wie viel kostete die Z4?

Zu den Kosten für den Zuse-Relaisrechner wurden voneinander stark abweichende Angaben veröffentlicht. Wie in den Verträgen zwischen Zuse und dem Institut für angewandte Mathematik der ETH Zürich zu lesen ist, finanzierte die ETH (über Drittmittel) die Instandstellung und die Erweiterung der Z4 (vgl. Abb. 4.6–4.9) mit *50 000 Schweizer Franken*. Darin eingeschlossen ist als Gegenleistung eine fünfjährige Nutzung (Miete) der Maschine für 30 000 Franken. Zuses Schlussrechnung vom 26. Juli 1950 für die Überholung des Rechengeräts Z4 beläuft sich zwar auf 56 900 deutsche Mark. Der Restbetrag wurde aber nicht ausgeglichen. Es blieb bei 50 000 Franken.

Abb. 4.8: Zuse Z4 in Zürich, Speicherwerk. Das mächtige Speicherwerk des Rechenautomaten bestand aus mechanischen Schaltgliedern. Die Maschine war im Hauptgebäude der ETH Zürich eingerichtet. Die Z4 war 1950 der erste betriebsfähige lochstreifengesteuerte Computer an einer kontinentaleuropäischen Universität (Quelle: ETH-Bibliothek Zürich, Bildarchiv).

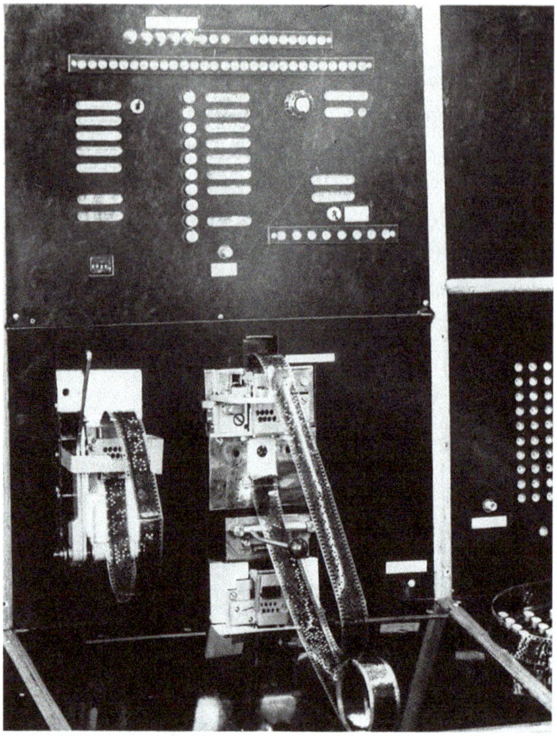

Abb. 4.9: Zuse Z4 in Zürich, Filmstreifenleser. Im linken Lochstreifenabtaster läuft eine Endlosschleife mit einem Unterprogramm, im rechten Abtaster ist der Film mit dem Hauptprogramm zu sehen (Quelle: ETH-Bibliothek Zürich, Bildarchiv).

Fotos der Zeitzeugen sind sehr selten (vgl. Abb. 4.10).

Abb. 4.10: Institut für angewandte Mathematik der ETH Zürich. Diese Aufnahme aus dem Jahr 1954 zeigt einen Teil der damaligen Mitarbeitenden. Zu diesem Zeitpunkt war die Zuse Z4 noch in Betrieb, der Röhrenrechner Ermeth war im Bau. Hinten (stehend, von links nach rechts): Eduard Stiefel, Heinz Rutishauser, Annemarie Hürlimann, Hans Schlaeppi, Ambros P. Speiser, Peter Läuchli, John Robert Stock, Alfred Schai, Hans Rudolf Appenzeller; vorn (sitzend, von links nach rechts): Charles Sieberling, H. Walther, Emil Engel, Rudolf Messerli (Quelle: ETH-Bibliothek Zürich, Bildarchiv).

4.1.6 Wer bezahlte die Z4?

In einem Brief vom 17. Oktober 1949 schrieb Pallmann an Stiefel:

> „Es ist leider nicht möglich, auch nur einen Teil dieses Betrages [50 000 Franken] zulasten des Voranschlages unserer Hochschule zu bewilligen. Wir müssen vielmehr versuchen, den ganzen Kredit aus verschiedenen Fonds und Stiftungen erhalten zu können."

Das Geld für die Z4 kam nicht von der ETH Zürich, sondern vom *Jubiläumsfonds ETH 1930* (20 000 Franken, Zusage des Kuratoriums vom 27. Dezember 1949) und der *Huber-Kudlich-Stiftung* (30 000 Franken, *Präsidial*verfügung vom 30. Dezember 1950). Die ETH leistete dabei einen Kassavorschuss, weil die Stiftung 1949 noch nicht errichtet war. Für den Erwerb der Z4 war demnach nicht der Schweizerische Schulrat zuständig, die Beschaffung der Geldmittel war Sache seines Präsidenten.

4.1.7 Wie wurde der bedingte Sprung auf der Z4 umgesetzt?

Das Hochschularchiv der ETH Zürich kann dank einer im Frühjahr 2020 erfolgten Schenkung die verschollen geglaubte Gebrauchsanweisung Zuse Z4 von 1952 zugänglich machen. Im Bestand Hs 1517 liegt die maschinenschriftliche Bedienungsanleitung Z 4, Sommersemester 1952, Exemplar Nr. 19, 16 Seiten, die elektronisch verfügbar ist (ETH-Bibliothek Zürich, Hochschularchiv, Hs 1517:1). Wie eine Umfrage ergeben hat, erinnern sich die Zeitzeugen nicht mehr an die Handhabung bedingter Sprünge. Hinweise dazu sind aber in einem Ausstellungskatalog enthalten (siehe Erwin Engeler (Hg.): Konrad Zuse und die Frühzeit des wissenschaftlichen Rechnens an der ETH, ETH Zürich, Mathematisches Seminar, 1981, Seiten 2–6):

> „Der bedingte Befehl („Spr") wurde auf speziellen Wunsch der ETH eingebaut. Er kann nach einem Vergleichsbefehl angewendet werden und bewirkt das Überspringen der folgenden Befehlssequenz (bis zum nächsten Befehl „St") auf dem Lochstreifen, falls im Register OR I der Wert +1 steht; steht in OR I -1, hat er keine Wirkung."

„St" bedeutet Startzeichen. Haupt- und Unterplan entsprechen dem Haupt- und Unterprogramm. Auf Seite 2-G des Katalogs ist zu erfahren:

> „Spr bewirkt im Haupt- oder Unterplan die Nichtausführung der nachfolgenden Befehle bis zum nächsten Startzeichen, das diesen Sprungbefehl wieder aufhebt. Der Befehl „Spr" schaltet das Protokoll auf die Ausgangsstellung, wenn der Ja-Nein-Wert = ±1."

Rojas hat das Thema des bedingten Sprungs aufgegriffen (siehe Raúl Rojas: Konrad Zuse und der bedingte Sprung, in: Informatik-Spektrum, Band 37, 2014, Seiten 50–53).

4.1.8 Wofür wurde die Z4 verwendet?

An der ETH Zürich wurden mit der Z4 von 1950 bis 1955 etwa 100 Arbeiten ausgeführt (vgl. Abb. 4.11–4.14). Davon werden 55 Aufträge und Untersuchungen in einer Liste beschrieben (siehe Herbert Bruderer: Konrad Zuse und die Schweiz, de Gruyter Oldenbourg-Verlag, München 2012, Seiten 29–39). Eine Übersicht über das von 1948 bis 1964 am Institut für angewandte Mathematik der ETH Zürich voll- oder teilzeitlich angestellte Personal folgt (im gleichen Werk) auf den Seiten 40–42.

Abb. 4.11: Staumauer Grande Dixence (1). 1950 berechnete die Z4 rund 150 Stunden lang die Spannungen (Verformungen) in dieser 285 m hohen Talsperre in den Schweizer Alpen (Kanton Wallis) (© Grande Dixence SA/essencedesgin.com).

Abb. 4.12: Staumauer Grande Dixence (2). Das Bauwerk gilt als die weltweit höchste Gewichtsstaumauer (Bauzeit 1950–1961) (© Grande Dixence SA/essencedesgin.com).

Abb. 4.13: Staumauer Grande Dixence (3). Bei den Berechnungen ging es um eine angenäherte Lösung eines Randwertproblems mit partieller Differenzialgleichung vierter Ordnung unter Benutzung des Punktrelaxationsverfahrens von Richard Southwell. Beteiligt waren Eduard Stiefel, Heinz Rutishauser, Urs Hochstrasser und Friedrich Krantz (© Grande Dixence SA/essencedesgin.com).

Abb. 4.14: Schweizer Strahlflugzeug P-16. Für dieses von den Flug- und Fahrzeugwerken Altenrhein SG (FFA) am schweizerischen Bodenseeufer entwickelte Düsenflugzeug führte die Z4 1953 bis 1955 über 900 Stunden lang Flatterrechnungen und Berechnungen zum Sturzflug durch (Entwicklung des Flugzeugs ab 1950, Erstflug 1955, Überschallgeschwindigkeit im Stechflug). Das war der größte Auftrag, den die Zusemaschine an der ETH Zürich je ausführte. Für 2,4 Sekunden Flugzeit war eine Rechenzeit von 50 Stunden nötig. Beteiligt waren Urs Hochstrasser, Hans Rudolf Schwarz und Heinz Waldburger (Quelle: Staatsarchiv, St. Gallen).

Wie zuverlässig war die Z4?

Zur (angeblichen) Zuverlässigkeit der Z4 gibt es einen aufschlussreichen Zeitzeugenbericht von *Urs Hochstrasser* (siehe Herbert Bruderer: Konrad Zuse und die Schweiz, de Gruyter Oldenbourg-Verlag, München 2012, Seiten 19–27).

In England, Schweden und der Ukraine gab es ab 1950 bereits brauchbare Computer (siehe Kasten).

Wer war zuerst?
1950 war die ETH Zürich mit der Z4 von Zuse die erste Universität in *Mittel*europa mit einem funktionstüchtigen Computer bzw. die erste Universität in *Kontinental*europa mit einem lochstreifengesteuerten Rechenautomaten. Das gemietete elektromechanische Gerät wurde im Juli 1950 eingerichtet und ab August dauerhaft verwendet.

Zu dieser Zeit wurde nach den beiden zeitgenössischen Pionieren Friedrich Willers und Herman Goldstine auch in der Königlichen Technischen Hochschule (KTH) in Stockholm ein Relaisrechner genutzt. Die Maschine namens Bark wurde im Februar 1950 fertiggestellt und im April eingeweiht (kommerzieller Gebrauch ab Juli). Bark war damals in der Schweiz durchaus bekannt: [...] „Belgien und Holland bauen Maschinen, Schweden und die Schweiz besitzen je eine Relaismaschine" (siehe Heinz Rutishauser; Ambros Speiser; Eduard Stiefel: Programmgesteuerte digitale Rechengeräte (elektronische Rechenmaschinen), Birkhäuser Verlag, Basel 1951, Seite 12). Es gibt auch Auffassungen, wonach Bark zwar in Stockholm, nicht aber an der KTH stand (dazu mehr im Abschnitt 6.16.2).

Im Institut für Elektrotechnik der Ukrainischen Akademie der Wissenschaften in Kiew lief der Röhrenrechner Mesm am 6. November 1950 erstmals. Er wurde am 4. Januar 1951 der Staatskommission vorgeführt und ab 25. Dezember 1951 regelmäßig eingesetzt.

England hatte damals eine Spitzenstellung in Europa mit Relais- und vor allem Röhrengeräten u.a. an den Universitäten London, Manchester und Cambridge.

4.1.9 Bark und Z4

1950 nahmen in Stockholm und Zürich die ersten beiden Relaisrechner auf dem europäischen Festland ihren Betrieb auf. Im Unterschied zur Z4 ist, wie Nachforschungen offenbaren, die Erinnerung an Bark in Schweden völlig verblasst. Es gibt dazu nur noch wenige Unterlagen. In der folgenden Übersicht (vgl. Tab. 4.1) werden die beiden Maschinen verglichen.

Heinz Rutishauser erwähnt Bark in seiner Habilitationsschrift (siehe Heinz Rutishauser: Automatische Rechenplanfertigung bei programmgesteuerten Rechenmaschinen, Birkhäuser Verlag, Basel 1952, Seiten 3 und 45).

Tab. 4.1: Die ersten beiden kontinentaleuropäischen Relaisrechner

Vergleich der beiden Relaisrechner Bark und Zuse Z4

Eigenschaft	Bark	Z4
Hersteller	Conny Palm (Entwurf), Gösta Neovius (Bau), Technische Hochschule Stockholm	Konrad Zuse, Berlin
Bauart	5000 Relais (später 7500 Relais)	2200 Relais (Rechenwerk), mechanische Schaltglieder (Speicherwerk)

Baujahr (Fertigstellung)	1950	1945 (Umbau 1950)
Nutzung	1950–1955	1950–1959 (Zürich und Saint-Louis)
Zahlendarstellung	binär	binär
Arithmetik	Gleitkomma	Gleitkomma
Programmsteuerung	Stecktafeln	Lochstreifen
bedingte Befehle	bedingter Sprung	bedingter Sprung (nachträglich eingebaut)
Kosten	<100 000 US-Dollar	50 000 Schweizer Franken
derzeitiger Standort	nicht erhalten	Deutsches Museum, München

Hinweise

Ab dem 1. April 1955 wurde die Z4 in Zürich abgebrochen, am 6. April 1955 wurde sie abtransportiert. Das in der Rüstungsforschung tätige Laboratoire de recherches de Saint-Louis (LRSL) hatte die Maschine von 1955 bis 1959 eingesetzt. Die im elsässischen Saint-Louis bei Basel ansässige Einrichtung heißt heute „Deutsch-französisches Forschungsinstitut Saint-Louis“ (ISL). Die Zuse KG kaufte den Rechner 1959 in einer Versteigerung zurück. Die Z4 ist im Deutschen Museum, München, ausgestellt.

Im Kapitel 5 sind Originaldokumente zur Zuse Z4 in vollem Wortlaut abgedruckt. Zu Zuse hat Erwin Engeler einen Zeitzeugenbericht geschrieben („Meine persönliche Beziehung zu Konrad Zuse“, 2013, http://dx.doi.org/10.3929/ethz-a-010001419).

In Zürich wurde auch eine *Speichertrommel* entwickelt, welche für die Z4 zum Einsatz kam, dazu mehr im Abschnitt 4.4.

Für weitere Angaben zur Zuse Z4 siehe Herbert Bruderer: Konrad Zuse und die Schweiz, de Gruyter Oldenbourg-Verlag, München 2012, Seiten 1–42.

Quelle

ETH-Bibliothek Zürich, Archive, Nachlass von Eduard Stiefel (Hs 385:47).

Zu einem Relaisrechner aus Winterthur gibt es nur unsichere Angaben (vgl. Kasten).

Relaisrechner von Sulzer?

In seiner Übersicht über Digitalrechner erwähnt der italienische Ingenieur Canepa 1951 einen Relaisrechner des Schweizer Unternehmens Sulzer (siehe Michele Canepa: Brief an Mauro Picone, Januar 1951, in: Angelo Guerraggio; Maurizio Mattaliano; Pietro Nastasi (Hg.): Per l'archivio della corrispondenza dei matematici italiani. La „lunga marcia“ di Mauro Picone (1885–1977), Università commerciale Luigi Bocconi, Centro Pristem, Palermo 2010, Seite 108). Zu diesem Vorhaben liegen keine weiteren Angaben vor. Möglicherweise handelt es sich um ein Missverständnis. Nach Auskunft von Christine Müller vom 9. Juli 2015 sind im Archiv von Sulzer dazu keine Unterlagen auffindbar.

4.2 Schwierigkeiten beim Bau des ersten Schweizer Computers

Die Frühzeit der Informatik an der ETH Zürich umfasst den Zeitraum von der Gründung des Instituts für angewandte Mathematik (1948) bis zum Abbruch des Eigenbaus Ermeth (1963). Nachdem die *50-jährige Sperrfrist* abgelaufen ist, sind nun alle Dokumente zugänglich. Erstmals wurden die entsprechenden Bestände des Hochschularchivs für die Jahre 1947 bis 1964 systematisch unter die Lupe genommen.

Dabei kamen in der ETH-Bibliothek überraschende, bisher unbekannte Schriftstücke zum Vorschein. Sie zeigen, dass beim Bau und der Vermarktung der Ermeth (elektronische Rechenmaschine der ETH) in den 1950er Jahren vieles schief gelaufen ist. Die Ermeth ist das erste in der Schweiz entwickelte programmgesteuerte Rechengerät. Seine Fertigung war überschattet von viel Pech, schwer überwindbaren technischen Schwierigkeiten, erheblichen Lieferverzögerungen, Geldnot und dem vorzeitigen, kurzfristigen Weggang des Chefingenieurs. Ähnliche Probleme traten auch bei vergleichbaren ausländischen Neuentwicklungen auf. Dazu mehr im Abschnitt 4.2.1.

4.2.1 Der zermürbende Bau des ersten Schweizer Elektronenrechners

Von den vier Wegbereitern – Stiefel, Rutishauser, Speiser sowie Pallmann – sind nur wenige Aufnahmen (vgl. Abb. 4.15 –4.18) verfügbar.

Abb. 4.15: Eduard Stiefel. Stiefel war Vorstand des 1948 gegründeten Instituts für angewandte Mathematik der ETH Zürich. Er war die treibende Kraft für die Einführung von programmgesteuerten Digitalrechnern in der Schweiz. Mit der Schaffung des Instituts und der Miete der Z4 begann die Informatik in diesem Land (Quelle: ETH-Bibliothek Zürich, Bildarchiv). „Einer solchen Bewilligung steht somit nichts im Wege; im Gegenteil, es ist erwünscht, dass Herr Speiser wenig im Institut erscheint, da er als Exponent einer ausländischen Kampfgruppe auf schweizerischem Boden womöglich nichts erfahren sollte von den Verhandlungen, die gegenwärtig mit der Schweizer Industrie laufen."

Diese deutlichen Worte stammen aus einem Brief, den Institutsvorstand Eduard Stiefel am 25. Januar 1956 an Hans Pallmann, den Präsidenten des Schweizerischen Schulrats, sandte. Weshalb hatte Chefingenieur Ambros Speiser den Zorn seines Vorgesetzten auf sich gezogen? Was für eine „Kampfgruppe" war gemeint, um welche Verhandlungen und um was für eine Bewilligung ging es?

Abb. 4.16: Heinz Rutishauser. Rutishauser war Chefmathematiker beim Bau der Ermeth. Er gilt als Erfinder der „automatischen Programmierung" (maschinelle Übersetzung der Anweisungen von einer höheren Programmiersprache in die Maschinensprache) und als maßgeblicher Schöpfer der Programmiersprache Algol. Rutishauser war der bedeutendste Pionier in der Frühzeit der Informatik in der Schweiz (Quelle: ETH-Bibliothek Zürich, Bildarchiv).

Blenden wir zurück: Am 1. Mai 1953 war die dritte und endgültige Fassung des *Projekts für den Bau einer neuen programmgesteuerten Rechenmaschine* fertig. Nachdem die Vorarbeiten abgeschlossen waren, begann die ETH mit einem sehr anspruchsvollen, für die Schweiz völlig neuartigen Bauvorhaben. Stiefel hatte im Sinn, einen programmierbaren Rechenautomaten herzustellen. Mit von der Partie waren der Chefmathematiker Heinz Rutishauser und der Chefingenieur Ambros Speiser. Rutishauser war der Vater der „automatischen Programmierung" und einer der wichtigsten Schöpfer der Programmiersprache Algol.

Abb. 4.17: Ambros Speiser. Speiser war Chefingenieur beim Bau des ersten Schweizer Computers, der Ermeth. Er verließ die ETH Zürich allerdings vor der Fertigstellung des Elektronenrechners. Denn er wurde zum Direktor des IBM-Forschungslabors in Adliswil ZH (heute Rüschlikon ZH) berufen und war später Gründungsdirektor der Konzernforschung von Brown Boveri, Baden (heute ABB, Zürich) (Quelle: ETH-Bibliothek Zürich, Bildarchiv).

Bereits bei der Gründung des Instituts für angewandte Mathematik bestand die Absicht für eine solche Eigenentwicklung. Der Bedarf an Rechenleistung für wissenschaftliche und technische Aufgaben war groß, die Arbeit mit Handrechenmaschinen mühsam und eintönig. Zuses Rechenautomat war von 1950 bis 1955 in Zürich in Betrieb. Die Miete der Z4 förderte und verzögerte zugleich den Bau der Ermeth.

Abb. 4.18: Hans Pallmann. Pallmann war 16 Jahre lang Präsident des Schweizerischen Schulrats und damit Vorgesetzter des Institutsvorstehers Eduard Stiefel. Ohne seine tatkräftige Unterstützung wäre der Bau des ersten Schweizer Elektronenrechners, der Ermeth, wohl gescheitert. Die bedeutende Rolle, die Pallmann in diesem Zusammenhang spielte, ist kaum bekannt. Sie geht aber eindeutig aus dem Briefwechsel zwischen Pallmann und Stiefel hervor. Nach einer fünfzigjährigen Schutzfrist sind die Schriftstücke des Hochschularchivs der ETH Zürich nun zugänglich (Quelle: ETH-Bibliothek Zürich, Bildarchiv).

Dank der Zusemaschine konnte das Institut für angewandte Mathematik wertvolle Erfahrungen mit programmgesteuerten Rechenmaschinen sammeln. Die steigende Nachfrage nach Rechenleistung überforderte die langsame Z4 jedoch immer mehr. Ihr eigenartiger mechanischer Speicher nutzte sich ab.

4.2.2 Kauf oder Eigenbau?

1951 kamen die ersten Universalrechner auf den Markt. Ferranti (England) und Univac (USA) vertrieben speicherprogrammierte Geräte. Ihr Merkmal: Daten *und* Programm befinden sich im gleichen Hauptspeicher, was noch heute so gehandhabt wird. Die ETH Zürich zog aber aus mehreren Gründen einen Eigenbau einem Kauf vor: tiefere Kosten, einfachere Bedienung und Wartung (mit weniger Personal), bessere Anpassung an die eigenen Bedürfnisse, Ausbildungsangebot für künftige Fachleute, günstigere Voraussetzungen für den Aufbau einer einheimischen Informatikindustrie, geringere Abhängigkeit vom Ausland, größere Flexibilität bei technischen Verbesserungen. Auch der damals international führende Fachmann für den Rechnerbau, Howard Aiken von der Harvard-Universität, hatte der ETH einen Eigenbau empfohlen.

Verzögerung durch geplantes europäisches Rechenzentrum der Unesco
Das Vorhaben der Ermeth (vgl. Abb. 4.19–4.21) hatte sich u.a. wegen des geplanten internationalen Rechenzentrums der Unesco verzögert. Dessen Umsetzung war ein jahrelanges Trauerspiel, dazu mehr im Abschnitt 6.9.1.

Die Schweizer Bewerbung um den Sitz des internationalen Rechenzentrums vom 9. Dezember 1950 ist unter der Überschrift „Proposition de l'Université de Zurich et de l'Ecole polytechnique fédérale" wiedergegeben in: Angelo Guerraggio; Maurizio Mattaliano; Pietro Nastasi (Hg.): L'IAC e l'affaire Unesco: i documenti, Università commerciale Luigi Bocconi, Centro Pristem, Mailand 2008, Seiten 78–82. Unterzeichner sind der Rektor Paul Karrer (Universität Zürich, Chemienobelpreisträger) und Hans Pallmann (Schulratspräsident, ETH). Die Schweizer nannten das Zentrum in ihrem Antrag „Internationales Institut für praktische Mathematik."

Abb. 4.19: Ermeth, Gesamtaufnahme (1). Die Ermeth (elektronische Rechenmaschine der ETH) ist der erste in der Schweiz hergestellte Computer. Die Röhrenmaschine entstand unter der Leitung von Eduard Stiefel (Institutsvorstand), Heinz Rutishauser (Chefmathematiker) und Ambros Speiser (Chefingenieur). Nach Speisers Wechsel zu IBM schloss sein Nachfolger Alfred Schai das Werk ab. Der Bau der Maschine wurde von Hans Pallmann (Schulratspräsident) mit Rat und Tat unterstützt (Quelle: ETH-Bibliothek Zürich, Bildarchiv).

Abb. 4.20: Ermeth, Gesamtaufnahme (2). Der Elektronenrechner war 1955 zum 100. Geburtstag der ETH Zürich noch nicht fertig, wurde aber dennoch „vorgeführt". Die Konstruktion des großen Magnettrommelspeichers bereitete erhebliche Schwierigkeiten (© Radomir Novotny, electrosuisse).

4.2.3 Fünf statt drei Jahre Bauzeit

Für die Fertigung der Ermeth war eine rund dreijährige Bauzeit vorgesehen. Die Vollendung war ursprünglich für Ende 1955 geplant. Diese Vorgabe galt auch für die Personalplanung. Die Gesamtkosten wurden auf knapp 800 000 Franken veranschlagt. Die kleine Ferrantimaschine hätte 1953 mit Zusatzgeräten etwa 1,3 Millionen Franken verschlungen. Zunächst schritten die Arbeiten rasch voran, doch die Geldbeschaffung war für den Präsidenten des Schulrats äußerst zermürbend. Die Maschine wurde ab 1956 regelmäßig benutzt. Der Trommelspeicher war aber erst 1957 fertig, und auf die Lochkartengeräte musste man ein weiteres Jahr warten.

4.2.4 Röhrenrechner statt Relaisrechner

Um die Betriebssicherheit zu erhöhen, gingen die ersten beiden Fassungen des Bauprojekts von einem Rechenautomaten mit einheimischen elektromechanischen Relais aus. Die Vorversuche der Berner Hasler AG (heute Ascom) mit einem Funktionsmodell hatten aber gezeigt, dass die Relais der Belastung nicht standhielten. So wich man auf Elektronenröhren aus. Die waren zwar schneller, galten aber als weniger zuverlässig.

Abb. 4.21: Ermeth, Steuerpult. Über dieses Steuerpult wurde der speicherprogrammierte Rechner gelenkt. Die Maschine, die im Hauptgebäude der ETH Zürich aufgestellt war, verbrauchte so viel Energie, dass eine eigene Stromversorgung erforderlich war. Die Elektronenröhren erwärmten den Maschinenraum erheblich. Man musste deshalb eine leistungsfähige Klimaanlage einbauen. Die Ermeth steht heute im Berner Museum für Kommunikation (© Radomir Novotny, electrosuisse).

Lieferfirma pleite
Röhrenrechner verbrauchen viel Energie. Man benötigte daher eine starke Stromversorgung. Doch die Lieferantin (Elwex, Luterbach SO) war kurz nach der Bestellung bankrott, die Anzahlung ging verloren.

4.2.5 Verdruss mit der Magnettrommel

Es folgte eine besonders hartnäckige Hürde: der Magnettrommelspeicher (vgl. Abb. 4.22–4.23). Das waren zu dieser Zeit die gängigsten und billigsten Arbeitsspeicher, „Gedächtnis" genannt. Obwohl eigens zwei Versuchsmodelle – der erste für die Zusemaschine Z4, der zweite für die Ermeth – erstellt worden waren, bissen sich die Ingenieure und die Mechaniker an der großen, endgültigen Speichertrommel die Zähne aus.

Jan Richard de Fries von der damals in Zürich angesiedelten Eidgenössischen Materialprüfungsanstalt (Empa, heute Eidgenössische Materialprüfungs- und Forschungsanstalt, Dübendorf ZH), der nie eine vertiefte technische Ausbildung durchlaufen hatte, entwarf die heikle Konstruktion und leitete die Fertigung. Beteiligt war auch die Firma Hans Wittwer AG, Männedorf ZH (heute in Wolfhausen ZH). Die Speichertrommel konnte erst mit fast einjähriger Verspätung probeweise genutzt werden. Noch im Juni 1957 gab es beim Betrieb der Trommel laut Sitzungsberichten erhebliche Schwierigkeiten mit dem *Luftspalt* (Abstand zwischen Magnetkopf und Magnetschicht der Trommeloberfläche). Nach einer Mitteilung von Jakob Rudolf Metz (ehemals Forschungs- und Entwicklungsabteilung von Sulzer, Winterthur, Vorgesetzter von Fries) vom 15. Juli 2015 war de Fries ein brillanter Konstrukteur. Er habe auch die Ursache des Absturzes des Düsenflugzeugs P-16 herausgefunden, die Lorbeeren hätten aber andere geerntet.

Abb. 4.22: Ermeth, endgültige Magnetspeichertrommel (1). Wie aus Sitzungsprotokollen zu entnehmen ist, war die Handhabung des Luftspalts zwischen den Schreib-/Lese-Köpfen und der Trommeloberfläche sehr heikel (Quelle: ETH-Bibliothek Zürich, Bildarchiv).

Abb. 4.23: Ermeth, endgültige Magnetspeichertrommel (2). In der Frühzeit der Informatik waren schnelle, leistungsfähige Speicher ein ständiges Sorgenkind. Die Entwicklung verlief vom Relais über den Quecksilberlaufzeitspeicher und die elektrostatische Speicherröhre zur Magnettrommel und zum Magnetkernspeicher. Die Konstruktion der Speichertrommel bereitete große Schwierigkeiten und gelang erst mit erheblicher Verspätung. Federführend beteiligt war dabei der unbekannte Erfinder Jan de Fries, der sich das Wissen durch Selbstunterricht angeeignet hatte (© Radomir Novotny, electrosuisse).

Zahlreiche Mitarbeitende wirkten am Bau der Ermeth mit (vgl. Abb. 4.24).

Abb. 4.24: Ermeth, Belegschaft. Auf dieser Fotografie vom Jahr 1963 sind die folgenden Angehörigen des Instituts für angewandte Mathematik zu sehen: Hinten (stehend, von links nach rechts): Youssef Boutros, Peter Gantenbein, Alfred Stofer, Tibor Siklossy, Eduard Stiefel, Max Rössler, Jörg Waldvogel, Dimitri Koutroufiotis, Paul Szigeti, Hans Rudolf Schwarz, Alfred Schai, Carl August Zehnder, Alfred Ganz, Roshdi Abdel-Rahmann Amer; vorn (sitzend, von links nach rechts): Annemarie Meier, Josef Schär, Heinz Rutishauser, Peter Läuchli, Hans Ammann. Hinweis: Das Bild umfasst nicht das ganze Personal (Quelle: ETH-Bibliothek Zürich, Bildarchiv). (Quelle: ETH-Bibliothek Zürich, Bildarchiv).

4.2.6 Der Chefingenieur verlässt das Schiff vorzeitig

Ende 1955 war die Ermeth noch nicht fertig gestellt. Doch Ambros Speiser, der Chefingenieur, ging von Bord. Er hatte ein verlockendes Angebot von IBM erhalten, die in der Schweiz ein Forschungslabor errichten wollte. Dessen Sitz war zunächst in Adliswil ZH, später in Rüschlikon ZH. Speiser wurde Anfang 1956 Gründungsdirektor, bezog aber schon 1955 ein Gehalt von IBM. Die Amerikaner betonten, dass die Vollendung der Ermeth Vorrang habe. Die neue Herausforderung war aber so anspruchsvoll und zeitraubend, dass Speiser die Ermeth vernachlässigte. Er bat daher um eine Auflösung des Vertrags mit der ETH.

Nach dem zweiten Weltkrieg streckten mehrere US-Unternehmen ihre Fühler nach Europa aus. Die von der Zerstörung weitgehend verschonte neutrale Schweiz war ein bevorzugter Standort. Eine anerkannte technische Universität wirkte wie ein Magnet. Damals gab es noch keine Informatikingenieure, Fachleute der Rechentechnik waren selten. Für IBM stand – laut Speiser – auf dem alten Kontinent nicht der Rechnerbau, sondern die Grundlagenforschung im Vordergrund.

Dem Technikhistoriker Ramunni zufolge wurde Arthur Samuel von IBM (USA) Anfang der 1950er Jahre mit der Aufgabe betraut, in Europa eine Forschungseinrichtung zu schaffen. „A la fin de sa mission, Samuel choisit Zurich à cause de la proximité de l'Eidgenössische Technische Hochschule (ETH) et Ambrose P. Speiser comme directeur du centre." (siehe Jérôme Ramunni: La physique du calcul, Hachette, Paris 1989, Seite 126). Zum Abschluss seines Auftrags wählte Samuel Zürich wegen der Nähe zur ETH und Ambros P. Speiser als Leiter des Zentrums.

Der unerwartete Wechsel zur amerikanischen „Kampfgruppe" war für den Institutsvorstand eine starke Belastung. Er war vor vollendete Tatsachen gestellt. Da kein anderer Ausweg mehr blieb und Speiser Anfang 1956 ohnehin nur noch selten im Institut erschien, genehmigte er eine vorzeitige, kurzfristige Kündigung. Stiefel nahm kein Blatt vor den Mund. Seiner Meinung nach verharmlose Speiser die Auswirkungen auf die Ermeth:

> „Wir befinden uns gegenwärtig in der schwierigen und nervenaufreibenden Periode, wo die einzelnen Teile der Maschine zu einer funktionellen Einheit zusammengeschweisst werden müssen. Dabei treten natürlich dauernd Schwierigkeiten und Rückschläge auf, und Dinge, die nicht vorausgesehen werden konnten, müssen in Ordnung gebracht werden. Wir bedürfen unserer ganzen Kraft und grossen Glücks, um hier in nützlicher Frist zu einem Ende zu kommen." (Stiefels Brief an Hans Pallmann vom 25. Januar 1956).

Die ETH Zürich empfand die damals aufkommenden amerikanischen Forschungslabors (Battelle und vor allem Radio Corporation of America sowie IBM, siehe Kasten) als Bedrohung, denn sie warben Spitzenforscher mit höheren Löhnen ab. Pallmann versuchte die Wogen zu glätten.

1956 ging auch Hans Schlaeppi, ein leitender Ingenieur, zu IBM. Ursprünglich wollte ihn Hasler als Leiter einer elektronischen Entwicklungsabteilung anstellen

(Stiefels Brief vom 20. August 1954 an Pallmann). In der europäischen Patentdatenbank sind mehrere vom Institut für angewandte Mathematik oder vom Erfinder selbst angemeldete Patente Schlaeppis aus dem Jahr 1955 verzeichnet. Stiefel ernannte Alfred Schai (später langjähriger Leiter des ETH-Rechenzentrums) zum neuen Chefingenieur.

Internationale Forschungszentren in der Schweiz
Das *Battelle Memorial Institute* aus Columbus, Ohio, hatte 1952 in Genf (Carouge) eine internationale Abteilung (International division Geneva) gegründet (Schweizerisches Handelsamtsblatt, Band 70, 1952, Seite 920). Es bot u.a. Stipendien für Forschungsaufenthalte an der ETH Zürich an. 1979 wurde die europäische Zweigstelle in „Geneva research centre" umgetauft (Schweizerisches Handelsamtsblatt, Band 97, 1979, Seite 1463). Noch 2012 ist ein Eintrag im Handelsregister zu finden. Die Bemühungen begannen laut Auskunft von Battelle (USA) 1951 und dauerten bis 2009, das Genfer Forschungszentrum stellte seine Tätigkeit aber viel früher ein.

Die Schweizer Tochterfirma der Radio Corporation of America (RCA), New York, die *Laboratories RCA Ltd.*, wurde 1955 in Zürich gegründet (Schweizerisches Handelsamtsblatt, Band 73, 1955, Seite 698) und 1987 auf Beschluss des Bundesrats in den Schulratsbereich eingegliedert. General Electric hatte 1986 die amerikanische Mutterfirma übernommen und die Forschungslabors (kostenlos) abgestossen (siehe bt.: Vor dem Bundesratsentscheid über das Zürcher RCA-Forschungslabor, in: Neue Zürcher Zeitung, Nr. 190, 17. August 1988, Seite 25, und bt.: RCA-Forschungslabor definitiv beim Schulrat. Eine „Erbschaft" von der Privatindustrie, in: Neue Zürcher Zeitung, Nr. 257, 3. November 1988, Seite 21). Die Firma Laboratorien RCA AG, Zürich, ist u.a. noch 1994 im Handelsregister verzeichnet (Schweizerisches Handelsamtsblatt, Band 112, 1994, Seite 5998).

In den letzten Jahren haben nach IBM mehrere große amerikanische und chinesische *Internetkonzerne* wie Alphabet (Google), Apple, Facebook, Huawei und Microsoft in der Limmatstadt und ihrer Umgebung Forschungszentren eröffnet. Die ETH Zürich übt eine starke Anziehungskraft aus. So erlebt etwa die künstliche Intelligenz einen (neuen) Aufschwung.

4.2.7 Wollte IBM die Vollendung der Ermeth behindern?

Schon am 27. Juni 1955 hatte sich Eduard Stiefel in einem Schreiben bei Hans Pallmann beschwert:

> „Es scheint mir fast, dass Herr Direktor Herzog [Walter Herzog, IBM Schweiz] etwas die Absicht hatte, die Fertigstellung der Ermeth zu stören."

Und Stiefels Kollege Ernst Baumann, Leiter der Abteilung für industrielle Forschung der ETH, stellte am 16. Juni 1955 gegenüber dem Schulratspräsidenten zum Fall IBM und Ermeth fest:

> Speiser sei „äußerst egozentrisch eingestellt und verfolge seine persönlichen Interessen rücksichtslos".

4.2.8 Auseinandersetzungen mit Remington Rand wegen Vertragsbruchs

Kaum waren die technischen Schwierigkeiten mit der Magnettrommel überwunden, folgte der nächste Rückschlag. Das Mutterhaus der Mithra AG (Zürich), die amerikanische Remington Rand, hatte über Nacht die Weiterentwicklung der Lochkartenmaschine M10 abgebrochen. Ursache für diesen Entscheid waren unüberwindbare technische Probleme. Selbst der Besuch von Presper Eckert – Chefingenieur des berühmten Elektronenrechners Eniac und zahlreicher bedeutender Univac-Maschinen – in Zürich brachte keine Lösung. Die Lieferung der von der ETH bestellten Geräte war für Herbst 1955 vereinbart. Sie waren für die Ein- und Ausgabe bestimmt. Die M10 war Nachfolgerin der Zusemaschine M9. Dieser Lochkartenrechner konnte gleichzeitig Lochkarten lesen und stanzen. Der aufreibende Streit mit Remington Rand führte zu massiven Schadenersatzforderungen. Schließlich lieferte Remington als Ersatz zwei Maschinen des Typs Univac 120, die aber erst 1958 an die Ermeth angeschlossen werden konnten.

Schwierige Personalplanung
Die vielen Verzögerungen brachten die Personalplanung immer wieder durcheinander. Die meisten Mitarbeiter waren nämlich befristet und oft nur für wenige Monate angestellt. Um die Arbeitsverträge zu verlängern, musste jeweils wieder um Geld gebettelt werden.

Ungenügende Kühlung
Die von der Winterthurer Sulzer gelieferte Klimaanlage war unbrauchbar. Sie vermochte den vom Röhrenrechner aufgeheizten Maschinenraum im Hauptgebäude der ETH Zürich nicht ausreichend zu kühlen. Nach einem Nervenkrieg einigte man sich auf die Lieferung einer leistungsfähigeren Einrichtung, man hatte bereits andere Angebote eingeholt.

4.2.9 Verhandlungen mit der Industrie

Bei den von Stiefel erwähnten Verhandlungen mit der Schweizer Industrie handelte es sich wahrscheinlich um die Gespräche mit den Firmen Hasler (Bern) und Paillard (Yverdon VD). Sie führten zu einer Arbeitsgemeinschaft und einem dreijährigen Forschungsauftrag (1957 bis 1960). Aufgabe der ETH war es, die Grundlagen für die Fertigung eines kleinen Elektronenrechners zu schaffen. Für den Bau der elektronischen Fakturiermaschine war anschließend Paillard verantwortlich. Die Paillard SA stellte ab 1962 den Buchungsautomaten Hermes C-3 her.

4.2.10 Das Vorhaben gelingt mithilfe des Schulratspräsidenten

Für den Vorstand des Instituts für angewandte Mathematik, Eduard Stiefel, wurde der Rechnerbau zunehmend zu einem Albtraum (siehe Kasten). Er beklagte sich mehrfach über die unzumutbare Belastung. Ohne die tatkräftige und umsichtige Unterstützung des Schweizer Schulratspräsidenten, Hans Pallmann, wäre das Vorhaben wohl gescheitert. Dessen verdienstvolle Rolle beim Bau der Ermeth wurde in der Geschichtsschreibung völlig vernachlässigt und nie gewürdigt.

Zu guter Letzt war der Rechnerbau von Erfolg gekrönt. Die Maschine wurde ab 1956 schrittweise in Betrieb gesetzt. Ein Jahr später war auch die große Magnettrommel nutzbar. Die Lochkartenanlagen von Remington Rand standen allerdings erst 1958 zur Verfügung. Mit dem Gelingen des Bauvorhabens flaute auch der Zwist zwischen der ETH und Ambros Speiser ab.

Statt knapp 800 000 Franken erforderte der Bau des Elektronenrechners eine gute Million Franken, 20-mal mehr als die Z4. Laut Jahresbericht 1958 waren es genau 1 008 838,70 Franken. Teuerungsbedingt wäre das heute ein Mehrfaches. Für die in Betracht gezogene englische Maschine von Ferranti Ltd., Manchester, hätte man vermutlich noch deutlich mehr bezahlen müssen. Und auch deren Trommelspeicher hatte sich als störanfällig erwiesen. Die Ermeth wurde bis 1963 ausgiebig genutzt.

„R4S", Kosename für die Ermeth
Die Ermeth wurde ursprünglich mit *R4S* bezeichnet. Dieser Kosename stand für ihre Erbauer Rutishauser, Schlaeppi, Speiser, Stiefel und Stock (siehe Nelson M. Blachman: Some automatic digital computers in Western Europe, in: Transactions of the IRE, professional group on electronic computers, Band EC-5, 1956, Heft 3, Seite 163).

Missgeschicke beim Bau der Ermeth
Vieles schlug fehl:
- Die elektromagnetischen Relais hielten der Belastung nicht stand, so dass man auf elektronische Röhren umsteigen musste.
- Der Lieferantin der Stromversorgung ging nach der Auftragserteilung in Konkurs, was zum Verlust der Anzahlung führte.
- Bei der Magnetspeichertrommel gab es hartnäckige Probleme mit dem Luftspalt. Sie war erst mit erheblicher Verspätung brauchbar.
- Remington Rand war nicht in der Lage, die bestellten Lochkartengeräte (Rechenlocher M10) anzufertigen.
- Die von Sulzer gelieferte Klimaanlage war für eine ausreichende Kühlung zu schwach und musste ersetzt werden.
- Während der ganzen Bauzeit gab es wegen der vielen Verzögerungen Geld- und Personalprobleme.
- Der Chefingenieur, Ambros Speiser, verließ vor der Vollendung der Maschine die ETH und wurde Direktor des IBM-Forschungslabors.
- Speisers Wechsel zu IBM verdarb offenbar die von der Berner Hasler AG beabsichtigte Vermarktung der Ermeth.
- Der früh verstorbene Chefmathematiker, Heinz Rutishauser, litt zeitweise unter schweren Kreislaufstörungen.

4.2.11 Probleme auch im Ausland

Verdruss beim Rechnerbau gab es auch anderswo. Zu erwähnen sind etwa fertig gestellte Maschinen, die nicht funktionierten. Beispiele: der *Darmstädter elektronische Rechenautomat* (Dera), der 1959 von Alwin Walther und Hans-Joachim Dreyer an der damaligen Technischen Hochschule Darmstadt konstruiert wurde, ferner die 1952 am Mathematisch centrum, Amsterdam, vollendete Relaismaschine *Arra 1*. Der Röhrenrechner *ICCE 2* des Londoner Imperial College wurde 1956 aufgegeben. Unvollendet blieb auch der dezimale Rascal (RAE sequence calculator) von S. H. Hollingdale und E. J. Petherick (Royal aircraft establishment, Farnborough). Das war ursprünglich ein Relaisrechner, später wurden aber Dekatronröhren eingesetzt.

Der bekannteste Misserfolg ist wohl die vom französischen Wegbereiter *Louis Couffignal* am Institut Blaise Pascal in Paris geplante große universelle Rechenmaschine. Das überspannte Vorhaben wurde abgebrochen. Dazu mehr im Abschnitt 6.6.1.

Bausteine der Ermeth
Die Bauteile der von Hasler (Bern) gefertigten Ermeth trugen schöne Namen: (Aluminium-)Becher, Buchten (große Elektronikbuchten), Kannen (Schaltkannen, elektronische Bausteine des Rechen- und Leitwerks), Nischen, Nocken, Sockel, Tore. Was damit genau gemeint ist, lässt sich mangels Unterlagen kaum mehr herausfinden.

Die Ermeth war eine Serienparallelmaschine. Sie verarbeitete die einzelnen Ziffern einer Zahl und die Befehle nacheinander (seriell), die vier Dualziffern, welche die Dezimalziffern darstellen, hingegen nebeneinander (parallel). Sie nutzte die Aiken-Verschlüsselung.

Hinweis
Für weitere Angaben zur Ermeth siehe Herbert Bruderer: Konrad Zuse und die Schweiz, de Gruyter Oldenbourg-Verlag, München 2012, Seiten 107–113.

Im Kapitel 5.9 finden Sie die endgültige Beschreibung des Vorhabens zum Bau der Ermeth.

Quellen
Hochschularchiv der ETH-Bibliothek Zürich
Historisches Archiv und Bibliothek PTT, Köniz BE (Museum für Kommunikation, Bern).

4.3 Warum scheiterte der Aufbau einer Schweizer IT-Industrie in den 1950er Jahren?

Die Informatik in der Schweiz begann 1948 mit der Gründung des Instituts für angewandte Mathematik an der ETH Zürich. 1950 hatte die ETH als erste Universität in Mitteleuropa einen funktionstüchtigen programmgesteuerten Digitalrechner, die Zuse Z4. 1956 wurde die selber entwickelte Ermeth in Betrieb genommen. In dieser Zeit war die ETH auch maßgeblich an der Entwicklung von Algol, einer wegweisenden Programmiersprache, beteiligt.

Der programmierbare Rechenautomat Ermeth galt damals als Meisterleistung. Dennoch gelang es nicht, diese Maschine zu vermarkten und eine IT-Industrie aufzubauen. Der schwarze Peter wird üblicherweise der Privatwirtschaft zugeschoben. Wiederholt wurde bedauert, dass die einheimische Industrie nach der erfolgreichen Herstellung des ersten Schweizer Computers den Ball nicht aufgegriffen habe.

Neue Funde im Hochschularchiv der ETH Zürich widerlegen diese Annahme – mindestens teilweise. Doch vorerst einige Stimmen einflussreicher Persönlichkeiten. Hansjürg Mey war Forschungschef der Ascom (Nachfolgefirma von Hasler).

4.3.1 Vorwürfe an die Schweizer Industrie

Hansjürg Mey wusste offensichtlich nichts von den Bemühungen seiner ehemaligen Arbeitgeberin:

> „Vorerst seien zwei Beispiele einheimischer Forschungstätigkeit herausgegriffen, und zwar je eines aus der Computer-Technik und aus der Nachrichtentechnik: 1955, zum 100jährigen Bestehen der ETHZ, ist die «Ermeth» in Betrieb genommen worden, eine damalige Spitzenleistung auf dem Computer-Gebiet, initialisiert durch Professor Stiefel, entworfen an seinem Institut und gebaut durch die Firma Hasler AG in Bern. In jene Zeit fallen auch die epochemachenden Arbeiten auf dem Gebiet der Computer-Sprachen von Rutishauser. Das Zusammenspiel zwischen Hochschulforschung und Industrie war beispielhaft, Weitblick und Kreativität der Hochschule haben sich erfolgreich mit industrieller Erfahrung gepaart. Man muss sich heute lediglich fragen, warum dieser Ball damals nicht aufgegriffen wurde, warum wir heute praktisch keine industrielle Tätigkeit auf dem Computergebiet in der Schweiz haben […].“ (Hansjürg Mey, Universität Bern, in: Neue Zürcher Zeitung, 26. November 1980, Nr. 276, Seite 111).

30 Jahre nach der Inbetriebnahme klagte der ETH-Präsident Heinrich Ursprung:

> „Es sei nicht verschwiegen, dass es auch Fälle grossen Versagens des Zusammenwirkens gegeben hat. Ein Beispiel ist die elektronische Rechenmaschine der ETH, Ermeth, die schon in den fünfziger Jahren an der ETH Zürich entwickelt worden ist. Im Vorfeld und im Nachgang dieser epochalen Entwicklung hat an der ETH Zürich ein Potential an Computerwissen bestanden, das von der Schweizer Industrie nicht aufgegriffen worden ist. Wer weiss: vielleicht hätte die Schweizer Industrie damals durch zeitgerechtes und zielstrebiges Handeln einen führenden Platz im Computersektor erkämpfen können.“ (Heinrich Ursprung, Präsident der ETH Zürich, in: Neue Zürcher Zeitung, 15. Juli 1986, Nr. 161, Seite 21).

Ambros Speisers Aussagen zur Trägheit der Industrie stehen im Widerspruch zu den historischen Tatsachen. Um nur ein Beispiel zu nennen: Hasler wollte ETH-Ingenieure übernehmen, die am Bau des Elektronenrechners mitgewirkt hatten. Das Berner Unternehmen hatte im Sinn, die Ermeth nachzubauen. Darüber war Speiser im Bild.

„Die Vaterschaft für die digitale Elektronik in der Schweiz lässt sich eindeutig festlegen. Es ist Eduard Stiefel, Mathematikprofessor an der ETH Zürich, der frühzeitig und mit Weitblick die grosse Bedeutung dessen erkannte, was am Horizont aufstieg. Er entsandte im Jahr 1949 zwei Assistenten nach den USA mit dem Auftrag, die Computerprojekte, darunter auch die Eniac, zu studieren und anschliessend den Bau eines eigenen Computers in Angriff zu nehmen. Die Ermeth (Elektronische Rechenmaschine der ETH) ging 1956 in Betrieb. Hardwaremässig hielt sie sich an den gesicherten Stand der Technik; man wollte die Schwierigkeiten vermeiden, von denen manche Computerprojekte geplagt waren, die sich zu weit vorgewagt hatten. In Rechnerarchitektur und Programmierung hingegen wurden erfolgreich interessante Neuerungen verwirklicht. Bemerkenswert – und im Rückblick nicht ohne weiteres verständlich – war die Haltung der schweizerischen Industrie gegenüber der Ermeth. Die Unternehmer verfolgten den Gang des Vorhabens mit Aufmerksamkeit und wachem Interesse, und sie gewährten ihm grosszügige technische und finanzielle Unterstützung. Aber gegenüber den Ergebnissen zeigten sie sich passiv. Konstruktionsunterlagen wurden nie verlangt, obwohl sie erhältlich gewesen wären. Von den Mitgliedern der Ermeth-Mannschaft wurde niemand engagiert; sie wanderten nach Amerika aus, gingen zu den amerikanischen Laboratorien in der Schweiz oder blieben an der ETH." (Ambros Speiser, in: Neue Zürcher Zeitung, 20. Juni 1990, Nr. 140, Seite 65).

4.3.2 Anfragen aus der Industrie

Hans Pallmann, Präsident des Schweizerischen Schulrats, setzte eine beratende Kommission ein, die sich mit den Rechtsfragen zur *Vermarktung* der Ermeth und ihrer Bestandteile befasste. Sie bestand aus Eduard Stiefel, Ernst Baumann (Leiter der Abteilung für industrielle Forschung des Instituts für theoretische Physik) und Gustav Neukomm (juristischer Mitarbeiter der Kanzlei des Schweizerischen Schulrats).

Das geht aus einem Brief Stiefels vom 3. Dezember 1954 an Baumann und Neukomm hervor. Er erwähnte ferner, dass bisher vier ernsthafte Anfragen aus der Industrie vorlägen:

> „Die Firma Hasler AG zieht es in Betracht, die Ermeth als Ganzes zu duplizieren, um sie eventuell nach U.S.A. oder Europa verkaufen zu können."

Die Berner Firma sorgte auch für die Anmeldung und die Verwaltung von Patenten für besondere Schaltungen, die Stiefels Mitarbeiter Hans Schlaeppi erfunden hatte.

Die Contraves AG (Zürich) wollte die von Ambros Speiser entwickelten Ein- und Ausgabeschreibwerke, die auf Geräten der Precisa beruhten, übernehmen und für die alleinige Fabrikation auswerten.

Die Wild Heerbrugg AG, Heerbrugg SG, wünschte ebenfalls, diese Schreibgeräte für ihre Autographen zu verwenden.

Ein weiteres Gesuch ging am 31. Juli 1956 ein. Das Ingenieurbüro G. Dätwyler aus Zürich beantragte eine Lizenz für die magnetischen Schreib- und Leseköpfe.

Am 26. Februar 1955 teilte Stiefel in einem Brief an Karl Eigenheer (Generaldirektor sowie Präsident und Delegierter des Verwaltungsrates der Hasler Holding AG, Bern) u.a. mit:

> „Die Frage der Duplikation der Ermeth durch Ihre Firma soll zurückgestellt werden bis zur Rückkehr des Unterzeichneten aus den USA, Ende Juni 1955." Dabei verpflichtete sich Stiefel, „mit keiner andern Firma Verhandlungen über die Duplikation aufzunehmen."

Während seiner Auslandabwesenheit vertrat ihn Ambros Speiser.

Die Hasler AG hatte im Sinn, die ganze Ermeth weltweit zu vermarkten
Am 6. Januar 1955 fand an der ETH eine Besprechung zum geplanten Nachbauvertrag statt. Stiefel, Baumann, Speiser und Neukomm nahmen daran teil. Baumann ging von einem Verkaufspreis von etwa 1 Million Franken für eine Ermeth und Lizenzgebühren von 5–6% aus. Hasler werde wohl höchstens 10 Rechenmaschinen absetzen. Die ETH hätte 50 000 bis 60 000 Franken/Stück erhalten. Als Gegenleistung für die *ausschließliche* Lizenz, mit der man Hasler alle Trümpfe in die Hand gab, hatte Neukomm eine Ausführungsgarantie und eine angemessene Barzahlung vorgeschlagen. Baumann habe diese Anliegen aber abgelehnt, Stiefel und Speiser hätten Neukomm nicht unterstützt (Notiz von Gustav Neukomm vom 7. November 1955 an Speiser u.a.).

4.3.31 Warum nur der Trommelspeicher?

Die Berner Hasler AG hatte maßgeblich am Bau der Ermeth mitgewirkt. Sie fertigte das Rechen- und Steuerwerk, war aber nicht am Speicher beteiligt. Hasler und die Hasler-Stiftung hatten die Herstellung zudem mit je 50 000 Franken unterstützt. Das Unternehmen schloss am 13. Juni 1955 mit dem Institut für angewandte Mathematik einen zehnjährigen Lizenzvertrag zum Nachbau des Magnettrommelspeichers. Nicht betroffen waren das elektronische Rechenwerk, das gesamte Befehlswerk sowie der Ein- und Ausgang. Von den drei Ermeth-Patenten betrafen zwei die Lese- und Schreibschaltungen des Trommelspeichers. Hasler konnte sie frei nutzen. Beim dritten Patent, das bei der ETH blieb, ging es um Zeitselektionsschaltungen.

Der vertrauliche Lizenzvertrag zur Speichertrommel hatte einen Schönheitsfehler: Hasler *durfte* die Magnettrommel nachbauen, *musste* aber *nicht*. Das ETH-Institut konnte zehn Jahre lang für diesen Speicher keine weiteren Bewilligungen erteilen. Die Hochschule war auf eine gute Beziehung zur Firma Hasler bedacht, mit der eine mehrjährige Zusammenarbeit bestand.

In den Unterlagen des Hochschularchivs ist sowohl vom Nachbau der *ganzen Ermeth* als auch vom Nachbau bloß des *Trommelspeichers* die Rede. Ursprünglich wollte das Berner Unternehmen den gesamten Rechner nachbauen. Aus den Dokumenten ist nicht zu erfahren, weshalb man sich später nur dem Magnetspeicher zuwandte. Der Grund liegt vermutlich in der durch Speisers Stellenwechsel verursachten Entzweiung.

Für das nur in der Schweiz angemeldete Patent im Rechen- und Leitwerk hatte Hasler keine Lizenz. Stiefel maß einem (kostspieligen) Schutz im Ausland nur einen geringen Wert bei, weil die nicht veröffentlichten Schaltzeichnungen nur in seinem Institut vorhanden seien und derartige Schaltpatente ohnehin durch kleine Änderungen leicht umgangen werden können (Brief vom 21. Juni 1956 an Pallmann). Der Schulratspräsident schloss sich dieser Auffassung an und ergänzte, dass solche Schaltungen „im allgemeinen rasch überholt und somit nicht mehr verwertbar" seien (Brief vom 23. Juni 1956 an Stiefel). Dazu Eduard Stiefel:

> „Es ist jedoch zu bemerken, dass Hasler die in der ganzen Maschine verwendeten Gehäuse (Kannen) der steckbaren Einheiten entwickelt hat, sodass die Firma hier ein gewisses geistiges Eigentum geltend machen könnte." (Brief vom 16. Dezember 1955 an Pallmann).

4.3.4 Haslers Marktaussichten

Die Erfolgsaussichten für den Nachbau der Ermeth waren aus heutiger Sicht wahrscheinlich nicht schlecht. Die Vollendung der Maschine hatte sich allerdings verzögert, und am Markt gab es bereits mehrere Wettbewerber. Selbst der finanzschwachen Zuse KG gelang es, 55 Stück ihres Röhrenrechners Z22 abzusetzen (Vertrieb ab 1958). Der auf der Weltausstellung 1958 in Brüssel vorgeführte Magnettrommelrechner IBM 650 wurde in Deutschland (Sindelfingen) ab 1956/57 gefertigt.

Längerfristig hätte die Hasler AG, die bereits Erfahrungen mit dem Lizenzbau von (analogen) Feuerleitrechnern gesammelt hatte, aber kaum mit der aufkommenden kräftigen amerikanischen Konkurrenz (Univac, IBM) mithalten können. Das zeigt das Schicksal vieler europäischer Unternehmen der Informationstechnik, die untergingen. Später entwickelte Hasler erfolgreich programmgesteuerte Anlagen (Telegrammvermittlung, Verkehrsregelung, Telexzentrale).

Nach einem Bericht ihres Konstrukteurs lag der Kaufpreis der Z22 bei 200 000 DM (siehe Lorenz Hanewinkel: Die Konstruktion der Zuse Z22, Paderborn, o. J., Seite 26). Das Eidgenössische Institut für Reaktorforschung in Würenlingen AG (heute Paul-Scherrer-Institut) hatte 1960 einen solchen vergleichsweise kleinen Trommelrechner für etwa 300 000 Franken (mit allen Nebenkosten) erworben (siehe Jean Patry: Eine elektronische Rechenanlage für die Kernenergieforschung in der Schweiz, in: Neue Zürcher Zeitung, 18. Mai 1960, Mittagausgabe, Nr. 1711 (68), Blatt 12).

Ob für den Vertrieb bloß der Speichertrommel ein ausreichender Markt bestanden hätte, ist schwer zu beurteilen. Die Mitbewerber (Ferranti, Univac, Zuse, IBM) verkauften Rechenanlagen mit Trommeln, sogenannte Trommelrechner. Die Schweizer Trommel hätte in diesem Fall als Zusatzspeicher gedient. Auch eine Zulieferung an bestehende Rechnerhersteller wäre in Frage gekommen. Fertigung und Vertrieb des Speicherwerks waren ein viel kleineres Wagnis als die Vermarktung eines Großrechners.

4.3.5 Hat der Chefingenieur die Vermarktung der Ermeth verhindert?

Speisers bevorstehender Wechsel zu IBM hatte ein schweres Zerwürfnis mit der ETH und mit Hasler zur Folge. Auf Weisung des Schulratspräsidenten sprach Speiser am 8. Juni 1955 beim Generaldirektor der Hasler AG, Karl Eigenheer, vor. Dieser habe sein Missfallen über den neuen Sachverhalt wie folgt begründet:

> „Allgemein sind die amerikanischen Laboratorien in der Schweiz für unsere Industrie eine schwere Belastung, und zwar in Bezug auf den Arbeitsmarkt der Ingenieure. Dazu kommt, dass IBM zwar jetzt noch keine schweizerische Industrie konkurrenziert, dass aber Hasler gerade aus diesem Gebiet Entwicklungen aufnehmen möchte. Weiterhin ist die Lage für die Hasler-Stiftung, welche für die Ermeth erhebliche Mittel beigesteuert hat, unangenehm. Die Stiftung wird sagen, sie habe kein Interesse, Entwicklungen zu finanzieren, deren Resultate auf direktem Weg nach Amerika gehen und wird mit weiteren Zahlungen an das Institut zurückhaltend sein. Die Firma Hasler prüft die Möglichkeit, mit uns einen Lizenzvertrag über den Nachbau der ganzen Ermeth abzuschliessen. Sie ist aber nicht erpicht darauf, Lizenzen zu zahlen für eine Entwicklung, die gleichzeitig an die IBM gratis zur Verfügung gestellt wird.“ (Speisers Brief vom 10. Juni 1955 an Pallmann).

Zum Schutz gegenüber IBM beantragte Eigenheer Patente des Logikteils der Ermeth im Namen der Firma Hasler und den Übertritt mehrerer Mitarbeiter der Ermeth-Gruppe zu seinem Unternehmen. Die Berner wollten eine weitere Abwanderung vermeiden.

Noch am 25. März 1955 hatte Speiser in einem Brief an Pallmann geschrieben:

> „Da ich auf den 31. Dezember 1955 die ETH zu verlassen gedenke, schaue ich mich schon jetzt an möglichst vielen Orten nach einer geeigneten Stelle um. Ich möchte Ihnen aber mit aller Deutlichkeit erklären, dass es äusserst unwahrscheinlich ist, dass ich gerade diesen Posten annehmen würde. Ich bin mir bewusst, dass die Errichtung amerikanischer Laboratorien in der Schweiz geradezu mit einem beginnenden Krebsübel vergleichbar ist, welches unserer Industrie grossen Schaden zufügen kann.“

Am 6. Juli 1955 besuchten Pallmann und Stiefel die Hasler AG. In seinem vierseitigen Brief vom 7. Juli 1955 an Eigenheer hielt Stiefel die Ergebnisse der Besprechung schriftlich fest. Er erwähnt dabei, dass sein Institut der Firma Hasler die bisherigen technischen Ergebnisse zur Magnettrommel „in Form einer ausschliesslichen Lizenz ohne garantierte Lizenzzahlungen“ zur Verfügung gestellt habe. „Die übrigen Teile der Ermeth bestehen aus klassischen technischen Elementen, die nicht patentfähig sind und die nur in ihrer mathematischen Organisation unseren neuen Automaten gegenüber andern Fabrikaten hervorheben, die eher für kaufmännische Zwecke gebaut wurden. Der Unterzeichnete nimmt Kenntnis davon, dass die Firma Hasler nicht beabsichtigt, die Rechte für einen direkten Nachbau der Ermeth zu erwerben. Er würde ein solches Unternehmen angesichts der gegenwärtigen Marktlage auch nicht für sehr aussichtsreich halten. Hingegen hält er die Pläne der Firma Hasler, die entwickelte Speicher- und Rechentechnik in anderer Weise zu verwenden, als zweckmässig und richtig. [...]. Herr Schlaeppi kann nach Fertigstellung der Magnetik für die Ermeth (voraussichtlich in den ersten Monaten 1956) vollamtlich [zu Hasler] übertreten. [...]. Es ist anzunehmen, dass er [Herr Schai] in der zweiten Hälfte des Jahres 1956 im Institut [für angewandte Mathematik] für die Firma Hasler bereits Arbeiten ausführen könnte."

Hinweis: Stiefel hatte den Rechnerbedarf bereits 1949 falsch eingeschätzt. Er nahm an, dass in der nächsten Zeit europäische Länder jeweils höchstens eine solche Maschine besitzen würden.

Neukomm unterrichtete seinen Vorgesetzten über eine Aussage, die Baumann am 24. Juni 1955 bei einem Nachtessen der Personalversicherung gemacht habe:

> [...] „seitdem die Zürcher Gründung eines Labors der IBM sowie die Verbindung IBM/Dr. Speiser zustande gekommen seien, interessiere sich die Hasler AG nicht mehr für die Ermeth. Der Vertrag zwischen der ETH und der Hasler AG betreffend den Nachbau der Ermeth sei heute als tot zu betrachten." (Notiz vom 7. Juli 1955 an Pallmann).

Am 14. Dezember 1955 stellte Pallmann in einer Notiz an den Schulratssekretär Hans Bosshard fest: „Hasler hat offenbar Interesse an Ermeth etwas verloren. Engagements-Verhandlungen mit einem Stiefelmitarbeiter zerschlugen sich an Haltung Haslers."

Seit seiner Rückkehr aus den Vereinigten Staaten musste Stiefel

> [...] „die Firma Hasler AG sehr vorsichtig behandeln", da „speziell Herr Direktor Eigenheer durch den Übertritt von Herrn Speiser äusserst erbost war. [...]. Es soll auch nicht vergessen werden, dass die Firma Hasler uns zu einer Zeit mit aktivem Einsatz ihrer Fabrik geholfen hat, als keine andere Schweizerfirma gewillt war, sich einzusetzen. Ich muss darauf aufmerksam machen, dass Hasler die beträchtlichen Kosten für alle Patentanmeldungen übernommen hat." (Brief vom 16. Dezember 1955 an Pallmann).

4.3.6 Folgerungen

Mit seinem Stellenwechsel von der ETH zu IBM durchkreuzte Chefingenieur Speiser die Pläne Haslers, die (ganze) Ermeth nachzubauen und zu vermarkten. Es kam zu einem schwerwiegenden Bruch. Speisers neue Tätigkeit für den Mitbewerber ist offensichtlich der Grund, dass es damals nicht zum Aufbau einer Schweizer Rechnerindustrie kam (siehe Kasten).

Es war gewiss nicht Speisers Absicht, die Vermarktung des von ihm mitentwickelten „Geschöpfes" zu behindern oder zu vereiteln. Die tiefgreifende Verstimmung wegen seiner Tätigkeit für die Konkurrenz hatte aber bei Hasler zu einem Meinungsumschwung geführt. Die Briefe vom 3. Dezember 1954 (Stiefel an Baumann und Neukomm), 26. Februar 1955 (Stiefel an Eigenheer) und 10. Juni 1955 (Speiser an Pallmann) sowie die Notiz vom 7. November 1955 (Neukomm an Speiser u.a.) belegen eindeutig, dass die Berner „Werke für Telephonie und Präzisionsmechanik" nicht nur den Trommelspeicher, sondern die *gesamte* Maschine verkaufen wollten.

Fehlgeschlagene Vermarktung

Hier ein Versuch, die Entwicklung beim geplanten Nachbau der Ermeth nachzuzeichnen: Zu Beginn hatte die Berner Hasler AG die Absicht, den *ganzen Elektronenrechner* nachzubauen und im In- und Ausland zu vertreiben. Die ETH Zürich unterstützte diesen für sie vorteilhaften Plan, u.a. auch aus finanziellen Gründen. Im Lizenzvertrag (1955) wurde das Vorhaben wohl auf Wunsch von Hasler jedoch auf den *Magnettrommelspeicher* eingeschränkt, wahrscheinlich aus Angst vor dem Mitbewerber IBM. Denn dieser Firma stand das Wissen über den neuen Rechenautomaten kostenlos zur Verfügung. Der Ermeth-Chefingenieur war nämlich zum Forschungsdirektor von IBM berufen worden.

Selbst die Bereitschaft für den Nachbau der Speichertrommel schwand rasch. Schulratspräsident Pallmann und Institutsvorstand Stiefel gelang es nicht mehr, die Berner Firma umzustimmen. Die Ermeth wurde 1956 in Betrieb genommen, die Magnettrommel war wegen technischer Schwierigkeiten allerdings erst 1957 brauchbar. Die ausschließliche Lizenz (ohne Ausführungspflicht) schloss einen Nachbau des Speicherwerks durch andere Unternehmen aus. Hasler konnte aber Unterlizenzen vergeben. Rechen- und Steuerwerk waren nicht patentfähig. Am Schluss gingen sowohl Hasler als auch die ETH leer aus.

Die in den 1940er und 1950er Jahren weltweit an den Universitäten gebauten programmgesteuerten Maschinen waren meist Einzelanfertigungen. Die serienmäßige Rechnerherstellung war hingegen Aufgabe der Industrie.

Die Hochschulen wandten sich zunehmend der Entwicklung von Übersetzern (Compiler), Programmiersprachen und Betriebssystemen zu. Dennoch wurden später auch an der ETH Zürich weitere Elektronenrechner entworfen, beispielsweise die Arbeitsstation Lilith von Niklaus Wirth. Auch ihre Vermarktung scheiterte. Ebenso wenig konnte sich der von Anton Gunzinger gebaute Hochleistungsrechner Gigabooster durchsetzen.

Hinweise

Die (aufdringliche) Schreibweise des Namens „ERMETH" wird in diesem Buch durchweg als „Ermeth" wiedergegeben. Die Bezeichnung wird nicht buchstabenweise, sondern als ganzes Wort gesprochen. Das trifft auch für „Univac" und viele weitere Namen zu.

Für weitere Angaben zur Ermeth siehe Herbert Bruderer: Konrad Zuse und die Schweiz, de Gruyter Oldenbourg-Verlag, München 2012, Seiten 107–113.

Quellen

ETH-Bibliothek Zürich, Archive, Schweizerischer Schulrat: Akten (SR 3: 1951–1961, Systematik-Nr. 509.203), Verträge, Briefwechsel und Notizen.

ETH Zürich beeinflusst den Rechnerbau in Belgien
Wie erst seit kurzem bekannt ist, beeinflusste die ETH Zürich in den 1950er Jahren die Entwicklung des ersten belgischen Elektronenrechners, der Machine mathématique IRSIA-FNRS (MMIF) (siehe Marie d'Udekem-Gevers: A little-known chapter in the history of computing in Belgium: The machine mathématique IRSIA-FNRS, in: Kai Kimppa; Diane Whitehouse; Tiina Kuusela; Jackie Phahlamohlaka (Hg.): ICT and society, Springer, Heidelberg, New York usw. 2014, Seiten 146–161). Für weitere Angaben vgl. Abschnitt 6.4.

4.4 Bau von Magnettrommelspeichern in Zürich

4.4.1 Z4: Versuchstrommel

Die Trommel für die Z4 wurde wahrscheinlich ab Ende 1953 gebaut. Wie der Niederschrift zu einem technischen Kolloquium vom 16. Juni 1954 zu entnehmen ist, wurde im Juni 1954 in Anwesenheit von Konrad Zuse ein elektronischer Speicher an die Z4 angeschlossen. Diese Trommel war bereits im April 1954 versuchsweise in Betrieb genommen worden. Ambros Speiser zeigte die Trommel am 28. Mai 1954 („Vorführung eines elektronischen Magnettrommel-Speicherwerks") im Rahmen seines Vortrags „Projekt für eine elektronische Rechenmaschine an der ETH und bisherige Entwicklungsergebnisse".

Aus dem Nachbau-Vertrag [zwischen dem Institut für angewandte Mathematik an der Eidgenössischen Technischen Hochschule in Zürich und Hasler AG, Werke für Telephonie und Präzisionsmechanik in Bern], Zürich/Bern, 13. Juni 1955, ist zu erfahren, dass sich das Institut verpflichtet hat, der Zuse KG das für die Rechenmaschine Z4 entwickelte und mit dieser zusammengebaute Speicherwerk [Versuchstrommel] nur auszuhändigen, nachdem die Zuse KG schriftlich bestätigt hat, die Magnettrommel nur nach Abschluss eines Unterlizenzvertrags zu bauen. Hasler setzte den Lizenzvertrag nicht um. Die Zuse KG erwarb die Trommel 1955 für 7000 Franken. Sie kam möglicherweise mit der Z4 nach Saint-Louis. Im Deutschen Museum, wo die Z4 steht, ist sie nicht auffindbar.

Abb. 4.25: Ermeth, Versuchsspeichertrommel. Vor der Herstellung der endgültigen Magnetspeichertrommel für die Ermeth wurde eine Versuchstrommel gebaut. Über den Verbleib dieses Programm- und Datenträgers ist nichts bekannt (Quelle: Museum für Kommunikation, Bern).

4.4.2 Ermeth: Versuchstrommel

Laut Protokoll des technischen Kolloquiums vom 1. September 1954 wurden verschiedene Stellen um Auskünfte zur Bauweise und zu Material für Speichertrommeln angefragt. An dieser Ausschreibung hat offenbar auch Jan Richard de Fries (Zürich) mitgemacht. Er soll die besten Vorschläge eingereicht haben. Die Fertigung begann wohl im Oktober. Im Februar 1955 wurde die Inbetriebnahme vorbereitet.

Nach einem Brief vom 1. Oktober 1964 von Alfred Schai an Hans Pallmann ging eine Versuchsmagnettrommel (vgl. Abb. 4.25) ans Institut für allgemeine Elektrotechnik (Eduard Gerecke) der ETH (später: Institut für Automatik und industrielle Elektronik). Nachforschungen nach ihrem Verbleib blieben ohne Ergebnis.

4.4.3 Ermeth: große Trommel

Die große, endgültige Magnettrommel ging zunächst zusammen mit zehn Elektronikschränken, einem Schaltpult und einem Lochkartenlocher ans Technorama in Winterthur ZH. Die Trommel hatte ein Fassungsvermögen von 10 000 Worten (Speicherplätze). Das entspricht 80 000 Byte (1 Wort = 16 Dezimalstellen = 8 Byte).

Wahrscheinlich wurden in Zürich drei Trommelspeicher gebaut: eine Trommel für die Z4, eine kleine Versuchstrommel für die Ermeth und die große endgültige Trommel (vgl. Tab. 4.2).

Tab. 4.2: An der ETH Zürich gebaute Magnetspeichertrommeln

Magnettrommeln für die Z4 und die Ermeth			
Merkmal	**Standort**	**Entwicklung**	**Nutzung**
Magnettrommel für die Z4	verschollen	ab 1953	Frühling 1954
kleine Magnettrommel für die Ermeth	verschollen	ab Herbst 1954	etwa 1956
große Magnettrommel für die Ermeth	Museum für Kommunikation, Bern	ab etwa 1955	1957

Im Bauvorhaben für die Ermeth vom 1. Mai 1953 werden zwei Speicherwerke angeführt, eine Versuchstrommel und eine große (endgültige) Trommel. Eine Versuchstrommel wurde für die Z4 eingesetzt, weil deren mechanischer Speicher abgenutzt war. Da diese Trommel 1955 an Zuse verkauft wurde, ist anzunehmen, dass es eine weitere Versuchstrommel gab. Sie wurde 1964 dem Institut für allgemeine Elektrotechnik der ETH übergeben.

Kernspeicher für die Zuse Z4?
Laut de Beauclair hatte die Z4 ab 1957 einen Magnetkernspeicher. „Die Maschine [Z4] mit Lochstreifenlesern und -stanzern war bis 1959 in Betrieb; sie wurde mit Ferritkernspeicher an Stelle des mechanischen Speichers ausgerüstet [...]. Später erhielt sie zusätzlich noch einen Ringkernspeicher, der direkt von den Relais angesprochen wurde, so daß die sonst so aufwendigen elektronischen Schreibverstärker entfallen konnten." (siehe Wilfried de Beauclair: Rechnen mit Maschinen, Springer-Verlag, Berlin, Heidelberg, 2. Auflage 2005, Seiten 6 bzw. 81). In Zuses Lebenserinnerungen sind keine Angaben über die Nutzung eines Kernspeichers für die Z4 (in Saint-Louis bei Basel) zu finden.

4.5 Ermeths Nachfolge

4.5.1 Die ETH Zürich war 1964 mehrere Monate lang ohne Großrechner

Der Abbruch der Ermeth war ursprünglich für die Zeit vom 20. bis 27. Juli 1963 geplant. Die Nachfolgemaschine sollte im Dezember 1963 aufgebaut werden. Es kam aber zu Verzögerungen, weil der Auftrag für die Nachfolgemaschine CDC-1604-A (Control Data Corporation) erst spät zustande kam. Die Zentralstelle für Organisationsfragen der Bundesverwaltung (ZOB) hatte sich vier Monate Zeit für die Begutachtung gelassen. Die dritte Fassung des Kaufvertrags wurde am 23. September 1963 unterzeichnet. Der Schweizerische Schulrat hatte laut Protokoll schon am 4. Mai 1963 der Erwerbung des neuen Computers zugestimmt. Die Röhrenmaschine Ermeth wurde schließlich Ende November 1963 abgebaut und am 3. Dezember 1963 von der A. Welti-Furrer AG (Zürich) abgeholt. Sie kam ins Technorama, Winterthur ZH. Heute ist die Ermeth (samt der großen Speichertrommel) im Museum für Kommunikation in Bern ausgestellt.

Der Transistorrechner der CDC ging im März 1964 ein. Er wurde im April im Maschinenraum 12d (heute G33, einem ehemaligen, nach wie vor mit „Zeichnungssaal" beschrifteten Raum) im Hauptgebäude aufgestellt und Mitte April 1964 in Betrieb genommen. Die ETH Zürich musste also über vier Monate lang ohne einen großen eigenen Rechenautomaten auskommen. Eine Ausweichmöglichkeit bestand in der Nutzung fremder Anlagen (z.B. Statistisches Amt, Bern; Swissair, Zürich; Cern, Genf). Der durch einen Nachlass von 40% herabgesetzte Kaufpreis belief sich mit Ein- und Ausgabegeräten auf über vier Millionen Schweizer Franken. Die Gründung des Rechenzentrums der ETH (RZETH) wurde rückwirkend auf den 1. Oktober 1963 beschlossen. Bis zum Neubau des Rechenzentrums am Zehnderweg lief der mit einem Magnetkernspeicher versehene Transistorrechner – gleich wie die Z4 und die Ermeth – im Hauptgebäude der ETH.

Für die Nachfolge der Ermeth hatten u.a. die folgenden Unternehmen Angebote eingereicht: Control Data Corporation, English Electric, Ferranti Ltd., International Business Machines, Philco corporation, Sperry Rand und (über Elektron AG, damals in Zürich, heute in Au ZH) Telefunken. In dieser Aufzählung fehlen z.B. Siemens & Halske, Standard Elektrik Lorenz und die Zuse KG. Ob sie sich an der Ausschreibung beteiligt haben, ist unbekannt.

4.5.2 Großrechnerkauf führt zur Anschaffung von Tischrechenmaschinen

Das Institut für angewandte Mathematik besaß seit 1950 zwei Madas-Rechenmaschinen und beschaffte 1961 ein drittes Gerät. Das *Rechenzentrum* der ETH Zürich, das sich 1964 an der Leonhardstraße 33 in Zürich befand, hatte damals keine Tischrechenmaschinen. Für den Neubau des Rechenzentrums waren insgesamt 10 Madas-Tischrechenmaschinen vorgesehen. Ein Madas-Automat Modell 20 BTGZ kostete 1964 5700 Schweizer Franken.

Wozu benötigte man zusätzlich zum neuen elektronischen Großrechner mehrere elektromechanische Tischrechenmaschinen? Alfred Schai, Leiter des RZETH, begründete sein Gesuch für den Erwerb von vorerst zwei neuen Madas-Geräten (und einer druckenden Olivetti, Typ 6 T 24 für 3200 Franken) wie folgt:

> „Das Hauptbedürfnis für Handrechenmaschinen im Institut für angewandte Mathematik und im RZETH erwächst im Zusammenhang mit der elektronischen programmgesteuerten Rechenanlage

der ETH. Die Durchführung jedes Rechenprogramms, das für diese Grossanlage programmiert wird, muss auf Richtigkeit getestet werden. Dies kann in den meisten Fällen nur so gemacht werden, dass von Hand oder mit Tischrechenmaschinen Testbeispiele durchgerechnet und mit den Resultaten der Grossanlage verglichen werden. Der Übergang von der Ermeth auf die ca. 400 Mal leistungsfähigere neue ETH-Maschine bedeutet eine starke Zunahme der Anzahl zu programmierender Probleme und damit eine Zunahme der Anzahl Testbeispiele, die mit Hilfe von Tischrechenmaschinen durchgerechnet werden müssen." (Brief vom 18. Februar 1964 an den Schulratspräsidenten Hans Pallmann).

Mit der Olivetti wollte man eine billigere Lösung erproben. Als weiteren Grund für die Beschaffung führt Schai u.a. an, dass die Inbetriebnahme der neuen ETH-Anlage „ein vermehrtes Ausleihen der Tischrechenmaschinen an ETH-Benützer" bewirke.

Die folgende Zusammenstellung bringt einen Überblick über ausgewählte Vorkommnisse aus der Pionierzeit an der ETH Zürich (vgl. Tab. 4.3).

Tab. 4.3: Frühzeit der Informatik an der ETH Zürich (Zeittafel)

Ausgewählte Ereignisse aus den Anfängen der Informatik in Zürich	
Jahr	**Ereignis**
1948	Gründung des Instituts für angewandte Mathematik (Vorstand: Eduard Stiefel)
1949	Mietvertrag zur Zuse Z4 zwischen Konrad Zuse-Ingenieurbüro, Neukirchen, und dem Institut für angewandte Mathematik
1950	Inbetriebnahme des Relaisrechners Z4 im Hauptgebäude der ETH Zürich
1950	Bewerbung von Universität und ETH Zürich um den Sitz des internationalen Rechenzentrums der Unesco
1951	Vortrag von Eduard Stiefel auf der internationalen Konferenz zu Rechenmaschinen in Paris
1951	Habilitationsschrift von Heinz Rutishauser „Automatische Rechenplanfertigung bei programmgesteuerten Rechenmaschinen"
1953	Beginn des Baus des elektronischen Röhrenrechners Ermeth (Leitung: Eduard Stiefel, Chefmathematiker: Heinz Rutishauser, Chefingenieur: Ambros Speiser)
1955	Abbau der Z4 und Pläne zur Vermarktung der Ermeth
1955	Lizenzvertrag zwischen der Hasler AG, Bern, und dem Institut für angewandte Mathematik zum Nachbau des Magnettrommelspeichers
1955	Wechsel von Ambros Speiser zu IBM als Gründungsdirektor des neuen Forschungslabors in Adliswil ZH (heute Rüschlikon ZH) (IBM Research Zurich)
1956	Versuchsbetrieb mit der Ermeth
1957	Vollbetrieb der Ermeth (mit großer Magnettrommel)
1957	Abbruch der (erfolglosen) Entwicklung der M10 durch Remington Rand (Mithra)
1963	Abbau der Ermeth

4.6 Lilith, Ceres, Smaky und Gigabooster

In der Schweiz wurden nach der ersten Röhrenmaschine weitere Digitalrechner gebaut, z.B. Cora, Lilith, Ceres, Smaky, Music und Gigabooster.

4.6.1 Lilith und Ceres

An der ETH Zürich wurden weitere Elektronenrechner (vgl. Abb. 4.26–4.28) gebaut, u.a. die Arbeitsstation Lilith. *Niklaus Wirth* schreibt dazu in einer Mitteilung an den Verfasser vom 9. September 2012:

„*Lilith* wurde durch meinen Aufenthalt bei Xerox (1976/77) angeregt. Zwei Prototypen stellten wir (vor allem Richard Ohran) in den Jahren 1976–1978 her. Die erste Serie von 20 Rechnern wurde durch Ohran und Mitarbeiter in Provo (Utah) gebaut und im November 1980 ausgeliefert. Später fertigte die Firma Diser (Heinz Waldburger, ab 1982) Lilith-Rechner und danach das Modula Research Institute (Ohran, Provo) eine Weiterentwicklung mit einer 15-Megabyte-Winchester-Festplatte (ab etwa 1982).

Ceres-1 entwarfen wir (vor allem Hans Eberle) nach meinem zweiten Jahr bei Xerox (1984/85) auf der Basis des Prozessors NS-32032 von National Semiconductor. Davon wurden etwa 30 Exemplare von einer Firma in Winterthur (1986) gebaut. Eine erste Weiterentwicklung *Ceres-2* (von Beat Heeb) entstand 1988 mit dem schnelleren Prozessor NS-32532. Schließlich folgte *Ceres*-3 (1990) mit dem Prozessor NS-32GX32. Ziel war ein Rechner ohne jegliche mechanische Bauteile – also ein lautloser Betrieb – gebaut auf einer einzigen Platine. Beat Heeb und Immo Noack stellten davon (in nur drei Sommermonaten) 100 Exemplare her, wovon über 60 in einem einzigen Raum im ETH-Hauptgebäude für den Studentenbetrieb aufgestellt wurden."

Fig. 4.26: Lilith. Die unter der Leitung von Niklaus Wirth gebaute Lilith (1984) war Mitbewerbern um viele Jahre voraus . Der Hersteller war Modula Co., Provo, Utah (© Museum für Kommunikation, Bern).

Fig. 4.27: Diser. Diese Arbeitsstation wurde am Departement für Informatik der ETH Zürich entwickelt (1984/85). Die Vermarktung misslang (© Museum für Kommunikation, Bern).

Fig. 4.28: Ceres. Von der Ceres (1983) wurden mehrere Modellen gefertigt. Sie dienten vor allem für Ausbildungszwecke (© Museum für Kommunikation, Bern).

4.6.2 Music und Gigabooster

Anton Gunzinger schuf an der ETH 1992 den Superrechner *Music* (Multiprocessor system with intelligent communication) (vgl. Abb. 4.29). Später verkaufte seine 1993 gegründete Firma Supercomputing Systems (SCS) AG (Zürich) den Hochleistungsrechner *Gigabooster* (1994) (vgl. Abb. 4.30–4.31).

Fig. 4.29: Music. Steckkarte aus dem Mehrprozessorrechner (© Supercomputing Systems AG, Zurich).

Fig. 4.30: Gigabooster (1). Der schlanke Hochleistungsrechner ist überaus elegant (© Supercomputing Systems AG, Zurich).

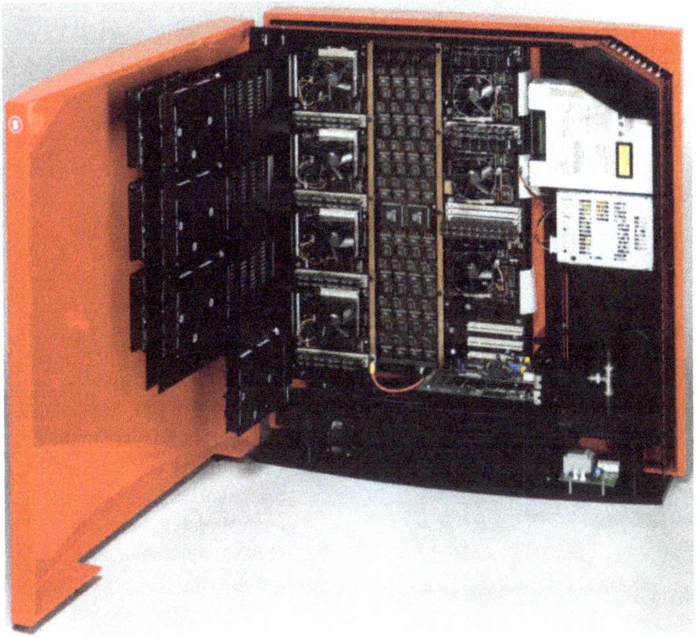

Fig. 4.31: Gigabooster (2). Ein Blick ins Innenleben des in Zurich entwickelten Hochleistungsrechners (© Supercomputing Systems AG, Zurich).

4.6.3 Smaky

Auch an der *Eidgenössischen Technischen Hochschule Lausanne* (ETH Lausanne) entstanden Digitalrechner. Von 1974 bis 1992 entwickelte Jean-Daniel Nicoud eine Reihe von tragbaren Smakys (vgl. Abb. 4.32), z.B. Smaky 1 und 2 (1975), Smaky 4 (1976), Smaky 5 (= Scrib, tragbares Textverarbeitungssystem für Medienschaffende), Smaky 6 (1978), Smaky 8 (1981), Smaky 100 (1984), Smaky 324 (1988), Smaky 300 (1990), Smaky 196 (1991), Smaky 130 (1992). Die Smakys wurden (ab Modell 6) von der Firma Epsitec, Belmont-sur-Lausanne VD (heute Yverdon VD), z.T. in hohen Stückzahlen hergestellt. 1977 erschien Dauphin, ein Rechner zum Selberbauen. André Guignard von der ETH Lausanne entwarf 1974 seine erste Maus, die einen Grundstein für die erfolgreiche Zubehörherstellerin *Logitech* bildete.

Fig. 4.32: Smaky. Der an der EPFL (Ecole polytechnique fédérale de Lausanne) entwickelte Tischrechner (1992) wurde von der Epstec SA, Belmont VD, in zahlreichen Modellen hergestellt (© Museum für Kommunikation, Bern).

4.7 Zuses Rechenlocher M9 und Remington Rand

Die Zuse KG baute für die Schweizer Remington Rand AG in Zürich eine Reihe von programmgesteuerten Rechenlochern, die nicht mehr rein mechanisch, sondern mit elektromagnetischen Relais arbeiteten. Sie setzten sich aus einem Rechenwerk und einem Kartenleser/Kartenlocher zusammen. Die Aufgabe des Geräts bestand darin, mit Abfühlstiften mehrere Werte aus der Karte abzugreifen, sie in einem kleinen Programm zu verarbeiten und die Ergebniswerte wieder auf dieselbe Karte zu lochen. Die Geschäfte mit der Schweizer Remington Rand wurden zu Beginn über eine im gleichen Haus an der Grubenstraße 11 in Zürich ansässige Tochterfirma, Mithra, abgewickelt. Denn Zuse musste seine eigenen Patente umgehen, weil er sie zeitweise an die Frankfurter Remington-Niederlassung (Powers) übertragen hatte.

Zuse hielt in seinen Lebenserinnerungen fest:

> „Etwa dreißig Geräte konnten wir in die Schweiz liefern; mit den Erträgen war der Aufbau unserer Firma so gut wie gesichert. Es ist deshalb nur billig des Mannes zu gedenken, der daran den größten Anteil hatte: des leider früh verstorbenen Oskar Weder. Oskar Weder war Angehöriger der Schweizer Remington-Rand und der eigentliche Initiator unserer Zusammenarbeit. Er hat sich seinen Vorgesetzten gegenüber stark exponieren müssen, um die Vergabe eines so umfangreichen Auftrages an eine kleine, kapitallose deutsche Firma zu rechtfertigen." (siehe Konrad Zuse: Der Computer – Mein Lebenswerk, Springer-Verlag, Berlin, Heidelberg, 5., unveränderte Auflage 2010, Seiten 109–110).

Die Mithra AG, Zürich, wurde 1946 gegründet. Vorgesehen waren die Fabrikation und der Vertrieb von fotografischen und technischen Erzeugnissen aller Art (siehe Schweizerisches Handelsamtsblatt, Band 64, 26. September 1946, Nr. 225, Seite 2817). 1957 verlegte das Unternehmen seinen Sitz nach Genf, 1958 nach Chur GR. 1966 kehrte es nach Zürich zurück und hieß nun Univac Services AG. Der Geschäftszweck lautete zeitweise so: „Forschung auf dem elektromechanischen und elektronischen Gebiet, die Auswertung einschlägiger Erfindungen und der Vertrieb mechanischer und elektromechanischer Maschinen und Apparate." 1952 ist in einem Eintrag des Handelsamtsblatts zu lesen: „Lochkartenmaschine zum Abfühlen von Lochkarten während des Stillstandes derselben und zum Lochen von Karten."

Zur M9 gibt es neben Konstruktionszeichnungen nur wenige Aufnahmen (vgl. Abb. 4.33–4.39).

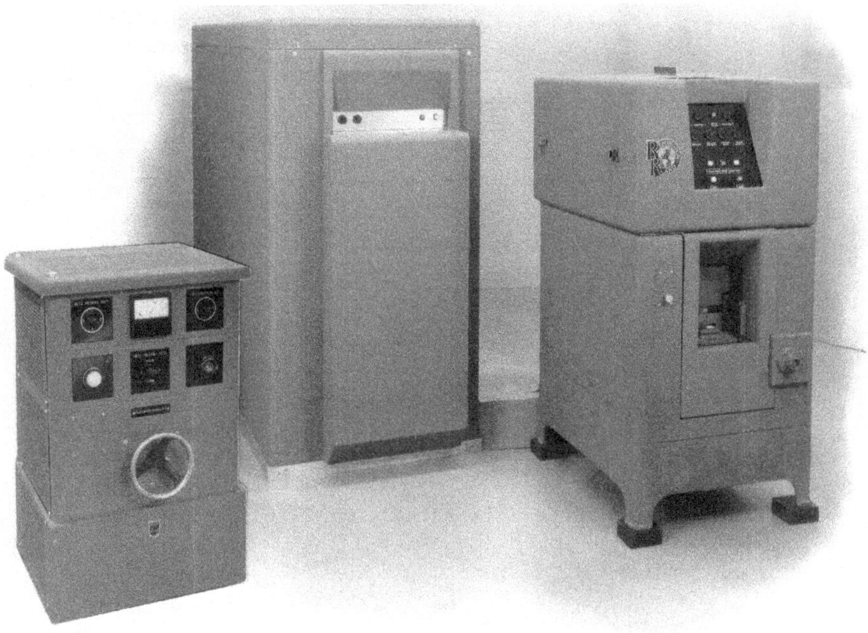

Abb. 4.33: Zuse-Rechenlocher M9, Gesamtaufnahme. Erst seit 2011 wissen wir dank des Fundes hervorragender Bilder und Zeichnungen im Toggenburg, einem Tal in der Ostschweiz zwischen dem Säntisgebirge und den Churfirsten, wie diese programmgesteuerte Rechenmaschine ausgesehen hat. Diese Geräte standen von 1956 bis 1968 in der Spinnerei & Weberei Dietfurt SG. Eine solche Anlage kostete damals ohne Programme etwa 200 000 Schweizer Franken. Die Aufnahme zeigt von links nach rechts den Gleichrichter, den Relaisschrank (Recheneinheit) sowie die Abfühl- und Locheinheit (© Max Forrer, Oberhelfenschwil SG).

Abb. 4.34: Zuse-Rechenlocher M9, Wartung. Max Forrer, der Leiter des Rechenzentrums der Spinnerei & Weberei Dietfurt SG, arbeitet am Relaisschrank (Rechner) der M9. Rechts die offene Abfühl- und Locheinheit (Untergestell) © Max Forrer, Oberhelfenschwil SG).

Abb. 4.35: Zuse-Rechenlocher M9, Relaisrahmen. Diese Aufnahme aus der ehemaligen Spinnerei & Weberei Dietfurt SG zeigt vorn die Lochkartenstation, hinten das Rechen- und Speicherwerk, rechts hinten ist ein herausgezogener Relaisrahmen zu sehen. Die Recheneinheit hatte rund 2200 Relais (© Max Forrer, Oberhelfenschwil SG).

Abb. 4.36: Zuse-Rechenlocher M9, Untergestell. Das Gerät für die Lochkarteneingabe und -ausgabe (Untergestell) ist hier in geschlossenem Zustand (© Max Forrer, Oberhelfenschwil SG).

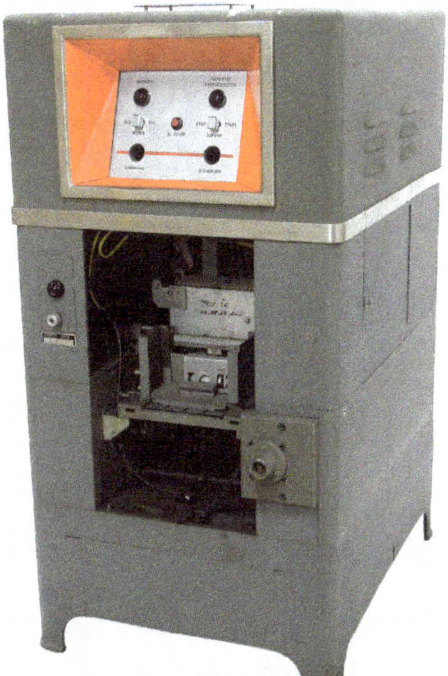

Abb. 4.37: Zuse-Rechenlocher M9 in Schwarzenburg BE. Die für die Schweizer Remington Rand entwickelte Lochkarteneinheit musste infolge des schlechten Zustands restauriert werden (© Museum für Kommunikation, Bern).

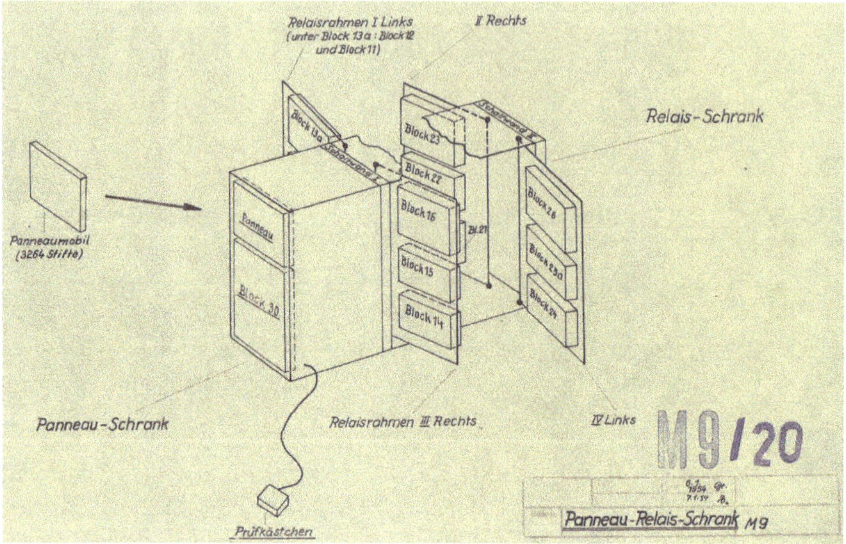

Abb. 4.38: Zuse-Rechenlocher M9, Rechenwerk. Relaisschrank mit Rechen- und Speicherwerk. Die Zuse KG (Neukirchen) fertigte im Auftrag von Remington Rand (Zürich) eine Reihe von Rechenlochern an. Die Relaisrahmen lassen sich ausschwenken. Die einzige erhaltene Anlage befindet sich im Berner Museum für Kommunikation (Quelle: Museum für Kommunikation, Bern).

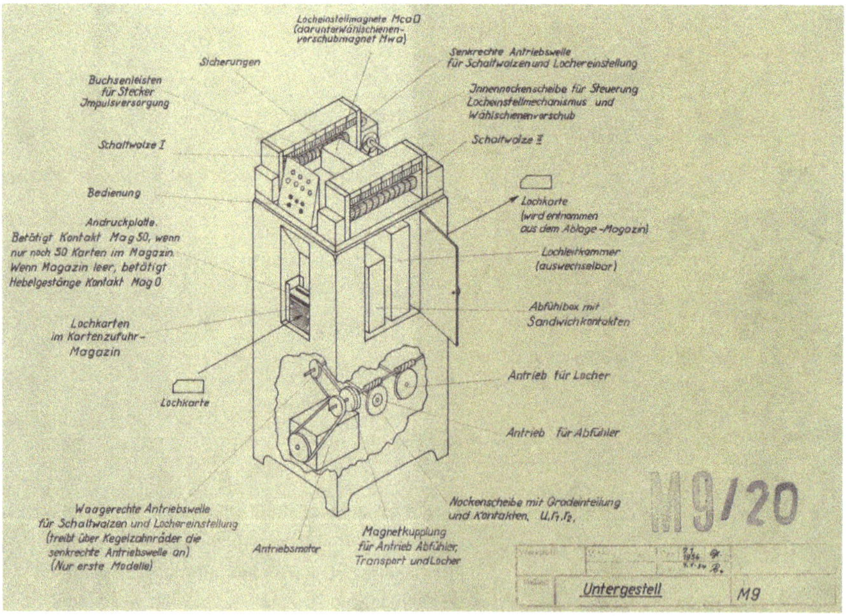

Abb. 4.39: Zuse-Rechenlocher M9, Lochkartenstation. Die Lochkarteneinheit hieß „Untergestell". Mit dieser elektromechanischen Maschine wurden Lochkarten gelesen und gestanzt. M9 war (aus patentrechtlichen Gründen) ein Deckname für Z9 (Quelle: Museum für Kommunikation, Bern).

4.7.1 M9 – das Gesellenstück

Alarich Baeumler, Entwicklungsingenieur und später technischer Leiter, war ab dem 1. Juli 1953 für die Zuse KG tätig. Er schreibt im Aufsatz „M9 – das Gesellenstück“:

> „Die Firma Zuse KG lebte damals vor allem von der Serienfertigung der Rechenanlage M9 für die Schweizer Tochter Mithra der Firma Remington Rand, daher der Buchstabe „M“. Ein- und Ausgabe erfolgten über Lochkarten, die Software wurde je nach Aufgabenstellung über eine Stecktafel programmiert. Wir lieferten die Rechenanlage ohne Ein- und Ausgabe eingebaut in ein Mithra-Gehäuse. Die ganze Angelegenheit war sehr geheim, denn es wäre wohl der Datenverarbeitungsfirma Remington Rand sehr peinlich, wenn bekannt würde, dass der enthaltene Rechner nicht von ihr stammte.
>
> Unser Relaisrechner M9 arbeitete im Festkomma und dezimal, d.h. jeweils 4 Binärstellen (eine Tetrade) bildeten eine dezimale Dekade. Da dummerweise 4 Binärstellen 16 Möglichkeiten bieten, aber für die Dezimalziffern nur 10 benötigt werden, muss nach jeder Rechenoperation eine Korrektur durchgeführt werden. Wir verwendeten den Stibitz-Code, d.h. die Binärzahlen 3 bis 12 einer Tetrade bildeten die Werte 0 bis 9 einer Dezimalziffer. Die erforderliche Korrektur bestand in der Addition oder je nach Operation Subtraktion einer 3.
>
> Ich erhielt zur weiteren Einarbeitung die Schaltungsunterlagen der M9. Dabei fiel mir auf, dass im Rechenwerk je Dezimalstelle jeweils 2 Additionsschaltungen hintereinander angeordnet waren, die zweite richtigerweise für die Korrektur. Das war eine logisch hübsche Lösung, aber auch die wirtschaftlichste? Ich entwickelte ein logisches Schema für die Kombination beider Schaltungen: Welche Zahlenkombinationen können hineinkommen und welche Resultate sollen herauskommen? Das ergab eine völlig neue Schaltung mit deutlicher Reduzierung des Relaisaufwandes, und da es sich um ein Parallelrechenwerk handelte, vervielfachte sich die Ersparnis. Die M9 käme nun mit 10–15 % weniger Relais aus. Das erfreute den für Produktion und Kalkulation zuständigen Firmenteilhaber Alfred Eckhard sehr, allerdings kam ihm die ganze Angelegenheit etwas suspekt vor. Da kommt so ein junger Spund und will da ein Ei des Columbus gefunden haben, wenn das mal funktioniert! So wurden zunächst eine oder zwei Dezimalstellen mit meiner Schaltung in der Werkstatt zusammengelötet und mit allen erdenklichen Zahlenkombinationen getestet – es funktionierte wirklich. So entschloss man sich, das Risiko zu übernehmen und ab sofort meine neue Schaltung in die laufende Serie einzubauen.“ (siehe Günter Mußtopf (Hg.): Als die Computer Laufen lernten, perComp Verlag, Hamburg 2005, Seiten 59– 60).

Die M9 wurde im Toggenburg für eine Fülle von Aufgaben eingesetzt (vgl. Abb. 4.40–4.45).

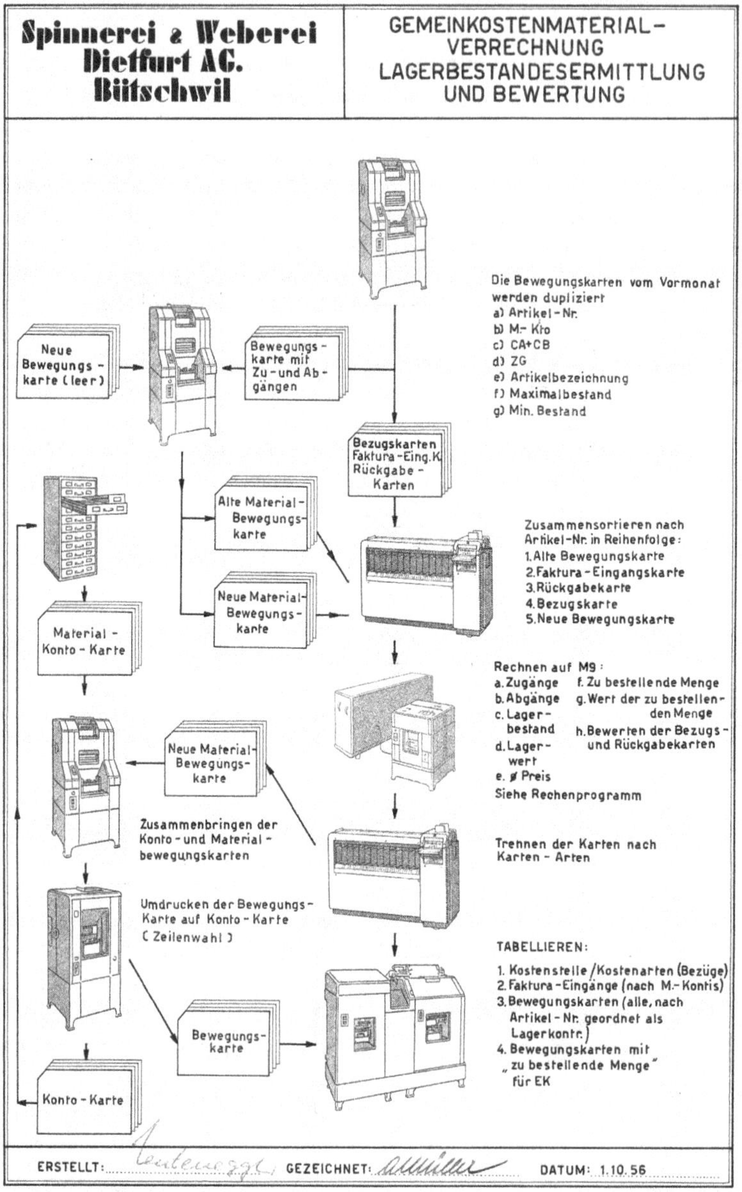

Abb. 4.40: M9 in der Praxis (1). Das Toggenburger Textilunternehmen nutzte die Maschine für die Lagerverwaltung: Die M9 (rechte Spalte, drittunterste Gerätegruppe) arbeitete mit verschiedenen Lochkartengeräten zusammen: Lochkartendoppler, Lochkartenmischer, Sortiermaschine und Tabelliermaschine (Drucker), handgefertigter Original-Arbeitsablaufplan vom 1. Oktober 1956 (© Max Forrer, Oberhelfenschwil SG).

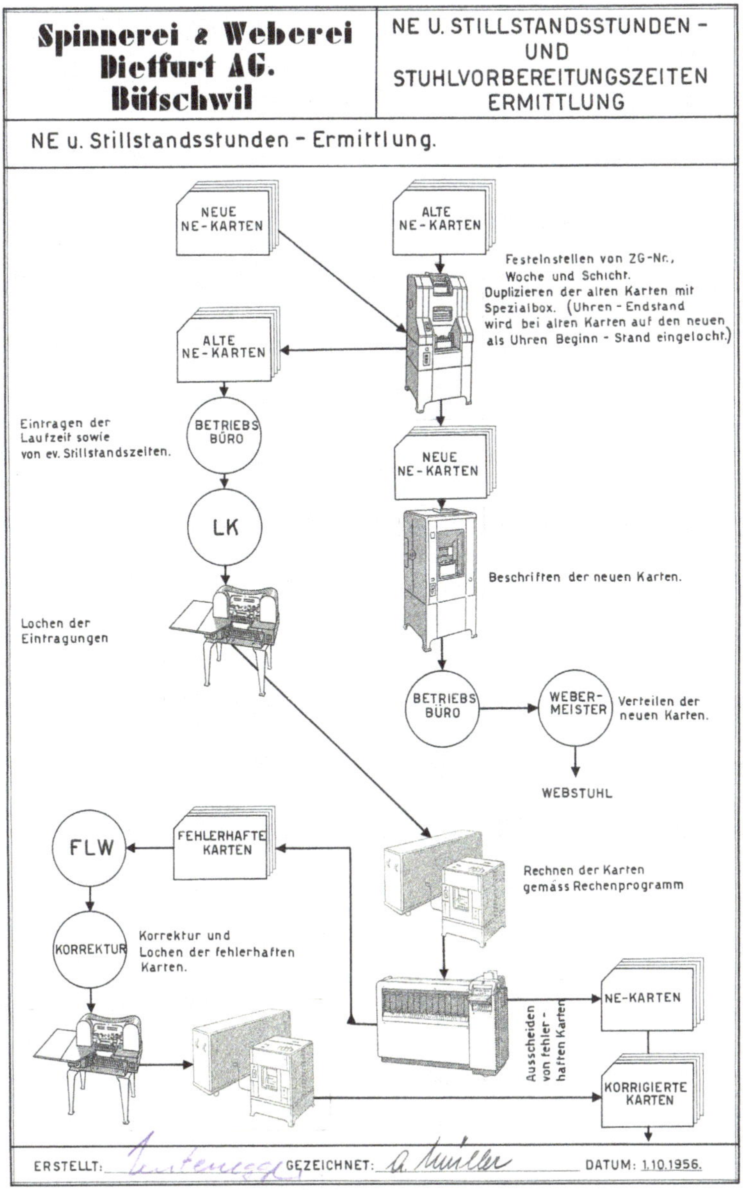

Abb. 4.41: M9 in der Praxis (2). Der Nutzeffekt (NE), die Stillstandszeit und die Dauer der Webstuhlvorbereitung werden hier ermittelt. Die M9 (Relaisschrank und Untergestell, links unten sowie zweitunterste Gerätegruppe rechts) steht hier im Zusammenspiel mit Kartenlocher, Kartendoppler und Kartensortierer, handgefertigter Original-Arbeitsablaufplan vom 1. Oktober 1956 (© Max Forrer, Oberhelfenschwil SG).

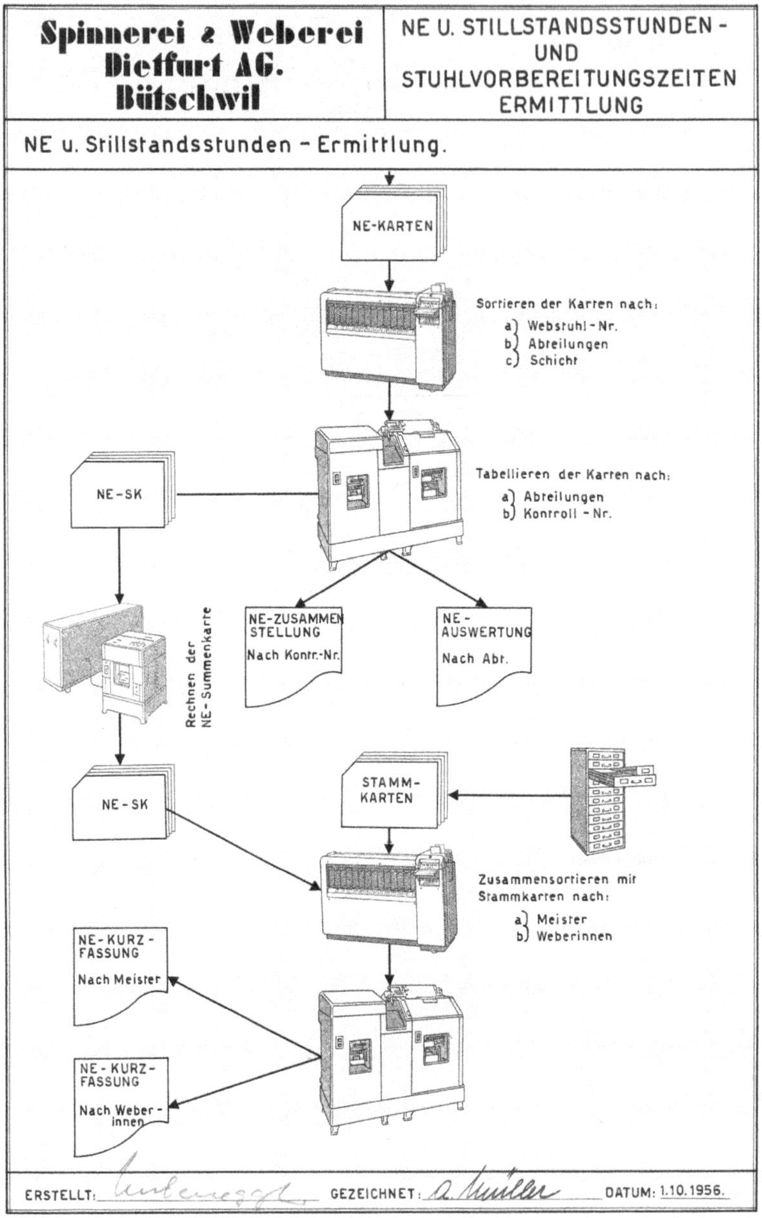

Abb. 4.42: M9 in der Praxis (3). Entscheidend für den Arbeitsablauf war das einwandfreie Zusammenwirken aller Geräte. NE = Nutzeffekt, Stuhl = Webstuhl. Die M9 (linke Spalte, oben) läuft im Verbund mit einer Sortiermaschine und einer Tabelliermaschine (Drucker), handgefertigter Original-Arbeitsablaufplan vom 1. Oktober 1956 (© Max Forrer, Oberhelfenschwil SG).

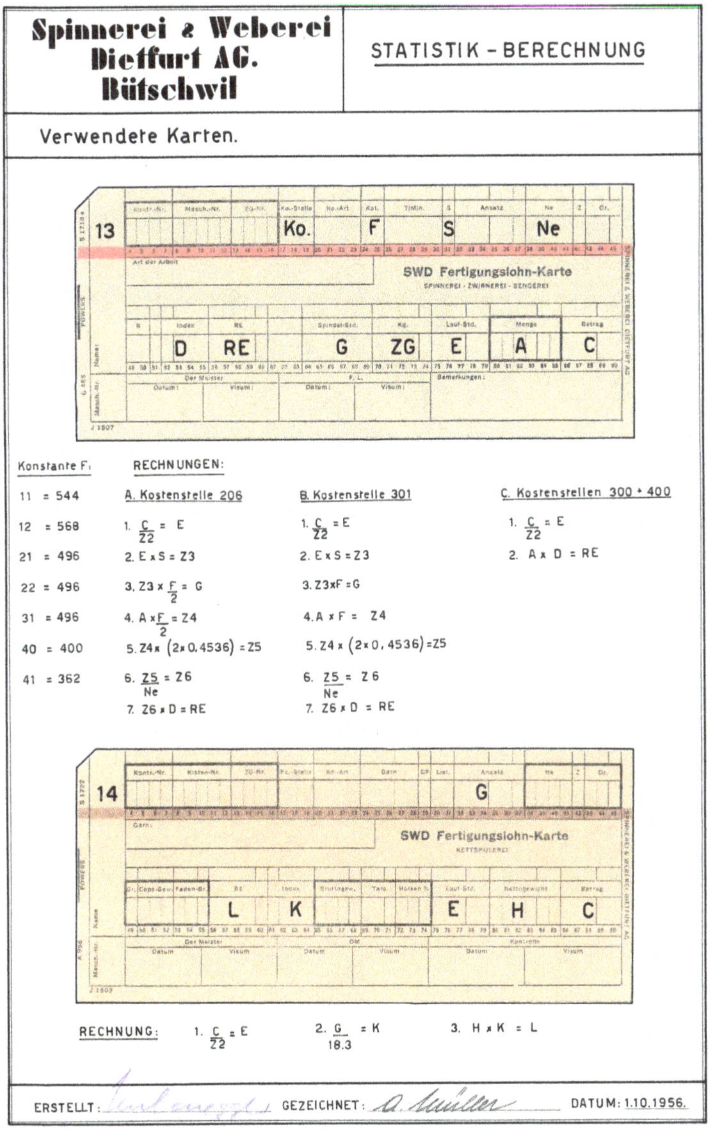

Spinnerei & Weberei Dietfurt AG. Bütschwil

STATISTIK - BERECHNUNG

Verwendete Karten.

Konstante F:

11 = 544
12 = 568
21 = 496
22 = 496
31 = 496
40 = 400
41 = 362

RECHNUNGEN:

A. Kostenstelle 206

1. $\frac{C}{Z2} = E$
2. E x S = Z3
3. Z3 x $\frac{F}{2}$ = G
4. A x $\frac{F}{2}$ = Z4
5. Z4 x (2 x 0.4536) = Z5
6. $\frac{Z5}{Ne}$ = Z6
7. Z6 x D = RE

B. Kostenstelle 301

1. $\frac{C}{Z2} = E$
2. E x S = Z3
3. Z3 x F = G
4. A x F = Z4
5. Z4 x (2 x 0.4536) = Z5
6. $\frac{Z5}{Ne}$ = Z6
7. Z6 x D = RE

C. Kostenstellen 300 + 400

1. $\frac{C}{Z2} = E$
2. A x D = RE

RECHNUNG: 1. $\frac{C}{Z2} = E$ 2. $\frac{G}{18.3} = K$ 3. H x K = L

ERSTELLT: GEZEICHNET: DATUM: 1.10.1956.

Abb. 4.43: M9 in der Praxis (4). Für die statistische Berechnung werden für die Eingabe von Daten und die Zwischenspeicherung von Ergebnissen Lochkarten (Datenträger aus Karton) verwendet. Bei Remington Rand hatten sie 90 Lochspalten. Auf einer Lochkarte konnten somit jeweils 90 Ziffern, Buchstaben oder Sonderzeichen dargestellt werden. In Dietfurt wurden etwa 100 verschiedene Lochkarten benutzt. Die Darstellung macht deutlich, wie die M9 gerechnet hat. SWD = Spinnerei & Weberei Dietfurt, handgefertigte Originalzeichnung vom 1. Oktober 1956 (© Max Forrer, Oberhelfenschwil SG).

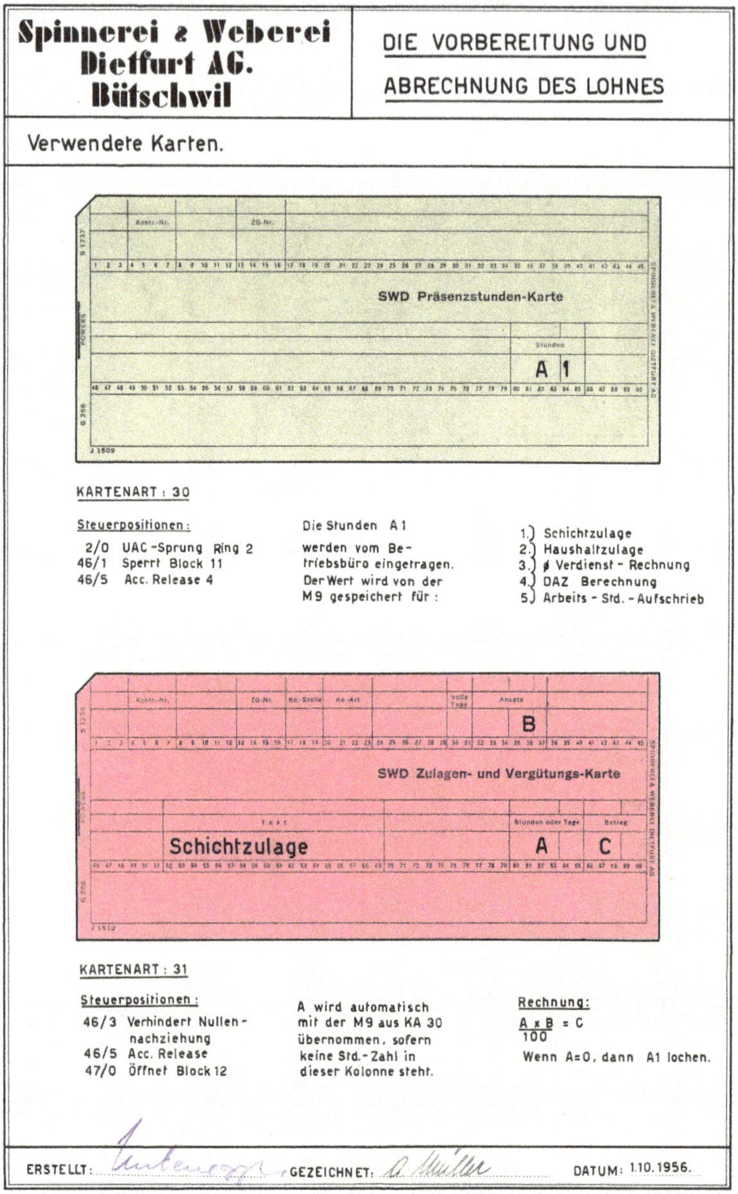

Spinnerei & Weberei Dietfurt AG. Bütschwil

DIE VORBEREITUNG UND ABRECHNUNG DES LOHNES

Verwendete Karten.

SWD Präsenzstunden-Karte

A 1

KARTENART : 30

Steuerpositionen :
2/0 UAC-Sprung Ring 2
46/1 Sperrt Block 11
46/5 Acc. Release 4

Die Stunden A 1 werden vom Betriebsbüro eingetragen. Der Wert wird von der M9 gespeichert für :

1.) Schichtzulage
2.) Haushaltzulage
3.) ⌀ Verdienst - Rechnung
4.) DAZ Berechnung
5.) Arbeits - Std. - Aufschrieb

SWD Zulagen- und Vergütungs-Karte

B

Schichtzulage A C

KARTENART : 31

Steuerpositionen :
46/3 Verhindert Nullennachziehung
46/5 Acc. Release
47/0 Öffnet Block 12

A wird automatisch mit der M9 aus KA 30 übernommen, sofern keine Std.-Zahl in dieser Kolonne steht.

Rechnung:
$\frac{A \times B}{100} = C$
Wenn A=0, dann A1 lochen.

ERSTELLT: GEZEICHNET: DATUM: 1.10.1956.

Abb. 4.44: M9 in der Praxis (5). Hier ist die Lohnabrechnung mit Karten für die Präsenzzeit und die Schichtzulage dargestellt. Die linke obere Ecke der Karte ist abgeschnitten, damit falsch eingelegte Karten in einem Stapel sofort erkennbar sind. SWD = Spinnerei & Weberei Dietfurt, DAZ = Dienstalterszulage, handgefertigte Originalzeichnung vom 1. Oktober 1956 (© Max Forrer, Oberhelfenschwil SG).

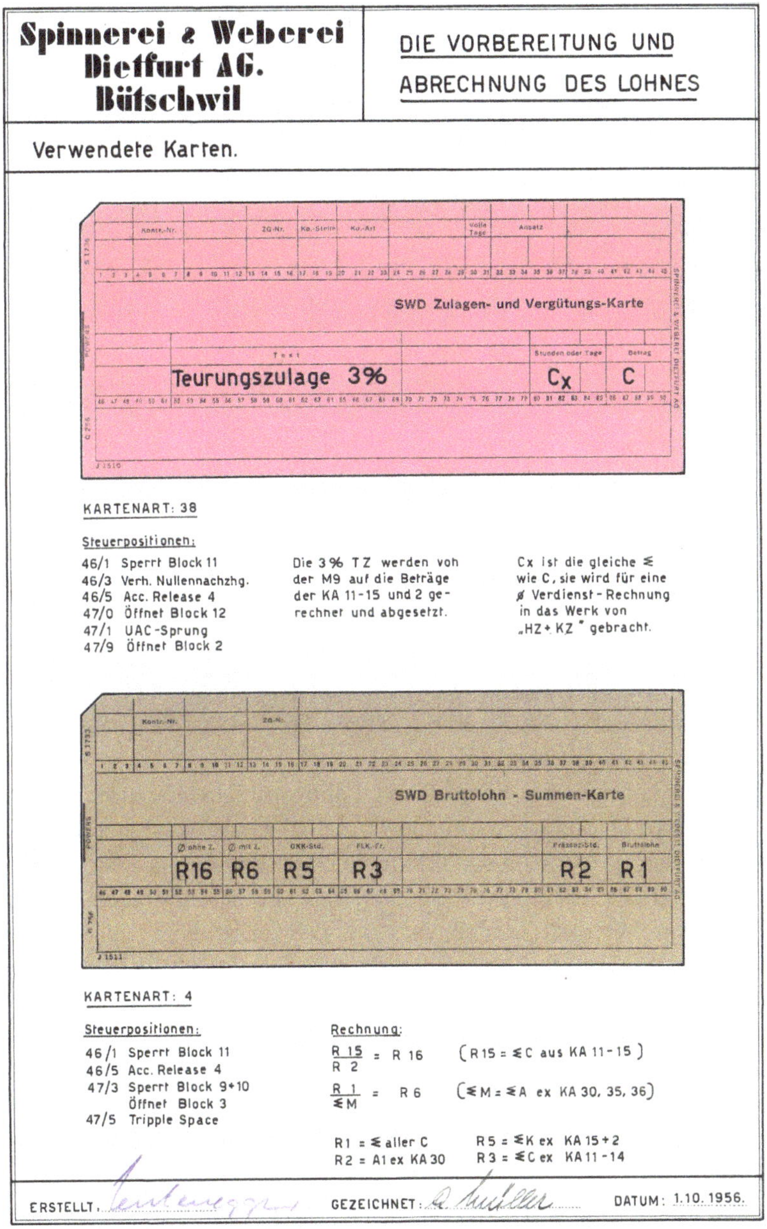

Spinnerei & Weberei Dietfurt AG. Bütschwil

DIE VORBEREITUNG UND ABRECHNUNG DES LOHNES

Verwendete Karten.

KARTENART: 38

Steuerpositionen:

46/1 Sperrt Block 11
46/3 Verh. Nullennachzhg.
46/5 Acc. Release 4
47/0 Öffnet Block 12
47/1 UAC-Sprung
47/9 Öffnet Block 2

Die 3% TZ werden von der M9 auf die Beträge der KA 11-15 und 2 gerechnet und abgesetzt.

Cx ist die gleiche ≤ wie C, sie wird für eine ø Verdienst-Rechnung in das Werk von „HZ + KZ" gebracht.

KARTENART: 4

Steuerpositionen:

46/1 Sperrt Block 11
46/5 Acc. Release 4
47/3 Sperrt Block 9+10
Öffnet Block 3
47/5 Tripple Space

Rechnung:

R 15 / R 2 = R 16 (R 15 = ≤C aus KA 11-15)

R 1 / ≤M = R 6 (≤M = ≤A ex KA 30, 35, 36)

R1 = ≤ aller C   R5 = ≤K ex KA 15+2
R2 = A1 ex KA 30   R3 = ≤C ex KA 11-14

ERSTELLT: [Unterschrift]   GEZEICHNET: [Unterschrift]   DATUM: 1.10.1956.

Abb. 4.45: M9 in der Praxis (6). Karten für die Teuerungszulage und den Bruttolohn werden in diesem Fall für die Lohnabrechnung genutzt. Es gibt weitere Karten für Überzeitzulage, Haushaltzulage, Kinderzulage, Ferien, Feiertage und Dienstalterszulage. SWD = Spinnerei & Weberei Dietfurt. Handgefertigte Originalzeichnung vom 1. Oktober 1956 (© Max Forrer, Oberhelfenschwil SG).

Die M9 wurde in eine Lochkartenanlage (siehe Kasten) eingebettet.

Lochkartentechnik
Es gab unterschiedliche Lochkartenmaschinen: Kartenlocher/Kartenstanzer, Kartenleser, Kartendoppler, Kartenprüfer (Lochprüfer), Lochschriftübersetzer, Kartenmischer, Kartensortierer (Sortiermaschinen), ferner Lochstreifenstanzer und -leser. Für Rechenvorgänge dienten Tabelliermaschinen (Drucker) und Rechenlocher (Ausgabe auf Lochkarten). Ein Rechenlocher (Rechenstanzer) war eine Zusatzmaschine zu einer Lochkartenanlage, ein programmgesteuerter Lochkartenrechner. Er konnte Rechnungen ausführen und die Ergebnisse in Lochkarten stanzen. Die M9 hatte 90-spaltige Lochkarten. Lochkartenmaschinen beherrschen alle vier Grundrechenarten.

Hinweise
- Für eine ausführliche Darstellung zum Zuse-Rechenlocher M9 siehe Herbert Bruderer: Konrad Zuse und die Schweiz, de Gruyter Oldenbourg-Verlag, München 2012, Seiten 117–162.
- Die M9 befindet sich heute im Berner Museum für Kommunikation.

4.8 Transistorrechner Cora von Contraves

Der erste in der Schweiz hergestellte Transistorrechner, die Cora 1 (vgl. Abb. 4.46), entstand bei der Contraves AG, Zürich (heute Rheinmetall Air Defence AG). 1963 war sie fertig. Bis November 2011 wusste selbst die Fachwelt nichts von dieser Maschine, sie wurde an der ETH Lausanne wieder entdeckt.

Die im Bereich Fliegerabwehr tätige Firma Contraves (lateinisch für „gegen Vögel") hatte für ihre Anwendungen ursprünglich Analogrechner eingesetzt. Weil sie zu wenig flexibel waren, entwickelte das Unternehmen in den 1960er Jahren einen Digitalrechner namens Cora (*Co*ntraves-*R*echen*a*nlage). Mit diesem Gerät sollte der grundsätzliche Nachweis erbracht werden, dass eine Echtzeitsteuerung eines Feuerleitsystems mit Hilfe eines Digitalrechners möglich ist.

Die wichtigste gewerbliche Anwendung war die Nutzung als Steuerelement für hochpräzise Zeichentische. Damit ließ sich zeigen, dass Kurven höherer Ordnung rasch berechnet und gezeichnet werden konnten. Für den Gebrauch in Feuerleitsystemen war sie zu schwer.

Der ungarische Ingenieur Péter Tóth hatte die Maschine ab 1957 im Auftrag des damaligen technischen Direktors der Contraves, *Max Lattmann*, entwickelt. Die Transistorschaltungen waren so ausgelegt, dass sie große Temperaturschwankungen aushalten konnten. Die Maschine hatte einen Kernspeicher. Für die Ein- und Ausgabe von Daten wurden Lochkarten und Lochbänder verwendet. Von der Cora 1 wurden etwa 60 Stück hergestellt. – Lattmann befürwortete 1949 die Nutzung des Zuse-Relaisrechners Z4 an der ETH Zürich.

Die Contraves hatte einen Koordinatografen von dem 1858 gegründeten Berner Unternehmen Haag-Streit AG (ehemals in Liebefeld-Bern, heute in Köniz BE) übernommen und zum Coragraphen weiter entwickelt. Die Cora steuerte diesen Zeichentisch. Die in Assembler (niedrige, maschinennahe Programmiersprache) programmierte Anlage wurde beispielsweise im österreichischen Vermessungswesen und im Schiffsbau (Howaldtswerke-Deutsche Werft, Kiel, Steuerung einer Brennschneidemaschine) eingesetzt.

Auch die ETH Lausanne kaufte eine solche Anlage für kartografische Arbeiten. Zu den Hauptarbeitsgebieten von Walter Karl Bachmann (Lehrstuhl für Geodäsie und Fotogrammetrie der ETH Lausanne) gehörte die „Einführung der elektronischen Rechner und automatischen Zeichentische in Katasterwesen, Straßenplanung und Fotogrammetrie."

Schöpfer der Cora 2 war *Peter Blum*. Später geriet die Cora in Vergessenheit.

Abb. 4.46: Transistorrechner Cora 1. Der in Zürich gebaute erste Schweizer Transistorrechner wurde erst kürzlich wieder entdeckt. Er steht im Musée Bolo der ETH Lausanne (© EPFL, Alain Herzog).

Hinweise

Für weitere Angaben zum Transistorrechner Cora siehe Herbert Bruderer: Konrad Zuse und die Schweiz, de Gruyter Oldenbourg-Verlag, München 2012, Seiten 79–83.

Zur Cora gibt es zwei Zeitzeugenberichte: Ernst Hutzler: Zeitzeugenbericht zur Cora, 2014, http://dx.doi.org/10.3929/ethz-a-010042296, und François Nicolet: Zeitzeugenbericht zur Cora, 2014, http://dx.doi.org/10.3929/ethz-a-010042296).

Die Cora befindet sich heute im Musée Bolo der ETH Lausanne.

4.9 Heinz Rutishauser, ein vergessener Pionier

Der früh verstorbene Heinz Rutishauser (1918–1970) von der ETH Zürich gilt als der bedeutendste Schweizer Pionier aus der Frühzeit der Informatik (siehe Kasten). In die Geschichte eingegangen ist er als Begründer der „automatischen Programmierung" und als einer der maßgeblichen Väter der Programmiersprache Algol.

Ausbildung
Über Heinz Rutishausers Leben ist bislang wenig bekannt. Die folgenden Angaben sind einem Schulratsprotokoll aus dem Hochschularchiv der ETH Zürich (Sitzung Nr. 7 vom 20. Dezember 1954, Seite 481) entnommen: Der Thurgauer studierte von 1936 bis 1942 an der ETH Mathematik und erwarb 1942 mit Auszeichnung das Diplom als Fachlehrer der Mathematik ETH. Von 1942 bis 1945 war er Assistent für höhere Mathematik bei Walter Saxer. Er unterrichtete Mathematik am Landeserziehungsheim Glarisegg TG (1945/46) und an der Kantonsschule Trogen AR (1946/47). 1947/48 bearbeitete er sein Promotionsthema.

Aufenthalt in den USA (1949)
Ab 1948 war Rutishauser Assistent am Institut für angewandte Mathematik der ETH Zürich (ab 1953 Assistent der Kategorie A). 1949 machte er einen Studienaufenthalt an Rechenzentren der USA. 1950 folgte seine Doktorarbeit „Über Folgen und Scharen von analytischen Funktionen mehrerer Variablen sowie von analytischen Abbildungen". 1951 fand die Habilitierung als Privatdozent an der ETH statt: „Automatische Rechenplanfertigung" (vgl. Abb. 4.47). 1952 hielt er seine Antrittsvorlesung. 1955 wurde er zum außerordentlichen Professor für angewandte Mathematik an der ETH gewählt.

Einführung in die Programmierung (1954)
Den Schulratsprotokollen zufolge hielt er an der Abteilung für Mathematik und Physik der ETH im Sommersemester 1954 eine zweistündige Lehrveranstaltung „Einführung in die Praxis des programmgesteuerten Rechnens", im Wintersemester 1955/56 eine zweistündige Lehrveranstaltung „Programmgesteuertes Rechnen I (Anleitung zur Benützung einer elektronischen Rechenmaschine)". Das waren vermutlich die ersten Programmierkurse in der Schweiz. 1960 beantragte er einen kurzen unbezahlten Urlaub zur „Fertigstellung eines Buches über automatisches Programmieren mit besonderer Berücksichtigung der automatischen Formelsprache Algol". (Schulratsprotokoll, Sitzung Nr. 3 vom 07. Mai 1960, Seite 269).

Stimmen zu Heinz Rutishauser (Schweiz)

Friedrich Bauer (München) hielt Heinz Rutishauser von der ETH Zürich für den Vater des Compilers: „In 1951, Rutishauser wrote the famous paper „Automatische Rechenplanfertigung“, marking the start of compiler construction and of programming languages.“ (siehe Friedrich Bauer: Between Zuse and Rutishauser – The early development of digital computing in Central Europe, in: Nicholas Constantine Metropolis; Jack Howlett; Gian-Carlo Rota (Hg.): A history of computing in the twentieth century, Academic press, New York, London usw. 1980, Seite 506).

1951 hat Rutishauser die berühmte Abhandlung „Automatische Rechenplanfertigung“ geschrieben und damit den Beginn des Compilerbaus und die Schaffung von Programmiersprachen eingeleitet.

„Der Schweizer Mathematiker Heinz Rutishauser zeigte 1951, durch Zuses Idee eines Planfertigungsgeräts herausgefordert, wie zum Erstellen eines Programms für eine Formel ein Programm des Universalrechners selbst benutzt werden kann („programmierendes Programm,“ Andrej Erschow).“ (siehe Friedrich Bauer: Informatik. Führer durch die Ausstellung, Deutsches Museum, München 2004, Seite 175).

Für Heinz Zemanek (Wien) war Rutishauser ein Schrittmacher der Programmiersprachen: „Seine Habilitationsschrift [Automatische Rechenplanfertigung bei programmgesteuerten Rechenmaschinen] ist der Beginn der systematischen Programmiersprachen und der Ausgangspunkt der Sprache Algol“.

Herman Goldstine (Princeton) meint: „Around the same period the late Heinz Rutishauser of the ETH in Zurich was thinking quite systematically about automatic programming and about ways to express mathematical concepts in a reasonable way on a computer. He also conceived of a practical procedure for translating such expressions into machine language. Thus he probably invented the first compiler, and his is also the first problem-oriented language. [...]. Rutishauser's ideas apparently were ahead of their time, and neither his nor Böhm's work evoked much response until a few years later when they were taken up by the Munich group under Bauer and Samelson.“ (siehe Herman Heine Goldstine: The computer from Pascal to von Neumann, Princeton university press, Princeton, New Jersey 1993, Seiten 337–338).

Um die gleiche Zeit stellte der mittlerweile verstorbene Heinz Rutishauser von der ETH Zürich grundsätzliche Überlegungen über die automatische Programmierung an. Er suchte Verfahren, um mathematische Konzepte auf sinnvolle Art auf einem Rechner darzustellen. Rutishauser erdachte auch eine praktische Vorgehensweise für die Übersetzung solcher Ausdrücke in die Maschinensprache. So erfand er vermutlich den ersten Übersetzer (Compiler). Zudem ist er Schöpfer der ersten problembezogenen Programmiersprache. Rutishausers Gedanken waren offensichtlich der Zeit voraus. Weder seine noch Böhms Arbeit fand Widerhall. Erst einige Jahre später wurden die Ideen von der Münchener Gruppe unter Bauer und Samelson aufgegriffen.

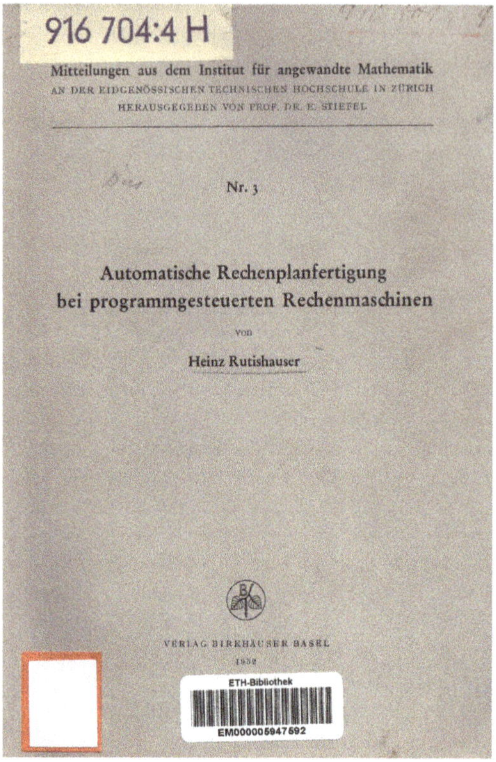

Mitteilungen aus dem Institut für angewandte Mathematik
AN DER EIDGENÖSSISCHEN TECHNISCHEN HOCHSCHULE IN ZÜRICH
HERAUSGEGEBEN VON PROF. DR. E. STIEFEL

Nr. 3

Automatische Rechenplanfertigung bei programmgesteuerten Rechenmaschinen

von

Heinz Rutishauser

VERLAG BIRKHÄUSER BASEL
1952

Abb. 4.47: Automatische Programmierung. Heinz Rutishauser beschreibt in seiner wegweisenden Habilitationsschrift die Nutzung von Rechenautomaten für die Erstellung von Rechenprogrammen (Quelle: ETH-Bibliothek Zürich).

Die Rechenmaschine hilft bei der Programmerstellung:

> „Demgegenüber [im Unterschied zu besonderen *Geräten* zur Rechenplanfertigung, etwa von Howard Aiken für Harvard mark 3 und Konrad Zuse] gewann der Verfasser dieser Arbeit schon vor längerer Zeit die Überzeugung, dass es möglich sein müsse, die programmgesteuerte Rechenmaschine selbst dank ihrer Vielseitigkeit als Planfertigungsgerät zu verwenden. Dies würde also bedeuten, dass man mit diesen Rechenmaschinen nicht nur numerische Probleme löst, sondern auch Rechenpläne „berechnet". (siehe Heinz Rutishauser: Automatische Rechenplanfertigung bei programmgesteuerten Rechenmaschinen, Birkhäuser Verlag, Basel 1952, Seite 2).

Hinweise

Der Ausdruck „automatische Programmierung" ist missverständlich. Besser wäre z.B. „maschinelle Programmierhilfe" oder „rechnergestützte Programmierung". Zuse sprach von Planfertigungsgeräten (Programmator, 1952). Rutishauser beschreibt in seiner 1952 veröffentlichten Arbeit eine algebraische Sprache und ihre Übersetzung. Seine Bemühungen führten schließlich zur Programmiersprache Algol.

4.9.1 Rutishauser und die universelle Turingmaschine

> „Rutishauser independently rediscovered the concept of a universal machine that Turing described in 1936: a computer's output may not only consist of „answers" to numerical problems; it may also be another program. (The program which does that is called a „compiler".) In that way persons need not be conversant in machine code, which after all consists of only zeros and ones, to be able to write programs. Once again the key to a computer's ability to do that translation is the stored program principle." (siehe Paul Ceruzzi: Reckoners, Greenwood press, Westport, Connecticut, London 1983, Seite 144).

Rutishauser hat das Konzept einer universellen Maschine, das Turing 1936 beschrieben hat, unabhängig wieder entdeckt: Ein Rechner kann nicht nur mathematische Aufgaben lösen, sondern auch ein anderes Programm erstellen. (Ein solches Programm wird „Übersetzer" (Compiler) genannt.). Um Programme zu schreiben, muss man daher nicht mit der Maschinensprache vertraut sein. Diese besteht letzten Endes bloß aus Nullen und Einsen. Dass ein Rechner eine solche Übertragung anzufertigen vermag, ist einmal mehr dem Prinzip des Speicherprogramms zuzuschreiben.

Donald Knuth hat sich ausführlich mit der Geschichte der Programmiersprachen befasst: Nach einer Würdigung von Rutishausers Leistung geht er auf die an der ETH Zürich eingereichte Doktorarbeit von Corrado Böhm ein (Calculatrices digitales du déchiffrage de formules logico-mathématiques par la machine même dans la conception du programme, in: Annali di matematica pura ed applicata, Band 37, 1954, Heft 1, Seiten 175–217). Besonders bemerkenswert sei, dass er einen vollständigen Compiler in seiner eigenen Sprache erstellt habe.

4.9.2 Grundlagenwerk zum Rechnerbau

Arnold A. Cohen schreibt in seiner Einführung zu einem der wenigen grundlegenden (frühen) Werke zum Rechnerbau aus dem Jahr 1950:

> „Although the ERA book may have been the only one of its kind published in America, it was not alone in the world at the time. Rutishauser, Speiser, and Stiefel's comprehensive review „Program controlled digital computing devices (Electronic computing machines)", appeared in four installments (1950–1951) in the Swiss journal *Zeitschrift für angewandte Mathematik und Physik*. This excellent tutorial, with its extensive bibliography, was not widely available in the U.S.A., as a further obstacle to Americans, its language was German." (siehe Engineering research associates, Inc.: High-speed computing devices, Tomash publishers, Los Angeles, San Francisco 1983, Seite XIX, Erstausgabe 1950).

Obwohl das Werk von ERA wahrscheinlich das einzige seiner Art in Amerika war, war es damals nicht allein auf der Welt. Die umfassende Darstellung „Programmgesteuerte digitale Rechengeräte (elektronische Rechenmaschinen)" von Rutishauser, Speiser und Stiefel erschien 1950/51 in vier Teilen in der Schweizer Zeitschrift für angewandte Mathematik und Physik. Diese hervorragende Einführung mit ihrer ausführlichen Bibliografie war in den USA nur schwer erhältlich. Es war in deutscher Sprache geschrieben, was für Amerikaner ein weiteres Hindernis darstellte.

Der Reisebericht des Dreigestirns aus Zürich – Heinz Rutishauser; Ambros P. Speiser; Eduard Stiefel: Programmgesteuerte digitale Rechengeräte (elektronische Rechenmaschinen) – war laut Zemanek „jahrelang die beste Dokumentation über den Computer in deutscher Sprache". (siehe Heinz Zemanek: Weltmacht Computer, Bechtle Verlag, Esslingen, München 1991, Seite 210). Er bemerkt:

> „Der Reisebericht [von Rutishauser, Speiser und Stiefel], zuerst in der ZAMM und dann als Heft 2 der Mitteilungen aus dem Institut für Angewandte Mathematik veröffentlicht, erwies sich als hervorragende Einführungsschrift in das Gebiet der elektronischen Rechenanlagen, welche die deutsche Terminologie nachhaltig beeinflußte und sicherlich nicht nur für mich zu einem der wichtigsten Schlüssel für das neue Arbeitsfeld wurde." (siehe Heinz Zemanek: Nachruf. Prof. Dr. Heinz Rutishauser, in: Elektronische Rechenanlagen, Band 12, 1970, Heft 6, Seite 305).

4.10 Wer war an den Entscheidungen zur Zuse Z4 und zur Ermeth beteiligt?

Es folgt eine Übersicht über die Personen, die an den Entscheidungen zur Zusemaschine Z4 und zum Röhrenrechner Ermeth mitgewirkt haben:

ETH Zürich

- Prof. Ernst Baumann, Ordinarius für technische Physik und Leiter der Abteilung für industrielle Forschung (AfiF) des Instituts für theoretische Physik
- Dr. Hans Bosshard, Schulratssekretär und Jurist
- Dr. Gustav Neukomm, Jurist (Kanzlei des Schweizerischen Schulrats)
- Prof. Walter Saxer, Ordinarius für Mathematik
- Prof. Eduard Stiefel, Vorstand des Instituts für angewandte Mathematik

Contraves AG, Zürich

- Dr. Hans Brändli, Direktor
- Dr. Max Lattmann, technischer Direktor

Zuse KG, Neukirchen (D)

- Alfred Eckhard, Ingenieur, Teilhaber
- Harro Stucken, Ingenieur, Teilhaber
- Konrad Zuse, Ingenieur, Erfinder

Schweizerischer Bundesrat (Bundesregierung)
1934–1959 Dr. Philipp Etter
Vorsteher des Eidgenössischen Departements des Innern (Bildungsminister)

Präsidenten des Schweizerischen Schulrats
1926–1948 Prof. Arthur Rohn
1949–1965 Prof. Hans Pallmann
Die einflussreichen Schulratspräsidenten waren damals jahrzehntelang im Amt.

Rektoren der ETH Zürich
1939–1943 Prof. Walter Saxer
1943–1947 Prof. Franz Tank
1947–1948 Prof. Hans Pallmann
1949–1951 Prof. Fritz Stüssi
1951–1953 Prof. Henry Favre
1953–1957 Prof. Karl Schmid
Der Stabwechsel fand üblicherweise im Herbst statt.

Vorstände der Abteilung für Mathematik und Physik (Abteilung IX)
1944–1946 Prof. Heinz Hopf
1946–1948 Prof. Eduard Stiefel
1948–1950 Prof. Hans Ziegler
1950–1952 Prof. Wolfgang Pauli
1952–1954 Prof. Albert Pfluger
1954–1956 Prof. Beno Eckmann
1956–1958 Prof. Max Waldmeier
Der Wechsel vollzog sich jeweils auf den Beginn des Wintersemesters.

Vorstand des Instituts für angewandte Mathematik
1948–1969 Prof. Eduard Stiefel
Eduard Stiefel war ab dem 1. Oktober 1943 ordentlicher Professor für höhere Mathematik. Ab 1948 war er zudem Vorstand des Instituts für angewandte Mathematik. Die Professur für angewandte Mathematik wurde aus finanziellen Gründen erst auf den 1. Oktober 1953 eingerichtet. Denn dies hatte einen zusätzlichen Lehrstuhl zur Folge. Dazu war ein Antrag an den Schweizerischen Bundesrat nötig. Der beschloss am 30. Juli 1953 die Errichtung einer ordentlichen Professur für angewandte Mathematik und wählte Eduard Stiefel als Inhaber.

Auf den 1. Oktober 1969 wurde das *Institut* für angewandte Mathematik in ein *Seminar* für angewandte Mathematik umgewandelt. Es stand unter der gleichberechtigten Leitung von Peter Henrici und Eduard Stiefel.

4.11 Kommission zur Entwicklung von Rechengeräten in der Schweiz

Die Kommission zur Entwicklung von Rechengeräten in der Schweiz (auch als Forschungskommission zur Konstruktion von Rechengeräten in der Schweiz bezeichnet) war beratend tätig.

1. Amtsdauer 1948–1950, 3 Jahre, 7–9 Mitglieder

1. Prof. Eduard Stiefel, Vorstand des Instituts für angewandte Mathematik, ETH Zürich (Vorsitzender)
2. Prof. Jakob Ackeret, Vorstand des Instituts für Aerodynamik, ETH Zürich
3. Prof. Ernst Baumann, Vorstand des Instituts für technische Physik, ETH Zürich
4. Prof. Charles Blanc, Professor für angewandte Mathematik, Epul, Lausanne (nachträgliche Ernennung)
5. Dr. Francis Dubois, Alfred J. Amsler & Co., Maschinenfabrik, Schaffhausen
6. Prof. Henry Favre, Vorstand des Photoelastischen Laboratoriums, ETH Zürich
7. Dr. Max Lattmann, technischer Direktor, Contraves AG, Zürich
8. Prof. Max Strutt, Vorstand des Elektrotechnischen Instituts, ETH Zürich (nachträgliche Ernennung)
9. Prof. Ernst Völlm, Privatdozent (PD) für grafische und numerische Rechnungsmethoden, ETH Zürich

2. Amtsdauer 1951–1953, 3 Jahre, 12 Mitglieder

1. Prof. Eduard Stiefel, Vorstand des Instituts für angewandte Mathematik, ETH Zürich (Vorsitzender)
2. Prof. Jakob Ackeret, Vorstand des Instituts für Aerodynamik, ETH Zürich
3. Prof. Ernst Baumann, Vorstand des Instituts für technische Physik, ETH Zürich
4. Prof. Charles Blanc, Professor für angewandte Mathematik, Epul, Lausanne
5. Dr. Francis Dubois, Alfred J. Amsler & Co., Maschinenfabrik, Schaffhausen
6. Prof. Henry Favre, Vorstand des Photoelastischen Laboratoriums, ETH Zürich
7. O. Kihm, Mathematiker, technischer Beamter der Sektion für Schießversuche, Eidgenössisches Militärdepartement (EMD), Bern
8. Dr. Max Lattmann, technischer Direktor, Contraves AG, Zürich
9. Prof. Max Strutt, Vorstand des Elektrotechnischen Instituts, ETH Zürich
10. Prof. Ernst Völlm, Privatdozent (PD) für grafische und numerische Rechnungsmethoden, ETH Zürich
11. Prof. Heinrich Weber, Vorstand des Instituts für Fernmeldetechnik, ETH Zürich
12. Prof. Hans Wyss, Privatdozent (PD) für Versicherungsmathematik, ETH Zürich

Anmerkung
Die Ecole polytechnique de l'Université de Lausanne (Epul) war die Vorgängerin der heutigen Eidgenössischen Technischen Hochschule Lausanne (ETHL) (Ecole polytechniqe fédérale de Lausanne, EPFL).

Quellen
Schulratsprotokolle der ETH Zürich und Nachlass von Eduard Stiefel.

4.12 Wer hat wann und wo an den Gesprächen zur Z4 teilgenommen?

Nach derzeitigem Wissensstand haben die folgenden Personen an den Gesprächen zur Zusemaschine Z4 teilgenommen:

– **13. Juli 1949 in Hopferau (D)**
  Besichtigung der Z4
  Konrad Zuse
  Eduard Stiefel
  Hans Brändli
  Max Lattmann

Anmerkungen
Laut Schulratsprotokoll vom 6. Oktober 1949 und einer Gesprächsnotiz von Hans Pallmann vom 18. Juli 1949 (Unterredung mit mehreren Mitgliedern der Kommission zur Entwicklung von Rechengeräten, darunter Max Lattmann, sowie mit Hans Brändli) besuchten Eduard Stiefel und Max Lattmann Konrad Zuse in Hopferau. In einer Gesprächsnotiz von Hans Pallmann vom 22. Juni 1949 (Unterredung mit Eduard Stiefel) wird Hans Brändli anstelle von Max Lattmann erwähnt. In einem Eintrag in Zuses Gästebuch wird neben Stiefel Brändli aufgeführt.

– **22. Juli 1949 in Zürich** (Contraves)
  Beratung zur Z4
  Eduard Stiefel
  Hans Brändli
  Max Lattmann

– **25. August 1949 in Friedrichshafen**
  Vertragsverhandlungen zur Z4 (Hauptvertrag)
  Konrad Zuse, Harro Stucken
  Eduard Stiefel, Ernst Baumann, Walter Saxer, Gustav Neukomm, Hans Brändli

- **7. September 1949 in Basel** (Badischer Bahnhof)
  Vertragsunterzeichnung zur Z4 (Hauptvertrag)
  Konrad Zuse, Harro Stucken, Alfred Eckhard
  Eduard Stiefel, Corrado Böhm, Gustav Neukomm

- **27. September–12. Oktober 1949 in Neukirchen** (Zuse KG)
  Prüfbericht zur Z4
  Corrado Böhm, Harry Laett

- **6. Oktober 1949 in Zürich** (ETH)
  Bereinigung des Mietvertrags
  Harro Stucken
  Eduard Stiefel, Gustav Neukomm

- **15.–20. Januar 1950 in Neukirchen** (Zuse KG)
  Gespräch zum Zusatzauftrag zur Z4
  Reise von Eduard Stiefel, Heinz Rutishauser und Ambros Speiser nach Deutschland (Urlaub für Eduard Stiefel vom 14. bis 20. Januar 1950, laut Präsidialverfügung vom 4. Februar 1950, Abreise 15. Januar 1950)

- **April/Mai 1950**
  Reise von Ambros Speisers nach Deutschland

- **Juni/Juli 1950**
  Reise von Heinz Rutishausers nach Deutschland

Anmerkungen
Stiefels Assistenten Heinz Rutishauser (Mathematiker) und Ambros Speiser (Ingenieur) waren an den Treffen in Hopferau, Friedrichshafen und Basel *nicht* dabei. Sie hielten sich zu dieser Zeit in den USA auf. Corrado Böhm (Mathematiker) war Assistent am Institut für angewandte Mathematik. Rutishauser, Speiser und Böhm erhielten später den Professortitel.

Der erste Entwurf für den Vertrag mit Zuse stammt von Hans Brändli (Contraves). Der erste Entwurf der ETH trägt das Datum vom 9. August 1949. Hans Pallmann bat seinen Vorgänger, Arthur Rohn, und einen früheren Rektor, Walter Saxer, um eine Stellungnahme zum Vertrag. Saxer äußerte sich dazu in einem Brief, Rohn wünschte keine Änderungen. Eine große, fünfköpfige Abordnung (Professoren Eduard Stiefel, Ernst Baumann, Walter Saxer und Jurist Gustav Neukomm von der ETH sowie Dr. Hans Brändli von der Contraves) fuhr zu den Vertragsverhandlungen nach Friedrichshafen. Die Begegnungen in Grenznähe auf deutschem Staatsgebiet (Friedrichshafen, Basel Badischer Bahnhof) deuten auf die mühsame Beschaffung von Bewilligungen für Auslandreisen hin.

Quellen
Schulratsprotokolle der ETH Zürich und Nachlass von Eduard Stiefel.

4.13 Wer hat an den Gesprächen zur Ermeth teilgenommen?

Die folgenden Fachleute haben an den Begegnungen zur Ermeth mitgewirkt:

Gesprächspartner bei der Hasler AG, Bern
- Karl Eigenheer, Generaldirektor (sowie Präsident und Delegierter des Verwaltungsrats der Hasler Holding AG, Bern)
- Jakob Bauer, stellvertretender Generaldirektor (sowie Delegierter des Verwaltungsrats der Hasler AG, Bern)
- Erno E. Glaus, Generaldirektor (Vorgänger von Eigenheer)
- Wettstein, Direktor der Telegraphen- und Telephonabteilung
- Keller
- Gesprächspartner bei der Paillard SA, Yverdon VD
- Fritz Ludwig Pagan, Generaldirektor und Verwaltungsratsdelegierter
- H. Schaetti

Gesprächspartner bei der Remington Rand AG, Zürich
- Franz Mariotti, Direktor
- William Kuhlmann, Direktor

Gesprächspartner bei der Mithra AG, Zürich
- Werner Graf, Verwaltungsratspräsident (1946–1955)
- Fritz Waltisbühl, Verwaltungsratspräsident (1956–1957)
- Ulysse L. Baldé
- C. A. Chiesa

Gesprächspartner bei IBM
- Walter F. Herzog, Direktor (IBM Schweiz)
- Arthur L. Samuel, Forschungsberater (IBM, Poughkeepsie, New York).
  Anmerkung

Arthur L. Samuel war bei IBM in Poughkeepsie, New York, verantwortlich für die physikalische und chemische Forschung zur Entwicklung von Rechnerbauteilen.

5 Dokumente zur Z4 und zur Ermeth

Zusammenfassung: Das Kapitel „Dokumente zur Z4 und zur Ermeth" bringt eine Fülle weitgehend unbekannter und schwer zugänglicher Originaldokumente: Grundvertrag und Zusatzvertrag zum Relaisrechner Zuse Z4, Prüfbericht und Schlussrechnung zur Z4, Projektantrag zum Bau des Röhrenrechners Ermeth und Vermarktung der Ermeth.

Schlüsselwörter: ETH Zürich, Mietvertrag zur Z4, Originaldokumente, Röhrenrechner Ermeth, Vermarktung der Ermeth, Verträge zur Z4, Konrad Zuse, Zuse Z4

5.1 Vorbemerkungen

In der Folge wird eine Auswahl von geschichtsträchtigen Schriftstücken aus dem Hochschularchiv der ETH Zürich wiedergegeben (vgl. Abb. 5.1–5.51). Ausführliche Quellenangaben sind in der Bibliografie zu finden. Meines Wissens fehlen alle diese Urkunden, soweit sie die Rechenmaschine Z4 betreffen, in Zuses Nachlass. Dieser wird im Deutschen Museum (München) aufbewahrt.

Die gegenseitigen Beziehungen zwischen dem „Vertrag" (siehe Abschnitt 5.2) und dem „Mietvertrag" (siehe Abschnitt 5.3) werden erst durch den Briefwechsel (vor allem zwischen dem Schulratspräsidenten Hans Pallmann und dem Institutsvorstand Eduard Stiefel) verständlich. Die Vereinbarungen wurden fast gleichzeitig geschlossen. Um den Zusammenhang zu verdeutlichen, werden hier die Ausdrücke „Grundvertrag" (Hauptvertrag) und „Zusatzvertrag" (Mietvertrag) gebraucht.

Für die Instandstellung und die Nutzung des Relaisgeräts Z4 wurden Gesamtkosten von 50 000 Franken (wovon 30 000 Franken Mietkosten) vereinbart. Hinzu kam jedoch eine *nachträgliche* Bestellung (siehe Abschnitt 5.4). Diese wurde aber nicht zusätzlich abgegolten. Das war vermutlich ein Anlass zu einem Missverständnis. Obwohl die Schlussrechnung (siehe Abschnitt 5.7) höher als 50 000 Franken ausfiel, gab es für den Restbetrag keine Nachzahlung. Die Prüfung der Z4 (siehe Abschnitt 5.5) wurde im deutschen Neukirchen durchgeführt. Die Abnahme (siehe Abschnitt 5.6) und die Rückgabe (siehe Abschnitt 5.8) fanden in Zürich statt.

Für die Ausgestaltung des Elektronenrechners Ermeth wurden drei Fassungen erstellt. Hier ist die letzte, endgültige Version (siehe Abschnitt 5.9) aufgenommen.

Es gab immer wieder Klagen darüber, dass die Schweizer Industrie die Ermeth nicht nachgebaut und vermarktet hat. Umso überraschender ist der vor kurzem aufgetauchte Lizenzvertrag (siehe Abschnitt 5.10) zwischen der Hasler AG, Bern, und der ETH Zürich. Er betrifft zwar nur den Nachbau des Magnettrommelspeichers. Aus weiteren Unterlagen geht aber hervor, dass die Hasler AG die *ganze* Maschine vertreiben wollte.

Die Forschungsgemeinschaft (siehe Abschnitt 5.11) zwischen der Paillard SA, Yverdon VD, der Hasler AG und der ETH belegt, dass sich die hiesigen Unternehmen durchaus die Erkenntnisse aus dem Bau des Rechenautomaten zunutze machen wollten.

https://doi.org/10.1515/9783110669671-005

5.2 Grundvertrag zur Z4 zwischen Zuse und der ETH (1949)

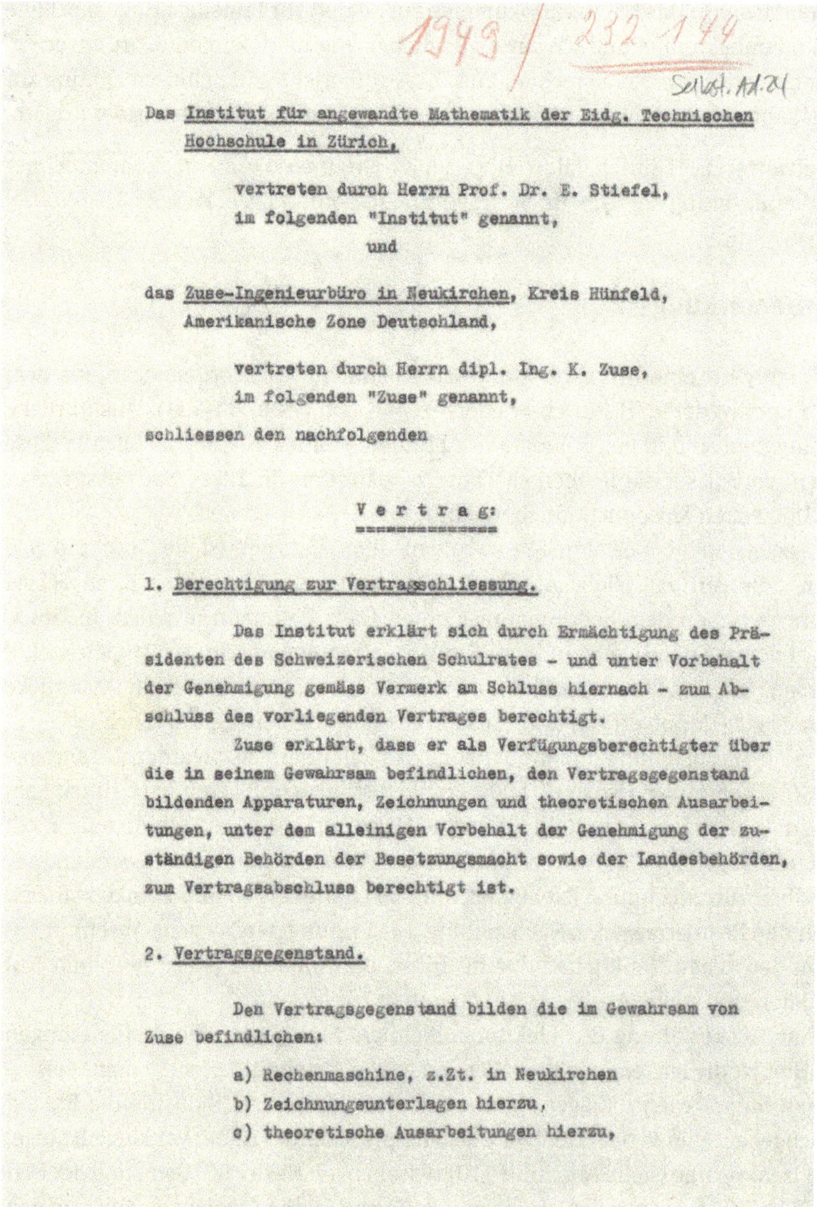

1949 / 232.144

Das <u>Institut für angewandte Mathematik der Eidg. Technischen Hochschule in Zürich,</u>

vertreten durch Herrn Prof. Dr. E. Stiefel,
im folgenden "Institut" genannt,
und

das <u>Zuse-Ingenieurbüro in Neukirchen</u>, Kreis Hünfeld, Amerikanische Zone Deutschland,

vertreten durch Herrn dipl. Ing. K. Zuse,
im folgenden "Zuse" genannt,

schliessen den nachfolgenden

V e r t r a g:

1. <u>Berechtigung zur Vertragsschliessung.</u>

Das Institut erklärt sich durch Ermächtigung des Präsidenten des Schweizerischen Schulrates - und unter Vorbehalt der Genehmigung gemäss Vermerk am Schluss hiernach - zum Abschluss des vorliegenden Vertrages berechtigt.

Zuse erklärt, dass er als Verfügungsberechtigter über die in seinem Gewahrsam befindlichen, den Vertragsgegenstand bildenden Apparaturen, Zeichnungen und theoretischen Ausarbeitungen, unter dem alleinigen Vorbehalt der Genehmigung der zuständigen Behörden der Besetzungsmacht sowie der Landesbehörden, zum Vertragsabschluss berechtigt ist.

2. <u>Vertragsgegenstand.</u>

Den Vertragsgegenstand bilden die im Gewahrsam von Zuse befindlichen:

a) Rechenmaschine, z.Zt. in Neukirchen
b) Zeichnungsunterlagen hierzu,
c) theoretische Ausarbeitungen hierzu,

Abb. 5.1: Grundvertrag zur Z4 zwischen Zuse und der ETH (1949), Seite 1 (Quelle: ETH-Bibliothek Zürich, Hochschularchiv).

\- 2 -

d) Orientierung über die Patentsituation unter Bekanntgabe der schon bestehenden Patente.

3. Uebernahme und Uebertragung der Rechenmaschine.

a) Das Institut erklärt sich bereit, binnen sechs Monaten seit Vertragsabschluss von Zuse die unter Ziff. 2a) genannte Rechenmaschine, welche am 13. Juli 1949 durch Herrn Prof. Dr. E. Stiefel in Hopferau (Kreis Füssen) besichtigt worden ist, in dem in der Beilage umschriebenen ergänzten Zustand sowie zu den nachstehend festgelegten Bedingungen, als Mustergerät zu übernehmen.

b) Die in der Beilage umschriebenen Instandstellungsarbeiten werden von Zuse dem Institut verrechnet. Die Höhe der Zahlung für diese Kosten ergibt sich auf Grund der Rechnungslegung durch Zuse und darf den Betrag von Fr. 50'000.-- (fünfzigtausend Schweizerfranken) nicht übersteigen.

c) Das Institut ist bereit, binnen zwei Wochen nach Erfüllung der nachstehenden Voraussetzungen an die unter Ziff. 3b) genannten Kosten eine Teilzahlung von 1/5 (ein Fünftel) an bzw. zuhanden von Zuse oder seines bevollmächtigten Vertreters zu leisten:

aa) Empfang durch das Institut eines entsprechenden Prüfungsbefundes der unter Ziff. 3f) genannten Assistenten, erstattet auf Grund einer einwöchigen Besichtigung und Prüfung der Maschine in Neukirchen;

bb) Empfang durch das Institut einer formellen, von einem zuständigen Urkundsbeamten beglaubigten Erklärung von Zuse, er übereigne dem Institut zur Sicherstellung seiner genannten Zahlung die Maschine, alle seine Rechte an der Maschine sowie allfällige Einnahmen aus deren Verwendung (Verpfändungserklärung);

Abb. 5.2: Grundvertrag zur Z4 zwischen Zuse und der ETH (1949), Seite 2 (Quelle: ETH-Bibliothek Zürich, Hochschularchiv).

- 3 -

cc) Empfang durch das Institut zu Sicherheitszwecken sämtlicher heute vorhandener Unterlagen (insbesondere Pläne und Schaltungsschematas) gemäss Ziff. 2b), Ziff. 2c), Ziff. 2d) sowie der Beilage, wobei diese Uebertragung allein zur Sicherstellung erfolgt und die Unterlagen von der Eidg. Technischen Hochschule gegenüber Dritten als vertraulich zu behandeln sind.

d) Die Restzahlung bis zum maximalen Betrag von Fr. 50'000.-- wird durch das Institut in weiteren Raten wie folgt erfolgen:

aa) 2/5 (zwei Fünftel) nach Ausarbeitung und Uebermittlung an das Institut der Bedienungsanweisung und der bereinigten Schaltungsschematas gemäss Beilage;

bb) 1/5 (ein Fünftel) im Moment der Vorabnahme der Maschine in Neukirchen, vor ihrem Versand;

cc) 1/5 (ein Fünftel) nach Beendigung der Montage und der endgültigen Abnahme in Zürich der betriebstüchtigen Maschine.

e) Das Institut leistet alle Zahlungen an Zuse oder einen von ihm ordnungsgemäss bestellten und zum Inkasso ermächtigten Vertreter in Schweizerfranken in der Schweiz. Die Modalitäten der Ueberweisung der vereinbarten Summen werden jeweils zu gegebener Zeit entsprechend den alsdann geltenden Vorschriften vereinbart. Mit der Ueberweisung der einzelnen Zahlungen an Zuse oder seinen bevollmächtigten Vertreter bzw. zu seinen Handen an die zuständige Amtsstelle findet sich die Zahlungspflicht der Eidg. Technischen Hochschule erfüllt.

f) Das Institut ist berechtigt, bis zu zwei Assistenten zu Zuse abzuordnen, welche die unter Ziff. 3a) genannten Instandstellungsarbeiten verfolgen und im übrigen mit der Rechenmaschine vertraut gemacht werden sollen. Die Kosten für die Entsendung und den Unterhalt dieser Assistenten trägt das Institut.

Abb. 5.3: Grundvertrag zur Z4 zwischen Zuse und der ETH (1949), Seite 3 (Quelle: ETH-Bibliothek Zürich, Hochschularchiv).

- 4 -

Die Dauer dieser Delegierung endigt spätestens im Zeitpunkt der Ueberführung der Rechenmaschine an das Institut.

g) Dem Institut wird das Recht eingeräumt, die Rechenmaschine - in dem vorstehend sowie in der Beilage umschriebenen gebrauchsfertigen Zustand - nach Vornahme der Musterprüfung für eine Dauer von mindestens fünf Jahren - von der endgültigen Abnahme an gerechnet - ohne weitere Kosten zum Gebrauch zu behalten.

h) Dem Institut steht ferner auch ein Vorkaufsrecht auf die Rechenmaschine zu. Der eventl. Kaufpreis soll dabei den Betrag von Fr. 70'000.-- (siebzigtausend Schweizerfranken) nicht übersteigen. Der bereits bezahlte Betrag von maximal Fr. 50'000.- gemäss Ziff. 3b) wird dabei auf den Kaufpreis angerechnet.

i) Dem Institut steht ebenfalls das Recht zu, die ihm gemäss Ziff. 3g) hiervor zur Verfügung überlassene Rechenmaschine beim Vorliegen grösserer Mängel - z.B. hinsichtlich der Betriebssicherheit - auch vor Ablauf der mindestens fünf Jahre wieder zurückzugeben. Erfolgt die Rückgabe vor Ablauf der beiden ersten Jahre, so sind 2/5 (zwei Fünftel) des unter Ziff. 3b) genannten Betrages zu Gunsten Zuses verfallen. Für jedes weitere vollendete Jahr ist je ein weiteres Fünftel dieser vom Institut geleisteten Zahlung als Benützungs- und Amortisationsgebühr zu Gunsten Zuses verfallen. - Anderseits ist bei der eventl. vorzeitigen Rückgabe der aus dem genannten Grund allenfalls vom ursprünglich bezahlten Betrag von maximal Fr. 50'000.- verbleibende Rest von Zuse dem Institut zurückzubezahlen.

k) Dem Institut steht sodann das Recht zu, die ihm gemäss Ziff. 3g) hiervor zur Verfügung überlassene Rechenmaschine auch dann vor Ablauf der mindestens fünf Jahre wieder zurückzugeben, falls es vor diesem Zeitpunkt von Zuse eine weiterentwickelte, neue Rechenmaschine käuflich erwerben könnte gemäss Ziff. 4a) und 4b) hiernach.

l) Wird die dem Institut gemäss Ziff. 3g) hiervor zur

Abb. 5.4: Grundvertrag zur Z4 zwischen Zuse und der ETH (1949), Seite 4 (Quelle: ETH-Bibliothek Zürich, Hochschularchiv).

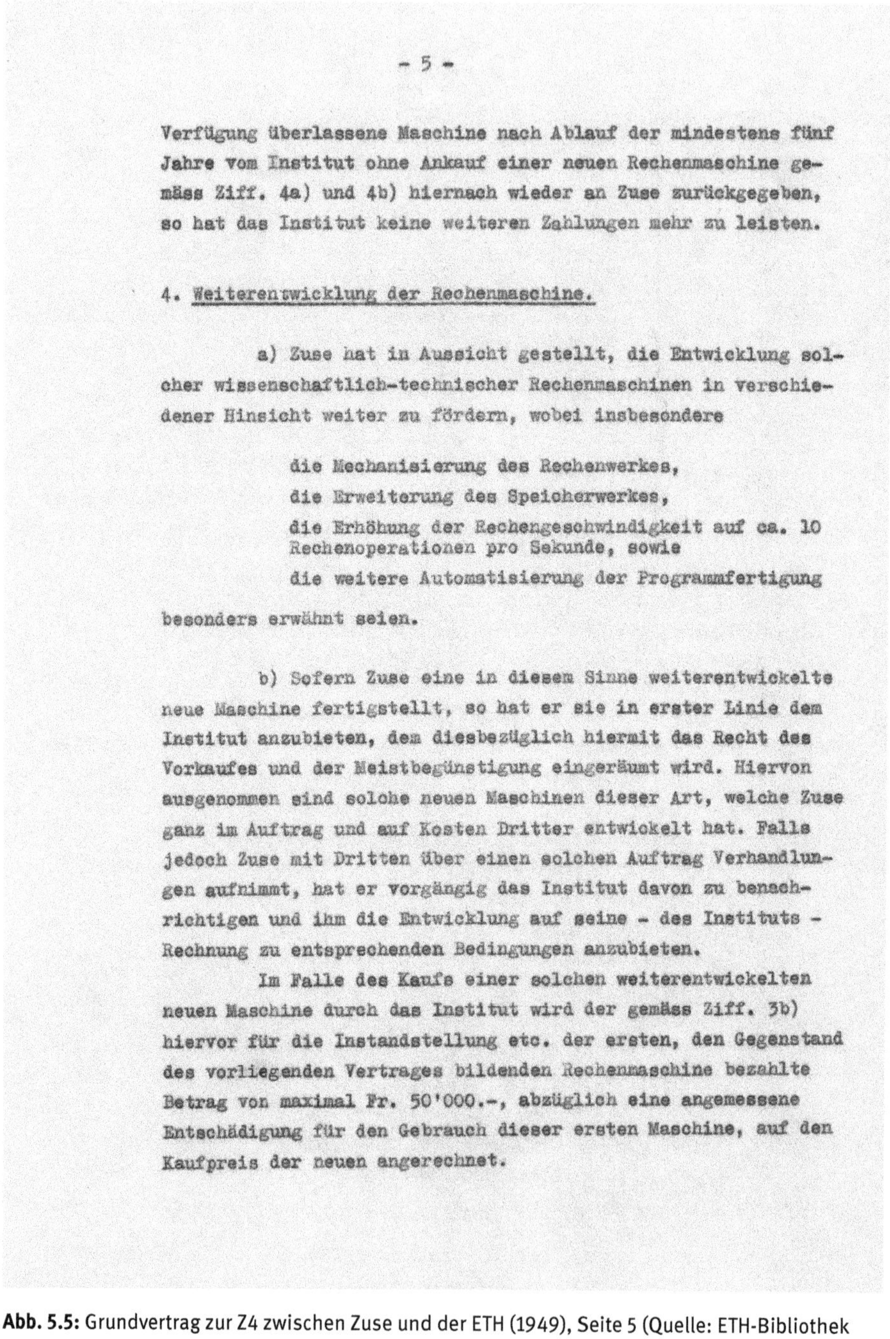

- 5 -

Verfügung überlassene Maschine nach Ablauf der mindestens fünf Jahre vom Institut ohne Ankauf einer neuen Rechenmaschine gemäss Ziff. 4a) und 4b) hiernach wieder an Zuse zurückgegeben, so hat das Institut keine weiteren Zahlungen mehr zu leisten.

4. Weiterentwicklung der Rechenmaschine.

a) Zuse hat in Aussicht gestellt, die Entwicklung solcher wissenschaftlich-technischer Rechenmaschinen in verschiedener Hinsicht weiter zu fördern, wobei insbesondere

die Mechanisierung des Rechenwerkes,
die Erweiterung des Speicherwerkes,
die Erhöhung der Rechengeschwindigkeit auf ca. 10 Rechenoperationen pro Sekunde, sowie
die weitere Automatisierung der Programmfertigung

besonders erwähnt seien.

b) Sofern Zuse eine in diesem Sinne weiterentwickelte neue Maschine fertigstellt, so hat er sie in erster Linie dem Institut anzubieten, dem diesbezüglich hiermit das Recht des Vorkaufes und der Meistbegünstigung eingeräumt wird. Hiervon ausgenommen sind solche neuen Maschinen dieser Art, welche Zuse ganz im Auftrag und auf Kosten Dritter entwickelt hat. Falls jedoch Zuse mit Dritten über einen solchen Auftrag Verhandlungen aufnimmt, hat er vorgängig das Institut davon zu benachrichtigen und ihm die Entwicklung auf seine - des Instituts - Rechnung zu entsprechenden Bedingungen anzubieten.

Im Falle des Kaufs einer solchen weiterentwickelten neuen Maschine durch das Institut wird der gemäss Ziff. 3b) hiervor für die Instandstellung etc. der ersten, den Gegenstand des vorliegenden Vertrages bildenden Rechenmaschine bezahlte Betrag von maximal Fr. 50'000.-, abzüglich eine angemessene Entschädigung für den Gebrauch dieser ersten Maschine, auf den Kaufpreis der neuen angerechnet.

Abb. 5.5: Grundvertrag zur Z4 zwischen Zuse und der ETH (1949), Seite 5 (Quelle: ETH-Bibliothek Zürich, Hochschularchiv).

– 6 –

c) Das Institut ist berechtigt, an der gemäss diesem Vertrag zu überführenden Prototypausführung auf eigene Kosten Studien auszuführen, zum Zwecke einer Weiterentwicklung der Maschine im Sinne einer Erhöhung ihrer Leistungsfähigkeit. Ebenso ist das Institut befugt, verbessernde Aenderungen an der zu übernehmenden Rechenmaschine durchzuführen.

Bei einer event. späteren Rückgabe der Maschine an Zuse muss diese in betriebsfertigem Zustand zurückgeliefert werden, wobei keine Kosten für vorgenommene Aenderungen oder im Laufe der Zeit notwendig gewordene Ergänzungen oder Reparaturen verrechnet werden können. Aenderungen, insbesondere solche verbessernder Art, können dabei wieder beseitigt werden, sofern dadurch die ursprüngliche Betriebsfertigkeit der Maschine nicht beeinträchtigt wird.

d) Für Verbesserungsideen, welche dem Institut entstammen, steht diesem bzw. der Eidg. Technischen Hochschule das Recht zu, im In- und Ausland Patente zu nehmen, wobei Zuse ein nicht ausschliessliches, nur an schweizerische Firmen übertragbares Mitbenützungsrecht eingeräumt wird. Sofern nichtschweizerische dritte Firmen lizenziert werden sollen, bestimmt das Institut bzw. die Eidg. Technische Hochschule die Lizenzbedingungen zusammen mit der zu lizenzierenden Firma.

e) Sofern sich später eine schweizerische Firma, nach vorgängiger vertraglicher Verständigung mit Zuse sowie gegebenenfalls mit dem Institut bzw. der Eidg. Technischen Hochschule, bereit findet, die Weiterentwicklung und den Bau solcher Maschinen in der Schweiz zu übernehmen und die Maschinen in- und ausserhalb der Schweiz zu vertreiben, so steht ihr die Benützung aller einschlägigen Patente sowie nicht angemeldeter, schriftlich oder mündlich niedergelegten Gedanken von Zuse gegen Kostenfolge zu.

Falls später Zuse beabsichtigt, Fertigungs- und Vertriebsrechte ausserhalb der Schweiz an einen Dritten abzugeben, so hat er die Pflicht, hiervon das Institut zu benachrichtigen und die Rechte allenfalls einer ihm durch das Institut genannten

Abb. 5.6: Grundvertrag zur Z4 zwischen Zuse und der ETH (1949), Seite 6 (Quelle: ETH-Bibliothek Zürich, Hochschularchiv).

– 7. –

interessierten Schweizerfirma zur Meistbegünstigung anzubieten.

f) Für die Förderung einer Weiterentwicklung der Rechenmaschine wird grundsätzlich eine periodische persönliche Kontaktnahme der Parteien ins Auge gefasst.

5. <u>Patentrechte.</u>

Das Institut erwirbt durch die Erfüllung dieses Vertrages keinerlei Rechte an zur Zeit des Vertragsabschlusses bestehenden, den Vertragsgegenstand betreffenden Patenten.

Dem Institut steht gemäss Ziff. 4c) hiervor das Recht zu eigenen Studien bezüglich der Rechenmaschine, also auch das Recht zur Entwicklung einer entsprechenden neuen Maschine zu, doch bleiben dabei alle Rechte Zuses bezüglich seines geistigen und materiellen Beitrages, insbesondere seine Patentrechte gewahrt.

Kann der vorliegende Vertrag infolge höherer Gewalt, nachdem das Institut schon Zahlungen geleistet hat, nicht abgewickelt werden, so hat das Institut das Recht, nach Ablauf der sechsmonatigen Frist gemäss Ziff. 3a) auf Grund der in Ziff. 2b+c) genannten Unterlagen mit der Konstruktion und dem Bau einer Maschine für die alleinigen Zwecke des Instituts zu beginnen. Ueber die Mitarbeit in diesem Fall von Zuse werden alsdann weitere Abmachungen getroffen.

6. <u>Inkrafttreten.</u>

Der Vertrag tritt mit der beidseitigen Unterschrift in Kraft. Er kann jedoch nur abgewickelt werden, wenn die Vorbedingungen in Ziff. 1 und 3c) erfüllt, insbesondere die notwendigen Genehmigungen erteilt sind.

7. <u>Gerichtsstand und Vertragsdauer.</u>

Gerichtsstand ist Zürich.

Der vorliegende Vertrag wird grundsätzlich und unter Vorbehalt der nachstehenden Bestimmungen für eine Dauer von fünf Jahren geschlossen.

Nach Ablauf der fünf Jahre haben die Parteien folgende Möglichkeiten endgültig zu beschliessen bzw. vertraglich zu festigen:

aa) Zurückgabe der Rechenmaschine durch das Institut an Zuse gemäss Ziff. 3 1) hiervor und endgültige Aufhebung des Vertrages.

bb) Kauf durch das Institut der unter Ziff. 2a) und 3 sowie in der Beilage genannten Rechenmaschine gemäss Ziff. 3h).

cc) Verlängerung des vorliegenden Vertrages insbesonder bezüglich der Ueberlassung der Rechen-

./.

Zuse
Stiefel

Abb. 5.7: Grundvertrag zur Z4 zwischen Zuse und der ETH (1949), Seite 7 (Quelle: ETH-Bibliothek Zürich, Hochschularchiv).

\- 8 -

maschine gemäss Ziff. 3g).

dd) Fortsetzung der Zusammenarbeit zwischen dem Institut und Zuse bezüglich der Weiterentwicklung der Rechenmaschine demäss Ziff. 4a) bis 4f). Dem Institut wird hiermit das Recht eingeräumt, eine solche Fortsetzung der Zusammenarbeit zu verlangen. Dieses Recht wird in den Fällen von Ziff. 3h) bis 3k) auch schon vor Ablauf der fünf Jahre wirksam.

Zürich, den 7. Sept. 1949 Neukirchen, den 7.9.49.

Prof. Eduard Stiefel K. Zuse

Dem vorstehenden Vertrag wird die Genehmigung erteilt, unter gleichzeitiger brieflicher Mitteilung an Zuse.

Zürich, den 19. September 1949

Der Präsident des Schweiz. Schulrates:

Pallmann.

Vertrag in vier Exemplaren ausgefertigt:

1 Exemplar an Institut,
1 Exemplar an Schweiz. Schulrat,
2 Exemplare an Zuse.

Beilage gemäss Ziff. 3a) als integrierender Bestandteil des Vertrages.

Abb. 5.8: Grundvertrag zur Z4 zwischen Zuse und der ETH (1949), Seite 8 (Quelle: ETH-Bibliothek Zürich, Hochschularchiv).

Eidg. Technische Hochschule
Institut für angewandte Mathematik
Zürich

ZÜRICH, den

T E C H N I S C H E B E I L A G E

zum Vertrag zwischen dem Ingenieur-Büro Zuse in Neukirchen und dem Institut für angewandte Mathematik der ETH betreffend Uebernahme des Rechengerätes V 4 durch die Eidgenössische Technische Hochschule in Zürich.

I. (Beilage zu Ziff. 3a des Vertrags)

1. Die zu übernehmende Maschine ist das von Zuse konstruierte algebraische Rechengerät V 4 (näher beschrieben in den Schriften "Ausbau des algebraischen Zuse-Rechengerätes" und "Rechenpläne für das Rechengerät V 4, Herstellungsanweisung und Musterbeispiel"), bestehend aus

a) arithmetischer Einheit (Relais) zum Rechnen im Dualsystem und zur Verwandlung von Dual- in Dezimalzahlen mit fünfstelliger dezimaler Genauigkeit,

b) mechanischem Register,

c) Programmfertigungsgerät,

d) automatischer Steuerung durch Lochstreifen,

e) Bedienungspult mit Tast-, Ablese- und Kontrollvorrichtung,

f) Antrieb,

und ergänzt gemäss nachfolgender Aufstellung. Es handelt sich um das Gerät, welches von Prof. Stiefel am 13. Juli 1949 in Hopferau im Betrieb besichtigt wurde.

2. Die im Vertrag unter Ziff. 3 erwähnten Instandstellungs- und Ergänzungsarbeiten, die von Zuse bis zur Uebernahme der Maschine ausgeführt werden müssen, sind:

a) Ueberholung und Instandstellung aller elektrischen und mechanischen Einrichtungen;

b) Ersetzung abgenützter Teile (Relais, Schrittschalter, usw.), sodass der Zustand des Materials für einen dauernden Betrieb an der ETH genügt;

c) Ausbau des Registers auf eine Kapazität von 64 Worten;

d) Erhöhung der Rechengeschwindigkeit ~~auf 60 Operationen pro Minute;~~ entsprechend den techn. Möglichkeiten. Stiefel.

e) Einbau einer Vorrichtung für die Eingabe numerischer Werte auf Lochstreifen (input);

f) Einbau einer Vorrichtung für das Stanzen von Resultaten auf Lochstreifen (output);

60 650

Abb. 5.9: Grundvertrag zur Z4 zwischen Zuse und der ETH (1949), Beilage, Seite 1 (Quelle: ETH-Bibliothek Zürich, Hochschularchiv).

2.

Eidg. Technische Hochschule
Institut für angewandte Mathematik
Zürich

ZÜRICH, den

g) Einbau eines Schreibwerkes zum Drucken der Resultate;

h) Herstellung einer für den Transport und die Aufstellung in Zürich geeigneten äusseren Form.

3. Nach Ausführung der Instandstellungs- und Ergänzungsarbeiten wird eine Abnahmeprüfung am Standort der Maschine in Deutschland angeordnet, welche durch die beiden im Vertrag genannten Assistenten der ETH vollzogen wird. Diese Prüfung hat das einwandfreie Funktionieren der revidierten Maschine und der genannten Ergänzungen festzustellen. Das Prüfungsprogramm soll darin bestehen, dass die Maschine einige Stunden nach einem von den genannten Assistenten vorbereiteten Programm arbeitet. [handschriftlich: Stiefel]

4. Zuse verpflichtet sich, die Transportkosten ~~nach Zürich~~ [handschriftlich: an die Schweizergrenze] zu übernehmen, die Montierungsarbeiten nach dem Transport in Zürich persönlich oder durch einen von ihm bezeichneten kompetenten Vertreter zu leiten. Für diese Arbeiten ist eine Dauer von 2 – 3 Wochen vorgesehen. Zu den Montierungsarbeiten gehört die Instruktion eines von der ETH bestellten Unterhaltsmechanikers.

5. Die ETH verpflichtet sich, eine für die Maschine geeignete Stromquelle gemäss Zuses detaillierten Angaben in Zürich bereitzustellen.

6. Der Maschine wird von Zuse kostenlos Reservematerial (speziell Relaiskontakte) in bescheidenem Umfang beigegeben. Die Einzelheiten dieser Lieferung werden vorher von den beiden Assistenten mit Zuse besprochen.

7. Nach Beendigung der Montierungsarbeiten in Zürich findet eine Schlussabnahmeprüfung statt, deren Organisation vorher von Zuse mit Prof. Stiefel vereinbart wird.

8. Reparaturen, die sich infolge Abnutzung im Betrieb an der ETH ergeben, gehen zu Lasten der ETH.

<u>II. (Beilage zu Ziff. 3b des Vertrags)</u>

Die im Vertrag genannten theoretischen Grundlagen, Aktenstücke und definiven Pläne, von welchen die Lieferung der zweiten Rate abhängt, sind:

a) Prinzipschema der Anlage;

b) Vollständiges Schalt- und Verdrahtungsschema, welches Instandstellungs- und Reparaturarbeiten in Zürich ermöglicht;

c) Bedienungs- und Prüfungsanweisung mit vorbereitetem numerischen Prüfungsbeispiel.

Zürich, den 6. September 1949.

Unterschriften:
[handschriftlich: Prof. E. Stiefel.]
[handschriftlich: K. Zuse]

60 650

Abb. 5.10: Grundvertrag zur Z4 zwischen Zuse und der ETH (1949), Beilage, Seite 2 (Quelle: ETH-Bibliothek Zürich, Hochschularchiv).

5.3 Zusatzvertrag zur Z4 zwischen Zuse und der ETH (1949)

232.144 [8.10.49]

Selbst. Ad. 20

Das Institut für angewandte Mathematik der Eidg. Technischen Hochschule in Zürich

vertreten durch Herrn Prof. Dr. E. Stiefel,
im folgenden "Institut" genannt,

und

das Zuse-Ingenieurbüro in Neukirchen, Krs. Hünfeld,
Amerikanische Zone Deutschlands,

vertreten durch Herrn Dipl. Ing. K. Zuse,
im folgenden "Zuse" genannt,

schliessen den nachfolgenden

M i e t - V e r t r a g.

1.) Berechtigung zur Vertragschliessung.

Das Institut erklärt sich durch Ermächtigung des Präsidenten des Schweizerischen Schulrates zum Abschluss des vorliegenden Vertrages berechtigt.

Zuse erklärt, dass er als Verfügungsberechtigter über den Vertragsgegenstand, unter dem alleinigen Vorbehalt der Genehmigung der zuständigen Behörden der Besatzungsmacht, sowie der Landesbehörde zum Vertragsabschluss berechtigt ist.

2.) Vertragsgegenstand.

a) den Vertragsgegenstand bildet eine Rechenmaschine vom Typ Zuse V 4, wie Prof. Stiefel am 13.7. 1949 in Hopferau vorgeführt.

b) Zuse stellt dem Institut eine Maschine dieses Typs mietweise auf die Dauer von mindestens fünf Jahren zur Verfügung.

c) Das Gerät steht dem Institut zur Durchführung von

Abb. 5.11: Zusatzvertrag zur Z4 zwischen Zuse und der ETH (1949), Seite 1 (Quelle: ETH-Bibliothek Zürich, Hochschularchiv).

- 2 -

Rechenaufgaben zur Verfügung. Zuse behält daran das dingliche Eigentumsrecht, wie durch die Ueberlassung der Maschine an das Institut auch alle Rechte Zuses hinsichtlich seines geistigen Eigentums gewahrt bleiben.

d) Zuse verpflichtet sich, die Rechenmaschine gemäss 2 a) in einer für die Verwendung im Institut geeigneten Form innerhalb eines Zeitraumes von sechs Monaten nach Vertragsabschluss bereitzustellen.

e) Die Vorabnahme erfolgt in Neukirchen Krs. Hünfeld nach den für diesen Maschinentyp festgelegten Richtlinien V 4 durch Beauftragte des Institutes.

f) Die Unterrichtung der vom Institut bestimmten Personen über Arbeitsweise, Wartung u.dgl. erfolgt kostenlos bei Zuse in der Zeit zwischen Vertragsabschluss und Abnahme. Die Kosten für Reise und Aufenthalt dieser Personen trägt das Institut.

g) Fracht- und Transportversicherungsspesen bis zur schweizerischen Grenze gehen zu Lasten Zuses. Die Montage in Zürich wird durch Zuse persönlich bezw. durch einen von ihm bestimmten kompetenten Vertreter vorgenommen. Für die Montagearbeiten ist ein Zeitraum von ca. drei Wochen vorgesehen. Die Aufenthaltsspesen und Reisekosten innerhalb der Schweiz während der Montage trägt bis zu einem maximalen Betrag von Fr. 400.-- das Institut. Nach beendeter Montage findet die Schlussabnahme gemäss "Richtlinien V 4" durch das Institut statt.

h) Zuse leistet Garantie für einwandfreies Funktionieren des Gerätes während der Vertragsdauer.
Reparaturen, die nachweislich auf Konstruktionsfehler oder Materialfehler zurückzuführen sind, werden durch Zuse vorgenommen, der hierfür auf seine Kosten Reparatur-Personal entsendet.

i) Reparaturen, die infolge Abnutzung, unsachgemässer Behandlung u.dgl. notwendig werden, gehen zu Lasten des Instituts.

Abb. 5.12: Zusatzvertrag zur Z4 zwischen Zuse und der ETH (1949), Seite 2 (Quelle: ETH-Bibliothek Zürich, Hochschularchiv).

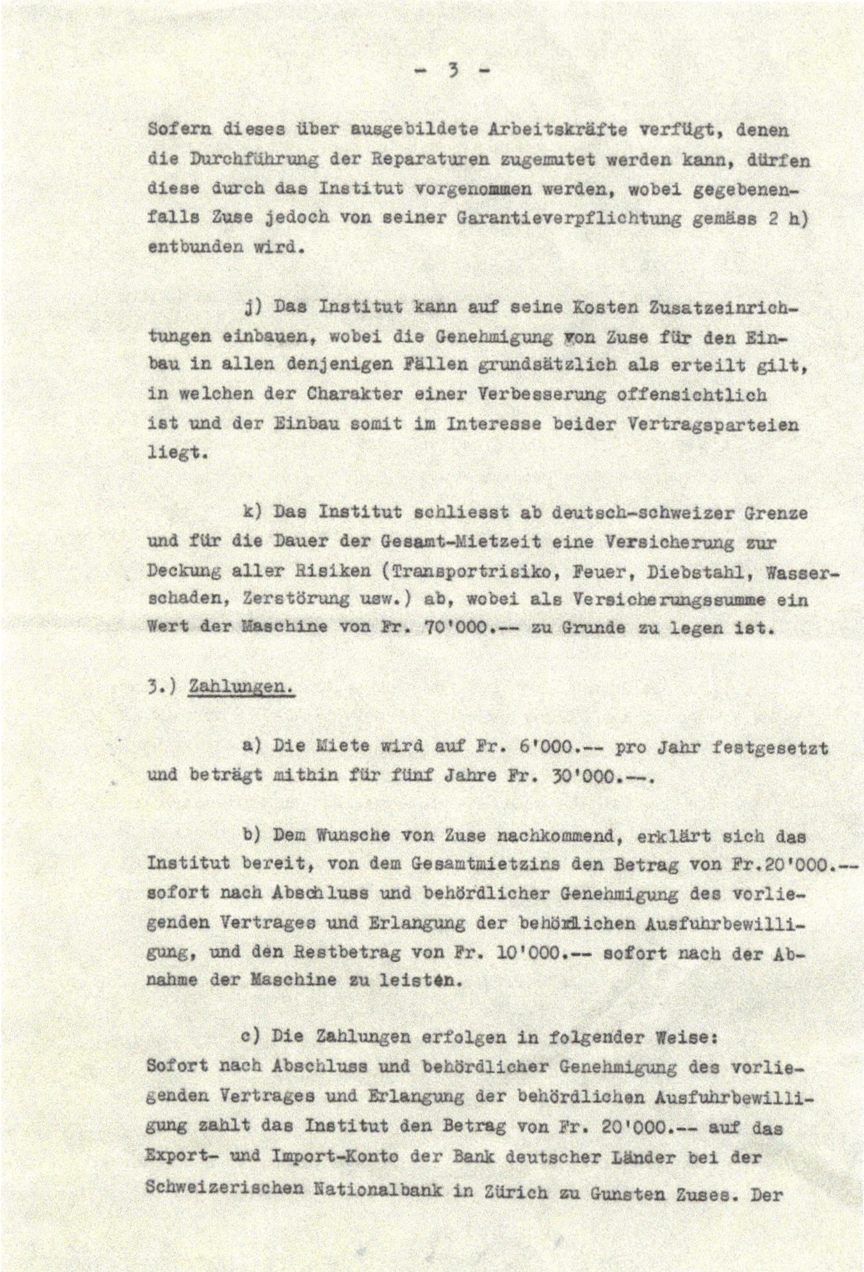

\- 3 -

Sofern dieses über ausgebildete Arbeitskräfte verfügt, denen die Durchführung der Reparaturen zugemutet werden kann, dürfen diese durch das Institut vorgenommen werden, wobei gegebenenfalls Zuse jedoch von seiner Garantieverpflichtung gemäss 2 h) entbunden wird.

j) Das Institut kann auf seine Kosten Zusatzeinrichtungen einbauen, wobei die Genehmigung von Zuse für den Einbau in allen denjenigen Fällen grundsätzlich als erteilt gilt, in welchen der Charakter einer Verbesserung offensichtlich ist und der Einbau somit im Interesse beider Vertragsparteien liegt.

k) Das Institut schliesst ab deutsch-schweizer Grenze und für die Dauer der Gesamt-Mietzeit eine Versicherung zur Deckung aller Risiken (Transportrisiko, Feuer, Diebstahl, Wasserschaden, Zerstörung usw.) ab, wobei als Versicherungssumme ein Wert der Maschine von Fr. 70'000.-- zu Grunde zu legen ist.

3.) Zahlungen.

a) Die Miete wird auf Fr. 6'000.-- pro Jahr festgesetzt und beträgt mithin für fünf Jahre Fr. 30'000.--.

b) Dem Wunsche von Zuse nachkommend, erklärt sich das Institut bereit, von dem Gesamtmietzins den Betrag von Fr.20'000.-- sofort nach Abschluss und behördlicher Genehmigung des vorliegenden Vertrages und Erlangung der behördlichen Ausfuhrbewilligung, und den Restbetrag von Fr. 10'000.-- sofort nach der Abnahme der Maschine zu leisten.

c) Die Zahlungen erfolgen in folgender Weise:
Sofort nach Abschluss und behördlicher Genehmigung des vorliegenden Vertrages und Erlangung der behördlichen Ausfuhrbewilligung zahlt das Institut den Betrag von Fr. 20'000.-- auf das Export- und Import-Konto der Bank deutscher Länder bei der Schweizerischen Nationalbank in Zürich zu Gunsten Zuses. Der

Abb. 5.13: Zusatzvertrag zur Z4 zwischen Zuse und der ETH (1949), Seite 3 (Quelle: ETH-Bibliothek Zürich, Hochschularchiv).

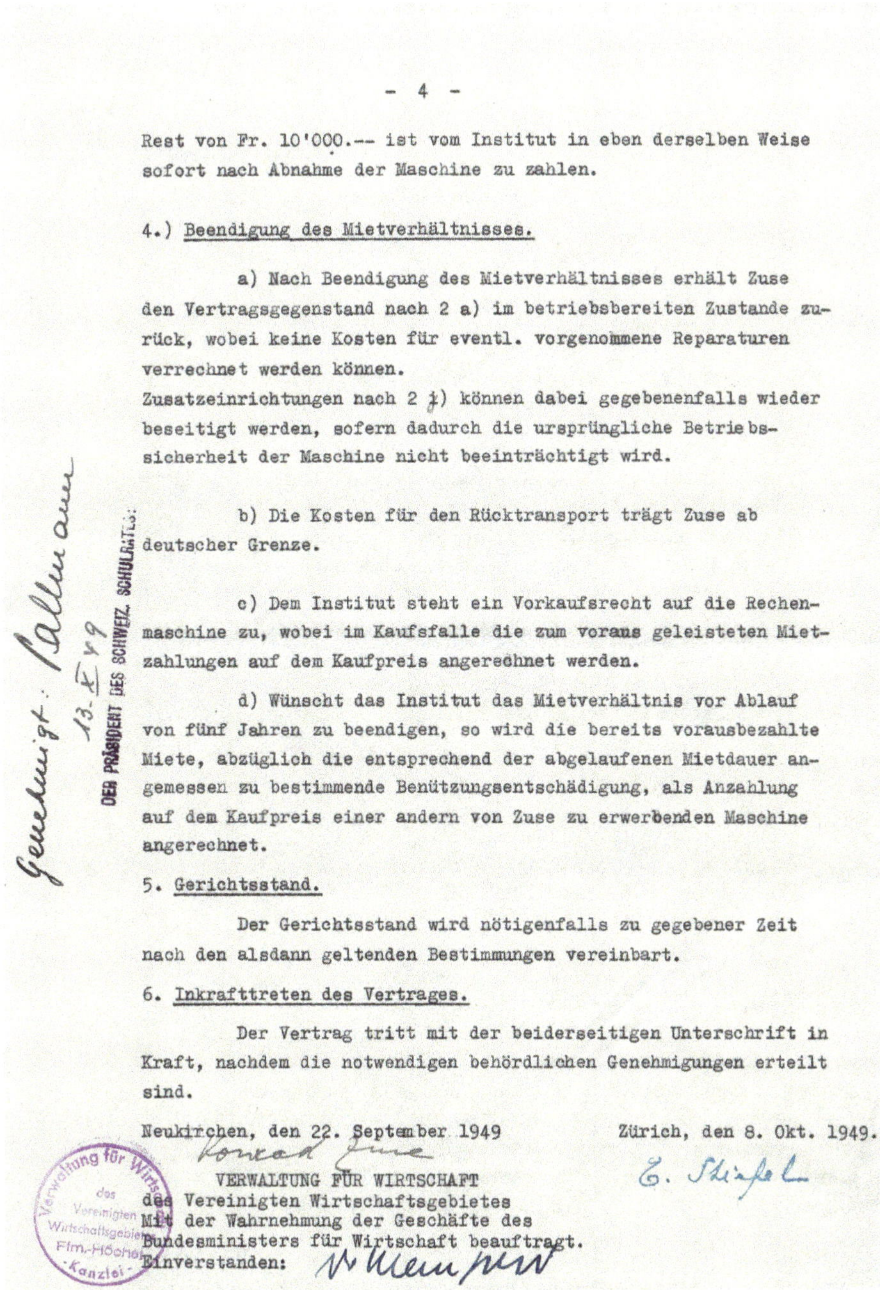

\- 4 -

Rest von Fr. 10'000.-- ist vom Institut in eben derselben Weise sofort nach Abnahme der Maschine zu zahlen.

4.) Beendigung des Mietverhältnisses.

a) Nach Beendigung des Mietverhältnisses erhält Zuse den Vertragsgegenstand nach 2 a) im betriebsbereiten Zustande zurück, wobei keine Kosten für eventl. vorgenommene Reparaturen verrechnet werden können.
Zusatzeinrichtungen nach 2 i) können dabei gegebenenfalls wieder beseitigt werden, sofern dadurch die ursprüngliche Betriebssicherheit der Maschine nicht beeinträchtigt wird.

b) Die Kosten für den Rücktransport trägt Zuse ab deutscher Grenze.

c) Dem Institut steht ein Vorkaufsrecht auf die Rechenmaschine zu, wobei im Kaufsfalle die zum voraus geleisteten Mietzahlungen auf dem Kaufpreis angerechnet werden.

d) Wünscht das Institut das Mietverhältnis vor Ablauf von fünf Jahren zu beendigen, so wird die bereits vorausbezahlte Miete, abzüglich die entsprechend der abgelaufenen Mietdauer angemessen zu bestimmende Benützungsentschädigung, als Anzahlung auf dem Kaufpreis einer andern von Zuse zu erwerbenden Maschine angerechnet.

5. Gerichtsstand.

Der Gerichtsstand wird nötigenfalls zu gegebener Zeit nach den alsdann geltenden Bestimmungen vereinbart.

6. Inkrafttreten des Vertrages.

Der Vertrag tritt mit der beiderseitigen Unterschrift in Kraft, nachdem die notwendigen behördlichen Genehmigungen erteilt sind.

Neukirchen, den 22. September 1949 — Zürich, den 8. Okt. 1949.

Konrad Zuse — E. Stiefel

VERWALTUNG FÜR WIRTSCHAFT
des Vereinigten Wirtschaftsgebietes
Mit der Wahrnehmung der Geschäfte des
Bundesministers für Wirtschaft beauftragt.
Einverstanden:

Abb. 5.14: Zusatzvertrag zur Z4 zwischen Zuse und der ETH (1949), Seite 4 (Quelle: ETH-Bibliothek Zürich, Hochschularchiv).

5.4 Nachträgliche Bestellung der ETH zur Z4 (1950)

6. Februar 1950

Prof. Dr. E. Stiefel

An das
Ingenieurbüro Zuse K.-G.
(16) Neukirchen, Kreis Hünfeld
Deutschland

Bezugnehmend auf unseren Mietvertrag vom 22. September 1949, der von der Verwaltung für Wirtschaft des Vereinigten Wirtschaftsgebietes Ffm. Höchst eingesehen und bewilligt wurde, und in Fixierung unserer mündlichen Besprechungen, teile ich Ihnen Folgendes mit:

Anlässlich unserer Besichtigung des Mietobjektes (Rechenmaschine vom Typ Zuse V4) wurde von uns der Wunsch geäussert, dass das genannte Gerät noch durch einige Zusatzeinrichtungen zu ergänzen und unseren speziellen Bedürfnissen anzupassen sei.

Ich bestelle daher bei Ihnen folgende Zusatzgeräte:

1. 1 Druckwerk zum Niederschreiben der errechneten Resultate.
2. 1 Lochstreifenwerk zum Lochen von Zahlen auf Filmstreifen.
3. Elektrische Steuerungseinrichtungen hierzu, sowie Anschluss der Geräte an die Maschine.

Detailausführung gemäss unseren mündlichen Besprechungen.

Für die genannten Einrichtungen haben wir mit Ihnen einen Gesamtpreis von SFr. 20 000.- vereinbart, zahlbar in zwei Raten von je SFr. 10 000, von denen die erste mit der heutigen Auftragserteilung fällig wird, während die zweite Rate bei der verabredeten Vorabnahme in Deutschland auszuzahlen ist.

Ich habe die Ehre, Ihnen mitzutei-

Abb. 5.15: Nachträgliche Bestellung der ETH zur Z4 (1950), Seite 1 (Quelle: ETH-Bibliothek Zürich, Hochschularchiv).

\- 2 -

len, dass ich heute die Ordre zur Auszahlung der ersten Rate an Ihre Bank (Hessische Bank, Bad Hersfeld) gegeben habe. Um Empfangsbestätigung wäre ich Ihnen dankbar.

Mit vorzüglicher Hochachtung

Abb. 5.16: Nachträgliche Bestellung der ETH zur Z4 (1950), Seite 2 (Quelle: ETH-Bibliothek Zürich, Hochschularchiv).

5.5 Prüfbericht der ETH zur Z4 (1949)

232.144 Selbst. td. 1

Eidg. Technische Hochschule
Institut für angewandte Mathematik
Zürich

ZÜRICH, den 17. Oktober 1949

B E R I C H T

über die Erfahrungen mit der Zuse-Rechenmaschine vom 27. September bis zum 12. Oktober 1949, von C. Böhm und H. Laett

1. Programm und Aufgabe

Die Maschine wurde 14 Tage von Herrn Böhm in mathematischer Hinsicht, und von Herrn Laett in technologischer Hinsicht studiert und geprüft. Die vom Institut für angewandte Mathematik gestellten Aufgaben waren:

A. Allgemeine Beurteilung der Maschine in ihrem heutigen Zustand betreffend mathematische Eignung und technische Betriebssicherheit.

B. Feststellung, ob das Ingenieurbüro Zuse in der Lage ist, die von der E.T.H. verlangten Instandstellungsarbeiten auszuführen. Genauere Abklärung der diesbezüglichen Details mit Herrn Zuse.

2. Allgemeine Beurteilung der Maschine in mathematischer Hinsicht.

A. Rechenwerk: 5 - 6stellig dezimal, gerechnet wird im Dualsystem. Die Maschine besitzt ein bewegliches Komma, d.h. ein Resultat wird angegeben durch eine 6stellige Zahl mit Komma und eine Zehnerpotenz. (Spielraum 10^{-18} bis 10^{+20}). Die Maschine rechnet vollautomatisch die vier Grundoperationen, das Quadrat, die quadratische Wurzel, den Absolutwert und das Vorzeichen einer Zahl; ferner multipliziert sie automatisch mit 2, 1/2, 10, π .

B. Gedächtnis: Mechanisches Register mit einer Kapazität von 64 Zahlen.

C. Steuerung: Die Maschine arbeitet automatisch nach Befehlen, die nacheinander auf einem Lochstreifen festgehalten sind. Die Herstellung dieses Lochstreifens geschieht in einem besondern Gerät zur Programmfertigung, in dem eingetastet wird:

a) Nummer der Zellen, in denen die Zahlen stehen, mit denen gerechnet werden soll.
b) Zeichen für die auszuführende Operation.
c) Nummer der Zelle, in die das Resultat gespeichert wird. In der jetzigen Ausführung müssen die Ausgangswerte der Rechnung noch eingetastet werden, und die Resultate erscheinen in einem Lampenfeld.
d) Eine sinnreiche Hilfseinrichtung (Protokoll) gestattet,

60 650

Abb. 5.17: Prüfbericht der ETH zur Z4 (1949), Seite 1 (Quelle: ETH-Bibliothek Zürich, Hochschularchiv).

- 2 -

dass dieses Eingeben in der richtigen Reihenfolge geschieht und also von einer Person gemacht werden kann, die über den Gang der Rechnung nicht orientiert zu sein braucht.

Die automatische Steuerung kann ausgeschaltet werden, was ermöglicht, mit der Maschine wie mit einer Handmaschine (Madas) zu rechnen.

D. Rechengeschwindigkeit: ungefähr eine Sekunde pro Befehl und drei Sekunden pro mathematische Operation.

E. Vergleich mit den modernen amerikanischen Maschinen.

Vorteile

a) Ein hervorragender Vorteil der Maschine ist das besondere Gerät zur Herstellung der Befehlstreifen. In Amerika werden solche "coding-machines" erst geplant. Dies gestattet eine denkbar einfache Herstellung des Streifens, die nicht die Kenntnis eines besondern "code" erfordert. Demgegenüber brauchen die amerikanischen Rechen-Institute speziell ausgebildetes Chifrierpersonal.
Irrtümlich gegebene Befehle werden von der Maschine teilweise automatisch aufgedeckt, und der Befehlstreifen kann dann leicht korrigiert werden.

b) Die Möglichkeit, die Befehle von Hand zu geben, ohne Befehlstreifen, ist sehr bequem für Rechnungen, die nur einmal ausgeführt werden müssen, und für die Durchführung von Prüfrechnungen.

c) Von den amerikanischen Maschinen besitzt unseres Wissens nur eine einzige den Vorteil des beweglichen Kommas (Aitken's-Mark II).

d) Die oben unter 2 C d genannte Hilfseinrichtung zum Eingeben der Zahlen ist sehr übersichtlich. Es können z.B. die Elemente einer Matrix in der richtigen quadratischen Anordnung eingegeben werden.

e) Wird z.B. nur 3stellig gerechnet, so addiert und multipliziert die Maschine doppelt so schnell. (Eine amerikanische Maschine braucht für die Addition von Null ebenfalls eine volle Operationszeit.)

Nachteile

a) Die Genauigkeit von 5 - 6 Stellen ist bei längeren Rechnungen unter Umständen ungenügend. Eine Erhöhung der Genauigkeit ist prinzipiell unmöglich. Dieser Nachteil erschwert die Herstellung genauer Funktionstabellen.

b) Die Gedächtniskapazität von 64 Zahlen ist im Vergleich zu den amerikanischen Maschinen sehr gering.

c) Bei sehr vielen längeren Rechnungen hängt der Gang der Rechnung vom numerischen Wert der Zwischenresultate ab. Die Rechenresultate der Maschine beeinflussen also die später zu gebenden Befehle (bedingte Befehle). Die Zusesche Maschine ist dafür nicht besonders eingerichtet, d.h. besitzt keine Einrichtung, zwischen verschieden möglichen Befehlsfolgen automatisch auszuwählen. In Amerika wird dem grösstes Gewicht gegeben. Dieser Nachteil beeinträchtigt die mathematische Flexibilität der Maschine.

d) Die Maschine arbeitet etwa 100mal langsamer als eine betriebs-

Abb. 5.18: Prüfbericht der ETH zur Z4 (1949), Seite 2 (Quelle: ETH-Bibliothek Zürich, Hochschularchiv).

- 3 -

sichere amerikanische Maschine. Dieser Nachteil fällt nur ins Gewicht, wenn sehr viele Rechnungen mit demselben Streifen nacheinander ausgeführt werden müssen. In allen andern Fällen ist die Herstellung des Streifens sowieso die zeitraubendste Arbeit.

3. Beschreibung der durchgeführten Rechnungen

Es wurden für folgende Rechenprozesse die Befehlstreifen hergestellt, die Rechnungen ausgeführt und kontrolliert. Die Zeitangaben bedeuten die reine Rechenzeit beim fertigen Befehlstreifen.

1.) Arc cos x nach der Methode des arithmetisch-geometrischen Mittels (1 - 2 Minuten).

2.) Kubische Wurzel durch Iteration (30 - 60 Sekunden).

3.) Potenzreihe mit 13 Gliedern (1 Minute).

4.) Lösung von 4 linearen Gleichungen mit 4 Unbekannten (3 1/2 /Minuten).

5.) Multiplikation von zwei 4reihigen Matrizen (5 Minuten).

6.) Inversion von 4reihigen Matrizen (4 1/2 Minuten).

7.) Sechs-Punkte Interpolation nach Lagrange (2 1/2 Minuten).

8.) Berechnung von sin x oder cos x mit automatischer Reduktion des Winkels auf den ersten Quadranten (1 Minute).

9.) Berechnung von Sinh x , Cosh x und e^x.

10.) Kettenbruchberechnungen.

Bei Herrn Zuse waren bereits vorhanden Befehlstreifen für numerische Integration, für die Lösung von Differentialgleichungen nach der Methode von Runge und Kutta. Die zugehörigen Rechnungen wurden von Herrn Zuse demonstriert.

Die Genauigkeit erreichte immer mindestens fünf bedeutende Dezimalen.

Zur Beurteilung der Leistungsfähigkeit der Maschine sei noch erwähnt, dass 6 bis 7 lineare Gleichungen vollautomatisch gelöst werden können.

4. Allgemeine technologische Beurteilung der Maschine.

Während unseres Aufenthaltes bekamen wir die Maschine nicht in bestem Zustande zu Gesicht, da sie durch mehrmaligen Transport während und nach dem Kriege, sowie durch Aufstellung in ungeeigneten Räumen ziemlich gelitten hatte. Die sich daraus ergebenden Uebelstände müssen durch die im Vertrage vorgesehenen Ueberholungsarbeiten beseitigt werden.

A. Mechanischer Teil

Das Speicherwerk arbeitet rein mechanisch. Zur räumlichen Dar-

Abb. 5.19: Prüfbericht der ETH zur Z4 (1949), Seite 3 (Quelle: ETH-Bibliothek Zürich, Hochschularchiv).

– 4 –

stellung der dualen Alternative dient ein in einen L-förmigen Schlitz geführter Bolzen, welcher einen Verriegelungs-Mechanismus derart steuert, dass beim Ablesen einer Zahl aus dem Speicherwerk sogenannte Fühlerzungen arretiert bzw. freigegeben werden. Alle zum Speicherwerk gehörenden Teile sind aus dünnem Stahlblech gearbeitet. Der mechanische Antrieb des Speicherwerkes (Eingeben und Ablesen) vollzieht sich über eine elektrisch ausgelöste Einumdrehungskupplung. Dank dem mechanischen Prinzip der Speicherung wird eine grosse Betriebssicherheit erzielt, und es sei hier festgehalten, dass während unseres ganzen Aufenthaltes das Speicherwerk als solches, trotz seines etwas beschädigten Zustandes, immer einwandfrei funktionierte.

Die elektrische Auftrennung aller Relaiskreise nach ihren verschiedenen Funktionen geschieht mit Hilfe einer Schaltwalze, welche sich mit 300 Touren pro Minute dreht. Schaltwalze und Antrieb des Speicherwerkes stehen naturgemäss in einem festen Verhältnis zueinander.

B. <u>Elektrischer Teil</u>

Der elektrische Teil besteht aus ca. 2500 normalen Telephon-Relais und ca. 20 Schrittschaltern. Die Speisespannung beträgt 60 Volt bei einem mittleren Strom von 10 Ampère. Der ganze elektrische Teil der Maschine ist auf vier Schränke verteilt, zu denen sich noch das Tastaturpult gesellt.

Während des Arbeitens an der Maschine traten folgende hauptsächlichste Störungen auf:

Störungen mechanischer Natur.

a) Unrichtiges Arbeiten des Abtasters. Grund: Fühlerstift-Abnutzung.

b) Unrichtiger Film-Transport beim Lochen. Grund: Spannen des Filmes beim Herauslaufen aus der Sicherheitsdose (Feuergefahr).

c) Unrichtiger Film-Transport beim Abtasten von langen Rechenplänen. Grund: Ungenaue Führung des Filmes.

Störungen elektrischer Natur.

Aus der Tatsache, dass die Netzspannung in Neukirchen höher ist, als bei den bisherigen Aufstellungsorten, ergaben sich folgende Störungen:

a) Höhere Fehlströme.

b) Längere Abfallzeiten der Relais.

c) Höhere Beanspruchungen der Feinsicherungen.

d) Durchschlagen der mit der früheren (niedrigeren) Spannung gealterten Funken-Löschkondensatoren.

Die Kabelverbindungen zwischen den einzelnen Aggregaten der Maschine sind teilweise Kriegsware und sind, da keine Kabelschächte vorhanden sind, stark beschädigt.

Weiterhin traten Störungen (Ueberlastungen) in den Schrittschalterkreisen auf, welche zugegebenermassen schwach dimensioniert sind.

Abb. 5.20: Prüfbericht der ETH zur Z4 (1949), Seite 4 (Quelle: ETH-Bibliothek Zürich, Hochschularchiv).

- 5 -

C. Betriebssicherheit

Die Betriebssicherheit der Maschine im jetzigen Zustand ist ungenügend. Mit den unter 5. aufgeführten Vorschlägen betreffend die Ueberholung der Maschine wird es jedoch möglich sein, von ihr dieselbe Betriebssicherheit zu verlangen, wie wir dies z.B. von Telephonzentralen gewohnt sind.

5. Vorschläge für die noch in Deutschland anzubringenden Verbesserungen

A. Ueberholungsarbeiten für den technologischen Teil

Im Zusammenhange mit den vorstehend aufgeführten Störungen sind folgende Arbeiten an der Maschine vorzunehmen:

a) Komplette Ueberholung des Speicherwerkes, rostsichere Ausführung, Einbau in ein dem Wesen des Speicherwerkes entsprechendes Gehäuse.

b) Ueberholung der Abtaster, Verwendung von härterem Material, Korrektur des Filmtransportes bei Abtastern und Locher.

In elektrischer Hinsicht sind folgende Arbeiten unumgänglich:

c) Ueberarbeiten der Stromkreise, wobei besonderes Augenmerk auf die Schrittschalterkreise zu legen ist.

d) Prüfung der Maschine mit dem Oszillographen auf Fehlströme und Stromspitzen und deren weitgehendste Behebung.

e) Ueberarbeitung der Haltestromkreise, eventuell Verwendung einer niedrigeren Haltespannung.

f) Einbau von technisch einwandfreien Feinsicherungen und einer neuen Serie von Löschkondensatoren genügender Spannungssicherheit.

g) Ausführung sämtlicher Querverbindungen über Mehrfachstecker und Mehrfachkabel von einwandfreier Qualität.

Alle die bisher unter 5. genannten Punkte wurden mit Herrn Zuse bereits mündlich besprochen und haben seine Zustimmung.

B. Verbesserungen in bezug auf die Bedienung der Maschine durch den Mathematiker

Folgende Punkte wurden während der Durchführung der Rechnungen als verbesserungsbedürftig bezeichnet. Die Reihenfolge ist unwesentlich und die Zahlen dienen nur zur Unterscheidung.

Abb. 5.21: Prüfbericht der ETH zur Z4 (1949), Seite 5 (Quelle: ETH-Bibliothek Zürich, Hochschularchiv).

– 6 –

⊕ 1. Bei automatischem Kopieren eines Rechenplanes müssen die Befehle sichtbar werden. Einbau einer Dauerkopiertaste.

2. Automatisch gesteuertes Leuchtfeld für die Protokollierung der Resultate, ähnlich wie für die Eingabe.

3. Sperrung der Zahlentastatur bei der Herstellung von Rechenplänen.

⊕ 4. Wechsel der beiden Abtaster durch Betätigung einer Taste.

⊕ 5. Einbau einer Taste:

Stellung 1: Speicherzellen 0 – 63 durchnumeriert.

" 2: Die vorher mit 0 – 31 numerierten Zellen werden abgeschaltet und die übrigen Zellen dafür mit 0 – 31 numeriert.

6. Höhere Genauigkeit durch fakultative Ausschaltung des Kennzeichens "i" (imaginär).

7. Zweckmässige Weitersteuerung der Maschine, wenn ein unbestimmtes Zwischenresultat, z.B. 0:0, auftritt.

8. Leuchtzeichen, wenn im Rechenwerk der erste oder der zweite Operand besetzt ist.

\+ 9. Beim zyklischen Rechenplan soll die Maschine erst dann anfangen zu rechnen, wenn der Streifen bis zum "Start" gelaufen ist.

⊕ 10. Es ist ein neuer Befehl (Teilschlusszeichen) vorzusehen, der bewirkt, dass der Streifen bis zum nächsten Startzeichen läuft, so dass die eventuell dazwischenliegenden Befehle vom Abtaster nicht abgenommen werden. Die Ausführung dieses Befehls sollte durch den Ablauf der Rechnung gesteuert werden können. (Bedingte Befehle.) Auch dieser Teilschluss soll dieselbe Wirkung für die Beendigung der Rechenplanfertigung haben, wie für das gewöhnliche Schlusszeichen.

⊕ 11. Einbau einer Taste, deren Betätigung bei der Rechenplanfertigung den letzten gelochten Befehl auf der Leuchttafel erscheinen lässt.

\+ 13. Automatisches Stoppen der Maschine bei einem Teilkriterium, z.B. ∞, i, 0. (Nach Bedarf einstellbar.)

15. Protokolltasten mehr rechts anordnen.

19. Speicherzelle übersichtlich im Speicherwerk kennzeichnen.

21. Für lange Filme Führung des Filmes während des Abtastens.

23. Optische und akustische Zeichen bei Beendigung der Rechnung.

⊕ 24. Folge von zwei Befehlen /+1 ermöglichen.

\+ 25. Möglichkeit eines direkten Transfers von einer Speicherzelle auf eine andere (Ax Sy) (eventuell direkt ins Speicherwerk).

Abb. 5.22: Prüfbericht der ETH zur Z4 (1949), Seite 6 (Quelle: ETH-Bibliothek Zürich, Hochschularchiv).

- 7 -

@ 26. Drei besondere Tasten mit den Befehlen
 1. Oph.↘ , 1. Oph.X, 1. Oph.a^2

\+ 27. Eine besondere Taste für den Befehl Ax↘ .

28. Automatische Abschaltung der Schaltwalze eine Minute nach Beendigung der Rechnung.

\+ 29. Automatischer Vergleich von zwei Rechenplänen in den beiden Abtastern.

30. Einbau eines Zählers für die Anzahl der Rechenoperationen.

32. Sperrung der Protokollschaltung.

\+ 33. Erhöhung der Genauigkeit im Rahmen der Möglichkeiten.

34. Sperrung der Tastatur, während der Befehl ↘ läuft.

35. Verschiedene Lampen, die das Arbeiten der Maschine anzeigen:
 "Maschine rechnet"
 "Maschine wartet auf Eintasten oder Ablesen eines Wertes"
 /ev. akustisch)

 Bei der Planfertigung:
 "Die Lochung des Filmes hat begonnen".

40. Bei der Protokollführung sollte durch Lampen angezeigt werden, ob ein Wert abgetastet oder niedergeschrieben werden muss.

Die mit @ bezeichneten Punkte halten wir für unbedingt notwendig. Die mit + bezeichneten Punkte sind wünschbar, die übrigen Punkte sind Anregungen.

Die obige Aufstellung wurde mit Herrn Zuse besprochen.

Ausserdem halten wir folgende Verbesserungen für wünschenswert:

a) Das Rechnen mit rein imaginären Zahlen sollte ausgebaut werden, so dass z.B. die Rechenregel $i^2 = -1$ automatisch befolgt wird.

b) Einbau eines neuen (gelochten) Befehls: Uebergang auf den andern Abtaster (Befehlstreifen), wobei je nach Wahl der erste Abtaster stehen bleibt oder weiterläuft, ohne dass die Befehle seines Streifens wirksam werden.

c) Einbau eines richtigen bedingten Befehls, der ausgelöst wird, wenn ein Rechenresultat positiv (oder auch imaginär, oder genau Null) ist, und der je nach Wahl entweder "Teilschluss" oder "Stop" oder Uebergang auf den andern Abtaster, gemäss b), bewirkt.

Ferner sind natürlich die vertraglich vereinbarten Zusatzeinrichtungen einzubauen.

6. Anregungen für die Entwicklungsarbeit in Zürich

A. In mathematischer Hinsicht

Diejenigen Arbeiten der Zusammenstellung (unter B, S. 6/7), die in Deutschland nicht ausgeführt werden.

Abb. 5.23: Prüfbericht der ETH zur Z4 (1949), Seite 7 (Quelle: ETH-Bibliothek Zürich, Hochschularchiv).

- 8 -

B. In technologischer Hinsicht

a) Prüfung der Möglichkeit, die Schaltwalze durch Thyratrons zu ersetzen.

b) Funkenlöschproblem in gefährdeten Kreisen mit Gleichrichtern zu lösen.

c) Erhöhung der Rechengeschwindigkeit im Rahmen billiger technischer Möglichkeiten.

d) Bau eines separaten Rechenplanfertigungsgerätes (Grund: RP-Fertigung zeitraubend, blockiert gegenwärtig das Rechnen mit der Maschine).

7. Notwendige Vorarbeiten für die Aufnahme der Maschine an der E.T.H.

Die Maschine sollte in zwei getrennten Räumlichkeiten untergebracht werden können, um so eine Trennung zwischen Bedienungsaggregaten (Tastaturpult, Abtaster, Locher und Drucker) und den Rechnungs- und Speichereinheiten zu gewährleisten. Auf diese Weise wird auch das Lärmproblem (Antriebsmotor und Speicherwerkantrieb) auf einfache Weise gelöst. Wir haben bereits detailliertere Pläne ausgearbeitet, welche sämtliche notwendigen Vorarbeiten, wie Bereitstellung der verschiedenen benötigten Spannungen, Schalttableaux, Kabelschächte, Wanddurchführungen etc. einschliessen. Es ist sehr zu wünschen, dass die Firma Zuse möglichst rasch Kopien der definitiven Pläne erhält, um so bei ihren jetzigen Überholungsarbeiten schon die zweckmässigste Lösung zu treffen.

8. Zusammenfassung

Wir sind der Auffassung, dass die Zusesche Maschine nach Ausführung der Ueberholungs- und Ergänzungsarbeiten für die Zwecke der E.T.H. geeignet ist.

sig. C. Böhm H. Laett

C. Böhm.

Abb. 5.24: Prüfbericht der ETH zur Z4 (1949), Seite 8 (Quelle: ETH-Bibliothek Zürich, Hochschularchiv).

5.6 Abnahmeprotokoll zur Z4 (1950)

Eidg. Technische Hochschule
Institut für angewandte Mathematik
Zürich

ZÜRICH, den

1950

Abnahmeprotokoll.

1. Das Institut für angewandte Mathematik der E.T.H. hat am 2o.7.195o die von der Firma Zuse K.G., Neukirchen (Deutschland) gelieferte programmgesteuerte Rechenmaschine "Z 4" entsprechend dem beidseitig unterfertigten Vertrag vom 7.9.1949 übernommen. Der 2o.7.195o ist damit Beginn des in Nr. 3 des Vertrages genannten Zeitraumes von 5 Jahren, während welchem das Gerät "Z 4" dem Institut der E.T.H. ohne weitere Kosten zur Verfügung steht, falls nicht von den Ziff. 4ik des genannten Vertrages Gebrauch gemacht wird.

2. Die Abnahmeprüfung hat darin bestanden, dass das Gerät nach einem zyklischen Rechenplan arbeitete, der alle wesentlichen Operationen der Maschine umfasste und 46 mal ablief; dabei wurden von der Maschine etwa 1ooo Rechenoperationen fehlerfrei ausgeführt.

3. Nach Ziff. 3d (cc) wird damit die letzte Rate im Betrage von Fr. 1o ooo.- zur Zahlung an die Zuse K.G. fällig.

4. Die weitere Zusammenarbeit zwischen dem Institut für angewandte Mathematik und der Zuse K.G. ist durch den genannten Vertrag vom 7.9.1949 geregelt. Darüber hinaus gehend haben die Vertragspartner folgendes vereinbart:
   a) Herr Zuse (bzw. ein von ihm bezeichneter kompetenter Vertreter) wird weiter an dem Gerät Interesse nehmen, indem er sich durch periodische Besuche in Zürich von dessen Funktionieren überzeugt und eventuell notwendig gewordene Ueberholungsarbeiten leitet. Ein erster derartiger Besuch wird für die Zeit vom 15. - 2o. 8. 195o vorgesehen. Die Deckung der Aufenthaltskosten bleibt weiteren Regelungen vorbehalten.
   b) Beim Auftreten grösserer Störungen, welche die Anwesenheit des Konstrukteurs notwendig machen, hat das Institut die Zuse K.G. sofort zu benachrichtigen, die Reparaturpersonal entsendet. Ueber die Verteilung der Reparatur- und Aufenthaltskosten entscheiden von Fall zu Fall die beiden Vertragspartner.

60 650

Abb. 5.25: Abnahmeprotokoll zur Z4 (1950), Seite 1 (Quelle: ETH-Bibliothek Zürich, Hochschularchiv).

5. Die Zuse K.G. erklärt sich mit der von der E.T.H. abgeschlossenen Versicherung des Geräts für einverstanden; beide Vertragspartner nehmen jedoch eine Erhöhung der Versicherungssumme auf SFr. 15o ooo.- in Aussicht, da eine genauere Prüfung der Bestandteile des Gerätes ergeben hat, dass dessen Sachwert in dieser Höhe liegt.

6. Bei der Abnahmeprüfung hat sich ergeben, dass einige der von der Zuse K.G. gelieferten Filmrollen von ungenügender Qualität sind und den Beanspruchungen durch den Filmtransport nicht standhalten; diese werden von der Zuse K.G. ersetzt.

Zürich, den 21.7.195o

Prof. E. Stiefel

Abb. 5.26: Abnahmeprotokoll zur Z4 (1950), Seite 2 (Quelle: ETH-Bibliothek Zürich, Hochschularchiv).

5.7 Schlussrechnung der Zuse KG für die Z4 (1950)

A n l a g e

zum Schreiben vom 26.7.1950 an den Herrn Präsidenten des Schweizerischen Schulrates in Zürich.

<u>Kostenaufstellung für die Ueberholung des Rechengerätes Z 4.</u>

I.	<u>Neuanfertigung.</u>	
	A. Werkstatt- und Materialkosten	
1.	Ausbau Speicherwerk	DM 2.700.--
2.	Impulsversorgung und Antrieb	2.300.--
3.	Druckwerk und Schrank Q (Steuerung)	5.210.--
		1.450.--
4.	1 Abtaster neu	1.550.--
5.	Steuerungseinrichtung für Zahlenlochung u. Abtastung mit Uebertragungsschaltung	10.000.--
6.	2 neue Gestelle	382.--
7.	Verkleidung der Schränke	1.218.--
8.	Stecker- und Kabelverbindungen	3.020.--
		DM 27.830.--
	B. Entwurfs- und Konstruktionsarbeiten zu Pos. gemäss A.	
1.	Ausbau ~~und~~ Speicherwerk	--
2.	Impulsversorgung und Antrieb	1.210.--
3.	Druckwerk und Schrank Q	1.730.--
4.	1 Abtaster neu	723.--
5.	Steuerungseinrichtung w.o.	1.289.--
8.	Stecker- und Kabelverbindungen	682.--
		DM 33.464.--
II.	<u>Ueberholungsarbeiten.</u>	
	A.Werkstatt- und Materialkosten	
1.	Speicherwerk komplett	DM 4.150.--
2.	Lochstreifenwerk komplett überholt mit neuem Antrieb	" 5.563.--
3.	Schaltpult neu verschaltet	1.300.--
4.	Programmfertigung geändert, neu verschaltet	1.460.--
5.	Generalüberholung des elektrischen Teils	6.160.--
		DM 18.633.--
	B.Entwurfs- und Konstruktionsarbeiten zu Pos.gemäss A.	
1.	Speicherwerk	DM 1.480.--
2.	Lochstreifenwerk	902.--
4.	Programmfertigung	930.--
5.	Elektrischer Teil	1.117.--
		DM 23.062.--
	Summe I und II	DM 56.526.--
	Transportkosten	186.--
	Versicherungsanteil	188.--
		DM 56.900.--

Sie überwiesen bisher sfrs 40.000.--

Wir erhielten von Bank	DM 38.285.20
Umsatzsteuer 3 %	- 1.147.55
	DM 37.137.65

Abb. 5.27: Schlussrechnung der Zuse KG für die Z4 (1950) (Quelle: ETH-Bibliothek Zürich, Hochschularchiv).

5.8 Vereinbarung zur Rückgabe der Z4 an die Zuse KG (1955)

Eidg. Technische Hochschule
Institut für angewandte Mathematik
Zürich

ZÜRICH,

Vereinbarung über die Rückgabe der Relais-Rechenmaschine Z4 an die Firma Zuse K.-G., Neukirchen, Deutschland, durch das Institut für angewandte Mathematik der E.T.H.

Die folgende Erläuterung bezieht sich auf den Vertrag vom 7.9.1949. Die Vereinbarung bezieht sich somit auf die von der Firma Zuse im Jahre 1950 gelieferte Relais-Rechenmaschine mit mechanischem Speicherwerk. Sie betrifft nicht das vom Institut entwickelte und in letzter Zeit an die Maschine angeschlossene elektronische Speicherwerk, über dessen Uebergabe an die Firma Zuse besondere Abmachungen vorgesehen werden.

1) Die Rückgabe des Geräts wird für die Woche vom 1.-8.4.55 vorgesehen. Vertragsgemäss müsste die Maschine am 21.7.55 zurückgegeben werden. Das Institut für angewandte Mathematik verzichtet auf Rückerstattung der Miete für die Monate April, Mai, Juni bis 21. Juli im Sinne eines Beitrags an die Instandstellungskosten.

2) Die Firma Zuse entsendet einen verantwortlichen Mitarbeiter, der die Maschine in Zürich im Sinne von Ziffer 4/c, Abs. 2, des Vertrages vom 7.9.1949 im Betrieb besichtigt und den Abbruch und Verlad beaufsichtigt. Nach Beginn des Abbruchs dürfen dem Institut von der Firma Zuse keine Instandstellungskosten mehr verrechnet werden.

3) Das Institut übernimmt die Transportkosten an die Schweizergrenze und erledigt die schweizerischen Zollformalitäten.

./.

4417

Abb. 5.28: Vereinbarung zur Rückgabe der Z4 an die Zuse KG (1955), Seite 1 (Quelle: ETH-Bibliothek Zürich, Hochschularchiv).

- 2 -

4) Die Firma Zuse besorgt die Transportversicherung, für deren Kosten bis zur Schweizergrenze dem Institut nachträglich Rechnung gestellt werden kann.

5) Das Institut verzichtet auf das im genannten Vertrag (Ziffer 4/b) genannte Vorkaufsrecht.

6) Sämtliche zur Maschine gehörigen Akten werden hinsichtlich der vom Institut vorgenommenen Schaltungsänderungen nachgeführt und dem Vertreter der Firma Zuse mit den zugehörigen mündlichen Erklärungen übergeben.

7) Die von den Mathematikern des Instituts hergestellten Kommandostreifen stehen der Firma Zuse oder einem von ihr bezeichneten dritten Benutzer der Maschine unentgeltlich zur Verfügung. Die Firma Zuse ist berechtigt, einen Vertreter des zukünftigen Benützers in das Institut zu Studienzwecken abzuordnen.

Zürich, den 21.1.55

ZUSE K.-G.

Prof. E. Stiefel

Prof. Dr. E. Stiefel | Ing. K. Zuse

Der vorstehenden Vereinbarung wird die Genehmigung erteilt, unter gleichzeitiger brieflicher Mitteilung an Zuse.

Zürich, den
15.Februar 1955. Der Präsident des Schweiz. Schulrates:

<u>Vereinbarung in vier Exemplaren ausgefertigt:</u>

1 Exemplar an das Institut
1 Exemplar an den Schweiz. Schulrat
2 Exemplare an die Firma Zuse

Abb. 5.29: Vereinbarung zur Rückgabe der Z4 an die Zuse KG (1955), Seite 2 (Quelle: ETH-Bibliothek Zürich, Hochschularchiv).

5.9 Projektantrag für den Bau der Ermeth (1953)

EIDGENOESSISCHE TECHNISCHE HOCHSCHULE

INSTITUT FUER ANGEWANDTE MATHEMATIK

ZUERICH

Projekt für den Bau einer

neuen programmgesteuerten Rechenmaschine

Fassung vom 1. Mai 1953

Uebersicht:

I. Vorgeschichte und Notwendigkeit einer neuen Maschine
II. Kurze Beschreibung unseres Projekts
III. Vorarbeiten
IV. Organisation und Planung der Arbeiten
V. Budget

Beilagen:

1. Ausgeführte mathematische Untersuchungen
2. Erledigte und abgewiesene Aufträge

I. Vorgeschichte und Notwendigkeit einer neuen Maschine

Im Jahre 1949 wurde der Entschluss gefasst, die während des Krieges in Deutschland gebaute programmgesteuerte Rechenmaschine Z4 mietweise zu übernehmen, nachdem auf unseren Wunsch grundlegende Umbauten zur Modernisierung vorgenommen worden waren. Es war schon damals bekannt, dass dieses Gerät mathematisch betrachtet nicht mehr dem neuesten Stand der Forschung entsprach. Jedoch ermöglichten die äusserst günstigen Uebernahmebedingungen sowie die kurze Lieferfrist die baldige Aufnahme eines Rechenbetriebes an unserem Institut. Es wurden hauptsächlich die drei folgenden Ziele ins Auge gefasst:

Abb. 5.30: Projektantrag für den Bau der Ermeth (1953), Seite 1 (Quelle: ETH-Bibliothek Zürich, Hochschularchiv).

\- 2 -

1. Forschung auf dem Gebiet der numerischen Mathematik (Untersuchungen über numerische Methoden, Entwicklung neuer Verfahren);

2. Sammlung von Erfahrungen über Unterhalt und Bau einer Rechenmaschine;

3. Behandlung von Problemen, die uns aus Kreisen der Wissenschaft und Industrie gestellt werden.

Die Maschine Z4 wurde im Juli 1950 in Betrieb genommen und hat seither die gestellten Erwartungen in allen drei erwähnten Punkten restlos erfüllt: Beilage 1 enthält eine Liste der bisher ausgeführten mathematischen Untersuchungen nebst Literaturangaben. Sodann finden die Erfahrungen über den Bau und Betrieb einer programmgesteuerten Rechenmaschine ihren Niederschlag im vorliegenden Projekt. Schliesslich enthält Beilage 2 eine Liste der ausgeführten und der zurückgestellten Aufträge.

Insgesamt sind auf Grund der ausgeführten Arbeiten vom Juli 1950 bis Juli 1952 ungefähr Fr. 16 000.- eingenommen worden. Es hat sich dabei gezeigt, dass der Bedarf nach einem Rechenzentrum in der Schweiz ganz erheblich grösser ist, als ursprünglich angenommen worden war.

Wenn wir heute trotz dieser Erfolge den Bau einer neuen Maschine als notwendig erachten, so sind hierfür folgende Gründe massgebend:

1. Der Mietvertrag für die Z4 läuft im Juli 1955 ab. Die Maschine, die ununterbrochen im Betrieb steht, wird bis dahin einen Grad der Abnutzung erreicht haben, der ohne grosse Aufwendungen für Revisionen kaum mehr einen rationellen Weiterbetrieb gestatten wird.

beigefügt

Satz weggelassen

2. Das Volumen der unserem Institut gestellten Aufgaben übersteigt die Leistungsfähigkeit der Z4 erheblich. Da die Maschine auf Monate hinaus besetzt ist, müssen wir immer einen Teil der Aufträge zurückweisen; von den übrigen konnten wir einige nur in vereinfachter Form lösen.

Abb. 5.31: Projektantrag für den Bau der Ermeth (1953), Seite 2 (Quelle: ETH-Bibliothek Zürich, Hochschularchiv).

- 3 -

Dabei haben wir uns in keiner Weise um die Akquisition von Aufträgen bemüht. Eine neue Maschine würde bedeutend schneller rechnen und uns damit wesentlich mehr Möglichkeiten geben; damit wäre der schweizerischen Industrie und Wissenschaft besser gedient.

3. Die Technik macht schnelle Fortschritte, und die Z4 ist bei Ablauf des Mietvertrages als veraltet zu betrachten. Es werden in vielen europäischen Ländern neue Maschinen gebaut, nämlich in Frankreich, Holland, Belgien. Schweden hat 3 unabhängige Zentren für die Entwicklung von Rechengeräten. In Deutschland werden bedeutende Mittel eingesetzt; es werden in Darmstadt, München und Göttingen Forschungen auf breitester Basis durchgeführt, und am Max-Planck-Institut für Physik in Göttingen läuft bereits eine elektronische Maschine ausschliesslich für den Bedarf des Instituts.

II. Kurze Beschreibung des Projekts

Es sollen hier die gefassten Entschlüsse hinsichtlich der einzelnen Bestandteile der Maschine geschildert und unter Berücksichtigung der speziellen schweizerischen Verhältnisse begründet werden.

1) Entschluss zum Bau: Wir wollen eine Maschine in der Schweiz bauen und nicht eine solche im Ausland kaufen. Wir begründen dies einerseits damit, dass wir infolge unserer Studien in den USA und der mehrjährigen Erfahrung mit der Z4 dann in der Lage sind, diese Erfahrungen zu verwerten und die an der Z4 ausgebildeten mathematischen Methoden auf das neue Gerät zu übertragen. Keine der gegenwärtig eventuell käuflichen Maschinen kann in dieser Hinsicht befriedigen und keine würde den speziellen Verhältnissen der Schweiz und unseres Instituts gerecht werden. Andererseits werden die Techniker, die später die Maschine unterhalten müssen, durch die Mitarbeit

Abb. 5.32: Projektantrag für den Bau der Ermeth (1953), Seite 3 (Quelle: ETH-Bibliothek Zürich, Hochschularchiv).

- 4 -

beim Bau mit ihr vertraut. Ferner wird der schweizerischen Elektrotechnik Gelgenheit geboten, durch den Bau einzelner Teile Neuentwicklungen anzubahnen, die später vielleicht in einem weiteren Feld anwendbar sind. Speziell sei hingewiesen auf die magnetische Trommel, die sich heute allgemein in der Nachrichtentechnik als Element zur Speicherung von Informationen durchsetzt.

Der Preis einer käuflichen Maschine liegt merklich höher als die von uns vorgesehenen Baukosten. Ausserdem sind diese Geräte für den Absatz einer höheren Stückzahl berechnet, müssen daher erst durch Umbau und Zusatzgeräte an die speziellen Bedürfnisse eines mathematischen Instituts adaptiert werden. Die Programmgebung ist meistens so kompliziert, dass wir die bisher bewährte Praxis, die Bedienung teilweise dem Auftraggeber zu überlassen, aufgeben müssten. Dadurch müsste mehr Personal im Institut angestellt werden.

2) Wahl der Elemente: Die für das Projekt geeignetsten Schaltelemente sind bereits durch umfangreiche Versuche ermittelt worden. Im Rechenwerk handelt es sich vorwiegend um Elektronenröhren und Kristalldioden, deren Wirkungsweise im Institut für angewandte Mathematik erprobt wurde. Andererseits hat die Firma Hasler AG. in Bern ein spezielles Relais entwickelt, das in anderen Teilen des Geräts eingesetzt werden soll.

Nach Abschluss unserer Entwicklungsarbeiten kann das Gerät in der Schweiz von einer in elektronischen Arbeiten erfahrenen Firma gebaut werden.

Der von uns früher verfolgte Vorschlag, auch im Rechenwerk ausschliesslich Relais zu benutzen, hat sich als nicht gangbar erwiesen, da selbst speziell entwickelte Relais den hohen Anforderungen hinsichtlich der Zahl einwandfreier Schaltoperationen bei der für einen Rechenautomaten wünschbaren Schaltgeschwindigkeit nicht genügen.

Abb. 5.33: Projektantrag für den Bau der Ermeth (1953), Seite 4 (Quelle: ETH-Bibliothek Zürich, Hochschularchiv).

- 5 -

3) Entwicklung eines Speicherwerks: Der Bau eines Speicherwerks hoher Kapazität stellt uns und die beteiligten Firmen vor wesentlich neue Aufgaben. Wir haben uns entschlossen, eine rotierende magnetische Trommel zu bauen, die etwa 10'000 Zahlen speichern kann. (Die Z4 hatte nur einen Speicher für 64 Zahlen). Diese Art der Speicherung ist heute technisch konsolidiert und wird bei fast allen Maschinen verwendet, die gegenwärtig in Europa im Bau sind.

Zuerst bestand die Absicht, den Auftrag zum Bau einer Trommel an die Firma Ferranti Ltd. in Manchester zu vergeben. Die Besprechungen mit den zuständigen Kreisen unserer Industrie und mit dem Begutachter unsere Projekts Professor Aiken von der Harvard University haben aber ergeben, dass gerade die Entwicklung einer Trommel für die allgemeinen Bedürfnisse der Speicherung von Information sehr wichtig ist und daher auch in unserem Land in Angriff genommen werden sollte.

Professor Baumann vom Institut für technische Physik der ETH interessiert sich für diese Arbeiten und hat Grundlagenforschungen über magnetische Schichten in den Plan der AFIF aufgenommen.

4) Eingang und Ausgang: Der Verkehr der Maschine mit der Aussenwelt geschieht durch Abtasten und Lochen von Lochkarten. Diese Apparate werden zur Zeit durch eine Zürcher Firma entwickelt und sollen uns zu entgegenkommenden Bedingungen abgegeben werden.

5) Anteil der schweizerischen Technik: Die Bauelemente in den elektronischen Teilen der Maschine, nämlich Röhren, Kondensatoren und Widerstände müssen zur Zeit aus dem Ausland bezogen werden. Ihre Kosten betragen etwa Fr. 80'000.-- oder rund 10 % des Budgets. Alle übrigen Teile dagegen werden in der Schweiz hergestellt und sind zum Teil von einer solchen Art, dass die schweizerische Präzisionstechnik für sie von

Abb. 5.34: Projektantrag für den Bau der Ermeth (1953), Seite 5 (Quelle: ETH-Bibliothek Zürich, Hochschularchiv).

- 6 -

grosser Wichtigkeit ist. So sind die magnetische Trommel und die 250 Magnetköpfe Fabrikate, die genaueste mechanische Herstellung erheischen; die in gewissen Teilen des Gerätes zur Verwendung kommenden Relais und eventuell Koordinatenwähler sind typisch schweizerische Produkte; die vorgesehenen Locher und Abtaster enthalten tausende von Einzelteilen, die in der schweizerischen Uhrenindustrie hergestellt werden.

6) Leistungsfähigkeit des neuen Automaten: Der Fortschritt des neuen Automaten gegenüber der Z4 (neue Multiplikationszeit 50 msc) besteht hauptsächlich in einer Erhöhung der Rechengeschwindigkeit auf das 50-fache, in der wesentlichen Erhöhung der Speicherkapazität und in der grossen Flexibilität. Das Gerät kann viele Probleme, die wir bis jetzt bearbeitet haben, vollautomatisch ohne Beeinflussung von aussen behandeln, während bei der Z4 dauernd Kommando- und Zahlenstreifen abgenommen und wieder eingelegt werden müssen.

III. Vorarbeiten

Es ist zunächst eine magnetische Versuchstrommel gebaut worden, an Hand derer gegenwärtig die besten Konstruktionen für die Magnetköpfe und die elektronischen Schaltungen ermittelt werden.

Erstes Ziel dieser Versuchsarbeiten wird es sein, einen kleinen elektronischen Speicher zu bauen, der das mechanische Speicherwerk der Z4 ersetzen kann. Dadurch ist ein doppelter Zweck angestrebt: Erstens wird das alte Z4 Speicherwerk, das sich nun mehr und mehr abnützt, ersetzt, und zweitens werden unsere Schaltungen in einem harten Dauerbetrieb auf ihre Zweckmässigkeit und Betriebsicherheit hin geprüft werden.

In Zusammenarbeit mit der Firma Hasler AG. wurde ein Funktionsmodell eines Relais-Rechenwerks gebaut, das bereits

Abb. 5.35: Projektantrag für den Bau der Ermeth (1953), Seite 6 (Quelle: ETH-Bibliothek Zürich, Hochschularchiv).

- 7 -

alle wesentlichen Funktionen ausführt und gestattet, die Planung zu überprüfen, und ausserdem als Unterrichtsmodell eingesetzt wird.

IV. Organisation und Planung der Arbeit

Die definitive Projektierung der Maschine und ihre Ingangsetzung nach Lieferung der einzelnen Teile durch die Firmen ist als eigentliche Forschungsarbeit zu bezeichnen. Ich sehe folgende Organisation in Arbeitsgruppen vor, die teilweise in den Instituten für Fernmeldetechnik und technische Physik arbeiten sollen.

1. Mathematische Gruppe Leiter: PD Dr. H. Rutishauser
Als Mitarbeiter kommen die normal angestellten Assistenten des Instituts sowie Doktoranden und Diplomanden in Frage.
Aufgabe: Planung der gesamten mathematischen Organisation der Maschine.

2. Technische Gruppen Leiter: PD Dr. A. Speiser
a) Elektronische Gruppe: 2 Ingenieure, 1 Mechaniker.
Entwicklung der elektronischen Schaltungen, die den Zusammenhang zwischen der magnetischen Trommel und den übrigen Teilen der Maschine herstellen müssen. Entwicklung der Trommel und der Magnetköpfe zur Ablesung.

b) Schaltungsgruppe: 1 Ingenieur, 1 Zeichner.
Abklärung der Rechenschaltungen und Kommandoschaltungen, Ausarbeitung der Schaltzeichnungen. Da wir die Möglichkeiten der logischen Schaltungen optimal ausnutzen wollen, sind grössere theoretische Untersuchungen notwendig.

c) Relaxator:
Wir glauben, dass der Wirkungsgrad der neuen Maschine durch ein Zusatzgerät stark erhöht werden könnte. Es

Abb. 5.36: Projektantrag für den Bau der Ermeth (1953), Seite 7 (Quelle: ETH-Bibliothek Zürich, Hochschularchiv).

- 8 -

handelt sich im wesentlichen um ein elektrisches Netzwerk, das wir "Relaxator" nennen und das speziell zweidimensionale Probleme der Elastizitätstheorie schnell lösen soll. Für diesen Problemkreis wäre die Kombination Maschine und Relaxator bedeutend leistungsfähiger als alles heute Bekannte. Wir planen deshalb diesbezügliche Versuche vorzunehmen, solange qualifizierte Ingenieure verfügbar sind.

Der eigentliche Bau der Teile der Maschine wird geeigneten schweizerischen Firmen übergeben.

V. Budget

1. Forschung und Planung

a) Gehälter ab 1.1.1953

Chefmathematiker Dr. H. Rutishauser		
3 Jahre à Fr. 15 000.- = Fr.	45 000.-	
Davon durch Assistentengehalt	20 000.-	
gedeckt	25 000.-	25 000.-
Chefingenieur Dr. A. Speiser		
3 Jahre à Fr. 17 000.- = Fr.	51 000.-	
Davon durch Assistentengehalt	20 000.-	
gedeckt	31 000.-	31 000.-
1. Ingenieur, elektronische Gruppe		
3 Jahre à Fr. 10 000.- = Fr.	30 000.-	
Davon durch Assistentengehalt	20 000.-	
gedeckt	10 000.-	10 000.-
2. Ingenieur, elektronische Gruppe		
3 Jahre à Fr. 10 000.-		30 000.-
1 Ingenieur Schaltungsgruppe		
1. Jahr Fr.	7 000.-	
2. Jahr	8 500.-	
3. Jahr	10 000.-	
	25 500.-	25 500.-
Mechaniker und Zeichner		
Total 6 Arbeitsjahre à Fr. 8 000.-		48 000.-
Kurzfristige Anstellungen (Elektriker, Zeichner, Studenten)		25 500.-
		195 000.-
	2 % AHV	3 900.-
		198 900.-

Abb. 5.37: Projektantrag für den Bau der Ermeth (1953), Seite 8 (Quelle: ETH-Bibliothek Zürich, Hochschularchiv).

- 9 -

b) Versuchsmaterial

Elektronisches Versuchsmaterial:

Messinstrumente	1000.--	
Sortiment Röhren	500.--	
Sortiment Widerstände	500.--	
Sortiment Kondensatoren	500.--	
20 Versuchschassis mit Anschlüssen und Gestellen	500.--	
5 Netzgeräte	1000.--	
Verschiedenes	1000.--	5 000.--
1 Spezialoszillograph (wird später für den Unterhalt der Maschine benötigt.)		4 500.--
Versuchstrommel und Magnetköpfe		5 000.--
Technische Relaisversuche (Hasler AG.)		5 000.--
Relaxator		10 000.--
Total Versuche		29 500.--

2. Eigentliche Bau- und Anschaffungskosten

600 Relais (fertig verdrahtet inkl. Gestelle) à Fr. 90.--	54 000.--
1200 Elektronenröhren (fertig verdrahtet inkl. Gestelle) à Fr. 200.--	240 000.--
Speicherwerk (Trommel und Magnetköpfe)	30 000.--
Lochkartenapparaturen (4 Abtaster und 4 Locher)	100 000.--
Stromquellen	42 000.--
Bedienungspult und Schalttafeln	30 000.--
Elektrische Installationen im Maschinenraum	5 000.--
Total Bau	501 000.--

3. Verschiedenes und Unvorhergesehenes

(Reisespesen, Transporte, zusätzliche Gehälter, nachträgliche Aenderungen) 70 000.--

4. Total

Gehälter	198 900.--
Versuche	29 500.--
Baukosten	501 000.--
Verschiedenes	70 000.--
	799 400.--

Zürich, den 1. Mai 1953

Abb. 5.38: Projektantrag für den Bau der Ermeth (1953), Seite 9 (Quelle: ETH-Bibliothek Zürich, Hochschularchiv).

EIDGENOESSISCHE TECHNISCHE HOCHSCHULE
INSTITUT FUER ANGEWANDTE MATHEMATIK
ZUERICH

Beilage 1 zum Projekt für den Bau einer neuen programmgesteuerten Rechenmaschine

Ausgeführte mathematische Untersuchungen

1. Inversion von Matrizen

   Es wurde eine Methode entwickelt, um diese Aufgabe auf der Z 4 vollautomatisch zu lösen. (Durch Dr. H. Rutishauser anlässlich der Tagung der Gesellschaft für angewandte Mathematik und Mechanik am 29. 3. 1951 in Freiburg im Breisgau vorgetragen.)
   Es ist auf diese Weise möglich, in etwa 3½ Stunden eine 10-reihige Matrix zu invertieren. (etwa 50 Std. Z 4)

2. Untersuchungen über die Integration von Schwingungsdifferentialgleichungen

   Als Privatauftrag ausgeführt (etwa 20 Std. Z 4)

3. Eine längere Untersuchung ist im Gange, um unter den vielen Verfahren zur Integration von Differentialgleichungen ein möglichst rationelles herauszufinden. (Wird voraussichtlich mit 1. zusammen als Mitteilung aus dem Institut für angewandte Mathematik publiziert werden.) (etwa 60 Std. Z 4)

4. Von Prof. E. Stiefel wurde ein spezielles Relaxationsverfahren entwickelt zur Lösung partieller Differentialgleichungen (das sog. n-Schrittverfahren). Dieses eignet sich sehr gut für programmgesteuerte Rechenmaschinen. (Vergl. E. Stiefel, Ueber einige Methoden der Relaxationsrechnung, Zeitschrift für angewandte Mathematik und Physik, Vol. III (1952), Heft 1.)
   Das Verfahren kam erstmals im Zusammenhang mit einem Industrieauftrag zur Anwendung. Die Rechnung wurde mit der Z 4 durchgeführt.

5. Dr. H. Rutishauser führte mit der Z 4 Untersuchungen über die Stabilität von Lösungsmethoden für gewöhnliche Differentialgleichungen durch. Hierüber ist bis jetzt noch sehr wenig bekannt. (Vergl. H. Rutishauser, Ueber die Instabilität von Lösungsmethoden zur Integration gewöhnlicher Differentialgleichungen, Zeitschrift für angewandte Mathematik und Physik, Vol. III (1952).(etwa 15 Std. Z 4)

Abb. 5.39: Projektantrag für den Bau der Ermeth (1953), Beilage 1, Seite 1 (Quelle: ETH-Bibliothek Zürich, Hochschularchiv).

– 2 –

6. Berechnung gewisser elektrischer Netzwerke mit linearen Potentiometern.

   Im Zuge der Entwicklung zweier Analogie-Rechengeräte mussten gegebene Kurven durch Potentiometerschaltungen dargestellt werden. Mit Hilfe der Z 4 wurden verschiedene hierzu geeignete Verfahren geprüft; anschliessend wurden gewisse rationale Funktionen tabelliert, welche zur Anfertigung von Hilfs-Kurvenblättern benötigt wurden. (Vergl. A.P. Speiser, Ueber die Konstruktion von Rechengeräten mit linearen Potentiometern; der E.T.H. eingereichte Habilitationsschrift). (etwa 50 Std. Z 4)

7. Fehleruntersuchungen zur Integration der van der Pol'schen Differentialgleichung.

8. Praktische Berechnungen zum Lanczos'schen Verfahren zur Eigenwertbestimmung und zum cg-Verfahren von Prof. Stiefel. (Vergl. H. Rutishauser, Beiträge zur Kenntnis des Lanczos'schen Biorthogonalisierungsalgorithmus, Zeitschrift für angewandte Mathematik und Physik, Vol. IV (1953); M. Hestenes and E. Stiefel, Method of Conjugate Gradients for Solving Linear Systems. Erscheint im Journal of Research des National Bureau of Standards, Washington 1952/53.)

Abb. 5.40: Projektantrag für den Bau der Ermeth (1953), Beilage 1, Seite 2 (Quelle: ETH-Bibliothek Zürich, Hochschularchiv).

EIDGENOESSISCHE TECHNISCHE HOCHSCHULE
INSTITUT FUER ANGEWANDTE MATHEMATIK
ZUERICH

Beilage 2 zum Projekt für den Bau einer neuen programmgesteuerten Rechenmaschine

Liste der erledigten und abgewiesenen Aufträge

1. Berechnung der Spannungen in einer Talsperre

   Partielle Differentialgleichung 4. Ordnung, mit Relaxation gelöst. Auftrag der Kommission für die Probleme der Talsperren (etwa 150 Std. Z 4)

2. Auswertung einer neuen Knickspannungshypothese

   Bestimmung der Maxima bei einer 4-parametrigen Schar von Funktionen. Auftrag der EMPA (etwa 100 Std. Z 4)

3. Berechnungen zum Raketenflug

   Integration eines Systems von 8 gewöhnlichen linearen Differentialgleichungen 1. Ordnung. Industrieauftrag (etwa 50 Std. Z 4)

4. Quantenmechanische Untersuchungen an Naphtalinmolekülen

   Bestimmung von Eigenwerten einer 8-reihigen symmetrischen Matrix. Privatauftrag (etwa 15 Std. Z 4)

5. Hilfsrechnung für die Hochfrequenztechnik

   Gekoppelte Schwingungskreise: Auflösung eines Systems quadratischer Gleichungen (etwa 30 Std. Z 4)

6. Strahlendurchgang durch ein optisches System

   Industrieauftrag (etwa 15 Std. Z 4)

7. Interpolationsausgleich photogrammetrischer Streifenaufnahmen (Interpolation in 2 Variabeln)

   Auswertung eines 12-gliedrigen Ausdrucks in 2 Variabeln für ca. 2000 Wertepaare x,y. Auftrag der Instituts für Photogrammetrie der ETH (etwa 90 Std. Z 4)

8. Untersuchungen über die Stabilität eines Systems von 6 linearen Differentialgleichungen von zusammen 10. Ordnung

   Anwendung des Hilbert-Routh'schen Stabilitätskriteriums. Die Koeffizienten der Gleichungen waren solange zu variieren, bis das System stabil wurde. Industrieauftrag (etwa 25 Std. Z 4)

Abb. 5.41: Projektantrag für den Bau der Ermeth (1953), Beilage 2, Seite 1 (Quelle: ETH-Bibliothek Zürich, Hochschularchiv).

\- 2 -

9. Berechnungen über Schwingungen einer vierachsigen Lokomotive

   Lösung eines Systems von 4 Differentialgleichungen 2. Ordnung. Industrieauftrag. (etwa 25 Std Z 4)

10. Harmonische Analyse von Tangentialkraftkomponenten

    Industrieauftrag. Bis jetzt wurden 31 Analysen mit 48 Punkten ausgeführt. (etwa 48 Std. Z 4)

11. Berechnung der Deformation einer parallelogrammförmigen Platte unter dem Einfluss einer Einzelkraft

    System von 2 partiellen Differentialgleichungen 2. Ordnung. Industrieauftrag. (etwa 500 Std. Z 4)
    Vergl. auch Beilage 1, Ziffer 4.

12. Berechnung der Flugbahnen von Raketen

    Industrieauftrag. (etwa 30 Std. Z 4)

13. Berechnungen zu einem geometrischen Extremumsproblem

    Tabellierung gewisser Funktionen von 2 Variablen. Privatauftrag. (etwa 22 Std. Z 4)

14. Berechnung von Strahlendurchgängen durch ein optisches System

    Industrieauftrag (noch nicht abgeschlossen).

15. Bestimmung der kritischen Drehzahlen eines Turbinenaggregates

    Industrieauftrag. (etwa 110 Std. Z 4)

16. Berechnungen zur Kristallographie

    Harmonische Analyse in 3 Dimensionen. Privatauftrag. Zurückgezogen.

17. System linearer Gleichungen

    Auftrag eines französischen Astronomen. Zurückgezogen.

18. Integration einer Schar gewöhnlicher Differentialgleichungen 3. Ordnung

    Auftrag einer Firma für wärmetechnische Apparate. Zurückgestellt.

19. Abflussregulierung der 3 Juraseen

    Auftrag des Eidg. Wasserwirtschaftsamtes Bern. Nach einigen Rechnungen auf der Z 4 zeigte es sich, dass dieses Problem ca. 2000 Stunden auf der Z 4 benötigen würde; wir zogen es deshalb vor, ein spezielles Gerät für diese Aufgabe zu konstruieren. Siehe Beilage 1, Ziffer 6.

20. Untersuchungen über den Einschwingvorgang einer Servosteuerung

    Integration eines Systems von Differentialgleichungen mit konstanten Koeffizienten. Industrieauftrag. Wegen der durch die starke Belegung der Z 4 zu langen Lieferfrist zurückgezogen.

Abb. 5.42: Projektantrag für den Bau der Ermeth (1953), Beilage 2, Seite 2 (Quelle: ETH-Bibliothek Zürich, Hochschularchiv).

- 3 -

21. Berechnung einer Hilfsfunktion zum Raketenflug

Integration einer gewöhnlichen Differentialgleichung 2. Ordnung. Industrieauftrag. Wegen der durch die starke Belegung der Z 4 zu langen Lieferfrist zurückgezogen.

22. Berechnungen zu einem mehrstufigen Verdichter

Industrieauftrag. (etwa 28 Std. Z 4)

23. Lösung eines Systems von 12 simultanen Differentialgleichungen

(Zum Teil nicht linear). Industrieauftrag. Auch dieser Auftrag, der die Z 4 auf Monate hinaus vollständig belegen würde, musste einstweilen zurückgestellt werden.

24. Harmonische Analysen von Tangentialkraftfunktionen

(Wie Auftrag 10). Industrieauftrag. (etwa 40 Std. Z 4)

25. Untersuchungen über Differentialgleichungen

Industrieauftrag. (etwa 30 Std. Z 4)

26. Lösung einer partiellen Differentialgleichung

Industrieauftrag. Nur wenige Stunden Z 4, aber umfangreiche mathematische Untersuchungen.

27. Berechnungen für ein Linsensystem

Industrieauftrag. (etwa 70 Std. Z 4)

28. Untersuchungen über Systeme von 4 simultanen nichtlinearen Gleichungen mit 4 Unbekannten

Berechnungen zur pneumatischen Förderung von Getreide. Industrieauftrag. (etwa 15 Std. Z 4)

29. Harmonische Analysen

(Wie Auftrag 24). Industrieauftrag. (etwa 40 Std. Z 4)

30. Militärauftrag

31. Harmonische Analyse mit 48 Punkten

Industrieauftrag. (etwa 5 Std. Z 4)

32. Lösung von linearen Gleichungssystemen (4 und 8 Unbek.)

Industrieauftrag. (etwa 25 Std. Z 4)

33. Berechnungen einer belasteten schiefen Platte mit freien und eingespannten Rändern und einer Unterstützung in der Mitte

Auftrag der SBB. (in Bearbeitung)

34. Lösung einer hyperbolischen partiellen Differentialgleichung mit empirischen Koeffizientenfunktionen

Privatauftrag. (vorläufig zurückgestellt)

Abb. 5.43: Projektantrag für den Bau der Ermeth (1953), Beilage 2, Seite 3 (Quelle: ETH-Bibliothek Zürich, Hochschularchiv).

5.10 Lizenzvertrag zum Nachbau des Magnettrommelspeichers (1955)

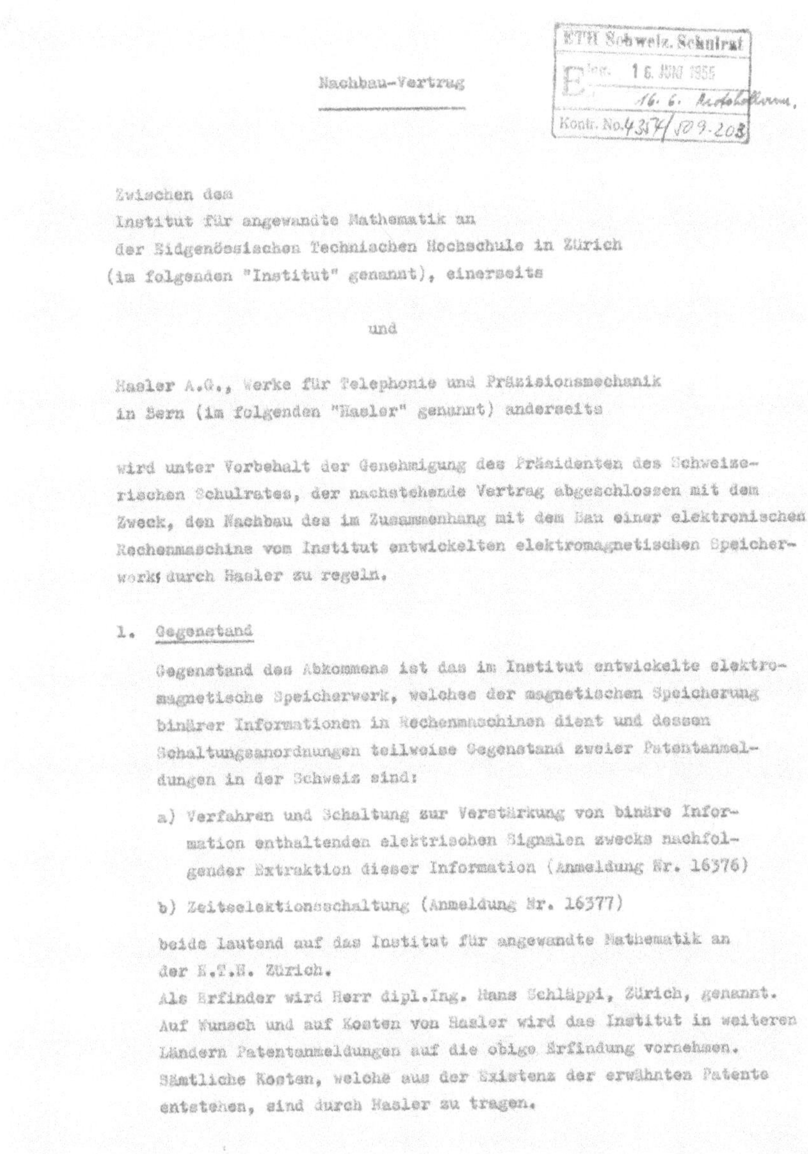

ETH Schweiz. Schulrat
Eing. 16. JUNI 1955
Kontr. No. 4354/509.203

Nachbau-Vertrag

Zwischen dem
Institut für angewandte Mathematik an
der Eidgenössischen Technischen Hochschule in Zürich
(im folgenden "Institut" genannt), einerseits

und

Hasler A.G., Werke für Telephonie und Präzisionsmechanik
in Bern (im folgenden "Hasler" genannt) anderseits

wird unter Vorbehalt der Genehmigung des Präsidenten des Schweizerischen Schulrates, der nachstehende Vertrag abgeschlossen mit dem Zweck, den Nachbau des im Zusammenhang mit dem Bau einer elektronischen Rechenmaschine vom Institut entwickelten elektromagnetischen Speicherwerks durch Hasler zu regeln.

1. Gegenstand

Gegenstand des Abkommens ist das im Institut entwickelte elektromagnetische Speicherwerk, welches der magnetischen Speicherung binärer Informationen in Rechenmaschinen dient und dessen Schaltungsanordnungen teilweise Gegenstand zweier Patentanmeldungen in der Schweiz sind:

a) Verfahren und Schaltung zur Verstärkung von binäre Information enthaltenden elektrischen Signalen zwecks nachfolgender Extraktion dieser Information (Anmeldung Nr. 16376)

b) Zeitselektionsschaltung (Anmeldung Nr. 16377)

beide lautend auf das Institut für angewandte Mathematik an der E.T.H. Zürich.
Als Erfinder wird Herr dipl.Ing. Hans Schläppi, Zürich, genannt.
Auf Wunsch und auf Kosten von Hasler wird das Institut in weiteren Ländern Patentanmeldungen auf die obige Erfindung vornehmen.
Sämtliche Kosten, welche aus der Existenz der erwähnten Patente entstehen, sind durch Hasler zu tragen.

Abb. 5.44: Lizenzvertrag zum Nachbau des Magnettrommelspeichers (1955), Seite 1 (Quelle: ETH-Bibliothek Zürich, Hochschularchiv).

2

2. Dokumentation

Das Institut wird Hasler innert Jahresfrist nach Vertragsabschluss alle sich in seinem Besitze befindenden Informationen zugänglich machen, um letztere in den Stand zu setzen, das Speicherwerk zu bauen. Diese Information umfasst eine eingehende Beschreibung, Schemata, Bauvorschriften und Photographien. Dagegen ist es dem Institut nicht möglich, eigentliche Fabrikationszeichnungen zur Verfügung zu stellen. Besondere Kosten, die dem Institut für die Beschaffung der verlangten Dokumentation erwachsen, werden von Hasler getragen.

3. Technische Beihilfe

Das Institut ist nicht in der Lage, Hasler während der ganzen Dauer dieses Vertrages technische Beihilfe zu gewähren. Soweit es ihm indessen möglich ist, wird es Hasler insbesondere zu Beginn des Abkommens bei der Ausarbeitung der notwendigen Fabrikationsunterlagen unterstützen. Zu diesem Zwecke hat Hasler das Recht, Vertreter an das Institut zu schicken, um Besichtigungen oder technische Diskussionen vorzunehmen.

Allfällige Kosten gehen zu Lasten von Hasler.

4. Umfang des Abkommens

Hasler hat das ausschliessliche Recht, das Gegenstand dieses Abkommens bildende Speicherwerk oder Teile davon für irgendwelche Zwecke ohne Einschränkung auf der ganzen Welt herzustellen oder herstellen zu lassen, zu verkaufen oder verkaufen zu lassen, oder für ihren Bau und Vertrieb Unterlizenzen zu vergeben.

5. Ausschliesslichkeit

Das Institut verpflichtet sich während der Dauer dieses Vertrages ohne Zustimmung von Hasler weder in- noch ausländischen Dritten Informationen irgendwelcher Art über den Gegenstand dieses Abkommens zukommen zu lassen oder sie zum Bau des Speichers zu ermächtigen. Dem Institut steht es aber frei, das Verfahren und

Abb. 5.45: Lizenzvertrag zum Nachbau des Magnettrommelspeichers (1955), Seite 2 (Quelle: ETH-Bibliothek Zürich, Hochschularchiv).

3

den Prototyp des Speichers für seinen Eigengebrauch zu verwenden. Insbesondere soll die Lehr- und Forschungsverpflichtung des Institutes, sowie die Bearbeitung von mathematischen Aufträgen durch diesen Vertrag in keiner Weise eingeengt werden. Uebliche Demonstrationen und Besichtigungen können jederzeit ohne Meldung an Hasler durchgeführt werden. Ohne Zustimmung von Hasler wird das Institut die technischen Details des gebauten Prototyps keinem Dritten zugänglich machen, oder zur Verfügung stellen. Veröffentlichungen über den Vertragsgegenstand dürfen die Interessen von Hasler nicht schädigen. Veröffentlichungen rein wissenschaftlicher Natur stehen dem Institut jedoch frei. Das Institut wird nach Möglichkeit Hasler unterrichten, wenn Veröffentlichungen, die den Vertragsgegenstand betreffen, gemacht werden sollen.

6. Dauer

Das Abkommen soll 10 (zehn) Jahre dauern, unabhängig von der Gültigkeit allfälliger Patente. Nach Ablauf der Vertragsdauer kann ein neuer Vertrag abgeschlossen werden, welcher den technischen Fortschritt auf dem Gebiete des Vertragsgegenstandes berücksichtigt.

7. Zahlungen von Hasler an das Institut

Als Gegenwert, der vom Institut an Hasler gelieferten Informationen, wird Hasler dem Institut eine Lizenzgebühr von 4% der Verkaufspreise des Vertragsgegenstandes, die von Hasler selbst oder ihren Unterlizenznehmern verkauft werden, zahlen. Bei Apparaturen, bei denen das Speicherwerk nur einen Teil bildet, berechnet sich die Lizenz vom anteilmässigen Wert. Die Beträge werden dem Institut nach Eingang der entsprechenden Forderungen in Schweizerfranken ausbezahlt, auf Grund einer entsprechenden Abrechnung in angemessener Frist.

Abb. 5.46: Lizenzvertrag zum Nachbau des Magnettrommelspeichers (1955), Seite 3 (Quelle: ETH-Bibliothek Zürich, Hochschularchiv).

4

8. Weiterentwicklungen

Während der Dauer des Abkommens wird das Institut alle Verbesserungen welche es am Speicherwerk eventuell noch anbringen wird, Hasler kostenlos zugänglich machen. Anderseits hat das Institut das Recht, alle Verbesserungen, welche Hasler seinerseits im Verlaufe des Baues solcher Speicher anbringen wird, kostenlos für eigene Zwecke zu erhalten und zu verwenden.

9. Patentverletzungen

Sollte es sich im Verlaufe der Zeit zeigen, dass durch die Herstellung der Speicherwerke Patente Dritter verletzt werden, so einigen sich beide Parteien über das weitere Vorgehen. Ein Rückgriff von Hasler auf das Institut ist ausgeschlossen.

10. Verletzung und Bruch des Abkommens

Das Institut wird alle seine Mitarbeiter zu strengster Verschwiegenheit über den Gegenstand des vorliegenden Abkommens verpflichten. Sollte das Abkommen durch eine der beiden Parteien gröblich verletzt werden, so kann der andere Partner das Abkommen durch schriftliche Anzeige als aufgelöst erklären.

11. Gerichtsstand

Alle Streitigkeiten, die sich aus der Anwendung dieses Abkommens ergeben könnten, werden durch ein Schiedsgericht endgültig erledigt. Sitz dieses Schiedsgerichtes ist Zürich.
Jede Partei bestimmt einen Schiedsrichter. Diese beiden Schiedsrichter bestimmen den Obmann. Können sich die Schiedsrichter nicht auf den Obmann einigen, dann wird dieser durch den Präsidenten des Bundesgerichtes ernannt.

12. Ausfertigung

Der vorliegende Vertrag ist in drei Exemplaren ausgefertigt worden, je ein Exemplar verbleibt beim Präsidenten des Schweizerischen Schulrates, bei Hasler und beim Institut.

Zürich/Bern, den 13. Juni 1955.

HASLER A.-G.
Werke für Telephonie und Präzisionsmechanik

Eidg. Techn. Hochschule
Institut für angewandte Mathematik
i.V. A Speiser

genehmigt:
Der Präsident des
Schweiz. Schulrates:

Abb. 5.47: Lizenzvertrag zum Nachbau des Magnettrommelspeichers (1955), Seite 4 (Quelle: ETH-Bibliothek Zürich, Hochschularchiv).

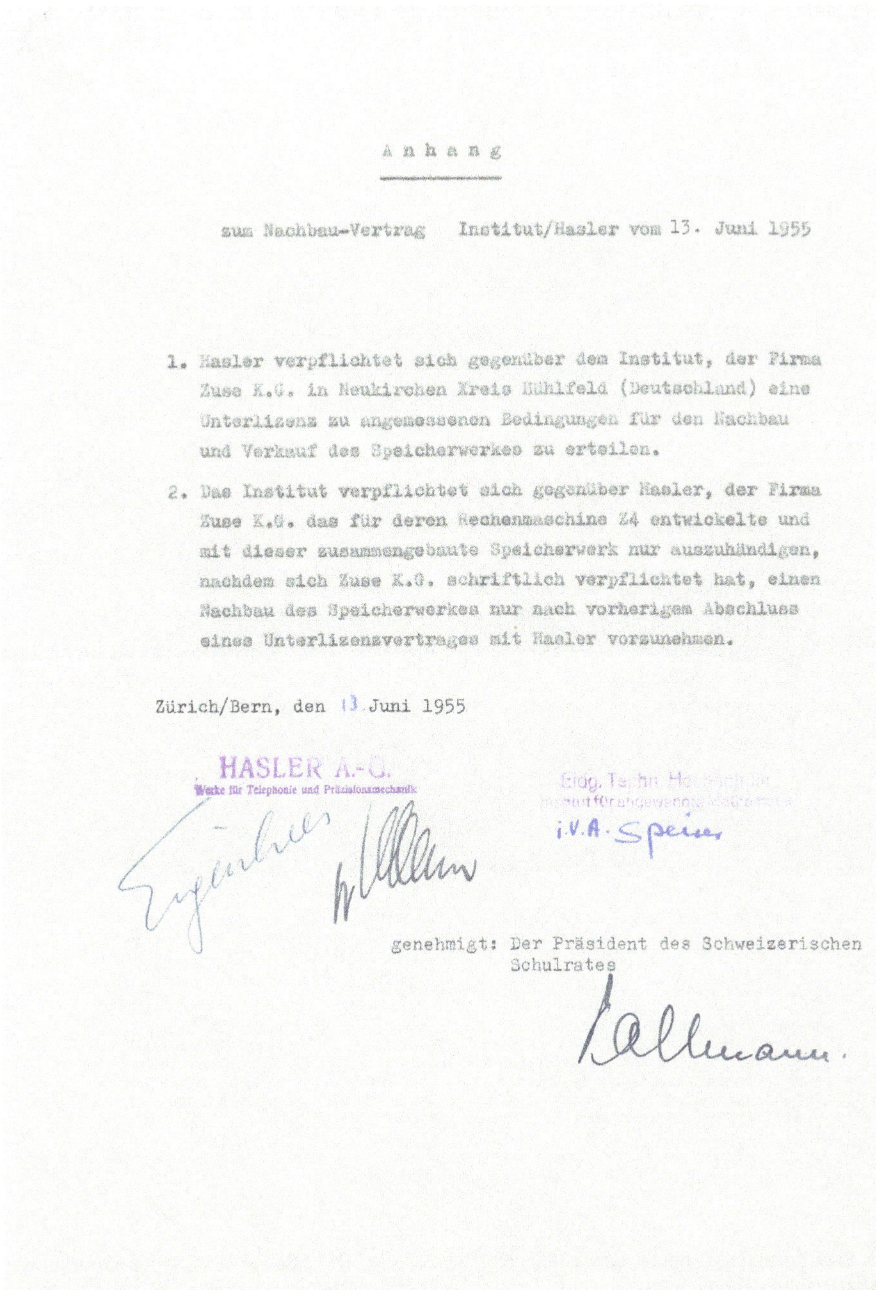

A n h a n g

zum Nachbau-Vertrag Institut/Hasler vom 13. Juni 1955

1. Hasler verpflichtet sich gegenüber dem Institut, der Firma Zuse K.G. in Neukirchen Kreis Hühlfeld (Deutschland) eine Unterlizenz zu angemessenen Bedingungen für den Nachbau und Verkauf des Speicherwerkes zu erteilen.

2. Das Institut verpflichtet sich gegenüber Hasler, der Firma Zuse K.G. das für deren Rechenmaschine Z4 entwickelte und mit dieser zusammengebaute Speicherwerk nur auszuhändigen, nachdem sich Zuse K.G. schriftlich verpflichtet hat, einen Nachbau des Speicherwerkes nur nach vorherigem Abschluss eines Unterlizenzvertrages mit Hasler vorzunehmen.

Zürich/Bern, den 13 Juni 1955

HASLER A.-G.
Werke für Telephonie und Präzisionsmechanik

i.V.A. Speiser

genehmigt: Der Präsident des Schweizerischen Schulrates

Abb. 5.48: Lizenzvertrag zum Nachbau des Magnettrommelspeichers (1955), Anhang (Quelle: ETH-Bibliothek Zürich, Hochschularchiv).

5.11 Forschungsauftrag von Hasler und Paillard an die ETH (1957)

gehört zu 8496/509.203

1957

8496/td.1

<u>Vertraulich</u>

<u>V e r e i n b a r u n g</u>

zwischen

<u>dem Institut für angewandte Mathematik der ETH einerseits, und</u>

<u>den Firmen Hasler A.G. und Paillard S.A. anderseits, betreffend</u>

<u>die Erteilung eines Forschungsauftrages.</u>

1. Die Firmen

   Hasler A.G., Bern, und
   Paillard S.A., Yverdon,

   vereinbaren mit dem Institut für angewandte Mathematik der ETH nach Massgabe der folgenden Bestimmungen die Erteilung eines Forschungsauftrages auf dem Gebiete der elektronischen Rechenautomaten.

2. Das den Gegenstand des Auftrages bildende Forschungsprogramm wird wie folgt umschrieben:

   a) Untersuchung der Einsatzmöglichkeiten für kleine elektronische Rechenautomaten für die mathematischen Arbeiten im allgemeinen Rechnungswesen, z.B. bei Banken, Versicherungsgesellschaften und in technischen Büros.

   b) Prüfung der von der Firma Hasler entwickelten Schaltelemente hinsichtlich ihrer Eignung für den Bau von Rechen- und Leitwerken in Rechenautomaten.

   c) Aufbau und experimentelle Untersuchung von Funktionsmodellen von Rechenwerken, und eventuelle Anregungen hinsichtlich spezieller Anpassung der Schaltelemente für das automatische Rechnen.

3. Zur Ausführung dieser Forschungsarbeiten auf dem Gebiete der elektronischen Rechenautomaten stellen die beiden obenerwähnten Firmen gemeinsam dem Institut für angewandte Mathematik der ETH jährlich einen Betrag von max. Fr 40'000.-- zur Verfügung, wobei Paillard S.A. Fr 30'000.-- und Hasler A.G. Fr 10'000.-- übernimmt.

4. Ferner stellen die beiden Firmen dem Institut für die zur Ausführung des Auftrages gehörenden Experimente jedenfalls elektronische Schaltelemente sowie von Fall zu Fall, gemäss besonderen Absprachen mit dem Institutsleiter, auch Hilfskräfte und sachliche Hilfsmittel ihrer Laboratorien kostenlos zur Verfügung. Das Ausmass dieser Leistungen wird durch die sie gewährende Firma bestimmt.

Abb. 5.49: Forschungsauftrag von Hasler und Paillard an die ETH (1957), Seite 1 (Quelle: ETH-Bibliothek Zürich, Hochschularchiv).

\- 2 -

5. Die aus den Auftragsarbeiten resultierenden Forschungsergebnisse und die auf diesen allenfalls genommenen Schutzrechte gehören unter Vorbehalt von Ziff. 6 hiernach den beiden Firmen. Diese sind selber für die allfällige Anmeldung und Aufrechterhaltung von Patenten verantwortlich und tragen auch selber die entsprechenden Kosten.

6. Bezüglich der aus den Auftragsarbeiten resultierenden Forschungsergebnisse und der entsprechenden Patente werden dem Institut für angewandte Mathematik der ETH die folgenden Rechte und Leistungen zugesichert:

   a) An allen Forschungsergebnissen und am Inhalt aller Patente aus den Auftragsarbeiten ein unentgeltliches Mitbenützungsrecht für eigenen Gebrauch des Institutes für seine vom Schweiz. Schulrat festgesetzten Aufgaben;

   b) bei kommerzieller Fabrikation von kleinen elektronischen Rechenautomaten auf Grund von Forschungsergebnissen oder gar Patenten aus den Auftragsarbeiten:

      Stücklizenzen von 1% bis 2% des Listenverkaufspreises je verkauften Automaten, zahlbar jährlich während 10 Jahren ab Fabrikationsbeginn, jeweils nach entsprechenden Abrechnungen, wobei sich die Höhe dieser Stücklizenzen nach der Bedeutung der verwendeten Forschungsergebnisse und Patente richtet.

      Uebergabe eines Automaten, ohne jede Zahlung oder anderweitige Entschädigung seitens des Institutes, zur Verwendung für seine regulären mathematischen Aufgaben, insofern die Entwicklung dieses Automaten gemäss Ziff. 2/c hiervor durch das Institut erfolgte.

7. Die allfällige Verwendung von Forschungsergebnissen für Dissertationen bedarf der von Fall zu Fall und rechtzeitig einzuholenden Zustimmung der drei Vertragspartner.

8. Der Leiter des Institutes für angewandte Mathematik hat ganz allgemein darüber zu wachen, dass die Rechte an allfälligen Forschungsergebnissen nicht durch vorzeitige Publikationen beeinträchtigt werden. Die Mitarbeiter sind schriftlich zur Geheimhaltung zu verpflichten.

9. Das Institut für angewandte Mathematik der ETH erstellt über jede abgeschlossene Arbeit sowie am Ende jedes Jahres zu Handen der beiden Firmen Hasler A.G. und Paillard S.A. einen Bericht mit Rechnungsablage. Die Vertreter der beiden Firmen haben nach vorhergehender Vereinbarung mit dem Vorstand des Institutes das Recht, die von ihnen finanzierten Arbeiten im Institute zu verfolgen.

10. Alle Zahlungen der beiden Firmen gemäss Ziff. 3 und 6/b haben auf das Postcheckkonto III/520 der Kasse der ETH zu erfolgen, diejenigen gemäss Ziff. 3 jeweils zum voraus und für 1957 somit sofort nach Vertragsabschluss.

Abb. 5.50: Forschungsauftrag von Hasler und Paillard an die ETH (1957), Seite 2 (Quelle: ETH-Bibliothek Zürich, Hochschularchiv).

- 3 -

11. Diese Vereinbarung wird für die Dauer von drei Jahren fest abgeschlossen. Sie kann nach drei Jahren durch schriftliche Zustimmung der drei Vertragspartner jeweils um ein weiteres Jahr verlängert werden. Die bei Ablauf des Vertrages bestehenden Rechte an den Ergebnissen und Patenten stehen den drei Partnern zu, gemäss Ziff. 6 und 7.

12. Nach Unterzeichnung der vorliegenden Vereinbarung durch die drei Vertragspartner und nach Genehmigung durch den Präsidenten des Schweiz. Schulrates tritt sie sofort in Kraft.

Hasler A.G.: Paillard S.A.: Institut für angewandte Mathematik der ETH:

L'Administrateur-délégué

Bern/Yverdon/Zürich, den 2. September 1957.

Der vorliegenden Vereinbarung wird die Genehmigung erteilt.

Zürich, den 5. Sept. 1957 Der Präsident des Schweiz. Schulrates:

Abb. 5.51: Forschungsauftrag von Hasler und Paillard an die ETH (1957), Seite 3 (Quelle: ETH-Bibliothek Zürich, Hochschularchiv).

6 Weltweite Entwicklung der Rechentechnik

Zusammenfassung: Im Kapitel „Weltweite Entwicklung der Rechentechnik“ werden Ereignisse in ausgewählten Ländern gestreift: Frankreich, Italien, Österreich, Russland, Schweden, Spanien und USA. Zudem bietet es Hinweise auf Errungenschaften in Argentinien, Australien, Belgien, China, Indien, Israel, Japan, Kanada, Mexiko und den Niederlanden. Eine Zeittafel vermittelt einen Überblick über frühe amerikanische Relais-, Röhren- und Transistorrechner.

Schlüsselwörter: Bark, Besk, Besm, Louis Couffignal, Csirac, John Presper Eckert, Mailüfterl, John William Mauchly, Mesm, Strela, Gustav Tauschek, Leonardo Torres Quevedo, Unesco, Ural, Weizac, Heinz Zemanek.

6.1 Vorbemerkungen

In diesem Kapitel kommen weitere Länder zur Sprache. Es wird auf ausgewählte Themen eingegangen. Maßgebend für die Auslese sind in erster Linie *neue* Erkenntnisse. Für viele Regionen liegen allerdings nur spärliche Informationen vor.

Das Buch deckt nicht nur die Wiege des Computers – Nordamerika und Europa – ab, sondern streift auch einige Entwicklungen in Asien (z.B. chinesischer und japanischer Abakus, Automaten in Pekings Palastmuseum, indisches Zahlensystem), Afrika (Papyrus Rhind, Heron von Alexandria, Algorithmus, Pyramidenmessung, äthiopische Multiplikation, Elefantenuhr, Ishango-Knochen), Australien (Röhrenrechner Csirac), Neuseeland sowie Lateinamerika (Knotenschnur).

Vom Pioniergerät zur industriellen Fertigung
Nur in wenigen Ländern gelang der Sprung von den frühen *programmgesteuerten Relais- und Röhrenrechnern* zur industriellen Fertigung. In England brachten es beispielsweise Ferranti Ltd., Leo Computers Ltd., English Electric Company Ltd., British Tabulating Machine Company zustande. In den USA widmeten sich zahlreiche Unternehmen dem Rechnerbau, insbesondere Univac und IBM.

In Deutschland wagte die Zuse KG diesen Schritt, später folgten Zeiß und die Büromaschinenfabrik Zella-Mehlis. Australien, Schweden und die Schweiz hatten bei der Vermarktung von Relais- und Röhrenrechnern wenig Glück oder versuchten es gar nicht, im Unterschied etwa zur ehemaligen Sowjetunion und den Niederlanden. Viele zunächst erfolgreiche Hersteller verschwanden jedoch bald wieder von der Bildfläche. Sie konnten mit Mitbewerbern wie Univac und IBM nicht mithalten. Die Transistormaschine Mailüfterl (Österreich) kam nicht in den Handel.

Bei *mechanischen Rechenmaschinen* waren Deutschland, Österreich, Schweiz und Liechtenstein hingegen erfolgreich. In Deutschland gab es auch bedeutende

https://doi.org/10.1515/9783110669671-006

Hersteller von *Rechenschiebern*. Die Weltmarktführer für mechanische *Integriergeräte* hatten ihren Sitz in der Schweiz und in Deutschland.

Leistungen außerhalb des englischsprachigen Raums zählen nicht
Die im deutschsprachigen Raum entwickelten programmgesteuerten Rechner führen in fremdsprachigen Werken zur Geschichte der Informatik ein Schattendasein. Ein Hauptgrund dafür liegt wohl in den mageren Deutschkenntnissen angelsächsischer Technikhistoriker und in fehlenden englischen Übersetzungen. Die hiesigen Maschinen wie die Z4 oder das Mailüfterl waren zudem viel kleiner als die amerikanischen Riesen Eniac bzw. Whirlwind (=Wirbelwind).

Namen wie *Bauer, Rutishauser, Zemanek* und *Zuse* kommen in neueren britischen und amerikanischen Veröffentlichungen vergleichsweise selten vor. Geräte wie Ermeth, Oprema, Perm, Lilith werden kaum erwähnt, ebenso wenig die Programmiersprache Plankalkül. Auch viele andere nicht englischsprachige Länder finden in der Technikgeschichte wenig Beachtung, z.B. Frankreich, Italien, Niederlande, Schweden, Spanien. Ähnlich sind die Verhältnisse bei den Turingpreisträgern, die vorwiegend in den USA beheimatet sind.

Für weitere Angaben vgl.
Herbert Bruderer: Computing history beyond the U.K. and US.: Selected landmarks from Continental Europe, in: Communications of the ACM, Band 60, 2017, Heft 2, Seiten 76–84.

Wurzeln der Rechentechnik
Die Wiege des Storchschnabels (Pantograf), des Proportionalwinkels, des Reduktionszirkels, des Flächenmessers (Planimeter), des Rechenschiebers und der mechanischen Rechenmaschine, des programmierbaren Schreibautomaten, der Figuren- und Musikautomaten sowie des mechanischen Webstuhls befindet sich hauptsächlich in Europa. Zu nennen sind etwa die Erfinder *Amsler, Babbage, Bürgi, Herzstark, Jacquard, Jaquet-Droz, Leibniz, Napier, Oughtred, Pascal, Scheiner, Schickard, Schwilgué, Thomas, Torres Quevedo und Vaucanson.*

Für weitere Angaben vgl.
James W. Cortada: The digital flood, Oxford university press, Oxford, New York 2012
Christopher Leslie; Martin Schmitt (Hg.): Histories of computing in Eastern Europe, IFIP WG 9.7 International workshop on the history of computing, HC 2018, Poznán, Polen, 19.–21. September 2018, revised selected papers, Springer Nature Switzerland AG, Cham 2019 (vgl. Israel Abraham Staffel: Lost book is found, Seiten 229–251)

6.2 Argentinien

Die Beschäftigung mit der Informatik begann in Argentinien Ende der 1950er Jahre (siehe Raúl Jorge Carnota: The beginning of computer science in Argentina and the calculus institute, 1957–1970, in: IEEE Annals of the history of computing, Band 37, 2015, Heft 4, Seiten 40–52).

6.3 Australien

Die Division of radiophysics der australischen Commonwealth scientific and industrial research organization (Csiro) baute in Sydney einen der ersten speicherprogrammierten Rechner. Der *Csirac* (Commonwealth scientific and industrial research automatic computer), der zu Beginn Csiro mark 1 hieß, lief erstmals im November 1949 und wurde 1952 voll in Betrieb genommen. Das serielle, binäre Röhrengerät war mit einem Quecksilberlaufzeitspeicher und einer Magnettrommel bestückt.

1951 fand an der Universität Sydney eine Tagung zu Rechenautomaten statt, auf der die arbeitsfähige, aber unvollständige Maschine Csirac vorgeführt wurde. Sie steht heute im Melbourne Museum (Carlton, Victoria).

Für weitere Angaben vgl.

Trevor Pearcey: Programming for the Csiro digital machine, in: Commonwealth scientific and industrial research organization (Hg.): Proceedings of conference on automatic computing machines held in the Department of electrical engineering, University of Sydney, August 1951, Melbourne, April 1952, Seiten 81–92

Trevor Pearcey: Programming for punched card machines, in: Commonwealth scientific and industrial research organization (Hg.): Proceedings of conference on automatic computing machines held in the Department of electrical engineering, University of Sydney, August 1951, Melbourne, April 1952, Seiten 107–126

Trevor Pearcey: The functional design of an automatic computer, in: Commonwealth scientific and industrial research organization (Hg.): Proceedings of conference on automatic computing machines held in the Department of electrical engineering, University of Sydney, August 1951, Melbourne, April 1952, Seiten 127–141

Trevor Pearcey: A history of Australian computing, Chisholm institute of technology, Caulfield East, Victoria 1988

Trevor Pearcey; Maston Beard: Digital calculating machines used by Csiro, in: Commonwealth scientific and industrial research organization (Hg.): Proceedings of conference on automatic computing machines held in the Department of electrical engineering, University of Sydney, August 1951, Melbourne, April 1952, Seiten 42–50.

6.4 Belgien

Geldgeber der mathematischen Maschine, *machine mathématique IRSIA-FNRS (MMIF)*, waren das Institut pour l'encouragement de la recherche scientifique dans l'industrie et l'agriculture (IRSIA) und der Fonds national de la recherche scientifique (FNRS). Der Rechenautomat wurde von *Bell telephone manufacturing company* (BTMC) in Antwerpen gebaut. Der Entwurf stammte von Marcel Linsman und W. Pouliart. Die erste Version war 1955 lauffähig, die endgültige Fassung 1956. 1957 nahm die

Maschine ihren regelmäßigen Betrieb auf. 1958 kam sie nach Brüssel, wo sie bis 1960 eingesetzt wurde.

Der mit Magnettrommel und Magnetband ausgestattete speicherprogrammierte Röhrenrechner lehnte sich an Harvard mark 4 an. Im Gegensatz zur Von-Neumann-Bauweise waren der *Programm-* und der *Datenspeicher getrennt.* Für den Hauptspeicher wurden neben herkömmlichen Vakuumröhren auf Anregung von Bell auch (gasgefüllte) Neonröhren verwendet.

Die beiden Schweizer Elektroingenieure Friedrich Wiedmer und Frédéric Iselin, die soweit bekannt weder an der Z4 noch der Ermeth beteiligt waren, entwarfen die Schaltkreise. In Sachen numerischer Analyse und Programmierung hatten Vitold Belevitch, Eduard Stiefel, Heinz Rutishauser und Ambros Speiser den größten Einfluss auf die belgische Entwicklung.

Quellen

Herman Goldstine: The computer from Pascal to von Neumann, Princeton university press, Princeton, New Jersey 1993, Seiten 357-358 (Nachdruck, Erstausgabe 1972)

Marie d'Udekem-Gevers: A little-known chapter in the history of computing in Belgium: The machine mathématique IRSIA-FNRS, in: Kai Kimppa; Diane Whitehouse; Tiina Kuusela; Jackie Phahlamohlaka (Hg.): ICT and society, Springer, Heidelberg, New York usw. 2014, Seiten 146–161.

Für weitere Angaben vgl.

Vitold Belevitch: Le trafic des nombres et des ordres dans la machine IRSIA-FNRS, N. F., Seiten 69–71

Pierre-Jacques Courtois: The Belgian electronic mathematical machine, in: Cliff B. Jones; John L. Lloyd (Hg.): Dependable and historic computing, Springer-Verlag, Heidelberg usw. 2011, Seiten 225–237

Marcel Linsman; W. Pouliart: Principales caractéristiques dans la machine mathématique IRSIA-FNRS, N.F., Seiten 66–68

Marie d'Udekem-Gevers: La machine mathématique IRSIA-FNRS (1946–1962), Académie royale de Belgique, Brüssel 2011, 224 Seiten.

6.5 China

China stieg erst Ende der 1950er Jahre in die Welt der Rechenautomaten ein. Über die Frühgeschichte ist wenig zu erfahren. In jüngster Zeit beobachtet man im riesigen, bevölkerungsreichen Land einen starken Aufschwung, nicht zuletzt im Zusammenhang mit dem Internet und der künstlichen Intelligenz.

6.6 Frankreich

6.6.1 Couffignals Misserfolg

In Frankreich sind in den 1940er und 1950er Jahren mehrere Rechenbauvorhaben gescheitert. Die Maschinen blieben namenlos, sie werden beispielsweise als „machine de Couffignal“ bezeichnet.

Anfang der 1940er Jahre wurden zwei Projekte am *Institut Henri Poincaré* der Pariser Sorbonne (heute Universität Pierre et Marie Curie) aufgegeben: die Maschine von Maurice Fréchet sowie die erste Maschine des Informatikpioniers *Louis Couffignal*, eine programmgesteuerte binäre *Relaismaschine*. Als Ersatz wurde 1957 ein Bull-Rechner Gamma 3 angeschafft.

Couffignal war 1946 bei Aiken in Cambridge (Massachusetts) und bei von Neumann in Princeton, ferner in Philadelphia. 1951 organisierte er in Paris eine internationale Konferenz des Centre national de la recherche scientifique (CNRS).

Auch mit seinem zweiten Plan hatte Couffignal kein Glück: Der von 1947 bis 1952 am Laboratoire de calcul mécanique des *Institut Blaise Pascal* in Châtillon (südwestlich von Paris) entwickelte *Röhrenrechner* kam nie zum Laufen. Geplant war ein binärer, paralleler Gleitkommarechner *ohne Speicherprogramm* und ohne bedingte Befehle. Damit unterschied sich das Gerät grundlegend von den amerikanischen und den britischen Modellen. Couffignal, ein Fachmann für (elektro)mechanische Rechenmaschinen, hatte offensichtlich die Erfahrungen mit dem US-Elektronenrechner Eniac missachtet. Nach Ramunni war das eigenartige, ehrgeizige Vorhaben überheblich, ausgefallen und praxisfern (siehe Jérôme Ramunni: La physique du calcul, Hachette, Paris 1989, Seiten 104–107).

Bei der Umsetzung gab es erhebliche Schwierigkeiten. Mit der Fertigung wurde das in der Elektronik unerfahrene Unternehmen Logabax des spanischen Erfinders Francisco Campos Campaña beauftragt. Schließlich war die Firma, welche Buchungs- und Statistikmaschinen (mit vielen Zählwerken) entwickelt hatte, zahlungsunfähig. Das zum CNRS gehörende Institut Blaise Pascal erwarb 1955 einen speicherprogrammierten Trommelrechner Elliott 402 aus England. Probleme gab es anscheinend auch mit Couffignals Neonlampenspeicher.

Der französische Informatikhistoriker Mounier-Kuhn klagt, dass sein Land (fast) der einzige (hochentwickelte) Industriestaat war, wo es der staatlichen Forschung in der Pionierzeit (bis Ende der 1950er Jahre) nicht gelang, einen digitalen Rechenautomaten zu bauen:

> „La France est pratiquement le seul pays avancé où la recherche publique n'a pas réussi à construire d'ordinateur avant la fin des années cinquante.“ und „La France est le seul pays industrialisé où la recherche publique n'a pas réussi à construire d'ordinateur dans la période pionnière.“ (siehe Pierre-Eric Mounier-Kuhn: L'informatique en France de la seconde guerre mondiale au plan calcul, Presses de l'université Paris-Sorbonne, Paris 2010, Seiten 66 bzw. 553).

6.6.2 SEA

Als erster digitaler Rechenautomat Frankreichs gilt *Cuba* (Calculateur universel binaire de l'armement, 1952). Entwickler dieses Trommelrechners war François-Henri Raymond von der *Société d'électronique et d'automatisme* (SEA), Courbevoie (Seine). Die Maschine entstand im Auftrag von Pierre Nicolau (Ecole supérieure de l'armement). Spätere Rechner der SEA trugen die Bezeichnung CAB (calculatrice arithmétique binaire).

6.6.3 Bull mit Gamma

Die *Compagnie des machines Bull* (Henri Feissel, Pierre Chenus), Paris, stellte 1951 den stecktafelgesteuerten Versuchsrechner Gamma 2 mit Germaniumdioden vor. Der Nachfolger *Gamma* 3 (1952), ebenfalls mit Schalttafelsteuerung sowie Laufzeitspeicher, war das Werk von Henri Feissel und Bruno Leclerc. Er wurde in hohen Stückzahlen hergestellt. 1956 kam das speicherprogrammierte Gerät Gamma ET (extension tambour) auf den Markt. Es war mit einem Laufzeitspeicher (Arbeitsspeicher) und einer Magnettrommel (Zusatzspeicher) ausgestattet. 1960 wurde der erste Transistorrechner, Gamma 60, ausgeliefert. – Die Bull SA war 1931 als *H. W. Egli Bull* zur Verwertung der Lochkartenpatente des Norwegers Frederik Rosing Bull gegründet worden.

6.7 Indien

Indien eröffnete das Informatikzeitalter 1955 mit der Einrichtung eines englischen Rechners (Hec-2M von British Tabulating Machine) im indischen Institut für Statistik in Kalkutta. Das Gerät war im Februar 1956 betriebsbereit (vgl. Dinesh Sharma: The outsourcer, MIT Press, Cambridge, Massachusetts, London 2015, sowie Vaidyeswaran Rajaraman: History of computing in India (1955–2010), Indian institute of science, Bangalore 2012).

6.8 Israel

Israel baute schon früh einen an die Princetonmaschine angelehnten Röhrenrechner namens Eizac (vgl. Leo Corry; Raya Leviathan: Weizac: An Israeli pioneering adventure in electronic computing (1945–1963), Springer Nature Switzerland AG, Cham 2019).

6.9 Italien

Schon seit 1932 gab es in Rom eine Anstalt für angewandtes Rechnen. Der Einstieg in die Informatik gelang dennoch eher spät.

6.9.1 Internationales Rechenzentrum der Unesco

Das langwierige Vorhaben der Unesco, nach dem zweiten Weltkrieg in Europa ein internationales Rechenzentrum (International computation centre, Centre international de calcul mécanique, später Centre international des mathématiques appliquées, Centro internazionale di calcolo) zu schaffen, misslang weitgehend. Harlow Shapley von der Harvard-Universität unterbreitete der Unesco im Juli 1949 einen Projektbericht. Im August 1949 setzte der Ecosoc (UN Economic and social council) einen Ausschuss unter Leitung von Shapley ein. Dieser unterstützte das Mathematisch Centrum in Amsterdam als Standort.

Im November 1949 schrieb die Unesco (United Nations educational, scientific and cultural organization, Organisation des Nations unis pour l'éducation, la science et la culture) jedoch einen Wettbewerb für das Rechenzentrum aus. Es gingen Bewerbungen aus Italien (Istituto nazionale per le applicazioni del calcolo, Rom), den Niederlanden (Mathematisch Centrum, Amsterdam), der Schweiz (Universität Zürich und ETH Zürich) und Dänemark in. Die Anwärter hofften auf eine kräftige Förderung ihrer Recheninstitute. Im Frühling 1951 zog Dänemark infolge der Zusammenarbeit mit Schweden seine Bewerbung zurück. Im Herbst 1951 verzichtete auch die Schweiz auf eine Beteiligung, nachdem sich die Bedingungen verschlechtert hatten.

Herman Goldstine aus Princeton, ein Mitarbeiter von John von Neumann, verfasste nun einen Antrag über den Sitz des geplanten europäischen Rechenzentrums. Vorgesehen war allerdings nicht mehr ein Forschungslabor, sondern bloß ein Dienstleistungszentrum. Goldstine empfahl Italien. Auf einer internationalen Konferenz, die vom 26. November bis 6. Dezember 1951 in Paris stattfand, wurde Rom als Sitz festgelegt. Die Vereinbarung „Convention for the establishment of the International computation centre" wurde am 6. Dezember 1951 unterzeichnet. Bei der Umsetzung traten jedoch viele Jahre lang Schwierigkeiten auf, schließlich verzichtete man auf das Zentrum, mindestens in der ursprünglichen Form.

Die vom Istituto nazionale per le applicazioni del calcolo (Inac) erwarteten großzügigen Geldmittel blieben aus. Der nationale Forschungsrat Consiglio nazionale delle ricerche (CNR) erwarb daher einen großen englischen Rechner, Ferranti mark 1* (star, Stern) der Firma Ferranti Ltd., Moston (Manchester). Er wurde am 14. Dezember 1955 im Inac eingeweiht und Finac (Ferranti-Inac) getauft. Finac war bis 1967 in Betrieb. Am Inac war auch der Mathematiker *Corrado Böhm* tätig, der 1949 mit Harry Laett einen Prüfbericht über die Zusemaschine Z4 verfasst hatte. Böhm war ein Pionier für Übersetzer (Compiler).

Nofre schreibt in seinem Aufsatz (vgl. Quellen), dass das Projekt der Unesco den Techniktransfer in Dänemark, Italien, den Niederlanden und der Schweiz beschleunigt habe (Seite 412). Für die Schweiz trifft das allerdings nicht zu, es verzögerte vielmehr die Verwirklichung der Ermeth. Die Schweiz habe ihre Bewerbung angeblich zurückgezogen, weil die ETH Zürich Zuses Z4 erworben und daher nun ausreichende Kenntnisse für den Eigenbau eines Elektronenrechners besaß. Wahrscheinlich habe die Schweizer Regierung zudem die Aussichten für den Sitz des Cern erhöhen wollen (Seite 424). Goldstine soll die Errichtung des Zentrums in Rom unter der Leitung von Eduard Stiefel angedeutet haben: „Goldstine insinuated that the best solution would be to bring the centre to Rome with Edward Stiefel, head of the ETH Zürich computational laboratory, as director of the ICC." (Seite 426). Er hatte ursprünglich die Schweiz als Sitz bevorzugt. Denn Goldstine war vom römischen Institut nicht voll überzeugt, weil es sich in den logischen und technischen Belangen moderner Elektronenrechner nicht auskannte (Seite 427). Aus Geldmangel wurde das Zentrum erst im Januar 1962 eröffnet. In den 1970er Jahren wurde es ins Intergovernmental bureau for informatics umgewandelt und 1988 geschlossen.

Quellen

Herman Goldstine: The computer from Pascal to von Neumann, Princeton university press, Princeton, New Jersey 1993, Kapitel „The computer and Unesco", Seiten 321–324 (Nachdruck, Erstausgabe 1972)

Angelo Guerraggio; Maurizio Mattaliano; Pietro Nastasi (Hg.): L'IAC e l'affaire Unesco: i documenti, Università commerciale Luigi Bocconi, Centro Pristem, Mailand 2008, Seiten 28–35, 78–82, 91–94, 149–153, 223–232

Simon Hugh Lavington: Early computing in Britain. Ferranti Ltd. and government funding, 1948–1958, Springer Nature Switzerla d AG, Cham 2019, Seiten 183–199

David Nofre: Managing the technological edge: The Unesco International computation centre and the limits to the transfer of computer technology, 1946–61, in: Annals of science, Band 71, 2014, Heft 3, Seiten 410–431.

Anmerkung

Das Mathematisch Centrum in Amsterdam wurde 1946 gegründet. Adriaan van Wijngaarden leitete die Rechenabteilung.

6.9.2 Mailand und Pisa

Die Technische Hochschule Mailand (Centro di calcoli numerici) nahm 1954 einen kleinen binären Magnettrommelrechner (CRC 102A von Computer research corporation, Hawthorne, Kalifornien/National Cash Register company, NCR) in Betrieb.

Die Universität Pisa (Centro studi calcolatrici elettroniche, CSCE) und Olivetti schlossen 1954 einen Vertrag über den Bau eines Elektronenrechners (Calcolatrice elettronica pisana, Cep). 1957 stellte das Forschungszentrum Laboratorio di ricerche elettroniche (LRE) von Olivetti in Barbaricina ein kleines Versuchsgerät her, den Röhrenrechner „Macchina zero". Der endgültige Transistorrechner (Cep) war allerdings erst 1961 betriebsbereit. Die Transistormaschine Elea 9003 war 1959 verfügbar.

6.10 Japan

Japan stieg recht spät in die Entwicklung von Relais- und Elektronenrechnern ein. Das *Elektrotechnische Labor* (ETL) des Kommunikationsministeriums in Tokio fertigte 1952 die nicht speicherprogrammierte Relaismaschine *ETL*-mark 1 an. Das von Motinori Goto, Yasuo Komamiya und Ryouta Suekane entwickelte Gerät wurde nur für Versuchszwecke verwendet. 1955 vollendete das Labor den programmierbaren, aber nicht speicherprogrammierten, lochstreifengesteuerten binären Relaisrechner ETL-mark 2 mit Fest- und Gleitkommadarstellung. ETL mark 3 (1956) war ein Transistorrechner. Anschließend kamen Parametronrechner auf den Markt. Parametron ist ein bistabiler Baustein aus Kondensator, Widerstand und Magnetkern, er wurde 1954 patentiert (Goto bzw. von Neumann).

Das erste speicherprogrammierte japanische Gerät hieß *Fujic* (1956), ein binärer Festkomma-Röhrenrechner mit Quecksilberspeicher. Diese von Bunji Okazaki geschaffene Anlage befindet sich im National museum of emerging science and innovation, Tokio.

6.11 Kanada

Die Universität Toronto baute zunächst einen Parallelrechner namens *Utec* (University of Toronto electronic computer). Die Versuchsmaschine war am 1. Oktober 1951 arbeitsfähig, aber noch nicht zuverlässig. Schließlich erwarb die Universität 1952 einen seriellen Elektronenrechner: Ferranti mark 1. Die Bezeichnung lautete *Ferut* (Ferranti University of Toronto) (siehe Michael R. Williams: Utec and Ferut, in: IEEE Annals of the history of computing, Band 16, 1994, Heft 2, Seiten 4–12).

Kanada stand lange im Schatten der USA. Vorrang hatte die Anwendung. Ausländische Hersteller wie Ferranti gründeten Zweigstellen (siehe John N. Vardalas: The computer revolution in Canada, MIT press, Cambridge, Massachusetts 2001).

6.12 Mexiko

Der erste Computer (IBM 650) wurde 1958 in Mexiko – an der Universidad nacional autónoma de México (Unam) – eingerichtet (siehe Leandro Rodriguez Medina; Ofelia Cervantes Villagómez: Small step for machines, giant leap for Mexico: A local history of computing, in: IEEE Annals of the history of computing, Band 37, 2015, Heft 4, Seiten 14–28, sowie Jaquelinne Dominguez Nava; Juan C. Acosta-Guadarrama; Rosa

M. Valdovinos Rosas u.a.: A brief history of computing in Mexico, in: IEEE Annals of the history of computing, Band 37, 2015, Heft 4, Seiten 76–86).

6.13 Niederlande

Anfang der 1950er Jahre wurden auch in den Niederlanden Relaisrechner entwickelt:

- *Arra* (automatischer Relaisrechner Amsterdam; automatische relais rekenmachine Amsterdam) wurde in der Rechenabteilung des Mathematisch Centrum Amsterdam gebaut (Leitung: *Adriaan van Wijngaarden*; Rechnerentwurf und -bau: Bram Jan Loopstra, Carel S. Scholten). Das Mathematisch Centrum heißt heute Centrum wiskunde & informatica (CWI). Die 1952 vollendete Relaismaschine Arra 1 war allerdings ein Fehlschlag, sie war praktisch unbrauchbar. Der 1954 von Gerrit Anne Blaauw fertig gestellte Röhrenrechner Arra 2 war hingegen erfolgreich. Arra war ein binärer, paralleler Trommelrechner.
- *Testudo (Schildkröte)* ist das Werk von Willem Louis van der Poel vom Optiklabor der Technischen Universität Delft (Technische Universiteit Delft). Er verwirklichte 1952 das Relaisgerät Testudo und 1953 den kleinen Röhrenrechner Ptera (PTT elektronische reken automaat). Testudo hieß ursprünglich *Arco* (automatische relais calculator voor optische computations, automatischer Relaisrechner für optische Berechnungen). Die Leitung hatte A. C. S. van Heel.

6.14 Österreich

Der Wiener Ingenieur Curt Herzstark erfand die mechanische Taschenrechenmaschine *Curta*. Die Serienfertigung fand in Liechtenstein statt.

6.14.1 System Tauschek

Gustav Tauschek war ein hoch begabter Erfinder und Inhaber einer Fülle von Patenten. Er entwickelte von 1926 bis 1930 das „System Tauschek“. Es bestand aus Lochkarte, Lochmaschine, Sortiermaschine, Mischmaschine, Buchungs- und Rechenmaschine sowie Druckwerk und Addiermaschine. 1932 schuf Tauschek den Magnettrommelspeicher. Das System aus lochkartengesteuerten Buchhaltungsmaschinen wurde nie in Serie gefertigt.

6.14.2 Mailüfterl

Das von Heinz Zemanek von der Technischen Hochschule Wien (heute Technische Universität) gebaute *Mailüfterl* (vgl. Abb. 6.1) war einer der ersten Transistorrechner Europas. Die 1958 vollendete serielle Maschine war mit einem Kernspeicher und einem Trommelspeicher versehen. Sie arbeitete dezimal wie auch binär. Eine Vorläuferin war die parallele, binäre *URR1* (universelle Relais-Rechenmaschine), ein Versuchsgerät (1952).

Für weitere Angaben vgl.

Heinz Zemanek: Die Arbeiten an elektronischen Rechenmaschinen und Informationsbearbeitungsmaschinen am Institut für Niederfrequenztechnik der Technischen Hochschule in Wien, in: Johannes Wosnik; Alwin Walther; Walter Hoffmann (Hg.): Elektronische Rechenmaschinen und Informationsverarbeitung. Nachrichtentechnische Fachberichte. Beihefte der NTZ, Band 4, 1956, Seiten 56–61

Heinz Zemanek: „Mailüfterl", ein dezimaler Volltransistor-Rechenautomat, in: Elektrotechnik und Maschinenbau, Band 75, 1958, Heft 15/16, Seiten 453–463

Heinz Zemanek: „Mailüfterl" – eine Retrospektive, in: Elektronische Rechenanlagen, Band 25, 1983, Heft 6, Seiten 91–99

Heinz Zemanek: Vom Mailüfterl zum Internet. Geschichte, Picus Verlag, Wien 2000..

Abb. 6.1: Mailüfterl (1958). Der binär-dezimale Volltransistorrechner von Heinz Zemanek entstand im Institut für Niederfrequenztechnik der Technischen Hochschule Wien. Der Name erinnert an die amerikanische Maschine Whirlwind (Wirbelwind) (© Technisches Museum Wien).

6.15 Russland

Die ersten sowjetischen Digitalrechner hießen Mesm, Besm 1, M-1, M-2 und Strela (vgl. Tab. 6.1). Die wenigen vorliegenden Angaben sind z.T. widersprüchlich.

Tab. 6.1: Frühe Rechner aus der Sowjetunion

Elektronenrechner aus Russlands und der Ukraine		
Erfinder	**Name**	**Jahr**
Sergei Lebedew	Mesm	1951
Isaak Bruk	M-1	1951
Isaak Bruk	M-2	1952
Sergei Lebedew	Besm 1	1953
Jurij Basilewski	Strela	1953
Baschir Ramejew	Ural 1	1955
Isaak Bruk	M-3	1956

Mesm (= kleiner Elektronenrechner)
Der Informatikpionier *Sergei Alexejevič Lebedew* (Сергéй Алексéевич Лéбедев) baute im Institut für Elektrotechnik in Kiew den ersten sowjetischen Rechner. Die speicherprogrammierte Röhrenmaschine Mesm war ein binäres, paralleles Gerät mit Festkommadarstellung. Sie lief erstmals am 6. November 1950 und wurde am 25. Dezember 1951 in Betrieb genommen. Die Maschine hatte einen Röhrenflipflopspeicher (Triggerregister) und eine Magnettrommel. Zur Eingabe dienten Magnetbänder. Mesm gilt als der *erste speicherprogrammierte Digitalrechner Kontinentaleuropas*. Laut Boris Nikolajevič Malinovski soll Lebedew unabhängig die Grundlagen der Von-Neumann-Architektur und des *Speicherprogramms* entwickelt haben (siehe Georg Trogemann; Alexander Y. Nitussov; Wolfgang Ernst (Hg.): Computing in Russia, Friedrich Vieweg & Sohn, Braunschweig, Wiesbaden 2001, Seite 115).

Besm 1 und Besm 2 (Besm = schneller Elektronenrechner)
Die binäre, parallele Gleitkommamaschine mit elektrostatischen Speicherröhren hatte zunächst wegen Lieferschwierigkeiten einen Quecksilberlaufzeitspeicher. Sie bekam später Williamsröhren, was die Geschwindigkeit stark erhöhte. 1953 wurde der Magnettrommelrechner in Moskau vollendet, er hatte auch einen Magnetbandspeicher. Für Besm 1 wird auch das Jahr 1952 genannt. Nachfolger war der parallele, binäre Röhrenrechner Besm 2 mit Kernspeicher und Gleitkommadarstellung, der serienmäßig gefertigt wurde.

Strela (Strela = Pfeil)

Strela ist eine große parallele Röhrenmaschine mit Gleitkommadarstellung. Der Rechner hat eine binäre und eine dezimale Zahlendarstellung, einen Hauptspeicher aus Kathodenstrahlröhren und als Außenspeicher eine Magnettrommel und ein Magnetband. Er wurde ab 1953 in Serie gefertigt.

Ural 1 und Ural 2

Der kleine, binäre Röhrenrechner Ural mit Festkommadarstellung hatte als Hauptspeicher eine Magnettrommel und zudem ein Magnetband. Die Serienparallelmaschine wurde ab 1956 in hohen Stückzahlen gebaut. Die Parallelmaschine Ural 2 (1959) mit Gleitkommadarstellung hatte zusätzlich einem Kernspeicher.

M-1, M-2, M-3 und M-20

Der binäre, parallele Elektronenrechner M-1 arbeitete mit Festkomma. Er war mit einem elektrostatischen Speicher und einer Magnettrommel ausgestattet. Der Parallelrechner M-2 hatte eine Fest- und Gleitkommadarstellung und wies ebenfalls Williamsröhren und Magnettrommel auf. Der binäre, parallele Trommelrechner M-3 mit Festkomma wurde ab 1957 in Serie gefertigt. Der Gleitkommarechner M-20 (1959) hatte einen Kernspeicher sowie Magnettrommel und Magnetband.

Anmerkung

Der Gleitkommarechner *Setun* (1959) von Nikolai Petrovič Brusentsow (Staatsuniversität Moskau) war ein *Ternärrechner* mit Kernspeicher und Magnettrommel. Eine ternäre Darstellung umfasst drei Zustände, z.B. positiv, 0, negativ. Ein weiteres Modell hieß Setun 70.

Quellen

Andrei P. Ershov; Mikhail R. Shura-Bura: The early development of programming in the USSR, in: Nicholas Constantine Metropolis; Jack Howlett; Gian-Carlo Rota (Hg.): A history of computing in the twentieth century, Academic press, New York, London usw. 1980, Seiten 137–196

Seymour Goodman: The origins of digital computing in Europe, in: Communications of the ACM, Band 46, 2003, Heft 9, Seiten 21–25

John Impagliazzo; Eduard Proydakov (Hg.): Perspectives on Soviet and Russian computing, Springer, Heidelberg, Dordrecht usw. 2011

Sergej Alexejevič Lebedjew: Besm, eine schnell laufende elektronische Rechenmaschine der Akademie der Wissenschaften der UdSSR, in: Johannes Wosnik; Alwin Walther; Walter Hoffmann (Hg.): Elektronische Rechenmaschinen und Informationsverarbeitung. Nachrichtentechnische Fachberichte. Beihefte der NTZ, Band 4, 1956, Seiten 76–79

Boris Nikolajevič Malinovski: Pioneers of Soviet computing, hg. von Anne Fitzpatrick, Special interest group for computers, information and society, 2. Auflage 2010

George Rudins: Soviet computers, in: Soviet cybernetics review, Band 4, 1970, Heft 1, Seiten 6–44

Georg Trogemann; Alexander Y. Nitussov; Wolfgang Ernst (Hg.): Computing in Russia, Friedrich Vieweg & Sohn, Braunschweig, Wiesbaden 2001.

6.16 Schweden

Eine erst vor wenigen Jahren aufgetauchte kunstvolle Rundbaurechenmaschine steht im Göteborger Stadsmuseum, die Sprossenradmaschine von Johann Jacob Sauter.

Nach Deutschland (Zuse Z3 und Z4) war Schweden 1950 das zweite Land auf dem europäischen Festland mit einem selbst entwickelten Computer (Bark). Der Dritte im Bund war die Ukraine (Mesm). Im 19. Jahrhundert wurden in Schweden mehrere Differenzenmaschinen (Scheutz, Wiberg) gebaut.

6.16.1 Relaisrechner Bark

Über die schwedische Rechenmaschine Bark (binär automatisk relä kalkylator; binärer automatischer Relaisrechner) ist nur wenig bekannt. Einige Kenndaten: Baubeschluss: Dezember 1948, Baubeginn im Februar 1949, Fertigstellung im Februar 1950 und anschließend Erprobung, Einweihung am 28. April 1950. Kommerzielle Nutzung ab 1. Juli 1950, Preis für die Kundschaft: 3 (britische) Pfund je Stunde Maschinenzeit. Betrieb an 300 Tagen/Jahr, 20 Stunden täglich. Die Maschine enthielt anfänglich 5000, später 7500 Relais. Baukosten (mit Planung, Entwurf, Bau, Versuchsbetrieb) unter 100 000 US-Dollar.

Der große binäre, stecktafelgesteuerte Relaisrechner mit Gleitkommadarstellung und bedingtem Sprung wurde vom schwedischen königlichen Telefon- und Telegrafenamt unter der Leitung des schwedischen Amts für Rechenmaschinen (Matematikmaskinnämndens arbetsgrupp, MNA, Stockholm) gebaut. Verantwortlich für das Vorhaben war *Conny Palm* von der Königlichen Technischen Hochschule (Stockholm). Entworfen wurde die parallele Maschine hauptsächlich vom Bauingenieur *Gösta Neovius* und Harry Freese. Die schwedische Marine soll Bark für die Berechnung von Artilleriegeschossbahnen verwendet haben, der Geheimdienst für die Kryptanalyse. Bark wurde im Oktober 1955 aus Platzgründen abgebrochen.

6.16.2 Wer betrieb Bark?

Nach den beiden zeitgenössischen Pionieren Goldstine und Willers stand der Relaisrechner Bark in der *Technischen Hochschule* in Stockholm.

> „The first accomplishment of the group was a relay machine. [1] [Conny] Palm and Gösta Neovius built the Bark, Binär Automatic Relä-Kalkylator, at the Royal Institute of Technolgy in Stockholm with funding by the Swedish Telegraph Administration. They were supported by [Carl Erik] Fröberg, G. [Göran] Kjellberg, and a number of other talented people. The design of the machine was due to Neovius and Harry Freese. It was completed in February 1950.“ [2] (siehe Herman Heine Goldstine: The computer from Pascal to von Neumann, Princeton university press, Princeton, New Jersey, 2. Auflage 1993, Seiten 349–350 (Nachdruck, Erstausgabe 1972)).

[1] Much of the material here is contained in a few mimeographed bulletins issued by the Board in its early days.
[2] G. Kjellberg and G. Neovius, „The Bark, a Swedish general purpose relay computer," *MTAC*, vol. 5 (1951), pp. 29–34.

Die erste Errungenschaft der Gruppe war ein Relaisrechner. [1] Conny Palm und Gösta Neovius bauten an der *Königlichen Technischen Hochschule* in Stockholm den binären Relaisautomaten Bark, der vom schwedischen Telefon- und Telegrafenamt finanziert wurde. Sie wurden von Carl Erik Fröberg, Göran Kjellberg und mehreren anderen begabten Leuten unterstützt. Für den Entwurf der Maschine waren Neovius und Harry Freese verantwortlich. Der Rechner war im Februar 1950 fertig. [2]

[1] Ein großer Teil der hier gemachten Angaben sind in einigen vervielfältigten Mitteilungsblättern zu finden, die zu Beginn vom Amt für Rechenmaschinen herausgegeben wurden.
[2] Göran Kjellberg; Gösta Neovius: The Bark, a Swedish general purpose relay computer, in: Mathematical tables and other aids to computation, Band 5, 1951, Seiten 29–34.

Willers bestätigt diesen Standort (siehe Friedrich Willers: Mathematische Maschinen und Instrumente, Akademie-Verlag, Berlin 1951, Seite 71).

Wie Auskünfte der Königlichen Technischen Hochschule (KTH) Stockholm (Mitteilungen von Arne Kaijser vom 12. Juni 2015 und Johan Martin-Löf vom 4. Januar 2017) offenbaren, waren sowohl Bark als auch Besk am früheren Standort der KTH an der *Drottninggatan 95A*-Straße in Stockholm aufgestellt. (Die ETH Zürich war 1950 mit der Z4 somit die erste Universität in *Mittel*europa mit einem betriebstüchtigen Rechenautomaten.)

Auf der internationalen Konferenz über Rechenmaschinen, die 1951 in Paris stattfand, wurde mehrfach über die schwedischen Rechner berichtet:

> „Renseignements pratiques. – Envisagé et projeté par M. C. Palm qui a ensuite dirigé la construction, le Bark a été projeté en détail par un petit groupe de discussion, dessiné pour la plus grande partie par MM. Freese et Neovius, et bâti aux usines de l'administration royale des Télégraphes et téléphones de Suède. Les premiers plans furent discutés en décembre 1948, et en février 1950 la machine a accompli son premier travail: une table de cosinus. Les frais ont été environ de 400.000 couronnes suédoises, c'est-à-dire environ 25.000 millions de francs français." (siehe Göran Kjellberg: Quelques problèmes traités avec le Bark, in: Joseph Pérès (Hg.): Les machines à calculer et la pensée humaine, Paris, 8–13 janvier 1951, Editions du Centre national de la recherche scientifique (CNRS), Paris 1953, Seite 324).

Praktische Auskünfte. – Conny Palm hat *Bark* angeregt und entworfen. Anschließend leitete er den Bau. Eine kleine Arbeitsgruppe hat den Rechner im Einzelnen geplant. Beteiligt waren vor allem Harry Freese und Gösta Neovius. Die Maschine wurde in den Werkstätten der königlichen schwedischen Telegrafen- und Telefonbetriebe gebaut. Die ersten Pläne wurden im Dezember 1948 besprochen, und im Februar 1950 hat das Gerät seine erste Aufgabe, eine Cosinustabelle, erledigt. Das Vorhaben kostete etwa 400 000 schwedische Kronen, d.h. ungefähr 25 Millionen französische Franken (Fehler im Tagungsbericht).

Laut der Fußnote erhöhten sich die Ausgaben nach der Vergrößerung des Speichers im Januar 1951 auf ungefähr 600 000 Kronen. Göran Kjellberg war Assistent im Matematikmaskinnämnden, Stockholm. Er beschreibt in seinem Vortrag die Erfahrungen mit der im Februar 1950 vollendeten Maschine. Die Erprobung dauerte bis Ende Juni 1950. Der Rechner setzte sich aus 5200 Relais (ab Januar 1951 8000 Relais) zusammen.

> „Cette machine a été construite par un groupe sous la direction du dr C. Palm *). Elle est constituée autant que possible de matériel standard de central téléphonique automatique, fabriqué par la direction des Télégraphes et téléphones. A présent la machine Bark contient environ 7500 relais électro-magnétiques.“ (siehe Stig Ekelöf: Les machines mathématiques en Suède, in: Joseph Pérès (Hg.): Les machines à calculer et la pensée humaine, Paris, 8–13 janvier 1951, Editions du Centre national de la recherche scientifique (CNRS), Paris 1953, Seite 136).
>
> *) Professeur à l'Ecole polytechnique supérieure de Stockholm (Suède), décédé subitement en décembre 1951.

Eine Gruppe unter der Leitung von Conny Palm*) hat diese Maschine [Relaisrechner Bark] gebaut. Sie besteht soweit möglich aus herkömmlichen Bestandteilen automatischer Fernsprechzentralen und wurde von den Telegrafen- und Telefonbetrieben gefertigt. Zurzeit enthält Bark etwa 7500 elektromagnetische Relais.

*) Professor an der Technischen Hochschule Stockholm (Schweden), er starb im Dezember 1951 überraschend.

6.16.3 Elektronenrechner Besk

Nachfolger der Relaismaschine Bark war der Elektronenrechner Besk (binär elektronisk sekvens kalkylator, binärer elektronischer sequentieller Rechner). Er wurde vom schwedischen Amt für Rechenmaschinen (Stockholm) unter der Leitung von Chefingenieur Erik Stemme hergestellt. Chefmathematiker war Göran Kjellberg. Der Magnettrommelrechner war ab März 1954 in regelmäßigem Betrieb. Sein Kathodenstrahlspeicher wurde später von einem Magnetkernspeicher abgelöst. Das Rechenwerk enthielt Flipflopregister.

> „The Besk is of very neat construction and is housed in a good-sized room on the second story of the old building of the Royal Institute of Technology (Kunglig Tekniska Högskola) on one of the larger streets of Stockholm. The Bark formerly occupied a room on the first floor of the same building, but nothing remained of it but its framework at the time of my visit in October.“ (siehe Nelson M. Blachman: Some automatic digital computers in Western Europe, in: Transactions of the IRE, professional group on electronic computers, Band EC-5, 1956, Heft 3, Seite 160).

Wie dem amerikanischen Reisebericht von Nelson M. Blachman zu entnehmen ist, war *Besk* im zweiten Stock des alten Gebäudes der *Stockholmer Technischen Hochschule* eingerichtet. Der Vorgänger *Bark* befand sich im ersten Geschoss desselben Gebäudes, war aber im Oktober 1955 bereits zerlegt.

Eine andere Ansicht vertritt Lundin:

> „Besk was installed at MMN, which was located in an old nineteenth-century building at Drottninggatan, the main street of Stockhom at that time.“ (siehe Per Lundin: Computers in Swedish society, Springer-Verlag, London 2012, Seite 87).

Besk stand im Amt für Rechenmaschinen, das seinen Sitz in einem alten Gebäude aus dem 19. Jahrhundert an der damaligen Stockholmer Hauptstraße (Drottninggatan) hatte.

Quellen

Digital computer newsletter: Band 2, 1950, Heft 1, Seite 4, und Heft 2, Seite 4
Digital computer newsletter: Band 8, 1956, Heft 1, Seite 15
Göran Kjellberg: Computing machine projects in Sweden, in: Michael Roy Williams; Martin Campbell-Kelly (Hg.): The early British computer conferences, MIT press, Cambridge, Massachusetts, London/Tomash publishers, Los Angeles, San Francisco 1989, Seiten 134–137 (Konferenz in Cambridge, 1949)
Gösta Neovius: Activity in Sweden in digital computer field, in: Michael Roy Williams; Martin Campbell-Kelly (Hg.): The early British computer conferences, MIT press, Cambridge, Massachusetts, London/Tomash publishers, Los Angeles, San Francisco 1989, Seite 193 (Konferenz in Manchester, 1951)
Göran Kjellberg; Gösta Neovius: The Bark, a Swedish general purpose relay computer, in: Mathematical tables and other aids to computation, Band 5, Januar 1951, Heft 33, Seiten 28–34.

6.17 Spanien

Der einst berühmte spanische Gelehrte Leonardo Torres (y) Quevedo ist heute mindestens im deutsch- und englischsprachigen Raum (zu Unrecht) weitgehend vergessen. Er hatte enge Beziehungen zu Frankreich.

Wer war Leonardo Torres Quevedo (vgl. Kasten)?

Leonardo Torres Quevedo

Leonardo Torres Quevedo aus Madrid war ein äußerst schöpferischer Ingenieur. Der wohl bedeutendste spanische Wegbereiter der Rechentechnik erfand u.a. *analoge* algebraische und *digitale* arithmetische Rechenmaschinen sowie zwei automatischen Schachspieler und eine Fernsteuerung über Funkwellen. 1913/14 erschien seine Abhandlung über die Automation (Ensayos sobre automática, in: Revista de la real academia de ciencias exactas, fisicas y naturales, Band 12, 1913/14, Seiten 391–419) mit einem Entwurf für eine automatische Rechenmaschine (mit bedingten Befehlen und einer Steuerung durch ein Festprogramm). Er befasste sich dabei mit der Ablaufsteuerung und der Gleitkommadarstellung.

6.17.1 Analogrechner von Torres Quevedo

1895 beschreibt Torres Quevedo in einer achtteiligen Denkschrift seine 1893 begonnene algebraische Versuchsmaschine (vgl. Abb. 6.2). Sie war für die Lösung von beliebigen Systemen von algebraischen Gleichungen höheren Grades bestimmt.

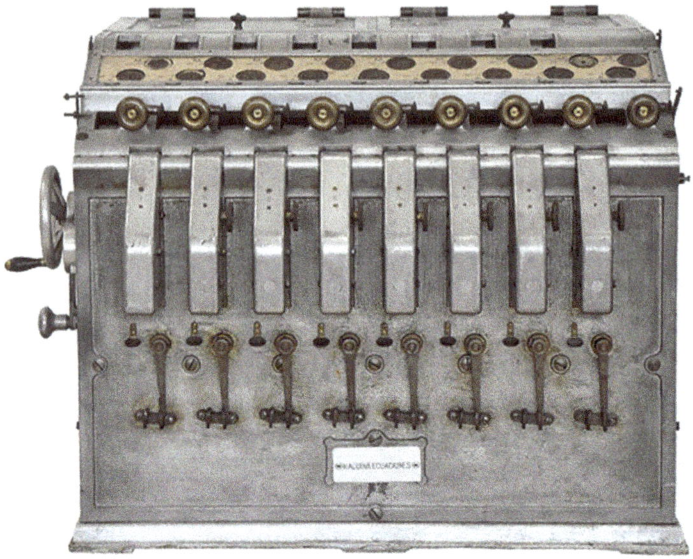

Abb. 6.2: Algebraische Maschine von Torres Quevedo. Mit diesem mechanischen Analogrechner (Integriergerät) des Spaniers Leonardo Torres Quevedo ließen sich in den 1890er Jahren anspruchsvolle algebraische Gleichungen lösen (© Museo Leonardo Torres Quevedo, Escuela técnica superior de ingenieros de caminos, canales y puertos. Universidad politécnica de Madrid).

6.17.2 Schachautomaten von Torres Quevedo

Torres Quevedo zeigte seinen ab 1912 entwickelten elektromechanischen Schachspielautomaten (El ajedrecista, Schachspieler) 1914 im Maschinenlabor der Pariser Sorbonne. Die Endspielmaschine vermochte mit Turm und König den König eines menschlichen Gegners matt zu setzen. Das Schachspiel galt lange Zeit als Musterbeispiel für die künstliche Intelligenz.

Abb. 6.3: Erster Schachautomat von Torres Quevedo. Diese elektromechanische Endspielmaschine (1912) gilt als die erste (echte) Schachmaschine der Welt. Im „Schachtürken" (1769) von Wolfgang von Kempelen, einem Scheinautomaten, war ein menschlicher Spieler verborgen. Als Baujahr wird auch 1911 angegeben (© Museo Leonardo Torres Quevedo, Escuela técnica superior de ingenieros de caminos, canales y puertos. Universidad politécnica de Madrid).

Während die erste Maschine die Figuren mit einem Greifer bewegte, verwendete die zweite Magnete (vgl. Abb. 6.3–6.4). Gegen dieses Modell (1922) spielte Norbert Wiener 1951 auf der Pariser Informatikkonferenz. Es wurde 1958 auf der Brüsseler Weltausstellung vorgeführt (siehe Heinz Zemanek: Lernende Automaten, in: Karl Steinbuch (Hg.): Taschenbuch der Nachrichtenverarbeitung, Springer-Verlag, Berlin, 2., überarbeitete Auflage 1967, Seite 1435).

Zemanek nannte die Schachmaschine „einen historischen Zeugen einer Automatenkunst, die damals ihrer Zeit weit voraus war":

> „Die beeindruckendsten Geräte von Torres sind die Schachspielautomaten; beide sind für das Endspiel (Mensch: König – Automat: Turm und König) eingerichtet. Der eine stammt aus dem Jahre 1912, der andere aus dem Jahre 1920. […]. Für das Endspiel entwarf Torres y Quevedo einen

perfekten Algorithmus mit 6 Teilregeln, den er dann mit den Mitteln der damaligen Technik, d.h. im wesentlichen mit Hebeln, Zahnrädern und Relais realisierte.“ (siehe Heinz Zemanek: Spanische Automaten, in: Elektronische Rechenanlagen, Band 8, 1966, Heft 6, Seiten 271–272).

„Norbert Wiener played against it [chess player, second model of 1920] at the Paris conference of 1951, and I had the pleasure to play against it at the world fair of Brussels in 1958. The automaton then was displayed by his son Gonzales [...].“ (siehe Heinz Zemanek: Central European prehistory of computing, in: Nicholas Constantine Metropolis; Jack Howlett; Gian-Carlo Rota (Hg.): A history of computing in the twentieth century, Academic press, New York, London usw. 1980, Seiten 598–599).

Norbert Wiener spielte 1951 auf der Pariser Informatikkonferenz gegen den Schachautomaten (zweites Modell von 1920). Und ich hatte das Vergnügen, 1958 auf der Brüsseler Weltausstellung dagegen anzutreten. Die Maschine von Leonardo Torres Quevedo wurde damals von seinem Sohn Gonzalo vorgeführt.

Anmerkung
Nach Auskunft von Consuelo Durán (Museo Torres Quevedo) vom 26. September 2018 leitete Leonardo Torres Quevedo den Bau des zweiten Schachautomaten, sein Sohn Gonzalo überwachte die Arbeit.

Abb. 6.4: Zweiter Schachautomat von Torres Quevedo, geschlossen. Die Endspielmaschine vermochte mit Turm und König einen menschlichen Gegner mit König matt zu setzen (© Museo Leonardo Torres Quevedo, Escuela técnica superior de ingenieros de caminos, canales y puertos. Universidad politécnica de Madrid).

6.17.3 Analytische Maschine von Torres Quevedo

Der vielseitige Erfinder berichtete 1911 in der Revista de obras públicas über ein neues Rechensystem. Er stellte die elektromechanische Rechenmaschine (arithmomètre électro-mécanique) 1920 in Paris auf der Gedenkausstellung zum Thomas-Arithmometer (100 Jahre Thomasmaschine) vor. Der für die vier Grundrechenarten ausgelegte Automat (vgl. Abb. 6.5–6.6) war über elektrische Leitungen mit einer (räumlich getrennten) Schreibmaschine verbunden. Sie diente für die (ferngesteuerte) Ein- und Ausgabe. Das programmgesteuerte Versuchsmodell beherrschte gewisse bedingte Befehle. Bei der automatischen Division z.B. einer fünfstelligen Zahl wurde der Divisor mit dem Rest verglichen. Je nachdem, ob der Divisor kleiner war oder nicht, fuhr die Maschine unterschiedlich fort. Diese Maschine wird auch als erster (spanischer) Computer bezeichnet. Torres Quevedo gilt als Nachfahre von Charles Babbage (analytische Maschine).

Abb. 6.5: Analytische Maschine von Torres Quevedo. Das 1920 in Paris ausgestellte elektromechanische Arithmometer beherrschte alle vier Grundrechenarten und kannte auch bedingte Befehle (© Museo Leonardo Torres Quevedo, Escuela técnica superior de ingenieros de caminos, canales y puertos. Universidad politécnica de Madrid).

Abb. 6.6: Analytische Maschine von Torres Quevedo mit Fernsteuerung. Dieser wenig bekannte digitale Versuchsrechner wurde mit einer Schreibmaschine gesteuert. Sie diente für die Eingabe und die Ausgabe (© Museo Leonardo Torres Quevedo, Escuela técnica superior de ingenieros de caminos, canales y puertos. Universidad politécnica de Madrid).

6.17.4 Formale Sprache

Torres Quevedo stellte 1907 in Wien eine formale Sprache für die Beschreibung von mechanischen Zeichnungen und somit von mechanischen Geräten vor (siehe Leonardo Torres Quevedo: Sobre un sistema de notaciones y simbolos destinados á facilitar la descripción de las máquinas, in: Revista de obras públicas, Band 55, 1907, Heft 1634, Seiten 25–30). Nach Heinz Zemanek gleicht sie einer Programmiersprache für die numerische Steuerung von Werkzeugmaschinen (siehe Heinz Zemanek: Central European prehistory of computing, in: Nicholas Constantine Metropolis; Jack Howlett; Gian-Carlo Rota (Hg.): A history of computing in the twentieth century, Academic press, New York, London usw. 1980, Seite 599).

Fernsteuerung über Funk
1903 führte Torres Quevedo sein im gleichen Jahr patentiertes Telekino (über Funkwellen ferngesteuertes Gerät) an der Pariser Akademie der Wissenschaften vor.

Torres-Quevedo Museum
Geräte von Torres Quevedo sind im Museo „Torres Quevedo“ der Escuela técnica superior de ingenieros de caminos, canales y puertos (Bauingenieurschule) der Universidad politécnica de Madrid ausgestellt. Die algebraische Maschine ist noch lauffähig.

Quellen
Ernst Martin: Die Schreibmaschine und ihre Entwicklungsgeschichte, Verlag Johannes Meyer, Pappenheim, 1. Auflage 1925, Seiten 329–331
Eduardo Saavedra: Informe interesante mencionado en el anterior resumen de actas sobre una máquina para resolver equaciones, in: Revista de obras públicas. Boletín, 1895, Hefte 22–26, 6 Teile
Leonardo Torres Quevedo: Sobre un sistema de notaciones y simbolos destinados á facilitar la descripción de las máquinas, in: Revista de obras públicas, Band 55, 1907, Heft 1634, Seiten 25–30
Leonardo Torres Quevedo: Arithmomètre électromécanique, in: Bulletin de la société d'encouragement pour l'industrie nationale, Band 119, September/Oktober 1920, Seiten 588–599
Leonardo Torres Quevedo: Electromechanical calculating machine, in: Brian Randell (Hg.): The origins of digital computers, Springer-Verlag, Berlin, Heidelberg usw., 3. Auflage 1982, Seiten 109–120
Heinz Zemanek: Eine formale Sprache aus dem Jahr 1907 von L. Torres y Quevedo, in: Elektronische Rechenanlagen, Band 10, 1968, Heft 1, Seiten 5–6.

6.18 Vereinigte Staaten von Amerika (USA)

Vorbemerkungen
Ende der 1940er Jahre fertigten in den Vereinigten Staaten die folgenden fünf Hersteller elektromechanische Tischrechenmaschinen an: *Friden* calculating machine Co., Inc., *Burroughs* adding machine Co., *Marchant* calculating machine Co., *Monroe* calculating machine Co., Inc. und *Remington Rand*, Inc. (siehe Engineering research associates, Inc.: High-speed computing devices, Tomash publishers, Los Angeles, San Francisco 1983, Seite 135).

6.18.1 Patent- und Urheberrechtsstreit

Wer hat den Computer erfunden?
In die Geschichte eingegangen ist der langwierige Patentprozess (1971–1973) zwischen Honeywell (John Atanasoff) und Sperry Rand (John Mauchly/Presper Eckert). Dabei ging es um die Frage, ob beim Bau des Rechenriesen Eniac ohne Erlaubnis fremde Erkenntnisse verwertet wurden. Laut Gerichtsurteil hatte man beim Elektronenrechner ABC abgekupfert. Es bestimmte daher Atanasoff als den Erfinder des elektronischen digitalen Rechenautomaten. Das 1947 beantragte und 1964 erteilte Eniac-Patent wurde aufgehoben. Die Auseinandersetzungen lieferten eine Fülle historischer Akten zur Rechnergeschichte.

Von wem stammt die Idee des Speicherprogramms?
Zwischen Eckert/Mauchly (Universität von Pennsylvania in Philadelphia) und John von Neumann (Institute for Advanced Study, Princeton) kam es 1945 zu einem anhaltenden Zerwürfnis. Wer hatte (zuerst) den Gedanken des Speicherprogramms? Die vorzeitige Veröffentlichung eines vorläufigen Berichts über die Bauweise moderner Digitalrechner hatte die Fehde ausgelöst. Hat von Neumann das Urheberrecht der Eniac-Konstrukteure verletzt? Trifft die gängige Bezeichnung „Von-Neumann-Architektur“ zu? Bis heute ist ungeklärt, wem wir den Begriff des Speicherprogramms zu verdanken haben. Als Schöpfer werden auch Alan Turing (Universität Cambridge) und Konrad Zuse (Berlin) ins Spiel gebracht. Mehr dazu im Abschnitt 1.9.

Watson oder Aiken?
Der Relaisrechner Harvard mark 1/IBM ASCC entstand auf Anregung von Howard Aiken (Harvard-Universität, Cambridge), wurde aber von IBM (Endicott, New York) gebaut. Nach der Fertigstellung (1944) versuchte Aiken anscheinend, IBM (Thomas Watson) auszubooten. IBM und Harvard gingen in Zukunft getrennte Wege und fertigten die nächsten Rechenanlagen allein.

6.18.2 Die ersten amerikanischen Digitalrechner (Übersicht)

Die folgende Tafel enthält ausgewählte, geschichtlich bedeutsame nordamerikanische Relais- und Röhrenrechner (vgl. Tab. 6.2).

Tab. 6.2: Übersicht über die frühen amerikanischen Digitalrechner

Zeittafel: Relais-, Röhren- und Transistorrechner (Auswahl)			
Jahr	**Name**	**Hersteller**	**Bauart**
1939	Complex computer	Bell Telephone Laboratories (BTL), New York	Relaisrechner
1942	Atanasoff-Berry-Rechner	Iowa State College, Ames	Röhrenrechner
1944	Harvard mark 1/IBM ASCC	Harvard-Universität, Cambridge MA	Relaisrechner
1946	Eniac	Universität von Pennsylvania, Philadelphia	Röhrenrechner
1948	IBM SSEC	IBM, Endicott (New York)	Mischrechner
1949	Binac	Eckert-Mauchly Computer Corp., Philadelphia	Röhrenrechner
1950	Seac	US Bureau of Standards Ost, Washington, D.C.	Röhrenrechner
1950	Swac	US Bureau of Standards West, Los Angeles	Röhrenrechner
1950	Era 1101	Engineering Research Associates, St. Paul	Röhrenrechner
1951	Univac 1	Remington Rand, Philadelphia	Röhrenrechner

Zeittafel: Relais-, Röhren- und Transistorrechner (Auswahl)

Jahr	Name	Hersteller	Bauart
1951	Whirlwind	MIT, Cambridge MA	Röhrenrechner
1952	Edvac	Universität von Pennsylvania, Philadelphia	Röhrenrechner
1952	IAS-Rechner	Institute for Advanced Study (IAS), Princeton	Röhrenrechner
1952	IBM 701	IBM, Poughkeepsie (New York)	Röhrenrechner
1953	IBM 650	IBM, Endicott (New York)	Röhrenrechner
1955	Tradic	Bell Telephone Laboratories (BTL), New York	Transistorrechner

Anmerkung
Zahlreiche von amerikanischen Universitäten (Harvard, MIT, Pennsylvania in Philadelphia) und der Industrie (Bell-Labors, IBM, Univac) entwickelte Relais- und Röhrenrechner wurden militärisch genutzt, etwa vom US Army ballistic research laboratory (BRL) in Aberdeen proving ground, Maryland, und im US Naval proving ground, Dahlgren (Virginia).

6.18.3 Schweizer Vorfahren von Eckert und Mauchly

Die Vorfahren der beiden Eniac-Pioniere John Presper Eckert und John William Mauchly waren von der Schweiz nach den USA ausgewandert.

John Presper Eckert
„John's father, David Eckert, was descended from a Swiss German family who had come to America at the time of the Revolution.“ (siehe Peter Eckstein: J. Presper Eckert, in: IEEE Annals of the history of computing, Band 18, 1996, Heft 1, Seite 26).

Johns Vater, David Eckert, war Nachkomme einer Deutschschweizer Familie, die zur Zeit der Revolution nach Amerika gekommen war.

Samuel Matthias Haffter (Basel) schreibt in einem Leserbrief in der Neuen Zürcher Zeitung:

> „Die beiden Erfinder und Patentinhaber des elektronischen Computers (Eniac, 1946), John W. Mauchly und J. Presper Eckert, waren schweizerischen Ursprungs, und Hans Mauchly hat zeitlebens noch sein breites Berndeutsch gesprochen. Pres Eckert und seine Frau habe ich dann persönlich ins Appenzellerland gefahren, wo sie nach Spuren seiner Ahnen geforscht haben.“ (vgl. Neue Zürcher Zeitung, Nr. 117, 24. Mai 2002, Seite 60).

Haffter war etwa ab 1955 für Remington Rand/Univac tätig. Er hat Eckert und Mauchly Ende der 1950er Jahre bei Univac in Philadelphia kennengelernt (Mitteilungen an den

Verfasser vom 22. September und 1. Oktober 2016). Die Fahrt ins Appenzellerland hat in den 1960er Jahren stattgefunden. An den genauen Zeitpunkt und den Ort erinnert sich Haffter nicht mehr.

Das Appenzellerland besteht aus zwei Halbkantonen: Appenzell Außerrhoden und Appenzell Innerhoden. Das Schweizer Telefonbuch enthielt im Dezember 2019 lediglich zwei Einträge für Eckert in Appenzell Außerrhoden, jedoch keine Erwähnung in Appenzell Innerrhoden. Der Name Eckert kommt in der Schweiz sonst deutlich häufiger vor (>300 Einträge). Ein ähnlicher Name, Egger, tritt in Außerrhoden viel häufiger auf als im inneren Landesteil. Eckerts Vorfahren stammen wohl eher aus Appenzell Außerrhoden.

Judy Eckert war die zweite Frau von Presper Eckert. Er hatte sie 1957 kennengelernt (siehe Scott McCartney: Eniac, Walker publishing company, Inc., New York 1999, Seite 220). Seine erste Frau, Hester Eckert, hatte sich 1953 das Leben genommen (a. a. O., Seite 172).

Eckert war mehrfach in der Schweiz: Am 8. Dezember 1970 hielt der Univac-Vizepräsident auf der Univac-Herbsttagung im Kongresshaus Zürich einen Vortrag unter dem Titel „Die Automation in den siebziger Jahren" (Anzeige in der Neuen Zürcher Zeitung vom 15. November 1970).

John William Mauchly

[...] „Sebastian Mauchly, whose grandparents had emigrated to Ohio from Zurich, Switzerland, in 1839, [...]." (siehe Scott McCartney: Eniac, Walker publishing company, Inc., New York 1999, Seite 30).

[...] Sebastian Mauchly [Vater von John William Mauchly], dessen Großeltern 1839 von Zürich, Schweiz, nach Ohio ausgewandert waren, [...].

Gini Mauchly Calcerano, die in Deutschland Deutsch studiert hat, bestätigt in einer Mitteilung vom 21. September 2016, dass ihr Vater als Kind in Ohio in einem weitgehend deutschsprachigen Gebiet gelebt hatte und dass in der öffentlichen Schule bis zum ersten Weltkrieg auf Deutsch unterrichtet wurde. In der Region hätten viele Deutschschweizer gewohnt.

Nach einer Mitteilung vom 16. September 2016 von Bill Mauchly, dem Sohn des Eniac-Miterfinders, wanderte John William Mauchlys Urgroßvater Pankratius Fidelis Mauchle (1813–1854) aus Straubenzell nach Ohio aus. Straubenzell gehört heute zur Stadt St. Gallen. Der Großvater hieß John William Mauchly oder Mauchle (1850–1918). Stefan Sonderegger (Stadtarchivar der Ortsbürgergemeinde St. Gallen) zufolge waren Angehörige der Familie Mauchle seit dem Übergang vom Spätmittelalter in die frühe Neuzeit Inhaber der Schoretshueb in Straubenzell. Die Schoretshueb war einer der größten Höfe des Heiliggeistspitals St. Gallen (Mitteilung vom 18. September 2016 an den Verfasser). Adrian Zwahlen hat dazu in der Zeitschrift „Traverse" (Band 21, 2014, Heft 2, Seiten 29–39) einen Aufsatz „Das Textil- und Transportgewerbe des mittelalterlichen Hofs „Schoretshueb“, St. Gallen. Mikrogeschichte als wichtiger Zugang zur Erforschung des ländlichen Nebengewerbes“ und 2012 an der Universität Zürich eine 130-seitige Masterarbeit „Die wirtschaftliche Entwicklung der Schoretshueb, eine Mikrogeschichte zur spätmittelalterlichen Getreideproduktion in der spezialisierten Landwirtschaft der Nordostschweiz“ veröffentlicht.

7 Wörterverzeichnis zur Technikgeschichte (D-E)

Zusammenfassung Im Teil „Deutsch-Englisch" des Kapitels „Wörterverzeichnis zur Technikgeschichte" sind unzählige Fachausdrücke zusammengestellt, die man in gedruckten und elektronischen Werken oft vermisst. Abgedeckt werden die Bereiche Informatik und Mathematik sowie verwandte Gebiete wie Astronomie, Vermessung, Zeitmessung, historische Automaten und Roboter sowie wissenschaftliche Instrumente.

Schlüsselwörter: Wörterverzeichnis Technikgeschichte Deutsch-Englisch

Viele Fachausdrücke zur Technikgeschichte sind weder in gedruckten noch in elektronischen Wörterbüchern zu finden, was Nachforschungen erschwert. Dieses Verzeichnis soll das Verständnis fremdsprachiger Fachtexte und die Übersetzung einschlägiger historischer Beiträge in den Sprachrichtungen Deutsch-Englisch und Englisch-Deutsch erleichtern. Zu beachten ist, dass sich die Bedeutung mancher Begriffe mit der Zeit gewandelt hat. Mit einbezogen wurden neben der Informatik und der Mathematik angrenzende Bereiche wie Himmelskunde, Vermessungswesen, Zeitmessung, mechanische Musikinstrumente, wissenschaftliche Instrumente sowie geschichtsträchtige Automaten: Figuren-, Musik-, Rechen-, Schach-, Schreib- und Zeichenautomaten sowie Bilderuhren und Automatenuhren.

Manchmal unterscheiden sich der britische und der amerikanische Sprachgebrauch im Wortschatz oder in der Schreibweise (UK bzw. USA). Die Zusammen- und Getrenntschreibung sowie die Wiedergabe mit Bindestrich sind oft uneinheitlich. Quellen für den englischen Fachwortschatz sind zahllose *Original*veröffentlichungen (Bücher, Fachzeitschriften, Tageszeitungen) aus dem englischsprachigen Raum (besonders Großbritannien, USA, Kanada, Australien, Neuseeland). Dasselbe gilt für die Herkunft der deutschsprachigen Benennungen (vor allem Deutschland, Österreich, Schweiz).

Die beiden Verzeichnisse enthalten je Sprachrichtung über 5000 Einträge.

Hinweise

Ausdrücke wie „babylonische Mathematik", „Babylonian mathematics" sind in der Regel unter dieser Reihenfolge zu finden, seltener unter „Mathematik, babylonische ~" bzw. „mathematics, Babylonian ~". Für „-spaltig" siehe 80-spaltig, 90-spaltig, für „-stellig", vgl. n-stellig, 12-stellig, siebenstellig, zehnstellig.

https://doi.org/10.1515/9783110669671-007

7.1 Deutsch-Englisch

Fachwortschatz zur Technikgeschichte, Teil 1: Deutsch-Englisch	
Deutsch	**Englisch**
Zahlen	
1 000 000,00	1,000,000.00
10-stellige Maschine	10-column machine
12-stellige Addiermaschine	12-column adding machine
12-stellige Zahl	12-digit number
3D-Abtastgerät	3D scanner, three-dimensional scanner
3D-Fühler	3D sensor, three-dimensional sensor
3D-Sensor	3D sensor, three-dimensional sensor
3-Walzen-Enigma	three-rotor Enigma, three-wheel Enigma
3-Walzen-Turingbombe	three-wheel bombe
4-Walzen-Enigma	four-rotor Enigma, four-wheel Enigma
4-Walzen-Turingbombe	four-wheel bombe
80-spaltige Lochkarte	80-column punched card, 80-column card
80-spaltiger Lochstreifen	eighty-column paper tape
8-stellige Tastatur	8-column keyboard
90-spaltige Lochkarte	90-punched column card, 90-column card
90-spaltiger Lochstreifen	ninety-column paper tape
9er Komplement	complement on nine, nine's complement, nines complement, 9' complement, 9s complement
I (Seitenzahl)	i
L (Seitenzahl)	l
V (Seitenzahl)	v
X (Seitenzahl)	x
A	
Abakist/in (Anhänger/in des Linienrechnens)	abacist, counter caster
Abakus	abacus, counting board, calculating board, reckoning board, abacus board
Abakus, chinesischer ~ (Suanpan)	Chinese abacus (suanpan)
Abakus, japanischer ~ (Soroban)	Japanese abacus (soroban)
Abakus, russischer ~ (Stschoty)	Russian abacus (schoty)

Fachwortschatz zur Technikgeschichte, Teil 1: Deutsch-Englisch

Deutsch	Englisch
Abakusrechnen	abacus reckoning, abacus calculation, abacus computation, reckoning on the abacus, calculating on the abacus, abacal reckoning, abacal arithmetic
Abazist/in (Anhänger/in des Linienrechnens)	abacist, counter caster
Abbildung (Abb.)	figure (fig.), illustration
Abbildungsverzeichnis	list of figures, list of illustrations
abbrechen	dismantle, disassemble, dissemble
abdecken	cover
Abelpreis	Abel prize
Abelpreisträger/in	Abel lauareate
Abfertigungszentrum	fulfilment centre (UK)/center (USA)
Abfühlen (Lochkarten)	sensing
abgekürzte Multiplikation	short-cut multiplication
Abhandlung	treatise
Abhördienst	interception service
abhören	intercept, eavesdrop
Abhören	bugging, eavesdropping
Abhören von Funksprüchen	signals interception
Abhörnetz	intercept network
Abhörstelle	intercept station, receiving station
Abkömmling	descendant
Abkürzung	abbreviation, acronym
Ablauf	sequence, cycle
Ablaufdiagramm	flow diagram
ablaufgesteuert	sequence controlled
ablaufgesteuerter Rechenautomat	automatic sequence calculator
ablaufgesteuerter Rechner	sequence calculator, selective sequence calculator
Ablaufsteuerung	sequence control
Ablaufsteuervorrichtung	sequence control mechanism
Ableger	Spin-off
ablesbare Stelle (Rechenschieber)	significant digit
ablesbare Ziffer (Rechenschieber)	significant digit
Ablesefenster	display window, viewing window, window
Ablesegenauigkeit (Rechenschieber)	accurate reading
Abmeldung	logout
abrufbar	downloadable

Fachwortschatz zur Technikgeschichte, Teil 1: Deutsch-Englisch

Deutsch	Englisch
abrufbare Internetsendung	podcast
abrufen	download
Absatz	paragraph (Buch), outlet
abschalten (Internet)	cut, disconnect, shut down, switch off
Abschnitt	section
Abschrift eines Zeitzeugengesprächs	oral history transcript
Absolvent/in	graduate
Abspaltung	spin-off
Abspaltung (Kryptowährung)	fork (cryptocurrency)
Abstammung	genealogy
Abtasten	sensing, scanning
Abtaster	scanner
Abwehr	secret intelligence service, intelligence service, military intelligence, secret service, espionage service
Abzählen	subtraction
Abziehen	subtraction
Achse	axis, shaft, axle
Achswelle	axle
Addier- und Subtrahiergerät	adding and subtracting device
Addier- und Subtrahiermaschine	adding and subtracting machine, adder and subtracter, two-function calculator
Addiereinrichtung	adder
Addiergerät	adder
Addiermaschine	adding machine, addition machine, adder
Addierphase	add phase
Addier-Subtrahiermaschine	adding subtracting machine
Addierwerk	adder
Addition	addition
Addition, fortgesetzte ~	repeated addition, successive addition, repetitive addition, repeat addition
Addition, wiederholte ~	repeated addition, successive addition, repetitive addition, repeat addition
Additionsgerät	adder
Additionsmaschine	adding machine, addition machine, adder
Additionsphase	add phase
Additionstaste	add key
additive Schreibweise (von römischen Zahlen, z.B. VI, LX)	additive notation (for Roman figures, e.g. vi, xl)

Fachwortschatz zur Technikgeschichte, Teil 1: Deutsch-Englisch

Deutsch	Englisch
additives Zahlensystem	additive number system
Adressänderung	address modification
Adresse ändern	alter an address, modify an address
Adressersetzung	address substitution
Adressfeld (eines Befehls)	address field, address part
adressierbarer Speicher	addressable memory, addressable storage, addressable store
ägyptische Multiplikation	Egyptian multiplication
ägyptischer Kalender	Egyptian calendar
Ahn/in	ancestor
Ahnentafel	pedigree
ähnliche Figur	similar figure
ähnliches Dreieck	similar triangle
Ähnlichkeit	similarity
Akkumulatorregister	accumulator register
Akteur/in	agent, player, stakeholder
aktualisieren	update
aktuell	current
aktuelle Ausgabe	current issue
akustische Verzögerungsleitung	acoustic delay line, sonic delay line
akustische Verzögerungsstrecke	acoustic delay line, sonic delay line
akustischer Speicher	acoustic delay line memory, acoustic delay line storage, acoustic delay line store, sonic delay line memory, sonic delay line storage, sonic delay line store
akustisches Kabinett	acoustic cabinet
alfabetisches Zahlzeichen	alphabetic numeral, alphabetical numeral, alphabet numeral, letter numeral
Alfabetrechnen	alphabetic numeration
alfanumerisch	alphanumeric, alphabetical-numerical
Algebra	algebra
Algebrabuch	algebra
Algebraiker/in	algebraist, cossist
algebraische Berechnung	algebraic calculation
algebraisches Rechnen	algebraic calculation
Algorithmiker/in (Anhänger/in des Federrechnens)	algorist
algorithmisches Denken	computational thinking (CT)
Algorithmus	algorithm

Fachwortschatz zur Technikgeschichte, Teil 1: Deutsch-Englisch

Deutsch	Englisch
Alleinstellungsmerkmal	unique selling point (USP)
aller Zeiten	of all time
Allgegenwart	ubiquity
allgegenwärtig	pervasive, ubiquitous
allgegenwärtige Informatik	pervasive computing
allgemein akzeptiert	universally accepted
allgemein anerkannt	widely recognized, universally accepted
allgemein gebräuchlich	commonly used
allgemein zugänglich	open to the public
allgemeines Rechnen	general-purpose computation
allgemeines Weltwissen	general world knowledge
Allgemeingeschichte	general history
Allgemeinrechnen	general-purpose computation
Allgemeinrechner	general-purpose computer, general-purpose calculator, general-purpose machine
Allgemeinwissen	world knowledge
alltäglich werden	become commonplace
Alltagswissen	general world knowledge
Allzweck-	all-purpose
Allzweckrechner	all-purpose computer
altägyptische Mathematik	ancient Egyptian mathematics
altchinesische Mathematik	ancient Chinese mathematics
alte Griechen	ancient Greeks
alte Römer	ancient Romans
alte Technik	vintage technology
alte Welt	ancient world
alter Rechner	vintage calculator, vintage computer
Ältere, der ~	the elder
Altertum	antiquity, ancient times
altes Griechenland	ancient Greece
altgedient	veteran
altgriechisch	ancient Greek
altindische Mathematik	ancient Indian mathematics
Amateurhistoriker/in	nonprofessional historian
amerikanisch	U.S., US, American
analog	analogue (UK), analog (USA)
Analoggerät	analogue device (UK), analog device (USA)

Fachwortschatz zur Technikgeschichte, Teil 1: Deutsch-Englisch

Deutsch	Englisch
Analogiegerät	analogue device (UK), analog device (USA)
Analogiemaschine	analogue machine (UK), analog machine (USA)
Analogierechner	analogue computer, analogue computing machine (UK), analog computer, analog computing machine (USA), continuous computer
Analogmaschine	analogue machine (UK), analog machine (USA)
Analogrechnen	analogue calculation (UK), analog calculation (USA)
Analogrechner	analogue computer, analogue computing machine (UK), analog computer, analog computing machine (USA), continuous computer
Anbieter/in	provider, vendor
ändern (Daten, Programm)	modify (data, program)
ändern (Werk)	alter (work)
Änderung	alteration
Android(e)	android
Anerkennung	recognition
Anfangseinstellung	original position
Anfangsstellung	original position
Anfassen, zum ~	hands-on access
angehend	prospective
angelsächsisch	Anglo-Saxon, Anglo-American
angewandte Mathematik	applied mathematics
angewandter Mathematiker/angewandte Mathematikerin	applied mathematician
angloamerikanisch	Anglo-American, Anglo-Saxon
angreifen	attack, hacking
Angreifer/in	hacker, attacker
Angriff	attack, hack
Angst, etwas zu verpassen	fear of missing out (fomo)
Anhang	appendix
Anhänger/in	follower
Anhänger/in des Federrechnens (Algorithmiker/in)	algorist
Anhänger/in des Linienrechnens (Abakist/in)	abacist, counter caster
Anlaufstelle	hotspot
anmelden	sign in
Anmeldung	login

Fachwortschatz zur Technikgeschichte, Teil 1: Deutsch-Englisch

Deutsch	Englisch
Anordnung	array
anpassbar	scalable
Anruf	telephone call, phone call
anscheinend	apparently
Anschlag	keystroke
Anschlussfähigkeit	connectivity
Ansehen	standing
Antikythera, Räderwerk von ~	Antikythera mechanism, Antikythera device
Antriebskurbel	hand crank, crank, crank handle, handle
Antriebswelle	drive shaft, shaft
Anweisung	instruction, order, command
Anweisung, aufeinanderfolgende ~	sequential instruction
Anweisung, bedingte ~	conditional instruction
Anweisung, fortlaufende ~	sequential instruction
Anweisung, unbedingte ~	unconditional instruction
Anweisungen eingeben	insert instructions
Anwender/in	user
Anzeige	display, readout
Anzeigefenster	display window, viewing window, window
Anzeigengeschäft	ad business
Anzeigeskala	dial scale
Anzeigewerk	setting dial
Äquationsuhr	equation clock
arabische Darstellung	Arabic notation
arabische Mathematik	Arabian mathematics, Arab mathematics
arabische Schreibweise	Arabic notation
arabische Zahl	Arabic figure, Arabic number
arabische Ziffer	Arabic numeral
arabisches Zahlzeichen	Arabic numeral
Arbeit (Schrift, Werk)	work
Arbeitsbedingungen	labor conditions (USA)
arbeitsfähig	operational, functioning, working
Arbeitshistoriker/in	labor historian (USA)
Arbeitsmarkt	labour market (UK), labor market (USA)
Arbeitsplatzrechner	client
Arbeitsspeicher	main memory, main storage, main store
Arbeitstitel	tentative title, working title

Fachwortschatz zur Technikgeschichte, Teil 1: Deutsch-Englisch

Deutsch	Englisch
Archäologe/Archäologin	archeologist
Archiv	archive
Archiv für Informatikgeschichte	computing history archive
Archivar/in	archivist
Archivbestand	archive holding, archive collection
Archivbild	archive picture
Archivdokument	archival document
Archivgut	archive holding, archive collection, archival collection
Archivkatalog	archive catalogue (UK), archive catalog (USA)
Archivlager	archival repository
Archivmaterial	archival evidence, archival material
Archivquelle	archival resource, archival source
Archivunterlagen	archival material, archival evidence, archive material
Arithmetik	arithmetic
Arithmetikbuch	arithmetic textbook, arithmetical textbook, arithmetic, computation textbook
Arithmetiker/in	arithmetician
arithmetisch	arithmetic, arithmetical
arithmetische Berechnung	arithmetic calculation, arithmecital calculation
arithmetische Folge	arithmetic series
arithmetische Reihe	arithmetic series
arithmetisches Mittel	arithmetic mean
arithmetisches Rechnen	arithmetic calculation, arithmetical calculation
Arithmometer (Rechenmaschine)	arithmometer
Armband (Aufzeichnungsgerät)	tracker
Armbanduhr	wristwatch
Armillarsphäre (altes, dreidimensionales astronomisches Gerät)	armillary sphere
Artikel	article, item
Assistenzprofessor/in	assistant professor (USA), lecturer (UK)
Assistenzroboter	cobot
Astrolabium (altes, zweidimensionales astronomisches Gerät)	astrolabe
Astrologe/Astrologin	astrologist
Astronom/in	astronomer
Astronomie	astronomy
Astronomiegeschichte	history of astronomy

Fachwortschatz zur Technikgeschichte, Teil 1: Deutsch-Englisch

Deutsch	Englisch
astronomische Berechnung	astronomical calculation
astronomische Rechenmaschine	astronomical calculation machine
astronomische Tabelle	astronomical table
astronomische Tafel	astronomical table
astronomische Uhr	astronomical clock
astronomischer Rechner	astronomical calculator
astronomischer Ring	astronomical ring
astronomisches Gerät	astronomical device
astronomisches Instrument	astronomical instrument
astronomisch-mathematisches Instrument	astronomico-mathematical instrument
Astrophysiker/in	astrophysicist
äthiopische Multiplikation	Ethiopian multiplication
Atombombe	atomic bomb
Atombombenbauvorhaben	Manhattan project (Los Alamos)
Atomuhr	atomic clock
Audiobeitrag	podcast
Aufbewahrungsort	repository, store, storage centre (UK), storage center (USA), storage facility, reserve storage
Aufbündelung (Linienrechnen)	resolution
aufdatieren	update
auffangen (Meldung)	intercept
aufgefangene Meldung	intercept, intercepted message
aufgreifen, wieder ~	revisit
aufklappbare Sonnenuhr	diptych dial, diptych sundial, tablet sundial
aufklappbarer Rechenstab	hinged slide rule, joint slide rule, hinged rule, joint rule
Aufklärung (Zeitalter)	age of enlightenment, enlightenment
aufkommend	emerging
Auflage	circulation
Auflage (Buch)	print run
Auflagenhöhe	print number
Auflösung (in tiefere Einheiten) (Linienrechnen)	resolution
Auflösung von Differenzialgleichungen	solution of differential equations
Aufregung	hype
Aufruf zur Einreichung von Beiträgen	call for papers
Aufsatz	essay
Aufsatzsammlung	collection of essays

Fachwortschatz zur Technikgeschichte, Teil 1: Deutsch-Englisch

Deutsch	Englisch
aufschlussreich	insightful
Aufschwung	boom, upswing
Aufseher/in	supervisor, keeper
Aufstieg	rise
Aufstieg und Untergang	rise and fall
Auftauchen	emergence
auftauchen	surface, come to light
Aufteilung (Kryptowährung)	fork
Auftrag	gig
Auftragswirtschaft	gig economy, sharing economy
Auftreten	emergence, advent
aufzeichnen	chronicle
Aufzeichnung	record
aufziehbares Klavier	spring-driven piano
Augenzeuge/Augenzeugin	eyewitness, veteran
Ausbaubarkeit	scalability
auseinander nehmen	dismantle, disassemble, dissemble
ausfahren (Sprosse)	extend (pin)
Ausfall	blackout
Ausfall von Vakuumröhren	valve failure (UK), tube failure (USA)
ausführen	perform, carry out (calculation, computation, arithmetical operation, instruction), execute
Ausgabe	issue, number, output
Ausgabeeinheit	output unit, output device, output organ
Ausgabegerät	output device, output unit, output organ
Ausgangsmaterial	primary material
Ausgangspunkt	departure point, origin point, starting point
Ausgangssprache	source language
Ausgangsstellung	initial setting, initial setup, initial position, primary setting
ausgedient	veteran
ausgefeilt	sophisticated
ausgereift	sophisticated
Ausgestaltung	design
ausgestellt (Museum)	on display, on view
ausgestelltes Rechengerät	computing exhibit
ausgewählt	select, selected

Fachwortschatz zur Technikgeschichte, Teil 1: Deutsch-Englisch

Deutsch	**Englisch**
ausgewählte Arbeiten	selected works
ausgewählte Aufsätze	selected papers
ausgewählte Bibliografie	select bibliography, selective bibliography
ausgezeichnetes Mitglied einer Gesellschaft	fellow
Ausgliederung	spin-off
Ausgründung	spin-off
Ausleihe elektronischer Bücher	ebook lending
ausliefern	ship
auslöschen (auf null setzen)	clear
Auslöscher	clearing lever, clearing slider, zeroing lever
Auslöschung	clearing
Auslöserelais	trigger relay
Auslöseschaltung	trigger circuit
Ausprobieren, zum ~	hands-on access
Ausrüster/in	supplier
Aussage	statement
Aussagenkalkül	propositional calculus
ausschalten (Internet)	cut, disconnect, shut down, switch off
ausschlaggebend	critical, pivotal, crucial
Außenspeicher	external memory, external storage, external store, outer store
Außenstation	outstation
äußere Scheibe (einer Rechenscheibe)	outer disk, outer disc
äußere Skala	outer scale
äußerer Speicher	external memory, external storage, external store, outer store
außerordentlicher Professor/außerordentliche Professorin	associate professor (USA), senior lecturer (UK)
aussichtsreich	promising
aussichtsreicher Zug	plausible move
Ausstellung	exhibition, exhibit (USA)
Ausstellung im Internet	virtual exhibition, online exhibition, cyber exhibit (USA)
Ausstellung im Netz	virtual exhibition, online exhibition, cyber exhibit (USA)
Ausstellung zum Anfassen	hands-on museum
Ausstellung zur Informatikgeschichte	computer history exhibit (USA)
Ausstellungsgegenstand	exhibit

Fachwortschatz zur Technikgeschichte, Teil 1: Deutsch-Englisch

Deutsch	Englisch
Ausstellungskritik	exhibit review (USA)
Ausstellungskurator/in	exhibit curator (USA)
Ausstellungsobjekt	exhibit
Ausstellungsraum	exhibit hall
Ausstellungsstück	exhibit
Ausstellungsstück, anfassbares ~	hands-on exhibit (USA)
austauschbar	interchangeable
Auswahlbibliografie	select bibliography, selective bibliography
auswechselbar	interchangeable
Auszug	excerpt
Autobiografie	autobiography
Automat	automaton
Automaten	automatons, automata
Automatenbauer	maker of automata
Automatenfigur	automaton figure, automated figure
Automatenmuseum	museum of automata
Automatentheater (Heron)	automatic theatre (UK), automatic theater (USA), puppet theatre (UK), puppet theater (USA) (Heron)
Automatentheorie	automata theory, theory of automata
Automatenuhr	automaton clock, automaton watch, clock automaton, automated clock
Automatenuhr mit Musikwerk	musical automaton clock
automatische Berechnung	automatic calculation, automatic computation, automatic computing
automatische Geige	self-playing violin, automatic violin, automatic violin player
automatische Orgel	player organ, automatic organ, automaton organ, self-playing organ
automatische Programmierung	automatic programming
automatische Rechenanlage	automatic digital computing system
automatische Sprachübersetzung	automatic language translation
automatische Trompete	automaton trumpet
automatische Übersetzung	automatic translation
automatische Violine	self-playing violin, automatic violin, automatic violin player
automatische Zuführung (von Lochkarten)	automatic feeding
automatischer Webstuhl	automatic loom
automatisches ablaufgesteuertes Rechnen	automatic sequence computation

Fachwortschatz zur Technikgeschichte, Teil 1: Deutsch-Englisch

Deutsch	Englisch
automatisches Rechnen	automatic calculation, automatic computation, automatic computing
automatisches Schach	computer chess, computational chess
automatisieren	automate
autonome Waffe	autonomous weapon
autonomes Fahrzeug	autonomous vehicle
Autopilot	autopilot
Autor/in	author, contributor
Avatar	avatar
B	
babylonische Mathematik	Babylonian mathematics
babylonischer Kalender	Babylonian calendar
bahnbrechend	seminal, groundbreaking, pioneering
bahnbrechende Arbeit	pioneering work
bahnbrechende Rechner	pioneering computer, pioneer computer
Bahnbrecher/in	pioneer
ballistische Tabelle	ballistic table, firing table, ballistics table
ballistische Tafel	ballistic table, firing table, ballistics table
Band (Jahrgang)	volume
Bandbreite	range, bandwith, spectrum
bandgesteuert	tape controlled
bandgesteuerte Musik (mit Notenrolle gesteuerte Musik)	perforated paper music
Bandlaufwerk	tape drive
Bandspeicher (Loch-, Magnetband)	tape memory
Bandspeicher (Magnetband)	magnetic tape storage
Bandspule	tape reel
Baracke (Bletchley Park)	hut
basteln	tinker
Bastler/in	hobbyist
Bauelement	component
Bauernmultiplikation	peasant multiplication
Baugruppe	component
Baumsuche	tree search
Baustein	component
Bauteil	component

Fachwortschatz zur Technikgeschichte, Teil 1: Deutsch-Englisch

Deutsch	Englisch
bearbeiten, redaktionell ~	copy edit
Bearbeitung	revision, edit
Bedarfs-	on demand
Bedarfsdruck	print on demand
bedeutend	significant, major
Bediener/in	operator
Bedienplatte	control panel
Bedienpult	console
Bedientisch	console
Bedienungsanleitung	operating instructions, instruction manual, instructions, directions for use
bedienungsfreundlich	simple-to-use, easy-to-use, user friendly
Bedienungspult	console
bedingte Anweisung	conditional instruction
bedingte Verzweigung	conditional branch, conditional branching
bedingter Befehl	conditional command, conditional order
bedingter Sprung	conditional jump, conditional transfer
Bedrohung durch das Internet	cyber threat
Bedrohung im Internet	cyber threat
beeinflussen (Wahlen)	influence (elections)
Beeinflusser/in	influencer
Beeinflussung (Wahlen)	interference (elections)
Befehl	command, order, instruction
Befehl, bedingter ~	conditional command, conditional order
Befehlsänderung	instruction modification
Befehlsfolge	sequence of instructions
Befehlssatz	instruction set
Befehlsspeicher	instruction storage, instructional storage
Befehlsvorrat	instruction set
Befehlswerk	control unit, control organ
Befehlszähler	instruction counter, sequence counter, program counter, control counter
Begegnungsort	venue
Begeisterungswelle	hype
Begleitbuch	logbook
Begriff, allgemein bekannter ~	household name
begründen	argue

Fachwortschatz zur Technikgeschichte, Teil 1: Deutsch-Englisch

Deutsch	Englisch
begutachten	review, referee
begutachtete Veröffentlichung	peer-reviewed publication
begutachtete Zeitschrift	peer-reviewed journal
begutachteter Aufsatz	peer-reviewed article
Begutachtung	peer review
Begutachtungsprozess	peer review process, review process
Begutachtungsvorgang	peer review process, review process
beherrschende Stellung	dominant position
beidseitiger Rechenschieber (Rechenstab mit Skalen auf beiden Seiten)	duplex slide rule (slide rule with scales on both sides)
Beirat	advisory board
beispiellos	unprecedented, unparalleled
Beitrag (allgemein)	contribution, piece
Beitrag (z.B. in Internetforum)	post, posting
Beitrag zur Informatikgeschichte	contribution to the history of computing
Bekanntgabe	disclosure
bekanntgeben	disclose
bekanntmachen	disclose
Bekanntmachung	disclosure
belästigen	stalk
Belästigung im Internet	online harassment
Beleg	evidence, record
Beleg aus erster Hand	first-hand reference, authentic record
belegen	argue
belohnendes Lernen	reward learning
Benachrichtigung	alert
Benutzer/in	user
Benutzerhandbuch	operating manual
Benutzerprofil	interest profile
Benutzerstandort	user location
benutzungsfreundlich	simple-to-use, easy-to-use, user friendly
Beobachtungsdaten	observational data
Beobachtungsgerät	observational instrument
Beratungssystem	expert system, consultation system
berechenbar	calculable, computable
berechenbare Funktion	computable function, calculable function
Berechnung, genaue ~	high-precision calculation, high-precision computation

Fachwortschatz zur Technikgeschichte, Teil 1: Deutsch-Englisch

Deutsch	Englisch
Berechnung, näherungsweise ~	approximate calculation, approximate computation
Berechnung, umfangreiche ~	large-scale computation
Bereich der Informatik	computing area, computing field
Bericht aus erster Hand	first-hand account
Bernoullizahl	Bernoulli number
Berufshistoriker/in	professional historian, trained historian, scholarly historian
Berufsverband	professional society
berühmt	famed, renowned
Beschaffung von Daten bei Freiwilligen	crowdsourcing
beschreibbarer Speicher	writable memory
Beschriftung	inscription
Besprechung, gefälschte ~	fake review
Bestand	holding
Bestandteil	component, integral part
bestärkendes Lernen	reinforcement learning
Besteck (Instrumente)	set,case
Bestzeitprogrammierung	optimum coding, optimum programming, optimal coding
Besucherinnen und Besucher	audience
Beteiligter/Beteiligte	participant, practitioner
Betrag eingeben	enter an amount, input an amount
betreiben (ein Datenzentrum)	operate (a datacenter)
Betreiber/in	operator, carrier
betreuen	moderate
betriebsbereit	operational, functioning, working
betriebsfähig	operational, functioning, working
Betriebsmittel	resource
Betriebssicherheit	safety
Betrug	scam
Betrüger/in	scammer
Beurteilung	rating
bevorstehende Ausstellung	upcoming exhibition
bewahren	preserve, conserve
Bewahrung	conservation, preservation
beweglicher Schlitten	movable carriage, sliding carriage, moving carriage
beweglicher Zahn	movable tooth
Bewegtbild	moving image, moving picture

Fachwortschatz zur Technikgeschichte, Teil 1: Deutsch-Englisch

Deutsch	Englisch
Bewegungsmuster	movement pattern
Bewegungsverfolgung	movement tracking
Beweis	proof
Beweisfindung	theorem proving
Beweisstück	evidence
Bewertung	rating
Bewertungssystem	system of ratings
Bewusstsein	consciousness
Bezahldienst	payment service, payments service, payment platform
Bezahlfernsehen	video streaming
Bezahlsystem	payment system, payments system
Bezahlung übers Netz	online payment
Bezahlverfahren	payment platform
bezeugen	witness
beziehbar	downloadable
beziehen	beziehen
Bibliothek	library
Bibliothekar/in	librarian
Bibliothekskatalog	library catalogue (UK), library catalog (USA)
Bibliothekskatalog, übers Netz zugängli-cher ~	online library catalogue (UK), online library catalog (USA)
Bild	picture, image, photo
Bildanalyse	image analysis, picture analysis
Bilddatenbank	picture library
Bilderkennung	image recognition
Bilderkennungssystem	image recognition system
Bilderuhr	picture clock
Bilderuhr mit Musikwerk	musical picture clock
Bildklassifizierung	image classification
Bildklassifizierungssystem	image classification system
Bildlegende	caption
Bildmaterial	artwork, work of art
Bildnachweis	picture credit, photo credit, illustration credit, figure credit
Bildrecht	photograph copyright
Bildschirmaufnahme	screenshot
Bildtelefon	picture phone

Fachwortschatz zur Technikgeschichte, Teil 1: Deutsch-Englisch

Deutsch	Englisch
Bildunterschrift	figure caption, caption
Bildverarbeitung	image processing, picture processing, visual processing
Bildvergleich	image matching
Bildzahl	picture numeral
Bildzeile	figure caption, caption
Billion	trillion (USA)
Binär-dezimal-Umwandlung	binary-decimal conversion
binäre Welt	binary world
binäres Komplement	binary complement
Binärkomplement	binary complement
Binärrechner	binary calculator, binary computer, binary machine
Binärstelle	binary place
Binärsystem	binary system, binary number system, base-2 number system
Binärzahl	binary number
Binärzähler	binary counter
Binärzeichen	binary digit
Binärziffer	binary digit
Binnenmarkt	single market
bistabiler Schaltkreis	bi-stable circuit
Bit	binary digit
Blase	bubble
Blasenspeicher	bubble memory
blättern	scroll
Blaupause	blueprint
Blech	plate, sheet metal
Bleistiftspitzer	pencil sharpener
Blickmessgerät	eye tracker
Blitzrechner	rapid calculator, lightning calculator
Blockkette (Kette von Datenblöcken)	blockchain
Blütezeit	heyday
Bodenplatte	bedplate
Bodenstanduhr	longcase clock, pedestal clock
Bogenzirkel	bow compass
Bonität	credit score
boolesche Algebra	Boolean algebra
boolesche Logik	Boole's logic

Fachwortschatz zur Technikgeschichte, Teil 1: Deutsch-Englisch

Deutsch	Englisch
Bösewicht/in	troll
Botschaft	message
brauchbar	usable
braunsche Röhre	Braun tube
brechbar	breakable, crackable
brechen (Geheimschlüssel)	break, crack
Breitband	broadband, wideband
Brennpunkt	hotspot, focus
Brettrechnen	abacus reckoning, abacus calculation, abacus computation, reckoning on the abacus, calculating on the abacus, abacal reckoning, abacal arithmetic
Briefkasten	mailbox
briggscher Logarithmus	Briggsian logarithm
Bronze	bronze
Bronzeabdeckung	bronze plate
Bronzeblech	bronze plate
Bronzeplatte	bronze plate
Broschüre	pamphlet
Bruch (gebrochene Zahl)	fraction
Bruchstück	fragment
Brutstätte	hotbed
Buchankündigung	book announcement
Buchbesprechung	book review
Buchformat	trim size
Buchhandel	book trade, bookselling
Buchhandelskette	bookstore chain
Buchhändler/in	bookseller
Buchhandlung	bookstore, bookshop
Buchnachspann	back matter, end matter
Buchstabenrechnen	algebra, algebraic calculation
Buchstabenzahl	alphabetic numeral, alphabetical numeral, alphabet numeral, letter numeral
Buchstabenzahlzeichen	alphabetic numeral, alphabetical numeral, alphabet numeral, letter numeral
Buchung	booking
Buchungsmaschine	accounting machine, bookkeeping machine, posting machine
Buchvorschlag	book proposal

Fachwortschatz zur Technikgeschichte, Teil 1: Deutsch-Englisch	
Deutsch	**Englisch**
Buchvorspann	front matter, preliminary pages (prelims)
Bündelung (Linienrechnen)	elevation
Bürgerforschung	citizen science
Bürgerwissenschaft	citizen science
Büroaddiermaschine	office adding machine
Büroarbeitskraft	clerical worker
Büroausstattung	office equipment
Büroautomation	office automation
Büromaschine	office machine, business machine
Büromaschinen	office machinery
Büromaschinenindustrie	office machine industry
Büromaschinenpark	office machinery
Bürorechner	business computer
Bürostelle	clerical job
Bus	bus
C	
Cäsar-Verschlüsselung	Caesar cipher
Cembalospielerin (Jaquet-Droz)	harpsichord player
Chefredakteur/in	editor-in-chief (EiC)
Chiffre	cipher
Chiffrier- und Dechiffriermaschine	cryptological machine
Chiffrierdienst	cipher service
chiffrieren	encrypt
chiffrieren (buchstabenweise)	cipher, encipher
chiffrieren (wortweise)	encode
Chiffriergerät	cipher device
Chiffriermaschine	cipher machine, coding machine, cryptographic machine, cryptograph machine, encryption machine
Chiffrierscheibe	cipher disk, cipher disc
Chiffrierschlüssel	code
Chiffrierstelle	cipher centre (UK), cipher center (USA)
Chiffrierverfahren	cipher system, cipher
Chiffriervorschrift	cipher algorithm
Chiffrierwalze	rotor, cipher drum, cipher wheel, key wheel, wheel
chinesische Mathematik	Chinese mathematics
chinesischer Abakus (Suanpan)	Chinese abacus (suanpan)

Fachwortschatz zur Technikgeschichte, Teil 1: Deutsch-Englisch

Deutsch	Englisch
chinesischer Kugelrechner (Suanpan)	Chinese abacus (suanpan)
chinesischer Rechenrahmen (Suanpan)	Chinese abacus (suanpan)
Chronik	chronicle
Chronometer	timekeeper, timepiece, chronometer
Chronometer mit Musikwerk	musical timepiece
churchsche These	Church's thesis
CO_2-Ausstoß	carbon emission
CO_2-Bilanz	carbon footprint, carbon impact
CO_2-frei	carbon free, zero-carbon
CO_2-Fußabdruck	carbon footprint, carbon impact
CO_2-neutral	carbon neutral
Code	code
Codebrechmaschine	codebreaking machine, codecracking machine, decrypting machine, cryptanalytic machine
Codebuch	code book
Codewort (beliebige Entsprechung, willkürliche Zuordnung zu Klartextwort)	codeword (any equivalent, arbitrary allocation to plain text word)
Computergeschäft	computer dealer
Computergrafik	computer graphics
Computerhändler/in	computer dealer
Computerkunst	computer art
Computerladen	computer dealer
Computermuseum	computer museum, museum of computing, computing museum
Computernarr/Computernärrin	nerd
Computerschach	computer chess, computational chess
Computerveteran	vintage computer
Computerzeitalter	computer age, digital age
Coss (Algebra)	cossic arithmetic, cossick art
Cossist/in (Algebraiker/in, Anhänger/in des Buchstabenrechnens)	cossist, algebraist
D	
dagewesen, noch nie ~	unprecedented
dampfbetrieben	steam-driven
Dampfkraft	steam power
Dampfkugel (Heron of Alexandria)	reaction steam turbine (Heron of Alexandria)

Fachwortschatz zur Technikgeschichte, Teil 1: Deutsch-Englisch

Deutsch	Englisch
Dampfmaschine	steam engine
Dampfmaschinenregler	steam engine governor
Dampfschiff	steamship, steamboat
Dampfturbine	steam turbine
Danksagung	acknowledgement
Dariusvase	Darius vase
Darmstadt-Rechenstab	Darmstadt slide rule, Darmstadt rule
darstellende Geometrie	descriptive geometry
Darstellung (Erzählung)	account, narrative
Daten eingeben	insert data
Daten sammeln	collect data, gather data
Daten zu Geld machen	monetize data
Daten, frei verfügbare ~	open data
Datenangriff	hacking attack
Datenautobahn	information highway, information superhighway
Datenbestand	dataset
Datenblatt	datasheet
Datenbrille	virtual reality headset
Datendiebstahl	data theft
Datenerfassung	data entry, data acquisition
Datenerfassungsgerät (z.B. Armband)	tracker
Datenfluss	data flow, flow of data
Datenflussplan	flow diagram
Datenflut	information overload
Datenfülle	abundance of data
datengestützt	data driven, data enabled
datengetrieben	data driven
Datenhandel	data trading
Datenhunger haben	be data-hungy
Datenkrake(n)	internet behemoth, data collector, data harvester, data extractor
Datenleck	data leak, data breach, security breach, data security breach
Datenmakler/in	data broker
Datenmenge	amount of data
Datenmenge, große ~	big data
Datenmenge, riesige ~	big data

Fachwortschatz zur Technikgeschichte, Teil 1: Deutsch-Englisch

Deutsch	Englisch
Datenmissbrauch	data abuse
Datenmüll	digital waste
Datennetzwerk	data network
Datenpanne	data leak, data breach, security breach, data security breach
Datensammeln	data gathering, data harvesting, data collection
Datensammler (Programm, Gerät)	tracker (program, device)
Datensammlung	data collection
Datensammlung, große ~	big data
Datensammlung, riesige ~	big data
Datensatz	dataset, data record
Datenschatz	trove of data, trove of information, trove of personal data
Datenschutz (Schutz der Privatsphäre)	data privacy, information privacy, computer privacy, privacy, protection of users' data
Datenschutzgesetz	privacy law, data privacy law
Datensicherheit	data security, data integrity, information security, computer security
Datensicherung	backup, data protection
Datenskandal	data scandal, privacy scandal
Datenspeicherdienst	cloud computing service
Datenspeicherung	data storage
Datenspur	data trail
Datenträger	storage medium
Datenvampir	internet behemoth, data collector, data harvester, data extractor
datenverarbeitende Industrie	data processing industry
Datenverarbeitungsmaschine	data processing computer
Datenverkauf	data vending
Datenverkehr	internet traffic, web traffic
Datenverlust	data loss
Datenvermittler/in	data broker
Datenverteilung (Multimediadaten)	streaming (multimedia data)
Datenwissenschaft	data science
Datenwolke	cloud
Datenzentrum	datacentre (UK), datacenter (USA)
Dauerausstellung	permanent exhibition, permanent collection, permanent exhibit (USA)
dauerhaft	long lasting

Fachwortschatz zur Technikgeschichte, Teil 1: Deutsch-Englisch

Deutsch	Englisch
Dauerleihgabe	permanent loan
dechiffrieren	decipher, decode, decrypt
Dechiffriermaschine	codebreaking machine, codecracking machine, decrypting machine, cryptanalytic machine
Deckel	lid
Deckname	cover name, codename
Dekadenverschiebung	shifting of the carriage, shifting, carriage shift, carriage movement
Dekadenversetzung	shifting of the carriage, shifting, carriage shift, carriage movement
Dekadenzähler	decade counter
dekadischer Logarithmus	common logarithm, logarithm to base 10
dekadischer Ringzähler	decade ring counter
dekadisches System	decimal system, base-10 number system, 10-base system, base-10 system
Demomodell	demonstration piece, demonstration model
Demonstrationsmodell	demonstration piece, demonstration model
Denkautomat	thinking automaton
Denken	reasoning
Denkfabrik	think tank
Denkmaschine	thinking machine, intelligent machine
Denkprozess	thought process
Denkvorgang	thought process
Depot	repository, store, storage centre (UK), storage center (USA), storage facility, reserve storage, storage, artifact storage facility (USA)
Depot, im ~	in store, in storage
Depotsammlung	reserve collection, reserve object collection
derzeitig	present
Detailhandelskunde/Detailhandelskundin	retail customer
Detailhandelsplattform	retail platform
Detailhandelsriese	retail giant
Detailhändler/in	retailer
deuten (Gegenstand)	interpret (object)
Dezimal-binär-Umwandlung	decimal-binary conversion
Dezimalbruch	decimal fraction
dezimaler Ringzähler	decimal ring counter
dezimales Stellenwertsystem	decimal place-value system

Fachwortschatz zur Technikgeschichte, Teil 1: Deutsch-Englisch

Deutsch	Englisch
Dezimalkomma	decimal point
Dezimalkomplement	complement on ten, ten's complement, tens complement, decimal complement, 10' complement, 10s complement
Dezimallogarithmus	common logarithm, logarithm to base 10
Dezimalrechner	decimal machine
Dezimalstelle	decimal place
Dezimalsystem	decimal system, base-10 number system, 10-base system, base-10 system, 10-system
Dezimalverschiebung	shifting of the carriage, shifting, carriage shift, carriage movement
Dezimalzahl	decimal number
Dezimalziffer	decimal digit
Diagnosesystem	diagnosis system, diagnostic system
Diagramm (Grafik)	chart, diagram (graphics)
Dialog zwischen Mensch und Roboter	human-robot interaction
dialogfähig	interactive
dialogfähiges System	dialogue system (UK), dialog system (USA)
Dialogprogramm	chatbot
Dialogsystem	dialogue system (UK), dialog system (USA), chatbot
Diebstahl geistigen Eigentums	plagiarism, intellectual property theft
Dienst (Internet)	platform, portal
Dienstleistung übers Netz	cloud service
Differenz (Subtraktion)	difference (subtraction)
Differenzenmaschine	difference engine
Differenzialgleichung	differential equation
Differenzialgleichung, gewöhnliche ~	ordinary differential equation
Differenzialgleichung, partielle ~	partial differential equation
Differenzialgleichungssystem	system of differential equations
Differenzialrechnung	differential calculus
digital	digital
Digitalbank	direct bank
digitale Archivierung	digital archiving
digitale Assistentin	virtual assistant, voice assistant, personal assistant (PA)
digitale Ausgabe	online issue, digital edition
digitale Bedrohung	digital threat
digitale Einkaufsplattform	online shopping platform

Fachwortschatz zur Technikgeschichte, Teil 1: Deutsch-Englisch

Deutsch	Englisch
digitale Geisteswissenschaften	digital humanities
digitale Geldbörse	digital wallet
digitale Geschichtswissenschaft	digital history, computational history
digitale Handelsplattform	ecommerce platform
digitale Kluft	digital divide
digitale Kriegführung	digital warfare
digitale Münze	digital coin
digitale Nachhaltigkeit	digital preservation
digitale Revolution	digital revolution
digitale Spur	digital footprint
digitale Umgestaltung	digital revolution
digitale Umwälzung	digital revolution
digitale Währung	cryptocurrency, digital currency, digital money, virtual currency
digitale Welt	digital world
digitale Werbung	digital advertising
digitale Wirtschaft	digital economy
digitale Wolke	cloud
digitaler Assistent	virtual assistant, digital assistant, voice assistant, personal assistant (PA)
digitaler Binnenmarkt	digital single market (DSM)
digitaler Elektronenrechner	electronic digital computer, electronic digital calculator, digital electronic computer
digitaler Fußabdruck	digital footprint
digitaler Graben	digital divide
digitaler Handel	digital trade
digitaler Markt	ecommerce market
digitaler Marktplatz	online marketplace
digitaler Nachlass	digital legacy
digitaler Rechenautomat	digital automatic computer
digitaler Transistorrechner	transistor digital computer
digitaler Vertrag	smart contract
digitaler Wandel	digital revolution
digitaler Zuzügler/digitale Zuzüglerin	digital native
digitaler/digitale Einheimische	digital immigrant
digitales Archiv	digital archive
digitales Erbe	digital heritage

Fachwortschatz zur Technikgeschichte, Teil 1: Deutsch-Englisch

Deutsch	Englisch
digitales Gefälle	digital divide
digitales Geld	cryptocurrency, digital currency, digital money, virtual currency, digital coin
digitales Portemonnaie	digital wallet
digitales Rechengerät	digital calculating device
digitales Zeitalter	digital age, digital era
Digitalisat	digital copy
digitalisieren	digitise (UK), digitize (USA)
Digitalisierung	digitisation (UK), digitization (USA), digitising (UK), digitizing (USA), digitalisation (UK), digitalization (USA)
Digitalkamera	digital camera
Digitalmaschine	digital machine
Digitalrechnen	numerical calculation, numerical computation, number computing, digital calculation
Digitalrechner	digital computer, electronic digital computer, digital calculator, digital calculating machine
Digitalsteuer	digital services tax (DST), digital tax
Digitaltechnik	digital technology
Digitalwährung	cryptocurrency, digital currency, digital money, virtual currency
Diktiergerät	dictating machine, dictation machine
Diplom-	graduate
direkt übertragen	live stream
Direktaddierer	direct adding machine
Direktaddiermaschine	direct adding machine
Direktbank	direct bank
direkte Division	direct division
direkte Skala (Proportionalwinkel)	line of equal parts, line of lines, scale of equal parts (sector)
direkte Subtraktion	direct subtraction
Direktmultiplikation	direct multiplication
Direktmultiplizierer	direct multiplying machine, direct multiplication machine, direct multiplier, direct multiplication calculating machine, direct-multiplying calculator, partial-product multiplying machine
Direktübertragung	live stream
Direktzugriff	random access
Direktzugriffsspeicher	random access memory

Fachwortschatz zur Technikgeschichte, Teil 1: Deutsch-Englisch	
Deutsch	**Englisch**
Diskette	floppy disk, floppy disc
diskret	discrete
Dissertation	doctoral dissertation, Ph. D. dissertation, dissertation
Distanzmesser	hodometer (UK), odometer (USA)
Dividend	dividend
Dividiereinrichtung	divider
Dividierwerk	divider
Division	division
Divisionstabelle	division table
Divisionstafel	division table
Divisor	divisor
Doktorarbeit	doctoral dissertation, Ph. D. dissertation
Dokument	document, record
Dokumentarfilm	documentary
Dokumentargeschichte	documentary history
Dokumentsammlung	document collection
Doppel-	duplex
doppelblinde Begutachtung	double-blind review
Doppelkerbholz	split tally stick
Doppelkreuz (Rautezeichen)	hash
Doppelmaschine	duplex machine
Doppelmodell	duplex model
Doppelrechenmaschine	duplex calculator
Doppelrechenstab	duplex slide rule
Doppelrechner	duplex calculator
doppelt blinde Begutachtung	double-blind review
doppelter falscher Ansatz	rule of double false position, method of double false position
dosenförmig	cylindrical, circular
dosenförmiger Addierer	cylindrical adder, circular adder, circular adding machine
Dozent/in für Informatik	lecturer in computer science, reader in computer science (UK)
Dozent/in für Mathematik	lecturer in mathematics, reader in mathematics (UK)
Dozent/in für Technik- und Wissenschafts-geschichte	lecturer in the history of science and technology, reader in the history of science and technology (UK)
Dozent/in für Technikgeschichte	lecturer in history of technology, reader in history of technology (UK)

Fachwortschatz zur Technikgeschichte, Teil 1: Deutsch-Englisch

Deutsch	Englisch
Draht (Abakus)	wire
drahtlose Kommunikation	wireless communication
drahtlose Telegrafie (mit Morsealfabet)	wireless telegraphy (Morse code)
Drehachse	axis, pivot
drehen (Kurbel)	rotate, revolve, turn
Drehklavier (tragbare Drehorgel)	portable barrel organ
Drehorgel	barrel organ, roller organ
Drehorgel, walzengesteuerte ~	barrel organ
Drehpunkt	pivot
Drehrad	setting wheel
Drehrichtung	direction of rotation
Drehschalter	rotary switch, rotary dial switch
Drehscheibe	hotspot, setting dial
Drehstrom	alternating current (ac)
Drehung (Kurbel)	rotation, revolution, turn
Dreieck, ähnliches ~	similar triangle
Dreiecksvermessung	triangulation
Dreiersystem	ternary number system
dreigliedriger Rechenstab	3-foot slide rule
Dreipolröhre	triode valve, thermionic triode (UK), vacuum triode, triode tube (USA)
Dreipolvakuumröhre	triode valve, thermionic triode (UK), vacuum triode, triode tube (USA)
Dreisatz (regula de tri)	rule of three
Dreispeziesmaschine	three-function calculator
Dreispeziesrechenmaschine	three-function calculator
Dreispeziesrechner	three-function calculator
Dreispitzzirkel	triangular compasses
dreiteiliger Rechenstab	3-foot slide rule
Dreiwalzen-Enigma	three-rotor Enigma, three-wheel Enigma
Dreiwalzenmaschine (Enigma)	three-wheel machine, three-wheel engine, three-rotor machine, three-rotor engine
Dreiwalzen-Turingbombe	three-wheel bombe (Turing-Welchman)
dreizüngiger Rechenstab	3-slide slide rule
Dritt-	third party
Drittpartei	third party
Drittperson	third party

Fachwortschatz zur Technikgeschichte, Teil 1: Deutsch-Englisch

Deutsch	Englisch
Drohne	drone, unmanned aerial vehicle (UAV)
Drohnendienst	drone service
Drohnenschwarm	swarm of drones
Druck bei Bedarf	print on demand
Druck zum Veröffentlichen	publish or perish
Druckauflage	print run
druckempfindlich	touch sensitive
drücken, Knopf ~	press a button, press down a button
drücken, Taste ~	press a key, press down a key, depress a key
druckend	printing
druckende Addiermaschine	printing adding machine, adding and listing machine, adding and recording machine
druckende Maschine	printing machine, recording machine
druckende Rechenmaschine	printing calculating machine
druckender Rechner	printing calculator, recording calculator
Druckfehler	typo
druckfertig	camera ready, print ready
Druckguss-	die-cast
Druckluft-	pneumatic
Drucksensor	touch sensor
Druckvorrichtung	printing feature
Druckwerk	printing mechanism
duale Welt	binary world
Dualrechner	binary calculator, binary computer, binary machine
Dualsystem	binary system, binary number system, base-2 number system
Dualzahl	binary number
Dualzähler	binary counter
Dualziffer	binary digit
dunkles Internet	darknet, darkweb
Dünnfilmspeicher	thin film memory, thin film storage, thin film store
Dünnschichtspeicher	thin film memory, thin film storage, thin film store
Duodezimalskala	duodecimal scale
Duplation (Linienrechnen)	duplation, doubling
Duplex-	duplex
Duplexmaschine	duplex machine
Duplexrechenstab	duplex slide rule

Fachwortschatz zur Technikgeschichte, Teil 1: Deutsch-Englisch

Deutsch	Englisch
Duplexrechner	duplex calculator
Duplieren (Linienrechnen)	duplation, doubling
durchblättern	browse
Durchbruch	breakthrough
Durchbruch, zum ~ verhelfen	leverage
durchdacht	sophisticated
durchdringen	permeate, penetrate
durchdringend	pervasive
Durchdringung	penetration
durchgehende Verschlüsselung	end-to-end encryption
durchgehender Zehnerübertrag	successive carry, successive carrying, sequential carry
durchlaufender Zehnerübertrag	successive carry, successive carrying, sequential carry
Durchmesser	diameter
Durchschieben (Rechenstab)	shift (slide rule)
Durchschiebeproblem (Rechenstab)	off the end problem
durchstöbern	browse
dyadisches System	binary system
E	
Echokammer	echo chamber
echt	authentic, genuine
echte Sammlung	physical collection
echte Welt (analoge Welt)	real world
Echtheitsbestätigung	authentication
Echtheitsprüfung	authentication
Echtzeit	real time
Eckstein	cornerstone
Editorial	editor’s letter
ehemals	formerly
ehrenamtlich	voluntary
Ehrenliste	roll of honour (UK), honour roll (UK), roll of honor (USA), honor roll (USA)
Ehrentafel	roll of honour (UK), honour roll (UK), roll of honor (USA), honor roll (USA)
ehrwürdig	venerable
Eichung	gauging
Eigenantrieb, mit ~	self-propelled

Fachwortschatz zur Technikgeschichte, Teil 1: Deutsch-Englisch

Deutsch	**Englisch**
Eigenbau	home made
eigenständige Navigation	autonomous navigation
eigenständiges System	autonomous system
Eigenverlag	self-publishing, self-publisher
Eildienstkurier/in	dispatch rider
Einband	binding
einbändig	one-volume
Einbaurahmen	plug-in chassis
Einblick	insight
Eindringling	hacker
Einer	units
Einerantriebswelle	units shaft
Einerkomplement	one's complement, complement on one, 1' complement
Einerlinie (Rechentisch)	unit line, unit's line, units line (calculating table)
Einerrad	unit wheel, units wheel, units dial
Einerrechenmünze	unit counter
Einerrolle	unit wheel, units wheel
Einerscheibe	units dial
Einerspalte	units column, ones column
Einerstange (Kugelrechner)	unit rod (bead frame)
Einerstelle	units place, units position
Einerwelle	units shaft
Einerziffer	unit digit
einfach blinde Begutachtung	single-blind review
einfach zu bedienen	simple-to-use, easy-to-use
einfache Regula falsi	method of false position
Einfachrechenstab (Skalen auf einer Seite)	simplex slide rule (scales on only one side)
einfarbig	monochrome
Einfluss	impact, influence
Einflussfaktor	impact factor
Eingabe	input
Eingabeeinheit	input unit, input device, input organ
Eingabeeinrichtung	feeder
Eingabegerät	input device, input unit, input organ
Eingabekontrolle	proof of input accuracy, keyboard setting check, setting check dial, setting dial, check dial
Eingabekontrollfenster	control dial

Fachwortschatz zur Technikgeschichte, Teil 1: Deutsch-Englisch

Deutsch	Englisch
Eingabevorgang	feed process
eingeben (Daten)	enter (data)
eingebettet	embedded
eingebettetes Gerät	emdedded device
eingravieren	engrave
Eingriff	interaction, intervention
Einhorn	unicorn
Einkauf im Netz	online shopping, online purchase
Einkauf übers Internet	online shopping, online purchase
Einkaufsgewohnheit	purchasing habit
Einkaufswagen	shopping cart, cart (USA)
Einkaufszentrum	shopping mall
Einmaleinskörper	multiplication table, multiplying block, multiplier body, nine by nine multiplication table
Einmaleinskörpermaschine	partial-product multiplying machine, direct multiplying machine
Einmalschlüssel (nur einmal verwendbarer Schlüssel)	one-time pad, one-time tape, one-time system
Einmischung	interference
einreichen	submit
Einreichung	submission
Einrichtung	implementation
eins und null	one and zero
einsatzfähig	operational, functioning, working
Einsatzzirkel	drawing compasses, compasses
einschichtig	one-layer
einschichtiges neuronales Netz	single-layer neural network
Einseitenrechenstab	simplex slide rule, single slide rule
einseitig blinde Begutachtung	single-blind review
Einsen und Nullen	ones and zeros
Einsicht	insight
Einspeziesmaschine	one-function calculator
Einspeziesrechenmaschine	one-function calculator
Einspeziesrechner	one-function calculator
Einstellhebel	setting lever, setting slide, sliding lever, entry lever, input lever, digit lever, lever, sliding gauge
Einstellhebel,mit ~n	slide-set, lever-set, lever-type, lever-actuated

Fachwortschatz zur Technikgeschichte, Teil 1: Deutsch-Englisch

Deutsch	Englisch
einstellig	single digit
einstellige Zahl	single digit number, one-digit number, one-figure number
Einstellknopf	setting knob, setting slide, sliding gauge
Einstellkontrolle	proof of input accuracy, keyboard setting check, setting check dial, setting dial, check dial
Einstellrad	setting wheel, setting dial, dial
Einstellring	setting ring
Einstellscheibe	dial
Einstellschieber	setting lever, setting knob, setting slide, sliding lever, entry lever, input lever, digit lever, lever, sliding gauge
Einstellschieber, mit ~n	slide-set, lever-set, lever-type, lever-actuated
Einstellstab	setting lever, setting knob, setting slide, sliding lever, entry lever, input lever, digit lever, lever, sliding gauge
Einstellung	setup (in general)
Einstellwerk	setting mechanism, setting unit, setup mechanism, entry register
einstufig	monophase
Einstufung	rating
eintauchen	immerse
Eintrag	entry
Eintrittwalze (Enigma)	entry rotor, entry wheel, entry disk, entry disc
Einwahldaten	login information
Einweihung	dedication
Einwerbung von Drittmitteln	research income generation
einzäunen	geofence
Einzäunung	geofencing
Einzel-	stand-alone
Einzelanfertigung (Rechner)	one-of-a-kind machine, one-of-a-kind computer, one-off machine
Einzeldarstellung	monograph
Einzelhandelskunde/Einzelhandelskundin	retail customer
Einzelhandelsplattform	retail platform
Einzelhandelsriese	retail giant
Einzelhändler/in	retailer
Einzelmaschine	simplex machine
Einzelmodell	simplex model
Einzelschritt	single step

Fachwortschatz zur Technikgeschichte, Teil 1: Deutsch-Englisch

Deutsch	Englisch
Einzelteil	separate part, part
einziehen (Sprosse)	retract (pin)
Einzug	indention
Einzweck-	special-purpose, single-purpose
Eisenbahn	railway (UK), railroad (USA)
elektrifiziert	electrically driven, electrically operated, electrically powered
elektrisch	electric, electrical, electrically driven, electrically operated, electrically powered
elektrische Spannung	electrical voltage
elektrische Tischrechenmaschine	electrically driven desk calculator
elektrische Uhr	electric clock
elektrische Verzögerungsstrecke	electric delay line
elektrischer Impuls	electrical pulse, electrical impulse
elektrischer Locher	electric punch
elektrischer Stanzer	electric punch
elektrischer Strom	electrical power
Elektrisiermaschine	electrical machine
Elektrizitätsgeschichte	electrical history, history of electricity
Elektro-	electric, electrical, electrically driven, electrically operated, electrically powered
Elektroantrieb	electric drive
Elektroauto	electric car, electric vehicle
Elektroindustrie	electrical industry
Elektroingenieur/in	electrical engineer
Elektromagnet	electromagnet
elektromagnetischer Laufzeitspeicher	electromagnetic delay line storage
elektromagnetisches Relais	electromagnetic relay
elektromechanisch	electromechanical
elektromechanischer Rechner	electromechanical computer, electromechanical calculator, electromechanical machine
elektromechanischer Speicher	electromechanical memory, electromechanical storage, electromechanical store
elektromechanisches Gerät	electromechanical device
elektromechanisches Rechnen	electromechanical computing
Elektromotor	electric motor
Elektromotorantrieb	electric motor drive
Elektronengehirn	electronic brain, giant brain

Fachwortschatz zur Technikgeschichte, Teil 1: Deutsch-Englisch

Deutsch	Englisch
Elektronenrechner	electronic calculator, electronic computer, electronic calculating machine, electronic computing machine
Elektronenröhre (Vakuumröhre)	electronic valve (UK), thermionic valve (UK), hard valve (UK), vacuum tube (USA), electronic tube (USA), electron tube (USA)
Elektronenröhre, gasgefüllte ~	gas filled valve (UK), thyratron (UK), thyratron gas valve (UK), gas filled thyratron valve (UK), gas tube (USA)
Elektronenstrahl	electron beam
Elektronik	electronic engineering
Elektronikfirma	electronics firm
Elektronikingenieur/in	electronic engineer
Elektronikschrott	e-waste
Elektronikzeitalter	electronic age
elektronisch	electronic
elektronische Abstimmung	online voting, e-voting, internet voting
elektronische Ausgabe	online issue, digital edition
elektronische Berechnung	electronic computation, electronic computing
elektronische Datenverarbeitung	electronic data processing
elektronische Datenverarbeitungsanlage	electronic data processing machine
elektronische Demokratie	e-democracy
elektronische Handelsplattform	ecommerce platform
elektronische Hilfe	electronic aid
elektronische Mitteilung	email message
elektronische Post	electronic mail, email
elektronische Speicherröhre	electronic memory tube, electronic storage tube
elektronische Tauschbörse	online auction website
elektronische Verwaltung	e-government
elektronische Volksherrschaft	e-democracy
elektronische Währung	digital currency, digital money
elektronische Zeitschrift	online journal, electronic magazine, web magazine
elektronischer Analogrechner	electronic analogue computer (UK), electronic analog computer (USA), electronic analogue machine (UK), electronic analog machine (USA)
elektronischer Bezahldienst	digital payment platform
elektronischer Digitalrechner	electronic digital calculator, electronic digital computer
elektronischer Handel	electronic commerce, ecommerce, e-commerce, internet commerce, online commerce, web commerce
elektronischer Rechenlocher	electronic calculating punch

Fachwortschatz zur Technikgeschichte, Teil 1: Deutsch-Englisch

Deutsch	Englisch
elektronischer Rechenstanzer	electronic calculating punch
elektronischer Röhrenrechner	valve electronic computer (UK), electronic tube machine (USA)
elektronischer Schaltkreis	electronic circuit
elektronischer Speicher	electronic memory, electronic storage, electronic store
elektronischer Taschenrechner	electronic pocket calculator, hand-held electronic calculator
elektronischer Tischrechner	electronic desk calculator, desktop electronic calculator
elektronischer Vierspeziesrechner	four-function electronic calculator
elektronischer Zähler	electronic counter
elektronischer Ziffernrechner	number crunching electronic calculator
elektronisches Bauteil	electronic component
elektronisches Buch	ebook, electronic book, online book
elektronisches Geld	digital currency, digital money
elektronisches Lesegerät	ereader
elektronisches Postfach	email account
elektronisches Rechnen	electronic computation, electronic computing
elektronisches Wählen	online voting, e-voting, internet voting
elektronisches Zeitalter	electronic age
Elektroschrott	e-waste, computing e-waste
Elektrostatikspeichergestell	electrostatic storage rack
elektrostatische Röhre	electrostatic tube
elektrostatische Speicherröhre	electrostatic memory tube, electrostatic storage tube
elektrostatische Williams-Speicherröhre	Williams electrostatic storage tube
elektrostatischer Röhrenspeicher	electrostatic storage tube memory
elektrostatischer Speicher	electrostatic memory, electrostatic storage, electrostatic store
elektrostatischer Williamsröhrenspeicher	Williams tube electrostatic memory
Elektrotechnik	electrical engineering
Elektrotechnikgeschichte	history of electrical engineering
elementare Geometrie	elementary geometry
elementare Mathematik	elementary mathematics
Elementargeometrie	elementary geometry
Elementarmathematik	elementary mathematics
Elementaruhr	primitive clock, primitive timekeeper
Elevieren (Linienrechnen)	elevation
Ellipsenzeichner	ellipsograph

Fachwortschatz zur Technikgeschichte, Teil 1: Deutsch-Englisch

Deutsch	Englisch
Ellipsograf	ellipsograph
Email	enamel
Emailkonto	email account
Empfänger/in	receiver
Empfehlungsdienst	recommender
Empfehlungsverfahren	recommendation algorithm
empfindlich (Daten)	sensitive (data)
endlicher Automat	finite automaton
Endlosband	endless belt
Endnote	endnote
Endnutzer/in	end user
Endspielmaschine	end-game machine
Endübertrag	end-around carry
Energiedienstleister/in	utility, utility company, utility organization (USA)
Energieverbrauch	power consumption, energy use
Energieversorger/in	utility, utility company, utility organization (USA), power company
England	Britain, UK (UK), U.K. (USA), England
England, in ~	In the U.K.
englisch	British, UK (UK), U.K. (USA), English
englischsprachig	anglophone, English-language, English-speaking
Enigma-Schlüssel	Enigma key
Enigma-Verschlüsselung	Enigma cipher
Entbündelung (Linienrechnen)	resolution
Entdeckung	discovery
Entfernungsmesser	hodometer (UK), odometer (USA), distance sensor, telemeter
Enthüllung	revelation
entscheidend	critical, crucial
Entscheidfindung	decision making
Entscheidungsproblem	decision problem, decidability problem
Entscheidungsvorgang	decision-making process
entschlüsseln	decipher, decode, decrypt
Entschlüsselungsmaschine	codebreaking machine, codecracking machine, decrypting machine, cryptanalytic machine
entsorgen	recycle
Entstehungsort	departure point

Fachwortschatz zur Technikgeschichte, Teil 1: Deutsch-Englisch

Deutsch	Englisch
Entwicklung	development, evolution, coming of age
Entwicklungslinie	line of development, lineage
Entwicklungsplan	road map
Entwurf	design, draft
entziffern	decipher, decode, decrypt
entzifferte Meldung	decrypted message, decrpyt
Entzifferung	decryption
Epoche	time period
Erbauer/in	builder
Erbe (Kulturgut)	heritage
Erde (Kugelrechner)	hell, earth, lower part, lower portion, lower section, bottom set, units region
Erdglobus	terrestrial globe
Erdmessung	earth measure, measure of the earth
Erdvermessung	geodesy
Erfahrung aus erster Hand	first-hand experience
Erfahrung, aus eigener ~	first-hand
Erfahrungsbericht	experience report
Erfahrungsregel	heuristic
Erfindung	invention
Erfolgsgeschichte	success story
erfolgversprechend	promising
erfolgversprechender Zug	plausible move
erforschen	explore
Ergänzung	addition
Ergänzungswert	complement
Ergänzungszahl	complement
Ergebniswerk	accumulator, accumulator register, accumulator mechanism, result register, result mechanism, result counter, registering mechanism
Erhalt	conservation, preservation
erhalten (bewahren)	preserve
erhalten (überlebend)	surviving, preserved, remaining, extant, existing, still in existence, in existence
Erhaltung	conservation, preservation
Erhaltung digitaler Daten	digital preservation
erheblich	significant

Fachwortschatz zur Technikgeschichte, Teil 1: Deutsch-Englisch	
Deutsch	**Englisch**
Erinnerung	recollection
Erkennen	cognition
Erkenntnis	cognition
Erkenntnis aus erster Hand	first-hand knowledge
erkenntnismäßig	cognitive
Erkennung-	cognitive
erlaubter Zug	legal move
erleben, selber ~	experience firsthand
Erleben, zum ~	hands-on access
Erlebnisausstellung	science centre (UK), science center (USA), hands-on museum, hands-on exhibit (USA), hands-on exhibition
Erlebnislabor	science centre (UK), science center (USA), hands-on museum, hands-on exhibit (USA), hands-on exhibition, hands-on lab
Erlebnismuseum	science centre (UK), science center (USA), hands-on museum
Erlebniswerkstatt	science centre (UK), science center (USA), hands-on museum, hands-on exhibit (USA), hands-on exhibition, hands-on workshop
erneuerbar	renewable
erneuerbare Energie	renewable energy
Ernüchterung	disillusionment
Erpressungsprogramm	ransomware
Erpressungstrojaner	ransomware
Errungenschaft	achievement
Ersatzteil	spare part
Ersatzwelt	virtual reality
Erscheinen (Auftauchen)	emergence
Erscheinen (Auftreten)	advent
Erschließung	retrieval
Ersetzung	substitution
Erstautor/in	lead author
Erstdruck	first printing
erster Weltkrieg	world war one (WWI), First World War
erstklassig	top-quality
Erstlingsrecht	priority
Erstrecht	priority
Erstverfasser/in	lead author

Fachwortschatz zur Technikgeschichte, Teil 1: Deutsch-Englisch

Deutsch	Englisch
Erwachsenwerden	coming of age
Erwartung	expectation
erweiterbar	scalable
Erweiterbarkeit	scalability
erweitert	augmented
erweiterte Auflage	enlarged edition, expanded edition
erweiterte Realität	augmented reality
Erwerbung	accession
Erzählung	account, narrative
Erzählung aus erster Hand	authentic account
Essenslieferdienst	food delivery service
etikettieren	label
etikettierte Daten	labelled data (UK)/labeled data (USA)
etikettiertes Beispiel	labelled example (UK)/labeled example (USA)
euklidischer Algorithmus	Euclidean algorithm
euklidsche Geometrie	Euclidean geometry
ewiger Kalender	perpetual calendar
exakte Wissenschaften	exact sciences
Exeligmosanzeige	Exeligmos dial
Experimentieren, zum ~	hands-on access
Experimentierhaus	science centre (UK), science center (USA), hands-on museum
Expertensystem	expert system, expert consultant system
Explosionszeichnung	exploded diagram, exploded view
Exponat	exhibit
externer Speicher	external memory, external storage, external store, outer store
F	
Fabrikautomation	factory automation
Fabrikladen	outlet
Fabriknummer	serial number, maker number
Fachausdruck	technical term
Fachausstellung	trade show
fächerüberschreitend	interdisciplinary, multidisciplinary, cross-disciplinary
fächerverbindend	interdisciplinary, multidisciplinary, cross-disciplinary
Fachfrau	subject specialist, domain specialist

Fachwortschatz zur Technikgeschichte, Teil 1: Deutsch-Englisch

Deutsch	Englisch
Fachgesellschaft	professional society
Fachgruppe (FG)	special interest group (SIG)
Fachhistoriker/in	trained historian
Fachmann	subject specialist, domain specialist
Fachperson für mündliche Geschichte	oral historian
Fachreferent/in	subject librarian
Fachwissen	expert knowledge
Fachwortliste	glossary of technical terms, glossary of terms
Fachwortverzeichnis	glossary of technical terms, glossary of terms
Fahrdienstauto	ride-hailing vehicle
Fahrdienstindustrie	ride-hailing industry
Fahrdienstleister/in	ride-hailing company, ride-sharing business
Fahrdienstunternehmen	ride-hailing company, ride-sharing business
Fahrdienstvermittler/in	ride-hailing company, ride-sharing business, ride-hailing service
Fahrer/in	driver
fahrerlos	driverless
fahrerloses Auto	driverless car
fahrerloses Taxi	robotaxi
Fahrerüberwachung	driver monitoring
Fahrgast	rider
Fahrplan	road map
Fahrstift	tracer point
Faktor (erster Faktor)	multiplicand
Faktor (zweiter Faktor)	multiplier
Fakturiermaschine	accounting machine, billing machine
Fallstudie	case study
falsche Nachrichten	fake news, disinformation
falscher Ansatz	false position
falscher Ansatz, doppelter ~	rule of double false position, method of double false position
falscher Ansatz, Methode des falschen Ansatzes (Regula falsi)	rule of false position, method of false solution
Falschinformation (Irrtum)	misinformation
Falschinformation (mit Täuschungsabsicht)	fake news, disinformation (with intent to deceive)
Falschmeldungen (Irrtum)	misinformation

Fachwortschatz zur Technikgeschichte, Teil 1: Deutsch-Englisch	
Deutsch	**Englisch**
Falschmeldungen (mit Täuschungsabsicht)	fake news, disinformation (with intent to deceive)
Fälschung	counterfeit
Faltblatt	leaflet
Falzkartonband	perforated cardboard
falzkartonbandgesteuertes Klavier	cardboard-playing piano
fassbar	physical
Faustregel	rule-of-thumb, heuristic
Faxgerät	fax machine
Feder (Antriebfeder)	spring
Federrechnen	pen reckoning, reckoning with the pen, computation with the pen, computation with a pen, pen calculation, pen and paper calculation, method of algorism, algorism
Federzuguhr	spring-driven clock, spring-wound clock
Fehler	error, flaw, bug
fehleranfällig	error-prone, prone to error
Fehlererkennung	error detection
fehlerfrei	error-free, accurate
fehlerhaft	error-prone, prone to error, inaccurate
Fehlerprüfung	error checking
Feinmechanik	precision mechanics
Feinmechaniker/in	precision engineer
Feld (Tastatur)	array
Feldmessung	land surveying, land measurement
ferne Zukunft	distant future
Fernerkundung	remote sensing
ferngesteuert	remote controlled
Fernglas	telescope
Fernkopierer	fax machine
Fernrohr	telescope
Fernschreibband	teleprinter tape, teletype tape
Fernschreiber	teleprinter, telex, teletype
Fernschreiberverschlüsselung	teleprinter cipher
Fernschreibleser	teletype reader
Fernschreibsteuerung	teletype control
Fernschreibstreifen	teleprinter tape, teletype tape
Fernsehen	television (TV)
Fernseher	television set (TV set), television

Fachwortschatz zur Technikgeschichte, Teil 1: Deutsch-Englisch

Deutsch	Englisch
Fernsprechanlage	telephone switchboard
Fernsprechnetz	phone network
Fernsprechrelais	telephone relay
Fernsprechvermittlung	telephone exchange
Fernsteuerung	remote control
fesselnd	compelling
fest verdrahtet	hard-wired
Festbild	still image, still picture
feste Größe	constant
fester Einband	hardcover
fester Wert	constant
Festkomma	fixed point
Festkommaarithmetik	fixed point arithmetic, fixed decimal point arithmetic
Festkommadarstellung	fixed point notation
Festkommarechner	fixed point computer, fixed point machine
Festkommazahl	fixed point number
Festkörperschaltkreis	solid logic
Festnetz	landline
Festnetzinternetdienst	fixed-line internet service
Festplatte	hard disk, hard disc, fixed disk, fixed disc
Festplattenspeicher	hard disk storage, hard disc storage
Festpunkt	fixed point
Festwert	constant
Festwert(steck)tafel	constants panel
Festwertspeicher	constant storage, read-only memory, fixed table of inst-ructions
Feuerleitrechner	fire control computer
Feuerleittabelle	ballistic table, firing table, fire table, bombing table, firing and bombing table, ballistic and firing table
Feuerleittafel	ballistic table, firing table, fire table, bombing table, firing and bombing table, ballistic and firing table
Feueruhr	fire clock
Fieldsmedaillenträger/in	Fields medalist, Fields laureate
Figur, digitale ~	avatar
Figur, immaterielle ~	avatar
Figurenautomat	automaton figure, automated figure
Figurenautomat mit Musikwerk	mechanical musician

Fachwortschatz zur Technikgeschichte, Teil 1: Deutsch-Englisch

Deutsch	Englisch
Filmempfehlung	movie recommendation
Filmmaterial	footage
Filterblase	filter bubble
Finanzierung	funding
Finanztechnik (Fintech)	financial technology, fintech (FinTech)
Findmittel	finding aid
Finger, mit Finger(n) bediente Maschine	finger-operated machine
Fingerabdruck	finger print
fingerbedient	finger-operated
Fingerrechnen	finger reckoning, finger counting, finger computation, counting with fingers, counting on the fingers, reckoning on the fingers
Fingerzahl	finger number, finger numeral, finger symbol
Fingerzählen	finger counting
finsteres digitales Zeitalter (mit Gedächtnisverlust)	digital dark age (with memory loss)
finsteres Zeitalter	dark age
Firmenarchiv	corporate archive
Firmengeschichte	company history, corporate history
Firmenneugründung	startup
Fitnessüberwacher	fitness tracker
Fitnesswächter	fitness tracker
Fixstern	fixed star
Flachbildschirm	flat screen
flächendeckende Überwachung	mass surveillance
Flächenmesser (Planimeter)	planimeter, area-measuring device
Flaggschiffmagazin	flagship magazine
Flaggschiffpublikation	flagship publication
Flaschenhals	bottleneck
Flashspeicher	flash memory
Flatterrechnung	flutter calculation, aircraft flutter calculation
flicken	fix
Fliehkraftregler	centrifugal governor
Fließbandverarbeitung	pipelining
Flipflop	flipflop, toggle switch, toggle, trigger circuit
Flipflopregister	flipflop register
Flipflopröhre	flipflop tube

Fachwortschatz zur Technikgeschichte, Teil 1: Deutsch-Englisch

Deutsch	Englisch
Flipflopschaltung	flipflop circuit, trigger circuit
Flipflopspeicher	flipflop memory
Flohmarkt	antiques market, antique market, flea market
Flötenspieler/in	flute player
Flötenuhr	flute-playing clock
Flugbahn	trajectory, ballistic trajectory, ballistical trajectory
Flugbahnberechnung	ballistic calculation
Flugbahnrechner	ballistic calculator
Flugbahntafel	ballistic table, ballistics table
Flugmaschine (Leonardo)	flying machine
Flugroboter	flying robot
Flüssigkristallanzeige	liquid-crystal display
Flutberechnungsmaschine	tide predictor, tide predicting machine, tide computer
Fördereinrichtung	funding agency, funding body
Förderung	advancement, promotion
Forscher/in	researcher
Forschungsartikel	research paper
Forschungsbereich	research area, research domain
Forschungsbericht	research contribution
Forschungseinrichtung	research institution
Forschungsergebnisse	research findings
Forschungsgebiet	research area, research domain
Forschungsliteratur	research literature
Forschungsplattform	research platform
Fortschritt	advance, advancement, progress
Fortschritt in der Informatik	computing advance
Fotoaustausch	photo sharing
Fotografie	photograph, photo
Fotozelle	photocell
Frage-Antwort-Programm	chatbot
Frage-Antwort-System	question-answering system, enquiry-response system, inquiring system, querying system, query system
frei beweglicher Roboter	mobile robot
frei verfügbare Daten	open data
frei zugänglich	open access, in the public domain, open
frei zugängliche Veröffentlichung	open access publication
frei zugängliche Zeitschrift	open access journal

Fachwortschatz zur Technikgeschichte, Teil 1: Deutsch-Englisch

Deutsch	Englisch
freie Meinungsäußerung	free speech, freedom of speech, free expression, freedom of expression
freier Zugang	open access
Freiexemplar	free copy
Freihandsammlung	open access collection
Freizeitelektronik	consumer electronics
Freizeithistoriker/in	nonprofessional historian
Frist	deadline
früharabische Mathematik	early Arabian mathematics
frühe Neuzeit	early modern times, early modern period
frühere Ausstellung	past exhibition
Frühgeschichte	early history
frühindische Mathematik	early Hindu mathematics
Frühmittelalter	early middle ages
frühmittelalterlich	early medieval
Frühzeit	dawn
Fühler	sensor
führend	leading, premier
Führung	lead
Führungsrolle	leadership role
Fund	find, discovery, finding, trove
Fundgrube	treasure trove
Fünferskala	quinary scale
Fünfersystem	5-base system, base-5 system, quinary system, quinternary system
Funknetz	radio network, wireless network, wireless fidelity (Wifi)
Funknetz(werk), örtliches ~	wireless local area network (Wlan)
Funkspruch	signal, wireless signal, wireless message
Funktechnk	wireless technology
Funktelefon	mobile phone, smartphone, cellular phone (USA)
funktionsfähig	operational, functioning, working
Funktionsleiter	functional scale
Funktionstafel (schaltergesteuerter Nurlesespeicher, Eniac)	function table (switch-controlled read-only memory, Eniac)
Funktionstafelspeicher (Eniac)	function-table memory (Eniac)
funktionstüchtig	operational, functioning, working
Funkverbindung	radio link

Fachwortschatz zur Technikgeschichte, Teil 1: Deutsch-Englisch

Deutsch	Englisch
Funkverkehr	traffic
Fußnote	footnote
Fußzeile	running foot
G	
Galeerenmethode (Divisionsmethode)	galley method (of division), scratch method
Galeerenverfahren (Divisionsmethode)	galley method (of division), scratch method
ganze Zahl	integer, integer number, integral number, whole number
Ganzzahl	integer, integer number, integral number, whole number
Gartensonnenuhr	garden sundial
Gasentladungsröhre	gas discharge tube
gasgefüllte Röhre	gas filled valve (UK), thyratron (UK), thyratron gas valve (UK), gas filled thyratron valve (UK), gas tube (USA)
Gatter	gate
Gebiet der Informatik	computing area, computing field
Gebrauchsanleitung	operating instructions, instruction manual, instructions, directions for use
Gebrauchsanweisung	operating instructions, instruction manual, instructions, directions for use
gebrauchsfähig	operational, functioning, working
gebrauchsfertig	operational, functioning, working
Gebrauchsgut	consumer good
gebundene Ausgabe	hardcover, hardback book, hardback format
Geburtsstätte	birthplace
gedacht	virtual
Gedächtnis	memory
gedruckte Zeitschrift	print magazine
gedrucktes Buch	print book, printed book
gedrucktes Rechenbuch	printed arithmetic
Gefahr	hazard
Gefahrlosigkeit	safety
Gefällemesser	clinometer
gefällt mir	like
gefälschte Besprechung	fake review
gefälschtes Konto	fake account
Gefühlserkennung	emotion recognition
Gegenstand	object, item

Fachwortschatz zur Technikgeschichte, Teil 1: Deutsch-Englisch

Deutsch	**Englisch**
gegenüberliegende Seite	facing page
Gegenuhrzeigersinn, im ~	counter-clockwise, anticlockwise
Gegenwart	present time
Gehäuse	case, casing, chassis, cabinet, box
Gehautomat	walking automaton
geheim	classified
Geheimbotschaft	coded message, ciphertext message, encrypted message, cryptogram
Geheimdienst	intelligence, intelligence service
geheimer Code	secret code
geheimes Internet	darknet
geheimes Web	darkweb
Geheimmeldung	coded message, ciphertext message, encrypted message, cryptogram
Geheimschlüssel	secret code
Geheimschreiber	secret writer
Geheimschreibkunst	steganography
Geheimschrift	cipher, code, secret writing, steganography
Geheimtext	cipher, ciphertext, enciphered text, encrypted text, cryptotext, code text, cryptogram
Geigenautomat	self-playing violin, automatic violin, automatic violin player
Geisteswissenschaften	humanities
Geisteswisseschaftler/in	humanities scholar
geistiges Eigentum	intellectual property
Geld, zu ~ machen	monetize
Geldbeschaffung	fundraising
Geldbeutel	wallet
Geldbörse	wallet
Geldeinwerbung	fundraising
Geldwäsche	money laundering
gelehrt	scholarly
gelehrte Gesellschaft	learned society
Gelehrter/Gelehrte	scholar
Geleitwort	foreword

Fachwortschatz zur Technikgeschichte, Teil 1: Deutsch-Englisch

Deutsch	Englisch
Gelosiamethode	gelosia method, gelosia multiplication, lattice method, lattice multiplication, grating method, jealousy method, tableau multiplication, sieve multiplication, quadrilateral multiplication, method of the sieve, method of the net, method of the cells, method of the square, method of the quadrilateral
Gelosiaverfahren	gelosia method, gelosia multiplication, lattice method, lattice multiplication, grating method, jealousy method, tableau multiplication, sieve multiplication, quadrilateral multiplication, method of the sieve, method of the net, method of the cells, method of the square, method of the quadrilateral
Gemeinde	community
gemeiner Bruch	common fraction
gemeiner Logarithmus	common logarithm, logarithm to base 10
Gemeingut	commons
Gemeinschaft	community
gemischte Realität	mixed reality
gemischtes Rechnen (analog/digital)	hybrid computing (analog/digital)
Genaille-Lucas-Rechenstäbchen	Genaille-Lucas rulers
Genaille-Rechenstäbchen	Genaille's rods
Genauigkeit	accuracy
Genehmigung (Abdruckerlaubnis)	permission
Genehmigung, mit freundlicher ~	by courtesy of, courtesy of, by permission, reprinted with permission of
Geodäsie	geodesy
Geofilter	geofilter
Geometrie	geometry
geometrische Folge	geometric series
geometrische Reihe	geometric series
geometrisches Mittel	geometric mean
geometrisches Modell	geometric model
Geplauder	chat
gerade	even
Gerade	straight line
gerade Zahl	even number
gerade Ziffer	even digit
Geräteindustrie	hardware industry
Gerichtsprozess	legal proceedings

Fachwortschatz zur Technikgeschichte, Teil 1: Deutsch-Englisch

Deutsch	Englisch
Gerichtsverfahren	legal proceedings
Germaniumdiode	germanium diode
Germaniumhalbleiter	germanium semiconductor
gesammelte Schriften	collected papers
Gesamtausgabe	collected work(s)
Gesamtgeschichte	overall history
Gesamtwerk	overall work
Geschäftsbank	commercial bank
Geschäftsgebaren	business practice
Geschäftsgeheimnis	business secret, trade secret
Geschäftsmodell	business model
Geschäftsvorgang übers Netz	online transaction
Geschichte der Arbeit	labor history (USA)
Geschichte der Informatik	history of computer science, history of computing, history of computation, computing history, computer history, history of informatics
Geschichte der Informationstechnik	history of information technology
Geschichte der Menschheit	human history, history of mankind
Geschichte der Programme	history of software, software history
Geschichte der Rechenmaschinen	history of computers, history of computing machinery, history of calculating machines and computers
Geschichte der Rechenprogramme	history of software, software history
Geschichte der Rechentechnik	history of computing technology, history of computer technology
Geschichte der Robotik	robotics history
Geschichte des Ingenieurwesens	history of engineering, engineering history
Geschichte des Ingenieurwesens und der Technik	history of engineering and technology
Geschichte des Rechnens	history of calculating, history of computation, history of computing, computing history
Geschichte im Netz	history online
Geschichte, in die ~ eingehen	make history
Geschichtenerzählen	storytelling
geschichtliche Darstellung	historical narrative
geschichtliche Entwicklung	historical development
geschichtliche Errungenschaft	historic achievement
geschichtliche Erzählung	historical narrative
geschichtlicher Beleg	historical record

Fachwortschatz zur Technikgeschichte, Teil 1: Deutsch-Englisch

Deutsch	Englisch
geschichtlicher Meilenstein	historical milestone
geschichtlicher Zusammenhang	historical context
geschichtliches Erbe	historical legacy
Geschichtsbuch	history book
Geschichtsforschung	historical research
Geschichtsschreibung	historiography, history writing
Geschichtswand	history wall
Geschlechtergeschichte	gender history
Geschossbahn	trajectory, ballistic trajectory, ballistical trajectory
Geschossbahnberechnung	ballistic calculation
Geschossbahntafel	ballistic table, ballistics table
Geschossflugbahn	trajectory, ballistic trajectory, ballistical trajectory
Geschossrechner	ballistic calculator
Geschwindigkeitsmesser	speedometer
gesellschaftlich	social, societal
gesellschaftliche Akzeptanz	social acceptability
gesellschaftliche Auswirkung	societal consequence, societal implication
gesellschaftliche Bewertung	social credit
gesellschaftliche Herausforderung	societal challenge
gesellschaftliche Verantwortung	social responsibility
gesellschaftliche Wirkung	social impact, societal impact
gesellschaftlicher Einfluss	social impact, societal impact
gesellschaftlicher Wandel	social change
gesellschaftliches Bewertungssystem	social credit system
gesellschaftliches Bonitätssystem	social credit system
gesellschaftliches Gefüge	social fabric
gesellschaftliches Vorurteil	societal bias
Gesellschaftsgeschichte	social history
gesellschaftspolitisch	societal
Gesellschaftswissenschaft(en)	social science(s)
Gesichtserkennung	face recognition, facial recognition
gespaltenes Kerbholz	split tally stick
Gespräch führen	conduct an interview
Gesprächsfaden	thread
Gestaltung	design
Gestell (Einbaugestell)	chassis, rack
Gestell (Tisch)	stand

Fachwortschatz zur Technikgeschichte, Teil 1: Deutsch-Englisch

Deutsch	Englisch
Gestirn	heavenly body, celestial body
Gesundheit	healthcare
Gesundheitsdaten	medical data, health care records, patient health data
Getöse	hype
Getriebe	gear, gear train, train of gear wheel, gearwork
Getriebemechanismus	geared mechanism
Getriebeübersetzung	gear ratio
Gewerkschaft	labor union (USA)
Gewichtsuhr	weight clock, weight-driven clock, weight-driven clockwork
gewöhnliche Differenzialgleichung	ordinary differential equation
gewöhnliche Differenzialgleichung erster Ordnung	first order ordinary differential equation
gewöhnliche Differenzialgleichung zweiter Ordnung	second order ordinary differential equation
gewöhnlicher Logarithmus	common logarithm, logarithm to base 10
gewöhnlicher Zirkel	drawing compasses
gezähnt	toothed
Gezeitenrechenmaschine	tide predictor, tide predicting machine, tide computer
Gezeitenrechner	tide predictor, tide predicting machine, tide computer, tide calculator
Gigant	giant, titan
Gitternetzmethode	gelosia method, gelosia multiplication, lattice method, lattice multiplication, grating method, jealousy method, tableau multiplication, sieve multiplication, quadrilateral multiplication, method of the sieve, method of the net, method of the cells, method of the square, method of the quadrilateral
Gitternetzverfahren	gelosia method, gelosia multiplication, lattice method, lattice multiplication, grating method, jealousy method, tableau multiplication, sieve multiplication, quadrilateral multiplication, method of the sieve, method of the net, method of the cells, method of the square, method of the quadrilateral
Gitterschieber	grid slide rule, grid-iron slide rule, grid iron rule
gläserner Bürger, gläserne Bürgerin	transparent citizen
gläserner Mensch	transparent citizen
Glasfaser	fibre optic (UK), fiber optic (USA)
Glasfaserkabel	fibre optic cable (UK), fiber optic cable (USA)
glaubwürdig	credible

Fachwortschatz zur Technikgeschichte, Teil 1: Deutsch-Englisch

Deutsch	Englisch
Gleichstrom	direct current (dc)
Gleichung	equation
Gleichung dritten Grades	third degree equation, equation of the third degree
Gleichung ersten Grades	first degree equation
Gleichung fünften Grades	equation of the fifth degree
Gleichung höheren Grades	higher-degree equation
Gleichung vierten Grades	fourth degree equation, equation of the fourth degree, quartic equation
Gleichung zweiten Grades	second degree equation
Gleichung, kubische ~	cubic equation
Gleichung, nichtlineare ~	nonlinear equation
Gleichung, polynomische ~ (vielgliedrige ~)	polynominal equation
Gleichung, quadratische ~	quadratic equation
Gleichungsauflöser	equation solver
gleichzeitig	concurrent
Gleitkomma	floating point
Gleitkommaarithmetik	floating point arithmetic, floating decimal point arithmetic
Gleitkommadarstellung	floating point notation
Gleitkommarechner	floating point computer, floating point machine
Gleitkommazahl	floating point number, floating decimal number
Gleitpunkt	floating point
Glimmrelaisröhre	trigger tube
globales Positionsbestimmungssystem	global positioning system (GPS)
Globus	globe
Globusuhr	globe clock
Glocke	bell
Glockenspiel	carillon
Glockenspieluhr	carillon clock, carillon-playing clock, chiming clock, carillon watch
Glockenturm	clocktower
Glühkathoden(gasentladungs)röhre	hot cathode gas discharge tube
Glühlampenfeld (Enigma)	lamp board, light board
goldene Zahl (Mondzyklus)	golden number (lunar cycle)
goldener Schnitt	golden ratio, golden section
goldenes Zeitalter	golden age

Fachwortschatz zur Technikgeschichte, Teil 1: Deutsch-Englisch

Deutsch	Englisch
Goldschmied/in	goldsmith
Go-Programm	Go-playing program
Graben zwischen analog und digital	analogue/digital divide (UK), analog/digital divide (USA)
grafikfähiger Taschenrechner	graphing calculator
Grafikkarte	graphics card
Grafikprozessor	graphical processing unit (GPU), graphics processing unit (GPU)
grafische Bedienoberfläche	graphical user interface (GUI)
grafische Darstellung	diagram, graph
grafische Datenverarbeitung	computer graphics
grafische Rechentafel (Nomogramm)	graphic chart, nomogram
grafische Schnittstelle	graphical interface
grafisches Rechnen	nomography
Grafometer (Winkelmesser)	Graphometer (protractor)
Grammofon	gramophone
graue Literatur	gray literatur
Graustufe	greyscale
gregorianischer Kalender	Gregorian calendar
greifbar	physical
Griechenzeit	Hellenistic times
griechisch-ägyptisch	Greco-Egyptian
griechischer Abakus	Greek abacus
griechischer Kalender	Greek calendar
griechisches Zahlzeichen	Greek numeral
griechisch-römisch	Greco-Roman
Griffel-	stylus-operated, stylus-type
Griffel (Rechenstift)	stylus
Griffel (Schiefertafel)	slate pencil
Griffeladdierer	stylus-type adder, stylus-operated adder
Griffeladdiermaschine	stylus-type adding machine, stylus-operated adding machine
griffelgesteuert	stylus-operated, stylus-type
Großbritannien	United Kingdom (UK), Britain
große Datenmenge	big data
große Datensammlung	big data
Größe, feste ~	constant
großer Bruder	big brother

Fachwortschatz zur Technikgeschichte, Teil 1: Deutsch-Englisch

Deutsch	Englisch
Grossist/in	wholesaler
Großrechner	large-scale calculating machine, large-scale computer, mainframe computer, mainframe, supercomputer
größter gemeinsamer Teiler	greatest common divisor, greatest common divider
Grotte	grotto
Gründervater	founding father
Grundlage	bedrock
Grundlagenforschung	basic scientific research
Grundlagenwerk	standard work
grundlegend	fundamental, vital
Grundplatte	bedplate
Grundrechenart	basic arithmetic operation, elementary arithmetic operation, fundamental arithmetic operation, basic operation (of arithmetic), fundamental operation
Grundstein	cornerstone
Grundstellung (Enigma)	basic setting, basic position, ground setting, starting position, start position, initial position, initial rotor setting, indicator setting
Grundwissen	world knowledge
Grundzahl	cardinal number
gültiger Zug	legal move
Gunterskala	Gunter's scale, Gunter's line, Gunter's rule, Gunter scale, Gunter line, Gunter rule, Gunter's line of numbers, Gunter's line of proportion
Gusseisen	cast iron
Gusseisengehäuse	cast iron case
Gutachter/in	reviewer, referee
guterhalten	well-preserved
H	
Hackbrett	dulcimer
Hackbrettuhr	string-playing clock
Hacker/in	hacker
Hackerangriff	cyberattack, hacking attack
Haken (Zahlenschieber)	crook, corner
hakenförmige Spalte	crook-shaped column
Halbierung (Linienrechnen)	mediation, halving
Halbkreis	semicircle

Fachwortschatz zur Technikgeschichte, Teil 1: Deutsch-Englisch

Deutsch	Englisch
Halbkreistransporteur	semi-circular protractor
Halbkreiswinkelmesser	semi-circular protractor
Halbleiter	semiconductor
Halbleiter-	solid state
Halbleiterdiode	semiconductor diode
Halbleiterflipflop	transistor flipflop
Halbleiterhauptspeicher	semiconductor main memory
Halbleiterplättchen	chip
Halbleiterscheibe	wafer
Halbleiterspeicher	semiconductor memory
Halbleitertechnik	semiconductor technology
halblogarithmische Darstellung	floating point notation
Halbtastatur	half keyboard
Halbtastaturmaschine	half keyboard machine
Halbton	half-tone
Halbwertszeit	half life
Halsuhr	necklace watch
Halteproblem	halting problem
hamstern	hoard
Hand-	hand-operated, manually operated, manual
Hand, aus erster ~	first-hand, authentic
Hand, von ~	by hand
Handabakus	hand abacus
Handantrieb	manual drive
handbedient	hand-operated, manually operated, manual
handbetätigt	hand-operated, manually operated, manual
Handbetrieb	manual drive
handbetrieben	hand-operated, manually operated, manual
Handbuch	handbook
Handel, im ~ erhältlich	commercially available
Handels-	trading
Handelsgeschichte	trade history
Handelskrieg	trade war
Handelsmarke	trademark
Handelsplattform	trade platform
Handelspolitik	trade policy

Fachwortschatz zur Technikgeschichte, Teil 1: Deutsch-Englisch

Deutsch	Englisch
Handelsschiff	merchant vessel, merchant ship, commercial vessel, trading ship
handelsüblich	commercially available
handgefertigt	hand-built, handcrafted
händisch	hand-operated, manually operated, manual
händische Berechnung	hand reckoning, hand calculation, hand computation, manual calculation
Handkurbel	hand crank, crank, crank handle, handle
Händler/in	merchant, dealer, retailer, trader
handlich	handy
Handlungsanleitung	algorithm
Handlungsanweisung	algorithm
Handlungsvorschrift	algorithm
Handmaschine (Tischrechner)	hand calculating machine, hand calculator, hand-operated calculator
Handrechenmaschine	hand calculating machine, hand calculator, hand-operated calculator
Handrechnen	hand reckoning, hand calculation, hand computation, manual calculation
Handrechner (Tischrechner)	hand calculator, hand calculating machine, hand-operated calculator (desktop calculator)
Handschriftautomat	automaton writer, writing automaton, handwriting automaton, writing figure
Handschrifterkennung	handwriting recognition
handschriftlich	handwritten
Handwebstuhl	hand loom
Handy (Mobiltelefon, Funktelefon)	mobile phone, cell phone (USA)
Handzuführung von Lochkarten	hand feeding
harmonische Analyse	harmonic analysis
harmonische Synthese	harmonic synthesis
harmonischer Analysator	harmonic analyser (UK), harmonic analyzer (USA)
Harmonium	reed organ
harte Wissenschaft	hard science
Hassbotschaft	hate speech
Hasskommentar	hate speech
Häufigkeitszählung	frequency count
Hauptautor/in	lead author
Hauptbeitrag	contributed article

Fachwortschatz zur Technikgeschichte, Teil 1: Deutsch-Englisch

Deutsch	Englisch
Hauptherausgeber/in	lead editor
Hauptleitwerk	central control unit
Hauptregister	accumulator register
Hauptspeicher	main memory, main storage, main store
Hauptspeichereinheit	main storage unit
Hauptsteuerwerk	central control unit
Haupttitel	main head
Hauptzählwerk	accumulator, accumulator register, accumulator mechanism, result register, result mechanism, result counter, registering mechanism
Haus, vernetztes ~	smart home
Hausdrehorgel	chamber barrel organ
Haushaltselektronik	consumer electronics
Hausuhr	domestic clock, house clock
Hebel	lever
Hebelbetrieb, mit ~	lever-operated
hebelbetrieben	lever-operated
Hebeleinstellung	slide setting
Heer	army
Heeres-Enigma	army Enigma
Heft	issue, number
Heft im Netz	online issue
heikel (heikle Daten)	sensitive (data)
heilige Stätte	sacred place
heiliger Gral	holy grail
Heimelektronik	consumer electronics
Heimrechner	home computer
Helmbrille	virtual reality headset
Hemmung (Uhr)	escapement (clock)
herausragend	outstanding
herausschieben (Sprosse)	protrude (tooth)
herausstellen	spotlight, highlight
herausstoßen (Sprosse)	protrude (tooth)
herausstreichen	highlight
herkömmlich (nicht digital)	brick-and-mortar (non-digital)
Herkunft	provenance
Hero(n) von Alexandria	Hero(n) of Alexandria

Fachwortschatz zur Technikgeschichte, Teil 1: Deutsch-Englisch

Deutsch	Englisch
Heronsball	reaction steam turbine
Hersteller/in	manufacturer
Herstellernummer	maker number
herunterladen	download
hervorheben	highlight
hervorragend	preeminent
hervorstechend	preeminent
Herzschrittmacher	heart pacemaker
Hilfsmittel	resource
Himmel (Kugelrechner)	heaven, upper part, upper portion, upper section, top set, fives region
Himmelsglobus	celestial globe
Himmelskörper	heavenly body, celestial body
Himmelskugel	celestial sphere
Himmelskunde	astronomy
Himmelsmechanik	celestial mechanics
Hindernis	drawback
hintere Anzeige	back dial
Hinterlassenschaft	legacy
Hintertür	loophole
Hinweis (auf Abbildung, Tabelle, Kasten)	callout (to figure, table, box)
Historiker, ausgebildeter ~/Historikerin, ausgebildete ~	trained historian
Historiker/in, von Haus aus ~	professional historian, trained historian, scholarly historian
historisch bedeutsamer Rechner	historically significant computer
historische Arbeit	historical work
historische Distanz	historical distance
historische Gesellschaft	historical society
historische Rechengeräte	computer heritage
historische Sammlung	historical collection, historic collection
historische Technik	vintage technology
historischer Abstand	historical distance
historischer Gegenstand	historic object
historischer Rechner	vintage calculator, vintage computer, historic computer, historic machine
historisches Dokument	historical document

Fachwortschatz zur Technikgeschichte, Teil 1: Deutsch-Englisch

Deutsch	Englisch
historisches Filmmaterial	historical footage
historisches Museum	history museum
historisches Musikinstrument	historical musical instrument, historic musical instrument
historisches Objekt	historic artefact (UK), historic artifact (USA)
historisches Rechengerät	vintage calculator, vintage computer, historic computer, historic machine
Hobbyhistoriker/in	nonprofessional historian
hoch geheim	highly classified, highly secret, top secret
hochauflösend	high-resolution
Hochburg	hotspot
hochentwickelt	sophisticated
Hochgeschwindigkeitsrechnen	high-performance computing (HPC)
Hochgeschwindigkeitsrechner	high-speed calculator, high-speed computer
Hochleistungs-	high-performance, high-capacity
Hochleistungsrechnen	high-performance computing (HPC)
Hochmittelalter	high middle ages
hochmodern	state-of-the-art
Hochschulabgänger/in	graduate
Hochsprache	high-level language
Höchstleistungsrechner	supercomputer
Hochtastatur	high keyboard
Hochvakuumröhre	electronic valve (UK), thermionic valve (UK), hard valve (UK), vacuum tube (USA), electronic tube (USA), electron tube (USA)
hochwertig	top-quality, high-quality
Hof	court
Hofastronom/in	court astronomer
Hofuhrmacher/in	court watchmaker
hohe Auflösung	high resolution
Höhenazimut	altazimuth
Höhepunkt	highlight
höhere Mathematik	higher mathematics
höhere Sprache	high-level language
Holz	wood
Holzgehäuse	wood case, wooden case, wooden casing
Holzschnitt	woodcut

Fachwortschatz zur Technikgeschichte, Teil 1: Deutsch-Englisch

Deutsch	Englisch
horchen	eavesdrop
Horchnetz	intercept network
Horchstelle	intercept station, receiving station
Horizontalsonnenuhr	horizontal sundial, horizontal dial
Hunderter	hundreds
Hunderterantriebswelle	hundreds shaft
Hunderterlinie (Rechentisch)	hundred’s line
Hunderterrad	hundreds wheel
Hunderterscheibe	hundreds dial
Hunderterspalte	hundreds column
Hunderterstelle	hundreds place
Hunderterwelle	hundreds shaft
Hurenkind	widow
hybrid	hybrid
Hybrid-	hybrid
Hybridrechner	hybrid computer
hydraulisch	hydraulic
I	
Ideenschmiede	think tank
identifizieren (Gegenstand, Objekt)	identify (object)
Identitätsdiebstahl	identity theft
immateriell	virtual
immerwährender Kalender	perpetual calendar
Impressum (Buch)	masthead, copyright page (book)
Impuls	impulse, pulse
Impulsfolge	pulse train, train of pulses
Indexierung	indexing
Indexregister	index register, B register, B line, B tube (Manchester)
indirekte Addressierung	indirect addressing
indirekte Subtraktion	subtraction by complementation
indische Mathematik	Hindu mathematics, Indian mathematics
indische Ziffer	Hindu numeral
indisches Zahlzeichen	Hindu numeral
Indizierung	indexing
indoarabische Zahl	Hindu-Arabic number, Hindu-Arabic figure
indoarabische Ziffer	Hindu-Arabic numeral

Fachwortschatz zur Technikgeschichte, Teil 1: Deutsch-Englisch

Deutsch	Englisch
indoarabisches Zahlzeichen	Hindu-Arabic numeral
indoarabisches Ziffernsystem	Hindu-Arabic numeral system
Industriearchäologie	industrial archeology
Industrieausstattung	industrial equipment
Industrieausstellung	industrial exhibition
Industrieautomation	industrial automation
Industrieforschung	industrial research
Industrielabor	industrial lab
industriell hergestellt	commercially produced
industrielle Revolution	industrial revolution
Industriemuseum	museum of industry, industrial museum
Industrienorm	industry standard
Industriepraxis	industry practice
Industrieroboter	industrial robot
Industriesabotage	industrial sabotage
Industriespionage	industrial espionage
Industrieunternehmen	industrial company
Industriezeitalter	industrial age
ineinander greifende Räder	meshed wheels
Ineinandergreifen	mesh
Informatik	computer science (CS), computing science, informatics
Informatik in den Geisteswissenschaften	humanities computing
Informatikabteilung	department of computer science, department of computing
Informatikausbildung	computer science education, computing education
Informatikbuch	computing book
Informatikergemeinschaft	computing community, computing professional community
Informatikfachgesellschaft	computing professional society
Informatikfachperson	computing professional
Informatikfachwelt	computing community, computing professional community
Informatikfakultät	department of computer science, computer science department, department of computing, faculty of informatics
Informatikforschung	computing research

Fachwortschatz zur Technikgeschichte, Teil 1: Deutsch-Englisch

Deutsch	Englisch
Informatikgeschichte	history of computer science, history of computing, history of computation, computing history, computer history, history of informatics
Informatikgesellschaft	computing society
Informatikhistoriker/in	historian of computing, computer historian, computing historian, historian of computers, historian of computer science, IT historian
Informatikindustrie	IT industry
Informatikingenieur/in	computer engineer
Informatiknobelpreis	Nobel prize of computing, Nobel prize in computing, Nobel prize for computing
Informatikpionier/in	computer pioneer
Informatikstudent/in	computing student
Informatikzeitalter	computer age, digital age
Informations- und Kommunikationstechnik (IKT)	information and communication technology (ICT), computing and information technology
Informationsanbieter/in	information provider
Informationsaustausch	information sharing
Informationsflut	information overload
Informationsgesellschaft	information society
Informationsindustrie	information industry
Informationsleck	information leak
Informationstechnik	information technology
Informationswissenschaft	information science
Informationszeitalter	information age
informatisches Denken	computational thinking
Infrarotkamera	infrared camera
Ingenieur, ausgebildeter ~/Ingenieurin, ausgebildete ~	trained engineer
Ingenieurbüro	engineering office
Inhalt	content, contents
Inhaltsverzeichnis	table of contents (Toc)
Innenspeicher	internal memory, internal storage, internal store, inner memory, inner storage, inner store
innere Scheibe (logarithmische Rechenscheibe)	inner disk, inner disc (circular slide rule)
innere Skala	inner scale
innerer Speicher	internal memory, internal storage, internal store, inner memory, inner storage, inner store

Fachwortschatz zur Technikgeschichte, Teil 1: Deutsch-Englisch

Deutsch	Englisch
Innovationsplattform	innovation platform
Inschrift	inscription
Instandsetzung	restoration
Instandstellung	restoration
Institut für angewandte Mathematik	Institute of Applied Mathematics, Institute for Applied Mathematics, applied mathematics institute
Institut für Mathematik	mathematical institute, mathematics institute
Instrumentenbau	instrument making
Instrumentenbauer/in	instrument maker, scientific instrument maker
Instrumentenmacher/in	instrument maker, scientific instrument maker
Integraf	integraph
Integralrechnung	integral calculus
Integrator	integrator, integrating instrument
Integrieranlage	differential analyser (UK), differential analyzer (USA)
Integriergerät	integrating instrument, integrator
integrierte Schaltung	integrated circuit (IC), chip
integrierter Schaltkreis	integrated circuit (IC), chip
interaktiv	interactive
interaktive Ausstellung	science centre (UK), science center (USA), hands-on exhibit (USA), hands-on museum, hands-on exhibition
interaktives Museum	science centre (UK), science center (USA), hands-on museum, hands-on exhibition
Interessenkonflikt	competing interest
Interessenkonflikt	conflict of interest
Interessenvertreter/in	stakeholder
internationale Zusammenarbeit	international collaboration
interner Speicher	internal memory, internal storage, internal store, inner memory, inner storage, inner store
Internet	internet, cyberspace
Internet-	cyber, online
Internet der Dinge	internet of things (IoT)
Internet, ins ~ stellen	post
Internet, übers ~ zugänglich	online
Internet, übers ~kaufen	buy online
Internet, übers ~verkaufen	sell online
Internetadresse	internet address
Internetanbieter/in	internet service provider (ISP)

Fachwortschatz zur Technikgeschichte, Teil 1: Deutsch-Englisch

Deutsch	Englisch
Internetangriff	cyberattack
Internetanzeige	online ad(vertisement)
Internetarchiv	cyber archive
Internetauftritt	web presence
Internetbetrug	online fraud
Internetblase	dot-com bubble, internet bubble
Internetbuchhändler/in	online bookseller
Internetdaten	online data
Internetdienst	internet service, online service
Internetdienstanbieter	internet service provider (ISP)
Internetdienstleister	internet service provider (ISP)
Interneteinzelhandelsriese	online retail giant
internetfähig	internet-connected
internetfähiges Telefon	smartphone
Internetfernsehen	video streaming
Internetfilter	internet filter
Internetfirma	internet company, digital company, dot.com
Internetgigant/in	internet giant
Internethandel	electronic commerce, e-commerce, internet commerce, online commerce, online trading, web commerce, digital trade
Internethandelsfirma	ecommerce company
Internethandelskonzern	ecommerce group
Internethandelsplattform	ecommerce platform
Internethandelsriese	ecommerce giant, ecommerce titan, online giant
Internethändler/in	ecommerce company, online retailer, cyber merchant, ecommerce seller
Internetindustrie	internet industry
Internetkolumne	blog
Internetkolumnist/in	blogger
Internetkonto	online account
Internetkonzern	internet company
Internetkriegführung	cyber warfare
Internetnutzer/in	internet user
Internetplattform	internet platform, online plattform, digital platform
Internetplattformbetreiber	internet platform company
Internetportal	web portal

Fachwortschatz zur Technikgeschichte, Teil 1: Deutsch-Englisch

Deutsch	Englisch
Internetprofil	online profile
Internetrecht	internet law
Internetriese	internet giant, internet titan
Internetschwindel	online fraud
Internetseite	internet site, internet page, website, home page
Internetseminar	webinar
Internetsendung	webcast
Internetsendung, abrufbare ~	podcast
Internetsicherheit	cybersecurity
Internetspeicherdienst	online storage service
Internetsperre	internet blackout
Internetspiel	online game
Internetspionage	digital espionage
Internetsuche	internet search, online search, web search
Internetsuchprogramm	internet browser, web browser
Internetunternehmen	internet company, dot-com
Internetverbrechen	cybercrime, online crime
Internetverbrecher/in	cybercriminal
Internetverhalten	online behaviour (UK)/behavior (USA)
Internetverkehr	internet traffic, web traffic
Internetversandgeschäft	online store
Internetversandhandel	inernet commerce, electronic commerce
Internetwährung	cryptocurrency
Internetwelt	cyberspace, online world
Internetwerbung	online advertising, digital advertising, online ad
Internetzeitalter	internet age
Internetzugang	internet access
Internetzugangsanbieter/in	internet service provider (ISP)
Internetzugangsprogramm	browser, internet browser, web browser
ionische Insel	Ionian island
irrationale Zahl	irrational number
islamische Mathematik	Islamic mathematics
islamische Welt	Islamic world
IT (Informationstechnik)	information technology (IT)
iterativ (stufenweise)	iterative (stepwise)
IT-Industrie (Informationstechnik-Industrie)	information technology industry, computer industry

Fachwortschatz zur Technikgeschichte, Teil 1: Deutsch-Englisch

Deutsch	Englisch
IT-Konzern	information technology company
J	
Jacquard-Webstuhl	Jacquard loom
jahrhundertealt	centuries-old
Jahrmarktorgel	fair organ, fairground organ, band organ, show organ, showground organ
Jakobsstab	cross-staff, Jacob's staff, backstaff, baculum, geometric cross, arbatèle
japanischer Abakus (Soroban)	Japanese abacus (soroban)
japanischer Kugelrechner (Soroban)	Japanese abacus (soroban)
japanischer Rechenrahmen (Soroban)	Japanese abacus (soroban)
julianischer Kalender	Julian calendar
Jüngere, der ~	the younger
Jungunternehmen	startup
Juwelier/in	jeweller (UK)/jeweler (USA)
K	
Kabinett (Museumsraum)	cabinet (museum room)
Kaffeemühle (Curta)	coffee grinder
Käfig (Rechenwalze)	sleeve (cylindrical slide rule)
Kalender, ewiger ~	perpetual calendar
Kalender, immerwährender ~	perpetual calendar
Kalenderrechnen	calendric reckoning
Kalenderrechner	calendar computer
Kalenderuhr	calendar clock
kallipische Anzeige	Callippic dial
Kaltkathodenröhre	cold cathode valve (UK), cold cathode tube (USA)
Kaminuhr	mantel clock
Kamm (Walzenkamm einer Musikdose)	comb (music box)
Kammzahn (Musikdose)	comb tooth (music box)
Kammzunge (Musikdose)	comb tooth (music box)
Kapitalbeschaffung mithilfe von Kryptogeld	initial coin offering (ICO)
Kapitel	chapter
Karrusellorgel	fair organ, fairground organ, band organ, show organ, showground organ

Fachwortschatz zur Technikgeschichte, Teil 1: Deutsch-Englisch

Deutsch	Englisch
Kartei	card file, card catalogue (UK), card catalog (USA)
Karteikasten	card catalog cabinet
Kartell	cartel
Kartendoppler	reproducing punch, reproducer, duplicating punch
kartengesteuert	card controlled
Kartenkunde	cartography
Kartenlehre	cartography
Kartenleser	card reader, punched card reader
Kartenlocher	keypunch, card punch
Kartenmischer	collator, card collator, interpolator
Kartensortierer	card sorter
Kartensortiermaschine	card sorter
Kartenstanzer	card punch, keypunch
Kartenzuführung	card feed, card feeding
Kartografie	cartography
Karton	cardboard
kassenlos	checkout-free
Kassenschlager	blockbuster
Kassette	cassette, cartridge
Kästchen	casket
Kasten (Textkasten)	box (text box)
Katalog im Netz	online catalogue (UK), online catalog (USA)
Katalog, übers Netz zugänglicher ~	online catalogue (UK), online catalog (USA)
Kathodenstrahlröhre	cathode ray tube (CRT)
Kathodenstrahlröhrenspeicher	cathode ray tube memory, cathode ray tube storage, cathode ray tube store, Williams tube memory
Käufer/in	shopper
Kauffrau	merchant, trader
Kaufhaus	department store
Kaufmann	merchant, trader
kaufmännische Arithmetik	commercial arithmetic, business arithmetic
kaufmännische Datenverarbeitung	business data processing, commercial data processing
kaufmännischer Rechner	commercial computer, business computer
kaufmännisches Rechnen	commercial computation, commercial computing, commercial arithmetic, business computation, business computing, business arithmetic
Kegelrad	bevel gear

Fachwortschatz zur Technikgeschichte, Teil 1: Deutsch-Englisch

Deutsch	Englisch
Kehrmatrix	inverse matrix
Kehrseite	downside
Kehrwert	reciprocal
Kenngruppe (Enigma)	discriminant, indicator group, identification of the network
Kenngruppenbuch (Enigma)	recognition group book
Kennwort	password
Kennzeichen	tag, hallmark
kennzeichnen	label
Kerbe (Kerbholz)	notch, sore
Kerbholz	tally stick, tally, tallying stick, notched stick
Kerbholz des britischen Finanzamts	British exchequer tally, exchequer tally
Kerbholz, gespaltenes ~	split tally stick
Kerbknochen	notched bone
Kerbstock	tally stick, tally, tallying stick
Kerngeschäft	core business
Kerninformatik	core computer science
Kernspeicher	core memory, core storage, core store
Kernspeicherrechner	magnetic core memory machine
Ketten-	chain-driven
Kettenaddierer	chain adder
Kettenaddiermaschine	chain adder
Kieselstein (Rechenstein)	pebble, pebble stone
Kind, geistiges ~	brainchild
Kippschalter	flipflop, toggle switch, toggle, trigger circuit
Kippschaltung	flipflop, toggle switch, toggle, trigger circuit
Kippstufe	trigger circuit
Kirchenuhr	church clock, church tower clock
Kirchturmuhr	church clock, church tower clock
Kirmesorgel	fair organ, fairground organ, band organ, show organ, showground organ
Klappsonnenuhr	diptych dial, diptych sundial, tablet sundial
Klartext	plain text, clear text, plain language text, clear language text
Klassiker (Buch)	classic work (book)
klassische griechische Mathematik	classical Greek mathematics
Klaviatur	keyboard

Fachwortschatz zur Technikgeschichte, Teil 1: Deutsch-Englisch

Deutsch	Englisch
Klavier mit Federantrieb	spring-driven piano
Klavier, walzengesteuertes ~	barrel piano, barrel-operated piano
Klavierautomat	pianola, player piano, automatic piano, piano-playing automaton
Kleinasien	Asia Minor
Kleinrechner	small computer, small-scale computer
kleinster gemeinsamer Nenner	lowest common denominator
Klick	click
Klickfang	clickbait
Klickköder	clickbait
klimatisiert	climate controlled
Klimawandel	climate change
Klingel	bell
Klon	clone
Klonhersteller/in	clone maker
Klosterabakus	Gerbert abacus, Gerbert's abacus, monastic abacus
knackbar	crackable, breakable
knacken (Geheimschlüssel)	crack, break (secret code)
Knopf	button, knob
Knopf drücken	press a button, press down a button
Knotenschnur	knotted cord, quipu, khipu
Koautor/in	coauthor
Kohlenstoffnanoröhre	carbon nanotube (CNT)
Kolonne (Zahlenkolonne)	column
Kolonnenaddierer	single digit adder, single digit adding machine, single order digit adding system, single order key-driven machine, single order machine
Kolonnenaddiermaschine	single digit adder, single digit adding machine, single order digit adding system, single order key-driven machine, single order machine
Kolumne	column
Kombi-	all-in-one
Kommandopult	console
kommende Ausstellung	upcoming exhibition
kommentierte Bibliografie	annotated bibliography
kommerzielle Datenverarbeitung	business data processing, commercial data processing
kommerzieller Rechner	commercial computer
Kommunikationsdienst	communications service

Fachwortschatz zur Technikgeschichte, Teil 1: Deutsch-Englisch

Deutsch	Englisch
Kommunikationsfirma	communications company
Kommunikationskanal	communication channel
Kommunikationskonzern	communications company
Kommunikationsnetzwerk	communications network
Kommunikationsplattform	communications platform, messaging platform
Kommunikationstechnik	communication technology, communications technology
Kompass (Bussole)	magnetic compass, compass
Komplement	complement
Komplementaddition (indirekte Subtraktion)	complement addition, complementary subtraction (indirect subtraction)
komplementäre Addition (indirekte Subtraktion)	complement addition, complementary subtraction (indirect subtraction)
komplementäre Darstellung	complement representation, complementary representation
Komplementärverfahren	complementation method, complementation system
Komplementärwert	complemented value
Komplementärzahl	complement
Komplementbildung	complementation
Komplementwert	complemented value
Komplementzahl	complement
Komputist/in (Anhänger/in des Kugelrechnens, römischer Rechenmeister)	computist (beadframe adherent, Roman arithmetician)
Kondensator	capacitor, condenser
Kondensatorspeicher	capacitor memory, capacity storage, capacitor store
Kondensatorspeichertrommel	drum capacitor memory
Kondensatortrommel	capacitor drum
Konferenzvortrag	conference paper
königliches Privileg (Art Patentschutz)	royal privilege (form of patent protection)
Konstanten(steck)tafel	constants panel
Konstantenspeicher	constant storage
Konstrukteur/in	builder
Konstruktionsbüro	drawing office
Konstruktionszeichnung	engineering drawing, design drawing
kontinuierlich	continuous
Konto	account
Konto, gefälschtes ~	fake account
Kontoangaben	login credentials, login information, sign-on credentials

Fachwortschatz zur Technikgeschichte, Teil 1: Deutsch-Englisch

Deutsch	Englisch
Kontoinformationen	login credentials, login information
Kontor	counting house
Kontrollanzeige des Einstellwerks	setting dial, check dial, setting check dial
Kontrollanzeige des Ergebniswerks	accumulator dial
Kontrollanzeige des Umdrehungszählers	counter dial
Kontrollkasse	cash register, cash register machine
Kontrollwerk	setting dial, check dial
konzentrischer Skalenverlauf (um einen gemeinsamen Mittelpunkt)	concentric winding
Konzern	company, corporation
Konzern-	corporate
Konzernarchiv	corporate archive
Konzerngeschichte	corporate history
Konzernsammlung	corporate collection
kooperativer Roboter	cobot
Koordinatograf (Gerät)	coordinatograph
Kopfgarnitur	headset
Kopfzeile	running head
kopieren	copy
Kopierer	copier
Kopiergerät	copier
Korb (Rechenwalze)	sleeve (cylindrical slide rule)
körperlich	physical
Korrektor/in	proofreader
Korrektur	correction
Korrekturlesen	proofreading
Korrekturleser/in	proofreader
Korrespondenzproblem	correspondence problem (Emil Post)
Koryphäe	luminary
Kraftwerk	power plant
kreative Zerstörung	disruption
Kreditkarte	credit card
kreditkartengroß	credit card size
Kreis	circle
Kreis-	circular
Kreisaddierer	circular adder
Kreisel	gyrosope

Fachwortschatz zur Technikgeschichte, Teil 1: Deutsch-Englisch

Deutsch	Englisch
Kreiselbewegung	precession
kreisförmig	circular
kreisförmige Wählscheibe	circular dial
kreisförmiger Addierer	circular adder, circular adding machine
Kreislauf	cycle, circularity
Kreislaufwirtschaft	circular economy
Kreislinie	circumference
Kreismessung	circle measurement
Kreisquadratur	quadrature of the circle, squaring the circle
Kreisrechenmaschine	circular calculating machine, circular calculator
Kreisrechenschieber	circular slide rule, circular rule, pocket watch slide rule, pocket-watch calculator, pocket watch rule, watch-type calculator, watch-size rule
Kreisrechner	circular calculator
Kreisrechner (Addiermaschine)	circular adder, circular adding machine
Kreisrechner (logarithmisch)	circular slide rule, circular rule
Kreissehne	chord
Kreisumfang	circumference
Kreuzstab	cross-staff, Jacob's staff, backstaff, baculum, geometric cross, arbatèle
Kriegsgeschichte	wartime story
Kriegsmarine	navy
Kriegsmaschine	wartime machine
Kristall	quartz crystal
Kristalldiode	crystal diode
Kristallpalast (London)	Crystal Palace (London)
kritisches Denken	critical thinking
Kryptanalyse (Lehre von der Entschlüsselung)	code breaking, cipher breaking, code cracking, cryptanalysis
Kryptanalytiker/in	code breaker, cipher breaker, cryptanalyst, cryptographer, cryptologist
Kryptoanalyse (Lehre von der Entschlüsselung)	code breaking, cipher breaking, code cracking, cryptanalysis
Kryptoanalytiker/in	code breaker, cipher breaker, cryptanalyst, cryptographer
Kryptografie (Lehre von der Verschlüsselung)	cryptography
Kryptografiescheibe	cipher disk, cipher disc

Fachwortschatz zur Technikgeschichte, Teil 1: Deutsch-Englisch

Deutsch	Englisch
Kryptografiewalze	cipher wheel, cipher drum
Kryptologie (Lehre von der Ver- und Entschlüsselung)	cryptology (science of coding and decoding)
Kryptowährung	cryptocurrency
Kubikwurzel	cube root
Kubikwurzelausziehen	cube root extraction, extraction of the cube root
Kubikwurzelskala (Proportionalwinkel)	line of volumes (sector)
Kubikwurzeltabelle	cubic root table
Kubikwurzeltafel	cubic root table
Kubikwurzelziehen	cube root extraction, extraction of the cube root
Kubikzahl	cube
kubische Gleichung	cubic equation
Kuckucksuhr	cuckoo clock
Kugel (Kugelrechner)	bead (beadframe)
Kugelabakus	bead frame, abacus, counting bead
Kugelrechner	bead frame, bead-frame computer, abacus, counting bead
Kühlsystem	cooling system
Kulturerbe	cultural heritage
Kulturgeschichte	cultural history
Kulturgut	cultural heritage
Kunsterzeugnis	artefact (UK), artifact (USA)
Kunstgeschichte	art history
Kunsthistoriker/in	art historian
künstlich	artificial, virtual
künstlich intelligent	artificially intelligent
künstliche Intelligenz	artificial intelligence (AI (UK), A.I. (USA)), machine intelligence
künstliche Welt	virtual reality, virtual world
künstlicher Gegenstand	artefact (UK), artifact (USA)
künstlicher Mensch	cyborg, android
künstliches neuronales Netzwerk	artificial neural network
Kunstschatz	artistic treasure
Kunststoff	plastic
Kunstwerk	work of art, artwork
Kupfer	copper
Kupferlegierung	copper alloy

Fachwortschatz zur Technikgeschichte, Teil 1: Deutsch-Englisch

Deutsch	Englisch
Kupplung	clutch
Kurator/in	curator
Kurator/in für Informatik	curator of computing
Kurator/in für Mathematik	curator of mathematics
Kurator/in für Technik- und Wissenschaftsgeschichte	curator for history of science and technology
Kurator/in für Technikgeschichte	curator of the history of technology
Kurator/in für Wissenschaft und Technik	curator of science and technology
Kurator/in für Wissenschaftsgeschichte	history of science curator
Kurbel	crank, handle, crank handle
Kurbel-	crank-driven, hand-cranked
kurbelbetrieben	crank-driven, hand-cranked
Kurbelwelle	drive shaft
Kurier/in	courier
Kurierdienst	courier delivery services company
Kuriosität	object of curiosity, object of wonder
Kuriositätenkabinett	curiosity cabinet, cabinet of curiosity, cabinet of curiosities
kursiv	italic
Kurve	curve
Kurvenmesser	curvimeter, opisometer
Kurvenscheibe	cam
Kurzfunk	bluetooth, near field communication (NFC)
kurzlebig	short-lived
Kurznachricht	tweet
Kurzstreckenfunk	bluetooth, near field communication (NFC)
Kurzzeitspeicher	short-term storage
Kybernetik	cybernetics
Kybernetiker/in	cyberneticist
L	
Ladung	cargo, load
Lager	repository, store, storage centre (UK), storage center (USA), storage facility, reserve storage
Lager, auf ~	in stock
Lagerhaus	warehouse

Fachwortschatz zur Technikgeschichte, Teil 1: Deutsch-Englisch

Deutsch	Englisch
Laie	layperson, nonprofessional
Laiin	layperson, nonprofessional
Lampenfeld (Enigma)	lamp board, light board
Lampenuhr	lamp timekeeper
Landvermessung	land surveying, land measurement
langjährig	long-time
langlebig	long-lived
Langlebigkeit	longevity
Langzeitarchiv	long-duration archives
Langzeitarchivierung	digital preservation, digital permanence
Lärm	hype
lateinische Schrift	Roman alphabet
lateinischer Buchstabe	Roman character
Laternenuhr	lantern clock
Lauf, im ~der Zeit	as time goes on, over time
laufen lernen	come of age
laufend	current, ongoing
laufende Ausgabe	current issue
laufende Ausstellung	current exhibition
laufender Text	body text
laufendes Programm	running program
Läufer (Rechenschieber)	cursor, runner, indicator (slide rule)
lauffähig	operational, functioning, working
Laufzeitspeicher	delay line memory, delay line storage, delay line store
Laufzeitverzögerungsleitung	delay line
lauschen	eavesdrop, bug
Leben und Werk	life and work
Leben, wieder zum ~ erwecken	bring back to life
Lebensbedingungen	living conditions
Lebensbericht	memoir
Lebensdauer	lifespan, life cycle, lifetime, useful life
Lebenserinnerungen	memoirs
lebensgroß	full-sized, life-sized
Lebenslauf	biography, bio
Lebensmitteldrohne	food drone
Lebensmittellieferdienst	food delivery service
Lebensmittellieferung	food delivery

Fachwortschatz zur Technikgeschichte, Teil 1: Deutsch-Englisch

Deutsch	Englisch
Lebensmittelzustelldienst	food delivery service
Lebensmittelzustellung	food delivery
lebenswichtig	pivotal
Lebenszeit	lifetime
Lebenszyklus	life cycle
Leck	leak
Leermond	new moon
Leerschlag	blank stroke
Legeabakus (Rechentisch, Rechenbrett)	line board, line abacus, lined board
Legende	caption, figure caption, table caption
Legierung	alloy
Lehrbuch	textbook
Lehrkörper	faculty
Lehrsatz	proposition, theorem
Lehrschau	science centre (UK), science center (USA), hands-on workshop (USA), hands-on museum, hands-on exhibition, hands-on workshop, hands-on lab
Lehrstuhl	chair
Lehrstuhlinhaber/in	full professor
Leibnizmaschine	Leibniz machine
leicht	lightweight, light
leicht bedienbar	simple-to-use, easy-to-use
leicht lesbar	easy-to-read
Leihbibliothek	lending library
Leihbücherei	lending library
Leihgabe	loan
Leistung	achievement, accomplishment
Leistungsausweis	research record
leistungsfähig	high-performance, high-capacity
leistungsstark	high-performance, high-capacity
Leistungssteigerung	performance advances
Leitartikel	lead article
leitender Ingenieur/leitende Ingenieurin	lead engineer
leitender Kurator/leitende Kuratorin	senior curator, principal curator, head curator
leitender Redakteur/leitende Redakteurin	senior editor
Leiter	conductor

Fachwortschatz zur Technikgeschichte, Teil 1: Deutsch-Englisch

Deutsch	Englisch
Leitung	bus
Leitwerk	control unit, control organ
Lektor/in	acquisitions editor, acquiring editor, commissioning editor
Lektorat	copyediting
lenkerloses Auto	driverless car
Lernen durch Erfahrung	trial-and-error learning
Lernen durch Erfolg	trial-and-error learning
lernende Maschine	learning machine
lernendes System	learning system
lernfähige Maschine	learning machine
lernfähiges System	learning system
Lernmaschine	learning machine
Lernsystem	learning system
Leserschaft	readership
Lesestation	reading station
letzte Meile	last mile
Licht, ans ~ bringen	bring to light
Licht, ans ~ kommen	come to light
Liebhaber/in	enthusiast
Lied	air
Lieferant/in	vendor
Lieferdrohne	delivery drone
Lieferkette	supply chain
Lieferroboter	delivery robot
Lineal (Schlitten, Wagen)	carriage
Lineal (Zeichen-, Messwerkzeug)	ruler
Linealverlegung	shifting of the carriage, shifting, carriage shift, carriage movement
Linealverschiebung	shifting of the carriage, shifting, carriage shift, carriage movement
lineare Gleichung	linear equation
lineare Skala (Proportionalwinkel)	line of equal parts, line of lines (sector)
Linienabakus (Rechentisch, Rechenbrett)	line board, line abacus, lined board
Linienmesser	curvimeter, opisometer

Fachwortschatz zur Technikgeschichte, Teil 1: Deutsch-Englisch

Deutsch	Englisch
Linienrechnen	counter reckoning, counter casting, reckoning with counters, calculating with counters, computation by means of counters, casting with jetons, casting with jettons, line reckoning, line computation, reckoning on the lines, calculating on the lines, calculation on the lines, casting on the lines
Linienrechner (Rechentisch, Rechenbrett)	line board, line abacus, lined board
linke Seite	verso page
linke Walze (Enigma)	left-hand wheel, left wheel, left-hand rotor
links liegende Seite	verso page
Linksverschiebung	left shift
Literaturhinweis	reference
Liveübertragung	live stream
Lochband	punched paper tape, punch paper tape, punched tape, perforated tape
lochbandgesteuert	tape controlled
Lochbandleser	paper tape reader, tape reader
Lochbandprogramm	taped program
Lochbandprogrammierung	tape programming
Lochbandspeicher	punched tape storage, paper tape memory, tape memory
Lochbandstanzer	paper tape punch, tape punch, paper tape perforator, tape perforator
Locher	punch
Lochkamera	camera obscura
Lochkarte	punched card, punch card, perforated card
Lochkartenanlage	punched card equipment, punched card machinery, Hollerith equipment, Hollerith machinery
Lochkartenband	chain of cards
Lochkartendoppler	reproducing punch, reproducer, duplicating punch
lochkartengesteuert	card programmed
Lochkartenleser	punched card reader, card reader
Lochkartenlocher	keypunch, card punch
Lochkartenmaschine	punched card machine, punch card machine, Hollerith machine
Lochkartenmaschinen	punched card equipment, punched card machinery, Hollerith equipment, Hollerith machinery
Lochkartenmischer	collator, card collator, interpolator
Lochkartenprogrammierung	card programming
Lochkartenrechner	electronic calculating punch

Fachwortschatz zur Technikgeschichte, Teil 1: Deutsch-Englisch

Deutsch	Englisch
Lochkartensatz	deck of cards
Lochkartenspeicher	punched card storage
Lochkartenstanzer	card punch, keypunch
Lochkartenstapel	deck of cards
Lochkartensteuerung	card programming
Lochkartenzuführung	card feed, card feeding
Lochplatte	perforated disk, perforated disc
Lochplattenspieldose	disc musical box, disk musical box, disc music box, disk music box, disc-playing musical box, disk-playing musical box, disc-type musical box, disk-type musical box, disc-operated music box, disk-operated music box, disc box, disk box
Lochprüfer	verifier
Lochscheibe	perforated disk, perforated disc
Lochschriftübersetzer	interpreter
Lochstreifen	punched paper tape, punch paper tape, punched tape, perforated tape
lochstreifengesteuert	tape controlled
lochstreifengesteuerter Rechner	paper tape sequenced calculator
Lochstreifenleser	paper tape reader, tape reader
Lochstreifenlocher	paper tape punch, tape punch, paper tape perforator, tape perforator
Lochstreifenprogramm	taped program
Lochstreifenprogrammierung	tape programming
Lochstreifenspeicher	punched tape storage, paper tape memory, tape memory
Lochstreifenstanzer	paper tape punch, tape punch, paper tape perforator, tape perforator
Lochtrommel	perforated cylinder
Logarithmentafel	logarithm table, table of logarithms
logarithmisch	logarithmic
logarithmische Rechenuhr	pocket watch slide rule, pocket-watch calculator, pocket watch rule, watch-type calculator, watch-size rule
logarithmische Skala (Proportionalwinkel)	line of logarithmic numbers (sector)
logarithmische Skala (Rechenschieber)	logarithmic scale
logarithmische Skala mit *einer* Dekade (1–10)	single cycle logarithmic scale
logarithmische Skala mit zwei Dekaden (1–10, 10–100)	two cycle logarithmic scale
logarithmischer Rechenschieber	logarithmic slide rule

Fachwortschatz zur Technikgeschichte, Teil 1: Deutsch-Englisch

Deutsch	Englisch
Logarithmus	logarithm
Logarithmus zur Basis 10	common logarithm, logarithm to base 10
Logarithmus, dekadischer ~	common logarithm, logarithm to base 10, base 10 logarithm
Logarithmus, gemeiner ~	common logarithm, logarithm to base 10, base 10 logarithm
Logarithmus, gewöhnlicher ~	common logarithm, logarithm to base 10, base 10 logarithm
Logik	logic
Logikmaschine	logic machine, logical machine
Logikschaltung	logic circuit
logisch	logic, logical
logische Verknüpfung	logical operation
logischer Kalkül	logical calculus
logistischer Rechner	logistics computer
lokales Netz	local area network (LAN)
Lorenzmaschine (Verschlüsselungsmaschine)	Lorenz machine, Tunny machine (cryptographic machine)
Lorenz-Verschlüsselung	Lorenz cipher
Löscheinrichtung	clearing mechanism, erasing mechanism, reset mechanism, erasing device
Löscheinrichtung fürs Ergebniswerk	register clearing mechanism
löschen (auf null setzen)	clear, zero
löschen (Internet)	remove, take down
Löschhebel	clearing lever, clearing slider, zeroing lever
Löschknopf	clearing knob, zeroing button, clear button
Löschkurbel	clearing crank
Löschtaste	clear key, clearing key, clearance key
Löschung (Internet)	removal, takedown
Löschung (Rechenmaschine)	clearing
Löschung des Ergebniswerks	register clearing
Löschvorrichtung	clearing mechanism, erasing mechanism, reset mechanism, erasing device, zeroing mechanism
Löschvorrichtung fürs Ergebniswerk	register clearing mechanism
Lösegeldprogramm	ransomware
Lösegeldzahlung	ransom payment
Lösung von Gleichungen	solution of equations
Lücke, eine ~ schließen	bridge the gap

Fachwortschatz zur Technikgeschichte, Teil 1: Deutsch-Englisch

Deutsch	Englisch
luftbetrieben	pneumatic
Luftdruck	air pressure
Luftpumpe	air pump
Luftwaffe	air force
Luftwaffen-Enigma	air force Enigma
M	
Magazin	repository, store, storage centre (UK), storage center (USA), storage facility, reserve storage
magische Laterne	magic lantern
magisches Quadrat	magic square
Magnetband	magnetic tape
Magnetbandkassette	magnetic tape cartridge
Magnetbandlaufwerk	magnetic tape drive
Magnetbandspeicher	magnetic tape storage
Magnetdraht	magnetic wire
Magnetdrahtspeicher	magnetic wire memory, magnetic wire storage, magnetic wire store
Magnetfestplatte	magnetic hard disk, magnetic hard disc
Magnetfilmspeicher	thin film memory, thin film storage, thin film store, magnetic film memory
magnetisch	magnetic
Magnetisierung	magnetization (USA)
Magnetkarte	magnetic card
Magnetkern	magnetic core, ferrite core
Magnetkernrechner	magnetic core machine
Magnetkernspeicher	magnetic core memory, magnetic core storage, magnetic core store, ferrite core memory, ferrite core storage, ferromagnetic core store, core memory, core storage, core store
Magnetkopf	magnetic head
magnetostriktive Nickelverzögerungsleitung	nickel magetostrictive delay line
magnetostriktive Nickelverzögerungsstrecke	nickel magetostrictive delay line
magnetostriktive Ultraschallverzögerungsleitung	magnetostrictive ultrasonic delay line
magnetostriktive Ultraschallverzögerungsstrecke	magnetostrictive ultrasonic delay line

Fachwortschatz zur Technikgeschichte, Teil 1: Deutsch-Englisch	
Deutsch	**Englisch**
magnetostriktiver Verzögerungsspeicher	magnetostrictive delay line memory, magnetostrictive delay line storage, magnetostrictive delay line store
magnetostriktiver Laufzeitspeicher	magnetostrictive delay line
magnetostriktiver Speicher	magnetostrictive memory, magnetostrictive storage, magnetostrictive store
Magnetplatte	magnetic disk, magnetic disc
Magnetplattenlaufwerk	magnetic disk drive, magnetic disc drive
Magnetplattenspeicher	magnetic disk storage, magnetic disc storage
Magnetscheibe	magnetic disk, magnetic disc
Magnetspeicher	magnetic memory, magnetic storage, magnetic store
Magnettrommel	magnetic drum
Magnettrommelrechner	magnetic drum computer, magnetic drum calculator, magnetic drum machine, magnetic drum store computer
Magnettrommelspeicher	magnetic drum memory, magnetic drum storage, magnetic drum store, drum-type magnetic storage
Mahlzeitenlieferdienst	food delivery service
Mahlzeitenzustelldienst	food delivery service
Makkaronigehäuse	macaroni box, pasta box
Malnehmen	multiplication
mangelhaft begutachtet	predatory
mangelhaft begutachtete Veröffentlichung	predatory publication
mangelhaft begutachtete Zeitschrift	predatory journal
Mannheim-Rechenstab	Mannheim slide rule, Mannheim rule
Manschette (Rechenwalze)	sleeve (cylindrical slide rule)
manuell	hand-operated, manually operated, manual
manuelle Berechnung	hand reckoning, hand calculation, hand computation, manual calculation
manuelle Zuführung von Lochkarten	hand feeding
Marine	navy
Marinechronometer	marine chronometer
Marine-Enigma	naval Enigma
Marke	make, trademark, brand
Markenname	trade name
Markenzeichen	trademark, hallmark
markieren	label
Markierung	tag
Markstein	landmark, milestone
Marktbeeinflusser/in	influencer

Fachwortschatz zur Technikgeschichte, Teil 1: Deutsch-Englisch

Deutsch	Englisch
Marktbeherrschung	market dominance
marktfähige Ausführung	production version
marktfähige Maschine	production machine
marktfähiger Rechner	production computer
marktfähiges Erzeugnis	commercial product
marktfähiges Modell	production model
Marktführer/in	market leader
Marktmacht	market power
marktreife Maschine	production machine
Marktstellung	market position
Marktteilnehmer/in	market player
Marmorstatue	marble statue
Maschine mit Einstellschiebern	lever-set machine
Maschine mit n-stelligem Einstellwerk	n place setting machine
Maschine mit Tastatur	key-set machine
maschinelle Intelligenz	machine intelligence, artificial intelligence (AI)
maschinelle Spracherkennung	machine speech recognition
maschinelle Übersetzung	machine translation, mechanical translation
maschinelle Wahrnehmung	machine perception
maschinelles Lernen	machine learning (ML)
maschinelles Rechnen	machine calculation
maschinelles Schach	computer chess, computational chess
maschinelles Sehen	machine vision, computer vision, computational vision
Maschinen	machinery
Maschinenbau	mechanical engineering, machine construction
maschinengestützt	machine-aided, machine-assisted
maschinengestützte Intelligenz	machine intelligence, artificial intelligence (AI)
maschinengestütztes Lernen	machine learning (ML)
Maschinenintelligenz	machine intelligence, artificial intelligence (AI)
Maschinenlernen	machine learning
Maschinenmensch	cyborg, android
Maschinenmusik	mechanical music, clockwork music
Maschinennummer	serial number, maker number
Maschinenpark	machinery
Maschinenrechnen	machine calculation
Maschinensprache	machine language
Maschinentechnik	machine technology

Fachwortschatz zur Technikgeschichte, Teil 1: Deutsch-Englisch

Deutsch	Englisch
maschinenunterstützt	machine-aided, machine-assisted
Maschinenzeitalter	machine age, mechanical age
Maschinerie	machinery
Maßeinheit	unit of measure
Massen-	mass-produced
Massenarbeitslosigkeit	mass unemployment
massengefertigt	mass-produced
Massenmarkt	mass market
Massenspeicher	mass storage
maßgeblich	significant
maßgefertigt	purpose-built
maßgefertigte Maschine	custom machine
maßgeschneidert	purpose-built, tailored
maßgeschneiderte Anzeige	targeted advertisement, target ad(vertisement)
maßgeschneiderte Maschine	custom machine
maßgeschneiderte Werbung	targeted advertising
massivparallel	massively parallel
massivparalleler Rechner	massively parallel computer
Maßstab	measuring rule
Maßstab, in großem ~	large-scale
Maßstab, in kleinem ~	small-scale
materiell	physical
materielle Kultur	material culture
Mathematik	mathematics
Mathematik, altägyptische ~	ancient Egyptian mathematics
Mathematik, altchinesische ~	ancient Chinese mathematics
Mathematik, altindische ~	ancient Indian mathematics
Mathematik, angewandte ~	applied mathematics
Mathematik, arabische ~	Arabian mathematics, Arab mathematics
Mathematik, babylonische ~	Babylonian mathematics
Mathematik, chinesische ~	Chinese mathematics
Mathematik, früharabische ~	early Arabian mathematics
Mathematik, frühindische ~	early Hindu mathematics
Mathematik, höhere ~	higher mathematics
Mathematik, indische ~	Hindu mathematics, Indian mathematics
Mathematik, islamische ~	Islamic mathematics
Mathematik, klassische griechische ~	classical Greek mathematics

Fachwortschatz zur Technikgeschichte, Teil 1: Deutsch-Englisch

Deutsch	Englisch
Mathematik, mesopotamische ~	Mesopotamian mathematics
Mathematik, numerische ~	numerical mathematics
Mathematikausbildung	mathematics education
Mathematikbuch	mathematics textbook
Mathematikdozent/in	mathematics lecturer
Mathematikgeschichte	history of mathematics, mathematics history, mathematical history
Mathematikhistoriker/in	historian of mathematics, mathematics historian, mathematical historian
Mathematiklehrer/in	teacher of mathematics, mathematics teacher, math teacher, math professor
Mathematiksammlung	mathematics collection
Mathematikunterricht	mathematics teaching
Mathematikverlag	mathematical publisher
mathematische Logik	mathematical logic
mathematische Maschine	mathematical machine, mathematics machine
mathematische Tabelle	mathematical table
mathematische Tafel	mathematical table
mathematischer Logiker/in	mathematical logician
mathematisches Institut	mathematical institute, mathematics institute
mathematisches Instrument	mathematical instrument
mathematisches Modell	mathematical model
mathematisches Werkzeug	mathematical instrument, mathematical tool
Mausunterlage	mouse pad
Mayaarithmetik	Mayan arithmetic
Mayazahlensystem	Maya numeral system
Mayazahlzeichen	Mayan numeral
Mayaziffer	Mayan numeral
Mechanik	mechanics
Mechaniker/in	mechanic, mechanician
mechanisch	mechanical, clockwork
mechanische Hilfe	mechanical aid
mechanische Integrieranlage	mechanical differential analyser (UK), mechanical differential analyzer (USA)
mechanische Musik	mechanical music, clockwork music
mechanische Orgel	mechanical organ, clockwork organ
mechanische Rechenhilfe	mechanical aid to calculation

Fachwortschatz zur Technikgeschichte, Teil 1: Deutsch-Englisch	
Deutsch	**Englisch**
mechanische Rechenmaschine	mechanical calculator, mechanical calculating machine, mechanical calculation machine
mechanische Uhr	mechanical clock, mechanical watch
mechanischer Löwe (Leonardo da Vinci)	robot lion, mechanical lion
mechanischer Ritter (Leonardo da Vinci)	robot knight, mechanical knight
mechanischer Roboter	mechanical robot
mechanischer Speicher	mechanical memory
mechanischer Taschenrechner	hand-held mechanical calculator
mechanischer Vogelkäfig	bird cage automaton
mechanisches Gerät	mechanical device
mechanisches Klavier	clockwork piano, clockwork-driven piano, player piano, pianola, automatic piano
mechanisches Musikinstrument	mechanical musical instrument
mechanisches Rechengerät	mechanical calculating device
mechanisches Rechnen	mechanical calculation, mechanical computing, mechanical computation, mechanized calculation
mechanisches Schaltglied	switching element, mechanical gate, mechanical logic gate
mechanisches Stellglied (Zuse Z4)	sliding mechanical plate
mechanisches Wunderwerk	mechanical marvel
mechanisieren	mechanize
Mechanisierung	mechanization
Mechanismus	mechanism
Mediation (Linienrechnen)	halving
Medieren (Linienrechnen)	halving
Medizininformatik	computing for healthcare, health informatics
medizinische Daten	medical data
medizinische Informatik	computing for healthcare, health informatics
Medizintechnik	medical technology (MedTech)
mehrbändig	multi-volume
Mehrbenutzerverfahren	timesharing
mehrfach beschreibbarer Speicher	rewritable memory
Mehrfachrechenmaschine	multiple calculating machine
Mehrfunktions-	multifunction, all-in-one
mehrschichtig	multi-layered, multilayer
mehrschichtiges Lernen (vielschichtiges neuronales Netz)	deep learning (multi-layer neural network)
mehrschichtiges Neuronennetz	multi-layer neural network, deep learning neural net

Fachwortschatz zur Technikgeschichte, Teil 1: Deutsch-Englisch

Deutsch	Englisch
mehrstellig	multi-digit
mehrstellige Maschine	multiple order machine
mehrstellige tastengesteuerte Maschine	multiple-order key-driven machine
mehrstellige Zahl	multi-digit number
mehrstufig	polyphase
Meilenstein	milestone, landmark
Meilenstein der Informatik	computing milestone, milestone in analogue and digital computing (UK), milestone in analog and digital computing (USA)
Meilenstein der Rechentechnik	milestone in computer technology, milestone in computing technology
Meilenstein in der Informatik	computing milestone, milestone in analogue and digital computing (UK), milestone in analog and digital computing (USA)
Meilenstein in der Rechentechnik	milestone in computer technology, milestone in computing technology
Meinungsbeitrag	op-ed
Meisterwerk	masterpiece
Meldung	message, communication
Meldung, aufgefangene ~	intercept, intercepted message
Melodie	air, tune
Melodieverzeichnis	tune sheet
Mem (massenhaft verbreitetes Bild oder Video verbunden mit einem aussagekräftigen kurzen Text)	meme (widely distributed picture or video together with a short informative text)
Menge, in größeren Mengen	in quantity, in bulk
menschenähnlich	humanlike, humanoid
menschenähnliche Maschine	android
menschenähnlicher Automat	android
menschenähnlicher Roboter	humanoid robot
menschenartig	humanoid
Menschheitsgeschichte	human history
menschlicher Rechner mit einem Tischrechner / menschliche Rechnerin mit einem Tischrechner	human computer with a desk calculator
menschliches Denken	human thought
menschliches Gehirn	human brain
Menschmaschine	cyborg, android
Mensch-Maschine	man-machine

Fachwortschatz zur Technikgeschichte, Teil 1: Deutsch-Englisch

Deutsch	Englisch
Mensch-Maschine-Mischwesen	cyborg, android
Mensch-Maschine-Schnittstelle	human-machine interface (HMI)
Merkliste	checklist
mesopotamische Mathematik	Mesopotamian mathematics
Messe	trade show
messen	measure
Messfühler	sensor
Messgerät	measuring device, tracker
Messing	brass
Messinstrument	measuring instrument, measurement instrument, instrument of measure
Messkunst	mensuration
Messlehre	gauging rule
Messprogramm	tracker
Messrad (Landkarte)	map distance measurer, map distance reader, map distance measuring device, map mileage reader, opisometer, measuring wheel (map)
Messskala	measuring scale
Messwerkzeug	measuring instrument, measurement instrument, instrument of measure
Messwinkel	measuring angle
Messzirkel (Einzahl)	pair of dividers
Messzirkel (Mehrzahl)	dividers
Metallband	metal tape
Metallgriff	metal handle
Metallkamm	metal comb
Metallskala (Proportionalwinkel)	metallic line, line of metals (sector)
Meterstab	folding rule
Methode des falschen Ansatzes (Regula falsi)	rule of false position, method of false solution
Metonspirale	Metonic spiral
metrisches System	metric system
Mikroelektronik	microelectronics
Mikrofilm	microfilm
Mikrofilmkarte	microfiche
Mikrofilmrolle	microfilm
Mikroplanfilm	microfiche
Mikroprozessor	microprocessor

Fachwortschatz zur Technikgeschichte, Teil 1: Deutsch-Englisch

Deutsch	Englisch
Mikrorechner	microcomputer
Mikroskop	microscope
Milchstraße	milky way
Militär	military
Militärhistoriker/in	military historian
Milliarde	billion (USA)
minderwertig	predatory
minderwertige Veröffentlichung	predatory publication
minderwertige Zeitschrift	predatory journal
Minirechner	minicomputer
Mint (Mathematik, Informatik, Naturwissenschaften und Technik)	Stem (science, technology, engineering, and mathematics)
Minuend	minuend
Minuszeichen	minus sign
Misch-	hybrid
Mischrechnen (analog/digital)	hybrid computing
Mischrechner	hybrid computer
Missbrauch	abuse, misuse
Mitautor/in	coauthor
Mitfahrdienst	ride-hailing company
Mitmachausstellung	science centre (UK), science center (USA), hands-on exhibit (USA), hands-on museum, hands-on exhibition
Mitmachen, zum ~	hands-on access
Mitmacherfahrung	hands-on experience
Mitmachlabor	science centre (UK), science center (USA), hands-on museum, hands-on lab
Mitmachmuseum	science centre (UK), science center (USA), hands-on museum, hands-on exhibition
Mitmachwerkstatt	science centre (UK), science center (USA), hands-on museum, hands-on workshop
mitteilen	share
Mitteilung	message, communication
Mitteilungen (Zeitschrift)	transactions (journal)
Mitteilungsdienst	messenger, messaging service
Mittelalter	middle ages, medieval times, medieval age
mittelgroßer Rechner	medium-sized computer
Mittelschiene (Kugelrechner)	center bar (USA), divider bar, dividing bar, dividing line, crossbar, transverse bar, bar (bead frame)

Fachwortschatz zur Technikgeschichte, Teil 1: Deutsch-Englisch

Deutsch	Englisch
Mittelsteg (Kugelrechner)	center bar (USA), divider bar, dividing bar, dividing line, crossbar, transverse bar, bar (bead frame)
mittlere Walze (Enigma)	middle wheel, middle rotor
Mitwirkender/Mitwirkende	participant
Mobbing im Netz	online bullying, cyber bullying
mobile Rechnernutzung	mobile computing
mobiles Bezahlsystem	mobile payment system
mobiles Rechnen	mobile computing
Mobilfunkanbieter/in	mobile phone company, mobile phone operator, cell phone company (USA), mobile operator
Mobilfunkbetreiber/in	mobile phone operator, mobile phone company, cell phone carrier (USA), cell phone company (USA), mobile operator
Mobilfunkfirma	mobile phone company, cell phone company (USA)
Mobilfunkkonzern	cell phone giant
Mobilfunknetz	cellular network
Mobilfunknetzbetreiber	mobile phone operator, mobile phone company, cell phone carrier (USA), cell phone company (USA), mobile operator
Mobilfunkriese	cellular giant
Mobilfunktechnik	cellular technology
Mobilfunkturm	cell tower
Mobiltelefon	mobile phone, cell phone (USA), smartphone
Mobiltelefon, vernetztes ~	smartphone
Mobiltelefonnummer	mobile phone number, cell phone number (USA)
Modell	mark, model, design
Modell mit Einstellschiebern	lever-set model, slide board model
Modell mit Tastatur	keyboard model, key-top model
Modell zum Anfassen	hands-on model
Modell zum Ausprobieren	hands-on model
Modell zum Experimentieren	hands-on model
Modell zum Spielen	hands-on model
Modellbauer/in	model maker
modellieren	model
Modellierung	modelling (UK), modeling (USA)
Modellwebstuhl	Modellwebstuhl
modern	modern-day
Modewort	buzzword

Fachwortschatz zur Technikgeschichte, Teil 1: Deutsch-Englisch

Deutsch	Englisch
Moirémuster	moiré pattern
monatliche Flaggschiffzeitschrift	flagship monthly magazin
Mondfinsternis	lunar eclipse
Mondkalender	lunar calendar
Mondmonat	lunar month
Mondphase	moon phase
Monduhr	moondial
Mondzyklus	lunar cycle
Monografie	monograph
mooresches Gesetz	Moore's law, law of Moore
Morsealfabet	Morse code
Motorantrieb	motor drive
motorbetrieben	motor-driven, motorized
Muffe (Rechenwalze)	sleeve (cylindrical slide rule)
Müll	dross
Müllerknoten	miller's knot
Multifunktions-	multifunction, all-in-one
Multiplation (Multiplikation)	multiplication
Multiplikand	multiplicand
Multiplikation	multiplication
Multiplikation, abgekürzte ~	short-cut multiplication
Multiplikation, ägyptische ~	Egyptian multiplication
Multiplikation, äthiopische ~	Ethiopian multiplication
Multiplikation, russische ~	Russian multiplication
Multiplikation, verkürzte ~	short-cut multiplication
Multiplikationshebel	multiplication lever
Multiplikationskörper	multiplication table block, multiplying block, multiplier body, nine by nine multiplication table
Multiplikationsmaschine	multiplication machine, multiplying machine
Multiplikationstabelle	multiplication table
Multiplikationstafel	multiplication table
Multiplikator	multiplier
Multiplikatoranzeiger (Umlaufanzeiger)	counter (revolution counter)
Multiplikatorregister	multiplier register
Multipliziereinrichtung	multiplier
Multipliziergerät	multiplier
Multiplizierhebel	multiplier lever

Fachwortschatz zur Technikgeschichte, Teil 1: Deutsch-Englisch

Deutsch	Englisch
Multiplizierlocher	multiplying punch
Multiplizierstäbchen	multiplication rod
Multiplizierstift	multiplying pencil
Multiplizierwerk	multiplier
mündig werden	come of age
mündliche Überlieferung	oral history
mündliche Vorstellung	oral presentation
mündliches Gespräch	oral interview
Münz-	coin-operated
Münzautomat	vending machine
Münze	coin
Münzkabinett	numismatical collection, numismatics collection
Münzkunde	numismatics
Münzsammlung	numismatical collection, numismatics collection
Museum im Internet	virtual museum, cyber museum, online museum
Museum im Netz	virtual museum, cyber museum, online museum
Museumsdepot	collections storage facility, artifact storage facility (USA)
Museumsgegenstand	museum object
Museumskatalog	museum catalogue (UK), museum catalog (USA)
Museumssammlung	museum collection
Museumsstück	museum object, exhibit
Musikautomat	musical automaton, music automaton, automatic musical instrument, self-playing musical instrument
Musikautomatenuhr	musical automaton clock
Musikdose	music box, musical box
Musikerin (Jaquet-Droz)	harpsichord player, musician
Musikhistoriker/in	musical historian
Musikinstrument	musical instrument
Musikmaschine	mechanical musical instrument
Musikrolle	music roll, perforated paper roll, perforated roll, paper roll
musikspielende Bilderuhr	musical picture clock
musikspielender Figurenautomat	mechanical musician
Musikstück	piece of music
Musikuhr	musical clock, musical watch
Musikuhrenautomat	musical automaton clock
Muster	sample, pattern, prototype

Fachwortschatz zur Technikgeschichte, Teil 1: Deutsch-Englisch Deutsch	 Englisch
Musterabgleich	pattern matching
Musteranalyse	pattern analysis
Musterbuch	pattern book
Mustererkennung	pattern recognition
Musterkapitel	master chapter
Mustervertrag	master contract
mutmaßlich	conjectural
Muttergesellschaft	parent company
Muttersprache	native tongue
N	
Nachahmer/in	copycat
Nachahmung	simulation
Nachbau	replica, rebuild, reconstruction, clone
Nachbildung	replica, rebuild, reconstruction, simulation
Nachdruck	reprint
Nachdruck der Ausgabe von 1950	reprint of the edition from 1950
Nachfahre	descendant
nachfahren (Planimeter)	trace
Nachfolgemaschine	follow-on machine
Nachfolgemodell	follow-on model
Nachfolger/in (von)	successor (to)
Nachforschung(en)	quest
Nachfrage	demand (for)
nachführen	update
nachhaltig	sustainable
Nachhaltigkeit	sustainability
Nachhinein, im ~	in retrospect, in hindsight
Nachkomme	descendant
Nachlass (allgemein)	estate
Nachlass (Schriften)	writings, works
Nachricht	message
Nachricht, abgehörte ~	intercept, intercepted message
Nachrichten, falsche ~	fake news
Nachrichtenangebot	news feed
Nachrichtendienst	intelligence service, security service, intelligence, messenger, messaging service, messenger

Fachwortschatz zur Technikgeschichte, Teil 1: Deutsch-Englisch

Deutsch	Englisch
Nachrichtenfluss	news feed
Nachrichtenstrom	news feed
Nachschlagen	look up, search
Nachschlagewerk	reference work, work of reference, reference book, reference manual
nachstellen	stalk
Nachteil	drawback
Nachtrag	addendum
nachträglich	retroactive
Nachtuhr	nocturnal, nocturnal dial, night dial, night clock
Nachweis	Evidence, credit
Nachwelt	posterity
Nachwort	afterword, epilogue
nahe Zukunft	near future
Nahfunk	bluetooth, near field communication (NFC)
Nährboden	hotbed
Nahrungsmitteldrohne	food drone
Nahrungsmittellieferung	food delivery
Nahrungsmittelzustellung	food delivery
Namensschild	nameplate
Namenverzeichnis	index of names, name index, index of personal names
Nationalarchiv	national archive, public record office
Naturgeschichte (Biologiegeschichte)	natural history (biological history)
naturgetreu	lifelike (machine, robot, duck)
natürliche Uhr	primitive clock, primitive timekeeper
Naturwissenschaft	science, natural science
Naturwissenschaftsgeschichte	history of science
Navigationsinstrument	navigational instrument, marine instrument
Navigationstabelle	navigational table
Navigationstafel	navigational table
Navigationsverfahren	positioning system
Navigationsverfahren, weltweites ~	global positioning system (GPS)
negative Zahl	negative number
Neigungsmesser	clinometer
nepersche Rechenstäbchen	Napier's rods, Napier's bones, Napier rods, Napier bones, Napierian rods
neperscher Zylinder	Napierian cylinder

Fachwortschatz zur Technikgeschichte, Teil 1: Deutsch-Englisch

Deutsch	Englisch
Nervensystem	nervous system
Netz-	cyber
Netz der Dinge	internet of things (IoT)
Netz, im ~	online, virtual, cyber
Netz, ins ~ gehen	go online
Netz, übers ~ zugänglich	online, available online, cyber
Netzangriff	cyberattack
Netzbetreiber/in	mobile phone company, mobile phone operator, cell phone company (USA), cell phone carrier (USA), mobile operator
Netzbürger/in	netizen
Netzgigant	social media giant
Netzmethode	gelosia method, gelosia multiplication, lattice method, lattice multiplication, grating method, jealousy method, tableau multiplication, sieve multiplication, quadrilateral multiplication, method of the sieve, method of the net, method of the cells, method of the square, method of the quadrilateral
Netzneutralität	net neutrality
Netzriese	social media giant
Netzsicherheit	cybersecurity, network security
Netzsperre	internet blackout
Netzteilnehmer/in	netizen
Netzverfahren	gelosia method, gelosia multiplication, lattice method, lattice multiplication, grating method, jealousy method, tableau multiplication, sieve multiplication, quadrilateral multiplication, method of the sieve, method of the net, method of the cells, method of the square, method of the quadrilateral
Netzverkehr	internet traffic, web traffic
Netzwelt	online world
Netzwerk	network
Netzwerkbetreiber/in	mobile phone company, mobile phone operator, cell phone company (USA), cell phone carrier (USA), mobile operator
netzwerkfähig	online
netzwerkfähige Sammlung	collection online
netzwerkfähiger Katalog	online catalogue (UK), online catalog (USA)
Netzwerklautsprecher	smart speaker
netzwerktauglich	online

Fachwortschatz zur Technikgeschichte, Teil 1: Deutsch-Englisch

Deutsch	Englisch
netzwerktaugliche Sammlung	collection online
netzwerktauglicher Katalog	online catalogue (UK), online catalog (USA)
Netzwerkverkehr	internet traffic, web traffic
Netzwolke	cloud
Netzzugang	internet access
neuartig	novel
Neumond	new moon
Neunerkomplement	complement on nine, nine's complement, nines complement, 9' complement, 9s complement
Neunerprobe	check of nines
neuronales Netz	neural network, neural net
Neurowissenschaft	neuroscience
Neusilber	German silver
Neuzeit	modern times, modern period
nicht am/im Netz	offline
nicht angeschlossen	offine
nicht brechbar	unbreakable, uncrackable
nicht druckend	non-printing
nicht druckende Addiermaschine	non-printing adding machine
nicht druckende Rechenmaschine	non-printing calculating machine
nicht druckender Tischrechner	non-printing desk calculator
nicht entscheidbar	undecidable
nicht knackbar	uncrackable, unbreakable
nicht schreibend	non-printing
nicht überwachtes Lernen	unsupervised learning
nichteuklidische Geometrie	non-Euclidean geometry
nichtnumerisch	nonnumeric, nonnumerical
Nickelverzögerungsleitung	nickel delay line
Nickelverzögerungsstrecke	nickel delay line
Niederschrift	record
Nischenmarkt	niche market
Nivelliergerät	levelling instrument (UK), leveling instrument (USA), level
Nivellierinstrument	levelling instrument (UK), leveling instrument (USA), level
Nobelpreisträger/in	Nobel laureate, Nobel winner
Nockenscheibe	cam
Nokturnal	nocturnal, nocturnal dial, night dial
Nomografie	nomography

Fachwortschatz zur Technikgeschichte, Teil 1: Deutsch-Englisch

Deutsch	Englisch
Nostalgierechner	vintage computer, retro computer, vintage calculator
Notenrolle	music roll, perforated paper roll, perforated roll, paper roll
notenrollengesteuertes Musikinstrument	roll-playing musical instrument
Nr.	no.
n-stellig	n place, n digit, n column
n-stellige Dezimalzahl	n decimal digit number, n digit decimal number
n-stellige Maschine	n place setting machine
n-stellige Zahl	n digit number
n-stelliger Addierer	n column adder
Null	nought, sign for zero, symbol for zero
null und eins	zero and one
null, auf ~ setzen	clear, set back to zero
null, auf ~ stellen	clear, set back to zero
Nullen und Einsen	zeros and ones
Nulllage	zero position
Nullsetzung	clearing
Nullsteller	clearing lever, clearing knob, clearing slider
Nullstellung (Ausgangs-, Grundstellung)	zero position
Nullstellung (Löschung)	clearing
Nulltaste	zero digit key, zero key
Numeration	numeration
numerisch	numerical, numeric
numerische Daten	numerical data, numeric data
numerische Mathematik	numerical mathematics
numerisches Rechnen	numerical calculation, numerical computation, number computing
Nummer	number
Nurlesespeicher	read-only memory
Nürnberger Rechenmünze	Nuremberg jeton, Nuremberg jetton, Nuremberg token, Nuremberg rechenpfennig
Nürnberger Schere	lazy-tongs
Nutzer/in	user
Nutzerdaten	user data, user's data
Nutzung von Informatikdienstleistungen übers Internet	cloud computing

Fachwortschatz zur Technikgeschichte, Teil 1: Deutsch-Englisch

Deutsch	Englisch
O	
o.J. (ohne Jahr)	undated, date unknown, unknown date, no date
o.O. (ohne Ort)	no place given
o.V. (ohne Verfasser/in)	anonymous (anon.)
Oberkommando	high command
Oberkurator/in	senior curator
Objekt (Sammlungsgegenstand)	object, physical object
Objektbestand	object holding
Objektdatenbank	collection database, collections database
Objektdatenbank im Netz	online collections database
Objekterkennung	object recognition, object identification
Objektgeschichte	material history
Objektsammlung	object collection, collection of objects, collection of artefacts (UK), collection of artifacts (USA)
Odhnermaschine (Sprossenradmaschine)	Odhner machine (pinwheel machine)
Odhnerrechenmaschine (Sprossenradrechenmaschine)	Odhner calculating machine
offene Wissenschaft	open science
öffentlich	in the public domain
öffentlich zugänglich	open to the public
ohne Jahr (o.J.)	undated, date unknown, unknown date, no date
ohne Ort (o.O.)	no place given
ohne Verfasser/in (o.V.)	anonymous (anon.)
Ökosystem	ecosystem
Oktant (Achtelkreis, Winkelmessgerät)	octant (instrument for measuring angles)
Online-	online, electronic (e-), internet, web, cyber
online einkaufen	buy online
Onlineausgabe	online issue
Onlinedienst	online service
Onlineeinkauf	online shopping, onlinepurchase
Onlinegeschäft	online store, ecommerce store
Onlinehandel	electronic commerce, ecommerce, e-commerce, internet commerce, online commerce, web commerce, digital trade, online business
Onlinehandelskonzern	ecommerce group
Onlinehandelsplattform	ecommerce platform
Onlinehandelsriese	ecommerce giant, ecommerce titan, online giant, online retail giant

Fachwortschatz zur Technikgeschichte, Teil 1: Deutsch-Englisch

Deutsch	Englisch
Onlinehändler/in	ecommerce company, online retailer, cyber merchant, ecommerce seller
Onlinekatalog	online catalogue (UK), online catalog (USA)
Onlinekonzern	internet company
Onlinemarktplatz	online marketplace
Online-Objektdatenbank	online collections database
Onlineplattform	internet platform, online plattform, digital platform
Onlineriese	internet giant, internet titan
Onlinesammlung	collection online
Onlineservice	online service
Onlineversandhandel	inernet commerce, electronic commerce
Onlinewerbung	online advertising, digital advertising, online ad
Onlinezeitschrift	online journal
Operationsfeld (eines Befehls)	operation field, function part (of a command)
optimale Kodierung	optimal coding
optischer Speicher	optical storage
Orchestrion	orchestrion
ordentlicher Professor/ordentliche Professorin	full professor
Ordnungszahl	ordinal number
Organette	organette
Organigramm	organizational chart
Orgelautomat	self-playing organ, player organ, automatic organ, automaton organ
Orgelpfeife	organ pipe
Orgelspieluhr	organ clock, organ-playing clock
Original	original
Originalbeleg	first-hand reference, authentic record
Ortsverzeichnis	index of places, index of place names
Ortung	locating, location, geolocation, localization (USA)
Ortungsspur	locating track
Ortungsverfahren	positioning system
Osterrechnung	computus
P	
Pakete verfolgen	track packages
Paketzustellung	package delivery

Fachwortschatz zur Technikgeschichte, Teil 1: Deutsch-Englisch

Deutsch	Englisch
panhellenisches Spiel	Panhellenic game
pannenanfällig	prone to failure
Pantograf	pantograph
Pantograflocher (Hollerith)	pantograph cardpunch, pantograph punch
Pantografstanzer (Hollerith)	pantograph cardpunch, pantograph punch
Papiernotenrolle	music roll, perforated paper roll, perforated roll, paper roll
papiernotenrollengesteuert	roll-playing
Pappe	cardboard
Pappkarton	cardboard
Papyrus Rhind	Rhind mathematical papyrus
parallel	in parallel, in parallel mode
Parallelbetrieb	parallel operation, parallel mode of operation
Parallele (Proportionalwinkel)	parallel line (sector)
paralleler Skalenverlauf	linear winding
paralleles Addierwerk	parallel adder
paralleles Multiplizierwerk	parallel multiplier
paralleles Rechenwerk	parallel arithmetic unit
Parallellineal	parallel ruler, parallel rule
Parallelrechner	parallel computer, parallel machine
Parallelverarbeitung	parallel processing
Parallelwährung	parallel currency
partielle Differenzialgleichung	partial differential equation
partielle Differenzialgleichung erster Ordnung	first order partial differential equation
Partnerbörse	dating service
Partnerschaftsbörse	dating service
Partnervermittler/in	dating service
Pascaline	Pascal's calculating machine, Pascal machine, Pascal's adding machine, Pascal adder, Pascaline
Passwort	password
Patenanmeldung	patent application
Patent anmelden	apply for a patent, file a patent
Patent erteilen	grant a patent, issue a patent
Patentamt	patent office
Patentanspruch	patent claim
Patentgesetz	patent law

Fachwortschatz zur Technikgeschichte, Teil 1: Deutsch-Englisch	
Deutsch	**Englisch**
Patentmuster	patent model
Patentprozess	patent trial
Patentrecht	patent right
Patentstreit	patent dispute, patent litigation
Patentzeichnung	patent drawing
Pedal	pedal, foot pedal
Pendel	pendulum
Pendeluhr	pendulum clock, pendulum watch
pentadisches System	5-base system, base-5 system, quinary system, quinternary system
Perle (Kugelrechner)	bead (beadframe)
Person, die in der digitalen Welt aufgewachsen ist	digital native
Person, die mit der digitalen Welt aufgewachsen ist	digital native
Person, welche die digitale Welt erst im Erwachsenenalter kennengelernt hat	digital immigrant
personalisierte Medizin	personalised healthcare (UK)/personalized healthcare (USA)
Personennamenverzeichnis	personal name index
persönliche Daten	personal data
persönliche Erfahrung	hands-on experience
persönliche Nutzerdaten	user's personal data
persönlicher Rechner	personal computer
persönlicher Rechner	personal computer
Persönlichkeitsschutz	privacy
Pfad	bus
Pfeffermühle (Curta)	pepper mill, pepper grinder
Pfeifenorgel	pipe organ
Pflege (Datenbank)	curation (database)
Pflicht	liability
Phonograph (Walzenspieler)	phonograph
Physik	physics
physikalisches Instrument	physical instrument
physikalisches Werkzeug	physical instrument
Physiker/in	physicist
Pianola	pianola, player piano, automatic piano
piezoelektrische Verzögerungsleitung	piezoelectric delay line

Fachwortschatz zur Technikgeschichte, Teil 1: Deutsch-Englisch

Deutsch	Englisch
piezoelektrische Verzögerungsstrecke	piezoelectric delay line
Piratentum	piracy
Piraterie	piracy
Plagiat	plagiarism
Plagiatsfall	plagiarism case
Planetarium (astronomisches Gerät)	planetarium, orrery (astronomical instrument)
Planetariumuhr	planetarium clock
Planetengetriebe	planetary gear
Planimeter	planimeter
Planisphäre (altes astronomisches Gerät)	planisphere (ancient astronomical instrument)
Plankalkül (Zuse)	plan calculus, program calculus
Platine	bedplate
Platte	disk, disc, plate
Plattenkassette	disk cartridge, disc cartridge
Plattenlaufwerk	disk drive, disc drive
Plattenspeicher	disk storage, disc storage, disk memory, disc memory
Plattenspieldose	disc musical box, disk musical box, disc music box, disk music box, disc-playing musical box, disk-playing musical box, disc-type musical box, disk-type musical box, disc-operated music box, disk-operated music box, disc box, disk box
Plattenspieler	gramophone, phonograph
Plattenspieluhr	disc-playing musical clock, disk-playing musical clock
Plattenstapel	disk pack, disk stack
Plattform	platform, portal
Plattformanbieter/in	platform provider
Plattformarbeiter/in	gig worker
Plattformbetreiber/in	platform company, platform provider, social media company, social networking company
Platzierung	ranking
Platzierungssystem	system of ratings
Plauderei	chat
Pluszeichen	plus sign
pneumatisch	pneumatic
pneumatische Orgel	pneumatic organ
Polarplanimeter	polar planimeter
Politikgeschichte	political history
Polizeistaat	police state

Fachwortschatz zur Technikgeschichte, Teil 1: Deutsch-Englisch	
Deutsch	**Englisch**
Polynom (vielgliedriger mathematischer Ausdruck)	polynominal expression
polynomische Gleichung (vielgliedrige Gleichung)	polynominal equation
Portal	portal
Portemonnaie	wallet
Porträt in Öl	oil portrait
Positionsbestimmungssystem, globales ~	global positioning system (GPS)
Positionssystem	positional system, positional number system, positional numeral system, position-value system, place-value system, place-value notation system
positive Zahl	positive number
Potentiometer	potentiometer
Potenz	power
Potenzieren	exponentiation, raising to higher power
Prädikatenkalkül	predicate calculus
prägen (einen Fachausdruck)	coin (a term)
präsentieren	showcase, present
Präzisions-	precision
Präzisionsinstrument	precision instrument, instrument of precision
Präzisionsmaschine	high-precision machine
Präzisionsuhr	precision clock
Präzisionszahnrad	precision gear wheel
preisgekrönt	award-winning, prize-wining
Preisträger/in	award winner, award recipient, prize recipient, awardee, honoree, recipient, winner
Primärliteratur	primary source, original source, primary literature
Primärspeicher (Hauptspeicher)	primary memory (main memory)
Primzahl	prime number, prime
Priorität	priority
Prioritätsanspruch	claim to priority
Prioritätsfrage	question of priority
Prioritätsstreit	priority dispute
Privatfirma	private business
Privatheit	personal privacy
Privatsammlung	private collection
Privatsphäre	privacy, personal privacy
Privatunternehmen	private business, private corporation

Fachwortschatz zur Technikgeschichte, Teil 1: Deutsch-Englisch

Deutsch	Englisch
Problemlösung	problem solving
problemorientierte Sprache	high-level language
Produkt (Multiplikation)	product (multiplication)
Produktsuche	product search
Professor/in für Elektrotechnik	professor of electrical engineering, electrical engineering professor
Professor/in für Informatik	professor of computer science
Programm (Edvac)	code
Programm (Eniac)	setup (Eniac)
Programm (Rechenprogramm)	programme (UK), program (USA), app
Programm (Turingmaschine)	table of instructions (Turing machine), instruction table (Turing machine), table of functions (Turing machine), machine table (m-configuration)
Programm (von Neumann)	code
Programmablaufplan	flow diagram
Programmänderung	code modification (Edvac)
Programmbefehl	program order
Programmgeschichte	history of software, software history
programmgespeichert	stored program
programmgesteuert	program controlled
programmgesteuerter Rechner	program controlled computer, program controlled calculator, sequential computer
programmierbar	programmable
programmierbarer Automat	programmable automaton
programmierbarer Rechner	programmable calculator
programmierbarer Taschenrechner	programmable hand-held calculator
Programmierfehler	bug
Programmiergeschichte	history of programming
Programmierschema	program plugboard, programming plugboard, programming panel
Programmiersprache	programming language
Programmiertafel	control panel, plugboard control panel, panel, panel board
Programmiervorlage	program plugboard, programming plugboard, programming panel
Programmlochstreifen	program tape, sequence tape, sequence control tape
Programmschaltbrett	program plugboard, programming plugboard, programming panel, program board

Fachwortschatz zur Technikgeschichte, Teil 1: Deutsch-Englisch	
Deutsch	**Englisch**
Programmschalttafel	program plugboard, programming plugboard, programming panel, program board
Programmschleife	program loop
Programmspeicher	instruction storage, instructional storage
Programmsteckbrett	program plugboard, programming plugboard, programming panel, program board, plug programming panel
Programmstecktafel	program plugboard, programming plugboard, programming panel, program board, plug programming panel
Programmsteuerung (Eniac)	master programmer (Eniac)
Programmtafel	program panel, programming panel, program plugboard, programming plugboard, control panel, panel board, panel, plugboard control panel
Programmverzweigung	branch
Proportionalhebel	proportional rod, proportional lever, proportional gear
Proportionalhebelmaschine	proportional rod calculating machine, proportional gear calculating machine, Mercedes machine, Mercedes-Euklid machine
Proportionalrad	proportional gear, proportional wheel
Proportionalradrechenmaschine	proportional gear calculating machine
Proportionalrechenzirkel (Galileo Galilei)	sector, pair of sector compasses (Galileo Galilei)
Proportionalwinkel (Galileo Galilei)	sector, pair of sector compasses (Galileo Galilei)
Proportionalwinkel englischer Art	English-style sector, English sector
Proportionalwinkel französischer Art	French-style sector, French sector
Proportionalwinkel italienischer Art	Italian-style sector, Italian sector
Proportionalzirkel (Galileo Galilei)	sector, pair of sector compasses (Galileo Galilei)
Prospekt	leaflet
Protokoll	minutes
Provenienz	provenance
Provenienzforschung	provenance research
Prozess (Gericht)	lawsuit, trial (legal)
Prozessor	central processing unit (CPU)
Prozessrechner	process computer, process control computer
Prozesssteuerung	process control
Prüfliste	checklist
Prüflocher	verifier
Pseudoverlag	predatory publisher

Fachwortschatz zur Technikgeschichte, Teil 1: Deutsch-Englisch	
Deutsch	**Englisch**
Publikationsdruck	publication pressure, publish or perish
Publikationsplattform	repository
publizieren oder untergehen	publish or perish
Pufferspeicher	buffer, buffer storage, temporary storage
Punkt (Morsealfabet, Internetadresse)	dot (Morse code, internet address)
Punkt pro Zoll	dots per inch (dpi)
Punktestand	score
Punktzahl	credit, score
Pythagorastafel	Pythagorean table
pythagoreische Rechentafel	Pythagorean table
pythagoreische Tafel	Pythagorean table
Q	
QR-Code	QR code (quick response code)
QR-Kode	QR code (quick response code)
Quadrant (Viertelkreis, Winkelmessgerät)	quadrant (quarter circle, instrument for measuring angles)
Quadratur des Kreises	quadrature of the circle, squaring the circle
Quadratwurzel	square root
Quadratwurzelausziehen	square root extraction, extraction of the square root
Quadratwurzelskala (Proportionalwinkel)	line of areas (sector)
Quadratwurzeltabelle	square root table
Quadratwurzeltafel	square root table
Quadratwurzelziehen	square root extraction, extraction of the square root, extraction of roots
Qualitätskontrolle	quality control
Quantenbit	quantum bit, qubit
Quantencomputer	quantum computer
Quantenkommunikation	quantum communication
Quantenrechnen	quantum computation
Quantenrechner	quantum computer
Quantenschlüsselaustausch	quantum key distribution (QKD)
Quantensprung	quantum leap
Quantenüberlegenheit	quantum supremacy
Quantenverschlüsselung	quantum encryption
Quarzkristall	quartz crystal
Quarzuhr	quartz crystal clock

Fachwortschatz zur Technikgeschichte, Teil 1: Deutsch-Englisch

Deutsch	Englisch
Quecksilberspeicher	mercury delay line memory, mercury delay line storage, mercury delay line store, mercury memory, mercury storage, mercury store
Quecksilberstahlröhre	mercury tank, tank
Quecksilberverzögerungsleitung	mercury delay line, mercury acoustic delay line
Quecksilberverzögerungsstrecke	mercury delay line, mercury acoustic delay line
Quelle	source, source of information
Quellenangabe	reference
Quellenmaterial	source material
quelloffen	open source
Quellsprache	source language
Querbalken (Kugelrechner)	center bar (USA), divider bar, dividing bar, dividing line, crossbar, transverse bar, bar (beadframe)
Querleiste (Kugelrechner)	center bar (USA), divider bar, dividing bar, dividing line, crossbar, transverse bar, bar (beadframe)
Querschnittszeichnung	cross-section drawing
Querstab (Kugelrechner)	center bar (USA), divider bar, dividing bar, dividing line, crossbar, transverse bar, bar (beadframe)
Quersteg (Kugelrechner)	center bar (USA), divider bar, dividing bar, dividing line, crossbar, transverse bar, bar (beadframe)
Querverweis (Internet)	link, cross reference, hyperlink
Quipu	knotted cord, quipu, khipu
Quotient	quotient
Quotientenregister	quotient register
Quotientenwerk	revolution counter, counter register, counter, revolution counter register, revolution counting register
Quotientenzählwerk	revolution counter, counter register, counter, revolution counter register, revolution counting register

R	
Rad (Zahnrad)	wheel
Rad, rechnendes ~	calculating wheel
Radarverzögerungsleitung	radar delay line
Radarverzögerungsstrecke	radar delay line
Räderuhr	geared clock, wheel clock
Räderwerk	gear train, train of gear wheel, gearwork, gearwork mechanism
Räderwerk von Antikythera	Antikythera mechanism, Antikythera device

Fachwortschatz zur Technikgeschichte, Teil 1: Deutsch-Englisch

Deutsch	Englisch
Radiallinie (Proportionalwinkel)	sectoral line, radial line (sector)
Radioröhre	radio valve (UK), radio-type vacuum valve (UK)
Radizieren	root extraction, extraction of roots
Rahmen	chassis, frame
Raitpfennig	counter, token, reckoning counter, casting counter, brass counter, computing jeton, computing jetton, jeton, jetton, reckoning coin, reckoning penny, rechenpfennig, number penny
Rangfolge	ranking
Rangierungssystem	system of rankings
Rangliste	ranking
rationale Zahl	rational number
Rationalismus	age of reason
Rätsel	enigma
Raubverlag	predatory publisher
raumfüllend	room-sized
Raute (Doppelkreuz)	hash
Rautezeichen (Doppelkreuz)	hash
real	physical
Rechenablauf	sequence of operations
Rechenanlage	computing system, digital computing system, calculating machinery, computing machinery, computational machinery, computing equipment, computing hardware
Rechenanwendung	computing application
Rechenart	arithmetic operation, arithmetical operation, operation of arithmetic, arithmetic function
Rechenautomat	automatic calculator, automatic computer, automatic calculating machine, automatic computing machine, computing automaton, automatic digital calculator, electronic digital calculator, electronic digital computer
Rechenautomat, ablaufgesteuerter ~	automatic sequence calculator
Rechenbank	reckoning bench
Rechenbedarf	computational need
Rechenbrett	counting board, calculating board, reckoning board, abacus
Rechenbuch	arithmetic textbook, arithmetical textbook, arithmetic book, arithmetical book, arithmetic, book of arithmetic, computation textbook, mathematical textbook

Fachwortschatz zur Technikgeschichte, Teil 1: Deutsch-Englisch

Deutsch	Englisch
Recheneinheit	arithmetic unit, arithmetical unit, calculating unit, arithmetic organ, accumulator
Rechenfräulein	female computer
Rechengerät	calculating device, calculation device, computing device, calculating instrument, mathematical calculating instrument
Rechengeschichte	history of calculating, history of computation, history of computing, computing history
Rechengeschwindigkeit	computation speed
Rechengitter	grid slide rule, grid-iron slide rule, grid iron rule
Rechengriffel	stylus
Rechenhilfe	calculating aid, calculation aid, aid to calculation, aid to computation, aid to reckoning
Rechenhilfsmittel	calculating aid, calculation aid, aid to calculation, aid to computation, aid to reckoning
Recheninstrument	calculating instrument, computing instrument, mathematical instrument, mathematical calculating instrument
Rechenkreis (logarithmisch)	circular slide rule, circular rule (logarithmic)
Rechenkunst	arithmetic
Rechenleistung	computing power, computational power, computer power, computer performance, computational capacity, computer processing power
Rechenlocher	calculating punch
Rechenmädchen	female computer
Rechenmarke (Rechenmünze)	counter, token, reckoning counter, casting counter, brass counter, computing jeton, computing jetton, jeton, jetton, reckoning coin, reckoning penny, rechenpfennig, number penny
Rechenmaschine	calculator, computer, calculating machine, computing machine, arithmetical machine
Rechenmaschine mit Einstellhebeln	lever-set calculator, lever-type calculator
Rechenmaschine mit Einstellschiebern	lever-set calculator, lever-type calculator
Rechenmaschinen	calculating machinery, computing machinery, computational machinery
Rechenmeister	arithmetic teacher, teacher of arithmetic, arithmetician, rechenmeister
Rechenmittel	calculating aid, calculation aid, aid to calculation, aid to computation, aid to reckoning

Fachwortschatz zur Technikgeschichte, Teil 1: Deutsch-Englisch

Deutsch	Englisch
Rechenmühle	cylindrical calculator, cylindrical calculating machine, cylindrical arithmometer, cylindrical machine, circular calculating machine, circular calculator, circular machine, rotary mechanical calculator
Rechenmühle, mechanische ~	circular mechanical calculator
Rechenmünze	counter, token, reckoning counter, casting counter, brass counter, computing jeton, computing jetton, jeton, jetton, reckoning coin, reckoning penny, rechenpfennig, number penny
Rechenmuseum	computer museum, museum of computing, computing museum
Rechenperle (Kugelrechner)	bead (beadframe)
Rechenpfennig	counter, token, reckoning counter, casting counter, brass counter, computing jeton, computing jetton, jeton, jetton, reckoning coin, reckoning penny, rechenpfennig, number penny
Rechenplan (Zuse)	program
Rechenplan, lebender ~ (Zuse)	living plan
Rechenplan, starrer ~ (Zuse)	straight line program, rigid plan
Rechenprogramm	programme (UK), program (USA)
Rechenrad	calculating wheel, computing wheel
Rechenrahmen	arithmetical frame, bead frame, counting frame, bead-frame computer, abacus
Rechenregister	arithmetic register
Rechenrost	grid slide rule, grid-iron slide rule, grid iron rule
Rechenschaltung	arithmetic circuit
Rechenscheibe (lineare Teilung)	calculating disk, calculating disc (linear scaling)
Rechenscheibe (logarithmisch)	circular slide rule, circular rule, logarithmic circle
Rechenscheibe mit mehreren Läufern	multi-cursor circular slide rule
Rechenscheibe mit mehreren Scheiben	multi-disk circular slide rule, multi-disc circular slide rule
Rechenschieber	slide rule
Rechenschule	reckoning school
Rechenspeicher	computer memory, computer storage, computer store
Rechenstab	slide rule, linear slide rule, straight slide rule, rectilinear slide rule, calculating slide rule, straight rule, linear rule, rectilinear rule, calculating rule
Rechenstab mit drei Zungen	3-slide slide rule
Rechenstab mit Gelenk	hinged slide rule, joint slide rule, hinged rule, joint rule
Rechenstab mit Scharnier	hinged slide rule, joint slide rule, hinged rule, joint rule

Fachwortschatz zur Technikgeschichte, Teil 1: Deutsch-Englisch

Deutsch	Englisch
Rechenstab mit zwei Zungen	2-slide slide rule
Rechenstab System Darmstadt	Darmstadt slide rule, Darmstadt rule
Rechenstab System Mannheim	Mannheim slide rule, Mannheim rule
Rechenstab System Rietz	Rietz slide rule, Rietz rule
Rechenstäbchen	numbering rod
Rechenstäbchen (Genaille)	Genaille's rods
Rechenstäbchen (Genaille-Lucas)	Genaille-Lucas rulers
Rechenstäbchen (Neper)	Napier's rods, Napier's bones, Napier rods, Napier bones, Napierian rods
Rechenstäbchen (Zählstock)	counting rod, calculating rod, computing rod, counting stick, numbering rod
Rechenstanzer	calculating punch
Rechenstein	counter, token, reckoning counter, casting counter, pebble
Rechensteine auf die Linien legen	place pebbles, place calculi, place counters on the lines
Rechensteine mit römischen oder indoarabischen Ziffern (Gerbert von Aurillac)	apices
Rechensteine, Legen von Rechensteinen (Linienrechnen)	numeration (line computation)
Rechensteine, Setzen von Rechensteinen (Linienrechnen)	numeration (line computation)
Rechenstift	stylus
Rechensystem	computing system
Rechentafel (Rechenbrett)	counting board, calculating board, reckoning board, abacus
Rechentafel, grafische ~ (Nomogramm)	graphic chart, nomogram
Rechentechnik	calculating technology, calculator technology, computing technology, computer technology
Rechentisch	counting board, calculating board, counter board, reckoning board, reckoning table, counting table, calculating table, computing table, table abacus, tabletop abacus, tabular abacus, line abacus, counter abacus, counter, chequer board, exchequer table, abacus
Rechentrommel	cylindrical slide rule, cylindrical rule, cylindrical logarithmic slide rule
Rechentuch	reckoning cloth, counting cloth, counter cloth, exchequer cloth, chequer cloth

Fachwortschatz zur Technikgeschichte, Teil 1: Deutsch-Englisch	
Deutsch	**Englisch**
Rechenuhr (logarithmisch)	pocket watch slide rule, pocket-watch calculator, pocket watch rule, watch-type calculator, watch-size rule, logarithmic dial (analog)
Rechenuhr (Schickard)	calculating clock (digital)
Rechenunterricht	arithmetic teaching
Rechenverfahren	method of calculation, method of reckoning, reckoning method, algorithm
Rechenvorgang	arithmetic operation, arithmetical operation, arithmetical process
Rechenvorschrift	algorithm
Rechenwalze	cylindrical slide rule, cylindrical rule, slide rule drum
Rechenwerk (analytische Maschine von Babbage)	mill (analytical engine of Babbage)
Rechenwerk (Recheneinheit)	arithmetic unit, arithmetical unit, calculating unit, arithmetic organ, accumulator
Rechenwerkzeug	calculating instrument, computing instrument, mathematical instrument, mathematical calculating instrument, calculating tool, reckoning tool
Rechenzeit	computation time
Rechenzentrum	computation centre (UK), computation center (USA), computing centre (UK), computing center (USA), computer center (USA), datacentre (UK), datacenter (USA)
Rechenzylinder	cylindrical slide rule, cylindrical rule, tubular slide rule, tubular calculator
rechnen	reckon, calculate, compute
Rechnen (rechnerische Fähigkeiten)	numeracy (computational capabilities)
Rechnen auf den Linien	counter reckoning, counter casting, reckoning with counters, calculating with counters, computation by means of counters, casting with jetons, casting with jettons, line reckoning, line computation, reckoning on the lines, calculating on the lines, calculation on the lines, casting on the lines
Rechnen mit der Feder	pen reckoning, reckoning with the pen, computation with the pen, computation with a pen, method of algorism, algorism
Rechnen, grafisches ~	nomography
Rechnen, numerisches ~	numerical calculation, numerical computation, number computing
Rechnen, zeichnerisches ~	nomography
rechnende Frau	human computer, female computer
rechnender Mann	human computer

Fachwortschatz zur Technikgeschichte, Teil 1: Deutsch-Englisch

Deutsch	Englisch
rechnender Mensch	human computer
rechnendes Rad	calculating wheel, computing wheel
Rechner (Maschine)	calculator, computer, electronic digital computer (machine)
Rechner als Kulturerbe	computer heritage
Rechner als Kulturgut	computer heritage
Rechner bauen	build a computer, construct a computer
Rechner mit elektrostatischem Speicher	electrostatic storage tube machine
Rechner mit Magnetkernspeicher	magnetic core memory machine
Rechner mit Volltastatur	keybank calculator, keybank machine
Rechner mit Zehnertastatur	ten-key calculator, ten-key machine
Rechner, ablaufgesteuerter ~	sequence calculator, selective sequence calculator
Rechner, alter ~	vintage computer, vintage calculator
Rechner/in (Mensch)	computer, human computer, reckoner, arithmetician
Rechnerarchitektur	logical design, computer architecture
Rechneraufbau	computer architecture
Rechnerausstattung	computing equipment
Rechnerbau	computer construction, machine construction, construction of computers, computer manufacturing
Rechnerbauer	computer builder
Rechnerbenutzung	computer use
Rechnereinheit	arithmetic unit, arithmetical unit, calculating unit, arithmetic organ, accumulator
Rechnerentwickler/in	computer designer
Rechnerentwicklung	computer development
Rechnerentwurf	computer design, logical design, machine design
Rechnererbe	computer heritage
Rechnerfirma	computer company
Rechnergeneration	computer generation
Rechnergeschichte	history of computers, history of computing machinery, history of calculating machines and computers
rechnergestützt	computer-aided, computer-assisted, computer-based
rechnergestützte Demokratie	e-democracy
rechnergestützte Geisteswissenschaften	digital humanities
rechnergestützte Geschichtswissenschaft	digital history, computational history
rechnergestützte Intelligenz	machine intelligence, artificial intelligence (AI)
rechnergestützte Kunst	computer art

Fachwortschatz zur Technikgeschichte, Teil 1: Deutsch-Englisch

Deutsch	Englisch
rechnergestützte Verwaltung	e-government
rechnergestütztes Entscheiden	algorithmic decision making
rechnergestütztes Schach	computer chess, computational chess
Rechnerhersteller/in	computer manufacturer, computer builder, computer company
Rechnerindustrie	calculator industry, computer industry, computing industry
Rechnerinstandstellung	computer restoration
Rechnerkonstrukteur/in	computer designer, computer builder
Rechnerleistung	computing power, computational power, computer power, computer performance, computational capacity, computer processing power
Rechnerlieferant/in	computer vendor
Rechnermuseum	computer museum, museum of computing, computing museum
Rechnernetz	computer network, computing network
Rechnernutzung unterwegs	mobile computing
Rechnerpionier/in	computer pioneer
Rechnersammlung	calculator collection, computer collection, computing collection
Rechnersicherheit	computer security
Rechnerspeicher	computer memory, computer storage, computer store
Rechnerstruktur	computer architecture
Rechnersystem	computing system
Rechnertechnik	computer engineering
rechnerunterstützt	computer-aided, computer-assisted, computer-based
Rechnerverkäufer/in	computer vendor
Rechnerwolke	cloud
Recht auf Privatheit	right of privacy, right to privacy, privacy right(s), data privacy right(s)
Recht auf Privatsphäre	right of privacy, right to privacy, privacy right(s), data privacy right(s)
rechte Seite	recto page
rechte Walze (Enigma)	right-hand wheel, right wheel, right-hand rotor
rechts liegende Seite	recto page
Rechtsverschiebung	right shift
rechtwinkliges Dreieck	right-angled triangle
Redakteur/in	copy editor

Fachwortschatz zur Technikgeschichte, Teil 1: Deutsch-Englisch

Deutsch	Englisch
Redaktion	editorial board
redaktionell bearbeiten	copy edit
Redaktionsleitung	editorial board
redigieren	copy edit
Redner/in	speaker
Reduktionszirkel	pair of proportional compasses, proportional compass (singular), proportional compasses (plural), pair of proportional dividers (singular), proportional dividers (plural)
Reduktionszirkel mit festem Scharnier	fixed proportional compasses
Reduktionszirkel mit verschiebbarem Scharnier (Bürgi)	variable proportional compasses
Reduktionszirkel, nicht verstellbarer ~	fixed proportional compasses
Reduktionszirkel, verstellbarer ~ (Bürgi)	variable proportional compasses
reelle Zahl	real number
Referat	conference presentation
Referent/in	speaker
Regelung	regulation
Regelwiderstand	potentiometer
Registrierkasse	cash register, cash register machine
Regler	governor
Regula falsi, einfache ~	method of false position
Regula falsi, zweifache ~	rule of double false position, method of double false position
Regulierung	regulation
Regulierungsbehörde	regulatory agency, regulatory authority, regulator, watchdog
Reichweite	reach, outreach
Reihe (Tabelle)	row (table)
Reihenfolge	sequence, order
Reihenfolgezugriff	sequential access
rein analog	all-analogue (UK), all-analog (USA)
rein analoges Rechnen	all-analogue computing (UK), all-analog computing (USA)
rein digital	all-digital
rein digitales Rechnen	all-digital computing
rein elektronisch	all-electronic, fully electronic
rein mechanisch	all-mechanical, purely mechanical, entirely mechanical
reine Mathematik	pure mathematics

Fachwortschatz zur Technikgeschichte, Teil 1: Deutsch-Englisch

Deutsch	Englisch
Reinraum	clean room
Reise durch die Mathematik	journey into mathematics
Reise in die künstliche Welt	journey through virtual reality
Reisebericht	trip report
Reisekosten	travel expenses
Reiseuhr	travelling clock (UK), traveling clock (USA), coach clock
Reißfeder	ruling pen
Reißgerät	drafting tool
Reißinstrument	drafting instrument
Reißzeug	set of drawing instruments, case of drawing instruments, drafting set, case of drafting tools, magazine case of drawing instruments
Rekonstruktion	replica, rebuild, reconstruction
Rekursion (Selbstaufruf eines Unterprogramms)	recursion (self-invoked calling of a subprogram)
rekursiv (in sich selbst eingebettet)	recursive (embedded in itself)
rekursive Funktion (durch sich selbst bestimmte Funktion)	recursive function (self-determined function)
Relais	relay
Relais-	relay-based
Relaisgestell	relay rack
Relaismaschine	relay machine
Relaisrechner	relay computer, relay calculator, relay-based computer, relay-based calculator, relay machine
Relaisregister	relay register
Relaisröhre	trigger tube
Relaisschacht	bay of relay
Relaisschaltung	relay circuit
Relaisspeicher	relay memory, relay storage, relay store
Relaissteckeinheit	relay chassis
relative Adressierung	relative addressing
Renaissance	Renaissance
Renner	blockbuster
Replikat	replica, rebuild, reconstruction
Reproduktionsklavier	reproducing piano
reprofähig	camera-ready
Resolvieren (Linienrechnen)	resolution (line computation)
Rest (Division)	remainder

Fachwortschatz zur Technikgeschichte, Teil 1: Deutsch-Englisch

Deutsch	Englisch
Resultatregister	accumulator, accumulator register, accumulator mechanism, result register, result mechanism, result counter, registering mechanism
Resultatwerk	accumulator, accumulator register, accumulator mechanism, result register, result mechanism, result counter, registering mechanism
Retouren	returns
reziproker Wert	reciprocal
Riesenfirma	giant company
Riesengehirn	giant brain
Rietz-Rechenstab	Rietz slide rule, Rietz rule
Rille (römischer Abakus)	groove (Roman abacus)
Ring (einer Walze)	rim (of a drum)
ringförmiger Dekadenzähler	decade ring counter
Ringkugel (altes, dreidimensionales astronomisches Gerät)	armillary sphere (ancient three-dimensional astronomical device)
Ringsonnenuhr	ring dial, ring sundial
Ringstellung (Enigma)	ring setting, rotor setting, turnover position, rotor turnover position, wheel turnover position
Ringzähler	ring counter
Rippe (Staffelwalze)	tooth (stepped drum)
Ritter, mechanischer ~ (Leonardo da Vinci)	mechanical knight (Leonardo da Vinci)
Ritzel	pinion
Roboter	robot, bot
Roboter, eigenständiger ~	autonomous robot
Roboter, selbstständiger ~	autonomous robot
Roboterassistent	cobot
Roboterauto	robocar
Roboterkunde	robotics
Robotertechnik	robotics technology
Roboterzeitalter	robotic age
Robotik	robotics
Robotiker/in	roboticist
Robotikgeschichte	robotics history
Röhre (Elektronenröhre)	valve (UK), tube (USA) (electronic valve, electronic tube)
Röhre, gasgefüllte ~	gas filled valve (UK), thyratron (UK), thyratron gas valve (UK), gas filled thyratron valve (UK), gas tube (USA)
Röhrenausfallrate	valve failure rate (UK), tube failure rate (USA)

Fachwortschatz zur Technikgeschichte, Teil 1: Deutsch-Englisch

Deutsch	Englisch
Röhrenelektronik	valve-based electronics (UK)
Röhrengerät	vacuum tube device
Röhrenmaschine	valve machine (UK), tube machine (USA)
Röhrenrechenanlage	vacuum tube system
Röhrenrechner	thermionic valve computer (UK), valve computer (UK), valve-based machine (UK), vacuum tube computer (USA), vacuum tube machine (USA), tube machine (USA)
Röhrenschaltkreis	valve circuit (UK)
Röhrenspeicher	storage-tube memory, vacuum tube memory, ionoscope storage
Röhrensteckeinheit	tube chassis
Röhrentechnik	thermionic valve electronics (UK), vacuum tube electronics (USA)
Röhrenzeitalter	vacuum tube era
Rohskizze	crude sketch
Rohstoff	resource
Rolle (Zahlenrolle, Ziffernrolle)	dial
rollen	scroll
Rollkugel	trackball, rolling ball
Römerzeit	Roman age, Roman era, Roman times
römische Darstellung	Roman notation
römische Schreibweise	Roman notation
römische Welt	Roman world
römische Zahl	Roman figure
römische Ziffer	Roman numeral
römischer Abakus	Roman abacus
römischer Handabakus	Roman hand abacus
römischer Kalender	Roman calendar
römisches Zahlensystem	Roman number system
römisches Zahlzeichen	Roman numeral
römisches Ziffernsystem	Roman numeral system
Rotor	rotor, cipher drum, cipher wheel, key wheel, wheel
Rückblick, im~	in retrospect, in hindsight
rückblickend	in retrospect, in hindsight, retrospective, retro
Rückenklavier (tragbare Drehorgel)	portable barrel organ
Rückführung	feedback
rückgekoppelt	recurrent

Fachwortschatz zur Technikgeschichte, Teil 1: Deutsch-Englisch

Deutsch	Englisch
rückgekoppeltes neuronales Netz (RNN)	recurrent neural network (RNN)
Rückgewinnung	retrieval
Rückkopplung	feedback
Rückkopplungsspeicher	delay line memory, delay line storage, delay line store
Rückmeldung	feedback
Rückschau	hindsight
Rückschau, in der ~	in retrospect, in hindsight
rückschauend	in retrospect, retrospective, retro
Rückseite	reverse, reverse side, back face, back
Rücksendung	Return(s)
Rückübertragung	back transfer, transfer
Rückübertragungsvorrichtung	back transfer mechanism
Rückwärtssprung	backward jump
rückwirkend	retrospective, retroactive, retro
Ruhestellung	rest position
Ruhmeshalle	hall of fame, hall of honour (UK), hall of honor (USA)
Rummel	hype
Rundbau-	circular, cylindrical
Rundbaurechenmaschine	cylindrical calculator, cylindrical calculating machine, cylindrical arithmometer, cylindrical machine, circular calculating machine, circular calculator, circular machine
Rundbaurechenmaschine, mechanische ~	circular mechanical calculator
Rundungsfehler	round-off error
russische Bauernmultiplikation	Russian peasant multiplication
russische Multiplikation	Russian multiplication
russischer Abakus (Stschoty)	Russian abacus (schoty)
russischer Kugelrechner (Stschoty)	Russian abacus (schoty)
russischer Rechenrahmen (Stschoty)	Russian abacus (schoty)
S	
Sachverständigensystem	expert system, expert consultant system
Sachverzeichnis	index of subjects, subject index
Sägemühle	sawmill
Sägewerk	sawmill
salaminische Rechentafel	Salamis counting board, Salamis board, Salamis tablet, Salamis abacus, Salaminian table
saldieren	balance

Fachwortschatz zur Technikgeschichte, Teil 1: Deutsch-Englisch	
Deutsch	**Englisch**
Saldiermaschine	adder and subtracter, adding and subtracting machine, two-function calculator, balancing calculator
Saldierwerk	credit-balance mechanism
Saldo	credit balance
Sammelband	contributed volume, collections volume, edited volume
Sammelführer	collector's guide
sammeln (Daten)	collect, gather, harvest (data)
Sammelobjekt	collectible
Sammelwerk	contributed work, contributed book, edited book, edited collection, collective work, collected work
Sammler/in	collector
Sammlerstück	collectible
Sammlung	collection
Sammlung im Netz (Internet)	collection online
Sammlungsdatenbank	collection database, collections database
Sammlungsdatenbank im Netz	online collections database
Sammlungsgegenstand	object
Sammlungsleiter/in	head of collections, director of collections, senior collection manager
Sammlungsobjekt	object
Sammlungsstück	object
Sandrechner (Archimedes)	sand reckoner
Sandtafel (Abakus)	sand table, sand abacus, sand board
Sanduhr	sand glass
Sandzähler (Archimedes)	sand reckoner
Sarosanzeige	Saros dial
Satellitenkommunikation	satellite communications
Satellitennavigationssystem	global positioning system (GPS)
Satz (Druck)	typesetting
Satz (Lehrsatz)	proposition, theorem
Satzspiegel	type area
Säulensonnenuhr	column sundial, pillar dial
Säulenuhr	pillar clock, pedestal clock
Schachautomat	chess automaton, chess-playing automaton, automaton chess player
Schachcomputer	chess-playing machine, chess-playing computer
Schachmaschine	chess-playing machine, chess-playing computer

Fachwortschatz zur Technikgeschichte, Teil 1: Deutsch-Englisch

Deutsch	Englisch
Schachprogramm	chess program, chess-playing program
Schachrechner	chess-playing machine, chess-playing computer
Schachspiel	chess play, chess playing, playing chess
Schachspieler/in	chess player
Schacht	bay
Schachtürke	chess playing Turk
Schachweltmeister/in	world chess champion
schädliche Inhalte	harmful content
Schadprogramm	malware, malicious software
Schallmesser	sonar
Schalltrichter	horn
Schallwelle	sound wave
Schallwellenspeicher	sonic delay line memory, sonic delay line storage, sonic delay line store, sonic delay memory, sonic delay storage, sonic delay store
Schaltalgebra	switching algebra
Schaltbrett	control panel, plugboard control panel, panel, panel board
schaltbrettgesteuert	plugboard controlled
schaltbrettprogrammiert	plug-programmed
Schalter	switch
Schalter setzen	set switches
Schaltglied	switching element, mechanical gate, mechanical logic gate
Schalthebel	lever
Schaltklinke	ratchet, pawl
Schaltkreis	circuit
Schaltkreise	circuitry
Schaltplatte	control panel, plugboard control panel, panel, panel board
Schaltschrank	control cabinet
Schalttafel	control panel, plugboard control panel, panel, panel board
schalttafelgesteuert	plugboard controlled
schalttafelprogrammiert	plug-programmed
Schalttafelverdrahtung	control panel wiring
Schaltung	circuit
Schaltung, integrierte ~	chip

Fachwortschatz zur Technikgeschichte, Teil 1: Deutsch-Englisch

Deutsch	**Englisch**
Schaltungen	circuitry
Scharnier (Proportionalwinkel)	pivot joint, pivot, joint, hinge (sector)
Schattenseite	drawback, downside
Schattenstab (Sonnenuhr)	gnomon, shadow clock (sundial)
Schattenzeiger (Sonnenuhr)	gnomon, shadow clock (sundial)
Schatzkammer	treasury
Schaubild	diagram, graph
Schaufenster	display window, viewing window, window
Schauloch (allgemein)	display window, viewing window, window
Schauloch (Ergebniswerk)	result window, result dial
Schaulochreihe	row of windows, set of holes
Schauöffnung	display window, viewing window, window
Schauplatz	Theatre (UK), theater (USA), venue
Schaustück	exhibit
Scheibe (Platte)	disk, disc
Scheibe (Zählscheibe, Ziffernscheibe)	dial
Scheiben-	circular
Scheibenaddiergerät	circular adder
scheibenförmig	circular
scheibenförmige Addiermaschine	circular adding machine
scheibenförmiges Addiergerät	circular adder
Scheibenrechner (Addiermaschine)	circular adder, circular adding machine
Scheibenspieldose	disc musical box, disk musical box, disc music box, disk music box, disc-playing musical box, disk-playing musical box, disc-type musical box, disk-type musical box, disc-operated music box, disk-operated music box, disc box, disk box
scheinbar	virtual
scheinbare Bewegung	apparent motion
Scheinbesprechung	bogus review
Scheinwelt	virtual reality, virtual world
scheinwissenschaftlich	predatory
scheinwissenschaftliche Veröffentlichung	predatory publication
scheinwissenschaftliche Zeitschrift	predatory journal
Scheitelpunkt	pivot
Schemadarstellung	design drawing, schematic diagram, schematic, diagrammatic sketch

Fachwortschatz zur Technikgeschichte, Teil 1: Deutsch-Englisch

Deutsch	Englisch
schematische Darstellung	design drawing, schematic diagram, schematic, diagrammatic sketch
Schemazeichnung	design drawing, schematic diagram, schematic, diagrammatic sketch
Schenkel (Proportionalwinkel)	arm, bar, leg (sector)
schickardsche Rechenuhr	Schickard calculator
Schiebeabakus	bead frame, abacus, counting bead
Schieber-	lever-set , slide-set
Schieber (Einstellschieber)	lever (setting lever)
Schieber (Rechenschieber)	slide (slide rule)
Schieberechner (linear)	slide calculator
Schieberegister	shift register, shifting register
Schiebereinstellung	slide setting
Schiebereinstellung, Maschine mit ~	slide-set machine, lever-set machine
Schiebereinstellung, mit ~	slide-set, lever-set, lever-type, lever-actuated, lever-operated
Schiebermaschine	lever-set machine, slide-set machine
Schieberrechenmaschine	lever-set calculator, lever-type calculator
Schiefertafel	slate, slate tablet
Schießtabelle	ballistic table, ballistics table, firing table, fire table, bombing table, firing and bombing table, ballistic and firing table
Schießtafel	ballistic table, ballistics table, firing table, fire table, bombing table, firing and bombing table, ballistic and firing table
Schifffahrtschronometer	marine chronometer
Schifffahrtsinstrument	nautical instrument, navigational instrument, marine instrument
Schifffahrtstabelle	nautical table
Schifffahrtstafel	nautical table
Schifffahrtsuhr	marine clock, marine timekeeper
Schiffswrack	shipwreck
Schild (Namenschild)	plate, plaque, tag, nameplate
Schilderung	account, narrative
schlau	smart
schlaue Brille	smartglasses
schlaue Uhr	smartwatch
schlecht bezahlt	low-paid

Fachwortschatz zur Technikgeschichte, Teil 1: Deutsch-Englisch

Deutsch	Englisch
Schleife	loop
Schleifendurchlauf	looping
Schlitten (Wagen)	carriage
Schlittenbewegung	shifting of the carriage, shifting, carriage shift, carriage movement
Schlittenverschiebung	shifting of the carriage, shifting, carriage shift, carriage movement
Schlittenversetzung	shifting of the carriage, shifting, carriage shift, carriage movement
Schlitz	slot
Schlupfloch	flaw, loophole
Schlüssel (Geheimschlüssel)	code (secret code)
Schlüsselbrecher/in	code breaker, cipher breaker, cryptanalist, cryptographer
Schlüsselbrechmaschine	codebreaking machine, codecracking machine, decrypting machine, cryptanalytic machine
Schlüsseleinstellung	key setting
Schlüsselerfindung	key invention
Schlüsselgerät	cipher device
Schlüsselkenngruppe	cipher indicator group
Schlüsselknacker/in	code breaker, cipher breaker, cryptanalist, cryptographer
Schlüsselmaschine	cipher machine, coding machine, cryptographic machine, cryptograph machine
Schlüsselrolle (spielen)	key role (role)
Schlüsselscheibe	cipher disk, cipher disc
Schlüsselwalze	rotor, cipher drum, cipher wheel, key wheel, wheel
Schlüsselzusatz	cipher attachment
Schlussübertrag	end-around carry
Schmuckkästchen	casket
Schnappschuss von sich selbst	selfie
schnell	high-speed
Schnittstelle	interface
Schnüffeldatei	cookie, web cookie
Schnupftabakspieldose	musical snuffbox, snuffbox
schöpferische Zerstörung	disruption
Schrank	cabinet
schraubenlinienförmig	helical, spiral
schraubenlinienförmiger Skalenverlauf	helical winding, spiral winding
Schraubenlinienskala	helical scale, spiral scale, tubular helical scale

Fachwortschatz zur Technikgeschichte, Teil 1: Deutsch-Englisch

Deutsch	Englisch
Schreckens-	dystopian
Schreibautomat	automaton writer, writing automaton, handwriting automaton, writing figure
schreiben (für)	contribute (to)
schreibend	printing
Schreiblesekopf	read/write head
Schreiblesespeicher	read-write memory
Schreiblocher	printing punch
Schreibmaschine	typewriter
Schreibweise, additive ~ (von römischen Zahlen, z.B. VI, LX)	additive notation (for Roman figures, e.g. vi, lx)
Schreibweise, subtraktive ~ (von römischen Zahlen, z.B. IV, XL)	subtractive notation (for Roman figures, e.g. iv, xl)
Schrift(familie)	font
Schriftgelehrte/r	scribe
Schriftgut	print collection
schriftliche Belege	documentary evidence
schriftliche und mündliche Quellen	first-hand material
schriftliches Rechnen	written calculation, written computation, paper-and-pencil calculation, calculating with pencil and paper, calculating by hand with pencil and paper, paper-and-pencil method, pencil-and-paper arithmetic method, pencil-and-paper arithmetic procedure, longhand calculation
Schriftrechnen	written calculation, written computation, paper-and-pencil calculation, calculating with pencil and paper, calculating by hand with pencil and paper, paper-and-pencil method, pencil-and-paper arithmetic method, pencil-and-paper arithmetic procedure, longhand calculation
Schriftsteller/in	writer, scribe
Schriftzug	logo
Schritt-für-Schritt-	stepwise, step-by-step
Schritt-für-Schritt-Anleitung	step-by-step instructions
Schrittmacher/in	pioneer
schrittweise	discrete, digital, step by step, stepwise
Schrittzähler	pedometer
Schrott	dross
Schulabakus	teaching abacus, school abacus, pupil's counting frame

Fachwortschatz zur Technikgeschichte, Teil 1: Deutsch-Englisch

Deutsch	Englisch
Schürfen	mining
Schürfer/in	miner
Schusstabelle	ballistic table, firing table, fire table, bombing table, firing and bombing table, ballistic and firing table
Schusstafel	ballistic table, firing table, fire table, bombing table, firing and bombing table, ballistic and firing table
Schutz der Privatsphäre	privacy protection
Schutzmarke	trademark, brand
Schutzumschlag	jacket
schwache künstliche Intelligenz	artificial narrow intelligence
Schwachstelle	vulnerability, flaw
Schwammtaucher/in	sponge diver
Schwarmfinanzierung	crowdfunding
Schwarmintelligenz	swarm intelligence
schwarze Liste	blacklist
schwarzer Kasten	black box
schwarzweiß	In black and white
schwer zugänglich	hard-to-find
Schwerpunkt	core theme
Schwindel	scam
Schwung	momentum
Schwungkraft	momentum
Science-Fiction	science fiction
Science-Fiction-Schriftsteller/in	science fiction writer
Sechzigerskala	sexagesimal scale
Sechzigersystem	sexagesimal system, base-60 place-value system, 60-base system
Seefahrer/in	navigator
Seefahrtsinstrument	nautical instrument
Seefahrtstabelle	nautical table
Seefahrtstafel	nautical table
Seekabel	underwater cable, undersea cable
Sehne	chord
Sehnentabelle	chord table
Sehnentafel	chord table
Seitengestaltung	page layout, page make-up
Seitennummerierung	page numbering

Fachwortschatz zur Technikgeschichte, Teil 1: Deutsch-Englisch

Deutsch	Englisch
Seitenzahl	page number, folio
Sekundärliteratur	secondary source
Sekundärspeicher (Massenspeicher)	secondary memory (mass storage)
selber gemacht	home made
selbst gebastelt	home made
selbst gebaut	home made
selbst veränderlich	self-modifying
selbst veränderliches Programm (allgemein)	self-modifying program (general)
selbst veränderliches Programm (Edvac)	self-modifying code (Edvac)
Selbstantrieb, mit ~	self-propelled
Selbstaufnahme	selfie
selbstfahrender Automat	self-propelled automaton
selbstfahrender Wagen (Leonardo da Vinci)	self-propelled cart (Leonardo da Vinci)
selbstfahrendes Auto	self-driving car, robot car
selbstfahrendes Fahrzeug	self-driving vehicle, self-propelled vehicle (Leonardo da Vinci)
selbstfahrendes Taxi	robotaxi
Selbstfahrtechnik	self driving technology
selbstlenkendes Auto	autonomous car, robot car
selbstlernendes Rechenverfahren	machine learning algorithm
selbstspielend	self-playing, self-acting
selbstspielende Geige	self-playing violin, automatic violin, automatic violin player
selbstspielende Orgel	self-playing organ, player organ, automatic organ, automaton organ
selbstspielende Trompete	automaton trumpet
selbstspielende Violine	self-playing violin, automatic violin, automatic violin player
selbstspielendes Klavier	pianola, player piano, automatic piano
Selbstspielklavier	pianola, player piano, automatic piano
selbstständige Navigation	autonomous navigation
selbstständiges System	autonomous system
selbststeuernde Drohne	autonomous drone
selbststeuerndes Auto	self-driving car, autonomous car
selbststeuerndes Fahrzeug	autonomous vehicle, self-driving vehicle
Selbstverlag	self-publishing, self-publisher

Fachwortschatz zur Technikgeschichte, Teil 1: Deutsch-Englisch

Deutsch	Englisch
Selendiode	selenium diode
Sender/in	sender
Sensor	sensor
sequentieller Zugriff	sequential access
seriell	serially, in series, in serial mode
serieller Rechner	serial machine
serielles Addierwerk	serial adder
serielles Multiplizierwerk	serial multiplier
serielles Rechenwerk	serial arithmetic unit
Serien-	mass-produced
Serienbetrieb	serial operation, serial mode of operation
Serienfertigung	mass production
Serienmaschine (serieller Rechner)	serial machine
Serienmaschine (serienmäßige Maschine)	production machine
serienmäßig	in quantity, in bulk
serienmäßig gefertigte Maschine	production machine
serienmäßig hergestellt	mass-produced
serienmäßig hergestellter persönlicher Recher	mass-market personal computer
serienmäßig herstellen	produce in quantity, mass-produce
serienmäßige Maschine	production machine
serienmäßiger Rechner	production computer
serienmäßiges Modell	production model
Serienmodell	production model
Seriennummer	serial number, maker number
Serienparallelmaschine	serio-parallel machine, serial-parallel machine
Serienrechner (Gegensatz zu Parallelrechner)	serial machine (opposite of parallel computer)
Serienrechner (serienmäßiger Rechner)	production computer (mass- produced computer)
serienreife Maschine	production machine
Serienversion	production version
setzen	typeset
Setzer/in	typesetter
Sexagesimalsystem	sexagesimal system, base-60 place-value system, 60-base system
Sextant (Sechstelkreis, Winkelmessgerät)	sextant (instrument for measuring angles)
Sicherheit	security, safety

Fachwortschatz zur Technikgeschichte, Teil 1: Deutsch-Englisch

Deutsch	**Englisch**
Sicherheitslücke	security hole, security breach, security vulnerability, safety breach
Sicherheitsmangel	safety breach
Sicherheitsrisiko	security risk
Sicherheitstechnik	security technology
Sichtfenster	display window, viewing window, window
Sichtkontrolle	proof of input accuracy, keyboard setting check, setting check dial, setting dial, check dial
Sichtloch	display window, viewing window, window
Sichtlochreihe	row of windows, set of holes
Sieb des Eratosthenes	sieve of Eratosthenes
siebenstellige Logarithmen	seven figure logarithms
siebenstellige Rechenmaschine	seven column calculator
siebenstelliger Addierer	seven column adder, seven place adder
siebenstelliges Werk	seven place setting
sieh(e)	see
Siliziumhalbleiter	silicon semiconductor
Siliziumscheibe	wafer
Simplex-	simplex
Singautomat	singing automaton
Singularität (Punkt, wo die künstliche Intelligenz der maschinellen überlegen ist)	singularity (point at which artificial intelligence is superior to machine intelligence)
Singvogel	singing bird
Sinnesorgan	sensor
sinnvoller Zug	plausible move
Sinusskala (Proportionalwinkel)	line of chords (sector)
Sinustabelle	sine table
Sinustafel	sine table
Skala (Räderwerk von Antikythera)	scale, dial (Antikythera mechanism)
Skala (Rechenschieber)	scale (slide rule)
Skalenlänge	scale length
Skalenscheibe	dial
Skalenverlauf (Rechenwalze)	winding (cylindrical slide rule)
Skizze	sketch
Sofortnachricht	instant message
Sofortnachrichtendienst	instant messaging, instant messaging platform

Fachwortschatz zur Technikgeschichte, Teil 1: Deutsch-Englisch	
Deutsch	**Englisch**
Sofortnachrichtenübermittlung	instant messaging
Soho-Rechenstab	Soho slide rule, Soho rule
solarzellenbetrieben	solar powered
Sonder-	special-purpose
Sonderausgabe	special issue
Sonderausstellung	special exhibition
Sonderdruck	offprint
Sonnenfinsternis	solar eclipse
Sonnenjahr	solar year
Sonnensystem	solar system
Sonnenuhr	sundial
Sonnenwende	solstice
Sonnenzeit	solar time
Sonnenzyklus	solar cycle
Sonntagsbuchstabe	dominical letter
Soroban (japanischer Kugelrechner)	soroban (Japanese abacus)
Sortierer (Lochkartenmaschine)	sorter (punched card machine)
Sortiermaschine	sorter
soziale Medien	social media
soziale Plattform	social media
soziale Verantwortung	social responsibility
soziale Wirkung	social impact, societal impact
sozialer Einfluss	social impact, societal impact
sozialer Wandel	social change
soziales Netz	social network, social media network
soziales Netzwerk	social network, social media network
Sozialgefüge	social fabric
Sozialgeschichte	social history
Sozialkreditsystem	social credit system
Sozialnetz	social network, social media network
Sozialnetzfirma	social media company, social networking company
Sozialnetzriese	social media giant, social networking giant
Sozialwissenschaft(en)	social science(s)
Sozialwissenschaftler/in	social sientist
Spalte (Tabelle)	column (table)
Spannbreite	range
Spannung	voltage

Fachwortschatz zur Technikgeschichte, Teil 1: Deutsch-Englisch

Deutsch	Englisch
Spannweite	range
Spätantike	late antiquity
Spätmittelalter	late middle ages
spätmittelalterlich	late medieval
Speiche	spoke
Speicher	memory, storage, store
Speicheradresse	memory address
Speichereinheit	memory unit, storage unit, memory organ, storage organ, register, accumulator
Speichergerät	memory device, storage device
Speichergröße	memory size
Speicherkern (Magnetkern)	storage core (ferrite core)
Speichermedium	memory medium, storage medium
Speicherplatz	memory space, storage space, storage place
Speicherprogramm	stored program
Speicherprogrammbegriff	stored program concept
speicherprogrammiert	stored program
speicherprogrammierter Rechner	stored program computer
Speicherregister	memory register, storage register, accumulator store
Speicherröhre	memory tube, storage tube
Speicherschrank	memory cabinet
Speicherstelle	memory location, storage location, location
Speichertechnik	memory technology, storage technology
Speichertrommel	memory drum
Speichervermögen	memory capacity, storage capacity
Speicherwerk	memory unit, storage unit, memory organ, storage organ, register, accumulator
Speicherzelle	memory location, storage location, location
Speicherzelle, aufeinanderfolgende ~	consecutive location
Speicherzelle, fortlaufende ~	consecutive location
sperren (Internet)	cut, disconnect, shut down, switch off
Spezial-	special-purpose
Spezialmaschine	special-purpose machine
Spezialrechner	special-purpose computer
Spezies (Rechenart)	function (arithmetic operation)
Spiel gegen sich selbst	self-play
Spielanzeige	game dial

Fachwortschatz zur Technikgeschichte, Teil 1: Deutsch-Englisch

Deutsch	Englisch
Spielautomat (Musik)	playing automaton (music)
Spieldose	musical box, music box
spielfähig	in playing condition
Spielkonsole	game console
Spielprogramm	game-playing program
Spielrechner	game-playing computer
Spielzeugmusikdose	toy musical box
Spielzeugroboter	toy robot
Spionage	espionage
Spionagedienst	intelligence service, security service, intelligence
Spiralanzeige	spiral dial
spiralförmig	helical, spiral
spiralförmiger Skalenverlauf	helical winding, spiral winding
Spiralrechenscheibe	spiral scale circular slide rule, circular spiral slide rule
Spiralrechenschieber	spiral rule, spiral slide rule, spiral scale slide rule
Spiralrechenwalze	spiral scale cylindrical slide rule, spiral cylindrical slide rule
Spiralrechner	helical scale slide rule, helical scale tubular slide rule
Spiralskala	helical scale, spiral scale, tubular helical scale
Spitzenforschung	cutting-edge research
Spitzentechnik	high technology, high tech, cutting-edge technology
Sprachassistent/in	bot
Sprachausgabe	speech output
Sprachbarriere	language barrier
Sprachdatenverarbeitung	language processing, natural language processing
Sprachdialogsystem	chatbot
Spracheingabe	speech input
Sprachenpaar	language pair
Spracherkennung	speech recognition
Spracherzeugung	speech generation, speech production, speech synthesis
sprachgesteuert	voice-controlled
Sprachhürde	language barrier
Sprachpaar	language pair
Sprachschranke	language barrier
Sprachübersetzung	language translation
Sprachverarbeitung	language processing, natural language processing
Sprachverständnis	language understanding

Fachwortschatz zur Technikgeschichte, Teil 1: Deutsch-Englisch

Deutsch	Englisch
sprechende Köpfe (Mical)	talking heads
Sprechmaschine	talking machine
Sprosse	pin, tooth
Sprossenrad	pinwheel, Odhner wheel, variable toothed wheel, variable tooth gear
Sprossenradmaschine	pinwheel machine, Odhner machine, barrel-type machine
Sprossenradrechenmaschine	pinwheel calculating machine, pinwheel calculator, pinwheel-type calculator, Odhner-wheel calculator
Sprossenradrechner	pinwheel calculating machine, pinwheel calculator, pinwheel-type calculator, Odhner-wheel calculator
Sprossenradrechner, mechanischer ~	pinwheel mechanical calculator
Spruchschlüssel (Ausgangsstellung der Walzen für jede einzelne Meldung, Enigma)	message setting (initial setting of the rotors, Enigma)
Spruchschlüssel (Enigma)	message key (Enigma)
Sprung	jump, transfer
Sprung, bedingter ~	conditional jump, conditional transfer
Sprung, unbedingter ~	unconditional jump, unconditional transfer
Sprunganweisung	jump instruction, branch instruction, branching order
Sprungbefehl	jump instruction, branch instruction, branching order
Spule	reel
Spur	track
Staatsarchiv	national archive, public record office
Stäbchen (Rechenstäbchen)	stick (counting rod)
Stäbchenaddiergerät	rod-type adder
Stäbchenrechnen	rod calculation
Stabkörper (Rechenstab)	rule, body, stock, frame (slide rule)
Stabrechenschieber	slide rule
Stadt, vernetzte ~	smart city
Stadtarchiv	municipal archive, metropolitan archive
Staffelwalze	stepped drum, Leibniz wheel, stepped cylinder, stepped wheel, stepped reckoner, step reckoner
Staffelwalzen-	stepped drum-type
Staffelwalzenmaschine	stepped drum machine, Leibniz-wheel machine
Staffelwalzenrechenmaschine	stepped drum calculating machine, stepped drum-type calculator, stepped wheel calculator, Leibniz-wheel calculator, drum calculator, stepped drum arithmometer, stepped drum calculating arithmometer, stepped gear calculator

Fachwortschatz zur Technikgeschichte, Teil 1: Deutsch-Englisch

Deutsch	Englisch
Staffelwalzenrechner	stepped drum calculating machine, stepped drum-type calculator, stepped wheel calculator, Leibniz-wheel calculator, drum calculator, stepped drum arithmometer, stepped drum calculating arithmometer, stepped reckoner calculator, stepped gear calculator
Stahlband	steel tape
Stahlkamm	steel comb
Stammbaum	genealogy, pedigree
Stand der Technik	state of the art
Stand, auf den neuesten ~ bringen	update
Standardwerk	standard work
Standbein	mainstay, pillar
Standbild	still image, still picture, statue
ständige Ausstellung	permanent collection, permanent exhibit (USA)
Standortbestimmungssystem, weltweites ~	global positioning system (GPS)
Standortbestimmungsverfahren	positioning system
Standortdaten	location data
Standuhr	standing clock
Stange (Kugelrechner)	rod (beadframe)
Stangenzirkel	beam compass
Stanzer	punch
Stanzstation	punching station
stark verbessert	much improved
starke künstliche Intelligenz	strong artificial intelligence, artificial general intelligence
stationär	stationary, desktop, static
stationärer Laden	brick-and-mortar store
stationäres Einzelhandelsgeschäft	brick-and-mortar retailer
statistische Analyse	statistical analysis
statistische Berechnung	statistical calculation
statistischer Ansatz	statistical approach
Staubbrett (Abakus)	dust table, dust abacus
Staubtafel (Abakus)	dust table, dust abacus
Stechuhr	time clock, time-recording clock
Stechzirkel (Einzahl)	pair of dividers (singular)
Stechzirkel (Mehrzahl)	dividers, plain dividers (plural)
Steck-	pluggable, plug-in
steckbar	pluggable, plug-in

Fachwortschatz zur Technikgeschichte, Teil 1: Deutsch-Englisch

Deutsch	Englisch
steckbare Einheit	pluggable unit, plug-in unit
steckbares Bauteil	pluggable unit, plug-in unit
Steckbrett	plugboard, plugboard panel, plugboard control panel, control panel, panel, panel board
Steckbrett (Enigma)	plugboard, patch board
Steckbrett, austauschbares ~	exchangeable plugboard
Steckbrett, auswechselbares ~	exchangeable plugboard
steckbrettgesteuert	plugboard controlled
steckbrettprogrammiert	plug-programmed
Steckbrettverdrahtung	plugboard wiring
Steckeinheit	pluggable unit, plug-in unit
Stecker	plug
Steckerbrett (Enigma)	plugboard, patch board
Steckerverbindung	cross-plugging, plug connection, patch cord connection, plugboard setting
Steckkabel	pluggable cable, plugged wire, pluggable connecting cable, connecting wire
Stecktafel	plugboard, plugboard panel, plugboard control panel, control panel, panel, panel board
Stecktafel, austauschbare ~	exchangeable plugboard
Stecktafel, auswechselbare ~	exchangeable plugboard
stecktafelgesteuert	plugboard controlled
stecktafelprogrammiert	plug-programmed
Stecktafelrechner	plugged-program computer
Steckverbindung	pluggable connecting cable
Steg (Kugelrechner)	center bar (USA), divider bar, dividing bar, dividing line, crossbar, transverse bar, bar (bead frame)
Steganografie	steganography
Steigungsmesser	clinometer
Steintafel	stone tablet
Steinzeitalter	stone age
Stelle (Dezimalstelle)	place, column
Stelle, ablesbare ~ (Rechenschieber)	significant digit (slide rule)
Stellen, auf ~ 12 genau	accurate to 12 decimals
Stellenkapazität	capacity
Stellenschreibweise	positional notation
Stellenverschiebung	shifting of the carriage, shifting, carriage shift, carriage movement

Fachwortschatz zur Technikgeschichte, Teil 1: Deutsch-Englisch

Deutsch	Englisch
stellenweise	digit by digit
Stellenwert	place value
Stellenwertsystem	positional system, positional number system, positional numeral system, place-value system, position-value system
Stellenwertsystem, dezimales ~	decimal place-value system
Stellenzahl	capacity
Stellglied (Zuse Z4)	sliding mechanical plate
Stellhebel (Einstellschieber)	lever, setting lever, sliding lever, sliding gauge
Stellknopf	setting lever, setting knob, setting slide, sliding lever, entry lever, input lever, lever, sliding gauge
Stellsegment	toothed segment
Stempeluhr	time clock, time-recording clock
Sterndeuter/in	astrologist
Sternenuhr	nocturnal, nocturnal dial, night dial
Sternkalender	star calendar, star catalogue (UK), star catalog (USA)
Sternkunde	astronomy
Sternstunde	great moment, key moment
Sternstunden der Mathematik	great moments in mathematics
Sternuhr	nocturnal, nocturnal dial, night dial
Sternverzeichnis	star catalogue (UK), star catalog (USA)
Sternwarte	observatory
Sternzeit	sidereal time
stetig	continuous, analogue (UK), analog (USA)
Steuer	tax
Steuereinheit	control unit, control organ
Steuereinrichtung	control mechanism
Steuerkreis	control curcuit
Steuerpult	control desk, control console
Steuerschaltungen	control circuitry
Steuerschrank	control cabinet
Steuerung durch Speicherprogramm	stored program control
Steuerungsautomat	autopilot
Steuerwerk	control unit, control organ
Stich	engraving
Stichwort	cue, cue word
Stift-	stylus-operated, stylus-type

Fachwortschatz zur Technikgeschichte, Teil 1: Deutsch-Englisch

Deutsch	Englisch
Stift (Rechengriffel)	stylus
Stift (Stiftwalze)	peg, pin
Stiftaddierer	stylus-type adder, stylus-operated adder
Stiftaddiermaschine	stylus-type adding machine, stylus-operated adding machine
stiftgesteuert	stylus-operated, stylus-type
Stiftrechner	pen computer, pen-based computer, pencil slide rule (analog), calculator pen (digital)
Stifttrommel	pegged cylinder, pinned cylinder, pinned drum, pinned barrel
Stiftwalze	pegged cylinder, pinned cylinder, pinned drum, pinned barrel
Stil, in großem ~	large-scale
Stimmerkennung	voice recognition
Stimmerzeugung	speech generation, speech production, speech synthesis
Stimmverarbeitung	voice processing
Stimmverschlüsselung	voice encryption
Stoppuhr	stop watch
Storchschnabel (Pantograf)	pantograph
Strafverfolgung	law enforcement
strahlenförmige Linie (Proportionalwinkel)	radial line (sector)
Strahlensatz	intercept theorem
Straßenklavier	street piano
Straßenmusik	street music
Straßenmusikant/in	street musician
Streckenteiler	spacing dividers
Streichmethode (Divisionsmethode)	scratch method, galley method (of division)
Streichverfahren (Divisionsmethode)	scratch method, galley method (of division)
streifengesteuert	tape controlled
Streitwagen	chariot
Strich (Morsealfabet)	Dash (Morse code)
Strichabbildung	line illustration, line drawing, pen drawing
Strichcode	bar code
Strichkode	bar code
Strichzahl	rod number
Strichzeichnung	line drawing, line illustration, pen drawing
Stromerzeuger/in	power generator

Fachwortschatz zur Technikgeschichte, Teil 1: Deutsch-Englisch Deutsch	Englisch
stromfressend	power hungry
Stromlieferant/in	power company
Stromnetz	electrical grid
Stromstoß	impulse, pulse
Stromverbrauch	power consumption
Stromversorgungsnetz	electrical distribution grid
Stschoty (russischer Kugelrechner)	tchoty, stchoty (Russian abacus)
Stückzahl, in großer ~	in quantity, in bulk
Student/in (vor/ohne Abschluss)	undergraduate
stufenlos	continuous, analogue (UK), analog (USA)
Stufenrad	pinwheel, Odhner wheel, variable toothed wheel, variable tooth gear
Stufenwalze	stepped drum, Leibniz wheel, stepped cylinder, stepped wheel, stepped reckoner, step reckoner
Stufenwalzen-	stepped drum-type
Stufenwalzenmaschine	stepped drum machine, Leibniz-wheel machine
Stufenwalzenrechenmaschine	stepped drum calculating machine, stepped drum-type calculator, stepped wheel calculator, Leibniz-wheel calculator, drum calculator, stepped drum arithmometer, stepped drum calculating arithmometer, stepped reckoner calculator, stepped gear calculator
Stufenwalzenrechner	stepped drum calculating machine, stepped drum-type calculator, stepped wheel calculator, Leibniz-wheel calculator, drum calculator, stepped drum arithmometer, stepped drum calculating arithmometer, stepped reckoner calculator, stepped gear calculator
stufenweise	discrete, digital
Stummfilm	silent film
Stundenglas (Sanduhr)	hourglass
Stundenquadrant	horary quadrant
Stundenschläger	jaquemart, timekeeping figure
Stutzuhr	bracket clock
Suanpan (chinesischer Kugelrechner)	suanpan (Chinese abacus)
Subtrahend	subtrahend
Subtrahiereinrichtung	subtracter
Subtrahierwerk	subtracter
Subtraktion	subtraction
Subtraktion durch Komplementbildung	subtraction by complementation

Fachwortschatz zur Technikgeschichte, Teil 1: Deutsch-Englisch

Deutsch	Englisch
Subtraktion, fortgesetzte ~	repeated subtraction, successive subtraction, repetitive subtraction
Subtraktion, wiederholte ~	repeated subtraction, successive subtraction, repetitive subtraction
subtraktive Schreibweise (von römischen Zahlen, z.B. IV, XL)	subtractive notation (for Roman figures, e.g. iv, xl)?
Suchanfrage	search request
Suchbaum	search tree
Suche	search, lookup, quest
Suche im Netz	internet search, online search, web search
Suche, auf der ~ nach	in search of
Suchmaschine	search engine
Suchprogramm	browser
Summand (erster Summand)	augend
Summand (zweiter Summand)	addend
Summe	sum, total
Summentaste	total key
surfen	surf
surfen, im Netz/im Web/im Internet ~	surf the web, web browsing
T	
tabellarische Übersicht	tabular summary
Tabelle	table
Tabellenbuch	ready reckoner
Tabellenüberschrift	table caption, caption
Tabellenverzeichnis	list of tables
Tabellenwerk	ready reckoner, set of tables
Tabelliermaschine	tabulator, tabulating machine
Tabelliermaschine, rechnende ~	calculating tabulator
Tablettrechner	tablet computer
Tabulatorknopf	tabulating button
Tabulatortaste	tabulating key
Tag, an den ~ bringen	bring to light
Tagesschlüssel (Enigma)	daily key, day's key, day key, daily setting, day's setting
Tagundnachtgleiche	equinox
Tagungsband	conference proceedings, proceedings, conference volume

Fachwortschatz zur Technikgeschichte, Teil 1: Deutsch-Englisch

Deutsch	**Englisch**
Tagungsbericht	conference report
Tamburinspieler (Vaucanson)	drum player
Tamtam	hype
Tanzorgel	dance organ, dance hall organ
Taschen-	hand-held, palm-size, palm-sized
Taschenaddierer	pocket adder, pocket-size adder, palm-size adder
Taschenbuch	paperback
Taschenbuchausgabe	paperback edition, paperback format
Taschenrechenmaschine	pocket calculating machine, pocket arithmometer
Taschenrechner	pocket calculator, pocket-size calculator, hand- held calculator, hand-held computer
Taschensonnenuhr	pocket sundial
Taschenuhr	pocket watch, pocket clock
Tastatur	keyboard
Tastatur mit Direkteingabe (Tastenantrieb, ohne Kurbeldrehung)	live keyboard
Tastatur mit waagrecht angeordneten Ziffern	lineal keyboard
Tastatur, mit ~	key-set
Tastaturaddiermaschine	keyboard adding machine
tastaturangetrieben	key-driven
Tastatureingabe	keyboard input
tastaturgesteuert	key-driven
Tastaturmaschine	keyboard machine, key-set machine
Tastaturmaschine mit Kurbel	key-setting machine
Tastaturmodell	keyboard model, key-top model
Tastaturrechenmaschine	keyboard machine, key-set machine
Tastaturrechner	keyboard calculator
Taste	key
Taste drücken	press a key, press down a key, depress a key
Taste loslassen	release a key
Tasten-	keyboard
Tasten-	key-top, keyboard
Tastenaddiermaschine	keyboard adding machine
Tastenanordnung	bank of keys, array of keys
Tastenantriebsmaschine	key-driven machine
Tasteneinstellung	key setting

Fachwortschatz zur Technikgeschichte, Teil 1: Deutsch-Englisch

Deutsch	Englisch
Tastenfeld	bank of keys, array of keys
tastengesteuert	key-driven
tastengesteuerte Addiermaschine	key-driven adding machine
tastengesteuerte Maschine	key-driven machine
tastengesteuerte Rechenmaschine	key-driven calculating machine
tastengesteuerter Rechner	key-driven calculator
Tastenkolonne	column of keys
Tastenmaschine	keyboard machine, key-set machine
Tastenrechenmaschine	keyboard machine, key-set machine
Tastenrechner	keyboard calculator
Tauschbörse	auction website
tauschen	barter
Tausender	thousands
Tausenderspalte	thousands column
tausendjährig	1,000-year-old
Taxidienst	ride-hailing service
Techkonzern	technology company, tech company, technology group, tech group
Technik	technology, tech
Technik und Gesellschaft	technology and society
Technik- und Technologiegeschichte	history of engineering and technology
Technik und Wissenschaft	science and technology
Technik- und Wissenschaftsgeschichte	history of science and technology
Technik- und Wissenschaftsjournalist/in	science and technology writer
Technikdrehscheibe	technology hub, tech hub
Techniker/in	Technician, technologist
Technikergemeinschaft	technical community, tech community
Technikfachwelt	technical community, tech community
Technikfirma	technology company, tech company, tech firm, tech business
Technikgeschichte	history of technology, history of technologies, technology history, technological history, technical history, tech history
Technikgigant	tech giant, technical giant, technology giant, tech titan
Technikhistoriker/in	historian of technology
Technikindustrie	technology industry, tech industry
Technikjournalist/in	technology writer

Fachwortschatz zur Technikgeschichte, Teil 1: Deutsch-Englisch

Deutsch	Englisch
Technikkenntnisse	technical knowledge
Technikkonzern	technology company, tech company, technology group, tech group, tech corporation
Technikmuseum	technology museum, museum of technology, technological museum
Technikplattform	technology platform, tech platform, technological platform
Technikplattformbetreiber	tech platform company
Technikriese	tech giant, technical giant, technology giant, tech titan, big technology company
Technikum	technical college
Technikunternehmen	tech business
Technikunternehmen, junges ~	tech startup
technisch möglich	technically possible
technische Abhandlung	technical treatise
technische Entwicklung	technological development
technische Errungenschaft	technical achievement
technische Hochschule (TH)	polytechnic
technische Informatik	computer engineering
technische Information	technological information
technische Innovation	technological innovation
technische Kluft	technological divide
technische Rechnerin	female computer
technische Universität (TU)	technological university, technical university, university of technology
technische Zeichnung	engineering drawing, design drawing
technischer Aufschwung	technological boom
technischer Fortschritt	progress of technology, technological progress, technological advance, technical advance, engineering advance
technischer Graben	technological divide
technischer Wandel	technological change, technology change
technisches Erbe	engineering heritage
technisches Fachwissen	technical expertise
technisches Handbuch	technical manual
technisches Kulturgut	engineering heritage
technisches Magazin	technical magazine

Fachwortschatz zur Technikgeschichte, Teil 1: Deutsch-Englisch

Deutsch	Englisch
technisches Museum	technology museum, museum of technology, technical museum
technisches Rechnen	technical computing
technisches Wissen	technical knowledge
technisches Wunderwerk	technical marvel
technisch-wissenschaftlich	scientific and technical, scientific and technological, technological and scientific, science and technology
technisch-wissenschaftliche Ergebnisse	scientific and technical results
Technologie	technology
Technologiegeschichte	history of technology, history of technologies, technology history, technological history
Technologiekonzern	technology company, tech company, technology group, tech group
Technologiepolitik	technology policy
Technologieriese	tech giant, tech titan, technology giant
Techriese	tech giant, technical giant, technology giant
Teil (Buch)	part
Teilen	division
teilen	share
Teilnehmer/in	subscriber
Teilnehmerverfahren	timesharing
Teilprodukt	partial product
teilweise gezahnt	partly toothed
teilweise programmierbar	semi-programmable
Telefon	telephone, phone
Telefonanruf	phone call, voice call
Telefondienst	call centre (UK), call center (USA), phone service
Telefonie	telephony
Telefonleitung	telephone line, phone line
Telefonnetz	phone network
Telefonnetzbetreiber	phone carrier
Telefonrelais	telephone relay
Telefonvermittlung	telephone exchange
Telegraf	telegraph
Telegrafie	telegraphy
Telekomausrüster/in	telecoms equipment maker
Telekomausrüstung	telecommunications equipment, telecoms equipment

Fachwortschatz zur Technikgeschichte, Teil 1: Deutsch-Englisch

Deutsch	Englisch
Telekombetreiber/in	telecom operator
Telekomeinrichtung	telecommunications equipment
Telekomfirma	telecommunications company, telecoms company
Telekomkonzern	telecoms group
Telekommunikationsausrüster/in	telecoms equipment maker
Telekommunikationsdienst	telecommunications service
Telekommunikationsunternehmen	telecommunications company, telecoms company
Telekomriese	telecommunications giant
Telekomunternehmen	telecommunications company, telecoms company
Telex	teleprinter
ternäres System	ternary number system
Texterkennung	optical character recognition, character recognition
Textilindustrie	textile industry
Textilmaschine	textile machine
Textilmaschinen	textile machinery
Textilmuster	textile pattern
Textstelle	text passage
Textverarbeitung	word processing, text processing
Textverständnis	text understanding
Thales von Milet	Thales of Miletus
Theodolit (Vermessungsgerät)	theodolite (surveying instrument)
theoretische Informatik	theoretical computer science, computer theory, computing theory, theory of computing
Thomas-Arithmometer	Thomas arithmometer
Thomasmaschine	Thomas machine
Thyratronring	thyratron ring
tiefes Lernen	deep learning
tiefes neuronales Netz	deep neural net, deep neural network (DNN)
tiefes Web	deep web
tiefgründig	in-depth
Tierkreis	zodiac
Tierkreis-	zodiacal
Tinteneinsatzteil (Zirkel)	ink insert (dividers)
Tippfehler	typo
Tisch-	table, tabletop, desktop, desk-size
Tischaddiermaschine	office adding machine
Tischmaschine	desk machine

Fachwortschatz zur Technikgeschichte, Teil 1: Deutsch-Englisch

Deutsch	Englisch
Tischrechenmaschine	desk calculating machine
Tischrechenmaschinen	desk calculating machinery
Tischrechnen	desk computing
Tischrechner	desk calculator, desktop calculator, desktop computer, tabletop computer, table-top computer
Tischuhr	table clock
Tischuhr mit Musikwerk	musical table clock
Titan	titan, giant
Titel	title, head, heading
Titelblatt	cover
Titelei	front matter, preliminary pages (prelims)
Titelseite	title page, cover
Tochtergesellschaft	subsidiary
tödliche autonome Waffe	lethal autonomous weapon
Tonaufzeichnung	audio recording
Tonhöhe	pitch
Tonrolle	music roll, perforated paper roll, perforated roll, paper roll
Tontafel	clay tablet
topografisches Instrument (z.B. Messtisch, Kippregel)	topographical instrument
topografisches Werkzeug (z.B. Messtisch, Kippregel)	topographical instrument
Tor	gate
Torquetum (Türkengerät)	torquetum, turquet, torquetum dial
tragbar	portable, wearable
tragbare Uhr	portable clock
tragbarer mechanischer Rechner	portable mechanical calculator
tragbares Gerät	mobile device
tragende Säule	mainstay
Trägerschaft	funding agency, funding body
Trainingsdaten	training data
Trainingsdatensatz	training set
Transistor	transistor
Transistorflipflop	transistor flipflop

Fachwortschatz zur Technikgeschichte, Teil 1: Deutsch-Englisch

Deutsch	Englisch
Transistorrechner	transistor computer, transistorised computer (UK), transistorised machine (UK), transistorized computer (USA), transistorized machine (USA), transistor-based computer
Transistortechnik	transistor technology
Transparenzmangel	lack of transparency
Transporteur	protractor
Treffpunkt	venue
treibende Kraft	driver
Triebkraft	momentum
Triggerschaltung	flipflop circuit, trigger circuit
Trigonometrie	trigonometry
Trittbrettfahrer/in	copycat
Triumphwagen	chariot
Trojaner	Trojan horse, Trojan horse virus
Troll (Bösewicht, Bösewichtin)	troll (villain)
tüfteln	tinker
Tüftler/in	nerd
Turingbombe	Turing bombe
Turingmaschine	Turing machine
Turingpreis	Turing award, ACM A. M. Turing award
Turingpreisträger/in	Turing laureate, Turing award recipient, Turing award winner, Turing recipient
Turingtest	Turing test, imitation game, Turing's imitation game
turingvollständig	Turing complete
Turingvollständigkeit	Turing completeness
Türkengerät	torquetum, turquet
Türmchenuhr	tabernacle clock, miniature tower clock
Turmglockenspiel	carillon
Turmuhr	church clock, church tower clock, turret clock
U	
überarbeitete Auflage	revised edition
überarbeitete und erweiterte Auflage	revised and enlarged edition, revised and expanded edition
Überarbeitung	revision
Überbleibsel	remains
Überblicksgeschichte	overview history

Fachwortschatz zur Technikgeschichte, Teil 1: Deutsch-Englisch

Deutsch	Englisch
Überblickswerk	survey work
überbrücken	bridge the gap
Übergang	transition
Überlagerung	superposition
Überlauf	overflow
überlebend	surviving, preserved, remaining, extant, existing, still in existence
überliefert	surviving, preserved, remaining, extant, existing, still in existence
Übermacht	dominance
überprüfen	monitor
Überreste	remains
Überschleudern	over-rotation, overthrow
Überschleuderschutz	over-rotation preventer
Überschrift	head, heading
Übersetzer (Programm)	compiler (program)
Übersetzung, automatische ~	automatic translation
Übersetzung, maschinelle ~	machine translation, mechanical translation
Übersetzungsmaschine	translation machine, translating machine
Übersetzungsverhältnis	gear ratio
Übersicht (über)	overview (of)
Übersichtsartikel	review article, survey paper, review piece
Übersichtsvortrag	review paper
Übertrag (Zehnerübertrag)	carry
Übertragbarkeit von Daten	data portability
übertragen (Subtraktion)	borrow (subtraction)
Übertragung (Zehnerübertrag)	carry
Übertragungsphase (Zehnerübertrag)	carry phase
Übertragungsverfahren (Zehnerübertrag)	carry system, carry method
Übertragungsvorgang (Zehnerübertrag)	carry-over, carry process, carrying process
Übertragungsvorrichtung (Zehnerschaltvorrichtung)	carry mechanism, carrying mechanism
Übertragungszahl (Zehnerübertrag)	carry digit
Übertragungszeit	latency
überwachen	monitor, police, surveil
Überwachen (Verfolgen im Internet)	tracking (online tracking)
überwachtes Lernen	supervised learning

Fachwortschatz zur Technikgeschichte, Teil 1: Deutsch-Englisch

Deutsch	Englisch
Überwachung	surveillance
Überwachungsdrohne	surveillance drone
Überwachungskamera	surveillance camera
Überwachungsprogramm	tracker
Überwachungsstaat	surveillance state
Überwachungssystem	survellance system
Überwachungstechnik	surveillance technology
Übungsdaten	training data
Übungsdatensatz	training set
Übungsmaterial	training material
Uhr (Armbanduhr, Taschenuhr)	watch
Uhr (Wanduhr, Turmuhr)	clock
Uhr mit Musikwerk	musical clock, musical watch
Uhrautomat	automaton clock, automaton watch
Uhrautomat mit Musikwerk	musical automaton clock
Uhrenautomat	automaton clock, automaton watch, clock automaton, automated clock
Uhrenautomat mit Musikwerk	musical automaton clock
Uhrenbau	clockmaking, horology
Uhrengeschichte	history of watches
Uhrenherstellung	watch making
Uhrenhistoriker/in	historian of clockmaking
Uhrenliebhaber/in	watch and clock lover
Uhrenmuseum	watch and clock museum, clock and watch museum
Uhrensammler/in	watch and clock collector
Uhrenturm	clocktower
Uhrmacher/in	watchmaker, clockmaker, clock and watchmaker, horologist
Uhrmacherei	clockmaking, horology
Uhrmachereigeschichte	history of watchmaking
Uhrmachereihistoriker/in	historian of clockmaking
Uhrmacherkunst	clockmaking, horology
Uhrturm	clocktower
Uhrwerk	clockwork, clock mechanism, watch mechanism
Uhrzeigersinn, im ~	clockwise
Ultraschall-Laufzeitspeicher	ultrasonic memory, ultrasonic storage, ultrasonic store, ultrasonic delay memory

Fachwortschatz zur Technikgeschichte, Teil 1: Deutsch-Englisch

Deutsch	Englisch
Ultraschallspeicher	ultrasonic memory, ultrasonic storage, ultrasonic store, ultrasonic delay memory
Ultraschallstahlröhre	ultrasonic tank
Ultraschallverzögerungsleitung	supersonic delay line, ultrasonic delay line, supersonic acoustic delay line
Ultraschallverzögerungsstrecke	supersonic delay line, ultrasonic delay line, supersonic acoustic delay line
Ultraschallwellenspeicher	ultrasonic memory, ultrasonic storage, ultrasonic store, ultrasonic delay memory
Umbruch	page layout, page make-up
Umdrehung	rotation, revolution, turn
Umdrehungszahl	number of revolutions
Umdrehungszähler	revolution counter, counter register, counter, revolution register, revolution counter register, revolution counting register, turns counter, counter mechanism
Umdrehungszählwerk	revolution counter, counter register, counter, revolution register, revolution counter register, revolution counting register, turns counter, counter mechanism
Umfang (Kreis)	circumference (circle)
Umfang, in geringem ~	small-scale
Umkehrhebel	reversing lever
Umkehrwalze (Enigma)	reflector, reflecting rotor, reversing wheel, reversing drum
Umlaufanzeiger	counter, revolution counter
Umlaufspeicher	delay line memory, delay line storage, delay line store
Umschalter	reversing lever, lever
Umschalthebel	reversing lever, lever
Umschaltung	reversing
Umschlag	cover
Umschlagseite, erste ~	front cover
Umschlagseite, vierte ~	back cover
umschreiben	rewrite
Umsetzung	implementation
Umstellhebel	lever
Umstellung	transposition
Umweltbelastung	environmental impact, environmental effect
Umweltbilanz	environmental footprint
Umweltverschmutzung	environmental pollution
unbedingte Anweisung	unconditional instruction

Fachwortschatz zur Technikgeschichte, Teil 1: Deutsch-Englisch

Deutsch	Englisch
unbedingte Verzweigung	unconditional jump, unconditional transfer
unbedingter Sprung	unconditional jump, unconditional transfer
unbegrenzter Speicherplatz	unlimited storage space
Unendlichkeit	infinity
unentscheidbar	undecidable
unerwünschte elektronische Post	spam, spam email, email spam, junk email
ungerade	odd
ungerade Zahl	odd number
ungerade Ziffer	odd digit
Unikat (Objekt)	one-of-a-kind object
Unikat (Rechner)	one-of-a-kind machine, one-of-a-kind computer, one-off machine
Universalautomat	universal automaton
Universalgelehrte/r	polymath
Universalrechner	universal computer
universelle Turingmaschine	universal Turing machine, Turing's universal machine
Universitätsdozent/in	faculty member
Unruh	balance wheel, balance spring
Unruhfeder	balance spring
unscharf	fuzzy
unsichtbares Web	deep web
Unterabschnitt	subsection
Untergang	sinking
Untergestell	floor stand
Untergestell aus Holz	wooden stand
Untergestell aus Metall	metal stand
Unterhaltung	chat
Unterhaltungselektronik	consumer electronics
Unterlagen aus erster Hand	first-hand material
Unternehmensgeschichte	corporate history, company history
Unternehmer/in	player
Unterprogramm	subroutine
Unterprogrammbibliothek	subroutine library, library of subroutines
Unterschied	difference
Unterseebot (U-Boot)	submarine
Untertitel	subtitle, subhead, subheading
unterwegs	on the go

Fachwortschatz zur Technikgeschichte, Teil 1: Deutsch-Englisch

Deutsch	Englisch
unverkennbar	distinctive
unverwechselbar	distinctive
Unvollständigkeitssatz	incompleteness theorem
Urheber/in	author
Urheberrecht	copyright, proprietary right
Urheberrechtsschutz	copyright protection
Urheberrechtsvermerk	credit line
Urkunde	document, record
Urmuster	prototype
Ursprung	origin, cradle, provenance
USA	US (UK), U.S. (USA)
USB-Stift	thumb drive
V	
Vakuumröhre	electronic valve (UK), thermionic valve (UK), hard valve (UK), vacuum tube (USA), electronic tube (USA), electron tube (USA)
Vakuumröhrendiode	thermionic diode
Vakuumröhrenpentode	thermionic pentode
Vakuumröhrenring	thyratron ring
Vakuumröhrenschalter	vacuum tube switch (USA)
Vakuumröhrenschaltkreis	thermionic valve circuit (UK), vacuum tube circuit (USA)
Vakuumröhrentriode	triode valve (UK), thermionic triode (UK), vacuum triode (USA), triode tube (USA)
Variable	variable
Ver- und Entschlüsselungsmaschine	cryptological machine
veränderbar	alterable
veränderlich	alterable
Veranstaltungsort	venue
Verarbeitung gesprochener Sprache	speech processing
verbessern	amend
Verbesserung	amendment, correction
verbinden	connect
Verbindungsfähigkeit	connectivity
Verbindungskabel	interconnected cable, interconnected wire
Verbindungsschnur	connecting wire
verbotene Stadt (Peking)	forbidden city (Beijing)

Fachwortschatz zur Technikgeschichte, Teil 1: Deutsch-Englisch

Deutsch	Englisch
Verbraucher/in	user
Verbraucherdaten	consumer data
Verbrauchsgut	consumer good
verbreiten, sich rasend schnell ~	go viral, spread virally
Verbreitung	diffusion, dissemination
verbunden	connected
verbunden, miteinander ~	interconnected
verbürgt	authentic
verdauende Ente (Vaucanson)	digesting duck
verdoppeln	duplicate
Verdoppelung (Linienrechnen)	duplation, doubling (line computation)
verdrahten	plug wires
Verdrahtung	wiring
Verdrahtungsschema	wiring diagram
verdrängen	eclipse, displace
vereinigen	aggregate
Verfahrenkenngruppe (Enigma)	procedure indicator group
verfassen	author
Verfasser/in	author, contributor
Verfasser/in, ohne ~	anonymous (anon.)
Verfasserverzeichnis	author index
Verfasserzeile	byline
verfolgen	trace, track
Vergangenheit	past
Vergleich, im ~ zu	when compared to
vergleiche	see
Vergleichsplattform	comparison site
vergoldet	gilded
vergriffen	out of stock
vergrößerbar	scalable
vergrößern	enlarge
Vergrößerung	enlarging
Verhaltensprofil	behavioural profile (UK)/behavioral profile (USA)
Verhaltenswissenschaft	behavioural science (UK)/behavioral science (USA)
Verhältnishebel	proportional lever, proportional rod, proportional gear

Fachwortschatz zur Technikgeschichte, Teil 1: Deutsch-Englisch

Deutsch	Englisch
Verhältnishebelmaschine	proportional rod calculating machine, proportional gear calculating machine, Mercedes machine, Mercedes-Euklid machine
verkabeln	plug cables
Verkäufer/in	seller
Verkaufsargument	selling point
Verkaufsautomat	vending machine
Verkaufspreis	retail price
Verkaufsstelle	oulet
Verkaufsversion	production version
Verkehrsaufkommen	traffic volume
verkleinern	reduce
Verkleinerung	miniaturisation (UK), miniaturization (USA)
Verknüpfung (Internet)	link
verkürzte Multiplikation	short-cut multiplication
Verlagsvertrag	publishing agreement, author agreement
Verletzung der Privatsphäre	privacy violation, privacy breach
Vermächtnis	legacy
Vermessung	surveying
Vermessungsinstrument	surveying instrument, survey instrument
Vermessungskunde	geodesy, surveying
Vermessungswerkzeug	surveying instrument, survey instrument
Vermessungswesen	geodesy, surveying
Vermittlungsstelle	telephone switchboard
Vernam-Chiffre	Vernam cipher
Vernam-Verschlüsselung	Vernam cipher
vernetzt	connected, smart, internet-connected
vernetzte Fabrik	smart factory
vernetzte Stadt	smart city
vernetzter Rechner	networked computer
vernetztes Haus	smart home
veröffentlichen oder untergehen	publish or perish
Veröffentlichung, scheinwissenschaftliche ~	predatory publication
Veröffentlichung, mangelhaft begutachtete ~	predatory publication
Veröffentlichung, minderwertige ~	predatory publication

Fachwortschatz zur Technikgeschichte, Teil 1: Deutsch-Englisch

Deutsch	Englisch
Versand	shipping
Versandgeschäft	internet store
Versandhandel	inernet commerce, electronic commerce
verschieben (Wagen, Schlitten, Lineal)	shift (carriage)
Verschieben (Wagen, Schlitten, Lineal)	shift, shifting (carriage)
Verschiebetaste (Schlitten)	shift key (carriage)
Verschiebung (Wagen, Schlitten, Lineal)	shift, shifting (carriage)
verschlüsseln	encrypt
verschlüsseln (buchstabenweise)	encipher, cipher (letter-wise)
verschlüsseln (wortweise)	encode (word-wise)
verschlüsselte Meldung	coded message, ciphertext message, encrypted message, cryptogram
verschlüsseltes Internet	darknet
verschlüsseltes Web	darkweb
Verschlüsselung	coding, encryption
Verschlüsselungsdienst	cipher service
Verschlüsselungsgerät	cipher device
Verschlüsselungsmaschine	cipher machine, coding machine, cryptographic machine, cryptograph machine, encryption machine, encrypting machine
Verschlüsselungsverfahren	cipher, cipher system, code system
Verschlüsselungsvorschrift	cipher algorithm
verschwommen	fuzzy
versenden	ship
Versilberung (von Daten)	(data) monetization
verstärkendes Lernen	reinforcement learning
Verstärker	amplifier
Verstärkungslernen	reinforcement learning
verstecktes Web	deep web
Verstehen	understanding, comprehension
Verstehen natürlicher Sprache	natural language understanding, natural language comprehension
Versuch und Irrtum	trial and error
Versuchsgerät	trial device
Versuchsmodell	trial device, trial piece, trial model, experimental piece, experimental model
Versuchsmuster	prototype
Verteiler	circulation list

Fachwortschatz zur Technikgeschichte, Teil 1: Deutsch-Englisch

Deutsch	Englisch
Verteilerliste	circulation list
verteilte Datenbank	distributed database
verteilte Verarbeitung	distributed processing
verteiltes Kontobuch	distributed ledger
verteiltes Netz	distributed network
verteiltes Netzwerk	distributed network
verteiltes Rechnen	distributed computing, distributed computation
Verteilzentrum	fulfilment centre (UK)/center (USA)
Vervielfachen	multiplication
vervielfältigen	copy, duplicate
Vervielfältigungsgerät	duplicator
verwandt	related
verwandtes Gebiet	allied field
Verweis	cross-reference
Verweis (Internet)	link
verwirklichen	materialise (UK), materialize (USA)
Verwirklichung	implementation
Verzeichnis lieferbarer Bücher (ohne Neuerscheinungen)	back list
verzögerter Zehnerübertrag	delayed carry
Verzögerungsleitung	delay line
Verzögerungsspeicher	delay line memory, delay line storage, delay line store
Verzögerungsstrecke	delay line
Verzögerungsstreckenspeicher	delay line memory, delay line storage, delay line store
Verzweigung	branch, branching, jump, transfer
Verzweigung, bedingte ~	conditional branch, conditional branching
Verzweigung, unbedingte ~	unconditional jump, unconditional transfer
Verzweigungsanweisung	jump instruction, branch instruction, branching order
Verzweigungsbefehl	jump instruction, branch instruction, branching order
vgl.	see
Video auf Abruf	video on demand
Video/Audio-Aufzeichnung	video/audio recording
Videoaustausch	video sharing
vielbändig	multi-volume
Vieleck	polygon
vielschichtiges Neuronennetz	multi-layer neural network, many layered neural network, deep neural network

Fachwortschatz zur Technikgeschichte, Teil 1: Deutsch-Englisch

Deutsch	**Englisch**
vielstellig	multi-digit
vielstellige Zahl	multi-digit number
vielversprechend	promising
Vielzweckrechner	general-purpose computer, general-purpose calculator, general-purpose machine
Vielzweckrechner (Babbage)	analytical engine (Babbage)
Vierarten-	four-function, capable of four functions
Vierartenmaschine	four-function calculator, four-function machine, arithmometer
Vierartenrechenmaschine	four-function calculator, four-function machine, arithmometer
Vierartenrechner	four-function calculator, four-function machine, arithmometer
Vierersystem (Zahlensystem)	quaternary system (number system)
vierfarbig	in full colour (UK)/in full color (USA)
Vierspezies	four-function, capable of four functions
Vierspeziesmaschine	four-function calculator, four-function machine, arithmometer
Vierspeziesrechenmaschine	four-function calculator, four-function machine, arithmometer
Vierspeziesrechner	four-function calculator, four-function machine, arithmometer
vierstelliger Logarithmus	four-place logarithm
Viertelkreis	quarter circle
Vierwalzen-Enigma	four-rotor Enigma, four-wheel Enigma
Vierwalzen-Turingbombe	four-wheel bombe
Vigenère-Chiffre	Vigenère cipher
Vigenère-Verschlüsselung	Vigenère cipher
Violinautomat	self-playing violin, automatic violin, automatic violin player
virtuelle Welt	virtual reality
Virus	virus, computer virus
Vogelkäfig	bird cage
Volkszählungsmaschine	census counting machine
voll analoges Rechnen	all-analogue computing (UK), all-analog computing (USA)
voll arbeitsfähig	fully operational, fully functioning
voll digitales Rechnen	all-digital computing
voll einsatzfähig	fully operational, fully functioning

Fachwortschatz zur Technikgeschichte, Teil 1: Deutsch-Englisch

Deutsch	Englisch
voll elektronisch	all-electronic, fully electronic
voll funktionsfähig	fully operational, fully functioning
voll funktionstüchtig	fully operational, fully functioning
voll mechanisch	all-mechanical
voll programmierbar	fully programmable
vollautomatische Rechenmaschine	fully automatic calculating machine, completely automatic calculating machine
voller Fehler	rife with error
volljährig werden	come of age
Vollkreistransporteur	circular protractor
Vollkreiswinkelmesser	circular protractor
Vollmond	full moon
vollständig gezahnt	fully toothed
Vollständigkeitssatz	completeness theorem
Volltastatur	full keyboard, full keybank, keybank
Volltastaturaddierer	full-keyboard adder
Volltastaturaddiermaschine	full-keyboard adding machine, full-keybank adding machine
Volltastaturmaschine	full-keyboard machine, full-keybank machine, keybank machine
Volltastaturrechenmaschine	full-keyboard calculating machine
Volltastenfeld	full keyboard, full keybank, keybank
Volltext	full text
Volltextdatenbank	full-text database
vollwertig	full-scale, full-function
von Hand	by hand
Von-Neumann-Architektur	von Neumann architecture
Von-Neumann-Bauweise	von Neumann architecture
Von-Neumann-Rechner	von Neumann machine, von Neumann-type machine
vor Ort	onsite
Vorabdruck	preprint
Vorabexemplar	advance copy
Vorabveröffentlichung	preprint
vorangehen (zeitlich)	predate
voraussagendes Lernen	predictive learning
Vorbild	model, role model
Vorcomputerzeitalter	pre-computer era

Fachwortschatz zur Technikgeschichte, Teil 1: Deutsch-Englisch

Deutsch	Englisch
Vordenker/in	pioneer
vordere Anzeige	front dial
Vorderseite	front, front side, front face
voreingenommen	biased
Voreingenommenheit	bias
Voreinstellung	presetting
vorelektronisch	pre-electronic
Vorfahr/in	ancestor, predecessor, forbear
Vorführgerät	demonstration device
Vorführmaschine	demonstration machine
Vorführmodell	demonstration piece, demonstration model
Vorgang	transaction
Vorgänger/in	predecessor
Vorgeschichte	prehistory
vorgetäuschte Welt	virtual reality
vorgreifende Übertragung (Zehnerübertrag)	anticipatory carry (tens carry)
vorhanden, noch ~	extant
Vorkämpfer/in	pioneer
Vorläufer/in	forerunner
Vorläufer/in (von)	precursor (to), forerunner, predecessor
vorläufige Daten	temporary data
Vorlesung	lecture
Vorlesungen	lecture course, course of lectures
vorliegend	present
Vorrang	primacy
Vorrang	priority
Vorrecht	priority
Vorreiter/in	pioneer
Vorrichtung	mechanism
Vorschein, zum ~ kommen	come to light
Vorsitzende/r	chair
vorstellen	showcase, present
Vortrag	paper, conference presentation, talk
Vorurteil	bias
vorwegnehmende Übertragung (Zehnerübertrag)	anticipatory carry (tens carry)

Fachwortschatz zur Technikgeschichte, Teil 1: Deutsch-Englisch

Deutsch	Englisch
Vorwort	preface
Vorzeichen	sign
W	
Wachstafel	wax tablet
Wachswalze	wax cylinder
Waffenamt	bureau of ordnance
Wagen (Schlitten)	carriage
Wagen mit Federantrieb (Leonardo da Vinci)	programmable cart
Wagenverschiebung	shifting of the carriage, shifting, carriage shift, carriage movement
Wagnis	hazard
Wagniskapital	venture capital
Wagniskapitalgeber/in	venture capitalist
Wahlbeeinflussung	election interference, electoral interference
wahlfreier Zugriff	random access
Wählscheibe	dial
Wahrnehmung	perception
Wahrnehmungs-	cognitive
Wahrscheinlichkeit	probability
Währungsumrechnung	currency conversion
Walze (Chiffrierwalze)	rotor, cipher drum, cipher wheel, key wheel, wheel
Walze (Trommel)	cylinder, drum, barrel, tube
Walze, austauschbare ~	interchangeable cylinder
Walze, auswechselbare ~	interchangeable cylinder
Walzenklavier	barrel piano, barrel-operated piano
Walzenlage (Enigma)	wheel order, rotor order, rotor sequence, positions of the rotors, wheel position, wheel setting
Walzenorgel	barrel organ
Walzenphonograph	cylinder phonograph
Walzenspieldose	cylinder musical box, cylinder-operated music box, cylinder box, comb-playing musical box
Walzenspieluhr	cylinder-playing musical clock, comb-playing clock
Walzenstift	barrel pin
Walzenwahl (Enigma)	wheel selection
wandlungsfähiges Programm	self-modifying program

Fachwortschatz zur Technikgeschichte, Teil 1: Deutsch-Englisch

Deutsch	**Englisch**
Wandtafel	blackboard
Wanduhr	wall clock
Warenhaus	department store
Warenlager	warehouse
Warenzeichen	trademark, brand
Warnehmungsorgan	sensor
Wartezeit	waiting time, latency
Wasser-	hydraulic
wasserbetrieben	water-powered
Wasserkraft	water power
Wassermühle	watermill
Wasserorgel	water organ, hydraulic organ
Wasserrad	water wheel
Wasserstoffbombe	hydrogen bomb
Wasseruhr	clepsydra, water clock
Wasserversorgung	water supply plant
Web, übers ~ zugänglich	online
Webauftritt	web presence
Webseite	website, internet site, internet page, home page, web page
Webseite, gemeinschaftlich betreute ~	wiki
Webseite, von Benutzern/Benutzerinnen veränderbare ~	wiki
Webseminar	webinar
Webstuhl	loom
Wechselplatte	removable disk, removable disc
Wecker	alarm clock, alarm watch
Wegbereiter, noch lebender ~/noch lebende Wegbereiterin	still living pioneer
Wegbereiter/in	pioneer
Wegmesser	hodometer (UK), odometer (USA)
Wegnehmen	subtraction
wegweisend	seminal, groundbreaking
wegweisende Arbeit	pioneering work
wegweisende Erfindung	key invention
wegweisende Innovation	key innovation
wegweisende Lösung	breakthrough solution

Fachwortschatz zur Technikgeschichte, Teil 1: Deutsch-Englisch	
Deutsch	**Englisch**
wegweisender Rechner	pioneering computer, pioneer computer
wegwerfen	discard
Wehrmacht	armed services, armed forces
weit verbreitet	widespread, widely used, widely distributed
Weiterentwicklung	advancement
weiterführende Literatur	further reading, additional reading
Weitergabe	sharing
weitergeben	share
weitreichend	far-reaching
Welle (Achse)	axle, shaft
wellenreiten	surf
Welt-	global
Welt, echte ~, wirkliche ~	real world
Weltausstellung	world's fair
weltberühmt	world-renowned
Welthandel	global trade
Weltkonzern	global giant
Weltkrieg, erster ~	World War One (WWI), First World War
Weltkrieg, zweiter ~	World War Two (WWII), Second World War
weltumspannend	global
weltumspannende Plattform	global platform
weltumspannendes Navigationsverfahren	global positioning system (GPS)
Weltwährung	global currency, global money
Weltwährungssystem	global monetary system
weltweit	worldwide, global
weltweit führend	leading global
weltweites Standortbestimmungssystem	global positioning system(GPS)
Weltwirtschaft	global economy
Weltwissen	world knowledge
Wendepunkt	landmark, turning point
Werbefilm	commercial
Werbemarkt	advertising market
Werbesendung	commercial
Werk (Einstell-, Ergebnis-, Umdrehungs-zählwerk)	Register (setting, result, counter mechanism)
Werkzeugmaschine	machine tool
Wert, fester ~	constant

Fachwortschatz zur Technikgeschichte, Teil 1: Deutsch-Englisch

Deutsch	Englisch
Wertmarke	token
wesentlich	essential, vital
Wettbewerber/in	competitor
wettbewerbsfähig	competitive
wetteifernd	competitive
wichtig	major
Widerstand	resistor, resistance
widerstandsfähig	resilient
Widerstandsfähigkeit	resilience
Widerstandskraft	resilience
Widmung	dedication
wieder aufgreifen	revisit
wieder beschreibbarer Speicher	rewritable memory
Wiederauffindung	retrieval
Wiederentdeckung	rediscovery
Wiedergewinnung	retrieval
wiederholte Addition	repeated addition, successive addition, repetitive addition, repeat addition
wiederholte Subtraktion	repeated subtraction, successive subtraction, repetitive subtraction
wiederkehrend	recurrent
Wiederverkäufer/in	reseller
Wiederverwendung	reuse
wiederverwerten	recycle
Wiege	cradle
Williams-Kathodenstrahlröhre	Williams cathode ray tube
Williams-Kilburn-Speicherröhre	Williams-Kilburn storage tube, Williams-Kilburn memory tube
Williamsröhre	Williams tube, Williams-Kilburn tube
Williamsröhrenrechner	Williams tube machine
Williamsspeicher	Williams memory
Williamsspeicherröhre	Williams memory tube
Windkraft	wind power
Windmühle	windmill
Windrad	windmill
Winkelfunktion	trigonometric function, trigonometrical function
Winkelmesser	protractor

Fachwortschatz zur Technikgeschichte, Teil 1: Deutsch-Englisch

Deutsch	Englisch
Winkelmessgerät	instrument for measuring angles
wirkliche (analoge) Welt	real world (analog)
Wirkung	impact
Wirtschaft des Teilens	sharing economy
Wirtschaft, teilende ~	sharing economy
wirtschaftlich erfolgreich	commercially successful
wirtschaftlicher Aufschwung	economic boom
Wirtschaftsgeschichte	economic history, business history
Wirtschaftshistoriker/in	economic historian, business historian
Wirtschaftsjournalist/in	business writer
Wirtschaftskrise	depression, great depression
Wirtschaftsmacht	economic power
wischen	swipe
Wissen	knowledge
Wissen aus erster Hand	first-hand knowledge
Wissen, unseres ~s	as far as we know
Wissenschaftler/in	scientist, scholar, academic
wissenschaftlich	scientific, scholarly
wissenschaftliche Entwicklung	scientific development
wissenschaftliche Forschung	academic research, scholarly research
wissenschaftliche Geschichte	scholarly history
wissenschaftliche Gesellschaft	academic society, learned society
wissenschaftliche Kenntnisse	scholarly knowledge
wissenschaftliche Veröffentlichung	academic publication, scholarly publication
wissenschaftliche Zusammenarbeit	scientific collaboration
wissenschaftlicher Beitrag	scientific article, scholarly article
wissenschaftlicher Fortschritt	scientific progress, scientific advances
wissenschaftlicher Rechner	scientific computer
wissenschaftliches Fehlverhalten	scientific misconduct, research misconduct
wissenschaftliches Rechnen	scientific computation, scientific computing, scientific calculation, computational science
Wissenschafts- und Technikhistoriker/in	historian of science and technology
Wissenschaftsautor/in	scientific writer, science writer
Wissenschaftsbibliothek	academic library, science library
Wissenschaftsgemeinde	scientific community
Wissenschaftsgemeinschaft	scientific community
Wissenschaftsgeschichte	history of science, science history

Fachwortschatz zur Technikgeschichte, Teil 1: Deutsch-Englisch	
Deutsch	**Englisch**
Wissenschaftsgesellschaft	scientific society
Wissenschaftshistoriker/in	historian of science, science historian
Wissenschaftsjournalist/in	science journalist
Wissenschaftsmuseum	science museum, museum of science
Wissenschaftsrevolution	scientific revolution
Wissenschaftsverlag	academic publisher, scientific publisher, research publisher, scholarly publisher
Wissenschaftszeitschrift	scientific journal, academic journal, scholarly journal, science journal
Wissenschaftszentrum	science centre (UK), science center (USA)
Wissensdarstellung	knowledge representation
Wissensystem	knowledge system, expert system
wohl	arguably
Wolke	cloud
Wortlänge	word length
Wrack	wreck
Wunderkammer	curiosity cabinet, cabinet of curiosity, cabinet of curiosities
Wunderkind	prodigy
Wunderwerk	marvel
Wunsch-	utopian
Würfelzahl	cube
Wurm	worm, computer worm
Wurzel ausziehen	extract root
Wurzel ziehen	extract root
Wurzelausziehen	root extraction, extraction of roots
Wurzelzeichen	radical sign
Wurzelzieheinrichtung	square rooter
Wurzelziehen	root extraction, extraction of roots
Wurzelziehwerk	square rooter
Z	
Zahl	number
Zahl eingeben	enter a number, input a number, feed a number
Zählbrett	counting frame, frame counter, numeral frame, abacus
Zählen	numeration
Zählen mit den Fingern	finger counting

Fachwortschatz zur Technikgeschichte, Teil 1: Deutsch-Englisch

Deutsch	Englisch
Zählen mit Fingern und Zehen	finger-and-toe-counting
Zahlen verarbeiten	crunch numbers
Zahlendarstellung	numerical notation
Zahlendarstellung mit Fingern	finger notation
Zahlenfolge	number train
Zahlenkolonne	column of figures
zahlenmäßig	numeric, numerical
Zahlenpfennig	counter, token, reckoning counter, casting counter, brass counter, computing jeton, computing jetton, jeton, jetton, reckoning coin, reckoning penny, rechenpfennig, number penny
Zahlenrad	dial, numbered wheel, figure wheel
Zahlenrechnen	numerical calculation, numerical computation, number computing, digital calculation, arithmetic, arithmetic calculation, arithmetical calculation
Zahlenrechner	human computer
Zahlenreihe	number train
Zahlenring	number ring
Zahlenrolle	dial
Zahlenschieber	sliding bar calculator, slide adder, slide adding machine, slide bar adder, slide bar adding machine, vertical slide bar adder, vertical cogged bar adder, vertical slide cogged bar adder, vertical cogged slide bar adder, cogged vertical slide bar adder, notched band adder, adder using rods
Zahlenspeicher	number storage, numerical storage, arithmetical storage
Zahlensystem	number system, numeral system, numeration system, numbering system
Zahlentheorie	number theory
Zahlenverarbeitung	number crunching
Zahlenwert	number value, numerical value
Zahlenwerte	metrics
Zähler	counter
Zählgerät	counting device
Zählhilfe	counting aid
Zählmarke (Rechenmarke)	counter, token, reckoning counter, casting counter, brass counter, computing jeton, computing jetton, jeton, jetton, reckoning coin, reckoning penny, rechenpfennig, number penny
Zählmaschine	counter

Fachwortschatz zur Technikgeschichte, Teil 1: Deutsch-Englisch

Deutsch	Englisch
Zählmaschine	counting machine, counter
Zählrad	counter wheel, counting wheel
Zählrahmen	counting frame, frame counter, numeral frame, abacus, counting bead
Zählregister	counter, counter register, counting register, counting mechanism
Zählschaltung	counter circuit
Zählscheibe	counter dial, dial
Zählscheibenrad	counter dial, dial
Zählstäbchen	counting rod, calculating rod, computing rod, counting stick, numbering rod
Zählstein	counter, token, reckoning counter, casting counter, counting stone, pebble, computing jeton, computing jetton, jeton, jetton
Zählsteinchen	pebble, pebble stone, calculi
Zählstock	counting rod, calculating rod, computing rod, counting stick
Zahltisch	exchequer table, chequer board, coin board
Zähltisch	counting table, calculating table
Zählvorgang	counting process, counting operation
Zählwerk	counter, counter register, counting register, counting mechanism
Zählwerkzeug	counting tool
Zahlwort	number word, numeral word
Zahlzeichen	numeral, number symbol, numeral sign, numeral number symbol
Zahlzeichen, alfabetisches ~	alphabetic numeral, alphabetical numeral, alphabet numeral, letter numeral
Zahn (Zahnrad)	tooth, gear tooth, cogwheel tooth, cog
Zähnezählung	tooth count
Zahnkette	cogged chain
Zahnkettenaddierer	chain adder, chain set adder
Zahnrad	gear, gear wheel, toothed wheel, cogwheel, cogged wheel, cog
Zahnradfräser	gear cutter
Zahnradfräsmaschine	gear cutter
Zahnradgetriebe	gear, gear train, train of gear wheel
Zahnradschneidmaschine	gear cutter
Zahnrippe (Staffelwalze)	tooth (stepped drum)

Fachwortschatz zur Technikgeschichte, Teil 1: Deutsch-Englisch

Deutsch	Englisch
Zahnscheibe	cogged disk, cogged disc, cogged wheel, cogwheel
Zahnscheibenaddierer	cogged disk adder, cogged disc adder, cogged wheel adder, cogged wheel disk-type adder, cogged wheel-type device
Zahnscheibenaddiermaschine	cogged disk adding machine, cogged disc adding machine
Zahnstange	cogged slide bar, slide cogged bar, toothed rack, rack
Zahnstangenaddierer	rack adder
Zahnstangenaddiermaschine	slide bar-type adding machine
Zahnstangengetriebe	rack and pinion
Zahnstangenmaschine	slide bar-type machine
Zehenrechnen	toe reckoning
Zehner	tens
Zehnerantriebswelle	tens shaft
Zehnerkomplement	complement on ten, ten's complement, tens complement, decimal complement, 10' complement, 10s complement
Zehnerlinie (Rechentisch)	ten's line, ten line (calculating table)
Zehnerlogaritmus	common logarithm, logarithm to base 10, base 10 logarithm
Zehnerpotenz	power of 10
Zehnerrad	tens dial, tens wheel, decimal wheel
Zehnerschaltung	carry, carriage of tens, carrying of tens
Zehnerschaltvorrichtung	tens carry mechanism, carry mechanism
Zehnerscheibe	tens dial
Zehnerspalte	tens column
Zehnerstange (Kugelrechner)	ten rod (beadframe)
Zehnerstelle	tens place, ten's place, tens position
Zehnersystem	decimal system, base-10 number system, 10-base system, base-10 system
Zehnertastatur	ten-key keyboard
Zehnertastaturmaschine	ten-key machine
Zehnertastaturrechenmaschine	ten-key calculating machine
Zehnertastaturrechner	ten-key calculator, ten-key machine
Zehnerübertrag	tens transmission, tens carry, decimal carry, carry of the tens, 10s carry, carry, carriage of tens, carrying of tens
Zehnerübertrag bei der Addition	addition carry
Zehnerübertrag bei der Subtraktion	subtraction carry

Fachwortschatz zur Technikgeschichte, Teil 1: Deutsch-Englisch

Deutsch	Englisch
Zehnerübertrag im Ergebniswerk	accumulator tens carry
Zehnerübertrag im Umdrehungszähler	counter carry
Zehnerübertrag im Umdrehungszähler nur in einer Richtung	one-directional counter carry
Zehnerübertrag nur in einer Richtung	one-directional carry
Zehnerübertragung	tens transmission, tens carry, decimal carry, carry of the tens, 10s carry, carry, carriage of tens, carrying of tens
Zehnerübertragvorrichtung	tens carry mechanism, carry mechanism
Zehnerwelle	tens shaft
zehnstellige Zahl	ten-digit number, number of ten digits
Zehntastenaddiermaschine	ten-key adding machine, 10 key adding machine
Zehntastenfeld	ten-key keyboard
Zehntastenfeld-	ten-key
Zehntastenrechenmaschine	10 keyed calculating machine
Zeichenbüro	drawing office
Zeichendreieck	set square
Zeichenerkennung	character recognition
Zeichengerät	plotter, plotting device, drawing tool
Zeicheninstrument	drawing instrument
Zeichenstift	drawing pen, drafting pen, pencil point
Zeichenwinkel	set square
Zeichenzirkel (Mehrzahl)	drawing compasses, compasses
Zeichner	draughtsman (UK), draftsman (USA)
zeichnerisches Rechnen	nomography
Zeichnungsbüro	drawing office
Zeiger	pointer
Zeiger (Uhr)	hand (clock, watch)
Zeit, durch die ~ reisen	journey through time
Zeit, in der ~ zurückreisen	travel back in time
Zeit, mit der ~	over time, as time goes on
Zeitabschnitt	time frame, time period
Zeitgenosse/Zeitgenossin	contemporary
zeitgenössisch	contemporary
Zeitgeschichte	contemporary history
Zeitgleichung	equation of time
Zeitmaschine	time machine

Fachwortschatz zur Technikgeschichte, Teil 1: Deutsch-Englisch

Deutsch	Englisch
Zeitmesser	timekeeper, timepiece, chronometer, time-measuring instrument, instrument for measuring time
Zeitmessgerät	time-measuring instrument, instrument for measuring time
Zeitmessung	measurement of time, time measuring, time measurement, timekeeping
Zeitrahmen	time frame
Zeitrechnung	time reckoning
Zeitreise	journey through time
Zeitreisende/r	time traveler
Zeitschreiber	time recorder, chronograph
Zeitschrift im Netz	online journal
Zeitschrift, ausbeuterische ~	predatory journal
Zeitschrift, mangelhaft begutachtete ~	predatory journal
Zeitschrift, minderwertige ~	predatory journal
Zeitschrift, missbräuchliche ~	predatory journal
Zeitschrift, räuberische ~	predatory journal
Zeitschrift, scheinwissenschaftliche ~	predatory journal
Zeitschrift, übers Netz zugängliche ~	online journal
Zeitschriftenaufsatz	journal article, magazine article
Zeitspanne	time period
Zeittafel	time line, chronology, chronological time line, chronological table, chronological list
Zeitteilverfahren	timesharing
Zeitzeuge/Zeitzeugin	eyewitness, participant, veteran
Zeitzeugenaussage	first-hand testimony
Zeitzeugenaussagen	eyewitness evidence
Zeitzeugenbericht	first-hand account, first person account, authentic account, first-person story
Zeitzeugengespräch	oral history interview
Zellenautomat	cellular automaton
zensieren	censor
Zensur	censorship
Zentralbank	central bank
zentrale Programmsteuerung	master programmer (Eniac)
zentrale Steuereinheit	master programmer unit (Eniac)
Zentraleinheit	central processing unit (CPU)
zerlegen	dismantle, disassemble, dissemble

Fachwortschatz zur Technikgeschichte, Teil 1: Deutsch-Englisch

Deutsch	Englisch
Zerlegung (in tiefere Einheiten) (Linienrechnen)	resolution (in further components) (line computation)
zerreißend	disruptive
zerstörerisch	disruptive
Zeugenaussage	testimony
Zeugnis	testimony
Ziehkartei	tub file
zielgerichtete Anzeige	targeted advertisement, target ad(vertisement)
zielgerichtete Werbung	targeted advertising
Zielgruppe	audience, target audience
Zielsprache	target language
Ziffer	digit, numeral, number symbol, numeral sign, numeral number symbol
Ziffer null	sign for zero, symbol for zero
Ziffer, ablesbare ~ (Rechenschieber)	significant digit (slide rule)
Zifferblatt	dial, dial plate
Ziffernblatt	dial, dial plate
Ziffernmaschine	digital machine
ziffernmäßig	digital, discrete
Ziffernrad	numeral dial, numeral wheel, digit wheel, dial
Ziffernrad des Ergebniswerks	register dial
Ziffernrad des Rechenwerks	accumulator dial
Ziffernrechnen	numerical calculation, numerical computation, number computing, digital calculation
Ziffernrechner	digital computer, numerical calculating machine, numerical calculator, number cruncher
Ziffernscheibe	circular dial, circular wheel
Ziffernsystem	numeral system, number system, numeration system, numbering system
Zifferntaste	digit key, digital key, numeral key
Zifferntaste	figure key
ziffernweise	digit by digit
Zifferrad	numeral dial, numeral wheel, digit wheel, dial
Zifferrechner	digital computer, numerical calculating machine
Zifferscheibe	circular dial, circular wheel
Zimbal (Hackbrett)	dulcimer
Zimbalspielerin (Kinzing)	dulcimer player
Zimbaluhr	string-playing clock

Fachwortschatz zur Technikgeschichte, Teil 1: Deutsch-Englisch

Deutsch	Englisch
Zimmermannsstab	timber rule, carpenter's rule
Zimmermannswinkel	carpenter's square
Zimmeruhr	chamber clock
Zirkel (Stechzirkel) (Einzahl)	pair of dividers (singular)
Zirkel (Stechzirkel) (Mehrzahl)	dividers (plural)
Zirkel (Zirkel fürs Zeichnen) (Einzahl)	pair of compasses
Zirkel (Zirkel fürs Zeichnen) (Mehrzahl)	drawing compasses, compasses (plural)
Zitat	quotation
Zitat, Anzahl Zitate	citation count
Zitierung	citation
Zitierung, Anzahl Zitierungen	citation count
Zollstab	timber rule, carpenter's rule
Zollstock	timber rule, carpenter's rule, folding rule
zufällig	circumstantial
Zufallsfund	chance discovery
Zufallszahl	random number
Zuführung	feed, feeding
Zuführvorrichtung	feeder
Zug, aussichtsreicher ~	plausible move
Zug, erfolgversprechender ~	plausible move
Zug, erlaubter ~	legal move
Zug, gültiger ~	legal move
Zug, sinnvoller ~	plausible move
Zug, zulässiger ~	legal move
Zugang	accession
Zugangsdaten	login credentials, login information
Zugangspunkt	hotspot
Zugangssperre	internet blackout
zugeschrieben	attributed (to), credited (to)
Zugwebstuhl	draw loom
Zukunft, in ~	in the future
zukünftig	prospective
zulässiger Zug	legal move
Zunge (Rechenstab)	slide (slide rule)
Zurschaustellung	display
zurückblickend	in retrospect, retrospective, retro
zurückkommen auf	revisit

Fachwortschatz zur Technikgeschichte, Teil 1: Deutsch-Englisch	
Deutsch	**Englisch**
Zurücksetzen der Tastatur	keyboard clearing
Zusammenarbeit	collaboration
Zusammenfassung (Linienrechnen)	elevation (line computation)
zusammenführen	aggregate
Zusammenhang	context
Zusammenzählen	addition
zusätzlich	additional
Zusatzwalze (Enigma)	additional rotor
zuschreiben	attribute
Zuserechner	Zuse machine
Zustand	m-configuration (Turingmaschine)
Zuzählen	addition
Zwanzigerskala	vigesimal scale
Zwanzigersystem	20-base system, base-20 system, twenty system, vigesimal system, vigesimal numeral system, 20-system
zweckgebunden	purpose-built
zweibändig	two-volume
Zweierkomplement	complement on two, two's complement, binary complement
Zweierpotenz	power of two
Zweiersystem	base-2 number system, binary system, binary number system, 2-system
zweifache Regula falsi	rule of double false position, method of double false position
zweigliedriger Rechenstab	2-foot slide rule
zweimonatlich	twice-monthly
Zweipolvakuumröhre	vacuum diode (USA)
zweischenkliger Rechenstab	2-foot slide rule
Zweiseitenrechenstab	duplex slide rule, double slide rule
Zweispeziesmaschine	two-function calculator, two-motion machine, adding subtracting machine
Zweispeziesrechenmaschine	two-function calculator, two-motion machine, adding subtracting machine
Zweispeziesrechner	two-function calculator, two-motion machine, adding subtracting machine
zweistellig	two-digit
zweistufiges Einwählverfahren	two-factor verification, factor authentication, two-step verification

Fachwortschatz zur Technikgeschichte, Teil 1: Deutsch-Englisch

Deutsch	Englisch
zweite, überarbeitete und erweiterte Auflage	revised and expanded second edition, second revised and expanded edition
zweiteiliger Rechenstab	2-foot slide rule
zweiten Grades	second-degree
zweiter Weltkrieg	world war two (WWII), Second World War
Zweitmeinung	second opinion
zweizüngiger Rechenstab	2-slide slide rule
Zwischenbericht	progress report
Zwischenergebnis	intermediate result
Zwischenraum (Rechentisch)	intermediate space, intermediate place, space, five's space (calculating table)
Zwischenspeicher	buffer, buffer storage, temporary storage
Zwischensteg (Kugelrechner)	center bar (USA), divider bar, dividing bar, dividing line, crossbar, transverse bar, bar (beadframe)
Zwischensumme	sub-total
Zwischenzahnrad	idler gear, idler
Zwitter-	hybrid
Zwitterrechner	hybrid computer
Zwölferskala	duodecimal scale
Zwölf-Walzen-Maschine	12-rotor machine
Zylinder	cylinder, barrel, tube

8 Wörterverzeichnis zur Technikgeschichte (E-D)

Zusammenfassung: Im Teil „Englisch-Deutsch“ des Kapitels „Wörterverzeichnis“ zur Technikgeschichte“ sind unzählige Fachausdrücke zusammengestellt, die man in gedruckten und elektronischen Werken oft vermisst. Abgedeckt werden die Bereiche Informatik und Mathematik sowie verwandte Gebiete wie Astronomie, Vermessung, Zeitmessung, historische Automaten und Roboter sowie wissenschaftliche Instrumente.

Schlüsselwörter: Wörterverzeichnis Technikgeschichte Englisch-Deutsch

8.1 Englisch-Deutsch

Fachwortschatz zur Technikgeschichte, Teil 2: Englisch-Deutsch

Englisch	Deutsch
Zahlen	
1,000,000.00	1 000 000,00
1,000-year-old	tausendjährig
1’ complement	Einerkomplement
10 key adding machine	Zehntastenaddiermaschine
10’ complement	Zehnerkomplement, Dezimalkomplement
10-base system	Zehnersystem, Dezimalsystem, dekadisches System
10-column machine	10-stellige Maschine
10s carry	Zehnerübertrag, Zehnerübertragung
10s complement	Zehnerkomplement, Dezimalkomplement
12-column adding machine	12-stellige Addiermaschine
12-digit number	12-stellige Zahl
12-rotor machine	Zwölf-Walzen-Maschine
20-base system	Zwanzigersystem
2-fold slide rule	zweischenkliger Rechenstab, zweigliedriger Rechenstab, zweiteiliger Rechenstab
2-slide slide rule	zweizüngiger Rechenstab, Rechenstab mit zwei Zungen
3D scanner	3D-Abtastgerät
3D sensor	3D-Fühler, 3D-Sensor
3-foot slide rule	dreiteiliger Rechenstab, dreigliedriger Rechenstab
3-slide slide rule	dreizüngiger Rechenstab, Rechenstab mit drei Zungen
5-base system	Fünfersystem, pentadisches System

https://doi.org/10.1515/9783110669671-008

Fachwortschatz zur Technikgeschichte, Teil 2: Englisch-Deutsch

Englisch	Deutsch
60-base system	Sechzigersystem, Sexagesimalsystem
80-column card	80-spaltige Lochkarte
80-column punched card	80-spaltige Lochkarte
8-column keyboard	achtstellige Tastatur
9' complement	Neunerkomplement, 9er Komplement
90-column card	90-spaltige Lochkarte
90-column punched card	90-spaltige Lochkarte
9s complement	Neunerkomplement, 9er Komplement
i	I (Seitenzahl)
l	L (Seitenzah)
v	V (Seitenzahl)
x	X (Seitenzahl)
A	
abacal reckoning	Abakusrechnen
abacist	Anhänger/in des Linienrechnens, Abakist/in, Abazist/in
abacounter	Zählrahmen
abacus	Rechenbrett, Rechentafel, Rechenrahmen, Zählrahmen, Kugelrechner, Rechentisch
abacus board	Abakus
abacus calculation	Abakusrechnen, Brettrechnen
abacus computation	Abakusrechnen, Brettrechnen
abacus reckoning	Abakusrechnen, Brettrechnen
abacus, Chinese ~ (suanpan)	chinesischer Abakus (Suanpan)
abacus, Japanese ~ (soroban)	japanischer Abakus (Soroban)
abacus, Russian ~ (schoty)	russischer Abakus (Stschoty)
abbreviation	Abkürzung
Abel laureate	Abelpreisträger/in
Abel prize	Abelpreis
abundance of data	Datenfülle
abuse	Missbrauch
academia	Wissenschaft
academic	Wissenschaftler(in)
academic journal	Wissenschaftszeitschrift
academic library	Wissenschaftsbibliothek
academic publication	wissenschaftliche Veröffentlichung
academic publisher	Wissenschaftsverlag

Fachwortschatz zur Technikgeschichte, Teil 2: Englisch-Deutsch

Englisch	Deutsch
academic research	wissenschaftliche Forschung
academic society	wissenschaftliche Gesellschaft
accession	Neuerwerbung, Zugang
accomplishment	Leistung
account	Erzählung, Schilderung, Darstellung, Konto
accounting machine	Buchungsmaschine, Fakturiermaschine
accumulator	Ergebniswerk, Resultatwerk, Speicherwerk, Rechenwerk
accumulator dial	Ziffernrad des Rechenwerks, Kontrollanzeige des Ergebniswerks
accumulator mechanism	Ergebniswerk, Resultatwerk
accumulator register	Hauptregister, Ergebniswerk, Resultatwerk, Akkumulatorregister
accumulator store	Speicherregister
accumulator tens carry	Zehnerübertrag im Ergebniswerk
accuracy	Genauigkeit
accurate	fehlerfrei
accurate to 12 decimals	auf 12 Stellen genau
achievement	Leistung, Errungenschaft
acknowledgement	Danksagung
ACM A. M. Turing award	Turingpreis
acoustic cabinet	akustisches Kabinett
acoustic delay line	akustische Verzögerungsleitung, akustische Verzögerungsstrecke
acoustic delay line memory	akustischer Speicher
acoustic delay line storage	akustischer Speicher
acoustic delay line store	akustischer Speicher
acquiring editor	Lektor/in
acquisitions editor	Lektor/in
acronym	Abkürzung
ad business	Anzeigengeschäft
ad targeting	Personalisierung von Azeigen
add key	Additionstaste
add phase	Addierphase, Additionsphase
addend	Summand (zweiter Summand)
addendum	Nachtrag
adder	Addiergerät, Additionsgerät, Addiermaschine, Additionsmaschine, Addierwerk, Addiereinrichtung

Fachwortschatz zur Technikgeschichte, Teil 2: Englisch-Deutsch

Englisch	Deutsch
adder and subtracter	Addier- und Subtrahiermaschine, Saldiermaschine
adder using rods	Zahlenschieber
adding and listing machine	druckende Addiermaschine, auflistende Addiermaschine
adding and recording machine	druckende Addiermaschine, aufzeichnende Addiermaschine
adding and subtracting device	Addier- und Subtrahiergerät
adding and subtracting machine	Addier- und Subtrahiermaschine, Saldiermaschine
adding machine	Addiermaschine, Additionsmaschine
adding subtracting machine	Addier-Subtrahiermaschine, Zweispeziesmaschine
addition	Zusammenzählen, Zuzählen, Addition, Ergänzung
addition carry	Zehnerübertrag bei der Addition
addition machine	Additionsmaschine, Addiermaschine
additional	zusätzlich
additional reading	weiterführende Literatur
additional rotor	Zusatzwalze (Enigma)
additive notation	additive Schreibweise (von römischen Zahlen, z.B. VI, LX)
additive number system	additives Zahlensystem
additive system	additives Zahlensystem
address field	Adressfeld (eines Befehls)
address modification	Adressänderung
address part	Adressfeld (eines Befehls)
address substitution	Adressersetzung
addressable memory	adressierbarer Speicher
addressable storage	adressierbarer Speicher
addressable store	adressierbarer Speicher
advance	Fortschritt
advance copy	Vorabexemplar
advancement	Fortschritt, Weiterentwicklung, Förderung
advent	Erscheinen (Auftreten)
adversarial machine learning	Auswirkung böswillig veränderter Daten auf das Maschinenenlernen
advertising market	Werbemarkt
advisory board	Beirat
aggregate (data)	(Daten) anhäufen, vereinigen, verbinden, zusammenführen
alarm clock	Wecker
alarum watch	Wecker

Fachwortschatz zur Technikgeschichte, Teil 2: Englisch-Deutsch

Englisch	Deutsch
alert	Benachrichtigung
algebra	Algebra, Algebrabuch, Buchstabenrechnen
algebraic calculation	algebraische Berechnung, algebraisches Rechnen, Buchstabenrechnen
algebraist	Algebraiker/in, Cossist/in
algorism	Federrechnen, Werk übers Federrechnen
algorist	Algorithmiker/in, Anhänger/in des Federrechnens
algorithm	Rechenvorschrift, Rechenverfahren, Handlungsvorschrift, Handlungsanweisung, Handlungsanleitung, Algorithmus
algorithmic decision making	rechnergestütztes Entscheiden
all-analogue (UK), all-analog (USA)	rein analog
all-analogue computing (UK), all-analog computing (USA)	rein analoges Rechnen, voll analoges Rechnen
all-digital	rein digital
all-digital computing	rein digitales Rechnen, voll digitales Rechnen
all-electronic	voll elektronisch, rein elektronisch
allied field	verwandtes Gebiet
all-in-one	Mehrfunktions-, Multifunktions-, Kombi-
all-mechanical	rein mechanisch, voll mechanisch
alloy	Legierung
all-purpose	Allzweck-
all-purpose computer	Allzweckrechner
alphabet numeral	alfabetisches Zahlzeichen, Buchstabenzahl
alphabetic numeral	alfabetisches Zahlzeichen, Buchstabenzahl
alphabetic numeration	Alfabetrechnen
alphabetical numeral	alfabetisches Zahlzeichen, Buchstabenzahl
alphabetical-numerical	alfanumerisch
alphanumeric	alfanumerisch
altazimuth	Höhenazimut
alter (work)	ändern (Werk)
alter an address	Adresse ändern
alterable	veränderlich, veränderbar
alteration	Änderung
alternating current (ac)	Drehstrom
amend	verbessern
amendment	Verbesserung
amount of data	Datenmenge

Fachwortschatz zur Technikgeschichte, Teil 2: Englisch-Deutsch

Englisch	Deutsch
amplifier	Verstärker
analog(ue)/digital divide (UK), analog/digital divide (USA)	Graben zwischen analog und digital
analogue (UK), analog (USA)	analog, stetig, stufenlos
analogue calculation (UK), analog calculation (USA)	Analogrechnen
analogue computer (UK), analog computer (USA)	Analogrechner, Analogierechner
analogue computing machine (UK), analog computing machine (USA)	Analogrechner, Analogierechner
analogue device (UK), analog device (USA)	Analoggerät, Analogiegerät
analogue machine (UK), analog machine (USA)	Analogmaschine, Analogiemaschine
analytical engine (Babbage)	Vielzweckrechner (Babbage)
ancestor	Vorfahr/in, Ahn/in
ancient Chinese mathematics	altchinesische Mathematik
ancient Egyptian mathematics	altägyptische Mathematik
ancient Greece	altes Griechenland
ancient Greek	altgriechisch
ancient Greeks	alte Griechen
ancient Indian mathematics	altindische Mathematik
ancient Romans	alte Römer
ancient times	Altertum
ancient world	alte Welt
android	Maschinenmensch, Menschmaschine, künstlicher Mensch, menschenähnlicher Automat, menschenähnliche Maschine, Android(e)
Anglo-American	angloamerikanisch, angelsächsisch
anglophone	englischsprachig
Anglo-Saxon	angelsächsisch, angloamerikanisch
annotated bibliography	kommentierte Bibliografie
anonymous (anon.)	ohne Verfasser/in (o.V.)
anonymous author	ohne Verfasser/in (o.V.)
anticipatory carry	vorgreifende Übertragung, vorwegnehmende Übertragung (Zehnerübertrag)
anticlockwise	im Gegenuhrzeigersinn
Antikythera device	Räderwerk von Antikythera
Antikythera mechanism	Räderwerk von Antikythera

Fachwortschatz zur Technikgeschichte, Teil 2: Englisch-Deutsch

Englisch	Deutsch
antique market	Flohmarkt, Trödelmarkt
antiques market	Flohmarkt, Trödelmarkt
antiquity	Altertum
apices	Rechensteine mit römischen oder indoarabischen Ziffern (Gerbert von Aurillac)
app	Programm, Anwendung
apparent motion	scheinbare Bewegung
apparently	anscheinend
appendix	Anhang
applied mathematician	angewandter Mathematiker/angewandte Mathematikerin
applied mathematics	angewandte Mathematik
applied mathematics institute	Institut für angewandte Mathematik
apply for a patent	Patent anmelden
approximate calculation	ungefähre Berechnung, näherungsweise Berechnung
approximate computation	ungefähre Berechnung, näherungsweise Berechnung
Arab mathematics	arabische Mathematik
Arabian mathematics	arabische Mathematik
Arabic figure	arabische Zahl
Arabic notation	arabische Darstellung, arabische Schreibweise
Arabic number	arabische Zahl
Arabic numeral	arabisches Zahlzeichen, arabische Ziffer
archeologist	Archäologe/Archäologin
archival collection	Archivgut
archival document	Archivdokument
archival evidence	Archivunterlagen, Archivmaterial
archival holding	Archivbestand
archival material	Archivunterlagen, Archivmaterial
archival repository	Archivlager
archival resource	Archivquelle
archival source	Archivquelle
archive	Archiv
archive catalogue (UK), archive catalog (USA)	Archivkatalog
archive collection	Archivgut, Archivbestand
archive holding	Archivbestand, Archivgut
archive material	Archivunterlagen, Archivmaterial
archive picture	Archivbild

Fachwortschatz zur Technikgeschichte, Teil 2: Englisch-Deutsch

Englisch	Deutsch
archivist	Archivar/in
area-measuring device	Flächenmesser
arguably	wohl
argue	begründen, belegen
arithmetic	Arithmetik, Rechenkunst, Zahlenrechnen, Rechenbuch, Arithmetikbuch, arithmetisch
arithmetic book	Rechenbuch
arithmetic calculation	arithmetische Berechnung, arithmetisches Rechnen, Zahlenrechnen
arithmetic circuit	Rechenschaltung
arithmetic function	Rechenart
arithmetic mean	arithmetisches Mittel
arithmetic operation	Rechenart, Rechenvorgang
arithmetic organ	Rechenwerk, Recheneinheit, Rechnereinheit
arithmetic register	Rechenregister
arithmetic series	arithmetische Folge, arithmetische Reihe
arithmetic teacher	Rechenmeister
arithmetic teaching	Rechenunterricht
arithmetic textbook	Rechenbuch
arithmetic unit	Rechenwerk, Recheneinheit, Rechnereinheit
arithmetical	arithmetisch
arithmetical book	Rechenbuch
arithmetical calculation	arithmetische Berechnung, arithmetisches Rechnen, Zahlenrechnen
arithmetical frame	Rechenrahmen
arithmetical machine	Rechenmaschine
arithmetical operation	Rechenart, Rechenvorgang
arithmetical process	Rechenvorgang
arithmetical storage	Zahlenspeicher
arithmetical textbook	Rechenbuch
arithmetical unit	Rechenwerk, Recheneinheit, Rechnereinheit
arithmetician	Arithmetiker/in, Rechenmeister/in, Rechner/in
arithmometer	Vierspeziesrechenmaschine, Vierspeziesmaschine, Vierartenmaschine, Arithmometer, Rechenmaschine
arm	Schenkel (Proportionalwinkel)
armed forces	Wehrmacht
armed services	Wehrmacht

Fachwortschatz zur Technikgeschichte, Teil 2: Englisch-Deutsch

Englisch	Deutsch
armillary sphere	Armillarsphäre, Ringkugel (altes, dreidimensionales astronomisches Gerät)
army	Heer
army Enigma	Heeres-Enigma
array	Anordnung, Feld (Tastatur)
array of keys	Tastenfeld, Tastenanordnung
art historian	Kunsthistoriker/in
art history	Kunstgeschichte
artefact (UK)	Kunsterzeugnis, künstlicher Gegenstand
article	Artikel (Aufsatz)
artifact (USA)	Kunsterzeugnis, künstlicher Gegenstand
artifact storage facility (USA)	Museumsdepot
artificial general intelligence	allgemeine künstliche Intelligenz, starke künstliche Intelligenz
artificial intelligence (AI (UK), A.I. (USA))	künstliche Intelligenz, maschinelle Intelligenz, Maschinenintelligenz, rechnergestützte Intelligenz, maschinengestützte Intelligenz
artificial intelligence software	sogenannte intelligente Programme, „intelligente“ Programme
artificial narrow intelligence	schwache künstliche Intelligenz
artificial neural network	künstliches neuronales Netzwerk
artificially intelligent	künstlich intelligent
artistic treasure	Kunstschatz
artwork	Kunstwerk, Bildmaterial
Asia Minor	Kleinasien
assembler	Montageunternehmen
assistant professor (USA)	Assistenzprofessor/in
associate professor (USA)	außerordentlicher Professor, außerordentliche Professorin
astrolabe	Astrolabium (altes, zweidimensionales astronomisches Gerät)
astrolabe clock	Astrolabuhr
astrologist	Astrologe, Astrologin, Sterndeuter/in
astronomer	Astronom/in
astronomical calculating machine	astronomische Rechenmaschine
astronomical calculation	astronomische Berechnung
astronomical calculator	astronomischer Rechner
astronomical clock	astronomische Uhr

Fachwortschatz zur Technikgeschichte, Teil 2: Englisch-Deutsch

Englisch	Deutsch
astronomical device	astronomisches Gerät
astronomical instrument	astronomisches Instrument
astronomical ring	astronomischer Ring
astronomical table	astronomische Tafel, astronomische Tabelle
astronomico-mathematical instrument	astronomisch-mathematisches Instrument
astronomy	Sternkunde, Himmelskunde, Astronomie
astrophysicist	Astrophysiker/in
atomic bomb	Atombombe
atomic clock	Atomuhr
attack	Angriff
attacker	Angreifer/in
attribute	zuschreiben
attributed (to)	zugeschrieben
auction webseite	Tauschbörse
audience	Zielgruppe, Besucherinnen und Besucher
audio recording	Tonaufzeichnung, Sprachaufzeichnung
audio streaming	(abopflichtiger) Musikerleih von Videos, (abopflichtige) Nutzung von Musik
augend	Summand (erster Summand)
augmented	erweitert
augmented reality	erweiterte Realität
authentic	verbürgt, echt
authentic account	Erzählung aus erster Hand, Zeitzeugenbericht
authentic record	Originalbeleg, Beleg aus erster Hand
authentication	Echtheitsprüfung, Echtheitsbestätigung
author	Verfasser/in, Urheber/in, verfassen
author agreement	Verlagsvertrag
author index	Verfasserverzeichnis
authored book	selbstverfasstes Buch
autobiography	Autobiografie
automata theory	Automatentheorie
automate	automatisieren
automated clock	Automatenuhr, Uhrenautomat
automated figure	Figurenautomat, Automatenfigur
automatic calculating machine	Rechenautomat
automatic calculation	automatische Berechnung, automatisches Rechnen
automatic calculator	Rechenautomat

Fachwortschatz zur Technikgeschichte, Teil 2: Englisch-Deutsch

Englisch	**Deutsch**
automatic computation	automatische Berechnung, automatisches Rechnen
automatic computer	Rechenautomat
automatic computing	automatische Berechnung, automatisches Rechnen
automatic computing machine	Rechenautomat
automatic digital calculator	Rechenautomat
automatic digital computing system	automatische Rechenanlage
automatic feeding	automatische Zuführung (von Lochkarten)
automatic language translation	automatische Sprachübersetzung
automatic loom	automatischer Webstuhl
automatic musical instrument	Musikautomat
automatic organ	Orgelautomat, automatische Orgel, selbstspielende Orgel
automatic piano	selbstspielendes Klavier, Selbstspielklavier, Pianola, Klavierautomat, automatisches Klavier, mechanisches Klavier
automatic programming	automatische Programmierung
automatic sequence calculator	ablaufgesteuerter Rechenautomat
automatic sequence computation	automatisches ablaufgesteuertes Rechnen
automatic theatre (UK), automatic theater (USA)	Automatentheater
automatic translation	automatische Übersetzung
automatic violin	Geigenautomat, Violinautomat, selbstspielende Geige, selbstspielende Violine, automatische Geige, automatische Violine
automatic violin player	Geigenautomat, Violinautomat, selbstspielende Geige, selbstspielende Violine, automatische Geige, automatische Violine
automaton	Automat
automaton chess player	Schachautomat
automaton clock	Automatenuhr, Uhr(en)automat
automaton figure	Figurenautomat, Automatenfigur
automaton organ	Orgelautomat, automatische Orgel, selbstspielende Orgel
automaton trumpet	Trompetenautomat, selbstspielende Trompete, automatische Trompete
automaton trumpeter	Trompeterautomat
automaton watch	Automatenuhr, Uhr(en)automat
automaton writer	Schreibautomat, Handschriftautomat
autonomous car	selbstlenkendes Auto

Fachwortschatz zur Technikgeschichte, Teil 2: Englisch-Deutsch

Englisch	Deutsch
autonomous drone	selbststeuernde Drohne
autonomous navigation	eigenständige Navigation, selbstständige Navigation
autonomous robot	eigenständiger Roboter, selbstständiger Roboter
autonomous system	eigenständiges System, autonomes System
autonomous vehicle	selbststeuerndes Fahrzeug, autonomes Fahrzeug
autonomous weapon	autonome Waffe
autopilot	Steuerungsautomat, Autopilot
avatar	digitale Figur, immaterielle Figur, digitaler Doppelgänger/in, digitales Abbild, Avatar
award recipient	Preisträger/in
award winner	Preisträger/in
awardee	Preisträger/in
award-winnig	preisgekrönt
axis	Achse, Drehachse
axle	Welle, Achse, Achswelle
B	
B line (Manchester)	Indexregister
B register (Manchester)	Indexregister
B tube (Manchester)	Indexregister
Babylonian calendar	babylonischer Kalender
Babylonian mathematics	babylonische Mathematik
back	Rückseite
back cover	vierte Umschlagseite
back dial	hintere Anzeige
back face	Rückseite
back matter	Buchnachspann
back transfer	Rückübertragung
back transfer mechanism	Rückübertragungsvorrichtung
backlist	Verzeichnis lieferbarer Bücher (ohne Neuerscheinungen)
backstaff	Kreuzstab, Jakobsstab
backup	Datensicherung
backward jump	Rückwärtssprung
balance	saldieren
balance spring	Unruh, Unruhfeder
balance wheel	Unruh

Fachwortschatz zur Technikgeschichte, Teil 2: Englisch-Deutsch

Englisch	Deutsch
ballistic and firing table	Schusstafel, Schießtafel, Schießtabelle, ballistische Tafel, ballistische Tabelle, Feuerleittabelle
ballistic calculation	Flugbahnberechnung, Geschossbahnberechnung
ballistic calculator	Flugbahnrechner, Geschossrechner
ballistic table	Flugbahntafel, Geschossbahntafel, Schusstafel, Schießtabelle, ballistische Tafel, ballistische Tabelle
ballistic trajectory	Flugbahn, Geschossbahn, Geschossflugbahn
ballistical trajectory	Flugbahn, Geschossbahn, Geschossflugbahn
ballistics table	Flugbahntafel, Geschossbahntafel, Schusstafel, Schießtabelle, ballistische Tafel, ballistische Tabelle
band organ	Jahrmarktorgel, Karrussellorgel, Kirmesorgel
bandwith	Bandbreite
bank of keys	Tastenfeld, Tastenanordnung
bar	Schenkel (Proportionalwinkel)
bar code	Strichkode, Strichcode
barrel	Walze, Trommel, Zylinder
barrel organ	Walzenorgel, walzengesteuerte Drehorgel, Drehorgel
barrel piano	Walzenklavier, walzengesteuertes Klavier
barrel pin	Walzenstift
barrel-operated piano	Walzenklavier, walzengesteuertes Klavier
barrel-type machine	Sprossenradmaschine
barter	tauschen
base 10 logarithm	gemeiner Logarithmus, gewöhnlicher Logarithmus, Zehnerlogarithmus, Dezimallogarithmus, dekadischer Logarithmus, Logarithmus zur Basis 10
base-10 number system	Zehnersystem, Dezimalsystem, dekadisches System
base-10 system	Zehnersystem, Dezimalsystem, dekadisches System
base-2 number system	Zweiersystem, Dualsystem, Binärsystem, dyadisches System
base-20 system	Zwanzigersystem
base-5 system	Fünfersystem, pentadisches System
base-60 place-value system	Sechzigersystem, Sexagesimalsystem
basic arithmetic operation	Grundrechenart
basic operation (of arithmetic)	Grundrechenart
basic position	Grundstellung (Enigma)
basic scientific research	Grundlagenforschung
basic setting	Grundstellung (Enigma)
BAT	Baidu, Alibaba, Tencent

Fachwortschatz zur Technikgeschichte, Teil 2: Englisch-Deutsch

Englisch	Deutsch
bay	Schacht
bay of relay	Relaisschacht
bead	Kugel (Kugelrechner), Perle (Kugelrechner), Rechenperle
bead frame	Kugelrechner, Kugelabakus, Schiebeabakus
bead-frame computer	Kugelrechner
beam compass	Stangenzirkel
bedplate	Grundplatte, Bodenplatte, Platine
bedrock	Grundlage, Basis
behavioural profile (UK)/behavioral profile (USA)	Verhaltensprofil
behavioural science (UK)/behavioral science (USA)	Verhaltenswissenschaft
behemoth	Ungeheuer, Ungetüm
bell	Glocke, Klingel
bell ringer	Glockenschläger, Glöckner
Bernoulli number	Bernoullizahl
bevel gear	Kegelrad
bias	Vorurteil, Voreingenommenheit, Verzerrung
biased	voreingenommen
big brother	großer Bruder
big data	große Datenmenge, riesige Datenmenge, große Datensammlung, riesige Datensammlung
big data technology	Technik großer Datensammlungen
big tech	Technikriesen (Google, Amazon, Facebook, Apple)
big technology company	Technikriese
billing machine	Fakturiermaschine
billion	Milliarde
binary calculator	Dualrechner, Binärrechner
binary complement	Zweierkomplement, Binärkomplement, binäres Komplement
binary computer	Dualrechner, Binärrechner
binary counter	Binärzähler, Dualzähler
binary digit	Binärziffer, Binärzeichen, Bit, Dualziffer
binary machine	Dualrechner, Binärrechner
binary number	Dualzahl, Binärzahl
binary number system	Zweiersystem, Dualsystem, Binärsystem, dyadisches System
binary place	Binärstelle

Fachwortschatz zur Technikgeschichte, Teil 2: Englisch-Deutsch

Englisch	Deutsch
binary system	Zweiersystem, Dualsystem, Binärsystem, dyadisches System
binary world	binäre Welt, duale Welt
binary-decimal conversion	Binär-dezimal-Umwandlung
binding	Binden, Einband
bio	Lebenslauf
biography	Lebenslauf
bird cage	Vogelkäfig
bird cage automaton	mechanischer Vogelkäfig
bird cage clock	Vogelkäfig mit Uhr
birthplace	Geburtsstätte
bi-stable circuit	bistabiler Schaltkreis
black and white, in ~	schwarzweiß
black box	schwarzer Kasten
blackboard	Wandtafel
blacklist	schwarze Liste
blackout	Ausfall
blank stroke	Leerschlag
blockbuster	Renner, Kassenschlager
blockchain	Blockkette (Kette von Datenblöcken)
blog	Internetkolumne
blog post	Beitrag in Internetkolumne
blogger	Internetkolumnist/in
blueprint	Blaupause, Plan, Entwurf
bluetooth	Kurzstreckenfunk, Nahfunk, Kurzfunk
body	Stabkörper (Rechenstab)
body text	laufender Text
bogus review	Scheinbesprechung
bombing table	Schusstafel, Schießtafel, Schießtabelle, ballistische Tafel, ballistische Tabelle, Feuerleittabelle
book a reservation	eine Buchung veranlassen
book announcement	Buchankündigung
book of arithmetic	Rechenbuch
book proposal	Buchvorschlag
book review	Buchbesprechung
book trade	Buchhandel
booking	Buchung

Fachwortschatz zur Technikgeschichte, Teil 2: Englisch-Deutsch

Englisch	Deutsch
bookkeeping machine	Buchungsmaschine
bookseller	Buchhändler/in
bookselling	Buchhandel
bookshop	Buchhandlung
bookstore	Buchhandlung
bookstore chain	Buchhandelskette
Boole's logic	boolesche Logik
Boolean algebra	boolesche Algebra
boom	Aufschwung
borrow (subtraction)	übertragen (Subtraktion)
bot	vollautomatisches Rechenprogramm (im Netz), Sprachassistent/in
bot traffic	Verkehr automatischer Programme im Netz
bottleneck	Flaschenhals
bow compass	Bogenzirkel
box	Gehäuse, Kasten (Textkasten)
boxed set of drawing instruments	Reißzeug
bracket clock	Stutzuhr
brainchild	geistiges Kind
branch	Programmverzweigung
branch instruction	Sprunganweisung, Verzweigungsanweisung, Sprungbefehl, Verzweigungsbefehl
branching order	Sprungbefehl, Verzweigungsbefehl, Sprunganweisung, Verzweigungsanweisung
brand	Schutzmarke, Warenzeichen
brass	Messing
brass counter	Rechenmünze, Rechenmarke, Rechenpfennig
Braun tube (USA)	braunsche Röhre
breach	Lücke, Verletzung, Verstoß
break	brechen, knacken (Geheimschlüssel)
breakable	brechbar, knackbar
breakthrough	Durchbruch
breakthrough solution	wegweisende Lösung
brick-and-mortar	herkömmlich (nicht digital), stationär
brick-and-mortar retailer	stationärer Einzelhändler, stationäre Einzelhändlerin
brick-and-mortar store	stationärer Laden
bridge the gap	überbrücken, eine Lücke schließen

Fachwortschatz zur Technikgeschichte, Teil 2: Englisch-Deutsch

Englisch	Deutsch
Briggsian logarithm	briggscher Logarithmus
bring back to life	wieder zum Leben erwecken
British exchequer tally	Kerbholz des britischen Finanzamts
broadband	Breitband
broadcast on the internet	übers Internet senden
bronze	Bronze
bronze plate	Bronzeblech, Bronzeabdeckung, Bronzeplatte
browse	durchblättern, durchstöbern
browser	Internetzugangsprogramm, Suchprogramm
brute force	rohe Gewalt, Kraftakt, massiv
bubble	Blase
bubble effect	Abkapselung, Abschottung
bubble memory	Blasenspeicher
buffer	Zwischenspeicher, Pufferspeicher
buffer storage	Zwischenspeicher, Pufferspeicher
bug	Programmierfehler, Wanze
bugging	Abhören
build a computer	Rechner bauen
builder	Erbauer/in, Konstrukteur/in
bulk, in ~	serienmäßig, in großer Stückzahl, in größeren Mengen, en gros
bully	quälen, schikanieren, mobben
bureau of ordnance	Waffenamt
bus	Leitung, Pfad, Bus
business and economic history	Wirtschaftsgeschichte
business arithmetic	kaufmännische Arithmetik, kaufmännisches Rechnen
business computation	kaufmännisches Rechnen
business computer	kaufmännischer Rechner, Bürorechner
business computing	kaufmännisches Rechnen
business data processing	kaufmännische Datenverarbeitung, kommerzielle Datenverarbeitung
business historian	Wirtschaftshistoriker/in
business history	Wirtschaftsgeschichte
business machine	Büromaschine
business model	Geschäftsmodell
business practice	Geschäftsgebaren
business secret	Geschäftsgeheimnis

Fachwortschatz zur Technikgeschichte, Teil 2: Englisch-Deutsch

Englisch	Deutsch
business writer	Wirtschaftsjournalist/in
button	Knopf
buy online	übers Internet kaufen
buzzword	Modewort
by hand	von Hand
byline	Verfasserzeile
C	
cabinet	Schrank, Gehäuse, Kabinett
cabinet of curiosities	Wunderkammer, Kuriositätenkabinett
cabinet of curiosity	Wunderkammer, Kuriositätenkabinett
Caesar cipher	Cäsar-Verschlüsselung, Cäsar-Chiffre, Cäsar-Code
calculable	berechenbar
calculable function	berechenbare Funktion
calculate	rechnen
calculating aid	Rechenhilfe, Rechenhilfsmittel, Rechenmittel
calculating board	Rechenbrett, Rechentafel, Rechentisch
calculating clock	Rechenuhr (Schickard)
calculating device	Rechengerät
calculating disc	Rechenscheibe (lineare Teilung)
calculating disk	Rechenscheibe (lineare Teilung)
calculating engine	Rechenmaschine, Rechner
calculating instrument	Recheninstrument, Rechenwerkzeug
calculating machine	Rechenmaschine
calculating machinery	Rechenmaschinen, Rechenanlage
calculating on the abacus	Abakusrechnen, Brettrechnen
calculating on the lines	Linienrechnen, Rechnen auf den Linien
calculating punch	Rechenlocher, Rechenstanzer
calculating rod	Zählstock
calculating rule	Rechenstab
calculating slide rule	Rechenstab (logarithmisch)
calculating table	Rechentisch
calculating tabulator	rechnende Tabelliermaschine
calculating technology	Rechentechnik
calculating tool	Rechenwerkzeug
calculating unit	Recheneinheit, Rechenwerk, Rechnereinheit

Fachwortschatz zur Technikgeschichte, Teil 2: Englisch-Deutsch

Englisch	Deutsch
calculating wheel	rechnendes Rad, Rechenrad
calculating with counters	Linienrechnen, Rechnen auf den Linien
calculating with pencil and paper	schriftliches Rechnen
calculation aid	Rechenhilfe, Rechenhilfsmittel, Rechenmittel
calculation device	Rechengerät
calculation on the lines	Linienrechnen, Rechnen auf den Linien
calculator	Rechner, Rechenmaschine
calculator collection	Rechnersammlung
calculator industry	Rechnerindustrie
calculator pen	Stiftrechner (digital)
calculator technology	Rechentechnik
calculi	Rechensteine, Zählsteine
calendar clock	Kalenderuhr
calendar computer	Kalenderrechner
calendric reckoning	Kalenderrechnen
caliper (USA)	Bauchzirkel, Greifzirkel
call centre (UK)/call center (USA)	Telefondienst
call for papers	Bitte um Beiträge, Aufruf zur Einreichung von Beiträgen
calliper (UK)	Bauchzirkel, Greifzirkel
Callippic dial	kallipische Anzeige, kallipische Skala, kallipisches Ziffer(n)blatt, kallipische Scheibe
callout	Hinweis (auf Abbildung, Tabelle, Kasten)
cam	Kurvenscheibe, Nockenscheibe
camera obscura	Lochkamera
camera-ready	druckfertig, reprofähig
capable of four functions	Vierspezies-, Vierarten-
capacitor	Kondensator
capacitor drum	Kondensatortrommel
capacitor memory	Kondensatorspeicher
capacitor store	Kondensatorspeicher
capacitor store drum	Kondensatorspeichertrommel
capacity	Stellenkapazität, Stellenzahl
capacity storage	Kondensatorspeicher
caption	Bildzeile, Bildlegende, Bildunterschrift, Legende, Tabellenüberschrift, Tabellenbeschreibung
carbon emission	CO_2-Ausstoß
carbon footprint	CO_2-Bilanz, CO_2-Fußabdruck

Fachwortschatz zur Technikgeschichte, Teil 2: Englisch-Deutsch

Englisch	Deutsch
carbon impact	CO_2-Bilanz, CO_2-Fußabdruck
carbon nanotube (CNT)	Kohlenstoffnanoröhre
carbon neutral	CO_2-neutral
carbon-free	CO_2-frei
card catalog (USA)	Kartei
card catalog cabinet (USA)	Karteikasten
card collator	Kartenmischer, Lochkartenmischer
card controlled	kartengesteuert
card feed	Kartenzuführung, Lochkartenzuführung
card feeding	Kartenzuführung, Lochkartenzuführung
card file	Kartei
card programmed	lochkartengesteuert
card programming	Lochkartenprogrammierung, Lochkartensteuerung
card punch	Kartenlocher, Lochkartenlocher, Kartenstanzer, Lochkartenstanzer
card reader	Kartenleser, Lochkartenleser
card sorter	Kartensortierer, Kartensortiermaschine
cardboard	Karton, Pappe, Pappkarton
cardboard-playing piano	falzkartonbandgesteuertes Klavier
cardinal number	Grundzahl
cargo	Ladung
carillon	Glockenspiel, Turmglockenspiel
carillon clock	Glockenspieluhr
carillon watch	Glockenspieluhr
carillon-playing clock	Glockenspieluhr
carpenter's rule	Zimmermannsstab, Zollstock, Zollstab
carpenter's square	Zimmermannswinkel
carriage	Schlitten, Wagen, Lineal
carriage movement	Schlittenverschiebung, Wagenverschiebung, Schlittenversetzung, Schlittenbewegung, Stellenverschiebung, Linealverschiebung, Linealverlegung, Dezimalverschiebung, Dekadenverschiebung, Dekadenversetzung
carriage of tens	Zehnerübertrag, Zehnerübertragung, Zehnerschaltung

Fachwortschatz zur Technikgeschichte, Teil 2: Englisch-Deutsch

Englisch	Deutsch
carriage shift	Schlittenverschiebung, Wagenverschiebung, Schlittenversetzung, Schlittenbewegung, Stellenverschiebung, Linealverschiebung, Linealverlegung, Dezimalverschiebung, Dekadenverschiebung, Dekadenversetzung
carry	Übertrag, Übertragung, Zehnerübertrag, Zehnerübertragung, Zehnerschaltung
carry digit	Übertragungszahl (Zehnerübertrag)
carry mechanism	Übertragungsvorrichtung (Zehnerschaltvorrichtung)
carry method	Übertragungsverfahren (Zehnerübertrag)
carry of the tens	Zehnerübertrag, Zehnerübertragung
carry out (calculation, computation, arithmetical operation, instruction)	ausführen
carry phase	Übertragungsphase (Zehnerübertrag)
carry process	Übertragungsvorgang (Zehnerübertrag)
carry system	Übertragungsverfahren (Zehnerübertrag)
carrying mechanism	Übertragungsvorrichtung (Zehnerschaltvorrichtung)
carrying process	Übertragungsvorgang (Zehnerübertrag)
carry-over	Übertragungsvorgang (Zehnerübertrag)
cart (USA)	Einkaufswagen
cartel	Kartell
cartel clock	(französische) Wanduhr
cartography	Kartenkunde, Kartenlehre, Kartografie
case	Etui, Satz, Besteck
case of drafting tools	Reißzeug
case of drawing instruments	Reißzeug
case study	Fallstudie, Fallbeispiel
case with mathematical measuring tools	Satz mathematischer Messwerkzeuge
cash register	Registrierkasse, Kontrollkasse
cash register machine	Registrierkasse, Kontrollkasse
casing	Gehäuse
casket	Schmuckkästchen, Kästchen
cassette	Kassette
cast iron	Gusseisen
cast iron case	Gusseisengehäuse
casting counter	Rechenmünze, Rechenmarke, Rechenpfennig
casting on the lines	Linienrechnen, Rechnen auf den Linien
casting with jetons, casting with jettons	Linienrechnen, Rechnen auf den Linien

Fachwortschatz zur Technikgeschichte, Teil 2: Englisch-Deutsch

Englisch	Deutsch
cathode ray tube (CRT)	Kathodenstrahlröhre
cathode ray tube memory	Kathodenstrahlröhrenspeicher
cathode ray tube storage	Kathodenstrahlröhrenspeicher
cathode ray tube store	Kathodenstrahlröhrenspeicher
celestial body	Gestirn, Himmelskörper
celestial globe	Himmelsglobus
celestial mechanics	Himmelsmechanik
celestial sphere	Himmelskugel
cell phone (USA)	Mobiltelefon, Funktelefon, Handy
cell phone brand	Mobiltelefonmarke
cell phone carrier (USA)	Mobilfunknetzbetreiber
cell phone company (USA)	Mobilfunkanbieter
cell phone giant (USA)	Mobilfunkkonzern
cell phone number (USA)	Mobiltelefonnummer
cell tower	Mobilfunkturm
cellphone (USA)	Mobiltelefon, Funktelefon, Handy
cellular automaton	Zellenautomat
cellular giant	Mobilfunkriese
cellular network	Mobilfunknetz
cellular phone	Funktelefon
cellular technology	Mobilfunktechnik
censor	zensieren, Zensor/i
censorship	Zensur
census counting machine	Volkszählungsmaschine
central bank	Zentralbank
central control unit	Hauptsteuerwerk, Hauptleitwerk
central processing unit (CPU)	Prozessor, Zentraleinheit
centre bar (UK), center bar (USA)	Mittelsteg, Zwischensteg, Quersteg, Steg, Querleiste, Querstab, Querbalken, Mittelschiene, Trennungsstab (Kugelrechner)
centrifugal governor	Fliehkraftregler
centuries-old	jahrhundertealt
chain adder	Kettenaddierer, Kettenaddiermaschine, Zahnkettenaddierer
chain of cards	Lochkartenband
chain set adder	Zahnkettenaddierer
chain-driven	Ketten-

Fachwortschatz zur Technikgeschichte, Teil 2: Englisch-Deutsch

Englisch	Deutsch
chair	Lehrstuhl, Vorsitzende/r
chamber clock	Zimmeruhr
chance discovery	Zufallsfund
chapter	Kapitel
character recognition	Zeichenerkennung, Texterkennung
chariot	Triumphwagen, Streitwagen
chart	Diagramm (Grafik)
chassis	Gestell, Rahmen, Gehäuse
chat	Unterhaltung, Plauderei, Geplauder
chatbot	Dialogprogramm, Frage-Anwort-Programm, plaudernder Roboter, Dialogsystem, Sprachdialogsystem, Konversationsprogramm
check dial	Einstellkontrolle, Eingabekontrolle, Sichtkontrolle, Kontrollanzeige
check of nines	Neunerprobe
checklist	Merkliste, Prüfliste
checkout-free	kassenlos
chequer board	Zahltisch
chequer cloth	Rechentuch
chess automaton	Schachautomat
chess play	Schachspiel
chess player	Schachspieler/in
chess playing	Schachspiel
chess program	Schachprogramm
chess-playing automaton	Schachautomat
chess-playing computer	Schachmaschine, Schachrechner, Schachcomputer
chess-playing machine	Schachmaschine, Schachrechner, Schachcomputer
chess-playing program	Schachprogramm
chess-playing turk	Schachtürke
chiming clock	Glockenspieluhr
Chinese abacus (suanpan)	chinesischer Kugelrechner, chinesischer Rechenrahmen, chinesischer Abakus (Suanpan)
Chinese mathematics	chinesische Mathematik
chip	Halbleiterplättchen, integrierter Schaltkreis, integrierte Schaltung,
chord	Kreissehne, Sehne
chord table	Sehnentafel, Sehnentabelle
chronicle	Chronik, aufzeichnen

Fachwortschatz zur Technikgeschichte, Teil 2: Englisch-Deutsch

Englisch	Deutsch
chronograph	Zeitschreiber, Stoppuhr
chronological index	chronologisches Verzeichnis
chronological list	Zeittafel
chronological table	Zeittafel
chronological time line	Zeittafel
chronology	Zeittafel
chronometer	Zeitmesser, Chronometer
church clock	Kirchenuhr, Turmuhr, Kirchturmuhr
church tower clock	Kirchenuhr, Turmuhr, Kirchturmuhr
Church's thesis	churchsche These
cipher	Geheimschrift, Geheimtext, Verschlüsselungsverfahren, Chiffre (Ersatz der einzelnen Buchstaben durch ein anderes Zeichen), chiffrieren, verschlüsseln (Buchstabe für Buchstabe, buchstabenweise)
cipher algorithm	Chiffriervorschrift, Verschlüsselungsvorschrift
cipher attachment	Schlüsselzusatz
cipher breaker	Kryptanalytiker/in, Kryptoanalytiker/in, Schlüsselbrecher/in, Schlüsselknacker/in
cipher breaking	Kryptanalyse, Kryptoanalyse, Dechiffrieren, Schlüsselbrechen, Schlüsselknacken
cipher centre (UK), cipher center (USA)	Chiffrierstelle
cipher device	Chiffriergerät, Verschlüsselungsgerät, Schlüsselgerät, kryptologisches Gerät
cipher disc	Chiffrierscheibe, Kryptografiescheibe
cipher disk	Chiffrierscheibe, Schlüsselscheibe, Kryptografiescheibe
cipher drum	Chiffrierwalze, Schlüsselwalze, Kryptografiewalze
cipher indicator group	Schlüsselkenngruppe
cipher machine	Chiffriermaschine, Verschlüsselungsmaschine, Schlüsselmaschine, kryptologische Maschine
cipher service	Chiffrierdienst, Verschlüsselungsdienst,
cipher system	Chiffrierverfahren, Verschlüsselungsverfahren
cipher wheel	Chiffrierwalze, Schlüsselwalze, Kryptografiewalze
ciphertext	Geheimtext
ciphertext message	Geheimmeldung, verschlüsselte Meldung, Geheimbotschaft
circle	Kreis
circle measurement	Kreismessung

Fachwortschatz zur Technikgeschichte, Teil 2: Englisch-Deutsch

Englisch	Deutsch
circuit	Schaltung, Schaltkreis
circuitry	Schaltungen, Schaltkreise
circular	kreisförmig, scheibenförmig, Kreis-, Scheiben-, dosenförmig, Rundbau-
circular adder	Scheibenaddiergerät, scheibenförmiges Addiergerät, kreisförmiger Addierer, dosenförmiger Addierer, Kreisaddierer, Kreisrechner, Scheibenrechner
circular adding machine	Scheibenaddiermaschine, scheibenförmige Addiermaschine, kreisförmiger Addierer, dosenförmiger Addierer, Kreisrechner, Scheibenrechner
circular calculating machine	Rechenmühle, Rundbaurechenmaschine, Kreisrechenmaschine
circular calculator	Kreisrechenschieber, Kreisrechner, Rechenmühle, Rundbaurechenmaschine, Kreisrechenmaschine
circular dial	Ziffernscheibe, Zifferscheibe, kreisförmige Wählscheibe
circular economy	Kreislaufwirtschaft
circular machine	Rechenmühle, Rundbaurechenmaschine
circular mechanical calculator	mechanische Rechenmühle, mechanische Rundbaurechenmaschine
circular protractor	Vollkreiswinkelmesser, Vollkreistransporteur
circular rule	Rechenscheibe (logarithmisch)
circular slide rule	Rechenscheibe (logarithmisch)
circular spiral slide rule	Spiralrechenscheibe, Rechenscheibe mit Spiralskala
circular wheel	Ziffernscheibe, Zifferscheibe
circulation	Auflage
circulation list	Verteiler, Verteilerliste
circumference	Kreisumfang, Kreislinie, Umfang
circumferentor	Kreisumfangmesser (mit Kompass)
circumstantial	zufällig
citation	Zitierung
citation count	Anzahl Zitierungen, Anzahl Zitate
citizen science	Bürgerforschung, Bürgerwissenschaft
claim to priority	Prioritätsanspruch
classic work	Klassiker (Buch)
classical Greek mathematics	klassische griechische Mathematik
classified	geheim
clay tablet	Tontafel
clean room	Reinraum

Fachwortschatz zur Technikgeschichte, Teil 2: Englisch-Deutsch

Englisch	Deutsch
clear	auf null stellen, auf null setzen, löschen, auslöschen
clear button	Löschknopf
clear key	Löschtaste
clear language text	Klartext
clear text	Klartext
clearance key	Löschtaste
clearing	Nullstellung, Nullsetzung, Löschung, Löschen
clearing crank	Löschkurbel
clearing key	Löschtaste
clearing knob	Löschknopf, Nullsteller, Auslöscher
clearing lever	Löschhebel, Nullsteller, Auslöscher
clearing mechanism	Löschvorrichtung, Löscheinrichtung
clearing slider	Löschhebel, Nullsteller, Auslöscher
clepsydra	Wasseruhr
clerical job	Bürostelle
clerical worker	Büroarbeitskraft
click	Klick
clickbait	Klickfang, Klickköder
client	Arbeitsplatzrechner
climate change	Klimawandel
climate controlled	klimatisiert
clinometer	Neigungsmesser, Gefällemesser, Steigungsmesser
clock	Uhr (Wanduhr, Turmuhr), Großuhr
clock and watch museum	Uhrenmuseum
clock and watchmaker	Uhrmacher/in
clock automaton	Automatenuhr, Uhrenautomat
clock mechanism	Uhrwerk
clock tower	Uhrenturm, Uhrturm, Glockenturm
clockmaker	Uhrmacher/in
clockmaking	Uhrmacherei, Uhrmacherkunst, Uhrenbau
clocktower	Uhrenturm, Uhrturm, Glockenturm
clockwise	im Uhrzeigersinn
clockwork	Uhrwerk, mechanisch
clockwork mechanism	Uhrwerk, Gehwerk
clockwork music	mechanische Musik
clockwork organ	mechanische Orgel

Fachwortschatz zur Technikgeschichte, Teil 2: Englisch-Deutsch

Englisch	Deutsch
clockwork piano	mechanisches Klavier
clockwork-driven piano	mechanisches Klavier
clone	Nachbau, Klon
clone maker	Klonhersteller/in
cloud	digitale Wolke, Rechnerwolke, Datenwolke, Netzwolke, Wolke
cloud computing	Bereitstellung und Nutzung von Informatikdienstleistungen übers Internet (Mietung und Vermietung von Informatikdienstleistungen)
cloud computing business	Geschäft mit Datenspeicherdienstleistungen
cloud computing service	Netzinformatikdienst, Datenspeicherdienst
cloud data storage	Datenspeicherung im Netz
cloud service	Datenzentrumsdienst, Dienstleistung übers Netz
clutch	Kupplung
coach clock	Reisehuhr
coauthor	Koautor/in, Mitautor/in
cobot	Assistenzroboter, Roboterassistent ,zusammenarbeitender Roboter, kooperativer Roboter,
code	Schlüssel (Ersatz eines ganzen Worts oder einer Wortgruppe durch ein Schlüsselwort), Chiffrierschlüssel, Geheimschrift, Code, Programm (von Neumann, Edvac)
code book	Schlüsselbuch, Codebuch, Buch mit (alfabetischen oder numerischen) Schlüsselwörtern
code breaker	Kryptanalytiker/in, Kryptoanalytiker/in, Schlüsselbrecher/in, Schlüsselknacker/in, Geheimdienstmitglied, Geheimdienstmitarbeiter/in
code breakers	Geheimdienstbelegschaft, Geheimdienstpersonal
code breaking	Kryptanalyse, Kryptoanalyse, Dechiffrieren, Schlüsselbrechen, Schlüsselknacken
code cracker	Kryptanalytiker/in, Kryptoanalytiker/in, Schlüsselbrecher/in, Schlüsselknacker/in, Geheimdienstmitglied, Geheimdienstmitarbeiter/in
code cracking	Kryptanalyse, Kryptoanalyse, Dechiffrieren, Schlüsselbrechen, Schlüsselknacken
code modification (Edvac)	Programmänderung
code system	Verschlüsselungsverfahren
code text	Geheimtext
codebreaking machine	Dechiffriermaschine, Entschlüsselungsmaschine, Schlüsselbrechmaschine, Codebrechmaschine

Fachwortschatz zur Technikgeschichte, Teil 2: Englisch-Deutsch

Englisch	Deutsch
codecracking machine	Dechiffriermaschine, Entschlüsselungsmaschine, Schlüsselbrechmaschine, Codebrechmaschine
coded message	Geheimmeldung, verschlüsselte Meldung, Geheimbotschaft
codename	Deckname
codeword	Codewort (beliebige Entsprechung, willkürliche Zuordnung zu Klartextwort)
coding	Verschlüsseln, Kodieren, Programmieren
coding device	Chiffriergerät, Verschlüsselungsgerät
coding machine	Chiffriermaschine, Verschlüsselungsmaschine, Schlüsselmaschine, kryptologische Maschine
coffee grinder	Kaffeemühle (Curta)
cog	Zahn, Zahnrad, Rippe
cogged chain	Zahnkette
cogged disc	Zahnscheibe
cogged disc adder	Zahnscheibenaddierer
cogged disk	Zahnscheibe
cogged disk adder	Zahnscheibenaddierer
cogged disk adding maschine, cogged disc adding machine	Zahnscheibenaddiermaschine
cogged slide bar	Zahnstange
cogged vertical slide bar adder	Zahlenschieber
cogged wheel	Zahnscheibe, Zahnrad
cogged wheel adder	Zahnscheibenaddierer
cogged wheel disk-type adder	Zahnscheibenaddierer
cogged wheel-type device	Zahnscheibenaddierer
cognition	Erkennen, Erkenntnis
cognitive	Erkennung-, Wahrnehmungs- , erkenntnismäßig, auf Erkenntnis beruhend
cogwheel	Zahnscheibe, Zahnrad
cogwheel tooth	Zahn (Zahnrad)
coin	Münze
coin a term	einen Fachausdruck prägen
coin board	Zahltisch
coin-operated	Münz-
cold cathode tube (USA)	Kaltkathodenröhre
cold cathode valve (UK)	Kaltkathodenröhre
collaboration	Zusammenarbeit

Fachwortschatz zur Technikgeschichte, Teil 2: Englisch-Deutsch

Englisch	Deutsch
collaborative	gemeinsam, Gemeinschafts-
collaborative robot	Assistenzroboter, Roboterassistent
collator	Kartenmischer, Lochkartenmischer
collect data	Daten sammeln
collected papers	gesammelte Schriften
collected works	Gesamtausgabe, gesammelte Werke
collectible	Sammlerstück, Sammelobjekt
collection	Sammlung
collection database	Sammlungsdatenbank, Objektdatenbank
collection of artefacts (UK)	Objektsammlung
collection of artifacts (USA)	Objektsammlung
collection of essays	Aufsatzsammlung
collection of objects	Objektsammlung
collection online	Sammlung im Netz, übers Netz zugängliche Sammlung, netzwerkfähige Sammlung, netzwerktaugliche Sammlung, Onlinesammlung
collections database	Sammlungsdatenbank, Objektdatenbank
collections storage facility	Museumsdepot
collections volume	Sammelband
collective work	Sammelwerk
collector	Sammler/in
collector's guide	Sammelführer
column	Stelle (Dezimalstelle), Kolonne, Spalte (Tabelle), Kolumne
column of figures	Zahlenkolonne
column of keys	Tastenkolonne
column sundial	Säulensonnenuhr
comb	Kamm (Walzenkamm einer Musikdose)
comb tooth	Kammzahn, Kammzunge (Musikdose)
comb-playing clock	Walzenspieluhr
comb-playing musical box	Walzenspieldose
come of age	laufen lernen, mündig werden, volljährig werden
coming of age	Erwachsenwerden, Entwicklung
command	Befehl, Anweisung
commercial	Werbesendung, Werbefilm
commercial arithmetic	kaufmännische Arithmetik, kaufmännisches Rechnen
commercial bank	Geschäftsbank
commercial computation	kaufmännisches Rechnen

Fachwortschatz zur Technikgeschichte, Teil 2: Englisch-Deutsch

Englisch	Deutsch
commercial computer	kaufmännischer Rechner, kommerzieller Rechner
commercial computing	kaufmännisches Rechnen
commercial data processing	kaufmännische Datenverarbeitung, kommerzielle Datenverarbeitung
commercial product	marktfähiges Erzeugnis
commercial vessel	Handelsschiff
commercially available	handelsüblich, im Handel erhältlich
commercially produced	industriell hergestellt
commercially successful	wirtschaftlich erfolgreich
commissioning editor	Lektor/in
common fraction	gemeiner Bruch
common logarithm	gemeiner Logarithmus, gewöhnlicher Logarithmus, Zehnerlogarithmus, Dezimallogarithmus, dekadischer Logarithmus, Logarithmus zur Basis 10
commonly used	allgemein gebräuchlich
commonplace, become ~	alltäglich werden
commons	Gemeingut
communication	Mitteilung, Meldung
communication channel	Kommunikationskanal
communication technology	Kommunikationstechnik
communications company	Kommunikationsfirma
communications network	Kommunikationsnetzwerk
communications platform	Kommunikationsplattform
communications service	Kommunikationsdienst
communications technology	Kommunikationstechnik
community	Gemeinschaft, Gemeinde
company history	Firmengeschichte, Unternehmensgeschichte
comparison site	Vergleichsplattform
compass	Kompass (Bussole)
compass sundial	Kompasssonnenuhr
compasses	Zeichenzirkel, Zirkel (fürs Zeichnen), Einsatzzirkel (Mehrzahl)
compelling	fesselnd
competing interest	Interessenkonflikt
competitive	wettbewerbsfähig, wetteifernd
competitor	Wettbewerber/in
compiler	Übersetzer (Programm)

Fachwortschatz zur Technikgeschichte, Teil 2: Englisch-Deutsch

Englisch	Deutsch
complement	Ergänzungszahl, Ergänzungswert, Komplement, Komplementzahl, Komplementärzahl
complement addition	Komplementaddition, komplementäre Addition (indirekte Subtraktion)
complement on nine	Neunerkomplement, 9er Komplement
complement on one	Einerkomplement
complement on ten	Zehnerkomplement, Dezimalkomplement
complement on two	Zweierkomplement
complement representation	komplementäre Darstellung
complementary representation	komplementäre Darstellung
complementary subtraction	Komplementaddition, komplementäre Addition (indirekte Subtraktion)
complementation	Komplementbildung
complementation method	Komplementärverfahren
complementation system	Komplementärverfahren
complemented value	Komplementwert, Komplementärwert
completely automatic calculating machine	vollautomatische Rechenmaschine
completeness theorem	Vollständigkeitssatz
component	Bauteil, Bestandteil, Baustein, Bauelement, Baugruppe
comprehension	Verstehen
compromise	beeinträchtigen, gefährden, schaden
computable	berechenbar
computable function	berechenbare Funktion
computation centre (UK), computation center (USA)	Rechenzentrum
computation speed	Rechengeschwindigkeit
computation textbook	Rechenbuch
computation time	Rechenzeit
computation with a pen	Federrechnen, Rechnen mit der Feder
computation with the pen	Federrechnen, Rechnen mit der Feder
computational capacity	Rechenleistung, Rechnerleistung
computational chess	maschinelles Schach, rechnergestütztes Schach, automatisches Schach, Computerschach
computational history	rechnergestützte Geschichtswissenschaft, digitale Geschichtswissenschaft
computational machinery	Rechenmaschinen, Rechenanlage
computational need	Rechenbedarf

Fachwortschatz zur Technikgeschichte, Teil 2: Englisch-Deutsch

Englisch	**Deutsch**
computational power	Rechenleistung, Rechnerleistung
computational science	wissenschaftliches Rechnen
computational thinking (CT)	algorithmisches Denken, informatisches Denken
computational vision	maschinelles Sehen
compute	rechnen
compute power	Rechenleistung, Rechnerleistung
computer	Rechner, Computer, (früher) rechnender Mensch, (heute) Rechenmaschine
computer (human computer)	rechnender Mensch, rechnender Mann, rechnende Frau, Rechner/in (Mensch)
computer age	Informatikzeitalter, Computerzeitalter
computer architecture	Rechnerarchitektur, Rechneraufbau, Rechnerstruktur
computer art	rechnergestützte Kunst, Computerkunst
computer behemoth	Computerriese
computer builder	Rechnerhersteller, Rechnerbauer, Rechnerkonstrukteur
computer center (USA)	Rechenzentrum
computer chess	maschinelles Schach, rechnergestütztes Schach, automatisches Schach, Computerschach
computer collection	Rechnersammlung
computer company	Rechnerhersteller/in, Rechnerfirma
computer construction	Rechnerbau
computer dealer	Computerhändler/in, Computergeschäft, Computerladen
computer design	Rechnerentwurf
computer designer	Rechnerentwickler/in, Rechnerkonstrukteur/in
computer development	Rechnerentwicklung
computer engineer	Informatikingenieur/in
computer engineering	technische Informatik, Rechnertechnik
computer generation	Rechnergeneration
computer graphics	grafische Datenverarbeitung, Computergrafik
computer heritage	historische Rechengeräte, Rechnererbe, Rechner als Kulturerbe, Rechner als Kulturgut
computer historian	Informatikhistoriker/in
computer history	Informatikgeschichte, Geschichte der Informatik
computer history exhibit (USA)	Ausstellung zur Informatikgeschichte
computer industry	Rechnerindustrie, IT-Industrie (Informationstechnikindustrie)
computer manufacturer	Rechnerhersteller
computer memory	Rechenspeicher, Rechnerspeicher

Fachwortschatz zur Technikgeschichte, Teil 2: Englisch-Deutsch

Englisch	Deutsch
computer museum	Rechnermuseum, Rechenmuseum, Computermuseum
computer network	Rechnernetz
computer performance	Rechenleistung, Rechnerleistung
computer pioneer	Informatikpionier/in, Rechnerpionier/in
computer power	Rechenleistung, Rechnerleistung
computer processing power	Rechenleistung, Rechnerleistung
computer program	Rechenprogramm
computer restoration	Rechnerinstandstellung
computer science (CS)	Informatik
computer science and technology	Informatikwissenschaft und -technik
computer science department	Informatikfakultät
computer science education	Informatikausbildung
computer science research	Informatikforschung, Forschung in der Informatik
computer security	Rechnersicherheit, Datensicherheit
computer storage	Rechenspeicher, Rechnerspeicher
computer store	Rechenspeicher, Rechnerspeicher
computer technology	Rechentechnik
computer theory	theoretische Informatik
computer use	Rechnerbenutzung
computer vendor	Rechnerlieferant/in, Rechnerverkäufer/in
computer vision	maschinelles Sehen
computer-aided	rechnergestützt, rechnerunterstützt
computer-assisted	rechnergestützt, rechnerunterstützt
computer-based	rechnergestützt, rechnerunterstützt
computing advance	Fortschritt in der Informatik
computing and information technology	Informations- und Kommunikationstechnik
computing application	Rechenanwendung
computing area	Gebiet der Informatik, Bereich der Informatik
computing artefact (UK)	historisches Rechengerät
computing artifact (USA)	historisches Rechengerät
computing automaton	Rechenautomat
computing book	Informatikbuch
computing centre (UK), computing center (USA)	Rechenzentrum
computing collection	Rechnersammlung
computing community	Informatikfachwelt, Informatikergemeinschaft
computing device	Rechengerät

Fachwortschatz zur Technikgeschichte, Teil 2: Englisch-Deutsch

Englisch	Deutsch
computing education	Informatikausbildung
computing equipment	Rechenanlage, Rechnerausstattung
computing exhibit	ausgestelltes Rechengerät
computing field	Gebiet der Informatik, Bereich der Informatik
computing hardware	Rechenanlage, Rechengeräte
computing for healthcare	medizinische Informatik
computing historian	Informatikhistoriker/in
computing history	Informatikgeschichte, Geschichte der Informatik, Geschichte des Rechnens, Rechengeschichte
computing history archive	Archiv für Informatikgeschichte
computing industry	Rechnerindustrie
computing instrument	Recheninstrument, Rechenwerkzeug
computing jeton, computing jetton	Rechenmünze, Rechenmarke, Rechenpfennig
computing machine	Rechenmaschine
computing machinery	Rechenmaschinen, Rechenanlage
computing milestone	Meilenstein der Informatik, Meilenstein in der Informatik
computing museum	Rechnermuseum. Rechenmuseum, Computermuseum
computing network	Rechnernetz
computing power	Rechenleistung, Rechnerleistung
computing professional	Informatikfachperson
computing professional community	Informatikfachwelt, Informatikergemeinschaft
computing professional society	Informatikfachgesellschft
computing research	Informatikforschung
computing rod	Zählstock, Rechenstäbchen
computing science	Informatik
computing society	Informatikgesellschaft
computing student	Informatikstudent/in
computing system	Rechenanlage, Rechensystem, Rechnersystem
computing table	Rechentisch
computing technology	Rechentechnik
computing theory	theoretische Informatik
computing wheel	rechnendes Rad, Rechenrad
computist	Komputist/in (Anhänger/in des Kugelrechnens, römischer Rechenmeister)
computus	Osterrechnung
concentric winding	konzentrischer Skalenverlauf (um einen gemeinsamen Mittelpunkt)

Fachwortschatz zur Technikgeschichte, Teil 2: Englisch-Deutsch

Englisch	Deutsch
concurrent	gleichzeitig
condenser	Kondensator
conditional branch	bedingte Verzweigung
conditional branching	bedingte Verzweigung
conditional command	bedingter Befehl
conditional instruction	bedingte Anweisung
conditional jump	bedingter Sprung
conditional order	bedingter Befehl
conditional transfer	bedingter Sprung
conduct an interview	Gespräch führen
conductor	Leiter
conference paper	Konferenzvortrag
conference presentation	Vortrag, Referat
conference proceedings	Tagungsband
conference report	Tagungsbericht
conference volume	Tagungsband
conflict of interest	Interessenkonflikt
conjectural	mutmaßlich
connect	verbinden
connected	verbunden
connecting wire	Verbindungsschnur
connectivity	Verbindungsfähigkeit, Anschlussfähigkeit
consciousness	Bewusstsein
consecutive location	aufeinanderfolgende Speicherzelle, fortlaufende Speicherzelle
consent	Erlaubnis, Bewilligung, Einwilligung, Zustimmung
conservation	Bewahrung, Erhaltung, Erhalt
console	Bedienpult, Bedienungspult, Bedientisch
constant	Festwert, fester Wert, feste Größe
constant storage	Festwertspeicher, Konstantenspeicher
constants panel	Festwert(steck)tafel, Konstanten(steck)tafel
construct a computer	Rechner bauen
construction of computers	Rechnerbau
consultation system	Beratungssystem
consumer data	Verbraucherdaten
consumer electronics	Heimelektronik, Unterhaltungselektronik, Haushaltselektronik, Freizeitelektronik

Fachwortschatz zur Technikgeschichte, Teil 2: Englisch-Deutsch

Englisch	Deutsch
consumer good	Verbrauchsgut, Gebrauchsgut
contemporary	Zeitgenosse/Zeitgenossin, zeitgenössisch
contemporary history	Zeitgeschichte
content	Inhalt(e)
contents	Inhalt
context	Zusammenhang
continuous	stetig, stufenlos, analog, kontinuierlich
continuous computer	Analogrechner, Analogierechner
contribute (to)	schreiben (für)
contributed article	Hauptbeitrag
contributed book	Sammelwerk
contributed volume	Sammelband
contributed work	Sammelwerk
contribution	Beitrag (allgemein)
contribution to the history of computing	Beitrag zur Informatikgeschichte
contributor	Verfasser/in, Autor/in, Mitwirkende/r
control	steuern, kontrollieren
control cabinet	Schaltschrank, Steuerschrank
control circuit	Steuerkreis
control circuitry	Steuerschaltungen
control console	Steuerpult
control counter	Befehlszähler
control desk	Steuerpult
control dial	Eingabekontrollfenster
control mechanism	Steuereinrichtung
control organ	Steuerwerk, Leitwerk, Steuereinheit
control panel	Schalttafel, Schaltplatte, Schaltbrett, Programmtafel, Programmiertafel, Bedienplatte
control panel wiring	Schalttafelverdrahtung
control unit	Steuerwerk, Leitwerk, Steuereinheit
convolutional neural network (CNN)	neuronales Faltungsnetzwerk
cookie	Schnüffeldatei, auf dem Rechner des Nutzers/der Nutzerin gespeicherte Hilfsdatei (übermittelt von einer Webseite), Textdatei für personalisierte Werbung, Keks
cooling system	Kühlsystem
coordinatograph	Koordinatograf (Gerät)

Fachwortschatz zur Technikgeschichte, Teil 2: Englisch-Deutsch

Englisch	Deutsch
copier	Kopierer, Kopiergerät
copper	Kupfer
copper alloy	Kupferlegierung
copy	kopieren, vervielfältigen
copy edit	(redaktionell) bearbeiten, redigieren
copy editing	Lektorat
copy editor	Redakteur/in, Korrektor/in
copycat	Trittbrettfahrer/in, Nachahmer/in
copyright	Urheberrecht
copyright page	Impressum (Buch)
core business	Kerngeschäft
core computer science	Kerninformatik
core memory	Kernspeicher, Magnetkernspeicher
core storage	Kernspeicher, Magnetkernspeicher
core store	Kernspeicher, Magnetkernspeicher
core theme	Schwerpunkt
corner	Haken (Zahlenschieber)
cornerstone	Eckstein, Grundstein
corollary	Folgesatz, Schlussfolgerung
corporate archive	Firmenarchiv, Konzernarchiv
corporate collection	Konzernsammlung
corporate history	Unternehmensgeschichte, Firmengeschichte, Konzerngeschichte
correction	Verbesserung, Korrektur
correspondence problem (Emil Post)	Korrespondenzproblem (Emil Post)
corresponding author	korrespondierender Verfasser/korrespondierende Verfasserin
cossic arithmetic	Coss
cossist	Cossist/in, Algebraiker/in (Anhänger/in des Buchstabenrechnens)
counter	Zähler, Umdrehungszähler, Umdrehungszählwerk, Umlaufanzeiger, Zählmaschine, Zählwerk, Rechenmünze, Rechenmarke, Rechenpfennig, Rechentisch
counter abacus	Rechentisch
counter board	Rechentisch
counter carry	Zehnerübertrag im Umdrehungszähler
counter caster	Anhänger/in des Linienrechnens, Abakist/in, Abazist/in
counter casting	Linienrechnen, Rechnen auf den Linien

Fachwortschatz zur Technikgeschichte, Teil 2: Englisch-Deutsch

Englisch	Deutsch
counter circuit	Zählschaltung
counter cloth	Rechentuch
counter dial	Zählscheibe, Zählscheibenrad, Kontrollanzeige des Umdrehungszählers
counter mechanism	Umdrehungszähler, Umdrehungszählwerk
counter reckoning	Linienrechnen, Rechnen auf den Linien
counter register	Umdrehungszähler, Umdrehungszählwerk, Zählwerk, Zählregister
counter wheel	Zählrad
counter-clockwise	im Gegenuhrzeigersinn
counterfeit	Fälschung, Falsch-
counting aid	Zählhilfe
counting bead	Zählrahmen, Kugelrechner, Kugelabakus
counting board	Rechenbrett, Rechentafel, Rechentisch
counting cloth	Rechentuch
counting device	Zählgerät
counting frame	Zählrahmen, Rechenrahmen
counting house	Kontor, Büro
counting machine	Zählmaschine
counting mechanism	Zählwerk
counting on the fingers	Fingerrechnen
counting operation	Zählvorgang
counting process	Zählvorgang
counting register	Zählwerk
counting rod	Zählstock
counting stick	Zählstock
counting table	Rechentisch
counting tool	Zählwerkzeug
counting wheel	Zählrad
counting with fingers	Fingerrechnen
courier	Kurier/in
courier delivery services company	Kurierdienstleister/in
course of lectures	Vorlesungen
court	Hof
court astronomer	Hofastronom/in
court watchmaker	Hofuhrmacher/in
courtesy of	mit freundlicher Genehmigung

Fachwortschatz zur Technikgeschichte, Teil 2: Englisch-Deutsch

Englisch	Deutsch
courtesy, by ~ of	mit freundlicher Genehmigung
cover	Umschlag, Titelseite, Titelblatt, abdecken
cover name	Deckname
crack	knacken, brechen (Geheimschlüssel)
crackable	knackbar, brechbar
cradle	Wiege, Ursprung
crank	Kurbel, Handkurbel
crank handle	Handkurbel, Kurbel
crank-driven	Kurbel-, kurbelbetrieben
credible	glaubwürdig
credit	Nachweis, Quelle, Herkunft, Punktzahl
credit balance	Saldo
credit card	Kreditkarte
credit card size	kreditkartengroß
credit line	Urheberrechtsvermerk
credit score	Bewertungsnote, Bewertungsstand, Bonität
credit-balance mechanism	Saldierwerk
credited (to)	zugeschrieben
critical	entscheidend, ausschlaggebend
critical thinking	kritisches Denken
crook	Haken (Zahlenschieber)
crook-shaped column	hakenförmige Spalte
cross reference	Verweis, Querverweis
cross section drawing	Querschnittszeichnung
crossbar	Mittelsteg, Zwischensteg, Quersteg, Steg, Querleiste, Querstab, Querbalken, Mittelschiene, Trennungsstab (Kugelrechner)
cross-disciplinary	fächerverbindend, facherüberschreitend
cross-plugging	Steckerverbindung
cross-staff	Kreuzstab, Jakobsstab
crowdfunding	Schwarmfinanzierung
crowdsourcing	Beschaffung von Daten bei Freiwilligen
CRT memory	Kathodenstrahlröhrenspeicher
CRT storage	Kathodenstrahlröhrenspeicher
CRT store	Kathodenstrahlröhrenspeicher
crucial	ausschlaggebend, entscheidend
crude sketch	Rohskizze

Fachwortschatz zur Technikgeschichte, Teil 2: Englisch-Deutsch

Englisch	Deutsch
crunch numbers	Zahlen verarbeiten
cryptanalysis	Kryptanalyse, Kryptoanalyse
cryptanalyst	Kryptanalytiker/in, Kryptoanalytiker/in
cryptanalytic machine	Dechiffriermaschine, Entschlüsselungsmaschine, Schlüsselbrechmaschine, Codebrechmaschine
cryptocurrency	Kryptowährung, Internetwährung, digitale Währung, digitales Geld
cryptogram	Geheimmeldung, verschlüsselte Meldung, Geheimbotschaft, Geheimtext
cryptograph machine	Chiffriermaschine, Verschlüsselungsmaschine, Schlüsselmaschine, kryptologische Maschine
cryptographic machine	Chiffriermaschine, Verschlüsselungsmaschine, Schlüsselmaschine, kryptologische Maschine
cryptography	Kryptogafie (Lehre von der Verschlüsselung)
cryptological machine	Chiffrier- und Dechiffriermaschine, Ver- und Entschlüsselungsmaschine
cryptologist	Kryptanalytiker/in
cryptology	Kryptologie (Lehre von der Ver- und Entschlüsselung)
cryptotext	Geheimtext
crystal diode	Kristalldiode
Crystal Palace (London)	Kristallpalast (London)
cube	Kubikzahl, Würfelzahl
cube root	Kubikwurzel
cube root extraction	Kubikwurzelziehen, Kubikwurzelausziehen
cubic equation	kubische Gleichung
cubic root table	Kubikwurzeltafel, Kubikwurzeltabelle
cuckoo clock	Kuckucksuhr
cue	Stichwort
cue word	Stichwort
cultural heritage	Kulturerbe, Kulturgut
cultural history	Kulturgeschichte
curation (database)	Pflege (Datenbank)
curator	Kurator/in
curator for history of science and technology	Kurator/in für Technik- und Wissenschaftsgeschichte
curator of computing	Kurator/in für Informatik
curator of mathematics	Kurator/in für Mathematik
curator of science and technology	Kurator/in für Wissenschaft und Technik

Fachwortschatz zur Technikgeschichte, Teil 2: Englisch-Deutsch

Englisch	Deutsch
curator of the history of technology	Kurator/in für Technikgeschichte
curiosity cabinet	Wunderkammer, Kuriositätenkabinett
currency conversion	Währungsumrechnung
current	laufend, aktuell
current exhibition	laufende Ausstellung
current issue	laufende Ausgabe, aktuelle Ausgabe
cursor	Läufer (Rechenschieber)
curve	Kurve
curvimeter	Kurvenmesser, Linienmesser
custom machine	maßgeschneiderte Maschine, maßgefertigte Maschine
cutting-edge research	Spitzenforschung
cutting-edge technology	Spitzentechnik
cyber	Netz-, Internet-
cyber archive	übers Netz zugängliches Archiv
cyber exhibit (USA)	Ausstellung im Netz, Ausstellung im Internet
cyber hacker	Angreifer/in im Netz
cyber heist	Datenraub
cyber merchant	Internethändler/in
cyber museum	Museum im Netz, Museum im Internet
cyber threat	Bedrohung im Internet, Bedrohung durch das Internet
cyber warfare	Internetkriegführung
cyberattack	Internetangriff, Netzangriff
cyberbullying	Internetmobbing, Mobbing im Netz, Netzschikane
cybercrime	Internetverbrechen
cybercriminal	Internetverbrecher/in
cyberneticist	Kybernetiker/in
cybernetics	Kybernetik
cybersecurity	Internetsicherheit, Netzsicherheit
cyberspace	Internet, Internetwelt
cyborg	Maschinenmensch, Menschmaschine, künstlicher Mensch, Mensch-Maschine-Mischwesen, Cyborg, Mensch mit eingebauten technischen Gegenständen
cycle	Kreislauf, Ablauf, Zyklus
cylinder	Walze, Trommel, Zylinder
cylinder box	Walzenspieldose
cylinder musical box	Walzenspieldose

Fachwortschatz zur Technikgeschichte, Teil 2: Englisch-Deutsch

Englisch	Deutsch
cylinder phonograph	Walzenphonograph
cylinder sundial	Zylindersonnenuhr
cylinder, interchangeable ~	austauschbare Walze, auswechselbare Walze
cylinder-operated music box	Walzenspieldose
cylinder-playing musical clock	Walzenspieluhr
cylindrical	Rundbau-
cylindrical adder	dosenförmiger Addierer
cylindrical arithmometer	Rechenmühle, Rundbaurechenmaschine
cylindrical calculating machine	Rechenmühle, Rundbaurechenmaschine
cylindrical calculator	Rechenmühle, Rundbaurechenmaschine, Rechenwalze
cylindrical machine	Rechenmühle, Rundbaurechenmaschine
cylindrical rule	Rechenwalze, Rechentrommel, Rechenzylinder
cylindrical slide rule	Rechenwalze, Rechentrommel, Rechenzylinder
D	
dactylonomy	Fingerrechnen
daily key	Tagesschlüssel
daily setting	Tagesschlüssel
dance organ	Tanzorgel
dancehall organ	Tanzorgel
Darius vase	Dariusvase
dark age	finsteres Zeitalter
darknet	geheimes (verschlüsseltes) Internet
darkweb	geheimes (verschlüsseltes) Web
Darmstadt rule	Rechenstab System Darmstadt, Darmstadt-Rechenstab
Darmstadt slide rule	Rechenstab System Darmstadt, Darmstadt-Rechenstab
dash	Strich (Morsealfabet)
data abuse	Datenmissbrauch
data acquisition	Datenerfassung
data analytics	Datenanalytik
data breach	Datenpanne, Datenleck
data broker	Datenmakler/in, Datenvermittler/in
data centre (UK), data center (USA)	Datenzentrum, Rechenzentrum
data collection	Datensammlung
data collector	Datenkrake(n), Datensammler/in
data cruncher	Datenschaufler

Fachwortschatz zur Technikgeschichte, Teil 2: Englisch-Deutsch	
Englisch	**Deutsch**
data driven	datengestützt
data enabled	datengestützt
data entry	Datenerfassung
data extractor	Datenkrake(n), Datensammler/in
data flow	Datenfluss
data gathering	Datensammeln
data hack	Angriff auf Daten
data harvester	Datenkrake(n), Datensammler/in
data harvesting	Datensammeln
data integrity	Datensicherheit
data leak	Datenleck, Datenpanne
data localization (USA)	Verortung von Daten
data loss	Datenverlust
data network	Datennetz
data portability	Übertragbarkeit von Daten (Mitnahme der eigenen Daten beim Anbieterwechsel)
data privacy	Datenschutz (Schutz der Privatsphäre)
data privacy law	Datenschutzgesetz
data privacy right(s)	Recht auf Datenschutz, Recht auf Privatheit
data processing computer	Datenverarbeitungsmaschine
data processing industry	datenverarbeitende Industrie
data profile	Datenprofil
data protection	Datensicherung
data record	Datensatz
data scandal	Datenskandal
data science	Datenwissenschaft
data security	Datensicherheit
data security breach	Datenleck, Datenpanne
data set	Datensatz
data storage	Datenspeicherung
data theft	Datendiebstahl
data trading	Datenhandel
data trail	Datenspur
data vending	Datenverkauf
datacentre (UK), datacenter (USA)	Datenzentrum, Rechenzentrum
data-led	datengeführt, datenbestimmt, datengesteuert
dataset	Datensatz, Datenbestand

Fachwortschatz zur Technikgeschichte, Teil 2: Englisch-Deutsch

Englisch	Deutsch
datasheet	Datenblatt
date unknown	ohne Jahr (o.J.)
dating service	Partnervermittler/in, Partnerschaftsbörse, Partnerbörse
dawn	Frühzeit
day key	Tagesschlüssel
day's key	Tagesschlüssel
day's setting	Tagesschlüssel
deadline	Frist
dealer	Händler/in
decade counter	Dekadenzähler
decade ring counter	dekadischer Ringzähler, ringförmiger Dekadenzähler
decidability problem	Entscheidungsproblem
decimal carry	Zehnerübertrag, Zehnerübertragung
decimal complement	Zehnerkomplement, Dezimalkomplement
decimal digit	Dezimalziffer
decimal fraction	Dezimalbruch
decimal machine	Dezimalrechner
decimal marker	Tausender(an)zeiger
decimal number	Dezimalzahl
decimal place	Dezimalstelle
decimal place-value system	dezimales Stellenwertsystem
decimal point	Dezimalkomma
decimal ring counter	dezimaler Ringzähler
decimal system	Zehnersystem, Dezimalsystem, dekadisches System
decimal wheel	Zehnerrad
decimal-binary conversion	Dezimal-binär-Umwandlung
decipher	dechiffrieren, entschlüsseln, entziffern
decision making	Entscheidfindung
decision problem	Entscheidungsproblem
decision-making process	Entscheidungsvorgang
deck of cards	Lochkartenstapel, Lochkartensatz
decode	dechiffrieren, entschlüsseln, entziffern
decoding	dechiffrieren, entschlüsseln, entziffern
decoding device	Dechiffriergerät, Entschlüsselungsgerät
decrypt	dechiffrieren, entschlüsseln, entziffern, entschlüsselte Mitteilung
decrypted message	entzifferte Meldung

Fachwortschatz zur Technikgeschichte, Teil 2: Englisch-Deutsch

Englisch	Deutsch
decrypting	dechiffrieren, entschlüsseln, entziffern,
decrypting machine	Dechiffriermaschine, Entschlüsselungsmaschine, Schlüsselbrechmaschine, Codebrechmaschine
decryption	Entzifferung
decryption machine	Dechiffriermaschine, Entschlüsselungsmaschine, Schlüsselbrechmaschine, Codebrechmaschine
dedication	Einweihung, Widmung
deep fake	gefälschte Videodatei, gefälschte Audiodatei, gefälschte Bilddatei
deep learning	tiefes Lernen, mehrschichtiges Lernen
deep neural net (DNN)	tiefes neuronales Netz, mehrschichtiges neuronales Netz
deep neural network (DNN)	tiefes neuronales Netz
deep web	verstecktes (unsichtbares) Web
delay line	Verzögerungsstrecke, Verzögerungsleitung, Laufzeitverzögerungsleitung
delay line memory	Laufzeitspeicher, Verzögerungsspeicher, Rückkopplungsspeicher, Verzögerungsstreckenspeicher
delay line storage	Laufzeitspeicher, Verzögerungsspeicher, Rückkopplungsspeicher, Verzögerungsstreckenspeicher
delay line store	Laufzeitspeicher, Verzögerungsspeicher, Rückkopplungsspeicher, Verzögerungsstreckenspeicher
delayed carry	verzögerter Zehnerübertrag
delivery drone	Lieferdrohne
delivery robot	Lieferroboter
demand (for)	Nachfrage
demand, on ~	Bedarfs-
demonstration device	Vorführgerät
demonstration machine	Vorführmaschine
demonstration model	Vorführmodell, Demonstrationsmodell, Demomodell
demonstration piece	Vorführmodell, Demonstrationsmodell, Demomodell
denial of service (DoS)	Verweigerung von Rechenleistung
department of computer science	Informatikabteilung, Informatikfakultät
department of computing	Informatikabteilung, Informatikfakultät
department store	Kaufhaus, Warenhaus
departure point	Ausgangspunkt, Entstehungsort
dependable computing	verlässliche Datenverarbeitung, betriebssicheres Rechnen
dependable machine	zuverlässige Maschine

Fachwortschatz zur Technikgeschichte, Teil 2: Englisch-Deutsch

Englisch	Deutsch
depress a key	Taste drücken
depression	Tief, Krise, Flaute, Wirtschaftskrise
descendant	Nachkomme, Nachfahre, Abkömmling
descriptive geometry	darstellende Geometrie
design	Ausgestaltung, Gestaltung, Entwurf, Modell
design drawing	Konstruktionszeichnung, technische Zeichnung, Schemazeichnung, Schemadarstellung, schematische Darstellung
desk calculating machine	Tischrechenmaschine
desk calculating machinery	Tischrechenmaschinen
desk calculator	Tischrechner
desk computing	Tischrechnen
desk machine	Tischmaschine
desk-size	Tisch-
desktop	Tisch-, stationär
desktop calculator	Tischrechner
desktop computer	Tischrechner
desktop electronic calculator	elektronischer Tischrechner
desktop publishing	rechnergestütztes Publizieren, Herstellung von Druckerzeugnissen auf dem Schreibtisch
development	Enwicklung
diagnosis system	Diagnosesystem
diagnostic system	Diagnosesystem
diagram	grafische Darstellung, Diagramm, Schaubild
diagrammatic sketch	Schemazeichnung, Schemadarstellung, schematische Darstellung
dial	Ziffernrad, Zifferrad, Ziffernrolle, Ziffernscheibe, Zifferblatt, Zahlenrad, Zahlenrolle, Zählrolle, Zählscheibe, Zählscheibenrad, Einstellrad, Einstellscheibe, Wählscheibe, Skalenscheibe, Scheibe, Rolle
dial plate	Zifferblatt, Ziffernblatt
dial scale	Anzeigeskala
dialogue system (UK), dialog system (USA)	Dialogsystem, dialogfähiges System
diameter	Durchmesser
dictating machine	Diktiergerät
dictation machine	Diktiergerät
die-cast	Druckguss-
difference	Differenz (Subtraktion), Unterschied

Fachwortschatz zur Technikgeschichte, Teil 2: Englisch-Deutsch

Englisch	**Deutsch**
difference engine	Differenzenmaschine
differential analyser (UK), differential analyzer (USA)	Integrieranlage
differential calculus	Differenzialrechnung
differential equation	Differenzialgleichung
differential equation, ordinary ~	gewöhnliche Differenzialgleichung
differential equation, partial ~	partielle Differenzialgleichung
diffusion	Verbreitung
digesting duck (Vaucanson)	verdauende Ente
digit	Ziffer, Zahlreichen
digit by digit	ziffernweise, stellenweise
digit key	Zifferntaste
digit lever	Schieber, Einstellschieber, Hebel, Einstellhebel, Stellhebel
digit wheel	Ziffernrad, Zifferrad
digital	digital, ziffernmäßig, schrittweise, stufenweise
digital advertising	digitale Werbung
digital age	digitales Zeitalter, Imformatikzeitalter
digital archive	digitales Archiv
digital archiving	digitale Archivierung
digital assistant	digitaler Assistent, digitale Assistentin
digital automatic computer	digitaler Rechenautomat
digital calculating device	digitales Rechengerät
digital calculation	Ziffernrechnen, Zahlenrechnen, numerisches Rechnen, Digitalrechnen
digital camera	Digitalkamera
digital coin	digitale Münze, digitales Geld
digital company	Internetfirma
digital computer	Digitalrechner, Ziffernrechner
digital computing system	Rechenanlage
digital content	digitale Inhalte, Inhalte im Internet, Inhalte in den sozialen Medien
digital copy	Digitalisat
digital currency	digitale Währung, digitales Geld
digital dark age	finsteres digitales Zeitalter (mit Gedächtnisverlust)
digital divide	digitaler Graben, digitale Kluft, digitales Gefälle
digital economy	digitale Wirtschaft

Fachwortschatz zur Technikgeschichte, Teil 2: Englisch-Deutsch

Englisch	Deutsch
digital edition	elektronische Ausgabe, digitale Ausgabe
digital electronic computer	digitaler Elektronenrechner
digital era	digitales Zeitalter
digital espionage	Internetspionage
digital footprint	digitale Spur, digitaler Fußabdruck
digital forensics	gerichtliche Untersuchung von Internetverbrechen
digital heritage	digitales Erbe
digital history	rechnergestützte Geschichtswissenschaft, digitale Geschichtswissenschaft
digital humanities	rechnergestützte Geisteswissenschaften, digitale Geisteswissenschaften
digital immigrant	Person, welche die digitale (vernetzte) Welt erst im Erwachsenenalter kennengelernt hat, digitaler/digitale Einheimische
digital key	Zifferntaste
digital legacy	digitaler Nachlass
digital machine	Digitalmaschine, Ziffernmaschine
digital money	digitales Geld, digitale Währung
digital native	Person, die mit der digitalen (vernetzten) Welt aufgewachsen ist, digitaler Zuzügler/digitale Zuzüglerin, in der digitalen Welt aufgewachsen, von der Kindheit an digital, von der Jugend an digital, von Haus aus digital
digital payment platform	elektronisches Bezahlverfahren
digital permanence	Langzeitarchivierung
digital platform	Internetplattform
digital preservation	Langzeitarchivierung, Erhaltung digitaler Daten, digitale Nachhaltigkeit
digital repository	digitale Publikationsplattform
digital revolution	digitale Umwälzung, digitaler Wandel, digitale Umgestaltung, digitale Revolution
digital services tax (DST)	Digitalsteuer
digital single market (DSM)	digitaler Binnenmarkt
digital tax	Digitalsteuer
digital technology	Digitaltechnik
digital threat	digitale Bedrohung
digital trade	Internethandel, digitaler Handel
digital wallet	digitale Geldbörse, digitales Portemonnaie, virtuelle Geldbörse
digital warfare	digitale Kriegsführung

Fachwortschatz zur Technikgeschichte, Teil 2: Englisch-Deutsch

Englisch	Deutsch
digital waste	digitaler Müll
digital world	digitale Welt
digitisation (UK), digitization (USA)	Digitalisierung
digitise (UK), digitize (USA)	digitalisieren
digitising (UK), digitizing (USA)	Digitalisierung
diptych dial	Klappsonnenuhr, aufklappbare Sonnenuhr
diptych sundial	Klappsonnenuhr, aufklappbare Sonnenuhr
direct adding machine	Direktaddiermaschine, Direktaddierer
direct bank	Digitalbank, Direktbank
direct current (dc)	Gleichstrom
direct division	direkte Division
direct multiplication	Direktmultiplikation
direct multiplication calculating machine	Direktmultiplizierer
direct multiplication machine	Direktmultiplizierer
direct multiplier	Direktmultiplizierer
direct multiplying machine	Direktmultiplizierer
direct subtraction	direkte Subtraktion
direction of rotation	Drehrichtung
directions of use	Gebrauchsanweisung, Bedienungsanleitung
direct-multiplying calculator	Direktmultiplizierer
director of collections	Sammlungsleiter/in
disassemble	zerlegen, auseinander nehmen, abbrechen
disc	Platte, Scheibe
disc box	Plattenspieldose, Lochplattenspieldose, Scheibenspieldose
disc drive	Plattenlaufwerk
disc music box	Plattenspieldose, Lochplattenspieldose, Scheibenspieldose
disc musical box	Plattenspieldose, Lochplattenspieldose, Scheibenspieldose
disc storage	Plattenspeicher
discard	wegwerfen
disclose	bekanntgeben, bekanntmachen
disclosure	Bekanntgabe, Bekanntmachung
disc-operated music box	Plattenspieldose, Lochplattenspieldose, Scheibenspieldose
discovery	Entdeckung, Fund

Fachwortschatz zur Technikgeschichte, Teil 2: Englisch-Deutsch

Englisch	Deutsch
disc-playing musical box	Plattenspieldose, Lochplattenspieldose, Scheibenspieldose
discrete	ziffernmäßig, schrittweise, stufenweise, digital
discriminant	Kenngruppe (Enigma)
disc-type musical box	Plattenspieldose, Lochplattenspieldose, Scheibenspieldose
disillusionment	Ernüchterung
disinformation	Falschmeldung, Falschinformation (mit Täuschungsabsicht)
disk	Platte, Scheibe
disk box	Plattenspieldose, Lochplattenspieldose, Scheibenspieldose
disk cartridge	Plattenkassette
disk drive	Plattenlaufwerk
disk memory	Plattenspeicher
disk music box	Plattenspieldose, Lochplattenspieldose, Scheibenspieldose
disk musical box	Plattenspieldose, Lochplattenspieldose, Scheibenspieldose
disk pack	Plattenstapel
disk stack	Plattenstapel
disk storage	Plattenspeicher
disk-operated music box	Plattenspieldose, Lochplattenspieldose, Scheibenspieldose
disk-playing musical box	Plattenspieldose, Lochplattenspieldose, Scheibenspieldose
disk-type musical box	Plattenspieldose, Lochplattenspieldose, Scheibenspieldose
dismantle	zerlegen, auseinander nehmen, abbrechen
dispatch rider	Eildienstkurier/in
displace	verdrängen
display	Anzeige, Darstellung, Zurschaustellung
display window	Schauloch, Sichtloch, Sichtfenster, Schaufenster, Schauöffnung, Ablesefenster, Anzeigefenster
display, on ~	ausgestellt (Museum)
disruption	Riss, Bruch, Spaltung, Zerstörung, schöpferische Zerstörung
disruptive	zerstörerisch, zerreißend
dissemble	zerlegen, auseinander nehmen, abbrechen

Fachwortschatz zur Technikgeschichte, Teil 2: Englisch-Deutsch

Englisch	Deutsch
dissemination	Verbreitung
dissertation	Doktorarbeit, Dissertation
distant future	ferne Zukunft
distinctive	unverkennbar, unverwechselbar
distinguished	ausgezeichnet, hervorragend
distributed computation	verteiltes Rechnen
distributed computing	verteiltes Rechnen
distributed database	verteilte Datenbank
distributed denial of service (DDoS)	verteilte Dienstblockade
distributed ledger	verteiltes Kontobuch, verteiltes Hauptbuch, dezentralisiertes Kassenbuch, verteiltes elektronisches Register
distributed network	verteiltes Netz, verteiltes Netzwerk
distributed processing	verteilte Verarbeitung
dividend	Dividend
divider	Dividierwerk, Dividiereinrichtung
divider bar	Mittelsteg, Zwischensteg, Quersteg, Steg, Querleiste, Querstab, Querbalken, Mittelschiene, Trennungsstab (Kugelrechner)
dividers	Stechzirkel, Messzirkel (Mehrzahl)
dividing bar	Mittelsteg, Zwischensteg, Quersteg, Steg, Querleiste, Querstab, Querbalken, Mittelschiene, Trennungsstab (Kugelrechner)
dividing line	Mittelsteg, Zwischensteg, Quersteg, Steg, Querleiste, Querstab, Querbalken, Mittelschiene, Trennungsstab (Kugelrechner)
division	Teilen, Division
division table	Divisionstafel, Divisionstabelle
divisor	Divisor
doctoral dissertation	Dissertation, Doktorarbeit
document collection	Dokumentsammlung
documentary	Dokumentarfilm
documentary evidence	schriftliche Belege
documentary history	Dokumentargeschichte
domain specialist	Fachmann, Fachfrau
domestic clock	Hausuhr
dominance	Übermacht, Vorherrschaft
dominant position	beherrschende Stellung
dominical letter	Sonntagsbuchstabe

Fachwortschatz zur Technikgeschichte, Teil 2: Englisch-Deutsch

Englisch	Deutsch
dot	Punkt (Morsealfabet, Internetadresse)
dot-com	Internetunternehmen
dot-com bubble	Internetblase, Technologieblase
dot-com bust	Pleite von Internetunternehmen
dot-com crash	Zusammenbruch von Internetunternehmen
dots per inch (dpi)	Punkte pro Zoll
double slide rule	Zweiseitenrechenstab, Doppelrechenstab, Duplexrechenstab, beidseitiger Rechenschieber (Rechenstab mit zwei durch Stege verbundene Körperleisten, mit Skalen auf beiden Seiten und umschließendem Läufer)
double-blind review	doppelblinde Begutachtung, doppelt blinde Begutachtung
doubling	Verdoppelung, Duplieren, Duplation (Linienrechnen)
download	abrufen, beziehen, herunterladen
downloadable	abrufbar, beziehbar
downside	Kehrseite, Schattenseite
draft	Entwurf
drafting compass set	Reißzeug
drafting instrument	Reißinstrument
drafting pen	Zeichenstift
drafting set	Reißzeug
drafting tool	Reißgerät
draftsman (USA)	Zeichner
draughtsman (UK)	Zeichner
draw loom	Zugwebstuhl
drawback	Nachteil, Hindernis, Schattenseite
drawing compasses	Zeichenzirkel, Einsatzzirkel, gewöhnlicher Zirkel (Mehrzahl)
drawing instrument	Zeicheninstrument
drawing office	Zeichenbüro, Zeichnungsbüro, Konstruktionsbüro
drawing pen	Zeichenstift
drawing tool	Zeichengerät
drive shaft	Antriebswelle, Kurbelwelle
driver	treibende Kraft, Fahrer/in
driver monitoring	Fahrerüberwachung
driverless	fahrerlos
driverless car	lenkerloses Auto, fahrerloses Auto
drone	Drohne

Fachwortschatz zur Technikgeschichte, Teil 2: Englisch-Deutsch

Englisch	**Deutsch**
drone delivery	Lieferung mit Drohne
drone service	Drohnendienst
dross	Müll, Schrott
drum calculator	Staffelwalzenrechner, Staffelwalzenrechenmaschine, Stufenwalzenrechner, Stufenwalzenrechenmaschine
drum capacitor memory	Kondensatorspeichertrommel
drum computer	Trommelrechner
drum machine	Trommelrechner
drum memory	Trommelspeicher
drum player	Trommler, Tamburinspieler
drum storage	Trommelspeicher
drum store	Trommelspeicher
drum-based	Trommel-
drum-based computer	Trommelrechner
drum-type magnetic storage	Magnettrommelspeicher
dulcimer	Hackbrett, Zimbal
dulcimer player	Zimbalspielerin (Kinzing)
dulcimer-playing clock	Zimbaluhr, Hackbrettuhr
duodecimal scale	Zwölferskala, Duodezimalskala
duplation	Verdoppelung, Duplieren, Duplation (Linienrechnen)
duplex	Zweifach-, Doppel-, Duplex-, beidseitig
duplex calculator	Doppelrechner, Doppelrechenmaschine, Duplexrechner
duplex machine	Doppelmaschine, Duplexmaschine
duplex model	Doppelmodell
duplex slide rule	Zweiseitenrechenstab, Doppelrechenstab, Duplexrechenstab, beidseitiger Rechenschieber (Rechenstab mit zwei durch Stege verbundene Körperleisten, mit Skalen auf beiden Seiten und umschließendem Läufer)
duplicate	verdoppeln, vervielfältigen
duplicating punch	Kartendoppler, Lochkartendoppler
duplication	Verdoppelung, Duplieren, Duplation (Linienrechnen)
duplicator	Vervielfältigungsgerät
dust abacus	Staubtafel, Staubbrett (Abakus)
dust table	Staubtafel, Staubbrett (Abakus)
dystopian	Schreckens-

Fachwortschatz zur Technikgeschichte, Teil 2: Englisch-Deutsch

Englisch	Deutsch
E	
early Arabian mathematics	früharabische Mathematik
early Hindu mathematics	frühindische Mathematik
early history	Frühgeschichte
early medieval	frühmittelalterlich
early middle ages	Frühmittelalter
early modern period	frühe Neuzeit
early modern times	frühe Neuzeit
earth	Erde (Kugelrechner)
earth measure	Erdmessung
easy-to-read	leicht lesbar
easy-to-use	bedienungsfreundlich, einfach zu bedienen, leicht bedienbar, benutzungsfreundlich
eavesdrop	abhören, horchen, lauschen
ebook	elektronisches Buch
ebook lending	Ausleihe elektronischer Bücher
echo chamber	Echokammer (digitaler Raum, in dem man vor allem jene Nachrichten bekommt, die der eigenen Weltanschauung entsprechen)
eclipse	verdrängen
ecommerce	elektronischer Handel, Internethandel, Onlinehandel
e-commerce	elektronischer Handel, Internethandel, Onlinehandel
ecommerce company	Internethandelsfirma, Internethändler(in), Onlinehändler(in)
ecommerce giant	Internethandelsriese
ecommerce group	Internethandelskonzern
ecommerce market	digitaler Markt
ecommerce platform	elektronische Handelsplattform, digitale Handelsplattform, Internethandelsplattform
ecommerce seller	Internethändler(in), Onlinehändler(in)
ecommerce store	Internetgeschäft, Onlinegeschäft
ecommerce titan	Internethandelsriese
economic boom	wirtschaftlicher Aufschwung
economic historian	Wirtschaftshistoriker/in
economic history	Wirtschaftsgeschichte
economic power	Wirtschaftsmacht
economy of scale	größenbedingter Kostenvorteil, Großbetriebsvorteil, Wirtschaftlichkeit durch Massenproduktion

Fachwortschatz zur Technikgeschichte, Teil 2: Englisch-Deutsch

Englisch	Deutsch
ecosystem	Ökosystem, Umweltsystem, Gesamtsystem, Umfeld (mit Nutzerbindung)
e-democracy	rechnergestützte Demokratie, elektronische Demokratie, elektronische Volksherrschaft
edge computing	Datenverarbeitung am Rand des Netzwerks, dezentrale Datenverarbeitung auf lokalen Maschinen, Auslagerung von Rechenleistung ins Mobilfunknetz
edit	Bearbeitung
edited book	Sammelwerk
edited collection	Sammelwerk
edited volume	Sammelband
editor's letter	Editorial
editorial board	Redaktion, Redaktionsleitung
editor-in-chief (EiC)	Chefredakteur/in
e-government	rechnergestützte Verwaltung, elektronische Verwaltung
Egyptian calendar	ägyptischer Kalender
Egyptian multiplication	ägyptische Multiplikation
eighty-column paper tape	80-spaltiger Lochstreifen
elder, the ~	der Jüngere
election interference	Wahlbeeinflussung
electoral inference	Wahlbeeinflussung
electric	elektrisch
electric car	Elektroauto
electric clock	elektrische Uhr
electric delay line	elektrische Verzögerungsstrecke
electric drive	Elektroantrieb
electric motor	Elektromotor
electric motor drive	Elektromotorantrieb
electric punch	elektrischer Locher, elektrischer Stanzer
electric vehicle	Elektroauto
electrical	elektrisch
electrical distribution grid	Stromversorgungsnetz
electrical engineer	Elektroingenieur/in
electrical engineering	Elektrotechnik
electrical engineering professor	Professor/in für Elektrotechnik
electrical grid	Stromnetz
electrical history	Elektrizitätsgeschichte

Fachwortschatz zur Technikgeschichte, Teil 2: Englisch-Deutsch

Englisch	Deutsch
electrical impulse	elektrischer Impuls
electrical industry	Elektroindustrie
electrical machine	Elektrisiermaschine
electrical power	elektrischer Strom
electrical pulse	elektrischer Impuls
electrical voltage	elektrische Spannung
electrically driven	elektrisch angetrieben, mit Strom angetrieben, elektrifiziert, Elektro-
electrically driven desk calculator	elektrische Tischrechenmaschine
electrically operated	elektrisch betrieben, mit Strom betrieben, elektrifiziert, Elektro-
electrically powered	elektrisch betrieben, mit Strom betrieben, elektrifiziert, Elektro-
electromagnet	Elektromagnet
electromagnetic delay line storage	elektromagnetischer Laufzeitspeicher
electromagnetic relay	elektromagnetisches Relais
electromechanical	elektromechanisch
electromechanical calculator	elektromechanischer Rechner
electromechanical computer	elektromechanischer Rechner
electromechanical computing	elektromechanisches Rechnen
electromechanical device	elektromechanisches Gerät
electromechanical machine	elektromechanischer Rechner
electromechanical memory	elektromechanischer Speicher
electromechanical storage	elektromechanischer Speicher
electromechanical store	elektromechanischer Speicher
electron beam	Elektronenstrahl
electron tube (USA)	Elektronenröhre, Vakuumröhre, Hochvakuumröhre
electronic	elektronisch
electronic age	Elektronikzeitalter, elektronisches Zeitalter
electronic aid	elektronische Hilfe
electronic analogue computer (UK), electronic analog computer (USA)	elektronischer Analogrechner
electronic analogue machine (UK), electronic analog machine (USA)	elektronischer Analogrechner
electronic book	elektronisches Buch
electronic brain	Elektronengehirn
electronic calculating machine	Elektronenrechner

Fachwortschatz zur Technikgeschichte, Teil 2: Englisch-Deutsch

Englisch	Deutsch
electronic calculating punch	elektronischer Rechenlocher, elektronischer Rechenstanzer, Lochkartenrechner
electronic calculator	Elektronenrechner
electronic circuit	elektronischer Schaltkreis
electronic commerce (e-commerce)	elektronischer Handel, Internethandel, Onlinehandel
electronic component	elektronisches Bauteil
electronic computation	elektronisches Rechnen, elektronische Berechnung
electronic computer	Elektronenrechner
electronic computing	elektronisches Rechnen, elektronische Berechnung
electronic computing machine	Elektronenrechner
electronic counter	elektronischer Zähler
electronic data processing	elektronische Datenverarbeitung
electronic data processing machine	elektronische Datenverarbeitungsanlage
electronic desk calculator	elektronischer Tischrechner
electronic digital calculator	elektronischer Digitalrechner, digitaler Elektronenrechner, Rechenautomat, Rechenautomat
electronic digital computer	elektronischer Digitalrechner, digitaler Elektronenrechner, Rechenautomat, Rechenautomat
electronic engineer	Elektronikingenieur/in
electronic engineering	Elektronik
electronic magazine	elektronische Zeitschrift
electronic mail	elektronische Post
electronic memory	elektronischer Speicher
electronic memory tube (USA)	elektronische Speicherröhre
electronic pocket calculator	elektronischer Taschenrechner
electronic storage	elektronischer Speicher
electronic storage tube (USA)	elektronische Speicherröhre
electronic store	elektronischer Speicher
electronic tube (USA)	Elektronenröhre, Vakuumröhre, Hochvakuumröhre
electronic tube machine (USA)	elektronischer Röhrenrechner
electronic valve (UK)	Elektronenröhre, Vakuumröhre, Hochvakuumröhre
electronics firm	Elektronikfirma
electrostatic memory	elektrostatischer Speicher
electrostatic memory tube (USA)	elektrostatische Speicherröhre
electrostatic storage	elektrostatischer Speicher
electrostatic storage rack	Elektrostatikspeichergestell
electrostatic storage tube (USA)	elektrostatische Speicherröhre

Fachwortschatz zur Technikgeschichte, Teil 2: Englisch-Deutsch

Englisch	Deutsch
electrostatic storage tube machine (USA)	Rechner mit elektrostatischem Speicher
electrostatic storage tube memory (USA)	elektrostatischer Röhrenspeicher
electrostatic store	elektrostatischer Speicher
electrostatic tube (USA)	elektrostatische Röhre
elementary arithmetic operation	Grundrechenart
elementary geometry	Elementargeometrie, elementare Geometrie
elementary mathematics	Elementarmathematik, elementare Mathematik
elevation	Bündelung, Zusammenfassung, Elevieren (Linienrechnen)
ellipsograph	Ellipsenzeichner, Ellipsograf
email	elektronische Post
email account	elektronisches Postfach, Emailkonto
email address	elektronische Postfachadresse, Emailadresse
email message	elektronische Mitteilung
email provider	Anbieter von elektronischen Postfächern
email service	elektronischer Postdienst, elekronischer Postverkehr
email spam	unerwünschte elektronische Post
embedded	eingebettet
embedded device	eingebettetes Gerät
embedded software	eingebettete Programme, verborgene Programme
emergence	Auftreten, Erscheinen, Auftauchen
emerging	aufkommend
emotion recognition	Gefühlserkennung
enamel	Email
encipher	chiffrieren, verschlüsseln (Buchstabe um Buchstabe)
enciphered text	Geheimtext, verschlüsselter Text
enciphering	chiffrieren, verschlüsseln (Buchstabe um Buchstabe)
encode	chiffrieren, verschlüsseln (ganzes Wort oder Wortgruppe)
encoding	chiffrieren, verschlüsseln (ganzes Wort oder Wortgruppe)
encrypt	chiffrieren, verschlüsseln, verschlüsselte Mitteilung
encrypted message	Geheimmeldung, verschlüsselte Meldung, Geheimbotschaft
encrypted text	Geheimtext, verschlüsselter Text
encrypting machine	Chiffriermaschine, Verschlüsselungsmaschine, Schlüsselmaschine, kryptologische Maschine
encryption	Verschlüsselung
encryption machine	Chiffriermaschine, Verschlüsselungsmaschine, Schlüsselmaschine, kryptologische Maschine

Fachwortschatz zur Technikgeschichte, Teil 2: Englisch-Deutsch

Englisch	Deutsch
end matter	Buchnachspann
end user	Endbenutzer/in, Endnutzer/in
end-around carry	Endübertrag, Schlussübertrag
end-game machine	Endspielmaschine
endless belt	Endlosband
endnote	Endnote
end-to-end encryption	durchgehende Verschlüsselung
energy use	Energieverbrauch
engineering advance	technischer Fortschritt
engineering drawing	Konstruktionszeichnung, technische Zeichnung
engineering heritage	technisches Kulturgut, technisches Erbe
engineering history	Geschichte des Ingenieurwesens
engineering office	Ingenieurbüro
English-language	englischsprachig
English-sector	Proportionalwinkel englischer Art
English-speaking	englischsprachig
English-style sector	Proportionalwinkel englischer Art
engrave	eingravieren
engraving	Stich
enigma	Rätsel
Enigma cipher	Enigma-Verschlüsselung
Enigma key	Enigma-Schlüssel
enlarge	vergrößern
enlarged edition	erweiterte Auflage
enlarging	Vergrößerung
enlightenment	Aufklärung
enquiry-response system	Frage-Antwort-System
enter (data)	eingeben (Daten)
enter a number	Zahl eingeben
enter an amount	Betrag eingeben
enthusiast	Liebhaber/in
entirely mechanical	rein mechanisch, voll mechanisch
entry	Eintrag
entry disc	Eintrittwalze (Enigma)
entry disk	Eintrittwalze (Enigma)
entry lever	Einstellschieber, Einstellhebel, Einstellstab, Einstellknopf, Stellknopf

Fachwortschatz zur Technikgeschichte, Teil 2: Englisch-Deutsch

Englisch	Deutsch
entry register	Einstellwerk
entry rotor	Eintrittwalze (Enigma)
entry wheel	Eintrittwalze (Enigma)
environmental effect	Umweltbelastung, Umweltschaden
environmental footprint	Umweltbilanz
environmental impact	Umweltbelastung, Umweltschaden
environmental pollution	Umweltverschmutzung
epilogue	Nachwort
equation	Gleichung
equation clock	Äquationsuhr
equation of the fifth degree	Gleichung fünften Grades
equation of the fourth degree	Gleichung vierten Grades
equation of the third degree	Gleichung dritten Grades
equation of time	Zeitgleichung
equation solver	Gleichungsauflöser
equation, nonlinear ~	nichtlineare Gleichung
equation, quadratic ~	quadratische Gleichung
equinox	Tagundnachtgleiche
erasing device	Löschvorrichtung, Löscheinrichtung
erasing mechanism	Löschvorrichtung, Löscheinrichtung
ereader	elektronisches Lesegerät
error checking	Fehlerprüfung
error detection	Fehlererkennung
error-free	fehlerfrei
error-prone	fehleranfällig, fehlerhaft
escapement	Hemmung (Uhr)
espionage	Spionage
espionage service	Abwehr
essay	Aufsatz
essential	wesentlich
estate	Nachlass (allgemein)
Ethiopian multiplication	äthiopische Multiplikation
Euclidean algorithm	euklidischer Algorithmus
Euclidean geometry	euklidische Geometrie
even	gerade
even digit	gerade Ziffer

Fachwortschatz zur Technikgeschichte, Teil 2: Englisch-Deutsch

Englisch	Deutsch
even number	gerade Zahl
evidence	Beleg, Nachweis, Beweis, Beweisstück, Hinweis, Anhaltspunkt
evolution	Entwicklung
e-voting	elektronisches Abstimmen, elektronisches Wählen
e-waste	Elektroschrott, Elektronikschrott
exact sciences	exakte Wissenschaften
excerpt	Auszug
exchequer cloth	Rechentuch
exchequer table	Zahltisch
exchequer tally	Kerbholz des britischen Finanzamts
Exeligmos dial	Exeligmosanzeige
exhibit	Ausstellungsstück, Ausstellungsgegenstand, Schaustück, Museumsstück, Exponat, Ausstellung (USA)
exhibit curator (USA)	Ausstellungskurator/in
exhibit hall (USA)	Ausstellungsraum
exhibit review (USA)	Ausstellungskritik
exhibition	Ausstellung
existence, in ~	erhalten, überliefert, überlebend
expanded edition	erweiterte Auflage
expectation	Erwartung
experience firsthand	selber erleben
experience report	Erfahrungsbericht
experimental model	Versuchsmodell
experimental piece	Versuchsmodell
expert knowledge	Fachwissen
expert system	Expertensystem, Sachverständigensystem, Wissenssystem, Beratungssystem
explainable artificial intelligence	erklärbare künstliche Intelligenz, nachvollziehbare künstliche Intelligenz
exploded diagram	Explosionszeichnung
exploded view	Explosionszeichnung
explore	erforschen
exponentiation	Potenzieren
extant	erhalten, überliefert, überlebend
extend (pin)	ausfahren (Sprosse)
extended version	erweiterte Fassung

Fachwortschatz zur Technikgeschichte, Teil 2: Englisch-Deutsch

Englisch	Deutsch
external memory	Außenspeicher, äußerer Speicher, externer Speicher
external storage	Außenspeicher, äußerer Speicher, externer Speicher
external store	Außenspeicher, äußerer Speicher, externer Speicher
extract root	Wurzel ziehen, Wurzel ausziehen
extraction of roots	Wurzelziehen, Wurzelausziehen, Radizieren
extraction of the cube root	Kubikwurzelziehen, Kubikwurzelausziehen
extraction of the square root	Quadratwurzelziehen, Quadratwurzelausziehen
eye tracker	Blickmessgerät
eyewitness	Augenzeuge/Augenzeugin, Zeitzeuge/Zeitzeugin
eyewitness evidence	Zeitzeugenaussagen
F	
face recognition	Gesichtserkennung
facial recognition	Gesichtserkennung
facial surveillance	Überwachung durch Gesichtserkennung
facing page	gegenüberliegende Seite
factory automation	Fabrikautomation
faculty	Lehrkörper
faculty member	Universitätsdozent/in
faculty of informatics	Informatikfakultät
faculty position	Mitglied des Lehrkörpers
fair organ	Jahrmarktorgel, Karrussellorgel, Kirmesorgel
fairground organ	Jahrmarktorgel, Karrussellorgel, Kirmesorgel
fake account	gefälschtes Konto
fake news	falsche Nachrichten, Falschmeldungen
fake review	gefälschte Besprechung
false position, method of double ~	doppelter falscher Ansatz
false position, rule of ~	Methode des falschen Ansatzes (Regula falsi)
false position, rule of double ~	doppelter falscher Ansatz
false solution, method of ~	Methode des falschen Ansatzes (Regula falsi)
famed	berühmt
far-reaching	weitreichend
fax machine	Fernkopierer, Faxgerät
fear of missing out (fomo)	Angst, etwas zu verpassen
feed	Zuführung, Nachrichtenstrom
feed a number	Zahl eingeben

Fachwortschatz zur Technikgeschichte, Teil 2: Englisch-Deutsch

Englisch	Deutsch
feed process	Eingabevorgang
feedback	Rückkopplung, Rückmeldung, Rückführung
feeder	Zuführvorrichtung, Eingabeeinrichtung
feeding	Zuführung
fellow	ausgezeichnetes Mitglied einer Gesellschaft
female computer	Rechenmädchen, Rechenfräulein, technische Rechnerin
ferrite core	Magnetkern
ferrite core memory	Magnetkernspeicher
ferrite core storage	Magnetkernspeicher
ferromagnetic core store	Magnetkernspeicher
fibre optic (UK), fiber optic (USA)	Glasfaser
fibre optic cable (UK), fiber optic cable (USA)	Glasfaserkabel
Fields laureate	Fieldsmedaillenträger/in, Träger/in der Fieldsmedaille
Fields medalist	Fieldsmedaillenträger/in, Träger/in der Fieldsmedaille
figure (fig.)	Zahl, Abbildung (Abb.)
figure caption	Bildzeile, Bildunterschrift, Legende
figure credit	Bildnachweis
figure key	Zifferntaste
figure wheel	Zahlenrad
file a patent	Patent anmelden
filter bubble	Filterblase, Informationsblase (personalisierte Informationsvermittlung, personalisierte Informationsauswahl), Abkapselung
financial technology (FinTech, fintech)	Finanztechnik (Fintech)
find	Fund
finding	Fund
finding aid	Findmittel
finger computation	Fingerrechnen
finger counting	Fingerrechnen, Fingerzählen, Zählen mit den Fingern
finger notation	Zahlendarstellung mit Fingern
finger number	Fingerzahl
finger numeral	Fingerzahl
finger print	Fingerabdruck
finger reckoning	Fingerrechnen
finger symbol	Fingerzahl
finger-and-toe-counting	Zählen mit Fingern und Zehen

Fachwortschatz zur Technikgeschichte, Teil 2: Englisch-Deutsch

Englisch	Deutsch
finger-operated	fingerbedient
finger-operated machine	mit Finger(n) bediente Maschine
finite automaton	endlicher Automat
fintech	Finanztechnik (Fintech)
fire clock	Feueruhr
fire control computer	Feuerleitrechner
fire table	Schusstafel, Schießtafel, Schießtabelle, ballistische Tafel, ballistische Tabelle, Feuerleittabelle
firing and bombing table	Schusstafel, Schießtafel, Schießtabelle, ballistische Tafel, ballistische Tabelle, Feuerleittabelle
firing table	Schusstafel, Schießtafel, Schießtabelle, ballistische Tafel, ballistische Tabelle, Feuerleittabelle
first degree equation	Gleichung ersten Grades
first order ordinary differential equation	gewöhnliche Differenzialgleichung erster Ordnung
first order partial differential equation	partielle Differenzialgleichung erster Ordnung
first person account	Zeitzeugenbericht, Bericht aus erster Hand
first printing	Erstdruck
First World War	erster Weltkrieg
first-hand	aus erster Hand, aus eigener Erfahrung
first-hand account	Zeitzeugenbericht, Bericht aus erster Hand
first-hand biography	Beschreibung aus erster Hand
first-hand experience	Erfahrung aus erster Hand
first-hand knowledge	Wissen aus erster Hand, Erkenntnis aus erster Hand
first-hand material	Unterlagen aus erster Hand, schriftliche und mündliche Quellen
first-hand reference	Beleg aus erster Hand, Originalbeleg
first-hand testimony	Zeitzeugenaussage
first-person lecture	Zeitzeugenvortrag
first-person story	Zeitzeugenbericht
fitness tracker	Fitnesswächter, Fitnessüberwacher, Fitnessaufzeichner
five's space	Zwischenraum (Rechentisch)
fix	in Ordnung bringen, flicken
fixed decimal point arithmetic	Festkommaarithmetik
fixed disk	Festplatte
fixed point	Festkomma, Festpunkt
fixed point arithmetic	Festkommaarithmetik
fixed point computer	Festkommarechner

Fachwortschatz zur Technikgeschichte, Teil 2: Englisch-Deutsch

Englisch	Deutsch
fixed point machine	Festkommarechner
fixed point notation	Festkommadarstellung
fixed point number	Festkommazahl
fixed program	Festprogramm
fixed star	Fixstern
fixed table of instructions	Festwertspeicher
fixed-line internet service	Internetdienst übers Festnetz
flagship magazine	Flaggschiffmagazin
flagship monthly magazine	monatliche Flaggschiffzeitschrift
flagship publication	Flaggschiffveröffentlichung
flash memory	Flashspeicher, Blitzlichtspeicher
flat screen	Flachbildschirm
flaw	Schwachstelle, Schlupfloch, Fehler
flea market	Flohmarkt
flipflop	Kippschalter, Kippschaltung, Flipflop
flipflop circuit	Flipflopschaltung, Triggerschaltung
flipflop memory	Flipflopspeicher
flipflop register	Flipflopregister
flipflop tube (USA)	Flipfloprröhre
floating decimal number	Gleitkommazahl
floating decimal point arithmetic	Gleitkommaarithmetik
floating point	Gleitkomma, Gleitpunkt
floating point arithmetic	Gleitkommaarithmetik
floating point computer	Gleitkommarechner
floating point machine	Gleitkommarechner
floating point notation	Gleitkommadarstellung, halblogarithmische Darstellung
floating point number	Gleitkommazahl
floor stand	Untergestell
floppy disc	Diskette
floppy disk	Diskette
flow diagram	Datenflussplan, Ablaufdiagramm, Programmablaufplan
flow of data	Datenfluss
flute player	Flötenspieler/in
flute-playing clock	Flötenuhr
flutter calculation	Flatterrechnung
flying machine (Leonardo)	Flugmaschine

Fachwortschatz zur Technikgeschichte, Teil 2: Englisch-Deutsch

Englisch	Deutsch
flying robot	Flugroboter
focus (on)	Brennpunkt, Schwerpunkt legen (auf)
folding rule	Meterstab, Zollstock
folio	Seitenzahl
follower	Anhänger/in
follow-on machine	Nachfolgemaschine
follow-on model	Nachfolgemodell
font	Schrift(familie)
food delivery	Lebensmittellieferung, Mahlzeitenlieferung
food delivery company	Lebensmittellieferfirma, Mahlzeitenlieferfirma
food delivery market	Markt für Lebensmittellieferungen, Markt für Mahlzeitenlieferungen
food delivery service	Lebensmittelzustelldienst, Mahlzeitenlieferdienst, Mahlzeitendienst
food drone	Lebensmitteldrohne, Nahrungsmitteldrohne
foot pedal	Pedal, Fußhebel
footage	Filmmaterial
footnote	Fußnote
forbidden city (Beijing)	verbotene Stadt (Peking)
forebear	Vorfahr/in
forensics	Kriminaltechnik, Forensik
forerunner	Vorläufer/in
foreword	Geleitwort
fork	Aufteilung, Abspaltung, Spaltung (Kryptowährung)
formerly	ehemals
forthcoming	im Erscheinen, demnächst
founding father	Gründervater
four-function calculator	Vierspeziesrechenmaschine, Vierspeziesmaschine, Vierspeziesrechner, Vierartenrechenmaschine, Vierartenmaschine, Vierartenrechner
four-function electronic calculator	elektronischer Vierspeziesrechner
four-function machine	Vierspeziesrechenmaschine, Vierspeziesmaschine, Vierspeziesrechner, Vierartenrechenmaschine, Vierartenmaschine, Vierartenrechner
four-place logarithm	vierstelliger Logarithmus
four-rotor Enigma	Vierwalzen-Enigma, 4-Walzen-Enigma
fourth degree equation	Gleichung vierten Grades
four-wheel bombe	Vierwalzen-Turingbombe, 4-Walzen-Turingbombe

Fachwortschatz zur Technikgeschichte, Teil 2: Englisch-Deutsch

Englisch	Deutsch
four-wheel Enigma	Vierwalzen-Enigma, 4-Walzen-Enigma
fraction	Bruch (gebrochene Zahl)
fragment	Bruchstück
frame	Rahmen, Stabkörper (Rechenstab)
frame counter	Zählrahmen
fraud detection	Entdeckung des Betrugs, Entdeckung des Schwindels
free copy	Freiexemplar
free expression	freie Meinungsäußerung
free speech	freie Meinungsäußerung
freedom of expression	freie Meinungsäußerung
freedom of speech	freie Meinungsäußerung
French-sector	Proportionalwinkel französischer Art
French-style sector	Proportionalwinkel französischer Art
frequency count	Häufigkeitszählung
front	Vorderseite
front cover	erste Umschlagseite
front dial	vordere Anzeige
front face	Vorderseite
front matter	Titelei, Buchvorspann
front side	Vorderseite
frontispiece	Titelbild
fulfilment centre (UK)/center (USA)	Verteilzentrum, Abfertigungszentrum
full colour (UK)/full color (USA), in ~	vierfarbig
full keybank	Volltastatur, Volltastenfeld
full keyboard	Volltastatur, Volltastenfeld
full moon	Vollmond
full professor	ordentlicher Professor/ordentliche Professorin, Lehrstuhlinhaber/in
full text	Volltext
full-function	vollwertig
full-keybank adding machine	Volltastaturaddiermaschine
full-keybank machine	Volltastaturmaschine
full-keyboard adder	Volltastaturaddierer
full-keyboard adding machine	Volltastaturaddiermaschine
full-keyboard calculating machine	Volltastaturrechenmaschine
full-keyboard machine	Volltastaturmaschine

Fachwortschatz zur Technikgeschichte, Teil 2: Englisch-Deutsch

Englisch	Deutsch
full-scale	in voller Größe, in Normalgröße, in natürlicher Größe, ausgewachsen, ausgereift, vollwertig
full-sized	lebensgroß
full-text database	Volltextdatenbank
fully automatic calculating machine	vollautomatische Rechenmaschine
fully electronic	voll elektronisch, rein elektronisch
fully functioning	voll arbeitsfähig, voll einsatzfähig, voll funktionsfähig, voll funktionstüchtig
fully operational	voll arbeitsfähig, voll einsatzfähig, voll funktionsfähig, voll funktionstüchtig
fully programmable	voll programmierbar
fully toothed	vollständig gezahnt
function	Spezies (Rechenart)
function part	Operationsfeld (eines Befehls)
function table (Eniac)	Funktionstafel (schaltergesteuerter Nurlesespeicher, Eniac)
functional scale	Funktionsleiter
functioning	arbeitsfähig, betriebsbereit, betriebsfähig, einsatzfähig, funktionsfähig, funktionstüchtig, gebrauchsfähig, gebrauchsfertig, lauffähig
function-table memory (Eniac)	Funktionstafelspeicher (Eniac)
fundamental	grundlegend
fundamental arithmetic operation	Grundrechenart
fundamental operation	Grundrechenart
funding	Finanzierung
funding agency	Födereinrichtung, Trägerschaft
funding body	Födereinrichtung, Trägerschaft
fundraising	Geldbeschaffung, Geldeinwerbung
further reading	weiterführende Literatur
future, in the ~	in Zukunft
fuzzy	unscharf, verschwommen
G	
gadget	Ding, Zubehör, Vorrichtung, Krimskrams
Gafa	Google, Amazon, Facebook, Apple
galleon	Galeone (Kriegs- und Handelsschiff)
galley method	Galeerenverfahren, Galeerenmethode, Streichverfahren, Streichmethode (Divisionsmethode)

Fachwortschatz zur Technikgeschichte, Teil 2: Englisch-Deutsch

Englisch	Deutsch
game console	Spielkonsole
game dial	Spielanzeige, Spielziffer(n)blatt
game-playing computer	Spielrechner
game-playing program	Spielprogramm
games dial	Spielanzeige, Spielziffer(n)blatt
garden sundial	Gartensonnenuhr
gas discharge tube (USA)	Gasentladungsröhre
gas filled thyratron valve (UK)	gasgefüllte Elektronenröhre
gas filled valve (UK)	gasgefüllte Elektronenröhre
gas tube (USA)	gasgefüllte Elektronenröhre
gate	Gatter, Tor
gather data	Daten sammeln
gauging	Eichung
gauging rule	Messlehre
gear	Zahnradgetriebe, Getriebe, Zahnrad
gear cutter	Zahnradfräsmaschine, Zahnradschneidmaschine, Zahnradfräser
gear ratio	Übersetzungsverhältnis, Getriebeübersetzung
gear tooth	Zahn (Zahnrad)
gear train	Getriebe, Räderwerk, Zahnradgetriebe
geared clock	Räderuhr
geared mechanism	Getriebemechanismus
geared wheel	Zahnrad
gearwork	Getriebe, Räderwerk
gearwork mechanism	Räderwerk, Getriebe
geek	Computernarr, Computernärrin
gelosia method	Netzverfahren, Netzmethode, Gelosiaverfahren, Gelosiamethode, Gitternetzverfahren, Gitternetzmethode
gelosia multiplication	Netzverfahren, Netzmethode, Gelosiaverfahren, Gelosiamethode, Gitternetzverfahren, Gitternetzmethode
Genaille's rods	Genaille-Rechenstäbchen
Genaille-Lucas rulers	Genaille-Lucas-Rechenstäbchen
gender history	Geschlechtergeschichte
genealogy	Stammbaum, Abstammung
general history	Allgemeingeschichte
general world knowledge	allgemeines Weltwissen, Alltagswissen
general-purpose calculator	Vielzweckrechner, Allgemeinrechner

Fachwortschatz zur Technikgeschichte, Teil 2: Englisch-Deutsch

Englisch	Deutsch
general-purpose computation	Allgemeinrechnen, allgemeines Rechnen
general-purpose computer	Vielzweckrechner, Allgemeinrechner
general-purpose machine	Vielzweckrechner, Allgemeinrechner
genuine	echt
geoblocking	regionale Nutzungssperre, ortsabhängige Zugangssperre, Marktabschottung, Ausschluss ausländischer Kundschaft
geocentric	geozentrisch
geodesy	Vermessungswesen, Vermessungskunde, Erdvermessung, Geodäsie
geofence	einzäunen, örtlich begrenzen
geofence area	eingezäuntes Gebiet, abgestecktes Gebiet, Sperrgebiet
geofencing	Einzäunung, örtliche Einzäunung
geofilter	geografischer Filter
geographical index	geografisches Verzeichnis, Ortsverzeichnis
geolocation	Ortung
geometric cross	Kreuzstab, Jakobsstab
geometric line (sector)	geometrische Skala (Proportionalwinkel)
geometric mean	geometrisches Mittel
geometric model	geometrisches Modell
geometric series	geometrische Folge, geometrische Reihe
geometry	Geometrie
Gerbert abacus	Klosterabakus
Gerbert's abacus	Klosterabakus
German silver	Neusilber
germanium diode	Germaniumdiode
germanium semiconductor	Germaniumhalbleiter
giant brain	Riesengehirn, Elektronengehirn
giant company	Riesenfirma
gig	Auftrag
gig economy	Auftragswirtschaft, auf freiberuflicher Tätigkeit aufbauende Wirtschaft
gig economy company	Auftragsunternehmen
gig economy platform	Plattform für Auftragswirtschaft
gig worker	Plattformarbeiter/in, Freiberufler/in
gilded	vergoldet
global	weltumspannend, weltweit (tätig), Welt-

Fachwortschatz zur Technikgeschichte, Teil 2: Englisch-Deutsch

Englisch	Deutsch
global currency	Weltwährung
global economy	Weltwirtschaft
global giant	Weltkonzern
global monetary system	Weltwährungssystem
global money	Weltwährung
global platform	weltumspannende Plattform
global positioning system (GPS)	Satellitennavigationssystem, weltumspannendes Navigationsverfahren, weltweites Standortbestimmungssystem, weltweites Ortungssystem
global reach	weltweite Reichweite
global trade	Welthandel
globe	Globus
globe clock	Globusuhr
glossary of technical terms	Fachwortverzeichnis, Fachwortliste
glossary of terms	Fachwortverzeichnis, Fachwortliste
gnomon	Schattenzeiger,Schattenstab (Sonnenuhr)
go online	ins Netz gehen
go viral	sich rasend schnell verbreiten
golden age	goldenes Zeitalter
golden number	goldene Zahl (Mondzyklus)
golden ratio	goldener Schnitt
golden rule	Dreisatz
golden section	goldener Schnitt
goldsmith	Goldschmied, Goldschmiedin
Go-playing program	Go-Programm
governor	Regler
graduate	Hochschulabgänger/in, Absolvent/in, Diplom-
gramophone	Plattenspieler, Grammofon
grant a patent	Patent erteilen
graph	Schaubild, grafische Darstellung
graphic chart	grafische Rechentafel (Nomogramm)
graphical interface	grafische Schnittstelle
graphical processing unit (GPU)	Grafikprozessor
graphical user interface (GUI)	grafische Bedienoberfläche
graphics card	Grafikkarte
graphics processing unit (GPU)	Grafikprozessor
graphing calculator	grafikfähiger Taschenrechner

Fachwortschatz zur Technikgeschichte, Teil 2: Englisch-Deutsch

Englisch	Deutsch
graphometer	Grafometer (Winkelmesser) (Halbkreis)
grating method	Netzverfahren, Netzmethode, Gelosiaverfahren, Gelosiamethode, Gitternetzverfahren, Gitternetzmethode
grayscale	Graustufe
great depression	Wirtschaftskrise
great moment	Sternstunde
great moments in mathematics	Sternstunden der Mathematik
greatest common divider	größter gemeinsamer Teiler
greatest common divisor	größter gemeinsamer Teiler
Greco-Egyptian	griechisch-ägyptisch
Greco-Roman	griechisch-römisch
Greek abacus	griechischer Abakus
Greek calendar	griechischer Kalender
Greek numeral	griechisches Zahlzeichen
Gregorian calendar	gregorianischer Kalender
grey literatur	graue Literatur
grid slide rule	Rechengitter, Gitterschieber, Rechenrost
grid-iron rule	Rechengitter, Gitterschieber, Rechenrost
grid-iron slide rule	Rechengitter, Gitterschieber, Rechenrost
groove	Rille (römischer Abakus)
grotto	Grotte
ground setting	Grundstellung (Enigma)
groundbreaking	bahnbrechend, wegweisend
groundwork	Grundlage, Vorarbeit
Gunter line	Gunterskala
Gunter rule	Gunterskala
Gunter scale	Gunterskala
Gunter's line	Gunterskala
Gunter's line of numbers	Gunterskala
Gunter's line of proportion	Gunterskala
Gunter's rule	Gunterskala
Gunter's scale	Gunterskala
gyroscope	Kreisel
H	
hack	Angriff
hacker	Angreifer/in, Hacker/in, Eindringling

Fachwortschatz zur Technikgeschichte, Teil 2: Englisch-Deutsch

Englisch	Deutsch
hacking	angreifen, eindringen
hacking attack	Hackerangriff, Datenangriff
hail a car	ein Auto anhalten
hail ride-sharing car	Mitfahrauto
half keyboard	Halbtastatur
half life	Halbwertszeit
half-keyboard machine	Halbtastaturmaschine
half-tone	Halbton
hall of fame	Ruhmeshalle
hall of honor (USA)	Ruhmeshalle
hall of honour (UK)	Ruhmeshalle
hallmark	Kennzeichen, Markenzeichen
halting problem	Halteproblem
halving	Halbierung, Medieren, Mediation (Linienrechnen)
hand abacus	Handabakus
hand calculating machine	Handrechner, Handrechenmaschine, Handmaschine (Tischrechner)
hand calculation	Handrechnen, manuelle Berechnung, händische Berechnung
hand calculator	Handrechner, Handrechenmaschine, Handmaschine (Tischrechner)
hand computation	Handrechnen, manuelle Berechnung, händische Berechnung
hand crank	Handkurbel, Kurbel
hand feeding	Handzuführung von Lochkarten, manuelle Zuführung von Lochkarten
hand loom	Handwebstuhl
hand reckoning	Handrechnen, manuelle Berechnung, händische Berechnung
hand, by ~	von Hand
handbook	Handbuch
hand-built	handgefertigt
handcrafted	handgefertigt
hand-cranked	Kurbel-, kurbelbetrieben
hand-held	Taschen-
hand-held calculator	Taschenrechner
hand-held computer	Taschenrechner
hand-held electronic calculator	elektronischer Taschenrechner

Fachwortschatz zur Technikgeschichte, Teil 2: Englisch-Deutsch

Englisch	Deutsch
hand-held mechanical calculator	mechanischer Taschenrechner
handle	Kurbel, Handkurbel
hand-operated	Hand-, handbetrieben, handbedient, handbetätigt, händisch, manuell
hand-operated calculator	Handrechner, Handrechenmaschine, Handmaschine (Tischrechner)
hands-on access	zum Anfassen, zum Ausprobieren, zum Mitmachen, zum Erleben, zum Experimentieren, interaktiv
hands-on exhibit (USA)	Mitmachausstellung, Erlebnisausstellung, interaktive Ausstellung, Erlebniswerkstatt, Lehrschau, anfassbares Ausstellungsstück
hands-on exhibition	Mitmachausstellung, Erlebnisausstellung, interaktive Ausstellung, Erlebniswerkstatt, Lehrschau, anfassbares Ausstellungsstück
hands-on experience	Mitmacherfahrung, persönliche Erfahrung
hands-on lab	Erlebnislabor, Lehrschau, Mitmachlabor
hands-on learning	Lernen durch Ausprobieren
hands-on model	Modell zum Anfassen, Modell zum Ausprobieren, Modell zum Spielen, Modell zum Experimentieren
hands-on museum	Mitmachmuseum, Erlebnismuseum, Experimentierhaus, interaktives Museum
hands-on workshop	Erlebniswerkstatt, Lehrschau, Mitmachwerkstatt
handwriting automaton	Handschriftautomat
handwriting recognition	Handschrifterkennung
handwritten	handschriftlich
handy	handlich
harassment	Belästigung
hard disc	Festplatte
hard disk	Festplatte
hard disk storage	Festplattenspeicher
hard science	Naturwissenschaft, Ingenieurwissenschaft, harte Wissenschaft
hard scientist	Naturwissenschaftler/in, Ingenieurwissenschaftler/in, Mathematiker/in
hard valve (UK)	Elektronenröhre, Vakuumröhre, Hochvakuumröhre
hardback book	gebundene Ausgabe
hardback format	gebundene Ausgabe
hardcover	gebundene Ausgabe, fester Einband
hard-to-find	schwer zugänglich

Fachwortschatz zur Technikgeschichte, Teil 2: Englisch-Deutsch

Englisch	Deutsch
hardware industry	Geräteindustrie
hard-wired	fest verdrahtet
harmful content	schädliche Inhalte
harmonic analyser (UK), harmonic analyzer (USA)	harmonischer Analysator
harmonic analysis	harmonische Analyse, Fourieranalyse
harmonic synthesis	harmonische Synthese
harpsichord player	Musikerin, Cembalospielerin (Jaquet-Droz)
harvest	sammeln
hash	Raute, Rautezeichen (Doppelkreuz)
hashtag	mit Rautezeichen (Doppelkreuz) markiertes klickbares Schlagwort innerhalb eines Fließtextes (in sozialen Netzen)
hate speech	Hassbotschaft, Hasskommentar
hazard	Gefahr, Wagnis
head	Überschrift, Titel
head curator	leitender Kurator/leitende Kuratorin
head of collections	Sammlungsleiter/in
heading	Überschrift, Titel
headset	Kopfgarnitur, Hörsprechgarnitur
health informatics	Medizininformatik, medizinische Informatik
healthcare	Gesundheit
healthcare records	Gesundheitsdaten
heart pacemaker	Herzschrittmacher
heaven	Himmel (Kugelrechner)
heavenly body	Gestirn, Himmelskörper
helical	spiralförmig, schraubenlinienförmig
helical scale	Spiralskala, Schraubenlinienskala
helical scale slide rule	Spiralrechner, Rechenschieber mit Spiralskala
helical scale tubular slide rule	Spiralrechner, Rechenwalze mit Spiralskala
helical winding	spiralförmiger Skalenverlauf, schraubenlinienförmiger Skalenverlauf
heliocentric	heliozentrisch
hell	Erde (Kugelrechner)
Hellenistic times	Griechenzeit
heritage	Erbe (Kulturgut)
Hero(n) of Alexandria	Hero(n) von Alexandria

Fachwortschatz zur Technikgeschichte, Teil 2: Englisch-Deutsch

Englisch	Deutsch
heuristic	Faustregel, Erfahrungsregel
heyday	Blütezeit
high command	Oberkommando
high keyboard	Hochtastatur
high middle ages	Hochmittelalter
high resolution	hohe Auflösung
high tech	Spitzentechnik
high technology	Spitzentechnik
high-capacity	leistungsfähig, leistungsstark, Hochleistungs-
higher mathematics	höhere Mathematik
higher-degree equation	Gleichung höheren Grades
high-level language	Hochsprache, höhere Sprache, problemorientierte Sprache
highlight	Höhepunkt, hervorheben, herausstreichen, herausstellen
highly classified	hoch geheim
highly secret	hoch geheim
high-performance	leistungsfähig, leistungsstark, Hochleistungs-
high-performance computing (HPC)	Hochleistungsrechnen
high-precision calculation	genaue Berechnung
high-precision computation	genaue Berechnung
high-precision machine	Präzisionsmaschine, hoch präzise Maschine
high-quality	hochwertig
high-resolution	hochauflösend
high-speed	schnell
high-speed calculator	Hochgeschwindigkeitsrechner, schneller Rechner
high-speed computer	Hochgeschwindigkeitsrechner, schneller Rechner
hijack	entführen, kapern, überfallen
hindsight	Rückschau
hindsight, in ~	rückschauend, in der Rückschau, im Nachhinein
Hindu mathematics	indische Mathematik
Hindu numeral	indische Ziffer, indisches Zahlzeichen
Hindu-Arabic figure	indoarabische Zahl
Hindu-Arabic number	indoarabische Zahl
Hindu-Arabic numeral	indoarabische Ziffer, indoarabisches Zahlzeichen
Hindu-Arabic numeral system	indoarabisches Ziffernsystem
hinge	Scharnier (Proportionalwinkel)

Fachwortschatz zur Technikgeschichte, Teil 2: Englisch-Deutsch

Englisch	**Deutsch**
hinged rule	Rechenstab mit Scharnier, Rechenstab mit Gelenk, aufklappbarer Rechenstab
hinged slide rule	Rechenstab mit Scharnier, Rechenstab mit Gelenk, aufklappbarer Rechenstab
historian of clockmaking	Uhrmachereihistoriker/in, Uhrenhistoriker/in
historian of computer science	Informatikhistoriker/in
historian of computers	Informatikhistoriker/in
historian of computing	Informatikhistoriker/in
historian of mathematics	Mathematikhistoriker/in
historian of science	Wissenschaftshistoriker/in
historian of science and technology	Wissenschafts- und Technikhistoriker/in
historian of technology	Technikhistoriker/in
historian, nonprofessional ~	Freizeithistoriker/in, Amateurhistoriker/in, Hobbyhisto-riker/in
historic achievement	geschichtliche Errungenschaft
historic artefact (UK)	historisches Objekt
historic artifact (USA)	historisches Objekt
historic collection	Historische Sammlung
historic computer	historischer Rechner
historic machine	historischer Rechner
historic object	historischer Gegenstand
historical account	geschichtliche Erzählung, geschichtliche Darstellung
historical collection	historische Sammlung
historical context	geschichtlicher Zusammenhang
historical development	geschichtliche Entwicklung
historical distance	historischer Abstand, historische Distanz
historical document	historisches Dokument
historical footage	historisches Filmmaterial
historical legacy	geschichtliches Erbe
historical milestone	geschichtlicher Meilenstein
historical musical instrument	historisches Musikinstrument
historical narrative	geschichtliche Darstellung, geschichtliche Erzählung
historical record	geschichtlicher Beleg
historical research	Geschichtsforschung
historical society	historische Gesellschaft
historical work	historische Arbeit
historically significant computer	historisch bedeutsamer Rechner

Fachwortschatz zur Technikgeschichte, Teil 2: Englisch-Deutsch

Englisch	Deutsch
historiography	Geschichtsschreibung
history museum	historisches Museum
history of astronomy	Astronomiegeschichte
history of calculating	Rechengeschichte, Geschichte des Rechnens
history of calculating machines and computers	Geschichte der Rechenmaschinen, Rechnergeschichte
history of computation	Informatikgeschichte, Geschichte der Informatik, Geschichte des Rechnens, Rechengeschichte
history of computer science	Informatikgeschichte, Geschichte der Informatik
history of computer technology	Geschichte der Rechentechnik
history of computers	Geschichte der Rechenmaschinen, Rechnergeschichte
history of computing	Informatikgeschichte, Geschichte der Informatik, Geschichte des Rechnens, Rechengeschichte
history of computing machinery	Geschichte der Rechenmaschinen, Rechnergeschichte
history of computing technology	Geschichte der Rechentechnik
history of electrical engineering	Elektrotechnikgeschichte
history of electricity	Elektrizitätsgeschichte
history of engineering	Geschichte des Ingenieurwesens
history of engineering and technology	Geschichte des Ingenieurwesens und der Technik, Technik- und Technologiegeschichte
history of informatics	Informatikgeschichte, Geschichte der Informatik
history of information technology	Geschichte der Informationstechnik
history of mankind	Geschichte der Menschheit, Menschheitsgeschichte
history of mathematics	Mathematikgeschichte
history of programming	Programmiergeschichte
history of science	Naturwissenschaftsgeschichte, Wissenschaftsgeschichte
history of science and technology	Technik- und Wissenschaftsgeschichte
history of science curator	Kurator/in für Wissenschaftsgeschichte
history of software	Geschichte der Rechenprogramme, Geschichte der Programme, Programmgeschichte
history of technology	Technikgeschichte
history of watches	Uhrengeschichte
history of watchmaking	Uhrmachereigeschichte
history online	Geschichte im Netz, übers Netz zugängliche Geschichte
history wall	Geschichtswand
history writing	Geschichtsschreibung
hoard	hamstern, anhäufen
hobbyist	Bastler/in

Fachwortschatz zur Technikgeschichte, Teil 2: Englisch-Deutsch

Englisch	Deutsch
hodometer (UK)	Wegmesser, Entfernungsmesser, Distanzmesser
holding	Bestand
Hollerith equipment	Lochkartenanlage, Lochkartenmaschinen
Hollerith machine	Lochkartenmaschine
Hollerith machinery	Lochkartenanlage, Lochkartenmaschinen
holy grail	heiliger Gral
home computer	Heimrechner
home made	selbst gebaut, selbst gebastelt, selber gemacht, Eigenbau
home page	Webseite, Internetseite
honoree	Preisträger/in
honour roll (UK), honor roll (USA)	Ehrentafel, Ehrenliste
horary quadrant	Stundenquadrant
horizontal dial	Horizontalsonnenuhr
horizontal sundial	Horizontalsonnenuhr
horn	Schalltrichter
horologist	Uhrmacher/in
horology	Uhrmacherkunst, Uhrmacherei, Uhrenbau
host	Datenzentrale, Wirt
hot cathode gas discharge tube (USA)	Glühkathoden(gasentladungs)röhre
hotbed	Brutstätte, Nährboden
hotspot	Anlaufstelle, Zugangspunkt, Brennpunkt, Drehscheibe, Hochburg, Dreh- und Angelpunkt
hourglass	Stundenglas (Sanduhr)
house clock	Hausuhr
household name	allgemein bekannter Begriff
how-to guide	Anleitung, Ratgeber
human brain	menschliches Gehirn
human computer	rechnender Mensch, rechnender Mann, rechnende Frau, Rechner/in (Mensch), Zahlenrechner/in
human computer with a desk calculator	menschlicher Rechner mit einem Tischrechner / menschliche Rechnerin mit einem Tischrechner
human history	Geschichte der Menschheit, Menschheitsgeschichte
human thought	menschliches Denken
human translator	menschlicher Übersetzer, menschliche Übersetzerin
human-computer interaction	Mensch-Maschine-Verständigung
humanities	Geisteswissenschaften

Fachwortschatz zur Technikgeschichte, Teil 2: Englisch-Deutsch

Englisch	Deutsch
humanities computing	Informatik in den Geisteswissenschaften
humanities scholar	Geisteswissenschaftler/in
humanlike	menschenähnlich
human-machine interface (HMI)	Mensch-Maschine-Schnittstelle
humanoid	menschenähnlich, menschenartig
humanoid robot	menschenähnlicher Roboter
human-robot interaction	Dialog zwischen Mensch und Roboter
hundred's line	Hunderterlinie (Rechentisch)
hundreds	Hunderter
hundreds column	Hunderterspalte
hundreds dial	Hunderterscheibe
hundreds place	Hunderterstelle
hundreds shaft	Hunderterantriebswelle, Hunderterwelle
hundreds wheel	Hunderterrad
hut	Baracke (Bletchley Park)
hybrid	Misch-, Zwitter-, Hybrid-
hybrid computer	Mischrechner, Zwitterrechner, Hybridrechner
hybrid computing	Mischrechnen, gemischtes Rechnen (analog/digital)
hydraulic	hydraulisch, mit Wasserantrieb, Wasser-
hydraulic organ	Wasserorgel
hydrogen bomb	Wasserstoffbombe
hype	Rummel, Aufregung, Getöse, Lärm, Tamtam, Begeisterung, Begeisterungswelle
hyperlink	Querverweis
hypertext	querverweisender Text
I	
identify (object)	identifizieren (Gegenstand, Objekt)
identity theft	Identitätsdiebstahl
idler	Zwischenzahnrad
idler gear	Zwischenzahnrad
illustration	Abbildung
illustration credit	Bildnachweis
image	Bild
image analysis	Bildanalyse
image classification	Bild(er)klassifizierung, Bild(er)zuteilung
image classification system	Bildklassifizierungssystem

Fachwortschatz zur Technikgeschichte, Teil 2: Englisch-Deutsch

Englisch	Deutsch
image matching	Bildvergleich, Bildabgleich
image processing	Bildverarbeitung
image recognition	Bilderkennung
image recognition system	Bilderkennungssystem
imitation game	Turingtest
immerse	eintauchen
impact	Wirkung, Einfluss
impact factor	Einflussfaktor (Zitatindex)
implantable	einpflanzbar, einpflanzbares Gerät
implementation	Umsetzung, Verwirklichung, Einrichtung
impulse	Stromstoß, Impuls
inaccurate	fehlerhaft
incompleteness theorem	Unvollständigkeitssatz
indention	Einzug
in-depth	tiefgründig
index of names	Namenverzeichnis, Eigennamenverzeichnis
index of personal names	Namenverzeichnis, Personennamenverzeichnis
index of place names	Ortsverzeichnis, Ortsnamenverzeichnis
index of places	Ortsverzeichnis
index of subjects	Sachverzeichnis
index register	Indexregister
indexing	Indexierung, Indizierung
Indian mathematics	indische Mathematik
indicator	Läufer (Rechenschieber)
indicator group	Kenngruppe (Enigma)
indicator setting	Grundstellung (Enigma)
indirect addressing	indirekte Addressierung
industrial age	Industriezeitalter
industrial archeology	Industriearchäologie
industrial automation	Industrieautomation
industrial company	Industrieunternehmen
industrial equipment	Industrieeinrichtung, Industriegeräte
industrial espionage	Industriespionage
industrial exhibition	Industrieausstellung
industrial lab	Industrielabor
industrial museum	Industriemuseum

Fachwortschatz zur Technikgeschichte, Teil 2: Englisch-Deutsch

Englisch	Deutsch
industrial research	Industrieforschung
industrial revolution	industrielle Revolution
industrial robot	Industrieroboter
industrial sabotage	Industriesabotage
industry practice	Industriepraxis
industry standard	Industrienorm
infinity	Unendlichkeit
influence elections	Wahlen beeiflussen
influencer	Marktbeeinflusser/in, Werbebotschafter/in, Meinungsmacher/in
informatics	Informatik
information age	Informationszeitalter
information and communication technology (ICT)	Informations- und Kommunikationstechnik (IKT)
Information highway	Datenautobahn
information industry	Informationsindustrie
information leak	Informationsleck
information overload	Informationsflut, Datenflut
information privacy	Datenschutz (Schutz der Privatsphäre)
information provider	Informationsanbieter
information science	Informationswissenschaft
information security	Datensicherheit
information sharing	Weitergabe von Informationen, Informationsaustausch
information society	Informationsgesellschaft
information superhighway	Datenautobahn
information technology	Informationstechnik
information technology industry	IT-Industrie (Informationstechnik-Industrie)
infrared camera	Infrarotkamera
initial coin offering (ICO)	Kapitalbeschaffung mithilfe von Kryptogeld, digitaler Börsengang
initial position	Grundstellung, Ausgangsstellung
initial rotor setting	Grundstellung (Enigma)
initial setting	Ausgangsstellung
initial setup	Ausgangsstellung
ink insert	Tinteneinsatzteil (Zirkel)
inner disc	innere Scheibe (logarithmische Rechenscheibe)
inner disk	innere Scheibe (logarithmische Rechenscheibe)

Fachwortschatz zur Technikgeschichte, Teil 2: Englisch-Deutsch

Englisch	Deutsch
inner memory	Innenspeicher, innerer Speicher, interner Speicher
inner scale	innere Skala
inner storage	Innenspeicher, innerer Speicher, interner Speicher
inner store	Innenspeicher, innerer Speicher, interner Speicher
innovation platform	Innovationsplattform
input	Eingabe
input a number	Zahl eingeben
input an amount	Betrag eingeben
input device	Eingabegerät, Eingabeeinheit
input lever	Einstellschieber, Einstellhebel, Einstellstab, Einstellknopf, Stellknopf
input organ	Eingabeeinheit, Eingabegerät
input unit	Eingabeeinheit, Eingabegerät
inquiring system	Frage-Antwort-System
inscript	Beschriftung, Inschrift
insert data	Daten eingeben
insert instructions	Anweisungen eingeben
insight	Einsicht, Einblick
insightful	aufschlussreich
instant message	Sofortnachricht
instant messaging	sofortige Nachrichtenübermittlung, Sofortnachrichtendienst
instant messaging platform	Sofortnachrichtendienst
Institute for Applied Mathematics	Institut für angewandte Mathematik
Institute of Applied Mathematics	Institut für angewandte Mathematik
instruction	Anweisung, Befehl
instruction counter	Befehlszähler
instruction manual	Gebrauchsanweisung, Gebrauchsanleitung, Bedienungsanleitung
instruction modification	Befehlsänderung
instruction set	Befehlsvorrat, Befehlssatz
instruction storage	Befehlsspeicher, Programmspeicher
instruction table (Turing machine)	Programm (Turingmaschine)
instructional storage	Befehlsspeicher, Programmspeicher
instructions	Gebrauchsanweisung, Gebrauchsanleitung, Bedienungsanleitung
instrument case	Instrumentenetui, Instrumentensatz

Fachwortschatz zur Technikgeschichte, Teil 2: Englisch-Deutsch

Englisch	Deutsch
instrument for measuring angles	Winkelmessgerät
instrument for time measurement	Zeitmessgerät, Zeitmesser
instrument maker	Instrumentenbauer/in, Instrumentenmacher/in
instrument making	Instrumentenbau
instrument of measure	Messinstrument, Messwerkzeug
instrument of precision	Präzisionsinstrument
Instrument set	Instrumentensatz
integer	ganze Zahl, Ganzzahl
integer number	ganze Zahl, Ganzzahl
integral calculus	Integralrechnung
integral number	ganze Zahl, Ganzzahl
integral part	Bestandteil
integraph	Integraf
integrated circuit (IC)	integrierter Schaltkreis, integrierte Schaltung
integrated circuit memory	Speicher aus integrierten Schaltkreisen
integrating instrument	Integriergerät, Integrator
integrator	Integrator, Integriergerät
integrity	Datensicherheit
intellectual property	geistiges Eigentum
intellectual property right	Recht auf geistiges Eigentrum
intellectual property theft	Diebstahl geistigen Eigentums
intelligence	Nachrichtendienst, Geheimdienst, Spionagedienst
intelligence service	Spionagedienst, Nachrichtendienst, Abwehr, Geheimdienst
intelligent machine	Denkmaschine
interaction	Eingriff
interactive	dialogfähig, interaktiv
intercept	aufgefangene Meldung, abgehörte Nachricht, abhören, auffangen
intercept network	Abhörnetz, Horchnetz
intercept station	Abhörstelle, Horchstelle
intercept theorem	Strahlensatz
intercepted message	aufgefangene Meldung, abgehörte Nachricht, abhören, auffangen
interception service	Abhördienst
interchangeable	austauschbar, auswechselbar
interconnected	verbunden, miteinander verbunden

Fachwortschatz zur Technikgeschichte, Teil 2: Englisch-Deutsch

Englisch	Deutsch
interconnected cable	Verbindungskabel
interconnected wire	Verbindungskabel
interdisciplinary	fächerverbindend, facherüberschreitend
interest profile	Benutzerprofil
interface	Schnittstelle
interference	Beeinflussung, Einmischung
intermediate place	Zwischenraum (Rechentisch)
intermediate result	Zwischenergebnis
intermediate space	Zwischenraum (Rechentisch)
internal memory	Innenspeicher, innerer Speicher, interner Speicher
internal storage	Innenspeicher, innerer Speicher, interner Speicher
internal store	Innenspeicher, innerer Speicher, interner Speicher
international collaboration	internationale Zusammenarbeit
internet	Internet
internet access	Internetzugang, Netzzugang
internet address	Internetadresse
internet age	Internetzeitalter
internet behemoth	Datenkrake(n)
internet blackout	Internetsperre, Netzsperre, Zugangssperre
internet browser	Internetsuchprogramm, Internetzugangsprogramm
internet bubble	Internetblase
internet commerce	Internethandel, Versandhandel, Onlinehandel
internet company	Internetfirma, Internetunternehmen, Internetkonzern
internet content	Internetinhalt (soziale Medien)
internet economy	Internetwirtschaft
internet filter	Internetfilter
internet giant	Internetriese
internet industry	Internetindustrie
internet law	Internetrecht
internet messaging company	Internetnachrichtenkonzern
internet of things (IoT)	Internet der Dinge, Netz der Dinge
internet page	Webseite, Internetseite
internet platform	Internetplattform
internet platform company	Internetplattformbetreiber
internet search	Internetsuche
internet service	Internetdienst

Fachwortschatz zur Technikgeschichte, Teil 2: Englisch-Deutsch

Englisch	Deutsch
internet service provider (ISP)	Internetdienstleister, Internetdienstanbieter, Internetzugangsanbieter, Internetanbieter
internet site	Internetseite, Webseite
internet traffic	Internetverkehr, Netzverkehr
internet user	Internetnutzer/in
internet voting	Abstimmen übers Netz, Wählen übers Netz
internet-connected	internetfähig
interpolator	Kartenmischer, Lochkartenmischer
interpret (object)	deuten (Gegenstand)
interpreter	Lochschriftübersetzer
intervention	Eingriff
interwar period	Zwischenkriegszeit
inverse matrix	Kehrmatrix
Ionian island	ionische Insel
ionoscope storage (USA)	Röhrenspeicher
irrational number	irrationale Zahl
Islamic mathematics	islamische Mathematik
Islamic world	islamische Welt
issue	Ausgabe, Heft
issue a patent	Patent erteilen
IT historian	Informatikhistoriker/in
IT industry	Informatikindustrie
Italian-sector	Proportionalwinkel italienischer Art
Italian-style sector	Proportionalwinkel italienischer Art
italic	kursiv
item	Artikel, Gegenstand
iterative	iterativ (stufenweise)
J	
jacket	Schutzumschlag
Jacob's staff	Kreuzstab, Jakobsstab
Jacquard loom	Jacquard-Webstuhl
Japanese abacus (soroban)	japanischer Kugelrechner, japanischer Rechenrahmen, japanischer Abakus (Soroban)
jaquemart	Stundenschläger
jealousy method	Netzverfahren, Netzmethode, Gelosiaverfahren, Gelosiamethode, Gitternetzverfahren, Gitternetzmethode

Fachwortschatz zur Technikgeschichte, Teil 2: Englisch-Deutsch

Englisch	Deutsch
jeton, jetton	Rechenmünze, Rechenmarke, Rechenpfennig
jeweller (UK)/jeweler (USA)	Juwelier/in, Schmuckhersteller/in
joint	Scharnier (Proportionalwinkel)
joint rule	Rechenstab mit Scharnier, Rechenstab mit Gelenk, aufklappbarer Rechenstab
joint slide rule	Rechenstab mit Scharnier, Rechenstab mit Gelenk, aufklappbarer Rechenstab
journal article	Zeitschriftenaufsatz
journal, open access ~	frei zugängliche Zeitschrift
journal, predatory ~	minderwertige Zeitschrift, mangelhaft begutachtete Zeitschrift, missbräuchliche Zeitschrift, ausbeuterische Zeitschrift, räuberische Zeitschrift, scheinwissenschaftliche Zeitschrift
journey into mathematics	Reise durch die Mathematik
journey through time	durch die Zeit reisen
journey through virtual reality	Reise in die künstliche Welt
Julian calendar	julianischer Kalender
jump instruction	Sprunganweisung, Verzweigungsanweisung, Sprungbefehl, Verzweigungsbefehl
junk email	unerwünschte elektronische Post
K	
keeper	Aufseher/in
key	Taste, Schlüssel
key development	Schlüsselentwicklung
key innovation	wegweisende Innovation
key invention	Schlüsselerfindung
key moment	Sternstunde
key role (play)	Schlüsselrolle
key setting	Tasteneinstellung, Schlüsseleinstellung
key wheel	Chiffrierwalze, Schlüsselwalze
keybank	Volltastatur, Volltastenfeld
keybank calculator	Rechner mit Volltastatur
keybank machine	Rechner mit Volltastatur, Volltastaturmaschine
keyboard	Tastatur, Tasten-, Klaviatur
keyboard adding machine	Tastenaddiermaschine, Tastaturaddiermaschine
keyboard calculator	Tastenrechner, Tastaturrechner

Fachwortschatz zur Technikgeschichte, Teil 2: Englisch-Deutsch

Englisch	Deutsch
keyboard clearing	Zurücksetzen der Tastatur
keyboard input	Tastatureingabe
keyboard machine	Tastenmaschine, Tastaturmaschine
keyboard model	Modell mit Tastatur, Tastaturmodell
keyboard setting check	Einstellkontrolle, Eingabekontrolle, Sichtkontrolle
key-driven	tastengesteuert, tastaturgesteuert, tastaturangetrieben
key-driven adding machine	tastengesteuerte Addiermaschine
key-driven calculating machine	tastengesteuerte Rechenmaschine
key-driven calculator	tastengesteuerter Rechner
key-driven machine	tastengesteuerte Maschine, Tastenantriebsmaschine
key-driven operation	tastengesteuerter Vorgang, (direct) über die Tastatur ausgelöster Vorgang
keynote	Haupt-
keypunch	Kartenlocher, Lochkartenlocher, Kartenstanzer, Lochkartenstanzer
key-set machine	Tastenmaschine, Tastenrechenmaschine, Maschine mit Tastatur
key-setting machine	Tastaturmaschine mit Kurbel
keystroke	Anschlag
key-top	Tasten-
key-top model	Modell mit Tastatur, Tastaturmodell
khipu	Knotenschnur, Quipu
killer app	wegweisendes Programm, verkaufsförderndes Programm, begehrtes Programm
killer drone	mörderische Drohne
killer robot	mörderischer Roboter
knight, mechanical ~ (Leonardo da Vinci)	mechanischer Ritter (Leonardo da Vinci)
knob	Knopf
knotted cord	Knotenschnur
knowledge graph	vernetzte Datenbank mit Weltwissen
knowledge representation	Wissensdarstellung
knowledge sharing	Weitergabe des Wissens
knowledge system	Wissenssystem
L	
label	etikettieren, markieren, kennzeichnen
labelled data (UK)/labeled data (USA)	etikettierte Daten

Fachwortschatz zur Technikgeschichte, Teil 2: Englisch-Deutsch

Englisch	**Deutsch**
labelled example (UK)/labeled example (USA)	etikettiertes Beispiel
labor conditions (USA)	Arbeitsbedingungen
labor historian (USA)	Arbeitshistoriker/in
labor history (USA)	Geschichte der Arbeit
labor law (USA)	Arbeitsgesetz, Arbeitsrecht
labor market (USA)	Arbeitsmarkt
labor union (USA)	Gewerkschaft
labour market (UK)	Arbeitsmarkt
lack of transparency	Transparenzmangel
lamp board	Lampenfeld, Glühlampenfeld (Enigma)
lamp timekeeper	Lampenuhr
land measurement	Landvermessung, Feldmessung
land surveying	Landvermessung, Feldmessung
landline	Festnetz
landmark	Markstein, Wendepunkt
language barrier	Sprachhürde, Sprachschranke, Sprachbarriere
language pair	Sprachpaar, Sprachenpaar
language processing	Sprachverarbeitung, Sprachdatenverarbeitung
language translation	Sprachübersetzung
language understanding	Sprachverständnis
lantern clock	Laternenuhr
large capacity storage	leistungsfähiger Speicher
large-scale	Groß-, in großem Maßstab, in großem Stil
large-scale calculating machine	Großrechner
large-scale computation	umfangreiche Berechnung
large-scale computer	Großrechner
last mile	letzte Meile
late antiquity	Spätantike
late medieval	spätmittelalterlich
late middle ages	Spätmittelalter
latency	Wartezeit, Übertragungszeit
lattice method	Netzverfahren, Netzmethode, Gelosiaverfahren, Gelosiamethode, Gitternetzverfahren, Gitternetzmethode
lattice multiplication	Netzverfahren, Netzmethode, Gelosiaverfahren, Gelosiamethode, Gitternetzverfahren, Gitternetzmethode
law enforcement	Strafverfolgung

Fachwortschatz zur Technikgeschichte, Teil 2: Englisch-Deutsch

Englisch	Deutsch
law of Moore	mooresches Gesetz
lawsuit	Prozess (Gericht)
layperson	Laie, Laiin
lazy-tongs	Nürnberger Schere
lead	Führung
lead article	Leitartikel
lead author	Erstverfasser/in, Erstautor/in, Hauptautor/in
lead editor	Hauptherausgeber/in
lead engineer	leitender Ingenieur/leitende Ingenieurin
leadership role	Führungrolle
leading	führend
leading global	weltweit führend
leaflet	Faltblatt, Prospekt
leak	Leck, leck sein, undicht sein, durchsickern
learned society	wissenschaftliche, gelehrte Gesellschaft
learning machine	lernende Maschine, Lernmaschine, lernfähige Maschine
learning system	lernendes System, Lernsystem, lernfähiges System
lecture	Vorlesung
lecture course	Vorlesungen
lecturer (UK)	Assistenzprofessor/in
lecturer in computer science	Dozent/in für Informatik
lecturer in history of technology	Dozent/in für Technikgeschichte
lecturer in mathematics	Dozent/in für Mathematik
lecturer in the history of science and technology	Dozent/in für Technik- und Wissenschaftsgeschichte
ledger	Hauptbuch
left shift	Linksverschiebung
left wheel	linke Walze (Enigma)
left-hand rotor	linke Walze (Enigma)
left-hand wheel	linke Walze (Enigma)
leg	Schenkel (Proportionalwinkel)
legacy	Vermächtnis, Hinterlassenschaft
legal move	zulässiger Zug, erlaubter Zug, gültiger Zug
legal proceedings	Gerichtsverfahren, Gerichtsprozess
Leibniz machine	Leibnizmaschine
Leibniz wheel	Staffelwalze, Stufenwalze
Leibniz-wheel calculator	Staffelwalzenrechner, Stufenwalzenrechner

Fachwortschatz zur Technikgeschichte, Teil 2: Englisch-Deutsch

Englisch	Deutsch
Leibniz-wheel machine	Staffelwalzenmaschine, Stufenwalzenmaschine
lending library	Leihbibliothek, Leihbücherei
lethal autonomous weapon	todbringende autonome Waffe
letter numeral	alfabetisches Zahlzeichen, Buchstabenzahl
level	Nivellierinstrument, Nivelliergerät
levelling instrument (UK), leveling instrument (USA)	Nivelliergerät, Nivellierinstrument
lever	Schieber, Einstellschieber, Hebel, Einstellhebel, Stellhebel, Umstellhebel, Stellknopf, Umstellknopf, Schalthebel, Umschalthebel, Umschalter
lever-actuated	mit Schiebereinstellung, mit Hebeleinstellung
leverage	zum Durchbruch verhelfen, Hebel
lever-operated	mit Hebelbetrieb, hebelbetrieben
lever-set	Schieber-
lever-set calculator	Rechenmaschine mit Einstellschiebern, Rechenmaschine mit Einstellhebeln, Schieberrechenmaschine
lever-set machine	Schiebermaschine, Maschine mit Einstellschiebern
lever-set model	Modell mit Einstellschiebern
lever-type calculator	Rechenmaschine mit Einstellschiebern, Rechenmaschine mit Einstellhebeln, Schieberrechenmaschine
liability	Pflicht
librarian	Bibliothekar/in
library	Bibliothek, Bücherei
library of subroutines	Unterprogrammbibliothek
lid	Deckel
life and work	Leben und Werk
life cycle	Lebensdauer, Lebenszyklus
lifelike (machine, robot, duck)	naturgetreu
life-sized	lebensgroß
lifespan	Lebensdauer
lifetime	Lebenszeit, Lebensdauer
light	leicht
light board	Lampenfeld, Glühlampenfeld (Enigma)
light, bring to ~	ans Licht bringen, an den Tag bringen
light, come to ~	zum Vorschein kommen, ans Licht kommen, auftauchen
lightning calculator	Blitzrechner
lightweight	leicht
like	gefällt mir

Fachwortschatz zur Technikgeschichte, Teil 2: Englisch-Deutsch

Englisch	Deutsch
line abacus	Linienabakus, Legeabakus, Rechentisch, Linienrechner
line board	Linienabakus, Legeabakus, Rechentisch, Linienrechner
line computation	Linienrechnen, Rechnen auf den Linien
line drawing	Strichzeichnung, Strichabbildung
line illustration	Strichzeichnung
line of areas (sector)	Quadratwurzelskala (Proportionalwinkel)
line of chords (sector)	Sinusskala (Proportionalwinkel)
line of development	Entwicklungslinie
line of equal parts (sector)	direkte Skala, lineare Skala (Proportionalwinkel)
line of lines (sector)	direkte Skala, lineare Skala (Proportionalwinkel)
line of logarithmic numbers (sector)	logarithmische Skala (Proportionalwinkel)
line of metals (sector)	Metallskala
line of volumes (sector)	Kubikwurzelskala (Proportionalwinkel)
line reckoning	Linienrechnen, Rechnen auf den Linien
lineage	Entwicklungslinie
lineal keyboard	Tastatur mit waagrecht angeordneten Ziffern
linear equation	lineare Gleichung
linear rule	Rechenstab (logarithmisch)
linear slide rule	Rechenstab (logarithmisch)
linear winding	paralleler Skalenverlauf
lined board	Linienabakus, Legeabakus, Rechentisch, Linienrechner
link	Verweis, Querverweis, Verknüpfung
liquid-crystal display	Flüssigkristallanzeige
list of figures	Abbildungsverzeichnis
list of illustrations	Abbildungsverzeichnis
list of plates	Tafelverzeichnis (Bildtafeln)
list of tables	Tabellenverzeichnis
live keyboard	Tastatur mit Direkteingabe (Tastenantrieb, ohne Kurbeldrehung)
live stream	Direktübertragung, Liveübertragung, direkt übertragen
living conditions	Lebensbedingungen
load	Ladung
loan	Leihgabe
local area network (LAN)	lokales Netz, Inhausnetz
locating	Ortung
locating track	Ortungsspur
location	Speicherzelle, Speicherstelle, Ortung

Fachwortschatz zur Technikgeschichte, Teil 2: Englisch-Deutsch

Englisch	Deutsch
location data	Standortdaten
logarithm	Logarithmus
logarithm table	Logarithmentafel
logarithm to base 10	gemeiner Logarithmus, gewöhnlicher Logarithmus, Zehnerlogarithmus, Dezimallogarithmus, dekadischer Logarithmus, Logarithmus zur Basis 10
logarithmic	logarithmisch
logarithmic circle	Rechenscheibe
logarithmic dial	Rechenuhr, logarithmische Anzeige
logarithmic scale	logarithmische Skala (Rechenschieber)
logarithmic slide rule	logarithmischer Rechenschieber
logbook	Begleitbuch
logic	Logik, logisch
logic circuit	Logikschaltung
logic machine	Logikmaschine
logical	logisch
logical calculus	logischer Kalkül
logical design	Rechnerentwurf, Rechnerarchitektur
logical machine	Logikmaschine
logical operation	logische Verknüpfung
login	Anmeldung
login credentials	Zugangsdaten, Kontoangaben, Kontoinformationen
logistics computer	logistischer Rechner
logo	Schriftzug
logout	Abmeldung
long lasting	dauerhaft
longcase clock	Bodenstanduhr
long-duration archives	Langzeitarchiv
longest lived	am längsten lebend
longevity	Langlebigkeit
longhand calculation	schriftliches Rechnen
long-lived	langlebig
long-time	langjährig
lookup	Suche, Nachschlagen
loom	Webstuhl
loom model	Modellwebstuhl
loop	Schleife

Fachwortschatz zur Technikgeschichte, Teil 2: Englisch-Deutsch

Englisch	Deutsch
loophole	Schlupfloch, Hintertür
looping	Schleifendurchlauf
Lorenz cipher	Lorenz-Verschlüsselung
Lorenz machine	Lorenzmaschine (Verschlüsselungsmaschine)
lowest common denominator	kleinster gemeinsamer Nenner
low-paid	schlechtbezahlt
luminary	Koryphäe
lunar calendar	Mondkalender
lunar cycle	Mondzyklus
lunar eclipse	Mondfinsternis
lunar month	Mondmonat
M	
macaroni box	Makkaronigehäuse
machine age	Maschinenzeitalter
machine calculation	Maschinenrechnen, maschinelles Rechnen
machine construction	Rechnerbau, Maschinenbau
machine design	Rechnerentwurf
machine intelligence	maschinelle Intelligenz, künstliche Intelligenz, Maschinenintelligenz, maschinengestützte Intelligenz, rechnergestützte Intelligenz
machine language	Maschinensprache
machine learning (ML)	maschinelles Lernen, Maschinenlernen, maschinengestütztes Lernen
machine learning algorithm	selbstlernendes Rechenverfahren
machine perception	maschinelle Wahrnehmung
machine speech recognition	maschinelle Spracherkennung
machine table (Turing machine)	Programm (Turingmaschine)
machine technology	Maschinentechnik
machine tool	Werkzeugmaschine
machine translation	maschinelle Übersetzung
machine translator	maschineller Übersetzer
machine vision	maschinelles Sehen
machine-aided	maschinengestützt, maschinenunterstützt
machine-assisted	maschinengestützt, maschinenunterstützt
machinery	Maschinen, Maschinenpark, Maschinerie
made to order	auf Bestellung hergestellt, maßgeschneidert

Fachwortschatz zur Technikgeschichte, Teil 2: Englisch-Deutsch

Englisch	Deutsch
magazine article	Zeitschriftenaufsatz
magazine case of drawing instruments	Reißzeug
magic lantern	magische Laterne
magic square	magisches Quadrat
magnetic	magnetisch
magnetic card	Magnetkarte
magnetic compass	Kompass (Bussole)
magnetic core	Magnetkern
magnetic core machine	Magnetkernrechner
magnetic core memory	Magnetkernspeicher
magnetic core memory machine	Rechner mit Magnetkernspeicher
magnetic core storage	Magnetkernspeicher
magnetic core store	Magnetkernspeicher
magnetic disc	Magnetplatte, Magnetscheibe
magnetic disc storage	Magnetplattenspeicher
magnetic disk	Magnetplatte, Magnetscheibe
magnetic disk drive	Magnetplattenlaufwerk
magnetic disk storage	Magnetplattenspeicher
magnetic drum	Magnettrommel
magnetic drum calculator	Magnettrommelrechner
magnetic drum computer	Magnettrommelrechner
magnetic drum machine	Magnettrommelrechner
magnetic drum memory	Magnettrommelspeicher
magnetic drum storage	Magnettrommelspeicher
magnetic drum store	Magnettrommelspeicher
magnetic drum store computer	Magnettrommelrechner
magnetic film memory	Magnetfilmspeicher
magnetic hard disc	Magnetfestplatte
magnetic hard disk	Magnetfestplatte
magnetic head	Magnetkopf
magnetic memory	Magnetspeicher
magnetic storage	Magnetspeicher
magnetic store	Magnetspeicher
magnetic tape	Magnetband
magnetic tape cartridge	Magnetbandkassette
magnetic tape drive	Magnetbandlaufwerk

Fachwortschatz zur Technikgeschichte, Teil 2: Englisch-Deutsch

Englisch	Deutsch
magnetic tape storage	Magnetbandspeicher, Bandspeicher
magnetic wire	Magnetdraht
magnetic wire memory	Magnetdrahtspeicher
magnetic wire storage	Magnetdrahtspeicher
magnetic wire store	Magnetdrahtspeicher
magnetization (USA)	Magnetisierung
magnetostrictive delay line	magnetostriktiver Laufzeitspeicher
magnetostrictive delay line memory	magnetostriktiver Verzögerungsspeicher
magnetostrictive delay line storage	magnetostriktiver Verzögerungsspeicher
magnetostrictive delay line store	magnetostriktiver Verzögerungsspeicher
magnetostrictive memory	magnetostriktiver Speicher
magnetostrictive storage	magnetostriktiver Speicher
magnetostrictive store	magnetostriktiver Speicher
magnetostrictive ultrasonic delay line	magnetostriktive Ultraschallverzögerungsstrecke, magnetostriktive Ultraschallverzögerungsleitung
mailbox	Briefkasten
main head	Haupttitel
main memory	Hauptspeicher, Arbeitsspeicher
main storage	Hauptspeicher, Arbeitsspeicher
main storage unit	Hauptspeichereinheit
main store	Hauptspeicher, Arbeitsspeicher
mainframe	Großrechner
mainframe computer	Großrechner
mainstay	Standbein, tragende Säule, Kernbereich
major	bedeutend, wichtig
make	Marke
make history	in die Geschichte eingehen, in die Geschichtsbücher eingehen
maker number	Herstellernummer, Seriennummer, Fabriknummer, Maschinennummer
maker of automata	Automatenbauer
malicious software	Schadprogramm
malware	Schadprogramm
Manhattan project (Los Alamos)	Atombombenbauvorhaben
man-machine	Mensch-Maschine
Mannheim rule	Rechenstab System Mannheim, Mannheim-Rechenstab
Mannheim slide rule	Rechenstab System Mannheim, Mannheim-Rechenstab

Fachwortschatz zur Technikgeschichte, Teil 2: Englisch-Deutsch

Englisch	Deutsch
mantel clock	Kaminuhr
manual	Hand-, handbetrieben, handbedient, handbetätigt, händisch, manuell
manual calculation	Handrechnen, manuelle Berechnung, händische Berechnung
manual drive	Handantrieb, Handbetrieb
manually operated	Hand-, handbetrieben, handbedient, handbetätigt, händisch, manuell
manufacturer	Hersteller
many layered	vielschichtig
map distance measurer	Messrädchen
map distance measurer	Messrädchen
map distance measuring device	Messrädchen
map distance reader	Messrädchen
map mileage reader	Messrädchen
marble statue	Marmorstatue
marine chronometer	Marinechronometer, Schifffahrtschronometer
marine clock	Schifffahrtsuhr
marine instrument	Navigationsinstrument, Schifffahrtsinstrument
marine timekeeper	Schifffahrtsuhr
mark	Modell
marker	Marke
market dominance	Marktbeherrschung
market leader	Marktführer/in
market player	Marktteilnehmer/in
market position	Marktstellung
market power	Marktmacht
marvel	Wunderwerk
mass market	Massenmarkt
mass production	Serienfertigung
mass storage	Massenspeicher
mass surveillance	flächendeckende Überwachung
mass unemployment	Massenarbeitslosigkeit
massively parallel	massivparallel
massively parallel computer	massivparalleler Rechner
mass-market personal computer	serienmäßig gefertigter persönlicher Rechner
mass-produce	serienmäßig herstellen

Fachwortschatz zur Technikgeschichte, Teil 2: Englisch-Deutsch

Englisch	Deutsch
mass-produced	serienmäßig hergestellt, massengefertigt, Massen-, Serien-, Dutzend-
master programmer (Eniac)	zentrale Programmsteuerung
master programmer unit (Eniac)	zentrale Steuereinheit
masterpiece	Meisterwerk
masthead	Impressum
material culture	materielle Kultur
material history	materielle Geschichte, Objektgeschichte
materialise (UK)	verwirklichen
materialize (USA)	verwirklichen
math teacher	Mathematiklehrer/in
mathematical calculating instrument	Recheninstrument, Rechenwerkzeug
mathematical historian	Mathematikhistoriker/in
mathematical history	Mathematikgeschichte
mathematical institute	mathematisches Institut, Institut für Mathematik
mathematical instrument	mathematisches Instrument, mathematisches Werkzeug
mathematical logic	mathematische Logik
mathematical logician	mathematischer Logiker/in
mathematical machine	mathematische Maschine
mathematical model	mathematisches Modell
mathematical publisher	Mathematikverlag
mathematical table	mathematische Tafel, mathematische Tabelle
mathematical tool	mathematisches Werkzeug
mathematics	Mathematik
mathematics collection	Mathematiksammlung
mathematics education	Mathematikausbildung
mathematics historian	Mathematikhistoriker/in
mathematics history	Mathematikgeschichte
mathematics institute	mathematisches Institut, Institut für Mathematik
mathematics lecturer	Mathematikdozent/in
mathematics machine	mathematische Maschine
mathematics teacher	Mathematiklehrer/in
mathematics teaching	Mathematikunterricht
mathematics textbook	Mathematikbuch
mathematics, ancient Chinese ~	altchinesische Mathematik
mathematics, ancient Egyptian ~	altägyptische Mathematik
mathematics, ancient Indian ~	altindische Mathematik

Fachwortschatz zur Technikgeschichte, Teil 2: Englisch-Deutsch

Englisch	Deutsch
mathematics, applied ~	angewandte Mathematik
mathematics, Arab ~	arabische Mathematik
mathematics, Arabian ~	arabische Mathematik
mathematics, Babylonian ~	babylonische Mathematik
mathematics, Chinese ~	chinesische Mathematik
mathematics, classical Greek ~	klassische griechische Mathematik
mathematics, early Arabian ~	früharabische Mathematik
mathematics, early Hindu ~	frühindische Mathematik
mathematics, higher ~	höhere Mathematik
mathematics, Hindu ~	indische Mathematik
mathematics, Indian ~	indische Mathematik
mathematics, Islamic ~	islamische Mathematik
mathematics, Mesopotamian ~	mesopotamische Mathematik
mathematics, numerical ~	numerische Mathematik
Maya numeral system	Mayazahlensystem
Mayan arithmetic	Mayaarithmetik
Mayan numeral	Mayaziffer, Mayazahlzeichen
m-configuration (Turingmaschine)	Zustand
measure	messen
measure of the earth	Erdmessung
measure rod	Messstab, Maßstab
measurement instrument	Messinstrument, Messwerkzeug
measurement of time	Zeitmessung
measuring angle	Messwinkel
measuring device	Messgerät
measuring instrument	Messinstrument, Messwerkzeug
measuring rule	Maßstab
measuring scale	Messskala
measuring tool	Messwerkzeug
measuring wheel	Messrad
mechanic	Mechaniker/in
mechanical	mechanisch
mechanical age	Maschinenzeitalter
mechanical aid	mechanische Hilfe
mechanical aid to calculation	mechanische Rechenhilfe
mechanical bird cage	mechanischer Vogelkäfig

Fachwortschatz zur Technikgeschichte, Teil 2: Englisch-Deutsch

Englisch	Deutsch
mechanical calculating device	mechanisches Rechengerät
mechanical calculating machine	mechanische Rechenmaschine
mechanical calculation	mechanisches Rechnen
mechanical calculation machine	mechanische Rechenmaschine
mechanical calculator	mechanische Rechenmaschine
mechanical clock	mechanische Uhr
mechanical computation	mechanisches Rechnen
mechanical computing	mechanisches Rechnen
mechanical device	mechanisches Gerät
mechanical differential analyser (UK), mechanical differential analyzer (USA)	mechanische Integrieranlage
mechanical engineering	Maschinenbau
mechanical lion (Leonardo da Vinci)	mechanischer Löwe (Leonardo da Vinci)
mechanical marvel	mechanisches Wunderwerk
mechanical memory	mechanischer Speicher
mechanical music	mechanische Musik
mechanical musical instrument	mechanisches Musikinstrument, Musikmaschine
mechanical musician	Figurenautomat mit Musikwerk, musikspielender Figurenautomat
mechanical organ	mechanische Orgel
mechanical robot	mechanischer Roboter
mechanical toy	mechanisches Spielzeug
mechanical translation	maschinelle Übersetzung
mechanical watch	mechanische Uhr
mechanician	Mechaniker/in
mechanics	Mechanik
mechanism	Vorrichtung, Gerät, Werk, Mechanismus
mechanization	Mechanisierung
mechanize	mechanisieren
mechanized calculation	mechanisches Rechnen
mechanized loom	mechanischer Webstuhl
mediation	Halbierung, Medieren, Mediation (Linienrechnen)
medical data	Gesundheitsdaten, medizinische Daten
medical technology (MedTech)	Medizintechnik
medieval age	Mittelalter
medieval times	Mittelalter
medium-sized computer	mittelgroßer Rechner

Fachwortschatz zur Technikgeschichte, Teil 2: Englisch-Deutsch

Englisch	Deutsch
meme	Mem (massenhaft verbreitete Bild-, Video- oder Tondatei verbunden mit einem aussagekräftigen kurzen Text)
memex	Mikrofilmkatalog
memoir	Lebensbericht
memoirs	Lebenserinnerungen
memory	Speicher, Gedächtnis
memory address	Speicheradresse
memory cabinet	Speicherschrank
memory capacity	Speichervermögen
memory device	Speichergerät
memory drum	Speichertrommel
memory location	Speicherzelle, Speicherstelle
memory medium	Speichermedium, Datenträger
memory organ	Speicherwerk, Speichereinheit
memory register	Speicherregister
memory size	Speichergröße
memory space	Speicherplatz
memory storage technology	Speichertechnik
memory technology	Speichertechnik
memory tube (USA)	Speicherröhre
memory unit	Speichereinheit, Speicherwerk
mensuration	Messkunst
Mercedes machine	Verhältnishebelmaschine, Proportionalhebelmaschine
Mercedes-Euklid machine	Verhältnishebelmaschine, Proportionalhebelmaschine
merchant	Händler/in, Kaufmann/Kauffrau
merchant ship	Handelsschiff
merchant vessel	Handelsschiff
mercury acoustic delay line	Quecksilberverzögerungsstrecke, Quecksilberverzögerungsleitung
mercury delay line	Quecksilberverzögerungsstrecke, Quecksilberverzögerungsleitung
mercury delay line memory	Quecksilberspeicher
mercury delay line storage	Quecksilberspeicher
mercury delay line store	Quecksilberspeicher
mercury memory	Quecksilberspeicher
mercury memory tank	Quecksilberspeichertank
mercury storage	Quecksilberspeicher

Fachwortschatz zur Technikgeschichte, Teil 2: Englisch-Deutsch

Englisch	Deutsch
mercury store	Quecksilberspeicher
mercury tank	Quecksilberstahlröhre
mesh	Ineinandergreifen
meshed wheels	ineinander greifende Räder
Mesopotamian mathematics	mesopotamische Mathematik
message	Nachricht, Mitteilung, Meldung, Botschaft
message key	Spruchschlüssel (Enigma)
message setting	Spruchschlüssel (Ausgangsstellung der Walzen für jede einzelne Meldung, Enigma)
messaging app	Nachrichtenübermittlungsprogramm
messaging company	Nachrichtendienstfirma, Nachrichtenkonzern
messaging platform	Austauschplattform, Mitteilungsplattform
messaging service	Nachrichtendienst, Mitteilungsdienst
messaging system	Nachrichtenaustauschsystem
messenger	Nachrichtendienst, Mitteilungsdienst
metal comb	Metallkamm
metal handle	Metallgriff
metal stand	Metallgestell
metal tag	Metallschild (Namenschild)
metal tape	Metallband
metallic line (sector)	Metallskala (Proportionalwinkel)
metallic stand	Untergestell aus Metall
method of algorism	Federrechnen, Rechnen mit der Feder
method of calculation	Rechenverfahren
method of double false position	zweifache Regula falsi
method of false position	einfache Regula falsi
method of false solution	Methode des falschen Ansatzes (Regula falsi)
method of reckoning	Rechenverfahren
method of the cells	Netzverfahren, Netzmethode, Gelosiaverfahren, Gelosiamethode, Gitternetzverfahren, Gitternetzmethode
method of the quadrilateral	Netzverfahren, Netzmethode, Gelosiaverfahren, Gelosiamethode, Gitternetzverfahren, Gitternetzmethode
method of the sieve	Netzverfahren, Netzmethode, Gelosiaverfahren, Gelosiamethode, Gitternetzverfahren, Gitternetzmethode
method of the square	Netzverfahren, Netzmethode, Gelosiaverfahren, Gelosiamethode, Gitternetzverfahren, Gitternetzmethode
Metonic dial	Metonanzeige, Metonskala, Metonziffer(n)blatt, Metonscheibe

Fachwortschatz zur Technikgeschichte, Teil 2: Englisch-Deutsch

Englisch	Deutsch
Metonic spiral	Metonspirale
metric system	metrisches System
metrics	Zahlenwerte
metropolitan archive	Stadtarchiv
microcomputer	Mikrorechner
microelectronics	Mikroelektronik
microfiche	Mikrofilmkarte, Mikroplanfilm
microfilm	Mikrofilm, Mikrofilmrolle
micropayment	Zahlung von Kleinstbeträgen
microprocessor	Mikroprozessor
microscope	Mikroskop
middle ages	Mittelalter
middle rotor	mittlere Walze (Enigma)
middle wheel	mittlere Walze (Enigma)
milestone	Meilenstein, Markstein
milestone in computer technology	Meilenstein in der Rechentechnik, Meilenstein der Rechentechnik
milestone in computing technology	Meilenstein in der Rechentechnik, Meilenstein der Rechentechnik
military	Militär
military forces	Streitkräfte
military historian	Militärhistoriker/in
milky way	Milchstraße
mill (Babbage)	Rechenwerk (analytische Maschine von Babbage)
miller's knot	Müllerknoten
miner	Schürfer/in
miner	Schürfprogramm
miniature tower clock	Türmchenuhr
miniaturisation (UK), miniaturization (USA)	Verkleinerung
minicomputer	Minirechner
mining	Schürfen (Verarbeitung von Vorgängen)
minuend	Minuend
minus sign.	Minuszeichen
minutes	Protokoll
misinformation	Falschmeldung, Falschinformation
misuse	Missbrauch

Fachwortschatz zur Technikgeschichte, Teil 2: Englisch-Deutsch

Englisch	Deutsch
mitigation	Minderung, Abschwächung, Verringerung
mixed reality	gemischte Realität
mobile computing	mobile Rechnernutzung, Rechnernutzung unterwegs, mobiles Rechnen
mobile device	tragbares Gerät
mobile internet access	Internetzugang übers Mobilfunknetz
mobile network	Mobilfunknetz
mobile operator	Mobilfunkanbieter, Mobilfunkbetreiber
mobile payment system	mobiles Bezahlsystem
mobile phone	Funktelefon, Mobiltelefon, Handy
mobile phone company	Mobilfunkanbieter
mobile phone number	Mobiltelefonnummer
mobile phone operator	Mobilfunkanbieter, Mobilfunkbetreiber
mobile robot	frei beweglicher Roboter
model	Modell, Vorbild, modellieren
model maker	Modellbauer/in
modelling (UK), modeling (USA)	Modellierung
moderate (content)	betreuen (Inhalte)
modern period	Neuzeit
modern times	Neuzeit
modify (data, program)	ändern (Daten, Programm)
modify an address	Adresse ändern
moiré pattern	Moirémuster
momentum	Schwung, Schwungkraft, Triebkraft
monastic abacus	Klosterabakus
monetization	Versilberung
monetize data	Daten zu Geld machen
money laundering	Geldwäsche
monitor	überwachen, überprüfen
monochrome	einfarbig
monograph	Einzeldarstellung
monophase	einstufig
moon phase	Mondphase
moondial	Monduhr
Moore's law	mooresches Gesetz
Morse code	Morsealfabet
motor drive	Motorantrieb

Fachwortschatz zur Technikgeschichte, Teil 2: Englisch-Deutsch

Englisch	Deutsch
motor-driven	motorbetrieben, mit Motorantrieb, mit Motor
motorized	motorbetrieben, mit Motorantrieb, mit Motor
mouse pad	Mausunterlage
movable carriage	beweglicher Schlitten
movable tooth	beweglicher Zahn
movement pattern	Bewegungsmuster
movement tracking	Bewegungsverfolgung
movie recommendation	Filmempfehlung
moving carriage	beweglicher Schlitten
moving image	Bewegtbild
moving picture	Bewegtbild
much improved	stark verbessert
multi-cursor circular slide rule	Rechenscheibe mit mehreren Läufern
multi-digit	mehrstellig, vielstellig
multi-digit number	mehrstellige Zahl, vielstellige Zahl
multi-disc circular slide rule	Rechenscheibe mit mehreren Scheiben
multidisciplinary	fächerverbindend, facherüberschreitend
multi-disk circular slide rule	Rechenscheibe mit mehreren Scheiben
multifunction	Mehrfunktions-, Multifunktions-
multi-layer neural network	mehrschichtiges Neuronennetz, vielschichtiges Neuronennetz
multi-layered	mehrschichtig
multiple calculating machine	Mehrfachrechenmaschine
multiple order machine	mehrstellige Maschine
multiple-order key-driven machine	mehrstellige tastengesteuerte Maschine
multiplicand	Faktor (erster Faktor), Multiplikand
multiplication	Vervielfachen, Malnehmen, Multiplikation
multiplication lever	Multiplikationshebel
multiplication machine	Multiplikationsmaschine
multiplication rod	Multiplizierstäbchen
multiplication table	Multiplikationstafel, Multiplikationstabelle, Einmaleinskörper
multiplication table block	Multiplikationskörper
multiplication, Egyptian ~	ägyptische Multiplikation
multiplication, Ethiopian ~	äthiopische Multiplikation
multiplication, Russian ~	russische Multiplikation

Fachwortschatz zur Technikgeschichte, Teil 2: Englisch-Deutsch

Englisch	Deutsch
multiplier	Faktor (zweiter Faktor), Multiplikator, Multiplizierwerk, Multipliziereinrichtung, Multipliziergerät, Vierspeziesmaschine
multiplier body	Einmaleinsköper, Multiplikationskörper
multiplier lever	Multiplizierhebel
multiplier register	Multiplikatorregister
multiplying block	Einmaleinskörper, Multiplikationskörper
multiplying calculator	Addier- und Multipliziermaschine, Mehrspeziesmaschine
multiplying machine	Multiplikationsmaschine
multiplying pencil	Multiplizierstift
multiplying punch	Multiplizierlocher
multi-volume	vielbändig, mehrbändig
municipal archive	Stadtarchiv
museum catalogue (UK), museum catalog (USA)	Museumskatalog
museum collection	Museumssammlung
museum object	Museumsgegenstand, Museumsstück
museum of automata	Automatenmuseum
museum of computing	Rechnermuseum, Rechenmuseum, Computermuseum
museum of industry	Industriemuseum
museum of science	Wissenschaftsmuseum
museum of technology	Technikmuseum, technisches Museum
music automaton	Musikautomat
music box	Musikdose, Spieldose
music roll	Musikrolle, Papiernotenrolle, Notenrolle, Tonrolle, Musiknotenrolle
music streaming company	Musikdienst, Musikanbieter/in, Musikverleihdienst
musical automaton	Musikautomat
musical automaton clock	Automatenuhr mit Musikwerk, Uhr(en)automat mit Musikwerk, Musikautomatenuhr, Musikuhrenautomat
musical box	Musikdose, Spieldose
musical bracket clock	Stutzuhr mit Musikwerk
musical clock	Uhr mit Musikwerk, Musikuhr
musical historian	Musikhistoriker/in
musical instrument	Musikinstrument
musical picture clock	Bilderuhr mit Musikwerk, musikspielende Bilderuhr
musical snuffbox	Schnupftabakspieldose
musical table clock	Tischuhr mit Musikwerk

Fachwortschatz zur Technikgeschichte, Teil 2: Englisch-Deutsch

Englisch	Deutsch
musical timepiece	Musikchronomoter, Musikuhr
musical watch	Uhr mit Musikwerk, Musikuhr
Musician (Jaquet-Droz)	Musiker/in
must	Muss, zwingend
N	
n column	n-stellig
n column adder	n-stelliger Addierer
n decimal digit number	n-stellige Dezimalzahl
n digit	n-stellig
n digit decimal number	n-stellige Dezimalzahl
n digit number	n-stellige Zahl
n place	n-stellig
n place setting machine	n-stellige Maschine, Maschine mit n-stelligem Einstellwerk
name index	Namenverzeichnis, Eigennamenverzeichnis
nameplate	Namensschild
Napier bones	nepersche Rechenstäbchen
Napier rods	nepersche Rechenstäbchen
Napier's bones	nepersche Rechenstäbchen
Napier's rods	nepersche Rechenstäbchen
Napierian cylinder	neperscher Zylinder
Napierian rods	nepersche Rechenstäbchen
narrative	Erzählung, Schilderung, Darstellung
national archive	Nationalarchiv, Staatsarchiv
native tongue	Muttersprache
natural history	Naturgeschichte (Biologiegeschichte)
natural language comprehension	Verstehen naürlicher Sprache
natural language processing	Sprachdatenverarbeitung
natural language understanding	Verstehen naürlicher Sprache
natural science	Naturwissenschaft
nautical instrument	Seefahrtsinstrument, Schifffahrtsinstrument
nautical table	Seefahrtstafel, Seefahrtstabelle, Schifffahrtstafel, Schifffahrtstabelle
naval Enigma	Marine-Enigma
navigational calculator	Schifffahrtsrechner
navigational instrument	Navigationsinstrument, Schifffahrtsinstrument

Fachwortschatz zur Technikgeschichte, Teil 2: Englisch-Deutsch

Englisch	Deutsch
navigational table	Navigationstafel, Navigationstabelle
navigator	Seefahrer/in
navy	Marine, Kriegsmarine
near field communication (NFC)	Nahfunk, Kurzfunk, Kurzstreckenfunk
near future	nahe Zukunft
necklace watch	Halsuhr
negative number	negative Zahl
nerd	Computernarr/Computernärrin, Tüftler/in
nervous system	Nervensystem
net neutrality	Netzneutralität
netizen	Netzbürger/in, Netzteilnehmer/in
network edge	Rand des Netzwerks
network security	Netzsicherheit
networked	vernetzt
networked computer	vernetzter Rechner
neural net	neuronales Netz
neural network	neuronales Netz
neuroscience	Neurowissenschaft
new moon	Neumond, Leermond
news feed	Nachrichtenangebot, Anzeige von (neuen) Nachrichten (Text, Bild, Video), Nachrichtenstrom
next-generation	zukünftig
niche market	Nischenmarkt
nickel delay line	Nickelverzögerungsleitung, Nickelverzögerungsstrecke
nickel magetostrictive delay line	magnetostriktive Nickelverzögerungsleitung, magnetostriktive Nickelverzögerungsstrecke
night clock	Nachtuhr
night dial	Nachtuhr, Sternuhr, Sternenuhr, Nokturnal
nine by nine multiplication table	Einmaleinskörper, Multiplikationskörper
nine's complement	Neunerkomplement, 9er Komplement
nines complement	Neunerkomplement, 9er Komplement
ninety-column paper tape	90-spaltiger Lochstreifen
no	Nr.
Nobel laureate	Nobelpreisträger/in
Nobel prize for computing	Informatiknobelpreis
Nobel prize in computing	Informatiknobelpreis
Nobel prize of computing	Informatiknobelpreis

Fachwortschatz zur Technikgeschichte, Teil 2: Englisch-Deutsch

Englisch	Deutsch
Nobel winner	Nobelpreisträger/in
nocturnal	Nachtuhr, Sternuhr, Sternenuhr, Nokturnal
nocturnal dial	Nachtuhr, Sternuhr, Sternenuhr, Nokturnal
noise	Rauschen, Störung
nomogram	grafische Rechentafel (Nomogramm)
nomography	grafisches Rechnen, zeichnerisches Rechnen, Nomografie
non-Euclidean geometry	nichteuklidische Geometrie
nonnumeric	nichtnumerisch
nonnumerical	nichtnumerisch
non-printing	nicht druckend, nicht schreibend
non-printing adding machine	nicht druckende Addiermaschine
non-printing calculating machine	nicht druckende Rechenmaschine
non-printing desk calculator	nicht druckender Tischrechner
nonprofessional	Laie, Laiin
nonprofessional historian	Freizeithistoriker/in, Amateurhistoriker/in, Hobbyhistoriker/in
notation, additive ~	additive Schreibweise (von römischen Zahlen, z.B. VI, LX)
notation, subtractive ~	subtraktive Schreibweise (von römischen Zahlen, z.B. IV, XL)
notch	Kerbe (Kerbholz)
notched band adder	Zahlenschieber
notched bone	Kerbknochen
notched stick	Kerbholz
nought	Null
novel	neuartig, originell
noxious content	schädliche Inhalte (Internet)
number	Zahl, Nummer, Heft
number card (Babbage)	Zahlenkarte, Datenkarte
number computing	Ziffernrechnen, Zahlenrechnen, numerisches Rechnen, Digitalrechnen
number cruncher	Ziffernrechner
number crunching	Zahlenverarbeitung
number crunching electronic calculator	elektronischer Ziffernrechner
number of revolutions	Umdrehungszahl
number of ten digits	zehnstellige Zahl
number penny	Rechenmünze, Rechenmarke, Rechenpfennig, Zahlenpfennig

Fachwortschatz zur Technikgeschichte, Teil 2: Englisch-Deutsch

Englisch	Deutsch
number ring	Zahlenring
number storage	Zahlenspeicher
number symbol	Ziffer, Zahlzeichen
number system	Zahlensystem, Ziffernsystem
number theory	Zahlentheorie
number train	Zahlenreihe, Zahlenfolge
number value	Zahlenwert
number word	Zahlwort
numbered wheel	Zahlenrad
numbering rod	Rechenstäbchen, Zählstäbchen
numbering system	Zahlensystem, Ziffernsystem
numeracy	Rechnen, rechnerische Fähigkeiten
numeral	Ziffer, Zahlzeichen
numeral dial	Ziffernrad, Zifferrad
numeral frame	Zählrahmen
numeral number symbol	Ziffer, Zahlzeichen
numeral sign	Ziffer, Zahlzeichen
numeral system	Ziffernsystem, Zahlensystem
numeral wheel	Ziffernrad, Zifferrad
numeral window	Ziffernfenster, Sichtloch
numeral word	Zahlwort
numeration	Legen von Rechensteinen (Linienrechnen), Setzen von Rechensteinen (Linienrechnen), Numeration, Zählen
numeration system	Zahlensystem, Ziffernsystem
numeric	numerisch, zahlenmäßig
numeric data	numerische Daten
numerical	numerisch, zahlenmäßig
numerical calculating machine	Ziffernrechner
numerical calculation	Ziffernrechnen, Zahlenrechnen, numerisches Rechnen, Digitalrechnen
numerical calculator	Ziffernrechner
numerical computation	Ziffernrechnen, Zahlenrechnen, numerisches Rechnen, Digitalrechnen
numerical data	numerische Daten
numerical dial	Ziffernrad, Zifferrad
numerical key	Zifferntaste
numerical mathematics	numerische Mathematik

Fachwortschatz zur Technikgeschichte, Teil 2: Englisch-Deutsch

Englisch	Deutsch
numerical notation	Zahlendarstellung
numerical storage	Zahlenspeicher
numerical value	Zahlenwert
numerical wheel	Ziffernrad, Zifferrad
numismatical collection	Münzkabinett, Münzsammlung
numismatics	Münzkunde
numismatics collection	Münzkabinett, Münzsammlung
Nuremberg jeton, Nuremberg jetton	Nürnberger Rechenmünze
Nuremberg rechenpfennig	Nürnberger Rechenmünze
Nuremberg token	Nürnberger Rechenmünze
O	
object	Gegenstand, Objekt, Sammlungsstück, Sammlungsobjekt
object collection	Objektsammlung
object holding	Objektbestand
object identification	Objekterkennung
object of curiosity	Kuriosität
object of wonder	Kuriosität
object recognition	Objekterkennung
observational data	Beobachtungsdaten
observational instrument	Beobachtungsgerät
observatory	Sternwarte
octant	Oktant (Achtelkreis, Winkelmessgerät)
odd	ungerade
odd digit	ungerade Ziffer
odd number	ungerade Zahl
Odhner calculating machine	Odhnerrechenmaschine (Sprossenradrechenmaschine)
Odhner machine	Sprossenradmaschine, Odhnermaschine
Odhner wheel	Sprossenrad, Stufenrad
Odhner-wheel calculator	Sprossenradrechner, Sprossenradrechenmaschine
odometer (USA)	Wegmesser, Entfernungsmesser, Distanzmesser
off the end problem (slide rule)	Durchschiebeproblem
office adding machine	Tischaddiermaschine, Büroaddiermaschine
office automation	Büroautomation
office equipment	Büroausstattung
office machine	Büromaschine

Fachwortschatz zur Technikgeschichte, Teil 2: Englisch-Deutsch

Englisch	Deutsch
office machine industry	Büromaschinenindustrie
office machinery	Büromaschinen, Büromaschinenpark
offline	nicht angeschlossen, nicht am/im Netz
offprint	Sonderdruck
oignon watch	Zwiebelschalenuhr
oil portrait	Porträt in Öl
on demand	Bedarfs-
on the go	unterwegs
one and zero	eins und null
one's complement	Einerkomplement
one-digit number	einstellige Zahl
one-directional carry	Zehnerübertrag nur in einer Richtung
one-directional counter carry	Zehnerübertrag im Umdrehungszähler nur in einer Richtung
one-figure number	einstellige Zahl
one-function calculator	Einspeziesrechenmaschine, Einspeziesmaschine, Einspeziesrechner
one-layer	einschichtig
one-of-a-kind computer	Einzelanfertigung (Rechner), Unikat
one-of-a-kind machine	Einzelanfertigung (Rechner), Unikat
one-of-a-kind object	Unikat (Objekt)
one-off machine	Einzelanfertigung (Rechner), Unikat
ones and zeros	Einsen und Nullen
ones column	Einerspalte
one-time pad	Einmalschlüssel
one-time system	Einmalschlüssel
one-time tape	Einmalschlüssel
one-volume	einbändig
ongoing	laufend
online	übers Netz zugänglich, übers Internet zugänglich, übers Web zugänglich, im Netz, mit Netzzugang, ans Netz angeschlossen, netzwerkfähig, netzwerktauglich, rechnergestützt, Online-
online account	Internetkonto
online ad	Internetwerbung
online advertisement	Internetanzeige
online advertising	Internetwerbung
online auction webseite	elektronische Tauschbörse

Fachwortschatz zur Technikgeschichte, Teil 2: Englisch-Deutsch

Englisch	Deutsch
online behaviour (UK)/behavior (USA)	Internetverhalten
online book	elektronisches Buch
online bookseller	Internetbuchhändler/in
online bullying	Internetmobbing, Mobbing im Netz
online business	Internethandel
online catalogue (UK), online catalog (USA)	übers Netz zugänglicher Katalog, Katalog im Netz, netzwerkfähiger Katalog, netzwerktauglicher Katalog, Onlinekatalog
online collection	Sammlung im Internet, übers Netz zugängliche Sammlung
online collections database	Sammlungsdatenbank im Netz, Objektdatenbank im Netz, Online-Objektdatenbank
online commerce	Internethandel
online communication	Verständigung übers Internet
online content	Internetinhalt (soziale Medien)
online crime	Internetverbrechen
online data	Internetdaten
online database	übers Netz zugängliche Datenbank, Datenbank im Netz, Onlinedatenbank
online encyclopedia	Internetenzyklopädie, Internetlexikon
online exhibit (USA)	Ausstellungsstück im Netz, Ausstellungsgegenstand im Netz, Schaustück im Netz, Museumsstück im Netz, Exponat im Netz, übers Netz zugängliches Exponat, Ausstellung im Netz (USA), Ausstellung im Internet (USA)
online exhibition	Ausstellung im Netz, Ausstellung im Internet
online fraud	Betrug im Internet, Schwindel im Internet
online game	Internetspiel
online giant	Internethandelsriese
online harassment	Belästigung im Internet
online issue	elektronische Ausgabe, Heft im Netz, digitale Ausgabe
online journal	elektronische Zeitschrift, Zeitschrift im Netz, übers Netz zugängliche Zeitschrift, Onlinezeitschrift
online library catalogue (UK), online library catalog (USA)	übers Netz zugänglicher Bibliothekskatalog
online life	Internetnutzung, Leben in sozialen Netzen
online magazine	elektronische Zeitschrift
online marketplace	digitaler Marktplatz
online museum	Museum im Netz, Museum im Internet
online payment	Bezahlung übers Netz

Fachwortschatz zur Technikgeschichte, Teil 2: Englisch-Deutsch

Englisch	Deutsch
online platform	Internetplattform
online privacy	Privatsphäre im Internet
online profile	Internetprofil
online purchase	Kauf im Netz, Einkauf im Netz
online retail giant	Interneteinzelhandelsriese
online retailer	Internethändler/in
online sale	Verkauf übers Netz
online search	Internetsuche
online service	Internetdienst, Onlinedienst
online shopping	Einkauf übers Internet, Einkauf im Netz
online shopping platform	digitale Einkaufsplattform
online storage service	Internetspeicherdienst
online store	Internetversandgeschäft
online streaming	Verleih von Multimediadaten (Musik, Video), (kostenpflichtige) Nutzung von Multimediadaten übers Netz
online trading	Internethandel
online transaction	Vorgang übers Netz, Geschäftsvorgang übers Netz
online trolling	Netzschikanen
online voting	elektronische Abstimmung, elektronisches Wählen
online world	Internetwelt, Welt des Internets, Netzwelt
onsite	vor Ort
op-ed	Meinungsbeitrag
open	frei zugänglich
open access	freier Zugang, frei zugänglich
open access collection	Freihandsammlung
open access journal	frei zugängliche Zeitschrift
open access publication	frei zugängliche Veröffentlichung
open data	frei verfügbare Daten
open science	offene Wissenschaft
open source	quelloffen
open to the public	allgemein zugänglich, öffentlich zugänglich
operate a datacenter (USA)	ein Datenzentrum betreiben
operating instructions	Gebrauchsanweisung, Gebrauchsanleitung, Bedienungsanleitung
operating manual	Benutzerhandbuch
operation card (Babbage)	Befehlskarte, Programmkarte
operation field	Operationsfeld (eines Befehls)

Fachwortschatz zur Technikgeschichte, Teil 2: Englisch-Deutsch

Englisch	Deutsch
operation of arithmetic	Rechenart, Rechenvorgang
operation selection lever	Hebel für die Wahl der Rechenart
operational	arbeitsfähig, betriebsbereit, betriebsfähig, einsatzfähig, funktionsfähig, funktionstüchtig, gebrauchsfähig, gebrauchsfertig, lauffähig
operator	Bediener/in, Betreiber/in
opisometer	Kurvenmesser, Linienmesser, Messrad (Landkarte)
optical character recognition	Texterkennung
optical storage	optischer Speicher
optimal coding	optimale Kodierung
optimum coding	Bestzeitprogrammierung, optimale Verschlüsselung
optimum programming	Bestzeitprogrammierung
oral historian	Fachperson für mündliche Geschichte
oral history	mündliche Überlieferung
oral history interview	Zeitzeugengespräch
oral history transcript	Abschrift eines Zeitzeugengesprächs
oral interview	mündliches Gespräch
oral presenstation	mündliche Vorstellung
orchestrion	Orchestrion
order	Befehl, Anweisung, Reihenfolge
ordinal number	Ordnungszahl
ordinary differential equation	gewöhnliche Differenzialgleichung
organ	Orgel, Organ (Gerät, Einheit)
organ clock	Orgelspieluhr
organ pipe	Orgelpfeife
organette	Organette
organizational chart	Organigramm
organ-playing clock	Orgelspieluhr
origin	Ursprung
origin point	Herkunftsort, Ausgangspunkt
original	Original
original position	Anfangsstellung, Anfangseinstellung
original source	Primärliteratur, Originalquelle
orrery	Sonnensystemmodell, Planetarium
out of stock	vergriffen
outcome	Ausgang, Auswirkung, Folge
outer disc	äußere Scheibe (einer Rechenscheibe)

Fachwortschatz zur Technikgeschichte, Teil 2: Englisch-Deutsch

Englisch	Deutsch
outer disk	äußere Scheibe (einer Rechenscheibe)
outer scale	äußere Skala
outer store	Außenspeicher, äußerer Speicher, externer Speicher
outlet	Absatz, Verkaufsstelle, Fabrikladen
output	Ausgabe
output device	Ausgabegerät, Ausgabeeinheit
output organ	Ausgabeeinheit, Ausgabegerät
output unit	Ausgabeeinheit, Ausgabegerät
outreach	Reichweite
outstanding	herausragend
outstation	Außenstation
over time	mit der Zeit, im Lauf der Zeit
overall history	Gesamtgeschichte
overall work	Gesamtwerk
overflow	Überlauf
over-rotation	Überschleudern, Überwerfen
over-rotation preventer	Überschleuderschutz
oversee	beaufsichtigen, überwachen, betreuen
overthrow	Überschleudern, Überwerfen
overview (of)	Übersicht (über)
overview history	Überblicksgeschichte
P	
package delivery	Paketzustellung
page layout	Seitengestaltung, Umbruch
page make-up	Seitengestaltung, Umbruch
page number	Seitenzahl
page numbering	Seitennummerierung
pair of compasses	Zeichenzirkel, Zirkel (fürs Zeichnen), Einsatzzirkel (Einzahl)
pair of dividers	Stechzirkel, Messzirkel (Einzahl)
pair of proportional compasses	Reduktionszirkel (Einzahl)
pair of proportional dividers	Reduktionszirkel (Einzahl)
pair of sector compasses (Galileo Galilei)	Proportionalzirkel, Proportionalwinkel, Proportionalrechenzirkel
palm-size	Taschen-
palm-size adder	Taschenaddierer

Fachwortschatz zur Technikgeschichte, Teil 2: Englisch-Deutsch

Englisch	Deutsch
palm-sized	Taschen-
pamphlet	Broschüre
panel	Schalttafel, Schaltbrett, Schaltplatte, Stecktafel, Steckbrett, Programmtafel, Programmiertafel
panel board	Schalttafel, Schaltbrett, Schaltplatte, Stecktafel, Steckbrett, Programmtafel, Programmiertafel
Panhellenic game	panhellenisches Spiel
pantagraph	Pantograf, Storchschnabel
pantograph	Pantograf, Storchschnabel
pantograph cardpunch	Pantograflocher, Pantografstanzer (Hollerith)
pantograph punch	Pantograflocher, Pantografstanzer (Hollerith)
paper	Vortrag
paper roll	Musikrolle, Papiernotenrolle, Notenrolle, Tonrolle, Musiknotenrolle
paper tape memory	Lochbandspeicher, Lochstreifenspeicher
paper tape perforator	Lochstreifenlocher, Lochstreifenstanzer, Lochbandstanzer
paper tape punch	Lochstreifenlocher, Lochstreifenstanzer, Lochbandstanzer
paper tape reader	Lochstreifenleser, Lochbandleser
paper tape sequenced calculator	lochstreifengesteuerter Rechner
paper-and-pencil calculation	schriftliches Rechnen
paperback	Taschenbuch
paperback edition	Taschenbuchausgabe
paperback format	Taschenbuchausgabe
paragraph	Absatz
parallel adder	paralleles Addierwerk
parallel arithmetic unit	paralleles Rechenwerk
parallel computer	Parallelrechner
parallel currency	Parallelwährung
parallel line	Parallele (Proportionalwinkel)
parallel machine	Parallelrechner
parallel mode of operation	Parallelbetrieb
parallel multiplier	paralleles Multiplizierwerk
parallel operation	Parallelbetrieb
parallel processing	Parallelverarbeitung
parallel rule	Parallellineal
parallel ruler	Parallellineal

Fachwortschatz zur Technikgeschichte, Teil 2: Englisch-Deutsch

Englisch	Deutsch
parallel, in ~	parallel
parallel, in ~ mode	parallel
parent company	Muttergesellschaft
part	Einzelteil, Teil (Buch)
partial differential equation	partielle Differenzialgleichung
partial product	Teilprodukt
partial-product multiplying machine	Direktmultiplizierer, Einmaleinskörpermaschine
partial-product multiplying mechanism	Einmaleinskörper
participant	Beteiligter/Beteiligte, Mitwirkender/Mitwirkende, Zeitzeuge/Zeitzeugin
partly toothed	teilweise gezahnt
Pascal adder	Pascaline
Pascal machine	Pascaline
Pascal's adding machine	Pascaline
password	Passwort, Kennwort
past	Vergangenheit
past exhibition	frühere Ausstelllung
pasta box	Makkaronigehäuse
patch board	Steckerbrett (Enigma), Steckbrett (Enigma)
patch cord connection	Steckerverbindung
patent application	Patenanmeldung
patent claim	Patentanspruch
patent dispute	Patentstreit
patent drawing	Patentzeichnung
patent issue	Patentfall, Patentsache
patent law	Patentgesetz
patent litigation	Patentstreit
patent model	Patentmuster
patent office	Patentamt
patent right	Patentrecht
patent trial	Patentprozess
pattern	Muster
pattern analysis	Musteranalyse
pattern matching	Musterabgleich
pattern recognition	Mustererkennung
pattern book	Musterbuch
pawl	Schaltklinke

Fachwortschatz zur Technikgeschichte, Teil 2: Englisch-Deutsch

Englisch	Deutsch
payment platform	Bezahldienst
payment service	Bezahldienst
payment system	Bezahlsystem, Bezahlverfahren
payments service	Bezahldienst
payments system	Bezahlsystem
peasant multiplication	Bauernmultiplikation
pebble	Kieselstein (Rechenstein)
pebble stone	Kieselstein (Rechenstein)
pedal	Pedal, Fußhebel
pedestal clock	Bodenstanduhr, Säulenuhr
pedigree	Stammbaum, Ahnentafel
pedometer	Schrittzähler
peer	Kollege, Kollegin, Gleichaltriger, Gleichaltrige, Fachkollege, Fachkollegin
peer review	Begutachtung
peer review process	Begutachtungsvorgang, Begutachtungsvorgang
peer-reviewed article	begutachteter Aufsatz
peer-reviewed journal	begutachtete Zeitschrift
peer-reviewed publication	begutachtete Veröffentlichung
peg	Stift (Stiftwalze)
pegged cylinder	Stiftwalze, Stifttrommel
pen and paper calculation	Federrechnen, Rechnen mit der Feder
pen calculation	Federrechnen, Rechnen mit der Feder
pen computer	Stiftrechner
pen drawing	Strichzeichnung
pen reckoning	Federrechnen, Rechnen mit der Feder
pen-based computer	Stiftrechner
pencil point	Zeichenstift
pencil sharpener	Bleistiftspitzer
pencil slide rule	Stiftrechner (analog)
pendant cord (quipu)	hängende (untere) Schnur (Quipu)
pendulum	Pendel
pendulum clock	Pendeluhr
pendulum watch	Pendeluhr
penetrate	durchdringen
penetration	Durchdringung
pentegraph	Storchschnabel, Pantograf

Fachwortschatz zur Technikgeschichte, Teil 2: Englisch-Deutsch

Englisch	Deutsch
pepper grinder	Pfeffermühle (Curta)
pepper mill	Pfeffermühle (Curta)
perception	Wahrnehmung
perforated card	Lochkarte
perforated cardboard	Falzkartonband
perforated cylinder	Lochtrommel
perforated disc	Lochplatte, Lochscheibe
perforated disk	Lochplatte, Lochscheibe
perforated paper music	bandgesteuerte Musik (mit Notenrolle gesteuerte Musik)
perforated paper roll	Musikrolle, Papiernotenrolle, Notenrolle, Tonrolle, Musiknotenrolle
perforated roll	Musikrolle, Papiernotenrolle, Notenrolle, Tonrolle, Musiknotenrolle
perforated tape	Lochband, Lochstreifen
perform (calculation, computation, arithmetical operation, instruction)	ausführen
performance advances	Leistungssteigerung
permanent collection	Dauerausstellung, ständige Ausstellung
permanent exhibit (USA)	Dauerausstellung
permanent exhibition	Dauerausstellung
permanent loan	Dauerleihgabe
permeate	durchdringen
permission	Genehmigung (Abdruck)
permissionless	genehmigungsfrei
perpetual calendar	immerwährender Kalender, ewiger Kalender
personal assistant (PA)	digitaler Assistent
personal computer	persönlicher Rechner
personal data	persönliche Daten
personal name index	Personennamenverzeichnis
personal privacy	Privatheit
personalised healthcare (UK), personalized healthcare (USA)	personalisierte Medizin
pervasive	allgegenwärtig, durchdringend
pervasive computing	allgegenwärtige Informatik
phishing	Klau heikler Daten (Passwort, Kreditkartenangaben)
phishing attack	Angriff auf heikle Daten
phone	Telefon

Fachwortschatz zur Technikgeschichte, Teil 2: Englisch-Deutsch

Englisch	Deutsch
phone carrier	Telefonnetzbetreiber
phone line	Telefonleitung
phone network	Telefonnetz, Fernsprechnetz
phone number	Telefonnummer
phone service	Telefondienst
phonograph	Phonograph (Walzenspieler)
photo	Fotografie, Bild
photo credit	Bildnachweis
photocell	Fotozelle
photograph	Fotografie
photograph copyright	Bildrecht
physical	real, materiell, körperlich, fassbar, greifbar
physical collection	echte Sammlung
physical instrument	physikalisches Instrument, physikalisches Werkzeug
physical object	Gegenstand, Objekt, Sammlungsstück, Sammlungsobjekt
physicist	Physiker/in
physics	Physik
pianola	selbstspielendes Klavier, Selbstspielklavier, Pianola, Klavierautomat, automatisches Klavier, mechanisches Klavier
piano-playing automaton	Klavierautomat
picture	Bild
picture analysis	Bildanalyse
picture clock	Bilderuhr
picture credit	Bildnachweis
picture library	Bilddatenbank
picture numeral	Bildzahl
picture phone	Bildtelefon
picture processing	Bildverarbeitung
piece	Beitrag
piece of music	Musikstück
piezoelectric delay line	piezoelektrische Verzögerungsstrecke, piezoelektrische Verzögerungsleitung
pillar clock	Säulenuhr
pillar dial	Säulensonnenuhr
pin	Stift (Stiftwalze), Sprosse

Fachwortschatz zur Technikgeschichte, Teil 2: Englisch-Deutsch

Englisch	Deutsch
pinion	Ritzel, (kleines) Zahnrad
pinned barrel	Stiftwalze, Stifttrommel
pinned cylinder	Stiftwalze, Stifttrommel
pinned drum	Stiftwalze, Stifttrommel
pinwheel	Sprossenrad, Stufenrad
pinwheel calculating machine	Sprossenradrechner, Sprossenradrechenmaschine
pinwheel calculator	Sprossenradrechner, Sprossenradrechenmaschine
pinwheel machine	Sprossenradmaschine
pinwheel mechanical calculator	mechanischer Sprossenradrechner
pinwheel-type calculator	Sprossenradrechner, Sprossenradrechenmaschine
pioneer	Wegbereiter/in, Bahnbrecher/in, Vorkämpfer/in, Vorreiter/in, Vordenker/in, Schrittmacher/in
pioneer computer	bahnbrechender Rechner, wegweisender Rechner
pioneering	bahnbrechend
pioneering computer	bahnbrechender Rechner, wegweisender Rechner
pioneering work	bahnbrechende Arbeit, wegweisende Arbeit
pipe organ	Pfeifenorgel
pipelining	Fließbandverarbeitung
piracy	Piraterie, Piratentum
pitch	Tonhöhe
pivot	Drehpunkt, Drehachse, Scheitelpunkt, Scharnier (Proportionalwinkel)
pivot joint	Scharnier (Proportionalwinkel)
pivotal	ausschlaggebend, lebenswichtig
place	Stelle (Dezimalstelle)
place value	Stellenwert
place-value system	Stellenwertsystem
plagiarism	Diebstahl geistigen Eigentums, Plagiat
plagiarism case	Plagiatsfall
plain compasses	Stechzirkel (Mehrzahl)
plain dividers	Stechzirkel (Mehrzahl)
plain language text	Klartext
plain text	Klartext
planetarium	Planetarium (astronomisches Gerät)
planetarium clock	Planetariumuhr
planetary gear	Planetengetriebe
planimeter	Flächenmesser, Planimeter

Fachwortschatz zur Technikgeschichte, Teil 2: Englisch-Deutsch

Englisch	Deutsch
planisphere	Planisphäre (altes astronomisches Gerät)
plaque	Schild (Namenschild), Tafel
plastic	Kunststoff
plate	Platte, Blech, Schild (Namenschild)
platform	Plattform, Portal, Dienst
platform company	Plattformbetreiber/in
platform provider	Plattformanbieter/in, Plattformbetreiber/in
plausible move	aussichtsreicher Zug, erfolgversprechender Zug, sinnvoller Zug
player	Mitspieler/in, Akteur/in, Unternehmer/in, Spieler/in, Teilnehmer/in, Marktteilnehmer/in, Wettbewerber/in, Mitbewerber/in
player organ	Orgelautomat, automatische Orgel, selbstspielende Orgel
player piano	selbstspielendes Klavier, Selbstspielklavier, Pianola, Klavierautomat, automatisches Klavier, mechanisches Klavier
playing automaton	Spielautomat (Musik)
playing chess	Schachspiel
playing condition, in ~	spielfähig
plotter	Zeichengerät
plotting device	Zeichengerät
plug	Stecker
plug cables	verkabeln
plug connection	Steckerverbindung
plug programming panel	Programmstecktafel, Programmsteckbrett
plug wires	verdrahten
plugboard	Stecktafel, Steckbrett, Steckerbrett (Enigma), Steckbrett (Enigma)
plugboard control panel	Stecktafel, Steckbrett, Schalttafel, Schaltbrett, Programmtafel, Programmiertafel
plugboard controlled	stecktafelgesteuert, steckbrettgesteuert, schalttafelgesteuert, schaltbrettgesteuert
plugboard panel	Stecktafel, Steckbrett
plugboard setting	Steckerverbindung
plugboard wiring	Steckbrettverdrahtung
plugboard, exchangeable ~	Stecktafel, austauschbare ~, auswechselbare Stecktafel, austauschbares Steckbrett, auswechselbares Steckbrett
pluggable	steckbar, Steck-

Fachwortschatz zur Technikgeschichte, Teil 2: Englisch-Deutsch

Englisch	Deutsch
pluggable cable	Steckkabel
pluggable connecting cable	Steckverbindung, Steckkabel
pluggable unit	Steckeinheit, steckbare Einheit, steckbares Bauteil
plugged wire	Steckkabel
plugged-program computer	Stecktafelrechner
plug-in	Steck-, steckbar, auswechselbar, austauschbar
plug-in chassis	Einbaurahmen
plug-in unit	Steckeinheit, steckbare Einheit, steckbares Bauteil
plug-programmed	steckbrettprogrammiert, stecktafelprogrammiert, schaltbrettprogrammiert, schalttafelprogrammiert
plus sign	Pluszeichen
pneumatic	Druckluft-, luftbetrieben, pneumatisch
pneumatic organ	pneumatische Orgel
pocket adder	Taschenaddierer
pocket arithmometer	Taschenrechenmaschine
pocket calculating machine	Taschenrechner, Taschenrechenmaschine
pocket calculator	Taschenrechner
pocket clock	Taschenuhr
pocket sundial	Taschensonnenuhr
pocket watch	Taschenuhr
pocket watch rule	Rechenuhr
pocket watch slide rule	Rechenuhr
pocket-size adder	Taschenaddierer
pocket-size calculator	Taschenrechner
pocket-watch calculator	Rechenuhr
podcast	abrufbare Internetsendung, digitale Audiosendung (Radiosendung), Audioformat, Audiobeitrag
podcasting platform	Abrufplattform
pointer	Zeiger
polar planimeter	Polarplanimeter
police	überwachen
police state	Polizeistaat
political history	Politikgeschichte
polygon	Vieleck
polymath	Universalgelehrte/r
polynominal equation	polynomische Gleichung (vielgliedrige Gleichung)
polynominal expression	Polynom (vielgliedriger mathematischer Ausdruck)

Fachwortschatz zur Technikgeschichte, Teil 2: Englisch-Deutsch

Englisch	Deutsch
polyphase	mehrstufig
polytechnic	technische Hochschule (TH)
portable	tragbar
portable barrel organ	Rückenklavier, Drehklavier (tragbare Drehorgel)
portable clock	tragbare Uhr
portable mechanical calculator	tragbarer mechanischer Rechner
portal	Portal, Plattform, Dienst
positional notation	Stellenschreibweise
positional number system	Stellenwertsystem
positional numeral system	Stellenwertsystem
positional system	Stellenwertsystem
positioning system	Ortungsverfahren, Navigationsverfahren, Standortbestimmungsverfahren
position-value system	Stellenwertsystem
positive number	positive Zahl
post	Beitrag (z.B. in Internetforum), ins Internet stellen
posterity	Nachwelt
posting	Beitrag (z.B. in Internetforum)
posting machine	Buchungsmaschine
potentiometer	Regelwiderstand, Potentiometer
power	Potenz
power company	Energieversorger/in, Stromlieferant/in
power consumption	Stromverbrauch, Energieverbrauch
power generator	Stromerzeuger/in
power hungry	stromfressend
power of 10	Zehnerpotenz
power of two	Zweierpotenz
power plant	Kraftwerk
practitioner	Fachmann, Fachfrau, Beteiligter/Beteiligte
precession	Kreiselbewegung
precision	Präzisions-
precision clock	Präzisionsuhr
precision engineer	Feinmechaniker/in
precision gear wheel	Präzisionszahnrad
precision instrument	Präzisionsinstrument
precision mechanics	Feinmechanik
pre-computer	mechanisches Rechengerät

Fachwortschatz zur Technikgeschichte, Teil 2: Englisch-Deutsch

Englisch	Deutsch
pre-computer era	Vorcomputerzeitalter
precursor (to)	Vorläufer/in (von)
predate	vorangehen (zeitlich)
predatory	minderwertig, mangelhaft begutachtet, missbräuchlich, räuberisch, plündernd, rücksichtslos, scheinwissenschaftlich
predatory journal	minderwertige Zeitschrift, mangelhaft begutachtete Zeitschrift, scheinwissenschaftliche Zeitschrift, Pseudozeitschrift
predatory publication	minderwertige Veröffentlichung, schlecht begutachtete Veröffentlichung, scheinwissenschaftliche Veröffentlichung
predecessor	Vorgänger/in
predicate calculus	Prädikatenkalkül
predictive learning	voraussagendes Lernen
pre-electronic	vorelektronisch
preeminent	hervorstechend, hervorragend
preface	Vorwort
prehistory	Vorgeschichte
preliminary pages (prelims)	Buchvorspann, Titelei
premier	führend
preprint	Vorabdruck, Vorabveröffentlichung
present	derzeitig, vorliegend, vorstellen, präsentieren
present time	Gegenwart
preservation	Bewahrung, Erhaltung, Erhalt
preserve	erhalten, bewahren
presetting	Voreinstellung
press a button	Knopf drücken
press a key	Taste drücken
press down a button	Knopf drücken
press down a key	Taste drücken
previously	bisher, bislang, zuvor
primacy	Vorrang
primary literature	Primärliteratur
primary material	Ausgangsmaterial
primary memory	Primärspeicher (Hauptspeicher)
primary setting	Ausgangsstellung
primary source	Primärliteratur, Originalquelle

Fachwortschatz zur Technikgeschichte, Teil 2: Englisch-Deutsch

Englisch	Deutsch
prime	Primzahl
prime number	Primzahl
primitive clock	Elementaruhr, natürliche Uhr
primitive timekeeper	Elementaruhr, natürliche Uhr
primitive timekeeping device	Elementaruhr, natürliche Uhr
Princeton-class machine	Princetonmaschine
Princeton-type machine	Princetonmaschine
principal curator	leitender Kurator/leitende Kuratorin
print book	gedrucktes Buch
print collection	Schriftgut
print magazine	gedrucktes Magazin
print number	Auflagenhöhe
print on demand	Bedarfsdruck, Druck bei Bedarf
print ready	druckfertig
print run	Auflage (Buch), Druckauflage
printed arithmetic	gedrucktes Rechenbuch
printed book	gedrucktes Buch
printing	druckend, schreibend
printing adding machine	druckende Addiermaschine
printing and recording machine	druckende und aufzeichnende Maschine
printing calculating machine	druckende Rechenmaschine
printing calculator	druckender Rechner
printing feature	Druckvorrichtung
printing machine	druckende Maschine
printing mechanism	Druckwerk
printing punch	Schreiblocher
priority	Erstrecht, Erstlingsrecht, Vorrecht, Vorrang, Priorität
priority dispute	Prioritätsstreit
privacy	Datenschutz, Persönlichkeitsschutz, Privatsphäre
privacy breach	Verletzung der Privatsphäre
privacy law	Datenschutzgesetz
privacy protection	Schutz der Privatsphäre
privacy right(s)	Recht auf Privatheit, Recht auf Privatsphäre
privacy scandal	Datenskandal, Datenschutzskandal
privacy violation	Verletzung der Privatsphäre
private business	Privatfirma, Privatunternehmen

Fachwortschatz zur Technikgeschichte, Teil 2: Englisch-Deutsch

Englisch	Deutsch
private collection	Privatsammlung
private corporation	Privatunternehmen
prize recipient	Preisträger/in
probability	Wahrscheinlichkeit
problem solving	Problemlösung
procedure indicator group	Verfahrenkenngruppe (Enigma)
proceedings	Tagungsband
process computer	Prozessrechner
process control	Prozesssteuerung
process control computer	Prozessrechner
prodigy	Wunderkind
produce in quantity	serienmäßig herstellen, in großer Stückzahl herstellen, in größeren Mengen herstellen
product	Produkt (Multiplikation)
product search	Produktsuche
production computer	serienmäßiger Rechner, marktfähiger Rechner, Serienrechner, serienreifer Rechner, marktreifer Rechner
production machine	serienmäßige Maschine, marktfähige Maschine, Serienmaschine, serienreife Maschine, marktreife Maschine, serienmäßig gefertigte Maschine
production model	serienmäßiges Modell, marktfähiges Modell, Serienmodell, serienreifes Modell, marktreifes Modell
production plant	Herstellerwerk, Produktionsstätte, Fertigungsstätte
production run	Dauerbetrieb
production version	Verkaufsversion, marktfähige Ausführung, Serienversion, serienreife Version, marktreife Version
professional community	Berufswelt, berufliche Gemeinschaft
professional historian	Berufshistoriker/in, Fachhistoriker/in
professional mathematician	ausgebildeter Mathematiker, ausgebildete Mathematikerin, von Haus aus Mathematiker/in
professional society	Berufsverband, Fachgesellschaft
professionally trained historian	ausgebildeter Historiker/ausgebildete Historikerin, von Haus aus Historiker/in, Berufshistoriker/in, Fachhistoriker/in
professor of computer science	Professor/in für Informatik
professor of electrical engineering	Professor/in für Elektrotechnik
profile	Profil, Porträt, Selbstdarstellung, Profil aufnehmen
program (USA)	Programm, Rechenprogramm

Fachwortschatz zur Technikgeschichte, Teil 2: Englisch-Deutsch

Englisch	Deutsch
program board	Programmschalttafel, Programmschaltbrett, Programmstecktafel, Programmsteckbrett, Programmtafel
program calculus	Plankalkül (Zuse)
program controlled	programmgesteuert
program controlled calculator	programmgesteuerter Rechner
program controlled computer	programmgesteuerter Rechner
program counter	Befehlszähler
program loop	Programmschleife
program order	Programmbefehl
program panel	Programmtafel
program plugboard	Programmstecktafel, Programmsteckbrett, Programmschalttafel, Programmschaltbrett, Programmtafel
program tape	Programmlochstreifen
programmable	programmierbar
programmable automaton	programmierbarer Automat
programmable calculator	programmierbarer Rechner
programmable cart (Leonardo da Vinci)	Wagen mit Federantrieb (Leonardo da Vinci)
programmable hand-held calculator	programmierbarer Taschenrechner
programme (UK)	Programm, Rechenprogramm
programming language	Programmiersprache
programming panel	Programmschalttafel, Programmschaltbrett, Programmstecktafel, Programmsteckbrett, Programmtafel
programming plugboard	Programmstecktafel, Programmsteckbrett, Programmschalttafel, Programmschaltbrett, Programmtafel
progress	Fortschritt
progress of technology	technischer Fortschritt
progress report	Zwischenbericht
promising	erfolgversprechend, vielversprechend, aussichtsreich
promotion	Förderung
prone to error	fehleranfällig, fehlerhaft
prone to failure	pannenanfällig
proof	Beweis
proof of input accuracy	Eingabekontrolle, Einstellkontrolle, Sichtkontrolle
proofread	korrekturlesen

Fachwortschatz zur Technikgeschichte, Teil 2: Englisch-Deutsch

Englisch	**Deutsch**
proofreader	Korrektor/in, Korrekturleser/in
proofreading	Korrekturlesen
proportional compass	Reduktionszirkel
proportional compasses	Reduktionszirkel (Mehrzahl)
proportional compasses, fixed ~	nicht verstellbarer Reduktionszirkel, Reduktionszirkel mit festem Scharnier
proportional compasses, variable ~	verstellbarer Reduktionszirkel, Reduktionszirkel mit verschiebbarem Scharnier (Bürgi)
proportional dividers	Reduktionszirkel (Mehrzahl)
proportional gear	Verhältnishebel, Proportionalhebel, Proportionalrad
proportional gear calculating machine	Verhältnishebelmaschine, Proportionalhebelmaschine, Proportionalradrechenmaschine
proportional lever	Verhältnishebel, Proportionalhebel
proportional rod	Verhältnishebel, Proportionalhebel
proportional rod calculating machine	Verhältnishebelmaschine, Proportionalhebelmaschine
proportional wheel	Proportionalrad
proposition	Lehrsatz, Satz
propositional calculus	Aussagenkalkül
proprietary right	Urheberrecht
prospective	angehend, zukünftig
protagonist	Hauptdarsteller/in, Hauptfigur, Akteur/in, Vorkämpfer/in
prototype	Muster, Versuchsmuster, Urmuster
protractor	Winkelmesser, Transporteur
protrude	herausschieben, herausstoßen (Sprosse)
provenance	Herkunft, Ursprung, Provenienz
provenance research	Provenienzforschung
provider	Anbieter/in
public domain, in the ~	frei zugänglich, öffentlich
public record office	Nationalarchiv, Staatsarchiv
publication pressure	Publikationsdruck
publication, open access ~	frei zugängliche Veröffentlichung
publication, predatory ~	minderwertige Veröffentlichung, mangelhaft begutachtete Veröffentlichung, scheinwissenschaftliche Veröffentlichung
publish or perish	veröffentlichen oder untergehen, publizieren oder untergehen, Druck zum Veröffentlichen, Publikationsdruck
publishing agreement	Verlagsvertrag
pulse	Stromstoß, Impuls

Fachwortschatz zur Technikgeschichte, Teil 2: Englisch-Deutsch

Englisch	Deutsch
pulse train	Impulsfolge
punch	Locher, Stanzer
punch card	Lochkarte
punch card machine	Lochkartenmaschine
punch paper tape	Lochband, Lochstreifen
punched card	Lochkarte
punched card equipment	Lochkartenanlage, Lochkartenmaschinen
punched card machine	Lochkartenmaschine
punched card machinery	Lochkartenanlage, Lochkartenmaschinen
punched card reader	Lochkartenleser
punched card storage	Lochkartenspeicher
punched paper tape	Lochband, Lochstreifen
punched tape	Lochband, Lochstreifen
punched tape storage	Lochbandspeicher, Lochstreifenspeicher
punching station	Stanzstation
pupil's counting frame	Schulrechenbrett
puppet theatre (UK), puppet theater (USA) (Heron)	Automatentheater (Heron)
purchasing habit	Einkaufsgewohnheit
pure mathematics	reine Mathematik
purely mechanical	rein mechanisch, voll mechanisch
purpose-built	maßgefertigt, maßgeschneidert, zweckgebunden
Pythagorean table	Pythagorastafel, pythagoreische Tafel, pythagoreische Rechentafel
Q	
QR code (quick response code)	QR-Code, QR-Kode (gedrucktes quadratisches Muster)
quadrant (quarter circle)	Quadrant (Viertelkreis, Winkelmessgerät)
quadrant sundial	Viertelkreissonnenuhr
quadrature of the circle	Quadratur des Kreises, Kreisquadratur
quadriliteral multiplication	Netzverfahren, Netzmethode, Gelosiaverfahren, Gelosiamethode, Gitternetzverfahren, Gitternetzmethode
quality control	Qualitätskontrolle
quantity, in ~	serienmäßig, in großer Stückzahl, in größeren Mengen
quantum bit	Quantenbit
quantum communication	Quantenkommunikation
quantum computation	Quantenrechnen

Fachwortschatz zur Technikgeschichte, Teil 2: Englisch-Deutsch

Englisch	Deutsch
quantum computer	Quantenrechner, Quantencomputer
quantum encryption	Quantenverschlüsselung
quantum key distribution (QKD)	Quantenschlüsselaustausch
quantum leap	Quantensprung
quantum supremacy	Quantenüberlegenheit
quarter circle	Viertelkreis
quartic equation	Gleichung vierten Grades
quartz crystal	Quarzkristall, Kristall
quartz crystal clock	Quarzuhr
quaternary system	Vierersystem (Zahlensystem)
qubit	Quantenbit
query system	Frage-Antwort-System
querying system	Frage-Antwort-System
quest	Suche, Nachforschung(en)
question of priority	Prioritätsfrage
question-answering system	Frage-Antwort-System
quinary scale	Fünferskala
quinary system	Fünfersystem, pentadisches System
quinternary system	Fünfersystem, pentadisches System
quipu	Knotenschnur
quotation	Zitat
quotient	Quotient
quotient register	Quotientenregister
R	
rack	Gestell (Einbaugestell), Zahnstange
rack adder	Zahnstangenaddierer
rack and pinion	Zahnstangengetriebe
radar delay line	Radarverzögerungsleitung, Radarverzögerungsstrecke
radial line	Radiallinie (Proportionalwinkel)
radical sign	Wurzelzeichen
radio link	Funkverbindung
radio network	Funknetz
radio valve (UK)	Radioröhre
radio-type vacuum valve (UK)	Radioröhre
railroad (USA)	Eisenbahn

Fachwortschatz zur Technikgeschichte, Teil 2: Englisch-Deutsch

Englisch	Deutsch
railway (UK)	Eisenbahn
raise to higher power	Potenzieren
random access	wahlfreier Zugriff, Direktzugriff
random access memory	Direktzugriffsspeicher
random number	Zufallszahl
range	Spannweite, Spannbreite, Bandbreite
ranking	Rangfolge, Rangliste, Platzierung
ransom payment	Lösegeldzahlung
ransomware	Erpressungstrojaner, Erpressungsprogramm, Lösegeldprogramm
rapid calculator	Blitzrechner
ratchet	Schaltklinke
rating	Bewertung, Einstufung, Beurteilung
rational number	rationale Zahl
reach	Reichweite
reaction steam turbine	Heronsball, Dampfkugel
read/write head	Schreiblesekopf
reader in computer science (UK)	Dozent/in für Informatik
reader in history of technology (UK)	Dozent/in für Technikgeschichte
reader in mathematics (UK)	Dozent/in für Mathematik
reader in the history of science and technology (UK)	Dozent/in für Technik- und Wissenschaftsgeschichte
readership	Leserschaft
reading station	Lesestation
read-only memory	Nurlesespeicher, Festwertspeicher
readout	Anzeige
read-write memory	Schreiblesespeicher
ready reckoner	Tabellenbuch, Buch mit Zahlentabellen, Tabellenwerk
real number	reelle Zahl
real time	Echtzeit
real world	echte Welt, wirkliche Welt
real-world application	Anwendung aus der realen Welt
real-world knowledge	Weltwissen, Allgemeinwissen, Grundwissen
reasoning	Denken
rebuild	Nachbau, Nachbildung, Rekonstruktion, Replikat
receiver	Empfänger/in
receiving station	Abhörstelle, Horchstelle

Fachwortschatz zur Technikgeschichte, Teil 2: Englisch-Deutsch

Englisch	Deutsch
rechenmeister	Rechenmeister
rechenpfennig	Rechenmünze, Rechenmarke, Rechenpfennig
recipient	Preisträger/in
reciprocal	Kehrwert, reziproker Wert
reckon	rechnen
reckoner	Rechner/in, Rechenhilfe
reckoning bench	Rechenbank
reckoning board	Rechenbrett, Rechentafel, Rechentisch
reckoning cloth	Rechentuch
reckoning coin	Rechenmünze, Rechenmarke, Rechenpfennig
reckoning counter	Rechenmünze, Rechenmarke, Rechenpfennig
reckoning device	Rechengerät
reckoning instrument	Recheninstrument, Rechenwerkzeug
reckoning method	Rechenverfahren
reckoning on the abacus	Abakusrechnen, Brettrechnen
reckoning on the fingers	Fingerrechnen
reckoning on the lines	Linienrechnen, Rechnen auf den Linien
reckoning penny	Rechenmünze, Rechenmarke, Rechenpfennig
reckoning school	Rechenschule
reckoning table	Rechentisch
reckoning tool	Rechenwerkzeug
reckoning with counters	Linienrechnen, Rechnen auf den Linien
reckoning with the pen	Federrechnen, Rechnen mit der Feder
recognition	Anerkennung
recognition group book	Kenngruppenbuch (Enigma)
recollection	Erinnerung
recommendation algorithm	Empfehlungsverfahren
recommender	Empfehlungsdienst
reconstruction	Nachbau, Nachbildung, Rekonstruktion, Replikat
record	Aufzeichnung, Niederschrift, Beleg, Dokument
recording	aufzeichnend (speichernd), Aufzeichnung
recording calculator	druckender Rechner
recording machine	druckende Maschine
rectilinear rule	Rechenstab (logarithmisch)
rectilinear slide rule	Rechenstab (logarithmisch)
recto page	rechte Seite, rechts liegende Seite

Fachwortschatz zur Technikgeschichte, Teil 2: Englisch-Deutsch

Englisch	Deutsch
recurrent	rückgekoppelt, wiederkehrend
recurrent neural network (RNN)	rückgekoppeltes neuronales Netz (RNN)
recursion	Rekursion (Selbstaufruf eines Unterprogramms)
recursive	rekursiv (in sich selbst eingebettet)
recursive function	rekursive Funktion (durch sich selbst bestimmte Funktion)
recycle	wiederverwerten, entsorgen
rediscovery	Wiederentdeckung
reduce	verkleinern
reed organ	Harmonium
reel	Spule
referee	Gutachter/in, begutachten
reference	Quellenangabe, Literaturhinweis
reference book	Nachschlagewerk
reference manual	Nachschlagewerk
reference work	Nachschlagewerk
reflecting rotor	Umkehrwalze (Enigma)
reflector	Umkehrwalze (Enigma)
register	Speicherwerk, Werk (Einstell-, Ergebnis-, Umdrehungszählwerk)
register clearing	Löschung des Ergebniswerks
register clearing mechanism	Löscheinrichtung fürs Ergebniswerk, Löschvorrichtung fürs Ergebniswerk
register dial	Ziffernrad des Ergebniswerks
registering mechanism	Ergebniswerk, Resultatwerk
regulation	Regulierung, Regelung
regulator	Regulierungsbehörde
regulatory agency	Regulierungsbehörde
regulatory authority	Regulierungsbehörde
reinforcement learning	bestärkendes Lernen, verstärkendes Lernen, Verstärkungslernen
related	verwandt
relative addressing	relative Adressierung
relay	Relais
relay calculator	Relaisrechner
relay chassis	Relaissteckeinheit
relay circuit	Relaisschaltung

Fachwortschatz zur Technikgeschichte, Teil 2: Englisch-Deutsch

Englisch	Deutsch
relay computer	Relaisrechner
relay machine	Relaismaschine, Relaisrechner
relay memory	Relaisspeicher
relay rack	Relaisgestell
relay register	Relaisregister
relay storage	Relaisspeicher
relay store	Relaisspeicher
relay-based	Relais-
relay-based calculator	Relaisrechner
relay-based computer	Relaisrechner
release a key	Taste loslassen
reload	neu aufbereiten, neu aufgleisen
remainder	Rest (Division)
remaining	erhalten, überliefert, überlebend
remains	Überreste, Überbleibsel
remote control	Fernsteuerung
remote controlled	ferngesteuert
remote sensing	Fernerkundung
removable disk	Wechselplatte
Renaissance	Renaissance
renewable	erneuerbar
renewable energy	erneuerbare Energie
renowned	berühmt
repeat addition	wiederholte Addition, fortgesetzte Addition
repeated addition	wiederholte Addition, fortgesetzte Addition
repeated subtraction	wiederholte Subtraktion, fortgesetzte Subtraktion
repetitive addition	wiederholte Addition, fortgesetzte Addition
repetitive subtraction	wiederholte Subtraktion, fortgesetzte Subtraktion
replica	Nachbau, Nachbildung, Rekonstruktion, Replikat
reportedly	angeblich
repository	Lager, Aufbewahrungsort, Depot, Magazin, Publikationsplattform
reprint	Nachdruck
reprint of the edition from 1950	Nachdruck der Ausgabe von 1950
reproducer	Kartendoppler, Lochkartendoppler
reproducing piano	Reproduktionsklavier
reproducing punch	Kartendoppler, Lochkartendoppler

Fachwortschatz zur Technikgeschichte, Teil 2: Englisch-Deutsch

Englisch	Deutsch
research area	Forschungsgebiet, Forschungsbereich
research contribution	Forschungsbericht
research domain	Forschungsbereich, Forschungsgebiet
research findings	Forschungsergebnisse
research income generation	Einwerbung von Drittmitteln
research institution	Forschungseinrichtung
research literature	Forschungsliteratur
research misconduct	wissenschaftliches Fehlverhalten
research paper	Forschungsartikel
research platform	Forschungsplattform
research publisher	Wissenschaftsverlag
research record	Leistungsnachweis
researcher	Forscher/in
reseller	Wiederverkäufer/in
reserve collection	Sammlung im Depot, Depotsammlung
reserve object collection	Sammlung im Depot, Depotsammlung
reserve storage	Lager, Aufbewahrungsort, Depot, Magazin
reserve storage	Lager, Aufbewahrungsort, Depot, Magazin
reset mechanism	Löschvorrichtung, Löscheinrichtung
resilience	Widerstandskraft, Widerstandsfähigkeit
resilient	widerstandsfähig
resistance	Widerstand
resistant to abuse	gefeit gegen Missbrauch
resistor	Widerstand
resolution	Auflösung, Zerlegung (in tiefere Einheiten), Entbündelung, Aufbündelung, Resolvieren (Linienrechnen)
resolution of differential equations	Auflösung von Differenzialgleichungen
resource	Hilfsmittel, Betriebsmittel, Rohstoff
rest position	Ruhestellung
restoration	Instandsetzung, Instandstellung
result counter	Ergebniswerk, Resultatwerk
result dial	Schauloch (Ergebniswerk)
result mechanism	Ergebniswerk, Resultatwerk
result register	Ergebniswerk, Resultatwerk
result window	Schauloch (Ergebniswerk)
retail costumer	Einzelhandelskunde, Einzelhandelskunde
retail giant	Einzelhandelsriese

Fachwortschatz zur Technikgeschichte, Teil 2: Englisch-Deutsch

Englisch	Deutsch
retail platform	Einzelhandelsplattform
retail price	Verkaufspreis
retail sale	Einzelhandel
retailer	Einzelhändler/in
retract (pin)	einziehen (Sprosse)
retrieval	Erschließung, Wiedergewinnung, Wiederauffindung, Rückgewinnung
retro	rückblickend, rückschauend, zurückblickend, rückwirkend
retro computer	Nostalgierechner
retroactive	rückwirkend, nachträglich
retrospect, in ~	im Rückblick, in der Rückschau, rückblickend, rückschauend, zurückblickend, im Nachhinein
retrospective	rückblickend, rückschauend, zurückblickend, rückwirkend
return(s)	Retoure(n), Rücksendung(en), Rückgabe(n)
revelation	Enthüllung
reverse	Rückseite
reverse side	Rückseite
reversing	Umschaltung
reversing drum	Umkehrwalze (Enigma)
reversing lever	Umkehrhebel, Umschalthebel
reversing wheel	Umkehrwalze (Enigma)
review	begutachten
review article	Übersichtsartikel
review paper	Übersichtsaufsatz
review piece	Übersichtsartikel
review process	Begutachtungsvorgang
reviewer	Gutachter/in
revised and enlarged edition	überarbeitete und erweiterte Auflage
revised and expanded edition	überarbeitete und erweiterte Auflage
revised and expanded second edition	zweite, überarbeitete und erweiterte Auflage
revised edition	überarbeitete Auflage
revised version	überarbeitete Fassung
revision	Bearbeitung, Überarbeitung
revisit	wieder aufgreifen, zurückkommen auf
revolution	Umdrehung, Drehung

Fachwortschatz zur Technikgeschichte, Teil 2: Englisch-Deutsch

Englisch	Deutsch
revolution counter	Umdrehungszähler, Umdrehungszählwerk, Umlaufanzeiger
revolution counter register	Umdrehungszähler, Umdrehungszählwerk, Umlaufanzeiger, Zählwerk, Zählregister
revolution counting register	Umdrehungszähler, Umdrehungszählwerk, Umlaufanzeiger, Zählwerk, Zählregister
revolution register	Umdrehungszähler, Umdrehungszählwerk, Umlaufanzeiger
revolve	drehen (Kurbel)
reward learning	belohnendes Lernen
rewritable memory	wieder beschreibbarer Speicher, mehrfach beschreibbarer Speicher
rewrite	umschreiben, neu schreiben
Rhind mathematical papyrus	Papyrus Rhind
ride-hailing company	Fahrdienstunternehmen, Fahrdienstvermittler/in, Mitfahrdienst
ride-hailing driver	Dienstfahrer/in
ride-hailing industry	Fahrdienstindustrie, Fahrdienstvermittler/in
ride-hailing service	Fahrdienst, Fahrdienstvermittler/in
ride-hailing vehicle	Fahrdienstauto
rider	Fahrgast
ride-sharing business	Fardienstleister, Fahrdienstunternehmen
Rietz rule	Rechenstab System Rietz, Rietz-Rechenstab
Rietz slide rule	Rechenstab System Rietz, Rietz-Rechenstab
rife with error	voller Fehler
right of privacy	Recht auf Privatsphäre
right shift	Rechtsverschiebung
right to privacy	Recht auf Privatsphäre
right wheel	rechte Walze (Enigma)
right-angled triangle	rechtwinkliges Dreieck
right-hand rotor	rechte Walze (Enigma)
right-hand wheel	rechte Walze (Enigma)
rim	Ring (einer Walze)
ring counter	Ringzähler
ring dial	Ringsonnenuhr
ring setting	Ringstellung (Enigma)
ring sundial	Ringsonnenuhr
rise	Aufstieg

Fachwortschatz zur Technikgeschichte, Teil 2: Englisch-Deutsch

Englisch	Deutsch
rise and fall	Aufstieg und Untergang
road map	Fahrplan, Entwicklungsplan
roaming	Mobiltelefonnutzung in fremdem Funknetz
robocall	automatischer Anruf
robocar	Roboterauto, fahrerloses Auto
robot	Roboter
robot car	selbststeuerndes Auto, selbstlenkendes Auto
robot knight (Leonardo da Vinci)	mechanischer Ritter (Leonardo da Vinci)
robot lion (Leonardo da Vinci)	mechanischer Löwe (Leonardo da Vinci)
robotaxi	selbstfahrendes Taxi, fahrerloses Taxi
robotic age	Roboterzeitalter
robotic assistant	Roboterassistent/in
roboticist	Robotiker/in
robotics	Robotik, Roboterkunde
robotics history	Geschichte der Robotik, Robotikgeschichte
robotics technology	Robotertechnik
rod	Stange (Kugelrechner)
rod calculation	Stäbchenrechnen
rod number	Strichzahl
rod-type adder	Stäbchenaddiergerät
role model	Vorbild
roll of honour (UK), roll of honor (USA)	Ehrentafel
roller organ	Drehorgel
roll-playing	papiernotenrollengesteuert
roll-playing musical instrument	notenrollengesteuertes Musikinstrument
Roman abacus	römischer Abakus
Roman age	Römerzeit
Roman alphabet	lateinische Schrift
Roman calendar	römischer Kalender
Roman character	lateinischer Buchstabe
Roman era	Römerzeit
Roman figure	römische Zahl
Roman hand abacus	römischer Handabakus
Roman notation	römische Darstellung, römische Schreibweise
Roman number system	römisches Zahlensystem
Roman numeral	römische Ziffer, römisches Zahlzeichen

Fachwortschatz zur Technikgeschichte, Teil 2: Englisch-Deutsch

Englisch	Deutsch
Roman numeral system	römisches Ziffernsystem
Roman times	Römerzeit
Roman world	römische Welt
room-sized	raumfüllend
root extraction	Wurzelziehen, Wurzelausziehen, Radizieren
rotary	umlaufend, sich drehend, rotierend
rotary dial switch	Drehschalter
rotary mechanical calculator	Rechenmühle
rotary switch	Drehschalter
rotate	drehen (Kurbel)
rotation	Umdrehung, Drehung
rotor	Chiffrierwalze, Schlüsselwalze
rotor order	Walzenlage (Enigma)
rotor sequence	Walzenlage (Enigma)
rotor setting	Ringstellung (Enigma)
rotor turnover position	Ringstellung (Enigma)
round-off error	Rundungsfehler
router	Netzwerkgerät
row	Reihe (Tabelle)
row of windows	Sichtlochreihe, Schaulochreihe
royal privilege	königliches Privileg (Art Patentschutz)
rule	Stabkörper (Rechenstab)
rule of double false position	zweifache Regula falsi
rule of false position	Methode des falschen Ansatzes (Regula falsi)
rule of three	Dreisatz (regula de tri)
rule-of-thumb	Faustregel
ruler	Lineal (Zeichen-, Messwerkzeug)
ruling pen	Reißfeder
runner	Läufer (Rechenschieber)
running foot	Fußzeile
running head	Kopfzeile
running program	laufendes Programm
Russian abacus (schoty)	russischer Kugelrechner, russischer Rechenrahmen, russischer Abakus (Stschoty)
Russian multiplication	russische Multiplikation
Russian peasant multiplication	russische Bauernmultiplikation

Fachwortschatz zur Technikgeschichte, Teil 2: Englisch-Deutsch

Englisch	Deutsch
S	
sacred place	heilige Stätte
safety	Betriebssicherheit, Gefahrlosigkeit
safety breach	Sicherheitsmangel
Salamis abacus	salaminische Rechentafel
Salamis board	salaminische Rechentafel
Salamis counting board	salaminische Rechentafel
Salamis tablet	salaminische Rechentafel
Saliminian table	salaminische Rechentafel, salaminischer Rechentisch
sample	Muster
sample chapter	Musterkapitel
sample contract	Mustervertrag
sand abacus	Sandtafel (Abakus)
sand board	Sandtafel (Abakus)
sand glass	Sanduhr
sand reckoner	Sandrechner, Sandzähler (Archimedes)
sand table	Sandtafel (Abakus)
Saros dial	Sarosanzeige, Sarosskala, Saroszifferblatt, Saros-scheibe
satellite communications	Satellitenkommunikation, Nachrichtenübertragung über Satelliten
sawmill	Sägewerk, Sägemühle
scalability	Erweiterbarkeit, Ausbaubarkeit
scalable	anpassbar, vergrößerbar, erweiterbar, skalierbar
scale	Skala (Rechenschieber)
scale length	Skalenlänge
scale of equal parts	direkte Skala, lineare Skala (Proportionalwinkel)
scam	Betrug, Schwindel
scammer	Betrüger/in
scanner	Abtaster, Bildleser
scanning	Abtasten
schematic	Schemazeichnung, Schemadarstellung, schematische Darstellung
schematic diagram	Schemazeichnung, Schemadarstellung, schematische Darstellung
schety	russischer Kugelrechner, russischer Rechenrahmen, russischer Abakus (Stschoty)
Schickard calculator	schickardsche Rechenuhr

Fachwortschatz zur Technikgeschichte, Teil 2: Englisch-Deutsch

Englisch	Deutsch
scholar	Geisteswissenschaftler/in, Wissenschaftler/in, Gelehrter/Gelehrte
scholarly	gelehrt, wissenschaftlich
scholarly article	wissenschaftlicher Beitrag
scholarly historian	Berufshistoriker/in, Fachhistoriker/in
scholarly history	wissenschaftliche Geschichte
scholarly journal	wissenschaftliche Zeitschrift
scholarly knowledge	wissenschaftliche Kenntnisse
scholarly publication	wissenschaftliche Veröffentlichung
scholarly publisher	Wissenschaftsverlag
scholarly publishing	wissenschaftliches Publizieren
scholarly research	wissenschaftliche Forschung
school abacus	Schulabakus
schoty	russischer Kugelrechner, russischer Rechenrahmen, russischer Abakus (Stschoty)
science	Naturwissenschaft
science and technology	Technik und Wissenschaft
science and technology writer	Technik- und Wissenschaftsjournalist/in
science centre (UK), science center (USA)	Mitmachmuseum, Mitmachausstellung, Erlebnisausstellung, Mitmachlabor, Experimentierhaus, Lehrschau, Wissenschaftszentrum
science fiction	Science-Fiction
science fiction writer	Science-Fiction-Schriftsteller/in
science historian	Wissenschaftshistoriker/in
science history	Naturwissenschaftsgeschichte, Wissenschaftsgeschichte
science journal	Wissenschaftszeitschrift
science journalist	Wissenschaftsjournalist/in
science library	Wissenschaftsbibliothek
science museum	Wissenschaftsmuseum
science writer	Wissenschaftsautor/in
scientific advances	wissenschaftlicher Fortschritt
scientific and technical	technisch-wissenschaftlich
scientific and technical results	technisch-wissenschaftliche Ergebnisse
scientific and technological	technisch-wissenschaftlich
scientific article	wissenschaftlicher Beitrag
scientific calculation	wissenschaftliches Rechnen
scientific collaboration	wissenschaftliche Zusammenarbeit

Fachwortschatz zur Technikgeschichte, Teil 2: Englisch-Deutsch

Englisch	Deutsch
scientific community	Wissenschaftsgemeinschaft, Wissenschaftsgemeinde
scientific computation	wissenschaftliches Rechnen
scientific computer	wissenschaftlicher Rechner
scientific computing	wissenschaftliches Rechnen
scientific development	wissenschaftliche Entwicklung
scientific journal	Wissenschaftszeitschrift
scientific misconduct	wissenschaftliches Fehlverhalten
scientific progress	wissenschaftlicher Fortschritt
scientific publisher	Wissenschaftsverlag
scientific revolution	Wissenschaftsrevolution
scientific society	Wissenschaftsgesellschaft
scientific writer	Wissenschaftsautor/in
score	Punktzahl, Punktestand
scratch method	Streichverfahren, Streichmethode Galeerenverfahren, Galeerenmethode (Divisionsmethode)
screenshot	Bildschirmaufnahme
scribe	Schriftgelehrte/r, Schriftsteller/in
scroll	rollen, blättern
search	Suche, Nachschlagen
search engine	Suchmaschine
search engine optimization (SEO)	bestmögliche Gestaltung für die Suchmaschine
search monopoly	Suchmonopol
search request	Suchanfrage
search tree	Suchbaum
search, in ~ of	auf der Suche nach
second degree equation	Gleichung zweiten Grades
second opinion	Zweitmeinung
second order ordinary differential equation	gewöhnliche Differenzialgleichung zweiter Ordnung
second revised and expanded edition	zweite, überarbeitete und erweiterte Auflage
Second World War	zweiter Weltkrieg
secondary memory	Sekundärspeicher (Massenspeicher)
secondary source	Sekundärliteratur
second-degree	zweiten Grades
secret code	Geheimschlüssel, geheimer Code
secret service	Abwehr
secret writer	Geheimschreiber

Fachwortschatz zur Technikgeschichte, Teil 2: Englisch-Deutsch

Englisch	Deutsch
section	Abschnitt, Unterkapitel
sector (Galileo Galilei)	Proportionalzirkel, Proportionalwinkel, Proportionalrechenzirkel
sectoral line	Radiallinie (Proportionalwinkel)
security	Sicherheit
security breach	Datenleck, Sicherheitslücke
security code	Sicherheitscode
security failure	Sicherheitsmangel, Sicherheitsstörung
security hole	Sicherheitslücke
security risk	Sicherheitsrisiko
security service	Spionagedienst, Nachrichtendienst
security technology	Sicherheitstechnik
security vulnerability	Sicherheitslücke
see	sieh(e), vgl. (vergleiche)
select	ausgewählt
select bibliography	Auswahlbibliografie, ausgewählte Bibliografie
selected	ausgewählt
selected papers	ausgewählte Aufsätze
selected works	ausgewählte Arbeiten
selective bibliography	Auswahlbibliografie, ausgewählte Bibliografie
selective sequence calculator	ablaufgesteuerter Rechner
selectron tube (USA)	Selektronröhre
selenium diode	Selendiode
self-acting	selbstspielend
self-contained	in sich abgeschlossen, vollständig
self-driving car	selbststeuerndes Auto, selbstfahrendes Auto
self-driving technology	Selbstfahrtechnik
self-driving vehicle	selbststeuerndes Fahrzeug, selbstfahrendes Fahrzeug
selfie	Selbstaufnahme, Schnappschuss von sich selbst
self-modifying	selbst veränderlich
self-modifying code (Edvac)	selbst veränderliches Programm (Edvac)
self-modifying program	selbst veränderliches Programm, wandlungsfähiges Programm
self-play	Spiel gegen sich selbst
self-playing	selbstspielend
self-playing musical instrument	Musikautomat

Fachwortschatz zur Technikgeschichte, Teil 2: Englisch-Deutsch

Englisch	Deutsch
self-playing organ	Orgelautomat, selbstspielende Orgel, automatische Orgel
self-playing violin	Geigenautomat, Violinautomat, selbstspielende Geige, selbstspielende Violine, automatische Geige, automatische Violine
self-propelled automaton	selbstfahrender Automat, Automat mit Eigenantrieb
self-propelled cart (Leonardo da Vinci)	selbstfahrender Wagen, Wagen mit Eigenantrieb (Federantrieb) (Leonardo da Vinci)
self-propelled vehicle	selbstfahrendes Fahrzeug, Fahrzeug mit Eigenantrieb
self-publish	im Eigenverlag herausgeben, selber verlegen
self-publisher	Selbstverlag, Eigenverlag
self-publishing	Selbstverlag, Eigenverlag
sell online	übers Internet verkaufen
seller	Verkäufer/in
selling point	Verkaufsargument
semicircle	Halbkreis
semi-circular protractor	Halbkreiswinkelmesser, Halbkreistransporteur
semiconductor	Halbleiter
semiconductor diode	Halbleiterdiode
semiconductor main memory	Halbleiterhauptspeicher
semiconductor memory	Halbleiterspeicher
semiconductor technology	Halbleitertechnik
seminal	bahnbrechend, wegweisend
semi-programmable	teilweise programmierbar
sender	Sender/in
senior collection manager	Sammlungsleiter
senior curator	leitender Kurator/leitende Kuratorin, Oberkurator/in
senior editor	leitender Redakteur/leitende Redakteurin
senior lecturer (UK)	außerordentlicher Professor, außerordentliche Professorin
sensing	Abtasten, Abfühlen
sensitive (data, information)	heikel (Daten, Informationen), empfindlich (Daten, Informationen)
sensor	Fühler, Sinnesorgan, Wahrnehmungsorgan, Sensor, Messfühler
separate part	Einzelteil
sequence	Ablauf, Reihenfolge
sequence calculator	ablaufgesteuerter Rechner

Fachwortschatz zur Technikgeschichte, Teil 2: Englisch-Deutsch

Englisch	Deutsch
sequence control	Ablaufsteuerung
sequence control mechanism	Ablaufsteuervorrichtung
sequence control tape	Programmlochstreifen
sequence controlled	ablaufgesteuert
sequence counter	Befehlszähler
sequence of instructions	Befehlsfolge, Programm
sequence of operations	Rechenablauf
sequence tape	Programmlochstreifen
sequential access	Reihenfolgezugriff, sequentieller Zugriff
sequential carry	durchgehender Zehnerübertrag, durchlaufender Zehnerübertrag
sequential computer	programmgesteuerter Rechner
sequential instruction	aufeinanderfolgende Anweisung , fortlaufende Anweisung
serial adder	serielles Addierwerk
serial arithmetic unit	serielles Rechenwerk
serial machine	serieller Rechner, Serienrechner, Serienmaschine
serial mode of operation	Serienbetrieb
serial mode, in ~	seriell
serial multiplier	serielles Multiplizierwerk
serial number	Seriennummer, Fabriknummer, Herstellernummer, Maschinennummer
serial operation	Serienbetrieb
serially	seriell
serial-parallel machine	Serienparallelmaschine
series, in ~	seriell
serio-parallel machine	Serienparallelmaschine
server	Zentralrechner
set	Satz, Besteck
set back to zero	auf null stellen, auf null setzen, löschen, auslöschen
set of drawing instruments	Reißzeug
set of holes	Sichtlochreihe, Schaulochreihe
set of tables	Tabellenwerk
set square	Zeichendreieck, Zeichenwinkel
set switches	Schalter setzen
setting	Einstellen (von Zahlenwerten), Zahleneingabe, Einstellwerk

Fachwortschatz zur Technikgeschichte, Teil 2: Englisch-Deutsch

Englisch	Deutsch
setting check dial	Einstellkontrolle, Eingabekontrolle, Sichtkontrolle, Kontrollanzeige
setting dial	Einstellscheibe, Einstellrad, Drehscheibe, Kontrollwerk, Kontrollanzeige, Anzeigewerk, Einstellkontrolle, Eingabekontrolle, Sichtkontrolle
setting knob	Einstellknopf
setting lever	Einstellschieber, Einstellhebel, Einstellstab, Einstellknopf, Stellknopf
setting mechanism	Einstellwerk
setting ring	Einstellring
setting slide	Einstellschieber, Einstellhebel, Einstellstab, Einstellknopf, Stellknopf
setting unit	Einstellwerk
setting wheel	Einstellrad, Drehrad
setup (Eniac)	Programm (Eniac)
setup (in general)	Einstellung
setup mechanism	Einstellwerk
seven column adder	siebenstelliger Addierer
seven column calculator	siebenstellige Rechenmaschine
seven figure logarithms	siebenstellige Logarithmen
seven place adder	siebenstelliger Addierer
seven place setting	siebenstelliges Werk
sexagesimal scale	Sechzigerskala
sexagesimal system	Sechzigersystem, Sexagesimalsystem
sextant	Sextant (Sechstelkreis, Winkelmessgerät)
shadow clock	Schattenstab
shaft	Welle, Achse, Antriebswelle
share	weitergeben, teilen, mitteilen
sharing	Weitergabe
sharing economy	teilende Wirtschaft, Wirtschaft des Teilens, Auftragswirtschaft
sheet metal	Blech
shelf clock	Regaluhr
shift	verschieben, Verschieben, Verschiebung (Wagen, Schlitten, Lineal), Durchschieben (Rechenstab)
shift key	Verschiebetaste (Schlitten)
shift register	Schieberegister

Fachwortschatz zur Technikgeschichte, Teil 2: Englisch-Deutsch

Englisch	Deutsch
shifting	Schlittenverschiebung, Wagenverschiebung, Schlittenversetzung, Schlittenbewegung, Stellenverschiebung, Linealverschiebung, Linealverlegung, Dezimalverschiebung, Dekadenverschiebung, Dekadenversetzung
shifting of the carriage	Schlittenverschiebung, Wagenverschiebung, Schlittenversetzung, Schlittenbewegung, Stellenverschiebung, Linealverschiebung, Linealverlegung, Dezimalverschiebung, Dekadenverschiebung, Dekadenversetzung
shifting register	Schieberegister
ship	ausliefern, versenden
shipping	Versand
shipwreck	Schiffswrack
shopper	Käufer/in
shopping cart	Einkaufswagen
shopping mall	Einkaufszentrum
short-cut multiplication	abgekürzte Multiplikation, verkürzte Multiplikation
short-lived	kurzlebig
short-term storage	Kurzzeitspeicher
show organ	Jahrmarktorgel, Karrusellorgel, Kirmesorgel
showcase	präsentieren
showground organ	Jahrmarktorgel, Karrusellorgel, Kirmesorgel
sidereal time	Sternzeit
sieve multiplication	Netzverfahren, Netzmethode, Gelosiaverfahren, Gelosiamethode, Gitternetzverfahren, Gitternetzmethode
sieve of Eratosthenes	Sieb des Eratosthenes
sign	Vorzeichen
sign for zero	Ziffer null
sign in	anmelden
signal	Funkspruch
signals interception	Abhören von Funksprüchen
significant	bedeutend, maßgeblich, erheblich
sign-on credentials	Kontoangaben, Kontoinformationen, Zugangsdaten
silent film	Stummfilm
silicon semiconductor	Siliziumhalbleiter
Silicon Valley	Silicon Valley, Kalifornien (Siliziumtal, Siliziumland)
similar figure	ähnliche Figur

Fachwortschatz zur Technikgeschichte, Teil 2: Englisch-Deutsch

Englisch	Deutsch
similar triangle	ähnliches Dreieck
similarity	Ähnlichkeit
simple-to-use	bedienungsfreundlich, einfach zu bedienen, leicht bedienbar
simplex	Simplex-
simplex machine	Einzelmaschine
simplex model	Einzelmodell
simplex slide rule	Einseitenrechenstab, Einfachrechenstab (Rechenstab mit Bodenplatte, Skalen auf beiden Seite der Zunge)
simulation	Nachahmung, Nachbildung
sine table	Sinustafel, Sinustabelle
singing automaton	Singautomat
singing bird	Singvogel
single cycle logarithmic scale	logarithmische Skala mit *einer* Dekade (1–10)
single digit	einstellig
single digit adder	Kolonnenaddierer, Kolonnenaddiermaschine
single digit adding machine	Kolonnenaddierer, Kolonnenaddiermaschine
single digit number	einstellige Zahl
single market	Binnenmarkt
single order digit adding system	Kolonnenaddierer, Kolonnenaddiermaschine
single order key-driven machine	Kolonnenaddierer, Kolonnenaddiermaschine
single order machine	Kolonnenaddierer, Kolonnenaddiermaschine
single slide rule	Einseitenrechenstab, Einfachrechenstab (Rechenstab mit Bodenplatte, Skalen auf beiden Seite der Zunge)
single step	Einzelschritt
single-authored book	von einer Einzelperson verfasstes Buch
single-blind review	einseitig blinde Begutachtung, einfach blinde Begutachtung
single-layer network	einschichtiges Netz
single-purpose	Einzweck-
singsong	Luxusgegenstand aus Europa als Geschenk für den Pekinger Hof (z.B. Figurenautomat, Musikspieldose)
singularity	Singularität (Punkt, wo die künstliche Intelligenz der maschinellen überlegen ist)
sinking	Untergang
sketch	Skizze
slate	Schiefertafel
slate pencil	Griffel (Schiefertafel)

Fachwortschatz zur Technikgeschichte, Teil 2: Englisch-Deutsch

Englisch	Deutsch
slate tablet	Schiefertafel
sleeve	Manschette, Muffe, Korb, Käfig (Rechenwalze)
slide	Zunge (Rechenstab), Schieber (Rechenschieber)
slide adder	Zahlenschieber
slide adding machine	Zahlenschieber
slide bar adder	Zahlenschieber
slide bar adding machine	Zahlenschieber
slide bar-type adding machine	Zahnstangenaddiermaschine
slide bar-type machine	Zahnstangenmaschine
slide board model	Modell mit Einstellschiebern
slide calculator	Schieberechner (linear)
slide cogged bar	Zahnstange
slide rule	Rechenschieber, Rechenstab
slide rule drum	Rechenwalze
slide setting	Schiebereinstellung, Hebeleinstellung
slider	Schieber
slider setting	Schiebereinstellung, Hebeleinstellung
slide-set	Schieber-, mit Schiebereinstellung
slide-set machine	Maschine mit Schiebereinstellung
sliding bar calculator	Zahlenschieber
sliding carriage	beweglicher Schlitten
sliding lever	Einstellschieber, Einstellhebel, Einstellstab, Einstellknopf, Stellknopf
sliding mechanical plate	mechanisches Stellglied, Stellglied (Zuse Z4)
sliding metal knob	metallener Schieber
sliding rule	Rechenstab (logarithmisch)
slot	Schlitz
small computer	Kleinrechner
small-scale	Klein-, in kleinem Maßstab, in geringem Umfang
small-scale computer	Kleinreichner
smart	vernetzt, schlau
smart city	vernetzte Stadt
smart contract	digitaler Vertrag
smart factory	vernetzte Fabrik
smart farming	vernetzte Landwirtschaft
smart home	vernetztes Haus
smart speaker	Netzwerklautsprecher, vernetzter Lautsprecher

Fachwortschatz zur Technikgeschichte, Teil 2: Englisch-Deutsch

Englisch	Deutsch
smartglasses	schlaue Brille
smartphone	Mobiltelefon, Funktelefon, internetfähiges Telefon, vernetztes Telefon
smartwatch	schlaue Uhr
snuffbox	Schnupftabakspieldose
social acceptability	gesellschaftliche Akzeptanz
social bot	Rechenprogramm in sozialem Netzwerk
social change	gesellschaftlicher Wandel, sozialer Wandel
social computing	Sozialinformatik
social credit	gesellschaftliche Bewertung
social credit score	Anzahl Sozialpunkte, gesellschaftliche Bonität
social credit system	gesellschaftliches Bewertungssystem, gesellschaftliches Bonitätssystem, Sozialkreditsystem
social fabric	gesellschaftliches Gefüge, Sozialgefüge
social history	Gesellschaftsgeschichte, Sozialgeschichte
social impact	gesellschaftliche Wirkung, gesellschaftlicher Einfluss, soziale Wirkung, sozialer Einfluss
social media	soziale Medien, soziale Plattform
social media account	Konto im sozialen Netzwerk
social media company	Sozialnetzfirma, Soziale-Medien-Firma, Sozialnetzwerkfirma, Plattformbetreiber/in
social media content	Inhalte auf sozialen Plattformen
social media feed	Nachrichtenangebot im Netz, Anzeige von (neuen) Nachrichten im Netz (Text, Bild, Video)
social media giant	Sozialnetzriese, Netzriese
social media giant	Netzgigant
social media industry	Sozialnetzindustrie, Netzindustrie
social media network	soziales Netz, soziales Netzwerk, Sozialnetz
social media platform	Sozialnetzplattform, Soziale-Medien-Plattform, Netzplattform
social media post	Beitrag in sozialem Medium
social network	soziales Netz, soziales Netzwerk, Sozialnetz
social networking	Sozialnetzbetrieb, Bereitstellung sozialer Medien
social networking company	Sozialnetzfirma, Soziale-Medien-Firma, Plattformbetreiber/in
social networking giant	Sozialnetzriese, Internetplattformriese
social networking service	Sozialnetzdienst, Sozialmediadienst
social responsibility	gesellschaftliche Verantwortung, soziale Verantwortung

Fachwortschatz zur Technikgeschichte, Teil 2: Englisch-Deutsch

Englisch	Deutsch
social science(s)	Gesellschaftswissenschaft(en), Sozialwissenschaft(en)
social scientist	Sozialwissenschaftler/in
social scoring	Bewertung der Bevölkerung, Benotung des Verhaltens
societal	gesellschaftlich, gesellschaftspolitisch
societal bias	gesellschaftliches Vorurteil
societal challenge	gesellschaftliche Herausforderung
societal consequence	gesellschaftliche Auswirkung
societal impact	gesellschaftliche Wirkung, gesellschaftlicher Einfluss, soziale Wirkung, sozialer Einfluss
societal implication	gesellschaftliche Auswirkung
societal role	gesellschaftliche Rolle
software history	Geschichte der Rechenprogramme, Geschichte der Programme, Programmgeschichte
Soho rule	Soho-Rechenstab
Soho slide rule	Soho-Rechenstab
solar cycle	Sonnenzyklus
solar eclipse	Sonnenfinsternis
solar powered	solarzellenbetrieben
solar system	Sonnensystem
solar time	Sonnenzeit
solar year	Sonnenjahr
solid logic	Festkörperschaltkreis
solid state	Halbleiter-
solstice	Sonnenwende
solution of equations	Lösung von Gleichungen
sonar	Schallmesser, Echolot
sonic delay line	akustische Verzögerungsleitung, akustische Verzögerungsstrecke
sonic delay line memory	Schallwellenspeicher, akustischer Speicher
sonic delay line storage	Schallwellenspeicher, akustischer Speicher
sonic delay line store	Schallwellenspeicher, akustischer Speicher
sonic delay memory	Schallwellenspeicher, akustischer Speicher
sonic delay storage	Schallwellenspeicher, akustischer Speicher
sonic delay store	Schallwellenspeicher, akustischer Speicher
sophisticated	hochentwickelt, ausgereift, ausgefeilt, durchdacht
sore	Kerbe (Kerbholz)
soroban	Soroban (japanischer Kugelrechner)

Fachwortschatz zur Technikgeschichte, Teil 2: Englisch-Deutsch

Englisch	Deutsch
sorter	Sortierer, Sortiermaschine
sound wave	Schallwelle
source	Quelle
source language	Ausgangssprache, Quellsprache
source material	Quellenmaterial
source of information	Quelle
space	Zwischenraum (Rechentisch)
spacing dividers	Streckenteiler
spam	unerwünschte elektronische Post
spam email	unerwünschte elektronische Post
spare part	Ersatzteil
speaker	Referent/in, Redner/in, Lautsprecher
special exhibition	Sonderausstellung
special interest group (SIG)	Fachgruppe (FG)
special issue	Sonderausgabe, Sonderheft
special-purpose	Sonder-, Spezial-, Einzweck-
special-purpose computer	Spezialrechner
special-purpose machine	Spezialmaschine
spectrum	Bandbreite
speech generation	Spracherzeugung, Stimmerzeugung
speech input	Spracheingabe
speech output	Sprachausgabe
speech processing	Verarbeitung gesprochener Sprache
speech production	Spracherzeugung, Stimmerzeugung
speech recognition	Spracherkennung
speech synthesis	Spracherzeugung, Stimmerzeugung
speedometer	Geschwindigkeitsmesser
spin-off	Ausgründung, Ausgliederung, Abspaltung, Ableger
spiral	spiralförmig, schraubenlinienförmig
spiral cylindrical slide rule	Spiralrechenwalze
spiral dial	Spiralskala, Spiralanzeige
spiral rule	Spiralrechenschieber
spiral scale	Spiralskala, Schraubenlinienskala
spiral scale circular slide rule	Spiralrechenscheibe, Rechenscheibe mit Spiralskala
spiral scale slide rule	Spiralrechenschieber
spiral slide rule	Spiralrechenschieber

Fachwortschatz zur Technikgeschichte, Teil 2: Englisch-Deutsch

Englisch	Deutsch
spiral winding	spiralförmiger Skalenverlauf, schraubenlinienförmiger Skalenverlauf
split tally stick	Doppelkerbholz, gespaltenes Kerbholz
spoke	Speiche
sponge diver	Schwammtaucher/in
spotlight	(besonders) herausstellen, beleuchten
spring	Feder (Antriebfeder)
spring-driven clock	Federzuguhr
spring-driven piano	aufziehbares Klavier, Klavier mit Federantrieb
spring-wound clock	Federzuguhr
square	Quadratzahl
square root	Quadratwurzel
square root extraction	Quadratwurzelziehen, Quadratwurzelausziehen
square root table	Quadratwurzeltafel, Quadratwurzeltabelle
square rooter	Wurzelziehwerk, Wurzelzieheinrichtung
squaring the circle	Quadratur des Kreises, Kreisquadratur
stakeholder	Mitspieler/in, Akteur/i, Interessenvertreter/in
stalk	nachstellen, verfolgen, belästigen
stalker	Nachsteller/in, Belästiger/in, Pirschjäger/in
stand	Gestell, Untergestell
stand-alone	Einzel-
standard work	Grundlagenwerk, Standardwerk
standing	Ansehen
standing clock	Standuhr
star calendar	Sternkalender
star catalogue (UK), star catalog (USA)	Sternverzeichnis, Sternkalender
start position	Grundstellung (Enigma)
starting point	Ausgangspunkt
starting position	Grundstellung (Enigma)
startup	Jungunternehmen, Firmenneugründung
state of the art	Stand der Technik
state of the art research	neueste Forschung
statement	Aussage
state-of-the-art	hochmodern
state-of-the-art research	neueste Forschung
stationary	stationär, ortsfest
stationary device	stationäres Gerät

Fachwortschatz zur Technikgeschichte, Teil 2: Englisch-Deutsch

Englisch	Deutsch
statistical analysis	statistische Analyse
statistical approach	statistischer Ansatz
statistical calculation	statistische Berechnung
stchoty	Stschoty (russischer Kugelrechner)
steam engine	Dampfmaschine
steam engine governor	Dampfmaschinenregler
steam power	Dampfkraft
steam turbine	Dampfturbine
steamboat	Dampfschiff
steam-driven	dampfbetrieben
steamship	Dampfschiff
steel comb	Stahlkamm
steel tape	Stahlband
steganography	Steganografie, Geheimschreibkunst, Geheimschrift
Stem (science, technology, engineering, and mathematics)	Mint (Mathematik, Informatik, Naturwissenschaften und Technik)
step by step	schrittweise
step reckoner	Staffelwalze, Stufenwalze, Staffelwalzenrechner, Stufenwalzenrechner
step reckoner calculator	Staffelwalzenrechner, Stufenwalzenrechner
step-by-step instructions	Schritt-für-Schritt-Anleitung
stepped cylinder	Staffelwalze, Stufenwalze
stepped drum	Staffelwalze, Stufenwalze
stepped drum arithmometer	Staffelwalzenrechner, Staffelwalzenrechenmaschine, Stufenwalzenrechner, Stufenwalzenrechenmaschine
stepped drum calculating arithmometer	Staffelwalzenrechner, Staffelwalzenrechenmaschine, Stufenwalzenrechner, Stufenwalzenrechenmaschine
stepped drum calculating machine	Staffelwalzenrechner, Staffelwalzenrechenmaschine, Stufenwalzenrechner, Stufenwalzenrechenmaschine
stepped drum machine	Staffelwalzenmaschine, Stufenwalzenmaschine
stepped drum-type	Staffelwalzen-, Stufenwalzen-
stepped drum-type calculator	Staffelwalzenrechner, Staffelwalzenrechenmaschine, Stufenwalzenrechner, Stufenwalzenrechenmaschine
stepped gear calculator	Staffelwalzenrechner, Staffelwalzenrechenmaschine, Stufenwalzenrechner, Stufenwalzenrechenmaschine
stepped reckoner	Staffelwalze, Stufenwalze, Staffelwalzenrechner, Stufenwalzenrechner

Fachwortschatz zur Technikgeschichte, Teil 2: Englisch-Deutsch

Englisch	Deutsch
stepped reckoner calculator	Staffelwalze, Stufenwalze, Staffelwalzenrechner, Stufenwalzenrechner
stepped wheel	Staffelwalze, Stufenwalze
stepped wheel calculator	Staffelwalzenrechner, Staffelwalzenrechenmaschine, Stufenwalzenrechner, Stufenwalzenrechenmaschine
stepwise	schrittweise
stick	Stäbchen (Rechenstäbchen)
still image	Festbild, Standbild
still living pioneer	Wegbereiter, noch lebender ~/noch lebende Wegbereiterin
still picture	Festbild, Standbild
STM (science, technology, medicine)	Naturwissenschaft(en), Technik, Medizin
stock	Stabkörper (Rechenstab)
stock, in ~	auf Lager
stone age	Steinzeitalter
stone tablet	Steintafel
stop watch	Stoppuhr
storage	Speicher, Depot
storage capacity	Speichervermögen
storage centre (UK), storage center (USA)	Lager, Aufbewahrungsort, Depot, Magazin
storage core	Speicherkern (Magnetkern)
storage device	Speichergerät
storage facility	Lager, Aufbewahrungsort, Depot, Magazin
storage space	Speicherplatz
storage, in ~	im Depot
store, in ~	im Depot
stream	Datenstrom
stream podcasts	Sendungen leihen/verleihen
stream videos	Videos leihen/verleihen
streaming	Verleih von Multimediadaten (Musik, Video), (kostenpflichtige) Nutzung von Multimediadaten (Abruf nach Bedarf)
streaming music service	Musikdienst, Musikanbieter/in, Musikverleihdienst, Musikabodienst
streaming platform	Verleihplattform für multimediale Daten (Musik, Video)
streaming service	Verleihdienst für multimediale Daten (Musik, Video)
street music	Straßenmusik
street musician	Straßenmusikant/in

Fachwortschatz zur Technikgeschichte, Teil 2: Englisch-Deutsch

Englisch	Deutsch
street piano	Straßenklavier
string-playing clock	Hackbrettuhr, Zimbaluhr
strong artificial intelligence	starke künstliche Intelligenz
stylus	Stift, Griffel, Rechenstift, Rechengriffel
stylus-operated	Stift-, Griffel-, stiftgesteuert, griffelgesteuert
stylus-operated adder	Stiftaddierer, Griffeladdierer
stylus-operated adding machine	Stiftaddiermaschine, Griffeladdiermaschine
stylus-type	Stift-, Griffel-, stiftgesteuert, griffelgesteuert
stylus-type adder	Stiftaddierer, Griffeladdierer
stylus-type adding machine	Stiftaddiermaschine, Griffeladdiermaschine
suanpan	Suanpan (chinesischer Kugelrechner)
subhead	Untertitel
subheading	Untertitel
subject index	Sachverzeichnis
subject librarian	Fachreferent/in
subject specialist	Fachmann, Fachfrau
submarine	Unterseebot, U-Boot
submission	Einreichung
submit	einreichen
subroutine	Unterprogramm
subroutine library	Unterprogrammbibliothek
subscriber	Teilnehmer/in
subsection	Unterabschnitt
subsidiary	Tochtergesellschaft
substitution	Ersetzung, Austausch
subtitle	Untertitel
sub-total	Zwischensumme
subtracter	Subtrahierwerk, Subtrahiereinrichtung
subtraction	Abziehen, Abzählen, Wegnehmen, Subtraktion
subtraction by complementation	indirekte Subtraktion, Subtraktion durch Komplement-bildung
subtraction carry	Zehnerübertrag bei der Subtraktion
subtractive notation	subtraktive Schreibweise (von römischen Zahlen, z.B. IV, XL)
subtrahend	Subtrahend
success story	Erfolgsgeschichte
successive addition	fortgesetzte Addition, wiederholte Addition

Fachwortschatz zur Technikgeschichte, Teil 2: Englisch-Deutsch

Englisch	Deutsch
successive carry	durchgehender Zehnerübertrag, durchlaufender Zehnerübertrag
successive carrying	durchgehender Zehnerübertrag, durchlaufender Zehnerübertrag
successive subtraction	wiederholte Subtraktion, fortgesetzte Subtraktion
successor (to)	Nachfolger/in (von)
sum	Summe
sundial	Sonnenuhr
supercomputer	Großrechner, Höchstleistungsrechner
superposition	Überlagerung
supersonic acoustic delay line	Ultraschallverzögerungsleitung, Ultraschallverzögerungsstrecke
supersonic delay line	Ultraschallverzögerungsleitung, Ultraschallverzögerungsstrecke
supervised learning	überwachtes Lernen
supervisor	Aufseher/in
supplier	Lieferant/in, Ausrüster/in, Anbieter/in
supply chain	Lieferkette
surf	wellenreiten
surf the web	im Netz/im Web/ im Internet surfen
surveil	überwachen
surveillance	Überwachung
surveillance camera	Überwachungskamera
surveillance drone	Überwachungsdrohne
surveillance state	Überwachungsstaat
surveillance system	Überwachungssystem
surveillance technology	Überwachungstechnik
survey instrument	Vermessungsinstrument, Vermessungswerkzeug
survey paper	Übersichtsartikel
survey work	Überblickswerk
surveying	Vermessungswesen, Vermessungskunde, Vermessung
surveying instrument	Vermessungsinstrument, Vermessungswerkzeug
surviving	erhalten, überliefert, überlebend
sustainability	Nachhaltigkeit
sustainable	nachhaltig
swarm intelligence	Schwarmintelligenz
swarm of drones	Drohnenschwarm

Fachwortschatz zur Technikgeschichte, Teil 2: Englisch-Deutsch

Englisch	Deutsch
swipe	wischen
switch	Schalter
switching algebra	Schaltalgebra
switching element	Schaltglied
symbol for zero	Ziffer null
system of differential equations	Differenzialgleichungssystem
system of rankings	Platzierungssystem, Rangierungssystem
system of ratings	Bewertungssystem
T	
tabernacle clock	Türmchenuhr
table	Tisch, Tisch, Tabelle
table abacus	Rechentisch
table caption	Tabellenüberschrift
table clock	Tischuhr
table of contents (Toc)	Inhaltsverzeichnis
table of functions (Turing machine)	Programm (Turingmaschine)
table of instructions (Turing machine)	Programm (Turingmaschine)
table of logarithms	Logarithmentafel
tableau multiplication	Netzverfahren, Netzmethode, Gelosiaverfahren, Gelosiamethode, Gitternetzverfahren, Gitternetzmethode
tablet	Schreibtafel, Tablett
tablet computer	Tablettrechner
tablet sundial	Klappsonnenuhr, aufklappbare Sonnenuhr
tabletop	Tisch-
tabletop abacus	Rechentisch
tabletop computer	Tischrechner
table-top computer	Tischrechner
tabular abacus	Rechentisch
tabular summary	tabellarische Übersicht
tabulating button	Tabulatorknopf
tabulating key	Tabulatortaste
tabulating machine	Tabelliermaschine
tabulator	Tabelliermaschine, Tabulator
tag	Markierung, Kennzeichen, Schild (Namenschild)
tailored	maßgeschneidert
talk	Vortrag

Fachwortschatz zur Technikgeschichte, Teil 2: Englisch-Deutsch

Englisch	Deutsch
talking heads (Mical)	sprechende Köpfe
talking machine	Sprechmaschine
tally	Kerbholz, Kerbstock
tally stick	Kerbholz, Kerbstock
tally stick, split ~	gespaltenes Kerbholz, Doppelkerbholz
tallying stick	Kerbholz, Kerbstock
tank	Quecksilberstahlröhre
tape controlled	lochbandgesteuert, lochstreifengesteuert, bandgesteuert, streifengesteuert
tape drive	Bandlaufwerk
tape memory	Lochbandspeicher, Lochstreifenspeicher, Bandspeicher
tape perforator	Lochstreifenlocher, Lochstreifenstanzer, Lochbandstanzer
tape programming	Lochstreifenprogrammierung, Lochbandprogrammierung
tape punch	Lochstreifenlocher, Lochstreifenstanzer, Lochbandstanzer
tape reader	Lochstreifenleser, Lochbandleser
tape reel	Bandspule
taped program	Lochstreifenprogramm, Lochbandprogramm
target ad(vertisement)	maßgeschneiderte Anzeige, zielgerichtete Anzeige
target audience	Zielgruppe
target language	Zielsprache
targeted ad	maßgeschneiderte Werbung, zielgerichtete Werbung
targeted advertisement	maßgeschneiderte Anzeige, zielgerichtete Anzeige
targeted advertising	maßgeschneiderte Werbung, zielgerichtete Werbung
tax	Steuer
tchoty	Stschoty (russischer Kugelrechner)
teacher of arithmetic	Rechenmeister
teacher of mathematics	Mathematiklehrer/in
teaching abacus	Schulabakus
tech	Technik, Technologie
tech business	Technikfirma, Technikunternehmen
tech community	Technikfachwelt, Technikergemeinschaft
tech company	Technikfirma, Technikkonzern, Techkonzern
tech corporation	Technikkonzern
tech firm	Technikfirma
tech giant	Technikriese

Fachwortschatz zur Technikgeschichte, Teil 2: Englisch-Deutsch

Englisch	**Deutsch**
tech group	Technikkonzern
tech history	Technikgeschichte
tech hub	Technikdrehscheibe
tech industry	Technikindustrie
tech monopoly	Technikmonopol
tech platform	Technikplattform
tech startup	Technikunternehmen, junges ~
tech titan	Technikriese, Techniktitan
technical achievement	technische Errungenschaft
technical advance	technischer Fortschritt
technical college	Technikum
technical community	Technikfachwelt, Technikergemeinschaft
technical computing	technisches Rechnen
technical expertise	technisches Fachwissen
technical giant	Technikriese
technical history	Technikgeschichte
technical knowledge	Technikkenntnisse, technisches Wissen
technical magazin	technisches Magazin
technical manual	technisches Handbuch
technical marvel	technisches Wunderwerk
technical museum	technisches Museum
technical term	Fachausdruck
technical treatise	technische Abhandlung
technical university	technische Universität (TU)
technically possible	technisch möglich
technician	Techniker/in
technological advance	technischer Fortschritt
technological and scientific	technisch-wissenschaftlich
technological boom	technischer Aufschwung
technological change	technischer Wandel
technological development	technische Entwicklung
technological divide	technischer Graben, technische Kluft
technological history	Technikgeschichte
technological information	technische Information
technological innovation	technische Innovation
technological museum	Technikmuseum

Fachwortschatz zur Technikgeschichte, Teil 2: Englisch-Deutsch

Englisch	Deutsch
technological platform	Technikplattform
technological progress	technischer Fortschritt
technological university	technische Universität (TU)
technologist	Techniker/in
technology and society	Technik und Gesellschaft
technology change	technischer Wandel
technology company	Technikfirma, Technikkonzern
technology giant	Technikriese
technology group	Technikkonzern
technology history	Technikgeschichte
technology hub	Technikdrehscheibe
technology industry	Technikindustrie
technology museum	Technikmuseum, technisches Museum
technology platform	Technikplattform
technology policy	Technologiepolitik
technology writer	Technikjournalist/in
telecom operator	Telekombetreiber
telecommunications company	Telekomfirma
telecommunications equipment	Telekomausrüstung, Telekomausstattung, Telekomeinrichtung
telecommunications giant	Telekomriese
telecoms company	Telekomfirma
telecoms equipment	Telekomausrüstung, Telekomausstattung, Telekomeinrichtung
telecoms equipment maker	Telekomausrüster/in, Telekommunikationsausrüster/in
telecoms group	Telekomkonzern
telecoms network	Telekomnetz
telegraph	Telegraf
telegraphy	Telegrafie
telemeter	Entfernungsmesser
telephone	Telefon
telephone call	Anruf
telephone exchange	Fernsprechvermittlung, Telefonvermittlung, Telefonzentrale
telephone line	Telefonleitung
telephone relay	Fernsprechrelais, Telefonrelais
telephone switch	Vermittlungsstelle

Fachwortschatz zur Technikgeschichte, Teil 2: Englisch-Deutsch

Englisch	Deutsch
telephone switchboard	Fernsprechanlage
telephony	Telefonie
teleprinter	Fernschreiber, Telex
teleprinter cipher	Fernschreiberverschlüsselung
teleprinter tape	Fernschreibband, Fernschreibstreifen
telescope	Fernrohr, Fernglas
teletype	Fernschreiber
teletype control	Fernschreibsteuerung
teletype reader	Fernschreibleser
teletype tape	Fernschreibband, Fernschreibstreifen
television (TV)	Fernsehen, Fernseher
television set (TV set)	Fernseher
telex	Fernschreiber
temporary data	vorläufige Daten
temporary storage	Zwischenspeicher
ten line	Zehnerlinie (Rechentisch)
ten rod	Zehnerstange (Kugelrechner)
ten's complement	Zehnerkomplement, Dezimalkomplement
ten's line	Zehnerlinie (Rechentisch)
ten's place	Zehnerstelle
ten-digit number	zehnstellige Zahl
ten-key	Zehntastenfeld-
ten-key adding machine	Zehntastenaddiermaschine
ten-key calculating machine	Zehnertastaturrechenmaschine
ten-key calculator	Rechner mit Zehnertastatur, Zehnertastaturrechner
ten-key keyboard	Zehnertastatur, Zehntastenfeld
ten-key machine	Rechner mit Zehnertastatur, Zehnertastaturmaschine
tens	Zehner
tens carry	Zehnerübertrag, Zehnerübertragung
tens carry mechanism	Zehnerschaltvorrichtung, Zehnerübertragvorrichtung
tens column	Zehnerspalte
tens complement	Zehnerkomplement, Dezimalkomplement
tens dial	Zehnerrad, Zehnerscheibe
tens place	Zehnerstelle
tens position	Zehnerstelle
tens shaft	Zehnerantriebswelle, Zehnerwelle

Fachwortschatz zur Technikgeschichte, Teil 2: Englisch-Deutsch

Englisch	Deutsch
tens transmission	Zehnerübertrag, Zehnerübertragung
tens wheel	Zehnerrad
tentative title	Arbeitstitel
ternary number system	Dreiersystem, ternäres System
terrestrial globe	Erdglobus
terrorist content	gewalttätige Inhalte (Internet)
testimony	Zeugenaussage, Zeugnis, Aussage, Anhörung
text	Nachrichten senden, simsen
text passage	Textstelle
text processing	Textverarbeitung
text understanding	Textverständnis
textbook	Lehrbuch
textile industry	Textilindustrie
textile machine	Textilmaschine
textile machinery	Textilmaschinen
textile pattern	Textilmuster
Thales of Miletus	Thales von Milet
theatre	Schauplatz
theodolite	Theodolit (Horizontal- und Höhenwinkelmessgerät)
theorem	Lehrsatz, Satz
theorem proving	Beweisfindung
theoretical advance	theoretischer Fortschritt
theoretical computer science	theoretische Informatik
theory of automata	Automatentheorie
theory of computing	theoretische Informatik
thermionic diode	Vakuumröhrendiode
thermionic pentode	Vakuumröhrenpentode
thermionic valve (UK)	Elektronenröhre, Vakuumröhre, Hochvakuumröhre
thermionic valve circuit (UK)	Vakuumröhrenschaltkreis
thermionic valve computer (UK)	Röhrenrechner
thermionic valve electronics (UK)	Röhrentechnik
thin film memory	Dünnfilmspeicher, Dünnschichtspeicher, Magnetfilmspeicher
thin film storage	Dünnfilmspeicher, Dünnschichtspeicher, Magnetfilmspeicher
thin film store	Dünnfilmspeicher, Dünnschichtspeicher, Magnetfilmspeicher

Fachwortschatz zur Technikgeschichte, Teil 2: Englisch-Deutsch

Englisch	Deutsch
think tank	Denkfabrik, Ideenschmiede
thinking automaton	Denkautomat
thinking machine	Denkmaschine
third degree equation	Gleichung dritten Grades
third party	Dritt-, Drittperson, Drittpartei
Thomas arithmometer	Thomas-Arithmometer
Thomas machine	Thomasmaschine
thought process	Denkvorgang, Denkprozess
thousands	Tausender
thousands column	Tausenderspalte
thread	Gesprächsfaden
three-dimensional scanner	3D-Abtastgerät
three-dimensional sensor	3D-Fühler, 3D-Sensor
three-function calculator	Dreispeziesrechenmaschine, Dreispeziesmaschine, Dreispeziesrechner
three-rotor engine	Dreiwalzenmaschine (Enigma)
three-rotor Enigma	Dreiwalzen-Enigma, 3-Walzen-Enigma
three-rotor machine	Dreiwalzenmaschine (Enigma)
three-wheel bombe	Dreiwalzen-Turingbombe, 3-Walzen-Turingbombe
three-wheel engine	Dreiwalzenmaschine (Enigma)
three-wheel Enigma	Dreiwalzen-Enigma, 3-Walzen-Enigma
three-wheel machine	Dreiwalzenmaschine (Enigma)
thumb drive	USB-Stift
thyratron (UK)	gasgefüllte Elektronenröhre
thyratron gas valve (UK)	gasgefüllte Elektronenröhre
thyratron ring	Vakuumröhrenring, Thyratronring
tide calculator	Gezeitenrechner
tide computer	Gezeitenrechner, Gezeitenrechenmaschine
tide predicting machine	Gezeitenrechner, Gezeitenrechenmaschine
tide predictor	Gezeitenrechner, Gezeitenrechenmaschine
timber rule	Zimmermannsstab, Zollstock, Zollstab
time clock	Stempeluhr, Stechuhr
time frame	Zeitrahmen, Zeitabschnitt
time line	Zeittafel
time machine	Zeitmaschine
time measurement	Zeitmessung
time measuring	Zeitmessung

Fachwortschatz zur Technikgeschichte, Teil 2: Englisch-Deutsch

Englisch	Deutsch
time period	Zeitabschnitt, Zeitspanne, Epoche
time reckoning	Zeitrechnung
time recorder	Zeitschreiber
time traveler	Zeitreisende/r
time, as ~ time goes on	mit der Zeit, im Lauf der Zeit
time, of all ~	aller Zeiten
time, over ~	mit der Zeit
timekeeper	Zeitmesser, Chronometer
timekeeping	Zeitmessung
timekeeping figure	Stundenschläger
time-measuring instrument	Zeitmesser, Zeitmessgerät
timepiece	Zeitmesser, Chronometer
time-recording clock	Stempeluhr, Stechuhr
timesharing	Zeitteilverfahren, Teilnehmerverfahren, Mehrbenutzerverfahren
tinker	tüfteln, basteln
title page	Titelseite
to-dos	Pendenzen
toe reckoning	Zehenrechnen
toggle	Kippschalter, Kippschaltung, Flipflop
toggle switch	Kippschalter, Kippschaltung, Flipflop
token	Rechenmünze, Rechenmarke, Rechenpfennig, Wertmarke
too big to fail	zu groß um zu scheitern (systemrelevant)
tooth	Zahn (Zahnrad), Rippe (Staffelwalze), Sprosse (Sprossenrad)
tooth count	Zähnezählung
toothed disk/disc	gezähnte Scheibe
toothed rack	Zahnstange
toothed segment	Stellsegment
toothed wheel	Zahnrad
top secret	hoch geheim
topographical instrument	topografisches Instrument, topografisches Werkzeug (z.B. Messtisch, Kippregel)
top-quality	erstklassig, hochwertig
torquetum	Türkengerät, Torquetum
torquetum dial	Türkengerät, Torquetum
total	Summe

Fachwortschatz zur Technikgeschichte, Teil 2: Englisch-Deutsch

Englisch	Deutsch
total key	Summentaste
touch sensitive	druckempfindlich
touch sensor	Drucksensor
toxic content	schädliche Inhalte (Internet)
toxic web	vergiftetes Web
toy musical box	Spielzeugmusikdose
toy robot	Spielzeugroboter
trace	verfolgen, nachfahren (Planimeter)
tracer point	Fahrstift
track	Spur, verfolgen
track packages	Pakete verfolgen
trackball	Rollkugel
tracker	Überwachungsprogramm, Messprogramm, Aufzeichnungsgerät, Messgerät, Datenerfassungsgerät, Datensammler
tracking	Verfolgen, Überwachen
trade history	Handelsgeschichte
trade name	Markenname
trade platform	Handelsplattform
trade policy	Handelspolitik
trade secret	Geschäftsgeheimnis
trade show	Messe, Fachausstellung
trade war	Handelskrieg
trademark	Markenzeichen, Warenzeichen, Schutzmarke, Handelsmarke
trader	Händler/in, Kaufmann/Kauffrau
trading	Handels-
trading ship	Handelsschiff
traffic	Datenverkehr, Funkverkehr, Netzverkehr
traffic volume	Verkehrsaufkommen
train of gear wheel	Getriebe, Räderwerk, Zahnradgetriebe
train of pulses	Impulsfolge
trained	trainiert
trained engineer	ausgebildeter Ingenieur/ausgebildete Ingenieurin, von Haus aus Ingenieur/in, Fachingenieur/in
trained historian	ausgebildeter Historiker/ausgebildete Historikerin, von Haus aus Historiker/in, Berufshistoriker/in, Fachhistoriker/in

Fachwortschatz zur Technikgeschichte, Teil 2: Englisch-Deutsch

Englisch	Deutsch
training data	Übungsdaten, Trainingsdaten
training material	Übungsmaterial
training set	Trainingsdatensatz, Übungsdatensatz
trajectory	Flugbahn, Geschossbahn, Geschossflugbahn
transaction	Vorgang
transactions	Mitteilungen (Zeitschrift)
transfer	Rückübertragung
transistor	Transistor
transistor computer	Transistorrechner
transistor digital computer	digitaler Transistorrechner
transistor flipflop	Halbleiterflipflop, Transistorflipflop
transistor technology	Transistortechnik
transistor-based computer	Transistorrechner
transistorised computer (UK), transistorized computer (USA)	Transistorrechner
transistorised machine (UK), transistorized machine (USA)	Transistorrechner
transition	Übergang
translating machine	Übersetzungsmaschine
translation machine	Übersetzungsmaschine
transparent citizen	gläserner Bürger, gläserne Bürgerin, gläserner Mensch
transposition	Umstellung
transverse bar	Mittelsteg, Zwischensteg, Quersteg, Steg, Querleiste, Querstab, Querbalken, Mittelschiene, Trennungsstab (Kugelrechner)
travel back in time	in der Zeit zurückreisen
travel expenses	Reisekosten
traveling clock (USA)	Reiseuhr
travelling clock (UK)	Reiseuhr
treasure	Schatzkammer
treasure trove	Fundgrube
treatise	Abhandlung
tree search	Baumsuche
trial	Prozess (Gericht)
trial and error	Versuch und Irrtum
trial device	Versuchsgerät, Versuchsmodell
trial model	Versuchsmodell

Fachwortschatz zur Technikgeschichte, Teil 2: Englisch-Deutsch

Englisch	Deutsch
trial piece	Versuchsmodell
trial-and-error learning	Lernen durch Erfahrung, Lernen durch Erfolg, probierendes Lernen
triangle, similar ~	ähnliches Dreieck
triangular compasses	Dreispitzzirkel
triangulation	Dreiecksvermessung
trigger circuit	Kippschalter, Kippschaltung, Kippstufe, Auslöseschaltung, Flipflop, Triggerschaltung
trigger relay	Auslöserelais
trigger tube (USA)	Relaisröhre, Glimmrelaisröhre
trigonometric	trigonometrisch
trigonometric calculator	Trigonometrierechner
trigonometric function	Winkelfunktion
trigonometric table	trigonometrische Tafel, trigonometrische Tabelle
trigonometrical function	Winkelfunktion
trigonometrical scale	trigonometrische Skala
trigonometry	Trigonometrie, Trigonometriebuch
trillion (USA)	Billion
trim size	Buchformat
trinary	ternär, trinär
triode tube (USA)	Dreipolvakuumröhre, Dreipolröhre, Triode
triode valve (UK)	Dreipolvakuumröhre, Dreipolröhre, Triode
trip report	Reisebericht
Trojan horse	trojanisches Pferd, Trojaner
Trojan horse virus	Trojaner
troll	Troll, Bösewicht, Bösewichtin
trollbot	Schikaneprogramm
trolling	schikanieren
trove	Fund
trove of data	Datenschatz
trove of information	Datenschatz
trove of personal data	Datenschatz
trumpeter clock	Trompeteruhr
tub file	Ziehkartei
tube	Walze, Trommel, Zylinder, Röhre (Elektronenröhre)
tube chassis (USA)	Röhrensteckeinheit
tube failure (USA)	Ausfall von Vakuumröhren

Fachwortschatz zur Technikgeschichte, Teil 2: Englisch-Deutsch

Englisch	Deutsch
tube failure rate (USA)	Röhrenausfallrate
tube machine (USA)	Röhrenrechner, Röhrenmaschine
tubular calculator	Rechenzylinder
tubular helical scale	Spiralskala, Schraubenlinienskala
tubular slide rule	Rechenzylinder
tune	Melodie
tune sheet	Melodieverzeichnis
Tunny machine	Lorenzmaschine (Verschlüsselungsmaschine)
Turing award	Turingpreis
Turing award recipient	Turingpreisträger/in
Turing award winner	Turingpreisträger/in
Turing bombe	Turingbombe
Turing complete	turingvollständig
Turing completeness	Turingvollständigkeit
Turing laureate	Turingpreisträger/in
Turing machine	Turingmaschine
Turing recipient	Turingpreisträger/in
Turing test	Turingtest
Turing's imitation game	Turingtest
Turing's universal machine	universelle Turingmaschine
turn	Umdrehung, Drehung, drehen (Kurbel)
turning point	Wendepunkt, Wende
turnover position	Ringstellung (Enigma)
turns counter	Umdrehungszähler, Umdrehungszählwerk
turquet	Türkengerät, Torquetum
turret clock	Turmuhr
TV set	Fernseher
tweet	Kurznachricht
twenty system	Zwanzigersystem
twice-monthly	zweimonatlich
two cycle logarithmic scale	logarithmische Skala mit zwei Dekaden (1–10, 10–100)
two's complement	Zweierkomplement
two-digit	zweistellig
two-factor authentication	zweistufiges Einwählverfahren
two-factor verification	zweistufiges Einwählverfahren
two-function calculator	Zweispeziesrechenmaschine, Zweispeziesmaschine, Zweispeziesrechner, Saldiermaschine

Fachwortschatz zur Technikgeschichte, Teil 2: Englisch-Deutsch

Englisch	Deutsch
two-motion machine	Zweispeziesmaschine
two-step verification	zweistufiges Einwählverfahren
two-volume	zweibändig
type area	Satzspiegel
typeset	setzen
typesetter	Setzer/in
typesetting	Satz
typewriter	Schreibmaschine
typo	Tippfehler, Druckfehler
U	
ubiquitous	allgegenwärtig
ubiquity	Allgegenwart
ultrasonic delay line	Ultraschallverzögerungsleitung, Ultraschallverzögerungsstrecke
ultrasonic delay memory	Ultraschallspeicher, Ultraschallwellenspeicher, Ultraschall-Laufzeitspeicher
ultrasonic memory	Ultraschallspeicher, Ultraschallwellenspeicher, Ultraschall-Laufzeitspeicher
ultrasonic storage	Ultraschallspeicher, Ultraschallwellenspeicher, Ultraschall-Laufzeitspeicher
ultrasonic store	Ultraschallspeicher, Ultraschallwellenspeicher, Ultraschall-Laufzeitspeicher
ultrasonic tank	Ultraschallstahlröhre
unbreakable	nicht brechbar, nicht knackbar
unconditional instruction	unbedingte Anweisung
unconditional jump	unbedingter Sprung, unbedingte Verzweigung
unconditional transfer	unbedingter Sprung, unbedingte Verzweigung
uncrackable	nicht knackbar, nicht brechbar
undated	ohne Jahr (o.J.)
undecidable	nicht entscheidbar, unentscheidbar
undergraduate	Student/in (vor/ohne Abschluss)
undersea cable	Seekabel
understanding	Verstehen
underwater cable	Seekabel
unicorn	Einhorn
unique selling point (USP)	Alleinstellungsmerkmal
unit counter	Einerrechenmünze

Fachwortschatz zur Technikgeschichte, Teil 2: Englisch-Deutsch

Englisch	Deutsch
unit digit	Einerziffer
unit line	Einerlinie (Rechentisch)
unit of measure	Maßeinheit
unit rod	Einerstange (Kugelrechner)
unit wheel	Einerrad, Einerrolle
unit's line	Einerlinie (Rechentisch)
United Kingdom (UK) (U.K.)	Großbritannien, Vereinigtes Königreich
units	Einer
units column	Einerspalte
units dial	Einerscheibe, Einerrad
units line	Einerlinie (Rechentisch)
units place	Einerstelle
units position	Einerstelle
units shaft	Einerantriebswelle, Einerwelle
units wheel	Einerrad, Einerrolle
universal automaton	Universalautomat
universal computer	Universalrechner
universal machine	Universalrechner, Vierspeziesmaschine
universal Turing machine	universelle Turingmaschine
universally accepted	allgemein anerkannt, allgemein akzeptiert
university of technology	technische Universität (TU)
unknown date	ohne Jahr (o.J.)
unlimited storage space	unbegrenzter Speicherplatz
unmanned aerial vehicle (UAV)	Drohne
unparalleled	beispiellos, einmalig
unprecedented	noch nie dagewesen, beispiellos
unsupervised learning	nicht überwachtes Lernen
upcoming exhibition	bevorstehende Ausstellung, kommende Ausstellung
update	auf den neuesten Stand bringen, nachführen, aufdatieren, aktualisieren
upswing	Aufschwung
usable	brauchbar
user	Nutzer/in, Benutzer/in, Anwender/in, Verbraucher/in
user data	Nutzerdaten
user friendly	bedienungsfreundlich
user location	Benutzerstandort
user's data	Nutzerdaten

Fachwortschatz zur Technikgeschichte, Teil 2: Englisch-Deutsch

Englisch	Deutsch
user's personal data	persönliche Nutzerdaten
utility	Energieversorger/in, Energiedienstleister/in, Dienstprogramm, Hilfsprogramm
utility company	Energieversorger/in, Energiedienstleister/in
utility organization (USA)	Energieversorger/in, Energiedienstleister/in
utopian	Wunsch-
V	
vacuum diode (USA)	Zweipolvakuumröhre
vacuum triode (USA)	Dreipolvakuumröhre
vacuum tube (USA)	Elektronenröhre, Vakuumröhre, Hochvakuumröhre
vacuum tube circuit (USA)	Vakuumröhrenschaltkreis
vacuum tube computer (USA)	Röhrenrechner
vacuum tube device (USA)	Röhrengerät
vacuum tube electronics (USA)	Röhrentechnik
vacuum tube era (USA)	Röhrenzeitalter
vacuum tube machine (USA)	Röhrenrechner
vacuum tube memory (USA)	Röhrenspeicher
vacuum tube switch (USA)	Vakuumröhrenschalter
vacuum tube system (USA)	Röhrenrechenanlage
vacuum-tube digital electronic computer (USA)	digitaler Röhrenrechner
valve (UK)	Röhre (Elektronenröhre)
valve circuit (UK)	Röhrenschaltkreis
valve computer (UK)	Röhrenrechner
valve electronic computer (UK)	elektronischer Röhrenrechner
valve failure (UK)	Ausfall von Vakuumröhren
valve failure rate (UK)	Röhrenausfallrate
valve machine (UK)	Röhrenmaschine
valve-based electronics (UK)	Röhrenelektronik
valve-based machine (UK)	Röhrenrechner
variable	Variable
variable card (Babbage)	Speicheradresskarte
variable tooth gear	Sprossenrad, Stufenrad
variable toothed wheel	Sprossenrad, Stufenrad
vending machine	Verkaufsautomat, Münzautomat
vendor	Lieferant/in, Anbieter/in, Verkäufer/in

Fachwortschatz zur Technikgeschichte, Teil 2: Englisch-Deutsch

Englisch	Deutsch
venerable	ehrwürdig
venture capital	Wagniskapital
venture capitalist	Wagniskapitalgeber/in
venue	Treffpunkt, Schauplatz, Begegnungsort, Veranstaltungsort
verifier	Prüflocher, Lochprüfer
Vernam cipher	Vernam-Verschlüsselung, Vernam-Chiffre
verso page	linke Seite, links liegende Seite
vertical cogged bar adder	Zahlenschieber
vertical cogged slide bar adder	Zahlenschieber
vertical slide bar adder	Zahlenschieber
vertical slide cogged bar adder	Zahlenschieber
veteran	altgedient, ausgedient, Zeitzeuge/Zeitzeugin, Augenzeuge/Augenzeugin
video content	Videoinhalte, Inhalte von Videos
video on demand	Video auf Abruf
video streaming	(abopflichtiger) Verleih von Videos, (abopflichtige) Nutzung von Videos
video streaming company	Filmdienst, Filmanbieter/in, Videoverleihdienst
video/audio recording	Video/Audio-Aufzeichnung
view, on ~	ausgestellt (Museum)
viewing window	Schauloch, Sichtloch, Sichtfenster, Schaufenster, Schauöffnung, Ablesefenster, Anzeigefenster
Vigenère cipher	Vigenère-Verschlüsselung, Vigenère-Chiffre, Vigenère-Code
vigesimal numeral system	Zwanzigersystem
vigesimal scale	Zwanzigerskala
vigesimal system	Zwanzigersystem
vintage calculator	alter Rechner, Nostalgierechner, historischer Rechner
vintage computer	alter Rechner, Nostalgierechner, Computerveteran, historischer Rechner
vintage machine	alte Rechenmaschine, Nostalgierechner
vintage technology	alte Technik, historische Technik
violent content	gewalttätige Inhalte (Internet)
viral (ly)	rasend schnell, wie ein Virus, viral
viral message	sich rasend schnell verbreitende Mitteilung
viral video	sich rasend schnell verbreitendes Video
virtual	künstlich, scheinbar, gedacht, im Netz, immateriell

Fachwortschatz zur Technikgeschichte, Teil 2: Englisch-Deutsch

Englisch	Deutsch
virtual assistent	digitaler Assistent, digitale Assistentin
virtual currency	digitale Währung, digitales Geld
virtual exhibition	Ausstellung im Netz, Ausstellung im Internet
virtual museum	Museum im Netz, Museum im Internet
virtual reality	künstliche Welt, Scheinwelt, Ersatzwelt, vorgetäuschte Welt, virtuelle Welt
virtual reality headset	Datenbrille, Helmbrille, Videobrille
virtual world	künstliche Welt, Scheinwelt
virus	Virus
visual processing	Bildverarbeitung
vital	grundlegend, wesentlich
voice	äußern, aussprechen
voice assistant	digitaler Assistent, digitale Assistentin
voice call	Telefonanruf
voice encryption	Stimmverschlüsselung
voice processing	Stimmverarbeitung
voice recognition	Stimmerkennung
voice-controlled	sprachgesteuert
voltage	Spannung
volume	Band (Jahrgang)
voluntary	ehrenamtlich
von Neumann architecture	Von-Neumann-Bauweise, Von-Neumann-Architektur
von Neumann machine	Von-Neumann-Rechner
von Neumann-type machine	Von-Neumann-Rechner
vulnerability	Schwachstelle
W	
wafer	Halbleiterscheibe, Siliziumscheibe
waiting time	Wartezeit
walking automaton	Gehautomat
wall clock	Wanduhr
wallet	Geldbörse, Geldbeutel, Portemonnaie
warehouse	Warenlager, Lagerhaus
wartime machine	Kriegsmaschine
wartime story	Kriegsgeschichte
watch	Uhr (Armbanduhr, Taschenuhr)
watch and clock collector	Uhrensammler/in

Fachwortschatz zur Technikgeschichte, Teil 2: Englisch-Deutsch

Englisch	**Deutsch**
watch and clock lover	Uhrenliebhaber/in
watch and clock museum	Uhrenmuseum
watch making	Uhrenherstellung
watch mechanism	Uhrwerk
watchdog	Aufsicht, Regulierungsbehörde
watchmaker	Uhrmacher/in
watch-size rule	Rechenuhr
watch-type calculator	Rechenuhr
water clock	Wasseruhr
water organ	Wasserorgel
water power	Wasserkraft
water supply plant	Wasserversorgung
water wheel	Wasserrad
watermill	Wassermühle
water-powered	wasserbetrieben
wax cylinder	Wachswalze
wax tablet	Wachstafel
wearable	tragbar, tragbares Gerät
wearable device	kleines tragbares Gerät
wearable technology	Technik der tragbaren Dinge
web	World Wide Web
web block	Internetsperre
web browser	Internetsuchprogramm, Internetzugangsprogramm
web browsing	Surfen im Netz/im Web/ im Internet
web commerce	Internethandel
web cookie	Schnüffeldatei
web magazine	elektronische Zeitschrift
web page	Webseite
web portal	Webportal
web presence	Internetauftritt, Webauftritt
web search	Suche im Netz
web traffic	Webverkehr, Internetverkehr, Webdatenverkehr, Netzverkehr
webcast	Internetsendung
webinar	Webseminar, Internetseminar
webpage	Webseite, Internetseite
website	Webseite, Internetseite

Fachwortschatz zur Technikgeschichte, Teil 2: Englisch-Deutsch

Englisch	Deutsch
weight clock	Gewichtsuhr
weight-driven clock	Gewichtsuhr
weight-driven clockwork	Gewichtsuhr
well-preserved	Gut erhalten
wheel	Rad (Zahnrad)
wheel adder	Zahnscheibenaddierer
wheel clock	Räderuhr
wheel order	Walzenlage (Enigma)
wheel position	Walzenlage (Enigma)
wheel selection	Walzenwahl (Enigma)
wheel setting	Walzenlage (Enigma)
wheel turnover position	Ringstellung (Enigma)
when compared to	im Vergleich zu
whistle blower	Aufdecker/in, Enthüller/in (von Missständen)
whistle blowing platform	Enthüllungsplattform
whole number	ganze Zahl, Ganzzahl
wholesaler	Grossist/in
wideband	Breitband
widely distributed	weit verbreitet
widely recognized	allgemein anerkannt
widely used	weit verbreitet
widespread	weit verbreitet
widow	Hurenkind
wiki	von Benutzern/Benutzerinnen veränderbare Webseite, gemeinschaftlich betreute Webseite
Williams cathode ray tube	Williams-Kathodenstrahlröhre
Williams electrostatic storage tube	elektrostatische Williams-Speicherröhre
Williams memory	Williamsspeicher
Williams memory tube	Williamsspeicherröhre
Williams tube	Williamsröhre
Williams tube electrostatic memory	elektrostatischer Williamsröhrenspeicher
Williams tube machine	Williamsröhrenrechner
Williams tube memory	Kathodenstrahlröhrenspeicher
Williams-Kilburn memory tube	Williams-Kilburn-Speicherröhre
Williams-Kilburn storage tube	Williams-Kilburn-Speicherröhre
Williams-Kilburn tube	Williamsröhre
wind power	Windkraft

Fachwortschatz zur Technikgeschichte, Teil 2: Englisch-Deutsch

Englisch	Deutsch
winding	Skalenverlauf (Rechenwalze)
winding handle	Kurbel
windmill	Windmühle, Windrad
window	Schauloch, Sichtloch, Sichtfenster, Schaufenster, Schauöffnung, Ablesefenster, Anzeigefenster
winner	Preisträger/in
wire	Draht (Abakus)
wireless communication	drahtlose Kommunikation
wireless fidelity (Wifi)	Funknetz
wireless local area network (Wlan)	örtliches Funknetz(werk)
wireless message	Funkspruch
wireless network	Funknetz
wireless signal	Funkspruch
wireless technology	Funktechnik
wireless telegraphy	drahtlose Telegrafie (mit Morsealfabet)
wiring	Verdrahtung
wiring diagram	Verdrahtungsschema
witness	bezeugen
women computer	rechnende Frauen
wood	Holz
wood case	Holzgehäuse
woodcut	Holzschnitt
wooden case	Holzgehäuse
wooden casing	Holzgehäuse
wooden stand	Untergestell aus Holz
word length	Wortlänge
word processing	Textverarbeitung
work	Arbeit (Schrift, Werk)
work of art	Kunstwerk, Bildmaterial
work of reference	Nachschlagewerk
working	arbeitsfähig, betriebsbereit, betriebsfähig, einsatzfähig, funktionsfähig, funktionstüchtig, gebrauchsfähig, gebrauchsfertig, lauffähig
working title	Arbeitstitel
working, in ~ order	arbeitsfähig, betriebsbereit, betriebsfähig, einsatzfähig, funktionsfähig, funktionstüchtig, gebrauchsfähig, gebrauchsfertig, lauffähig
world chess champion	Schachweltmeister/in

Fachwortschatz zur Technikgeschichte, Teil 2: Englisch-Deutsch

Englisch	Deutsch
world knowledge	Weltwissen, Allgemeinwissen, Grundwissen
World War One (WWI)	erster Weltkrieg
World War Two (WWII)	zweiter Weltkrieg
world's fair	Weltausstellung
world-renowned	weltberühmt
worldwide	weltweit
worm	Wurm
wreck	Wrack
wristwatch	Armbanduhr
writable memory	beschreibbarer Speicher
writer	Schriftsteller/in
writing	Werk, Schrift
writing automaton	Schreibautomat, Handschriftautomat
writing figure	Schreibautomat, Handschriftautomat
written calculation	schriftliches Rechnen
written computation	schriftliches Rechnen
X	
X-rays	Röntgenstrahlen
Y	
younger, the ~	der Jüngere
Z	
zero	löschen (auf null setzen)
zero and one	null und eins
zero digit key	Nulltaste
zero key	Nulltaste
zero position	Nulllage, Nullstellung (Ausgangs-, Grundstellung)
zeroing button	Löschknopf, Nullsteller
zeroing lever	Löschhebel, Nullsteller, Auslöscher
zeroing mechanism	Löschvorrichtung
zeros and ones	Nullen und Einsen
zodiac	Tierkreis
zodiacal	Tierkreis-

Fachwortschatz zur Technikgeschichte, Teil 2: Englisch-Deutsch	
Englisch	**Deutsch**
Zuse machine	Zuserechner
© Bruderer Informatik, CH-9401 Rorschach 2020	

Anmerkung
Encrypt ist ein Sammelbegriff für encode und encipher, cryptology ein Oberbegriff für cryptography und cryptanalysis/codebreaking.

Bibliografie zur Technik- und Naturwissenschaftsgeschichte

Zusammenfassung: Die umfassende Bibliografie zur Geschichte der Technik und der Naturwissenschaften enthält eine Fülle von Schriften aus den Bereichen Rechentechnik, Informatik, Mathematik, Astronomie, Vermessung, Uhrmacherkunst, Automatenbau sowie wissenschaftliche Instrumente. Berücksichtigt wurden Arbeiten in den Sprachen Deutsch, Englisch, Französisch, Italienisch und Spanisch.

Schlüsselwörter: Astronomie, Automatenbau, Informatik, Mathematik, Rechentechnik, Uhrmacherkunst, Vermessung, wissenschaftliche Instrumente

Vorbemerkungen

Der Schwerpunkt dieses Schriftenverzeichnisses liegt zwar in der Rechentechnik, der Mathematik und der Informatik. Die Spannweite erstreckt sich aber über zahlreiche verwandte Fachgebiete. Es werden Veröffentlichungen aus aller Welt in mehreren Sprachen: *Deutsch, Englisch, Französisch, Italienisch, Spanisch* berücksichtigt.

Bandbreite der Bibliografie
Informatik, Mathematik, Elektrotechnik, Vermessungswesen (Geodäsie), Instrumentenkunde, Himmelskunde (Astronomie), Navigation, Uhrmacherkunst sowie Automatenbau (Bild-, Figuren-, Musik-, Rechen-, Schach-, Schreib-, Uhr- und Zeichenautomaten), lochbandgesteuerte Webstühle und Schreibmaschinen, ferner (allgemeine) Naturwissenschafts- und Technikgeschichte sowie Museumswesen.

Dieses Verzeichnis umfasst (ohne die kommentierte Bibliografie) über 6000 Einträge (Bücher, Aufsätze in Zeitungen, Zeitschriften, Tagungsbänden und Sammelwerken; Berichte, Fest- und Firmenschriften, Videos u. dgl.) zur weltweiten Technikgeschichte.

Diese Bibliografie ist zugleich das Quellenverzeichnis für das vorliegende Buch. Alle angeführten Werke wurden eingesehen und soweit möglich ausgewertet. Die Beschaffung im In- und Ausland war oft langwierig. Die Angaben sollen möglichst aussagekräftig, ausführlich und vollständig sein. Vornamen wurden ergänzt, sofern sie ausfindig gemacht werden konnten. Auf Abkürzungen wurde weitgehend verzichtet.

Das Hauptgewicht liegt auf der Vor- und Frühgeschichte der Informationsverarbeitung. Viele Werke, besonders Gesamtdarstellungen, behandeln aber auch die neueste Zeit. Das Schriftenverzeichnis deckt die Zeitspanne vom Kerbholz über den Abakus (Rechentafel, Rechenbrett, Rechenrahmen, Rechentisch), den Rechenschieber und die mechanische Rechenmaschine bis zu den elektronischen Analog- und Digitalrechnern ab. Mit einbezogen werden also mechanische, elektromechanische und elektronische Rechengeräte sowie Rechenschieber aller Art (Rechenstäbe, Rechenscheiben, Rechenwalzen, Rechenuhren). Analoge und digitale Rechenhilfsmittel (Stetig- und Ziffernrechner) – mathematische Maschinen und Instrumente – werden berücksichtigt, z.B. Pantografen, Proportionalwinkel, Reduktionszirkel, Planimeter, Koordinatografen, Integrieranlagen, Lochkartenmaschinen, ebenso das Räderwerk von Antikythera, ein astronomischer Rechner.

https://doi.org/10.1515/9783110669671-009

Die Rede ist von dem Fingerrechnen, dem Kugelrechnen (Zählrahmen), dem Linienrechnen (Rechentisch), dem Ziffernrechnen (Zahlenrechnen, Rechnen mit der Feder, schriftliches Rechnen), dem Stabrechnen (Rechenschieber) und dem Maschinenrechnen (mechanische Rechenmaschine).

Es gibt eine unüberschaubare Fülle von Werken zur Mathematikgeschichte. Deutlich seltener sind Bücher zur Informatikgeschichte, denn dieser Forschungszweig ist viel jünger. Mechanische und elektronische Rechenhilfsmittel werden in der Geschichte der Mathematik meist nur gestreift oder gar nicht erwähnt. Die Informatikgeschichte wird heute weitgehend von Historikerinnen und Historikern beherrscht, aus technischer Sicht sind viele Darstellungen unbefriedigend.

Im Zusammenhang mit Alan Turing wurden auch Arbeiten zur Turingmaschine (theoretische Informatik: Berechenbarkeit, Komplexität) und zur Kryptologie aufgenommen. Mit einbezogen wurden auch Abhandlungen zur Programmierung und zu den Programmiersprachen.

Diese Zusammenstellung listet ferner 20 Veröffentlichungen auf, die bei der Arbeit mit der Zusemaschine an der ETH Zürich (1950–1955) entstanden sind (gekennzeichnet als „Untersuchungen mit der Zuse Z4").

Hinzu kommen über 200 kommentierte, wenig bekannte Dokumente (Jahresberichte, Reiseberichte, Prüfberichte, Verträge, Protokolle, Unterredungen, Gesuche, Briefe usw.) aus dem Hochschularchiv der ETH Zürich. Sie betreffen die Frühgeschichte der Informatik in der Schweiz (u.a. Zuse Z4, Ermeth).

Manche Einträge werden mit eingeklammerten Erläuterungen versehen, z.B. „Ausstellungskatalog", „Automaten", „Biografie", „Bürgi" (Mitbegründer der Logarithmen), „Csirac" (australischer Röhrenrechner), „Curta" (mechanische Taschenrechenmaschine), „Figurenautomaten", „Gebrauchsanweisung", „Lebenserinnerungen" (Autobiografie),"Leonardo da Vinci", „Loga-Rechenscheibe", „Loga-Rechenwalze", „Mathematikgeschichte", „Mesm" (sowjetischer Röhrenrechner), „Museumsführer", „Musikautomaten", „Nachruf", „Räderwerk von Antikythera", „Schwilgué" (Schöpfer der Straßburger astronomischen Uhr), „Speicherprogramm", „Tagungsband", „Thomas-Arithmometer" (mechanische Tischrechenmaschine), „Torres Quevedo" (spanischer Erfinder), „Weltausstellung", „Zeitzeugenbericht". Einerseits beschreiben die Stich- und Schlagwörter den Inhalt, andererseits vereinfachen sie in der elektronischen Ausgabe die Suche. So lassen sich auch Bedienungsanleitungen aufspüren.

Hinweis

Erwin Tomash hat eine fast 1600-seitige Bibliografie verfasst: The Erwin Tomash library on the history of computing. An annotated and illustraded catalog. Die meisten Schriften beziehen sich allerdings auf den Zeitraum vor 1955 (http://www.cbi.umn.edu/hostedpublications/Tomash/).

Kostenloser Bezug von Aufsätzen

Auf der Publikationsplattform *Research collection der ETH Zürich* (https://www.research-collection.ethz.ch/) können Sie kostenlos zahlreiche historische Beiträge des Verfassers beziehen. Viele Aufsätze stehen auch auf *Researchgate* (https://www.researchgate.net/) und der Webseite der *Communications of the ACM* (https://cacm.acm.org/blogs/blog-cacm/) zur Verfügung.

Abkürzungen

o. J.	ohne Jahresangabe
o. O.	ohne Ortsangabe
o. V.	ohne Verfasserangabe
ACM	Association for computing machinery (USA)
AFIPS	American federation of information processing societies (USA)
AIEE	American institute of electrical engineers (USA)

ETH Eidgenössische Technische Hochschule (Zürich, Schweiz)
IBM International Business Machines (corporation) (USA)
IEE Institution of electrical engineers (Großbritannien)
IEEE Institute of electrical and electronics engineers (USA)
IRE Instiute of radio engineers (USA)
VDI Verein deutscher Ingenieure (Deutschland).

Übersicht

Weil das Schriftenverzeichnis sehr umfangreich ist, werden im Folgenden ausgewählte Themen, Geräte, Maschinen (jeweils mit Namen von Verfasserinnen und Verfasser wichtiger Schriften) sowie Personen (Pionierinnen und Pionieren) aufgeführt. Dieser Überblick soll den Einstieg erleichtern.

Gebrauchsanweisungen

Die zahlreichen, in diesem Buch (Band 1) enthaltenen Bedienungsanleitungen finden Sie im Personen-, Orts- und Sachverzeichnis unter dem Stichwort „Gebrauchsanweisung“. Ein Überblick über diese und weitere Anleitungen:

- Einmaleinskörpermaschine (Millionär)
  Bruderer
- Ermeth (Röhrenrechner)
  Waldburger
- Harvard mark 1/IBM ASCC (Relaisrechner)
  Computation laboratory
- Integriermaschine (Analogrechner)
  Pösch
- mechanische Rechenmaschinen
  Menzel, Sabielny
- nepersche Rechenstäbchen
  Napier
- Planimeter (Analogrechner)
  Coradi
- Proportionalwinkel (Analogrechner)
  Dupraz
- Rechenbrett (Abakus)
  Schärlig
- Rechenrahmen (Kugelrechner, Abakus)
  Moon (Parry), Schärlig, Yoshino
- Rechenscheibe (Analogrechner)
  Zumbühl
- Rechenstab (Analogrechner)
  Hammer, Lehmann, Marks, Panow, Stender, Zumbühl
- Rechentisch (Abakus)
  Schärlig
- Rechenwalze (Analogrechner)
  Bruderer
- Reduktionszirkel (Analogrechner)
  Bruderer
- Sprossenradmaschine (Odhner/Brunsviga)
  Bruderer

- Staffelwalzenmaschine (Curta, Madas, Thomas-Arithmometer)
  Bruderer
- Tastenaddierer (Schwilgué)
  Bruderer
- Verschlüsselungsgerät (Nema)
  Schmid (Walter)
- Zahlenschieber (Trebla und Stima)
  Bruderer.

Nationale Geschichte der Rechentechnik und der Informatik

Es gibt manche länderezogene Darstellungen:

- Australien
  Deane, McCann, Pearcey
- Deutschland
  Bauer (Friedrich), Billing, de Beauclair, Füßl, Gebhardt, Genser, Hashagen, Hellige, Naumann, Petzold (Hartmut), Vollrath, Zuse
- Frankreich
  Breton, Couffignal, d'Ocagne, Ligonnière, Marguin, Moreau, Mounier-Kuhn, Ramunni, Taton, Taurisson
- Großbritannien (Vereinigtes Königreich)
  Ahmed, Anderson, Booth, Campbell-Kelly, Copeland, Croarken, Johnson (Roger), Lavington, Pyatt, Randell, Swade, Wilkes, Yates
- Indien
  Rajaraman, Sharma
- Italien
  Bozzo, Fondazione Adriano Olivetti, Guerraggio, Hénin, Soresini, Torra
- Kanada
  Vardalas
- Liechtenstein
  Nipp
- Österreich
  Zemanek
- Russland
  Carr, Crowe, Fitzpatrick, Impagliazzo, Kitov, Malinovsky, Rudins, Trogemann
- Schweiz
  Bruderer, Egger, Furger, Haber, Henger, Neukom, Saudan
  Vereinigte Staaten von Amerika (USA)
  Aspray, Burks (Alice, Arthur), Ceruzzi, Cortada, Goldstine, Haigh, Kidwell, Stern, Turck, Williams (Michael).

Themen und Geräte

Viele Werke decken mehrere Bereiche (z.B. verschiedenartige Automaten, wissenschaftliche Instrumente unterschiedlicher Art) ab.

- Abakus, siehe Rechenbrett
- ABC (amerikanischer Röhrenrechner)
  Burks (Alice), Gustafson, Mollenhoff, Smiley
- Algorithmus (Rechenvorschrift)
  Ausiello, Berlinsiki, Chabert, Finn, Harel, Knuth, MacCormick, Trachtenbrot, Ziegenbalg

- Analogrechner
  Adler, Bromley, Dietrich, Erismannn, Giloi, Götzke, Hoelzer, Jackson, Johnson (Clarence), Kalex, Korn, Murray, Schwarz (Helmut), Schwarz (Wolfgang), Scott, Small, Ulmann, Wass
- analytische Maschine (Babbage)
  Babbage, Bernstein, Bromley, Lovelace, Menabrea, Swade
- Androide, siehe Figurenautomat und Roboter
  Antikythera, siehe Räderwerk von Antikythera
- Arithmometer, siehe Thomas-Arithmometer
- Astronomie (Himmelskunde)
  Bailly, Becker, Berry, Bialas, Bräuhofer, Bryant, Delambre, Dick, Dreyer (John), Effinger, Herrmann (Dietmar), McLeod, Neugebauer, Oppenheim, Pannekoek, Repsold, Roth (Günter Dietmar), Schramm, Stautz, Steele, Tannery, Taton, van der Waerden, Wilson (Robert), Wolf (Rudolf), Zinner
- Autobiografie (Lebenserinnerungen)
  Babbage, Bartik (Rickman), Billing (Jänike), Caminer, Herzstark, Porter, Watson, Wiener, Wilkes, Zuse
- Automat (allgemein), siehe auch Figurenautomat, Musikautomat, Schreibautomat
  Al-Jazarī, Bailly, Beyer, Carrera, Chapuis, Faessler, Heckmann, Heron, Junier, Maingot, Perregaux, Rausch, Richter, Schmidt (Wilhelm), Vaucanson, Zelbstein, Zemanek
- automatische Programmierung
  Hopper, Rutishauser
- Bark (schwedische Relaisrechner)
  Ekelöf, Kjellberg, Neovius
- Bell-Rechner (amerikanische Relaisrechner)
  Andrews, Stibitz, Williams (Samuel)
- Besm (sowjetischer Röhrenrechner)
  Karpova, Lebedjew, Rabonivich
- Biografien (in Klammern: Verfasser/in)
  Aiken (Cohen), Amsler (Amsler, jun.), Atanasoff (Mollenhoff, Smiley), Babbage (Halacy, Moseley), Billing (Jänike), Bürgi (Staudacher), Galilei (Osterhage), Hahn (Engelmann, Munz), Hartree (Fischer), Hopper (Billings), Leibniz (Popp), Leonardo (Roeck, Volker), Lovelace (Essinger, Hammerman, Krämer, Moore, Padua, Stein (Dorothy)), Norris (Worthy), Pascal (Loeffel), Ries (Rüdiger), Schickard (Seck), Schwilgué (Schwilgué, jun.), Turing (Hodges, Sara Turing), van der Waerden (Soifer), von Dyck (Hashagen), Watson (Belden, Rodgers), Wiener (Montagnini), Wolf (Lutstorf)
- Bletchley Park (England), siehe auch Kryptologie
  Carter, Grey, Hinsley, McKay, Smith (Christopher), Welchman
- Chiffriermaschine, siehe Kryptologie
- Colossus (britischer Elektronenrechner)
  Carter, Coombs, Copeland, Fensom, Flowers, Good, Haigh, Michie, Randell, Sale
- Compiler, siehe Übersetzer
- Computer (Erfindung des programmgesteuerten Rechners)
  Bauer (Friedrich), Bruderer, Burks (Alice), Ceruzzi, Genser, Hughes, Leavitt, Lévy, Rojas, Smiley, Speiser, Stern
- Csirac (australischer Röhrenrechner)
  Beard, Bromley, McCann, Pearcey, Thorne
- Curta (liechtensteinischer mechanischer Taschenrechner)
  Anthes, Bruderer, Herzstark, Holecek, Hürlimann, Jörn, Kradolfer, Maier, Nipp, Robb, Schilt, Sigrist, Stoll, Trost, Zuberbühler
- Drohne, siehe Roboter

- Logarithmus
  Havil, Lutstorf, Oechslin, Rice, Voellmy, Waldvogel
- Mailüfterl (österreichischer Transistorrechner)
  Bodo, Görke, Zemanek
- maschinelle Intelligenz, siehe künstliche Intelligenz
- maschinelles Lernen, siehe künstliche Intelligenz
- Mathematikgeschichte
  Ball (Walter), Bourbaki, Burton, Cajori, Calinger, Cantor, Cooke, Dauben, d'Ocagne, Escofier, Eves, Fauvel, Folkerts, Fraese, Hankel, Herrmann, Hodgkin, Hofmann, Juschkewitsch, Kästner, Katz (Victor), Kline (Morris), Loria, Marie,Matzloff, Mehmke, Menninger, Merzbach, Meyer (Wilhelm Franz), Montucla, Nesselmann, Newman (James), Ostermann, Robson, Rooney, Sanford, Sarton, Scott, Scriba, Smith (David Eugene), Sonar, Stewart, Stilwell, Struik, Suzuki, Swetz, Toepell, Troitzsch, Tropfke, van der Waerden, Wieleitner, Wußing, Zeuthen
- mathematisches Instrument/mathematische Maschine
  Baxandal, Bion, Booth, Dyck, Fischer (Joachim), Galle, Habacher, Hambly, Hartree, Heather, Heer, Kühn, Leupold, Marguin, Meyer zur Capellen, Murray, Schillinger, van der Waerden, Vogel (Kurt), Vollrath, Willers
- mechanische Integrieranlage/elektronische Integrieranlage
  Bush, Erismann, Fischer (Joachim), Hartree, Pösch, Sauer, Walther
- mechanisches Musikinstrument, siehe Musikautomat
- mechanisches Rechengerät/mechanische Rechenmaschine
  Anthes, Arithmeum, Bruderer, Dietzschold, Dyck, Glade, Haertel, Hennemann, Korte, Lehmann, Lenz, Leupold, Martin (Ernst), Priebe, Ramm-Ernst, Reese, Reuleaux, Russo, Schmid (Harald), Schranz, Torres Quevedo, Turck, Vollrath, Zerfowski
- Mobiltelefon
  Campbell-Kelly
- Musikautomat (mechanisches Musikinstrument)
  Baud, Beyer (Annette), Bonhôte, Brauers, Buchner, Bulleid, Chapuis, Hänggi, Heise, Henkel (Hubert), Jüttemann, Lyr, Maingot, Metzger, Ord-Hume, Piguet (Jean-Claude) , Prasteau, Protz, Reiß, Reuge, Richter, Saluz, Simon (Ernst), Stauder, Voskuhl, Weiss (Eugène), Weiss-Stauffacher, Wolf (Rebecca), Wyss, Zeraschi, Zweifel
- Nachrichtentechnik
  Aschoff, Oberliesen, Steinbuch
- Naturwissenschaftsgeschichte
  Breidbach, Brunet, Clagett, Dampier, Dannemann, Darmstaedter, Drachmann, Günther, Harig, Heiberg, Hermann (Armin), Krafft, Loria, Marie, Mason, Rey, Sarton, Sedgwick, Starke, Strunz, Tannery, Taton, Thorndike, Whewell, Wolf (Abraham), Wußing
- Navigation/Nautik
  Borlenghi, Cotter, Denny, May
- Neperstäbchen (mechanisches Multiplizier- und Dividiergerät)
  Havil, Napier, Rice, Weiß
- Nomografie (grafisches Rechnen)
  d'Ocagne, Favaro, Maurer, Werkmeister,
- Pantograf (Storchschnabel)
  Coradi, Fischer (Joachim), Jordan
- Pascaline (französische mechanische Rechenmaschine)
  Aubert, Beltran, Bergès, Buégin, Loeffel, Mourlevat, Payen, Vidal
- Patentwesen
  Boch, Glaser, Heggen, Manegold, Popplow, Silberstein, Übler, Unterburg, Zerfowski

- soziale Netze (soziale Medien), siehe Internet
- Speicherprogramm
  Aspray, Bauer (Friedrich), Bromley, Ceruzzi, Copeland, Haigh, Olley, Peláez, Turing, von Neumann
- Technikgeschichte
  Bayerl, Daumas, Feldhaus, Forbes, Klemm, König (Wolfgang), Leprince, Matschoß, Neudeck, Paulinyi, Pichler, Radkau, Rousseau, Schuchardin, Singer, Sworykin, Timm, Troitzsch, Vierendeel, Weber (Wolfhard)
- Thomas-Arithmometer (französische mechanische Rechenmaschine)
  Benoît, Bruderer, d'Ocagne, Hoyau, Johnston, Lemaire, Malassis, Monnier, Reuleaux, Sebert
- Turingmaschine (mathematisches Rechenmaschinenmodell)
  Cooper, Copeland, Davis, Daylight, Dyson, Herken, Hodges, Lavington, Levin, Petzold (Charles)
- Übersetzer (Compiler)
  Böhm, Hopper, Rutishauser
- Uhr (Zeitmessung)
  Abeler, Albrecht (Johannes), Beyer (Annette), Beyer (René), Brauers, Britten, Buchner, Chapuis, Clutton, Dolz, Fabian (Dietrich), Flores, Gelcich, Guye, Hügin, Jüttemann, Krüger, Landrock, Lübke, Marti, Maurice, Mühe, Negretti, Oberhänsli, Oechslin, Ord-Hume, Plaßmeyer, Protz, Richter, Schaaf (Berthold), Schardin, Schukowski, Staub, von Bassermann-Jordan, von Holtey, Zinner
- Vermessung, siehe Geodäsie
- Verschlüsselung, siehe Kryptologie
- Webstuhl (mechanisch)
  Essinger, Etènvenaux
- Whirlwind (amerikanischer Röhrenrechner)
  Everett, Forrester, Redmond, Smith
- wissenschaftliches Instrument (allgemein)
  Ackermann, Bedini, Bennett, Borlenghi, Bud, Daumas, Dolz, Dreier, Michel, Rhode-Hamburg, Schillinger, Sorrenson, Turner, von Mackensen
- World Wide Web, siehe Internet
- Zahlen
  Flegg, Higgins, Ifrah, Keller, Menninger
- Zeitmessung, siehe Uhr
- Zuse Z3/Z4 (deutsche Relaisrechner)
  Bauer (Friedrich), Bruderer, Czaudena, Ceruzzi, de Beauclair, Füßl, Genser, Hellige, Hochstrasser, Jänike, Knauer, Mons, Petzold, Rojas, Rutishauser, Speiser, Stiefel, Zuse

Pionierinnen und Pioniere (u.a. Schriften aus erster Hand)

- Aiken (USA)
- Amsler (Schweiz)
- Archimedes (Griechenland/Italien)
- Atanasoff (USA)
- Babbage (Großbritannien)
- Bauer (Deutschland)
- Biermann (Deutschland)
- Billing (Deutschland)
- Böhm (Italien)
- Booth (Großbritannien)
- Bürgi (Schweiz)
- Burks (USA)

- Bush (USA)
- Couffignal (Frankreich)
- de Caus (Frankreich)
- Dreyer (Deutschland)
- Eckert (USA)
- Favre (Schweiz)
- Flowers (Großbritannien)
- Galilei (Italien)
- Goldstine (USA)
- Hahn (Deutschland)
- Hamann (Deutschland)
- Hartree (Großbritannien)
- Heron (Griechenland/Ägypten)
- Herzstark (Österreich)
- Hoelzer (Deutschland)
- Hollerith (USA)
- Hopper (USA)
- Jacquard (Frankreich)
- Jaquet-Droz (Schweiz)
- Kämmerer (Deutschland)
- Kilburn (Großbritannien)
- Kin(t)zing (Deutschland)
- Knaus (Deutschland)
- Lebedev (Russland)
- Lehmann (Deutschland)
- Leibniz (Deutschland)
- Leonardo da Vinci (Italien)
- Leschot (Schweiz)
- Lovelace (Großbritannien)
- Ludgate (Irland)
- Mauchly (USA)
- Mitterhofer (Italien)
- Napier (Großbritannien)
- Newman (Großbritannien)
- Odhner (Schweden)
- Oughtred (Großbritannien)
- Pascal (Frankreich)
- Pearcey (Australien)
- Piloty (Deutschland)
- Pinkerton (Großbritannien)
- Poleni (Italien)
- Ries (Deutschland)
- Rutishauser (Schweiz)
- Samelson (Deutschland)
- Sauer (Deutschland)
- Schickard (Deutschland)
- Schreyer (Deutschland)
- Schwilgué (Frankreich)
- Speiser (Schweiz)

- Steiger (Schweiz)
- Stibitz (USA)
- Stiefel (Schweiz)
- Thales (Griechenland)
- Thomas (Frankreich)
- Torchi (Italien)
- Torres Quevedo (Spanien)
- Turing (Großbritannien)
- Vaucanson (Frankreich)
- von Neumann (Ungarn)
- Walther (Deutschland)
- Wilkes (Großbritannien)
- Willers (Deutschland)
- Williams (Großbritannien)
- Wirth (Schweiz)
- Zemanek (Österreich)
- Zuse (Deutschland).

Zeitzeugenberichte

Verfasser	**Thema**	**Fundstelle**
Erwin Engeler	Konrad Zuse	http://dx.doi.org/10.3929/ethz-a-010001419
Urs Hochstrasser	Zuse Z4	http://dx.doi.org/10.3929/ethz-a-006517565
Ernst Hutzler	Cora	http://dx.doi.org/10.3929/ethz-a-010042296
Ernst Inauen	Relaisrechner	http://dx.doi.org/10.3929/ethz-a-006495462
Peter Läuchli	Konrad Zuse	http://dx.doi.org/10.3929/ethz-a-006517565
Elmar Maier	Curta	http://dx.doi.org/10.3929/ethz-a-010345785
François Nicolet	Cora	http://dx.doi.org/10.3929/ethz-a-010042296
Heinz Waldburger	Zuse Z4	http://dx.doi.org/10.3929/ethz-a-006517565

(Plattform *Research collection* der ETH Zürich).

Fund von Rechenmaschinen von Jean-Baptiste Schwilgué in Straßburg (2015)
(Schöpfer der astronomischen Uhr des Straßburger Münsters)
Verfasser: Herbert Bruderer
http://dx.doi.org/10.3929/ethz-a-010352586
http://dx.doi.org/10.3929/ethz-a-010345595
http://dx.doi.org/10.3929/ethz-a-010428857
(Plattform *Research collection* der ETH Zürich).

Schriften

A

Aaboe, Asger [1964]: Episodes from the early history of mathematics, Random House, Inc., New York 1964, X, 133 Seiten

Aaboe, Asger [2001]: Episodes from the early history of astronomy, Springer-Verlag, New York, Inc., 2001, XV, 172 Seiten

Abbate, Janet [1999]: Inventing the Internet, MIT press, Cambridge, Massachusetts, London 1999, IX, 264 Seiten

Abbate, Janet [2012]: Recoding gender. Women's changing participation in computing, MIT press, Cambridge, Massachusetts, London 2012, X, 247 Seiten

Abbate, Janet [2015]: Interpreten der Datenverarbeitung: Frauen im Zweiten Weltkrieg und die frühe Computerindustrie, in: Sybille Krämer (Hg.): Ada Lovelace. Die Pionierin der Computertechnik und ihre Nachfolgerinnen, Wilhelm-Fink GmbH & Co. Verlags-KG, Paderborn 2015, Seiten 99–113 (Eniac, Colossus, Grace Hopper)

Abdel-Messih, Moheb Aziz: Tabellen zur Erzeugung von Funktionen einer und zweier Variablen mit linearen Potentiometern, Mitteilungen Nr. 5 aus dem Institut für angewandte Mathematik, ETH Zürich, Zürich 1954, 33 Seiten (Untersuchungen mit der Zuse Z4)

Abeler, Jürgen: Ullstein Uhrenbuch. Eine Kulturgeschichte der Zeitmessung, Verlag Ullstein GmbH, Frankfurt am Main, Berlin 1994, 288 Seiten

Acheson, David J. [2005]: 1089 and all that. A journey into mathematics, Oxford University Press, Oxford, 2005, V, 178 Seiten

Acheson, David J. [2017]: The calculus story. A mathematical adventure, Oxford University Press, Oxford 2017, VIII, 192 Seiten

Ackerberg-Hastings, Amy; Kidwell, Peggy Aldrich: Slide rules at the National Museum of American History, in: Journal of the Oughtred society, Band 24, 2015, Heft 1, Seiten 23–27

Ackermann, Silke; Kremer, Richard L.; Miniati, Mara (Hg.): Scientific instruments on display, Koninklijke Brill NV, Leiden, Niederlande 2014, XXXIV, 231 Seiten

Aczel, Amir D.: Finding zero. A mathematician's odyssey to uncover the origins of numbers, Palgrave Macmillan, New York 2015, XIII, 242 Seiten

Adam, Adolf [1969]: Die Informationswissenschaften als Brücke zwischen den Natur- und Kulturwissenschaften, in: Metrika. Internationale Zeitschrift für theoretische und angewandte Statistik, Band 14, 1969, Seiten 302–313

Adam, Adolf [1975]: The Kepler-Schickart calculating machine, in: Arthur Beer; Peter Beer (Hg.): Kepler. Four hundred years, Pergamon press, Oxford, New York usw. 1975, Seiten 881–886 (Tagungsband, Vistas in astronomy, Band 18)

Adam, Adolf [1984]: Zur Kulturgeschichte der Simulmatik, in: Hans-Rainer Schuchmann; Heinz Zemanek (Hg.): Computertechnik im Profil. Ein Vierteljahrhundert deutscher Informationsverarbeitung, R. Oldenbourg Verlag, München, Wien 1984, Seiten 14–22 (Simulmatik = Gesamtheit der semiotischen und technischen Simulationsverfahren)

Adams, Rod: An early history of recursive functions and computability from Gödel to Turing, Docent press, Boston, Massachusetts 2011, XI, 297 Seiten

Adler, Helmut: Elektronische Analogrechner, VEB Deutscher Verlag der Wissenschaften, Berlin, 3. Auflage 1970, IX, 334 Seiten

Adler, Helmut; Neidhold, Günter: Elektronische Analog- und Hybridrechner, VEB Deutscher Verlag der Wissenschaften, Berlin 1974, 415 Seiten

Adler, Tibère; Salvi, Marco: Wenn die Roboter kommen. Den Arbeitsmarkt für die Digitalisierung vorbereiten, Avenir Suisse, Zürich 2017, 77 Seiten

Adlung, Jakob: Musica mechanica organoedi, Bärenreiter-Verlag, Kassel, Basel 1962, Band 1: VI, 291 Seiten; Band 2: VIII, XX, 185, XVIII Seiten (Nachdruck von 1768)

Aeschlimann, Heinz [1968]: Algol-Programme zur vermittelnden Netzausgleichung, in: Schweizerische Zeitschrift für Vermessung, Photogrammetrie und Kulturtechnik, Band 66, 1968, Heft 2, Seiten 37–59

Aeschlimann, Heinz [2000]: Sammlung Kern im Stadtmuseum Aarau, in: Vermessung, Photogrammetrie, Kulturtechnik, Band 98, 2000, Heft 9, Seiten 562–563

Aeschlimann, Heinz [2001]: Eine Zukunft nur für alte Vermessungsinstrumente?, in: Vermessung, Photogrammetrie, Kulturtechnik, Band 99, 2001, Heft 7, Seiten 499–500

Agar, Jon [2001]: Turing and the universal machine. The making of the modern computer, Icon Books, Cambridge 2001, 153 Seiten

Agar, Jon [2003]: The government machine. A revolutionary history of the computer, MIT press, Cambridge, Massachusetts 2003, 554 Seiten

Agarwal, Ravi P.; Sen, Syamal K.: Creators of mathematical and computational sciences, Springer international publishing AG Switzerland, Cham, Heidelberg usw. 2014, XX, 495 Seiten (Kurzlebensläufe von Mathematikern in zeitlicher Abfolge)

Agazzi, Evandro (Hg.): The legacy of A. M. Turing. Papers presented at the conference of the international academy of philosophy of science, Urbino, 25–27 September 2012, Franco Angeli s.r.l, Milano 2013, 197 Seiten

Aguilera-Hellweg, Max: Humanoid, Blast books, Inc., New York 2017, 96 Seiten

Ahmed, Haroon: Cambridge computing. The first 75 years, Third Millenium publishing Ltd., London 2013, 176 Seiten

Aiken, Howard Hathaway [1953]: Le calculateur Mark 4, in: Joseph Pérès (Hg.): Les machines à calculer et la pensée humaine, Paris, 8–13 janvier 1951, Colloques internationaux du Centre national de la recherche scientifique, Nr. 37, Editions du Centre national de la recherche scientifique (CNRS), Paris 1953, Seiten 11–28

Aiken, Howard Hathaway [1956]: The future of automatic computing machinery, in: Johannes Wosnik; Alwin Walther; Walter Hoffmann (Hg.): Elektronische Rechenmaschinen und Informationsverarbeitung. Nachrichtentechnische Fachberichte. Beihefte der NTZ, Band 4, 1956, Seiten 31–35

Aiken, Howard Hathaway [1964]: Proposed automatic calculating machine, in: IEEE spectrum, Band 1, 1964, Heft 8, Seiten 62–69

Aiken, Howard Hathaway [1982]: Proposed automatic calculating machine, in: Brian Randell (Hg.): The origins of digital computers. Selected papers, Springer-Verlag, Berlin, Heidelberg usw., 3. Auflage 1982, Seiten 195–201

Aiken, Howard Hathaway [1985a]: The automatic sequence controlled calculator, in: Martin Campbell-Kelly; Michael Roy Williams (Hg.): The Moore school lectures. Theory and techniques for design of electronic digital computers (held at the Moore school of electrical engineering of the University of Pennsylvania during July and August 1946), MIT press, Cambridge, Massachusetts, London/Tomash publishers, Los Angeles, San Francisco 1985, Seiten 149–168

Aiken, Howard Hathaway [1985b]: Electro-mechanical tables of the elementary functions, in: Martin Campbell-Kelly; Michael Roy Williams (Hg.): The Moore school lectures. Theory and techniques for design of electronic digital computers (held at the Moore school of electrical engineering of the University of Pennsylvania during July and August 1946), MIT press, Cambridge, Massachusetts, London/Tomash publishers, Los Angeles, San Francisco 1985, Seiten 171–176

Aiken, Howard Hathaway [1999]: Proposed automatic calculating machine, in: I. Bernard Cohen; Gregory W. Welch (Hg.): Makin' numbers. Howard Aiken and the computer, MIT press, Cambridge, Massachusetts, London 1999, Seiten 9–29

Aiken, Howard Hathaway; Hopper, Grace Murray [1946a]: The automatic sequence controlled calculator, in: Electrical engineering, Band 65, 1946, Heft 8/9, Seiten 384–391 (Teil 1)

Aiken, Howard Hathaway; Hopper, Grace Murray [1946b]: The automatic sequence controlled calculator, in: Electrical engineering, Band 65, 1946, Heft 10, Seiten 449–454 (Teil 2)

Aiken, Howard Hathaway; Hopper, Grace Murray [1946c]: The automatic sequence controlled calculator, in: Electrical engineering, Band 65, 1946, Heft 11, Seiten 522–528 (Teil 3)

Aiken, Howard Hathaway; Hopper, Grace Murray [1982]: The automactic sequence controlled calculator, in: Brian Randell (Hg.): The origins of digital computers. Selected papers, Springer-Verlag, Berlin, Heidelberg usw., 3. Auflage 1982, Seiten 203–222

Ainsworth, A. Barbara: Dr Trevor Pearcey – at the forefront of early computer design, in: Resurrection. The bulletin of the computer conservation society, Herbst 2014, Heft 67, Seiten 29–35

Ainsworth, A. Barbara; Avram, Chris; Sheard, Judithe: The Monash university museum of computing history: Ten years on, in: Arthur Tatnall (Hg.): History of computing. Learning from the past, IFIP WG 9.7 International conference, HC 2010, Brisbane, Australia, 20–23 September 2010, Springer, Berlin 2010, Seiten 216–227 (IFIP Advances in information and communication technology, Band 325)

Akera, Atsushi: Calculating a natural world, MIT press, Cambridge, Massachusetts, London 2007, XII, 427 Seiten

Akera, Atsushi; Aspray, William (Hg.): Using history to teach computer science and related disciplines, Computing research association, Washington, D.C. 2004, III, 309 Seiten

Albrecht, Helmuth (Hg.): Naturwissenschaft und Technik in der Geschichte. 25 Jahre Lehrstuhl für Geschichte der Naturwissenschaft und Technik am Historischen Institut der Universität Stuttgart, Verlag für Geschichte der Naturwissenschaften und der Technik (GNT), Stuttgart 1993, 400 Seiten

Albrecht, Helmuth; Ulrich; Schönbeck, Charlotte (Hg.): Technik und Gesellschaft, VDI-Verlag GmbH, Düsseldorf 1993, XXXIV, 515 Seiten (Technik und Kultur, Band 10)

Albrecht, Johannes: Zeitmessung. Von der Sonnenzeit bis zur Atomzeit, Uhrenmuseum Beyer, Zürich 2018, 30 Seiten

Aldinger, Henry; Chamberlain, Edwin J. [2000a]: Gilson slide rules – Part 1 – The small rules, in: Journal of the Oughtred society, Band 9, 2000, Heft 1, Seiten 48–60 (Rechenscheibe)

Aldinger, Henry; Chamberlain, Edwin J. [2000b]: Gilson slide rules – Part 2 – The large rules, in: Journal of the Oughtred society, Band 9, 2000, Heft 2, Seiten 47–58 (Rechenscheibe)

Alex, Jürgen [1997]: Wege und Irrwege des Konrad Zuse, in: Spektrum der Wissenschaft, 1997, Heft 1, Seiten 78–90

Alex, Jürgen [2007]: Zur Entstehung des Computers. Von Alfred Tarski zu Konrad Zuse. Zum Einfluss elementarer Sätze der mathematischen Logik bei Alfred Tarski auf die Entstehung der drei Computerkonzepte des Konrad Zuse. Technikgeschichte in Einzeldarstellungen, VDI-Verlag, Düsseldorf 2007, XV, 377 Seiten

Alex, Jürgen; Flessner, Hermann; Mons, Wilhelm; Pauli, Kurt; Zuse, Horst: Konrad Zuse. Der Vater des Computers, Verlag Parzeller, Fulda 2000, 263 Seiten

Alexandridi, T. M.; Rogachov, U. V.: Automatic digital computer M-1 of the I. S. Brook laboratory, in: John Impagliazzo; Eduard Proydakov (Hg.): Perspectives on Soviet and Russian computing, First IFIP WG 9.7 conference, SoRuCom 2006, Petrozavodsk, Russia, July 3–7, 2006, revised selected papers, Springer, Heidelberg, Dordrecht usw. 2011, Seiten 46–49

Allen, M.; Ambrisco, W.; Anastasiou, Magdalini; Bate, D.; Bitsakis, Yanis; Crawley, A., Edmunds, Michael G. u.a.: General preface to the publication of the inscriptions, in: Almagest, Band 7, 2016, Heft 1, Seiten 5–35 (Sonderheft: The inscriptions of the Antikythera mechanism)

Allen-Robertson, James: Digital culture industry. A history of digital distribution, Palgrave Macmillan, Basingstoke, Hampshire 2013, X, 231 Seiten

Allman, George Johnston: Greek geometry from Thales to Euclid, Hodges, Figgis, & Co., Dublin/ Longmans, Green, & Co., London 1889, XII, 237 Seiten

Aloisio, Mario: The calculation of Easter day, and the origin of the word computer, in: IEEE Annals of the history of computing, Band 26, 2004, Heft 3, Seiten 42–49

Alt, Franz L. [1948a]: A Bell Telephone Laboratories' computing machine – 1, in: Mathematical tables and other aids to computation, Band 3, Januar 1948, Heft 21, Seiten 1–13

Alt, Franz L. [1948b]: A Bell Telephone Laboratories' computing machine – 2, in: Mathematical tables and other aids to computation, Band 3, April 1948, Heft 22, Seiten 69–84

Alt, Franz L. [1951]: Evaluation of automatic computing machines, in: Product engineering, Band 22, 1951, Heft 11, Seiten 146–152

Alt, Franz L. [1958]: Electronic digital computers. Their use in science and engineering, Academic press, New York, London 1958, X, 336 Seiten

Alt, Franz L. [1982a]: A Bell Telephone Laboratories' computing machine – 1, in: Brian Randell (Hg.): The origins of digital computers. Selected papers, Springer-Verlag, Berlin, Heidelberg usw., 3. Auflage 1982, Seiten 263–276

Alt, Franz L. [1982b]: A Bell Telephone Laboratories' computing machine – 2, in: Brian Randell (Hg.): The origins of digital computers. Selected papers, Springer-Verlag, Berlin, Heidelberg usw., 3. Auflage 1982, Seiten 277–292

Alten, Heinz-Wilhelm; Djafari Naini, Alireza; Eick, Bettina; Folkerts, Menso; Schlosser, Hartmut; Schlote, Karl-Heinz; Wesemüller-Kock, Heiko; Wußing, Hans: 4000 Jahre Algebra. Geschichte – Kulturen – Menschen, Springer-Verlag, Berlin, Heidelberg, zweite, aktualisierte und ergänzte Auflage 2014, XIV, 745 Seiten (Reihe „Vom Zählstein zum Computer") (Mathematikgeschichte, Rechenbrett, Computeralgebra, Adam Ries, George Boole)

Am.: Mikroelektronik im Technorama. Eröffnung des neuen Ausstellungsbereiches Informatik, in: Neue Zürcher Zeitung, Nr. 64, 16. März 1984, Seite 52

Amberg, J.: Die Verwendung von elektronischen Geräten zu kaufmännischen Zwecken, in: Neue Zürcher Zeitung, 24. Oktober 1956, Mittagausgabe, Nr. 2985 (129), Blatt 10 f. (Technik)

Ambrosetti, Nadia: Wonder, sorcery and technology: Contribute to the history of medial robotics, in: Arthur Tatnall (Hg.): History of computing. Learning from the past, IFIP WG 9.7 International conference, HC 2010, Brisbane, Australia, 20–23 September 2010, Springer, Berlin 2010, Seiten 16–25 (IFIP Advances in information and communication technology, Band 325)

Ampère: Mechanical arts, in: Journal of the Oughtred society, Band 10, 2001, Heft 1, Seiten 39–42 (1815, Rechenscheibe Arithmographe von Gattey)

Amsler, Alfred [1907a]: Das Planimeter und seine Erfindung. Vortrag gehalten am 2. Juni 1907 bei Anlass der Hauptversammlung des Vereins Schweizerischer Konkordatsgeometer in Schaffhausen, in: Zeitschrift des Vereins Schweizerischer Konkordatsgeometer, Band 5, 1907, Heft 7, Seiten 117–122 (Teil 1)

Amsler, Alfred [1907b]: Das Planimeter und seine Erfindung. Vortrag gehalten am 2. Juni 1907 bei Anlass der Hauptversammlung des Vereins Schweizerischer Konkordatsgeometer in Schaffhausen, in: Zeitschrift des Vereins Schweizerischer Konkordatsgeometer, Band 5, 1907, Heft 8, Seiten 125–132 (Teil 2)

Amsler, Alfred [1954]: 100 Jahre Firma Amsler. Eine kleine Firmengeschichte, Alfred J. Amsler & Co., Schaffhausen, Juni 1954, 17 Seiten

Amsler, Alfred; Rudio, Ferdinand: Jakob Amsler-Laffon, in: Vierteljahrsschrift der naturforschenden Gesellschaft in Zürich, Band 57, 1912, Seiten 1–17 (Nachruf)

Amsler, Gebrüder: Katalog der Präzisionsinstrumente und Apparate von Gebrüder Amsler in Schaffhausen, November 1914, 32 Seiten

Amsler, Jakob [1856a]: Polar-Planimeter, in: Schweizerische polytechnische Zeitschrift, Band 1, 1856, Heft 2, Seiten 31–32 (mit Abbildung: Tafel 6)

Amsler, Jakob [1856b]: Über das Polar-Planimeter, in: Dingler's polytechnisches Journal, Band 140, 1856, Heft 73, Seiten 321–327

Amsler, Jakob [1856c]: Über die mechanische Bestimmung des Flächeninhaltes, der statischen Momente und der Trägheitsmomente ebener Figuren, insbesondere über einen neuen Planimeter, in: Vierteljahrschrift der naturforschenden Gesellschaft in Zürich, Band 1, 1856, Seiten 41–70 (Teil 1)

Amsler, Jakob [1856d]: Über die mechanische Bestimmung der Flächeninhaltes, der statischen Momente und der Trägheitsmomente ebener Figuren, insbesondere über einen neuen Planimeter, in: Vierteljahrschrift der naturforschenden Gesellschaft in Zürich, Band 1, 1856, Seiten 101–140 + Bildtafel (Teil 2)

Amsler, Robert; Erismann, Theodor H.: Jakob Amsler-Laffon (1823–1912, Alfred Amsler 1857–1940, Pioniere der Prüfung und Präzision, Verein für wirtschaftshistorische Studien, Meilen 1993, 88 Seiten

Amsler-Laffon, Jakob: Neuere Planimeter-Constructionen, in: Zeitschrift für Instrumentenkunde, Band 4, 1884, Heft 1, Seiten 11–24

Anastasiou, Magdalini; Bitsakis, Yanis; Jones Alexander R.; Moussas, X.; Tselikas, A.; Zafeiropoulou, M.: The front cover inscription, in: Almagest, Band 7, 2016, Heft 1, Seiten 250–297 (Sonderheft: The inscriptions of the Antikythera mechanism)

Anastasiou, Magdalini; Bitsakis, Yanis; Jones Alexander R.; Steele, John M.; Zafeiropoulou, M.: The back dial and back plate inscriptions, in: Almagest, Band 7, 2016, Heft 1, Seiten 138–215 (Sonderheft: The inscriptions of the Antikythera mechanism)

Anastasiou, Magdalini; Seiradakis, John Hugh; Carman, Christián Carlos; Efstathiou, Kyriakos: The Antikythera mechanism: The construction of the Metonic pointer and the back plate spirals, in: Journal for the history of astronomy, Band 45, 2014, Heft 4, Seiten 418–441

Anastasiou, Magdalini; Seiradakis, John Hugh; Evans, James C.; Drougou, Stella; Efstathiou, Kyriakos: The astronomical events of the parapegma of the Antikythera mechanism, in: Journal for the history of astronomy, Band 44, 2013, Heft 2, Seiten 173–186, A1–A10

Andersin, Hans E.: The role of IBM in starting up computing in the Nordic countries, in: Janis Bubenko; John Impagliazzo; Arne Sølvberg (Hg.): History of Nordic computing. IFIP WG 9.7 first working conference on the history of Nordic computing (HiNC1), June 16–18, 2003, Trondheim, Norway, Springer science+business media, Inc., New York 2005, Seiten 33–43

Anderson, David P. [2007]: Was the Manchester baby conceived at Bletchley Park? British computer society, 46 Seiten (http://www.bcs.org/ewics) (Vortrag auf der Tagung zu Alan Turings 50. Todestag, Universität Manchester, 5. Juni 2004, Alan Mathison Turing 2004. A celebration of his life and achievements)

Anderson, David P. [2009a]: The contribution of M H A Newman and his mathematicians to the creation of the Manchester 'baby', in: BSHM Bulletin, Journal of the British society for the history of mathematics, Band 24, 2009, Heft 1, Seiten 27–39

Anderson, David P. [2009b]: An interview with Maurice Wilkes, in: Communications of the ACM, Band 52, 2009, Heft 9, Seiten 39–42

Anderson, David P. [2010]: Contested histories: De-mythologising the early history of modern British computing, in: Arthur Tatnall (Hg.): History of computing. Learning from the past, IFIP WG 9.7 International conference, HC 2010, Brisbane, Australia, 20–23 September 2010, Springer, Berlin 2010, Seiten 58–67 (IFIP Advances in information and communication technology, Band 325)

Anderson, David P. [2013a]: Historical reflections. Max Newman: Forgotten man of early British computing, in: Communications of the ACM, Band 56, 2013, Heft 5, Seiten 29–31

Anderson, David P. [2013b]: Historical reflections. Patrick Blackett: Providing 'white heat' to the British computing revolution, in: Communications of the ACM, Band 56, 2013, Heft 12, Seiten 26–28

Anderson, David P. [2014]: Historical reflections. Tom Kilburn: A tale of five computers, in: Communications of the ACM, Band 57, 2014, Heft 5, Seiten 35–37

Anderson, David P. [2015a]: Historical reflections. Preserving the digital record of computing history, in: Communications of the ACM, Band 58, 2015, Heft 7, Seiten 29–31

Anderson, David P. [2015b]: Historical reflections. The digital dark age... and why it will have to wait, in: Communications of the ACM, Band 58, 2015, Heft 12, Seiten 20–23

Anderson, David P. [2016a]: Historical reflections. Preserving hybrid objects, in: Communications of the ACM, Band 59, 2016, Heft 5, Seiten 44–46

Anderson, David P. [2016b]: Historical reflections. Nailing smoke. Curation at the bleeding edge of technology, in: Communications of the ACM, Band 59, 2016, Heft 12, Seiten 37–39

Anderson, David P. [2017]: Historical reflections. Prophets, seers, and pioneers. Reflections on historical prognostications for the future, in: Communications of the ACM, Band 60, 2017, Heft 8, Seiten 22–25

Anderson, David P.; Delve, Janet; Powell, Vaughan: The changing face of the history of computing: The role of emulation in protecting our digital heritage, in: Arthur Tatnall (Hg.): Reflections on the history of computing. Preserving memories and sharing stories, Springer, Heidelberg, Dordrecht usw. 2012, Seiten 362–384 (IFIP Advances in information and communication technology, Band 387)

Anderson, James A.: After digital. Computations as done by brains and machines, Oxford University Press, New York 2017, XI, 383 Seiten

Andresen, Scott L.: Donald Michie: Secrets of Colossus revealed, in: IEEE Intelligent systems, November/Dezember 2001, Seiten 82–83

Andrews, E. G. [1949]: The Bell computer, model VI, in: Electrical engineering, Band 68, 1949, Heft 9, Seiten 751–756

Andrews, E. G. [1951]: A review of the Bell laboratories' digital computer developments, in: Proceedings AIEE-IRE '51. Papers and discussions presented at the Dec. 10–12, 1951, joint AIEE-IRE computer conference, New York: Review of electronic computers, Seiten 101–105

Andrews, E. G. [1957]: Bell laboratories digital computers, in: Bell laboratories records, März 1957, Seiten 81–84

Andrews, E. G. [1963]: Telephone switching and the early Bell laboratories computers, in: The Bell system technical journal, März 1963, Seiten 341–353

Andrews, E. G.; Bode, H. W.: Use of the relay digital computer, in: Electrical engineering, Band 69, 1950, Heft 2, Seiten 158–163

Angiolillo, Marialuisa: Leonardo. Feste e teatri, Società editrice napoletana s.r.l., Neapel 1979, 119 Seiten (5-rädriger Wagen, Seiten 27–28 und Abbildung 6)

Anglin, William S.; Lambek, Joachim: The heritage of Thales, Springer-Verlag, New York, Berlin usw. 1995, X, 327 Seiten

Ankerson, Megan Sapnar: Dot-com design. The rise of a usable, social and commercial web, New York university press, New York 2018, V, 255 Seiten

Anliker, Markus: Maschinenrechnen, Verlag des Schweizerischen Kaufmännischen Vereins, Zürich, 2. Auflage 1974, 95 Seiten

Anthes, Erhard (Hg.): Beiträge zur Geschichte der mechanischen Rechenmaschine, Didaktisches Zentrum, Pädagogische Hochschule Ludwigsburg, Ludwigsburg, 2. Auflage 1998, 60 Seiten

Anthes, Erhard [1982a]: Rechenmaschinen aus alter und neuer Zeit, Pädagogische Hochschule, Ludwigsburg 1982, 70 Seiten (Ausstellungskatalog)

Anthes, Erhard [1982b]: Zur Datierung von Brunsviga-Rechenmaschinen, in: Leertaste, 1982, Heft 6, Seiten 13–15 (Teil 1), und Heft 7, 1982, Seite 20 (Teil 2)

Anthes, Erhard [1984/85]: Die Wiener Ingenieurfamilie Herzstark und die Erfindung der Rechenmaschine Curta, in: Blätter für Technikgeschichte, 1984/85, Heft 46/47, Seiten 115–137 (Technisches Museum für Industrie und Gewerbe in Wien)

Anthes, Erhard [1985a]: Die Rechenmaschine von C. Dietzschold. Eine weitere frühe Schaltklinkenkonstruktion, in: Historische Bürowelt, April 1985, Heft 9, Seite 21

Anthes, Erhard [1985b]: Literaturbericht über Veröffentlichungen zur Entwicklungsgeschichte der mechanischen Rechenmaschinen, in: Historische Bürowelt, April 1985, Heft 9, Seiten 22–23

Anthes, Erhard [1985c]: Zum 350. Todesjahr von Wilhelm Schickard, in: Leertaste, 1985, Heft 15, Seiten 13–14

Anthes, Erhard [1986a]: Apparate zum Rechnen, in: Apparate und apparative Kunst, Ludwigsburg 1986, 9 Seiten (Ausstellungskatalog)

Anthes, Erhard [1986b]: Curt Herzstark und die Rechenmaschine Curta, in: Historische Bürowelt, Januar 1986, Heft 12, Seiten 13–16

Anthes, Erhard [1986c]: Druckende Rechenmaschine Facit 10-51, in: Historische Bürowelt, April 1986, Heft 13, Seiten 17–19

Anthes, Erhard [1986d]: Die Rechenmaschinen-Ausstellung im Technorama der Schweiz, in: Leertaste, 1986, Heft 20, Seiten 22–25 (Erwähnung der Addiermaschine von Grunder, Seite 24)

Anthes, Erhard [1987]: Zum 300. Geburtstag von Anton Braun (1686-1728). Instrumentenmacher in Wien und Konstrukteur einer Rechenmaschine, in: Historische Bürowelt, Juli 1987, Heft 18, Seiten 23–27

Anthes, Erhard [1988a]: Die Kuhrt-Rechenmaschine, in: Bürowirtschaft, 1988, Heft 5, Seiten 30–32

Anthes, Erhard [1988b]: Die zylindrischen Rechenmaschinen von Leupold bis Herzstark, in: Historische Bürowelt, Juli 1988, Heft 22, Seiten 16–21

Anthes, Erhard [1989]: Die Rechenmaschinen von Philipp Matthäus Hahn, in: Christian Väterlein (Hg.): Philipp Matthäus Hahn 1739–1790. Ausstellungen des Württembergischen Landesmuseums Stuttgart und der Städte Ostfildern, Albstadt, Kornwestheim, Leinfelden-Echterdingen, Teil 2, Aufsätze, Württembergisches Landesmuseum, Stuttgart 1989, Seiten 456–478

Anthes, Erhard [1991]: Die zylindrische Rechenmaschine von A. J. Petersson, in: Historische Bürowelt, Mai 1991, Heft 31, Seiten 17–18

Anthes, Erhard [1993]: Die letzte Hamann-Rechenmaschine: Modell 600, in: Historische Bürowelt, Mai 1993, Heft 33, Seiten 13–18

Anthes, Erhard [1994a]: Mechanische Rechenmaschinen in der Schule, in: Günter Pickert; Ingo Weidig (Hg.): Mathematik erfahren und lehren. Festschrift für Hans-Joachim Vollrath, Ernst Klett Schulbuchverlag, GmbH Stuttgart 1994, Seiten 32–40

Anthes, Erhard [1994b]: Rückübertragungs-Systeme bei mechanischen Rechenmaschinen, in: Historische Bürowelt, September 1994, Heft 39, Seiten 31–32

Anthes, Erhard [1995]: Dr.-Ing. Helmut Gelling, Konstrukteur von Rechenmaschinen, in: Historische Bürowelt, März 1995, Heft 41, Seiten 21–28

Anthes, Erhard [1996/97]: Mechanische Rechenmaschinen. Zur Geschichte und Didaktik, in: Albrecht Beutelspacher; Norbert Henze; Ulrich Kulisch; Hans Wußing (Hg.):Überblicke Mathematik 1996/97, Seiten 52–66 (Vieweg+Teubner Verlag)

Anthes, Erhard [1997]: Die Triumphator-Rechenmaschinen der ersten Serie, in: Historische Bürowelt, 1997, Heft 47, Seiten 21–23

Anthes, Erhard [2001a]: Einige Probleme, die Philipp Matthäus Hahn (1739–1790) mit seinen Rechenmaschinen löste, in: Michael Toepell (Hg.): Mathematik im Wandel, Verlag Franzbecker, Hildesheim, Berlin 2001, Seiten 201–208

Anthes, Erhard [2001b]: Rechenmaschinen mit kreisförmiger Anordnung der Zählwerke, in: Jochen Konrad-Klein; Klaus Kühn; Hartmut Petzold (Hg.): 7. Internationales Treffen für Rechenschieber- und Rechenmaschinensammler, IM 2001, Deutsches Museum, München 2001, Seiten 85–94

Anthes, Erhard [2003a]: Vor 100 Jahren. Adix – eine originelle Rechenmaschine, in: Historische Bürowelt, September 2003, Heft 65, Seiten 20–21

Anthes, Erhard [2003b]: Vor 100 Jahren. Wales-Addiermaschinen mit sichtbarer Schrift, in: Historische Bürowelt, Dezember 2003, Heft 66, Seiten 17–18

Anthes, Erhard [2004]: Vor 100 Jahren. Aufstieg und Fall der Triumphator-Sprossenradmaschinen, in: Historische Bürowelt, Dezember 2004, Heft 69, Seiten 19–21

Anthes, Erhard [2006]: Johann Christoph Schuster (1759–1823) und seine Rechenmaschinen, in: Magdalena Hykšová; Ulrich Reich (Hg.): Wanderschaft in der Mathematik, Dr. Erwin Rauner Verlag, Augsburg 2006, Seiten 9–19

Anthes, Erhard [2009]: Vor 270 Jahren in Scharnhausen geboren: Philipp Matthäus Hahn – Konstrukteur und Hersteller von Instrumenten, in: Historische Bürowelt, Dezember 2009, Heft 81, Seiten 8–10

Anthes, Erhard [2011]: Grundpatent von Christel Hamann. Die Rechenmaschine Berolina, in: Historische Bürowelt, April 2011, Heft 84, Seiten 26–27

Anthes, Erhard [2013]: Albert Rohrberg und seine Beiträge zur Einführung des logarithmischen Rechenstabes im Unterricht in Deutschland, in: Karl Kleine (Hg.): Computing for science, engineering, and production. Mathematical tools for the second industrial revolution, Proceedings of the 19th international meeting of collectors and researchers of historical computing instruments, Berlin, October 11–12, 2013 (Rechnen für Wissenschaft, Entwicklung und Produktion. Rechengeräte für die zweite industrielle Revolution. Tagungsband des 19. „International Meeting" von Sammlern und Forschern historischer Rechengeräte, Berlin, 11.–12. Oktober 2013), Books on demand, Norderstedt 2013, Seiten 207–227

Anthes, Erhard [2016]: Die Badenia-Modelle (1920–1948) von Mathias Bäuerle, St. Georgen, in: Historische Bürowelt, 2016, Heft 103, Seiten 22–27

Anthes, Erhard; Prinz, Ina: Historische Rechenmaschinen, Arithmeum, Rheinische Friedrich-Wilhelms-Universität Bonn, 2010, 314 Seiten (Kulturstiftung der Länder, Berlin)

Anthes, Erhard; Reese, Martin: Die Firma Ludwig Spitz & Co in Berlin, in: Historische Bürowelt, Juli 2015, Heft 100, Seiten 3–14

Anthes, Erhard; Reese, Martin; Wochinz, Reinmar: Austria-Rechenmaschinen von Samuel Jacob Herzstark, in: Historische Bürowelt, 2015, Heft 101, Seiten 4–11

Anthes, Erhard; Vogel, Rose: Rechnende Räder. Mechanische Rechenmaschinen, Verlag der Studiengalerie, Pädagogische Hochschule, Ludwigsburg 2001, 63 Seiten

Appel, Andrew W. (Hg.): Alan Turing's systems of logic. The Princeton thesis, Princeton university press, Princeton, London 2012, XV, 143 Seiten

Arbel, Alex: History of the digital computer. 1935–1945, Universität Tel-Aviv 1987, 104 Seiten (Dissertation)

Arbel, Alexander: Routes to the information revolution, Cambridge scholars publishing, Newcastle upon Tyne 2019, XI, 413 Seiten (Hg. Joseph Agassi)

Archangelski, N. A.; Saizew, B. I.: Automatische Ziffernrechenmaschinen, VEB Deutscher Verlag der Wissenschaften, Berlin 1960, 130 Seiten

Archibald, Raymond Clare [1946]: Conference on advanced computation technique, in: Mathematical tables and other aids to computation, Band 2, April 1946, Heft 14, Seiten 65–68

Archibald, Raymond Clare [1947]: P. G. Scheutz, publicist, author, scientific mechanician, and Edvard Scheutz, engineer – biography and bibliography, in: Mathematical tables and other aids to computation, Band 2, April 1947, Heft 18, Seiten 238–245

Archibald, Raymond Clare [1949]: Outline of the history of mathematics, in: American mathematical monthly, Band 56, Januar 1949, Heft 1, III, 114 Seiten (Sonderheft, 6., überarbeitete und erweiterte Auflage)

Archives départementales du Bas-Rhin (Hg.): Bibliothèque Schwilgué. Introduction, Archives départementales du Bas-Rhin, Straßburg, etwa 2001, 46 Seiten

Argoud, Gilbert; Guillaumin, Jean-Yves (Hg.): Les pneumatiques d'Héron d'Alexandrie, Publications de l'Université de Saint-Étienne, Saint Étienne 1997, 192 Seiten (Automaten)

Arianrhod, Robyn: Thomas Harriot. A life in science, Oxford University Press, New York 2019, VIII, 361 Seiten (Biografie)

Arithmeum (Hg.) [1999]: Arithmeum – Rechnen einst und heute – im Forschungsinstitut für diskrete Mathematik, Texte, Universität Bonn 1999 (Ordner ohne Seitenzahlen)

Arithmeum (Hg.) [2002]: Klassische Probleme in der diskreten Mathematik und deren moderne Anwendungen. Rechnen einst und heute, Springer-Verlag, Berlin, Heidelberg usw. 2002, 16 Seiten (Begleitheft), CD

Arneth, A.: Die Geschichte der reinen Mathematik in ihrer Beziehung zur Geschichte der Entwicklung des menschlichen Geistes, Franck'sche Verlagshandlung, Stuttgart 1852, VI, 293 Seiten (Thales von Milet, Messung der Pyramidenhöhe, Seiten 81–82; Erfindung der Logarithmen durch John Napier und Jost Bürgi, Seiten 239–242)

Aronova Elena; von Oertzen, Christine; Sepkoski, David (Hg.): Data histories, University of Chicago press, Chicago 2017, IV, 354 Seiten

Arora, Ashish; Gambardella, Alfonso (Hg.): From underdogs to tigers: The rise and growth of the software industry in Brazil, China, India, Ireland, and Israel, Oxford University Press, Oxford, 2005, XII, 313 Seiten (Brasilien, China, Indien, Irland, Israel)

Arsac, Jacques: Les machines à penser. Des ordinateurs et des hommes, Editions du Seuil, Paris 1987, 256 Seiten

Arzberger, Fritz: Die Addirmaschine, in: Schweizerische polytechnische Zeitschrift, Band 11, 1866, Heft 2, Seiten 33–34 (Abbildung: Tafel 3)

Ascher, Marcia [1991]: Ethnomathematics. A multicultural view of mathematical ideas, Brooks/Cole publishing company, Pacific Grove, Kalifornien 1991, XI, 203 Seiten (Quipu, Seiten 16–26)

Ascher, Marcia [1998]: Mathématiques d'ailleurs. Nombres, formes et jeux dans les sociétés traditionnelles, Editions du Seuil, Paris 1998, 285 Seiten (Quipu, Seiten 28–44)

Ascher, Marcia [2002]: Mathematics elswhere. An exploration of ideas across cultures, Princeton university press, Princeton, New Jersey 2002, XI, 207 Seiten

Ascher, Marcia; Ascher, Robert: Code of the Quipu databook, University of Michigan press, Ann Arbor, Michigan 1978, 1155 Seiten (Beschreibung von 191 Quipus)

Aschoff, Volker [1984]: Geschichte der Nachrichtentechnik. Beiträge zur Geschichte der Nachrichtentechnik von ihren Anfängen bis zum Ende des 18. Jahrhunderts, Springer-Verlag, Berlin, Heidelberg usw. 1984, VIII, 255 Seiten (Band 1) (u.a. Athanasius Kircher: Flüstergewölbe, Mehrfachecho; Christian Gottlieb Kratzenstein: Schwingungsgenerator; Samuel Moreland: Sprachrohr; Wolfgang von Kempelen: sprechende Maschine)

Aschoff, Volker [1995]: Geschichte der Nachrichtentechnik. Nachrichtentechnische Entwicklungen in der ersten Hälfte des 19. Jahrhunderts, Springer-Verlag, Berlin, Heidelberg usw., 2. Auflage 1995, IX, 261 Seiten (Band 2)

Ashby, William Ross [1952a]: Design for a brain, John Wiley & **sons**, Inc., New York 1952, IX, 260 Seiten (Homeostat, Seiten 93–102)

Ashby, William Ross [1952b]: Homeostasis, in: Claus Pias (Hg.): Cybernetics. The Macy conferences 1946–1953. The complete transactions, Diaphanes, Zürich, Berlin 2016, Seiten 593–619 (Vortrag 1952)

Ashby, William Ross [1952c]: Mechanical chess player, in: Claus Pias (Hg.): Cybernetics. The Macy conferences 1946–1953. The complete transactions, Diaphanes, Zürich, Berlin 2016, Seiten 651–653 (Vortrag 1952)

Ashby, William Ross [1952d]: Can a mechanical chess-player outplay its designer?, in: The British journal for the philosophy of science, Band 3, 1952, Heft 9, Seiten 44–57

Ashby, William Ross [1953]: L'homéostat, in: Joseph Pérès (Hg.): Les machines à calculer et la pensée humaine, Paris, 8–13 janvier 1951, Colloques internationaux du Centre national de la recherche scientifique, Nr. 37, Editions du Centre national de la recherche scientifique (CNRS), Paris 1953, Seiten 475–492

Ashby, William Ross [1960]: Design for a brain. The origin of adaptive behaviour, Chapman & Hall Ltd., London, 2., verbesserte Auflage 1960, IX, 286 Seiten (Homeostat, Seiten 100–121)

Asmiov, Isaac: An easy introduction to the slide rule, Fawcett world library, New York 1967, 160 Seiten (Nachdruck von Houghton Mifflin company, Boston 1965)

Aspray, William (Hg.) [1990]: Computing before computers, Iowa State university press, Ames, Iowa 1990, X, 266 Seiten

Aspray, William (Hg.) [2010a]: Computer museum series. Great computing museums of the world, part one, in: Communications of the ACM, Band 53, 2010, Heft 1, Seiten 43–46 (Computer history museum, Mountain View; Heinz Nixdorf Museumsforum, Paderborn)

Aspray, William (Hg.) [2010b]: Computer museum series. Great computing museums of the world, part two, in: Communications of the ACM, Band 53, 2010, Heft 5, Seiten 45–49 (Science Museum, London; Deutsches Museum, München; US National Museum of American history, Washington)

Aspray, William (Hg.) [2019]: Historical studies in computing, information and society. Insights from Flatiron lectures, Springer Nature Switzerland AG, Cham, 2019, 182 Seiten

Aspray, William [1982]: History of the stored program concept, in: Annals of the history of computing, Band 4, 1982, Heft 4, Seiten 359–361 (Speicherprogramm)

Aspray, William [1986]: International diffusion of computer technology, 1945–1955, in: Annals of the history of computing, Band 8, 1986, Heft 4, Seiten 351–360

Aspray, William [1987a]: The mathematical reception of the modern computer: John von Neumann and the Institute for advanced study computer, in: Esther R. Phillips (Hg.): Studies in the history of mathematics, Mathematical association of America, Washington, D.C., 1987, Seiten 166–194

Aspray, William [1987b]: An annotated bibliography of secondary sources on the history of software, in: Annals of the history of computing, Band 9, 1987, Heft 3/4, Seiten 291–342

Aspray, William [1989]: John von Neumann's contributions to computing and computer science, in: Annals of the history of computing, Band 11, 1989, Heft 3, Seiten 189–195

Aspray, William [1990a]: The stored program concept, in: IEEE Spectrum, Band 27, 1990, Heft 9, Seite 51 (Speicherprogramm)

Aspray, William [1990b]: Logic machines, in: William Aspray (Hg.): Computing before computers, Iowa State university press, Ames, Iowa 1990, Seiten 99–121

Aspray, William [1992]: John von Neumann and the origins of modern computing, MIT press, Cambridge, Massachusetts, London 1992, XVII, 376 Seiten

Aspray, William [2000a]: Was early entry a competitive advantage? US universities that entered computing in the 1940s, in: IEEE Annals of the history of computing, Band 22, 2000, Heft 3, Seiten 42–87

Aspray, William [2000b]: The Institute for advanced study computer: A case study in the application of concepts from the history of technology, in: Raúl Rojas, Ulf Hashagen (Hg.): The first computers – history and architectures, MIT press, Cambridge, Massachusetts, London 2000, Seiten 179–193

Aspray, William [2010]: The role of policy in the rise of the Indian software and IT-enabled services industry, in: Rutherford journal, The New Zealand journal for the history and philosophy of science and technology, Band 3, 2010, www.rutherfordjournal.org (Indien)

Aspray, William [2014]: Michael Sean Mahoney (1939–2008), in: IEEE Annals of the history of computing, Band 36, 2014, Heft 3, Seiten 70–79

Aspray, William [2015a]: Information society, domains, and culture, in: IEEE Annals of the history of computing, Band 37, 2015, Heft 2, Seiten 2–4

Aspray, William [2015b]: The many histories of information, in: Information & culture, Band 50, 2015, Heft 1, Seiten 1–23

Aspray, William [2016a]: Participation in computing. The National Science Foundation's expansionary programs, Springer international publishing AG Switzerland, Cham 2016, X, 200 Seiten

Aspray, William [2016b]: Women and underrepresented minorities in computing. A historical and social study, Springer international publishing AG Switzerland, Cham 2016, XI, 271 Seiten

Aspray, William Franklin: From mathematical constructivity to computer science: Alan Turing, John von Neumann, and the origins of computer science in mathematical logic, University of Wisconsin-Madison 1980/University microfilms international, Ann Arbor, Michigan, London 1982, V, 444 Seiten (Dissertation)

Aspray, William; Burks, Arthur Walter (Hg.): Papers of John von Neumann on computing and computer theory, MIT press, Cambridge, Massachusetts, London 1987, XVIII, 624 Seiten

Aspray, William; Ceruzzi, Paul E. (Hg.): The Internet and American business, MIT press, Cambridge, Massachusetts, London 2008, IX, 596 Seiten

Aspray, William; Cortada, James W.: From urban legends to political fact-checking. Online scrutiny in America, 1990–2015, Springer Nature Switzerland AG, Cham, 2019, X, 146 Seiten

Aspray, William; Hayes, Barbara M. (Hg.): Everyday information. The evolution of information seeking in America, MIT press, Cambridge, Massachusetts, London 2011, VI, 359 Seiten

Atanasoff, John Vincent [1982]: Computing machine for the solution of large systems of linear algebraic equations, in: Brian Randell (Hg.): The origins of digital computers. Selected papers, Springer-Verlag, Berlin, Heidelberg usw., 3. Auflage 1982, Seiten 315–335

Atanasoff, John Vincent [1984]: Advent of electronic digital computing, in: Annals of the history of computing, Band 6, 1984, Heft 3, Seiten 229–282

Athen, Hermann: Automatische Großrechenmaschinen, in: Elektrotechnische Zeitschrift, Band 72, 1951, Heft 17, Seiten 518–522

Atkinson, Cyril P.; Levens, A. S.: A new differentiating machine, in: Mathematical tables and other aids to computation, Band 5, April 1951, Heft 34, Seiten 99–102

Atzbach, Reinhard: Die Rechenscheibe von Röther, in: Historische Bürowelt, Dezember 2019, Heft 118, Seiten 7–10

Aubert, Ariane: Blaise Pascal, mathématicien, physicien, ingénieur. 350e anniversaire de la conception de la machine arithmétique, 18 septembre–17 octobre 1993, Bibliothèque municipale et interuniversitaire, Clermont-Ferrand 1993, 74 Seiten (Ausstellungskatalog)

Audoin, Pierre: Le plan calcul français (1966–1974), in: Philippe Chatelin (Hg.): Colloque sur l'histoire de l'informatique en France, Grenoble, 3–4–5 mai 1988, CRNS, Grenoble 1988, Band 1, Seiten 13–45

Auerbach, A. A.; Eckert, John Presper; Shaw Robert F.; Weiner, J. R.; Wilson, L. D.: The Binac, in: Proceedings of the IRE, Januar 1952, Seiten 12–29

Auerbach, Isaac L.: European electronic data processing – A report on the industry and the state-of-the-art, in: Proceedings of the IRE, Januar 1961, Seiten 330–348

Auerbach, Jeffrey A.: The great exhibition of 1851. A nation on display, Yale university press, New Haven, London 1999, VIII, 280 Seiten (Weltausstellung, London 1851)

Auerbach, Jeffrey A.; Hoffenberg, Peter H. (Hg.): Britain, the empire, and the world at the great exhibition of 1851, Ashgate publishing Ltd., Aldershot, Hampshire, Burlington, Vermont 2008, XVIII, 219 Seiten

Augarten, Stan: Bit by bit. An illustrated history of computers, George Allen & Unwin, London, Boston, Sydney 1985, 324 Seiten

Aumann, Günter: Archimedes. Mathematik in bewegten Zeiten, Wissenschaftliche Buchgesellschaft, Darmstadt 2013, 224 Seiten (Räderwerk von Antikythera)

Aurora, Valerie: Rebooting the Ada Lovelace mythos, in: Robin Hammerman; Andrew L. Russell (Hg.): Ada's legacy. Cultures of computing from the Victorian to the digital age, Association for computing machinery, New York/Morgan & Claypool publishers, San Rafael, Kalifornien 2016, Seiten 231–239

Ausiello, Giorgio: The making of a new science. A personal journey through the early years of theoretical computer science, Springer international publishing AG, Cham 2018, XIII, 290 Seiten

Ausiello, Giorgio; Petreschi, Rossella (Hg.): The power of algorithms. Inspiration and examples in everyday life, Springer-Verlag, Berlin, Heidelberg 2013, XIV, 255 Seiten

Austrian, Geoffrey, D.: Herman Hollerith. Forgotten giant of information processing, Columbia university press, New York 1982, XVII, 418 Seiten

Authority of the royal commission: Official catalogue of the great exhibition of the works of industry of all nations, 1851, Spicer brothers, London 1851, 322 Seiten + 14 Seiten Anzeigen (Seite 228, Nr. 390: „Thomas, C. X., 13, rue du Helder, Paris. – A calculating machine. Invented by the exhibitor, and patented in France and Great Britain"; Seite 310, Nr. 59: „Schilt, V., Soleure, inventor and manufacturer. – Calculating machine.")

Ayoub, Raimond: Napier and the invention of logarithms in: Journal of the Oughtred society, Band 3, 1994, Heft 2, Seiten 7–13

B

Babbage, Charles [1832]: Economy of machinery and manufacture, in: The mechanic's magazine. Museum, register, journal, and gazette, Band 17, 1832, Heft 464, Seiten 213–220

Babbage, Charles [1851]: The exposition of 1851; or views of the industry, the science and the government, of England, John Murray, London, 2., ergänzte Auflage 1851, XVI, 289 Seiten (Kapitel: Calculating machines, Seiten 173–188) (Weltausstellung, London 1851)

Babbage, Charles [1982]: On the mathematical powers of the calculating machine, in: Brian Randell (Hg.): The origins of digital computers. Selected papers, Springer-Verlag, Berlin, Heidelberg usw., 3. Auflage 1982, Seiten 19–54

Babbage, Charles [1994]: Passages from the life of a philosopher, Rutgers university press, New Brunswick, New Jersey/IEEE press, Piscataway, New Jersey 1994, 383 Seiten (Kapitel: On the analytical engine, Seiten 85–106) (Lebenserinnerungen)

Babbage, Charles [1997]: Passagen aus einem Philosophenleben, Kadmos-Verlag, Berlin 1997, XIII, 344 Seiten (Lebenserinnerungen)

Babbage, Charles [1999]: Die Ökonomie der Maschine, Kulturverlag Kadmos, Berlin 1999, XXX, 283 Seiten

Babbage, Charles [2012]: On the economy of machinery and manufactures (London: Charles Knight, 1832), in: John Plunkett; Ana Parejo Vadillo; Regenia Gagnier; Angelique Richardson; Rick Rylance; Paul Young (Hg.): Victorian literature. A sourcebook, Palgram Macmillan, Basingstoke, Hampshire 2012, Seiten 270–271

Babbage, Henry Prevost [1982a]: Babbage's analytical engine, in: Brian Randell (Hg.): The origins of digital computers. Selected papers, Springer-Verlag, Berlin, Heidelberg usw., 3. Auflage 1982, Seiten 67–71

Babbage, Henry Prevost [1982b]: Babbage's calculating engines, Tomash publishers, Los Angeles, San Francisco 1982, XIX, 342 Seiten, Anhang

Babbage, Richard H.: The work of Charles Babbage, in: Proceedings of a symposium on large-scale digital calculating machinery, Cambridge, Massachusetts, 7.–10. Januar 1947, MIT press, Cambridge, Massachusetts, London/Tomash publishers, Los Angeles, San Francisco 1985, Seiten 13–22

Babcock, Bruce E.: Some notes on the history and use of Gunter's scale, in: Journal of the Oughtred society, Band 3, 1994, Heft 2, Seiten 14–20

Bach, Henri [1980a]: Die Verzahnungstechnik der Räderwerke, in: Schriften der „Freunde alter Uhren“, 1980, Heft 19, Seiten 17–32 (Schriften des historisch-wissenschaftlichen Fachkreises „Freunde alter Uhren“) (Schwilgué)

Bach, Henri [1980b]: Einige interessante alte astronomische Uhren besonders Räderwerke aus solchen. Der ewige Kalender mit dem automatischen Kirchenfest-Computus der Straßburger Münsteruhr, in: Schriften der „Freunde alter Uhren“, 1980, Heft 19, Seiten 33–50 (Schriften des historisch-wissenschaftlichen Fachkreises „Freunde alter Uhren“) (Schwilgué)

Bach, Henri; Rieb, Jean-Pierre: Die drei astronomischen Uhren des Straßburger Münsters, Verlag Moritz Schauenburg, Lahr/Schwarzwald 1993, 240 Seiten (Schwilgué)

Bachmann, B.: Koordinatographen, in: Schweizerischer Maschinenmarkt, 1973, Heft 2, 6 Seiten (Sonderdruck)

Bachmann, Karl-Heinz [1956]: Einige Besonderheiten des Dresdener Rechenautomaten D 1, in: Johannes Wosnik; Alwin Walther; Walter Hoffmann (Hg.): Elektronische Rechenmaschinen und Informationsverarbeitung. Nachrichtentechnische Fachberichte. Beihefte der NTZ, Band 4, 1956, Seiten 90–91

Bachmann, Karl-Heinz [1969]: Programmierung für Digitalrechner. Methoden und Probleme, VEB Deutscher Verlag der Wissenschaften, Berlin, 3., berichtigte Auflage 1969, 272 Seiten

Bachmann, Manuel: Triumph des Algorithmus. Wie die Idee der Software erfunden wurde, Swiss engineering institute press, Zürich, München 2014, 180 Seiten

Backus, John [1980]: Programming in America in the 1950s – some personal impressions, in: Nicholas Constantine Metropolis; Jack Howlett; Gian-Carlo Rota (Hg.): A history of computing in the twentieth century. A collection of essays, Academic press, New York, London usw. 1980, Seiten 125–135

Backus, John [1981]: The history of Fortran 1, 2, and 3, in: Richard L. Wexelblat (Hg.): History of programming languages, Academic press, New York, London usw. 1981, Seiten 25–66

Backus, John [1998]: The history of Fortran 1, 2, and 3, in: IEEE Annals of the history of computing, Band 20, 1998, Heft 4, Seiten 68–78

Backus, John [2011]: The history of Fortran 1, 2, and 3, in: Jeffrey R. Yost (Hg.): The IBM century. Creating the IT revolution, IEEE computer society press, Los Alamitos, California 2011, Seiten 159–170

Baden, Helmut: Historische Vermessungsinstrumente als Sammelobjekte,in: Vermessung, Photogrammetrie, Kulturtechnik, Band 90, 1992, Heft 3, Seiten 142–146

Badisches Landesmuseum, Karlsruhe (Hg.): Deutsches Musikautomaten-Museum im Schloss Bruchsal, Badisches Landesmuseum, Karlsruhe 2012, 144 Seiten (Museumsführer)

Badur, Klaus [2006]: Neue Erkenntnisse zur Rechengenauigkeit der Leibniz-Rechenmaschine. Erfahrungen mit einem originalgetreuen Nachbau, in: Herbert Breger; Jürgen Herbst; Sven Erdner (Hg.): Einheit in der Vielfalt. 8. Internationaler Leibniz-Kongress, Hannover, 24. bis 29. Juli 2006, Gottfried-Wilhelm-Leibniz-Gesellschaft e.V. Hannover 2006, Vorträge, 1. Teil, Seiten 16–23

Badur, Klaus [2017]: Leibniz’ Entwurf für eine Verschlüsselungsmaschine, in: Historische Bürowelt, 2017, Heft 107, Seiten 26–30

Badur, Klaus; Anthes, Erhard: Brunsviga-Modell „H“ mit zwei Umdrehungszählwerken, in: Historische Bürowelt, Juli 2018, Heft 112, Seiten 10–11

Badur, Klaus; Rottstedt, Wolfgang: Erfahrungen beim Nachbau einer Leibniz-Rechenmaschine. Und sie rechnet doch richtig, in: Historische Bürowelt, September 2006, Heft 74, Seiten 13–16

Bag, A. K.: Mathematics in ancient and medieval India, Chaukhambha orientalia, Varanasi, Delhi 1979, XI, 344 Seiten

Baggenstos, August: Von der Bilderschrift zur Schreibmaschine, Zürich, Herrliberg 1977, 143 Seiten (Selbstverlag)

Bailly, Christian: Automaten. Das goldene Zeitalter 1848–1914, Hirmer Verlag München 1988, 359 Seiten (Figurenautomaten)
Bailly, Jean Silvain [1781]: Histoire de l'astronomie ancienne, depuis son origine jusqu'à l'établissement de l'école d'Alexandrie, de Bure, Paris, 2. Auflage 1781, XXIV, 527, III (Bildtafeln) Seiten
Bailly, Jean Silvain [1785a]: Histoire de l'astronomie moderne depuis la fondation de l'école d'Alexandrie, jusqu'à l'époque de MDCCXXX, Band 1, de Bure, Paris, neue Auflage 1785, XVI, 728, XIII (Bildtafeln) Seiten
Bailly, Jean Silvain [1785b]: Histoire de l'astronomie moderne depuis la fondation de l'école d'Alexandrie, jusqu'à l'époque de MDCCXXX, Band 2, de Bure, Paris, neue Auflage 1785, 751, V (Bildtafeln) Seiten
Bailly, Jean Silvain [1785c]: Histoire de l'astronomie moderne depuis la fondation de l'école d'Alexandrie, jusqu'à l'époque de MDCCXXX, Band 3, de Bure, Paris, neue Auflage 1785, 415 Seiten
Bailly, Jean Silvain [1805]: Histoire de l'astronomie ancienne et moderne, Bernard, Libraire de l'Ecole polytechnique et des ponts et chausées, Paris 1805, XLVIII, 371 Seiten
Bailly, Jean Silvain [1997]: Histoire de l'astronomie ancienne, depuis son origine jusqu'à l'établissement de l'école d'Alexandrie, Editions Burillier, Vannes 1997, 256 Seiten
Baldwin, Richard E.: The globotics upheaval. Globalization, robotics and the future of works, Oxford university press, New York 2019, VII, 292 Seiten
Balke, Ludwig; Böhling, Karl Heinz: Einführung in die Automatentheorie und Theorie formaler Sprachen, BI Wissenschaftsverlag, Mannheim usw. l993, XII, 315 Seiten
Ball, Philip [2007]: Brillante Denker, kühne Pioniere. Zehn bahnbrechende Entdeckungen, Wiley-VCH Verlag, Weinheim, 1. Auflage 2007, X, 233 Seiten (ohne Rechentechnik/Informatik)
Ball, Philip [2008]: Complex clock combines calendars, in: Nature, Band 454, 30. Juli 2008, Seite 561 (Räderwerk von Antikythera)
Ball, Walter William Rouse: A short account of the history of mathematics, Macmillan & Co., Ltd., London, New York, 3. Auflage 1901, XXIV, 527 Seiten
Baptist, Peter; Jost, Eugen; Miller, Carsten: Alles ist Zahl. Mathematik andersartig, Universität Bayreuth, Bayreuth 2013, 176 Seiten
Baptista, Rui; Swann, G. M. Peter: A comparison of clustering dynamics in the US and UK computer industries, in: Journal of evolutionary economics, 1999, Heft 9, Seiten 373–399
Bär, Günter; Karl, Gerhard: Die Schweizer Chiffriermaschine Nema, in: Werner H. Schmidt; Werner Girbardt (Hg.): 1. Greifswalder Symposium zur Entwicklung der Rechentechnik, 15.–17. September 2000, Ernst Moritz Arndt Universität, Greifswald 2000, Seiten 53–59
Bär, Mandy; Efer, Thomas; Gromoll, Christian; Seifert, André; Sendsitzky, Claudia; Tischer, Mathias: Pioniere der Informatik. Biografien von Aiken bis Zuse. Belegarbeit, Deutsche Telekom AG, Fachhochschule Leipzig, 16. Juni 2005, 35 Seiten
Barbagallo, Corrado: Storia delle scienze ad uso dei licei scientifici, Società editrice Dante Aligheri di Albrighi, Segato & C., Mailand, Rom usw. 1925, VII, 179 Seiten
Barbin, Evelyne; Bénard, Dominique; Moussard, Guillaume (Hg.): Les mathématiques et le réel. Expériences, instruments, investigations, Presses universitaires de Rennes, Rennes, 246 Seiten (Kapitel „Expériences et investigations autor des machines arithmétiques de Blaise Pascal", Seite 127–143)
Barbin, Evelyne; Cléro, Jean-Pierre (Hg.): Les mathématiques et l'expérience. Ce qu'en ont dit les philosophes et les mathématiciens, Hermann éditeurs, Paris 2015, XVI, 452 Seiten
Barbin, Evelyne; Guichard, Jean-Paul; Moyon, Marc u.a.: Let history into the mathematics classroom, Springer international publishing AG, Cham 2018, XXIV, 146 Seiten

computing: software issues. International conference on the history of computing, ICHC 2000, April 5–7, 2000, Heinz Nixdorf Museumsforum, Paderborn, Springer-Verlag, Berlin, Heidelberg usw. 2002, Seiten 11–22

Bauer, Friedrich Ludwig [2003]: Konrad Zuse in Hopferau im Allgäu – Z4 und Plankalkül, in: Informatik-Spektrum, Band 26, 2003, Seiten 354–358

Bauer, Friedrich Ludwig [2004a]: Informatik. Führer durch die Ausstellung. Deutsches Museum, München 2004, 235 Seiten (Museumsführer)

Bauer, Friedrich Ludwig [2004b]: Die Algol-Verschwörung, in: Hans Dieter Hellige (Hg.): Geschichten der Informatik. Visionen, Paradigmen, Leitmotive, Springer-Verlag, Berlin, Heidelberg 2004, Seiten 237–254

Bauer, Friedrich Ludwig [2004c]: Theodor Fromme. Ein fast vergessener Pionier, in: Informatik-Spektrum, Band 27, 2004, Seiten 181–185

Bauer, Friedrich Ludwig [2004d]: Sackgassen und Durchbrüche, in: Informatik-Spektrum, Band 27, 2004, Seiten 354–359

Bauer, Friedrich Ludwig [2006a]: The Tiltman break, in: Brian Jack Copeland (Hg.): Colossus. The secrets of Bletchley Park's codebreaking computers, Oxford University Press, Oxford 2006, Seiten 370–377

Bauer, Friedrich Ludwig [2006b]: Frühe Zeugnisse der „software", in: Informatik-Spektrum, Band 29, 2006, Seiten 433–441

Bauer, Friedrich Ludwig [2007a]: Kurze Geschichte der Informatik, Wilhelm Fink-Verlag, München 2007, VIII, 131 Seiten

Bauer, Friedrich Ludwig [2007b]: Rotor machines and bombes, in: Karl de Leeuw; Jan Bergstra (Hg.): The history of information security. A comprehensive handbook, Elsevier B. V., Amsterdam, Boston usw. 2007, Seiten 381–446

Bauer, Friedrich Ludwig [2007c]: Trits and trytes – Ein früher ternärer Computer in der Sowjetunion, in: Informatik-Spektrum, Band 30, 2007, Seiten 279–284

Bauer, Friedrich Ludwig [2009a]: Historische Notizen zur Informatik, Springer-Verlag, Berlin, Heidelberg 2009, X, 454 Seiten

Bauer, Friedrich Ludwig [2009b]: Wer erfand den Von-Neumann-Rechner, in: Friedrich Ludwig Bauer: Historische Notizen zur Informatik, Springer-Verlag, Berlin, Heidelberg 2009, Seiten 134–143 (Speicherprogramm)

Bauer, Friedrich Ludwig [2010]: Origins and foundations of computing, Springer-Verlag, Berlin, Heidelberg 2010, VIII, 142 Seiten

Bauer, Friedrich Ludwig [2011]: My years with Rutishauser, in: Informatik-Spektrum, Band 34, 2011, Seiten 514–518

Bauer, Friedrich Ludwig [2012]: Die Algol-Verschwörung, in: Informatik-Spektrum, Band 35, 2012, Seiten 141–149

Bauer, Friedrich Ludwig; Heinhold, Josef; Samelson, Klaus; Sauer, Robert: Moderne Rechenanlagen. Eine Einführung, B.G. Teubner Verlagsgesellschaft, Stuttgart 1964, 357 Seiten (Leitfäden der angewandten Mathematik und Mechanik, Band 5)

Bauer, Friedrich Ludwig; Householder, Alston S.: J. H. Wilkinson (1919–1986), in: Numerische Mathematik, Band 51, 1987, Seiten 1–2 (Nachruf)

Bauer, Friedrich Ludwig; Samelson, Klaus [1953a]: Arithmetik und Konvertierung bei gleitendem Komma, in: Ludwig Biermann (Hg.): Vorträge über Rechenanlagen. Gehalten in Göttingen, 19.–21. März 1953, Max-Planck-Institut für Physik, Göttingen 1953, Seiten 115–118

Bauer, Friedrich Ludwig; Samelson, Klaus [1953b]: Einfluss der Befehlsverschlüsselung auf die Programmierung, in: Ludwig Biermann (Hg.): Vorträge über Rechenanlagen. Gehalten in Göttingen, 19.–21. März 1953, Max-Planck-Institut für Physik, Göttingen 1953, Seiten 119–122

Bauer, Friedrich Ludwig; Samelson, Klaus [1962]: Maschinelle Verarbeitung von Programmiersprachen, in: Walter Hoffmann (Hg.): Digitale Informationswandler. Probleme der Informationsverarbeitung in ausgewählten Beiträgen, Friedrich Vieweg, Braunschweig 1962, Seiten 227–268

Bauer, Friedrich Ludwig; Weinhart, Karl: Informatik. Eine grundlegende Einführung, Bayerischer Schulbuch-Verlag, München 1974, 156 Seiten

Bauer, Friedrich Ludwig; Wössner, Hans [1972a]: Zuses „Plankalkül", ein Vorläufer der Programmiersprachen – gesehen vom Jahre 1972, in: Elektronische Rechenanlagen, Band 14, 1972, Heft 3, Seiten 111–118

Bauer, Friedrich Ludwig; Wössner, Hans [1972b]: The „Plankalkül" of Konrad Zuse: A forerunner of today's programming languages, in: Communications of the ACM, Band 15, 1972, Heft 7, Seiten 678–685

Bauer, Reinhold; Williams, James; Weber, Wolfhard (Hg.): Technik zwischen *artes* und *arts*, Waxmann Verlag GmbH, Münster 2008, 193 Seiten

Bauer, Walter F.; Carr, John W.: On the demonstration of high-speed digital computers, in Journal of the Association for computing machinery, Band 1, 1954, Heft 4, Seiten 177–182

Bauernfeind, Carl Max [1853]: Die Planimeter von Ernst, Wetli und Hansen, welche den Flächeninhalt ebener Figuren durch das Umfahren des Umfangs angeben, Joh. Palm's Hofbuchhandlung, München 1853, IV, 48 Seiten

Bauernfeind, Carl Max [1855]: Zur Geschichte der Planimeter, in: Dingler's polytechnisches Journal, Band 137, 1855, Heft 22, Seiten 81–87

Bauernfeind, Carl Max [1890]: Elemente der Vermessungskunde. Ein Lehrbuch der praktischen Geometrie, Band 2, Verlag der J. G. Cotta'sche Buchhandlung, Stuttgart, 7., vermehrte und vielfach verbesserte Auflage 1890, XVI, 669 Seiten (Planimeter, Seiten 229–256; Storchschnabel, Seiten 609–616)

Bauke, Dieter: „Das Problem der Methode" bei den Rechenmeistern der frühen Neuzeit, in: Rainer Gebhardt (Hg.): Arithmetik, Geometrie und Algebra der frühen Neuzeit, Adam-Ries-Bund, Annaberg-Buchholz 2014, Seiten 175–193

Bauknecht, Berty; Glinz, Martin; Hatt, Theodor; Künzi, Magdalen: Die Theorie der Praxis. Die Informatik an der Universität Zürich, in: Franz Betschon; Stefan Betschon; Jürg Dominik Lindecker; Willy Schlachter (Hg.): Ingenieure bauen die Schweiz. Technikgeschichte aus erster Hand, Band 1, Verlag Neue Zürcher Zeitung, Zürich, 2., überarbeitete Auflage 2014, Seiten 474–480

Baumgartner, M.: Probleme der Automatik, in: Neue Zürcher Zeitung, 25. September 1957 (NZZ-Archiv, Seite b18)

Bauschinger, Julius; Peters, J.: Logarithmisch-trigonometrische Tafeln mit acht Dezimalstellen, Band 1, Verlag von Wilhelm Engelmann, Leipzig 1910, XX, 368 Seiten (Differenzenmaschine von Christel Hamann: Seiten XI–XV)

Bautista Paz, Emilio; Ceccarelli, Marco; Echávarri Otero, Javier; Muñoz Sanz, José Luis: A brief illustrated history of machines and mechanisms, Springer science+business media B.V., Dordrecht, Heidelberg usw. 2010, XVI, 217 Seiten (History of mechanism and machine science, Band 10, u.a. Archimedes, Räderwerk von Antikythera, Jacquards Webstuhl)

Baxandall, David: Calculating machines and instruments, Science Museum, London 1975, VIII, 122 Seiten (Sammlungskatalog)

Bayerl, Günter: Technik in Mittelalter und früher Neuzeit, Konrad Theiss Verlag GmbH, Stuttgart 2013, 199 Seiten

Bayerl, Günter; Weber, Wolfhard (Hg.): Sozialgeschichte der Technik. Ulrich Troitsch zum 60. Geburtstag, Waxmann Verlag GmbH, Münster, New York usw. 1998, XVIII, 333 Seiten (Abschnitte: Das Deutsche Museum. Ein Plädoyer für den Mythos von Objekt und Experiment,

Seiten 198–208; Sachzeugen als gegenständliche Quellen der Wissenschafts- und Technikgeschichte am Beispiel der Sammlungen der Technischen Univesität Dresden, Seiten 209–218)

Beard, Maston; Pearcey, Trevor [1952]: An electronic computer, in: Journal of scientific instruments, Band 29, 1952, Heft 10, Seiten 305–311

Beard, Maston; Pearcey, Trevor [1984]: The genesis of an early stored-program computer: Csirac, in: Annals of the history of computing, Band 6, 1984, Heft 2, Seiten 106–115

Beaune, Jean-Claude: L'automate et ses mobiles, Flammarion, Paris 1980, 470 Seiten

Beck, Stefan: Schreibmaschinenmuseum Beck, Becks Schreibmaschinen-Museum, Pfäffikon ZH, o. J., 20 Seiten

Beck, Stefan; Nipp, Hansjörg: Addimult – die Anfänge in Liechtenstein, in: Historische Bürowelt, Dezember 2017, Heft 110, Seiten 3–4

Beck, Theodor [1909a]: Herons des Älteren Mechanik, in: Beiträge zur Geschichte der Technik und Industrie, Band 1, 1909, Seiten 84–107

Beck, Theodor [1909b]: Herons des Älteren Automatentheater, in: Beiträge zur Geschichte der Technik und Industrie, Band 1, 1909, Seiten 182–199

Becker, Friedrich: Geschichte der Astronomie, Bibliographisches Institut, Mannheim, Wien usw., 4. Auflage 1980, 201 Seiten

Becker, Gerhard: Das Rechnen mit Münze, Maß und Gewicht seit Adam Ries. Schuleinschreibebücher aus Niedersachsen, Museumsdorf Cloppenburg, Niedersächsisches Freilichtmuseum, Cloppenburg 1994, 270 Seiten (Materialien und Studien zur Alltagsgeschichte und Volkskultur Niedersachsens, Heft 21)

Becker, Joachim; Friedrich, Bernd (Hg.): Die Nestlers. Geschichte einer Lahrer Unternehmerfamilie, Bärenfelser Verlag, Remshalden 2016, 368 Seiten (Rechenschieber, Armaturen, Wellpappe)

Becker, Oskar [1964]: Grundlagen der Mathematik in geschichtlicher Entwicklung, Verlag Karl Alber GmbH, Freiburg, München, 2. Auflage 1964, XI, 428 Seiten

Becker, Oskar [1966]: Das mathematische Denken der Antike, Vandenhoek & Ruprecht, Göttingen, 2. durchgesehene Auflage 1966, 131 Seiten

Becker, Oskar; Hofmann, Joseph Ehrenfried: Geschichte der Mathematik, Athenäum-Verlag Gerhard von Reuten KG, Bonn 1951, 340 Seiten

Beckham, Mike: Die Wundermaschine von Antikythera. The world's first computer, Film (Aufzeichnung der Ausstrahlung des Fernsehsenders arte vom 1. April 2012

Beckmann, Johann [1786]: Beyträge zur Geschichte der Erfindungen, Band 1, Verlag Paul Gotthelf Kummer, Leipzig 1786, XIV, 617 Seiten

Beckmann, Johann [1788]: Beyträge zur Geschichte der Erfindungen, Band 2, Verlag Paul Gotthelf Kummer, Leipzig 1788, VI, 640 Seiten

Beckmann, Johann [1792]: Beyträge zur Geschichte der Erfindungen, Band 3, Verlag Paul Gotthelf Kummer, Leipzig 1792, VIII, 622 Seiten

Beckmann, Johann [1799]: Beyträge zur Geschichte der Erfindungen, Band 4, Verlag Paul Gotthelf Kummer, Leipzig 1799, VI, 629 Seiten

Beckmann, Johann [1805]: Beyträge zur Geschichte der Erfindungen, Band 5, Verlag Paul Gotthelf Kummer, Leipzig 1805, VIII, 639 Seiten

Beckmann, Uwe [1991]: Gewerbeausstellungen in Westeuropa vor 1851. Ausstellungswesen in Frankreich, Belgien und Deutschland, Gemeinsamkeiten und Rezeption der Veranstaltungen, Verlag Peter Lang GmbH, Frankfurt am Main, Bern usw. 1991, XIII, 232, XIV Seiten

Beckmann, Uwe [1994]: Programm und Entwicklung der Industrie- und Gewerbeausstellungen in Westeuropa vor 1851, in: Ferrum, Heft 66, 1994, Seiten 4–10

Bedini, Silvio A. [1964]: The role of automata in the history of technology, in: Technology and culture, Band 5, 1964, Heft 1, Seiten 24–42

Bedini, Silvio A. [1965]: The evolution of science museums, in: Technology and culture, Band 6, 1965, Heft 1, Seiten 1–29

Bedini, Silvio A. [1994]: Science and instruments in seventeenth-century Italy, Variorum, Aldgate publishing Ltd., Aldershot, Hampshire 1994, XII, 338 Seiten

Bedürftig, Thomas; Murawski, Roman [2015]: Philosophie der Mathematik, Walter de Gruyter GmbH, Berlin, Boston, 3., erweiterte und überarbeitete Auflage 2015, XVII, 465 Seiten (Kapitel „Aus der Geschichte der Philosophie und Mathematik", Seiten 28–159)

Bedürftig, Thomas; Murawski, Roman [2018]: Philosophy of mathematics, Walter de Gruyter GmbH, Berlin, Boston 2018, XV, 457 Seiten (Kapitel: „On the history of the philosophy of mathematics", Seiten 27–148)

Béguin, Albert: Blaise Pascal in Selbstzeugnissen und Bilddokumenten, Rowohlt Taschenbuch Verlag GmbH, Hamburg 1959, 170 Seiten

Beillard, Alfred: Recherches sur l'horlogerie, ses inventions et ses célébrités. Notice historique et biographique, E. Bernard et Cie., éditeurs, Paris 1895, Seiten 177–180 (Abschnitt über Schwilgué)

Beinlich, Horst; Vollrath, Hans-Joachim; Wittstadt, Klaus (Hg.): Spurensuche. Wege zu Athanasius Kircher, Verlag J. H. Röll, Dettelbach 2002, 188 Seiten

Bekey, George A.; Karplus, Walter J. [1968]: Hybrid computation, John Wiley & sons, Inc., New York, London usw. 1968, XIII, 464 Seiten

Bekey, George A.; Karplus, Walter J. [1971]: Hybrid-Systeme, Verlag W. Kohlhammer GmbH, Stuttgart, Berlin usw./Verlag Berliner Union GmbH, Stuttgart 1971, XI, 457 Seiten

Belanger, Jay; Stein, Dorothy: Shadow vision: spanners in the mechanization of mathematics, in: Historia mathematica, Band 32, 2005, Heft 1, Seiten 76–93

Belden, Thomas Graham; Belden, Marva Robins: The lengthening shadow. The life of Thomas J. Watson, Little, Brown & Co., Boston, Toronto 1962, XII, 332 Seiten (Biografie)

Belevitch, Vitold [1956a]: Langage des machines et langage humain, Office de publicité SA, Brüssel 1956, 121 Seiten

Belevitch, Vitold [1956b]: Le trafic des nombres et des ordres dans la machine IRSIA-FNRS, in: Johannes Wosnik; Alwin Walther; Walter Hoffmann (Hg.): Elektronische Rechenmaschinen und Informationsverarbeitung. Nachrichtentechnische Fachberichte. Beihefte der NTZ, Band 4, 1956, Seiten 69–71 (IRSIA = Institut pour l'encouragement de la recherche scientifique dans l'industrie et l'agriculture, FNRS = Fonds national de la recherche scientifique)

Belevitch, Vitold; Storrer, F.: Le calcul numérique des fonctions élémentaires dans la machine mathématique IRSIA–FNRS, in: Bulletin de la classe des sciences, 5. Serie, Band 42, 1956, Seiten 543–578 (Académie royale de Belgique, Brüssel)

Bell, Eric Temple [1967]: Die großen Mathematiker, Econ-Verlag, Düsseldorf, Wien 1967, 552 Seiten

Bell, Eric Temple [1986]: Men of mathematics. The lives and achievements of the great mathematicians from Zeno to Poincaré, Simon and Schuster, Inc., New York, London usw. 1986, XVII, 591 Seiten

Bell, Eric Temple [1992]: The development of mathematics, Dover publications, Inc., New York 1992, XIII, 637 Seiten (Nachdruck von 1945)

Bell, Gordon [2011]: Out of a closet: The early years of the Computer museum, in: Cliff B. Jones; John L. Lloyd (Hg.): Dependable and historic computing. Essays dedicated to Brian Randell on the occasion of his 75th birthday, Springer-Verlag, Heidelberg usw. 2011, Seiten 130–146

Bell, Gwenn: The role of museums in collecting computers, in: Thomas J.Bergin; Richard G. Gibson (Hg.): History of programming languages 2, ACM press, New York 1996, Seiten 785–788

Bellinger, Ines: Revolution in der Fabrik, in: National Geography, deutschsprachige Ausgabe, August 2017, Seiten 70–85 (künstliche Intelligenz)

Bellinger, Ines; Gless, Florian: „Wir können in der Hängematte liegen“, in: National Geography, deutschsprachige Ausgabe, Juli 2017, Seiten 84–96 (künstliche Intelligenz)

Beltran, Alain; Griset, Pascal: Histoire d'un pionnier de l'informatique. 40 ans de recherche à l'Inria, EDP sciences, Les Ulis 2007, XVI, 287 Seiten

Bemer, Robert W.: The present status, achievement and trends of programming for commercial data processing, in: Walter Hoffmann (Hg.): Digitale Informationswandler. Probleme der Informationsverarbeitung in ausgewählten Beiträgen, Friedrich Vieweg, Braunschweig 1962, Seiten 312–349

Bender, Andrea; Beller, Sieghard: Mangarevan invention of binary steps for easier calculation, in: Proceedings of the national academy of sciences of the USA (PNAS), Band 111, 28. Januar 2014, Heft 4, Seiten 1322–1327 (Binärsystem)

Benitez, Eleonor: Auch das ist Datenverarbeitung. Noch 'n Plagiat: Eine Geschichte der Rechenautomaten hat sich scheinbar großzügig im Netz bedient, in: Frankfurter Allgemeine. Zeitung für Deutschland, Nr. 111, 14. Mai 2014, Seite N4 (Forschung und Lehre)

Bennett, J. M.; Glennie, A. E.: Programming for high-speed digital calculating machines, in: Bertram Vivian Bowden (Hg.): Faster than thought. A symposium on digital computing machines, Pitman publishing, London 1953, Nachdruck 1971, Seiten 101–113

Bennett, James A.: The divided circle. A history of instruments for astronomy, navigation and surveying, Phaidon Christie's Ltd., Oxford 1987, 224 Seiten

Bennett, Ralph [1979]: Ultra in the west. The Normandy campaign 1944–45, Hutchinson & Co. (publishers) Ltd., London 1979, 305 Seiten

Bennett, Ralph [1989]: Ultra and the Mediterranean strategy 1941–1945, Hamish Hamilton Ltd. London 1989, 496 Seiten

Bennett, Ralph [1999]: Behind the battle. Intelligence in the war with Germany, 1939–1945, Pimlico, London 1999, XXVIII, 404 Seiten

Benoît: Rapport fait par M. Benoît, au nom du comité des arts mécaniques, sur l'arithmomètre perfectionné, inventé par M. Thomas, de Colmar, directeur de la compagnie d'assurance du Soleil, rue du Helder, 13, in: Bulletin de la société d'encouragement pour l'industrie nationale, Band 50, März 1851, Seiten 113–123

Bense, Max: Konturen einer Geistesgeschichte der Mathematik. Die Mathematik und die Wissenschaften, Claassen & Goverts, Hamburg 1946, 144 Seiten

Bentley, Peter J. [2012a]: Das Buch der Zahlen. Das Geheimnis der Zahlen und wie sie die Welt veränderten, Primus Verlag, Darmstadt, 3. Auflage 2012, 272 Seiten

Bentley, Peter J. [2012b]: Digitized. The science of computers and how it shapes our world, Oxford University Press, Oxford usw. 2012, XIV, 292 Seiten

Berdux, Silke; Goebel, Jana; Sichau, Christian: Erhaltung technischen Kulturguts. Sternfinder, Stromzähler, Schulgleiter, Deutsches Museum, München 2006, 43 Seiten (Ausstellungskatalog)

Berezin, I. S.: The department of computer mathematics of Moscow state university, in: Communications of the ACM, Band 3, 1960, Heft 6, Seiten 342–344

Berg, Christian: Heinz Nixdorf. Eine Biographie, Verlag Ferdinand Schöningh GmbH & Co. KG, Paderborn 2016, 376 Seiten

Berger, Günter (Hg.): Enzyklopädie. Eine Auswahl, S. Fischer Verlag GmbH, Frankfurt am Main 2013, 400 Seiten (Jean le Rond d'Alembert, Denis Diderot)

Berger, Richard: Die Lochkartenmaschinen, in: Zeitschrift des Vereins deutscher Ingenieure, Band 72, 1928, Heft 49, Seiten 1799–1807

Bergès, Louis Jean-Pierre [2004]: Exposition calculus. Hôtel de région du Languedoc-Roussillon/ Septimanie du 3 au 10 décembre 2004, Montpellier 2004, 30 Seiten (Ausstellungskatalog)

Bergès, Louis Jean-Pierre [2006]: La machine de Blaise Pascal, Nautex édition, La Grande Motte 2006, IX, 97 Seiten
Berggren, John Lennart [2011]: Mathematik im mittelalterlichen Islam, Springer-Verlag, Berlin, Heidelberg 2011, XVI, 219 Seiten
Berggren, John Lennart [2016]: Episodes in the mathematics of medieval Islam, Springer science+business media, New York, 2. Auflage 2016, XII, 256 Seiten
Bergin, Thomas J. [2007]: A history of the history of programming languages, in: Communications of the ACM, Band 50, 2007, Heft 5, Seiten 69–74
Bergin, Thomas J. [2014]: What is a computer? An answer from the past, in: IEEE Annals of the history of computing, Band 36, 2014, Heft 3, Seiten 80–84
Bergin, Thomas J.; Gibson, Richard G. (Hg.): History of programming languages 2, ACM press, New York 1996, XVI, 864 Seiten (Tagungsband)
Bergmann, Jean: Universal calculator, Jean Bergmann GmbH, Berlin, 22. Auflage, 1926, XVI, 206 Seiten (Tabellenwerk)
Bergstein, Harold: An interview with Eckert and Mauchly, in: Datamation, Band 8, 1962, Heft 4, Seiten 25–30
Berkeley, Edmund Calland [1947]: Electronic machinery for handling information, and its uses in insurance, in: Transactions of the actuarial society of America, Band 48, Teil 1, Mai 1947, Heft 117, Seiten 36–52
Berkeley, Edmund Callis [1950]: Giant brains or machines that think, John Wiley, New York/Chapman & Hall, London 1950, XVI, 270 Seiten
Berkeley, Edmund Callis [1966]: Die Computer-Revolution. Elektronengehirne, Automation und Gesellschaft, Europäische Verlagsanstalt, Frankfurt am Main 1966, 247 Seiten
Berkholz, Stefan: Tüfteln für den Endsieg, in: Die Zeit, Nr. 25, 17. Juni 2010, Seite 36
Berlin, Leslie: The man behind the microchip. Robert Noyce and the invention of Silicon Valley, Oxford University Press, Oxford, New York 2005, XIII, 402 Seiten
Berlinghoff, William P.; Gouvêa, Fernando Q.: Math through the ages. A gentle history for teachers and others, Oxton house publishers, Farmington, Maine/Mathematical association of America, Washington, D.C., 2. erweiterte Auflage 2015, XIV, 333 Seiten
Berlinski, David: The advent of the algorithm. The idea that rules the world, Harcourt, New York usw. 2000, XIX, 345 Seiten
Berman, G. N.: Wie die Menschen zählen lernten, Aufbau-Verlag GmbH, Berlin 1953, 40 Seiten
Bernard, Andreas: Das Diktat des Hashtags. Über ein Prinzip der aktuellen Debattenbildung, S. Fischer Verlag GmbH, Frankfurt am Main 2018, 93 Seiten
Bernays, Paul: Brief an Alan Turing vom 24. September 1937, Archiv des Kings College der Universität Cambridge, 3 Seiten
Berney, Jean-Claude: Quarante ans d'expérience dans le supercomputing, in: FI 5, 27. Mai 2008, Seiten 11–12 (ETH Lausanne)
Bernhardt, Christopher: Turing's vision. The birth of computer science, MIT press, Cambridge, Massachusetts, London 2016, XVII, 189 Seiten
Bernstein, Jeremy: The analytical engine. Computers – past, present and future, Secker & Warburg, London 1965, 127 Seiten
Berntsen, Drude: The pioneer era in Norwegian scientific computing (1948–1962), in: Janis Bubenko; John Impagliazzo; Arne Sølvberg (Hg.): History of Nordic computing. IFIP WG 9.7 first working conference on the history of Nordic computing (HiNC1), June 16–18, 2003, Trondheim, Norway, Springer science+business media, Inc., New York 2005, Seiten 23–32
Berry, Arthur: A short history of astronomy. From earliest times through the nineteenth century, Dover publications, Inc., New York 1961, XXXI, 440 Seiten

Berry, Jean R.: Clifford Edward Berry, 1918–1963: His role in early computers, in: Annals of the history of computing, Band 8, 1986, Heft 4, Seiten 361–369

Berryman, Sylvia: The mechanical hypothesis in ancient Greek natural philosophy, Cambridge University Press, Cambridge 2009, X, 286 Seiten (u.a. Archimedes, Heron von Alexandria, Ktesibius, Philon von Byzanz, Marcus Vitruvius Pollio)

Beßler, Gabriele: Wunderkammern. Weltmodelle von der Renaissance bis zur Kunst der Gegenwart, Dietrich Reimer Verlag GmbH, Berlin 2009, 251 Seiten

Bethmann, Uwe: Unverhoffte Entdeckung in Florenz, in: Historische Bürowelt, Dezember 2018, Heft 114, Seite 15 (Museo Galileo)

Betschon, Franz; Betschon, Stefan; Lindecker, Jürg Dominik; Schlachter, Willy (Hg.): Ingenieure bauen die Schweiz. Technikgeschichte aus erster Hand, Verlag Neue Zürcher Zeitung, Zürich 2013, 522 Seiten (Hinweis. Der Beitrag „Blick zurück in die Zukunft. Die Contraves als Vorkämpferin der Digitaltechnik“, Seiten 423–438, von Max Lattmann gilt als gefälscht, da Lattmann keinen Lebensbericht geschrieben hat, siehe dazu die Buchbesprechung von Herbert Bruderer, http://hsozkult.geschichte.huberlin.de/infoclio.asp?type=rezbuecher&id=22077&pn=rezensionen)

Betschon, Stefan [2010a]: Als die Computer rattern lernten. Konrad Zuse, Erfinder des Computers, wurde vor 100 Jahren geboren, in: Neue Zürcher Zeitung, Nr. 136, 16. Juni 2010, Seite 61 (Forschung und Technik)

Betschon, Stefan [2010b]: Zuse in Zürich. Zeitgenossen erinnern sich, in: Neue Zürcher Zeitung, Nr. 142, 23. Juni 2010, Seite 63 (Forschung und Technik)

Betschon, Stefan [2012a]: Turingmaschine im Rückwärtsgang. Das Jahr 2012 ist dem Andenken an den britischen Mathematiker und Computerpionier Alan Turing gewidmet, in: Neue Züricher Zeitung, Nr. 14, 18. Januar 2012, Seite 14 (Forschung und Technik)

Betschon, Stefan [2012b]: Geheimgespräche zweiter Gründerväter. Geschichte als Science-Fiction: Was wäre, wenn Alan Turing und Konrad Zuse einander getroffen hätten?, in: Neue Zürcher Zeitung, Nr. 136, 14. Juni 2012, Seite 57 (Mobil . Digital)

Betschon, Stefan [2012c]: Das Gadget aller Gadgets. Die Turingmaschine bestimmt bis heute die Grenze der Berechenbarkeit, in: Neue Züricher Zeitung, Nr. 142, 21. Juni 2012, Seite 57 (Mobil . Digital)

Betschon, Stefan [2012d]: Der Spion und das Dekatron. Wie kam die Von-Neumann-Computerarchitektur von Princeton nach Moskau, in: Neue Zürcher Zeitung, Nr. 285, 6. Dezember 2012, Seite 68 (Mobil . Digital)

Betschon, Stefan [2013]: Eine Art Geschichtswerkstatt. Das Enter-Museum in Solothurn zeigt eine Sonderschau zur Geschichte des Radios, in: Neue Zürcher Zeitung, Nr. 271, 21. November 2013, Seite 59 (Mobil . Digital)

Betschon, Stefan [2014a]: Der Zauber des Anfangs. Schweizer Computerpioniere, in: Franz Betschon; Stefan Betschon; Jürg Dominik Lindecker; Willy Schlachter (Hg.): Ingenieure bauen die Schweiz. Technikgeschichte aus erster Hand, Band 1, Verlag Neue Zürcher Zeitung, Zürich, 2., überarbeitete Auflage 2014, Seiten 378–401

Betschon, Stefan [2014b]: Die Mauer zwischen Mensch und Maschine. Vor 50 Jahren wurde anlässlich der Expo 1964 in Lausanne der erste volltransistorisierte Digitalcomputer der Schweiz vorgeführt, in: Neue Zürcher Zeitung, Nr. 111, 15. Mai 2014, Seite 58 (Mobil . Digital)

Betschon, Stefan [2018]: www... In den Echokammern des Internets, Vontobel-Stiftung, Zürich 2018, 96 Seiten

Betschon, Stefan [2019]: Künstliche Intelligenz. Zwischen Realitäten und Illusionen, Vontobel-Stiftung, Zürich 2019, 72 Seiten

Beutelspacher, Albrecht [2000]: Geheimsprachen. Geschichte und Techniken, Beck, München, 2., aktualisierte Auflage 2000, 127 Seiten

Beutelspacher, Albrecht [2001]: Mathematik für die Westentasche. Von Abakus bis Zufall, Piper Verlag GmbH, München 2001, 114 Seiten

Beutelspacher, Albrecht [2009]: Kryptologie. Eine Einführung in die Wissenschaft vom Verschlüsseln, Verbergen und Verheimlichen. Ohne alle Geheimniskrämerei, aber nicht ohne hinterlistigen Schalk, dargestellt zum Nutzen und Ergötzen des allgemeinen Publikums, Vieweg + Teubner, Wiesbaden, 9., aktualisierte Auflage 2009, XII, 155 Seiten

Beutelspacher, Albrecht [2013]: Zahlen. Geschichte, Gesetze, Geheimnisse, Verlag C.H. Beck oHG, München 2013, 112 Seiten

Beutelspacher, Albrecht [2015a]: Numbers. Histories, mysteries, theories, Dover publications, Inc., Mineola, New York 2015, VIII, 104 Seiten

Beutelspacher, Albrecht [2015b]: Wie man in eine Seifenblase schlüpft. Die Welt der Mathematik in 100 Experimenten, Verlag C.H. Beck oHG, München 2015, 319 Seiten

Beutelspacher, Albrecht; Neumann, Heike B.; Schwarzpaul, Thomas: Kryptografie in Theorie und Praxis. Mathematische Grundlagen für Informationssicherheit, Mobilfunk und elektronisches Geld, Vieweg + Teubner, Wiesbaden, 2., überarbeitete Auflage 2010, XIII, 324 Seiten

Beutelspacher, Albrecht; Schwenk, Jörg; Wolfenstetter, Klaus-Dieter: Moderne Verfahren der Kryptographie. Von RSA zu Zero-Knowledge, Vieweg + Teubner, Wiesbaden, 7., überarbeitete Auflage 2010, X, 148 Seiten

Beutelspacher, Albrecht; Zschiegner, Marc-Alexander: Diskrete Mathematik für Einsteiger. Mit Anwendungen in Technik und Informatik, Vieweg + Teubner, Wiesbaden, 4., aktualisierte Auflage 2011, VIII, 254 Seiten

Beyer, Annette: Faszinierende Welt der Automaten. Uhren, Puppen, Spielereien, Verlag D. W. Callwey, München 1983, 255 Seiten (Figurenuhren, Figurenautomaten, Musikautomaten, Uhrenautomaten, Puppenautomaten)

Beyer, Annette; Beyer Theodor: Antike Uhren. Das Museum der Zeitmessung Beyer, Zürich, Verlag Georg D. W. Callwey, München 1982, 96 Seiten

Beyer, H.: Die rechnerischen Vorteile der „Curta"-Rechenmaschine, in: Österreichisches Ingenieur-Archiv, Band 9, 1955, Heft 1, Seiten 31–37

Beyer, Kurt: Grace Hopper and the invention of the information age, MIT press, Cambridge, Massachusetts, London 2012, XIII, 389 Seiten

Beyer, René; Meis, Reinhard: Antike Uhren. Uhrenmuseum Beyer, Zürich, Neuerwerbungen, Verlag Georg D. W. Callwey, München 1996, 110 Seiten

Bhanu Murthy, T. S.: A modern introduction to ancient Indian mathematics, New age international publishers Ltd., Neu-Delhi, Bangalore usw., 2. Auflage 2009, XII, 260 Seiten

Bialas, Volker [1970]: Praxis geometrica. Zur Geschichte der Geodäsie am Beginn der Neuzeit, Verlag der Bayerischen Akademie der Wissenschaften, München 1970, IV, 27 Seiten

Bialas, Volker [1972]: Der Streit um die Figur der Erde. Zur Begründung der Geodäsie im 17. und 18. Jahrhundert, Verlag der Bayerischen Akademie der Wissenschaften, München 1972, IV, 39 Seiten

Bialas, Volker [1973]: Leitlinien in der Entwicklung der Geodäsie, in: Zeitschrift für Vermessungswesen, Band 98, 1973, Heft 11, Seiten 499–507

Bialas, Volker [1978]: Wissenschaftliche und technische Revolutionen in Vergangenheit und Gegenwart, Pahl-Rugenstein Verlag, Köln 1978, 169 Seiten

Bialas, Volker [1982]: Erdgestalt, Kosmologie und Weltanschauung. Die Geschichte der Geodäsie als Teil der Kulturgeschichte der Menschheit, Verlag Konrad Wittwer KG, Stuttgart 1982, VI, 365 Seiten

Bialas, Volker [1984]: Die Geodäsie und ihre Geschichte – wissenschaftstheoretische Aspekte, Verlag der Bayerischen Akademie der Wissenschaften, München 1984, 26 Seiten

Bialas, Volker [1990]: Allgemeine Wissenschaftsgeschichte. Philosophische Orientierungen, Böhlau Verlag GmbH & Co. KG, Wien, Köln 1990, 222 Seiten

Bialas, Volker [1998]: Vom Himmelsmythos zum Weltgesetz. Eine Kulturgeschichte der Astronomie, Ibera-Verlag, Wien 1998, 463 Seiten

Bibel, Leonhard Wolfgang [2014]: Artificial intelligence in a historical perspective, in: AI communications, Band 27, 2014, Heft 1, Seiten 87–102

Bibel, Leonhard Wolfgang [2017]: Reflexionen vor Reflexen. Memoiren eines Forschers, Cuvillier Verlag, Göttingen 2017, XII, 445 Seiten (Lebenserinnerungen)

Bibel, Leonhard Wolfgang [2020]: On the development of AI in Germany, KI – Künstliche Intelligenz, 8 Seiten, https://doi.org/10.1007/s13218-020-00654-x

Bibel, Leonhard Wolfgang; Furbach, Ulrich: Formierung eines Forschungsgebiets – Künstliche Intelligenz und Intellektik an der Technischen Hochschule München, Deutsches Museum, München 2018, 91 Seiten

Bickenbach, Joachim; Keil-Slawik, Reinhard; Löwe, Michael; Wilhelm, Rudolf (Hg.): Militarisierte Informatik, Bund deutscher Wissenschaftler, Marburg 1985, XI, 207 Seiten (Kapitel: Von der Feuertafel zum Kampfroboter. Die Entwicklungsgeschichte des Computers, Seiten 7–35)

Biedermann, Rudolf: Bericht über die Ausstellung wissenschaftlicher Apparate im South Kensington Museum zu London 1876, London 1877, zugleich vollständiger und beschreibender Katalog der Ausstellung. Mit Holzschnitten, LIII, 1063 Seiten (u.a. Rechenschieber, Babbages Rechenmaschine (Differenzmaschine), Rechenmaschine von Hahn, Ebbe- und Flutberechnungsmaschine vom William Thomson, Pascals Rechenmaschine, Pantografen)

Biermann, Ludwig (Hg.): Vorträge über Rechenanlagen. Gehalten in Göttingen, 19.–21. März 1953, Max-Planck-Institut für Physik, Göttingen 1953, VII, 145 Seiten

Biermann, Ludwig [1952]: „Denkende" Maschinen?, in: Nachrichten für Dokumentation, Band 3, 1952, Heft 1, Seite 25

Biermann, Ludwig [1953a]: Kolloquium über Rechenanlagen in Göttingen, Physikalische Blätter, Band 9, 1953, Heft 5, Seiten 231–235

Biermann, Ludwig [1953b]: Rechenmaschinen in der physikalischen und astronomischen Forschung, in: Ludwig Biermann (Hg.): Vorträge über Rechenanlagen. Gehalten in Göttingen, 19.–21. März 1953, Max-Planck-Institut für Physik, Göttingen 1953, Seiten 38–41

Biermann, Ludwig [1953c]: Die Göttinger Entwicklungen elektronischer Rechenautomaten, in: Hubert Cremer (Hg.): Probleme der Entwicklung programmgesteuerter Rechengeräte und Integrieranlagen, Mathematisches Institut, Aachen 1953, Seiten 39–54

Biermann, Ludwig [1956]: Überblick über die Göttinger Entwicklungen, insbesondere die Anwendung der Maschinen G 1 und G 2, in: Johannes Wosnik; Alwin Walther; Walter Hoffmann (Hg.): Elektronische Rechenmaschinen und Informationsverarbeitung. Nachrichtentechnische Fachberichte. Beihefte der NTZ, Band 4, 1956, Seiten 36–39

Biermann, Ludwig; Billing, Heinz: Moderne mathematische Maschinen, in: Die Naturwissenschaften, Band 40, 1953, Seiten 7–13

Biermann, Ludwig; Billing, Heinz; Hopmann, Wilhelm; Schlüter, Alf: Die Göttinger elektronischen Rechenmaschinen, in: Zeitschrift für angewandte Mathematik und Mechanik, Band 33, 1953, Heft 1/2, Seiten 48–60

Bigelow, Julian Himely: Computer development at the Institute for advanced study, in: Nicholas Constantine Metropolis; Jack Howlett; Gian-Carlo Rota (Hg.): A history of computing in the twentieth century. A collection of essays, Academic press, New York, London usw. 1980, Seiten 291–310

Biggs, Norman: Quite right. The story of mathematics, measurement, and money, Oxford University Press, Oxford 2016, VIII, 176 Seiten

Bignasca, Andrea; Lagogianni-Georgakarakos, Maria: Das Schiff von Antikythera und seine Erforschung, in: Antike Welt, 2015, Heft 5, Seiten 33–36 (Räderwerk von Antikythera)

Bignasca, Andrea; Lagogianni-Georgakarakos, Maria; Kaltsas, Nikolaos; Vlachogianni, Elena (Hg.): Der versunkene Schatz. Das Schiffswrack von Antikythera, Antikenmuseum Basel und Sammlung Ludwig, Basel 2015, 254 Seiten (Ausstellungskatalog)

Billeter, Erika: Spiele für Kinder und Könige. Automaten aus der Spielzeugsammlung Annette Beyer und aus dem Uhrenmuseum Teddy Beyer, Museum Bellerive, Zürich 1974, 24 Seiten

Billing, Heinz [1949]: Numerische Rechenmaschine mit Magnetophonspeicher, in: Zeitschrift für angewandte Mathematik und Mechanik, Band 29, 1949, Heft 1/2, Seiten 38–42

Billing, Heinz [1953]: Tendenzen der Göttinger Rechenmaschinen-Entwicklung, in: Ludwig Biermann (Hg.): Vorträge über Rechenanlagen. Gehalten in Göttingen, 19.–21. März 1953, Max-Planck-Institut für Physik, Göttingen 1953, Seiten 25–33

Billing, Heinz [1956]: Schaltkreis- und Speichertechnik, in: Johannes Wosnik; Alwin Walther; Walter Hoffmann (Hg.): Elektronische Rechenmaschinen und Informationsverarbeitung. Nachrichtentechnische Fachberichte. Beihefte der NTZ, Band 4, 1956, Seiten 9–14

Billing, Heinz [1959a]: Zum Geleit, in: Elektronische Rechenanlagen, Band 1, 1959, Heft 1, Seite 1

Billing, Heinz [1959b]: ohne Überschrift (Geleitwort), in: Elektronische Rechenanlagen, Band 1, 1959, Heft 3, Seite 105

Billing, Heinz [1961]: Die im Max-Planck-Institut für Physik und Astrophysik entwickelte Rechenanlage G3, in: Elektronische Rechenanlagen, Band 3, 1961, Heft 2, Seiten 83–84

Billing, Heinz [1963a]: Schnelle Rechenmaschinenspeicher und ihre Geschwindigkeits- und Kapazitätsgrenzen, in: Elektronische Rechenanlagen, Band 5, 1963, Heft 2, Seiten 64–72

Billing, Heinz [1963b]: Magnetische Stufenschichten als Speicherelemente, in: Elektronische Rechenanlagen, Band 5, 1963, Heft 6, Seiten 257–261

Billing, Heinz [1982]: Die Göttinger Rechenmaschinen G1, G2 und G3. Aus den Kindertagen der Computer/Ein Pionier erinnert sich an die Anfänge der Entwicklung, in: MPG-Spiegel, Nr. 4, 1982, Seiten 41–49 (Max-Planck-Gesellschaft, München)

Billing, Heinz [Hg.]: Lernende Automaten, R. Oldenbourg, München 1961, 240 Seiten (Beihefte zur Zeitschrift „Elektronische Rechenanlagen“, Band 3) (Tagungsband)

Billing, Heinz; Hopman, Wilhelm: Mikroprogramm-Steuerwerk, in: Elektronische Rundschau, Band 9, 1955, Heft 10, Seiten 349–353

Billing, Heinz; Rüdiger, Albrecht: Das Parametron verspricht neue Möglichkeiten im Rechenmaschinenbau, in: Elektronische Rechenanlagen, Band 1, 1959, Heft 3, Seiten 119–126

Billings, Charlene W.: Grace Hopper. Navy admiral and computer pioneer, Enslow publishers, Inc., Hillside, New York, Adlershots, Hants 1989, 128 Seiten (Biografie)

Bion, Nicolas: Traité de la construction et des principaux usages des instruments de mathématique, Charles-Antoine Jombert/Nion fils, Paris, 4., überarbeitete und erweiterte Auflage, 1752, XI, 460 Seiten

Bird, Peter J.: Leo: The first business computer, Hasler publishing Limited, Wokingham, Berkshire 1994, 272 Seiten

Birkhoff, Garrett: Computer developments 1935–1955, as seen from Cambridge, USA, in: Nicholas Constantine Metropolis; Jack Howlett; Gian-Carlo Rota (Hg.): A history of computing in the twentieth century. A collection of essays, Academic press, New York, London usw. 1980, Seiten 21–30

Bischoff, Johann Paul: Versuch einer Geschichte der Rechenmaschine. Ansbach 1804, Systhema-Verlag, München 1990, 249 Seiten (Hg.: Stephan Weiß)

Bishop, Calvin Collier: Practical use of the slide rule, Barnes & Noble, Inc., New York 1950, VII, 147 Seiten (mit Gebrauchanleitung)

Bishop, Mark: The phenomenal case of the Turing test and the Chinese room, in: S. Barry Cooper; Jan van Leeuwen (Hg.): Alan Turing. His work and impact, Elsevier, Amsterdam, Boston usw. 2013, Seiten 580–586

Bitsakis, Yanis [2015a]: Der Mechanismus von Antikythera, in: Andrea Bignasca; Maria Lagogianni-Georgakarakos; Nikolaos Kaltsas; Elena Vlachogianni (Hg.): Der versunkene Schatz. Das Schiffswrack von Antikythera, Antikenmuseum Basel und Sammlung Ludwig, Basel 2015, Seiten 222–233 (Ausstellungskatalog)

Bitsakis, Yanis [2015b]: Ein antiker mechanischer Kosmos. Der Mechanismus von Antikythera, in: Antike Welt, 2015, Heft 5, Seiten 27–32 (Räderwerk von Antikythera)

Bitsakis, Yanis; Jones, Alexander R. [2016a]: The front dial and parapegma inscriptions, in: Almagest, Band 7, 2016, Heft 1, Seiten 68–137 (Sonderheft: The inscriptions of the Antikythera mechanism)

Bitsakis, Yanis; Jones, Alexander R. [2016b]: The back cover inscription, in: Almagest, Band 7, 2016, Heft 1, Seiten 216–248 (Sonderheft: The inscriptions of the Antikythera mechanism)

bl. Erinnerung an die Computer-Frühzeit, in: Neue Zürcher Zeitung, Nr. 140, 20./21. Juni 1981, Seite 51 (Stadt Zürich)

Blaauw, Gerrit Anne; Brooks, Frederick P.: Computer architecture. Concepts and evolution, Addison-Wesley Longman, Reading, Massachusetts 1997, XLVIII, 1213 Seiten

Blachman, Nelson M. [1953]: A survey of automatic digital computers, Office of naval research, Department of the navy, Washington, D.C. 1953, VI, 109 Seiten

Blachman, Nelson M. [1956]: Some automatic digital computers in Western Europe, in: Transactions of the IRE, professional group on electronic computers, Band EC-5, 1956, Heft 3, Seiten 158–166 (u.a. Moscaic, TRE-Rechner (Telecommunications research establishment), Bark, Besk, Perm, Ermeth)

Blachman, Nelson M. [1959]: Central European computers, in: Communications of the ACM, Band 2, 1959, Heft 9, Seiten 14–18

Black, Edwin [2002a]: IBM and the Holocaust, Time Warner paperbacks, London 2002, X, 710 Seiten

Black, Edwin [2002b]: IBM und der Holocaust. Die Verstrickung des Weltkonzerns in die Verbrechen der Nazis, Ullstein Taschenbuchverlag, München 2002, 752 Seiten

Blankenhorn, Richard; De Cesaris, Robert: The Fowler calculators – a catalogue raisoné, in: Journal of the Oughtred society, Band 11, 2002, Heft 2, Seiten 3–12 (Rechenscheibe)

Blaschke, Wilhelm: Griechische und anschauliche Geometrie, Verlag von R. Oldenbourg, München 1953, 60 Seiten

Bletchley Park (Hg.): Home of codebreakers, guidebook, Bletchley Park Trust, Bletchley Park, Milton Keynes, o. J. (etwa 2013), 48 Seiten (Museumsführer)

Bletchley Park at war, Faltprospekt, Bletchley Park Trust, Bletchley Park, Milton Keynes, o. J., 8 Seiten (Zeittafel)

Bloch, Laurent: Informatics in the light of some Leibniz's works, Vortrag auf der 2. Konferenz zur Xenobiologie (XB2), Berlin, Mai 2016, 10 Seiten (Dualsystem)

Bloch, Richard M. [1985]: Mark I calculator, in: Proceedings of a symposium on large-scale digital calculating machinery, Cambridge, Massachusetts, 7.–10. Januar 1947, MIT press, Cambridge, Massachusetts, London/Tomash publishers, Los Angeles, San Francisco 1985, Seiten 23–30

Bloch, Richard M. [1999a]: Programming Mark I, in: I. Bernard Cohen; Gregory W. Welch (Hg.): Makin' numbers. Howard Aiken and the computer, MIT press, Cambridge, Massachusetts, London 1999, Seiten 77–109

Bloch, Richard M. [1999b]: Reminiscences of Aiken during World War II and later, in: I. Bernard Cohen; Gregory W. Welch (Hg.): Makin' numbers. Howard Aiken and the computer, MIT press, Cambridge, Massachusetts, London 1999, Seiten 195–201

Bloch, Richard M.; Campbell, Robert V. D.; Ellis, M. [1948a]: The logical design of the Raytheon computer, in: Mathematical tables and other aids to computation, Band 3, Oktober 1948, Heft 24, Seiten 286–295

Bloch, Richard M.; Campbell, Robert V. D.; Ellis, M. [1948b]: General design considerations for the Raytheon computer, in: Mathematical tables and other aids to computation, Band 3, Oktober 1948, Heft 24, Seiten 317–323

Blümich, Wolf-G.: Firmengeschichte, Technik und Übersicht über die Modelle. Kleinaddiermaschinen Resulta, in: Historische Bürowelt, Dezember 2004, Heft 69, Seiten 14–18

Blunden, W. R.: Digital-analogue conversions, in: Commonwealth scientific and industrial research organization (Hg.): Proceedings of conference on automatic computing machines held in the Department of electrical engineering, University of Sydney, August 1951, Melbourne, April 1952, Seiten 185–195

Blyth, Tilly [2016]: Exhibiting information: Developing the *Information age* gallery at the Science museum, in: Information & culture, Band 51, 2016, Heft 1, Seiten 1–28

Boch, Rudolf (Hg.): Patentschutz und Innovation in Geschichte und Gegenwart, Peter Lang, Frankfurt am Main, Berlin usw. 1999, XII, 203 Seiten (Aufsätze: Gerhard Dohrn-van Rossum: Erfinder und Erfinderschutz im Spätmittelalter und in der frühen Neuzeit, Seiten 39–50, sowie Rudolf Boch: Das Patentgesetz von 1877. Entstehung und wirtschaftsgeschichtliche Bedeutung, Seiten 71–84)

Bode, Bernd: Lochkartentechnik, Friedrich Vieweg & Sohn, Braunschweig 1969, 2., bearbeitete Auflage, 78 Seiten

Bode, Christoph: Die Milchmädchen Rechnung, Bera GmbH, Schwäbisch Hall 2012, 132 Seiten (Die Entstehung des modernen Computers im Allgäu)

Bodenmann, Laurence; Mootoosamy, Morghan (Hg.): Automates et merveilles. Chefs-d'œuvre de luxe et de miniaturisation, Editions Alphil, Neuenburg 2012, 64 Seiten (dreiteiliger Ausstellungskatalog: Musée d'horlogerie du Locle, Château des Monts)

Bodo, Rudolf: Über den optimalen Entwurf von Transistorrechenmaschinen, Technische Hochschule Wien 1958, 206 Seiten (Dissertation) (Mailüfterl)

Boehm, Laetitia; Schönbeck, Charlotte (Hg.): Technik und Bildung, VDI-Verlag GmbH, Düsseldorf 1989, XVIII, 474 Seiten (Technik und Kultur, Band 5)

Bohlhalter, Bruno: Unruh. Die schweizerische Uhrenindustrie und ihre Krisen im 20. Jahrhundert, Verlag Neue Zürcher Zeitung, Zürich 2016, 360 Seiten

Böhm, Corrado [1954a]: Calculatrices digitales du déchiffrage de formules logico-mathématiques par la machine même dans la conception du programme, ETH Zürich, Zürich 1954, 51 Seiten (Dissertation)

Böhm, Corrado [1954b]: Calculatrices digitales. Du déchiffrage de formules logico-mathématiques par la machine même dans la conception du programme, in: Annali di matematica pura ed applicata, Band 37, 1954, Heft 1, Seiten175–217

Böhn, Andreas; Möser, Kurt (Hg.): Techniknostalgie und Retrotechnologie, KIT scientific publishing, Karlsruhe 2010, 219 Seiten (Karlsruher Institut für Technologie)

Bohnsack, Almut: Der Jacquard-Webstuhl, Deutsches Museum, München 1993, 67 Seiten und 21 Seiten Konstruktionszeichnungen (Reihe Technikgeschichte, Modelle und Rekonstruktionen)

Bol, Peter Cornelis: Die Skulpturen des Schiffsfundes von Antikythera, Gebrüder Mann Verlag, Berlin 1972, 184 Seiten

Bollée, Léon: Sur une nouvelle machine à calculer, in: Comptes rendus hebdomadaires des séances de l'Académie des sciences, Band 109, Juli–Dezember 1889, Seiten 737–739

Bollinger, J.: Mit Rechenschieber und Rechenscheibe, Vebra-Verlag, Vettiger & Co., Rüti ZH 1971, 62 Seiten

Bollmann, Hans: Büromaschinen im Bankbetrieb, in: Neue Zürcher Zeitung, 11. September 1952 (NZZ-Archiv, Seite b10)

Bolognini, Yves; Stamm, Marielle (Hg.): Disparition programmée. Le musée Bolo mène l'enquête. Programmed disappearance. The Bolo museum investigates, Presses polytechniques et universitaires romandes, Lausanne 2013, 199 Seiten

Bolter, Jay David: Turing's man. Western culture in the computer age, University of North Carolina press, Chapel Hill, North Carolina 1984, XII, 264 Seiten

Bolz, Norbert; Kittler, Friedrich A.; Tholen, Christoph (Hg.): Computer als Medium, Wilhelm Fink Verlag, München 1994, 312 Seiten

Bonfanti, Corrado: Information technology in Italy: The origins and the early years (1954–1965), in: Arthur Tatnall (Hg.): Reflections on the history of computing. Preserving memories and sharing stories, Springer, Heidelberg, Dordrecht usw. 2012, Seiten 320–347 (IFIP Advances in information and communication technology, Band 387)

Bonhôte, Daniel: Au temps des boîtes à musique. Des origines aux orgues de fête foraine, Editions Mondo SA, Lausanne 1972, 176 Seiten (Musikautomaten)

Bonizzoni, Paola; Brattka, Vasco; Löwe, Benedikt (Hg.): The nature of computation. Logic, algorithms, applications, 9th conference on computability in Europe, CiE 2013, Mailand, Italien, Juli 2013, Proceedings, Springer-Verlag, Berlin, Heidelberg 2013, XVIII, 446 Seiten (Tagungsband)

Bonsack, Almut: Der Jacquard-Webstuhl, Deutsches Museum, München 1993, 67 Seiten und 21 Seiten Konstruktionszeichnungen (Reihe Technikgeschichte, Modelle und Rekonstruktionen)

Booth, Andrew Donald [1947]: Two calculating machines for Xray crystal structure analysis, in: Journal of applied physics, Band 18, Juli 1947, Seiten 664–666

Booth, Andrew Donald [1948]: Recent computer projects, in: Proceedings of the royal society of London, Series A: mathematical and physical sciences, Band 195, 22. Dezember 1948, Heft 1042, Seiten 286–287

Booth, Andrew Donald [1949]: A magnetic digital storage system, in: Electronic engineering, Band 21, Juli 1949, Heft 257, Seiten 234–238

Booth, Andrew Donald [1950a]: Design principles of all purpose digital computers, in: Acta physica austriaca, Band 4, 1950, Heft 1, Seiten 85–97

Booth, Andrew Donald [1950b]: The physical realization of an electronic digital computor, in: Electronic engineering, Band 22, Dezember 1950, Heft 274, Seiten 492–498) (zu beachten: computor)

Booth, Andrew Donald [1953]: La machine à calculer électro-magnétique de l'Université de Londres, in: Joseph Pérès (Hg.): Les machines à calculer et la pensée humaine, Paris, 8–13 janvier 1951, Colloques internationaux du Centre national de la recherche scientifique, Nr. 37, Editions du Centre national de la recherche scientifique (CNRS), Paris 1953, Seiten 29–31

Booth, Andrew Donald [1954]: The development of A.P.E.(X).C., in: Mathematical tables and other aids to computation, Band 8, April 1954, Heft 46, Seiten 98–105

Booth, Andrew Donald [1956]: Input-output for digital computing machines, in: Johannes Wosnik; Alwin Walther; Walter Hoffmann (Hg.): Elektronische Rechenmaschinen und Informationsverarbeitung. Nachrichtentechnische Fachberichte. Beihefte der NTZ, Band 4, 1956, Seiten 15–20

Booth, Andrew Donald [1958]: Numerical methods, Butterworths scientific publications, London 1958, 2. Auflage, VII, 195 Seiten

Booth, Andrew Donald [1959]: Automation and computing, MacMillan, New York 1959, 158 Seiten

Booth, Andrew Donald [1960]: The future of automatic digital computers, in: Communications of the ACM, Band 3, 1960, Heft 6, Seiten 339–341 und 360

Booth, Andrew Donald [1971]: Calculating machines at the Birkbeck College computation laboratory, in: Bertram Vivian Bowden (Hg.): Faster than thought. A symposium on digital computing machines, Pitman publishing, London 1953, Nachdruck 1971, Seiten 170–172

Booth, Andrew Donald [1975]: Computers in the university of London, 1945–1962, in: The radio and electronic engineer, Band 45, 1975, Heft 7, Seiten 341–345

Booth, Andrew Donald [1980]: Computers in the University of London, 1945–1962, in: Nicholas Constantine Metropolis; Jack Howlett; Gian-Carlo Rota (Hg.): A history of computing in the twentieth century. A collection of essays, Academic press, New York, London usw. 1980, Seiten 551–561

Booth, Andrew Donald [1989a]: Relay computers, in: Michael Roy Williams; Martin Campbell-Kelly (Hg.): The early British computer conferences, MIT press, Cambridge, Massachusetts, London/Tomash publishers, Los Angeles, San Francisco 1989, Seiten 27–30

Booth, Andrew Donald [1989b]: The Ape(x)c – A low cost electronic calculator, in: Michael Roy Williams; Martin Campbell-Kelly (Hg.): The early British computer conferences, MIT press, Cambridge, Massachusetts, London/Tomash publishers, Los Angeles, San Francisco 1989, Seiten 469–475

Booth, Andrew Donald [1997]: Andrew D. Booth, an autobiographical sketch, in: Annals of the history of computing, Band 19, 1997, Heft 4, Seiten 57–63

Booth, Andrew Donald; Booth, Kathleen H. V. [1965]: Automatic digital calculators, Butterworths, London 1965, 3. Auflage, XI, 263 Seiten

Booth, Andrew Donald; Britten, Kathleen H. V. [1949]: Principles and progress in the construction of high-speed digital computers, in: The quarterly journal of mechanics and applied mathematics, Band 2, 1949, Seiten 182–197

Borchers, Detlef: Der Informatiker. Er erfand den Computer. Er verkürzte den Zweiten Weltkrieg. Und wurde als Schwuler verurteilt. Zum 100. Geburtstag von Alan Turing, in: Süddeutsche Zeitung, Nr. 143, 23./24. Juni 2012, Seite 24 (Wissen)

Borchers, Detlef: Zuse-Forscher revidieren Bild des Computerpioniers, in: heise online, 1. Oktober 2010, 1 Seite, www.heise.de

Borel, Charles: La machine électrique Hollerith simplifiée, in: Zeitschrift für schweizerische Statistik, Band 30, 1894, Heft 3/4, Seiten 392–396 (mit Faltblatt)

Borlenghi, Carlo; Gini, Gianni: Navigation durch die Jahrhunderte. Nautische Instrumente von Astrolabium bis Zirkel, Delius Klasing & Co. KG, Bielefeld 2012, 216 Seiten (Sammlung des Museo degli strumenti per la navigazione, Bellagio, Comersee)

Borst, Arno: Computus. Zeit und Zahl in der Geschichte Europas, Verlag Klaus Wagenbach, Berlin, 3., durchgesehene und erweiterte Auflage 2004, 187 Seiten

Borys, Thomas: Codierung und Kryptologie. Facetten einer anwendungsorientierten Mathematik im Bildungsprozess, Vieweg + Teubner Research, Wiesbaden 2011, XI, 371 Seiten

Bosbach, Franz; Davis, John R. (Hg.): Die Weltausstellung von 1851 und ihre Folgen, K. G. Saur Verlag GmbH, München 2002, 440 Seiten

Bösch, Frank (Hg.): Wege in die digitale Gesellschaft. Computernutzung in der Bundesrepublik 1955–1990, Wallstein Verlag GmbH, Göttingen 2018, 326 Seiten (Beitrag: „If you can't beat 'em, join 'em." Computerschach und der Wandel der Mensch-Maschinen-Verhältnisse, Seiten 298–321)

Bošnjakovič, F.; Kuhlenkamp, Alfred; Sacklowski, A.; Sonntag, R.; Weise, A.; Wewerke, A.: Lueger Lexion der Technik, Band 1: Grundlagen des Maschinenbaues, Deutsche Verlags-Anstalt GmbH, Stuttgart, 4., vollständig neu bearbeitete und erweiterte Auflage 1960, XII, 696 Seiten

Bosshard, Jules Alexander: Rechenschieber...? Das ist doch einfach!, Verlag A. Francke AG, Bern, 2., verbesserte Auflage 1947, 128 Seiten

Bosshart, Nicole (Hg.): Automates et merveilles. Merveilleux mouvements... surprenantes mécaniques, Editions Alphil, Neuenburg 2012, 64 Seiten (dreiteiliger Ausstellungskatalog: Musée international d'horlogerie, La Chaux-de-Fonds) (Fu Xiang Guo; Xue Ling Guan: Les collections de Jaquet-Droz au musée de la Cité interdite, Seiten 45–49)

Böszörményi, László [2000]; Gutknecht, Jürg; Pomberger, Gustav (Hg.): The school of Niklaus Wirth. The art of simplicity, dpunkt.verlag, Heidelberg 2000, VI, 260 Seiten

Böszörmenyi, Laszlo [2008]: Guest editor's introduction: History of informatics, in: IEEE Annals of the history of computing, Band 30, 2008, Heft 3, Seiten 4–8

Bottazzini, Umberto; Dalmedico, Amy Dahan (Hg.): Changing imges in mathematics. From the French revolution to the millennium, Routledge, London, New York 2001, VII, 305 Seiten

Bottenbruch, Hermann [1956]: Unterprogramme für Dera, in: Johannes Wosnik; Alwin Walther; Walter Hoffmann (Hg.): Elektronische Rechenmaschinen und Informationsverarbeitung. Nachrichtentechnische Fachberichte. Beihefte der NTZ, Band 4, 1956, Seiten 161–164 (Dera = Darmstädter elektronischer Rechenautomat)

Bottenbruch, Hermann [1958]: Űbersetzung von algorithmischen Formelsprachen in die Programmiersprachen von Rechenmaschinen, in: Zeitschrift. Für mathematische Logik und Grundlagen der Mathematik, Band 4, 1958, Seiten 180–221

Boulanger, Georges R.: Le calcul mécanique et l'art de l'ingénieur, in: Joseph Pérès (Hg.): Les machines à calculer et la pensée humaine, Paris, 8–13 janvier 1951, Colloques internationaux du Centre national de la recherche scientifique, Nr. 37, Editions du Centre national de la recherche scientifique (CNRS), Paris 1953, Seiten 333–345

Bourbaki, Nicolas [1971]: Elemente der Mathematikgeschichte, Vandenhoeck & Ruprecht, Göttingen 1971, 297 Seiten

Bourbaki, Nicolas [2007]: Eléments d'histoire des mathématiques, Springer-Verlag, Berlin, Heidelberg usw. 2007, 377 Seiten (Nachdruck von 1984)

Bowden, Bertram Vivian (Hg.): Faster than thought. A symposium on digital computing machines, Pitman publishing, London 1953, Nachdruck 1971, XIX, 416 Seiten

Bowden, Bertram Vivian [1971a]: A brief history of computation, in: Bertram Vivian Bowden (Hg.): Faster than thought. A symposium on digital computing machines, Pitman publishing, London 1953, Nachdruck 1971, Seiten 3–31

Bowden, Bertram Vivian [1971b]: The organization of a typical machine, in: Bertram Vivian Bowden (Hg.): Faster than thought. A symposium on digital computing machines, Pitman publishing, London 1953, Nachdruck 1971, Seiten 67–77

Bowden, Bertram Vivian [1971c]: The construction, performance and maintenance of digital computers, in: Bertram Vivian Bowden (Hg.): Faster than thought. A symposium on digital computing machines, Pitman publishing, London 1953, Nachdruck 1971, Seiten 78–100

Bowden, Bertram Vivian [1971d]: Computers in America, in: Bertram Vivian Bowden (Hg.): Faster than thought. A symposium on digital computing machines, Pitman publishing, London 1953, Nachdruck 1971, Seiten 173–178

Bowden, Bertram Vivian [1975]: The 25th anniversary of the stored program computer, in: The radio and electronic engineer, Band 45, 1975, Heft 7, Seite 326 (Speicherprogramm)

Bowden, Bertram Vivian [1989]: The application of calculating machines to business and commerce, in: Michael Roy Williams; Martin Campbell-Kelly (Hg.): The early British computer conferences, MIT press, Cambridge, Massachusetts, London/Tomash publishers, Los Angeles, San Francisco 1989, Seiten 196–198

Bowden, Bertram Vivian; Pollard, B. W.: The circuit components of digital computers, in: Bertram Vivian Bowden (Hg.): Faster than thought. A symposium on digital computing machines, Pitman publishing, London 1953, Nachdruck 1971, Seiten 32–66

Bowker, Geof; Giordano, Richard: Interview with Tom Kilburn, in: IEEE Annals of the history of computing, Band 25, 1993, Heft 3, Seiten 17–32

Boys, C. V.: Calculating machines, in: Journal of the society of arts, Band 34, 1886, Seiten 376–389

Bozzo, Massimo: La grande storia del computer. Dall'abaco all'intelligenza artificiale, Edizioni Dedalo srl, Bari 1996, 281 Seiten

Brain, Marshall: Das Technikbuch. Vom Katapult zu Rover Curiosity. 250 Meilensteine in der Geschichte der Technik, Librero IBP, Kerkdriel, Niederlande 2016, 528 Seiten

Brainerd, John Grist: Genesis of the Eniac, in: Technology and culture, Band 17, 1976, Heft 3, Seiten 482–488

Brainerd, John Grist; Sharpless, T. Kite [1948]: The Eniac, in: Electrical engineering, Band 67, 1948, Heft 2, Seiten 163–172

Brainerd, John Grist; Sharpless, T. Kite [1964]: The Eniac, in: Proceedings of the IEEE, Band 72, 1964, Heft 9, Seiten 1203–1212

Brainerd, John Grist; Sharpless, T. Kite [1999]: The Eniac, in: Proceedings of the IEEE, Band 87, 1999, Heft 6, Seiten 1032–1041

Brandt, Hans: Turing: War es doch kein Suizid?, in: Tages-Anzeiger, Nr. 145, 25. Juni 2012, Seite 12 (Kehrseite)

Brauer, Wilfried und Ute: Zum Tod von Konrad Zuse, in: Informatik-Spektrum, Band 19, 1996, Seiten 2–3 (Nachruf)

Brauers, Jan: Von der Äolsharfe zum Digitalspieler. 2000 Jahre mechanische Musik, 100 Jahre Schallplatte, Klinkhardt & Biermann Verlagsbuchhandlung GmbH, München 1984, 278 Seiten (mechanische Musikinstrumente, Musikautomaten, Musikdosen, Spieluhren, Phonographen, Grammophone)

Bräuhofer, Günter; Posch, Thomas; Lackner, Karin (Hg): Littrows Geschichte der Astronomie, Verlag Königshausen & Neumann GmbH, Würzburg 2016, 327 Seiten (Joseph Johann von Littrow: Geschichte der Astronomie)

Braun, Hans-Joachim: Die 101 wichtigsten Erfindungen der Weltgeschichte, Verlag C. H. Beck oHG, München, 2., aktualisierte Auflage 2007, 123 Seiten

Braun, Hans-Joachim; Kaiser Walter: Energiewirtschaft, Automatisierung, Information seit 1914, Ullstein Buchverlage GmbH, Berlin 1997, 576 Seiten (Wolfgang König (Hg.): Propyläen Technikgeschichte, Band 5) (Abschnitte: Kommunikationssysteme (Telefon, Rundfunk, Fernsehen, Schallplatte, Tonband, Tonfilm), Seiten 150–171; Rüstungsforschung (Radar, Rechenautomaten Zuse Z1, Harvard Mark 1/IBM ASCC), Seiten 180–193; Mikroelektronik (Transistor), Seiten 340–352; Rechner, Seiten 342–391; Telekommunikation, Seiten 392–409)

Brauner, Ludwig [1924]: Die „Rechenmaschinen“ unserer Vorfahren, in: Braunschweiger GNC-Monatsschrift, September 1924, Seiten 488–493

Brauner, Ludwig [1926]: Wichtige Abschnitte in der Rechenmaschinen-Entwicklung, in: Beiträge zur Geschichte der Technik und Industrie, Band 16, 1926, Seiten 248–260

Brauner, Ludwig; Vogt, Victor (Hg.) [1921]: Illustriertes Orga-Handbuch erprobter Büro-Maschinen, „Organisation“ Verlagsgesellschaft mbH, Berlin 1921, 644 Seiten (Orga-AG, Berlin) (Rechenmaschinen, Seiten 201–300)

Brauner, Ludwig; Vogt, Victor (Hg.) [2003]: Illustriertes Orga-Handbuch erprobter Büromaschinen, Verlag für Sammler-Literatur Dingwerth GmbH, Delbrück 2003, 320 Seiten (Nachdruck von 1921)

Braunholtz, T. G. H.: The design of the Pegasus computer, in: Electronic engineering, Band 29, August 1957, Heft 354, Seiten 358–363

Bready, Jim: Colossus: the 10,000 slide rule, , in: Journal of the Oughtred society, Band 27, 2018, Heft 2,Seiten 7–16

Brechenmacher, Frédéric [2018]: Mathematics in the historical collections of Ecole polytechnique, in: Newsletter of the European mathematical society, Nr. 110, Dezember 2018, Seiten 27–34 (Teil 1)

Brechenmacher, Frédéric [2019]: Mathematics in the historical collections of Ecole polytechnique, in: Newsletter of the European mathematical society, Nr. 111, März 2019, Seiten 34–42 (Teil 2)

Breger, Herbert: Zwischen Philosophie, Mathematik und Politik: Leibniz und die Kryptographie, in: Herbert Breger; Jürgen Herbst; Sven Erdner (Hg.): Einheit in der Vielfalt. 8. Internationaler Leibniz-Kongress, Hannover, 24. bis 29. Juli 2006, Gottfried-Wilhelm-Leibniz-Gesellschaft e.V. Hannover 2006, Vorträge, 1. Teil, Seiten 101–105

Breidbach, Olaf [2005]: Bilder des Wissens. Zur Kulturgeschichte der wissenschaftlichen Wahrnehmung, Wilhelm Fink Verlag, München 2005, 196 Seiten

Breidbach, Olaf [2015]: Geschichte der Naturwissenschaften, Band 1: Die Antike, Springer-Verlag, Berlin, Heidelberg 2015, XVII, 395 Seiten

Breidbach, Olaf; Heering, Peter; Müller, Matthias; Weber, Heiko: Experimentelle Wissenschaftsgeschichte, Wilhelm Fink Verlag, München 2010, 294 Seiten

Breiding, R. James; Schwarz, Gerhard (Hg.): Wirtschaftswunder Schweiz, Ursprung und Zukunft eines Erfolgsmodells, Verlag Neue Zürcher Zeitung, Zürich, 3. überarbeitete Auflage 2016, 463 Seiten (Aufsätze: Materialisierte Präzision: Die Uhrenherstellung als frühes Markenzeichen der Schweiz, Seiten 81–107; Frühe Bahnbrecher. Das Überleben der Textilindustrie in kleinen Nischen, Seiten 169–192; Mächtige Maschinen. Der Wandel der Schweizer Maschinenindusrie von der Mitläuferin zur Innovation, Seiten 193–220)

Bremiker, Carl: Theorie des Amsler'schen Polarplanimeters, Verlag der königlichen geheimen Ober-Hofbuchdruckerei (R. Decker), Berlin 1863, 32 Seiten

Brémont, Greg: La révolution informatique, Hatier, Paris 1982, 320 Seiten

Brennecke, Andreas [2000a]: A classification scheme for program controlled calculators, in: Raúl Rojas, Ulf Hashagen (Hg.): The first computers – history and architectures, MIT press, Cambridge, Massachusetts, London 2000, Seiten 53–68

Brennecke, Andreas [2000b]: Physikalische Analogien und Ziffernrechenmaschinen – Von mechanischen Rechengeräten zu Integrieranlagen und programmgesteuerten Maschinen, in: Werner H. Schmidt; Werner Girbardt (Hg.): 1. Greifswalder Symposium zur Entwicklung der Rechentechnik, 15.–17. September 2000, Ernst Moritz Arndt Universität, Greifswald 2000, Seiten 89–111

Brentjes, Burchard; Richter, Siegfried; Sonnemann, Rolf: Geschichte der Technik, Aulis Verlag Deubner & Co KG, Köln, 2., durchgesehene Auflage 1987, 502 Seiten

Breton, Philippe [1985]: Etudes sur la naissance et le développement des technologies de l'information (1942–1985), Universität Louis Pasteur, Straßburg 1985, IV, 222 Seiten (Dissertation)

Breton, Philippe [1990]: Une histoire de l'informatique, Editions La Découverte, Paris 1987, Editions du Seuil, Paris 1990, X, 261 Seiten

Breton, Philippe [1995]: A l'image de l'homme. Du golem aux créatures virtuelles, Editions du Seuil, Paris 1995, 192 Seiten

Breton, Philippe; Proulx, Serge: L'explosion de la communication. La naissance d'une nouvelle idéologie, Editions La Découverte, Paris 1993, 324 Seiten

Bretschneider, Carl Anton [1869]: Beiträge zur Geschichte der griechischen Geometrie, Engelhard-Reyher'sche Hofbuchdruckerei, Gotha 1869, 12 Seiten

Bretschneider, Carl Anton [1968]: Geometrie und die Geometer vor Euklides. Ein historischer Versuch, Dr. Martin Sändig oHG, Wiesbaden 1968, IV, 185 Seiten (Nachdruck von 1870, Druck und Verlag von B. G. Teubner, Leipzig)

Breusing, A.: Die Nautik der Alten, Dr. Martin Sändig oHG, Wiesbaden 1970, XV, 230 Seiten (Nachdruck von 1886)

Bridel, Georges: Die Eroberung der Lüfte. Schweizer Strahlflugzeuge und Strahltriebwerke, in: Franz Betschon; Stefan Betschon; Jürg Dominik Lindecker; Willy Schlachter (Hg.): Ingenieure bauen die Schweiz. Technikgeschichte aus erster Hand, Band 1, Verlag Neue Zürcher Zeitung, Zürich, 2., überarbeitete Auflage 2014, Seiten 260–266 (Düsenflugzeug P-16)

Brillouin, Léon N. [1947]: Les grandes machines mathématiques américaines, in: Atomes, Band 2, Dezember 1947, Heft 21, Seiten 400–404

Brillouin, Léon N. [1948]: Les machines américaines, in: Joseph Pérès; Léon N. Brillouin; Louis Couffignal: Les grandes machines mathématiques, Editions de la revue d'optique, Paris 1948, Seiten 7–22

Brillouin, Léon N. [1985]: Electromagnetic delay lines, in: Proceedings of a symposium on large-scale digital calculating machinery, Cambridge, Massachusetts, 7.–10. Januar 1947, MIT press, Cambridge, Massachusetts, London/Tomash publishers, Los Angeles, San Francisco 1985, Seiten 110–124

Bringsjord, Selmer: A vindication of program verification, in: History and philosophy of logic, Band 36, 2015, Heft 3, Seiten 262–277 (Sonderausgabe „Logical issues in the history and philosophy of computer science“)

Brinkmann, Donald (Universität Zürich): Postkarte an Konrad Zuse, Hopferau bei Füssen, 3. September 1947, 1 Seite

Brittain, James E. [1964]: Brainerd and Sharpless on the Eniac, in: Proceedings of the IEEE, Band 72, 1964, Heft 9, Seiten 1202–1212

Brittain, James E. [1985]: From computor to electrical engineer: The remarkable career of Edith Clarke, in: IEEE transactions on education, Band E-28, 1985, Heft 4, Seiten 184–189

Britten, Frederick James: Old clocks and their makers. An historical and descriptive account of the different styles of clocks of the past in England and abroad, B. T. Batsford Ltd., London, 4. Auflage 1919, X, 597 Seiten (siehe auch Cecil Clutton)

Brockman, John (Hg.) [2015]: What to think about machines that think. Today's leading thinkers on the age of machine intelligence, Harper Perennial, New York 2015, XXVI, 541 Seiten

Brockman, John (Hg.) [2017]: Was sollen wir von künstlicher Intelligenz halten? Die führenden Wissenschaftler unserer Zeit über intelligente Maschinen, S. Fischer Verlag GmbH, Frankfurt am Main 2017, 622 Seiten

Brodersen, Ingke (Hg.): Demokratische und autoritäre Technik. Beiträge zu einer anderen Technikgeschichte, Rowohlt Taschenbuch Verlag GmbH, Reinbek bei Hamburg 1980, 286 Seiten (Technik und Politik, Heft 16)

Brodnig, Ingrid [2013]: Der unsichtbare Mensch. Wie die Anonymität im Internet unsere Gesellschaft verändert, Czernin Verlags GmbH, Wien 2013, 176 Seiten

Brodnig, Ingrid [2016]: Hass im Netz. Was wir gegen Hetze, Mobbing und Lügen tun können, Christian Brandstätter Verlag GmbH & Co. KG, Wien 2016, 230 Seiten

Brodnig, Ingrid [2017]: Lügen im Netz. Wie Fake News, Populisten und unkontrollierte Technik uns manipulieren, Christian Brandstätter Verlag GmbH & Co. KG, Wien 2017, 208 Seiten

Brodnig, Ingrid [2019]: Übermacht im Netz. Warum wir für ein gerechtes Internet kämpfen müssen, Christian Brandstätter Verlag GmbH & Co. KG, Wien 2019, 207 Seiten

Bromley, Allan George [1987]: The evolution of Babbage's calculating engines, in: Annals of the history of computing, Band 9, 1987, Heft 2, Seiten 113–136

Bromley, Allan George [1990a]: Difference and analytical machines, in: William Aspray (Hg.): Computing before computers, Iowa State university press, Ames, Iowa 1990, Seiten 59–98

Bromley, Allan George [1990b]: Analog computing machines, in: William Aspray (Hg.): Computing before computers, Iowa State university press, Ames, Iowa 1990, Seiten 156–199

Bromley, Allan George [1998]: Charles Babbage's analytical engine, 1833, in: IEEE Annals of the history of computing, Band 20, 1998, Heft 4, Seiten 29–45

Bromley, Allan George [2000]: The origin of the stored program concept, in: Doug McCann; Peter Thorne: The last of the first. Csirac: Australia's first computer, Department of computer science and software engineering, Universität Melbourne 2000, Seiten 87–95 (Speicherprogramm)

Bromley, Allan George; Magon, H.: Wright, Michael T.: Simple X-ray tomography and the Antikythera mechanism, in: I. Liritzis; G. Tsokas (Hg.): Archaeometry in South Eastern Europe, second conference in Delphi, 19.–21. April 1991, Pact Belgium, Rixensart 1995, Seiten 531–543

Brooker, Ralph Anthony; Wheeler, David John: Floating operations on the Edsac, in: Mathematical tables and other aids to computation, Band 7, Januar 1953, Heft 41, Seiten 37–47

Brooks, Frederick: Aiken and the Harvard „Comp Lab", in: I. Bernard Cohen; Gregory W. Welch (Hg.): Makin' numbers. Howard Aiken and the computer, MIT press, Cambridge, Massachusetts, London 1999, Seiten 137–142

Broussard, Meredith: Artificial unintelligence. How computers misunderstand the world, MIT press, Cambridge, Massachusetts, London 2018, VII, 237 Seiten

Brown, Nancy Marie: The abacus and the cross. The story of the pope who brought the light of science to the dark ages, Basic books, New York, 2010, IX, 310 Seiten (Gerbert)

Browns, John J.: A survey of technology in Canadian museums, in: Technology and culture, Band 6, 1965, Heft 1, Seiten 83–98

Broy, Manfred; Denert, Ernst (Hg.): Software pioneers. Contributions to software engineering, Springer, Berlin, Heidelberg usw. 2002, 728 Seiten (u.a. Aufsätze von Friedrich Bauer, Niklaus Wirth, Frederik Brooks, Edsger Dijkstra)

Brückler, Franka Miriam [2017]: Geschichte der Mathematik kompakt. Das Wichtigste aus Arithmetik, Geometrie, Algebra, Zahlentheorie und Logik, Springer-Verlag GmbH Deutschland, Berlin 2017, XII, 170 Seiten

Brückler, Franka Miriam [2018]: Geschichte der Mathematik kompakt. Das Wichtigste aus Analysis, Wahrscheinlichkeitstheorie, angewandter Mathematik, Topologie und Mengenlehre, Springer-Verlag GmbH Deutschland, Berlin 2018, XII, 158 Seiten

Bruderer, Herbert (Hg.) [1982]: Automatische Sprachübersetzung, Wissenschaftliche Buchgesellschaft, Darmstadt 1982, VI, 371 Seiten (Wege der Forschung, Band 272)

Bruderer, Herbert (Hg.) [2013]: Wie erfuhr die ETH Zürich vom Zuse-Rechner Z4?, http://dx.doi.org/10.3929/ethz-a-010001419 (Zeitzeugenbericht von Erwin Engeler)

Bruderer, Herbert (Hg.) [2014a]: Loga-Rechenwalzen: Modellverzeichnis und Preisliste, http://dx.doi.org/10.3929/ethz-a-010095617

Bruderer, Herbert (Hg.) [2014b]: Loga-Rechenwalzen: Modelle und Preise im Jahr 1921, http://dx.doi.org/10.3929/ethz-a-010137106

Bruderer, Herbert (Hg.) [2014c]: Cora, der erste Schweizer Transistorrechner, http://dx.doi.org/10.3929/ethz-a-010042296 (Zeitzeugenberichte von Ernst Hutzler und François Nicolet)

Bruderer, Herbert (Hg.) [2014d]: Curta, die kleinste mechanische Rechenmaschine der Welt, http://dx.doi.org/10.3929/ethz-a-010345785 (Zeitzeugenbericht von Ingenieur Elmar Maier)

Bruderer, Herbert (Hg.) [2015]: Mechanische Analogcomputer. Feuerleitrechner mit Schweizer Beteiligung, http://dx.doi.org/10.3929/ethz-a-010407843 (Berichte von André Masson)

Bruderer, Herbert [1978]: Handbuch der maschinellen und maschinenunterstützten Sprachübersetzung. Automatische Übersetzung natürlicher Sprachen und mehrsprachige Terminologiedatenbanken, K. G. Saur Verlag, München/Walter de Gruyter, Berlin usw. 1978, XV, 864 Seiten

Bruderer, Herbert [1979]: Nichtnumerische Informationsverarbeitung. Linguistische Datenverarbeitung, künstliche Intelligenz, Computerschach, Computerkunst, automatische

Dokumentation, Bibliotheksautomatisierung, Rechtsinformatik, Bodenseeverlag Bruderer, Rorschach 1979, XII, 190 Seiten

Bruderer, Herbert [1980]: Nichtnumerische Datenverarbeitung. Dialogfähige Datenbanken und Informationsnetze, Computerschach und maschinenunterstützte Sprachübersetzung, Automation in Bibliotheken, künstliche Intelligenz und Computerkunst, Datenverar-beitung in Medizin und Chemie, Simulation von Entscheidungspro-zessen, Rechtsinformatik. Bibliographisches Institut & F. A. Brockhaus AG, Wissenschaftsverlag, Mannheim, Leipzig usw. 1980, XVII, 249 Seiten

Bruderer, Herbert [1998]: Eine Lektion in elektromagnetischer Verträglichkeit. Im Pyramidensaal der größten Schweizer Absorberhalle, in: Neue Zürcher Zeitung, Nr. 61, 14./15. März 1998, Seite 15 (Datenarchivierung)

Bruderer, Herbert [1999]: Zu Besuch im Pyramidensaal, in: Technische Rundschau, Band 91, 1999, Heft 15, Seiten 78–80 (elektromagnetische Verträglichkeit)

Bruderer, Herbert [2010a]: Zuses legendäre Rechenmaschine, in: Tages-Anzeiger, Nr. 141, 22. Juni 2010, Seite 46 (Wissen), https://doi.org/10.3929/ethz-b-000169118

Bruderer, Herbert [2010b]: Bill Gates der Kriegszeit, in: St. Galler Tagblatt, Nr. 144, 24. Juni 2010, Seite 10 (Focus)

Bruderer, Herbert [2010c]: Zuses Rechner an der ETH Zürich. Zürich besaß dank Z4 ein Nachtleben, in: Zentralschweiz am Sonntag, Nr. 26, 27. Juni 2010, Seite 53

Bruderer, Herbert [2010d]: Konrad Zuse und die ETH Zürich, in: Swiss IT Magazine, Nr. 7/8, Juli/August 2010, Seiten 28–29

Bruderer, Herbert [2010e]: Vor 100 Jahren, in: Switch Journal, Oktober 2010, Seite 49

Bruderer, Herbert [2010f]: Innovative Investitionen. Aus Zürich stammt einer der ersten in Serie gefertigten Computer, in: Neue Zürcher Zeitung, Nr. 281, 2. Dezember 2010, Seite 62 (Mobil . Digital)

Bruderer, Herbert [2010g]: Konrad Zuse und die ETH Zürich. Zum 100. Geburtstag des Informatikpioniers Konrad Zuse (22. Juni 2010). Departement für Informatik, ETH Zürich, Zürich, 1. Auflage 2010, 25 Seiten (Technischer Bericht Nr. 705), http://dx.doi.org/10.3929/ethz-a-006313025

Bruderer, Herbert [2011a]: Wofür wurde der Relaisrechner Z4 von Konrad Zuse an der ETH Zürich verwendet?, http://dx.doi.org/10.3929/ethz-a-006620309

Bruderer, Herbert [2011b]: Was gibt es für Zeitzeugen des Relaisrechners Z4 von Konrad Zuse und des Röhrenrechners Ermeth?, http://dx.doi.org/10.3929/ethz-a-006620288

Bruderer, Herbert [2011c]: Einzigartige Funde gemacht. Bütschwil. Unbekannte Fotos und Schriftstücke zur Zuse-Rechenmaschine M9, in: Toggenburger Zeitung, Ausgabe 27, 6. Juli 2011, Seite 24

Bruderer, Herbert [2011d]: Einzigartige Funde zur Computergeschichte, in: Alttoggenburger, 9. Juli 2011, Seite 5

Bruderer, Herbert [2011e]: ETH Zürich entdeckt weltweit einzigartige Zuse-Rechenmaschine, in: Swiss IT Magazine, Nr. 7/8, Juli/August 2011, Seiten 24–25

Bruderer, Herbert [2011f]: Ein Transistorrechner für Kataster, Karten und Koordinaten, in: Tages-Anzeiger, Nr. 273, 23. November 2011, Seite 36 (Wissen)

Bruderer, Herbert [2011g]: Ein Transistor-Rechner für Kataster, Karten und Koordinaten, in: Der Bund, 23. November 2011, Seite 33 (Wissen)

Bruderer, Herbert [2011h]: Hat Alan Turing 1947 in Göttingen Konrad Zuse verhört?, in: ICT-Kommunikation, Nr. 11/12, 2011, Seiten 44–46

Bruderer, Herbert [2011i]: Verhalf eine unscheinbare Fußnote der ETH Zürich zu Weltruhm?, in: IT Business, Nr. 5, 2011, Seiten 29–31

Bruderer, Herbert [2011j]: Fußnote brachte Z4 an die ETH Zürich, in: Swiss IT Magazine, Nr. 12, Dezember 2011

Bruderer, Herbert [2011k]: Konrad Zuse und die ETH Zürich, in: Informatik-Spektrum, Band 34, 2011, Seiten 565–576

Bruderer, Herbert [2011l]: Zuse-Rechenmaschine M9 in der Schweiz, in: Log in. Informatische Bildung und Computer in der Schule, 2011, Nr. 169/170, Seiten 62–64

Bruderer, Herbert [2011m]: Konrad Zuse und die ETH Zürich. Zum 100. Geburtstag des Informatikpioniers Konrad Zuse (22. Juni 2010). Departement Informatik, Festschrift, ETH Zürich, 2., verbesserte und stark erweiterte Auflage 2011, 40 Seiten, http://dx.doi.org/10.3929/ethz-a-006351598

Bruderer, Herbert [2011n]: Konrad Zuse und die Schweiz. Relaisrechner Z4 an der ETH Zürich. Rechenlocher M9 für die Schweizer Remington Rand. Eigenbau des Röhrenrechners Ermeth. Zeitzeugenbericht zur Z4. Unbekannte Dokumente zur M9. Ein Beitrag zu den Anfängen der Schweizer Informatikgeschichte. Departement Informatik, ETH Zürich, 1. Auflage 2011, 92 Seiten, http://dx.doi.org/10.3929/ethz-a-006517565

Bruderer, Herbert [2011o]: Zeitrechnung. Wie genau ist unser Kalender? Warum gibt es in der christlichen Zeitrechnung kein Jahr Null?, Bodenseeverlag Bruderer, Rorschach, 2., verbesserte Auflage, 2011, 30 Seiten, https://doi.org/10.3929/ethz-a-006450534

Bruderer, Herbert [2012a]: Konrad Zuse und die Schweiz. Wer hat den Computer erfunden?, de Gruyter Oldenbourg-Verlag, München 2012, XXVI, 224 Seiten

Bruderer, Herbert [2012b]: Cora, der erste in der Schweiz gebaute Transistorrechner, in: Swiss IT Magazine, Nr. 1/2, Januar/Februar 2012

Bruderer, Herbert [2012c]: Alan Turing und die Erfindung des Computers. Zum 100. Geburtstag des Informatikpioniers am 23. Juni 2012, in: Bulletin VSH-AEU, Band 38, 2012, Heft 2/3, Seiten 57–59 (VSH = Vereinigung der schweizerischen Hochschuldozierenden)

Bruderer, Herbert [2012d]: Leserbrief zu Hans Liebig: Erfinder des Computers – im Vergleich mit Alan Turing und John von Neumann, in: Informatik-Spektrum, Band 35, 2012, Seite 317

Bruderer, Herbert [2013a]: Warum wollte Konrad Zuse 1949 in die Schweiz fliehen?, http://dx.doi.org/10.3929/ethz-a-010001424

Bruderer, Herbert [2013b]: Did Alan Turing interrogate Konrad Zuse in Göttingen in 1947?, http://dx.doi.org/10.3929/ethz-a-009782023

Bruderer, Herbert [2013c]: Discovery of the missing sequence-controlled relay calculator Zuse M9, http://dx.doi.org/10.3929/ethz-a-009782017

Bruderer, Herbert [2013d]: Zuse's relay calculator Z4 used for Swiss fighter jet P-16, http://dx.doi.org/10.3929/ethz-a-009782025

Bruderer, Herbert [2013e]: Der Taschenrechner aus dem KZ. Erfindung. Vor 75 Jahren wurde die erste mechanische Rechenmaschine zum Patent gemeldet, in: Die Nordwestschweiz, 11. Juni 2013, Seite 18 (Wissen)

Bruderer, Herbert [2013f]: Der kurze Traum vom Schweizer Silicon Valley, in: Tages-Anzeiger, Nr. 151, 3. Juli 2013, Seite 32 (Wissen)

Bruderer, Herbert [2013g]: Der kurze Traum vom Schweizer Silicon Valley, in: Der Bund, Nr. 152, 3. Juli 2013, Seite 29 (Wissen)

Bruderer, Herbert [2013h]: Die Curta, ein Geschenk für den Führer zum Endsieg?, in: Volksblatt, Nr. 246, 26. Oktober 2013, Seite 8 (Inland), Liechtensteiner Volksblatt, Schaan, https://doi.org/10.3929/ethz-b-000168795

Bruderer, Herbert [2013i]: Der Taschenrechner aus dem KZ, in: Liechtensteiner Vaterland, Nr 246, 26. Oktober 2013, Wirtschaft regional, Seite 7, Vaduzer Medienhaus, Vaduz (Curta), https://doi.org/10.3929/ethz-b-000169058

Bruderer, Herbert [2013j]: Discovery of two historical computers in Switzerland: Zuse machine M9 and Contraves Cora and Discovery of unknown documents on the early history of computing at the ETH archives, in: Arthur Tatnall; Tilly Blyth; Roger Johnson (Hg.): Making the history of computing relevant. IFIP WG 9,7 International conference, HC 2013, London, UK, 17–18 June 2013, revised selected papers, Springer, Heidelberg, New York usw. 2013, Seiten 96–104 (IFIP Advances in information and communication technology, Band 416)

Bruderer, Herbert [2014a]: Als das Rechnen noch mechanisch erledigt wurde, in: Die Nordwestschweiz, 28. Januar 2014, Seite 6 (Leben und Wissen)

Bruderer, Herbert [2014b]: Fund von zwei über 100-jährigen 24-Meter-Rechenwalzen an der ETH Zürich und bei der UBS Basel, in: Geomatik Schweiz, Band 112, 2014, Heft 3, Seiten 118–119

Bruderer, Herbert [2014c]: Rechnen ohne Strom. Wiederentdeckung zweier Rechenmaschinen an der ETH Zürich, in: Bulletin SEV/VSE. Fachzeitschrift und Verbandsinformationen von electrosuisse und Verband Schweizerischer Elektrizitätsunternehmen, Band 105, Jubiläumsausgabe, 11. April 2014, Heft 4x, Seiten 24–27, https://doi.org/10.3929/ethz-b-000169195

Bruderer, Herbert [2014d]: Wiederentdeckung von zwei mechanischen Rechenmaschinen aus dem 19. Jahrhundert in der Kulturgütersammlung der ETH Zürich. Fund einer seltenen 160-jährigen Rechenmaschine des Straßburger Uhrenmachers Jean-Baptiste Schwilgué, der weltweit ältesten erhaltenen Tastenaddiermaschine. Fund einer 150-jährigen Staffelwalzen-Rechenmaschine von Charles-Xavier Thomas aus Colmar, der weltweit ersten erfolgreichen mechanischen Rechenmaschine, in: Bulletin VSMP (Verein Schweizerischer Mathematik- und Physiklehrkräfte), Mai 2014, Heft 125, Seiten 18–27

Bruderer, Herbert [2014e]: Wiederentdeckung von zwei mechanischen Rechenmaschinen aus dem 19. Jahrhundert in der Kulturgütersammlung der ETH Zürich, in: Geomatik Schweiz, Band 112, 2014, Heft 5, Seiten 202–206

Bruderer, Herbert [2014f]: Wiederentdeckung von zwei mechanischen Rechenmaschinen aus dem 19. Jahrhundert in der Kulturgütersammlung der ETH Zürich, http://dx.doi.org/10.3929/ethz-a-010089010

Bruderer, Herbert [2014g]: Wiederentdeckung von zwei mechanischen Rechenmaschinen aus dem 19. Jahrhundert in der Kulturgütersammlung der ETH Zürich, in: Bulletin VSH-AEU, Band 40, 2014, Heft 2/3, Seiten 71–75 (VSH = Vereinigung der schweizerischen Hochschuldozierenden)

Bruderer, Herbert [2014h]: Der Ostschweizer Volksrechner, in: St. Galler Tagblatt, Nr. 195, 23. August 2014, Seite 29 (Focus)

Bruderer, Herbert [2014i]: Fund von zwei über 100-jährigen 24-Meter-Rechenwalzen an der ETH Zürich und bei der UBS, Basel, in: Bulletin VSMP (Verein Schweizerischer Mathematik- und Physiklehrkräfte), September 2014, Heft 126, Seiten 36–39

Bruderer, Herbert [2014j]: Der geheimnisvolle Volksrechner aus St. Gallen. Fund einer seltenen Kleinrechenmaschine aus der Ostschweiz, in: Historische Bürowelt aktuell, Band 32, 2014, Heft 9, Seiten 10–11 (Teil 1)

Bruderer, Herbert [2014k]: Der geheimnisvolle Volksrechner aus St. Gallen. Fund einer seltenen Kleinrechenmaschine aus der Ostschweiz, in: Historische Bürowelt aktuell, Band 32, 2014, Heft 10, Seiten 13–15 (Teil 2)

Bruderer, Herbert [2014l]: Auf den Spuren eines Volksrechners, in: Bildung Schweiz, Band 159, 2014, Heft 11a, Seiten 34–35

Bruderer, Herbert [2014m]: Der geheimnisvolle Volksrechner aus St. Gallen. Fund einer seltenen Kleinrechenmaschine aus der Ostschweiz, in: Bulletin VSH-AEU, Band 40, 2014, Heft 4, Seiten 46–50 (VSH = Vereinigung der schweizerischen Hochschuldozierenden)

Bruderer, Herbert [2014n]: Fund von zwei über 100-jährigen 24-Meter-Rechenwalzen, in: Histec Journal, 2014, Heft 4, Seiten 16–18 (Loga-Rechenwalze)

Bruderer, Herbert [2014o]: Fund von zwei über 100-jährigen 24-Meter-Rechenwalzen an der ETH Zürich und bei der UBS, Basel, http://dx.doi.org/10.3929/ethz-a-010056813

Bruderer, Herbert [2014p]: Der geheimnisvolle Volksrechner aus St. Gallen, in: Histec Journal, 2014, Heft 4, Seiten 19–21

Bruderer, Herbert [2014q]: Curta, ein Wunderwerk der Technik, in: Histec Journal, 2014, Heft 4, Seiten 30–31

Bruderer, Herbert [2015a]: Meilensteine der Rechentechnik. Zur Geschichte der Mathematik und der Informatik, Walter de Gruyter GmbH, Berlin/Boston 2015, XXXII, 828 Seiten

Bruderer, Herbert [2015b]: Fund einer seltsamen mechanischen Rechenmaschine für die Konstruktion der astronomischen Uhr des Straßburger Münsters, http://dx.doi.org/10.3929/ethz-a-010345595 (Schwilgué)

Bruderer, Herbert [2015c]: Mechanische Rechenmaschine für den Bau der astronomischen Uhr des Straßburger Münsters, http://dx.doi.org/10.3929/ethz-a-010428857 (Schwilgué)

Bruderer, Herbert [2015d]: Erster Prozessrechner der Welt, http://dx.doi.org/10.3929/ethz-a-010352586 (Schwilgué)

Bruderer, Herbert [2015e]: Überraschende Funde zur Curta, der kleinsten mechanischen Rechenmaschine der Welt. Zeichnungen aus dem KZ Buchenwald, Schriftstücke aus Deutschland, Österreich und der Schweiz, http://dx.doi.org/10.3929/ethz-a-010464377

Bruderer, Herbert [2015f]: Der geheimnisvolle Volksrechner aus St. Gallen. Fund einer seltenen Kleinrechenmaschine aus der Ostschweiz, in: Geomatik Schweiz, Band 113, 2015, Heft 1, Seiten 18–20

Bruderer, Herbert [2015g]: Mechanische Rechengeräte an der ETH Zürich, in: Swiss IT Magazine, Februar 2015, Heft 1-2, Seiten 24–26, https://doi.org/10.3929/ethz-b-000171820

Bruderer, Herbert [2015h]: Weltberühmte mechanische Rechengeräte an der ETH Zürich, in: Histec Journal, 2015, Heft 1, Seiten 14–17

Bruderer, Herbert [2015i]: Drama beim Bau des ersten Schweizer Computers Ermeth, in: Histec Journal, 2015, Heft 1, Seiten 17–19

Bruderer, Herbert [2015j]: Schwierigkeiten beim Bau der Ermeth. Neue Funde im Hochschularchiv der ETH Zürich, in: Bulletin SEV/VSE. Fachzeitschrift und Verbandsinformationen von electrosuisse und Verband Schweizerischer Elektrizitätsunternehmen, Band 106, April 2015, Heft 4, Seiten 52–53

Bruderer, Herbert [2015k]: Berühmte mechanische Rechengeräte an der ETH Zürich. Funde im Departement Informatik, der Sammlung Sternwarte und im Hochschularchiv der ETH-Bibliothek, in: Bulletin VSMP (Verein Schweizerischer Mathematik- und Physiklehrkräfte), Mai 2015, Heft 128, Seiten 14–18

Bruderer, Herbert [2015l]: Erster Prozessrechner der Welt, in: Histec Journal, 2015, Heft 2, Seiten 18–21

Bruderer, Herbert [2015n]: Überraschende Funde zur Rechenmaschine Curta. Zeichnungen aus dem KZ Buchenwald, Schriftstücke aus Deutschland, Österreich und der Schweiz, in: Bulletin VSMP (Verein Schweizerischer Mathematik- und Physiklehrkräfte), September 2015, Heft 129, Seiten 4–6

Bruderer, Herbert [2016a]: The birth of artificial intelligence. First conference on artificial intelligence in Paris in 1951?, in: Arthur Tatnall; Christopher Leslie (Hg.): International communities of invention and innovation, IFIP WG 9.7 International conference on the history of computing, HC 2016, Brooklyn, New York, 25.–29. Mai 2016, revised selected papers, Springer international publishing AG Switzerland, Cham 2016, Seiten 181–185

Bruderer, Herbert [2016b]: The world's smallest mechanical parallel calculator. Discovery of original drawings and patent documents from the 1950s in Switzerland, in: Arthur Tatnall; Christopher Leslie (Hg.): International communities of invention and innovation, IFIP WG 9.7 International conference on the history of computing, HC 2016, Brooklyn, New York, 25.–29. Mai 2016, revised selected papers, Springer international publishing AG Switzerland, Cham 2016, Seiten 186–192

Bruderer, Herbert [2016c]: Der kleinste mechanische Parallelrechner der Welt. Der erste mechanische Parallelrechner im Taschenformat. Fund von Originalzeichnungen und Patentunterlagen aus den 1950er Jahren in Pfäffikon ZH, in: Bulletin VSMP (Verein Schweizerischer Mathematik- und Physiklehrkräfte), Januar 2016, Heft 130, Seiten 17–21 (Mehrfach-Curta)

Bruderer, Herbert [2016d]: Multiple Curtas. Discovery of original drawings and patent documents of an unknown parallel mechanical pocket calculator in Switzerland, in: Charles Babbage Institute, Center for the history of information technology, Newsletter, Band 38, 2016, Heft 1, Seiten 21–23

Bruderer, Herbert [2016e]: Multiple Curtas, in: Resurrection. The bulletin of the computer conservation society, Herbst 2016, Heft 75, Seiten 31–32

Bruderer, Herbert [2016f]: Fund einer seltenen, über 100-jährigen Rechenwalze in Appenzell, http://dx.doi.org/10.3929/ethz-a-010666659

Bruderer, Herbert [2016g]: Seltener Fund im eigenen Haus, in: Ostschweiz am Sonntag, Nr. 26, 26. Juni 2016, Seite 21 (15-Meter-Loga-Rechenwalze)

Bruderer, Herbert [2016h]: Was war vor Taschenrechner und Computer? Fund einer seltenen, über 100-jährigen Rechenwalze in Appenzell, in: Appenzeller Volksfreund, 14. Juli 2016

Bruderer, Herbert [2016i]: Historische Rechenhilfsmittel. Wie soll man mit historischen Rechengeräten und Rechenmaschinen umgehen?, http://dx.doi.org/10.3929/ethz-a-010723391

Bruderer, Herbert [2016j]: Meilensteine der Rechentechnik, in: Histec Journal, 2016, Heft 2, Seiten 21–26 (Teil 1)

Bruderer, Herbert [2016k]: Meilensteine der Rechentechnik, in: Histec Journal, 2016, Heft 3, Seiten 17–21 (Teil 2)

Bruderer, Herbert [2016l]: Meilensteine der Rechentechnik, in: Histec Journal, 2016, Heft 4, Seiten 19–23 (Teil 3)

Bruderer, Herbert [2017a]: Computing history beyond the U.K. and US.: Selected landmarks from Continental Europe, in: Communications of the ACM, Band 60, 2017, Heft 2, Seiten 76–84, Video, http://cacm.acm.org/videos/computing-historybeyond-the-uk-and-us

Bruderer, Herbert [2017b]: Finding the world's smallest mechanical parallel calculator. Discovery of a 12-fold Curta in Britain, in: Communications of the ACM, Tagebucheintrag vom 12. September 2017, https://cacm.acm.org/blogs/blog-cacm/220968-finding-the-worlds-smallest-mechanical-parallel-calculator/fulltext

Bruderer, Herbert [2017c]: The binary system was created long before Leibniz, in: Communications of the ACM, Tagebucheintrag vom 10. Oktober 2017, https://cacm.acm.org/blogs/blog-cacm/221749-the-binary-system-was-created-long-before-leibniz/fulltext

Bruderer, Herbert [2017d]: The birthplace of artificial intelligence?, in: Communications of the ACM, Tagebucheintrag vom 3. November 2017, https://cacm.acm.org/blogs/blog-cacm/222486-the-birthplace-of-artificial-intelligence/fulltext

Bruderer, Herbert [2017e]: Early history of computing in Switzerland: Discovery of rare devices, unknown documents, and scarcely known facts, in: IEEE Annals of the history of computing, Band 39, 2017, Heft 1, Seiten 65–72, https://doi.org/10.1109/MAHC.2017.10

Bruderer, Herbert [2017f]: The world's smallest mechanical parallel calculator. Discovery of a 12-fold Curta made in Britain, https://doi.org/10.3929/ethz-b-000224854

Bruderer, Herbert [2017g]: The binary system was created long before Leibniz, https://doi.org/10.3929/ethz-b-000204129

Bruderer, Herbert [2017h]: International Conference „Les machines à calculer et la pensée humaine" in Paris in 1951: Birthplace of artificial intelligence?, https://doi.org/10.3929/ethz-b-000207229

Bruderer, Herbert [2017i]: A multiple Curta, in: Resurrection. The bulletin of the computer conservation society, Herbst 2017, Heft 79, Seite 23

Bruderer, Herbert [2017j]: Meilensteine der Rechentechnik, in: Histec Journal, 2017, Heft 1, Seiten 15–17 (Teil 4)

Bruderer, Herbert [2017k]: Seltene logarithmische Rechenscheibe aufgetaucht: ein Spezialrechner für Massenmultiplikationen und -divisionen, in: Bulletin VSMP (Verein Schweizerischer Mathematik- und Physiklehrkräfte), Mai 2017, Heft 134, Seiten 30–33 (webersche Rechenscheibe)

Bruderer, Herbert [2017l]: Seltene logarithmische Rechenscheibe aufgetaucht, in: Histec Journal, 2017, Heft 3, Seiten 11–13, https://doi.org/10.3929/ethz-b-000182848

Bruderer, Herbert [2017m]: Weber's circular slide rule: an unknown logarithmic calculator, https://doi.org/10.3929/ethz-b-000224857

Bruderer, Herbert [2018a]: Meilensteine der Rechentechnik. Band 1: Mechanische Rechenmaschinen, Rechenschieber, historische Automaten und wissenschaftliche Instrumente, 2., völlig neu bearbeitete und stark erweiterte Auflage, Walter de Gruyter GmbH, Berlin/Boston 2018, XXIV, 727 Seiten

Bruderer, Herbert [2018b]: Meilensteine der Rechentechnik. Band 2: Erfindung des Computers, Elektronenrechner, Entwicklungen in Deutschland, England und der Schweiz, 2., völlig neu bearbeitete und stark erweiterte Auflage, Walter de Gruyter GmbH, Berlin/Boston 2018, XX, 829 Seiten

Bruderer, Herbert [2018c]: Algorithmen gibt es seit über 3000 Jahren, https://doi.org/10.3929/ethz-b-000274433

Bruderer, Herbert [2018d]: Algorithms have been around for 4,000 years, in: Communications of the ACM, Tagebucheintrag vom 13. Juli 2018, https://cacm.acm.org/blogs/blog-cacm/229543-algorithms-have-been-around-for-4000-years/fulltext

Bruderer, Herbert [2018e]: Algorithms have been around for 4,000 years, https://doi.org/10.3929/ethz-b-000281647

Bruderer, Herbert [2018f]: Gebrauchsanweisung für die Rechenmaschine „Millionär“, https://doi.org/10.3929/ethz-b-000282574

Bruderer, Herbert [2018g]: Did Albert Einstein Calculate on the „Millionaire“ in Zurich?, in: Communications of the ACM, Tagebucheintrag vom 24. August 2018, https://cacm.acm.org/blogs/blog-cacm/230605-did-albert-einstein-calculate-on-the-millionaire-in-zurich/fulltext

Bruderer, Herbert [2018h]: Gebrauchsanweisung für Loga-Rechenwalzen, https://doi.org/10.3929/ethz-b-000306665

Bruderer, Herbert [2018i]: Hat Albert Einstein in Zürich auf der „Millionär“ gerechnet?

Bruderer, Herbert [2018j]: Two Curta-based parallel calculators, in: Journal of the Oughtred society, Band 27, 2018, Heft 2,Seiten 27–29

Bruderer, Herbert [2018k]: Rare logarithmic circular slide rule discovered: A special calculator for mass multiplications and divisions, in: Journal of the Oughtred society, Band 27, 2018, Heft 2, Seiten 30–32

Bruderer, Herbert [2018l]: Algorithmen gibt es seit über 3000 Jahren, in: Histec Journal, 2018, Heft 3, Seite 11

Bruderer, Herbert [2018m]: Rätsel um die Datierung der weltberühmten Rechenmaschine „Millionär“ gelöst. Fund neuer Dokumente zur Firma H.W. Egli AG (Zürich) im Museum für Kommunikation, Bern, https://doi.org/10.3929/ethz-b-000295764

Bruderer, Herbert [2018n]: Mystery of dating of the world-famous “Millionaire” Calculating Machine “solved. Find of new documents about the H.W. Egli AG (Zurich) company in the Museum für Kommunikation, Berne, in: Communications of the ACM, Tagebucheintrag vom 15. Oktober 2018, https://cacm.acm.org/blogs/blog-cacm/230605-did-albert-einstein-calculate-on-the-millionaire-in-zurich/fulltext

Bruderer, Herbert [2018o]: Mystery of dating of the world-famous "Millionaire" Calculating Machine "solved. Find of new documents about the H.W. Egli AG (Zurich) company in the Museum für Kommunikation, Berne, https://doi.org/10.3929/ethz-b-000295764

Bruderer, Herbert [2018p]: The Model maker of Leonardo da Vinci, Blaise Pascal, and Charles Babbage, in: Communications of the ACM, Tagebucheintrag vom 12. Dezember 2018, https://cacm.acm.org/blogs/blog-cacm/233366-the-model-maker-of-leonardo-da-vinci-blaise-pascal-and-charles-babbage/fulltext

Bruderer, Herbert [2018q]: Der Modellbauer von Leonardo da Vinci, Blaise Pascal, Gottfried Wilhelm Leibniz, Charles Babbage und Herman Hollerith, https://doi.org/10.3929/ethz-b-000312290

Bruderer, Herbert [2019a]: More replicas of historical calculating machines found, in: Communications of the ACM, Tagebucheintrag vom 11. Januar 2019, https://cacm.acm.org/blogs/blog-cacm/234005-more-replicas-of-historical-calculating-machines-found/fulltext

Bruderer, Herbert [2019b]: Leonardo da Vinci, Pascal, Leibniz, Babbage und Hollerith: Fund von unbekannten Nachbauten historischer Rechenmaschinen, https://doi.org/10.3929/ethz-b-000318801

Bruderer, Herbert [2019c]: There are no digital humanities, in: Communications of the ACM, Band 62, 2019, Heft 2, Seite 8

Bruderer, Herbert [2019d]: Der Modellbauer von Leonardo da Vinci, Pascal, Leibniz, Babbage und Hollerith: Fund von fünf bisher unbekannten Nachbauen von Roberto Guatelli, in: HBw-Aktuell, Band 37, 2019, Heft 2, Seiten 14–16 (Historische Bürowelt)

Bruderer, Herbert [2019e]: How did the Romans calculate?, in: Communications of the ACM, Tagebucheintrag vom 20. Februar 2019, https://cacm.acm.org/blogs/blog-cacm/234881-how-did-the-romans-calculate/fulltext

Bruderer, Herbert [2019f]: Wie haben die Römer gerechnet?, https://doi.org/10.3929/ethz-b-000326971

Bruderer, Herbert [2019g]: Calculating with Roman numerals is not so difficult, in: Communications of the ACM, Tagebucheintrag vom 18. März 2019, https://cacm.acm.org/blogs/blog-cacm/235492-calculating-with-roman-numerals-is-not-so-difficult/fulltext

Bruderer, Herbert [2019h]: Das Rechnen mit römischen Zahlen ist nicht schwer, https://doi.org/10.3929/ethz-b-000332179

Bruderer, Herbert [2019i]: In search of a rare Roman pocket calculator, in: Communications of the ACM, Tagebucheintrag vom 4. April 2019, https://cacm.acm.org/blogs/blog-cacm/235956-in-search-of-a-rare-roman-pocket-calculator/fulltext

Bruderer, Herbert [2019j]: Auf der Suche nach einem römischen Taschenrechner aus Elfenbein, https://doi.org/10.3929/ethz-b-000336241

Bruderer, Herbert [2019k]: Pascal, Leibniz, Babbage und Hollerith. Fund von unbekannten Nachbauten des Leonardo-da-Vinci-Modellbauers, in: Geomatik Schweiz, Band 117, 2019, Heft 4, Seiten 88–91

Bruderer, Herbert [2019l]: Ein Blick in die Frühgeschichte der Robotik, in: Bulletin VSH-AEU, Band 45, 2019, Heft 1, Seiten 3–6 (VSH = Vereinigung der schweizerischen Hochschuldozierenden)

Bruderer, Herbert [2019m]: Pascal, Leibniz, Babbage und Hollerith. Fund von unbekannten Nachbauten des Leonardo da Vinci-Modellbauers, in: Bulletin VSMP (Verein Schweizerischer Mathematik- und Physiklehrkräfte), Mai 2019, Heft 140, Seiten 24–30

Bruderer, Herbert [2019n]: How do you calculate with the sector?, in: Communications of the ACM, Tagebucheintrag vom 5. Juni 2019, https://cacm.acm.org/blogs/blog-cacm/237293-how-do-you-calculate-with-the-sector/fulltext

Bruderer, Herbert [2019o]: Wie rechnet man mit dem Proportionalwinkel?, https://doi.org/10.3929/ethz-b-000345777

Bruderer, Herbert [2019p]: Leonardo's self-driving car, in: Communications of the ACM, Tagebucheintrag vom 9. Juli 2019, https://cacm.acm.org/blogs/blog-cacm/238003-leonardos-self-driving-car/fulltext (Leonardo da Vinci)

Bruderer, Herbert [2019q]: Leonardos selbstfahrender Wagen, https://doi.org/10.3929/ethz-b-000352449

Bruderer, Herbert [2019r]: Who manufactured the mysterious Chinese android?, in: Communications of the ACM, Tagebucheintrag vom 1. August 2019, https://cacm.acm.org/blogs/blog-cacm/238512-who-manufactured-the-mysterious-chinese-android/fulltext

Bruderer, Herbert [2019s]: Wer hat den rätselhaften chinesischen Roboter gebaut? https://doi.org/10.3929/ethz-b-000356215

Bruderer, Herbert [2019t]: The African enigma: Who knows more?, in: Communications of the ACM, Tagebucheintrag vom 5. September 2019, https://cacm.acm.org/blogs/blog-cacm/239276-the-african-enigma-who-knows-more/fulltext (Ishango bone)

Bruderer, Herbert [2019u]: Das afrikanische Rätsel: Wer weiß mehr?, https://doi.org/10.3929/ethz-b-000362829 (Ishango-Knochen)

Bruderer, Herbert [2019v]: Leonardo da Vinci's Robot lion, in: Communications of the ACM, Tagebucheintrag vom 4. November 2019, https://cacm.acm.org/blogs/blog-cacm/240615-leonardo-da-vincis-robot-lion/fulltext

Bruderer, Herbert [2019w]: Leonardo da Vincis Roboterlöwe, https://doi.org/10.3929/ethz-b-000375498

Bruderer, Herbert [2020a]: AI began in 1912, in: Communications of the ACM, Tagebucheintrag vom 3. Januar 2020, https://cacm.acm.org/blogs/blog-cacm/241934-ai-began-in-1912/fulltext

Bruderer, Herbert [2020b]: Die künstliche Intelligenz begann 1912 mit dem Schachautomaten von Torres Quevedo, https://doi.org/10.3929/ethz-b-000387462

Bruderer, Herbert [2020c]: Why is there no well-known Swiss IT industry?, in: Communications of the ACM, Tagebucheintrag vom 28. Januar 2020, https://cacm.acm.org/blogs/blog-cacm/242462-why-is-there-no-well-known-swiss-it-industry/fulltext

Bruderer, Herbert [2020d]: Warum gibt es keine namhafte Schweizer IT-Industrie? https://doi.org/10.3929/ethz-b-000396432

Bruderer, Herbert [2020e]: How does a pantograph work?, in: Communications of the ACM, Tagebucheintrag vom 2. März 2020, https://cacm.acm.org/blogs/blog-cacm/243178-how-does-a-pantograph-work/fulltext

Bruderer, Herbert [2020f]: Wie funktioniert ein Pantograf? https://doi.org/10.3929/ethz-b-000402574

Bruderer, Herbert [2020g]: The Antikythera mechanism, in: Communications of the ACM, Band 63, Heft 4, April 2020, Seiten 108–115

Bruderer, Herbert [2020h]: Wouldn't there be computers without Easter?, in: Communications of the ACM, Tagebucheintrag vom 14. April 2020, https://cacm.acm.org/blogs/blog-cacm/244198-wouldnt-there-be-computers-without-easter/fulltext

Bruderer, Herbert [2020i]: Gäbe es ohne Ostern keine Computer?, https://doi.org/10.3929/ ethz-b-000409604

Bruderer, Herbert [2020j]: The world's largest commercial cylindrical slide rule has a scale length of 24 m, in: Communications of the ACM, Tagebucheintrag vom 13. Mai 2020, https://cacm.acm.org/blogs/blog-cacm/244935-the-worlds-largest-commercial-cylindrical-slide-rule-has-a-scale-length-of-24m/fulltext

Bruderer, Herbert [2020k]: Die weltweit größte gewerbliche Rechenwalze hat eine Skalenlänge von 24 m, https://doi.org/10.3929/ ethz-b-000409604

Bruderer, Herbert [2020l]: Why is there no well-known Swiss IT industry, in: Resurrection. The bulletin of the computer conservation society, Sommer 2020, Heft 90, Seiten 26–28

Bruderer, Herbert [2020m]: Discovery of previously unknown replicas of historical calculating machines manufactured by Roberto Guatelli, in: Journal of the Oughtred society, Band 29, 2020, Heft 1, Frühjahr 2020, Seiten 42–47

Bruderer, Herbert [2020n]: Milestones in analog and digital computing, Springer Nature Switzerland AG, Cham 2020, 2 Bände, etwa 2000 Seiten

Bruderer, Herbert [2020o]: Meilensteine der Rechentechnik, De Gruyter Oldenbourg, Berlin/Boston, 2020, 2 Bände, etwa 2000 Seiten

Bruemmer, Bruce H.: Archives specializing in the history of computing, in: Thomas J.Bergin; Richard G. Gibson (Hg.): History of programming languages 2, ACM press, New York 1996, Seiten 782–784

Brunet, Pierre; Mieli, Aldo: Histoire des sciences, Antiquité, Payot, Paris 1935, 1224 Seiten

Brunner, Jean: Die Einsamkeit des Testpiloten. Erlebnisse mit der P-16, in: Franz Betschon; Stefan Betschon; Jürg Dominik Lindecker; Willy Schlachter (Hg.): Ingenieure bauen die Schweiz. Technikgeschichte aus erster Hand, Band 1, Verlag Neue Zürcher Zeitung, Zürich, 2., überarbeitete Auflage 2014, Seiten 267–276 (P-16)

Brunold, Martin: Das Astrolabium, in: Cartographica helvetica, Heft 23, Januar 2001, Seiten 19–25

Bruns, Heinrich [1876]: Apparate zum Studium der Arithmetik, in: A. W. Hofmann (Hg.): Bericht über die wissenschaftlichen Apparate auf der Londoner internationalen Ausstellung im Jahre 1876, Druck und Verlag von Friedrich Vieweg und Sohn, Braunschweig 1881, Seiten 121–131

Bruns, Heinrich [1903]: Grundlinien des wissenschaftlichen Rechnens, Druck und Verlag von B. G. Teubner, Leipzig 1903, VII, 159 Seiten

Bruns, Heinrich; Stahl, W.: Apparate für Geometrie, in: A. W. Hofmann (Hg.): Bericht über die wissenschaftlichen Apparate auf der Londoner internationalen Ausstellung im Jahre 1876, Druck und Verlag von Friedrich Vieweg und Sohn, Braunschweig 1881, Seiten 133–141

Brunsviga-Maschinenwerke, Grimme, Natalis & Co. AG, Braunschweig: Die Entwicklung der Brunsviga-Rechenmaschine vom Jahre 1892 bis 1926, in: Braunschweiger GNC-Monatsschrift, Juli/August 1927, Seiten 277–288

Brusentsov, Nikolay Petrovich; Alvarez, José Ramil: Ternary computers: the Setun and the Setun 70, in: John Impagliazzo; Eduard Proydakov (Hg.): Perspectives on Soviet and Russian computing, First IFIP WG 9.7 conference, SoRuCom 2006, Petrozavodsk, Russia, July 3–7, 2006, revised selected papers, Springer, Heidelberg, Dordrecht usw. 2011, Seiten 74–80

Bryant, Walter W.: A history of astronomy, Methuen & Co., Lodon 1907, XIV, 355 Seiten

bt. [1988a]: Vor dem Bundesratsentscheid über das Zürcher RCA-Forschungslabor, in: Neue Zürcher Zeitung, Nr. 190, 17. August 1988, Seite 25 (Inland)

bt. [1988b]: RCA-Forschungslabor definitiv beim Schulrat. Eine „Erbschaft" von der Privatindustrie, in: Neue Zürcher Zeitung, Nr. 257, 3. November 1988, Seite 21 (Inland)

Bubenko, Janis; Impagliazzo, John; Sølvberg, Arne (Hg.): History of Nordic computing. IFIP WG 9.7 first working conference on the history of Nordic computing (HiNC1), June 16–18, 2003, Trondheim, Norway, Springer science+business media, Inc., New York 2005, XVIII, 488 Seiten

Buchheim, Gisela; Sonnemann, Rolf (Hg.): Lebensbilder von Ingenieurwissenschaftlern. Eine Sammlung von Biographien aus zwei Jahrhunderten, Birkhäuser Verlag, Basel usw. 1989, 220 Seiten (mit: Konrad Zuse (geb. 1910), Schöpfer des ersten funktionsfähigen Computers)

Buchholz, Werner: The system design of the IBM type 701 computer, in: Proceedings of the IRE, Band 41, 1953, Heft 10, Seiten 1262–1275

Büchi, Heinz: Lochkartentechnik und elektronische Datenverarbeitung in der Swissair von 1947 bis 1984, 134 Seiten

Buchner, Alexander [1959]: Vom Glockenspiel zum Pianola, Artia-Verlag, Prag 1959, 112 + 176 Seiten (Walzenspieldosen, Plattenspieldosen, Flötenuhren, Vogelorgeln, Drehorgeln, Orchestrien, Orgelinstrumente, Figurenautomaten)

Buchner, Alexander [1992]: Mechanische Musikinstrumente, Verlag Werner Dausien, Hanau/Main 1992, 243 Seiten (Roberto Guatelli)

Buchwald, Jed; Stewart, Larry (Hg.): The romance of science: Essays in honour of Trevor H. Levere, Springer international publishing AG, Cham 2017, IX, 310 Seiten

Buck, George H.; Hunka, Stephen M.: W. Stanley Jevons, Allan Marquand, and the origins of digital computing, in: IEEE Annals of the history of computing, Band 21, 1999, Heft 4, Seiten 21–27

Bücking, Friedrich: „Anita" der erste tragbare elektronische Rechenautomat, in: Der Büromaschinenmechaniker, Band 3, 1961, Heft 30, Seite 207

Bückner, Hans [1951]: Über die großen Rechengeräte, Abhandlungen aus dem Mathematischen Seminar der Universität Hamburg, Band 17, Hamburg 1951, Seiten 22–68

Bückner, Hans [1952]: Bericht über die modernen Rechengeräte, in: H. Brandt, E. Kampe: Jahresbericht der Deutschen Mathematiker-Vereinigung, Band 55, Verlag für Wissenschaft und Fachbuch, Bielefeld 1952, Seiten 15–38

Bückner, Hans [1953]: Über die Entwicklung des Integromat, in: Hubert Cremer (Hg.): Probleme der Entwicklung programmgesteuerter Rechengeräte und Integrieranlagen, Mathematisches Institut, Aachen 1953, Seiten 1–16 (Integromat = kleine Integrieranlage)

Bud, Robert; Warner, Deborah Jean (Hg.): Instruments of science. An historical encyclopedia, Garland publishing, Inc., New York 1988, XXV, 709 Seiten

Budden, F. J.: Zahlensysteme und Rechenautomaten, B. G. Teubner Verlagsgesellschaft, Leipzig 1972, 224 Seiten

Budiansky, Stephen [2000]: Battle of wits. The complete story of codebreaking in World War II, Free press, New York, London 2000, IX, 436 Seiten

Budiansky, Stephen [2006]: Colossus, codebreaking, and the digital age, in: Brian Jack Copeland (Hg.): Colossus. The secrets of Bletchley Park's codebreaking computers, Oxford University Press, Oxford 2006, Seiten 52–63

Bühler, W.: Anforderungen an Germaniumdioden für elektronische Rechenmaschinen, in: Elektronische Rundschau, Band 9, 1955, Heft 10, Seiten 381–382

Bühlmann, F. [1907a]: Die Berechnung der Koordinaten der Grenzpunkte und einige Anwendungen, in: Zeitschrift des Vereins schweizerischer Konkordatsgeometer, Band 5, 1907, Heft 6, Seiten 89–98 (Teil 1) (Rechenwalze von Julius Billeter)

Bühlmann, F. [1907b]: Die Berechnung der Koordinaten der Grenzpunkte und einige Anwendungen, in: Zeitschrift des Vereins schweizerischer Konkordatsgeometer, Band 5, 1907, Heft 7, Seiten 109–117 (Teil 2)

Bühlmann, F. [1907c]: Die Berechnung der Koordinaten der Grenzpunkte und einige Anwendungen, in: Zeitschrift des Vereins schweizerischer Konkordatsgeometer, Band 5, 1907, Heft 9, Seiten 149–162 (Teil 3) (Koordinatograf von Coradi)

Bühlmann, F. [1915]: Die Berechnung der Koordinaten der Grenzpunkte mit der Rechenmaschine „Millionär", in: Schweizerische Geometer-Zeitung, Band 13, 1915, Heft 6, Seiten 154–164

Bühlmann, F. [1920]: Application de la machine à calculer „Millionaire" dans le calcul des points de limites, Imprimerie G. Binkert, Winterthur 1920, 15 Seiten

Bühlmann, Tobias: Ein Stück Informatik-Geschichte. Rare alte Rechenwalzen entdeckt, in: Neue Zürcher Zeitung, 8. Januar 2014 (www.nzz.ch/akutell/panorama)

Bulirsch, Roland Z.: Leibniz und Newton. Der Prioritätenstreit um den Infinitesimalkalkül, in: Informatik-Spektrum, Band 36, 2013, Seiten 556–561

Bulleid, Henry Anthony Vaughan: Cylinder musical box technology including makers, types, dating, and music, Almar Press, Vestal, New York 1994, VI, 290 Seiten (Musikdosen)

Bullynck, Maarten [2015]: Programming primes (1968–1976): A paradigmatic program and its incarnations in the age of structured programming, in: History and philosophy of logic, Band

36, 2015, Heft 3, Seiten 229 241 (Sonderausgabe „Logical issues in the history and philosophy of computer science“)
Bullynck, Maarten [2016]: Histories of algorithms: Past, present and future, in: Historia mathematica, Band 43, 2016, Heft 3, Seiten 332–341
Bullynck, Maarten; Daylight, Edgar Graham; De Mol, Liesbeth: Why did computer science make a hero out of Turing? Comparing the legacy of Alan Turing in computer science with that of Carl Friedrich Gauss in mathematics, in: Communications of the ACM, Band 58, 2015, Heft 3, Seiten 37–39
Bülow, Ralf [1987]: Ein unbekannter Computer-Pionier [Emil Schilling], in: Historische Bürowelt, Oktober 1987, Heft 19, Seiten 21–27
Bülow, Ralf [1989]: Ein Entwurf für eine Differenzmaschine aus dem Jahr 1784, in: Sudhoffs Archiv, Band 73, 1989, Heft 2, Seiten 219–222
Bülow, Ralf [1990]: Three inventors – scenes from early German computing history, in: Annals of the history of computing, Band 12, 1990, Heft 2, Seiten 109–126
Bülow, Ralf [2016]: Der künstliche Mensch, das unbekannte Wesen. Kleine Geschichte der Automaten, Androiden, Golems, Roboter, Homunculi und Cyborgs, Schriftenreihe und Materialien der Phantastischen Bibiothek Wetzlar, kleine Reihe, Band 5, Wetzlar 2016, 24 Seiten
Bülow, Ralph (Hg.): Denk, Maschine! Geschichten über Roboter, Computer und künstliche Intelligenz, Wilhelm Heyne Verlag GmbH & Co. KG, München 1988, 350 Seiten
Bundy, Alan: Smart machines are not a threat to humanity, in: Communications of the ACM, Band 60, 2017, Heft 2, Seiten 40–42
Bunt, Lucas N. H.; Jones, Phillip S.; Bedient, Jack D.: The historical roots of elementary mathematics, Dover publications, Inc., New York 1988, XV, 299 Seiten
Buonanno, Roberto: The stars of Galileo Galilei and the universal knowledge of Athanasius Kircher, Springer international publishing AG Switzerland, Cham 2014, XIII, 178 Seiten
Burckhardt, Martin: Eine kurze Geschichte der Digitalisierung, Penguin Verlag, München 2018, 252 Seiten
Burger, E.: Rechenapparat für Schulen, in: Zeitschrift für Instrumentenkunde, Band 4, 1884, Heft 6, Seite 221
Burkhardt, Arthur [1897]: Die Leibniz'sche Rechenmaschine, in: Zeitschrift für Vermessungswesen, Band 26, 1897, Heft 13, Seiten 392–399
Burkhardt, Hans: Annaberger Adam-Ries-Büchlein. Geschichte um den Rechenmeister in Bild und Wort, Projekte-Verlag 188, Halle 2003, 95 Seiten
Burkhardt, Heinrich; Wirtinger, Wilhelm; Fricke, Robert (Hg.) [Teil 1, erste Hälfte]: Analysis, Encyklopädie der mathematischen Wissenschaften mit Einschluss ihrer Anwendungen, Druck und Verlag von B. G. Teubner, Leipzig 1899–1916, Band 2, Teil 1, erste Hälfte, XX, 694 Seiten (Planimeter, Integratoren, Integrafen, harmonische Analysatoren, Seiten 128–134; Rechenhilfsmittel, Seiten 685–694)
Burkhardt, Heinrich; Wirtinger, Wilhelm; Fricke, Robert (Hg.) [Teil 1, zweite Hälfte]: Analysis, Encyklopädie der mathematischen Wissenschaften mit Einschluss ihrer Anwendungen, Druck und Verlag von B. G. Teubner, Leipzig 1904–1916, Band 2, Teil 1, zweite Hälfte, IX, 721 Seiten
Burkhardt, Heinrich; Wirtinger, Wilhelm; Fricke, Robert, Hilb, Emil (Hg.) [Teil 3, erste Hälfte]: Analysis, Encyklopädie der mathematischen Wissenschaften mit Einschluss ihrer Anwendungen, Verlag und Druck von B. G. Teubner, Leipzig 1909–1921, Band 2, Teil 3, erste Hälfte, XVI, 673 Seiten
Burkhardt, Heinrich; Wirtinger, Wilhelm; Fricke, Robert; Hilb, Emil (Hg.) [Teil 2]: Analysis, Encyklopädie der mathematischen Wissenschaften mit Einschluss ihrer Anwendungen, Verlag und Druck von B. G. Teubner, Leipzig 1901–1921, Band 2, Teil 2, XV, 897 Seiten

Burkhardt, Heinrich; Wirtinger, Wilhelm; Fricke, Robert; Hilb, Emil (Hg.) [Teil 3, zweite Hälfte]: Analysis, Encyklopädie der mathematischen Wissenschaften mit Einschluss ihrer Anwendungen, Verlag und Druck von B. G. Teubner, Leipzig 1923–1927, Band 2, Teil 3, zweite Hälfte, XIII, 975 Seiten

Burkhardt, Marcus: Digitale Datenbanken. Eine Medientheorie im Zeitalter von Big Data, Transcript-Verlag, Bielefeld 2015, 388 Seiten

Burkhart, Arthur u.a.: Historisches Lexikon des Fürstentums Liechtenstein, Chronos-Verlag, Zürich 2013, Seiten 150 und 353 (Curt Herzstark)

Burks, Alice Row: Who invented the computer? The legal battle that changed computing history, Prometheus Books, Amherst, New York 2003, 463 Seiten

Burks, Alice Row; Burks, Arthur Walter: The first electronic computer. The Atanasoff story, The University of Michigan press, Ann Arbor 1988, XII, 387 Seiten

Burks, Arthur Walter [1947]: Electronic computing circuits of the Eniac, in: Proceedings of the Institute of radio engineers (IRE), Band 35, 1947, Heft 8, Seiten 756–767

Burks, Arthur Walter [1980]: From Eniac to the stored-program computer: Two revolutions in computers, in: Nicholas Constantine Metropolis; Jack Howlett; Gian-Carlo Rota (Hg.): A history of computing in the twentieth century. A collection of essays, Academic press, New York, London usw. 1980, Seiten 311–344

Burks, Arthur Walter [1981]: Programming and structure changes in parallel computers, in: Proceedings Conpar '81 (conference on analysing problem classes and programming for parallel processing), Springer-Verlag London 1981, Lecture notes in computer science, Band 111, Seiten 1–24

Burks, Arthur Walter [1985a]: Digital machine functions, in: Martin Campbell-Kelly; Michael Roy Williams (Hg.): The Moore school lectures. Theory and techniques for design of electronic digital computers (held at the Moore school of electrical engineering of the University of Pennsylvania during July and August 1946), MIT press, Cambridge, Massachusetts, London/ Tomash publishers, Los Angeles, San Francisco 1985, Seiten 89–97

Burks, Arthur Walter [1985b]: Numerical mathematical methods IV, in: Martin Campbell-Kelly; Michael Roy Williams (Hg.): The Moore school lectures. Theory and techniques for design of electronic digital computers (held at the Moore school of electrical engineering of the University of Pennsylvania during July and August 1946), MIT press, Cambridge, Massachusetts, London/ Tomash publishers, Los Angeles, San Francisco 1985, Seiten 211–215

Burks, Arthur Walter [1985c]: Numerical mathematical methods VIII, in: Martin Campbell-Kelly; Michael Roy Williams (Hg.): The Moore school lectures. Theory and techniques for design of electronic digital computers (held at the Moore school of electrical engineering of the University of Pennsylvania during July and August 1946), MIT press, Cambridge, Massachusetts, London/ Tomash publishers, Los Angeles, San Francisco 1985, Seiten 369–372

Burks, Arthur Walter [1987]: Von Neuman's self-reproducing automata, in: William Aspray; Arthur Walter Burks (Hg.): Papers of John von Neumann on computing and computer theory, MIT press, Cambridge, Massachusetts, London 1987, Seiten 491–552

Burks, Arthur Walter [1997]: Electronic computing circuits of the Eniac, in: Proceedings of the IEEE, Band 85, 1997, Heft 7, Seiten 1172–1182

Burks, Arthur Walter [2001]: Turing's theory of infinite computing machines (1936–1937) and its relation to the invention of finite electronic computers (1939–1949), in: Stefania Bandini u.a. (Hg.): Theory and practical issues on cellular automata. Proceedings of the fourth international conference on cellular automata for research and industry, Karlsruhe, 4– 6 October 2000, Springer-Verlag, London 2001, Seiten 179–197)

Burks, Arthur Walter; Burks, Alice Row: The Eniac. First general-purpose electronic computer, in: Annals of the history of computing, Band 3, 1981, Heft 4, Seiten 310–389

Burks, Arthur Walter; Copi, Irving M. [1956a]: The logical design of an idealized general-prupose computer, in: Journal of the Franklin institute, Band 261, 1956, Heft 3, Seiten 299–314 (Teil 1)
Burks, Arthur Walter; Copi, Irving M. [1956b]: The logical design of an idealized general-prupose computer, in: Journal of the Franklin institute, Band 261, 1956, Heft 4, Seiten 421–436 (Teil 2)
Burks, Arthur Walter; Davidson, Edward S.: Introduction to „The Eniac", in: Proceedings of the IEEE, Band 87, 1999, Heft 6, Seiten 1028–1030
Burks, Arthur Walter; Goldstine, Herman Heine; von Neumann, John [1947]: Preliminary discussion of the logical design of an electronic computing instrument, The Institute for advanced study, Princeton, 2. Auflage 1947, V, 42 Seiten
Burks, Arthur Walter; Goldstine, Herman Heine; von Neumann, John [1976]: Preliminary discussion of the logical design of an electronic computing instrument, in: Earl E. Swartzlander (Hg.): Computer design development. Principal papers, Hayden Book company, Inc., Rochelle Park, New Jersey 1976, Seiten 221–259
Burks, Arthur Walter; Goldstine, Herman Heine; von Neumann, John [1982]: Preliminary discussion of the logical design of an electronic computing instrument, in: Brian Randell (Hg.): The origins of digital computers. Selected papers, Springer-Verlag, Berlin, Heidelberg usw., 3. Auflage 1982, Seiten 399–413 (Erstveröffentlichung 1946)
Burks, Arthur Walter; Goldstine, Herman Heine; von Neumann, John [1987]: Preliminary discussion of the logical design of an electronic computing instrument, in: William Aspray; Arthur Walter Burks (Hg.): Papers of John von Neumann on computing and computer theory, MIT press, Cambridge, Massachusetts, London 1987, Seiten 97–142
Burn, Bob: Early tables resembling those of natural logarithms, in: BSHM Bulletin, Journal of the British society for the history of mathematics, Band 31, 2016, Heft 2, Seiten 112–122
Burnett, Charles (Hg.): Numerals and arithmetic in the Middle Ages, Ashgate publishing, Farnham, Surrey 2010, IX, 369 Seiten (Rechenbrett)
Burri, Conrad [1943]: Über logarithmische Rechenmittel für Mineralogen und Petrographen, in: Schweizerische mineralogische und petrogaphische Mitteilungen, Band 23, Jahrgang 1943, Heft 2, Seiten 619–620 (Loga-Rechenscheibe)
Burri, Conrad [1944]: Über logarithmische Rechenmittel zum Gebrauch in Mineralogie und Petrographie, in: Schweizerische mineralogische und petrogaphische Mitteilungen, Band 24, Jahrgang 1944, Heft 1–2, Seiten 302–315 (Rechenschieber, Loga-Rechenscheibe)
Burton, Christopher P. [1998]: The Manchester baby reborn, in: IEE Review, Band 44, 1998, Heft 3, Seiten 113–117
Burton, Christopher P. [2000]: Rebuilding the first Manchester computer, in: Raúl Rojas, Ulf Hashagen (Hg.): The first computers – history and architectures, MIT press, Cambridge, Massachusetts, London 2000, Seiten 379–386
Burton, Christopher P.; Lavington Simon Hugh: The Manchester machines, in: Simon Hugh Lavington (Hg.): Alan Turing and his contemporaries. Building the world's first computers, British computer society, The chartered institute for IT, Swindon 2012, Seiten 33–46
Burton, Christopher, P. [2005]: Replicating the Manchester baby: Motives, methods, and messages from the past, in: IEEE Annals of the history of computing, Band 27, 2005, Heft 3, Seiten 44–60
Burton, David M.: The history of mathematics. An introduction, WCB/McGraw-Hill, Boston, Burr Ridge, Illinois usw., 4. Auflage 1999, X, 710 Seiten
Bush, Vannevar [1931]: The differential analyzer. A new machine for solving differential equations, in: Journal of the Franklin institute, Band 212, Oktober 1931, Heft 4, Seiten 447–488
Bush, Vannevar [1945a]: As we may think, in: Atlantic monthly, Band 176, 1. Juli 1945, Seiten 101–108
Bush, Vannevar [1945b]: As we may think. A top US scientist forsees a possible future world in which man-made machines will start to think, in: Life, Band 19, 1945, Heft 11, Seiten 112–124

Bush, Vannevar [1982]: Arithmetical machine, in: Brian Randell (Hg.): The origins of digital computers. Selected papers, Springer-Verlag, Berlin, Heidelberg usw., 3. Auflage 1982, Seiten 337–343

Bush, Vannevar [1991a]: Memorandum regarding Memex, in: James M. Nyce; Paul Kahn (Hg.): From memex to hypertext: Vannevar Bush and the mind's machine, Academic press, Inc., San Diego 1991, Seiten 81–84

Bush, Vannevar [1991b]: As we may think, in: James M. Nyce; Paul Kahn (Hg.): From memex to hypertext: Vannevar Bush and the mind's machine, Academic press, Inc., San Diego 1991, Seiten 85–110

Bush, Vannevar; Caldwell, Samuel H.: A new type of differential analyzer, in: Journal of the Franklin institute, Band 240, Oktober 1945, Heft 4, Seiten 255–326

Bussemer, Peter; Fothe, Michael; Koerber, Bernhard; Ryska, Norbert; Stolte, Andreas, Viehoff, Jochen: Alan Turing. Aus Leben und Werk eines aussergewöhnlichen Menschen, in: Log in. Informatische Bildung und Computer in der Schule, 2012/2013, Nr. 174, Seiten 10–35

Butterworth, Mark: The art of numbring by speaking rods, in: Slide rule gazette, Heft 10, Herbst 2009, Seiten 81–92 (Multiplikation, Division, Quadratwurzel, Kubikwurzel mit Neperstäbchen)

Buxton, Harry Wilmot (Hg.): Memoir of the life and labours of the late Charles Babbage Esq. F.R.S, MIT press, Cambridge, Massachusetts, London/Tomash publishers, Los Angeles, San Francisco 1988, XXI, 401 Seiten (Babbages Lebenserinnerungen)

Byron, Ada Augusta: Notes on Menabrea's memoir on Babbage's calculating engines (1843), in: Felicia Gordon; Gina Luria Walker (Hg.): Rational passions. Women and scholarship in Britain, 1702–1870, Broadview press, Peterborough, Ontario 2008, Seiten 381–390

C

Cai, Tianxin: The book of numbers, World scientific publishing Co. Pte. Ltd., Singapur 2017, XXVII, 340 Seiten

Caillois, Roger; Ulam, Stanislaw Marcin; Monod, Jacques; de Ajuriaguerra, Julian; Calogero, Guido; Niel, Henri; Vercors (=Bruller, Jean), Ansermet, Ernest (Hg.): Le robot, la bête et l'homme, Editions de la Baconnière, Neuenburg 1966, 360 Seiten

Cajori, Florian [1899]: Notes on the history of logarithms, in: Abhandlungen zur Geschichte der Mathematik 1899, Heft 9, Seiten 31–39 (Supplement zum 44. Jahrgang der Zeitschrift für Mathematik und Physik)

Cajori, Florian [1909]: A history of the logarithmic slide rule and allied instruments, Archibald Constable & company, Ltd., London/The engineering news publishing Co., New York, 1. Auflage 1909, VII, 126, X Seiten

Cajori, Florian [1916]: William Oughtred. A great seventeenth-century teacher of mathematics, The open court publishing company, Chicago, London, 1916, VI, 100 Seiten

Cajori, Florian [1917]: A history of elementary mathematics with hints on methods of teaching, Macmillan company, New York, London 1917, VIII, 324 Seiten

Cajori, Florian [1928]: A history of mathematical notations, Band 1: Notations in elementary mathematics, The open court publishing company, La Salle, Illinois 1928, XVI, 451 Seiten

Cajori, Florian [1929]: A history of mathematical notations, Band 2: Notations mainly in higher mathematics, The open court publishing company, La Salle, Illinois 1929, XVIII, 367 Seiten

Cajori, Florian [1991]: A history of mathematics, AMS Chelsea publishing, Providence, Rhode Island, 5. Auflage 1991, XI, 526 Seiten

Cajori, Florian [1994]: A history of the logarithmic slide rule and allied instruments and on the history of Gunter's scale and the slide rule, Astragal press, Mendham, New Jersey 1994, XII, 164 Seiten (Nachdruck)

Calder, Ritchie: The evolution of the machine, D. van Nostrand company, Inc., New York 1968, 160 Seiten

Calinger, Ronald (Hg.): Classics of mathematics, Prentice-Hall, Inc., Englewood Cliffs, New Jersey 1995, XXI, 793 Seiten

Calinger, Ronald: A contextual history of mathematics to Euler, Prentice Hall, Upper Saddle River, New Jersey 1999, XXVIII, 751 Seiten

Camerota, Filippo (Hg.) [2010a]: Museo Galileo + A guide to the treasures of the collection, Giunti Editore S.p.A., Florenz 2010, 96 Seiten (Samuel Morland: Rechenmaschine, Seiten 46/47; Friedrich Knaus: schreibende Hand, Seiten 62/63)

Camerota, Filippo (Hg.) [2010b]: Museo Galileo + capolavori della scienza, Giunti Editore S.p.A., Florenz 2010, 334 Seiten (Christoph Schissler: Astrolab, Seite 101; Jost Bürgi: militärischer Zirkel, Seiten 150/151; Friedrich Knaus: schreibende Hand, Seiten 200/201)

Camerota, Filippo (Hg.) [2010c]: Museo Galileo + Guida ai tesori della collezione, Giunti Editore S.p.A., Florenz 2010, 96 Seiten (Samuel Morland: Rechenmaschine, Seiten 46/47; Friedrich Knaus: schreibende Hand, Seiten 62/63)

Camerota, Filippo (Hg.) [2010d]: Museo Galileo + masterpieces of sciences, Giunti Editore S.p.A., Florenz 2010, 334 Seiten (Christoph Schissler: Astrolab, Seite 101; Jost Bürgi: militärischer Zirkel, Seiten 150/151; Friedrich Knaus: schreibende Hand, Seiten 200/201)

Camerota, Filippo (Hg.) [2012a]: Museo Galileo + Guia de los tesoros de la collección, Giunti Editore S.p.A., Florenz 2012, 96 Seiten (Samuel Morland: Rechenmaschine, Seiten 46/47; Friedrich Knaus: schreibende Hand, Seiten 62/63)

Camerota, Filippo (Hg.) [2012b]: Museo Galileo + Guide des trésors du musée, Giunti Editore S.p.A., Florenz 2012, 96 Seiten (Samuel Morland: Rechenmaschine, Seiten 46/47; Friedrich Knaus: schreibende Hand, Seiten 62/63)

Camerota, Filippo (Hg.) [2014]: Museo Galileo + Führer zu den Schätzen der Sammlung, Giunti Editore S.p.A., Florenz 2014, 96 Seiten (Samuel Morland: Rechenmaschine, Seiten 46/47; Friedrich Knaus: schreibende Hand, Seiten 62/63)

Caminer, David Tresman [1997]: Leo and its applications: The beginning of business computing, in: The computer journal, Band 40, 1997, Heft 10, Seiten 585–597

Caminer, David Tresman [2002]: Leo and the computer revolution, in: Computing and control engineering journal, Band 13, 2002, Heft 6, Seiten 273–281

Caminer, David Tresman [2003]: Behind the curtain at Leo: A personal reminiscence, in: IEEE Annals of the history of computing, Band 25, 2003, Heft 2, Seiten 3–13

Caminer, David Tresman; Aris, John B. B.; Hermon, Peter M. R.; Land Frank G. (Hg.) [1996]: The world's first business computer. User-driven innovation, McGraw-Hill book company, London, New York usw. 1996, XXV, 401 Seiten (Lebenserinnerungen)

Caminer, David Tresman; Aris, John B. B.; Hermon, Peter M. R.; Land, Frank (Hg.) [1998]: Leo: The incredible story of the world's first business computer, McGraw Hill, New York, San Francisco usw. 1998, XXIV, 392 Seiten (Lebenserinnerungen)

Campbell, Robert V. D. [1985]: Mark II calculator, in: Proceedings of a symposium on large-scale digital calculating machinery, Cambridge, Massachusetts, 7.–10. Januar 1947, MIT press, Cambridge, Massachusetts, London/Tomash publishers, Los Angeles, San Francisco 1985, Seiten 69–79

Campbell, Robert V. D. [1999a]: Aiken's first machine: The IBM ASCC/Harvard Mark I, in: I. Bernard Cohen; Gregory W. Welch (Hg.): Makin' numbers. Howard Aiken and the computer, MIT press, Cambridge, Massachusetts, London 1999, Seiten 31–63

Campbell, Robert V. D. [1999b]: Mark II, an improved Mark I, in: I. Bernard Cohen; Gregory W. Welch (Hg.): Makin' numbers. Howard Aiken and the computer, MIT press, Cambridge, Massachusetts, London 1999, Seiten 111–127

Campbell, Scott M.: The premise of computer science: Establishing modern computing at the University of Toronto (1945–1964), Graduate department of the Institute for the history and philosophy of science and technology, Universität Toronto, Toronto, Kanada 2006, VIII, 380 Seiten (Dissertation)

Campbell-Kelly, Martin [1981]: Programming the Pilot Ace. Early programming activity at the National Physical Laboratory, in: Annals of the history of computing, Band 3, 1981, Heft 2, Seiten 133–162

Campbell-Kelly, Martin [1989]: ICL. A business and technical history, Clarendon press, Oxford 1989, XII, 409 Seiten

Campbell-Kelly, Martin [1990]: Punched-card machinery, in: William Aspray (Hg.): Computing before computers, Iowa State university press, Ames, Iowa 1990, Seiten 122–155

Campbell-Kelly, Martin [1996]: University courses, in: Thomas J.Bergin; Richard G. Gibson (Hg.): History of programming languages 2, ACM press, New York 1996, Seiten 799–805

Campbell-Kelly, Martin [1998]: Programming the Edsac: Early programming activity at the University of Cambridge, in: IEEE Annals of the history of computing, Band 20, 1998, Heft 4, Seiten 47–69

Campbell-Kelly, Martin [2000]: Past into present: The Edsac simulator, in: Raúl Rojas, Ulf Hashagen (Hg.): The first computers – history and architectures, MIT press, Cambridge, Massachusetts, London 2000, Seiten 397–416

Campbell-Kelly, Martin [2003a]: From airline reservations to sonic the hedgehog. A history of the software industry, MIT press, Cambridge, Massachusetts, London 2003, XVI, 372 Seiten

Campbell-Kelly, Martin [2003b]: Une histoire de l'industrie du logiciel. Des réservations aériennes à Sonic le Hérisson, Vuibert, Paris 2003, XX, 369 Seiten

Campbell-Kelly, Martin [2007]: The history of the history of software, in: IEEE Annals of the history of computing, Band 29, 2007, Heft 4, Seiten 40–51

Campbell-Kelly, Martin [2008]: Historical reflections. Will the future of software be open source?, in: Communications of the ACM, Band 51, 2008, Heft 10, Seiten 21–23

Campbell-Kelly, Martin [2009a]: Historical reflections. The rise, fall, and resurrection of software as a service, in: Communications of the ACM, Band 52, 2009, Heft 5, Seiten 28–30

Campbell-Kelly, Martin [2009b]: Origin of computing. The information age began with the realization that machines could emulate the power of minds, in: Scientific American, September 2009, Seiten 62–69

Campbell-Kelly, Martin [2009c]: Historical reflections. Computing in the depression era, in: Communications of the ACM, Band 52, 2009, Heft 10, Seiten 21–22

Campbell-Kelly, Martin [2010a]: Historical reflections. Be careful what you wish for, in: Communications of the ACM, Band 53, 2010, Heft 4, Seiten 25–26 (Niedergang der mathematischen Tabellen)

Campbell-Kelly, Martin [2010b]: Historical reflections. Victorian data processing, in: Communications of the ACM, Band 53, 2010, Heft 10, Seiten 19–21

Campbell-Kelly, Martin [2011a]: From theory to practice: The invention of programming, 1947–51, in: Cliff B. Jones; John L. Lloyd (Hg.): Dependable and historic computing. Essays dedicated to Brian Randell on the occasion of his 75th birthday, Springer-Verlag, Heidelberg usw. 2011, Seiten 23–37

Campbell-Kelly, Martin [2011b]: Historical reflections. In praise of 'Wilkes, Wheeler and Gill', in: Communications of the ACM, Band 54, 2011, Heft 9, Seiten 25–27 (erstes Buch zur Programmierung)

Campbell-Kelly, Martin [2012a]: Ivory towers and tea rooms, in: Simon Hugh Lavington (Hg.): Alan Turing and his contemporaries. Building the world's first computers, British computer society, The chartered institute for IT, Swindon 2012, Seiten 21–32

Campbell-Kelly, Martin [2012b]: The Ace and the shaping of British computing, in: Brian Jack Copeland (Hg.): Alan Turing's electronic brain. The struggle to build the Ace, the world's fastest computer, Oxford University Press, Oxford 2012, Seiten 149–172

Campbell-Kelly, Martin [2012c]: Historical reflections. Alan Turing's other universal machine, in: Communications of the ACM, Band 55, 2012, Heft 7, Seiten 31–33 (Ace-Rechner)

Campbell-Kelly, Martin [2014]: Knuth and the spectrum of history, in: IEEE Annals of the history of computing, Band 36, 2014, Heft 3, Seite 96

Campbell-Kelly, Martin [2019]: The evolution of digital computing practice on the Cambridge university Edsac, 1949–1951, in: Thomas Haigh (Hg.): Exploring the early digital, Springer Nature Switzerland AG, Cham 2019, Seiten 117–134

Campbell-Kelly, Martin; Aspray, William; Ensmenger, Nathan; Yost, Jeffrey R.: Computer. A history of the information machine, Westview press, Boulder, Colorado, 3. Auflage 2016, XV, 360 Seiten

Campbell-Kelly, Martin; Croarken, Mary Goretti; Flood, Raymond; Robson, Eleanor (Hg.): The history of mathematical tables. From Sumer to spreadsheets, Oxford University Press, Oxford, New York 2003, X, 361 Seiten

Campbell-Kelly, Martin; Garcia-Swartz, Daniel D.: From mainframes to smartphones. A history of the international computer industry, Harvard university press, Cambridge, Massachusetts, London 2015, VII, 240 Seiten

Campbell-Kelly, Martin; Williams, Michael Roy (Hg.): The Moore school lectures. Theory and techniques for design of electronic digital computers (held at the Moore school of electrical engineering of the University of Pennsylvania during July and August 1946), MIT press, Cambridge, Massachusetts, London/Tomash publishers, Los Angeles, San Francisco 1985, XXXIV, 568 Seiten

Campioni, Rosaria (Hg.): Leonardo artista delle macchine e cartografo, Giunti gruppo editoriale, Florenz 1994, 136 Seiten

Canning, H.; Bowring, Edgar A. (Hg.): Exhibition of the works of industry of all nations, 1851. Reports by the juries on the subjects in the thirty classes into which the exhibition was divided, William Clowes and sons, London 1852, CXXVI, 868, 15 Seiten (Weltausstellung, London 1851)

Cannon, E. W.: Développement des machines à calculer arithmétiques électroniques au „National bureau of standards", in: Joseph Pérès (Hg.): Les machines à calculer et la pensée humaine, Paris, 8–13 janvier 1951, Colloques internationaux du Centre national de la recherche scientifique, Nr. 37, Editions du Centre national de la recherche scientifique (CNRS), Paris 1953, Seiten 87–99 (National bureau of standards, Washington) (Swac, Seac)

Cantor, Geoffrey (Hg.) [2013a]: The great exhibition: A documentary history, Band 1, Pickering & Chatto (publishers) Ltd., London, Brookfield, Vermont 2013, XXXIII, 382 Seiten (Weltausstellung, London 1851)

Cantor, Geoffrey (Hg.) [2013b]: The great exhibition: A documentary history, Band 2, Pickering & Chatto (publishers) Ltd., London, Brookfield, Vermont 2013, VII, 381 Seiten (Weltausstellung, London 1851)

Cantor, Geoffrey (Hg.) [2013c]: The great exhibition: A documentary history, Band 3, Pickering & Chatto (publishers) Ltd., London, Brookfield, Vermont 2013, VI, 429 Seiten (Weltausstellung, London 1851)

Cantor, Geoffrey (Hg.) [2013d]: The great exhibition: A documentary history, Band 4, Pickering & Chatto (publishers) Ltd., London, Brookfield, Vermont 2013, VII, 503 Seiten (Weltausstellung, London 1851)

Cantor, Moritz Benedikt [1880]: Vorlesungen über Geschichte der Mathematik. Erster Band. Von den ältesten Zeiten bis zum Jahre 1200 n. Chr., Druck und Verlag von B. G. Teubner, Leipzig 1880, VIII, 805 Seiten

Cantor, Moritz Benedikt [1880 ff.]: Vorlesungen über Geschichte der Mathematik. Zweiter Band. Von 1200 bis 1668. Erster Teilband. Von 1200 bis 1550, Druck und Verlag von B. G. Teubner, Leipzig o. J., 499 Seiten

Cantor, Moritz Benedikt [1892]: Vorlesungen über Geschichte der Mathematik. Zweiter Band. Von 1200 bis 1668. Zweiter Teilband. Von 1550 bis 1668, Druck und Verlag von B. G. Teubner, Leipzig 1892, X, 361 Seiten

Cantor, Moritz Benedikt [1892 ff.]: Vorlesungen über Geschichte der Mathematik. Dritter Band. Von 1668 bis 1758. Erster Teilband. Von 1668 bis 1726, Druck und Verlag von B. G. Teubner, Leipzig o. J., 472 Seiten

Cantor, Moritz Benedikt [1898]: Vorlesungen über Geschichte der Mathematik. Dritter Band. Von 1668 bis 1758. Zweiter Teilband. Von 1727 bis 1758, Druck und Verlag von B. G. Teubner, Leipzig 1898, XIV, 893 Seiten

Cantor, Moritz Benedikt [1908]: Vorlesungen über Geschichte der Mathematik. Vierter Band. Von 1759 bis 1799, Druck und Verlag von B. G. Teubner, Leipzig 1908, VI, 1113 Seiten

Capra, Fritjof [2007]: The science of Leonardo, Doubleday Broadway publishing group, New York 2007, XXII, 329 Seiten

Capra, Fritjof [2013]: Learning from Leonardo. Decoding the notebooks of a genius, Berrett-Koehler publications, Inc., San Francisco 2013, XXVI, 380 Seiten

Cardone, Felice: Continuity in semantic theories of programming, in: History and philosophy of logic, Band 36, 2015, Heft 3, Seiten 242–261 (Sonderausgabe „Logical issues in the history and philosophy of computer science")

Cardwell, Donald [1994]: The Fontana history of technology, Fontana press, London 1994, XVIII, 565 Seiten

Cardwell, Donald [1997]: Viewegs Geschichte der Technik, Friedrich Vieweg & Sohn Verlagsgesellschaft mbH, Braunschweig, Wiesbaden 1997, VII, 346 Seiten

Carissan, Eugène-Olivier: Machine à résoudre les congruences, in: Bulletin de la société d'encouragement pour l'industrie nationale, Band 119, September/Oktober 1920, Seiten 600–607 (Gedenkausgabe 100 Jahre Thomas-Arithmometer)

Carlsson, Anders: On the politics of failure. Perspectives on the „mathematics machine" in Sweden, 1945–1948, in: Janis Bubenko; John Impagliazzo; Arne Sølvberg (Hg.): History of Nordic computing. IFIP WG 9.7 first working conference on the history of Nordic computing (HiNC1), June 16–18, 2003, Trondheim, Norway, Springer science+business media, Inc., New York 2005, Seiten 95–110

Carman, Christián Carlos; Evans, James C.: On the epoch of the Antikythera mechanism and its eclipse predictor, in: Archive for history of exact sciences, Band 68, 2014, Heft 6, Seiten 693–774

Carman, Christián Carlos; Thorndike, Alan; Evans, James C.: On the pin-and-slot device of the Antikythera mechanism, with a new application to the superior planets, in: Journal for the history of astronomy, Band 43, 2012, Heft 1, Seiten 93–116

Carmichael, Hamish (Hg.): An ICL anthology. Anecdotes and recollections from the people of ICL, Laidlaw Hicks publishers, Surbiton, Surrey 1996, XI, 259 Seiten

Carnota, Raúl Jorge: The beginning of computer science in Argentina and the calculus institute, 1957–1970, in: IEEE Annals of the history of computing, Band 37, 2015, Heft 4, Seiten 40–52

Carpenter, Brian E.: A meeting that missed its mark: the Paris conference of 1951, 2013, 7 Seiten, http://www.rutherfordjournal.org/article050103.html

Carpenter, Brian E.; Doran, Robert W. (Hg.): A. M. Turing's Ace report of 1946 and other papers, MIT press, Cambridge, Massachusetts, London 1986, III, 140 Seiten

Carpenter, Brian E.; Doran, Robert W. [1977]: The other Turing machine, in: The computer journal, Band 20, 1977, Heft 3, Seiten 269–279

Carpenter, Brian E.; Doran, Robert W. [2014]: John Womersley: Applied mathematician and pioneer of modern computing, in: IEEE Annals of the history of computing, Band 36, 2014, Heft 2, Seiten 60–70

Carr, John W.; Perlis, Alan J.; Robertson, James E.; Scott, Norman R.: A visit to computation centers in the Soviet Union, in: Communications of the ACM, Band 2, 1959, Heft 6, Seiten 8–20

Carr, Nicholas: The big switch. Rewiring the world, from Edison to Google, W. W. Norton & company, New York, London 2008, VII, 278 Seiten

Carrera, Roland; Loiseau, Dominique; Roux, Olivier: Androiden, die Automaten von Jaquet-Droz, Scriptar SA, Lausanne 1979, 93 Seiten

Carstensen, Edgar: Vom Abakus zum Computer. Die Entwicklung der mechanischen Rechengeräte. Eine Ausstellung des Alten Gymnasiums Flensburg im Städtischen Museum Flensburg vom 26. Mai bis 23. Juni 1991, 51 Seiten (Ausstellungsführer)

Carter, Frank [2008a]: Breaking naval enigma. An account of the additional problems encountered and the methods used to solve them, Bericht Nr. 3, Bletchley Park Trust, Bletchley Park, Milton Keynes, September 2008, 31 Seiten

Carter, Frank [2008b]: Codebreaking with the colossus computer, Bericht Nr. 1, Bletchley Park Trust, Bletchley Park, Milton Keynes, September 2008, 39 Seiten

Carter, Frank [2008c]: The Turing bombe, Bericht Nr. 4, Bletchley Park Trust, Bletchley Park, Milton Keynes, September 2008, 52 Seiten

Carter, Frank [2010]: The Turing bombe, in: Rutherford journal, The New Zealand journal for the history and philosophy of science and technology, Band 3, 2010, www.rutherfordjournal.org

Carter, Frank [2011]: Enigma in depth, Bericht Nr. 24, Bletchley Park Trust, Bletchley Park, Milton Keynes, Dezember 2011, 61 Seiten

Carter, Frank [2014]: Enigma and the bombe in depth, in: Joel Greenberg (Hg.): Gordon Welchman. Bletchley Park's architect of ultra intelligence, Frontline books, Barnsley, South Yorkshire, 2014, Seiten 208–252

Carter, R. H. A.: The TRE high-speed digital computer, in: Michael Roy Williams; Martin Campbell-Kelly (Hg.): The early British computer conferences, MIT press, Cambridge, Massachusetts, London/Tomash publishers, Los Angeles, San Francisco 1989, Seiten 265–273 (TRE = Telecommunications research establishment)

Carteron, Jacques: Naissance du calcul électronique, 1950–1958, in: Philippe Chatelin (Hg.): Colloque sur l'histoire de l'informatique en France, Grenoble, 3–4–5 mai 1988, CRNS, Grenoble 1988, Band 2, Seiten 103–112

Cassina, Ugo: Calcolo numerico. Con numerosi esempi e note storiche originali, Nicola Zanichelli, Bologna 1928, XVII, 455 Seiten

Catastini, Laura; Ghione, Franco; Rashed, Roshdi: Algebra. Origini e sviluppi tra mondo arabo e mondo latino, Carocci editore SpA, Rom 2016, 223 Seiten

Catlow, Trevor: A brief history of logarithms, in: Slide rule gazette, Heft 15, Herbst 2014, Seiten 11–23

Catrina, Werner: BBC. Glanz, Krise, Fusion. 1891–1991. Von Brown Boveri zu ABB, Orell Füssli Verlag, Zürich, Wiesbaden 1991, 320 Seiten (Übernahme Zuse KG, Seiten 117–118)

Cavagna, E.: Telefunken Digital-Rechenanlage TR4, in: Elektronische Rechenanlagen, Band 1, 1959, Heft 2, Seiten 94–96

Ceccarelli, Marco (Hg.) [2000]: International symposium on history of machines and mechanisms, Proceedings of HMM 2000, Kluwer academic publishers, Dordrecht, Boston usw. 2000, XVI, 387 Seiten (Abschnitte „Drawings of automata in middle age“, Seiten 335–340; „Von Kempelen's chess-playing pseudo-automaton and Zu Racknitz's explanation of its controls in 1789“, Seiten 351–360; „A historical perspective of robotics“, Seiten 379–386)

Ceccarelli, Marco (Hg.) [2004]: International symposium on history of machines and mechanisms, Proceedings of HMM 2004, Kluwer academic publishers, Dordrecht, Boston usw. 2004, XXI,

405 Seiten (Abschnitt „Development of walking machines; historical perspective", Seiten 357–370)

Ceccarelli, Marco (Hg.) [2007]: Distinguished figures in mechanism and machine science. Their contributions and legacies, Band 1, Springer, Dordrecht 2007, X, 392 Seiten (Beiträge u.a. zu Archimedes, Heron von Alexandria, James Watt; Räderwerk von Antikythera)

Ceccarelli, Marco (Hg.) [2010]: Distinguished figures in mechanism and machine science. Their contributions and legacies, Band 2, Springer, Dordrecht 2010, VIII, 261 Seiten (Beitrag u.a. zu Ismail Al-Jazarī)

Ceccarelli, Marco (Hg.) [2011]: Technology developments: the role of mechanism and machine science and IFToMM, Springer science+business media B.V., Dordrecht, Heidelberg usw. 2011, XVIII, 478 Seiten

Ceccarelli, Marco (Hg.) [2014]: Distinguished figures in mechanism and machine science. Their contributions and legacies, Band 3, Springer science+business media, Dordrecht 2014, VIII, 347 Seiten (Beitrag zu Marcus Vitruvius Pollio, Seiten 309–346)

Celli, Andrea: Il calcolo prima del Finac: in: Angelo Guerraggio; Maurizio Mattaliano; Pietro Nastasi (Hg.): Per l'archivio della corrispondenza dei matematici italiani. La „lunga marcia" di Mauro Picone (1885–1977), Università commerciale Luigi Bocconi, Centro Pristem, Palermo 2010, Seiten 367–378 (Quaderni Pristem, Band 15) (Pristem = progetto ricerche storiche e metodologiche) (Finac = Ferranti-Inac-Rechner)

Ceruzzi, Paul E. [1981]: The early computers of Konrad Zuse, 1935 to 1945, in: Annals of the history of computing, Band 3, 1981, Heft 3, Seiten 241–262

Ceruzzi, Paul E. [1983]: Reckoners. The prehistory of the digital computer, from relays to the stored program concept, 1935–1945, Greenwood press, Westport, Connecticut, London 1983, XII, 182 Seiten

Ceruzzi, Paul E. [1986]: An unforeseen revolution: computers and expectations, 1935–1985, in: Joseph J. Corn (Hg.): Imagining tomorrow. History, technology, and the American future, MIT press, Cambridge, Massachusetts, London 1986, Seiten 188–201

Ceruzzi, Paul E. [1989]: Electronics technology and computer science, 1940–1975: A coevolution, in: Annals of the history of computing, Band 10, 1989, Heft 4, Seiten 257–275

Ceruzzi, Paul E. [1990a]: Relay calculators, in: William Aspray (Hg.): Computing before computers, Iowa State university press, Ames, Iowa 1990, Seiten 200–222

Ceruzzi, Paul E. [1990b]: Electronic calculators, in: William Aspray (Hg.): Computing before computers, Iowa State university press, Ames, Iowa 1990, Seiten 223–249

Ceruzzi, Paul E. [1993]: Die frühen Arbeiten von Konrad Zuse im Kontext der Erfindung des digitalen Computers. 1935–1950, in: Wissenschaftliches Jahrbuch 1992/93, Deutsches Museum, München 1993, Seiten 170–186

Ceruzzi, Paul E. [1997]: Crossing the divide. Architectural issues and the emergence of the stored program computer, 1935–1955, in: IEEE Annals of the history of computing, Band 19, 1997, Heft 1, Seiten 5–12 (Speicherprogramm)

Ceruzzi, Paul E. [2000]: Nothing new since von Neumann: A historian looks at computer architecture, 1945–1995, in: Raúl Rojas, Ulf Hashagen (Hg.): The first computers – history and architectures, MIT press, Cambridge, Massachusetts, London 2000, Seiten 195–217

Ceruzzi, Paul E. [2003a]: A history of modern computing, MIT press, Cambridge, Massachusetts, London, 2. Auflage 2003, XII, 445 Seiten

Ceruzzi, Paul E. [2003b]: Eine kleine Geschichte der EDV, MITP-Verlag, Bonn 2003, 411 Seiten

Ceruzzi, Paul E. [2011]: Professor Brian Randell and the history of computing, in: Cliff B. Jones; John L. Lloyd (Hg.): Dependable and historic computing. Essays dedicated to Brian Randell on the occasion of his 75th birthday, Springer-Verlag, Heidelberg usw. 2011, Seiten 167–173

Ceruzzi, Paul E. [2012]: Computing. A concise history, MIT press, Cambridge, Massachusetts, London 2012, XVI, 199 Seiten
Ceruzzi, Paul E. [2014]: Are historians failing to tell the real story about the history of computing?, in: IEEE Annals of the history of computing, Band 36, 2014, Heft 3, Seiten 94–95
Ceruzzi, Paul E. [2016]: Computer. Eine kurze Geschichte, Verlagshaus Römerweg GmbH, Wiesbaden 2016, 255 Seiten
Cesareo, O.: The relay interpolator, in: Brian Randell (Hg.): The origins of digital computers. Selected papers, Springer-Verlag, Berlin, Heidelberg usw., 3. Auflage 1982, Seiten 253–256
Chabás, José; Goldstein, Bernard R.: Essays on medieval computational astronomy, Koninklijke Brill NV, Leiden, Boston 2015, VIII, 413 Seiten
Chabert, Jean-Luc (Hg.) [1999]: A history of algorithms. From the pebble to the microchip, Springer-Verlag, Berlin, Heidelberg usw. 1999, IX, 524 Seiten
Chabert, Jean-Luc (Hg.) [2010]: Histoire d'algorithmes. Du caillou à la puce, Editions Belin, Paris 2010, 608 Seiten
Chace, Arnold Buffum: The Rhind mathematical papyrus, The national council of teachers of mathematics, Reston, Virginia 1979, XI, 147 Seiten
Chaitin, Gregory J.: Thinking about Gödel and Turing. Essays on complexity, 1970–2007, World scientific, Hackensack, New Jersey, London usw. 2007, XIX, 347 Seiten
Chamay, Jacques; Schärlig, Alain: Représentation d'une table de calcul, in: Antike Kunst, Band 41, 1998, Heft 1, Seiten 52–66, Tafeln 11–12
Chamberlain, Edwin J. [1997]: The Voith slide rule and mechanical pencil combination, in: Journal of the Oughtred society, Band 6, 1997, Heft 1, Seiten 27–28
Chamberlain, Edwin J. [1998]: Slide rule decimal point location methods, in: Journal of the Oughtred society, Band 7, 1998, Heft 1, Seiten 38–52
Chamberlain, Edwin J. [1999]: Long scale slide rules, in: Journal of the Oughtred society, Band 8, 1999, Heft 1, Seiten 24–34 (Rechenstab, Rechenscheibe, Rechenwalze)
Chamberlain, Edwin J. [2004]: Long-scale slide rules revisited, in: Journal of the Oughtred society, Band 13, 2004, Heft 1, Seiten 23–43 (Rechenstab, Rechenscheibe, Rechenwalze, Rechenuhr)
Chamberlain, Edwin J. [2008]: Circular slide rules with very long scales, in: Journal of the Oughtred society, Band 17, 2008, Heft 1, Seiten 52–68 (Rechenscheibe)
Chamberlain, Edwin J. [2016]: The Ross precision computer, in: Journal of the Oughtred society, Band 25, 2016, Heft 1, Seiten 10–22 (Spiralrechenscheibe)
Chamberlain, Edwin J. [2017a]: Billeters logarithmische Recheninstrumente, in: Ina Prinz (Hg.): 300 Jahre logarithmisches Rechnen in deutschen Landen, Arithmeum im Forschungsinstitut für diskrete Mathematik, Universität Bonn, Bonn 2017, Seiten 127–129 (Ausstellungskatalog)
Chamberlain, Edwin J. [2017b]: Slide rules and historic calculators as art forms in every day life, in: Karl Kleine (Hg.): Calculating in everyday life. Slide rules, tables, calculators, and other mathematical devices, Proceedings of the 23 rd international meeting of collectors and researches of historical computing instruments, Bonn, 22.–24. September 2017, Books on demand, Norderstedt 2017, Seiten 97–119
Chamberlain, Edwin J.; Davis, W. Ritchard: The Ross rapid computer / Dempster rotarule mystery!, in: Journal of the Oughtred society, Band 25, 2016, Heft 1, Seiten 36–42
Chandler, Alfred D.: Inventing the electronic century. The epic story of the consumer electronics and computer industries, Harvard university press, Cambridge, Massachusetts, London 2005, XIX, 321 Seiten
Chandler, Alfred D.; Cortada, James W. (Hg.): A nation transformed by information. How information has shaped the United States from colonial times to the present, Oxford University Press, Oxford, New York usw. 2000, XII, 380 Seiten

Chandler, W. W. [1983]: The installation and maintenance of Colossus, in: Annals of the history of computing, Band 5, 1983, Heft 3, Seiten 260–262

Chandler, W. W. [1989]: Gates and trigger circuits, in: Michael Roy Williams; Martin Campbell-Kelly (Hg.): The early British computer conferences, MIT press, Cambridge, Massachusetts, London/ Tomash publishers, Los Angeles, San Francisco 1989, Seiten 388–391

Chapuis, Alfred [1928]: Automates. Machines automatiques et machinisme, SA des publications techniques, Genf 1928, 114 Seiten

Chapuis, Alfred [1947]: Les automates dans les œuvres d'imagination, Editions du Griffon, Neuenburg 1947, 269 Seiten

Chapuis, Alfred [1955a]: Histoire de la boîte à musique et de la musique mécanique, Edition Scriptar SA, Lausanne 1955, 320 Seiten

Chapuis, Alfred [1955b]: Le monde merveilleux des automates, in: La cité. Revue de la cité universitaire de Paris. Les arts, les lettres, les sciences en France et dans le monde, Band 2, 1955, Heft 4, Seiten 58–63

Chapuis, Alfred; Droz, Edmond [1947]: Chef d'œuvre retrouvé. L'automate écrivain-dessinateur d'Henri Maillardet, in: Journal suisse d'horlogerie, Band 3/4, 1947, Seiten 155–162

Chapuis, Alfred; Droz, Edmond [1949]: Les automates. Figures artificielles d'hommes et d'animaux. Histoire et technique, Editions du Griffon, Neuenburg 1949, 433 Seiten (Musikautomaten, Singvögel, Automatenuhren, Spielzeugautomaten, Figurenautomaten, Schreibautomaten, Sprechmaschinen, Scheinautomaten, mechanische Bilder) (Abschnitt: „Pendules à automates en Extrême-Orient“, Seiten 112–120)

Chapuis, Alfred; Droz, Edmond [1958]: Automata. A historical and technological study, Editions du Griffon, Neuenburg 1958, 413 Seiten (Abschnitt „Small clocks with automata in the Far East“, Seiten 107–116)

Chapuis, Alfred; Droz, Edmond [1971]: Les automates des Jaquet-Droz, Musée d'art et d'histoire, Neuenburg, o. J., 31 Seiten

Chapuis, Alfred; Gélis, Edouard [1984a]: Le monde des automates. Etude historique et technique, Editions Slatkine, Genf 1984, Band 1, XVI, 350, II Seiten (altertümliche und mitteralterliche Automaten, Stundenschläger, Turmuhren, Tischuhren) (Nachdruck von 1928)

Chapuis, Alfred; Gélis, Edouard [1984b]: Le monde des automates. Etude historique et technique, Editions Slatkine, Genf 1984, Band 2, V, 356, III Seiten (Taschenuhren, Singvögel, Tierautomaten, Musikautomaten, Zeichenautomaten, Schreibautomaten, Sprechmaschinen, Prothesen) (Nachdruck von 1928)

Chapuis, Alfred; Loup, Gustave: La montre „chinoise“. Relations de l'horlogerie suisse avec la Chine, Attinger frères, Neuenburg 1919, XIII, 272 Seiten (Abschnitt: „Les automates“, Seiten 26–37)

Charette, François: High tech from ancient Greece, in: Nature, Band 444, 30. November 2006, Seiten 551–552 (Räderwerk von Antikythera)

Chase, George C.: History of mechanical computing machinery, in: Annals of the history of computing, Band 2, 1980, Heft 3, Seiten 198–226

Chasles, Michel [1839]: Geschichte der Geometrie hauptsächlich mit Bezug auf die neueren Methoden, Gebauersche Buchhandlung, Halle 1839, VIII, 662 Seiten

Chasles, Michel [1989]: Aperçu historique sur l'origine et le développement des méthodes en géométrie, Editions Jacques Gabay, Sceaux 1989, V, 571 Seiten (Nachdruck von 1837)

Chatelin, Philippe (Hg.) [1988a]: Colloque sur l'histoire de l'informatique en France, Grenoble, 3–4–5 mai 1988, CRNS, Grenoble 1988, Band 1, 461 Seiten

Chatelin, Philippe (Hg.) [1988b]: Colloque sur l'histoire de l'informatique en France, Grenoble, 3–4–5 mai 1988, CRNS, Grenoble 1988, Band 2, 427 Seiten

Chauchard, Paul: La commande centrale de la machine nerveuse, in: Joseph Pérès (Hg.): Les machines à calculer et la pensée humaine, Paris, 8–13 janvier 1951, Colloques internationaux du Centre national de la recherche scientifique, Nr. 37, Editions du Centre national de la recherche scientifique (CNRS), Paris 1953, Seiten 531–536

Chiera, Edward: Sie schrieben auf Ton. Was die babylonischen Schrifttafeln erzählen, Orell Füssli Verlag, Zürich, 4. Auflage 1958, 181 Seiten

Chlebny, Igor: Patrimoine horloger, in: Uninews, Nr. 25, 2012, Seiten 1–16 (Universität Neuenburg)

Choi, Hyungsub; Kita Chigusa: Hiroshi Wada: Pioneering electronics and computer technologies in postwar Japan, in: IEEE Annals of the history of computing, Band 30, 2008, Heft 3, Seiten 84–89

Christian, Brian: The most human human. What artificial intelligence teaches us about being alive, Anchor Books, New York 2012, XIII, 303 Seiten

Chroust, Gerhard; Zemanek, Heinz (Hg.): Die Geschichte der Datenverarbeitung. Bibliographie zur Geschichtswand, R. Oldenbourg Verlag, Wien, München 1995, XVI, 101 Seiten

Chroust, Gerhard; Zemanek, Heinz: 80 und mehr Jahre Computer – eine Ausstellungswand, in: Hans-Rainer Schuchmann; Heinz Zemanek (Hg.): Computertechnik im Profil. Ein Vierteljahrhundert deutscher Informationsverarbeitung, R. Oldenbourg Verlag, München, Wien 1984, Seiten 58–66

Chu, J. Chuan [1980]: Computer development at Argonne National Laboratory, in: Nicholas Constantine Metropolis; Jack Howlett; Gian-Carlo Rota (Hg.): A history of computing in the twentieth century. A collection of essays, Academic press, New York, London usw. 1980, Seiten 345–346

Chu, J. Chuan [1985]: Magnetic recording, in: Martin Campbell-Kelly; Michael Roy Williams (Hg.): The Moore school lectures. Theory and techniques for design of electronic digital computers (held at the Moore school of electrical engineering of the University of Pennsylvania during July and August 1946), MIT press, Cambridge, Massachusetts, London/Tomash publishers, Los Angeles, San Francisco 1985, Seiten 311–326

Church, Alonzo: A. M Turing. On computable numbers, with an application to the Entscheidungsproblem, in: The journal of symbolic logic, Band 2, 1937, Heft 1, Seiten 42–43 (Kurzbesprechung)

Cianchi, Marco [1981]: Le macchine di Leonardo, Becocci editore, Florenz 1981, 96 Seiten (odometro, Seite 74; veicolo automobile, Seiten 74–75)

Cianchi, Marco [1988]: Die Maschinen Leonardo da Vincis, Becocci editore, Florenz 1988, 96 Seiten (Wegmesser, Seite 74; selbst fahrender Wagen, Seiten 74–75)

Cignoni, Giovanni A.; Cossu, Giovanni A.: The global virtual museum of information science and technology, a project idea, in: Arthur Tatnall; Christopher Leslie (Hg.): International communities of invention and innovation, IFIP WG 9.7 International conference on the history of computing, HC 2016, Brooklyn, New York, 25.–29. Mai 2016, revised selected papers, Springer international publishing AG Switzerland, Cham 2016, Seiten 101–114

Cigola, Michela (Hg.): Distinguished figures in descriptive geometry and its applications for mechanism science. From the middle ages to the 17th century, Springer international publishing AG Switzerland, Cham, Heidelberg usw.2016, VII, 248 Seiten (u.a. Gerbert von Aurillac, Federico Commandino, Guidobaldo del Monte)

Cipolla, Carlo M.; Birdsall, Derek: The technology of man. A visual history, Holt, Rinehart and Winston, New York 1980, 267 Seiten

Clagett, Marshall (Hg.): Critical problems in the history of science, University of Wisconsin press, Madison, Wisconsin, Milwaukee usw. 1969, XII, 547 Seiten

Clagett, Marshall [1959]: The science of mechanics in the Middle Ages, University of Wisconsin press, Madison, Wisconsin 1959, XXIX, 711 Seiten

Clagett, Marshall [1979]: Studies in medieval physics and mathematics, Variorum reprints, London 1979, VI, 344 Seiten

Clagett, Marshall [1992]: Ancient Egyptian science. A source book, Band 1: Knowledge and order, American philosophical society, Philadelphia 1992, XIX, 863 Seiten

Clagett, Marshall [1995]: Ancient Egyptian science. A source book, Band 2: Calendars, clocks, and astronomy, American philosophical society, Philadelphia 1995, XV, 575 Seiten, 146 Seiten (Anhang)

Clagett, Marshall [1999]: Ancient Egyptian science. A source book, Band 3: Ancient Egyptian mathematics, American philosophical society, Philadelphia 1999, XI, 462 Seiten

Clagett, Marshall [2001]: Greek science in antiquity, Dover publications, Inc., Mineola, New York 2001, VI, 217 Seiten (Nachdruck von Abelard-Schumann, Inc., New York 1955)

Clark, Andy (Hg.): The national museum of computing. Conserving our digital heritage, The national museum of computing, Bletchley Park, Milton Keyes, 2012, 32 Seiten (Museumsführer)

Clark, Duncan: Alibaba. The house that Jack Ma built, Harper Collins publishers, New York 2016, XVI, 287 Seiten

Clark, John Ernest Thomas: Musical boxes. A history and an appreciation, The Fountain press, London 1952, 2., überarbeitete Auflage, 236 Seiten

Clark, Kathleen M.: Jost Bürgi's aritmetische und geometrische Progreß Tabulen (1620). Edition and commentary, Springer science+business media, New York (Birkhäuser) 2015, XIII, 258 Seiten

Clark, Kathleen M.; Montelle, Clemency: Priority, parallel discovery, and pre-eminence Napier, Bürgi and the early history of the logarithm relation, in: Revue d'histoire des mathématiques, Band 18, 2012, Heft 2, Seiten 223–270

Clutton, Cecil; Baillie, G. H.; Ilbert, C. A. (Hg.): Britten's old clocks and watches and their makers. A historical and descriptive account of the different styles of clocks and watches of the past in England and abroad containing a list of nearly fourteen thousand makers, Eyre Methuen Ltd., London, 8. Auflage 1973, XXXIII, 532 Seiten

Cockshott, Paul; Mackenzie, Lewis M.; Michaelson, Greg: Computation and its limits, Oxford University Press, Oxford 2012, VI, 239 Seiten (Kapitel „Mechanical computers and their limits", Seiten 28–46)

Cohen, Arnold A.: Magnetic drum storage for digital information processing systems, in: Mathematical tables and other aids to computation, Band 4, Januar 1950, Heft 29, Seiten 31–39

Cohen, Daniel J.; Rosenzweig, Roy: Digital history. A guide to gathering, preserving, and presenting the past on the web, University of Pennsylvania press, Philadelphia 2006, V, 316 Seiten

Cohen, I. Bernard [1980]: From Leonardo to Lavoisier 1450–1800, Charles Scribner's sons, New York 1980, XIII, 306 Seiten (Album of science)

Cohen, I. Bernard [1988]: Babbage and Aiken. With notes on Henry Babbage's gift to Harvard, and to other institutions, of a portion of his father's difference engine, in: Annals of the history of computing, Band 10, 1988, Heft 3, Seiten 171–193

Cohen, I. Bernard [1998]: Howard Aiken on the number of computers needed for the nation, in: IEEE Annals of the history of computing, Band 20, 1998, Heft 3, Seiten 27–32

Cohen, I. Bernard [2000a]: Howard Aiken. Portrait of a computer pioneer, MIT press, Cambridge, Massachusetts 2000, XVIII, 329 Seiten (Kapitel 8: Aiken's background in computing and knowledge of Babbage' machines, Seiten 61–72) (Biografie)

Cohen, I. Bernard [2000b]: Howard Aiken and the dawn of the computer age, in: Raúl Rojas, Ulf Hashagen (Hg.): The first computers – history and architectures, MIT press, Cambridge, Massachusetts, London 2000, Seiten 107–120

Cohen, I. Bernard; Welch, Gregory W. (Hg.): Makin' numbers. Howard Aiken and the computer, MIT press, Cambridge, Massachusetts, London 1999, XXII, 279 Seiten

Cohen, John: Golem und Roboter. Über künstliche Menschen, Umschau-Verlag, Frankfurt am Main 1968, 155 Seiten

Cohn, Julie: Transitions from analog to digital computing in electric power systems, in: IEEE Annals of the history of computing, Band 37, 2015, Heft 3, Seiten 32–43

Cohoon, Joanne McGrath; Aspray, William (Hg.): Women and information technology. Research on underrepresentation, MIT press, Cambridge, Massachusetts, London 2006, XVIII, 500 Seiten

Colbois, Bruno; Riedtmann, Christine; Schroeder, Viktor (Hg.): math.ch/100. Schweizerische Mathematische Gesellschaft 1910–2010, European Mathematical Society, Zürich 2010, IX, 517 Seiten

Colebrook, Francis Morley: Le modèle pilote du calculateur automatique électronique arithmétique (Ace) du NPL, in: Joseph Pérès (Hg.): Les machines à calculer et la pensée humaine, Paris, 8–13 janvier 1951, Colloques internationaux du Centre national de la recherche scientifique, Nr. 37, Editions du Centre national de la recherche scientifique (CNRS), Paris 1953, Seiten 65–72 (National physical laboratory London, Teddington)

Colerus, Egmont: Von Pythagors bis Hilbert. Die Epochen der Mathematik und ihre Baumeister, Paul Zsolnay Verlag, Berlin, Wien usw. 1937, 364 Seiten

Collatz, Lothar: Alwin Walther. 6. Mai 1898 – **4.** Januar 1967, in: Zeitschrift für angewandte Mathematik und Mechanik, Band 47, 1967, Heft 4, Seiten 213–215 (Nachruf)

Collatz, Lothar; Krisch, Helmut; Werner, Helmut; Janssen, Paul: Der Einfluss der Computer auf die numerische Mathematik, in: Hans-Rainer Schuchmann; Heinz Zemanek (Hg.): Computertechnik im Profil. Ein Vierteljahrhundert deutscher Informationsverarbeitung, R. Oldenbourg Verlag, München, Wien 1984, Seiten 118–125

Collier, Bruce: The little engines that could've. The calculating machines of Charles Babbage, Garland publishing, Inc., New York, London 1990, VII, IX, 319 Seiten (Dissertation)

Comét, Stig: Die Verwendung von Besk, in: Johannes Wosnik; Alwin Walther; Walter Hoffmann (Hg.): Elektronische Rechenmaschinen und Informationsverarbeitung. Nachrichtentechnische Fachberichte. Beihefte der NTZ, Band 4, 1956, Seiten 62–65 (Besk = binärer elektronischer Sequenz-Kalkulator)

Comité des fêtes du 250e anniversaire de la naissance de Pierre Jaquet-Droz (1721–1790) (Hg.): Les œvres des Jaquet-Droz. Montres, pendules et automates, La Chaux-de-Fonds, Le Locle 1971, 67 Seiten (Jean Paul Zimmermann, Pierre-Arnold Borel, Fernand Donzé, Marie-Claude Liengme)

Commonwealth scientific and industrial research organization (Hg.): Proceedings of conference on automatic computing machines held in the Department of electrical engineering, University of Sydney, August 1951, Melbourne, April 1952, 220 Seiten (Tagungsband)

Computation laboratory (Hg.): A manual of operation for the automatic sequence controlled calculator, Harvard university press, Cambridge, Massachusetts 1946/MIT press, Cambridge, Massachusetts, London/Tomash publishers, Los Angeles, San Francisco 1985, XLVI, 561 Seiten (Hubert Arnold, Richard M. Bloch, Robert V. D. Campbell, Grace Murray Hopper)

Computer consultants, international Ltd. & Richard Williams & partner: Computers and their future, speeches given at the world computer pioneer conference, Llandudno, Wales, Juli 1970, Richard Williams, Llandudno 1970, VIII, 230 Seiten

Comrie, Leslie John [1944]: Recent progress in scientific computing, in: Journal of scientific instruments, Band 21, 1944, Heft 8, Seiten 129–135

Comrie, Leslie John [1946a]: Babbage's dream comes true. A manual of operation for the automatic sequence controlled calculator, in: Nature, Band 158, 26. Oktober 1946, Heft 4017, Seiten 567–568

Comrie, Leslie John [1946b]: The application of commercial calculating machines to scientific computing, in: Mathematical tables and other aids to computation, Band 2, Oktober 1946, Heft 16, Seiten 149–159

Con Diaz, Gerardo: Embodied software: Patents and the history of software development, 1946–1970, in: IEEE Annals of the history of computing, Band 37, 2015, Heft 3, Seiten 8–19

Conrad, Walter [1985]: Technische Kuriositäten, Aulis Verlag Deubner & Co KG, Köln 1985, 216 Seiten

Conradi, Walter [2002]: Computerwelten. Vom Abakus zum Avatar. Sonderausstellung. Siemens-Forum, München 2002, 73 Seiten (Ausstellungskatalog)

Conservatoire national des arts et métiers (Hg.) [1906]: Catalogue officiel des collections, Band 3: Géométrie, géodésie, cosmographie, astronomie, science nautique, chronométrie, instruments de calcul, poids et mesures, E. Bernard, Paris 1906, 269 Seiten

Conservatoire national des arts et métiers (Hg.) [1942]: Catalogue du musée, section A: Instruments et machines à calculer, Conservatoire national des arts et métiers, Paris 1942, 137 Seiten

Contraves AG (Hg.) [1964]: Koordinatograph mit digitaler Datenausgabe, Contraves AG, Zürich, 1964, 6 Seiten (Bulletin 6209-647)

Contraves AG (Hg.) [1967]: Grünes Licht für unseren Koordinatographen, in: Contraves-Zeitung, Hausmitteilungen der Contraves AG, Zürich, Oktober 1967, Seiten 1–2

Contraves AG (Hg.) [1971]: Handbuch der allgemeinen Zeichenprogramme Coragraph, Contraves AG, Zürich, April 1971, 58 Seiten (Bulletin S 104 d 7012)

Contraves AG (Hg.) [1972]: Die Cora-Story. Entwicklungsgeschichte des Contraves-Digitalrechners, in: Contact, Hausmitteilungen der Contraves AG, Zürich, Nr. 7/1972, Seiten 8–9

Contraves AG (Hg.) [1976]: 40 Jahre Contraves, in: Contact, Hausmitteilungen der Contraves AG, Zürich, Nr. 6/1976 (Sondernummer), 27 Seiten

Contraves AG (Hg.): Automatische Zeichenanlage Coragraph, Contraves AG, Zürich, o. J., 41 Seiten (Bulletin S 101 d 703)

Contraves AG (Hg.): Automatisches Zeichnen mit dem programmgesteuerten Koordinatographen Contraves Haag-Streit, Contraves AG, Zürich, o. J., 2 Seiten (Bulletin 6202-675)

Contraves AG (Hg.): Contraves Coracut DC2, Contraves AG, Zürich, o. J., 4 Seiten (Bulletin S 401d-722)

Contraves AG (Hg.): Contraves Coragraph DC 2, Contraves AG, Zürich, o. J., 12 Seiten (Bulletin S 102d-7303)

Contraves AG (Hg.): Contraves Coragraph DC 2. Ein Geräte- und Programmsystem zur Rationalisierung von Arbeitsprozessen auf dem Gebiet der geometrischen Datenverarbeitung, Contraves AG, Zürich, o. J., 20 Seiten (Bulletin S 102d-718)

Contraves AG (Hg.): Contraves Interaktives System Coragraph DC 3, Contraves AG, Zürich, o. J., 4 Seiten (Bulletin S 106d-7512)

Contraves AG (Hg.): Der Digitalrechner Cora, Contraves AG, Zürich, o. J., 4 Seiten (Bulletin 6214-671)

Contraves AG (Hg.): Handbuch der Programmierung Cora II, Contraves AG, Zürich, o. J., 93 Seiten (Bulletin S 161 d 7305)

Contraves AG (Hg.): Installationen Coragraph/CGM, Stand 17. Oktober 1987, 2 Seiten (Auslieferung der Cora 1 bzw. 2 an Argentinien, Belgien, Bulgarien, Deutschland, Frankreich, Großbritannien, Holland, Iran, Irland, Italien, Liechtenstein, Luxemburg, Österreich, Polen, Portugal, Schweden, Schweiz, Serbien, Slowakei, Spanien, Thailand, Tschechien, Ungarn): Wartung der Cora 1 der ETH Lausanne bis 1985, Mitteilung an alle verbleibenden Kunden der Cora 1, dass die Wartung ab 1. Juli 1987 nicht mehr sichergestellt ist

Contraves AG (Hg.): Installationen Coragraph/CGM, Stand 31. Dezember 1986, 2 Seiten (Auslieferung der Cora 1 bzw. 2 nach Argentinien, Belgien, Bulgarien, Deutschland, Frankreich, Großbritannien, Holland, Iran, Irland, Italien, Liechtenstein, Luxemburg, Österreich, Polen, Portugal, Schweden, Schweiz, Serbien, Slowakei, Spanien, Thailand, Tschechien, Ungarn): Wartung der Cora 1 der ETH Lausanne bis 1985

Contraves AG (Hg.): Präzisions-Koordinatentisch 700, Contraves AG, Zürich, o. J., 2 Seiten (Bulletin S 303 d 7302)

Contraves AG (Hg.): Programmgesteuerte Zeichenanlage Coragraph Contraves/Haag-Streit, Contraves AG, Zürich, o. J., 42 Seiten (Bulletin 6209-682)

Contraves AG (Hg.): Programmgesteuerter Koordinatograph Contraves/Haag-Streit, Contraves AG, Zürich, o. J., 6 Seiten (Bulletin 6203-648)
Contraves AG (Hg.): Programmgesteuerter Koordinatograph Contraves/Haag-Streit, Beschreibung der Anlage, Contraves AG, Zürich, o. J., 8 Seiten (Bulletin 6205-647)
Contraves AG (Hg.): Programmgesteuerter Koordinatograph Contraves/Haag-Streit, Beschreibung des Interpolationsverfahrens, Contraves AG, Zürich, o. J., 8 Seiten (Bulletin 6204-647)
Contraves AG (Hg.): Programmgesteuerter Koordinatograph Contraves/Haag-Streit, Contraves AG, Zürich, o. J., 6 Seiten (Bulletin 6203-648)
Contraves AG (Hg.): Programmgesteuerter Koordinatograph Contraves/Haag-Streit, Der Interpolationsrechner, Contraves AG, Zürich, o. J., 5 Seiten (Bulletin 6214-6411)
Conzelmann, R.: Verein schweizerischer Mathematiklehrer. 53. Jahresversammlung in Baden, 1. Oktober 1949, in: Elemente der Mathematik, Band 5, 1950, Heft 1, Seiten 21–23 (Vortag von Eduard Stiefel/Peter Henrici über moderne Rechenmaschinen)
Cooke, Robert L.: The history of mathematics. A brief course, John Wiley & sons, Inc., Hoboken, New Jersey, 3. Auflage 2013, XXVI, 615 Seiten
Cooke-Yarborough, Edward H. [1971]: The Harwell electronic digital computer, in: Bertram Vivian Bowden (Hg.): Faster than thought. A symposium on digital computing machines, Pitman publishing, London 1953, Nachdruck 1971, Seiten 140–143
Cooke-Yarborough, Edward H. [1989]: The Harvell computer, in: Michael Roy Williams; Martin Campbell-Kelly (Hg.): The early British computer conferences, MIT press, Cambridge, Massachusetts, London/Tomash publishers, Los Angeles, San Francisco 1989, Seiten 465–469 (Atomic energy research establishment, Harwell)
Coolidge, Charles Allerton: Design of an automatic digital calculator, Harvard university press, Cambridge, Massachusetts 1953, X, 166 Seiten (Dissertation)
Coombs, Allen W. M. [1983]: The making of Colossus, in: Annals of the history of computing, Band 5, 1983, Heft 3, Seiten 253–259
Coombs, Allen W. M. [1989]: Mosaic. The ministry of supply automatic computer, in: Michael Roy Williams; Martin Campbell-Kelly (Hg.): The early British computer conferences, MIT press, Cambridge, Massachusetts, London/Tomash publishers, Los Angeles, San Francisco 1989, Seiten 249–252
Cooper, Stuart Barry [2005]: The incomputable Alan Turing, British computer society, 17 Seiten (http://www.bcs.org/ewics) (Vortrag auf der Tagung zu Alan Turings 50. Todestag, Universität Manchester, 5. Juni 2004, Alan Mathison Turing 2004. A celebration of his life and achievements)
Cooper, Stuart Barry [2015]: Incomputability emergent, and higher type computation, in: Giovanni Sommaruga; Thomas Strahm (Hg.): Turing's revolution. The impact of his ideas about computability, Birkhäuser/Springer international publishing AG Switzerland, Cham, Heidelberg usw., 2015, Seiten 311–329
Cooper, Stuart Barry, Sorbi, Andrea (Hg.): Computability in context. Computation and logic in the real world, Imperial College press, London 2011, IX, 410 Seiten
Cooper, Stuart Barry: What makes a computation unconventional, in: Gordana Dodig-Crnkovic; Raffaela Giovagnoli (Hg.): Computing nature. Turing centenary perspective, Springer, Heidelberg, New York usw. 2013, Seiten 255–269
Cooper, Stuart Barry; Dawar, Anuj; Löwe, Benedikt (Hg.): How the world computes. Turing centenary conference and 8th conference on computability in Europe, CiE 2012, Cambridge, UK, June 2012, Proceedings, Springer-Verlag Berlin, Heidelberg 2012, XVIII, 756 Seiten (Tagungsband)
Cooper, Stuart Barry; Hodges, Andrew (Hg.): The once and future Turing. Computing the world, Cambridge University Press, Cambridge 2016, XVIII, 379 Seiten

Cooper, Stuart Barry; van Leeuwen, Jan (Hg.): Alan Turing. His work and impact, Elsevier, Amsterdam, Boston usw. 2013, XXI, 914 Seiten

Coopey, Richard (Hg.): Information technology policy. An international history, Oxford University Press, Oxford, New York 2004, XV, 346 Seiten

Copeland, Brian Jack (Hg.) [2004]: The essential Turing. Seminal writings in computing, logic, philosophy, artificial intelligence, and artificial life, plus the secrets of Enigma, Clarendon press, Oxford 2004, VIII, 613 Seiten

Copeland, Brian Jack (Hg.) [2005]: Alan Turing's automatic computing engine. The master codebreaker's struggle to build the modern computer, Oxford University Press, Oxford 2005, XXII, 553 Seiten

Copeland, Brian Jack (Hg.) [2006]: Colossus. The secrets of Bletchley Park's codebreaking computers, Oxford University Press, Oxford 2006, XVI, 462 Seiten

Copeland, Brian Jack (Hg.) [2012]: Alan Turing's electronic brain. The struggle to build the Ace, the world's fastest computer, Oxford University Press, Oxford 2012, XXV, 553 Seiten

Copeland, Brian Jack [2004a]: Computable numbers: a guide, in: Brian Jack Copeland (Hg.): The essential Turing. Seminal writings in computing, logic, philosophy, artificial intelligence, and artificial life, plus the secrets of Enigma, Clarendon press, Oxford 2004, Seiten 5–57

Copeland, Brian Jack [2004b]: Enigma, in: Brian Jack Copeland (Hg.): The essential Turing. Seminal writings in computing, logic, philosophy, artificial intelligence, and artificial life, plus the secrets of Enigma, Clarendon press, Oxford 2004, Seiten 217–264

Copeland, Brian Jack [2004c]: Colossus: Its origins and originators, in: IEEE Annals of the history of computing, Band 26, 2004, Heft 4, Seiten 38–45

Copeland, Brian Jack [2006a]: The German tunny machine, in: Brian Jack Copeland (Hg.): Colossus. The secrets of Bletchley Park's codebreaking computers, Oxford University Press, Oxford 2006, Seiten 36–51

Copeland, Brian Jack [2006b]: Machine against machine, in: Brian Jack Copeland (Hg.): Colossus. The secrets of Bletchley Park's codebreaking computers, Oxford University Press, Oxford 2006, Seiten 64–77 (Heath Robinson und Colossus gegen Lorenzmaschine SZ 40/42)

Copeland, Brian Jack [2006c]: Colossus and the rise of the modern computer, in: Brian Jack Copeland (Hg.): Colossus. The secrets of Bletchley Park's codebreaking computers, Oxford University Press, Oxford 2006, Seiten 101–115

Copeland, Brian Jack [2007]: Tunny and Colossus. Breaking the Lorenz Schlüsselzusatz traffic, in: Karl de Leeuw; Jan Bergstra (Hg.): The history of information security. A comprehensive handbook, Elsevier B. V., Amsterdam, Boston usw. 2007, Seiten 447–477

Copeland, Brian Jack [2011a]: The Manchester computer: A revised history. Part 1: The memory, in: IEEE Annals of the history of computing, Band 33, 2011, Heft 1, Seiten 4–21

Copeland, Brian Jack [2011b]: The Manchester computer: A revised history. Part 2: The baby computer, in: IEEE Annals of the history of computing, Band 33, 2011, Heft 1, Seiten 23–37

Copeland, Brian Jack [2012]: Turing. Pioneer of the information age, Oxford University Press, Oxford 2012, V, 300 Seiten (Taschenbuchausgabe 2014)

Copeland, Brian Jack [2013]: Turing and the physics of the mind, in: S. Barry Cooper; Jan van Leeuwen (Hg.): Alan Turing. His work and impact, Elsevier, Amsterdam, Boston usw. 2013, Seiten 651–659

Copeland, Brian Jack [2015]: Andrew V. Haeff: Enigma of the tube era and forgotten computing pioneer, in: IEEE Annals of the history of computing, Band 37, 2015, Heft 1, Seiten 67–74

Copeland, Brian Jack, Posy Carl J.; Shagrir, Oron (Hg.): Computability. Turing, Gödel, Church, and beyond, MIT press, Cambridge, Massachusetts, London 2013, X, 362 Seiten (Taschenbuch ausgabe 2015)

Copeland, Brian Jack; Bowen, Jonathan P.; Sprevak, Mark; Wilson, Robin u.a.: The Turing guide, Oxford University Press, Oxford 2017, XV, 546 Seiten (z.T. Zeitzeugenberichte)
Copeland, Brian Jack; Dresner, Eli; Proudfoot, Diane; Shagrir, Oron: Time to reinspect the foundations? Questioning if computer science is outgrowing its traditional foundations, Communications of the ACM, Band 59, 2016, Heft 11, Seiten 34–36
Copeland, Brian Jack; Haeff, Andre A.; Gough, Peter; Wright, Cameron: Screen history: The Haeff memory and graphics tube, in: IEEE Annals of the history of computing, Band 39, 2017, Heft 1, Seiten 9–28 (elektronische Speicherröhre)
Copeland, Brian Jack; Proudfoot, Diane: Turing and the computer, in: Brian Jack Copeland (Hg.): Alan Turing's electronic brain. The struggle to build the Ace, the world's fastest computer, Oxford University Press, Oxford 2012, Seiten 107– 148
Copeland, Brian Jack; Shagrir, Oron: The Church-Turing thesis: Logical limit or breachable barrier?, in: Communications of the ACM, Band 62, 2019, Heft 1, Seiten 66–74
Copeland, Brian Jack; Sommaruga, Giovanni: The stored-program universal computer: Did Zuse anticipate Turing and von Neumann?, in: Giovanni Sommaruga; Thomas Strahm (Hg.): Turing's revolution. The impact of his ideas about computability, Birkhäuser/Springer international publishing AG Switzerland, Cham, Heidelberg usw., 2015, Seiten 43–101
Coradi, Gottlieb (Hg.): Einige Gutachten über den freirollenden Koordinatographen, Zürich 1908, 14 Seiten
Coradi, Gottlieb [1880]: Neuer Polarplanimeter aus der Werkstätte von Ott & Coradi, Kempten (Baiern), in: Zeitschrift für Vermessungswesen, Band 9, 1880, Heft 1, Seiten 25–28
Coradi, Gottlieb [1881]: Präcisions-Polarplanimeter aus der mathematisch-mechanischen Werkstätte von G. Coradi in Zürich, in: Zeitschrift für Vermessungswesen, Band 10, 1881, Heft 3, Seiten 127–134
Coradi, Gottlieb [1882]: Praktische Anleitung zum Gebrauch und zur gründlichen Prüfung des Planimeters, Kommissionsverlag von Malsch und Vogel, Karlsruhe 1882, 24 Seiten
Coradi, Gottlieb [1889]: Die Kugelplanimeter. Beschreibung, Theorie und Anleitung zum Gebrauch und Prüfung derselben, Zürich 1889, 36 Seiten
Coradi, Gottlieb [1894]: Der Compensations-Polarplanimeter, Separatabdruck aus den Allgemeinen Vermessungs-Nachrichten, Liebenwerda 1894, 15 Seiten
Coradi, Gottlieb [1905]: Die Planimeter Coradi. Beschreibung und Anleitung zum Gebrauch und zur Prüfung derselben mit einer elementaren, allgemeinen Erklärung der Wirkungsweise, Zürich, 3. Auflage 1905, 39 Seiten (Selbstverlag)
Coradi, Gottlieb [1908]: Beschreibung und Anleitung zur Aufstellung des Koordinatographen, Zürich 1908, 15 Seiten
Coradi, Gottlieb [1910]: Katalog über freischwebende Präzisions-Pantographen, Affinographen, Instrumente zur mechanischen Integration, Kompensationsplanimeter, Kugel- und Scheibenplanimeter, Integratoren, Integraphen und Kurvimeter, harmonische Analysatoren, Koordinatographen, Detail-Koordinatographen und Koordinatometer, Koordinatentransformator, Mathematisch-mechanisches Institut G. Coradi, Zürich, Ausgabe 1910, 31 Seiten
Coradi, Gottlieb [1915]: Mathematisch-mechanisches Institut G. Coradi, Zürich. Verzeichnis über mathematische Präzisions-Instrumente, Zürich 1915, 48 Seiten (Affinograph, Analysator, Integraph, Integrator, Koordinatograph, Kurvimeter, Pantograph, Parabolograph, Planimeter, Stangenzirkel)
Coray, Gion Gieri; Voiret, Jean-Pierre: Megalithische Schalensteine. Astronomische und geometrische Aspekte am Beispiel bündnerischer Steinsetzungen, in: Vermessung, Photogrammetrie, Kulturtechnik, Band 89, 1991, Heft 11, Seiten 600–605
Corera, Gordon: Intercept. The secret history of computers and spies. From Bletchley Park to cyber espionage, Weidenfeld & Nicolson, London 2016, XIV, 433 Seiten

Corge, Charles: Machines de Turing et automates cellulaires. Du trait gravé au très animé, Edition Ellipses, Paris 2008, XIV, 492 Seiten

Cormack, Leslie B.; Walton, Steven (Hg.): Mathematical practitioners and the transformation of natural knowledge in early modern Europe, Springer international publishing AG, Cham 2017, XII, 203 Seiten

Corry, Leo [2004]: Modern algebra and the rise of mathematical structures, Birkäuser Verlag, Basel, Boston, 2. überarbeitete Auflage 2004, XV, 451 Seiten

Corry, Leo [2010]: Hunting prime numbers – from human to electronic computers, in: Rutherford journal, The New Zealand journal for the history and philosophy of science and technology, Band 3, 2010, www.rutherfordjournal.org

Corry, Leo [2015]: A brief history of numbers, Oxford University Press, Oxford 2015, XIII, 309 Seiten

Corry, Leo [2017]: Turing's pre-war analog computers: The fatherhood of the modern computer revisited, in: Communications of the ACM, Band 60, 2017, Heft 8, Seiten 50–58

Corry, Leo; Leviathan, Raya: Weizac: An Israeli pioneering adventure in electronic computing (1945–1963), Springer Nature Switzerland AG, Cham 2019, XIII, 105 Seiten

Cortada, James W. [1983]: An annotated bibliography on the history of data processing, Greenwood press, Westport, Connecticut, London 1983, XLII, 215 Seiten

Cortada, James W. [1987a]: Historical dictionary of data processing. Technology, Greenwood press, New York, Westport, Connecticut, London 1987, XIII, 416 Seiten

Cortada, James W. [1987b]: Historical dictionary of data processing. Organizations, Greenwood press, New York, Westport, Connecticut, London 1987, X, 309 Seiten

Cortada, James W. [1987c]: Historical dictionary of data processing. Bibliographies, Greenwood press, New York, Westport, Connecticut, London 1987, XIII, 321 Seiten

Cortada, James W. [1993a]: Before the computer: IBM, NCR, Burroughs, and Remington Rand and the industry they created, 1865–1956, Princeton university press, Princeton, New Jersey 1993, XXI, 344 Seiten

Cortada, James W. [1993b]: The computer in the United States. From laboratory to market, 1930 to 1960, Sharpe, Armonk, New York, London 1993, XIX, 183 Seiten

Cortada, James W. [1996a]: A bibliographic guide to the history of computer applications, 1950–1990, Greenwood press, Westport, Connecticut, London 1996, XVIIII, 279 Seiten

Cortada, James W. [1996b]: Second bibliographic guide to the history of computing, computers and the information processing industry, Greenwood press, Westport, Connecticut, London 1996, VIII, 417 Seiten

Cortada, James W. [1996c]: Commercial applications of the digital computer in American corporations, 1945–1955, in: IEEE Annals of the history of computing, Band 18, 1996, Heft 2, Seiten 18–29

Cortada, James W. [1996d]: Information technology as business history. Issues in the history and management of computers, Greenwood press, Westport, Connecticut, London 1996, XIII, 265 Seiten

Cortada, James W. [2006]: The Eniac's influence on business computing, 1940s–1950s, in: IEEE Annals of the history of computing, Band 28, 2006, Heft 2, Seiten 26–28

Cortada, James W. [2012]: The digital flood. The diffusion of information technology across the U.S., Europe and Asia, Oxford University Press, Oxford, New York 2012, XIX, 789 Seiten

Cortada, James W. [2013a]: How new technologies spread: Lessons from computing technologies, in: Technology and culture, Band 54, 2013, Heft 2, Seiten 229–261

Cortada, James W. [2013b]: „Carrying a bag": Memoirs of an IBM salesman, 1974–1981, in: IEEE Annals of the history of computing, Band 35, 2013, Heft 4, Seiten 32–47

Cortada, James W. [2014]: When knowledge transfer goes global: How people and organizations learned about information technology, 1945–1970, in: Enterprise & society, Band 15, 2014, Heft 1, Seiten 68–102

Cortada, James W. [2015]: Studying history as it unfolds, part 1: Creating the history of information technologies, in: IEEE Annals of the history of computing, Band 37, 2015, Heft 3, Seiten 20–31

Cortada, James W. [2016a]: Studying history as it unfolds, part 2, Tooling up the historians, in: IEEE Annals of the history of computing, Band 38, 2016, Heft 1, Seiten 48–59

Cortada, James W. [2016b]: All the facts. A history of information in the United States, Oxford University Press, Oxford 2016, XIX, 636 Seiten

Cortada, James W. [2017a]: A history of information in the United States since 1870, in: Information & culture, Band 52, 2017, Heft 1, Seiten 64–84

Cortada, James W. [2017b]: IBM branch offices: What they were, how they worked, 1920s–1980s, in: IEEE Annals of the history of computing, Band 39, 2017, Heft 3, Seiten 9–23

Cortada, James W. [2018]: Studying IBM's history when you are part of, in: IEEE Annals of the history of computing, Band 40, 2018, Heft 4, Seiten 48–68

Cortada, James W. [2019a]: IBM. The rise and fall and reinvention of a global icon, MIT press, Cambridge, Massachusetts, London 2019, XXII, 723 Seiten

Cortada, James W. [2019b]: Rethinking why and how organizations acquire information technologies, part 1: Conventional explanations and their limits, in: IEEE Annals of the history of computing, Band 41, 2019, Heft 4, Seiten 48–60

Cortada, James W. [2019c]: Rethinking why and how organizations acquire information technologies, part 2: Toward a new understanding, in: IEEE Annals of the history of computing, Band 41, 2019, Heft 4, Seiten 61–70

Cortada, James W. [2020]: Living with computers. The digital world of today and tomorrow, Springer Nature Switzerland AG, Cham 2020, XVIII, 115 Seiten

Cortada, James W.; Aspray, William: Fake news nation. The long history of lies and misinterpretations in America, Rowman & Littlefield Publishers, Lanham, Maryland 2019, 320 pages

Cossons, Neil; Nahum, Andrew; Turvey, Peter (Hg.): Making the modern world. Milestones of science and technology, John Murray (publishers) Ltd., London 1992, 224 Seiten

Costabel, Pierre; Hara, Kokiti; Itard, Jean; Mesnard, Jean; Payen, Jacques; Rochot, Bernard; Russo, François; Sadoun-Goupil, Michèle; Scheler, Lucien; Taton, René (Hg.): L'œuvre scientifique de Pascal, Presses universitaires de France, Paris 1964, IX, 312 Seiten

Costello, John: As the twig is bent: The early life of John Mauchly, in: IEEE Annals of the history of computing, Band 18, 1996, Heft 1, Seiten 45–50

Cotter, Charles H.: A history of nautical astronomy, Hollis & Carter, London, Sydney usw. 1968, XII, 387 Seiten

Cotterell, Brian; Kamminga, Johan: Mechanics of pre-industrial technology. An introduction to the mechanics of ancient and traditional material culture, Cambridge University Press, Cambridge, New York usw. 1990, XV, 325 Seiten

Couffignal, Louis [1933]: Les machines à calculer. Leurs principes. Leur évolution, Gauthier-Villars, Editeur, Paris 1933, IX, 86 Seiten

Couffignal, Louis [1937a]: Sur l'analyse mécanique. Application aux machines à calculer et aux calculs de la mécanique céleste, in: Bulletin astronomique. Mémoires et variétés, Serie 2, Band 10, 1937, Heft 3-4, Seiten 139–202 (Teil 1) (dezimale und binäre mechanische Rechenmaschine für die Himmelsmechanik)

Couffignal, Louis [1937b]: Sur l'analyse mécanique. Application aux machines à calculer et aux calculs de la mécanique céleste, in: Bulletin astronomique. Mémoires et variétés, Serie 2, Band 10, 1937, Heft 5-6, Seiten 203–270 (Teil 2) (dezimale und binäre mechanische Rechenmaschine für die Himmelsmechanik)

Couffignal, Louis [1938a]: Sur l'analyse mécanique. Application aux machines à calculer et aux calculs de la mécanique céleste, Gauthier-Villars, imprimeur-éditeur, Paris 1938, VIII, 136 Seiten (Dissertation) (dezimale und binäre mechanische Rechenmaschine für die Himmelsmechanik)

Couffignal, Louis [1938b]: Sur un problème d'analyse mécanque abstraite: la théorie de la réduction résulte de fonctions mécaniques, in: Comptes rendus hebdomadaires des séances de l'Académie des sciences, Band 206, Januar–Juli 1938, Seiten 1336–1338

Couffignal, Louis [1938c]: Solution générale, par des moyens mécaniques, des problèmes fondamentaux de la logique déductive, in: Comptes rendus hebdomadaires des séances de l'Académie des sciences, Band 206, Januar–Juli 1938, Seiten 1529–1531

Couffignal, Louis [1948a]: Les travaux français, in: Joseph Pérès; Léon N. Brillouin; Louis Couffignal: Les grandes machines mathématiques, Editions de la revue d'optique, Paris 1948, Seiten 23–33

Couffignal, Louis [1948b]: Les travaux français sur les machines mathématiques, in: Atomes, Band 3, Februar 1948, Heft 23, Seiten 44–48

Couffignal, Louis [1950]: Report on the machine of the Institut Blaise Pascal, in: Mathematical tables and other aids to computation, Band 4, Oktober 1950, Heft 32, Seiten 225–229

Couffignal, Louis [1952]: Les machines à penser, Les Editions de minuit, Paris 1952, 157 Seiten

Couffignal, Louis [1953a]: La machine de l'Institut Blaise Pascal, in: Joseph Pérès (Hg.): Les machines à calculer et la pensée humaine, Paris, 8–13 janvier 1951, Colloques internationaux du Centre national de la recherche scientifique, Nr. 37, Editions du Centre national de la recherche scientifique (CNRS), Paris 1953, Seiten 55–62 (Institut de calcul Blaise Pascal, Paris, Chatillon-sous-Bagneux (Seine))

Couffignal, Louis [1953b]: Quelques analogiques nouvelles entre structures de machines à calculer et structures cérébrales, in: Joseph Pérès (Hg.): Les machines à calculer et la pensée humaine, Paris, 8–13 janvier 1951, Colloques internationaux du Centre national de la recherche scientifique, Nr. 37, Editions du Centre national de la recherche scientifique (CNRS), Paris 1953, Seiten 549–562 (Institut de calcul Blaise Pascal, Paris, Chatillon-sous-Bagneux (Seine))

Couffignal, Louis [1955]: Denkmaschinen, Gustav Kilpper Verlag, Stuttgart 1955, 186 Seiten

Couffignal, Louis [1982a]: Scheme of assembly of a machine suitable for the calculations of celestial mechanics, in: Brian Randell (Hg.): The origins of digital computers. Selected papers, Springer-Verlag, Berlin, Heidelberg usw., 3. Auflage 1982, Seiten 121–125

Couffignal, Louis [1982b]: Calculating machines: Their principles and evolution, in: Brian Randell (Hg.): The origins of digital computers. Selected papers, Springer-Verlag, Berlin, Heidelberg usw., 3. Auflage 1982, Seiten 145–154

Couffignal, Louis [1985]: Le domaine du calcul mécanique, in: Proceedings of a symposium on large-scale digital calculating machinery, Cambridge, Massachusetts, 7.–10. Januar 1947, MIT press, Cambridge, Massachusetts, London/Tomash publishers, Los Angeles, San Francisco 1985, Seiten 284–297

Couffignal, Louis [1989]: The Institut Blaise Pascal machine, in: Michael Roy Williams; Martin Campbell-Kelly (Hg.): The early British computer conferences, MIT press, Cambridge, Massachusetts, London/Tomash publishers, Los Angeles, San Francisco 1989, Seiten 60–69

Coufleau, M.: Les simulateurs électroniques du mouvement des engins guidés, in: Joseph Pérès (Hg.): Les machines à calculer et la pensée humaine, Paris, 8–13 janvier 1951, Colloques internationaux du Centre national de la recherche scientifique, Nr. 37, Editions du Centre national de la recherche scientifique (CNRS), Paris 1953, Seiten 177–183

Courtois, Pierre-Jacques [2011]: The Belgian electronic mathematical machine (1951–1962): An account, in: Cliff B. Jones; John L. Lloyd (Hg.): Dependable and historic computing. Essays dedicated to Brian Randell on the occasion of his 75th birthday, Springer-Verlag, Heidelberg usw. 2011, Seiten 225–237

Courtois, Pierre-Jacques [2015]: Vitold Belevitch (1921–1999), „Essai de réminiscience“, Academia-L'Harmattan SA, Louvain-la-Neuve 2015, 290 Seiten (Biografie) (La machine mathématique électronique (1951–1956), Seiten 99–112)

Cox, William: The sector, in: Journal of the Oughtred society, Band 6, 1997, Heft 2, Seiten 14–18 (Proportionalwinkel)

Coy, Wolfgang [1992]: Aufbau und Arbeitsweise von Rechenanlagen. Eine Einführung in Rechnerarchitektur und Rechnerorganisation für das Grundstudium der Informatik, Friedrich Vieweg und Sohn Verlagsgesellschaft mbH, Braunschweig, Wiesbaden, 2., verbesserte und erweiterte Auflage 1992, XI, 367 Seiten

Coy, Wolfgang [1994]: Aus der Vorgeschichte des Mediums Computer, in: Norbert Bolz; Friedrich A. Kittler; Christoph Tholen (Hg.): Computer als Medium, Wilhelm Fink Verlag, München 1994, Seiten 19–37

Coy, Wolfgang [2006]: Speicher-Medium, in: Wolfgang Reisig; Johann-Christoph Freytag (Hg.): Informatik. Aktuelle Themen im historischen Kontext, Springer-Verlag, Berlin, Heidelberg 2006, Seiten 79–104

Craenen, Guus [2001]: Albert Nestler. Innovation und Qualität. Die Rechenstäbe von Nestler in ihrem internationalen Umfeld, Soest NL 2001, III, 102 Seiten (Selbstverlag)

Craenen, Guus [2002]: Albert Nestler: Innovation and quality, in: Journal of the Oughtred society, Band 11, 2002, Heft 1, Seiten 38–46

Craenen, Guus [2004]: Albert Nestler. Innovation und Qualität. Zusammenarbeit mit anderen Herstellern und mit Erfindern, Soest NL 2004, III, 96 Seiten (Selbstverlag)

Craenen, Guus [2009]: Rechenschieber im Wandel der Zeit, 1787–1905, Soest NL 2009, 101 Seiten (Selbstverlag)

Craenen, Guus [2011]: Rechenschieber im Wandel der Zeit, 1588–1918, Soest NL 2011, 97 Seiten (Selbstverlag)

Craenen, Guus [2016]: Proportionalzirkel. Vorgänger, Varianten, Nachfolger, 1500–2000, von da Vinci bis Haff, Soest NL 2016, 96 Seiten (Selbstverlag)

Crank, J.: The differential analyser, Longmans, Green & Co., London, New York usw. 1947, VIII, 137 Seiten

Crawford, Perry O.: Applications of digital computation involving continuous input and output variables, in: Martin Campbell-Kelly; Michael Roy Williams (Hg.): The Moore school lectures. Theory and techniques for design of electronic digital computers (held at the Moore school of electrical engineering of the University of Pennsylvania during July and August 1946), MIT press, Cambridge, Massachusetts, London/Tomash publishers, Los Angeles, San Francisco 1985, Seiten 375–391

Cremante, Simona: Leonardo da Vinci. The complete works, David and Charles, Newton Abbot 2007, 639 Seiten (Codex atlanticus, Seiten 351–397)

Cremer, Hubert (Hg.): Probleme der Entwicklung programmgesteuerter Rechengeräte und Integrieranlagen, Mathematisches Institut, Aachen 1953, XIII, 85 Seiten

Cremona, Luigi: Elemente des graphischen Calculs, Verlag von Quandt & Händel, Leipzig 1875, VIII, 105 Seiten

Cressler, John D.: Silicon earth. Introduction to the microeletronics and nanotechnology revolution, Cambridge University Press, New York 2009, XVI, 491 Seiten

Cringely, Robert X. [1993]: Bâtisseurs d'empires par accident. Origines et dessous de la Silicon Valley, Editions Addison-Wesley France SA, Paris, Reading, Massachusetts, usw. 1993, VIII, 307 Seiten

Cringely, Robert X. [1996]: Accidental empires. How the boys of Silicon Valley make their millions, battle foreign competition, and still can't get a date, Harper Collins publishers, Inc., New York, 2., überarbeitete und erweiterte Auflage 1996, XIII, 370 Seiten

Croarken, Mary Goretti [1985]: The centralization of scientific computation in Britain 1925–1955, Universität Warwick, Coventry 1985, XIV, 306 Seiten (Dissertation)

Croarken, Mary Goretty [1990]: Early scientific computing in Britain, Clarendon press, Oxford 1990, VIII, 160 Seiten

Croarken, Mary Goretty [1992]: The emergence of computing science research and teaching at Cambridge, 1936–1949, in: IEEE Annals of the history of computing, Band 14, 1992, Heft 4, Seiten 10–15

Croarken, Mary Goretty [1993]: The beginnings of the Manchester computer phenomenon, in: IEEE Annals of the history of computing, Band 15, 1993, Heft 3, Seiten 9–16

Croarken, Mary Goretty [2010]: Human computers in eighteen- and nineteenth-century Britain, in: Eleanor Robson; Jacqueline Stedall (Hg.): The Oxford handbook of the history of mathematics, Oxford University Press, Oxford 2010, Seiten 375–403 (Computer = Menschen)

Croarken, Mary Goretty [2012]: The creation of the NPL mathematics division, in: Brian Jack Copeland (Hg.): Alan Turing's electronic brain. The struggle to build the Ace, the world's fastest computer, Oxford University Press, Oxford 2012, Seiten 23–33

Crowe, Gregory D.; Goodman, Seymour E.: S. A. Lebedev and the birth of Soviet computing, in: IEEE Annals of the history of computing, Band 16, 1994, Heft 1, Seiten 4–24 (Lebedjew)

Cslovjecsek, Jana: Möglichst genaue Berechnung der Quadratwurzel mit der Curta I, Maturaarbeit, Kantonsschule Solothurn, 2012, 22 Seiten

Cullen, Christopher: The foundations of celestial reckoning. Three ancient Chinese astronomical systems, Routledge, Abingdon, Oxon, New York 2017, XI, 434 Seiten

Cuomo, Serafina [2007]: Technology and culture in Greek and Roman antiquity, Cambridge University Press, Cambridge2007, XI, 212 Seiten

Cuomo, Serafina [2012]: Exploring ancient Greek and Roman numeracy, in: BSHM Bulletin, Journal of the British society for the history of mathematics, Band 27, 2012, Heft 1, Seiten 1–12

Curry Little, Joyce: The role of women in the history of computing, in: 1999 International symposium on technology and society. Women and technology: Historical, societal, and professional perspectives, Proceedings of the IEEE, Seiten 202–205

Curtiss, John H. [1947]: A symposium of large scale digital calculating machinery, in: Mathematical tables and other aids to computation, Band 2, April 1947, Heft 18, Seiten 229–238

Curtiss, John H. [1985]: A review of government requirements and activities in the field of automatic digital computing machinery, in: Martin Campbell-Kelly; Michael Roy Williams (Hg.): The Moore school lectures. Theory and techniques for design of electronic digital computers (held at the Moore school of electrical engineering of the University of Pennsylvania during July and August 1946), MIT press, Cambridge, Massachusetts, London/Tomash publishers, Los Angeles, San Francisco 1985, Seiten 343–365

Curtze, Maximilian (Hg.): Urkunden zur Geschichte der Mathematik im Mittelalter und der Renaissance, Druck und Verlag von B. G. Teubner, Leipzig 1902, X, IV, 628 Seiten (Abhandlungen zur Geschichte der mathematischen Wissenschaften mit Einschluss ihrer Anwendungen, Hefte 12 und 13, 2 Teile)

Czauderna, Karl-Heinz: Konrad Zuse, der Weg zu seinem Computer Z3, R. Oldenbourg Verlag, München, Wien 1979, 105 Seiten

D

d'Ocagne, Maurice [1899]: Traité de nomographie. Théorie des abaques – applications pratiques, Gauthier-Villars, imprimeur-libraire, Paris 1899, XIV, 481 Seiten (grafisches Rechnen) d'Ocagne, Maurice [1904]: Machines à calculer, in: La nature, Band 32, 1904, 2. Semester, Seiten 194–199

d'Ocagne, Maurice [1914]: Calcul graphique et nomographie, Octave Doin et fils, éditeurs, Paris, 2., durchgesehene und verbesserte Auflage 1914, XXVII, 396 Seiten

d'Ocagne, Maurice [1920]: Histoire des machines à calculer, in: Bulletin de la société d'encouragement pour l'industrie nationale, Band 119, September/Oktober 1920, Seiten 554–569 (Gedenkausgabe 100 Jahre Thomas-Arithmometer)

d'Ocagne, Maurice [1922]: Vue d'ensemble sur les machines à calculer, Gauthier-Villars et Cie, éditeurs, Paris 1922, 68 Seiten

d'Ocagne, Maurice [1928]: Le calcul simplifié par les procédés mécaniques et graphiques. Esquisse générale, Gauthiers-Villard et Cie, Paris, 3., völlig überarbeitete und erweiterte Auflage, 1928, VIII, 205 Seiten

d'Ocagne, Maurice [1986]: Le calcul simplifié. Graphical and mechanical methods for simplifying calculation, MIT press, Cambridge, Massachusetts, London/Tomash publishers, Los Angeles, San Francisco 1986, XIV, X, 167 Seiten

d'Ocagne, Maurice; Dugas René: Histoire abrégée des sciences mathématiques, Librairie Vuibert, Paris 1955, 407 Seiten

d'Udekem-Gevers, Marie [2011]: La machine mathématique IRSIA-FNRS (1946–1962), Académie royale de Belgique, Brüssel 2011, 224 Seiten

d'Udekem-Gevers, Marie [2014]: A little-known chapter in the history of computing in Belgium: The machine mathématique IRSIA-FNRS, in: Kai Kimppa; Diane Whitehouse; Tiina Kuusela; Jackie Phahlamohlaka (Hg.): ICT and society, 11th Ifip TC 9 international conference on human choice and computers, HCC11 2014, Turku, Finland, July 30–August 1, 2014, proceedings, Springer, Heidelberg, New York usw. 2014, Seiten 146–161 (Tagungsband)

da Costa Marques, Ivan: History of computing in Latin America, in: IEEE Annals of the history of computing, Band 37, 2015, Heft 4, Seiten 10–12

Daemen, Heinrich [1929]: Über mechanisches Rechnen, in: Taschenkalender für Kaufleute, Schweizerischer Kaufmännischer Verein, Zürich 1929, 16 Seiten (Separatdruck)

Daemen, Heinrich [1931]: Gliederung der Rechen- und Buchungs-Maschinen, in: Taschenkalender für Kaufleute, Band 30, Verlag des Schweizerischen kaufmännischen Vereins, Zürich 1931, Seiten 41–60

Daemen, Heinrich [1934a]: IBA 1934, in: Büro und Verkauf, Band 3, Heft 10, Oktober 1934, Seiten 17–18 (Internationale Bürofach-Ausstellung, Berlin

Daemen, Heinrich [1934b]: Das Rechnen mit Maschinen, Verlag Organisator AG, Zürich, o. J. (um 1934), 43 Seiten

Daemen, Heinrich [1937a]: Die neue Schweizer Rechenmaschine Direct 2, in: Der Organisator, Band 19, Heft 217, April 1937, Seiten 12–23

Daemen, Heinrich [1937b]: Vier Tage schweizerische Bürofach-Ausstellung 1937, in: Der Organisator, Band 19, Heft 224, November 1937, Seiten 545–547, und Band 19, Heft 225, Dezember 1937, Seiten 635–636

Daemen, Heinrich [1937c]: Messen statt rechnen, in: Der Organisator, Band 19, Heft 224, November 1937, Seiten 549–551 (logarithmische Rechentafel), und Band 19, Heft 225, Dezember 1937, Seiten 637–638 (Rechenscheibe)

Daemen, Heinrich [1945]: Das Übungsmodell der Loga-Taschenrechenscheibe 30 UE, Loga-Calculator AG, Uster ZH 1945, 36 Seiten (Schweizerisches Wirtschaftsarchiv, Basel)

Daemen, Heinrich: Messen statt rechnen, Separatdruckaus der Schweizer Monatszeitschrift *Der Organisator*, Zürich, 12 Seiten (o. J., Auszug aus den Heften 298, 299, 302, 305, 306)

Daemen, Walter [1953]: Mathematische Hilfsmittel. Höhere Genauigkeit beim Rechenschieberrechnen, Separatdruck aus der *Technischen Rundschau*, 1953, Heft 52, 11 Seiten

Daemen, Walter [1956]: Eine kombinierte Rechenmethode, Separatdruck aus *Chemische Rundschau,* Band 9, 1956, Heft 18, 15 Seiten

Daemen-Schmid, Heinrich: Anleitung zum Gebrauch des Loga-Calculators, Größe 15 m, Loga-Calculator AG, Uster ZH, o. J., 7 Seiten (Schweizerisches Wirtschaftsarchiv, Basel)

Daenzer, Werner: Der organisatorisch-personelle Aspekt der Rationalisierung, in: Neue Zürcher Zeitung, 6. September 1956, Mittagausgabe, Nr. 2462/2463, Blatt 6/7 (Schweizerische Bürofachausstellung in Zürich)

Dampier, William Cecil [1944]: A shorter history of science, Cambridge University Press, Cambridge 1944, VII, 189 Seiten

Dampier, William Cecil [1946]: Kurze Geschichte der Wissenschaft in ihren Beziehungen zu Philosophie und Religion, Rascher Verlag, Zürich 1946, XI, 288 Seiten

Dampier, William Cecil [1977]: A history of science and its relations with philosophy and religion, Cambridge University Press, Cambridge, 4. Auflage 1977, XXVII, 544 Seiten

Danielsen, Kristian: Den romerske abacus, Kildecentreret matematikhistorie, 12. Februar 2020, 3 Seiten (Dänemark)

Dannemann, Friedrich [1896]: Erläuterte Abschnitte aus den Werken hervorragender Naturforscher aller Völker und Zeiten, Verlag von Wilhelm Engelmann, Leipzig 1896, XII, 375 Seiten (Grundriss einer Geschichte der Naturwissenschaft, Band 1)

Dannemann, Friedrich [1898]: Die Entwicklung der Naturwissenschaften, Verlag von Wilhelm Engelmann, Leipzig 1898, VI, 435 Seiten (Grundriss einer Geschichte der Naturwissenschaft, Band 2)

Dannemann, Friedrich [1912]: Wie unser Weltbild entstand. Die Anschauungen vom Altertum bis zur Gegenwart über den Bau des Kosmos, Franckh'sche Verlagshandlung, Stuttgart 1912, 99 Seiten

Dannemann, Friedrich [1922]: Aus der Werkstatt großer Forscher. Allgemeinverständliche, erläuterte Abschnitte aus den Werken hervorragender Naturforscher aller Völker und Zeiten, Verlag von Wilhelm Engelmann, Leipzig, 4. Auflage 1922, XII, 442 Seiten

Dannemann, Friedrich [1928]: Vom Werden der naturwissenschaftlichen Probleme. Grundriß einer Geschichte der Naturwissenschaften, Verlag von Wilhelm Engelmann, Leipzig 1928, XII, 376 Seiten

Dannemann, Friedrich [1971a]: Die Naturwissenschaften in ihrer Entwicklung und in ihrem Zusammenhange, Band 1: Von den Anfängen bis zum Wiederaufleben der Wissenschaften, Dr. Martin Sändig oHG, Walluf bei Wiesbaden, 2. Auflage 1971, XII, 484 Seiten (ursprünglich Verlag von Wilhelm Engelmann, Leipzig 1920)

Dannemann, Friedrich [1971b]: Die Naturwissenschaften in ihrer Entwicklung und in ihrem Zusammenhange, Band 2: Von Galilei bis zur Mitte des XVIII. Jahrhunderts, Dr. Martin Sändig oHG, Walluf bei Wiesbaden, 2. Auflage 1971, X, 508 Seiten (ursprünglich Verlag von Wilhelm Engelmann, Leipzig 1921)

Dannemann, Friedrich [1971c]: Die Naturwissenschaften in ihrer Entwicklung und in ihrem Zusammenhange, Band 3: Das Emporblühen der modernen Naturwissenschaften bis zur Aufstellung des Energieprinzips, Dr. Martin Sändig oHG, Walluf bei Wiesbaden, 2. Auflage 1971, XI, 432 Seiten (ursprünglich Verlag von Wilhelm Engelmann, Leipzig 1922)

Dannemann, Friedrich [1971d]: Die Naturwissenschaften in ihrer Entwicklung und in ihrem Zusammenhange, Band 4: Das Emporblühen der modernen Naturwissenschaften seit der Entdedeckung des Energieprinzips, Dr. Martin Sändig oHG, Walluf bei Wiesbaden, 2. Auflage 1971, XII, 628 Seiten (ursprünglich Verlag von Wilhelm Engelmann, Leipzig 1923)

Dantzig, Tobias [1931]: Le nombre. Langage de la science, Payot, Paris 1931, 249 Seiten

Dantzig, Tobias [1955]: The bequest of the Greeks, George Allen & Unwin Ltd., London 1955, 192 Seiten

Dantzig, Tobias [1967]: Number. The language of science, The free press, New York, 4., überarbeitete und erweiterte Auflage 1967, XI, 340 Seiten
Darmstaedter, Ludwig: Handbuch zur Geschichte der Naturwissenschaften und der Technik. In chronologischer Darstellung, Verlag von Julius Springer, Berlin, 2., umgearbeitete und vermehrte Auflage 1908, XII, 1264 Seiten
Däschler, Artur: Elektronenröhren, Archimedes Verlag, Kreuzlingen, 5., überarbeitete und erweiterte Auflage 1969, 232 Seiten
Dasgupta, Subrata [2014]: It began with Babbage. The genesis of computer science, Oxford University Press, Oxford, New York 2014, XII, 328 Seiten
Dasgupta, Subrata [2018]: The second age of computer science. From Algol genes to neural nets, Oxford University Press, Oxford 2018, XXVII, 326 Seiten
Datta, Bibhutibhushan: Ancient Hindu geometry. The science of the Śulba, Cosmo publications, Neu-Delhi 1993, XVI, 239 Seiten
Datta, Bibhutibhushan; Singh, Avadhesh Narayan [2001a]: History of Hindu mathematics, Band 1, Bharatiya Kala Prakashan, Delhi 2001, XVIII, 261 Seiten
Datta, Bibhutibhushan; Singh, Avadhesh Narayan [2001b]: History of Hindu mathematics, Band 2, Bharatiya Kala Prakashan, Delhi 2001, X, 314 Seiten
Dauben, Joseph Warren: The history of mathematics from antiquity to the present. A selective bibliography, Garland publishing, Inc., New York, London 1985, XXXIX, 467 Seiten
Dauben, Joseph Warren; Folkerts, Menso; Knobloch, Eberhard; Wußing, Hans (Hg.): History of mathematics. States of the art, Academic press, San Diego, Boston usw. 1996, XXIV, 394 Seiten
Daumas, Maurice (Hg.) [Band 1, 1962]: Histoire générale des techniques, Band 1: Les origines de la civilisation technique, Presses universitaires de France, Paris 1962, XVI, 652 Seiten
Daumas, Maurice (Hg.) [Band 2, 1965]: Histoire générale des techniques, Band 2: Les premières étapes du machinisme, Presses universitaires de France, Paris 1965, XIX, 751 Seiten
Daumas, Maurice (Hg.) [Band 3, 1968]: Histoire générale des techniques, Band 3: L'expansion du machinisme, Presses universitaires de France, Paris 1968, XXIV, 884 Seiten (mechanische Rechenmaschinen, Seiten 180–189; Zeitmessung, Seiten 196–213; mathematische Instrumente, Seiten 229–234, französische Webstühle, Seiten 677–682)
Daumas, Maurice (Hg.) [Band 4, 1978]: Histoire générale des techniques, Band 4: Les techniques de la civilisation industrielle. Energie et matériaux, Presses universitaires de France, Paris 1978, XXVIII, 754 Seiten
Daumas, Maurice (Hg.) [Band 5, 1979]: Histoire générale des techniques, Band 5: Les techniques de la civilisation industrielle. Transformation, communication, facteur humain, Presses universitaires de France, Paris 1979, XI, 600 Seiten (mechanische und elektronische Rechenmaschinen, Seiten 434–472)
Daumas, Maurice [1953]: Les instruments scientifiques aux XVIIe et XVIIIe siècles, Presses universitaires de France, Paris 1953, 418 Seiten, 63 Tafeln
Daumas, Maurice [1972]: Scientific instruments of the seventeenth and eighteenth centuries and their makers, B. T. Batsford Ltd., London 1972, VI, 361 Seiten
Davies, Donald W.: Corrections to Turing's universal computing machine, in: Brian Jack Copeland (Hg.): The essential Turing. Seminal writings in computing, logic, philosophy, artificial intelligence, and artificial life, plus the secrets of Enigma, Clarendon press, Oxford 2004, Seiten 103–124
Davis, Gordon B.: An introduction to electronic computers, McGraw-Hill book company, New York usw. 1965, XIII, 541 Seiten
Davis, Harry M.: Mathematical machines, in: Scientific American, Band 180, 1949, Heft 4, Seiten 28–49

Davis, John R.: The great exhibition, Sutton publishing Ltd., Stroud, Gloucestershire 1999, XVII, 238 Seiten (Weltausstellung, London 1851)
Davis, Martin (Hg.): The undecidable. Basic papers on undecidable propositions, unsolvable problems and computable functions, Dover Publications, Inc., Mineola, New York, 2004, 423 Seiten (mit Beiträgen von Kurt G.del, Alonzo Church, Alan M. Turing, John Barkley Rosser, Stephen Cole Kleene und Emil Leon Post)
Davis, Martin [1978]: What is a computation?, in: Lynn Arthur Steen (Hg.): Mathematics today. Twelve informal essays, Springer-Verlag, New York, Heidelberg usw. 1978, Seiten 241–267
Davis, Martin [1982]: Computability and unsolvability, Dover publications, Inc., New York 1982, XXV, 248 Seiten
Davis, Martin [1987]: Mathematical logic and the origin of modern computers, in: Esther R. Phillips (Hg.): Studies in the history of mathematics, Mathematical association of America, Washington, D.C., 1987, Seiten 137–165
Davis, Martin [1995]: Mathematical logic and the origin of modern computing, in: Rolf Herken (Hg.): The universal Turing machine. A half-century survey, Springer-Verlag, Wien, New York, 2. Auflage 1995, Seiten 135–158
Davis, Martin [2001]: Engines of logic. Mathematicians and the origin of the computer, W.W. Norton, New York, London 2001, XII, 257 Seiten
Davis, Martin [2012]: The universal computer. The road from Leibniz to Turing, CRC press, Boca Raton, Florida, London usw. 2012, XIV, 224 Seiten
Davis, Martin; Sieg, Wilfried: Conceptual confluence in 1936: Post and Turing, in: Giovanni Sommaruga; Thomas Strahm (Hg.): Turing's revolution. The impact of his ideas about computability, Birkhäuser/Springer international publishing AG Switzerland, Cham, Heidelberg usw., 2015, Seiten 3–27
Davis, W. Richard [2009]: The Boykin Rotarule, in: Journal of the Oughtred society, Band 18, 2009, Heft 1, Seiten 39–45 (Rechenscheibe)
Davis, W. Richard [2010]: John R. Dempster, The remarkable Dempster Rotarule and the extraordinary Dempster family, in: Journal of the Oughtred society, Band 19, 2010, Heft 1, Seiten 33–40 (Rechenscheibe)
Davis, W. Richard [2016a]: The Ross rapid computer, in: Journal of the Oughtred society, Band 25, 2016, Heft 1, Seiten 23–27 (Spiralrechenscheibe)
Davis, W. Richard [2016b]: The Ross student rapid computer, in: Journal of the Oughtred society, Band 25, 2016, Heft 1, Seiten 28–29 (Spiralrechenscheibe)
Daxecker, Franz [1996]: Das Hauptwerk des Astronomen P. Christoph Scheiner SJ „Rosa Ursina sive Sol" – eine Zusammenfassung, Universitätsverlag Wagner GmbH, Innsbruck 1996, 82 Seiten
Daxecker, Franz [2000]: Der Jesuit Athanasius Kircher und sein Organum mathematicum, in: Gesnerus, Band 57, 2000, Heft 1/2, Seiten 77–83
Daxecker, Franz [2006]: Der Physiker und Astronom Christoph Scheiner, Universitätsverlag Wagner GmbH, Innsbruck 2006, 159 Seiten (Erfindung des Pantografen, Seiten 141–143)
Daxecker, Franz; Subaric, Lav (Hg.): Christoph Scheiners „Sol ellipticus", Leopold-Franzens-Universität, Innsbruck 1988, V, 55 Seiten
Daylight, Edgar Graham [2012]: The dawn of software engineering. From Turing to Dijkstra, Lonely Scholar, Heverlee 2012, VI, 239 Seiten (Edgar Graham Daylight = Karel van Oudheusden) (Kapitel 5: Niklaus Wirth and software engineering, Seiten 105–131)
Daylight, Edgar Graham [2014]: A Turing tale. Assessing the accuracy of popular descriptions of Alan Turing's influences and legacy, in: Communications of the ACM, Band 57, 2014, Heft 10, Seiten 36–38 (Edgar Graham Daylight = Karel van Oudheusden)
Daylight, Edgar Graham [2015]: Towards a historical notion of 'Turing – the father of computer science', in: History and philosophy of logic, Band 36, 2015, Heft 3, Seiten 205–228 (Sonder-

ausgabe „Logical issues in the history and philosophy of computer science“) (Edgar Graham Daylight = Karel van Oudheusden)

Daylight, Edgar Graham [2016]: Turing tales, Lonely Scholar, Geel (Belgien) 2016, X, 249 Seiten (Edgar Graham Daylight = Karel van Oudheusden)

de Beauclair, Wilfried [1961]: Konrad Zuse – sein Beitrag zur Entwicklung programmgesteuerter Rechenanlagen, in: Zuse KG: Zuse. 25 Jahre Entwicklung programmgesteuerter Rechenanlagen, Bad Hersfeld, 1961, Seiten 4–21 (Hg.: Presseabteilung)

de Beauclair, Wilfried [1967]: Allgemeine Grundlagen. Geschichtliche Entwicklung, in: Karl Steinbuch (Hg.): Taschenbuch der Nachrichtenverarbeitung, Springer-Verlag, Berlin, Heidelberg usw., 2. überarbeitete Auflage 1967, Seiten 1–39

de Beauclair, Wilfried [1984]: Die Flegeljahre der Computerentwicklung in Deutschland um 1958, in: Hans-Rainer Schuchmann; Heinz Zemanek (Hg.): Computertechnik im Profil. Ein Vierteljahrhundert deutscher Informationsverarbeitung, R. Oldenbourg Verlag, München, Wien 1984, Seiten 68–81

de Beauclair, Wilfried [1986]: Alwin Walther, IPM, and the calculator/computer technology in Germany, 1930–1945, in: Annals of the history of computing, Band 8, 1986, Heft 4, Seiten 334–350

de Beauclair, Wilfried [2005]: Rechnen mit Maschinen. Eine Bildgeschichte der Rechentechnik, Springer-Verlag, Berlin, Heidelberg, 2. Auflage 2005, XII, 313 Seiten

de Beauclair, Wilfried; Genser Friedrich (Hg.): Vom Zahnrad zum Chip. Eine Bildgeschichte der Datenverarbeitung, Superbrain-Verlag, Balje 2005, 3 Bände, XXVII, XIII, XIII, 842 Seiten

de Bono, Edward (Hg.) [1975]: Buchers illustrierte Geschichte der Erfindungen. Vom Rad zum Computer, C. J. Bucher, Luzern, Frankfurt a. M. 1975, 247 Seiten

de Bono, Edward (Hg.) [1979]: Eureka! How and when the greatest inventions were made, Thames and Hudson Ltd., London 1979, 248 Seiten

de Brabandere, Luc: Calculus. Les machines du calcul non électriques. Niet-elektrische rekenmachines. Non-electric calculating machines, Mardaga, Liège 1994, 173 Seiten

de Caus, Salomon [1615a]: Les raisons des forces mouvantes, avec diverses machines tant utiles que plaisantes, Uitgeverij Frits Knuf B. V., Amsterdam 1973, 171 Seiten (Nachdruck von 1615) (Probleme 28–33: Wassorgel)

de Caus, Salomon [1615b]: Von gewaltsamen Bewegungen. Beschreibung etlicher, so wol nützlichen alß lustigen Machiner, Curt R. Vincentz Verlag, Hannover 1977, 94 Seiten (Nachdruck von 1615)

de Graeve, Jan; Smith, Jim: History of surveying, International federation of surveyors, Kopenhagen 2010, 32 Seiten

de Kosnik, Abigail: Rogue archives. Digital cultural memory and media fandom, MIT press, Cambridge, Massachusetts, London 2016, X, 430 Seiten

de la Mettrie, Julien Offray [1985]: Der Mensch als Maschine, LSR-Verlag, Nürnberg 1985, XL, 100 Seiten

de la Mettrie, Julien Offray [1990]: L’homme machine. Die Maschine Mensch, Felix Meiner Verlag, Hamburg 1990, XXV, 157 Seiten (hg. von Claudia Becker)

de la Mettrie, Julien Offray [2001]: Der Mensch eine Maschine, Philip Reclam, Stuttgart 2001, 119 Seiten

de la Portilla Fernández, Jose Maria; Ceccarelli, Marco (Hg.): History of machines for heritage and engineering development, Springer science+business media, Dordrecht, Heidelberg 2011, X, 215 Seiten (Tagungsband)

de Latil, Pierre [1953]: La pensée artificielle. Introduction à la cybernétique, Librairie Gallimard, Paris 1953, 332 Seiten (viele Auflagen) (Abschnitte: Le joueur d’échecs de Torrès y Quevedo, Seiten 218–220; Les machines à calculer, Seiten 228–248; Fotos zur Konferenz „Les machines à calculer et la pensée humaine“, Paris 1951) de Latil, Pierre [1957]: Thinking by machine. A study of cybernetics, Houghton Mifflin company, Sidgwick and Jackson, Boston 1957, XIII, 353 Seiten

de Latil, Pierre [1965]: L'homme et la machine, Librairie Hachette, Paris 1965, 128 Seiten (u.a. Figurenautomaten, Kybernetik, Jacquard-Webstuhl)

de Leeuw, Karl; Bergstra, Jan (Hg.): The history of information security. A comprehensive handbook, Elsevier B. V., Amsterdam, Boston usw. 2007, XI, 887 Seiten

de Marco, Giuseppe; Mainetto, Giovanni; Pisani, Serena; Savino, Pasquale: The early computers of Italy, in: IEEE Annals of the history of computing, Band 21, 1999, Heft 4, Seiten 28–36

de Mol, Liesbeth; Bullynck, Maarten; Daylight, Edgar D.: Less is more in the fifties: Encounters between logical minimalism and computer design during the 1950s, in: IEEE Annals of the history of computing, Band 40, 2018, Heft 1, Seiten 19–45

de Mol, Liesbeth; Primiero, Giuseppe (Hg.): Reflections on programming systems. Historical and philosophical aspects, Springer Nature Switzerland AG, Cham 2018, VIII, 286 Seiten (Kapitel: Validity and correctness before the OS: the case of Leo I and Leo II, Seiten 15–47)

de Mol, Liesbeth; Primiero, Giuseppe: When logic meets engineering: Introduction to logical issues in the history and philosophy of computer science, in: History and philosophy of logic, Band 36, 2015, Heft 3, Seiten 195–204 (Sonderausgabe „Logical issues in the history and philosophy of computer science")

de Montessus, R.; d'Adhémar, R.: Calcul numérique, Octave Doin et fils, éditeurs, Paris 1911, 249 Seiten

de Morin, H.: Les appareils d'intégration. Intégrateurs simples et composés. Planimètres, intégromètres, intégraphes et curbes intégrales, analyse harmonique et analyseurs, Gauthier-Villars, Paris 1913, VI, 208 Seiten

de Risi, Vincenzo (Hg.): Mathematizing space. The objects of geometry from antiquity to the early modern age, Springer international publishing AG Switzerland, Cham, Heidelberg usw. 2015, IX, 318 Seiten

de Solla Price, Derek John [1959]: An ancient Greek computer, in: Scientific American, Band 200, 1959, Heft 6, Seiten 60–67 (Räderwerk von Antikythera)

de Solla Price, Derek John [1964]: Automata in history. Automata and the origins of mechanism and mechanistic philosophy, in: Technology and culture, Band 5, 1964, Heft 1, Seiten 9–23

de Solla Price, Derek John [1975a]: Gears from the Greeks. The Antikythera mechanism – a calendar computer from ca. 80 B. C., Science history publications, New York 1975, 70 Seiten

de Solla Price, Derek John [1975b]: Clockwork before the clock and timekeepers before timekeeping, in: J. T. Fraser; N. Lawrence (Hg.): The study of time II. Proceedings of the second conference of the Interational society for the study of time, Lake Yamanaka, Japan, Springer-Verlag, Berlin, Heidelberg usw. 1975, Seiten 367–380

Deane, John [2010]: Connections in the history of Australian computing, in: Arthur Tatnall (Hg.): History of computing. Learning from the past, IFIP WG 9.7 International conference, HC 2010, Brisbane, Australia, 20–23 September 2010, Springer, Berlin 2010, Seiten 1–12 (IFIP Advances in information and communication technology, Band 325) (Csirac)

Deane, John [2012]: Australia's Wredac – It was rocket science, in: Arthur Tatnall (Hg.): Reflections on the history of computing. Preserving memories and sharing stories, Springer, Heidelberg, Dordrecht usw. 2012, Seiten 1–21 (IFIP Advances in information and communication technology, Band 387)

Deavours, Cipher A.; Kahn, David; Kruh, Louis; Mellen, Greg; Winkel, Brian (Hg.) [1987]: Cryptology. Yesterday, today, and tomorrow, Artech house, Inc.; Norwood, Massachusetts 1987, X, 518 Seiten

Deavours, Cipher A.; Kahn, David; Kruh, Louis; Mellen, Greg; Winkel, Brian (Hg.) [1989]: Cryptology: Machines, history and methods, Artech house, Inc.; Norwood, Massachusetts 1989, X, 508 Seiten

Decher, Georg [1855]: Theorie und Construction eines neuen, auf Polar-Coordinaten gegründeten Planimeters, in: Dingler's polytechnisches Journal, Band 136, 1855, Heft 41, Seiten 168–181

Decher, Georg [1856]: Zur Theorie des Amsler'schen Planimeters, in: Dingler's polytechnisches Journal, Band 141, 1856, Heft 5, Seiten 29–33

Dedron, Pierre; Itard, Jean: Mathématiques et mathématiciens, Les éditions Magnard, Paris 1959, 435 Seiten

Delambre, Jean Baptiste Joseph [1821a]: Histoire de l'astronomie moderne, Band 1, Mme Ve Courcier, libraire pour les sciences, Paris 1821, LXXXII, 716 Seiten, 9 Tafeln

Delambre, Jean Baptiste Joseph [1821b]: Histoire de l'astronomie moderne, Band 2, Mme Ve Courcier, libraire pour les sciences, Paris 1821, IV, 804 Seiten, 8 Tafeln

Delambre, Jean Baptiste Joseph [1965a]: Histoire de l'astronomie ancienne, Band 1, Johnson reprint corporation, New York, London 1965, X, LXXII, 556 Seiten (Nachdruck von Mme Ve Courcier, imprimeur-libraire pour les sciences, Paris 1817)

Delambre, Jean Baptiste Joseph [1965b]: Histoire de l'astronomie ancienne, Band 2, Johnson reprint corporation, New York, London 1965, VIII, 640 Seiten (Nachdruck von Mme Ve Courcier, imprimeur-libraire pour les sciences, Paris 1817)

Delambre, Jean Baptiste Joseph [1965c]: Histoire de l'astronomie du moyen âge, Johnson reprint corporation, New York, London 1965, LXXXIV, 640 Seiten (Nachdruck von Mme Ve Courcier, imprimeur-libraire pour les sciences, Paris 1819)

Delius, Friedrich Christian: Die Frau, für die ich den Computer erfand. Roman. Rowohlt, Berlin 2009, 283 Seiten

Delpech, L.: Perspectives psychologiques et machines à penser, in: Joseph Pérès (Hg.): Les machines à calculer et la pensée humaine, Paris, 8–13 janvier 1951, Colloques internationaux du Centre national de la recherche scientifique, Nr. 37, Editions du Centre national de la recherche scientifique (CNRS), Paris 1953, Seiten 539–548

Demant, David: Why the real thing is essential for telling our stories, in: Arthur Tatnall (Hg.): History of computing. Learning from the past, IFIP WG 9.7 International conference, HC 2010, Brisbane, Australia, 20–23 September 2010, Springer, Berlin 2010, Seiten 13–15 (IFIP Advances in information and communication technology, Band 325) (Csirac, Victoria-Museum, Melbourne)

Demant, David; Tatnall, Arthur: Institutional nostalgia – Museum Victoria's cabinet of computing curiosities, in: Arthur Tatnall (Hg.): Reflections on the history of computing. Preserving memories and sharing stories, Springer, Heidelberg, Dordrecht usw. 2012, Seiten 348–361 (IFIP Advances in information and communication technology, Band 387)

Demuth, Birgit (Hg.): Informatik in der DDR – Grundlagen und Anwendungen, Tagungsband zum Symposium 15. und 16. Mai 2008 in Dresden, Gesellschaft für Informatik, Bonn 2008, 445 Seiten

Denker, Hans-Jürgen: Unitas-Prototyp aus Saxonia-Bauteilen, in: Historische Bürowelt, Dezember 2018, Heft 114, Seiten 16–17

Dennert, Hans: Dennert & Pape and Aristo slide rules 1872–1978, in: Journal of the Oughtred society, Band 6, 1997, Heft 1, Seiten 4–14

Dennert, Irene: Aristo slide rule production in Bavaria, in: Journal of the Oughtred society, Band 11, 2002, Heft 1, Seiten 17–22

Denning, Peter J. [2012a]: Reflections on a symposium on computation, in: The computer journal, Band 55, 2012, Heft 7, Seiten 799–802

Denning, Peter J. [2012b]: Opening statement: What is computation?, in: The computer journal, Band 55, 2012, Heft 7, Seiten 805–810

Denning, Peter J. [2012c]: Closing statement: What have we said about computation?, in: The computer journal, Band 55, 2012, Heft 7, Seiten 863–865

Denning, Peter J.; Martell, Craig H.: Great principles of computing, MIT Press, Cambridge, Massachusetts, London 2015, XVII, 302 Seiten

Denning, Peter J.; Wegner, Peter: Introduction to what is computation, in: The computer journal, Band 55, 2012, Heft 7, Seiten 803–804

Denniss, John: Arithmetical textbooks 1478 to 1886: a progression?, in: BSHM Bulletin, Journal of the British society for the history of mathematics, Band 21, 2006, Heft 1, Seiten 26–33

Denny, Mark [2007]: Ingenium. Five machines that changed the world, Johns Hopkins university press, Baltimore, Maryland 2007, XVII, 176 Seiten

Denny, Mark [2012]: The science of navigation. From dead reckoning to GPS, Johns Hopkins university press, Baltimore, Maryland 2012, VII, 261 Seiten

Denoyelle, Philippe; Geynet, Maurice; Jacob, Michel; Plain, Jaques; Pufal, Hans: L'informatique. Des objets qui racontent l'histoire, Edition média, conseil, communication (EMCC), Lyon 2004, 120 Seiten

Denz, Wilfried [2014]: Die Kunststoff-Rechenmaschine „finess", in: Historische Bürowelt, April 2014, Heft 95, Seiten 14–21

Denz, Wilfried [2015]: Adolf Bordt – seine Firmen, Partner und Rechenmaschinen, in: Historische Bürowelt, 2015, Heft 102, Seiten 26–31 (Teil 1)

Denz, Wilfried [2016]: Adolf Bordt – seine Firmen, Partner und Rechenmaschinen, in: Historische Bürowelt, 2016, Heft 103, Seiten 28–31 (Teil 2)

Denz, Wilfried [2019a]: Die Scheibenkolonnen-Addierer von Ugrich und Hauff, in: Historische Bürowelt, September 2019, Heft 117, Seiten 22–27 (Teil 1)

Denz, Wilfried [2019b]: Die Scheibenkolonnen-Addierer von Ugrich und Hauff, in: Historische Bürowelt, Dezember 2019, Heft 118, Seiten 25–30 (Teil 2)

Der Organisator (Hg.): Moderne Büro-Maschinen. Kurze Beschreibung der wichtigsten 104 in der Schweiz erhältlichen Büro-Maschinen, Verlag Organisator AG, Zürich, Frankfurt 1930, 60 Seiten + 24 Seiten (Anzeigen)

Derry, Thomas Kingston; Williams, Trevor Illtyd: A short history of technology from the earliest times to A. D. 1900, Oxford University Press, London 1960, XVIII, 783 Seiten

Deschauer, Stefan (Hg.): Das 1. Rechenbuch von Adam Ries. Nachdruck von Erfurt 1525 mit einer Kurzbiographie, einer Inhaltsanalyse, bibliographischen Angaben, einer Übersicht über die Fachsprache und einem metrologischen Anhang, Institut für Geschichte der Naturwissenschaften, München 1992, VII, 76 + 87 Seiten

Deschauer, Stefan [2003]: Das 2. Rechenbuch von Adam Ries – ein Bestseller für das Wirtschaftsleben des 16. Jahrhunderts, in: Jürgen Kiefer; Karin Reich (Hg.): Gemeinnützige Mathematik. Adam Ries und seine Folgen, Verlag der Akademie gemeinnütziger Wissenschaften zu Erfurt 2003, Seiten 9–31

Deschauer, Stefan [2017]: Adam Ries als Algebraiker, in: Der Mathematikunterricht, Band 63, 2017, Heft 4, Seiten 6–17

Descloux, Jean; de Werra, Dominique: Les mathématiques appliquées à l'École polytechnique de Lausanne, in: Bruno Colbois; Christine Riedtmann; Viktor Schroeder (Hg.): math.ch/100. Schweizerische Mathematische Gesellschaft 1910–2010, European mathematical society, Zürich 2010, Seiten 241–245

Desmonde, William H.; Berkling, Klaus J.: The Zuse Z3, German predecessor of the Mark I, in: Datamation, Band 12, 1966, Heft 9, Seiten 30–31

Detti, Tommaso; Lauricella, Giuseppe: The origins of the internet, Viella s.r.l., libreria editrice, Rom 2017, 174 Seiten

Dettmar, H.-K. [1953a]: Zur numerischen Lösung gewisser Eigenwertprobleme, in: Ludwig Biermann (Hg.): Vorträge über Rechenanlagen. Gehalten in Göttingen, 19.–21. März 1953, Max-Planck-Institut für Physik, Göttingen 1953, Seiten 123–127

Dettmar, H.-K. [1953b]: Eine elektronische Spezialmaschine für Fouriertransformationen, in: Ludwig Biermann (Hg.): Vorträge über Rechenanlagen. Gehalten in Göttingen, 19.–21. März 1953, Max-Planck-Institut für Physik, Göttingen 1953, Seiten 141–145

Deubner, Fritz: Adam Ries, der Rechenmeister des deutschen Volkes, in: Zeitschrift für Geschichte der Naturwissenschaft, Technik und Medizin, Band 1, 1960, Heft 3, Seiten 11–44

Deubner, Fritz; Riemer, Wolfgang: ...nach Adam Ries. Leben und Wirken des großen Rechenmeisters, Tauchaer Verlag, Leipzig, 2. Auflage 1992, 108 Seiten

Deubner, Hildegard [1970a]: Adam Ries – Rechenmeister des deutschen Volkes, in: NTM, Schriftenreihe für Geschichte der Naturwissenschaften, Technik und Medizin, Band 7, 1970, Heft 1, Seiten 1–22 (Teil 1)

Deubner, Hildegard [1970b]: Adam Ries – Rechenmeister des deutschen Volkes, in: NTM, Schriftenreihe für Geschichte der Naturwissenschaften, Technik und Medizin, Band 7, 1970, Heft 2, Seiten 98–114 (Teil 2)

Deubner, Hildegard [1971]: Adam Ries – Rechenmeister des deutschen Volkes, in: NTM, Schriftenreihe für Geschichte der Naturwissenschaften, Technik und Medizin, Band 8, 1971, Heft 1, Seiten 58–69 (Teil 3)

Deutsches Museum (Hg.): Ein Führer durch die Ausstellungen, Deutsches Museum, München 2010, 192 Seiten (Museumsführer)

Deutsches Museum, München (Hg.) [Band 1, 2004]: Meisterwerke aus dem Deutschen Museum, Band 1, Deutsches Museum, München 2004, 60 Seiten (u.a. Versuchsstation für drahtlose Telephonie von Telefunken, Seiten 44–47)

Deutsches Museum, München (Hg.) [Band 2, 1999]: Meisterwerke aus dem Deutschen Museum, Band 2, Lemmens Verlags- und Mediengesellschaft, Bonn 1999, 60 Seiten (u.a. Musterwebstuhl von Joseph-Marie Jacquard, Seiten 36–39; Die Rotor-Chiffriermaschine Enigma der deutschen Wehrmacht, Seiten 44–47; Der mechanische Trompeter von Friedrich Kaufmann, Seiten 52–55)

Deutsches Museum, München (Hg.) [Band 3, 2000]: Meisterwerke aus dem Deutschen Museum, Band 3, Deutsches Museum, München 2000, 60 Seiten (u.a. Das Astrolabium von Erasmus Habermel, Seiten 48–51; Z3 und Z4 von Konrad Zuse, Seiten 52–55)

Deutsches Museum, München (Hg.) [Band 4, 2002]: Meisterwerke aus dem Deutschen Museum, Band 4, Deutsches Museum, München 2002, 60 Seiten (u.a. Die Rechenmaschine von Anton Braun und Philippe Vayringe, Seiten 44–47; Ein Telephon von Philipp Reis, Seiten 48–51)

Deutsches Museum, München (Hg.) [Band 5, 2003]: Meisterwerke aus dem Deutschen Museum, Band 5, Deutsches Museum, München 2003, 60 Seiten (u.a. Sonnenuhren von Erasmus Habermel und Markus Purmann, Seiten 48–51; Turmuhr aus dem 16. Jahrhundert, anonymer Meister, Seiten 52–55)

Deutsches Museum, München (Hg.) [Band 6, 2004]: Meisterwerke aus dem Deutschen Museum, Band 6, Deutsches Museum, München 2004, 60 Seiten (u.a. Android mit Uhrwerksantrieb: predigender Mönch um 1560, Seite 9)

Deutsches Museum, München (Hg.): Museumsführer, Deutsches Museum, München, 1. Auflage 2016, 192 Seiten

Devaux, Pierre [1933]: Curiosités et principes mécaniques dans les machines à calculer, in: La nature, Band 61, 1933, 1. Semester, Seiten 485–492

Devaux, Pierre [1951]: Calcul mécanique et la structure de la pensée, in: La nature, Band 79, 1951, Seiten 65–71

Devlin, Keith, J.: Finding Fibonacci. The quest to rediscover the forgotten mathematical genius who changed the world, Princeton university press, Princeton, New Jersey, Oxford 2017, VII, 241 Seiten

Dewdney, A. K.: Der Turing Omnibus. Eine Reise durch die Informatik mit 66 Stationen, Springer-Verlag, Berlin usw. 1995, XV, 496 Seiten

Dhen, W.: Entwicklungsbericht über die repetierende elektronische Analogie-Rechenanlage Darmstadt, in:Nikolaus Joachim Lehmann (Hg.): Aktuelle Probleme der Rechentechnik. Bericht über das internationale Mathematiker-Kolloquium, Dresden, 22. bis 27. November 1955, VEB Deutscher Verlag der Wissenschaften, Berlin 1957, Seiten 87–92

di Caro, Alessandro: Pensare ex machina. Alan Turing alla prova, Aracne editrice internazionale Srl., Ariccia (RM) 2016, 240 Seiten

Dick, Stephanie: Machines who write, in: IEEE Annals of the history of computing, Band 45, 2013, Heft 2, Seiten 85–87

Dick, Wolfgang R.; Duerbeck, Hilmar W.; Hamel, Jürgen (Hg.) [2008]: Beiträge zur Astronomiegeschichte, Band 9, Wissenschaftlicher Verlag Harri Deutsch GmbH, Frankfurt am Main 2008, 317 Seiten (Aufsatz: Christoph Scheiner und der flüssige Himmel, Seiten 26–36)

Dick, Wolfgang R.; Duerbeck, Hilmar W.; Hamel, Jürgen (Hg.) [2010]: Beiträge zur Astronomiegeschichte, Band 10, Wissenschaftlicher Verlag Harri Deutsch GmbH, Frankfurt am Main 2010, 382 Seiten

Dick, Wolfgang R.; Duerbeck, Hilmar W.; Hamel, Jürgen (Hg.) [2011]: Beiträge zur Astronomiegeschichte, Band 11, Wissenschaftlicher Verlag Harri Deutsch GmbH, Frankfurt am Main 2011, 433 Seiten

Dick, Wolfgang R.; Hamel, Jürgen (Hg.) [1998]: Beiträge zur Astronomiegeschichte, Band 1, Verlag Harri Deutsch, Thun, Frankfurt am Main 1998, 183 Seiten

Dick, Wolfgang R.; Hamel, Jürgen (Hg.) [1999]: Beiträge zur Astronomiegeschichte, Band 2, Verlag Harri Deutsch, Thun, Frankfurt am Main 1999, 225 Seiten

Dick, Wolfgang R.; Hamel, Jürgen (Hg.) [2000]: Beiträge zur Astronomiegeschichte, Band 3, Verlag Harri Deutsch, Thun, Frankfurt am Main 2000, 251 Seiten (Aufsatz: Die Sonnenuhren des Museums für Astronomie und Technikgeschichte, Kassel – Bestandskatalog, Seiten 160–200)

Dick, Wolfgang R.; Hamel, Jürgen (Hg.) [2001]: Beiträge zur Astronomiegeschichte, Band 4, Verlag Harri Deutsch, Frankfurt am Main 2001, 259 Seiten

Dick, Wolfgang R.; Hamel, Jürgen (Hg.) [2002]: Beiträge zur Astronomiegeschichte, Band 5, Wissenschaftlicher Verlag Harri Deutsch GmbH, Frankfurt am Main 2002, 261 Seiten (Aufsätze: Die Zeitberechnung und die Astronomie in Athanasius Kirchers Organum mathematicim, Seiten 26–39; Christoph Scheiners Lebensjahre zwischen 1633 ud 1650, Seiten 40–46)

Dick, Wolfgang R.; Hamel, Jürgen (Hg.) [2003]: Beiträge zur Astronomiegeschichte, Band 6, Wissenschaftlicher Verlag Harri Deutsch GmbH, Frankfurt am Main 2003, 238 Seiten

Dick, Wolfgang R.; Hamel, Jürgen (Hg.) [2004]: Beiträge zur Astronomiegeschichte, Band 7, Wissenschaftlicher Verlag Harri Deutsch GmbH, Frankfurt am Main 2004, 304 Seiten

Dick, Wolfgang R.; Hamel, Jürgen (Hg.) [2006]: Beiträge zur Astronomiegeschichte, Band 8, Wissenschaftlicher Verlag Harri Deutsch GmbH, Frankfurt am Main 2006, 253 Seiten (Aufsätze: Christoph Scheiner und die Camera obscura, Seiten 37–42; Die große Nürnbergische Uhr, Seiten 43–90); *Bände 9–11, siehe Dick, Wolfgang R.; Duerbeck, Hilmar W.; Hamel, Jürgen (Hg.)*

Dick, Wolfgang R.; Hamel, Jürgen (Hg.) [2014]: Beiträge zur Astronomiegeschichte, Band 12, Akademische Verlagsanstalt, Leipzig 2014, 254 Seiten

Dick, Wolfgang R.; Hamel, Jürgen (Hg.) [2016]: Beiträge zur Astronomiegeschichte, Band 13, Akademische Verlagsanstalt, Leipzig 2016, 341 Seiten

Dick, Wolfgang R.; Hamel, Jürgen (Hg.) [2019]: Beiträge zur Astronomiegeschichte, Band 14, AVA Akademische Verlagsanstalt, Leipzig 2019, 375 Seiten

Dickinson, H. W.: Sir Samuel Morland. Diplomat and Inventor 1625–1695, W. Hefer and Sons Ltd, Cambridge 1970, XVI, 148 Seiten

Diener, J.: Schwilgué, Johann Baptist, in: Allgemeine Deutsche Biographie, herausgegeben von der Historischen Kommission bei der Bayerischen Akademie der Wissenschaften, Band 33, 1891, Seiten 447–448

Diestelkamp, Friedrich [1992]: Addiator, in: Historische Bürowelt, Februar 1992, Heft 32, Seiten 22–23

Diestelkamp, Friedrich [2002]: Nichtdezimale Rechner. Vorstellung eines faszinierenden Sammelgebietes, in: Historische Bürowelt, April 2002, Heft 61, Seiten 7–8

Diestelkamp, Friedrich [2010]: Patent für Additions- und Subtraktionsvorrichtung mit Schneckenantrieb. Spira, Versuch einer Geschichte, in: Historische Bürowelt, Dezember 2010, Heft 83, Seiten 10–11

Diestelkamp, Friedrich [2011]: Erfahrungen und Beobachtungen beim Verkauf von Original-Odhner-Rechenmaschinen. Einblick in Marktstrategie Ende der 20er Jahre, in: Historische Bürowelt, April 2011, Heft 84, Seiten 22–25

Dietrich, Ernst: Elektronische Analogrechner. Wirkungsweise und Anwendung, R. Oldenbourg Verlag, München 1960, 315 Seiten

Dietrich, W.: Rechen- und Schaltkreise mit Gleichrichtern, in: Ludwig Biermann (Hg.): Vorträge über Rechenanlagen. Gehalten in Göttingen, 19.–21. März 1953, Max-Planck-Institut für Physik, Göttingen 1953, Seiten 89–95

Dietzschold, Curt [1880a]: Die Rechenmaschine, in: Allgemeines Journal der Uhrmacherkunst, Band 5, 1880, Seiten 373–374 (Teil 1)

Dietzschold, Curt [1880b]: Die Rechenmaschine, in: Allgemeines Journal der Uhrmacherkunst, Band 5, 1880, Seiten 393–394 (Teil 2)

Dietzschold, Curt [1881a]: Die Rechenmaschine, in: Allgemeines Journal der Uhrmacherkunst, Band 6, 1881, Seiten 2–4 (Teil 3)

Dietzschold, Curt [1881b]: Die Rechenmaschine, in: Allgemeines Journal der Uhrmacherkunst, Band 6, 1881, Seiten 20–21 (Teil 4)

Dietzschold, Curt [1881c]: Die Rechenmaschine, in: Allgemeines Journal der Uhrmacherkunst, Band 6, 1881, Seiten 52–55 (Teil 5)

Dietzschold, Curt [1881d]: Die Rechenmaschine, in: Allgemeines Journal der Uhrmacherkunst, Band 6, 1881, Seiten 81–84 (Teil 6)

Dietzschold, Curt [1881e]: Die Rechenmaschine, in: Allgemeines Journal der Uhrmacherkunst, Band 6, 1881, Seiten 116–118 (Teil 7)

Dietzschold, Curt [1882]: Die Rechenmaschine, Sonderdruck aus: Allgemeines Journal der Uhrmacherkunst, Druck und Verlag von Hermann Schlag, Leipzig 1882, II, 46 Seiten

Dietzschold, Curt [1884]: Die Rechenmaschine, in: Karmarsch und Heeren‘s Technisches Wörterbuch, Band 7, Haase, Prag, 3. Auflage 1884, 19 Seiten

Dijkstra, Edsger Wybe: A programmer's early memories, in: Nicholas Constantine Metropolis; Jack Howlett; Gian-Carlo Rota (Hg.): A history of computing in the twentieth century. A collection of essays, Academic press, New York, London usw. 1980, Seiten 563–573

Dilligan, Robert J.: Computing in the web age. A web-interactive introduction, Kluwer academic publishers, New York, Boston usw. 2002 (Kapitel 1: From Eniac to the world wide web to…, Seiten 7 ff.)

Dillon, Meighan I.: Geometry through history. Euclidean, hyperbolic, and projective geometries, Springer international publishing AG, Cham 2018, XII, 350 Seiten

Dilson, Jesse: The abacus. A pocket computer, St. Martin's press, New York 1968, 143 Seiten

Dingwerth, Leonhard [1993a]: Historische Schreibmaschinen. Faszination der alten Technik, Verlag Dingwerth, Verl 1993, 304 Seiten (Abschnitt: Pflege der Sammlung: Seiten 87–97)

Dingwerth, Leonhard [1993b]: Schreibmaschinen, Verlag Dingwerth, Verl 1993, 295 Seiten (Band 1) (Bibliografie zur Geschichte der Schreibmaschine)

Dingwerth, Leonhard [1993c]: Schreibmaschinen, Verlag Dingwerth, Verl 1993, 295 Seiten (Band 2) (Bibliografie zur Geschichte der Schreibmaschine)

Ditsche, Alexander: Klingende Wasser, Deutscher Kunstverlag GmbH, Berlin, München 2017, 327 Seiten (Dissertation) (u.a. Automaten von Heron, Stiftwalze von Salomon de Caus, Wasserorgel von Athanasius Kircher)

Divakaran, P. P.: The mathematics of India. Concepts, methods, connections, Springer Nature Pte. Ltd., Singapur/Hindustan book agency, New Delhi 2018, XI, 441 Seiten

Dodig-Crnkovic, Gordana; Giovagnoli, Raffaela (Hg.): Computing nature. Turing centenary perspective, Springer, Heidelberg, New York usw. 2013, VI, 273 Seiten

Doergens, R.: Instrumente für niedere Geodäsie, in: A. W. Hofmann (Hg.): Bericht über die wissenschaftlichen Apparate auf der Londoner internationalen Ausstellung im Jahre 1876, Druck und Verlag von Friedrich Vieweg und Sohn, Braunschweig 1881, Seiten 143–153

Dold-Samplonius, Yvonne; Dauben, Joseph Warren; Folkerts, Menso; van Dalen, Benno (Hg.): From China to Paris: 2000 years transmission of mathematical ideas, Franz Steiner Verlag, Stuttgart 2002, IX, 470 Seiten

Doll, M. [1880a]: Untersuchung der Genauigkeit des Planimeters Nr. 155 von Ott & Coradi in Kempten, in: Zeitschrift für Vermessungswesen, Band 9, 1880, Heft 1, Seiten 28–32

Doll, M. [1880b]: Untersuchung der Genauigkeit zweier Planimeter von J. Amsler-Laffon in Schaffhausen, in: Zeitschrift für Vermessungswesen, Band 9, 1880, Heft 1, Seiten 33–37

Dolz, Wolfram; Schardin, Joachim; Schillinger, Klaus; Schramm, Helmut: Uhren, Globen, wissenschaftliche Instrumente, Mathematisch-physikalischer Salon, Dresden Zwinger, Karl M. Lipp Verlag, Dresden 1993, 115 Seiten (Ausstellungsführer) (u.a. Uhren, Automatenuhren, Figurenautomaten, Erdgloben, Himmelsgloben, Zeichengeräte, Rechengeräte, Fernrohre; Globusuhr von Jost Bürgi, Messquadrat von Christoph Schißler, Planetenlaufuhr von Eberhard Baldewein)

Dominguez Nava, Jaquelinne; Acosta-Guadarrama, Juan C.; Valdovinos Rosas, Rosa M. u.a.: A brief history of computing in Mexico, in: IEEE Annals of the history of computing, Band 37, 2015, Heft 4, Seiten 76–86

Dooley, John F. [2013]: A brief history of cryptology and cryptographic algorithms, Springer, Cham, Heidelberg usw. 2013, XII, 99 Seiten

Dooley, John F. [2018]: History of cryptology and cryptanalysis. Codes, ciphers, and their algorithms, Springer international publishing AG, Cham 2018, XIV, 303 Seiten

Döpp, Klemens: Berechenbarkeit und Unlösbarkeit. Eine kurze Einführung für Mathematiker und Informatiker, Friedrich Vieweg, Braunschweig, Wiesbaden 2000, XI, 243 Seiten

Dorsch, Hadwig [1989]: Der 1. Computer. Konrad Zuses Z1 – Berlin 1936. Beginn und Entwicklung einer technischen Revolution, Museum für Verkehr und Technik, Berlin 1989, 56 Seiten

Dorsch, Hadwig [1998]: Die Rekonstruktion der Z1 im Deutschen Technikmuseum Berlin, in: Raúl Rojas (Hg.): Die Rechenmaschinen von Konrad Zuse, Springer-Verlag, Berlin, Heidelberg 1998, Seiten 23–26

Dotzler, Bernhard J. (Hg.): Babbages Rechen-Automate. Ausgewählte Schriften, Springer-Verlag, Wien, New York 1996, VIII, 502 Seiten

Dotzler, Bernhard J. [1994]: Nachrichten aus der früheren Welt – und Zukunft. Zur Programmierung der Literatur mit und nach Babbage, in: Norbert Bolz; Friedrich A. Kittler; Christoph Tholen (Hg.): Computer als Medium, Wilhelm Fink Verlag, München 1994, Seiten 39–67

Dotzler, Bernhard J. [1996]: Papiermaschinen. Versuch über Communication und Control in Literatur und Technik, Akademie Verlag, Berlin 1996, 700 Seiten

Dotzler, Bernhard J. [2014]: Von Maschinen und Menschen. „Turings Kathedrale" – George Dyson erklärt das Internet aus der Vergangenheit seiner Zukunft, in: Neue Zürcher Zeitung, Nr. 246, 23. Oktober 2014, Seite 46 (Feuilleton)

Dotzler, Bernhard J. [2015]: Anmerkungen der Übersetzerin. Charles Babbage und Ada Augusta Lovelace in Kooperation, in: Sybille Krämer (Hg.): Ada Lovelace. Die Pionierin der Computertechnik und ihre Nachfolgerinnen, Wilhelm-Fink GmbH & Co. Verlags-KG, Paderborn 2015, Seiten 53–67

Dotzler, Bernhard J. u.a. (Hg.): Intelligence Service. Schriften. Alan M. Turing, Brinkmann und Bose, Berlin 1987 239 Seiten

Douglas, Deborah D.: A landmark acquisition: The Keuffel & Esser company slide rule collection comes to the MIT museum, in: Journal of the Oughtred society, Band 13, 2004, Heft 2, Seiten 8–9

Downey, Rod (Hg.): Turing's legacy. Developments from Turing's ideas in logic, Cambridge University Press, Cambridge 2014, X, 529 Seiten

Doyon, André; Liaigre, Lucien: Jacques Vaucanson. Mécanicien de génie, Presses universitaires de France, Paris 1996, XIII, 558 Seiten (Automaten, Webstuhl)

Dozio, Esaù: Der Zeitgeist von Antikythera. Schiffe, Skulpturen, Kultur, in: Antike Welt, 2015, Heft 5, Seiten 9–12 (Räderwerk von Antikythera)

Drachmann, A. G. [1948]: Ktesibios, Philon and Heron. A study in ancient pneumatics, Ejnar Munksgaard, Kopenhagen 1948, XI, 197 Seiten

Drachmann, A. G. [1963]: The mechanical technology of Greek and Roman antiquity. A study of literary sources, Ejnar Munksgaard, Kopenhagen 1963, 220 Seiten (Pantograf, Seiten 33–37)

Drachmann, A. G. [1967]: Große griechische Erfinder, Artemis Verlags-AG, Zürich 1967, 80 Seiten (Archimedes, Heron von Alexandria, Ktesibios, Philon von Byzanz)

Drachmann, A. G. [1969]: Heron von Alexandria, Veröffentlichungen des Forschungsinstituts des Deutschen Museums für die Geschichte der Naturwissenschaften und der Technik, München 1969 (Reihe B, Abhandlungen, Nr. 2), II, 18 Seiten (Automaten)

Draht, Paul: The relationship between science and technology: University research and the computer industry 1945–1962, Universität Manchester 1973, 200 Seiten (Dissertation)

Drake, Stillmann: Galileo: pioneer scientist, University of Toronto press, Toronto 1994, XVIII, 261 Seiten

Drake, Stillmann; Drabkin, I.E. (Hg.): Mechanics in sixteenth-century Italy, University of Wisconsin press, Madison, Wisconsin, London 1969, XII, 428 Seiten

Drechsler, Stefan; Haeberlin, Barbara: Prinzipien und Konstrukteure nichtintegrierender Planimeter, ein historischer Überblick, in: 15. Internationales Treffen der Rechenschiebersammler und 4. Symposium zur Entwicklung der Rechentechnik, 2009, 20 Seiten

Dreier, Franz Adrian: Winkelmessinstrumente. Vom 16. bis zum frühen 19. Jahrhundert, Kunstgewerbemuseum, Berlin 1979, 168 Seiten (Astronomie, Landvermessung, Nautik) (Ausstellungskatalog)

Dreyer, Andrea: Konrad Zuse – Künstler und Visionär, in: Log in. Informatische Bildung und Computer in der Schule, 2010, Nr. 163/164, Seiten 130–131

Dreyer, Hans-Joachim [1947]: Automatisch arbeitende Geräte für wissenschaftliche Rechnungen, in: Zeitschrift für angewandte Mathematik und Mechanik, Band 25/27, 1947, Heft 5/6, Seiten 141–142

Dreyer, Hans-Joachim [1952]: Grundgedanken und Entwicklungsstand des Darmstädter Rechenautomaten, in: Zeitschrift für angewandte Mathematik und Mechanik, Band 32, 1952, Heft 8/9, Seite 242

Dreyer, Hans-Joachim [1955]: Programmgesteuerte Rechenmaschinen, in: Elektronische Rundschau, Band 9, 1955, Heft 10, Seiten 341–343

Dreyer, Hans-Joachim [1956]: Der Darmstädter elektronische Rechenautomat Dera, in: Johannes Wosnik; Alwin Walther; Walter Hoffmann (Hg.): Elektronische Rechenmaschinen und Informationsverarbeitung. Nachrichtentechnische Fachberichte. Beihefte der NTZ, Band 4, 1956, Seiten 51–55 (Dera = Darmstädter elektronischer Rechenautomat)

Dreyer, Hans-Joachim; Walther, Alwin: The automatic calculator IPM, in: Brian Randell (Hg.): The origins of digital computers. Selected papers, Springer-Verlag, Berlin, Heidelberg usw., 3. Auflage 1982, Seiten 155–157

Dreyer, John Louis Emil: A history of astronomy from Thales to Kepler, Dover publications, Inc., New York, 2. Auflage 1953, X, 438 Seiten

Dritsa, Konstantina; Mitropoulos, Dimitris; Spinellis, Diomidis: Aspects of the history of computing in modern Greece, in: IEEE Annals of the history of computing, Band 40, 2018, Heft 1, Seiten 47–60

Droesbeke, Jean-Jacques: Histoire(s) de(s) données numériques, EDP sciences, Les Ulis 2018, 224 Seiten

Du, Ruxu; Xie, Longhan: The mechanics of mechanical watches and clocks, Springer-Verlag, Berlin, Heidelberg 2013, XI, 179 Seiten

Dufaux, Lionel (Hg.): Le Musée des arts et métiers. Guide des collections, Conservatoire national des arts et métiers (Cnam)/Editions Artlys, Paris 2013, 208 Seiten

Dufour, Catherine: Ada ou la beauté des nombres. La pionnière de l'informatique, Fayard, Paris 2019, 244 Seiten

Dummer, Geoffrey William Arnold: Electronic inventions and discoveries. Electronics from its earliest beginnings to the present day, Institute of physics publishing, Bristol, Philadelphia, 4. Auflage 1997, VIII, 284 Seiten

Dunham, William: Journey through genius. The great theorems of mathematics, John Wiley & sons, Inc., New York, Chichester usw. 1990, XIII, 300 Seiten

Dunsheath, Percy: A history of electrical engineering, Faber and Faber Ltd., London 1969, 368 Seiten

Dupraz, H.: Le compas de proportion, in: Vermessung, Photogrammetrie, Kulturtechnik, Band 89, 1991, Heft 11, Seiten 627–634 (Gebrauchsanweisung Proportionalwinkel)

Dupuy, Jean-Pierre: On the origins of cognitive science. The mechanization of the mind, MIT press, Cambridge, Massachusetts, London 2009, XXVIII, 210 Seiten

Dutton, William H.; Kahin, Brian; O'Callaghan, Ramon; Wyckoff, Andrew W. (Hg.): Transforming enterprise. The economic and social implications of information technology, MIT press, Cambridge, Massachusetts, London 2005, XIII, 534 Seiten

Dworatschek, Sebastian: Grundlagen der Datenverarbeitung, de Gruyter, Berlin, New York, 8., durchgesehene Auflage 1989, 607 Seiten (Kapitel „Entwicklung der Datenverarbeitung“, Seiten 21–39)

Dyck, Walter: Katalog mathematischer und mathematisch-physikalischer Modelle, Apparate und Instrumente, Georg Olms Verlag, Hildesheim, Zürich, New York 1994, XXII, XVI, 430 Seiten, Nachtrag: X, 135 Seiten (Erstveröffentlichung 1892, Nachtrag 1893) (Ausstellungskatalog)

Dyson, George [2012]: Turing's cathedral. The origins of the digital universe, Pantheon Books, New York 2012, XXII, 401 Seiten

Dyson, George [2016]: Turings Kathedrale. Die Ursprünge des digitalen Zeitalters, Ullstein Buchverlage GmbH, Berlin 2016, 592 Seiten

E

Eames, Charles; Eames, Ray: A computer perspective. Background to the computer age, Harvard university press, Cambridge, Massachusetts, London 1990, 175 Seiten

Ebert, Anne-Katrin: Ran an die Objekte! Ein Plädoyer für das gemeinsame Erforschen und Sammeln von Objekten in den technischen Museen, in: Martina Heßler; Heike Weber (Hg.): Provokationen der Technikgeschichte. Zum Reflexionszwang historischer Forschung, Verlag Ferdinand Schöningh, Paderborn 2019, Seiten 229–258

Eckert, John Presper [1953]: A survey of digital computer memory systems, in: Proceedings of the IRE, Band 41, 1953, Heft 10, Seiten 1393–1406

Eckert, John Presper [1976]: Thoughts on the history of computing, in: Computer, Dezember 1976, Seiten 58–65

Eckert, John Presper [1980]: The Eniac, in: Nicholas Constantine Metropolis; Jack Howlett; Gian-Carlo Rota (Hg.): A history of computing in the twentieth century. A collection of essays, Academic press, New York, London usw. 1980, Seiten 525–539

Eckert, John Presper [1985a]: A preview of a digital computing machine, in: Martin Campbell-Kelly; Michael Roy Williams (Hg.): The Moore school lectures. Theory and techniques for design of electronic digital computers (held at the Moore school of electrical engineering of the University of Pennsylvania during July and August 1946), MIT press, Cambridge, Massachusetts, London/Tomash publishers, Los Angeles, San Francisco 1985, Seiten 109–126

Eckert, John Presper [1985b]: Types of circuits – general, in: Martin Campbell-Kelly; Michael Roy Williams (Hg.): The Moore school lectures. Theory and techniques for design of electronic digital computers (held at the Moore school of electrical engineering of the University of Pennsylvania during July and August 1946), MIT press, Cambridge, Massachusetts, London/Tomash publishers, Los Angeles, San Francisco 1985, Seiten 179–189

Eckert, John Presper [1985c]: Reliability of parts, in: Martin Campbell-Kelly; Michael Roy Williams (Hg.): The Moore school lectures. Theory and techniques for design of electronic digital computers (held at the Moore school of electrical engineering of the University of Pennsylvania during July and August 1946), MIT press, Cambridge, Massachusetts, London/Tomash publishers, Los Angeles, San Francisco 1985, Seiten 241–249

Eckert, John Presper [1985d]: Multipliers, in: Martin Campbell-Kelly; Michael Roy Williams (Hg.): The Moore school lectures. Theory and techniques for design of electronic digital computers (held at the Moore school of electrical engineering of the University of Pennsylvania during July and August 1946), MIT press, Cambridge, Massachusetts, London/Tomash publishers, Los Angeles, San Francisco 1985, Seiten 295–296

Eckert, John Presper [1985e]: Tapetypers and printing mechanism, in: Martin Campbell-Kelly; Michael Roy Williams (Hg.): The Moore school lectures. Theory and techniques for design of electronic digital computers (held at the Moore school of electrical engineering of the University of Pennsylvania during July and August 1946), MIT press, Cambridge, Massachusetts, London/Tomash publishers, Los Angeles, San Francisco 1985, Seiten 329–340

Eckert, John Presper [1985f]: Continuous variable input and output devices, in: Martin Campbell-Kelly; Michael Roy Williams (Hg.): The Moore school lectures. Theory and techniques for design of electronic digital computers (held at the Moore school of electrical engineering of the University of Pennsylvania during July and August 1946), MIT press, Cambridge, Massachusetts, London/Tomash publishers, Los Angeles, San Francisco 1985, Seiten 393–423

Eckert, John Presper [1985g]: Reliability and checking, in: Martin Campbell-Kelly; Michael Roy Williams (Hg.): The Moore school lectures. Theory and techniques for design of electronic digital computers (held at the Moore school of electrical engineering of the University of Pennsylvania during July and August 1946), MIT press, Cambridge, Massachusetts, London/Tomash publishers, Los Angeles, San Francisco 1985, Seiten 437–446

Eckert, John Presper [1985h]: A parallel channel computing machine, in: Martin Campbell-Kelly; Michael Roy Williams (Hg.): The Moore school lectures. Theory and techniques for design of electronic digital computers (held at the Moore school of electrical engineering of the University of Pennsylvania during July and August 1946), MIT press, Cambridge, Massachusetts, London/Tomash publishers, Los Angeles, San Francisco 1985, Seiten 527–541

Eckert, John Presper [1997]: A survey of digital computer memory systems, in: Proceedings of the IEEE, Band 85, 1997, Heft 1, Seiten 184–197

Eckert, John Presper [1998]: A survey of digital computer memory systems, in: IEEE Annals of the history of computing, Band 20, 1998, Heft 4, Seiten 15–28

Eckert, John Presper; Mauchly, John William: Automatic high speed computing. A progress report on the Edvac, Moore school of electrical engineering, Universität Pennsylvania, Philadelphia, 30. September 1945, 77 Seiten

Eckert, John Presper; Sheppard, C. Bradford: Adders, in: Martin Campbell-Kelly; Michael Roy Williams (Hg.): The Moore school lectures. Theory and techniques for design of electronic digital computers (held at the Moore school of electrical engineering of the University of Pennsylvania during July and August 1946), MIT press, Cambridge, Massachusetts, London/ Tomash publishers, Los Angeles, San Francisco 1985, Seiten 289–292

Eckert, O.; Weides, E.; Wallenfang, K.: Gütebeurteilung von Rechteckferriten für elektronische Rechenmaschinen, in: Elektronische Rundschau, Band 9, 1955, Heft 10, Seiten 371–374

Eckert, Wallace John [1948]: The IBM pluggable sequence relay calculator, in: Mathematical tables and other aids to computation, Band 3, Juli 1948, Heft 23, Seiten 149–161

Eckert, Wallace John [1982]: Electrons and computation, in: Brian Randell (Hg.): The origins of digital computers. Selected papers, Springer-Verlag, Berlin, Heidelberg usw., 3. Auflage 1982, Seiten 223–232

Eckert, Wallace John [1984]: Punched card methods in scientific computation, MIT press, Cambridge, Massachusetts/Tomash publishers, Los Angeles, San Francisco 1984, XIX, IX, 136 Seiten

Eckert, Wallace John; Jones, Rebecca: Faster, faster. A simple description of a giant electronic calculator and the problems it solves, McGraw-Hill book company, Inc., New York usw. 1955, VII, 160 Seiten

Eckstein, Peter: J. Presper Eckert, in: IEEE Annals of the history of computing, Band 18, 1996, Heft 1, Seiten 25–44

Eco, Umberto; Zorzoli, G. B.: Histoire illustrée des inventions de la pierre taillée aux satellites artificielles, Editions du Pont royal, Paris 1961, 359 Seiten (Automaten, mechanische Rechenmaschinen, Denkmaschinen)

Edmunds, Michael G. [2006]: The Antikythera mechanism – Real progress through Greek/U.K./ US research, in: Nikolaos H. Solomos (Hg.): Recent advances in astronomy and astrophysics. 7th International conference of the Hellenic astronomical society, Lixourion, Kefallinia Island, Griechenland, 8.–11. September 2005, Melville, New York 2006, Seiten 913–918 (AIP conference proceedings, AIP = American institute of physics)

Edmunds, Michael G. [2011]: An initial assessment of the accuracy of the gear trains in the Antikythera mechanism, in: Journal for the history of astronomy, Band 42, 2011, Heft 3, Seiten 307–320

Edmunds, Michael G. [2014]: The Antikythera mechanism and the mechanical universe, in: Contemporary physics, Band 55, 2014, Heft 4, Seiten 263–285, http://dx.doi.org/10.1080/00107514.2014.927280

Edmunds, Michael G.; Freeth, T.: Using computation to decode the first known computer, in: Computer, Band 44, 2011, Heft 7, Seiten 32–39

Effinger, Maria; Wambsganß, Joachim (Hg.): Himmlisches in Büchern. Astronomische Schriften und Instrumente aus sechs Jahrhunderten, Universitätsverlag Winter GmbH, Heidelberg 2009, 144 Seiten (Ausstellungskatalog)

Effros, Michelle; Poor, H. Vincent: Claude Shannon: His work and its legacy, in: Newsletter of the European mathematical society, Nr. 103, März 2017, Seiten 29–34

Egan, Greg [1996]: La cité des permutants, Editions Robert Laffot SA, Paris 1996, 333 Seiten

Egan, Greg [2008]: Permutation city, Orion publishing group, London 2008, V, 377 Seiten

Egger, Josef: „Ein Wunderwerk der Technik“. Frühe Computernutzung in der Schweiz (1960–1980), Chronos-Verlag, Zürich 2014, 263 Seiten (Interferenzen 21)
Eggert, Otto: Die Rechenmaschine „Triumphator“, in: Zeitschrift für Vermessungswesen, Band 38, 1909, Heft 31, Seiten 809–811
Egli, A.: Graphische Rechentafeln oder Fluchtlinientafeln für die Elektronik, in: Schweizerische Techniker-Zeitung, Band 20, 1923, Heft 10, Seiten 105–108, und Heft 12, Seiten 126–130
Eichberg, Henning: Die historische Relativität der Sachen oder Gespenster im Zeughaus, Lit Verlag, Münster, 2., erweiterte Auflage 1987, 206 Seiten
Eichenberger, E.: Alexander Graham Bell. Zum fünfzigjährigen Bestehen des Telephons, in: Schweizerische Technische Zeitschrift, Band 1, 1926, Heft 18, Seiten 277–281
Eicken, W.: Dr.-Ing. E.h. Konrad Zuse. 25 Jahre Entwicklung von programmgesteuerten Rechenautomaten, in: Elektronische Datenverarbeitung, Band 4, 1962, Heft 2, Seiten 74–75
Eigenmann, Rudolf; Cybenko, George: As Eniac turns 50: Perspectives on computer science support for science engineering, in: IEEE computational science and engineering, Band 3, 1996, Heft 2, Seiten 16–17
Einstein, Albert: The collected papers of Albert Einstein, Band 1: The early years, 1879–1902, Princeton university press, Princeton, New Jersey 1987, XXII, 196 Seiten
Einstein, Albert: The collected papers of Albert Einstein, Band 2: The Swiss years: writings, 1900–1909, Princeton university press, Princeton, New Jersey 1989, XXXVI, 656 Seiten
Einstein, Albert: The collected papers of Albert Einstein, Band 3: The Swiss years: writings, 1909–1911, Princeton university press, Princeton, New Jersey 1993, XXXV, 644 Seiten
Einstein, Albert: The collected papers of Albert Einstein, Band 5: The Swiss years: correspondence, 1902–1914, Princeton university press, Princeton, New Jersey 1995, XXII, 384 Seiten
Einstein, Albert: The collected papers of Albert Einstein, Band 11: Cumulative index, bibliography, list of correspondence, chronology, and errata to volumes 1–10, Princeton university press, Princeton, New Jersey 2009, XVII, 619 Seiten
Eisenblätter, Thomas; Teichmann, Jürgen: Was nützen historische Modelle und Rekonstruktionen?, Deutsches Museum, München, 2. Auflage 1997, 61 Seiten (Reihe Technikgeschichte, Modelle und Rekonstruktionen)
Eisenlohr, August [1877a]: Ein mathematisches Handbuch der alten Ägypter (Papyrus Rhind des British Museum), Band 1: Commentar, J. C. Hinrich’s Buchhandlung, Leipzig 1877, VIII, 296 Seiten
Eisenlohr, August [1877b]: Ein mathematisches Handbuch der alten Ägypter (Papyrus Rhind des British Museum), Band 2: Tafeln, J. C. Hinrich’s Buchhandlung, Leipzig 1877, 24 Tafeln
Ekelöf, Stig [1949]: Macchine calcolatrici automatiche, in: L’elettrotecnica, Band 36, 1949, Heft 7, Seiten 306–317
Ekelöf, Stig [1953]: Les machines mathématiques en Suède, in: Joseph Pérès (Hg.): Les machines à calculer et la pensée humaine, Paris, 8–13 janvier 1951, Colloques internationaux du Centre national de la recherche scientifique, Nr. 37, Editions du Centre national de la recherche scientifique (CNRS), Paris 1953, Seiten 135–154 (Technische Hochschule Chalmers, Göteborg) (u.a. Bark)
Elbourn, Robert D.; Witt, Richard P. [1953a]: Dynamic circuit techniques used in Seac and Dyseac, in: Transactions of the IRE, professional group on electronic computers, Band EC-2, 1953, Heft 1, Seiten 2–9
Elbourn, Robert D.; Witt, Richard P. [1953b]: Dynamic circuit techniques used in Seac and Dyseac, in: Proceedings of the IRE, Band 41, 1953, Heft 10, Seiten 1380–1387
Electronic laboratory staff at NBS (Hg.): The operating characteristics of the Seac, in: Mathematical tables and other aids to computation, Band 4, Oktober 1950, Heft 32, Seiten 229–230

Ellenberger, Michel; Collin, Marie-Marthe: La machine à calculer de Blaise Pascal, Editions Nathan, Paris 1993, 77 Seiten

Ellis, John P.: The theory and operation of the slide rule, Dover publications, Inc., New York 1961, XI, 289 Seiten (mit Gebrauchsanweisung)

Elsinger, O.: 100 Jahre Coradi, Elsinger-Feinmechanik, Zürich 1980, 35 Seiten

Emch, Gérard G.; Sridharan, R.; Srinivas, M. D. (Hg.): Contributions to the history of Indian mathematics, Hindustan book agency, Neu-Delhi 2005, XI, 288 Seiten

Emery, G.: The design of the Ferranti Pegasus computer, in: Electronic engineering, Band 29, September 1957, Heft 355, Seiten 420–425

Encrenaz, Thérèse; Lequeux, James: L'exploration des planètes. De Galilée à nos jours ... et au-delà, Belin, Paris 2014, 224 Seiten

Endres, Albert: Early language and compiler developments at IBM Europe: A personal retrospection, in: IEEE Annals of the history of computing, Band 35, 2013, Heft 4, Seiten 18–30

Engelbourg, Saul: From invention to innovation: The halfway house of Herman Hollerith, in: Technikgeschichte, Band 42, 1975, Heft 1, Seiten 26–34

Engeler, Erwin (Hg.): Konrad Zuse und die Frühzeit des wissenschaftlichen Rechnens an der ETH. Dokumentation zu einer Ausstellung um die Z4 – den ersten an der ETH eingesetzten Computer (1950–1955), (ETH Zürich, 17. Juni bis 15. Juli 1981). Diese Dokumentation enthält die in der Ausstellung dargestellten historischen und technischen Erklärungen und Vergleiche, Fotos und Kopien von Original-Dokumenten, ETH Zürich, Mathematisches Seminar, 1981, 109 Seiten (Ausstellungskatalog)

Engeler, Erwin [1957]: Analogie-Rechengerät AR2. Anleitung für das praktische Rechnen, W. Güttinger, elektronische Rechengeräte, Niederteufen AR 1957, 20 Seiten

Engeler, Erwin [1958/1959]: Über elektronische Analogierechenanlagen für chemische und biologische Vorgänge, in: Jahrbuch chemische Industrie, Band 7, 1958/1959, Seiten 92–95

Engeler, Erwin [1996]: Wie die Mathematik zum Computer kam, Abschiedsvorlesung vom 10. Dezember 1996, ETH Zürich, 1996, 21 Seiten

Engeler, Erwin [2013]: Zeitzeugenbericht zu Konrad Zuse, http://dx.doi.org/10.3929/ethz-a-010001419 (Meine persönliche Beziehung zu Konrad Zuse)

Engeler, Erwin; Bruderer, Herbert: Analogie-Rechengerät AR2. Güttinger AG, Teufen/Schweiz, 2017, http://dx.doi.org/10.3929/ethz-a-010877617

Engélibert, Jean-Paul (Hg.): L'homme fabriqué. Récits de la création de l'homme par l'homme, Editions Garnier, Paris 2000, 1184 Seiten (u.a. Ernst Theodor Amadeus Hoffmann: Les automates, Seiten 43–69; Edgar Allan Poe: Le joueur d'échecs de Maelzel, Seiten 309–332 (Schachtürke von Kempelen); Karel Čapek: R. U. R:, Reson's universal robots, Seiten 813–904)

Engelmann, J.; Grüner, F. W.; Hirzel, H. u.a. (Hg.): Das Buch der Erfindungen, Gewerbe und Industrien, Band 2, Gewerbe und große Industrien, 2. Abtheilung, Verlag von Otto Spamer, Leizpig, 3., gänzlich überarbeitete und vermehrte Auflage 1858, 337 Seiten (Straßburger Münsteruhr, Seiten 248–251; Automaten von Jacquet-Droz, Seiten 251–259)

Engelmann, Max [1917]: Beitrag zur Geschichte der Automaten, in: Geschichtsblätter für Technik, Industrie und Gewerbe, Band 4, 1917, Seiten 58–62

Engelmann, Max [1923]: Leben und Wirken des württembergischen Pfarrers und Feintechnikers Philipp Matthäus Hahn, Richard Carl Schmidt & Co, Berlin 1923, 273 Seiten (Kapitel: Hahns Rechenmaschinen, Seiten 174–192) (Biografie)

Engemann, Christoph; Sudmann, Andreas (Hg.): Machine learning. Medien, Infrastrukturen und Technologien der künstlichen Intelligenz, Transcript Verlag, Bielefeld 2018, 390 Seiten

Engineering Research Associates, Inc.: High-speed computing devices, Tomash publishers, Los Angeles, San Francisco 1983, XLII, 451 Seiten (Nachdruck von 1950)

Enriques, Federigo [1927]: Zur Geschichte der Logik. Grundlagen und Aufbau der Wissenschaft im Urteil der mathematischen Denker, Verlag und Druck von B. G. Teubner, Leipzig, Berlin 1927, V, 240 Seiten

Enriques, Federigo [1938]: Le matematiche nella storia e nella cultura, Nicola Zanichelli editore, Bologna 1938, IX, 339 Seiten (Nachdruck 1971)

Enriques, Federigo; de Santillana, George [1932]: Storia del pensiero scientifico, Band 1: Il mondo antico, Nicola Zanichelli, editore, Bologna 1932, 682 Seiten (u.a. Heron von Alexandria)

Enriques, Federigo; de Santillana, George [1939]: Mathématiques et astronomie de la période hellénique, Hermann & Cie., éditeurs, Paris 1939, 80 Seiten

Ensmenger, Nathan [2010]: The computer boys take over. Computers, programmers, and the politics of technical expertise, MIT press, Cambridge, Massachusetts, London 2010, X, 320 Seiten

Ensmenger, Nathan [2011]: Historical reflections. Building castles in the air, in: Communications of the ACM, Band 54, 2011, Heft 4, Seiten 28–30 (Ausbildung von Programmierern in der Frühzeit der Informatik)

Ensmenger, Nathan [2012a]: The digital construction of technology. Rethinking the history of computers in society, in: Technology and culture, Band 53, 2012, Heft 4, Seiten 753–776

Ensmenger, Nathan [2012b]: Is chess the drosophila of artificial intelligence? A social history of an algorithm, in: Social studies of science, Band 42, 2012, Heft 1, Seiten 5–30

Erbslöh, Diethard [2005]: Von analogen, logarithmischen Recheninstrumenten. Faszination Rechenschieber, in: Historische Bürowelt, April 2005, Heft 70, Seiten 3–5

Erbslöh, Diethard [2009]: Die „Alten Griechen“ als Namensgeber für ehrwürdige Rechenmaschinen. „Heureka, ich hab' sie gefunden“, in: Historische Bürowelt, Dezember 2009, Heft 81, Seiten 3–4

Erismann, Theodor H. [1951]: Einige neue mechanische Integriergeräte, in: Zeitschrift für angewandte Mathematik und Mechanik, Band 31, 1951, Heft 8/9, Seiten 253–254

Erismann, Theodor H. [1952a]: Alte und neue mechanische Integriergeräte, in: Neue Zürcher Zeitung, 16. Januar 1952, Mittagausgabe, Nr. 109 (5), Blatt 6 f (Technik)

Erismann, Theodor H. [1952b]: Eine neue Integrieranlage, in: Zeitschrift für angewandte Mathematik und Mechanik, Band 32, 1952, Heft 8/9, Seiten 242–245

Erismann, Theodor H. [1952c]: Alte und neue Integrieranlagen, in: Neue Zürcher Zeitung, 12. November 1952, Mittagausgabe, Nr. 3665 (147), Blatt 8 (Technik)

Erismann, Theodor H. [1957]: Möglichkeiten und Grenzen der mechanischen Analogierechnung, in: Neue Zürcher Zeitung, 11. Dezember 1957, Mittagausgabe, Nr. 3665 (147), Blatt 8 (Technik) (Antrittsvorlesung)

Erismann, Theodor H. [1959a]: Zwei neue Integrieranlagen: MIA 850 und Intrasond, in: Neue Zürcher Zeitung, 4. März 1959, Mittagausgabe, Nr. 640 (27), Blatt 9 f. (Technik) (Teil 1) (Intrasond = Integriergerät für Radiosonden, Amsler)

Erismann, Theodor H. [1959b]: Zwei neue Integrieranlagen: MIA 850 und Intrasond, in: Neue Zürcher Zeitung, 4. März 1959, Mittagausgabe, Nr. 640 (27), Blatt 10 (Technik) (Teil 2) (Intrasond = Integriergerät für Radiosonden, Amsler)

Erismann, Theodor H. [1962a]: Digitale Integrieranlagen (digital differential analyzers) und semidigitale Methoden, in: Walter Hoffmann (Hg.): Digitale Informationswandler. Probleme der Informationsverarbeitung in ausgewählten Beiträgen, Friedrich Vieweg, Braunschweig 1962, Seiten 160–211

Erismann, Theodor H. [1962b]: Mathematische Instrumente als Baukasten, in: Neue Zürcher Zeitung, 12. September 1962, Mittagausgabe, Nr. 3459 (128), Blatt 5 (Technik) (Teil 1)

Erismann, Theodor H. [1962c]: Mathematische Instrumente als Baukasten, in: Neue Zürcher Zeitung, 12. September 1962, Mittagausgabe, Nr. 3460 (129), Blatt 6 (Technik) (Teil 2)

Erismann, Theodor H. [1992]: Schaffhausen – Wiege der mechanischen Analogrechnung, in: Ferrum, Nr. 64, 1992, Seiten 10–11

Erismann, Theodor H.; Speiser, Ambros Paul; Schai, Alfred: Schweizerische mechanische und digitale Rechengeräte. Mathematische Grundlagen für den Einsatz von mechanischen Integrieranlagen bei Regelproblemen. Moderne mechanische Integrieranlagen. Digitale Schaltungen mit Transistoren. Die elektronischen und magnetischen Schaltungen der Ermeth, Schweizerische Gesellschaft für Automatik, Zürich, Sonderdruck aus Scientia electrica, Band 3, 1957, Heft 4, 36 Seiten

Erlenbach: Nomographie, in: Schweizerische Technische Zeitschrift, Band 2, 1927, Heft 28, Seiten 455–460, und Heft 29, Seiten 472–475

Ershov, Andrei P.: A history of computing in the USSR, in: Datamation, Band 21, 1975, Heft 9, Seiten 80–88 (Erschow, Andrej P.)

Ershov, Andrei P.; Shura-Bura, Mikhail R.: The early development of programming in the USSR, in: Nicholas Constantine Metropolis; Jack Howlett; Gian-Carlo Rota (Hg.): A history of computing in the twentieth century. A collection of essays, Academic press, New York, London usw. 1980, Seiten 137–196 (Erschow, Andrej P.)

Erskine, Ralph; Smith, Michael (Hg.): Action this day, Bantam press, London, New York 2001, XV, 543 Seiten

Eschenburg, Jost-Hinrich: Sternstunden der Mathematik, Springer Fachmedien Wiesbaden GmbH, Wiesbaden 2017, IX, 214 Seiten

Escofier, Jean-Pierre: Petite histoire des mathématiques, Dunod, Malakoff 2018, 286 Seiten

Espinas, Alfred: Les origines de la technologie, Félix Alcan, éditeur, Paris 1897, 295 Seiten

Essinger, James [2004]: Jacquard's web. How a hand loom led to the birth of the information age, Oxford University Press, Oxford 2004, XII, 302 Seiten

Essinger, James [2014]: A female genius. How Ada Lovelace, Lord Byron's daughter, started the computer age, Gibson Square, London 2014, 256 Seiten (Biografie)

Estrin, Gerald: The electronic computer at the Institute for advanced study, in: Mathematical tables and other aids to computation, Band 7, April 1953, Heft 42, Seiten 108–114

Etènvenaux, Jean: Charles-Marie Jacquard (1752–1834) et la naissance de l'industrie textile moderne, Editions LUGD/Editions lyonnaises d'art et d'histoire, Lyon 1994, 99 Seiten

Etter, J.; Faes, Rud.; Bühlmann, F.: Die Rechenmaschine im Dienste städtischer Katastervermessungen, in: Zeitschrift des Vereins Schweizerischer Konkordatsgeometer, Band 3, 1905, Heft 11, Seiten 131–137 (Rechenmaschine Millionär, Rechenwalze von Billeter)

Eubanks, Virginia: Automating inequality. How high-tech tools profile, police and punish the poor, St. Martin's press, New York 2018, IX, 260 Seiten

Evangelidis, Basil [2017]: Landmarks in the history of science. Great scientific discoveries from a global historical perspective, Vernon press, Wilmington, Delaware 2017, 203 Seiten

Evangelidis, Basil [2020]: Reason, causation and compatibilty with the phenomena, Vernon press, Wilmington, Delaware 2020, 207 Seiten

Evans, Brian R.: The developmont of mathematics throughout the centuries. A brief history in a cultural context, John Wiley & sons, Inc., Hoboken, New Jersey 2014, XIII, 232 Seiten

Evans, Christopher [1981]: The making of the micro. A history of the computer, Victor Gollancz Ltd., London 1981, 118 Seiten

Evans, Christopher [1983a]: Conversation: J. M. M. Pinkerton, in: Annals of the history of computing, Band 5, 1983, Heft 1, Seiten 64–72

Evans, Christopher [1983b]: Conversation: Jay W. Forrester, in: Annals of the history of computing, Band 5, 1983, Heft 3, Seiten 297–301

Evans, Claire Lisa: Broad band. The untold story of the women who made the internet, Penguin Random House LLC, New York 2018, IX, 278 Seiten

Evans, James C.: The history and practice of ancient astronomy, Oxford University Press, Inc., New York, Oxford usw. 1998, XIII, 480 Seiten

Evans, James C.; Berggren, John Lennart: Geminos's introduction to the phenomena. A translation and study of a Hellenistic survey of astronomy, Princeton university press, Princeton, New Jersey, Oxford 2006, XIX, 325 Seiten

Evans, James C.; Carman, Christián Carlos: Mechanical astronomy: A route to the ancient discovery of epicycles and eccentrics, in: Nathan Sidoli; Glen van Brummelen (Hg.): From Alexandria, through Baghdad. Surveys and studies in the ancient Greek and medieval Islamic mathematical sciences, Springer-Verlag, Berlin, Heidelberg 2014, Seiten 145–174

Evans, James C.; Carman, Christián Carlos; Thorndike, Alan S.: Solar anomaly and planetary displays in the Antikythera mechanism, in: Journal for the history of astronomy, Band 41, 2010, Heft 1, Seiten 1–39

Everett, Robert Rivers [1952]: The Whirlwind I computer, in: Electrical engineering, Band 71, 1952, Heft 8, Seiten 681–686

Everett, Robert Rivers [1980a]: Whirlwind, in: Nicholas Constantine Metropolis; Jack Howlett; Gian-Carlo Rota (Hg.): A history of computing in the twentieth century. A collection of essays, Academic press, New York, London usw. 1980, Seiten 365–384

Everett, Robert Rivers [1980b]: The Whirlwind I computer, in: Kent C. Redmond; Thomas M. Smith (Hg.): Project Whirlwind. The history of a pioneer computer, Digital Equipment corporation, Bedford, Massachusetts 1980, Seiten 237–250

Eves, Howard Whitley [1980]: Great moments in mathematics (before 1650), Mathematical association of America, Washington 1980, XIV, 270 Seiten

Eves, Howard Whitley [1981]: Great moments in mathematics (after 1650), Mathematical association of America, Washington 1981, XII, 263 Seiten

Eves, Howard Whitley [1990]: An introduction to the history of mathematics, Saunders college publishing, Philadelphia, Fort Worth usw., 6. Auflage 1990, XIX, 775 Seiten (Mathematikgeschichte)

Ewert, Artur: Modernes Stabrechnen, VEB Fachbuchverlag, Leipzig 1969, 197 Seiten

Eymard, Paul: Historique du métier Jacquard, Imprimerie de Barret, Lyon 1863, 23 Seiten

Eyßell, Manfred [2009a]: Die Leibniz'sche Rechenmaschine, in: GWDG-Nachrichten, Nr. 7, 2009, Seiten 12–20 (Teil 1, Gesellschaft für wissenschaftliche Datenverarbeitung mbH Göttingen)

Eyßell, Manfred [2009b]: Die Leibniz'sche Rechenmaschine, in: GWDG-Nachrichten, Nr. 8, 2009, Seiten 10–23 (Teil 2, Gesellschaft für wissenschaftliche Datenverarbeitung mbH Göttingen)

Eyßell, Manfred [2009c]: Sprossenrad-Rechenmaschinen, in: GWDG-Nachrichten, Nr. 10, 2009, Seiten 13–27 (Gesellschaft für wissenschaftliche Datenverarbeitung mbH Göttingen)

Eyßell, Manfred [2010a]: Der Erfinder des Computers: Konrad Zuse, in: GWDG-Nachrichten, Nr. 1, 2010, Seiten 6–20 (Teil 1, Gesellschaft für wissenschaftliche Datenverarbeitung mbH Göttingen)

Eyßell, Manfred [2010b]: Der Erfinder des Computers: Konrad Zuse, in: GWDG-Nachrichten, Nr. 2, 2010, Seiten 9–28 (Teil 2, Gesellschaft für wissenschaftliche Datenverarbeitung mbH Göttingen)

Eyßell, Manfred [2010c]: Heinz Billing – der Erbauer der ersten deutschen Elektronenrechner, in: GWDG-Nachrichten, Nr. 4, 2010, Seiten 9–36 (Teil 1, Gesellschaft für wissenschaftliche Datenverarbeitung mbH Göttingen)

Eyßell, Manfred [2010d]: Heinz Billing – der Erbauer der ersten deutschen Elektronenrechner, in: GWDG-Nachrichten, Nr. 5, 2010, Seiten 10–29 (Teil 2, Gesellschaft für wissenschaftliche Datenverarbeitung mbH Göttingen)

Eyßell, Manfred [2010e]: Anfänge der wissenschaftlichen Datenverarbeitung in Göttingen, in: GWDG-Nachrichten, Nr. 6, 2010, Seiten 8–23 (Gesellschaft für wissenschaftliche Datenverarbeitung mbH Göttingen)

Eyßell, Manfred [2010f]: Die Rechenanlagen der GWDG – die Univac-Ära, in: GWDG-Nachrichten, Nr. 8, 2010, Seiten 10–39 (Gesellschaft für wissenschaftliche Datenverarbeitung mbH Göttingen)

Eyßell, Manfred [2010g]: Die Rechenanlagen der GWDG – die IBM-Ära, in: GWDG-Nachrichten, Nr. 9, 2010, Seiten 14–37 (Gesellschaft für wissenschaftliche Datenverarbeitung mbH Göttingen)

Eyßell, Manfred [2010h]: Die Rechenanlagen der GWDG – die Neuzeit, in: GWDG-Nachrichten, Nr. 11, 2010, Seiten 19–53 (Gesellschaft für wissenschaftliche Datenverarbeitung mbH Göttingen)

F

Fabian, Cornelia: Technologieentwicklung im Spannungsfeld von Industrie, Wissenschaft und Staat, Verlag für Geschichte der Naturwissenschaften und der Technik (GNT), Diepholz, Berlin 2012, 192 Seiten (Dissertation)

Fabian, Dietrich: Kinzing und Roentgen. Uhren aus Neuwied. Leben und Werk der Uhrmacherfamilien Kinzing und der Kunstschreiner Abraham und David Roentgen. Uhren, Uhrenmöbel, Musikinstrumente, Spielwerke, Verlag Dieter Pfaehler, Bad Neustadt 1984, 472 Seiten (u.a. Bodenstanduhren, Stutzuhren)

Faessler, François; Guye, Samuel; Droz, Edmond (Hg.): Pierre Jaquet-Droz et son temps, Comité des fêtes du 250e anniversaire de la naissance de Pierre Jaquet-Droz (1721–1790), La Chaux-de-Fonds, Le Locle, Imprimerie Courvoisier, La Chaux-de-Fonds 1971, 174 Seiten (Ausstellungskatalog)

Fagen, M. D. (Hg.): A history of engineering and science in the Bell system. National service in war and peace (1925–1975), Bell telephone laboratories, Inc., Murray Hill, New Jersey 1978, XV, 757 Seiten (Kapitel 3: Electrical computers for fire control, Seiten 133–174)

Fagone, Jason: The woman who smashed codes. A true story of love, spies, and the unlikely heroine who outwitted America's enemies, Harper Collins publishers, New York 2017, XVI, 444 Seiten

Fähnrich, Klaus-Peter; Franczyk, Bodgan (Hg.): Informatik 2010. Service science – Neue Perspektiven für die Informatik, Band 2, 27. September–1. Oktober 2010, Leipzig, Gesellschaft für Informatik e.V. (GI), Bonn 2010, XXIV, 1001 Seiten (Kapitel: Konrad-Zuse-Workshop: Rechnender Raum und zelluläre Automaten, Seiten 121–131; Neue Forschungen zu Konrad Zuse, Seiten 459–474)

Fang, Irving, E. The computer story, Rada press, Inc., St. Paul, Minnesota 1988, VI, 104 Seiten

Fässler, E.: Ein neues Wechselstrom-Netzmodell zur Lösung von Problemen des Betriebes und des Ausbaues elektrischer Netze, in: Brown Boveri Mitteilungen, Band 40, 1953, Heft 511/12, Seiten 455–461 (Analogrechner)

Faulstich, Peter [1990]: Aus der Vorgeschichte des Computers, in: Historische Bürowelt, April 1990, Heft 27, Seiten 16–24

Faulstich, Peter [1991]: Rechen-Technik vom Kerbholz zum Computer, Kreis- und Stadtsparkasse, Hannoversch Münden 1991, 31 Seiten

Faulstich, Peter [1994]: „Gehirn aus Stahl" – Brunsviga 1892– 1959, in: Historische Bürowelt, März 1994, Heft 37, Seiten 19–39

Faustmann, Gerlinde [1997]: Jost Bürgis Progress Tabulen und die Entwicklung der Logarithmen, in: Jaroslav Folta (Hg.): Science and technology in Rudolfinian time, National technological museum in Prague, Prag 1997, Seiten 111–126

Faustmann, Gerlinde [1999]: Jost Bürgi (1552–1632). Leben und Werke, in: Rainer Gebhardt (Hg.): Rechenbücher und mathematische Texte der frühen Neuzeit, Adam-Ries-Bund, Annaberg-Buchholz 1999, Seiten 167–176 (Tagungsband)

Fauvel, John: Revisiting the history of logarithms, in: Frank J. Swetz; John Fauvel; Otto B. Bekken; Bengt Johansson; Victor J. Katz (Hg.): Learn from the masters, Mathematical association of America, Washington, D.C. 1995, Seiten 39–48

Fauvel, John; Gray, Jeremy (Hg.): The history of mathematics: A reader, Macmillan education Ltd., Basingstoke, Hampshire, London 1987, XXIV, 628 Seiten (Kapitel: The mechanization of calculation, Seiten 582–600)

Favaro, Antonio [1877]: Lezioni di statica grafica, Premiata tipografia editore F. Sacchetto, Padua 1877, XX, 652, XXII (Bildtafeln) (grafische Statik)

Favaro, Antonio [1879]: Leçons de statique graphique, Band 1: Géométrie de position, Gauthier-Villars, imprimeur-libraire, Paris 1879, XVIII, 288 Seiten

Favaro, Antonio [1885]: Calcul graphique, Band 2: Géométrie de position, Gauthier-Villars, imprimeur-libraire, Paris 1885, X, 411 Seiten

Favaro, Antonio [1899]: Intorno ad un inedito e sconosciuto trattato di meccaniche di Galileo Galilei nell'archivio di S. A. il principe di Thurn-Taxis in Ratisbona, in: Abhandlungen zur Geschichte der Mathematik 1899, Heft 9, Seiten 97–104 (Supplement zum 44. Jahrgang der Zeitschrift für Mathematik und Physik)

Favier, Jean; Thomelin, Robert: La mécanographie. Machines à calculer, machines comptables, machines à cartes perforées, calculatrices et ensembles électroniques, Les Editions de Montligeon, La Chapelle-Montligeon, 5. Auflage 1963, 304 Seiten

Feely, Wayne: Update of known Fuller and Thacher rules, in: Journal of the Oughtred society, Band 5, 1996, Heft 1, Seiten 25–29 (Rechenwalze)

Feely, Wayne; Schure, Conrad: The Fuller calculating instrument, in: Journal of the Oughtred society, Band 4, 1995, Heft 1, Seiten 33–40 (Rechenwalze)

Feferman, Solomon [1995]: Turing in the land of O(z), in: Rolf Herken (Hg.): The universal Turing machine. A half-century survey, Springer-Verlag, Wien, New York, 2. Auflage 1995, Seiten 103–134

Feferman, Solomon [2006]: Are there absolutely unsolvable problems? Gödel's dichotomy, in: Philosophia mathematica, Reihe 3, Band 14, 2006, Heft 2, Seiten 134–152 (Sonderausgabe zu Kurt Gödel)

Feilmeier, Manfred: Hybridrechnen, Birkhäuser Verlag, Basel, Stuttgart 1974, 304 Seiten

Feindler, Robert: Das Hollerith-Lochkarten-Verfahren für maschinelle Buchhaltung und Statistik, Verlag von Reimar Hobbing, Berlin 1929, 425 Seiten

Feistner, Edith; Holl, Alfred (Hg.): Erzählen und Rechnen in der frühen Neuzeit. Interdisziplinäre Blicke auf Regensburger Rechenbücher, Lit Verlag Dr. W. Hopf, Berlin 2016, IX, 504 Seiten

Feldenkirchen, Wilfried (Hg.): Rechenwunder. Von Adam Riese zu Bits and Bytes, Ausstellungskatalog, Siemens Forum, München, o. J. (um 2000), 73 Seiten

Feldhaus, Franz Maria [1904]: Lexikon der Erfindungen und Entdeckungen auf den Gebieten der Naturwissenschaften und Technik, Carl Winter's Universitätsbuchhandlung, Heidelberg 1904, VIII, 144 Seiten (zeitliche Reihenfolge)

Feldhaus, Franz Maria [1914]: Die Technik der Vorzeit, der geschichtlichen Zeit und der Naturvölker. Ein Handbuch für Archäologen und Historiker, Museen und Sammler, Kunsthändler und Antiquare, Verlag von Wilhelm Engelmann, Leipzig, Berlin 1914, XV, 1399 Seiten (alfabetisches Lexikon)

Feldhaus, Franz Maria [1924]: Ruhmesblätter der Technik. Von den Urerfindungen bis zur Gegenwart, Friedrich Brandstetter, Leipzig, 2., vermehrte und verbesserte Auflage 1924, XI, 292 Seiten

Feldhaus, Franz Maria [1931]: Die Technik der Antike und des Mittelalters, Akademische Verlagsgesellschaft Athenaion mbH, Wildpark-Potsdam 1931, 442 Seiten

Feldhaus, Franz Maria [1954]: Die Maschine im Leben der Völker. Ein Überblick von der Urzeit bis zur Renaissance, Verlag Birkhäuser AG, Basel, Stuttgart 1954, 341 Seiten

Feldhaus, Franz Maria [1965]: Die Technik der Vorzeit, der geschichtlichen Zeit und der Naturvölker, Heinz Moos Verlag GmbH & Co. KG, München, 2. Auflage 1965, 1399 Seiten und Anhänge (52 + 6 Seiten)

Feldhaus, Franz Maria [1980]: Kulturgeschichte der Technik, Gerstenberg Verlag, Hildesheim 1980, Band 1: X, 154 Seiten; Band 2: VIII, 209 Seiten

Feldman, Anthony; Ford, Peter [1980]: Erfinder und Wissenschaftler. Die Entstehung unserer Zivilisation, von den Anfängen bis heute, Neuer Kaiser Verlag, Klagenfurt 1980, 336 Seiten

Feldman, Anthony; Ford, Peter [1986]: Scientists and innovators. The people who made technology from earliest times to present day, Facts on file, Inc., New York 1986, 352 Seiten

Fennel, Adolf [1910]: Geodätische Instrumente, Verlag von Konrad Wittwer, Stuttgart 1910, VI, 56 Seiten (Heft 1: Nivellierinstrumente)

Fennel, Adolf [1911]: Geodätische Instrumente, Verlag von Konrad Wittwer, Stuttgart 1911, VI, 56 Seiten (Heft 2: Nonien-Theodolite)

Fennel, Adolf [1912]: Geodätische Instrumente, Verlag von Konrad Wittwer, Stuttgart 1912, VI, 62 Seiten (Heft 3: Mikroskop-Theodolite)

Fenner, P. [1886a]: Beitrag zur Theorie des Rollplanimeters, in: Zeitschrift für Vermessungswesen, Band 15, 1886, Heft 9, Seiten 216–219 (Teil 1)

Fenner, P. [1886b]: Beitrag zur Theorie des Rollplanimeters, in: Zeitschrift für Vermessungswesen, Band 15, 1886, Heft 10, Seiten 242–249 und 260 (Teil 2)

Fensom, Harry: How Colossus was built and operated – one of its engineers reveals its secrets, in: Brian Jack Copeland (Hg.): Colossus. The secrets of Bletchley Park's codebreaking computers, Oxford University Press, Oxford 2006, Seiten 297–304

Ferguson, Eugene S. [1965]: Technical museums and international exhibitions, in: Technology and culture, Band 6, 1965, Heft 1, Seiten 30–46

Ferguson, Eugene S. [1993]: Das innere Auge. Von der Kunst des Ingenieurs, Birkhäuser Verlag, Basel, Boston usw. 1993, 221 Seiten

Ferguson, Eugene S. [1997]: Engineering and the mind's eye, MIT press, Cambridge, Massachusetts, London, 4. Nachdruck 1997, XV, 241 Seiten

Fernández, Jose Gabriel [2016]: Slide rules „made in Spain", in: Journal of the Oughtred society, Band 25, 2016, Heft 2, Seiten 7–23

Fernández, Jose Gabriel [2019]: Long-scale slide rules, from words to scales, in: Journal of the Oughtred society, Band 28, 2019, Heft 1, Seiten 45–63 (Rechenstab, Rechenscheibe, Rechenwalze)

Fernández, Maribel: Models of computation. An introduction to computability theory, Springer-Verlag, London 2009, XI, 184 Seiten

Ferrara, Emilio: The history of digital spam, in: Communications of the ACM, Band 62, 2019, Heft 8, Seiten 82–91

Ferré, G.: Une nouvelle machine à calculer. L'analysateur différentiel, in: La nature, Band 63, 1935, 2. Semester, Seiten 345–348

Ferry, Georgina: A computer called Leo. Lyons teashops and the world's first office computer, Fourth Estate, London 2003, XI, 221 Seiten

Fessard, A.: Sur un „défaut" propre à la machine nerveuse, in: Joseph Pérès (Hg.): Les machines à calculer et la pensée humaine, Paris, 8–13 janvier 1951, Colloques internationaux du Centre national de la recherche scientifique, Nr. 37, Editions du Centre national de la recherche scientifique (CNRS), Paris 1953, Seiten 517–528 (Collège de France, Paris)

Fettweis, Ewald [1923]: Wie man einstens rechnete, Verlag und Druck von B. G. Teubner, Leipzig, Berlin 1923, 56 Seiten

Fettweis, Ewald [1927]: Das Rechnen der Naturvölker, Verlag und Druck von B. G. Teubner, Leipzig, Berlin 1927, IV, 96 Seiten

Fickers, Andreas: Der „Transistor" als technisches und kulturelles Phänomen, Verlag für Geschichte der Naturwissenschaften und der Technik (GNT), Bassum 1998, VII, 149 Seiten

Finerman, Aaron: Computer capabilities at western European universities, in: Communications of the ACM, Band 9, 1966, Heft 12, Seiten 840–844
Finn, Bernard S.: The science museum today, in: Technology and culture, Band 6, 1965, Heft 1, Seiten 74–82
Finn, Ed: What algorithms want. Imagination in the age of computing, MIT press, Cambridge, Massachusetts, London 2017, VIII, 257 Seiten
Finsler, P.: Über die Faktorenzerlegung natürlicher Zahlen, in: Elemente der Mathematik, Band 2, 1947, Heft 1, Seiten 1–11 (mit Rechenhilfsmitteln)
Fischer, Charlotte Froese: Douglas Rayner Hartree. His life in science and computing, World scientific publishing Co. Pte. Ltd., New Jersey, London usw. 2003, XVIII, 224 Seiten (Biografie)
Fischer, Ernst Peter [1996]: Aristoteles, Einstein & Co. Eine kleine Geschichte der Wissenschaft in Porträts, R. Piper GmbH & Co. KG, München, 2., durchgesehene Auflage 1996, 443 Seiten (u.a. Johannes Kepler, Galileo Galilei, John von Neumann)
Fischer, Ernst Peter [2009]: Die kosmische Hintertreppe. Die Erforschung des Himmels von Aristoteles bis Stephen Hawking, F. A. Herbig Verlagsbuchhandlung GmbH, München 2009, 349 Seiten (u.a. Hipparchos, Johannes Kepler, Galileo Galilei)
Fischer, Ernst Peter [2010]: Information, Verlagshaus Jacoby & Stuart, Berlin 2010, 223 Seiten
Fischer, Ernst Peter [2011]: Das große Buch der Elektrizität, Fackelträger Verlag GmbH, Köln 2011, 370 Seiten
Fischer, Fritz: Über elektrische Rechengeräte hoher Genauigkeit, unter spezieller Berücksichtigung eines neuen Entfernungsmessers für die Flabartillerie (Verograph), in: Schweizer Archiv für angewandte Wissenschaft und Technik, Band 8, 1942, Heft 1, Seiten 1–15
Fischer, Hans; Deschauer, Stefan (Hg.): Zeitläufte der Mathematik, Dr. Erwin Rauner Verlag, Augsburg 2012, IV, 205 Seiten (Tagung zur Geschichte der Mathematik, Freising 2011)
Fischer, Joachim [1988a]: Die Rechenmaschine von Anton Braun und Philippe Vayringe, in: Kultur und Technik. Das Magazin aus dem Deutschen Museum, Band 12, 1988, Heft 3, Seite 160
Fischer, Joachim [1988b]: Schmuckstücke mechanischer Instrumente und Rechengeräte, in: Kultur und Technik. Das Magazin aus dem Deutschen Museum, Band 12, 1988, Heft 3, Seiten 161–165
Fischer, Joachim [1995]: Instrumente zur mechanischen Integration. Ein Zwischenbericht, in: Hans Werner Schütt; Burghard Weiß (Hg.): Brückenschläge. 25 Jahre Lehrstuhl für Geschichte der exakten Wissenschaften und der Technik an der Technischen Universität Berlin, 1969–1994, Verlag für Wissenschafts- und Regionalgeschichte Dr. Michael Engel, Berlin 1995, Seiten 111–156
Fischer, Joachim [1998]: Napier and the computation of logarithms, in: Journal of the Oughtred society, Band 7, 1998, Heft 1, Seiten 11–16
Fischer, Joachim [2002]: Instrumente zur mechanischen Integration II. Ein (weiterer) Zwischenbericht, in: Astrid Schürmann, Burghard Weiß (Hg.): Chemie – Kultur – Geschichte. Festschrift für Hans-Werner Schütt, GNT-Verlag, Berlin 2002, Seiten 143–156
Fischer, Joachim; Ruess, Bärbel: Napier revisited or A new look at the computation of his logarithms, in: BSHM Bulletin, Journal of the British society for the history of mathematics, Band 29, 2014, Heft 3, Seiten 167–183
Fischer, Stéphane: Le calcul par les machines, Schrift zur Ausstellung „Les jeux sont faits! hasard et probabilités“ vom 1. Februar 2012 bis 7. Januar 2013, Musée d'histoire des sciences, Genf 2012, 27 Seiten (Austellungskatalog)
Fisher, Franklin M.; McKie, James W.; Mancke, Richard B.: IBM and the U.S. data processing industry. An economic history, Praeger publishers, New York 1983, XII, 533 Seiten
Fishman, Katharine Davis: The computer establishment, Harper & Row publishers, New York 1981, XII, 468 Seiten

Fitzpatrick, Anne; Kazakova, Tatiana; Berkovich, Simon: Mesm and the beginning of the computer era in the Soviet Union, in: IEEE Annals of the history of computing, Band 28, 2006, Heft 3, Seiten 4–16

Flad, Jean-Paul: Les trois premières machines à calculer. Schickard (1623) – Pascal (1642) – Leibniz (1673), Université de Paris, Palais de la découverte, Paris 1963, 28 Seiten

Flamm, Kenneth: Creating the computer. Government, industry, and high technology, The Brookings Institution, Washington, D.C. 1988, XI, 282 Seiten

Fleck, Glen: A computer perspective, Harvard university press, Cambridge, Massachusetts, 1973, 174 Seiten (Exhibition designed by the office of Charles and Ray Eames, IBM Exhibit center, New York City)

Flegg, Graham (Hg.): Numbers. Their history and meaning, André Deutsch Ltd., London 1983, X, 294 Seiten (mit Gebrauchsanweisungen)

Flegg, Graham: Numbers through the ages, Macmillan education Ltd., Basingstoke, Hampshire 1989, VIII, 227 Seiten

Fleming, A. P. M.; Brocklehurst, H. J.: A history of engineering, A. & C. Black Ltd., London 1925, VII, 312 Seiten

Flessner, Bernd: Geniale Denker und clevere Tüftler. 20 bahnbrechende Erfindungen der Menschheit, Beltz und Gelberg in der Verlagsgrupp Beltz, Weinheim, Basel/Bibliographisches Institut & F. A. Brockhaus AG, Mannheim 2007, 172 Seiten (Kapitel: Die Geburtsstunde des Roboters. Maschinen werden automatisch gesteuert, Seiten 128–135, sowie Enigma und des Rätsels Lösung. Maschinen lernen das Rechnen, Seiten 152–159)

Flom, Gary; Heffelfinger, Totton: The bead unbaffled, in: Journal of the Oughtred society, Band 13, 2004, Heft 2, Seiten 29–41 (Kugelrechner)

Flood, Raymond; Rice, Adrian; Wilson, Robin (Hg.): Mathematics in Victorian Britain, Oxford University Press, Oxford 2011, X, 466 Seiten

Flores, Joseph [2001]: Perpétuelles à roue de rencontre ou „Montres automatiques, une page d'histoire“, Néo éditions, o. O. (Talant) 2001, 160 Seiten

Flores, Joseph [2007]: Le comput ecclésiastique de Frédéric Klinghammer, Afaha (Association française des amateurs d'horlogerie ancienne), Besançon 2007, 160 Seiten (Nachbau des Kirchenrechners von Schwilgué)

Floridi, Luciano: The Turing test and the method of levels of abstraction, in: S. Barry Cooper; Jan van Leeuwen (Hg.): Alan Turing. His work and impact, Elsevier, Amsterdam, Boston usw. 2013, Seiten 601–605

Flowers, Thomas H. [1983]: The design of Colossus, in: Annals of the history of computing, Band 5, 1983, Heft 3, Seiten 239–252

Flowers, Thomas H. [2006a]: D-day at Bletchley Park, in: Brian Jack Copeland (Hg.): Colossus. The secrets of Bletchley Park's codebreaking computers, Oxford University Press, Oxford 2006, Seiten 78–83

Flowers, Thomas H. [2006b]: Colossus, in: Brian Jack Copeland (Hg.): Colossus. The secrets of Bletchley Park's codebreaking computers, Oxford University Press, Oxford 2006, Seiten 91–100

Floyd, Juliet; Bokulich, Alisa (Hg.): Philosophical explorations of the legacy of Alan Turing. Turing 100, Springer international publishing AG, Cham 2017, 361 Seiten

Floyd, Robert W.; Beigel, Richard [1994]: The language of machines. An introduction to computability and formal languages, Computer Science press, W. H. Freeman and company, New York, Oxford 1994, XVII, 706 Seiten

Floyd, Robert W.; Beigel, Richard [1996]: Die Sprache der Maschinen, International Thomson publishing GmbH, Bonn usw. 1996, XXVII, 652 Seiten

Flury, Adolf: Eine Rechentafel aus dem Jahr 1536, in: Blätter für bernische Geschichte, Kunst und Altertumskunde, Band 16, 1920, Heft 3-4, Seiten 254–263

Flynn, Jennifer: 20th century computers and how they worked. The official Startfleet history of computers, Alpha Books/Prentice Hall Computer publishing, Carmel, Indiana 1993, XXX, 161 Seiten

Foer, Franklin [2017]: World without mind. The existential threat of big tech, Penguin press, New York 2017, XIII, 257 Seiten

Foer, Franklin [2018]: Welt ohne Geist. Wie das Silicon Valley freies Denken und Selbstbestimmung bedroht, Karl Blessing Verlag, München 2018, 288 Seiten

Foley, Brendan: Rückkehr nach Antikythera. Ein Erfahrungsbericht zur Grabung im Jahr 2014, in: Antike Welt, 2015, Heft 5, Seiten 20–26 (Räderwerk von Antikythera)

Folkers, Gerd; Schmid, Martin (Hg.): Breakthroughs. Ideas at ETH Zurich that shaped the world, Chronos Verlag, Zürich 2016, 116 Seiten (u.a. Astronom Rudolf Wolf)

Folkerts, Menso [1981]: Spätmittelalterliche Multiplikationsmethoden, Nepers Rhabdologie und Schickards Rechenmaschine, in: Friedrich Seck (Hg.): Wissenschaftsgeschichte um Wilhelm Schickard, J. C. B. Mohr (Paul Siebeck), Tübingen 1981, Seiten 51–66

Folkerts, Menso [2003]: Die Ausbildung von Rechenmeistern, dargestellt an ausgewählten Beispielen, in: Jürgen Kiefer; Karin Reich (Hg.): Gemeinnützige Mathematik. Adam Ries und seine Folgen, Verlag der Akademie gemeinnütziger Wissenschaften zu Erfurt 2003, Seiten 89–129

Folkerts, Menso [2014]: Eine bisher unbekannte Schrift von Jost Bürgi zur Trigonometrie, in: Rainer Gebhardt (Hg.): Arithmetik, Geometrie und Algebra der frühen Neuzeit, Adam-Ries-Bund, Annaberg-Buchholz 2014, Seiten 107–114 (Kunstweg)

Folkerts, Menso [2017]: Adam Ries und die Algebra, in: Rainer Gebhardt (Hg.): Rechenmeister und Mathematiker der frühen Neuzeit, Adam-Ries-Bund, Annaberg-Buchholz 2017, Seiten 135–150

Folkerts, Menso; Gebhardt, Rainer: 25 Jahre Annaberger Rechenmeister-Kolloquien (1992–2017) – Übersicht und Gesamtverzeichnis zu Rechenmeistern, Cossisten, Verfassern von Rechenbüchern und mathematischen Texten der frühen Neuzeit, Adam-Ries-Bund, Annaberg-Buchholz 2017, I, 208 Seiten

Folkerts, Menso; Knobloch, Eberhard; Reich, Karin: Maß, Zahl und Gewicht. Mathematik als Schlüssel zu Weltverständnis und Weltbeherrschung, Harrassowitz Verlag, Wiesbaden, 2., überarbeitete und ergänzte Auflage 2001, IX, 434 Seiten (Kapitel 7: Instrumente, Seiten 151–185) (Ausstellungskatalog)

Folkerts, Menso; Launert, Dieter; Thom, Andreas: Jost Bürgi's method for calculating sines, in: Historia mathematica, Band 43, 2016, Heft 2, Seiten 133–147 (Kunstweg)

Folta, Jaroslav (Hg.) [1997]: Science and technology in Rudolfinian time, National technological museum in Prague, Prag 1997, 241 Seiten (Tagungsband)

Folta, Jaroslav (Hg.) [2002]: Computing technology, past and future, National technical museum in Prague, Prague 2002, 226 Seiten

Folta, Jaroslav: Beginnings of computing technology, in: Jaroslav Folta (Hg.): Computing technology, past and future, National technical museum in Prague, Prague 2002, Seiten 41–66

Fondazione Adriano Olivetti (Hg.): La cultura informatica in Italia. Riflessioni e testimonianze sulle origini 1950–1970, Bollati Boringhieri editore, Turin 1993, XXIII, 451 Seiten

Forbes, Robert James [1954]: Vom Steinbeil zum Überschall. Fünftausend Jahre Technik, Paul List Verlag, München 1954, 372 Seiten

Forbes, Robert James [Band 1, 1993]: Studies in ancient technology, E. J. Brill, Leiden, New York usw., 3. Auflage 1993, Band 1: VII, 199 Seiten (Nachdruck von 1964)

Forbes, Robert James [Band 2, 1993]: Studies in ancient technology, E. J. Brill, Leiden, New York usw., 3. Auflage 1993, Band 2: VII, 220 Seiten (Nachdruck von 1965)

Forbes, Robert James [Band 3, 1993]: Studies in ancient technology, E. J. Brill, Leiden, New York usw., 3. Auflage 1993, Band 3: VI, 276 Seiten (Nachdruck von 1965)

Forbes, Robert James [Band 4, 1964]: Studies in ancient technology, E. J. Brill, Leiden 1964, Band 4: VII, 263 Seiten

Forbes, Robert James [Band 5, 1966]: Studies in ancient technology, E. J. Brill, Leiden, 2. Auflage 1966, Band 5: VII, 241 Seiten

Forbes, Robert James [Band 6, 1966]: Studies in ancient technology, E. J. Brill, Leiden, 2., überarbeitete Auflage 1966, Band 6: VII, 200 Seiten

Forbes, Robert James [Band 7, 1966]: Studies in ancient technology, E. J. Brill, Leiden, 2. Auflage 1966, Band 7: VIII, 259 Seiten

Forbes, Robert James [Band 8, 1971]: Studies in ancient technology, E. J. Brill, Leiden, 2., überarbeitete Auflage 1971, Band 8: IX, 295 Seiten

Forbes, Robert James [Band 9, 1972]: Studies in ancient technology, E. J. Brill, Leiden, 2., überarbeitete Auflage 1972, Band 9: X, 311 Seiten

Forbes-Pitt, Kate: The assumption of agency theory. A realist theory of the production of agency, Routledge, London, New York 2011, IX, 170 Seiten

Forester, Tom: High-tech society. The story of the information technology revolution, MIT press, Cambridge, Massachusetts 1987, VIII, 311 Seiten

Forrer, Max: Sammlung von Zeichnungen und Fotos zur M9, Bütschwil/Oberhelfenschwil (1956–1968)

Forrester, Jay Wright [1951]: Digital information storage in three dimensions using magnetic cores, in: Journal of applied physics, Band 22, 1951, Heft 1, Seiten 44–48

Forrester, Jay Wright [1980]: Whirlwind and high-speed computing, in: Kent C. Redmond; Thomas M. Smith (Hg.): Project Whirlwind. The history of a pioneer computer, Digital Equipment corporation, Bedford, Massachusetts 1980, Seiten 225–236

Forrester, Jay Wright [1985]: High-speed electrostatic storage, in: Proceedings of a symposium on large-scale digital calculating machinery, Cambridge, Massachusetts, 7.–10. Januar 1947, MIT press, Cambridge, Massachusetts, London/Tomash publishers, Los Angeles, San Francisco 1985, Seiten 125–129

Forrester, Jay Wright [1990]; Everett Robert Rivers: The Whirlwind computer project, in: IEEE Transactions on aerospace and electronic systems, Band 26, 1990, Heft 5, Seiten 903–910

Forster, Otto: Algorithmische Zahlentheorie, Springer Spektrum, Wiesbaden, 2., überarbeitete und erweiterte Auflage 2015, VIII, 314 Seiten (Abschnitte „Die russische Bauernregel der Multiplikation“, Seiten 12–13, „Der euklidische Algorithmus“, Seiten 22–31, „Sieb des Eratosthenes“, Seiten 35–39)

Fortnow, Lance: The enduring legacy of the Turing machine, in: The computer journal, Band 55, 2012, Heft 7, Seiten 830–831

Fothe, Michael [2001]: Rechnen auf den Linien. Vier Spiele auf dem Computer, in: Log in. Informatische Bildung und Computer in der Schule, 2001, Nr. 3/4, Seiten 48–53

Fothe, Michael [2004]: Rechnen auf den Linien – eine historische Betrachtung aus der Sicht der modernen Informatik, in: Hartmut Roloff; Manfred Weidauer (Hg.): Wege zu Adam Ries, Dr. Erwin Rauner Verlag, Augsburg 2004, Seiten 87–91

Fothe, Michael [2009]: Adam Ries und das Rechnen auf den Linien, Jenaer Schriften zur Matehmatik und Informatik, Friedrich-Schiller-Universität Jena, März 2009, 12 Seiten

Fothe, Michael [2016]: Informatik hat Geschichte!, in: Heinrich C. Mayr; Martin Pinzger (Hg.): Lecture notes in informatics, Gesellschaft für Informatik, Bonn 2016, Seiten 1909–1915

Fothe, Michael: Konrad Zuses 100. Geburtstag. Ein vorläufiges Resümee, in: Log in. Informatische Bildung und Computer in der Schule, 2010, Nr. 163/164, Seiten 5–7

Foti, Petrina: Collecting and exhibiting computer-based technology. Expert curation at the museums of the Smithsonian institution, Routledge, Abingdon, Oxon, New York 2019, IX, 166 Seiten

Fox, Dirk; Püttmann, Thomas: Bauen, erleben, begreifen: Technikgeschichte mit fischertechnik. 16 Meilensteine zum Nachbauen, dpunkt Verlag GmbH, Heidelberg 2015, XIII, 350 Seiten (stark vereinfachte Modelle u.a. von: Räderwerk von Antikythera, Planetarium, Sextant, Uhr, Rechenmaschine, Telegraf)

Frajese, Attilio: Attraverso la storia della matematica, Felice Le Monnier, Florenz 1971, XI, 371 Seiten

Frame, J. S.: Machines for solving alebraic equations, in: Mathematical tables and other aids to computation, Band 1, Januar 1945, Heft 9, Seiten 337–353

Francœur, Louis Benjamin: Rapport fait par M. Francœur, au nom du comité des arts mécaniques, sur la machine à calculer de M. le chevalier Thomas, de Colmar, directeur honoraire de la compagnie d'assurance du Phénix, rue de l'Echiquier, n° 33, à Paris, in: Bulletin de la société d'encouragement pour l'industrie nationale, Band 21, Februar 1822, Seiten 33–36

Frank, Hans E. [2003a]: 50 Jahre kombinierte Rechen- und Schreibmaschinen. Burroughs mit mechanischen Speicherwerken, in: Historische Bürowelt, April 2003, Heft 64, Seiten 16–17

Frank, Hans E. [2003b]: Die Geschichte der Rechentechnik auf einen Blick. Originelles Klein-Arithmeum, in: Historische Bürowelt, Dezember 2003, Heft 66, Seiten 3–8

Frank, Martin: Mathematik der Renaissance: Studien zur Herausbildung und Verbreitung der neuzeitlichen Wissenschaften, Deutsches Museum Verlag, München 2016, 46 Seiten

Franke, Herbert W.: Die geheime Nachricht. Methoden und Technik der Kryptologie. Die Geschichte um den unknackbaren Code, Umschau Verlag Breidenstein GmbH, Frankfurt am Main 1982, 208 Seiten

Franke, Herbert W.; Salzmann, Jean-Pierre: Der Computer, ein neues Instrument der Raumgestaltung. Symposium und Ausstellung in Zürich, Basel, Stuttgart, München, Düsseldorf, Hamburg, Schuster + Co. AG, St. Gallen, arterior textile, Schwelm, Contraves, Zürich, Zeda, Wuppertal 1972, 64 Seiten

Frauenfelder, Mark: The computer, Carlton Books, London 2005, 256 Seiten

Fraunberger, Fritz [1965]: Vom Frosch zum Dynamo, Aulis Verlag Deubner & Co. KG, Köln, o. J. (1965), 228 Seiten

Fraunberger, Fritz [1970]: Vom Kompaß bis zum Elektron, Aulis Verlag Deubner & Co. KG, Köln, o. J. (1970), VII, 232 Seiten

Freed, Les: The history of computers, Ziff-Davis press, Emeryville, California 1995, IX, 153 Seiten

Freeman, Peter A.; Adrion, W. Richards; Aspray, William: Computing and the National Science Foundation, 1950–2016: Building a foundation for modern computing, ACM Books, 2019, 407 Seiten

Freeth, Tony [2009]: Decoding an ancient computer. New explorations have revealed how the Antikytheramechanism modeled lunar motion and predicted eclipses, among other sophisticated tricks, in: Scientific American, Dezember 2009, Seiten 76–83

Freeth, Tony [2014]: Eclipse prediction on the ancient Greek astronomical calculating machine known as the Antikythera mechanism, 30. Juli 2014, https://doi.org/10.1371/journal.pone.0103275 (Plos one 9(7): e103275)

Freeth, Tony [2019]: Revising the eclipse prediction scheme in the Antikythera mechanism, in Pelgrave communications, Band 5, 2019, Heft 7, Seiten 1–12, https://doi.org/10.1057/s41599-018-0210-9

Freeth, Tony; Bitsakis, Yanis; Moussas, X.; Seiradakis, John Hugh; Tselikas, A.; Mangou, H.; Zafeiropoulou, M.; Hadland, R.; Bate, D.; Ramsey, A.; Allen, M.; Crawley, A.; Hockley, P.; Malzbender, T.; Gelb, D.; Ambrisco, W.; Edmunds, Michael G.: Decoding the ancient Greek astronomical calculator known as the Antikythera mechanism, in: Nature, Band 444, 30. November 2006, Heft 7119, Seiten 587–591

Freeth, Tony; Jones, Alexander R.; Steele, John M.; Bitsakis, Yanis: Calendars with Olympiad display and eclipse prediction on the Antikythera mechanism, in: Nature, Band 454, 31. Juli 2008, Heft 7204, Seiten 614–617

Frei, Günther; Stammbach, Urs [1994]: Die Mathematiker an den Zürcher Hochschulen, Birkhäuser Verlag, Basel, Boston usw. 1994, VIII, 75 Seiten (u.a. Jakob Amsler, Paul Bernays, Heinz Rutishauser, Walter Saxer, Eduard Stiefel)

Frei, Günther; Stammbach, Urs [2007]: Mathematicians and mathematics in Zurich, at the university and the ETH, ETH-Bibliothek, Zürich 2007, 106 Seiten (Wissenschaftsgeschichte, Band 8)

Frei, Hans-Peter; Zehnder, Carl August: Kann die Schweiz in der Informatikausbildung und -forschung noch aufholen?, in: Neue Zürcher Zeitung, Nr. 123, 31. Mai/1. Juni 1986, Seiten 37–38 (Zeitfragen)

Frei, Pierre-Yves: Une souris et les hommes, in: Jean-Jacques Paltenghi, Ann Bandle (Hg.): Les coulisses de l'invention, Ecole polytechnique fédérale, Lausanne 1999, Seiten 8–21

Freudenthal, H.: Mathematische problemen van terugkoppeling, in: Nederlands tijdschrift voor natuurkunde, Band 15, 1949, Seiten 275–281

Frey, Wolfgang [1957]: Theorie und elektronische Rechenmaschinen in der Regelungstechnik, in: Brown Boveri Mitteilungen, Band 44, 1957, Heft 11, Seiten 468–472

Frey, Wolfgang [1960a]: Betrachtungen über den Einsatz elektronischer Rechenmaschinen zur Behandlung von Fragen der Energieerzeugung und -übertragung, in: Brown Boveri Mitteilungen, Band 47, 1960, Heft 5/6, Seiten 284–291

Frey, Wolfgang [1960b]: Vom Rechenschieber zum Elektronenrechner, in: BBC-Hauszeitung 1960, Heft 5, Seiten 121–124

Fricker, Bruno: Die Computerbauer. Wie sie mit Lötkolben und Zahlenspielen an die Macht kamen, Books on demand, Norderstedt 2018, 188 Seiten

Friedewald, Michael: Der Computer als Werkzeug und Medium. Die geistigen und technischen Wurzeln des Personalcomputers, Verlag für Geschichte der Naturwissenschaften und der Technik (GNT), Diepholz, Berlin 1999, 497 Seiten (Dissertation)

Friedlein, Johann Gottfried F.: Die Zahlzeichen und das elementare Rechnen der Griechen und Römer und des christlichen Abendlandes vom 7. bis 13. Jahrhundert, Dr. Martin Sändig oHG, Wiesbaden 1968, VI, 186 Seiten (Erstausgabe 1869)

Friedman, Ted: Electric dreams. Computers in American culture, New York university press, New York, London 2005, X, 275 Seiten

Frieß, Peter: Jacob Auch – ein Schüler von Philipp Matthäus Hahn, in: Alte Uhren und moderne Zeitmessung, Band 10, 1987, Heft 6, Seiten 9–23

Frieß, Peter; Langenstein, Eva (Hg.): Mechanik aus der Wunderkammer. Die Vorläufer der Computer, Weltkunst Verlag, München 1996, 72 Seiten (Ausstellungskatalog)

Frik, Silvan: Boris Hagelin and Crypto AG: Pioneers of encryption, in: Karl de Leeuw; Jan Bergstra (Hg.): The history of information security. A comprehensive handbook, Elsevier B. V., Amsterdam, Boston usw. 2007, Seiten 479–496

Fritz, W. Barkley [1994]: Eniac – A problem solver, in: IEEE Annals of the history of computing, Band 16, 1994, Heft 1, Seiten 25–45

Fritz, W. Barkley [1996]: The women of Eniac, in: IEEE Annals of the history of computing, Band 18, 1996, Heft 3, Seiten 13–28

Fritzsche, Bruno: Die zwei Gesichter des Fortschritts. Spannung und Wechselwirkung zwischen technologischem und sozialem Wandel, in: Neue Zürcher Zeitung, Nr. 120, 28. Mai 1986, Seite 65 (Technologie und Gesellschaft)

Frizzell, Clarence E.: Engineering description of the IBM type 701 computer, in: Proceedings of the IRE, Band 41, 1953, Heft 10, Seiten 1275–1287

Frölich, Karsten: Rechenmaschinen – Rechenmaschinenmodelle, Volk und Wissen volkseigener Verlag, Berlin 1963, 82 Seiten

Fromme, Theodor: Die Beschreibung der Struktur und Funktion von digital arbeitenden Informationswandlern durch den Äquivalenzkalkül, in: Johannes Wosnik; Alwin Walther; Walter Hoffmann (Hg.): Elektronische Rechenmaschinen und Informationsverarbeitung. Nachrichtentechnische Fachberichte. Beihefte der NTZ, Band 4, 1956, Seiten 218–219

Fröschl, Karl; Mattl, Siegfried; Werthner, Hannes: Symbolverarbeitende Maschinen. Eine Archäologie, Verein Museum Arbeitswelt, Steyr, 1993, VI, 185 Seiten

Fuchs, Otto: Rechenmaschinen zur Lösung von Aufgaben der Chemie-Ingenieur-Technik, in: Chemie-Ingenieur-Technik, Band 25, 1953, Heft 7, Seiten 377–385

Fuegi, John; Francis, Jo: Lovelace and Babbage and the creation of the 1843 ‚notes', in: IEEE Annals of the history of computing, Band 25, 2003, Heft 4, Seiten 16–26

Fuller, George: The spiral slide rule, in: Journal of the Oughtred society, Band 10, 2001, Heft 2, Seite 58 (1879, Rechenwalze)

Furger, Franco: Informatik-Innovationen aus der Schweiz? Die Workstation Lilith und das Oberon-Betriebssystem, Verlagsgemeinschaft Technopark, Zürich/Jacques Bollmann AG 1993, 109 Seiten

Furger, Franco; Heintz, Bettina [1988]: Globale Anforderungen und lokale Bedingungen. Frühe Computerentwicklung in der Schweiz, in: Bettina Heintz; Bernhard Nievergelt (Hg.): Wissenschafts- und Technikforschung in der Schweiz. Sondierungen einer neuen Disziplin, Seismo-Verlag, Zürich 1988, Seiten 243–255

Furger, Franco; Heintz, Bettina [1997]: Technologische Paradigmen und lokaler Kontext: Das Beispiel Ermeth, in: Schweizerische Zeitschrift für Soziologie, Band 23, 1997, Heft 3, Seiten 533–566

Furger, Franco; Heintz, Bettina [1998]: Wahlfreiheiten. Frühe Computerentwicklung am Beispiel der Schweiz, in: Dirk Siefkes; Peter Eulenhöfer; Heike Stach; Klaus Städtler (Hg.): Sozialgeschichte der Informatik. Kulturelle Praktiken und Orientierungen, Deutscher Universitätsverlag GmbH, Wiesbaden 1998, Seiten 231–253

Fürsatz, Gerhard: Die Geschichte des Computers. Wie vor 3000 Jahren alles begann, Re Di Roma-Verlag, Remscheid 2014, 105 Seiten

Furtwängler, Philipp; Wiechert, Emil (Hg.): Geodäsie und Geophysik, Encyklopädie der mathematischen Wissenschaften mit Einschluss ihrer Anwendungen, Verlag und Druck von B. G. Teubner, Leipzig 1906–1925, Band 6, Teil 1, XVII, 372 Seiten (Geodäsie) + 580 Seiten (Geophysik)

Füßl, Wilhelm (Hg.): 100 Jahre Konrad Zuse. Einblicke in den Nachlass, Deutsches Museum, München 2010, 144 Seiten

Füßl, Wilhelm; Trischler, Helmuth (Hg.): Geschichte des Deutschen Museums. Akteure, Artefakte, Ausstellungen, Prestel Verlag, München, Berlin usw. 2001, 456 Seiten (Festschrift)

fw/pd: Curta – Rechenmaschine aus dem KZ, in: Liewo, 30. August 2015, Seite 32 (Liechtensteiner Woche)

G

Gadducci, Fabio; Tavosanis, Mirko (Hg.): History and philosophy of computing. Third international conference, HaPoC 2015, Pisa, Italien, 8.–11. Oktober 2015, Revised selected papers, Springer international publishing AG Switzerland, Cham 2016, XIV, 321 Seiten

Gaebert, Hans-Walter: Der große Augenblick in der Astronomie, Loewes Verlag Ferdinand Carl KG, Bayreuth 1972, 375 Seiten

Gaillard, Thierry; Guérin: Le musée des automates et le musée des modèles réduits de La Rochelle, La Rochelle, o. J., 39 Seiten (Selbstverlag)

Galilei, Galileo: Operations of the geometric and military compass, 1606, Smithsonian institution press, Washington, D.C. 1978, 95 Seiten (hg. von Stillman Drake)

Gall, J.-F.: L'arithmographe Troncet, in: La nature, Band 30, 1902, 1. Semester, Seiten 47–48
Galle, Andreas Wilhelm Gottfried [1912]: Mathematische Instrumente, B. G. Teubner, Leipzig, Berlin 1912, VI, 187 Seiten
Galle, Andreas Wilhelm Gottfried [1922]: Neuere Integraphen, in: Zeitschrift für angewandte Mathematik und Mechanik, Band 2, 1922, Heft 6, Seiten 458–466
Gallehawk, John: How the ultra secret was nearly revealed, Bericht Nr. 10, Bletchley Park Trust, Bletchley Park, Milton Keynes, Januar 2011, 24 Seiten
Gallenbacher, Jens [2016a]: Was ist denn binär? Zahlendarstellung im Binärsystem einfach erklärt, in: Magazin für Computertechnik, c't, 2016, Heft 7, 19. März 2016, Seiten 144–145 (Heise-Verlag, Hannover)
Gallenbacher, Jens [2016b]: Malnehmen leicht gemacht. Multiplikation im Binärsystem mit Kindern ausprobieren, in: Magazin für Computertechnik, c't, 2016, Heft 10, 30. April 2016, Seiten 158–161 (Heise-Verlag, Hannover)
Gallenbacher, Jens [2016c]: Fähnchen schwingen. IT-Grundlagen für Kinder: Buchstaben kodieren, in: Magazin für Computertechnik, c't, 2016, Heft 12, 28. Mai 2016, Seiten 158–161 (Heise-Verlag, Hannover)
Gallenbacher, Jens [2017]: Abenteuer Informatik. IT zum Anfassen für alle von 9 bis 99 – vom Navi bis Social Media, Springer-Verlag GmbH, Deutschland, Berlin , 4. Auflage 2017, XI, 436 Seiten (Abschnitt „Die Äthiopische Multiplikation", Seiten 123–127)
Galler, Bernard A.: The Annals of the history of computing and other journals, in: Thomas J.Bergin; Richard G. Gibson (Hg.): History of programming languages 2, ACM press, New York 1996, Seiten 789–794
Galluzzi, Paolo (Hg.): Leonardo da Vinci, engineer and architect, The Montreal museum of fine arts, Montreal 1987, XV, 359 Seiten (Ausstellungskatalog)
Galluzzi, Paolo: Leonardo e I proporzionanti, Giunti Barbèra editore, Vinci, 1989, 48 Seiten
Gander, Walter (Hg.): Zuse, Konrad: Computerarchitektur aus damaliger und heutiger Sicht, ETH Zürich, Departement Informatik, August 1992, 34 Seiten
Gander, Walter [1981]: Numerische Mathematik – Mutter der Informatik, in: Neue Zürcher Zeitung, Nr. 16, 21. Januar 1981, Seite 69 (Forschung und Technik)
Gander, Walter [1992]: Portrait: Prof. Dr. K. Zuse, in: Output, 1992, Nr. 1, Seite 25
Gandy, Anthony: The early computer industry. Limitations of scale and scope, Palgrave Macmillan, Basingstoke, Hampshire 2013, XVII, 348 Seiten
Gandy, Robin: The confluence of ideas in 1936, in: Rolf Herken (Hg.): The universal Turing machine. A half-century survey, Springer-Verlag, Wien, New York, 2. Auflage 1995, Seiten 51–102
Gannon, Paul: Colossus. Bletchley Park's greatest secret, Atlantic books, London 2006, XXIV, 562 Seiten
Ganzhorn, Karl: Der Schritt ins Informations-Zeitalter, Zürcher Volkswirtschaftliche Gesellschaft, 1970, 19 Seiten
Ganzhorn, Karl; Walter, Wolfgang: Die geschichtliche Entwicklung der Datenverarbeitung, IBM Deutschland, Stuttgart 1975, 80 Seiten
Gardey, Delphine [2001]: La dactylographe et l'expéditionnaire. Histoire des employés de bureau, 1890–1930, Belin, Paris 2001, 335 Seiten
Gardey, Delphine[2008]: Ecrire, calculer, classer. Comment une révolution de papier a transformé les sociétés contemporaines (1800–1940), Editions La Découverte, Paris 2008, 319 Seiten
Gardey, Delphine[2019]: Schreiben, Rechnen, Ablegen. Wie eine Revolution des Bürolebens unsere Gesellschaft verändert hat, Konstanz University Press, Göttingen 2019, 319 Seiten
Gardner, Martin: Logic machines, in: Scientific American, Band 186, 1952, Heft 3, Seiten 68–73
Gardner, W. David: Will the inventor of the first digital computer please stand up? in: Datamation, Band 20, Februar 1974, Heft 2, Seiten 84–90

Garfinkel, Simson L.: Architects of the information society. Thirty-five years of the Laboratory for computer science at MIT, MIT press, Cambridge, Massachusetts, London 1999, XIV, 72 Seiten

Garfinkel, Simson L.; Grunspan, Rachel H.: The computer book: From the abacus to artificial intelligence, 250 milestones in the history of computer science, Sterling publishing, New York 2018, 528 Seiten

Gastaut, Henri: Les machines à calculer et le cerveau humain, in: Joseph Pérès (Hg.): Les machines à calculer et la pensée humaine, Paris, 8–13 janvier 1951, Colloques internationaux du Centre national de la recherche scientifique, Nr. 37, Editions du Centre national de la recherche scientifique (CNRS), Paris 1953, Seiten 447–459

Gauillaume, Louis: La machine électrique à compter de M. H. Hollerith, in: Zeitschrift für schweizerische Statistik, Band 30, 1894, Heft 3/4, Seiten 385–391 (mit Faltblatt, elektrische Zählmaschine)

Gaulke, Karsten (Hg.): Der Ptolemäus von Kassel. Landgraf Wilhelm IV. von Hessen-Kassel und die Astronomie, Museumslandschaft Hessen-Kassel, Kassel 2007, 263 Seiten (Museumskatalog)

Gavin, Jérôme; Schärlig, Alain [2012]: Longtemps avant l'algèbre: La fausse position ou comment on a posé le faux pour connaître le vrai, des Pharaons aux temps modernes, Presses polytechniques et universitaires romandes, Lausanne 2012, 222 Seiten

Gavin, Jérôme; Schärlig, Alain [2014a]: Sur les doigts, jusqu'à 9999. La numération digitale, des Anciens à la Renaissance, Presses polytechniques et universitaires romandes, Lausanne 2014, 164 Seiten (Fingerrechnen, Kapitel: Le calcul sur les doigts, Seiten 75–88)

Gavin, Jérôme; Schärlig, Alain [2014b]: Der falsche Ansatz im Wandel der Zeiten, in: Rainer Gebhardt (Hg.): Arithmetik, Geometrie und Algebra der frühen Neuzeit, Adam-Ries-Bund, Annaberg-Buchholz 2014, Seiten 167–174

Gavin, Jérôme; Schärlig, Alain [2015]: La fausse position chez quelques auteurs grecs, in: Quadrature, Januar/Februar/März 2015, Heft 95, Seiten 42–46

Gavin, Jérôme; Schärlig, Alain [2018]: Sept pères du calcul écrit. Des chiffres romains aux chiffres arabes 799 – 1202 – 1619, Presses polytechniques et universitaires romandes, Lausanne 2018, 147 Seiten

Gebhardt, Rainer (Hg.) [1993]: 100 Jahre Adam-Ries-Denkmal, 5.–7.11.1993, Annaberg-Buchholz 1993, 255 Seiten

Gebhardt, Rainer (Hg.) [1994]: Einblicke in die Coß von Adam Ries. Eine Auswahl aus dem Original mit aktuellen Anmerkungen und Kommentaren, B. G. Teubner Verlagsgesellschaft, Stuttgart, Leipzig/Verlag der Fachvereine, Zürich 1994, 201 Seiten

Gebhardt, Rainer (Hg.) [1999]: Rechenbücher und mathematische Texte der frühen Neuzeit, Adam-Ries-Bund, Annaberg-Buchholz 1999, IX, 361 Seiten (Tagungsband)

Gebhardt, Rainer (Hg.) [2002]: Verfasser und Herausgeber mathematischer Texte der frühen Neuzeit, Adam-Ries-Bund, Annaberg-Buchholz 2002, X, 424 Seiten (Tagungsband)

Gebhardt, Rainer (Hg.) [2005]: Arithmetische und algebraische Schriften der frühen Neuzeit, Adam-Ries-Bund, Annaberg-Buchholz 2005, X, 500 Seiten (Tagungsband)

Gebhardt, Rainer (Hg.) [2006]: Zur Wirkungsgeschichte der Brotordnung von Adam Ries, Adam-Ries-Bund, Annaberg-Buchholz 2006, VIII, 290 Seiten (Tagungsband)

Gebhardt, Rainer (Hg.) [2008]: Visier- und Rechenbücher der frühen Neuzeit, Adam-Ries-Bund, Annaberg-Buchholz 2008, X, 466 Seiten (Tagungsband)

Gebhardt, Rainer (Hg.) [2011]: Kaufmanns-Rechenbücher und mathematische Schriften der frühen Neuzeit, Adam-Ries-Bund, Annaberg-Buchholz 2011, VIII, 373 Seiten (Tagungsband)

Gebhardt, Rainer (Hg.) [2014]: Arithmetik, Geometrie und Algebra der frühen Neuzeit, Adam-Ries-Bund, Annaberg-Buchholz 2014, VIII, 416 Seiten (Tagungsband)

Gebhardt, Rainer (Hg.) [2017]: Rechenmeister und Mathematiker der frühen Neuzeit, Adam-Ries-Bund, Annaberg-Buchholz 2017, VIII, 388 Seiten (Tagungsband)

Gebhardt, Rainer (Hg.) [2018]: 500 Jahre erstes Rechenbuch von Adam Ries, Adam-Ries-Bund, Annaberg-Buchholz 2018, 116 Seiten (Tagungsband)

Gebhardt, Rainer (Hg.) [2021]: Die Entwicklung der Mathematik in der frühen Neuzeit, Adam-Ries-Bund, Annaberg-Buchholz 2021, in Vorbereitung (Tagungsband)

Gebhardt, Rainer [2003]: Die gedruckten Rechenbücher des Adam Ries – Übersicht und neue Funde, in: Jürgen Kiefer; Karin Reich (Hg.): Gemeinnützige Mathematik. Adam Ries und seine Folgen, Verlag der Akademie gemeinnütziger Wissenschaften zu Erfurt 2003, Seiten 33–53

Gebhardt, Rainer [2004]: Erste Vermutungen über die Nutzung zweier historischer Rechengeräte, in: Wolfgang Hein; Peter Ullrich (Hg.): Mathematik im Fluß der Zeit, Dr. Erwin Rauner Verlag, Augsburg 2004, Seiten 84–97 (Zähler für das französische Bézique-Spiel)

Gebhardt, Rainer [2006a]: Das große Rechenbuch von Adam Ries, Practica genannt, in: Rainer Gebhardt (Hg.): Zur Wirkungsgeschichte der Brotordnung von Adam Ries, Adam-Ries-Bund, Annaberg-Buchholz 2006, Seiten 159–207

Gebhardt, Rainer [2006b]: Der Sammelband mit dem ersten Rechenbuch von Adam Ries in der dritten Auflage 1527, in: Rainer Gebhardt (Hg.): Zur Wirkungsgeschichte der Brotordnung von Adam Ries, Adam-Ries-Bund, Annaberg-Buchholz 2006, Seiten 219–230

Gebhardt, Rainer [2011]: Zum 450. Todestag des Rechenmeisters Adam Ries (1492–1559), in: Magdalena Hykšová; Ulrich Reich (Hg.): Eintauchen in die mathematische Vergangenheit, Dr. Erwin Rauner Verlag, Augsburg 2011, Seiten 70–79

Gebhardt, Rainer [2017a]: Die gedruckten Bücher von Adam Ries und Isaak Ries. Verzeichnis und Beschreibung aller bekannten Exemplare, Adam-Ries-Bund, Annaberg-Buchholz 2017, IV, 268 Seiten

Gebhardt, Rainer [2017b]: Adam Ries und seine Rechenbücher, in: Rainer Gebhardt (Hg.): Rechenmeister und Mathematiker der frühen Neuzeit, Adam-Ries-Bund, Annaberg-Buchholz 2017, Seiten 121–134

Gebhardt, Rainer; Albrecht, Helmuth (Hg.): Rechenmeister und Cossisten der frühen Neuzeit, Technische Universität Bergakademie Freiberg 1996, VI, 320 Seiten (Tagungsband)

Gebhardt, Rainer; Rochhaus, Peter: Verzeichnis der Adam-Ries-Drucke. Katalog der gedruckten Rechenbücher und Rechenhilfsmittel des Rechenmeisters Adam Ries, Adam-Ries-Bund e.V., Annaberg-Buchholz 1997, XIV, 157 Seiten

Geier, Kurt: Die Zehnerschaltvorrichtung und die damit zusammenhängenden Sonderfragen, Technische Hochschule Dresden, Dresden 1936, II, 125 Seiten (Dissertation)

Geiss, Norbert: Rechenknecht und Zauberlehrling. Kulturgeschichte des Computers vom Abakus bis zur globalen Kommunikation, Frank & Timme GmbH, Berlin 2018, 360 Seiten

Geißler, Kurt [2005a]: Christel Hamann beschritt neue Wege im Arbeitsprinzip der Vier-Spezies-Maschine. Tischrechner Mercedes ein Flopp?, in: Historische Bürowelt, April 2005, Heft 70, Seiten 17–18

Geißler, Kurt [2005b]: Vor 100 Jahren. Ein Meilenstein der Rechentechnik: Euklid, in: Historische Bürowelt, Dezember 2005, Heft 72, Seiten 20–21

Gelatt, Roland: The fabulous phonograph 1877–1977, Cassell & company Ltd., London, 2., überarb eitete Auflage 1977, 349 Seiten

Gelcich, Eugen: Geschichte der Uhrmacherkunst von den ältesten Zeiten bis auf unsere Tage, Bernhard Friedrich Voigt, Weimar, 5. Auflage 1892, XIV, 208 Seiten (Nachdruck 1985)

Gendler, Robert; GaBany, R. Jay: Breakthrough! 100 astronomical images that changed the world, Springer international publishing AG Switzerland, Cham, Heidelberg usw. 2015, XIII, 171 Seiten

Genser, Friedrich: Hommage an Konrad Zuse. Bildgeschichte zur Erfindung des Computers und den nachfolgenden Weiterentwicklungen in Deutschland, Superbrain-Verlag, Düsseldorf, Balje 2013, 265 Seiten (Reihe: Die Vergangenheit der Zukunft)

Geppert, Volker: BriCal – in allen Variationen, Denz, in: Historische Bürowelt, 2016, Heft 103, Seiten 20–21

Gerber, Siegmar: Einsatz von Zeiss-Rechnern für Forschung, Lehre und Dienstleistung, in: Friedrich Naumann; Gabriele Schade (Hg.): Informatik in der DDR – eine Bilanz. Tagungsband zu den Symposien 7. bis 9. Oktober 2004 in Chemnitz, 11. bis 12. Mai 2006 in Erfurt, Gesellschaft für Informatik, Bonn 2006, Seiten 310–318

Gercke, Alfred; Norden, Eduard (Hg.): Einleitung in die Altertumswissenschaft, Band 2, Teil 2, Verlag und Druck von B. G. Teubner, Leipzig, Berlin, 4. Auflage 1933, VIII, 101+78+122 Seiten

Gerhardt, Carl Immanuel: Geschichte der Mathematik in Deutschland, Druck und Verlag von R. Oldenbourg, München 1877, XII, 307 Seiten

Gericke, Helmuth Fritz Paul: Mathematik in Antike, Orient und Abendland, Marix Verlag GmbH, Wiesbaden, 10. Auflage 2014, Sonderausgabe in einem Band mit zwei Werken: Mathematik in Antike und Orient, XII, 292 Seiten, und: Mathematik im Abendland. Von den römischen Feldmessern bis zu Descartes, XIII, 352 Seiten

Gerke, R.: Die Leibniz'sche Rechenmaschine, in: Zeitschrift für Vermessungswesen, Band 9, 1880, Heft 8, Seiten 305–312 (mit Vergleich der Arithmometer von Thomas und Burkhardt sowie Bedienungshinweisen)

Gerland, E.: Bericht über den historischen Theil der internationalen Ausstellung wissenschaftlicher Apparate in London im Jahre 1876, in: A. W. Hofmann (Hg.): Bericht über die wissenschaftlichen Apparate auf der Londoner internationalen Ausstellung im Jahre 1876, Druck und Verlag von Friedrich Vieweg und Sohn, Braunschweig 1881, Seiten 1–119

Germain, Pierre: Recherches en cours à l'Unversité de Bruxelles, in: Joseph Pérès (Hg.): Les machines à calculer et la pensée humaine, Paris, 8–13 janvier 1951, Colloques internationaux du Centre national de la recherche scientifique, Nr. 37, Editions du Centre national de la recherche scientifique (CNRS), Paris 1953, Seiten 73–85

Gersten, Christian-Ludovicus: The description and use of an arithmetical machine, in: Philosophical transactions of the Royal society of London, Band 39, 1735–1736, Seiten 79–97

Gertner, Jon: The idea factory. Bell Labs and the great age of American innovation, Penguin press, New York 2012, VI, 422 Seiten

Gessler, Nicholas: The computerman, the cryptographer and the physicist, in: S. Barry Cooper; Jan van Leeuwen (Hg.): Alan Turing. His work and impact, Elsevier, Amsterdam, Boston usw. 2013, Seiten 521–530

Gessner, Samuel; Hashagen, Ulf; Pfeiffer, Jeanne; Tournès, Dominique: Mathematical instruments between material artifacts and ideal machines: Their scientific and social role before 1950, in: Oberwolfach report,No. 58/2017, Seiten 3471–3560, DOI: 10.4171/OWR/2017/58

Gibbs-Smith, C. H.: The great exhibition of 1851, Her Majesty's stationery office, London, 2., verbesserte und erweiterte Auflage 1964, 146 Seiten (Weltausstellung)

Giedion, Siegfrid [1970]: Mechanization takes command. A contribution to anonymous history, Oxford University Press, New York 1970, XIV, 743 Seiten

Giedion, Sigfried [1994]: Die Herrschaft der Mechanisierung. Ein Beitrag zur anonymen Geschichte, Europäische Verlagsanstalt, Hamburg 1994, XXVI, 831 Seiten

Gilain, Christian; Guilbaud, Alexandre (Hg.): Sciences mathématiques, continuités et ruptures 1750–1850, CNRS éditions, Paris 2015, 560 Seiten

Gilbey, John: The ABC of computing. An engaging biography of John Atanasoff reveals the obscure origins of the computer, in: Nature, Band 468, 9. Dezember 2010, Seiten 760–761

Gill, S.: Neue Wege beim Bau von Großrechenanlagen, in: Elektronische Rechenanlagen, Band 3, 1961, Heft 2, Seiten 81–83

Gille, Bertrand: Histoire des techniques. Technique et civilisations. Technique et sciences, Encyclopédie de la Pléiade, Editions Gallimard, Paris 1978, XVII, 1652 Seiten

Gillert, H.: Magnetostatische Schnellspeicher, in: Ludwig Biermann (Hg.): Vorträge über Rechenanlagen. Gehalten in Göttingen, 19.–21. März 1953, Max-Planck-Institut für Physik, Göttingen 1953, Seiten 81–88

Giloi, Wolfgang K. [1984]: Die Entwicklung der Rechnerarchitektur von der von-Neumann-Maschine bis zu den Rechnern der „fünften Generation", in: Elektronische Rechenanlagen, Band 26, 1984, Heft 2, Seiten 55–70

Giloi, Wolfgang K. [1993]: Rechnerarchitektur, Springer-Verlag, Berlin, Heidelberg usw., 2., vollständig überarbeitete Auflage 1993, XXI, 482 Seiten

Giloi, Wolfgang K. [1996]: Die Ungnade der frühen Geburt. Vortrag, gehalten am 12.12.1996 in memoriam Konrad Zuse, 12 Seiten

Giloi, Wolfgang K. [1997]: Konrad Zuse's Plankalkül. The first high-level, „non von Neumann" programming language, in: IEEE Annals of the history of computing, Band 19, 1997, Heft 2, Seiten 17–24

Giloi, Wolfgang; Lauber, Rudolf: Analogrechnen. Programmierung, Arbeitsweise und Anwendung des elektronischen Analogrechners, Springer-Verlag, Berlin, Göttingen usw. 1963, XVI, 423 Seiten

Giorgione, Claudio; Canadelli, Elena; Beretta, Marco: Leonardo 1939. La costruzione del mito, Editrice bibliografica, Mailand 2019 (Roberto Guatelli)

Girbardt, Werner; Schmidt, Werner H. (Hg.): 2. Greifswalder Symposium zur Entwicklung der Rechentechnik, 12.–14. September 2003, Ernst Moritz Arndt Universität, Greifswald 2003, II, 171 Seiten (Mitteilungen zur Geschichte der Rechentechnik, 2003, Heft 3)

Girtanner, M. F. [1930a]: Die Telephonie, ihre Entwicklung und wirtschaftliche Bedeutung, in: Schweizerische Technische Zeitschrift, Band 5, 1930, Heft 29, Seiten 477–481

Girtanner, M. F. [1930b]: Die Telephonie, in: Schweizerische Technische Zeitschrift, Band 5, 1930, Heft 41, Seiten 645–650

Girtanner, M. F. [1931]: Die Telephonie, in: Schweizerische Technische Zeitschrift, Band 6, 1931, Heft 1, Seiten 1–8

Gisler, Johanna; Stettler, Niklaus: Hinweise zur Bearbeitung eines Firmenarchivs und wichtige konservatorische Maßnahmen, Schweizerisches Wirtschaftsarchiv, Basel, Oktober 2002, 15 Seiten

Giusti, Enrico: Touching the abstract. Mathematics at the museum, in: Newsletter of the European mathematical society, Nr. 87, März 2013, Seiten 23–27

Glade, Heinz; Manteuffel, Karl: Am Anfang stand der Abacus. Aus der Kulturgeschichte der Rechengeräte, Urania-Verlag, Leipzig, Jena, Berlin 1973, 238 Seiten

Glaschick, Rainer; Ryska, Norbert: Alan Turing und Deutschland: Berührungspunkte, in: Informatik-Spektrum, Band 35, 2012, Seiten 295–300

Glaser, L.: Patentschutz im In- und Auslande. 1. Theil: Europa, Verlag von Georg Siemens, Berlin 1899, 166 Seiten und 189 Seiten (Anhang)

Glauber, Ulrich [2010a]: Er war seiner Zeit zu weit voraus, in: Die Südostschweiz am Sonntag, 20. Juni 2010

Glauber, Ulrich [2010b]: Als die Computer laufen lernten, in: Zentralschweiz am Sonntag, Nr. 26, 27. Juni 2010, Seite 53

Gleitsmann, Rolf-Jürgen; Kunze, Rolf-Ulrich; Oetzel, Günther: Technikgeschichte, UVK Verlagsgesellschaft, Konstanz mbH 2009, 327 Seiten

Glogger, Beat (Hg.): Porträts von Menschen mit Ideen. Zürcher Pioniergeist, Lehrmittelverlag, Zürich 2014, 303 Seiten (Seiten 262–267: Niklaus Wirth)

Glubrecht, Hellmut: Elektrisches Rechengerät für Gleichungen höheren Grades, in: Zeitschrift für angewandte Physik, Band 1, 1950, Heft 1, Seiten 1–8

Gödel, Kurt [1931]: Über formal unentscheidbare Sätze der Principia mathematica und verwandter Systeme 1, in: Monatshefte für Mathematik und Physik, Band 38, 1931, Heft 1, Seiten 173–198

Gödel, Kurt [2000]: On formally undecidable propositions of Principia mathematica and related systems, in: Jean van Heijenoort (Hg.): From Frege to Gödel. A sourcebook in mathematical logic, 1879–1931, toexcel, San Jose, New York usw. 2000, Seiten 596–616

Godfrey, M. D.; Hendry, D. F.: The computer as von Neumann planned it, in: IEEE Annals of the history of computing, Band 15, 1993, Heft 1, Seiten 11–21

Goldbeck, Gustav: Technische Museen. Führer zu den Museen für die Geschichte von Naturwissenschaft, Technik, Gewerbe und Industrie in der Bundesrepublik Deutschland und West-Berlin, J. Fink Verlag, Stuttgart 1975, 70 Seiten

Goldfarb, Warren D. (Hg.): Jacques Herbrand: Logical writings, Reidel publishing company, Dordrecht, Holland 1971 IX, 312 Seiten

Goldstine, Adele K.: Report on the Eniac (Electronic numerical integrator and computer). Developed under the supervision of the Ordnance department, United States army, Washington, D.C., Technical manual, University of Pennsylvania, Moore school of electrical engineering, Philadelphia, Pennsylvania, 1. Juni 1946, Periscope Film LLC, Los Angeles, California 2012, XXXI, 432 Seiten

Goldstine, Herman Heine [1956]: Systematics of automatic electronic computers, in: Johannes Wosnik; Alwin Walther; Walter Hoffmann (Hg.): Elektronische Rechenmaschinen und Informationsverarbeitung. Nachrichtentechnische Fachberichte. Beihefte der NTZ, Band 4, 1956, Seiten 1–4

Goldstine, Herman Heine [1962]: Interrelations between computers and applied mathematics, in: Walter Hoffmann (Hg.): Digitale Informationswandler. Probleme der Informationsverarbeitung in ausgewählten Beiträgen, Friedrich Vieweg, Braunschweig 1962, Seiten 212–226

Goldstine, Herman Heine [1993]: The computer from Pascal to von Neumann, Princeton university press, Princeton, New Jersey 1993, XII, 378 Seiten (Nachdruck von 1972)

Goldstine, Herman Heine, Goldstine, Adele K [1946]: The electronic numerical integrator and computer (Eniac), in: Mathematical tables and other aids to computation, Band 2, Juli 1946, Heft 15, Seiten 97–110

Goldstine, Herman Heine, Goldstine, Adele K [1982]: The electronic numerical integrator and computer (Eniac), in: Brian Randell (Hg.): The origins of digital computers. Selected papers, Springer-Verlag, Berlin, Heidelberg usw., 3. Auflage 1982, Seiten 359–373

Goldstine, Herman Heine; Goldstine, Adele K. [1996]: The electronic numerical integrator and computer (Eniac), in: IEEE Annals of the history of computing, Band 18, 1996, Heft 1, Seiten 10–16

Goldstine, Herman Heine; von Neumann, John [1987a]: Planning and coding of problems for an electronic computing instrument, in: William Aspray; Arthur Walter Burks (Hg.): Papers of John von Neumann on computing and computer theory, MIT press, Cambridge, Massachusetts, London 1987, Seiten 151–306 (Erstveröffentlichung 1947)

Goldstine, Herman Heine; von Neumann, John [1987b]: On the principles of large scale computing machines, in: William Aspray; Arthur Walter Burks (Hg.): Papers of John von Neumann on computing and computer theory, MIT press, Cambridge, Massachusetts, London 1987, Seiten 317–348 (Erstveröffentlichung 1947)

Gonella, Tito: Descrizione di due macchine aritmetiche per l'addizione, Tipografia Calasanziana, Florenz 1859, 37 Seiten

González del Valle; A.; Quintas Castañs, V.: Le tripole: son emploi pour la résolution immédiate de quelques problèmes trigonométriques, in: Joseph Pérès (Hg.): Les machines à calculer et la pensée humaine, Paris, 8–13 janvier 1951, Colloques internationaux du Centre national de la recherche scientifique, Nr. 37, Editions du Centre national de la recherche scientifique (CNRS), Paris 1953, Seiten 119–133

Good, Arthur: Les machines à calculer. Le multiplicateur automatique, in: La nature, Band 14, 1886, 2. Semester, Seiten 523–524

Good, Irving Jack [1979]: Early work on computers at Bletchley, in: Annals of the history of computing, Band 1, 1979, Heft 1, Seiten 38–48

Good, Irving Jack [1980]: Pioneering work on computers at Bletchley, in: Nicholas Constantine Metropolis; Jack Howlett; Gian-Carlo Rota (Hg.): A history of computing in the twentieth century. A collection of essays, Academic press, New York, London usw. 1980, Seiten 31–45

Good, Irving Jack [2006]: From hut 8 to the Newmanry, in: Brian Jack Copeland (Hg.): Colossus. The secrets of Bletchley Park's codebreaking computers, Oxford University Press, Oxford 2006, Seiten 204–222

Good, Irving Jack; Michie, Donald; Timms, Geoffrey: General report on Tunny. With emphasis on statistical methods, Bletchley Park 1945, 468 Seiten + Anhang (Freigabe im Juni 2000: Public record office, Kiew) (www.alan.turing.net/tunny_report)

Goodman, Michael K. J.: An introduction to the early development of mathematics, John Wiley & sons, Inc., Hoboken, New Jersey 2016, XV, 233 Seiten

Goodman, Seymour: The origins of digital computing in Europe, in: Communications of the ACM, Band 46, 2003, Heft 9, Seiten 21–25

Goodwin, E. T.: Mathematical tables, in: Michael Roy Williams; Martin Campbell-Kelly (Hg.): The early British computer conferences, MIT press, Cambridge, Massachusetts, London/Tomash publishers, Los Angeles, San Francisco 1989, Seiten 362–367

Gorgerat, Laurent; Lochman, Thomas: Das Schiffswrack von Antikythera im Kontext der antiken Meerestransporte, in: Antike Welt, 2015, Heft 5, Seiten 13–19 (Räderwerk von Antikythera)

Göring, Marlene: Begegnung mit einer unbekannten Art, in: National Geography, deutschsprachige Ausgabe, Juli 2017, Seiten 58–81 (künstliche Intelligenz)

Görke, Winfried [2008]: Über „Mailüfterl – eine Retrospektive" von Heinz Zemanek, in: it Information Technology, Band 50, 2008, Heft 4, Seiten 269–279

Görke, Winfried [2011]: Datum und Kalender. Von der Antike bis zur Gegenwart, Springer-Verlag, Berlin, Heidelberg 2011, X, 165 Seiten

Gosden, John A.: Market research applications on Leo, in: The computer journal, Band 3, 1960, Heft 3, Seiten 142–143

Goßlau, K.: Der Magnetkernspeicher, ein Schnellspeicher in Nachrichtenverarbeitungs-Systemen, sein Aufbau und seine Arbeitsweise, in: Regelungstechnik, Band 6, 1958, Heft 9, Seiten 315–319

Gotlieb, C. C.; Hume, J. N. P.: High-speed data processing, McGraw-Hill, New York 1958, XI, 338 Seiten

Gottwald, Siegfried; Ilgauds, Hans-Joachim; Schlote, Karl-Heinz (Hg.): Lexikon bedeutender Mathematiker, Bibliographisches Institut, Leipzig 1990, 504 Seiten

Götzke, Horst: Programmgesteuerte Rechenautomaten. Grundlagen, Aufbau, Arbeitsweise, Anwendungen für Digitalrechner, Analogrechner und Hybridsysteme, VEB Buchverlag, Leipzig, 3., völlig neu bearbeitete Auflage 1968, 303 Seiten

Goussinsky, B. [1937]: Zum Problem der algebraischen Multiplikation mittels der Rechenmaschine, in: Schweizerische Zeitschrift für Vermessungswesen und Kulturtechnik, Band 35, 1937, Heft 11, Seiten 258–260 (Madas)

Goussinsky, B. [1944]: Zum Problem der algebraischen Multiplikation mittels der Rechenmaschine, in: Schweizerische Zeitschrift für Vermessungswesen und Kulturtechnik, Band 42, 1944, Heft 11, Seiten 251–252 (Madas)

Government code and cypher school (Hg.): History of Bletchley Park huts and blocks 1939–1945, Bericht Nr. 18, Bletchley Park Trust, Bletchley Park, Milton Keynes, September 2009, 34 Seiten

Goyal, Amita: Women in computing: Historical roles, the perpetual glass ceiling, and current opportunities, in: IEEE Annals of the history of computing, Band 18, 1996, Heft 3, Seiten 36–42

Grable, Ross: Analysis of a Gilson circular rule, in: Journal of the Oughtred society, Band 7, 1998, Heft 1, Seiten 53–55 (Rechenscheibe)

Graef, Martin (Hg.): 350 Jahre Rechenmaschinen. Vorträge eines Festkolloquiums veranstaltet vom Zentrum für Datenverarbeitung der Universität Tübingen, Carl Hanser-Verlag, München 1973, 124 Seiten

Graham, Shawn; Milligan, Ian; Weingart, Scott: Exploring big historical data. The historian's macroscope, Imperial college press, London 2016, XXIII, 282 Seiten

Gram, Christian; Laaksonen, Tero; Ohlin, Tomas; Lawson, Harold (Bud); Skår, Rolf; Stangegaard, Ole: History of the Nordic computer industry, in: Janis Bubenko; John Impagliazzo; Arne Sølvberg (Hg.): History of Nordic computing. IFIP WG 9.7 first working conference on the history of Nordic computing (HiNC1), June 16–18, 2003, Trondheim, Norway, Springer science+business media, Inc., New York 2005, Seiten 179–190

Gram, Christian; Rasmussen, Per; Østergaard, Søren Duus (Hg.): History of Nordic computing 4. 4th IFIP WG 9.7 conference, HiNC 4, Copenhagen, Denmark, 13.–15. August 2014, revised selected papers, Springer, Cham, Heidelberg usw. 2015, XIV, 387 Seiten

Grams, Timm: So rechnen Zuse-Computer – und die heutigen auch. Ein Addierermodell des mechanischen Computers Z1, in: Informatik-Spektrum, Band 39, 2016, Seiten 449–458

Granichstaedten-Czerva, Rudolf: Peter Mitterhofer. Erfinder der Schreibmaschine, Verein deutschösterreichischer Ingenieure, Wien 1924, 54 Seiten

Grant, Edward; Murdoch, John Emery (Hg.): Mathematics and its applications to science and natural philosophy in the Middle Ages, Cambridge University Press, Cambridge, London usw. 1987, XII, 337 Seiten

Grant, Frederic Delano: The Chinese cornerstone of modern banking. The Canton guaranty system and the origins of bank deposit insturance 1780–1933, Koninklijke Brill NV, Leiden, Boston 2014, XVIII, 360 Seiten (Figurenautomaten von Timothy Williamson, England (bzw. Jaquet-Droz, Schweiz), Seite 66 (Peking); William Hughes, England, Seite 67 (Peking); Timothy Williamson, England, Seite 68 (Peking); James Cox, England, Seite 69 (New York))

Grant, Hardy; Kleiner, Israel: Turning points in the history of mathematics, Springer science+business media, New York, Heidelberg usw. 2015, IX, 109 Seiten

Grassmann, Winfried K.: A computer built with relays and a mechanical memory, and Algol, in: The Computer Journal, Band 55, 2012, Heft 11, Seiten 1309–1316 (British computer society)

Grattan-Guinness, Ivor [1992]: Charles Babbage as an algorithmic thinker, in: IEEE Annals of the history of computing, Band 14, 1992, Heft 3, Seiten 35–48

Grattan-Guinness, Ivor [1998]: The Fontana history of mathematical sciences. The rainbow of mathematics, Fontana press, London 1998, VIII, 817 Seiten

Gray, George T.; Smith, Ronald Q.: Unisys computers: An introductory history, o. O. 2008, IX, 286 Seiten (Selbstverlag)

Gray, Jeremy J. [2015]: The real and the complex. A history of analysis in the 19th century, Springer international publishing AG Switzerland, Cham, Heidelberg usw. 2015, XVI, 350 Seiten

Gray, Jeremy J. [2018]: A history of abstract algebra. From algebraic equations to modern algebra, Springer Nature Switzerland AG, Cham 2018, XXIV, 415 Seiten

Great exhibition of the works of industry of all nations, 1851. Official descriptive and illustrated catalogue, Spicer Brothers, London 1851, 4 Bände (Weltausstellung, London 1851; Band 3: Foreign states) (Ausstellungskatalog)

Green, Thomas J.:Bright boys: The Making of information technology, A. K. Peters, Ltd., Natick, Massachusetts 2010; XVI, 327 Seiten (Whirlwind; Vortragsliste der Moore-School: Seiten 65–67)

Greenberg, Joel: Gordon Welchman. Bletchley Park's architect of ultra intelligence, Frontline books, Barnsley, South Yorkshire, 2014, XVII, 286 Seiten
Greene, Laura: Computer pioneers, Franklin Watts, New York, London usw. 1985, VIII, 86 Seiten
Greenwald, Sidney; Haueter, R. C.; Alexander S. N.: Seac, in: Proceedings of the IRE, Band 41, 1953, Heft 10, Seiten 1300–1313
Greiner, Paul: Büromaschinen-Lexikon, Robert Göller Verlag, Baden-Baden, 7. Auflage 1963/64, 608 Seiten
Greis, Klaus (Hg.): Das Polar-Planimeter System Amsler. Von Neuhöfer & Sohn k. u. k. Hof-Mechaniker und Hof-Optiker Wien I. Kohlmarkt 8, Verlag edition greis, Moos am Bodensee 2011, XX, 12 Seiten (Beiträge zur Wissenschaftsgeschichte, Band 5, Erstveröffentlichung 1900)
Greis, Klaus [2012]: Über die Planimeter des Zürcher Instrumentenbauers Gottlieb Coradi und deren Rezension in zeitgenössischer Fachliteratur, Verlag edition greis, Moos am Bodensee 2012, 22 Seiten (Beiträge zur Wissenschaftsgeschichte, Band 7)
Greis, Klaus [2018a]: Der Rechenschieber für Wasserchemiker, System Dr. Janssen. Zur Geschichte eines Sonderrechenschiebers für die Qualitätskontrolle des Kesselwassers in Dampferzeugern, Verlag edition greis, Moos am Bodensee 2018, VIII, 54 Seiten
Greis, Klaus [2018b]: Der Turbinenrechenschieber System Ing. Holl. Zur Geschichte eines Sonderrechenschiebers für Leistungsberechnungen und zur Dimensionierung historischer Wasserturbinen, Verlag edition greis, Moos am Bodensee 2018, VIII, 126 Seiten
Greis, Klaus [2018c]: Lebensmitteltechnische Rechenschieber. Zur Geschichte von Sonderrechenschiebern und ihrer Anwendung bei der Herstellung und Verarbeitung von Nahrungs- und Lebensmitteln in Landwirtschaft, Gewerbe und Industrie, Verlag edition greis, Moos am Bodensee 2018, XI, 214 Seiten
Greison, Gabriella: Storie e vite di super donne che hanno fatto la scienza, Adriano Salani editore s.u.r.l., Mailand 2017, 128 Seiten (Grace Murray Hopper, Seiten 89–94, Ada Lovelace, Seiten 100–104)
Greve, Hermann J.: Entdeckung der binären Welt, in: Siemens Aktiengesellschaft (Hg.): Herrn von Leibniz' Rechnung mit Null und Eins, Siemens Aktiengesellschaft, Berlin, München, 3. Auflage 1979, Seiten 21–31
Grewe, K. Vermessungsgeräte der Römer, in: Vermessung, Photogrammetrie, Kulturtechnik, Band 89, 1991, Heft 11, Seiten 606–616
Grey, Christopher: Decoding organization. Bletchley Park, codebreaking and organization studies, Cambridge University Press, Cambridge usw. 2012, XVIII, 322 Seiten
Gribbin, John: Computing with quantum cats. From Colossus to qubits, Prometheus books, New York 2014, VII, 295 Seiten
Grier, David Alan [1996]: The Eniac, the verb „to program" and the emergence of digital computers, in: IEEE Annals of the history of computing, Band 18, 1996, Heft 1, Seiten 51–55
Grier, David Alan [2005]: When computers were human, Princeton university press, Princeton 2005, VIII, 411 Seiten
Grier, David Alan [2009]: To soon to tell. Essays for the end of the computer revolution, John Wiley & sons, Inc., Hoboken, New Jersey 2009, XIII, 238 Seiten
Grier, David Alan [2011]: Programming and planning, in: IEEE Annals of the history of computing, Band 33, 2011, Heft 1, Seiten 51–55
Griesing, C. J.: Rechenapparat, in: Zeitschrift für Instrumentenkunde, Band 4, 1884, Heft 9, Seite 331
Griffe, Maurice: De la carte perforée à l'ordinateur et internet – IBM, Editions tableaux synoptiques de l'histoire (T.S.H.), Le Cannet 2006, 40+16 Seiten
Gronau, Detlef: Die Logarithmen, von der Rechenhilfe über Funktionalgleichungen zur Funktion, in: Michael Toepell (Hg.): Mathematik im Wandel, Verlag Franzbecker, Hildesheim, Berlin 2001, Seiten 127–145 (Jost Bürgi, John Napier)

Gropp, Harald: Von Nebra nach Coligny: 1500 Jahre Mathematik und Astronomie vor Christi Geburt in Mitteleuropa, in: Magdalena Hykšová; Ulrich Reich (Hg.): Wanderschaft in der Mathematik, Dr. Erwin Rauner Verlag, Augsburg 2006, Seiten 110–119

Grosch, H. R. J.: (Hg.): Scientific computation forum. Proceedings, International Business Machines corporation, New York 1950, 126 Seiten (Tagungsband)

Großbölting, Thomas: „Im Reich der Arbeit". Die Repräsentation gesellschaftlicher Ordnung in den deutschen Industrie- und Gewerbeausstellungen 1790–1914, Oldenbourg Wissenschaftsverlag GmbH, München 2008, 518 Seiten (Französische Nationalausstellungen im Zeitraum von 1789 bis 1849, Seite 90; Erste Gewerbe- und Industrieausstellungen in den Staaten Europas (außer Deutschland), Seite 92; Industrie- und Gewerbeausstellungen in den deutschen Staaten und im Deutschen Reich 1790–1913, Seiten 439–458)

Grosse, Hugo: Historische Rechenbücher des 16. und 17. Jahrhunderts und die Entwicklung ihrer Grundgedanken bis zur Neuzeit, Dr. Martin Sändig oHG, Wiesbaden 1965, 183 Seiten

Großmann, Walter; Kahmen, Heribert: Vermessungskunde, Walter de Gruyter, Berlin, New York, 16., völlig neu bearbeitete und erweiterte Auflage 1985, 252 Seiten (u.a. Pantograf, Planimeter)

Grötzsch, Helmut u.a.: Staatlicher mathematisch-physikalischer Salon, Dresdner Zwinger, Staatlicher mathematisch-physikalischer Salon Dresden, 3. Auflage, o. J. (um 1990), 76 Seiten

Grötzsch, Helmut; Karpinski, Jürgen: Dresden. Mathematisch-physikalischer Salon, VEB E. A. Seeman Verlag, Leipzig 1978, 196 Seiten

Gruber, Maria: Der erste mechanische Taschenrechner, P. Aegid Everards Raptologica Neperiana, in: Naturwissenschaftliche Sammlungen Kremsmünster; Nr. 35, Januar 1997, Berichte des Anselm Desing-Vereins der Sternwarte Kremsmünster, Seiten 4–15

Gruber, Ralf; Keller, Vincent: HPC@green IT. Green high performance computing methods, Springer-Verlag, Berlin, Heidelberg 2010 (Kapitel 2: Historical highlights, Seiten 9 ff.)

Grudin, Jonathan: From tool to partner: The evolution of human-computer interaction, Morgan & Claypool publishers, San Rafael, Kalifornien 2017, XVII, 165 Seiten

Gruenberger, F. J.: The history of the Johnniac, in: Annals of the history of computing, Band 1, 1979, Heft 1, Seiten 49–64

Gruenberger, Fred: Comparison of American electric desk calculators, in: Mathematical tables and other aids to computation, Band 7, Juli 1953, Heft 43, Seiten 207–209

Grundlehner, Werner: Reuge macht eine alte Technlogie wieder modern. Mit Musikdosen aus Sainte-Croix werden Wohlhabende, die schon „alles haben", angesprochen, in: Neue Zürcher Zeitung, Nr. 160, 14. Juli 2015, Seite 25

Grunewald, Hans Jürgen: Beitrag der Zeiss-Werke in Jena und Saalfeld zur Entwicklung der Rechentechnik in der DDR, in: Friedrich Naumann; Gabriele Schade (Hg.): Informatik in der DDR – eine Bilanz. Tagungsband zu den Symposien 7. bis 9. Oktober 2004 in Chemnitz, 11. bis 12. Mai 2006 in Erfurt, Gesellschaft für Informatik, Bonn 2006, Seiten 140–146

gsz.: Die Computertechnologie der alten Griechen. Das Geheimnis des Antikythera-Mechanismus gelüftet?, in: Neue Zürcher Zeitung, Nr. 143, 23. Juni 2006, Seite 71

gu.: Das größte Computersystem der Schweiz. Ankunft der Maschinen für das Rechenzentrum der ETH, in: Neue Zürcher Zeitung, 9. Juni 1970, Mittagausgabe, Nr. 261, Seite 25

Guderian, Dietmar (Hg.): Technik und Kunst, VDI-Verlag GmbH, Düsseldorf 1994, XVIII, 541 Seiten (Technik und Kultur, Band 7)

Guerraggio, Angelo; Mattaliano, Maurizio; Nastasi, Pietro (Hg.) [2008]: L'IAC e l'affaire Unesco: i documenti, Università commerciale Luigi Bocconi, Centro Pristem, Mailand 2008, V, 232 Seiten (Pristem storia, Band 21/22) (Pristem = progetto ricerche storiche e metodologiche) (Unesco-Rechenzentrum)

Guerraggio, Angelo; Mattaliano, Maurizio; Nastasi, Pietro (Hg.) [2010]: Per l'archivio della corrispondenza dei matematici italiani. La „lunga marcia" di Mauro Picone (1885–1977), Università commerciale Luigi Bocconi, Centro Pristem, Palermo 2010, XVIII, 390 Seiten (Quaderni Pristem, Band 15) (Pristem = progetto ricerche storiche e metodologiche) (mit Briefwechsel u.a. von Corrado Böhm)

Gugerli, David: Wie die Welt in den Computer kam. Zur Entstehung digitaler Wirklichkeit, S. Fischer Verlag GmbH, Frankfurt am Main 2018, 251 Seiten

Gugerli, David; Zetti, Daniela: Computergeschichte als Irritationsquelle, in: Martina Heßler; Heike Weber (Hg.): Provokationen der Technikgeschichte. Zum Reflextionszwang historischer Forschung, Verlag Ferdinand Schöningh, Paderborn 2019, Seiten 193–228

Gullberg, Jan: Mathematics. From the birth of numbers, W. W. Norton & company, New York, London 1997, XXIII, 1093 Seiten (Abschnitt „Simple calculating devices", Seiten 168–182)

Gumin, Heinz [1959]: Prinzipien und Grundbausteine für digitales Rechnen, in: Regelungstechnik, Band 7, 1959, Heft 2, Seiten 41–43

Gumin, Heinz [1979]: Die mathematischen Grundlagen der Dualzahlen und ihre Bedeutung für die Technik der Datenverarbeitung, in: Siemens Aktiengesellschaft (Hg.): Herrn von Leibniz' Rechnung mit Null und Eins, Siemens Aktiengesellschaft, Berlin, München, 3. Auflage 1979, Seiten 33–39

Gumm, Heinz-Peter; Sommer, Martin: Einführung in die Informatik, Oldenbourg Verlag, München, 10. vollständig überarbeitete Auflage 2013, XXIV, 888 Seiten

Günther, Siegmund [1876]: Vermischte Untersuchungen zur Geschichte der mathematischen Wissenschaften, Druck und Verlag von B. G. Teubner, Leipzig 1876, VIII, 356 Seiten

Günther, Siegmund [1908]: Geschichte der Mathematik, Teil 1: Von den ältesten Zeiten bis Cartesius, G. J. Göschen'sche Verlagshandlung, Leipzig 1908, VII, 427 Seiten

Günther, Siegmund [1917]: Geschichte der Naturwissenschaften, Druck und Verlag von Philipp Reclam jun., Leipzig, 3. Auflage 1917, 136 Seiten (Band 2, Teil 1)

Günther, Siegmund [1919]: Geschichte der Naturwissenschaften, Druck und Verlag von Philipp Reclam jun., Leipzig, 3. Auflage 1919, 290 Seiten (Band 2, Teil 2)

Güntsch, Fritz Rudolf [1957]: Logischer Entwurf eines digitalen Rechengerätes mit mehreren asynchron laufenden Trommeln und automatischem Schnellspeicherbetrieb, Technische Universität Berlin 1957, VI, 57 Seiten (Dissertation)

Güntsch, Fritz Rudolf [2004]: Konrad Zuse und das Konzept des Universalrechners, in: Hans Dieter Hellige (Hg.): Geschichten der Informatik. Visionen, Paradigmen, Leitmotive, Springer-Verlag, Berlin, Heidelberg 2004, Seiten 43–59

Güntsch, Fritz Rudolf; Schneider, H.-J.: Einführung in die Programmierung digitaler Rechenautomaten, Gruyter, Berlin, 3., völlig neu bearbeitete Auflage 1972, 320 Seiten

Gunzinger, Anton: Wer rechnet schneller? ...die Zürcher Supercomputing Systems!, in: Franz Betschon; Stefan Betschon; Jürg Dominik Lindecker; Willy Schlachter (Hg.): Ingenieure bauen die Schweiz. Technikgeschichte aus erster Hand, Band 1, Verlag Neue Zürcher Zeitung, Zürich, 2., überarbeitete Auflage 2014, Seiten 462–473

Guo, Fu Xiang; Guan, Xue Ling: Les collections de Jaquet-Droz au musée de la Cité interdite, in: Nicole Bosshart (Hg.): Automates et merveilles. Merveilleux mouvements... surprenantes mécaniques, Editions Alphil, Neuenburg 2012, Seiten 45–49

Gürer, Denise W. [1995]: Pioneering women in computer science, in: Communications of the ACM, Band 38, 1995, Heft 1, Seiten 45–54

Gürer, Denise W. [1996]: Women's contributions to early computing at the National Bureau of Standards, in: IEEE Annals of the history of computing, Band 18, 1996, Heft 3, Seiten 29–35

Gurjar, L. V.: Ancient Indian mathematics and Vedha, Continental book service, Poona 1947, VI, 202 Seiten

Gustafson, John: Reconstruction of the Atanasoff-Berry computer, in: Raúl Rojas, Ulf Hashagen (Hg.): The first computers – history and architectures, MIT press, Cambridge, Massachusetts, London 2000, Seiten 91–106

Gustafsson, Bertil: Scientific computing. A historical perspective, Springer international publishing AG, Cham 2018, XIII, 253 Seiten

Gutknecht, Martin H. [1990]: The pioneer days of scientific computing in Switzerland, in: A history of scientific computing (Princeton, New Jersey, 1987), ACM press, New York 1990, Seiten 301–313

Gutknecht, Martin H. [2010]: Numerical analysis in Zurich – 50 years ago, in: Bruno Colbois; Christine Riedtmann; Viktor Schroeder (Hg.): math.ch/100. Schweizerische Mathematische Gesellschaft 1910–2010, European Mathematical Society, Zürich 2010, Seiten 279–290

Gutknecht, Martin H. [2012]: Der Aufschwung des wissenschaftlichen Rechnens, in: Herbert Bruderer (Hg.): Konrad Zuse und die Schweiz. Wer hat den Computer erfunden?, Oldenbourg-Verlag, München 2012, Seiten 115–116

Guye, Samuel; Michel, Henri [1970]: Mesures du temps et de l'espace. Horloges, montres et instruments anciens, Office du livre, Freiburg i. Ü. 1970, 292 Seiten

Guye, Samuel; Michel, Henri [1971]: Uhren und Messinstrumente des 15. bis 19. Jahrhunderts, Orell Füssli Verlag, Zürich 1971, 298 Seiten

H

Haag, Sabine (Hg.): Meisterwerke der Kunstkammer Wien, Kunsthistorisches Museum, Wien 2013, 239 Seiten

Haag-Streit AG (Hg.): Damit von Anfang an höchste Präzision gewährleistet ist: Haag-Streit Koordinatographen, Haag-Streit AG, Liebefeld-Bern, o. J., 20 Seiten

Haag-Streit AG (Hg.): Hamatic. Koordinatograph mit Datenausgabe, Haag-Streit AG, Liebefeld-Bern, o. J., 8 Seiten

Haag-Streit AG (Hg.): Produktgeschichte Koordinatographen. Präzise Auftragsgeräte für Vermessung und Industrie, Haag-Streit AG, Köniz, o. J., Sonderdruck, Seiten 134–151

Haas, Franz: Kern-Geschichten, Sammlung Kern, Stadtmuseum, Aarau 2012, 132 Seiten

Habacher, Maria: Mathematische Instrumentenmacher, Mechaniker, Optiker und Uhrmacher im Dienste des Kaiserhofes in Wien (1630–1750), in: Blätter für Technikgeschichte, Heft 22, 1960, Seiten 5–80 (u.a. Antonius Braun)

Habel, Thilo; Wiederkehr, Stefan: Sammlungen und Archive der ETH Zürich. Wissenschaftliches Erbe für die Forschung der Zukunft, ETH-Bibliothek, Zürich, 3. Auflage 2015, 49 Seiten

Haber, Peter (Hg.): Computergeschichte Schweiz. Eine Bestandesaufnahme, Chronos-Verlag, Zürich 2009, 226 Seiten (Geschichte und Informatik, Band 17)

Haddad, Jerrier A.: 701 recollections, in: Annals of the history of computing, Band 5, 1983, Heft 2, Seiten 118–124

Haeff, Andrew V.: The memory tube and its application to electronic computation, in: Mathematical tables and other aids to computation, Band 3, Oktober 1948, Heft 24, Seiten 281–286

Haerpfer, Alfred: Die Rechenmaschine „Mercedes", in: Zeitschrift für Vermessungswesen, Band 38, 1909, Heft 22, Seiten 572–584

Haertel, Peter [1996]: Die Klassifikation mechanischer Rechenmaschinen, in: Historische Bürowelt, März 1996, Heft 45, Seiten 6–43

Haertel, Peter [1997]: Begriffe und Merkmale der Druckeinrichtungen mechanischer Rechenmaschinen, in: Historische Bürowelt, 1997, Heft 50, Seiten 13–25

Haertel, Peter [2000a]: Begriffe und Merkmale der Antriebseinrichtungen mechanischer Rechenmaschinen, in: Historische Bürowelt, 2000, Heft 57, Seiten 17–22 (Teil 1)

Haertel, Peter [2000b]: Begriffe und Merkmale der Antriebseinrichtungen mechanischer Rechenmaschinen, in: Historische Bürowelt, 2000, Heft 58, Seiten 16–22 (Teil 2)

Haertel, Peter [2001]: Begriffe und Merkmale der Antriebseinrichtungen mechanischer Rechenmaschinen, in: Historische Bürowelt, 2001, Heft 59, Seiten 14–16 (Teil 3)

Haertel, Peter [2003a]: Konstruktionsmerkmale der letzten mechanischen Rechenmaschine. Olympia Modell AM, in: Historische Bürowelt, April 2003, Heft 64, Seiten 13–15

Haertel, Peter [2003b]: Rückblick auf mechanische Rechenmaschinen. Ausbildung und Arbeit der Konstrukteure, in: Historische Bürowelt, September 2003, Heft 65, Seiten 8–12 (Teil 1)

Haertel, Peter [2003c]: Rückblick auf mechanische Rechenmaschinen. Ausbildung und Arbeit der Konstrukteure, in: Historische Bürowelt, Dezember 2003, Heft 66, Seiten 9–14 (Teil 2)

Haertel, Peter [2004a]: Konstruktionsmerkmale der einzigen mechanischen Rechenmaschine aus Finnland. Additionsmaschine Merca 11 E, in: Historische Bürowelt, April 2004, Heft 67, Seiten 12–15 (Teil 1)

Haertel, Peter [2004b]: Konstruktionsmerkmale der einzigen mechanischen Rechenmaschine aus Finnland. Additionsmaschine Merca 11 E, in: Historische Bürowelt, September 2004, Heft 68, Seiten 9–11 (Teil 2)

Haertel, Peter [2004c]: Die Rechenmaschinen der Mauser-Werke AG. Erfolg erst im zweiten Anlauf, in: Historische Bürowelt, Dezember 2004, Heft 69, Seiten 9–13

Haertel, Peter [2008]: Kleinrechenmaschinen der Mauser-Werke AG von 1939 und ihre Vermarktung im Nürnberg-Fürther Industriewerk NFI ab 1950. Kriegsfolgen zwingen zum Handeln, in: Historische Bürowelt, Juni 2008, Heft 78, Seiten 15–20

Haertel, Peter [2009]: Die Schweizer Rechenmaschine Millionär. Anmerkungen zur Maschinenleistung, Produktpflege und Fertigungseinstellung, Lilienthal, August 2009, 8 Seiten

Haertel, Peter [2011a]: Mit der Augsburger Maschine von 1949 beginnt eine erfolgreiche Laufbahn. Eugen Kuhn – Konstrukteur von Rechenmaschinen, in: Historische Bürowelt, April 2011, Heft 84, Seiten 7–11

Haertel, Peter [2011b]: Baureihen und Modelle mechanischer Rechenmaschinen der Olympia-Werke AG, Wilhelmshaven. Entwicklungsfolgen der Baureihen und Erklärungen zu den Modellbezeichnungen, in: Historische Bürowelt, September 2011, Heft 85, Seiten 3–10

Haertel, Peter [2011c]: Die Klassifizierung mechanischer Rechenmaschinen, in: Historische Bürowelt, Dezember 2011, Heft 86, Seiten 12–24

Haertel, Peter [2012a]: Die Fehlkonstruktion einer Rechenmaschine und ihre Folgen. Die ersten Mauser-Modelle von 1929, in: Historische Bürowelt, Juli 2012, Heft 88, Seiten 24–31

Haertel, Peter [2012b]: Mechanische Kleinbuchungsmaschinen. Einsatz, technische Merkmale, in: Historische Bürowelt, Oktober 2012, Heft 89, Seiten 21–25

Haertel, Peter [2013]: Die Rechenfunktionen mechanischer Addier- und Saldiermaschinen, in: Historische Bürowelt, Dezember 2013, Heft 94, Seiten 8–13 (Teile 1 und 2)

Haertel, Peter [2014]: Die Rechenfunktionen mechanischer Addier- und Saldiermaschinen, in: Historische Bürowelt, April 2014, Heft 95, Seiten 24–27 (Teil 3)

Haertel, Peter [2015]: Von Fossa-Mancini bis Triumphator KA. Die Technik mechanischer Kleinrechenmaschinen mit Ziffernrollen-Rechenwerken und Mehrfach-Zählrollen, o. O., 2015, 25 Seiten, www.rechnerlexikon.de (mit Beschreibung von Addimat und Addipresto)

Haffter, Matthias [1959a]: Die automatische Programmierung digitaler Rechenautomaten, in: Neue Zürcher Zeitung, 18. Februar 1959, Mittagausgabe, Nr. 482 (20), Blatt 7 f. (Technik, Teil 1, Remington Rand Univac)

Haffter, Matthias [1959b]: Die automatische Programmierung digitaler Rechenautomaten, in: Neue Zürcher Zeitung, 18. Februar 1959, Mittagausgabe, Nr. 483 (21), Blatt 8 f. (Technik, Teil 2, Remington Rand Univac)

Häfliger, Lorenz u.a.: Beiträge der Schweiz zur Technik. Schweizerische Erfindungen von internationaler Bedeutung, Olynthus Verlag, Oberbözberg 1991, XI, 286 Seiten (u.a. Feinmechanik, Telekommunikation)

Hägermann, Dieter; Schneider, Helmuth: Landbau und Handwerk. 750 v. Chr. bis 1000 n. Chr., Verlag Ullstein GmbH, Frankfurt, Berlin 1991, 544 Seiten (Wolfgang König (Hg.): Propyläen Technikgeschichte, Band 1) (Abschnitte: Automatentechnik in Alexandria, Seiten 202–207; Technik in der römischen Literatur, Seiten 298–300)

Haigh, Thomas (Hg.): Exploring the early digital, Springer Nature Switzerland AG, Cham 2019, XII, 203 Seiten (Tagungsband)

Haigh, Thomas [2001]: Inventing information systems: The systems men and the computer, 1950-1968, in: Business history review, Band 75, 2001, Heft 1, Seiten 15–61

Haigh, Thomas [2004a]: The history of computing: An introduction for the computer scientist, in: Atsushi Akera; William Aspray (Hg.): Using history to teach computer science and related disciplines, Computing research association, Washington, D.C. 2004, Seiten 5–26

Haigh, Thomas [2004b]: Key resources in the history of computing, in: Atsushi Akera; William Aspray (Hg.): Using history to teach computer science and related disciplines, Computing research association, Washington, D.C. 2004, Seiten 279–293

Haigh, Thomas [2012]: Historical reflections. Seven lessons from bad history, in: Communications of the ACM, Band 55, 2012, Heft 9, Seiten 26–29

Haigh, Thomas [2013a]: "Stored program concept" considered harmful: History and historiography, in: Paola Bonizzoni; Vasco Brattka, Benedikt Löwe (Hg.): The nature of computation. Logic, algorithms, applications, 9th conference on computability in Europe, CiE 2013, Mailand, Italien, Juli 2013, Proceedings, Springer-Verlag, Berlin, Heidelberg 2013, Seiten 241–251 (Tagungsband)

Haigh, Thomas [2013b]: Historical reflections. Five lessons from really good history, in: Communications of the ACM, Band 56, 2013, Heft 1, Seiten 37–40

Haigh, Thomas [2013c]: Historical reflections. Software and souls; programs and packages, in: Communications of the ACM, Band 56, 2013, Heft 9, Seiten 31–34

Haigh, Thomas [2014]: Historical reflections. Actually, Turing did not invent the computer. Separating the origins of computer science and technology, in: Communications of the ACM, Band 57, 2014, Heft 1, Seiten 36–41

Haigh, Thomas [2015a]: Historical reflections. The tears of Donald Knuth. Has the history of computing taken a tragic turn?, in: Communications of the ACM, Band 58, 2015, Heft 1, Seiten 40–44

Haigh, Thomas [2015b]: Historical reflections. Innovators assemble: Ada Lovelace, Walter Isaacson, and the superheroines of computing, in: Communications of the ACM, Band 58, 2015, Heft 9, Seiten 20–27

Haigh, Thomas [2017]: Historical reflections. Colossal genius: Tutte, Flowers, and a bad imitation of Turing. Reflections on pioneering code-breaking efforts, in: Communications of the ACM, Band 60, 2017, Heft 1, Seiten 29–35

Haigh, Thomas [2018a]: Historical reflections. Defining American greatness: IBM from Watson to Trump, in: Communications of the ACM, Band 61, 2018, Heft 1, Seiten 32–37

Haigh, Thomas [2018b]: Thomas Harold ("Tommy") Flowers: Designer of the Colossus codebreaking machines, in: IEEE Annals of the history of computing, Band 40, 2018, Heft 1, Seiten 72–82

Haigh, Thomas [2019a]: Historical reflections. Hey Google, what's a moonshot? How Silicon Valley mocks Apollo. Fifty years on, NASA's expensive triumph is a widely misunderstood model for spectacular innovation, in: Communications of the ACM, Band 62, 2019, Heft 1, Seiten 24–30

Haigh, Thomas [2019b]: Assembling a prehistory for formal methods: a personal view, in: Formal aspects of computing, Band 31, 2019, Seiten 663–674

Haigh, Thomas; Kaplan, Elisabeth; Seib, Carrie: Sources for ACM history: What, where, why, in: Communications of the ACM, Band 50, 2007, Heft 5, Seiten 37–41

Haigh, Thomas; Priestley, Mark [2016]: Historical reflections. Where code comes from: Architectures of automatic control from Babbage to Algol, in: Communications of the ACM, Band 59, 2016, Heft 1, Seiten 39–44

Haigh, Thomas; Priestley, Mark [2018]: Colossus and programmability, in: IEEE Annals of the history of computing, Band 40, 2018, Heft 4, Seiten 5–27

Haigh, Thomas; Priestley, Mark [2020]: Historical reflections. Von Neumann thought Turing's universal machine was 'simple and neat.' But that didn't tell him how to design a computer, in: Communications of the ACM, Band 63, Januar 2020, Heft 1, Seiten 26–32

Haigh, Thomas; Priestley, Mark; Rope, Crispin [2014a]: Reconsidering the stored-program concept, in: IEEE Annals of the history of computing, Band 36, 2014, Heft 1, Seiten 4–17 (Speicherprogramm)

Haigh, Thomas; Priestley, Mark; Rope, Crispin [2014b]: Engineering „The miracle of the modern Eniac": Implementing the modern code paradigm, in: IEEE Annals of the history of computing, Band 36, 2014, Heft 2, Seiten 41–59

Haigh, Thomas; Priestley, Mark; Rope, Crispin [2014c]: Los Alamos bets on Eniac: Nuclear Monte Carlo simulations, 1947–1948, in: IEEE Annals of the history of computing, Band 36, 2014, Heft 3, Seiten 42–63

Haigh, Thomas; Priestley, Mark; Rope, Crispin [2016]: Eniac in action. Making and remaking the modern computer, MIT press, Cambridge, Massachuesetts, London 2016, XVII, 341 Seiten

Halacy, Dan S. [1962]: Computers – The machines we think with, Harper & Row publishers, New York, Evanston, London 1962, VII, 279 Seiten

Halacy, Dan S. [1970]: Charles Babbage. Father of the computer, Crowell-Collier press, New York 1970, IV, 170 Seiten (Biografie)

Halkowich, Alfons [1912a]: Geschichte und Theorie der Rechenmaschinen, in: Der Mechaniker, Band 20, 1912, Heft 2, Seiten 13–15 (Teil 1)

Halkowich, Alfons [1912b]: Geschichte und Theorie der Rechenmaschinen, in: Der Mechaniker, Band 20, 1912, Heft 3, Seiten 27–28 (Teil 2)

Halkowich, Alfons [1912c]: Geschichte und Theorie der Rechenmaschinen, in: Der Mechaniker, Band 20, 1912, Heft 4, Seiten 41–42 (Teil 3)

Halkowich, Alfons [1912d]: Geschichte und Theorie der Rechenmaschinen, in: Der Mechaniker, Band 20, 1912, Heft 5, Seiten 54–56 (Teil 4)

Halkowich, Alfons [1912e]: Geschichte und Theorie der Rechenmaschinen, in: Der Mechaniker, Band 20, 1912, Heft 6, Seiten 64–66 (Teil 5)

Halkowich, Alfons [1912f]: Geschichte und Theorie der Rechenmaschinen, in: Der Mechaniker, Band 20, 1912, Heft 7, Seiten 75–77 (Teil 6)

Halkowich, Alfons [1912g]: Geschichte und Theorie der Rechenmaschinen, in: Der Mechaniker, Band 20, 1912, Heft 8, Seiten 90–92 (Teil 7)

Halkowich, Alfons [1912h]: Geschichte und Theorie der Rechenmaschinen, in: Der Mechaniker, Band 20, 1912, Heft 9, Seiten 101–102 (Teil 8)

Halkowich, Alfons [1912i]: Geschichte und Theorie der Rechenmaschinen, in: Der Mechaniker, Band 20, 1912, Heft 10, Seiten 116–117 (Teil 9)

Halkowich, Alfons [1912j]: Praktische Einrichtung und Verwendung der Rechenmaschinen, in: Der Mechaniker, Band 20, 1912, Heft 15, Seiten 169–172 (Teil 1)

Halkowich, Alfons [1912k]: Praktische Einrichtung und Verwendung der Rechenmaschinen, in: Der Mechaniker, Band 20, 1912, Heft 16, Seiten 183–186 (Teil 2)

Halkowich, Alfons [1912l]: Praktische Einrichtung und Verwendung der Rechenmaschinen, in: Der Mechaniker, Band 20, 1912, Heft 17, Seiten 196–197 (Teil 3)

Halkowich, Alfons [1912m]: Praktische Einrichtung und Verwendung der Rechenmaschinen, in: Der Mechaniker, Band 20, 1912, Heft 18, Seiten 210–211 (Teil 4)

Halkowich, Alfons [1912n]: Praktische Einrichtung und Verwendung der Rechenmaschinen, in: Der Mechaniker, Band 20, 1912, Heft 19, Seiten 224–225 (Teil 5)

Halkowich, Alfons [1912o]: Praktische Einrichtung und Verwendung der Rechenmaschinen, in: Der Mechaniker, Band 20, 1912, Heft 20, Seiten 233–234 (Teil 6)

Halkowich, Alfons [1912p]: Praktische Einrichtung und Verwendung der Rechenmaschinen, in: Der Mechaniker, Band 20, 1912, Heft 21, Seiten 244–246 (Teil 7)

Halkowich, Alfons [1912q]: Praktische Einrichtung und Verwendung der Rechenmaschinen, in: Der Mechaniker, Band 20, 1912, Heft 22, Seiten 257–258 (Teil 8)

Halkowich, Alfons [1913a]: Praktische Einrichtung und Verwendung der Rechenmaschinen, in: Der Mechaniker, Band 21, 1913, Heft 1, Seiten 3–5 (Teil 9)

Halkowich, Alfons [1913b]: Praktische Einrichtung und Verwendung der Rechenmaschinen, in: Der Mechaniker, Band 21, 1913, Heft 2, Seiten 15–20 (Teil 10)

Halkowich, Alfons [1913c]: Praktische Einrichtung und Verwendung der Rechenmaschinen, in: Der Mechaniker, Band 21, 1913, Heft 3, Seiten 27–30 (Teil 11)

Halkowich, Alfons [1913d]: Praktische Einrichtung und Verwendung der Rechenmaschinen, in: Der Mechaniker, Band 21, 1913, Heft 4, Seiten 40–41 (Teil 12)

Halkowich, Alfons [1913e]: Praktische Einrichtung und Verwendung der Rechenmaschinen, in: Der Mechaniker, Band 21, 1913, Heft 5, Seiten 52–54 (Teil 13)

Halkowich, Alfons [1913f]: Praktische Einrichtung und Verwendung der Rechenmaschinen, in: Der Mechaniker, Band 21, 1913, Heft 6, Seiten 62–64 (Teil 14)

Halkowich, Alfons [1913g]: Praktische Einrichtung und Verwendung der Rechenmaschinen, in: Der Mechaniker, Band 21, 1913, Heft 7, Seiten 76–77 (Teil 15)

Halkowich, Alfons [1913h]: Praktische Einrichtung und Verwendung der Rechenmaschinen, in: Der Mechaniker, Band 21, 1913, Heft 8, Seiten 89–92 (Teil 16)

Halkowich, Alfons [1913i]: Praktische Einrichtung und Verwendung der Rechenmaschinen, in: Der Mechaniker, Band 21, 1913, Heft 9, Seiten 100–102 (Teil 17)

Halkowich, Alfons [1913j]: Praktische Einrichtung und Verwendung der Rechenmaschinen, in: Der Mechaniker, Band 21, 1913, Heft 10, Seiten 113–114 (Teil 18)

Halkowich, Alfons [1913k]: Praktische Einrichtung und Verwendung der Rechenmaschinen, in: Der Mechaniker, Band 21, 1913, Heft 11, Seiten 123–124 (Teil 19)

Halkowich, Alfons [1913l]: Praktische Einrichtung und Verwendung der Rechenmaschinen, in: Der Mechaniker, Band 21, 1913, Heft 12, Seiten 135–136 (Teil 20)

Halkowich, Alfons [1913m]: Praktische Einrichtung und Verwendung der Rechenmaschinen, in: Der Mechaniker, Band 21, 1913, Heft 13, Seiten 148–150 (Teil 21)

Halkowich, Alfons [1913n]: Praktische Einrichtung und Verwendung der Rechenmaschinen, in: Der Mechaniker, Band 21, 1913, Heft 14, Seiten 160–161 (Teil 22)

Haller, Jakob: Elektronische Data Processing Centers, in: Neue Zürcher Zeitung, 15. Mai 1958, Auffahrtsausgabe, Nr. 1413 (67), Blatt 5 f. (Technik, Magnettrommelrechner IBM 650)

Hally, Mike: Electronic brains. Stories from the dawn of the computer age, Joseph Henry press, Washington, D.C. 2005, XXIII, 275 Seiten

Halsted, David G.: The origins of thearchitectural metaphor in computing: Design and technology at IBM, 1957–1964, in: IEEE Annals of the history of computing, Band 40, 2018, Heft 1, Seiten 61–70

Haltern, Utz: Die Londoner Weltausstellung von 1851. Ein Beitrag zur Geschichte der bürgerlich-industriellen Gesellschaft im 19. Jahrhundert, Verlag Aschendorff, Münster 1971, VII, 397 Seiten

Hambly, Maya: Drawing instruments 1580–1980, Sotheby's publications/Philip Wilson publishers Ltd., London 1988, 206 Seiten (u.a. Proportionalwinkel, Reduktionszirkel, Pantografen)

Hamel, Jürgen; Korey, Michaei (Hg.): Weiter sehen, Wissenschaftlicher Verlag Harri Deutsch GmbH, Frankfurt am Main 2012, 342 Seiten (Kapitel „Die Sammlung der wissenschaftlichen

Instrumente des Kulturhistorischen Museums der Hansestadt Stralsund (Sammlungskatalog)“, Seiten 273–320 [heute Stralsund Museum]
Hamilton, Frank E.; Kubie, E. C.: The IBM magnetic drum calculator type 650, in: Journal of the Association for computing machinery, Band 1, 1954, Heft 1, Seiten 13–20
Hammer, Ernst [1886]: Der drehbare Rechenschieber, in: Zeitschrift für Vermessungswesen, Band 15, 1886, Heft 15, Seiten 382–385 (Rechenrad von A. Beyerlen)
Hammer, Ernst [1891a]: Über einige neue Formen des logarithmischen Rechenschiebers, in: Zeitschrift für Vermessungswesen, Band 20, 1891, Heft 16, Seiten 433–441
Hammer, Ernst [1891b]: Bemerkung über Schickart, in: Zeitschrift für Vermessungswesen, Band 20, 1891, Heft 23, Seiten 634–635
Hammer, Ernst [1896]: Das Hamann’sche Polarplanimeter, in: Zeitschrift für Instrumentenkunde, Band 16, 1896, Heft 12, Seiten 361–366
Hammer, Ernst [1906]: Einige Wünsche zur Rechenmaschine „Gauß“, in: Zeitschrift für Vermessungswesen, Band 35, 1906, Heft 19, Seiten 499–500
Hammer, Ernst [1909]: Die Daemen-Schmid’sche Rechenwalze, in: Zeitschrift für Vermessungswesen, Band 38, 1909, Heft 35, Seiten 909–912 (Loga-Rechenwalze)
Hammer, Ernst [1911]: Lehrbuch der elementaren praktischen Geometrie (Vermessungskunde), Band 1, Druck und Verlag von B. G. Teubner, Leipzig, Berlin 1911, XIX, 766 Seiten (Planimeter: Seiten 211–239; Rechenschieber und Rechenmaschinen: Seiten 180–187)
Hammer, Ernst [1921]: Rechenmaschinen, in: Ludwig Brauner; Victor Vogt (Hg.): Illustriertes Orga-Handbuch erprobter Büro-Maschinen, „Organisation“ Verlagsgesellschaft mbH, Berlin 1921, Seiten 201–212
Hammer, Ernst [1923b]: Der logarithmische Rechenschieber und sein Gebrauch. Eine elementare Anleitung zur Verwendung des Instruments für Studierende und für Praktiker, Verlag von Konrad Wittwer, Stuttgart, 6., durchgesehene Auflage 1923, X, 78 Seiten (mit Gebrauchsanweisung)
Hammer, Ernst [1923a]: Lehr- und Handbuch der ebenen und sphärischen Trigonometrie, J. B. Metzlersche Verlagsbuchhandlung, Stuttgart, 5., durchgesehene und erweiterte Auflage 1923, XIX, 679 Seiten
Hammerman, Robin; Russell, Andrew L. (Hg.): Ada’s legacy. Cultures of computing from the Victorian to the digital age, Association for computing machinery, New York/Morgan & Claypool publishers, San Rafael, Kalifornien 2016, XII, 249 Seiten
Hammerstein, Reinhold: Macht und Klang. Tönende Automaten als Realität und Fiktion in der alten und mittelalterlichen Welt, A. Francke AG Verlag, Bern 1986, 246 Seiten (Heron von Alexandria, Al Gazari, Athanasius Kircher)
Hamming, Richard W. [1968]: Calculus and the computer revolution, Houghton Mifflin company, Boston usw. 1968, X, 72 Seiten
Hamming, Richard W. [1980]: We would know what they thought when they did it, in: Nicholas Constantine Metropolis; Jack Howlett; Gian-Carlo Rota (Hg.): A history of computing in the twentieth century. A collection of essays, Academic press, New York, London usw. 1980, Seiten 3–9
Hanau, F.: Der elektronische Rechenlocher IBM 604, in: Mitteilungen, Band 1, 1954, Heft 8, Seiten 3–7 (Mathematisches Labor der Technischen Universität Wien)
Händler, Wolfgang: Rechner von A bis Z – von Antikythera bis Zuse, in: Informatik-Spektrum, Band 3, 1980, Seiten 105–112
Häne, Adrian: Cora-Assembler, Contraves AG, Zürich, 26. Oktober 1965, 38 Seiten
Hanewinkel, Lorenz: Die Konstruktion der Zuse Z22, Paderborn, o. J., 25 Seiten
Hänggi, Christoph E. [2005]: Musique de gare – Bahnhofautomaten der Schweiz, Museum für Musikautomaten, Seewen 2006, 32 Seiten (Ausstellungskatalog)

Hänggi, Christoph E. [2006]: Träumereien mit Musik. Die Automaten des Museums für Musikautomaten Seewen SO, Museum für Musikautomaten, Seewen 2006, 47 Seiten (Ausstellungskatalog)
Hänggi, Christoph E. [2011]: Wie von Geisterhand. Aus Seewen in die Welt. 100 Jahre Welte-Philharmonie-Orgel, Museum für Musikautomaten, Seewen 2011, 222 Seiten (Ausstellungskatalog)
Hänggi, Christoph E.: The golden age of the jukebox, Museum für Musikautomaten, Seewen SO, Bundesamt für Kultur, Seewen 2015, 31 Seiten
Hanhart, Joel: Computer-Pionier in Zürich, in: 20 Minuten, 18. Juni 2010, Seite 20 (Wissen)
Hankel, Hermann: Zur Geschichte der Mathematik in Alterthum und Mittelalter, Druck und Verlag von B. G. Teubner, Leipzig 1874, 410 Seiten
Hänni, F. [1960a]: Eine schweizerische Analogierechenmaschine. Die elektromechanischen Integrieranlagen IA 55 und IA 58, in: Neue Zürcher Zeitung, 20. Januar 1960, Mittagausgabe, Nr. 192 (5), Blatt 6 f. (Technik) (Teil 1) (Contraves)
Hänni, F. [1960b]: Eine schweizerische Analogierechenmaschine. Die elektromechanischen Integrieranlagen IA 55 und IA 58, in: Neue Zürcher Zeitung, 20. Januar 1960, Mittagausgabe, Nr. 193 (6), Blatt 7 (Technik) (Teil 2) (Contraves)
Hänseroth, Thomas (Hg.): Technik und Wissenschaft als produktive Kräfte in der Geschichte. Rolf Sonnemann zum 70. Geburtstag, Technische Universität Dresden, Dresden 1998, 236 Seiten (Abschnitte: Chancen und Realitäten der Entwicklung der Halbleitertechnik in der BRD und in der DDR (bis zum Beginn der 60er Jahre), Seiten 104–118; Informatik auf dem Prüfstand, Seiten 170–184)
Hansson, Sven Ove (Hg.): Technology and mathematics. Philosophical and historical investigations, Springer international publishing AG, Cham 2018, XII, 373 Seiten (Kapitel: Mathematics and technology before the modern era, Seiten 13–31; Mathematical and technological computability, Seiten 185–234)
Harbert, Egbert: Vermessungskunde, Band 1: Technischer Teil, Verlag der deutschen Arbeitsfront, Berlin 1939, IX, 311 Seiten (Abschnitt Rechenhilfsmittel, Seiten 275–304)
Harcourt-Smith, Simon: A catalogue of various clocks, watches, automata, and other miscellaneous objects of European workmanship dating from the XVIIIth and the early XIXth centuries, in the Palace Museum and the Wu Ying Tien, Peiping, Palace Museum, Peiping 1933, 32 Seiten + 36 Tafeln (William Carpenter, London, Seiten 12–13; James Cox, London, Seiten 13–18; Timothy Williamson, London, Seiten 28–31)
Hardy, G. H.: Digital computers applied to games, in: S. Barry Cooper; Jan van Leeuwen (Hg.): Alan Turing. His work and impact, Elsevier, Amsterdam, Boston usw. 2013, Seiten 626–643
Harel, David: A Turing-like test for modelling nature, in: S. Barry Cooper; Jan van Leeuwen (Hg.): Alan Turing. His work and impact, Elsevier, Amsterdam, Boston usw. 2013, Seiten 611–614
Harel, David; Feldman, Yishai [2010]: Algorithmik. Die Kunst des Rechnens, Springer-Verlag, Berlin, Heidelberg, 3. Auflage 2010, XVIII, 608 Seiten
Harel, David; Feldman, Yishai [2012]: Algorithmics. The spirit of computing, Springer-Verlag, Berlin, Heidelberg, 3. Auflage 2012, XXII, 572 Seiten
Harig, Gerhard: Schriften zur Geschichte der Naturwissenschaften, Akademie-Verlag, Berlin 1983, 375 Seiten
Harmon, Margaret: Stretching man's mind: A history of data processing, Mason/Charter publishers, Inc., New York 1975, XV, 239 Seiten
Harper, John: Delilah rebuild project, in: S. Barry Cooper; Jan van Leeuwen (Hg.): Alan Turing. His work and impact, Elsevier, Amsterdam, Boston usw. 2013, Seiten 451–454
Harrison, Joseph O. [1950]: Binary–decimal conversion on a desk calculator, in: Mathematical tables and other aids to computation, Band 4, Oktober 1950, Heft 32, Seiten 231–234

Harrison, Joseph O. [1985]: The preparation of problems for the Mark I calculator, in: Proceedings of a symposium on large-scale digital calculating machinery, Cambridge, Massachusetts, 7.–10. Januar 1947, MIT press, Cambridge, Massachusetts, London/Tomash publishers, Los Angeles, San Francisco 1985, Seiten 208–210

Hart-Davis, Adam (Hg.) [2012]: Engineers, Dorling Kindersley Ltd., London 2012, 360 Seiten (Pantograf, Seite 32)

Hart-Davis, Adam (Hg.) [2013]: Ingenieure. Auf den Spuren großer Erfinder und Konstrukteure, Dorling Kindersley Verlag GmbH, München 2013, 360 Seiten (Beiträge u.a. zu Vitruv (Marcus Vitruvius Pollio: De architectura libri decem, Zehn Bücher über Architektur), Ktesibios (Pneumatik, Wasseruhr), Heron von Alexandria (Automaten), Archimedes (Sandrechnung), Ismail Al-Jazarī (Buch des Wissens), James Watt (Soho-Rechenstab), Joseph Henry (elektromagnetisches Relais), William Thomson (Gezeitenrechner), Alexander Graham Bell (Telefon), Thomas Edison (Phonograph)) (Pantograf)

Hartmann, Doreen: Zwischen Mathematik und Poesie. Leben und Werk von Ada Lovelace, in: Sybille Krämer (Hg.): Ada Lovelace. Die Pionierin der Computertechnik und ihre Nachfolgerinnen, Wilhelm-Fink GmbH & Co. Verlags-KG, Paderborn 2015, Seiten 17–33

Hartmuth, Max: Vom Abakus zum Rechenschieber. Eine leicht verständliche Einführung in die „hohe Kunst“ des Schieberrechnens nebst einem zahlenhistorischen Überblick, Verlag Boysen & Maasch, Hamburg 1942, VII, 138 Seiten (Kapitel „Der Zahlbegriff“, Seiten 1–37)

Hartree, Douglas Rayner [1935]: The differential analyser, in: Nature, Band 135, 8. Juni 1935, Seiten 940–943

Hartree, Douglas Rayner [1940]: The Bush differential analyser and its applications, in: Nature, Band 146, 7. September 1940, Heft 3697, Seiten 319–323

Hartree, Douglas Rayner [1946a]: The Eniac, an electronic calculating machine, in: Nature, Band 157, 20. April 1946, Heft 3990, Seite 527

Hartree, Douglas Rayner [1946b]: The Eniac, an electronic computing machine, in: Nature, Band 158, 12. Oktober 1946, Heft 4015, Seiten 500–506

Hartree, Douglas Rayner [1947]: Recent developments in calculating machines, in: Journal of scientific instruments, Band 24, 1947, Heft 7, Seiten 172–176

Hartree, Douglas Rayner [1948]: A historical survey of digital computing machines, in: Proceedings of the royal society of London, Series A: mathematical and physical sciences, Band 195, 22. Dezember 1948, Heft 1042, Seiten 265–271

Hartree, Douglas Rayner [1949]: Moderne Rechenmaschinen, in: Endeavour, Band 8, 1949, Heft 30, Seiten 65–69

Hartree, Douglas Rayner [1950]: Calculating instruments and machines, Cambridge University Press, Cambridge 1950, IX, 138 Seiten

Hartree, Douglas Rayner [1951]: Automatische Rechenmaschinen, in: Zeitschrift für angewandte Mathematik und Mechanik, Band 31, 1951, Heft 1/2, Seiten 1–12

Hartree, Douglas Rayner [1952a]: Introduction to automatic calculating machines, in: Commonwealth scientific and industrial research organization (Hg.): Proceedings of conference on automatic computing machines held in the Department of electrical engineering, University of Sydney, August 1951, Melbourne, April 1952, Seiten 10–17

Hartree, Douglas Rayner [1952b]: Automatic digital calculating machines, in: Commonwealth scientific and industrial research organization (Hg.): Proceedings of conference on automatic computing machines held in the Department of electrical engineering, University of Sydney, August 1951, Melbourne, April 1952, Seiten 29–41

Hartree, Douglas Rayner [1952c]: Introduction to programming, in: Commonwealth scientific and industrial research organization (Hg.): Proceedings of conference on automatic computing machines held in the Department of electrical engineering, University of Sydney, August 1951, Melbourne, April 1952, Seiten 57–80

Hartree, Douglas Rayner [1952d]: Automatic calculating machines and numerical methods, in: Commonwealth scientific and industrial research organization (Hg.): Proceedings of conference on automatic computing machines held in the Department of electrical engineering, University of Sydney, August 1951, Melbourne, April 1952, Seiten 93–106

Hartree, Douglas Rayner [1984a]: Calculating machines. Recent and prospective developments and their impact on mathematical physics, MIT press, Cambridge, Massaschusetts, London/Tomash publishers, Los Angeles, San Francisco 1984, 40 Seiten (Erstveröffentlichung, university press, Cambridge 1947)

Hartree, Douglas Rayner [1984b]: Calculating instruments and machines, MIT press, Cambridge, Massaschusetts, London/Tomash publishers, Los Angeles, San Francisco 1984, IX, 138 Seiten (Erstveröffentlichung, University of Illinois press, Urbana 1949)

Hartree, Douglas Rayner [1985]: Some general considerations in the solutions of problems in applied mathematics, in: Martin Campbell-Kelly; Michael Roy Williams (Hg.): The Moore school lectures. Theory and techniques for design of electronic digital computers (held at the Moore school of electrical engineering of the University of Pennsylvania during July and August 1946), MIT press, Cambridge, Massachusetts, London/Tomash publishers, Los Angeles, San Francisco 1985, Seiten 53–72

Hartree, Douglas Rayner; Newman, Maxwell Herman Alexander; Wilkes, Maurice Vincent; Williams, Frederic Calland; Wilkinson, James Hardy; Booth, Andrew Donald: A discussion on computing machines, in: Proceedings of the royal society of London, Series A: mathematical and physical sciences, Band 195, 22. Dezember 1948, Heft 1042, Seiten 265–287

Hartree, Douglas Rayner; Wilkes, Maurice Vincent: Calculating machines: Recent and prospective developments and their impact on mathematical physics, and calculating instruments and machines, Cambridge University Press, Cambridge 1947/MIT press, Cambridge, Massachusetts 1984, 154 Seiten

Harvard-Universität (Hg.) [1947/85]: Proceedings of a symposium on large-scale digital calculating machinery, Cambridge, Massachusetts, 7.–10. Januar 1947, MIT press, Cambridge, Massachusetts, London/Tomash publishers, Los Angeles, San Francisco 1985, XXIII+XIX, 302 Seiten Seiten (The annals of the computation laboratory of Harvard university, Band 16) (Tagungsband)

Harvard-Universität (Hg.) [1951]: Proceedings of a second symposium on large-scale digital calculating machinery, 13.–16. September 1949, Harvard university press, Cambridge, Massachusetts 1951, XXXVIII, 393 Seiten (The annals of the computation laboratory of Harvard university, Band 26) (Tagungsband)

Hashagen, Ulf [2003a]: Walther von Dyck (1856–1934). Mathematik, Technik und Wissenschaftsorganisation an der TH München, Franz Steiner Verlag, Stuttgart 2003, XVIII, 802 Seiten (Biografie) (Abschnitt: Die mathematischen Ausstellungen in München und Chicago, Seiten 431–436)

Hashagen, Ulf [2003b]: Innovationen im deutschen Rechenmaschinenbau um 1900. Eine geglückte Kooperation zwischen Hochschule und Industrie, in: Informatik-Spektrum, Band 26, 2003, Seiten 557–561 (Teil 1)

Hashagen, Ulf [2005]: Innovationen im deutschen Rechenmaschinenbau um 1900. „Geglückte Innovation" versus „gescheiterte Diffusion", in: Informatik-Spektrum, Band 28, 2005, Seiten 57–61 (Teil 2)

Hashagen, Ulf [2013]: The computation of nature, or: Does the computer drive science and technology?, in: Paola Bonizzoni; Vasco Brattka, Benedikt Löwe (Hg.): The nature of computation. Logic, algorithms, applications, 9th conference on computability in Europe, CiE

2013, Mailand, Italien, Juli 2013, Proceedings, Springer-Verlag, Berlin, Heidelberg 2013, Seiten 263–270 (Tagungsband)

Hashagen, Ulf; Hellige, Hans Dieter (Hg.): Rechnende Maschinen im Wandel. Mathematik, Technik, Gesellschaft. Festschrift für Hartmut Petzold zum 65. Geburtstag, Deutsches Museum, München 2011, 222 Seiten

Hashagen, Ulf; Keil-Slawik, Reinhard; Norberg, Arthur (Hg.): History of computing: software issues. International conference on the history of computing, ICHC 2000, April 5–7, 2000, Heinz Nixdorf Museumsforum, Paderborn, Springer-Verlag, Berlin, Heidelberg usw. 2002, VIII, 283 Seiten

Hasler AG (Hg.): Hasler 1852–1952. Hundert Jahre Fernmeldetechnik und Präzisionsmechanik, Hasler AG, Bern 1952, V, 250 Seiten

Hässig, Claus [1985]: Die Schweizer und der Computer. Hoffnungen und Ängste in der Diskussion zur Informatisierung der schweizerischen Gesellschaft. Von den Anfängen bis heute (1945–1984), Schweizerischer Nationalfonds zur Förderung der wissenschaftlichen Forschung, Nationales Forschungsprogramm Nr. 11, Genf 1985, IV, 228 Seiten

Hässig, Claus [1987]: Angst vor dem Computer? Die Schweiz angesichts einer modernen Technologie, Verlag Paul Haupt, Bern, Stuttgart 1987, III, 229 Seiten

Haug, R.: Vom Abakus zum Elektronenrechner, in: Regelungstechnische Praxis, 1968, Heft 4, Seiten 127–134

Haugeland, John [1986]: Artificial intelligence: The very idea, MIT press, Cambridge, Massachusetts, London 1986, X, 289 Seiten

Haugeland, John [1987]: Künstliche Intelligenz – Programmierte Vernunft? McGraw-Hill book company GmbH, Hamburg usw. 1987, X, 242 Seiten

Haugeland, John [1989]: L'esprit dans la machine. Fondements de l'intelligence artificielle, Editions Odile Jacob, Paris 1989, 257 Seiten

Hausen, Karin; Rürup, Reinhard (Hg.): Moderne Technikgeschichte, Verlag Kiepenheuer & Witsch, Köln 1975, 431 Seiten

Hauser, G.: Geometrie der Griechen, Eugen Haag, Luzern 1955, 176 Seiten

Havil, Julian: John Napier. Life, logarithms, and legacy, Princeton university press, Princeton, New Jersey, Oxford 2014, XV, 279 Seiten (Analogue and digital computers, Seiten 131–154, The Swiss claimant (Jost Bürgi), Seiten 264–269)

Hawkins, William Francis [1979]: The first calculating machine (John Napier, 1617), in: The New Zealand mathematics society Newsletter 1979, Heft 16, Anhang, Seiten 1–23 (Napiers Promptuarium)

Hawkins, William Francis [1988]: The first calculating machine (John Napier, 1617), in: Annals of the history of computing, Band 10, 1988, Heft 1, Seiten 37–51 (Napiers Promptuarium)

Heath, Thomas [1921a]: A history of Greek mathematics, Band 1: From Thales to Euclid, Clarendon press, Oxford 1921, XV, 446 Seiten

Heath, Thomas [1921b]: A history of Greek mathematics, Band 2: From Aristarchus to Diophantus, Clarendon press, Oxford 1921, XI, 586 Seiten (Abakus, Seiten 46–52; Heron von Alexandria, Seiten 298–354)

Heather, J. F.: A treatise on mathematical instruments, John Weale, London 1849, VI, 184 Seiten

Hecht, Hartmut: Gottfried Wilhelm Leibniz. Mathematik und Naturwissenschaften im Paradigma der Metaphysik, B. G. Teubner Verlagsgesellschaft, Stuttgart, Leipzig 1992, 157 Seiten

Hecht, Hartmut; Mikosch, Regina; Schwarz, Ingo; Siebert, Harald; Werther, Romy (Hg.): Kosmos und Zahl. Beiträge zur Mathematik- und Astronomiegeschichte, zu Alexander von Humboldt und Leibniz, Franz Steiner Verlag, Stuttgart 2008, 510 Seiten

Heck, Wolfgang M. (Hg.): Technik Welt Wandel. Die Sammlungen des Deutschen Museums, Deutsches Museum, München, 3., überarbeitete Auflage 2014, XIV, 342 Seiten

Heckmann, Herbert: Die andere Schöpfung. Geschichte der frühen Automaten in Wirklichkeit und Dichtung, Umschau Verlag Breidenstein GmbH, Frankfurt am Main 1982, 288 Seiten (Heron von Alexandria, Athanasius Kircher, Salomon de Caus, Jacques Vaucanson, Pierre Jaquet-Droz, Friedrich Knaus, Wolfgang von Kempelen)

Hederich, Benjamin: Der Jugend auf Schulen mathematische Neben-Übungen in der Arithmetic und Geometrie, und zwar insonderheit dort in der Arithmetica Vulgari, Decimali, Neperiana und Logarithmica, Verlegts Gottfried Zimmermanns selige Erben, Wittenberg 1729, XIV, 504 Seiten, 32 Tafeln

Heer, Rainer [2011]: Rechentechnik. Sammlung des geodätischen Instituts. Rechenschieber, Rechenräder, Rechenscheiben, Staffelwalzenmaschinen, Sprossenradmaschinen, mechanisch-elektrische Rechenmaschinen, elektrische Rechenmaschinen, elektronische Tischrechner, Workstations, Personalcomputer, Notebooks, Laptops, Sonderrecheninstrumente, Rechenhilfsmittel, Modelle, Tafelwerke, Geodätisches Institut der Leibniz Universität Hannover, Hannover 2011, 101 Seiten

Heer, Rainer [2017a]: Die Rechenscheibe von Eduard Sonne, in: Ina Prinz (Hg.): 300 Jahre logarithmisches Rechnen in deutschen Landen, Arithmeum im Forschungsinstitut für diskrete Mathematik, Universität Bonn, Bonn 2017, Seiten 116–119 (Ausstellungskatalog)

Heer, Rainer [2017b]: Beyerlens Rechenrad, in: Ina Prinz (Hg.): 300 Jahre logarithmisches Rechnen in deutschen Landen, Arithmeum im Forschungsinstitut für diskrete Mathematik, Universität Bonn, Bonn 2017, Seiten 120–121 (Ausstellungskatalog)

Heer, Rainer [2017c]: Der tachymetrische Rechenschieber nach Eschmann-Wild, in: Ina Prinz (Hg.): 300 Jahre logarithmisches Rechnen in deutschen Landen, Arithmeum im Forschungsinstitut für diskrete Mathematik, Universität Bonn, Bonn 2017, Seiten 130–132 (Ausstellungskatalog) (Kern, Aarau)

Heger, Hans: Die Geschichte der maschinellen Datenverarbeitung, IBM Deutschland GmbH, Ehningen 1990, 228 Seiten

Heggen, Alfred: Erfindungsschutz und Industrialisierung in Preußen 1793–1877, Vandenhoeck & Ruprecht, Göttingen 1975, 178 Seiten (Patentwesen)

Hegner, Fritz: Die Rechenscheibe in der Sekundarschule, Separatdruck aus *Neue Schulpraxis*, August 1970, 12 Seiten

Heiberg, Johan Ludvig [1920]: Naturwissenschaften, Mathematik und Medizin im klassischen Altertum, Verlag und Druck von B. G. Teubner, Leipzig, Berlin, 2. Auflage 1920, 104 Seiten

Heiberg, Johan Ludvig [1925]: Geschichte der Mathematik und Naturwissenschaften im Altertum, C. H. Beck'sche Verlagsbuchhandlung, München 1925, VII, 121 Seiten

Heide, Lars [1997]: Shaping a technology: American punched card systems 1880–1914, in: IEEE Annals of the history of computing, Band 19, 1997, Heft 4, Seiten 28–41

Heide, Lars [2009]: Punched-card systems and the early information explosion 1880–1945, Johns Hopkins university press, Baltimore , Maryland 2009, V, 369 Seiten

Hein, Wolfgang: Die Mathematik im Mittelalter. Von Abakus bis Zahlenspiel, Wissenschaftliche Buchgesellschaft, Darmstadt, 2., überarbeitete Auflage 2012, 196 Seiten

Hein, Wolfgang; Ullrich, Peter (Hg.): Mathematik im Fluß der Zeit, Dr. Erwin Rauner Verlag, Augsburg 2004, XVI, 566 Seiten (Tagung zur Geschichte der Mathematik in Attendorn/Neu-Listernohl (28.5. bis 1.6. 2003))

Heinhold, Josef [1953]: Die Aufgaben der Programmierung bei der Entwicklung von Rechenautomaten, in: Ludwig Biermann (Hg.): Vorträge über Rechenanlagen. Gehalten in Göttingen, 19.–21. März 1953, Max-Planck-Institut für Physik, Göttingen 1953, Seiten 16–24

Heinhold, Josef [1954]: Über den Einfluss programmgesteuerter Rechenmaschinen auf die Methoden der praktischen Mathematik, in: Mitteilungen, Band 1, 1954, Heft 7, Seiten 1–9 (Mathematisches Labor der Technischen Universität Wien)

Heinhold, Josef [1956a]: Rechenautomaten und mathematische Statistik, in: MTW-Mitteilungen, Band 3, 1956, Heft 5, Seiten 205–218 (Teil 1)

Heinhold, Josef [1956b]: Rechenautomaten und mathematische Statistik, in: MTW-Mitteilungen, Band 3, 1956, Heft 6, Seiten 265–279 (Teil 2)

Heinrich, Lutz J.: Geschichte der Wirtschaftsinformatik. Entstehung und Entwicklung einer Wissenschaftsdisziplin, Springer-Verlag, Berlin, Heidelberg 2011, VIII, 378 Seiten

Heintz, Bettina: Die Herrschaft der Regel. Zur Grundlagengeschichte des Computers, Campus-Verlag, Frankfurt, New York, 1993, 331 Seiten

Heintz, Bettina; Nievergelt, Bernhard (Hg.): Wissenschafts- und Technikforschung in der Schweiz. Sondierungen einer neuen Disziplin, Seismo-Verlag, Zürich 1988, 301 Seiten

Heinz-Nixdorf-Museumsforum (Hg.) [1999]: Mehr als das größte Computermuseum der Welt in Paderborn. Eine Einführung in das Heinz-Nixdorf-Museumsforum, Paderborn 1999, 36 Seiten (1. Auflage: Ina Rodiek, Rudolf Stilcken, 2. Auflage: Andreas Stolte)

Heinz-Nixdorf-Museumsforum (Hg.) [2000]: Museumsführer, Heinz-Nixdorf-Museumsforum, Paderborn, 2. Auflage 2000, VI, 180 Seiten (1. Auflage: Andreas Stolte, 2. Auflage: Stefan Stein), mit Nachtrag (24 Seiten)

Heinz-Nixdorf-Museumsforum (Hg.) [2012]: Genial und geheim. Alan Turing in 10 Etappen, Januar – Dezember 2012 (Sonderausstellung), Heinz-Nixdorf-Museumsforum, Paderborn 2012, 54 Seiten (Ausstellungskatalog)

Heise, Birgit: Leipzigs klingende Möbel. Selbstspielende Musikinstrumente 1880–1930, Verlag Klaus-Jürgen Kamprad, Altenburg 2015, 112 Seiten (Ausstellungskatalog)

Helbing, Dirk (Hg.): Towards digital enlightenment. Essays on the dark and light sides of the digital revolution, Springer international publishing AG, Cham 2019, XII, 222 Seiten

Helfert, Martin; Mazuran, Petra; Wintersteiger, Christoph: Gustav Tauschek und seine Maschinen, Universitätsverlag Rudolf Trauner, Linz 2006, X, 121 Seiten (Schriftenreihe Geschichte der Naturwissenschaften und der Technik, Band 10)

Hellige, Hans Dieter (Hg.): Geschichten der Informatik. Visionen, Paradigmen, Leitmotive, Springer-Verlag, Berlin, Heidelberg 2004, XII, 514 Seiten

Hellige, Hans Dieter: Der „Turmbau zu Babel“ als Leitmotiv: Ein Rückblick auf Leben und Werk Heinz Zemaneks, in: Informatik-Spektrum, Band 37, 2014, Seiten 584–593 (Nachruf)

Hendrichs, Franz: Der Weg aus der Tretmühle. Ein Abriß der Geschichte der Technik der neueren Zeit, VDI-Verlag GmbH, Düsseldorf, 2., überarbeitete Auflage 1958, VIII, 236 Seiten, 16 Bildtafeln

Hendry, John [1984]: Prolonged negotiations. The British fast computer project and the early history of the British computer industry, in: Business history, Band 26, 1984, Heft 3, Seiten 280–306

Hendry, John [1987]: The teashop computer manufacturer: J. Lyons, Leo and the potential and limits of high-tech diversification, in: Business history, Band 29, 1987, Heft 1, Seiten 73–102

Hendry, John [1989]: Innovating for failure. Government policy and the early British computer industry, MIT press, Cambridge, Massachusetts, London 1989, XVIII, 240 Seiten

Henger, Gregor [2002]: Kindheitserinnerungen einer Maus. Computergeschichte an der Ecole polytechnique fédérale, in: Neue Zürcher Zeitung, Nr. 147, 28. Juni 2002, Seite 77 (Medien und Informatik) (Bolomuseum)

Henger, Gregor [2008]: Informatik in der Schweiz. Eine Erfolgsgeschichte verpasster Chancen, Verlag Neue Zürcher Zeitung, Zürich 2008, 195 Seiten

Hénin, Silvio [2010a]: Two early Italian key-driven calculators, in: IEEE annals of the history of computing, Band 32, 2010, Heft 1, Seiten 34–43

Hénin, Silvio [2010b]: Buon compleanno Mr. Hollerith, in: Mondo digitale, Heft 2, Juni 2010, Seiten 47–57

Hénin, Silvio [2012]: Early Italian computing machines and their inventors, in: Arthur Tatnall (Hg.): Reflections on the history of computing. Preserving memories and sharing stories,

Springer, Heidelberg, Dordrecht usw. 2012, Seiten 204–230 (IFIP Advances In Information and communication technology, Band 387)

Hénin, Silvio [2013]: Il „programma memorizzato". Genesi, significato e diffusione di un'idea, in: Mondo digitale, Heft 46, Juni 2013, Seiten 1–28

Hénin, Silvio [2014]: Come le violette a primavera. Una storia delle molte idee e dei molti personaggi che contribuirono all'innovazione più incisiva del XX secolo: il computer, Associazione italiana per l'informatica ed il calcolo automatico, Milano 2014, V, 320 Seiten

Hénin, Silvio [2015]: Il computer dimenticato. Charles Babbage, Ada Lovelace e la ricerca della macchina perfetta, Editore Ulrico Hoepli, Mailand 2015, 149 Seiten

Hénin, Silvio [2017a]: Il racconto del computer: Chi lo ha inventato e perchè, Edizioni Manna, Casalnuovo di Napoli 2017, 237 Seiten

Hénin, Silvio [2017b]: Non solo Enigma. Storia delle guerre nascoste, Editore Ulrico Hoepli, Mailand 2017, XIII, 162 Seiten

Hénin, Silvio [2018]: La calcolatrice di Leonardo, in: Mondo digitale, Oktober 2018, Seiten 1–5

Hénin, Silvio: Luigi Torchi's calculating machine, 5 Seiten, www.rechnerlexikon.de

Hénin, Silvio; Temporelli, Massimo: An original Italian dial adder rediscovered, in: IEEE annals of the history of computing, Band 34, 2012, Heft 2, Seiten 49–58

Henkel, Diethelm: Die Anfänge der Geräteentwicklung unter Einsatz der Halbleitertechnik bei der Elrema Karl-Marx-Stadt (Chemnitz) in den 60er Jahren – ein Erlebnisbericht, in: Friedrich Naumann; Gabriele Schade (Hg.): Informatik in der DDR – eine Bilanz. Tagungsband zu den Symposien 7. bis 9. Oktober 2004 in Chemnitz, 11. bis 12. Mai 2006 in Erfurt, Gesellschaft für Informatik, Bonn 2006, Seiten 185–189

Henkel, Hubert: Musikinstrumente. Ein Begleitbuch zur Ausstellung, Deutsches Museum, München 1998, 177 Seiten (Ausstellungsführer; Trompeter-Automat von Friedrich Kaufmann, Dresden; Abschnitt: Mechanische Musikinstrumente, Seiten 107–116)

Hennemann, A.: Die technische Entwicklung der Rechenmaschine, Verlag Peter Basten, Aachen, 1953, 184 Seiten (A. Hennemann: Deckname für Adolf G. Schranz)

Henrici, Peter [1956a]: A subroutine for computations with rational numbers, in: Journal of the Association for computing machinery, Band 3, 1956, Heft 1, Seiten 6–9

Henrici, Peter [1956b]: Automatic computations with power series, in: Journal of the Association for computing machinery, Band 3, 1956, Heft 1, Seiten 10–15

Henrici, Peter [1981]: Angewandte Mathematik heute, in: Neue Zürcher Zeitung, Nr. 131, 10. Juni 1981, Seiten 65–66 (Forschung und Technik)

Henry, Philippe; Wanner, Gerhard: Zigzags with Bürgi, Bernoulli, Euler and the Seidel-Entringer-Arnol'd triangle, in: Elemente der Mathematik, Band 74, 2019, Heft 4, Seiten 141–168 (Kunstweg)

Hentschel, Klaus (Hg.) [2008]: Unsichtbare Hände. Zur Rolle von Laborassistenten, Mechanikern, Zeichnern u.a. Amanuenses in der physikalischen Forschungs- und Entwicklungsarbeit, Verlag für Geschichte der Naturwissenschaften und der Technik (GNT), Diepholz, Stuttgart usw. 2008, 276 Seiten

Hentschel, Klaus (Hg.) [2010]: Analogien in Naturwissenschaften, Medizin und Technik, Wissenschaftliche Verlagsgesellschaft mbH, Stuttgart 2010, 452 Seiten (Tagungsband)

Hentschel, Klaus (Hg.) [2018]: 50 Jahre GNT. Eine Festschrift zum fünfzigjährigen Jubiläum der Abteilung für Geschichte der Naturwissenschaften und Technik an der Universität Stuttgart, Verlag für Geschichte der Naturwissenschaften und der Technik (GNT) GmbH, Stuttgart, Diepholz, Berlin 2018, 296 Seiten (Abschnitte: Die Geschichte der Naturwissenschafts- und Technikgeschichte, Seiten 9–16; Der lange Marsch in die Institutionen: Wissenschaftsgeschichte in den 1950er und 1960er Jahren, Seiten 17–31)

Hentschel, Klaus: Visual cultures in science and technology. A comparative history, Oxford University Press, Oxford 2014, X, 496 Seiten

Hepp, Frieder; Leiner, Richard; Mach, Rüdiger, Popplow, Marcus (Hg.): Magische Maschinen. Salomon de Caus' Erfindungen für den Heidelberger Schlossgarten 1614–1619, Pollichia, Neustadt an der Weinstraße 2008, 147 Seiten (Ausstellungskatalog; Nachbau Musikmaschine)

Herbert, Andrew; Hartley, David: Edsac replica project, in: Arthur Tatnall; Tilly Blyth; Roger Johnson (Hg.): Making the history of computing relevant. IFIP WG 9,7 International conference, HC 2013, London, UK, 17–18 June 2013, revised selected papers, Springer, Heidelberg, New York usw. 2013, Seiten 297–306 (IFIP Advances in information and communication technology, Band 416)

Hergenhahn, Richard [2002]: Rechentisch, Rechenbrett und Rechentuch. Abakus in der frühen Neuzeit, in: Manfred Weidauer; Hardy Eidam (Hg.): Summa summarum – das macht nach Adam Ries, „Haus zum Stockfisch", Stadtmuseum Erfurt 2002, Seiten 103–111

Hergenhahn, Richard [2004]: „Suche Rechentische, -bretter und -tücher", in: Hartmut Roloff; Manfred Weidauer (Hg.): Wege zu Adam Ries, Dr. Erwin Rauner Verlag, Augsburg 2004, Seiten 151–161

Hergenhahn, Richard [2011a]: Wilhelm Schey (1560–1611), Schreib- und Rechenmeister zu Solothurn und sein Rechenbuch, in: Rainer Gebhardt (Hg.): Kaufmanns-Rechenbücher und mathematische Schriften der frühen Neuzeit, Adam-Ries-Bund, Annaberg-Buchholz 2011, Seiten 153–166

Hergenhahn, Richard [2011b]: Mit Ziffern infizierte Rechenpfennige, in: Magdalena Hykšová; Ulrich Reich (Hg.): Eintauchen in die mathematische Vergangenheit, Dr. Erwin Rauner Verlag, Augsburg 2011, Seiten 105–116

Hergenhahn, Richard [2014]: Der verschollene Freisinger Rechentisch, in: Globulus. Beiträge der natur- und kulturwissenschaftlichen Gesellschaft für Ingolstadt, Eichstätt, Weißenburg, Neuburg, Beilngries, Band 18, Natur- und kulturwissenschaftliche Gesellschaft Eichstätt 2014, Seiten 25–30 (Selbstverlag)

Hergenhahn, Richard; Reich, Ulrich; Rochhaus, Peter: „Mache für dich Linihen ...". Katalog der erhaltenen originalen Rechentische, Rechenbretter und -tücher der frühen Neuzeit, Adam-Ries-Bund, Annaberg-Buchholz 1999, 56 Seiten

Herken, Rolf (Hg.): The universal Turing machine. A half-century survey, Springer-Verlag, Wien, New York, 2. Auflage 1995, XVI, 611 Seiten

Hermann, Armin; Sang, Hans-Peter (Hg.): Technik und Staat, VDI-Verlag GmbH, Düsseldorf 1992, XXVI, 513 Seiten (Technik und Kultur, Band 9)

Hermann, Armin; Schönbeck, Charlotte (Hg.): Technik und Wissenschaft, VDI-Verlag GmbH, Düsseldorf 1991, XXX, 508 Seiten (Technik und Kultur, Band 3) (Abschnitte: Technik und Mathematik, Seiten 31–76; Technik als Hilfsmittel in den Geschichtswissenschaften, Seiten 92–110; Technik und Geschichtswissenschaft, Seiten 111–136; Technik und Naturwissenschaften in Antike und Mittelalter, Seiten 220–239; Renaissance – Naturwissenschaften und Technik zwischen Tradition und Neubeginn, Seiten 240–268; Technik und Naturwissenschaften im 17. und 18. Jahrhundert, Seiten 269–295; Naturwissenschaft und Technik in den letzten hundert Jahren, Seiten 346–374; Technisches Wissen in Antike und Mittelalter, Seiten 381–392; Technologie als Wissenschaft im 18. und frühen 19. Jahrhundert, Seiten 393–399)

Hermes, Hans: Die Universalität programmgesteuerter Rechenmaschinen, in: Mathematisch-physikalische Semesterberichte, Band 4, 1954, Heft 1/2, Seiten 42–53 (Turingmaschine)

Héron d'Alexandrie: Les mécaniques ou l'élévateur des corps lourds, Société d'édition Les belles lettres, Paris 1988, 305 Seiten (französisch), III, 115 Seiten (arabisch) (Nachdruck von 1894) (Abbildungen zum Pantografen, Seiten 228–231)

Herren, Zora [2016a]: Nachkommen des Erfinders gesucht, in: Jungfrauzeitung, 15. November 2016, Seite 17 (Rechenmaschine von Hans Grunder)

Herren, Zora [2016b]: Wundermaschine des Lehrers weckt Erinnerungen, in: Jungfrauzeitung, 25. November 2016, Seite 15 (Rechenmaschine von Hans Grunder)
Herrmann, Dieter B. [1984]: Geschichte der modernen Astronomie, VEB Deutscher Verlag der Wissenschaften, Berlin 1984, 208 Seiten
Herrmann, Dieter B. [1990]: Entdecker des Himmels, Urania-Verlag, Leipzig, Jena, 4., überarbeitete Auflage 1990, 230 Seiten
Herrmann, Dietmar [2014]: Die antike Mathematik. Eine Geschichte der griechischen Mathematik, ihrer Probleme und Lösungen, Springer-Verlag, Berlin, Heidelberg 2014, XI, 444 Seiten (Anwendung des Ähnlichkeitssatzes durch Thales von Milet bei der Höhenbestimmung der Pyramide mit Schattenstab, Seiten 19–22)
Herrmann, Dietmar [2016]: Mathematik im Mittelalter. Die Geschichte der Mathematik des Abendlands mit ihren Quellen in China, Indien und im Islam, Springer-Verlag, Berlin, Heidelberg 2016, XV, 443 Seiten
Herrmann, Dietmar [2019]: Mathematik im Vorderen Orient. Geschichte der Mathematik in Altägypten und Mesopotamien, Springer-Verlag GmbH Deutschland, Berlin 2019, VIII, 447 Seiten (Abschnitte „Zur Rechentechnik Altägyptens, Seiten 76–101; „Der Papyrus Rhind“, Seiten 101–123; „Babylonisches Wurzelziehen“, Seiten 236–242)
Herter, David [2011a]: Der Computergroßvater, in: Der Landbote, 24. Mai 2011, Seite 12
Herter, David [2011b]: Als der Computer noch ganz Maschine war, in: Der Landbote, 16. November 2011, Seite 14
Herzog, Roman: Konrad Zuse: Konstrukteur des ersten Computers, in: Informatik-Spektrum, Band 19, 1996, Seite 1 (Nachruf)
Herzstark, Curt [1954]: Mehrfachrechenmaschine, Feldkirch 1954, 17 Seiten (Curta)
Herzstark, Curt [2005]: Kein Geschenk für den Führer. Schicksal eines begnadeten Erfinders, Books on demand GmbH, Norderstedt 2005, 292 Seiten (Hg.: Christine Holub, Ute Schröder, Bernd Schröder, Heinz Joss) (Lebenserinnerungen)
Herzstark, Curt [2017]: The inventor of the Curta calculator, Oughtred society, Roseville, Kalifornien 2017, 180 Seiten (Lebenserinnerungen)
Herzstark, Curt: Doppelrechenmaschine, o. O., o. J., 3 Seiten (Curta)
Herzstark, Curt: Mehrfachrechenmaschine, o. O., o.J, 16 Seiten (Curta)
Herzstark, Curt: Vorrichtung zur Bildung einer Mehrfachrechenmaschine aus einer beliebigen Anzahl schon bestehender Kleinstformat-Rechenmaschinen bekannter Ausbildung, Nendeln, o. J., 12 Seiten (Curta)
Hess, Adolf: Graphische Rechentafeln, in: Schweizerische Techniker-Zeitung, Band 19, 1922, Heft 23, Seiten 233–237, Heft 24, Seiten 241–244, und Heft 25, Seiten 253–255
Hess, Wolfgang: Rechnung Legen auf den Linien. Rechenbrett und Zahltisch in der Verwaltungspraxis in Spätmittelalter und Neuzeit, in: Erich Maschke; Jürgen Sydow (Hg.): Städtisches Haushalts- und Rechnungswesen, 12. Arbeitstagung in Überlingen, 9.–11. November 1973, Jan Thorbecke Verlag KG, Sigmaringen 1977, Seiten 69–82
Heßler, Martina: Kulturgeschichte der Technik, Campus Verlag GmbH, Frankfurt 2012, 217 Seiten
Heßler, Martina; Weber, Heike (Hg.): Provokationen der Technikgeschichte. Zum Reflextionszwang historischer Forschung, Verlag Ferdinand Schöningh, Paderborn 2019, V, 258 Seiten
Hestenes, Magnus Rudolph; Stiefel, Eduard: Method of conjugates gradients for solving linear systems, in: Journal of research of the National bureau of standards, Band 49, 1952, Seiten 409–436 (Untersuchungen mit der Zuse Z4)
Heuser, Lutz (Hg.): Heinz’ Life. Kleine Geschichte vom Kommen und Gehen des Computers, Carl Hanser Verlag, München 2010, XI, 333 Seiten
Hey, Anthony J. G.; Pápay, Gyuri: The computing universe. A journey through a revolution, Cambridge University Press, New York 2015, XV, 397 Seiten

Heydenreich, Ludwig Heinrich: Leonardo da Vinci, the scientist, Collections of the departmentof arts and sciences, International Business Machines corporation, New York 1951, 23 Seiten (Nachwort von Thomas Watson)

Heyne, Georg; Darius, Frank: The addition circuit of Zuse's Z 3 computer. Der Addierer in Zuses Z3 Rechner, in: it Information Technology, Band 52, 2010, Heft 1, Seiten 23–28

hhö.: Der Rechenschieber – ein fast vergessenes Gerät. Sonderausstellung im Regensdorfer Ortsmuseum, in: Neue Zürcher Zeitung, Nr. 200, 29. August 2000, Seite 50 (Sammlung Heinz Joss)

Hicks, Marie [2017]: Programmed inequality. How Britains discarded women technologists and lost its edge in computing, MIT press, Cambridge, Massachusetts, London 2017, X, 342 Seiten

Hicks, Marie [2018]: When winning is losing: Why the nation that invented the computer lost its lead, in: IEEE Computer, Band 51, 2018, Heft 10, Seiten 48–57 (Frauen in der Informatik)

Higgins, Peter M. [2008]: Number story. From counting to cryptography, Springer-Verlag, London 2008, XI, 323 Seiten

Higgins, Peter M. [2011]: Numbers. A very short introduction, Oxford University Press, Oxford 2011, XIII, 132 Seiten

Higgins, Peter M. [2013]: Das kleine Buch der Zahlen. Vom Abzählen bis zur Kryptographie, Springer-Verlag, Berlin, Heidelberg 2013, XII, 354 Seiten

Hill, Geoffrey W.; Pearcey, Trevor [1955]: On starting routines for the Csiro Mark 1 computer, in: Australian journal of physics, Band 8, 1955, Heft 3, Seiten 412–416

Hill, Geoffrey W.; Pearcey, Trevor [1957]: Programme design for the Csiro Mark 1 computer. Automatic programming by simple compiler techniques, in: Australian journal of physics, Band 10, 1957, Heft 1, Seiten 137–161 (Teil 4)

Hill, Henry Chase (Hg.): The wonder book of knowledge. The marvels of modern industry and invention. The interesting stories of common things. The mysterious processes of nature simply explained, The John C. Winston company, Philadelphia, Pennsylvania 1919 (Aufsatz: The story of the calculating machine, Seiten 345–356)

Hillis, W. Daniel [1998]: The pattern on the stone. The simple ideas that make computers work, Basic books, New York 1998, XI, 164 Seiten

Hillis, W. Daniel [2002]: Computerlogik. So einfach arbeiten Computer, Wilhelm Goldmann Verlag, München 2002, 192 Seiten

Hilton, Peter: Living with fish: Breaking tunny in the Newmanry and the Testery, in: Brian Jack Copeland (Hg.): Colossus. The secrets of Bletchley Park's codebreaking computers, Oxford University Press, Oxford 2006, Seiten 189–203

Hiltzik, Michael: Dealers of lightning. Xerox Parc and the dawn of the computer age, Harper Collins publishers, Inc., New York 2000, XXVIII, 448 Seiten

Hilz, Helmut: Theatrum machinarum. Das technische Schaubuch der frühen Neuzeit, Deutsches Museum, München 2008, 143 Seiten (Maschinenbücher vom 16., 17. und 18. Jahrhundert aus Deutschland, Frankreich, Italien, u.a. Salomon de Caus (Wasserorgel), Jacob Leupold)

Hilz, Helmut; Schwedt, Georg: „Zur Belustigung und Belehrung“. Experimentierbücher aus zwei Jahrhunderten, Verlag für Geschichte der Naturwissenschaften und der Technik (GNT), Berlin, München usw. 2002, 115 Seiten (Ausstellungskatalog, Deutsches Museum)

Hinchcliffe, Chris: Die automatische Brunsviga-Spezial von 1918, in: Historische Bürowelt, 2016, Heft 104, Seiten 12–16

Hinkelman, Thomas D.; Kraus, Max H.: The Univac tube program, in: Transactions of the IRE, professional group on electronic computers, Band EC-2, 1953, Heft 3, Seiten 8–12

Hinsley, Francis Harry; Stripp, Alan (Hg.): Codebreakers. The inside story of Bletchley Park, Oxford University Press, Oxford 1993, XXI, 321 Seiten (Zeitzeugenberichte)

Hirle, Manfred [1984a]: Geodätische Rechenhilfsmittel, in: Historische Bürowelt, April 1984, Heft 5, Seiten 15–17 (Teil 1)
Hirle, Manfred [1984b]: Geodätische Rechenhilfsmittel, in: Historische Bürowelt, Juli 1984, Heft 6, Seiten 17–18 (Teil 2)
Hirle, Manfred [1984c]: Geodätische Rechenhilfsmittel, in: Historische Bürowelt, Oktober 1984, Heft 7, Seiten 15–17 (Teil 3)
Hirn, Gustav Adolf [1863a]: Notice sur l'utilité de l'arithmomètre et de l'hydrostat, in: Annales du génie civil, 2. Teil, 1863, Band 2, Heft 4, Seiten 113–117 (Teil 1)
Hirn, Gustav Adolf [1863b]: Notice sur l'utilité de l'arithmomètre et de l'hydrostat, in: Annales du génie civil, 2. Teil, 1863, Band 2, Heft 5, Seiten 153–164 (Teil 2)
Hobart, Michael E.: The great rift. Literacy, numeracy, and the religion-science divide, Harvard university press, Cambridge, Massachusetts, London 2018, XIV, 506 Seiten
Hobhouse, Hermione: The crystal palace and the great exhibition. Art, science and productive industry. A history of the Royal commission for the exhibition of 1851, The Athlone Press, London, New York 2002, XX, 451 Seiten
Hobson, Ernest William: John Napier and the invention of logarithms, 1614, Cambridge University Press, Cambridge 1914, 48 Seiten (Nachdruck 2011)
Hochstetter, Erich: Gottfried Wilhelm Leibniz. 1646–1716, in: Siemens Aktiengesellschaft (Hg.): Herrn von Leibniz' Rechnung mit Null und Eins, Siemens Aktiengesellschaft, Berlin, München, 3. Auflage 1979, Seiten 11–19
Hochstrasser, Urs [1954]: Die Anwendung der Methode der konjugierten Gradienten und ihrer Modifikationen auf die Lösung linearer Randwertprobleme, ETH Zürich 1954, 48 Seiten (Dissertation) (Untersuchungen mit der Zuse Z4)
Hochstrasser, Urs [1955]: Flatterrechnung mit Hilfe von programmgesteuerten Rechenmaschinen, in: Zeitschrift für angewandte Mathematik und Physik, Band 6, 1955, Seiten 300–315 (Untersuchungen mit der Zuse Z4)
Hochstrasser, Urs [2012]: Ein Zeitzeuge berichtet über seine Erlebnisse mit der Z4, in: Herbert Bruderer (Hg.): Konrad Zuse und die Schweiz. Wer hat den Computer erfunden?, Oldenbourg-Verlag, München 2012, Seiten 19–27 (Zeitzeugenbericht), http://dx.doi.org/10.3929/ethz-a-006517565
Hocker, Jürgen: Faszination Player Piano. Das selbstspielende Klavier von den Anfängen bis zur Gegenwart, PPV Medien GmbH, Bergkirchen 2009, 350 Seiten
Hodges, Andrew [1994]: Alan Turing. Enigma, Springer-Verlag, Wien, New York, 2. Auflage 1994, 662 Seiten (Biografie)
Hodges, Andrew [1995]: Alan Turing and the Turing machine, in: Rolf Herken (Hg.): The universal Turing machine. A half-century survey, Springer-Verlag, Wien, New York, 2. Auflage 1995, Seiten 3–14
Hodges, Andrew [1999]: Turing. A natural philosopher, Routledge, New York 1999, 58 Seiten
Hodges, Andrew [2007]: Alan Turing: the logical and physical basis of computing, British computer society, 21 Seiten (http://www.bcs.org/ewics) (Vortrag auf der Tagung zu Alan Turings 50. Todestag, Universität Manchester, 5. Juni 2004, Alan Mathison Turing 2004. A celebration of his life and achievements)
Hodges, Andrew [2012]: Alan Turing: The enigma, Princeton university press, Princeton, Oxford 2012, XXXI, 586 Seiten (Biografie)
Hodges, Andrew [2014]: Alan Turing: The enigma. The book that inspired the film *The imitation game*, Vintage books, London usw. 2014, XXXII, 736 Seiten (Biografie) (Erstausgabe 1983)
Hodgkin, Luke: A history of mathematics. From Mesopotamia to modernity, Oxford University Press, Oxford 2005, XIV, 281 Seiten

Hoecken, K.: Die Rechenmaschinen von Pascal bis zur Gegenwart, unter besonderer Berücksichtigung der Multiplikationsmechanismen, in: Sitzungsberichte der Berliner Mathematischen Gesellschaft, Band 13, 106. Sitzung, 26. Februar 1913, Seiten 8–29, 8 Seiten Bildtafeln (Zusammenstellung von Stephan Weiß)

Hoehl, B.: Technik und Anwendung elektronischer Analogrechenmaschinen, in: MTW-Mitteilungen, Band 4, 1957, Heft 6, Seiten 351–361

Hoelzer, Helmut [1946]: Anwendung elektrischer Netzwerke zur Lösung von Differentialgleichungen und zur Stabilisierung von Regelvorgängen, Technische Hochschule, Darmstadt 1946, 72 Seiten (Dissertation)

Hoelzer, Helmut [1994]: 50 Jahre Analogcomputer, in: Norbert Bolz; Friedrich A. Kittler; Christoph Tholen (Hg.): Computer als Medium, Wilhelm Fink Verlag, München 1994, Seiten 69–90

Hoenig, H. W.: 25 Jahre Contraves, Zürich 1961, 32 Seiten

Hofer, Rudolf: Stabrechnen für Kaufleute, Schweizerischer Kaufmännischer Verein, Zürich 1971, 75 Seiten

Hoffleit, Dorrit: A comparison of various computing machines used in the reduction of Doppler observations, in: Mathematical tables and other aids to computation, Band 3, Januar 1949, Heft 25, Seiten 373–377

Hoffman, Ace: A digital slide rule, in: Journal of the Oughtred society, Band 27, 2018, Heft 1, Seiten 19–24

Hoffmann, Leah: Maurice Wilkes: the last pioneer, in: Communications of the ACM, Band 54, 2011, Heft 2, Seite 19

Hoffmann, Ute: Computerfrauen. Welche Anteil haben Frauen an Computergeschichte und -arbeit?, Rainer Hampp Verlag, München 1987, 215 Seiten

Hoffmann, Walter (Hg.): Digitale Informationswandler. Probleme der Informationsverarbeitung in ausgewählten Beiträgen, Friedrich Vieweg, Braunschweig 1962, XXIII, 740 Seiten

Hoffmann, Walter: Entwicklungsbericht und Literaturzusammenstellung über Ziffern-Rechenautomaten, in: Walter Hoffmann (Hg.): Digitale Informationswandler. Probleme der Informationsverarbeitung in ausgewählten Beiträgen, Friedrich Vieweg, Braunschweig 1962, Seiten 650–717

Hoffmann, Walter; Schappert, Heinz: Elektronische Rechenanlagen, in: Zeitschrift des Vereins deutscher Ingenieure, Band 99, 1957, Heft 21, Seiten 1025–1035

Hofmann, A. W. (Hg.): Bericht über die wissenschaftlichen Apparate auf der Londoner internationalen Ausstellung im Jahre 1876, Druck und Verlag von Friedrich Vieweg und Sohn, Braunschweig 1881, XXVI, 846 Seiten

Hofmann, Joseph Ehrenfried [1. Teil, 1963]: Geschichte der Mathematik, 1. Teil: Von den Anfängen bis zum Auftreten von Fermat und Descartes, Walter de Gruyter & Co., Berlin, 2., verbesserte und vermehrte Auflage 1963, 251 Seiten (Sammlung Göschen, Band 226/226a)

Hofmann, Joseph Ehrenfried [2. Teil, 1957a]: Geschichte der Mathematik, 2. Teil: Von Fermat und Descartes bis zur Erfindung des Calculus und bis zum Ausbau der neuen Methoden, Walter de Gruyter & Co., Berlin 1957, 109 Seiten (Sammlung Göschen, Band 875)

Hofmann, Joseph Ehrenfried [3. Teil, 1957b]: Geschichte der Mathematik, 3. Teil: Von den Auseinandersetzungen um den Calculus bis zur französischen Revolution, Walter de Gruyter & Co., Berlin 1957, 107 Seiten (Sammlung Göschen, Band 882)

Hofstetter, J.; Das Prüffeld Industrie stellt sich vor, in: Contraves-Zeitung, Hausmitteilungen der Contraves AG, Zürich, November 1969, Seite 3 (Coragraphen-Prüfraum)

Hohmann, Friedrich [1882]: Beschreibung, Theorie und Gebrauch des Präcisions-Polarplanimeters (Patent Hohmann und Coradi), Verlag von Andreas Deichert, Erlangen 1882, 47 Seiten

Hohmann, Friedrich [1883]: Das freischwebende Präcisionsplanimeter (Patent Hohmann und Coradi) und dessen Modificationen, Verlag von Andreas Deichert, Erlangen 1883, 40 Seiten

Hohmann, Joachim [1975]: Eine Untersuchung des Plankalküls im Vergleich mit algorithmischen Sprachen. Gesellschaft für Mathematik und Datenverarbeitung, Bericht Nr. 104, Bonn 1975, VIII, 193 Seiten

Hohmann, Joachim [1979]: Der Plankalkül im Vergleich mit algorithmischen Sprachen, S. Toeche-Mittler-Verlag, Darmstadt 1979, 136 Seiten

Holden, Helge; Piene, Ragni (Hg.) [2010]: The Abel prize 2003–2007. The first five years, Springer-Verlag, Berlin, Heidelberg 2010, XI, 329 Seiten

Holden, Helge; Piene, Ragni (Hg.) [2014]: The Abel prize, Springer-Verlag, Berlin, Heidelberg 2014, XVII, 571 Seiten

Holden, Helge; Piene, Ragni (Hg.) [2019]: The Abel prize 2013–2017, Springer Nature Switzerland AG, Cham 2019, XI, 774 Seiten

Holden, Joshua: The mathematics of secrets. Cryptography from Caesar ciphers to digital encryption, Princeton university press, Princeton, New Jersey 2017, XV, 373 Seiten

Holecek, Karl [1951]: Neue konstruktive Wege im Rechenmaschinenbau, in: Feinwerktechnik, Band 55, 1951, Heft 6, Seiten 129–136 (Curta)

Holecek, Karl [1953]: Ein Beitrag zum Maschinenrechnen. Die Berechnung vielstelliger Quotienten nach dem Aufbauverfahren, in: Österreichisches Ingenieur-Archiv, Band 7, 1953, Heft 4, Seiten 331–337 (Curta)

Holecek, Karl [1954a]: Die Kleinrechenmaschine. Ein neuer Rechenmaschinentyp und seine Bedeutung für Wirtschaft und Schule, in: Mitteilungen, Band 1, 1954, Heft 5, Seiten 1–3 (Mathematisches Labor der Technischen Universität Wien) (Curta)

Holecek, Karl [1954b]: Eine neuartige Rechenmaschine – eine interessante feinmechanische Konstruktion, in: Maschinenbau und Wärmewirtschaft, Band 9, 1954, Heft 6, Seiten 155–162 (Curta)

Hölken, U.: Die Analogausgabe der Perm, in: Elektronische Rechenanlagen, Band 4, 1962, Heft 3, Seite 130–131 (Perm = programmgesteuerte elektronische Rechenanlage München)

Holland, Peter [2002]: Printed logarithmic calculating scale by Loewe, in: Journal of the Oughtred society, Band 11, 2002, Heft 1, Seiten 14–16

Holland, Peter [2005]: Archimedes – His approach toward logarithms, in: Journal of the Oughtred society, Band 14, 2005, Heft 2, Seiten 17–21

Holland, Peter [2010]: Magnetic slide rules by Itab, in: Journal of the Oughtred society, Band 19, 2010, Heft 1, Seiten 41–46

Holland, Peter [2013a]: Logarithmen – Grundlage des Rechenschiebers, in: Ina Prinz, (Hg.): Rechenschieber im Arithmeum. Die Sammlung Schuitema, Arithmeum, Forschungsinstitut für diskrete Mathematik, Universität Bonn, Bonn 2013, Seiten 13–21

Holland, Peter [2013b]: Rechenschieber als Hybrid-Modelle, in: Ina Prinz, (Hg.): Rechenschieber im Arithmeum. Die Sammlung Schuitema, Arithmeum, Forschungsinstitut für diskrete Mathematik, Universität Bonn, Bonn 2013, Seiten 91–96 (Rechenschieber mit Zahlenschieber bzw.elektronischem Taschentechner)

Holland, Peter [2014]: Rechenschieber. A. W. Faber, A. W. Faber-Castell. Modelle, Typen, Skalen, 7., erweiterte Auflage, Brühl 2014, 192 Seiten (Selbstverlag)

Holland, Peter [2017a]: Rechenscheiben und Herrmanns Rechenknecht, in: Ina Prinz (Hg.): 300 Jahre logarithmisches Rechnen in deutschen Landen, Arithmeum im Forschungsinstitut für diskrete Mathematik, Universität Bonn, Bonn 2017, Seiten 122–126 (Ausstellungskatalog)

Holland, Peter [2017b]: Graphische Logarithmentafeln, in: Ina Prinz (Hg.): 300 Jahre logarithmisches Rechnen in deutschen Landen, Arithmeum im Forschungsinstitut für diskrete Mathematik, Universität Bonn, Bonn 2017, Seiten 145–156 (Ausstellungskatalog) (Presslers Ingenieur-Messknecht, Scherers logarithmisch-grafische Rechentafel)

Hollerith, Herman: An electric tabulating system, in: Brian Randell (Hg.): The origins of digital computers. Selected papers, Springer-Verlag, Berlin, Heidelberg usw., 3. Auflage 1982, Seiten 133–143

Hollingdale, S. H. [1959]: High speed computing. Methods and applications, The English universities press Ltd., London 1959, XII, 244 Seiten

Hollingdale, S. H. [1965]; Tootill, Geoff C.: Electronic computers, Penguin Books, Harmondsworth, Middlesex 1965, 336 Seiten

Hollingdale, S. H. [1971]: The Royal Aircraft Establishment sequence-controlled calculator, in: Bertram Vivian Bowden (Hg.): Faster than thought. A symposium on digital computing machines, Pitman publishing, London 1953, Nachdruck 1971, Seiten 165–169

Hollings, Christopher; Martin, Ursula; Rice, Adrian [2017]: The early mathematical education of Ada Lovelace, in: BSHM Bulletin, Journal of the British society for the history of mathematics, Band 32, 2017, Heft 3, Seiten 221–234

Hollings, Christopher; Martin, Ursula; Rice, Adrian [2018]: Ada Lovelace. The making of a computer scientist, Bodleian library, Universität Oxford, Oxford 2018, XIV, 114 Seiten

Höltgen, Stefan: Open history. Archäologie der frühen Mikrocomputer und ihrer Programmierung, Humboldt-Universität zu Berlin, 2020, 345 Seiten (Dissertation)

Hongxing, Zhang (Hg.): The Qianlong emperor. Treasures from the forbidden city, National museums of Scotland publishing Ltd., Edinburgh 2002, 192 Seiten (Palastmuseum Peking)

Hook, Diana H.; Norman, Jeremy M.: Origins of cyberspace. A library on the history of computing, networking, and telecommunications, historyofscience.com, Novato, California 2002, X, 671 Seiten

Hopcroft, John E.; Motwani, Rajeev; Ullmann, Jeffrey D.: Einführung in Automatentheorie, formale Sprachen und Berechenbarkeit, Pearson Studium, München, aktualisierte Auflage 2011, 592 Seiten

Hopmann, Wilhelm [1953]: Die bandgesteuerte Göttinger Rechenmaschine G1, in: Ludwig Biermann (Hg.): Vorträge über Rechenanlagen. Gehalten in Göttingen, 19.–21. März 1953, Max-Planck-Institut für Physik, Göttingen 1953, Seiten 47–54

Hopmann, Wilhelm [1956]: Zur Entwicklung der G 1a, in: Johannes Wosnik; Alwin Walther; Walter Hoffmann (Hg.): Elektronische Rechenmaschinen und Informationsverarbeitung. Nachrichtentechnische Fachberichte. Beihefte der NTZ, Band 4, 1956, Seiten 92–97

Hopmann, Wilhelm [2000]: The G1 and the Göttingen family of digital computers, in: Raúl Rojas, Ulf Hashagen (Hg.): The first computers – history and architectures, MIT press, Cambridge, Massachusetts, London 2000, Seiten 295–313

Hopp, Peter M. [1994]: A slide rule bibliography, in: Journal of the Oughtred society, Band 3, 1994, Heft 2b, II, 16 Seiten (Sonderdruck)

Hopp, Peter M. [1995]: Otis-King update, in: Journal of the Oughtred society, Band 4, 1995, Heft 2, Seiten 33–40

Hopp, Peter M. [1996]: Otis-King – Conclusions?, in: Journal of the Oughtred society, Band 5, 1996, Heft 2, Seiten 62–65

Hopp, Peter M. [1998]: Fowler's pocket-watch type calculators, in: Journal of the Oughtred society, Band 7, 1998, Heft 2, Seiten 43–49 (Rechenuhr)

Hopp, Peter M. [1999a]: Slide rules. Their history, models, and makers, Astragal press, Mendham, New Jersey 1999, V, 310 Seiten

Hopp, Peter M. [1999b]: Pocket-watch slide rules, in: Journal of the Oughtred society, Band 8, 1999, Heft 2, Seiten 45–51 (Rechenuhr, Überblick)

Hopp, Peter M. [2000a]: Mystery pocket-watch calculators, in: Journal of the Oughtred society, Band 9, 2000, Heft 1, Seiten 44–47 (Rechenuhr)

Hopp, Peter M. [2000b]: Museums with slide rule displays, in: Slide rule gazette, Heft 1, Herbst 2000, Seiten 14–24 (umfassende Übersicht vor allem über britische Museen)
Hopp, Peter M. [2000c]: The Boucher calculator, in: Slide rule gazette, Heft 1, Herbst 2000, Seiten 58–68 (Rechenuhr, Calculigraphe)
Hopp, Peter M. [2002a]: „Scientific publishing" Pocket-watch calculators, in: Slide rule gazette, Heft 3, Herbst 2002, Seiten 39–44 (Rechenuhren)
Hopp, Peter M. [2002b]: The substance of the UK patent system, 1600–1854, in: Slide rule gazette, Heft 3, Herbst 2002, Seiten 89–92 (Geschichte des Patentrechts)
Hopp, Peter M. [2003]: „Scientific publishing" calculators (continued), in: Slide rule gazette, Heft 4, Herbst 2003, Seiten 63–66 (Rechenuhren)
Hopp, Peter M. [2009a]: Joint slide rules. Sectors, 2-foot 2-fold and similar slide rules, Hexagon press, Jeremy Mills publishing Ltd., Huddersfield, West Yorkshire 2009, VIII, 202 Seiten
Hopp, Peter M. [2009b]: Amsler planimeters, in: Slide rule gazette, Heft 10, Herbst 2009, Seiten 32–37
Hopp, Peter M. [2011a]: Pocket-watch slide rules, Astragal press, Apple Valley, Minnesota 2011, 184 Seiten
Hopp, Peter M. [2011b]: So who actually made them? – Some 19th century sector makers or retailers, in: Slide rule gazette, Heft 12, Herbst 2011, Seiten 74–80 (Proportionalwinkel)
Hopp, Peter M. [2013]: K&E Sperry pocket-watch slide rules, in: Journal of the Oughtred society, Band 22, 2013, Heft 2, Seiten 34–40 (Rechenuhr; K&E = Keuffel und Esser)
Hopp, Peter M.; Barnes, Colin; Knott, John V.: Unique slide rules, in: Journal of the Oughtred society, Band 6, 1997, Heft 1, Seiten 32–44
Hoppe, Edmund: Mathematik und Astronomie im klassischen Altertum, Carl Winter's Universitätsbuchhandlung, Heidelberg 1911, XI, 443 Seiten
Hopper, Grace Murray: Commander Aiken and my favorite computer, in: I. Bernard Cohen; Gregory W. Welch (Hg.): Makin' numbers. Howard Aiken and the computer, MIT press, Cambridge, Massachusetts, London 1999, Seiten 185–193
Hopper, Grace Murray; Mauchly, John William [1953]: Influence of programming techniques on the design of computers, in: Proceedings of the IRE, Band 41, 1953, Heft 10, Seiten 1250–1254
Hopper, Grace Murray; Mauchly, John William [1984]: Influence of programming techniques on the design of computers, in: Proceedings of the IEEE, Band 72, 1984, Heft 9, Seiten 1214–1217
Hopper, Grace Murray; Mauchly, John William [1997]: Influence of programming techniques on the design of computers, in: Proceedings of the IEEE, Band 85, 1997, Heft 3, Seiten 470–474
Horsburgh, E. M. (Hg.): Handbook of the Napier tercentenary celebration or Modern instruments and methods of calculation, Thomas publishers, Los Angeles, San Francisco 1982, XXI, VIII, 343 Seiten
Horsburgh, E. M. (Hg.): Modern instruments andmethods of calculation. A handbook of the Napier tercentenary exhibition, G. Bell and sons, Ltd., London, o. J., VIII, 343 Seiten (1914)
Horstmann, Frank: Konrad Zuse (1910–1995), in: Eberhard Knobloch (Hg.): „The shoulders on which we stand". Wegbereiter der Wissenschaft. 125 Jahre Technische Universität Berlin, Springer-Verlag, Berlin, Heidelberg usw. 2004, Seiten 218–221
Horwitz, Hugo Th. [1921]: Das Technische Museum in Wien, in: Geschichtsblätter für Technik und Industrie, Band 8, 1921, Seiten 1–10 (Teil 1) (+ 8 Tafeln)
Horwitz, Hugo Th. [1922]: Das Technische Museum in Wien, in: Geschichtsblätter für Technik und Industrie, Band 9, 1922, Seiten 1–12 (Teil 2) (+ 8 Tafeln) (Peter Mitterhofer: Schreibmaschine; Jean-Baptiste Schwilgué: Präzisionswaage; Friedrich Knaus: Schreibautomat)
Hosp, Janine: Zürichs erster Computer ratterte wie ein Webstuhl, in: Tages-Anzeiger, Nr. 19, 24. Januar 2011, Seite 17 (Zürich)

Hoßfeld, Friedel H. W.: Komplexität und Berechenbarkeit. Über die Möglichkeiten und Grenzen des Computers, Westdeutscher Verlag, Wiesbaden 2000, 29 Seiten

Hotea, Meda Diana (Hg.): Himmel und Zahlen in alten Drucken. Erlesenes aus der ETH-Bibliothek, Michael Imhof Verlag GmbH & Co. KG, Petersberg 2019, 366 Seiten (Petrus Apianus: Torquetum, Seiten 258–260; Tycho Brahe: Sextant, Seiten 268–271; Galileo Galilei: Proportionalwinkel, Seiten 286–287; Samuel Morland: Addier- und Subtrahiermaschine, Seiten 338–339)

Hottinger, Sara N.; Inventing the mathematician. Gender, race, and our cultural understanding of mathematics, State university of New York press, Albany 2016, IX, 205 Seiten

Hotz, Günter [1980]: Konrad Zuse: Forschung und Entwicklung, in: Informatik-Spektrum, Band 3, 1980, Seiten 41–47

Hotz, Günter [2008]: Über „Über den Plankalkül" von Konrad Zuse, in: it Information Technology, Band 50, 2008, Heft 1, Seiten 74–79

Householder, Alston S.: Reminiscences of Oak Ridge, in: Nicholas Constantine Metropolis; Jack Howlett; Gian-Carlo Rota (Hg.): A history of computing in the twentieth century. A collection of essays, Academic press, New York, London usw. 1980, Seiten 385–388

Howard, Toby: Turing's contributions to the early Manchester computers, in: S. Barry Cooper; Jan van Leeuwen (Hg.): Alan Turing. His work and impact, Elsevier, Amsterdam, Boston usw. 2013, Seiten 465–478

Howarth, D. J.; Jones, P. D.; Wyld, M. T.: Das Atlas-Planungssystem, in: Elektronische Rechenanlagen, Band 4, 1962, Heft 4, Seiten 161–166

Howlett, Jack: Charles Babbage and his computer, in: Martin Graef (Hg.): 350 Jahre Rechenmaschinen, Carl Hanser-Verlag, München 1973, Seiten 34–42

Hoyau, L. A.: Description d'une machine à calculer nommée arithmomètre, de l'invention de M. le chevalier Thomas, de Colmar, par M. Hoyau, in: Bulletin de la société d'encouragement pour l'industrie nationale, Band 21, November 1822, Seiten 355–365, 1 Tafel (Zeichnung)

Hromkovič, Juraj: Alan Turing and the foundation of computer science, in: Giovanni Sommaruga; Thomas Strahm (Hg.): Turing's revolution. The impact of his ideas about computability, Birkhäuser/Springer international publishing AG Switzerland, Cham, Heidelberg usw., 2015, Seiten 273–281

Hsiao, Kuo-Hung; Yan, Hong-Sen: Mechanisms in ancient Chinese books with illustrations, Springer, Cham, Heidelberg usw. 2014, XIV, 302 Seiten

Hu, Tung-Hui: A prehistory of the cloud, MIT press, Cambridge, Massachusetts, London 2015, XXIX, 209 Seiten

Hughes, Richard Smith [2010]: The evolution of K&E slide rules from 1922 to 1972, in: Journal of the Oughtred society, Band 19, 2010, Heft 2, Seiten 16–21 (K&E = Keuffel und Esser)

Hughes, Richard Smith [2013]: The evolution of Kern stadia/Topographic slide rules, in: Slide rule gazette, Heft 14, Herbst 2013, Seiten 17–23

Hughes, Thomas Parke: Eniac: Invention of a computer, in: Technikgeschichte, Band 42, 1975, Heft 2, Seiten 148–165

Hügin, Johann: Das Astrolabium und die Uhr, Verlag Wilhelm Kempter KG, Ulm 1978, 168 Seiten

Hülm, Christa; Pietzsch, Sieghart: Vom Kerbholz zum Computer. Aus der Geschichte der Rechentechnik, Der Kinderbuchverlag, Berlin 1988, 168 Seiten

Hunter, Robert D.: The Eniac file wrapper, in: IEEE technology and society magazine, Band 7, 1988, Heft 3, Seiten 12–13

Hunziker, Herbert; Meier, Markus: Geist aus Zahnrädern. Mechanisierung des Rechnens von Leibniz bis Herzstark, Alte Kantonsschule, Aarau 2008, 14 Seiten

Hupp, Ingrid; Siller, Hans-Stefan: Mathematikgeschichte im Unterricht – Historische Zugänge zu mathematischen Themen, in: Der Mathematikunterricht, Band 63, 2017, Heft 4, Seiten 2–5

Hupp, Ingrid; Ullrich, Peter (Hg.): Mathematische Streiflichter, Dr. Erwin Rauner Verlag, Augsburg 2017, IX, 346 Seiten (Tagungsband zu einer Veranstaltung von 2007, u.a. Beiträge von Rainer Gebhardt, Stefan Deschauer)

Hurd, Cuthbert C. [1980]: Computer development at IBM, in: Nicholas Constantine Metropolis; Jack Howlett; Gian-Carlo Rota (Hg.): A history of computing in the twentieth century. A collection of essays, Academic press, New York, London usw. 1980, Seiten 389–418

Hurd, Cuthbert C. [1981]: Early IBM computers. Edited testimony, in: Annals of the history of computing, Band 3, 1981, Heft 2, Seiten 163–182

Hurd, Cuthbert C. [2011]: Early IBM computers: edited testimony, in: Jeffrey R. Yost (Hg.): The IBM century. Creating the IT revolution, IEEE computer society press, Los Alamitos, California 2011, Seiten 69–90

Hürlimann, Werner [1982]: Kopfrechnen wird überflüssig, in: Technische Rundschau, Band 74, 1982, Heft 19, Seite 25 (Curta)

Hürlimann, Werner [1986]: Mechanischer Rechner wird 50, in: Technische Rundschau, Band 78, 1986, Heft 27, Seite 65 (Curta)

Hürlimann, Werner [1987]: Mechanischer Taschen-Rechner wird 50!, in: Historische Bürowelt, April 1987, Heft 17, Seiten 13–17

Husbands, Philip; Holland, Owen; Wheeler, Michael (Hg.): The mechanical mind in history, MIT press, Cambridge, Massachusetts, London 2008, IX, 458 Seiten

Huskey, Harry Douglas [1948a]: Electronic digital computing in England, in: Mathematical tables and other aids to computation, Band 3, Juli 1948, Heft 23, Seiten 213–215

Huskey, Harry Douglas [1948b]: The status of high-speed computing systems, in: Mechanical engineering, Band 70, 1948, Heft 12, Seiten 975–978

Huskey, Harry Douglas [1950]: Characteristics of the Institute for numerical analysis computers, in: Mathematical tables and other aids to computation, Band 4, April 1950, Heft 30, Seiten 103–108

Huskey, Harry Douglas [1980a]: The Swac: The National Bureau of Standards Western automatic computer, in: Nicholas Constantine Metropolis; Jack Howlett; Gian-Carlo Rota (Hg.): A history of computing in the twentieth century. A collection of essays, Academic press, New York, London usw. 1980, Seiten 419–431

Huskey, Harry Douglas [1980b]: The National Bureau of Standards western automatic computer (Swac), in: Annals of the history of computing, Band 2, 1980, Heft 2, Seiten 111–121

Huskey, Harry Douglas [1984]: From Ace to the G-15, in: Annals of the history of computing, Band 6, 1984, Heft 4, Seiten 350–371

Huskey, Harry Douglas [1989]: Electronic digital computing in the United States, in: Michael Roy Williams; Martin Campbell-Kelly (Hg.): The early British computer conferences, MIT press, Cambridge, Massachusetts, London/Tomash publishers, Los Angeles, San Francisco 1989, Seiten 126–128

Huskey, Harry Douglas [1991]: The early days. Memoir, in: Annals of the history of computing, Band 13, 1991, Heft 3, Seiten 290–306

Huskey, Harry Douglas [1997]: Swac – Standards western automatic computer: The pioneer day session at NCC July 1978, in: IEEE Annals of the history of computing, Band 19, 1997, Heft 2, Seiten 51–61

Huskey, Harry Douglas [2000]: Hardware components and computer design, in: Raúl Rojas, Ulf Hashagen (Hg.): The first computers – history and architectures, MIT press, Cambridge, Massachusetts, London 2000, Seiten 69–87

Huskey, Harry Douglas [2012a]: The Ace test assembly, the pilot Ace, the big Ace, and the Bendix G15, in: Brian Jack Copeland (Hg.): Alan Turing's electronic brain. The struggle to build the Ace, the world's fastest computer, Oxford University Press, Oxford 2012, Seiten 281–295

Huskey, Harry Douglas [2012b]: The state of the art in electronic digital computing in Britain and the United States, in: Brian Jack Copeland (Hg.): Alan Turing's electronic brain. The struggle to build the Ace, the world's fastest computer, Oxford University Press, Oxford 2012, Seiten 529–540 (1947)

Huskey, Harry Douglas; Huskey, Velma R.: Chronology of computing devices, in: IEEE Transactions on computers, Band C-25, Dezember 1976, Heft 12, Seiten 1190–1199

Huskey, Harry Douglas; Thorensen, R.; Ambrosio, B. F.; Yowell, E. C. [1953]: The Swac – Design features and operating experience, in: Proceedings of the IRE, Band 41, 1953, Heft 10, Seiten 1294–1299

Huskey, Harry Douglas; Thorensen, R.; Ambrosio, B.F.; Yowell, E. C. [1997]: The Swac design features and operating experience, in: IEEE Annals of the history of computing, Band 19, 1997, Heft 2, Seiten 46–50

Hustvedt, Siri: Die Illusion der Gewissheit, Rowohlt Verlag GmbH, Reinbek bei Hamburg, 2. Auflage 2018, 414 Seiten

Huth, Peter: Neue Anwendungsgebiete der elektronischen Datenverarbeitung. Integrierte Datenverarbeitung im Vermessungswesen, in: Neue Zürcher Zeitung, 1. September 1965, Mittagausgabe, Nr. 3568 (134), Blatt 5 (Technik)

Hutzler, Ernst [1974]: Vorentwurf PCP, Printed circuit program, CO 1420, Contraves AG, Zürich, 15. Januar 1974, 63 Seiten

Hutzler, Ernst [2013]: Cora 1 und Cora 2, Häuslenen, 10. Februar 2013, 2 Seiten

Hutzler, Ernst [2014]: Zeitzeugenbericht zur Cora, http://dx.doi.org/10.3929/ethz-a-010042296 (Programmierung des Coragraphen. Rückblick auf meine Tätigkeit bei der Firma Contraves AG)

Hykšová, Magdalena; Reich, Ulrich (Hg.) [2006]: Wanderschaft in der Mathematik, Dr. Erwin Rauner Verlag, Augsburg 2006, XV, 268 Seiten (Tagung zur Geschichte der Mathematik in Rummelsberg bei Nürnberg (4.5. bis 8.5.2005))

Hykšová, Magdalena; Reich, Ulrich (Hg.) [2011]: Eintauchen in die mathematische Vergangenheit, Dr. Erwin Rauner Verlag, Augsburg 2011, XV, 276 Seiten (Tagung zur Geschichte der Mathematik in Pfalzgrafenweiler im Schwarzwald (20.5. bis 24.5.2009))

Hyman, Anthony (Hg.): Science and reform. Selected works of Charles Babbage, Cambridge University Press, Cambridge, New York usw. 1989, VII, 356 Seiten

Hyman, Anthony [1984]: Charles Babbage. Pioneer of the computer, Oxford University Press, Oxford 1984, XI, 287 Seiten

Hyman, Anthony [1987]: Charles Babbage, 1791–1871, Philosoph, Mathematiker, Computerpionier, Ernst Klett Verlag/J. G. Cotta'sche Buchhandlung, Stuttgart 1987, 457 Seiten

Hyman, Paul [2012a]: Lost and found. Researchers discover computer pioneer Konrad Zuse's long-forgotten Z9, in: Communications of the ACM, Band 55, 2012, Nr. 7, Seite 21

Hyman, Paul [2012b]: In honor of Alan Turing, in: Communications of the ACM, Band 55, 2012, Nr. 9, Seiten 20–23

I

Ibbett, Roland N.: The university of Manchester MU5 project, in: IEEE Annals of the history of computing, Band 21, 1999, Heft 1, Seiten 24–33

Ichbiah, Daniel [2005a]: Robots. Genèse d'un peuple artificiel, Editions Minerva, Genf 2005, 540 Seiten

Ichbiah, Daniel [2005b]: Roboter. Geschichte – Technik – Entwicklung, Knesebeck GmbH & Co. Verlags KG, München 2005, 540 Seiten

Ichikawa, Hiroshi: Strela-1, the first Soviet computer: Political success and technological failure, in: IEEE Annals of the history of computing, Band 28, 2006, Heft 3, Seiten 18–31

Ifrah, Georges [1994]: Histoire universelle des chiffres. L'intelligence des hommes racontée par les nombres et le calcul, Editions Robert Laffont, S.A., Paris 1994, Band 1: X, 1042 Seiten, Band 2: VI, 1010 Seiten

Ifrah, Georges [2000]: The universal history of numbers. From prehistory to the invention of the computer, John Wiley & Sons, Inc., New York, Chichester usw. 2000, XXII, 634 Seiten

Ifrah, Georges [2001]: The universal history of computing. From the abacus to the quantum computer, John Wiley & Sons, New York usw. 2001, IV, 410 Seiten

Ifrah, Georges [2010]: Universalgeschichte der Zahlen, Tolkemitt Verlag bei Zweitausendundeins, Berlin 2010, 600 Seiten

Igarashi, Yoshihide; Altman, Tom; Funada, Mariko; Kamiyama, Barbara: Computing. A historical and technical perspective, CRC press, Taylor & Francis group, LLC, Boca Raton, Florida, London usw. 2014, XVIII, 332 Seiten (Kapitel „The abacus", Seiten 59–67)

Imhausen, Annette: Mathematics in ancient Egypt. A contextual history, Princeton university press, Princeton, New Jersey, Woodstock, Oxfordshire 2016, XIII, 234 Seiten

Impagliazzo, John; Järvi, Timo; Paju, Petri (Hg.): History of Nordic computing 2. Second IFIP WG 9.7 conference, HiNC2, Turku, Finland, August 21–23, 2007, revised selected papers, Springer-Verlag, Berlin, Heidelberg usw. 2009, XVI, 322 Seiten

Impagliazzo, John; Lundin, Per; Wangler, Benkt (Hg.) History of Nordic computing 3. Third IFIP WG 9.7 conference, HiNC 3, Stockholm, Sweden, October 18–20, 2010, revised selected papers, Springer-Verlag, Heidelberg, Dordrecht usw. 2011, XVII, 464 Seiten

Impagliazzo, John; Proydakov, Eduard (Hg.): Perspectives on Soviet and Russian computing, First IFIP WG 9.7 conference, SoRuCom 2006, Petrozavodsk, Russia, July 3–7, 2006, revised selected papers, Springer, Heidelberg, Dordrecht usw. 2011, XXI, 273 Seiten

Inauen, Ernst: Relaisrechner mit Lochstreifeneingabe und -ausgabe, Diplom-Arbeit, Sommer 1962, Abendtechnikum Zürich (Hochschule für Technik Zürich), 64 Seiten, 13 Abbildungen (A4), http://dx.doi.org/10.3929/ethz-a-006495462 (Veröffentlichung 2011)

Ineichen, Robert [1996]: Würfel und Wahrscheinlichkeit. Stochastisches Denken in der Antike, Spektrum Akademischer Verlag, Heidelberg, Berlin 1996, IX, 174 Seiten

Ineichen, Robert [1999]: Juan Caramuels Behandlung der Würfelspiele und des Zahlenlottos, in: NTM, Internationale Zeitschrift für Geschichte und Ethik der Naturwissenschaften, Technik und Medizin, Band 7, 1999, Heft 1, Seiten 21–30

Ineichen, Robert [2001]: Zufall und Wahrscheinlichkeit – Zeugnisse der Antike, in: Michael Toepell (Hg.): Mathematik im Wandel, Verlag Franzbecker, Hildesheim, Berlin 2001, Seiten 22–39

Ineichen, Robert [2002]: Würfel, Zufall und Wahrscheinlichkeit. Ein Blick auf die Vorgeschichte der Stochastik, in: Magdeburger Wissenschaftsjournal, Band 7, 2002, Heft 2, Seiten 39–46

Ineichen, Robert [2004]: Die ersten kombinatorischen Untersuchungen zum Zahlenlotto. Die Beiträge von Juan Caramuel y Lobkowitz und Frenicle de Bessy, in: Rudolf Seising, Menso Folkerts, Ulf Hashagen (Hg.): Form, Zahl, Ordnung. Studien zur Wissenschafts- und Technikgeschichte, Franz Steiner Verlag, Stuttgart 2004, Seiten 257–267

Ineichen, Robert [2008]: Leibniz, Caramuel, Harriot und das Dualsystem, in: Mitteilungen der deutschen Mathematiker-Vereinigung, Band 16, 2008, Heft 1, Seiten 12–15

Ingensand, Hilmar [2014]: Geschichtlicher Überblick zu Kern, Wild und Leica, in: Erich Weiß (Hg.): Meilensteine im Instrumentenbau, 12. Symposium zur Vermessungsgeschichte in Dortmund am 10. Februar 2014 im Museum für Kunst und Kulturgeschichte, Förderkreis Vermessungstechnisches Museum e.V., Dortmund 2014, Seiten 48–57

Inzinger, Rudolf [1954]: Das erste elektronische Rechengerät in Österreich im Dienste des Mathematischen Labors, in: Mitteilungen, Band 1, 1954, Heft 7, Seiten 10–13 (Mathematisches Labor der Technischen Universität Wien) (elektronischer Rechenstanzer IBM 604)

Inzinger, Rudolf [1957a]: Ausbildung von Ingenieuren und Mathematikern in numerischer Mathematik unter Berücksichtigung elektronischer Rechenanlagen, in: MTW-Mitteilungen, Band 4, 1957, Heft 4, Seiten 237–240 (mit Resolution)

Inzinger, Rudolf [1957b]: Pflege der Beziehungen zwischen Mathematik, Technik und Wirtschaft in Österreich, in:Nikolaus Joachim Lehmann (Hg.): Aktuelle Probleme der Rechentechnik. Bericht über das internationale Mathematiker-Kolloquium, Dresden, 22. bis 27. November 1955, VEB Deutscher Verlag der Wissenschaften, Berlin 1957, Seiten 1–4

Ioakimidis, Demètre; Goimard, Jacques; Klein, Gérard (Hg.): Histoires d'automates, Le livre de poche, Librairie générale française, Paris 1983, 414 Seiten

Irler, Wolfgang [2013]: Logarithms and adding devices, in: Karl Kleine (Hg.): Computing for science, engineering, and production. Mathematical tools for the second industrial revolution, Proceedings of the 19th international meeting of collectors and researchers of historical computing instruments, Berlin, October 11–12, 2013 (Rechnen für Wissenschaft, Entwicklung und Produktion. Rechengeräte für die zweite industrielle Revolution. Tagungsband des 19. „International Meeting" von Sammlern und Forschern historischer Rechengeräte, Berlin, 11.–12. Oktober 2013), Books on demand, Norderstedt 2013, Seiten 25–40

Irler, Wolfgang [2017]: Is small beautiful or useful? Pocket size everday calculating devices, in: Karl Kleine (Hg.): Calculating in everyday life. Slide rules, tables, calculators, and other mathematical devices, Proceedings of the 23 rd international meeting of collectors and researches of historical computing instruments, Bonn, 22.–24. September 2017, Books on demand, Norderstedt 2017, Seiten 57–95

Irvine, M. M.: Early digital computers at Bell Telephone Laboratories, in: IEEE Annals of the history of computing, Band 23, 2001, Heft 3, Seiten 22–42

Irwin, Wayne C.: Digital computer principles, D. van Nostrand company, Inc., Princeton, New Jersey, 1960, VI, 321 Seiten

Isaacson, Walter [2014]: The innovators. How a group of hackers, geniuses, and geeks created the digital revolution, Simon und Schuster, London usw. 2014, XV, 543 Seiten

Isaacson, Walter [2017]: Leonardo da Vinci. The bibliography, Simon & Schuster, New York 2017, XII, 599 Seiten

Isaacson, Walter [2018a]: Leonardo da Vinci. Die Bibliografie, Propyläen, Berlin 2018, 752 Seiten

Isaacson, Walter [2018b]: The innovators. Die Vordenker der digitalen Revolution von Ada Lovelace bis Steve Jobs, C. Bertelsmann Verlag, München 2018, 638 Seiten (Kapitel „Ada, countess of Lovelace", Seiten 22–54)

Isaacson, Walter [2019]: Léonard de Vinci. La bibliographie, Editions Quanto, Lausanne 2029, 590 Seiten

Iversen, Paul A: The calendar on the Antikythera mechanism and the Corinthian family of calendars, in: Hesperia, Band 86, 2017, Seiten 129–203

J

Jackson, Albert S.: Analog computation, McGraw-Hill book company, New York, Toronto usw. 1960, XIV, 652 Seiten

Jackson, John: Code wars. How 'Ultra' and 'Magic' led to allied victory, Pen & sword books Ltd., Barnsley, South Yorkshire 2011, V, 216 Seiten

Jacob, Louis Frédéric Gustave: Le calcul mécanique. Appareils arithmétiques et algébriques intégrateurs, Octave Doin et fils, éditeurs, Paris 1911, XVI, 412 Seiten (Abschnitte über Torres Quevedo: Seiten 165–187, 189–200, 354–356, über Bollée: Seiten 84–95)

Jacomy, Bruno: Une histoire des techniques, Editions du Seuil, Paris 1960, 366, IX Seiten

Jäggi, Walter [2011]: Das rätselhafte Räderwerk von Antikythera, in: Tages-Anzeiger, Nr. 241, 15. Oktober 2011, Seite 50 (Wissen)

Jäggi, Walter [2012]: Colossus, der Super-Codeknacker. Die Mathematiker, welche die Computerrevolution vorausgedacht hatten, wurden berühmt. Die Ingenieure, welche die ersten Maschinen wirklich bauten, blieben unbekannt, in: Tages-Anzeiger, Nr. 291, 13. Dezember 2012, Seite 34 (Wissen)

Jäggi, Walter [2013a]: „Die Anfänge der Informatik liegen bereits im Dunkeln". Der Informatiker Herbert Bruderer fordert eine intensivere Aufarbeitung des Computerzeitalters. Schweizer Pionierleistungen müssten vor dem Vergessen bewahrt werden, in: Tages-Anzeiger, Nr. 29, 5. Februar 2013, Seite 36 (Wissen), https://doi.org/10.3929/ethz-b-000169148

Jäggi, Walter [2013b]: „Die Anfänge der Informatik liegen bereits im Dunkeln". Der Informatiker Herbert Bruderer fordert eine intensivere Aufarbeitung des Computerzeitalters. Schweizer Pionierleistungen müssten vor dem Vergessen bewahrt werden, in: Der Bund, Nr. 29, 5. Februar 2013, Seite 36 (Wissen)

Jahnke, Hans Niels (Hg.) [1999]: Geschichte der Analysis, Spektrum Akademischer Verlag, Heidelberg, Berlin 1999, XII, 564 Seiten

Jahnke, Hans Niels (Hg.) [2003]: A history of analysis, American mathematical society, Providence, Rhode Island 2003, IX, 422 Seiten

Jänike, Johannes; Genser, Friedrich (Hg.) [1996]: Gedanken über das Rechnen und Denken: Konrad Zuse, Düsseldorf 1996, VI, 215 Seiten (Selbstverlag)

Jänike, Johannes; Genser, Friedrich (Hg.) [1997]: Ein Leben zwischen Forschung und Praxis – Heinz Billing, Düsseldorf 1997, XIV, 257 Seiten (Selbstverlag) (Billings Lebenserinnerungen)

Jeans, James Hopwood: Der Werdegang der exakten Wissenschaft, A. Francke AG Verlag, Bern 1948, 384 Seiten

Jesiek, Brent K.; The origins and early history of computer engineering in the United States, in: IEEE Annals of the history of computing, Band 35, 2013, Heft 3, Seiten 6–18

Johansson, Magnus: Early analog computers in Sweden – with examples from Chalmers University of technology and the Swedish aerospace industry, in: IEEE Annals of the history of computing, Band 18, 1996, Heft 4, Seiten 27–33

John, E.: Die Addier- und Saldiermaschine „Ultra", in: Werkmitteilungen, Band 7, 1947, Heft 4, Seiten 53 ff. (Werkzeugmaschinenfabrik Oerlikon Bührle & Co. Zürich-Oerlikon)

John, Hartmut; Mazzoni, Ira (Hg.): Industrie- und Technikmuseen im Wandel. Standortbestimmungen und Perspektiven, Transcript-Verlag, Bielefeld 2005, 300 Seiten

Johnson, Clarence, L.: Analog computer techniques, McGraw-Hill book company, Inc., New York, San Francisco usw., 2. Auflage 1963,XII, 315 Seiten

Johnson, Roger [2009]: Andrew D. Booth – Britain's „fourth man", Department of Computer science and information systems, Birkbeck University of London, London, o.J (etwa 2009), 12 Seiten

Johnson, Roger [2010]: Andrew D. Booth – Britain's other „fourth man", in: Arthur Tatnall (Hg.): History of computing. Learning from the past, IFIP WG 9.7 International conference, HC 2010, Brisbane, Australia, 20–23 September 2010, Springer, Berlin 2010, Seiten 26–37 (IFIP Advances in information and communication technology, Band 325)

Johnson, Roger [2012]: One man in a barn, in: Simon Hugh Lavington (Hg.): Alan Turing and his contemporaries. Building the world's first computers, British computer society, The chartered institute for IT, Swindon 2012, Seiten 59–67

Johnson, Roger [2013]: Computer conservation society (CCS) – Its story and experience, in: Arthur Tatnall; Tilly Blyth; Roger Johnson (Hg.): Making the history of computing relevant. IFIP WG 9,7 International conference, HC 2013, London, UK, 17–18 June 2013, revised selected papers, Springer, Heidelberg, New York usw. 2013, Seiten 249–257 (IFIP Advances in information and communication technology, Band 416)

Johnson, Roger [2016]: There and back again – Andrew Booth, a British computer pioneer, and his interactions with US and other contemporaries, in: Arthur Tatnall; Christopher Leslie (Hg.):

International communities of invention and innovation, IFIP WG 9.7 International conference on the history of computing, HC 2016, Brooklyn, New York, 25.–29. Mai 2016, revised selected papers, Springer international publishing AG Switzerland, Cham 2016, Seiten 58–70

Johnston, Stephen: Making the arithmometer count, in: Bulletin of the scientific instrument society, 1997, Heft 52, Seiten 12–21 (Thomas-Arithmometer)

Jomard, Edme-François: The slide rule in France – 1815/Mechanical arts, in: Journal of the Oughtred society, Band 8, 1999, Heft 2, Seiten 11–16

Jones, Alexander R. [2006]: An astronomical inscription from Hellenistic Rhodes, in: Zeitschrift für Papyrologie und Epigraphik, Band 158, 2006, Seiten 104–110

Jones, Alexander R. [2012]: The Antikythera mechanism and the public face of Greek science, Vortrag auf der Tagung „From Antikythera to the square kilometre array: Lessons from the ancients" vom 12. bis 15. Juni 2012 in Kerastari, Griechenland, 23 Seiten (Proceedings of science)

Jones, Alexander R. [2014]: Some Greek sundial meridians, in: Nathan Sidoli; Glen van Brummelen (Hg.): From Alexandria, through Baghdad. Surveys and studies in the ancient Greek and medieval Islamic mathematical sciences, Springer-Verlag, Berlin, Heidelberg 2014, Seiten 175–188

Jones, Alexander R. [2016]: Historical background and general observations, in: Almagest, Band 7, 2016, Heft 1, Seiten 36–66 (Sonderheft: The inscriptions of the Antikythera mechanism)

Jones, Alexander R. [2017]: A portable cosmos. Revealing the Antikythera mechanism, scientific wonder of the ancient world, Oxford University Press, New York 2017, XIV, 288 Seiten

Jones, Alexander R.; Proust, Christine; Steele, John M. (Hg.): A mathematician's journeys. Otto Neugebauer and the modern transformation of ancient science, Springer international publishing AG Switzerland, Cham, Heidelberg usw. 2016, XI, 342 Seiten

Jones, Capers: The technical and social history of software engineering, Pearson education, Inc., Upper Saddle River, New Jersey 2014, XXX, 452 Seiten

Jones, Cliff B.; Lloyd, John L. (Hg.): Dependable and historic computing. Essays dedicated to Brian Randell on the occasion of his 75th birthday, Springer-Verlag, Heidelberg usw. 2011, XI, 522 Seiten

Jones, Matthew L.: Reckoning with matter. Calculating machines, innovation, and thinking about thinking from Pascal to Babbage, Univeristy of Chicago press, Chicago 2016, VIII, 331 Seiten (Genfer Uhrmacher Antoine Favre beeinflusst Stanhopes Rechnerbau (1796), Seiten 190 ff.)

Jones, Walter D.: Watson and me: a life at IBM, in: Jeffrey R. Yost (Hg.): The IBM century. Creating the IT revolution, IEEE computer society press, Los Alamitos, California 2011, Seiten 37–52

Jordan, Wilhelm [1876]: Internationale Ausstellung wissenschaftlicher Apparate im South-Kensington-Museum in London im Sommer 1876, in: Zeitschrift für Vermessungswesen, Band 5, 1876, Heft 9, Seiten 449–461 (Seiten 458–459: Rechenmaschinen, logarithmische Rechenschieber, logarithmische Rechenscheiben, Zeichen-Apparate (Pantografen, Proportionalzirkel))

Jordan, Wilhelm [1880]: Eine deutsche Fabrik für Rechenmaschinen, in: Zeitschrift für Vermessungswesen, Band 9, 1880, Heft 11, Seiten 439–441 (Arthur Burkhardt, Glashütte, Sachsen)

Jordan, Wilhelm [1887a]: Die Leibniz'sche Rechenmaschine, in: Zeitschrift für Vermessungswesen, Band 16, 1887, Heft 8, Seiten 226–229

Jordan, Wilhelm [1887b]: Zur Geschichte der Leibniz'schen Rechen-Maschine, in: Zeitschrift für Vermessungswesen, Band 16, 1887, Heft 22, Seiten 593–596

Jordan, Wilhelm [1891]: Ein schwäbischer Geodät aus dem 17. Jahrhundert, in: Zeitschrift für Vermessungswesen, Band 20, 1891, Heft 19, Seiten 532–536 (Schickart, 1592–1635)

Jordan, Wilhelm [1892]: Zur Geschichte der Leibniz'schen Rechenmaschine, in: Zeitschrift für Vermessungswesen, Band 21, 1892, Heft 19, Seiten 545–551

Jordan, Wilhelm [1897a]: Handbuch der Vermessungskunde, 2. Band: Feld- und Land-Messung, J. B. Metzlerscher Verlag, Stuttgart, 5., verbesserte und erweiterte Auflage 1897, XII, 785+48 Seiten (Mechanische Hilfsmittel für Berechnungen, Seiten 109–145)

Jordan, Wilhelm [1897b]: Die Leibniz'sche Rechenmaschine, in: Zeitschrift für Vermessungswesen, Band 26, 1897, Heft 10, Seiten 289–315

Jordan, Wilhelm [1898]: Leibniz' Rechenmaschine von 1865, in: Zeitschrift für Vermessungswesen, Band 27, 1898, Heft 6, Seiten 163–164

Jordan, Wilhelm; Eggert, Otto; Berroth, Alfred: Handbuch der Vermessungstechnik, 2. Band: Feld- und Landmessung, J. B. Metzlersche Verlagsbuchhandlung, Stuttgart, 10., neu bearbeitete Auflage 1950, XVI, 621+19 Seiten (Koordinatographen: Seiten 96–111; Pantographen: Seiten 111–116; Mechanische Hilfsmittel für Berechnungen, Seiten 117–153; Planimeter, Seiten 205–233)

Jordan, Wilhelm; Reinhertz, Carl; Eggert, Otto [1908]: Handbuch der Vermessungstechnik, 2. Band: Feld- und Landmessung, J. B. Metzlersche Buchhandlung, Stuttgart, 7., erweiterte Auflage 1908, XVI, 911+47 Seiten (Mechanische Hilfsmittel für Berechnungen, Seiten 132–175)

Jordan, Wilhelm; Reinhertz, Carl; Eggert, Otto [1931]: Handbuch der Vermessungstechnik, 2. Band, 1. Halbband: Feld- und Landmessung, J. B. Metzlersche Verlagsbuchhandlung, Stuttgart, 9., erweiterte Auflage 1931, XIV, 572+17 Seiten (Mechanische Hilfsmittel für Berechnungen, Seiten 111–142)

Jorio, Marco: Enzyklopädisches Wissen im digitalen Zeitalter. Das „Historische Lexikon der Schweiz" und die Medienrevolution, in: Neue Zürcher Zeitung, Nr. 212, 13. September 2014, Seite 61 (Literatur und Kunst)

Jörn, Fritz: Der erste „Taschenrechner" und sein Erfinder, in: Neue Zürcher Zeitung, Nr. 106, 10. Mai 1989, Seiten 85–86 (Forschung und Technik) (Curta)

Jornitz, Günther: John E. Greve (1880–1967). Erfinder, Konstrukteur und Direktor, Gründer der Astrawerke AG in Chemnitz, in: Historische Bürowelt, 1999, Heft 55, Seiten 13–19

Joseph, George Gheverghese [2011]: The crest of the peacock. Non-European roots of mathematics, Princeton university press, Princeton, New Jersey, Oxford, 3. Auflage 2011, XX, 561 Seiten

Joseph, George Gheverghese [2016]: Indian mathematics. Engaging with the world from ancient to modern times, World scientific publishing Europe Ltd., London usw. 2016, XIX, 489 Seiten

Joss, Anna: Anhäufen, forschen, erhalten. Die Sammlungsgeschichte des Schweizerischen Nationalmuseums 1899–2007, Hier und jetzt, Verlag für Kultur und Geschichte, Baden 2016, 310 Seiten (Dissertation)

Joss, Heinz (Hg.): Tagungsbericht. 4. internationales Treffen der Rechenschiebersammler, Huttwil, Schweiz, 14. bis 16. Oktober 1998, Dällikon/Zürich 1998, 89 Seiten (Selbstverlag)

Joss, Heinz [1998a]: Messrechnen: 350 Jahre Rechenschieber, in: Elemente der Mathematik, Band 53, 1998, Heft 2, Seiten 73–78

Joss, Heinz [1998b]: Im Rechnen eine Bestnote für den Lehrer, in: Historische Bürowelt, 1998, Heft 52, Seiten 28–31

Joss, Heinz [2000a]: Der Rechenschieber. Gestern alltäglich, heute vergessen, in: Schweizer Ingenieur und Architekt, Band 118, April 2000, Heft 16, Seiten 356–363

Joss, Heinz [2000b]: Rechenwalzen, die Rechenschieber mit den langen Skalen, in: Werner H. Schmidt; Werner Girbardt (Hg.): 1. Greifswalder Symposium zur Entwicklung der Rechentechnik, 15.–17. September 2000, Ernst Moritz Arndt Universität, Greifswald 2000, Seiten 11–33

Joss, Heinz [2000c]: A tablet slide rule by Julius Billeter, Zurich in: Journal of the Oughtred society, Band 9, 2000, Heft 2, Seite 27

Joss, Heinz [2001a]: 350 Jahre Rechenschieber, und was die Region Zürich dazu beigetragen hat, in: Vierteljahrsschrift der Naturforschenden Gesellschaft Zürich, Band 146, 2001, Heft 2/3, Seiten 75–82

Joss, Heinz [2001b]: Wittgenstein and his calculating devices, in: Journal of the Oughtred society, Band 10, 2001, Heft 2, Seiten 31–36

Juley, Joseph: The ballistic computer, in: Brian Randell (Hg.): The origins of digital computers. Selected papers, Springer-Verlag, Berlin, Heidelberg usw., 3. Auflage 1982, Seiten 257–261

Junier, Caroline; Künzi, Claude-Alain (Hg.): Automates et merveilles. Les Jaquet-Droz et Leschot, Editions Alphil, Neuenburg 2012, 80 Seiten (dreiteiliger Ausstellungskatalog: Musée d'art et d'histoire, Neuenburg)

Junius, Hartwig (Hg.): Ingenieurvermessung von der Antike bis zur Neuzeit, 3. Symposion zur Vermessungsgeschichte in Dortmund am 16. Februar 1987 im Museum für Kunst und Kulturgeschichte, Verlag Konrad Wittwer KG, Stuttgart 1987, VI, 171 Seiten (u.a. Beitrag zu Gerbert von Aurillac und die Landvermessung, Seiten 108–140) (Tagungsband)

Juschkewitsch, Adolf P. [1964]: Geschichte der Mathematik im Mittelalter, Pfalz-Verlag, Basel 1964, VIII, 454 Seiten (Rechenbrett, Linienrechnen)

Juschkewitsch, Adolf P. [1976]: Les mathématiques arabes (VIIIe–XVe siècles), Librairie philosophique J. Vrin, Paris 1976, IX, 214 Seiten (Juškevič, Youschkevitch)

Juschkewitsch, Adolf P.; Rosenfeld, B. A.: Die Mathematik der Länder des Ostens im Mittelalter, VEB Deutscher Verlag der Wissenschaften, Berlin 1963, V, 99 Seiten

Jüttemann, Herbert [1971]: Grundlagen der Elektrotechnik, VDI-Verlag, Düsseldorf, 2., völlig überarbeitete Auflage 1971, XI, 245 Seiten

Jüttemann, Herbert [1991]: Schwarzwälder Flötenuhren, Waldkircher Verlag, Waldkirch 1991, 164 Seiten

Jüttemann, Herbert [1998]: Figurenuhren aus dem Schwarzwald, Waldkircher Verlagsgesellschaft mbH, Waldkirch 1998, 170 Seiten

Jüttemann, Herbert [2000]: Die Schwarzwalduhr, Badenia Verlag, Karlsruhe, 4., völlig neu bearbeitete Auflage 2000, X, 246 Seiten (Figurenuhren, Flötenuhren, Hackbrettuhren, Kalenderuhren)

Jüttemann, Herbert [2004]: Orchestrien aus dem Schwarzwald. Instrumente, Firmen und Fertigungsprogramme, PPV Medien GmbH, Edition Bochinsky, Bergkirchen 2004, 288 Seiten

Jüttemann, Herbert [2007]: Phonographen und Grammophone, Funk Verlag Bernhard Hein e. K., Dessau-Roßlau, 4., erweiterte Auflage 2007, IX, 298 Seiten

Jüttemann, Herbert [2010]: Mechanische Musikinstrumente. Einführung in Technik und Geschichte, Verlag Christoph Dohr, Köln, 2., überarbeitete und ergänzte Auflage 2010, 339 Seiten (Spieluhren, Walzendrehorgeln, Walzenspieldosen, Lochplatttenspieldosen)

K

Kaeser, Eduard: Der die Maschinen versteht. Alan Turing und seine gefährliche Idee, in: Neue Zürcher Zeitung, Nr. 245, 20. Oktober 2012, Seite 58 (Literatur und Kunst)

Kahn, David: The codebreakers. The story of secret writing, Scribner, New York 1996, XVIII, 1181 Seiten

Kaiser, Walter; König, Wolfgang (Hg.): Geschichte des Ingenieurs. Ein Beruf in sechs Jahrhunderten, Carl Hanser Verlag, München, Wien 2006, XI, 351 Seiten

Kaisler, Stephen H.: First generation mainframes: The IBM 700 series, Cambridge scholars publishing, Newcastle upon Tyne 2018, XI, 208 Seiten

Kalb, Christine: Weltausstellungen im Wandel der Zeit und ihre infrastrukturellen Auswirkungen auf Stadt und Region, Peter Lang GmbH, Frankfurt am Main, Berlin usw. 1994, IX, 326 Seiten

Kalex, E.; Mann, D.: Wirkungsweise, Programmierung und Anwendung von Analogrechnern, Verlag Die Wirtschaft, Berlin 1967, VII, 195 Seiten

Kaltsas, Nikolaos; Vlachogianni, Elena; Bouyia, Polyxeni: The Antikythera shipwreck. The ship, tre asures, the mechanism, Hellenic ministry of culture and tourism, National archaeological museum, Athen 2012, 303 Seiten (Ausstellung April 2012–April 2013) (Ausstellungskatalog)

Kämmerer, Wilhelm [1956]: Die programmgesteuerte Relaisrechenanlage „Oprema", in: MTW-Mitteilungen, Band 3, 1956, Heft 5, Seiten 225–230

Kämmerer, Wilhelm [1957]: Die programmgesteuerte Relais-Zwillings-Rechenanlage „Oprema" des VEB Carl Zeiss Jena, in: Nikolaus Joachim Lehmann (Hg.): Aktuelle Probleme der Rechentechnik. Bericht über das internationale Mathematiker-Kolloquium, Dresden, 22. bis 27. November 1955, VEB Deutscher Verlag der Wissenschaften, Berlin 1957, Seiten 15–16

Kämmerer, Wilhelm [1963]: Ziffernrechenautomaten, Akademie-Verlag, Berlin, 3., erweiterte Auflage 1963, X, 403 Seiten

Kämmerer, Wilhelm [1973]: Digitale Automaten. Theorie, Struktur, Technik, Programmieren, Akademie-Verlag, Berlin, 2., erweiterte Auflage 1973, VIII, 528 Seiten

Kang, Minsoo: Sublime dreams of living machines. The automaton in the European imagination, Harvard university press, Cambridge, Massachusetts, London 2011, XI, 374 Seiten

Kaphengst, Heinz: Eine abstrakte programmgesteuerte Rechenmaschine, in: Zeitschrift für mathematische Logik und Grundlagen der Mathematik, Band 5, 1959, Seiten 366–379

Kaplan, Erez: The controversial replica of Leonardo da Vinci's adding machine, in: IEEE Annals of the history of computing, Band 19, 1997, Heft 2, Seiten 62–63

Kaplan, Fred M: Dark territory. The secret history of cyberwar, Simon & Schuster, New York, London usw. 2016, XI, 339 Seiten

Karcher, Hermann: Konnten die Römer wirklich nicht rechnen?, in Mitteilungen der Deutschen Mathematiker-Vereingung, Band 22, 2014, Heft 3, Seiten 140–141

Karcher, Hermann; Gansohr-Meinel, Heidrun: Der Abakus – völlig unterschätzt, in: epoc, 2012, Nr. 1, Seite 77

Karmarsch, Karl: Geschichte der Technologie seit der Mitte des achtzehnten Jahrhunderts, R. Oldenbourg, München 1872, VII, 932 Seiten

Karpinski, Louis Charles: The history of arithmetic, Rand McNally & company, Chicago, New York 1925, XII, 200 Seiten

Karpova, Vera B.; Karpov, Leonid E.: History of the creation of Besm: The first computer of S. A. Lebedev, Institute of precise mechanics and computer engineering, in: John Impagliazzo; Eduard Proydakov (Hg.): Perspectives on Soviet and Russian computing, First IFIP WG 9.7 conference, SoRuCom 2006, Petrozavodsk, Russia, July 3–7, 2006, revised selected papers, Springer, Heidelberg, Dordrecht usw. 2011, Seiten 6–19 (Lebedjew: Mesm, Besm

Kasparek, Christopher; Woytak, Richard: Polish and British methods of solving Enigma, in: Wladyslaw Kozaczuk (Hg.): Enigma. How the German machine cipher was broken, and how it was read by the allies in the World War II, University publications of America, Inc., Frederick, Maryland, 1985, XIV, Seiten 292–319

Kasparov, Garry; Greengard, Mig: Deep thinking, where machine intelligence ends and human creativity begins, Public affairs, New York 2017, IX, 287 Seiten

Kästner, Abraham Gotthelf [1796]: Geschichte der Mathematik seit der Wiederherstellung der Wissenschaften bis an das Ende des achtzehnten Jahrhunderts, bey Johann Georg Rosenbusch, Göttingen 1796, X, 708 Seiten (1. Band)

Kästner, Abraham Gotthelf [1797]: Geschichte der Mathematik seit der Wiederherstellung der Wissenschaften bis an das Ende des achtzehnten Jahrhunderts, bey Johann Georg Rosenbusch, Göttingen 1797, XIV, 759 Seiten (2. Band, mit Mechanik, Optik, Astronomie)

Kästner, Abraham Gotthelf [1799]: Geschichte der Mathematik seit der Wiederherstellung der Wissenschaften bis an das Ende des achtzehnten Jahrhunderts, bey Johann Georg Rosenbusch, Göttingen 1799, XIV, 484 Seiten (3. Band)

Kästner, Abraham Gotthelf [1800]: Geschichte der Mathematik seit der Wiederherstellung der Wissenschaften bis an das Ende des achtzehnten Jahrhunderts, bey Johann Georg Rosenbusch's Wittwe, Göttingen 1800, XIV, 516 Seiten (4. Band, Mechanik, Optik, Astronomie)

Katz, Barry M.: Make it new. The history of Silicon valley design, MIT press, Cambridge, Massacusetts, London 2015, XXV, 253 Seiten

Katz, Kaila: Historical content in computer science texts: A concern, in: IEEE Annals of the history of computing, Band 19, 1997, Heft 1, Seiten 16–19

Katz, Victor Joseph (Hg.) [2000]: Using history to teach mathematics. An international perspective, Mathematical association of America, Washington, D.C. 2000, XII, 261 Seiten

Katz, Victor Joseph (Hg.) [2007]: The mathematics of Egypt, Mesopotamia, China, India, and Islam. A sourcebook, Princeton university press, Princeton, New Jersey, Oxford 2007, XV, 685 Seiten

Katz, Victor Joseph: A history of mathematics. An introduction, Addison-Wesley, Boston usw., 3. Auflage 2009, XVI, 976 Seiten (Mathematikgeschichte)

Katz, Victor Joseph; Hunger Parshall, Karen: Taming the unknown. A history of algebra from antiquity to the early twentieth century, Princeton university press, Princeton, Oxford 2014, XV, 485 Seiten

Kaufmann, Hans: Die Ahnen des Computers. Von der phönizischen Schrift zur Datenverarbeitung, Econ-Verlag, Düsseldorf, Wien 1974, 223 Seiten

Kaye, Ernest Joseph; Gibbs, G. R.: Leo (Lyons electronic office). A checking device for punched data tapes, in: Electronic engineering, Band 26, September 1954, Heft 319, Seiten 386–392

Kaye, George Rusby: Indian mathematics, Thacker, Spink & Co., Calcutta, Simla 1915, III, 73 Seiten

Kehrbaum, Annegret; Korte, Bernhard [1993a]: Historische Rechenmaschinen im Forschungsinstitut für diskrete Mathematik Bonn. Mathematiker und Rechenmaschinen, in: DMV Mitteilungen, 1993, Heft 1, Seiten 18–31 bzw. 33 (Teil 1, Deutsche Mathematiker-Vereinigung)

Kehrbaum, Annegret; Korte, Bernhard [1993b]: Historische Rechenmaschinen im Forschungsinstitut für diskrete Mathematik Bonn. Pioniere der industriellen Revolution und Rechenmaschinen des 20. Jahrhunderts, in: DMV Mitteilungen, 1993, Heft 2, Seiten 8–20 (Teil 2, Deutsche Mathematiker-Vereinigung

Kehrbaum, Annegret; Korte, Bernhard [1993c]: Rekonstruktionen von Rechenmaschinen am Forschungsinstitut für diskrete Mathematik, in: Winfried Lenders; Karl-Heinz Menge; Ulrich Schlottmann (Hg.): Bonner Universitätsblätter, Gesellschaft von Freunden und Förderern der Rheinischen Friedrich-Wilhelms-Universität zu Bonn 1993, Seiten 49–72

Kehrbaum, Annegret; Korte, Bernhard [1995]: Calculi. Bilder des Rechnens einst und heute, Ausstellung anlässlich der 25. Jahresfeier der Nordrhein-Westfälischen Akademie der Wissenschaften, Westdeutscher Verlag GmbH, Opladen 1995, V, 127 Seiten (Ausstellungskatalog)

Kehrli, Charles: Histoire de la mesure du temps, in: Schweizerische Techniker-Zeitung, Band 20, 1923, Heft 8, Seiten 81–85, Heft 10, Seiten 101–105, und Heft 11, Seiten 113–117

Keller, Olivier: L'invention du nombre. Des mythes de création aux *Eléments* d'Euclide, Classiques Garnier, Paris 2016, 344 Seiten

Kelly, John E.; Hamm, Steve: Smart machines. IBM's Watson and the era of cognitive computing, Columbia university press, New York, Chichester, West Sussex 2013, XI, 147 Seiten

Kempf, Hervé: La révolution biolithique. Humains artificiels et machines animées, Editions Albin Michel SA, Paris 1998, 283 Seiten

Kennedy, T. R.: Electronic computer flashes answers, may speed engineering. New all-electronic computer and its inventors, in: The New York Times, 15. Februar 1946, Seite 1

Kerner, Immo O.: Oprema und ZRA 1– die Rechenmaschinen der Firma Carl Zeiss Jena, in: Friedrich Naumann; Gabriele Schade (Hg.): Informatik in der DDR – eine Bilanz. Tagungsband zu den Symposien 7. bis 9. Oktober 2004 in Chemnitz, 11. bis 12. Mai 2006 in Erfurt, Gesellschaft für Informatik, Bonn 2006, Seiten 147–177

Kerner, Martin [2005]: Die Kalenderscheibe von Nebra, in: Geomatik Schweiz, Band 103, 2005, Heft 3, Seiten 131–138

Kerner, Martin [2006]: Bronzezeitliche Astronomie. Die Bronzescheibe von Nebra, Mantis Verlag Dr. Heribert Illig, Gräfelfing 2006, 367 Seiten

Kerner, Martin [2007]: Vom Steinbeil zum Pantheon. Kulturgeschichte der Kalendarik, Mantis Verlag Dr. Heribert Illig, Gräfelfing 2007, 199 Seiten

Kick, Friedrich: Notizen von der schweizerischen Landesausstellung in Zürich 1883, in: Dingler's polytechnisches Journal, Band 249, 1883, Seiten 49–59 (u.a. wissenschaftliche Instrumente von Amsler, Schaffhausen; Coradi, Zürich; Kern, Aarau)

Kidder, Tracy [1984]: Die Seele einer neuen Maschine. Vom Entstehen eines Computers, Rowohlt Taschenbuch-Verlag GmbH, Reinbek bei Hamburg 1984, 284 Seiten

Kidder, Tracy [2000]: The soul of a new machine, Little, Brown & Co., New York 2000, VII, 293 Seiten

Kidwell, Peggy Aldrich [2015]: Useful instruction for practical people: Early printed discussions of the slide rule in the US, in: IEEE Annals of the history of computing, Band 37, 2015, Heft 1, Seiten 36–43

Kidwell, Peggy Aldrich [2019a]: The role of governments in the spread of novel computing devices in the nineteenth and early twentieth century United States, in: IEEE Annals of the history of computing, Band 41, 2019, Heft 1, Seiten 7–19

Kidwell, Peggy Aldrich [2019b]: Flowcharting templates, in: IEEE Annals of the history of computing, Band 41, 2019, Heft 1, Seiten 55–57

Kidwell, Peggy Aldrich; Ackerberg-Hastings, Amy; Roberts, David Lindsay: Tools of American mathematics teaching 1800–2000, Smithsonian institution, Washington, D.C. / Johns Hopkins university press, Baltimore, Maryland 2008, XVIII, 418 Seiten

Kidwell, Peggy Aldrich; Ceruzzi, Paul E.: Landmarks in digital computing, Smithsonian Institution press, Washington, London 1994, 148 Seiten

Kiefer, Jürgen; Reich, Karin (Hg.): Gemeinnützige Mathematik. Adam Ries und seine Folgen, Verlag der Akademie gemeinnütziger Wissenschaften zu Erfurt, Erfurt 2003, 269 Seiten (Tagungsband) (u.a. Beiträge von Stefan Deschauer, Rainer Gebhardt, Friedrich Naumann, Menso Folkerts, Karin Reich)

Kiefer, Peter: Elektronik-Produkte auf der Interkama 74, in: Dornier-Post 3/4 74, Seiten 32–34 (Dornier-Analogrechner)

Kiely, Edmond R.: Surveying instruments. The history and classroom use, AMS Press Inc., New York 1971, XVI, 411 Seiten (Nachdruck von 1947) (Vermessungswesen)

Kiffe, Elke; Rolf, Lutz [2004a]: Historische Büromaschinen unter musealen Gesichtspunkten. Restaurieren und Konservieren, in: Historische Bürowelt, April 2004, Heft 67, Seiten 3–6 (Teil 1)

Kiffe, Elke; Rolf, Lutz [2004b]: Historische Büromaschinen unter musealen Gesichtspunkten. Restaurieren und Konservieren, in: Historische Bürowelt, September 2004, Heft 68, Seiten 12–15 (Teil 2)

Kilburn, Thomas [1949]: The University of Manchester universal high-speed digital computing machine, in: Nature, Band 164, 22. Oktober 1949, Heft 4173, Seiten 684–687

Kilburn, Thomas [1951]: The new universal digital computing machine at the university of Manchester, in: Nature, Band 168, 21. Juli 1951, Heft 4264, Seiten 95–96

Kilburn, Thomas [1989a]: The Manchester university digital computing machine, in: Michael Roy Williams; Martin Campbell-Kelly (Hg.): The early British computer conferences, MIT press, Cambridge, Massachusetts, London/Tomash publishers, Los Angeles, San Francisco 1989, Seiten 138–144

Kilburn, Thomas [1989b]: Cathode ray tube storage, in: Michael Roy Williams; Martin Campbell-Kelly (Hg.): The early British computer conferences, MIT press, Cambridge, Massachusetts, London/Tomash publishers, Los Angeles, San Francisco 1989, Seiten 419–423

Kim, Eugene Eric; Toole, Betty Alexandra; Ada und der erste Computer, in: Spektrum der Wissenschaft, 1999, Heft 7, Seiten 80–85

Kimppa, Kai; Whitehouse, Diane; Kuusela, Tiina; Phahlamohlaka, Jackie (Hg.): ICT and society, 11th Ifip TC 9 international conference on human choice and computers, HCC11 2014, Turku, Finland, July 30–August 1, 2014, proceedings, Springer, Heidelberg, New York usw. 2014, XI 376 Seiten (Tagungsband)

Kind-Schaad, G.: Lösung von Eigenwertproblemen mittels Lochkartenmaschinen, in: Schweizer Archiv für angewandte Wissenschaft und Technik, Band 13, 1947, Heft 6, Seiten 161–168

Kippenhahn, Rudolf: Verschlüsselte Botschaften. Geheimschrift, Enigma und Chipkarte, Rowohlt, Reinbek bei Hamburg, 4. Auflage 2005, 362 Seiten

Kistermann, Friedrich Wilhelm [1984a]: War die Rechenmaschine von Wilhelm Schickard praktisch brauchbar, in: Technikgeschichte, Band 51, 1984, Heft 2, Seiten 77–85

Kistermann, Friedrich Wilhelm [1984b]: Lochen und Prüfen, in: Historische Bürowelt, April 1984, Heft 5, Seiten 18–20

Kistermann, Friedrich Wilhelm [1984c]: Die Sortiermaschine, in: Historische Bürowelt, Juli 1984, Heft6, Seiten 20–22

Kistermann, Friedrich Wilhelm [1984d]: Von der Zähl- und Sortierapparatur des Herman Hollerith zur alphabetschreibenden Tabelliermaschine der IBM, in: Historische Bürowelt, Oktober 1984, Heft7, Seiten 17–20

Kistermann, Friedrich Wilhelm [1985a]: Rechnen aus Lochkarten. Der Rechenlocher, in: Historische Bürowelt, Januar 1985, Heft 8, Seiten 16–18

Kistermann, Friedrich Wilhelm [1985b]: Herman Hollerith – 125 Jahre, in: Historische Bürowelt, Juli 1985, Heft 10, Seiten 16–17

Kistermann, Friedrich Wilhelm [1991]: The invention and development of the Hollerith punched card: in commemoration of the 130th anniversary of the birth of Herman Hollerith and for the 100th anniversary of large scale data processing, in: Annals of the history of computing, Band 13, 1991, Heft 3, Seiten 245–259

Kistermann, Friedrich Wilhelm [1992]: Die Rechentechnik um 1600 und Wilhelm Schickards Rechenmaschine, in: Friedrich Seck (Hg.): Zum 400. Geburtstag von Wilhelm Schickard. Zweites Tübinger Schickard-Symposium, 25. bis 27. Juni 1992, Jan Thorbecke Verlag, Sigmaringen 1995, Seiten 241–272

Kistermann, Friedrich Wilhelm [1995]: The way to the first automatic sequence-controlled calculator: the 1935 Dehomag D 11 tabulator, in: IEEE Annals of the history of computing, Band 17, 1995, Heft 2, Seiten 33–49

Kistermann, Friedrich Wilhelm [1999]: Leo Wenzel Pollak (1888–1964): Czechoslovakian pioneer in scientific data processing, in: IEEE Annals of the history of computing, Band 21, 1999, Heft 4, Seiten 62–68

Kistermann, Friedrich Wilhelm [2000]: The Dehomag D11 tabulator – A milestone in the history of data processing, in: Raúl Rojas, Ulf Hashagen (Hg.): The first computers – history and architectures, MIT press, Cambridge, Massachusetts, London 2000, Seiten 221–235

Kistermann, Friedrich Wilhelm [2005]: Hollerith punched card system development (1905–1913), in: IEEE Annals of the history of computing, Band 27, 2005, Heft 1, Seiten 56–66

Kitov, Vladimir A.; Shilov, Valery V.: Anatoly Kitov – Pioneer of Russian informatics, in: Arthur Tatnall (Hg.): History of computing. Learning from the past, IFIP WG 9.7 International conference, HC 2010, Brisbane, Australia, 20–23 September 2010, Springer, Berlin 2010, Seiten 80–88 (IFIP Advances in information and communication technology, Band 325)

Kitow, Anatolij Ivanovič; Krinizki, Nikolaj Andrejevič [1962a]: Elektronische Digitalrechner und Programmierung, B. G. Teubner Verlagsgesellschaft, Leipzig 1962, XII, 533 Seiten (Kitov)

Kitow, Anatolij Ivanovič; Krinizki, Nikolaj Andrejevič [1962b]: Electronic computers, Pergamon press, Oxford, London 1962, VIII, 112 Seiten (Kitov)

Kitz, N. (Norbert/Norman): A medium-size decimal computing machine, in: Michael Roy Williams; Martin Campbell-Kelly (Hg.): The early British computer conferences, MIT press, Cambridge, Massachusetts, London/Tomash publishers, Los Angeles, San Francisco 1989, Seiten 480–482

Kjellberg, Göran [1953]: Quelques problèmes traités avec le Bark, in: Joseph Pérès (Hg.): Les machines à calculer et la pensée humaine, Paris, 8–13 janvier 1951, Colloques internationaux du Centre national de la recherche scientifique, Nr. 37, Editions du Centre national de la recherche scientifique (CNRS), Paris 1953, Seiten 319–328 (Matematikmaskinnämnden, Stockholm)

Kjellberg, Göran [1989]: Computing machine projects in Sweden, in: Michael Roy Williams; Martin Campbell-Kelly (Hg.): The early British computer conferences, MIT press, Cambridge, Massachusetts, London/Tomash publishers, Los Angeles, San Francisco 1989, Seiten 134–137

Kjellberg, Göran; Neovius, Gösta: The Bark, a Swedish general purpose relay computer, in: Mathematical tables and other aids to computation, Band 5, Januar 1951, Heft 33, Seiten 28–34

Kleene, Stephen Cole: Turing's analysis of computability, and major applications of it, in: Rolf Herken (Hg.): The universal Turing machine. A half-century survey, Springer-Verlag, Wien, New York, 2. Auflage 1995, Seiten 15–49

Klein, Felix: Vorlesungen über die Entwicklung der Mathematik im 19. Jahrhundert, Springer-Verlag, Berlin, Heidelberg usw. 1979, Teil 1, XIII, 385 Seiten (Nachdruck von 1926), Teil 2, X, 208 Seiten (Nachdruck von 1927)

Klein, Felix; Müller, Conrad (Hg.) [Teil 1, 1908]: Mechanik, Encyklopädie der mathematischen Wissenschaften mit Einschluss ihrer Anwendungen, Druck und Verlag von B. G. Teubner, Leipzig 1901–1908, Band 4, Teil 1, XVI, 691 Seiten

Klein, Felix; Müller, Conrad (Hg.) [Teil 2, 1935]: Mechanik, Encyklopädie der mathematischen Wissenschaften mit Einschluss ihrer Anwendungen, Verlag und Druck von B. G. Teubner, Leipzig 1904–1935, Band 4, Teil 2, XIII, 804 Seiten

Klein, Felix; Müller, Conrad (Hg.) [Teil 3, 1908]: Mechanik, Encyklopädie der mathematischen Wissenschaften mit Einschluss ihrer Anwendungen, Druck und Verlag von B. G. Teubner, Leipzig 1901–1908, Band 4, Teil 3, XI, 593 Seiten

Klein, Felix; Müller, Conrad (Hg.) [Teil 4, 1914]: Mechanik, Encyklopädie der mathematischen Wissenschaften mit Einschluss ihrer Anwendungen, Druck und Verlag von B. G. Teubner, Leipzig 1907–1914, Band 4, Teil 4, XV, 770 + 90 Seiten

Klein, Jacob: Greek mathematical thought and the origin of algebra, Dover publications, Inc., New York 1992, XV, 360 Seiten

Kleine, Karl (Hg.) [2013]: Computing for science, engineering, and production. Mathematical tools for the second industrial revolution, Proceedings of the 19th international meeting of collectors and researchers of historical computing instruments, Berlin, October 11–12, 2013 (Rechnen für Wissenschaft, Entwicklung und Produktion. Rechengeräte für die zweite industrielle Revolution. Tagungsband des 19. „International Meeting“ von Sammlern und Forschern historischer Rechengeräte, Berlin, 11.–12. Oktober 2013), Books on demand, Norderstedt 2013, VI, 369 Seiten (Tagungsband)

Kleine, Karl (Hg.) [2017]: Calculating in everyday life. Slide rules, tables, calculators, and other mathematical devices, Proceedings of the 23 rd international meeting of collectors and researches of historical computing instruments, Bonn, 22.–24. September 2017, Books on demand, Norderstedt 2017, II, 309 Seiten (Tagungsband) (u.a. Beitrag über Loga-Rechengeräte, Seiten 37–55)

Kleinschmidt, Christian: Technik und Wirtschaft im 19. und 20. Jahrhundert, R. Oldenbourg Verlag, München 2007, XII, 185 Seiten (Abschnitte: Technikpräsentation, Gewerbe- und Industrieausstellungen, Seiten 112–115; Technische Denkmäler, Industriearchäologie, Industriekultur, Seiten 134–139; Technikgeschichte, Seiten 139–143)

Klemm, Friedrich (Hg.): Die Technik der Neuzeit, Band 1: Von der mittelalterlichen Technik zum Maschinenzeitalter, Akademische Verlagsgesellschaft Athenaion, Potsdam 1940, 48 Seiten

Klemm, Friedrich (Hg.): Die Technik der Neuzeit, Band 2: Rohstoffgewinnung und Verarbeitung, Akademische Verlagsgesellschaft Athenaion, Potsdam 1940, 240 Seiten

Klemm, Friedrich (Hg.): Die Technik der Neuzeit, Band 3: Verkehrs- und Bautechnik, Akademische Verlagsgesellschaft Athenaion, Potsdam 1940, 240 Seiten

Klemm, Friedrich [1954]: Technik. Eine Geschichte ihrer Probleme, Verlag Karl Alber, Freiburg, München 1954, XII, 455 Seiten

Klemm, Friedrich [1961]: Der Beitrag des Mittelalters zur Entwicklung der abendländischen Technik, Franz Steiner Verlag GmbH, Wiesbaden 1961, 21 Seiten

Klemm, Friedrich [1970]: Galilei und seine Technik, in: Technikgeschichte, Band 37, 1970, Heft 1, Seiten 13–26 (Proportionalzirkel)

Klemm, Friedrich [1973]: Geschichte der naturwissenschaftlichen und technischen Museen, R. Oldenbourg Verlag, München/VDI-Verlag GmbH, Düsseldorf 1973, 59 Seiten

Klemm, Friedrich [1979]: Zur Kulturgeschichte der Technik. Aufsätze und Vorträge 1954–1978, Deutsches Museum, München 1979, 251 Seiten

Klemm, Friedrich [1999]: Geschichte der Technik. Der Mensch und seine Erfindungen im Bereich des Abendlandes, B. G. Teubner, Stuttgart, Leipzig, 4. Auflage 1999, 212 Seiten

Kline, Morris [1954]: Mathematics in Western culture, George Allen and Unwin Ltd., London 1954, XXXI, 485 Seiten

Kline, Morris [1972]: Mathematical thought from ancient to modern times, Oxford University Press, New York 1972, XVII, 1238 Seiten

Kline, Ronald R. [2011]: Cybernetic, automata studies, and the Dartmouth conference on artificial intelligence, in: IEEE Annals of the history of computing, Band 33, 2011, Heft 4, Seiten 5–16

Kline, Ronald R. [2015]: The cybernetics moment or why we call our age the information age, Johns Hopkins university press, Baltimore, Maryland 2015, XIII, 336 Seiten

Klüver, Per V.: From research institute to computer company: Regnecentralen 1946–1964, in: IEEE Annals of the history of computing, Band 21, 1999, Heft 2, Seiten 31–43

Knauer, Kelly: Great discoveries. Explorations that changed history, Time books, Time, Inc., New York 2009, VI, 138 Seiten (Räderwerk von Antikythera)

Knauer, Mathias [1990a]: Konrad Zuse. Porträt des Computerpioniers und seiner Maschinen, Film, Kamera: Rob Gnant, 72 Minuten, Begleitbroschüre, 42 Seiten, attacca Filmproduktion, Zürich 1990

Knauer, Mathias [1990b]: Konrad Zuse. Ein Filmporträt des Computerpioniers und seiner Maschinen. Kamera: Rob Gnant, 72 Minuten, DVD, Begleitbroschüre, 42 Seiten, attacca Filmproduktion, Zürich 1990/2010

Kneubühl, Fritz Kurt: Die Berechnung und Auswertung von Mikrowellen-Rotationsspektren durch ein Programm der elektronischen Rechenmaschine Ermeth, Juris-Verlag, Zürich 1959, 87 Seiten (Dissertation)

Kneusel, Ronald T.: Numbers and computers, Springer international publishing AG, Cham, 2. Auflage 2017, XIII, 346 Seiten

Knight, L.: Valve reliability in digital calculating machines, in: Electronic engineering, Band 26, Januar 1954, Heft 311, Seiten 9–13

Knödel, Walter [1959]: Wo liegen die Grenzen des mathematischen Einsatzes elektronischer Rechenanlagen?, in: Mathematik – Technik – Wirtschaft (mtw). Zeitschrift für moderne Rechentechnik und Automation, Band 6, 1959, Heft 4, Seiten 138–140

Knödel, Walter [1964]: Turing-Maschinen, Schalt-Algebra und Rechenautomaten, in: Mathematik – Technik – Wirtschaft (mtw). Zeitschrift für moderne Rechentechnik und Automation, Band 11, 1964, Heft 1, Seiten 46–49

Knödel, Walter [1984]: 25 Jahre mit dem Computer, in: Hans-Rainer Schuchmann; Heinz Zemanek (Hg.): Computertechnik im Profil. Ein Vierteljahrhundert deutscher Informationsverarbeitung, R. Oldenbourg Verlag, München, Wien 1984, Seiten 82–86

Knödel, Walter [2009]: Geschichten der Informatik, in: Volker Diekert u.a. (Hg.): Informatik als Dialog zwischen Theorie und Anwendung, Vieweg + Teubner, Wiesbaden 2009, Seiten 29–33

Knorr, Udo: Über einen Integraphen zur mechanischen Integration einer sehr allgemeinen Gruppe von Differentialgleichungen, Technische Hochschule, München 1921, VI, 101 Seiten (Dissertation)

Knott, John V.: Joseph Halden & Co. A slide rule manufacturer of Manchester, England, in: Journal of the Oughtred society, Band 6, 1997, Heft 2, Seiten 40–42 (Rechenuhr)

Knuth, Donald E. [1962]: A history of writing compilers, in: Computers and automation, Band 11, 1962, Heft 12, Seiten 8–18

Knuth, Donald E. [1970]: Von Neumann's first computer program, in: Computer Surveys, Band 2, 1970, Heft 4, Seiten 247–260

Knuth, Donald E. [1972]: Ancient Babylonian algorithms, in: Communications of the ACM, Band 15, 1972, Heft 7, Seiten 671–677

Knuth, Donald E. [1987]: Von Neumann's first computer program, in: William Aspray; Arthur Walter Burks (Hg.): Papers of John von Neumann on computing and computer theory, MIT press, Cambridge, Massachusetts, London 1987, Seiten 83–96

Knuth, Donald E. [2003a]: Selected papers on computer languages, Center for the study of language and information, Stanford 2003, XVIII, 594 Seiten

Knuth, Donald E. [2003b]: A history of writing compilers, in: Donald E. Knuth (Hg.) [2003]: Selected papers on computer languages, Center for the study of language and information, Stanford 2003, Seiten 439–456

Knuth, Donald E. [2011]: Eléments pour une histoire de l'informatique, CSLI publications, Stanford, California 2011, XVI, 371 Seiten

Knuth, Donald E.; Trabb Pardo, Luis [1980]: The early development of programming languages, in: Nicholas Constantine Metropolis; Jack Howlett; Gian-Carlo Rota (Hg.): A history of computing in the twentieth century. A collection of essays, Academic press, New York, London usw. 1980, Seiten 197–273

Knuth, Donald E.; Trabb Pardo, Luis [2003]: The early development of programming languages, in: Donald E. Knuth (Hg.): Selected papers on computer languages, Center for the study of language and information, Stanford 2003, Seiten 1–93

Koblentz, Evan: Abacus to smartphone. The evolution of mobile and portable computers, Create space independent publishing platform, 2015

Koch, Andreas: Automatik-Museum. Gerätesammlung zur Geschichte der Automatisierungstechnik. Ausstellungs-Katalog, Hochschule für Technik, Wirtschaft und Kultur Leipzig, Leipzig 2001, 115 Seiten

Koch, Hartmut [1982]: Die Rechenmaschine und ihre Entwicklungsgeschichte, in: Historische Bürowelt, September 1982, Heft 2/3, Seiten 14–16 (Teil 1)

Koch, Hartmut [1983]: Die Rechenmaschine und ihre Entwicklungsgeschichte, in: Historische Bürowelt, Januar 1983, Heft 4, Seiten 20–21 (Teil 2)

Koellner, Peter: On the question of absolute undecidability, in: Philosophia mathematica, Reihe 3, Band 14, 2006, Heft 2, Seiten 153–188 (Sonderausgabe zu Kurt Gödel)

Koerber, Bernhard: Zuses Z4 an der ETH Zürich, in: Log in. Informatische Bildung und Computer in der Schule, 2010, Nr. 166/167, Seite 138

Koestler, Arthur [1963]: Die Nachtwandler. Die Entstehungsgeschichte unserer Welterkenntnis, Alfred Scherz Verlag, Bern, Stuttgart 1963, 560 Seiten

Koestler, Arthur [1967]: The ghost in the machine, Hutchinson & Co. (publishers) Ltd., London 1967, XIV, 384 Seiten

Koetsier, Teun: Phases in the unraveling of the secrets of the gear system of the Antikythera mechanism, in: Hong-Sen Yan; Marco Ceccarelli (Hg.): International symposium on history of machines and mechanisms, Proceedings of HMM 2008, Springer science+business media B.V., o. O. 2009, Seiten 269–294

Koetsier, Teun; Ceccarelli, Marco (Hg.): Explorations in the history of machines and mechanisms, Proceedings of HMM 2012, Springer science+business media, Dordrecht 2012, XVII, 594 Seiten (History of mechanism and machine science, Band 15, Abschnitt: „The front dial of the Antikythera mechanism“, Seiten 279–292) (Tagungsband)

Köhler, Eckehart; Schimanovich, Werner: Kurt Gödel: A godfather of computer science, in: Roberto Moreno-Díaz; Franz Pichler; Alexis Quesada-Arencibia (Hg.): Computer aided systems theory, Eurocast 2017, Springer international publishing AG, Cham 2018, Seiten 49–65 (Tagungsband, Teil 1)

Köhncke, Walter [1970a]: Wie rechnet ein Elektronenrechner?, in: Büromaschinentechnik/Der Büromaschinenmechaniker, Band 12, 1970, Heft 144, Seiten 152–154

Köhncke, Walter [1970b]: Computer-Logik, in: Büromaschinentechnik/Der Büromaschinenmechaniker, Band 12, 1970, Heft 149, Seiten 261–262

Köhncke, Walter [1971]: Die Bedeutung des arabischen Zahlensystems, in: Büromaschinentechnik/Der Büromaschinenmechaniker, Band 13, 1971, Heft 157/58, Seite 181

Köhncke, Walter [1972]: Die Ahnen der Rechenmaschinen, in: Büromaschinentechnik/Der Büromaschinenmechaniker, Band 14, 1972, Heft 166, Seiten 5–6

Kojima, Takashi: The Japanese abacus. Its use and theory, Charles E. Tuttle company, Rutland, Vermont, Tokyo 1969, 102 Seiten (mit Gebrauchsanweisung für alle vier Grundrechenarten)

Koll, Otto: Geodätische Rechnungen mittels der Rechenmaschine, Konrad Wittwer, Stuttgart, 2., neu bearbeitete Auflage 1927, VIII, 97 Seiten

Koller, Guido: Geschichte digital. Historische Welten neu vermessen, W. Kohlhammer GmbH, Stuttgart 2016, 157 Seiten

Kolman, Ernest: Istorija matematiki v drevnosti (Geschichte der Mathematik im Altertum), Gosudarstvennoe izdatelstvo fisiko-matematičeskoj literatury, Moskau 1961, 236 Seiten (russisch)

Kolman, Vojtěch: Zahlen, Walter de Gruyter GmbH, Berlin, Boston 2016, IX, 190 Seiten

König, Heinz [1967]: Quartalsbericht IE 1 (Industrieentwicklung), 4. Quartal 1966, Contraves AG, Zürich, 16. Januar 1967, 2 Seiten (Hinweis, dass die vertraglichen Verpflichtungen für die Betreuung des Coragraphen A von Contraves Zürich erfüllt wurden. Das Datenausgabegerät mit Lochbandausgang müsse aber noch durch ein Datenausgabegerät mit Kartenausgang ersetzt werden. Programmseitig sei Prof. Bachmann zufriedengestellt).

König, Heinz [2013]: Die Geschichte der numerisch gesteuerten Zeichenanlage Coragraph der Contraves AG (1961–1975), Januar 2013, 10 Seiten

König, Wolfgang (Hg.): Mathematics and society, Europan mathematical society publishing house, Zürich 2016, XII, 302 Seiten

König, Wolfgang (Hg.): Technikgeschichte, Franz Steiner Verlag, Stuttgart 2010, 264 Seiten

König, Wolfgang [1995]: Technikwissenschaften. Die Entstehung der Elektrotechnik aus Industrie und Wissenschaft zwischen 1880 und 1914, G+B Verlag Fakultas, Chur 1995, XIII, 386 Seiten

König, Wolfgang [2009]: Technikgeschichte. Eine Einführung in ihre Konzepte und Forschungsergebnisse, Franz Steiner Verlag, Stuttgart 2009, 264 Seiten

König, Wolfgang; Landsch, Marlene (Hg.): Kultur und Technik. Zu ihrer Theorie und Praxis in der modernen Lebenswelt, Peter Lang GmbH, Frankfurt am Main 1993, 275 Seiten

König, Wolfgang; Niemitz, Hans-Ulrich: Die Zukunft und die Ingenieure. Projektionen zur Dampfturbinenkonstruktion und zum Computereinsatz bei der BBC in der Nachkriegszeit, in: Technikgeschichte, Band 72, 2005, Heft 1, Seiten 3–33 (Seite 22: Hinweis auf die Entwicklung eines Analogrechners durch die BBC 1953)

König, Wolfgang; Weber, Wolfhard: Netzwerke, Stahl und Strom. 1840 bis 1914, Ullstein Buchverlage GmbH, Berlin 1990, 596 Seiten (Wolfgang König (Hg.): Propyläen Technikgeschichte, Band 4) (Abschnitte: Patente, Seiten 121–126; Telegraphie, Seiten 214–222; Weltausstellungen, Seiten 228–247; Kommunikation und Information, Seiten 476–535)

Könneker, Carsten (Hg.): Unsere digitale Zukunft. In welcher Welt wollen wir leben?, Springer-Verlag GmbH Deutschland, Berlin 2017, XVI, 283 Seiten

Konrad-Klein, Jochen; Kühn, Klaus; Petzold, Hartmut (Hg.): 7. Internationales Treffen für Rechenschieber- und Rechenmaschinensammler, IM 2011, 2001, Deutsches Museum, München 2001, 230 Seiten

Koons, Florence; Lubkin, Samuel: Conversion of numbers from decimal to binary form in the Edvac, in: Mathematical tables and other aids to computation, Band 3, April 1949, Heft 26, Seiten 427–431

Kopp, Franz Otto; Stein, Erwin [2006]: Konstruktive Verbesserungen im Hannoverschen Modell der Leibnizschen Vier-Spezies-Rechenmaschine, in: Herbert Breger; Jürgen Herbst; Sven Erdner (Hg.): Einheit in der Vielfalt. 8. Internationaler Leibniz-Kongress, Hannover, 24. bis 29. Juli 2006, Gottfried-Wilhelm-Leibniz-Gesellschaft e.V. Hannover 2006, Vorträge, 1. Teil, Seiten 390–397

Kopp, Franz Otto; Stein, Erwin [2008]: Es funktioniert doch – mit zwei Korrekturen. Zehnerüberträge der Leibniz-Maschine. Zur Konstruktion des Hannoverschen Nachbaus der Vier-Spezies-Rechenmaschine von Leibniz, in: Leibniz – Auf den Spuren des großen Denkers. Unimagazin Hannover, 2008, Heft 3/4, Seiten 56–59

Koppany, Bob: Magnifiers, in: Journal of the Oughtred society, Band 19, 2010, Heft 2, Seiten 28–31 (Rechenstab und Rechenscheibe mit Lupe)

Korey, Michael [2007]: Die Geometrie der Macht. Die Macht der Geometrie. Mathematische Instrumente und fürstliche Mechanik um 1600 aus dem Mathematisch-physikalischen Salon, Deutscher Kunstverlag, München, Berlin 2007, 64 Seiten

Korey, Michael [2018]: F ist für den Fürsten – Ein „fürstlicher Blick“ auf die Mathematik in der frühen Neuzeit mit Ausblick auf den heutigen Schulunterricht, in: Gregor Nickel; Markus Helmerich; Ralf Krömer; Katja Lengnik; Martin Rathgeb (Hg.): Mathematik und Gesellschaft. Historische, philosophische und didaktische Perspektiven, Springer Fachmedien Wiesbaden GmbH 2018, Seiten 183–192

Korn, Granino A.: The difference analyzer: A simple differential equation solver, in: Mathematical tables and other aids to computation, Band 6, Januar 1952, Heft 37, Seiten 1–8

Korn, Granino A.; Korn, Theresa M. [1960]: Elektronische Analogierechenmaschinen (Gleichstromanalogrechner), Berliner Union, Stuttgart, 1960, 466 Seiten

Korn, Granino A.; Korn, Theresa M. [1972]: Electronic analog and hybrid computers, McGraw-Hill book company, New York, St. Louis usw., 2., völlig überarbeitete Auflage 1972, XIX, 421 Seiten

Kornei, Otto: Survey of magnetic recording, in: Proceedings of a symposium on large-scale digital calculating machinery, Cambridge, Massachusetts, 7.–10. Januar 1947, MIT press, Cambridge, Massachusetts, London/Tomash publishers, Los Angeles, San Francisco 1985, Seiten 223–237

Korte, Bernhard [1981a]: Zur Geschichte des maschinellen Rechnens, Bouvier-Verlag Herbert Grundmann, Bonn 1981, 80 Seiten (Bonner Akademische Reden 54)

Korte, Bernhard [1981b]: Von Abakus bis Zuse – ein Abriss der Geschichte der Rechenmaschine, in: Friedhelm Korte; Karl-Heinz Menge (Hg.): Bonner Universitätsblätter, Gesellschaft von Freunden und Förderern der Rheinischen Friedrich-Wilhelms-Universität zu Bonn e.V., 1981, Seiten 15–37

Korte, Bernhard [2004]: Die Rechenmaschine von Johann Christoph Schuster 1820/22, Arithmeum im Forschungsinstitut für diskrete Mathematik, Bonn 2004, 118 Seiten

Kotsanas, Kostas: Ancient Greek technology. The inventions of the ancient Greeks, Pyrgos 2014, 160 Seiten (Selbstverlag) (Pantograf von Heron von Alexandria, Seite 47)

Koutny, Maciej; Ulidowsky, Irek (Hg.): Concur 2012 – Concurrency theory, 23rd International conference 4.–7. September 2012, Newcastle upon Tyne, Springer, Berlin, Heidelberg 2012, XIV, 580 Seiten (Tagungsband)

Kovács, Gyözö [2010]: 50 years ago we constructed the first Hungarian tube computer, the M-3: Short stories from the history of the first Hungarian computer (1957–1960), in: Arthur Tatnall (Hg.): History of computing. Learning from the past, IFIP WG 9.7 International conference, HC 2010, Brisbane, Australia, 20–23 September 2010, Springer, Berlin 2010, Seiten 68–79 (IFIP Advances in information and communication technology, Band 325)

Kovács, Gyözö [2012]: Hungarian scientists in information technology, in: Arthur Tatnall (Hg.): Reflections on the history of computing. Preserving memories and sharing stories, Springer, Heidelberg, Dordrecht usw. 2012, Seiten 289–319 (IFIP Advances in information and communication technology, Band 387)

Kowalewski, Gerhard: Große Mathematiker. Eine Wanderung durch die Geschichte der Mathematik vom Altertum bis zur Neuzeit, J. F. Lehmanns Verlag, München, Berlin, 2. Auflage 1939, 300 Seiten

Kowar, Helmut: Die Wiener Flötenuhr, Technisches Museum Wien, Wien 2001, 300 Seiten (Heinz Zemanek: Automaten des 18. Jahrhunderts eingebettet in eine Kompaktform der Automatengeschichte, Seiten 237–268)

Kozaczuk (Hg.), Wladyslaw [1985]: Enigma. How the German machine cipher was broken, and how it was read by the allies in the World War II, University publications of America, Inc., Frederick, Maryland, 1985, XIV, 348 Seiten

Kozaczuk (Hg.), Wladyslaw [1989]: Geheimoperation Wicher. Polnische Mathematiker knacken den deutschen Funkschlüssel „Enigma“, Bernard & Graefe Verlag, Bonn/Karl Müller Verlag, Erlangen 1989, 365 Seiten

Kradolfer, Peter [1988a]: Einige Rosinen aus der Entwicklung der Rechenmaschinen, Verlag Sauerländer, Aarau 1988, 40 Seiten (Sonderdruck aus backup 3/87–3/88)

Kradolfer, Peter [1988b]: Curt Herzstark und seine Taschenrechenmaschine Curta, in: backup, 1988, Heft 6, Seiten 5–9

Kradolfer, Peter [1989]: Curt Herzstark und seine Taschenrechenmaschine Curta, in: backup, 1989, Heft 1, Seiten 41–46, und Heft 2, Seiten 32–37

Kradolfer, Peter [1993]: Die Curta und ihr Erfinder Curt Herzstark, in: Historische Bürowelt, Oktober 1993, Heft 35, Seiten 19–31

Kraemer, Hans; Lux, Heinrich; Neuburger, Albert: Die Ingenieurkunst auf der Pariser Weltausstellung 1900, VDI-Verlag GmbH, Düsseldorf 1985, XIV, 180 Seiten (Nachdruck von 1902)

Krafft, Barbara (Hg.): Traumwelt der Puppen, Hirmer-Verlag GmbH, München 1991, XX, 359 Seiten (Ausstellungskatalog; Automaten: Seiten 121–164)

Krafft, Fritz (Hg.): Vorstoß ins Unerkannte. Lexikon großer Naturwissenschaftler, Wiley-VCH Verlag GmbH, Weinheim, New York usw. 1999, XI, 474 Seiten

Krafft, Fritz: Geschichte der Naturwissenschaft. Die Begründung einer Wissenschaft von der Natur durch die Griechen, Rombach & Co. GmbH, Freiburg im Breisgau 1971, 370 Seiten

Krafft, Fritz; Meyer-Abich, Adolf (Hg.): Große Naturwissenschaftler. Biographisches Lexikon, Fischer Bücherei GmbH, Frankfurt am Main 1970, 400 Seiten

Krajewski, Markus: Paper machines. About cards and catalogs, 1548–1929, MIT press, Cambridge, Massachusetts, London 2011, VI, 215 Seiten

Kramer, Matthias: Simulation mechanischer Zuse-Schaltglieder, in: Log in. Informatische Bildung und Computer in der Schule, 2010, Heft 162, Seiten 73–74

Krämer, Sybille (Hg.): Ada Lovelace. Die Pionierin der Computertechnik und ihre Nachfolgerinnen, Wilhelm-Fink GmbH & Co. Verlags-KG, Paderborn 2015, 221 Seiten

Krämer, Sybille [1988]: Symbolische Maschinen. Die Idee der Formalisierung in geschichtlichem Abriss, Wissenschaftliche Buchgesellschaft, Darmstadt 1988, VIII, 227 Seiten

Krämer, Sybille [2015]: Wieso gilt Ada Lovelace als die „erste Programmiererin" und was bedeutet überhaupt „programmieren"?, in: Sybille Krämer (Hg.): Ada Lovelace. Die Pionierin der Computertechnik und ihre Nachfolgerinnen, Wilhelm-Fink GmbH & Co. Verlags-KG, Paderborn 2015, Seiten 75–90

Krause, Christine [2006]: Die Analogrechentechnik unter besonderer Berücksichtigung der Entwicklung von Analogrechnern in Thüringen und Sachsen, in: Werner H. Schmidt; Werner Girbardt (Hg.): Mitteilungen zur Geschichte der Rechentechnik, 2006, Heft 6, Seiten 121–133

Krause, Christine: Das Positive von Differenzen. Die Rechenmaschinen von Müller, Babbage, Scheutz, Wiberg..., Technische Universität Ilmenau, o. J., 8 Seiten

Krause, Christine; Jacobs, Dieter: Von der Schreibmaschine zu Mikrorechnersystemen. Der Beitrag der Mercedes Büromaschinen-Werke/Robotron-Elektronik Zella-Mehlis zur Entwicklung der Rechentechnik in der DDR, in: Friedrich Naumann; Gabriele Schade (Hg.): Informatik in der DDR – eine Bilanz. Tagungsband zu den Symposien 7. bis 9. Oktober 2004 in Chemnitz, 11. bis 12. Mai 2006 in Erfurt, Gesellschaft für Informatik, Bonn 2006, Seiten 116–139

Krause, Klemens [1986]: Die elektronische Rechenmaschine Anita, in: Historische Bürowelt, Oktober 1986, Heft 15, Seiten 15–18 (Teil 1)

Krause, Klemens [1987]: Die elektronische Rechenmaschine Anita, in: Historische Bürowelt, Januar 1987, Heft 16, Seiten 24–27 (Teil 2)

Krebs, Erich: Die Rechenstäbe und Rechenmaschinen einst und jetzt, in: Beiträge zur Geschichte der Technik und Industrie, Band 3, 1911, Seiten 147–162

Krebs, Robert E.: Groundbreaking scientific experiments, inventions and discoveries of the Middle Ages and the Renaissance, Greenwood press, Westport, Connecticut, London 2004, XXV, 317 Seiten

Krebs, Robert E.; Krebs, Carolyn A.: Groundbreaking scientific experiments, inventions and discoveries of the ancient world, Greenwood press, Westport, Connecticut, London 2003, XIX, 377 Seiten

Kretschmer, Winfried: Geschichte der Weltausstellungen, Campus Verlag, Frankfurt, New York 1999, 303 Seiten

Kreyszig, E.: Tagung der Gesellschaft für angewandte Mathematik und Mechanik, in: Zeitschrift für angewandte Mathematik und Physik, Band 1, 1950, Seiten 269–270

Krichmayr, Karin: Der vergessene Rechenmeister, in: Der Standard, 23. Oktober 2013, Seite 13 (Forschung Spezial)

Krige, John; Pestre, Dominique (Hg.): Science in the twentieth century, Harwood academic publishers, Amsterdam 1997, XXXV, 941 Seiten (Michael S. Mahoney: Computer science. The search for a mathematical theory, Seiten 617–634)

Kröger, K.: Eine technikgeschichtliche Betrachtung zur Entwicklung geodätischer Instrumente, in: Vermessung, Photogrammetrie, Kulturtechnik, Band 89, 1991, Heft 11, Seiten 623–626

Kroker, Evelyn: Die Weltausstellungen im 19. Jahrhundert. Industrieller Leistungsnachweis, Konkurrenzverhalten und Kommunikationsfunktion unter Berücksichtigung der Montanindustrie des Ruhrgebietes zwischen 1851 und 1880, Vandenhoeck & Ruprecht, Göttingen 1975, 248 Seiten (Dissertation)

Kronauer, J. H.: Goldschmid's schwebender Pantograph, in: Schweizerische polytechnische Zeitschrift, Band 9, 1864, Heft 5, Seiten 157–158 (Abbildung: Tafel 13 in Heft 4)

Kroneberg, Dietrich [1959a]: Konrad Zuse. Das Porträt, in: Elektronische Rechenanlagen, Band 1, 1959, Heft 1, Seiten 5–6

Kroneberg, Dietrich [1959b]: John von Neumann. Das Porträt, in: Elektronische Rechenanlagen, Band 1, 1959, Heft 2, Seite 57

Kroneberg, Dietrich [1959c]: William B. Shockley. Das Porträt, in: Elektronische Rechenanlagen, Band 1, 1959, Heft 3, Seite 109

Kroneberg, Dietrich [1960a]: Charles Babbage. Das Porträt, in: Elektronische Rechenanlagen, Band 2, 1960, Heft 1, Seiten 7–8

Kroneberg, Dietrich [1960b]: George Boole. Das Porträt, in: Elektronische Rechenanlagen, Band 2, 1960, Heft 2, Seite 57

Kroneberg, Dietrich [1960c]: Howard H. Aiken. Das Porträt, in: Elektronische Rechenanlagen, Band 2, 1960, Heft 3, Seite 113

Kroneberg, Dietrich [1961a]: Alan M. Turing. Das Porträt, in: Elektronische Rechenanlagen, Band 3, 1961, Heft 2, Seite 53

Kroneberg, Dietrich [1961b]: Vannevar Bush. Das Porträt, in: Elektronische Rechenanlagen, Band 3, 1961, Heft 4, Seite 147

Kroneberg, Dietrich [1963]: Alwin Walther. Das Porträt, in: Elektronische Rechenanlagen, Band 5, 1963, Heft 3, Seite 107

Kropp, Gerhard [1948]: Beiträge zur Philosophie, Pädagogik und Geschichte der Mathematik, Fr. K. Koetschau-Verlag, Berlin 1948, 103 Seiten

Kropp, Gerhard [1969]: Vorlesungen über Geschichte der Mathematik, Bibliographisches Institut, Mannheim, Wien usw. 1969, 194 Seiten

Kropp, Gerhard [1994]: Geschichte der Mathematik. Probleme und Gestalten, Aula-Verlag, Wiesbaden 1994, 230 Seiten

Krösa, A.; Ganzhorn, Karl: Transistoren in der Rechenmaschinentechnik, in: Elektronische Rundschau, Band 9, 1955, Heft 10, Seiten 377–380

Krüger, Gustav: Uhren und Zeitmessung, Hallwag AG, Bern, 2., verbesserte Auflage 1977, 120 Seiten

Krysicki, Wlodzimierz: Zählen und Rechnen einst und jetzt, B. G. Teubner Verlagsgesellschaft, Leipzig 1968, 106 Seiten

Kübitz-Schwind, Roland: Gewerbe- und Industrieausstellungen in Deutschland (1790–1914), in: Gudrun Wolfschmidt (Hg.): Hamburgs Geschichte einmal anders. Entwicklung der Naturwissenschaften, Medizin und Technik, Teil 3, Tredition GmbH, Hamburg 2011, Seiten 168–197

Kugel, Günter [1997a]: Faber-Castell-Rechenstäbe. System Darmstadt, Ein Beitrag zur Modelldokumentation und Datierung, in: Historische Bürowelt, 1997, Heft 47, Seiten 25–30 (Teil 1)

Kugel, Günter [1997b]: Faber-Castell-Rechenstäbe. System Darmstadt, Ein Beitrag zur Modelldokumentation und Datierung, in: Historische Bürowelt, 1997, Heft 48, Seiten 27–30 (Teil 2)

Kuhlenkamp, Alfred (Hg.) [1968]: Band 13: Lexikon der Feinwerktechnik, A–K, Deutsche Verlags-Anstalt GmbH, Stuttgart, 4., vollständig neu bearbeitete und erweiterte Auflage 1968, XV, 555 Seiten (mit Büromaschinen)

Kuhlenkamp, Alfred (Hg.) [1969]: Band 14: Lexikon der Feinwerktechnik, L–Z, Deutsche Verlags-Anstalt GmbH, Stuttgart, 4., vollständig neu bearbeitete und erweiterte Auflage 1969, 672 Seiten (mit Büromaschinen)

Kühn, Klaus: William Oughtred – Inventor of the slide rule, in: Slide rule gazette, Heft 4, Herbst 2003, Seiten 75–84

Kühn, Klaus; Kleine, Karl (Hg.): Dennert & Pape. Aristo, 1872–1978. Rechenschieber und mathematisch-geodätische Instrumente, W. Zuckschwerdt Verlag GmbH für Medizin und Naturwissenschaften, München, Wien usw. 2004, XVIII, 439 Seiten

Kukkola, Juha: Digital Soviet Union. The Russian national segment of the Internet as a closed national network shaped by strategic cultural ideas, National Defence University, Helsinki 2000, XII, 491 Seiten (Dissertation)

Kuntzmann, Jean: Naissance de l'informatique à l'Université de Grenoble, 1945–1968, in: Philippe Chatelin (Hg.): Colloque sur l'histoire de l'informatique en France, Grenoble, 3–4–5 mai 1988, CRNS, Grenoble 1988, Band 2, Seiten 223–225

Künzel, Werner; Bexte, Peter [1990]: Gottfried Wilhelm Leibniz. Barock-Projekte, Maschinenwelt und Netzwerk im 17. Jahrhundert, Berlin 1990, 176 Seiten

Künzel, Werner; Bexte, Peter [1993]: Allwissen und Absturz. Der Ursprung des Computers, Insel Verlag, Frankfurt am Main, Leipzig 1993, 216 Seiten

Künzel, Werner; Bexte, Peter [1996]: Maschinendenken / Denkmaschinen. An den Schaltstellen zweier Kulturen, Insel Verlag, Frankfurt am Main, Leipzig 1996, 262 Seiten

Kury, Patrick; Baur, Esther (Hg.): Im Takt der Zeit. Von der Schweizer Mustermesse zur MCH Group, Christoph Merian Verlag, Basel 2016, 362 Seiten

Kurzel-Runtscheiner, Erich: Meister der Technik von der Antike bis zum Beginn des industriellen Zeitalters, Verlag Notring der wissenschaftlichen Verbände Österreichs, Wien 1957, 180, XVI Seiten

Kurzweil, Raymond: The age of intelligent machines, MIT press, Cambridge, Massachusetts, 2. Auflage 1992, XIII, 565 Seiten

Küsters, Ralf; Wilke, Thomas: Moderne Kryptographie. Eine Einführung, Vieweg + Teubner, Wiesbaden 2011, XI, 300 Seiten

Küttner, W.: Die Duplex-Rechenmaschine. Ein Beitrag zur instrumentellen Arithmetik, in: Dingler's polytechnisches Journal, Band 300, 1896, Seiten 199–207

Kwauka, Ralph-Helmut; Schwarz, Roland: Die Schreibmaschinen. Katalog und Dokumentation der Museumsausstellung, Technische Sammlungen der Stadt Dresden, Dresden 2001, 104 Seiten

L

Labs, Lutz: Sicher aufbewahren. Hardware und Medien für das persönliche Archiv, in: Magazin für Computertechnik, c't, 2017, Heft 8, 1. April 2017, Seiten 114–116 (Heise-Verlag, Hannover) (Langzeitarchivierung)

Lackner, Helmut; Jesswein, Katharina; Zuna-Kratky, Gabriele (Hg.): 100 Jahre Technisches Museum, Wien, Verlag Carl Ueberreuter, Wien 2009, 448 Seiten

Lackner, Helmut; Luxbacher, Günther; Hannesschläger, Christian: Technikgeschichte in Österreich. Eine bibliographische und museale Bestandsaufnahme, R. Oldenbourg GmbH, Wien 1996, 157 Seiten

LaGrandeur, Kevin; Hughes, James H. (Hg.): Surviving the machine age. Intelligent technology and the transformation of human work, Palgrave Macmillan, Cham 2017, XIII, 166 Seiten

Land, Frank F. [2000]: The first business computer: A case study in user-driven innovation, in: IEEE Annals of the history of computing, Band 22, 2000, Heft 3, Seiten 16–26

Land, Frank F. [2006]: Leo II and the model T Ford, in: The computer journal, Band 49, 2006, Heft 6, Seiten 650–656

Land, Frank F. [2012]: Remembering Leo, in: Arthur Tatnall (Hg.): Reflections on the history of computing. Preserving memories and sharing stories, Springer, Heidelberg, Dordrecht usw. 2012, Seiten 22–42 (IFIP Advances in information and communication technology, Band 387)

Landels, John Gray [1978]: Engineering in the ancient world, Chatto & Windus Ltd., London 1978, 224 Seiten

Landels, John Gray [1983]: Die Technik in der antiken Welt, Verlag C. H. Beck, München 1983, 276 Seiten

Landes, David S. [1983]: Der entfesselte Prometheus. Technologischer Wandel und industrielle Entwicklung in Westeuropa von 1750 bis zur Gegenwart, Deutscher Taschenbuchverlag GmbH & Co. KG, München 1983, 597 Seiten

Landes, David S. [2003]: The unbound Prometheus. Technological change and industrial development in Western Europe from 1750 to the present, Cambridge University Press, Cambridge, 2. Auflage 2003, XII, 576 Seiten

Landrock, Horst: Alte Uhren – neu entdeckt, VEB Verlag Technik, Berlin 1983, 2., bearbeitete Auflage 1983, 160 Seiten

Landwehr, Dominik [2002]: Computers made in Switzerland, in: Core 3.1, Februar 2002, Seiten 8–11 (Computer history museum, Moffett Field, California)

Landwehr, Dominik [2008]: Mythos Enigma. Die Chiffriermaschine als Sammler- und Medienobjekt, Transcript-Verlag, Bielefeld 2008, 252 Seiten

Landwehr, Dominik [2009]: Die Schweiz – kein technologiefreundliches Milieu, in: Peter Haber (Hg.): Computergeschichte Schweiz. Eine Bestandesaufnahme, Chronos-Verlag, Zürich 2009, Seiten 109–121 (Geschichte und Informatik, Band 17)

Landwehr, Dominik [2012]: Krieg der Rechner. Alan Turings Leistungen als Kryptologe im Zweiten Weltkrieg fanden erst spät öffentliche Anerkennung, in: Neue Zürcher Zeitung, Nr. 141, 20. Juni 2012, Seite 64 (Forschung und Technik)

Landwehr, Dominik [2013]: Turings Teddybär, in: Neue Zürcher Zeitung, Nr. 289, 12. Dezember 2013, Seite 58 (Mobil . Digital)

Lang [1894]: Der Compensations-Polar-Planimeter von G. Coradi in Zürich, in: Zeitschrift für Vermessungswesen, Band 23, 1894, Heft 12, Seiten 353–367

Lang [1898]: Neuerung am Compensations-Planimeter, in: Zeitschrift für Vermessungswesen, Band 27, 1898, Heft 5, Seiten 147–148

Lang, Norbert: Charles Babbage (1792–1871), ein Pionier des Rechenautomaten, in: Ferrum, Nr. 58, 1987, Seiten 29–33

Lange, Thomas: Helmut Hoelzer – Inventor of the electronic analog computer, in: Raúl Rojas, Ulf Hashagen (Hg.): The first computers – history and architectures, MIT press, Cambridge, Massachusetts, London 2000, Seiten 323–348

Lange, Werner [1960a]: Die Arbeit von Christel Hamann. Sein Rechenmaschinenprinzip und die mit aufgebauten Modelle, in: Der Büromaschinenmechaniker, Band 2, 1960, Heft 11, Seiten 83–85

Lange, Werner [1960b]: Ein kurzer Blick in die Hamann-Rechenmaschinen, in: Der Büromaschinenmechaniker, Band 2, 1960, Heft 19, Seiten 245–246

Lange, Werner [1961a]: Ein kurzer Blick in die Hamann-Rechenmaschinen, in: Der Büromaschinenmechaniker, Band 3, 1961, Heft 23, Seiten 65–66

Lange, Werner [1961b]: Ein kurzer Blick in die Hamann-Rechenmaschinen, in: Der Büromaschinenmechaniker, Band 3, 1961, Heft 28, Seiten 168–169

Lange, Werner [1964]: Ein kurzer Blick in die Hamann-Rechenmaschinen, in: Der Büromaschinenmechaniker, Band 6, 1964, Heft 68, Seiten 186–188

Lange, Werner [1966]: Eine moderne Maschine aus dem Jahre 1694. Zum 250. Todestag von Gottfried Wilhelm Leibniz, in: Der Büromaschinenmechaniker, Band 8, 1966, Heft 97, Seiten 258–262

Lange, Werner [1969]: Ein interessanter „Outsider". Ein kurzer Blick in die Hamann-Rechenmaschinen, in: Der Büromaschinenmechaniker, Band 11, 1969, Heft 127, Seiten 66–67

Lange, Werner [1971a]: Marchant Rechenmaschinen Außenseiter 50 Jahre lang, in: Büromaschinentechnik/Der Büromaschinenmechaniker, Band 13, 1971, Heft 153, Seiten 78–82, Teil 1

Lange, Werner [1971b]: Marchant Rechenmaschinen Außenseiter 50 Jahre lang, in: Büromaschinentechnik/Der Büromaschinenmechaniker, Band 13, 1971, Heft 154, Seiten 112–117, Teil 2

Lange, Werner [1979]: Mechanische Rechenmaschinen. Eine kleine Sammlung von Berichten über mechanische Rechenmaschinen, ihre Entwicklung, Herkunft, Verbreitung und Arbeitsweise, Burghagen Verlag, Hamburg/Verlag Büro-Organisation Dr. H. Benad, Hamburg 1979, 161 Seiten

Lange, Werner [1986a]: Buchungsmaschinen. Meisterwerke feinmechanischer Datenverarbeitung 1910 bis 1960, R. Oldenbourg Verlag, München, Wien 1986, 196 Seiten

Lange, Werner [1986b]: Die Pionierarbeit des W. Th. Odhner, in: Historische Bürowelt, Juli 1986, Heft 14, Seiten 19–22

Lange, Werner [1986c]: H. T. Avery. Leben und Wirken des Erfinders, in: Historische Bürowelt, Oktober 1986, Heft 15, Seiten 11–14

Lanier, Jaron [2014a]: Who owns the future? Penguin books Ltd., London 2014, XXI, 373 Seiten

Lanier, Jaron [2014b]: Wem gehört die Zukunft? Du bist nicht der Kunde der Internet-Konzerne, du bist ihr Produkt, Hoffmann und Campe Verlag, Hamburg 2014, 480 Seiten

Lanier, Jaron [2018]: Anbruch einer neuen Zeit. Wie Virtual Reality unser Leben und unsere Gesellschaft verändert, Hoffmann und Campe Verlag, Hamburg 2018, 445 Seiten

Lardelli, Aldo: Messen und Vermessen, Bauchfachverlag, Dietikon, 2., vollständig neu bearbeitete Auflage 1994, 173 Seiten

Lardy, Pierre: Über einige neue Untersuchungsmethoden mit besonderer Anwendung auf Gewichts-Staumauern bei nachgiebigem Baugrund, in: Schweizerische Bauzeitung, Band 71, 1953, Heft 9, Seiten 121–122

Lassègue, Jean: Turing, Les Belles Lettres, Paris 1998, 210 Seiten

Lassnig, Ewald: Peter Mitterhofer. 1822–1893. Ein Pionier der Schreibmaschine, Verlagsanstalt Athesia, Bozen 1993, 114 Seiten

Last, James: Digital calculating machines, in: The chartered mechanical engineer, Band 9, 1962, Heft 11, Seiten 572–579

Latour, Bruno: Science in action. How to follow scientists and engineers through society, Open university press, Milton Keynes, England 1987, VIII, 274 Seiten

Lattmann, Max: Neue technische Mittel zur Behandlung mathematischer Probleme. Vortrag gehalten an der Jahresversammlung des Vereins schweizerischer Versicherungsmathematiker am 6. November 1947 in Luzern, in: Mitteilungen der Vereinigung schweizerischer Versicherungsmathematiker, Band 48, 1948, Heft 1, Seiten 19–36

Läubli, Martin: Das verkannte Genie, in: Tages-Anzeiger, Nr. 70, 25. März 2014, Seite 34 (Wissen; Jost Bürgi)

Läuchli, Peter [1955]: Ermeth. Le calculateur électronique de l'Ecole polytechnique fédérale de Zurich, in: Bulletin technique de la Suisse romande, Band 81, 1955, Heft 12, Seiten 182–186

Läuchli, Peter [1956]: Berechnung und Drucken einer achtstelligen Logarithmentafel als Beispiel für das Arbeiten eines Rechenautomaten, in: Elemente der Mathematik, Band 11, 1956, Heft 6, Seiten 130–134

Läuchli, Peter [1961a]: Jordan-Elimination und Ausgleichung nach kleinsten Quadraten, in: Numerische Mathematik, Band 3, 1961, Seiten 226–240

Läuchli, Peter [1961b]: Elektronische Rechenmaschinen – ihre Bedeutung für die Konstruktionspraxis, in: Schweizerische Bauzeitung, Band 79, 1961, Heft 20, Seiten 336–339

Läuchli, Peter [1962]: Die Monte-Carlo-Methode, in: Neue Zürcher Zeitung, 25. April 1962, Mittagausgabe, Nr. 1629 (59), Blatt 3 f. (Technik) (Antrittsvorlesung)

Läuchli, Peter [1963]: Atlas – die neue Großrechenanlage, in: Neue Zürcher Zeitung, 6. März 1963, Mittagausgabe, Nr. 868 (34), Blatt 5 (Technik) (Ferranti)

Läuchli, Peter [1964]: Technische Grundlagen der Rechenmaschinen, in: Verhandlungen der Schweizerischen Naturforschenden Gesellschaft. Wissenschaftlicher und administrativer Teil, Band 144, 1964, Seiten 174–176

Läuchli, Peter [1970]: Zum Hinschied von Professor Heinz Rutishauser, in: Neue Zürcher Zeitung, 17. November 1970, Mittagausgabe, Nr. 536, Seite 25 (Nachruf)
Läuchli, Peter [1993a]: Erinnerungen an die Pionierzeit der Informatik, Presse- und Informationsdienst ETH Zürich 1993, 20 Seiten (Abschiedsvorlesung, 4. Juni 1993, kleine Schriften Nr. 23)
Läuchli, Peter [1993b]: Erinnerungen an die Pionierzeit der Informatik, in: Neue Zürcher Zeitung, Nr. 244, 20. Oktober 1993, Seite 73 (Forschung und Technik)
Läuchli, Peter [2012]: Zum Geleit, in: Herbert Bruderer (Hg.): Konrad Zuse und die Schweiz. Wer hat den Computer erfunden?, Oldenbourg-Verlag, München 2012, Seiten V–VI (Zeitzeugenbericht), http://dx.doi.org/10.3929/ethz-a-006517565
Launay, Mickaël [2016]: Le grand roman des maths. De la préhistoire à nos jours, Editions Flammarion, Paris 2016, 296 Seiten
Launay, Mickaël [2018]: Der große Roman der Mathematik. Von den Anfängen bis heute, Verlag C.H. Beck oHG, München 2018, 256 Seiten
Launert, Dieter [2015]: Bürgis Kunstweg im *Fundamentum astronomiae*. Entschlüsselung eines Rätsels, Bayerische Akademie der Wissenschaften, München 2015, 117 Seiten (Nova Kepleriana)
Launert, Dieter [2016]: Sinustafel wiederentdeckt – Bürgis „Kunstweg" entschlüsselt, in: Mitteilungen der deutschen Mathematiker-Vereinigung, Band 24, 2016, Heft 2, Seiten 89–94
Laussedat, Aimé: Conservatoire national des arts et métiers. Catalogue des collections, Dunod, Paris 7. Auflage 1882, Seiten 67–72 (machines à calculer et compteurs)
Lauterburg: Von den Rechenmaschinen, in: Mitteilungen der Naturforschenden Gesellschaft in Bern, 1863, Heft 531–537, Seiten 20–29 (Rechenschieber und Rechenmaschinen)
Lavington, Simon Hugh (Hg.): Alan Turing and his contemporaries. Building the world's first computers, British computer society, The chartered institute for IT, Swindon 2012, XIV, 111 Seiten
Lavington, Simon Hugh [1980a]: Early British computers. The story of vintage computers and the people who built them, Manchester university press, Manchester 1980, 139 Seiten
Lavington, Simon Hugh [1980b]: Computer development at Manchester University, in: Nicholas Constantine Metropolis; Jack Howlett; Gian-Carlo Rota (Hg.): A history of computing in the twentieth century. A collection of essays, Academic press, New York, London usw. 1980, Seiten 433–443
Lavington, Simon Hugh [1993]: Manchester computer architectures, 1948–1975, IEEE Annals of the history of computing, Band 15, 1993, Heft 3, Seiten 44–54
Lavington, Simon Hugh [1998]: A history of Manchester computers, NCC publications, Manchester 1975, 44 Seiten/2. Auflage 1998, British computer society
Lavington, Simon Hugh [2000]: The Pegasus story. A history of a vintage British computer, Science Museum, London 2000, VI, 58 Seiten
Lavington, Simon Hugh [2006]: In the footsteps of Colossus: A description of Oedipus, in: IEEE Annals of the history of computing, Band 28, 2006, Heft 2, Seiten 44–55
Lavington, Simon Hugh [2011a]: Moving Targets. Elliott-Automation and the dawn of the computer age in Britain, 1947–1967, Springer-Verlag, London 2011, XXI, 504 Seiten
Lavington, Simon Hugh [2011b]: Swords and ploughshares: Connections between computer projects for war and peace, 1945–55, in: Cliff B. Jones; John L. Lloyd (Hg.): Dependable and historic computing. Essays dedicated to Brian Randell on the occasion of his 75th birthday, Springer-Verlag, Heidelberg usw. 2011, Seiten 313–322
Lavington, Simon Hugh [2012a]: The ideas men, in: Simon Hugh Lavington (Hg.): Alan Turing and his contemporaries. Building the world's first computers, British computer society, The chartered institute for IT, Swindon 2012, Seiten 1–9

Lavington, Simon Hugh [2012b]: Aces and Deuces, in: Simon Hugh Lavington (Hg.): Alan Turing and his contemporaries. Building the world's first computers, British computer society, The chartered institute for IT, Swindon 2012, Seiten 11–20

Lavington, Simon Hugh [2012c]: Meanwhile, in deepest Hertfordshire, in: Simon Hugh Lavington (Hg.): Alan Turing and his contemporaries. Building the world's first computers, British computer society, The chartered institute for IT, Swindon 2012, Seiten 47–57

Lavington, Simon Hugh [2012d]: Into the market place, in: Simon Hugh Lavington (Hg.): Alan Turing and his contemporaries. Building the world's first computers, British computer society, The chartered institute for IT, Swindon 2012, Seiten 69–77

Lavington, Simon Hugh [2012e]: Hindsight and foresight: The legacy of Turing and his contemporaries, in: Simon Hugh Lavington (Hg.): Alan Turing and his contemporaries. Building the world's first computers, British computer society, The chartered institute for IT, Swindon 2012, Seiten 79–84

Lavington, Simon Hugh [2012f]: A synopsis of the book „Alan Turing and his contemporaries": building the world's first computers, in: The computer journal, Band 55, 2012, Heft 7, Seiten 779–787

Lavington, Simon Hugh [2019]: Early computing in Britain. Ferranti Ltd. and government funding, 1948–1958, Springer Nature Switzerla d AG, Cham 2019, XV, 392 Seiten

Lazard, Emmanuel; Mounier-Kuhn, Pierre: Histoire illustrée de l'informatique, EDP sciences, Les Ulis 2016, 276 Seiten

Le Deuff, Olivier (Hg.) [2014]: Le temps des humanités digitales, Fyp éditions, Limoges 2014, 176 Seiten

Le Deuff, Olivier (Hg.) [2018]: Digital humanities. History and development, Iste Ltd., London/John Wiley & sons, Inc., Hoboken, New Jersey 2018, XVI, 149 Seiten

Leavitt, David [2006]: The man who knew too much. Alan Turing and the invention of the computer, W. W. Norton, New York, London, 2006, 319 Seiten

Leavitt, David [2007]: Alan Turing. L'homme qui inventa l'informatique, Dunod, Paris 2007, 273 Seiten

Lebedev, Sergei Alexeevič [1956a]: Besm, eine schnell laufende elektronische Rechenmaschine der Akademie der Wissenschaften der UdSSR, in: Johannes Wosnik; Alwin Walther; Walter Hoffmann (Hg.): Elektronische Rechenmaschinen und Informationsverarbeitung. Nachrichtentechnische Fachberichte. Beihefte der NTZ, Band 4, 1956, Seiten 76–79 (Besm = bystrode istwujuschtschaja elektronnaja stschetnaja machina, schnelle elektronische Rechenmaschine) (Серге́й Алексе́евич Ле́бедев)

Lebedev, Sergei Alexeevič [1956b]: The high-speed electronic calculating machine of the Academy of sciences of the USSR, in: Journal of the Association for computing machinery, Band 3, 1956, Heft 3, Seiten 129–133 (Серге́й Алексе́евич Ле́бедев)

Leclerc, Bruno: From Gamma 2 to Gamma E.T.: The birth of electronic computing at Bull, in: Annals of the history of computing, Band 12, 1990, Heft 1, Seiten 5–22

Lécuyer, Christophe: Making Silicon valley. Innovation and the growth of high tech, 1930–1970, MIT press, Cambridge, Massachusetts, London 2006, XI, 393 Seiten

Ledderose, Lothar (Hg.): Palastmuseum Peking. Schätze aus der verbotenen Stadt, Insel-Verlag, Frankfurt am Main 1985, 270 Seiten (Ausstellung in Berlin, 12. Mai bis 18. August 1985, Ausstellungskatalog)

Lee, John A. N. (Hg.): Computer pioneers, IEEE Computer society press, Los Alamitos, California, Washington, Brussels, Tokyo 1995, XIII, 816 Seiten/International bibliographical dictionary of computer pioneers, Fitzroy Dearborn publishers, Chicago, London 1995, XIII, 816 Seiten

Lee, John A. N. [1996a]: Issues in the writing of contemporary history, in: Thomas J.Bergin; Richard G. Gibson (Hg.): History of programming languages 2, ACM press, New York 1996, Seiten 808–809

Lee, John A. N. [1996b]: „Those who forget the lessons of history are doomed to repeat it“ or, Why I study the history of computing, in: IEEE Annals of the history of computing, Band 18, 1996, Heft 2, Seiten 54–62

Lee, John A. N. [2000]: Howard Aiken's third machine: The Harvard Mark III calculator or Aiken-Dahlgren electronic calculator, in: IEEE Annals of the history of computing, Band 22, 2000, Heft 1, Seiten 62–81

Lee, Kai-Fu: AI superpowers. China, Silicon valley, and the new world order, Houghton Mifflin Harcourt, Boston, New York 2018, XIII, 255 Seiten

Leemann, Fr.: Logarithmisch-trigonometrischer Rechenstab, Sauerländer, Aarau 1862, 16 Seiten (Kern, Aarau)

Lefèvre, Wolfgang (Hg.): Picturing machines 1400–1700, MIT press, Cambridge, Massachusetts, London 2004, VI, 347 Seiten

Leguay, Chantal: Les robots. Une histoire de la robotique, Editions Imho, Paris 2005, 160 Seiten

Lehmann, Christine; Maurer, Bertram: Karl Culmann und die graphische Statik. Zeichnen, die Sprache des Ingenieurs, Ernst & Sohn, Berlin 2006, 208 Seiten (Biografie)

Lehmann, Helmar: Der Rechenstab und seine Verwendung, Pfalz Verlag, Basel 1963, 228 Seiten (mit Gebrauchsanweisung fürs Stabrechnen)

Lehmann, Nikolaus Joachim (Hg.) [1955]: Aktuelle Probleme der Rechentechnik. Bericht über das internationale Mathematiker-Kolloquium, Dresden, 22. bis 27. November 1955, VEB Deutscher Verlag der Wissenschaften, Berlin 1957, VIII, 153 Seiten

Lehmann, Nikolaus Joachim [1953]: Bericht über den Entwurf eines kleinen Rechenautomaten an der Technischen Hochschule Dresden, in: Heinrich Grell (Hg.): Bericht über die Mathematiker-Tagung in Berlin vom 14. bis 18. Januar 1953, Deutscher Verlag der Wissenschaften, Berlin 1953, Seiten 262–270

Lehmann, Nikolaus Joachim [1956a]: Stand und Ziel der Dresdener Rechengeräteentwicklung, in: Johannes Wosnik; Alwin Walther; Walter Hoffmann (Hg.): Elektronische Rechenmaschinen und Informationsverarbeitung. Nachrichtentechnische Fachberichte. Beihefte der NTZ, Band 4, 1956, Seiten 46–50

Lehmann, Nikolaus Joachim [1956b]: Bemerkungen zur Automatisierung der Programmfertigung für Rechenautomaten, in: Johannes Wosnik; Alwin Walther; Walter Hoffmann (Hg.): Elektronische Rechenmaschinen und Informationsverarbeitung. Nachrichtentechnische Fachberichte. Beihefte der NTZ, Band 4, 1956, Seite 143

Lehmann, Nikolaus Joachim [1963a]: Die Organisation eines Kleinstrechenautomaten, in: Wissenschaftliche Zeitschrift der Technischen Universität Dresden, Band 12, 1963, Heft 1, Seiten 11–23

Lehmann, Nikolaus Joachim [1963b]: Übersicht über die Arbeiten des Instituts für maschinelle Rechentechnik der TU Dresden, in: Wissenschaftliche Zeitschrift der Technischen Universität Dresden, Band 12, 1963, Heft 1, Seiten 81–90

Lehmann, Nikolaus Joachim [1965]: Struktur und Aufbau des Kleinrechenautomaten D4a, in: Elektronische Rechenanlagen, Band 7, 1965, Heft 5, Seiten 259–264

Lehmann, Nikolaus Joachim [1979]: Sprachlich geführte Programmierung, in: Wissenschaftliche Zeitschrift der Technischen Universität Dresden, Band 28, 1979, Heft 5, Seiten 1134–1140

Lehmann, Nikolaus Joachim [1980]: Internationales Kolloquium über aktuelle Probleme der Rechentechnik anlässlich 100 Jahre deutsche Rechenmaschinenproduktion, in: Wissenschaftliche Zeitschrift der Technischen Universität Dresden, Band 29, 1980, Heft 2, Seiten 331–336

Lehmann, Nikolaus Joachim [1986]: Zur Geschichte der mechanischen Rechentechnik. Rückschau und Projektionen, in: Benno Fuchssteiner (Hg.): Jahrbuch Überblicke Mathematik, Band 19, 1986, Seiten 155–166 (Bibliographisches Institut, Mannheim)

Lehmann, Nikolaus Joachim [1988]: Zur Geschichte der mechanischen Rechentechnik. Rückschau und Projektionen, in: Historische Bürowelt, Januar 1988, Heft 20, Seiten 15–19

Lehmann, Nikolaus Joachim [1989]: Glashütte 1878. Beginn der deutschen Rechenmaschinenfertigung. Vorleistungen zur modernen Mikroelektronik, Akademie-Verlag, Berlin 1989, XVI, 50 Seiten

Lehmann, Nikolaus Joachim [1993]: Neue Erfahrungen zur Funktionsfähigkeit von Leibniz' Rechenmaschine, in: studia leibnitiana, Zeitschrift für Geschichte der Philosophie und der Wissenschaften, Band 25, 1993, Heft 2, Seiten 174–188

Lehmann, Nikolaus Joachim [1995]: Schickard und Leibniz als Erfinder von Rechenmaschinen, in: Friedrich Seck (Hg.): Zum 400. Geburtstag von Wilhelm Schickard. Zweites Tübinger Schickard-Symposium, 25. bis 27. Juni 1992, Jan Thorbecke Verlag, Sigmaringen 1995, Seiten 273–286

Lehmann, Nikolaus Joachim [2004]: Tischrechenautomat contra Rechenfabrik. Ein Kleinstrechenautomat 1959 in Dresden, in: Hans Dieter Hellige (Hg.): Geschichten der Informatik. Visionen, Paradigmen, Leitmotive, Springer-Verlag, Berlin, Heidelberg 2004, Seiten 195–211

Lehmer, Derrick H. [1980]: A history of the Sieve process, in: Nicholas Constantine Metropolis; Jack Howlett; Gian-Carlo Rota (Hg.): A history of computing in the twentieth century. A collection of essays, Academic press, New York, London usw. 1980, Seiten 445–456

Lehmer, Derrick H. [1985]: Computing machines for pure mathematics, in: Martin Campbell-Kelly; Michael Roy Williams (Hg.): The Moore school lectures. Theory and techniques for design of electronic digital computers (held at the Moore school of electrical engineering of the University of Pennsylvania during July and August 1946), MIT press, Cambridge, Massachusetts, London/ Tomash publishers, Los Angeles, San Francisco 1985, Seiten 43–51

Lehni, Roger [2011a]: Die astronomische Uhr des Straßburger Münsters, Éditions La Goélette, Saint-Ouen 2011, 32 Seiten (Schwilgué)

Lehni, Roger [2011b]: L'horloge astronomique de la cathédrale de Strasbourg, Éditions La Goélette, Saint-Ouen 2011, 32 Seiten (Schwilgué)

Lehni, Roger [2011c]: Strasbourg cathedral's astronomical clock, Éditions La Goélette, Saint-Ouen 2011, 32 Seiten (Schwilgué)

Lehning, Hervé: L'univers des nombres. De l'antiquité à Internet, Ixelles éditions, Brüssel 2013, 317 Seiten

Lehrle, Roy S.: James C. Robb 1924–1999, in: Chemistry in Britain, Band 37, 2001, Heft 1, Seite 57 (Nachruf)

Leibniz, Godefroy-Guillaume: Œuvre mathématique autre que le calcul infinitésimal, fascicule 1: arithmétique, algèbre, analyse, Librairie A. Blanchard, Paris 1986, 201 Seiten

Leibniz, Gottfried Wilhelm: Explication de l'arithmétique binaire, in: Histoire de l'Académie royale des sciences, Jahrgang 1703, Seiten 85–89

Leilich, Hans-Otto [1953]: Trommelspeicher im Parallelbetrieb, in: Ludwig Biermann (Hg.): Vorträge über Rechenanlagen. Gehalten in Göttingen, 19.–21. März 1953, Max-Planck-Institut für Physik, Göttingen 1953, Seiten 75–80

Leilich, Hans-Otto [1955]: Technische Probleme bei der Entwicklung von Magnettrommelspeichern, in: Elektronische Rundschau, Band 9, 1955, Heft 10, Seiten 365–368

Leilich, Hans-Otto [1956]: Physikalische Probleme der Magnetkopfkonstruktion für digitale Magnettrommelspeicher, in: Johannes Wosnik; Alwin Walther; Walter Hoffmann (Hg.): Elektronische Rechenmaschinen und Informationsverarbeitung. Nachrichtentechnische Fachberichte. Beihefte der NTZ, Band 4, 1956, Seiten 123–125

Leilich, Hans-Otto [1970]: Rechenmaschinen in Vergangenheit und Zukunft, in: Carolo-Wilhelmina Forschungsmagazin der Technischen Universität Braunschweig, Band 5, 1970, Heft 1, Seiten 6–20

Leilich, Hans-Otto [1975]: Speichertechnik und Rechnerarchitektur, in: Jörg Mühlbacher (Hg.): Gesellschaft für Informatik, 5. Jahrestagung, Dortmund 1975, Seiten 49–56 (Lecture notes in computer science, Band 34, Springer-Verlag, Berlin usw.)

Leimbach, Timo: Die Softwarebranche in Deutschland, Fraunhofer Verlag, Stuttgart 2011, XI, 481, XLV Seiten

Leiner, Alan L.: System specifications for the Dyseac, in: Journal of the Association for computing machinery, Band 1, 1954, Heft 2, Seiten 57–81

Leiner, Alan L.; Alexander, S. N.: System organization of the Dyseac, in: Transactions of the IRE, professional group on electronic computers, Band EC-3, 1954, Heft 1, Seiten 1–10

Leiner, Alan. L.; Notz, William A.; Smith, J. Lynn: System design of the Seac and Dyseac, in: Transactions of the IRE, professional group on electronic computers, Band EC-3, 1954, Heft 2, Seiten 8–23

Leipälä, Timo [2011]: An old Russian cylindrical and circular slide rules, in: Journal of the Oughtred society, Band 20, 2011, Heft 2, Seiten 8–14 (Rechenwalze, Rechenscheibe)

Leipälä, Timo [2012]: Die Produktion der Original-Odhner Rechenmaschinen in Russland, Schweden und in der Sowjetunion (1905–1928), in: Historische Bürowelt, Oktober 2012, Heft 89, Seiten 5–11

Leipälä, Timo; Shilov, Valery V.; Silantiev, Sergey A: Staffels Vierspezies-Rechenmaschine: Neue Beweise, in: Historische Bürowelt, 2017, Heft 108, Seiten 9–11 (Teil 1)

Lelgemann, Dieter: Die Erfindung der Messkunst, Wissenschaftliche Buchgesellschaft, Darmstadt, 2., durchgesehene Auflage 2011, 286 Seiten

Lemaire, Eugène [1920a]: Exposition publique de machines à calculer anciennes et modernes. Catalogue explicatif des objets exposés, exposition organisée par la société d'encouragement à Paris du 5 au 13 juin 1920, société d'encouragement, Paris 1920, 36 Seiten (Ausstellungskatalog)

Lemaire, Eugène [1920b]: Exposition publique de machines à calculer anciennes et modernes, organisée par la société d'encouragement à Paris, 44, rue de Rennes, du 5 au 13 juin 1920. Catalogue explicatif des objets exposés, in: Bulletin de la société d'encouragement pour l'industrie nationale, Band 119, September/Oktober 1920, Seiten 608–644 (Gedenkausgabe 100 Jahre Thomas-Arithmometer, Ausstellungskatalog)

Lemaire, Eugène [1920c]: Comptes rendus des séances de la société d'encouragement. Conseil d'administration, in: Bulletin de la société d'encouragement pour l'industrie nationale, Band 119, September/Oktober 1920, Seiten 645–659 (Gedenkausgabe 100 Jahre Thomas-Arithmometer)

Lemire, Laurent: Alan Turing. L'homme qui a croqué la pomme, Hachette Littératures, Paris 2004, 197 Seiten

Lenaerts, Ernest Henry [1951]: Visual presentation of binary numbers, in: Electronic engineering, Band 23, April 1951, Heft 278, Seiten 140–141

Lenaerts, Ernest Henry [1954]: Leo (Lyons electronic office). Operation and maintenance, in: Electronic engineering, Band 26, August 1954, Heft 318, Seiten 335–341

Lenz, Karl [1924]: Die Rechenmaschinen und das Maschinenrechnen, B.G. Teubner, Leipzig, Berlin, 2. Auflage 1924, VI, 108 Seiten

Lenz, Karl [1932]: Die Rechen- und Buchungsmaschinen, B.G. Teubner, Leipzig, Berlin, 3. Auflage 1932, VI, 122 Seiten

Lenzen, Manuela: Künstliche Intelligenz. Was sie kann & was uns erwartet, Verlag C. H. Beck oHG, München 2018, 272 Seiten

Lenzen, Wolfgang: Leibniz and the calculus ratiocinator, in: Sven Ove Hansson (Hg.): Technology and mathematics. Philosophical and historical investigations, Springer international publishing AG, Cham 2018, Seiten 47–78 (dezimale und duale Rechenmaschine, Chiffriermaschine, Dezimal-dual-Wandler)

Leopold, John H. [1986]: Astronomen, Sterne, Geräte. Landgraf Wilhelm IV. und seine sich selbst bewegenden Globen, Edition Joseph Fremersdrof, Luzern 1986, 239 Seiten

Leopold, John H. [1988]: Die zwei mechanischen Himmelsgloben von Jost Bürgi in Kassel, in: Ludolf von Mackensen (Hg.): Die erste Sternwarte Europas mit ihren Instrumenten und Uhren. 400 Jahre Jost Bürgi in Kassel, Verlag Georg D. W. Callwey, München, 3., verbesserte Auflage 1988, Seiten 70–88 (Globen, Planetarien, u.a. von Jost Bürgi)

Leprince-Ringuet, Louis (Hg.) [1950]: Les inventeurs célèbres. Sciences physiques et applications, Editions d'art Lucien Mazenod, Paris 1950, 404 Seiten

Leprince-Ringuet, Louis (Hg.) [1963]: Die berühmten Erfinder. Physiker und Ingenieure, Aulis Verlag Deubner & Co KG, Köln o. J. (1963), 476 Seiten (u.a. Bell, Edison, Fleming, Galilei, Huyghens, Kelvin, Kepler, Lee de Forest, Morse, Pascal, Vaucanson, Zworykin)

Leslie, Christopher; Schmitt, Martin (Hg.): Histories of computing in Eastern Europe, IFIP WG 9.7 International workshop on the history of computing, HC 2018, Poznán, Polen, 19.–21. September 2018, revised selected papers, Springer Nature Switzerland AG, Cham 2019, X, 342 Seiten (IFIP = International federation for information processing; WG = working group; HC = history of computing)

Leupold, Jacob: Theatrum arithmetico-geometricum. das ist: Schau-Platz der Rechen- und Mess-Kunst, Edition „libri rari" Th. Schäfer GmbH, Hannover 1982, XIV, 209 Seiten +48 Seiten Zeichnungen (ursprünglich: Christoph Zunkel, Leipzig 1727) (Lehrbuch mit Gebrauchsanweisungen; Fingerrechnen, Linienrechnen mit und ohne Zirkel, Rechentafeln, Neperstäbchen, Rechenmaschinen von Leibniz und Poleni, Proportionalwinkel, Reduktionszirkel, Winkelmesser, Lineale, Maßstäbe, Zirkel, Scheibeninstrumente)

Leutert, Werner W.: Das Rechenlaboratorium am Aberdeen proving ground, in: Neue Zürcher Zeitung, 8. Dezember 1954, Mittagausgabe, Nr. 3114 (126), Blatt 9 (Technik) (u.a. Rechner Eniac, Edvac, IAS)

Levin, Janna: A madman dreams of Turing machines, Alfred A. Knopf, New York 2006, 230 Seiten

Levine, Yasha: Surveillance valley. The secret military history of the internet, Public affairs (Hachette book group), New York 2018, VII, 371 Seiten

Levy, David: Alan Turing on computer chess, in: S. Barry Cooper; Jan van Leeuwen (Hg.): Alan Turing. His work and impact, Elsevier, Amsterdam, Boston usw. 2013, Seiten 644–650

Lévy, Pierre: The invention of the computer, in: Michel Serres (Hg.): A history of scientific thought. Elements of a history of science, Blackwell publishers Ltd., Oxford 1995, Seiten 636–663

Levy, Steven [1993a]: Artificial life. A report from the frontier where computers meet biology, Vintage books, New York 1993, VIII, 390 Seiten

Levy, Steven [1993b]: Artificial life. The quest for a new creation, Vintage books, New York/Penguin books, London 1993, VIII, 390 Seiten

Levy, Steven [1996a]: Künstliches Leben aus dem Computer, Droemer Knaur, München 1996, VIII, 460 Seiten

Levy, Steven [1996b]: Hackers. Gli eroi della rivoluzione informatica, ShaKe, Mailand 1996, 461 Seiten

Levy, Steven [2000]: Insanely great. The life and times of Macintosh, the computer that changed everything, Penguin books, Harmondsworth 2000, VI, 328 Seiten

Levy, Steven [2002a]: Crypto. Secrecy and privacy in the new code war, Penguin books, London, 2002, VIII, 356 Seiten

Levy, Steven [2002b]: Crypto. How the code rebels beat the government, saving privacy in digital age, Penguin books, New York 2002, VIII, 356 Seiten

Levy, Steven [2010]: Hackers. Heroes of the computer revolution, O'Really media, Inc., Sebastopol, Kalifornien 2010, XVI, 502 Seiten

Levy, Steven [2011]: In the plex. How Google thinks, works, and shapes our lives, Simon & Schuster, New York 2011, 424 Seiten

Levy, Steven [2012a]: Google inside. Wie Google denkt, arbeitet und unser Leben verändert, mitp, Heidelberg 2012, 539 Seiten

Levy, Steven [2012b]: Hackers. Heroes of the computer revolution, O'Reilly, Beijing 2012, 499 Seiten

Levy, Steven [2013]: L'éthique des hackers, Globe, Paris 2013, 517 Seiten

Levy, Steven [2020a]: Facebook. The inside story, Penguin business, London 2020, VIII, 583 Seiten

Levy, Steven [2020b]: Facebook – Weltmacht am Abgrund. Der unzensierte Blick auf den Tech-Giganten, Droemer, München 2020, 687 Seiten

Lewin, Michael [1992a]: Entwicklungsgeschichte der Rechenmaschinen der Firma H.W. Egli bis 1931, in: Typenkorb 1992, Heft 48, Seiten 15–20

Lewin, Michael [1992b]: Entwicklungsgeschichte der Rechenmaschinen der Firma H.W. Egli bis 1931, in: Typenkorb 1992, Heft 49, Seiten 6–12

Lewin, Michael [2019]: Die Geschichte von den drei Prototypen. Wo sind die Curta-Prototypen ohne Kurbel?, in: Historische Bürowelt, April 2019, Heft 115, Seiten 26–27

Lewin, Michael; Wolff, Ullrich: Die Entwicklung der „Millionär"-Rechenmaschine, in: Historische Bürowelt, Dezember 2014, Heft 98, Seiten 3–11

Lewinter, Marty; Widulski, William: The saga of mathematics. A brief history, Prentice Hall, Upper Saddle River, New Jersey 2002, XI, 302 Seiten

Lewis, J. W.: The management of a large commercial computer bureau, in: The computer journal, Band 7, 1965, Heft 4, Seiten 255–261

Lewis, Michael Jonathan Taunton: Surveying instruments of Greece and Rome, Cambridge University Press, Cambridge 2001, XX, 389 Seiten

Lewis, Nicholas: Peering through the curtain: Soviet computing through the eyes of Western experts, in: IEEE Annals of the history of computing, Band 38, 2016, Heft 1, Seiten 34–47

Lhoste, G.; Pèpe, P.: Gestion automatisée des entreprises par les machines à cartes perforées, Dunod, Paris 1958, XVI, 249 Seiten

Li, Jian; Li, He; Sung, Hou-Mei; Shengnan, Ma: Forbidden city. Imperial treasures from the Palace museum, Bejing, Viginia Museum of fine arts, Richmond, Virginia 2014, XVI, 208 Seiten (Palastmuseum Peking)

Li, Shu-T'ien: Origin and development of the Chinese abacus, in: Journal of the Association for computing machinery, Band 6, 1959, Heft 1, Seiten 102–110

Liebig, Hans: Konrad Zuse, Erfinder des Computers – im Vergleich mit Alan Turing und John von Neumann, in: Informatik-Spektrum, Band 34, 2011, Seiten 553–564

Lienhard, Heinz [1965]: Programmierung des Rechners Cora 1, Bulletin 6216-652, Contraves AG, Zürich 1965, V, 89 Seiten

Lienhard, Heinz: Interpolation von Funktionswerten bei numerischen Bahnsteuerungen, Bulletin S 171 d-70g, Contraves AG, Zürich o. J., 8 Seiten

Lietzmann, Walter [1928a]: Überblick über die Geschichte der Elementarmathematik, Verlag und Druck von B. G. Teubner, Leipzig, Berlin, 2., durchgesehene und vermehrte Auflage 1928, VII, 80 Seiten

Lietzmann, Walter [1928b]: Aus der Mathematik der Alten. Quellen zur Arithmetik, Planimetrie, Stereometrie und zu ihren Anwendungen, Verlag und Druck von B. G. Teubner, Leipzig, Berlin 1928, VII, 66 Seiten

Light, Jennifer S.: When computers were women, in: Technology and culture, Band 40, 1999, Heft 3, Seiten 455–483

Ligonnière, Robert: Préhistoire et histoire des ordinateurs. Des origines du calcul aux premiers calculateurs électroniques, Editions Robert Laffont, Paris 1987, 356 Seiten

Lilen, Henri [2003a]: La saga du micro-ordinateur: une invention française, Vuibert, Paris 2003, 271 Seiten

Lilen, Henri [2003b]: Une (brève) histoire de l'électronique, Vuibert, Paris 2003, 640 Seiten

Lin, Jian-Liang; Yan, Hong-Sen: Decoding the mechanisms of Antikythera astronomical device, Springer-Verlag, Berlin, Heidelberg 2016, X, 281 Seiten (Räderwerk von Antikythera)

Lind, Wilhelm: Büromaschinen, Teil 1, C. F. Winter'sche Verlagshandlung, Füssen, 2., vollkommen neu bearbeitete Auflage 1954, X, 286 Seiten

Lind, Wilhelm; Berger, Richard: Büromaschinen, C.F. Winter'sche Verlagshandlung, Leipzig 1940, XII, 247 Seiten

Lindencrona, Eva: Where were the women?, in: Janis Bubenko; John Impagliazzo; Arne Sølvberg (Hg.): History of Nordic computing. IFIP WG 9.7 first working conference on the history of Nordic computing (HiNC1), June 16–18, 2003, Trondheim, Norway, Springer science+business media, Inc., New York 2005, Seiten 405–411

Lindgren, Michael: Glory and failure. The difference engines of Johann Müller, Charles Babbage and Georg and Edvard Scheutz, MIT press, Cambridge, Massachusetts, London 1990, 414 Seiten

Lindner, Horst; Reese, Martin: 1957–1960: Drei Jahre in der Schweiz. Erfahrungen mit der Precisa 176 „Triomatic“, in: Historische Bürowelt, Dezember 2012, Heft 90, Seiten 11–17

Linscheid, Friedrich E.: Vom Zeichen im Sand zum Mikrochip, in: Historische Bürowelt, Februar 1992, Heft 32, Seiten 17–21

Linsman, Marcel; Pouliart, William: Principales caractéristiques de la machine mathématique IRSIA-FNRS, in: Johannes Wosnik; Alwin Walther; Walter Hoffmann (Hg.): Elektronische Rechenmaschinen und Informationsverarbeitung. Nachrichtentechnische Fachberichte. Beihefte der NTZ, Band 4, 1956, Seiten 66–68 (IRSIA = Institut pour l'encouragement de la recherche scientifique dans l'industrie et l'agriculture, FNRS = Fonds national de la recherche scientifique)

Lion, André: Automatische Fehler-Korrektur für Rechenmaschinen, in: Neue Zürcher Zeitung, 19. Juli 1950, Mittagausgabe, Nr. 1516 (43), Blatt 4 (Technik)

Lippe, Wolfram-Manfred [2013a]: Die Geschichte der Rechenautomaten. Band 1: Von der Himmelsscheibe von Nebra bis zu den ersten Rechenmaschinen, Springer Vieweg, Berlin, Heidelberg 2013, XIV, 164 Seiten (Plagiat, siehe Eleonor Benitez und Regina Mönch, Frankfurter Allgemeine Zeitung, sowie Bericht der Untersuchungskommission und Mitteilung von Ursula Nelles, Rektorin der Westfälischen Wilhelms-Universität Münster vom 26. Januar 2015)

Lippe, Wolfram-Manfred [2013b]: Die Geschichte der Rechenautomaten. Band 2: Von mechanischen Chiffriergeräten bis zu den ersten programmierbaren Rechnern, Springer Vieweg, Berlin, Heidelberg 2013, XV, 174 Seiten (Plagiat, siehe Eleonor Benitez und Regina Mönch, Frankfurter Allgemeine Zeitung, sowie Bericht der Untersuchungskommission und Mitteilung von Ursula Nelles, Rektorin der Westfälischen Wilhelms-Universität Münster vom 26. Januar 2015)

Lippe, Wolfram-Manfred [2013c]: Die Geschichte der Rechenautomaten. Band 3: Von der Entwicklung der Hardware bis zum WWW, Springer Vieweg, Berlin, Heidelberg 2013, XIV, 170 Seiten (Plagiat, siehe Eleonor Benitez und Regina Mönch, Frankfurter Allgemeine Zeitung, sowie Bericht der Untersuchungskommission und Mitteilung von Ursula Nelles, Rektorin der Westfälischen Wilhelms-Universität Münster vom 26. Januar 2015)

Lisa, Massimiliano; Taddei, Mario; Zanon, Edoardo (Hg.): Leonardo dreidimensional, Chr. Belser AG für Verlagsgeschäfte & Co. KG, Stuttgart 2009, 159 Seiten

List, Martha; Bialas, Volker: Die Coss von Jost Bürgi in der Redaktion von Johannes Kepler. Ein Beitrag zur frühen Algebra, Verlag der Bayerischen Akademie der Wissenschaften, München 1973, 128 Seiten

Little, John L.: The growth and roots of electronic computers, in: Student quarterly and EE digest, September 1962, Seiten 64-70

lmm: So funktionierten Computer vor 150 Jahren, in: 20 minuten online, 18. Februar 2014 (Fund mechanischer Rechenmaschinen an der ETH Zürich)

Locke, Leslie Leland [1924]: The history of modern calculating machines, an American contribution, in: The American mathematical monthly, Band 31, 1924, Heft 9, Seiten 422–499

Locke, Leslie Leland [1933]: The contributions of Leibniz to the art of mechanical calculation, in: Scripta mathematica, Band 1, 1933, Heft 4, Seiten 315–321

Loeffel, Hans [1982]: Das mathematische Werk Jost Bürgis, in: Armin Müller (Hg.): Jost Bürgi (1552–1632), Toggenburger Vereinigung für Heimatkunde, Wattwil 1982, Seiten 37–51 (Toggenburgerblätter für Heimatkunde, 34. Heft, 1982)

Loeffel, Hans [1987]: Blaise Pascal, 1623–1662, Birkhäuser Verlag, Basel, Boston 1987, 176 Seiten (Biografie)

Löffler, Eugen [Teil 1, 1928]: Ziffern und Ziffernsysteme, Teil 1: Die Zahlzeichen der alten Kulturvölker, Verlag und Druck von B. G. Teubner, Leipzig, Berlin, 3., durchgesehene Auflage 1928, 54 Seiten

Löffler, Eugen [Teil 2, 1919]: Ziffern und Ziffernsysteme, Teil 2: Die Zahlzeichen im Mittelalter und in der Neuzeit, Verlag und Druck von B. G. Teubner, Leipzig, Berlin, 2., neu bearbeitete Auflage 1919, 60 Seiten

Loga Calculator A.-G., Fabrik mathematischer Apparate (H. Daemen-Schmid), Uster: Preisliste für „Loga“-Calculatoren („Loga“-Rechenwalzen), o. J., 8 Seiten (Quelle: Archiv, UBS, Basel)

Loga-Calculator A.-G., Uster: Modellverzeichnis von Loga-Calculatoren, o. J., 2 Seiten (Schweizerisches Wirtschaftsarchiv, Basel)

Loga-Calculator A.-G.: Anleitung zum Gebrauch der Loga-Rechenwalze 7,5 m, Modell Ee, Gebrüder Daemen, Uster ZH, o. J., 6 Seiten (Schweizerisches Wirtschaftsarchiv, Basel)

Logisch, Helmut; Radestock, Sigmar; Roehr, Hans-Joachim: Zeitzeugen erichten über die Entwicklung der elektronischen Rechentechnik im Büromaschinenwerk Sömmerda, Desotron-Verlag, Erfurt 2019, 264 Seiten

Loh, H.: Entwicklung von Widerständen für elektronische Geräte, in: Elektronische Rundschau, Band 9, 1955, Heft 10, Seiten 375–376

Lohse, Oswald: Tafeln für numerisches Rechnen mit Maschinen, Verlag von Wilhelm Engelmann, Leipzig, 2. Auflage 1935, VI, 113 Seiten (u.a. Tabellen mit Kehrwerten, trigonometrischen Funktionen, Quadratwurzeln)

Lonsdale, K.: The design and construction of the Manchester university digital computor (so!), in: Electronic engineering, Band 26, September 1954, Heft 319, Seiten 376–382

López-Cajún, Carlos; Ceccarelli, Marco (Hg.): Explorations in the history of machines and mechanisms, Proceedings of the fifth IFToMM symposium on the history of machines and mechanisms, Springer international publishing AG Switzerland, Cham, Heidelberg usw. 2016, VIII, 259 Seiten (History of mechanism and machine science, Band 32, u.a. Abschnitte „Robots in history: Legends and prototypes from ancient times to the industrial revolution“, Seiten 39–49; „Some inventions by engineers of the hellenistic age“, Seiten 151–164) (Tagungsband)

Lorber, Franz [1882a]: Über das Präcisions-Polarplanimeter (Patent Hohmann & Coradi), in: Zeitschrift für Instrumentenkunde, Band 2, 1882, Heft 9, Seiten 327–331 (Teil 1)

Lorber, Franz [1882b]: Über das Präcisions-Polarplanimeter (Patent Hohmann & Coradi), in: Zeitschrift für Instrumentenkunde, Band 2, 1882, Heft 9, Seiten 345–357 (Teil 2)

Lorber, Franz [1884]: Über das freischwebende Präcisionspolarplanimeter von Hohmann und Coradi, in: Zeitschrift für Vermessungswesen, Band 13, 1884, Heft 1, Seiten 1–19

Lorber, Franz [1888]: Über Coradi's Kugelplanimeter, in: Zeitschrift für Vermessungswesen, Band 17, 1888, Heft 6, Seiten 161–187

Loria, Gino [1888]: Die hauptsächlichsten Theorien der Geometrie in ihrer früheren und heutigen Entwicklung, Verlag von B. G. Teubner, Leipzig 1888, V, 132 Seiten

Loria, Gino [1896]: Il passato ed il presente delle principali teorie geometriche, Carlo Clausen, Turin, 2., erweiterte und völlig überarbeitete Auflage 1896, XX, 347 Seiten

Loria, Gino [1914]: Le scienze esatte nell'antica Grecia, Ulrico Hoepli editore-libraio, Mailand, 2., völlig überarbeitete Auflage 1914, XXIV, 973 Seiten

Loria, Gino [1921]: Storia della geometria descrittiva dalle origini sino ai giorni nostri, Ulrico Hoepli, Editore-libraio della real casa, Mailand 1921, XXIV, 584 Seiten

Loria, Gino [1929]: Histoire des sciences mathématiques dans l'antiquité hellénique, Gauthier-Villars, éditeurs et Cie., Paris 1929, IV, 215 Seiten

Loria, Gino [1930]: Pagine di storia della scienza, G. B. Paravia & C. Spa, Turin, Mailand usw. 1930, XVI, 197 Seiten

Loria, Gino [1937]: Scritti, conferenze, discorsi sulla storia delle matematiche, Casa editrice dott. Antonio Milani, Padua 1937, XV, 589 Seiten

Loria, Gino [1982]: Storia delle matematiche. Dall'alba della civiltà al tramonto del secolo XIX, Editore Ulrico Hoepli, Mailand, 2., durchgesehene und nachgeführte Auflage 1982, XXXV, 975 Seiten (Nachdruck von 1950)

Lory, Martin [1997]: Das Rechenbuch von Johannes Widmann. 1489, in: Schlossmuseum Thun, Jahresbericht 1997, Seiten 27–33

Lory, Martin [2001]: Rechentisch und Rechenbrett im Schlossmuseum Thun, in: Schlossmuseum Thun, Jahresbericht 2001, Seiten 25–30

Lory, Martin [2003]: Das Rechenbrett von 1536, in: Schlossmuseum Thun, Jahresbericht 2003, Seiten 51–61

Lovelace, Ada Augusta [1843]: Notes by the translator, for L. F. Menabrea, sketch of the analytical engine invented by Charles Babbage, esq., in: Scientific memoirs, Band 3, Richard und John E.Taylor, London 1843, Seiten 666–731

Lovelace, Ada Augusta [1971]: Sketch of the analytical engine invented by Charles Babbage, esq., by Luigi Federico Menabrea, in: Bertram Vivian Bowden (Hg.): Faster than thought. A symposium on digital computing machines, Pitman publishing, London 1953, Nachdruck 1971, Seiten 341–408, und in: Robin Hammerman; Andrew L. Russell (Hg.): Ada's legacy. Cultures of computing from the Victorian to the digital age, Association for computing machinery, New York/Morgan & Claypool publishers, San Rafael, Kalifornien 2016, Seiten 33–105

Lovelace, Ada Augusta [2012]: Notes by the translator, for L. F. Menabrea, sketch of the analytical engine invented by Charles Babbage, esq., in: John Plunkett; Ana Parejo Vadillo; Regenia Gagnier; Angelique Richardson; Rick Rylance; Paul Young (Hg.): Victorian literature. A sourcebook, Palgram Macmillan, Basingstoke, Hampshire 2012, Seiten 271–273

Lovell, Bernard: Das unendliche Weltall. Geschichte der Kosmologie von der Antike bis zur Gegenwart, Deutscher Taschenbuch Verlag GmbH & Co. KG, München 1988, 231 Seiten

Lowood, Henry E.: The hard work of software history, in: RBM. A journal of rare books, manuscripts, and cultural heritage, Band 2, 2001, Heft 2, Seiten 141–160

Lü: Eine programmgesteuerte elektrische Rechenmaschine, in: Bulletin des Schweizerischen Elektrotechnischen Vereins, Band 41, 1950, Heft 16, Seiten 607–609 (Lü ist ein Kürzel, wahrscheinlich für Lütolf oder Lüthy)

Lübke, Anton: Das große Uhrenbuch. Von der Sonnenuhr zur Atomuhr, Verlag Anton Schroll & Co., Wien, 2. Ausgabe 1977, 431 Seiten (Straßburger Münsteruhr, Seiten 165–172) (Schwilgué)

Lubkin, Samuel: Decimal point location in computing machines, in: Mathematical tables and other aids to computation, Band 3, Januar 1948, Heft 21, Seiten 44–50

Lucas, Edouard: Le calcul et les machines à calculer, in: Revue scientifique, 21. Jahrgang, 3. Serie, Band 8, 1884, Heft 16, Seiten 482–496

Lucci, Stephen; Kopec, Danny: Artificial intelligence in the 21st century. A living introduction, Mercury learning and information, Dulles, Virginia usw. 2013, XXXI, 590 Seiten

Luckey, Paul [1920]: Einführung in die Nomographie, Teil 2: Die Zeichnung als Rechenmaschine, Verlag und Druck von B. G. Teubner, Leipzig, Berlin 1920, 63 Seiten

Luckey, Paul [1925]: Einführung in die Nomographie, Teil 1: Die Funktionsleiter, Verlag und Druck von B. G. Teubner, Leipzig, Berlin, 2. Auflage 1925, IV, 60 Seiten

Luckey, Paul [1954]: Nomographie. Praktische Anleitung zum Entwerfen graphischer Rechentafeln mit durchgeführten Beispielen, B. G. Teubner Verlagsgesellschaft, Stuttgart, 7., durchgesehene und erweiterte Auflage 1954, 124 Seiten

Luderer, Bernd (Hg.): Adam Ries and his „Coss". A contribution to the development of algebra in the 16th century Germany, Edition am Gutenbergplatz, Leipzig 2004, 137 Seiten

Ludgate, Percy Edwin: On a proposed analytical machine, in: Brian Randell (Hg.): The origins of digital computers. Selected papers, Springer-Verlag, Berlin, Heidelberg usw., 3. Auflage 1982, Seiten 73–87

Ludwig, Karl-Heinz [1974]: Technik und Ingenieure im Dritten Reich, Droste-Verlag, Düsseldorf 1974, 544 Seiten

Ludwig, Karl-Heinz [1978]: Entwicklung, Stand und Aufgaben der Technikgeschichte, in: Archiv für Sozialgeschichte, Band 18, 1978, Seiten 502–523

Ludwig, Karl-Heinz; Schmidtchen, Volker: Metalle und Macht. 1000 bis 1600, Verlag Ullstein GmbH, Frankfurt, Berlin 1992, 642 Seiten (Wolfgang König (Hg.): Propyläen Technikgeschichte, Band 2) (Abschnitt: Vom Maß der Dinge, Seiten 549–572)

Ludwig, Manfred: Die Dresdner Nachbauten der Leibnizschen Staffelwalzenmaschine unter Einbeziehung von Lehmanns Korrekturen, in: Herbert Breger; Jürgen Herbst; Sven Erdner (Hg.): Einheit in der Vielfalt. 8. Internationaler Leibniz-Kongress, Hannover, 24. bis 29. Juli 2006, Gottfried-Wilhelm-Leibniz-Gesellschaft e.V. Hannover 2006, Vorträge, 1. Teil, Seiten 538–545

Luedecke [1891]: Die Rechenapparate von Julius Billeter in Zürich, in: Zeitschrift für Vermessungswesen, Band 20, 1891, Heft 12, Seiten 346–350

Luedecke [1892]: Scherer's Rechentafel mit graphischer Darstellung der Zahlenwerte, in: Zeitschrift für Vermessungswesen, Band 21, 1892, Heft 5, Seiten 153–155 (mit Vergleich zu Billeters Tafel)

Lukoff, Herman: From dits to bits. A personal history of the electronic computer, Robotics press, Portland, Oregon 1979, XVI, 219 Seiten

Lundh, Yngvar: A slice of Norway's computing history, in: IEEE Annals of the history of computing, Band 40, 2018, Heft 2, Seiten 62–72

Lundin, Per [2009]: Documenting the use of computers in Swedish society between 1950 and 1980, KTH Royal institute of technology, Stockholm 2009, 86 Seiten

Lundin, Per [2012]: Computers in Swedish society. Documenting early use and trends, Springer-Verlag, London 2012, VIII, 145 Seiten (Bark, Besk)

Lundstrom, David E.: A few good men from Univac, MIT press, Cambridge, Massachusetts, London 1987, XII, 227 Seiten

Lurk, Tabea: CompunterKunstGeschichte Schweiz, in: Peter Haber (Hg.): Computergeschichte Schweiz. Eine Bestandesaufnahme, Chronos-Verlag, Zürich 2009, Seiten 165–206 (Geschichte und Informatik, Band 17)

Lüroth, Jakob: Vorlesungen über numerisches Rechnen, Druck und Verlag von B. G. Teubner, Leipzig 1900, VI, 194 Seiten (Rechenmaschinen, Seiten 23–32, u.a. Selling, Millionär)

Lüst, R.: Programmierung für eine vollautomatische Maschine, in: Ludwig Biermann (Hg.): Vorträge über Rechenanlagen. Gehalten in Göttingen, 19.–21. März 1953, Max-Planck-Institut für Physik, Göttingen 1953, Seiten 107–114

Lutstorf, Heinz Theo [1993]: Professor Rudolf Wolf und seine Zeit, 1816–1893, ETH-Bibliothek, Zürich 1993, V, 57 Seiten (Schriftenreihe der ETH-Bibliothek, Nr. 31) (Biografie) (Jost Bürgi, Logarithmen)

Lutstorf, Heinz Theo [1998]: Rechenschiebersammlung. Beschrieb, Wissenschaftshistorische Sammlungen der ETH-Bibliothek Zürich 1998, 29 Seiten (Handschriften und Autographen der ETH-Bibliothek, Nr. 231)

Lutstorf, Heinz Theo [2005]: Die Logarithmentafeln Jost Bürgis. Bemerkungen zur Stellenwert- und Basisfrage. Mit Kommentar zu Bürgis „Gründlichem Unterricht“, ETH-Bibliothek, Zürich 2005, VII, 169 Seiten

Lutstorf, Heinz Theo; Walter, Max: Jost Bürgis „Progress Tabulen“ (Logarithmen), ETH-Bibliothek, Zürich 1992, V, 44+60 Seiten (Schriftenreihe der ETH-Bibliothek, Nr. 28)

Lyndon, Roger C.: The Zuse computer, in: Mathematical tables and other aids to computation, Band 2, Oktober 1947, Heft 20, Seiten 354–359

Lyon, Richard F.: Dating of the Otis King: An alternative theory developed through use of the Internet, in: Journal of the Oughtred society, Band 7, 1998, Heft 1, Seiten 33–37

Lyr, René: Une merveille de mécansime... Le componium de T. N. Winkel, in: Alfred Chapuis (Hg.): Histoire de la boîte à musique et de la musique mécanique, Edition Scriptar SA, Lausanne 1955, Seiten 113–122 (mechanische Orgel)

M

M. B.: Der Rechenautomat in der Elektrotechnik, in: Neue Zürcher Zeitung, 28. August 1957 (NZZ-Archiv, Seite a31)

Maag, Georg: Kunst und Industrie im Zeitalter der ersten Weltausstellungen. Synchronische Analyse einer Epochenschwelle, Wilhelm Fink Verlag, München 1986, 218 Seiten

MacCormick, John: Nine algorithms that changed the future. The ingenious ideas that drive today's computers, Princeton university press, Princeton, New Jersey, Oxford 2012, XI, 219 Seiten

Machery, R.: Speicherschwingkreise und Datenein- und -ausgabe beim Bull-Elektronenrechner „Gamma 3“, in: Elektronische Rundschau, Band 9, 1955, Heft 10, Seiten 369–370

Machine development laboratory of the National bureau of standards: Bibliography, Z-I, in: Mathematical tables and other aids to computation, Band 2, Oktober 1947, Heft 20, Seiten 367–368, Besprechung von: K. Zuse, Calculator for technical and scientific calculations designed according to a theoretical plan, 59 Seiten (Verteilung durch Office of the publication board, Department of commerce, Washington, D.C.)

Machine development laboratory of the National bureau of standards staff: The incorporation of subroutines into a complete problem on the NBS eastern automatic computer, in: Mathematical tables and other aids to computation, Band 4, Juli 1950, Heft 31, Seiten 164–168

MacMillan, Donald B; Stark, Richard H.: „Floating decimal“ calculation on the IBM card programmed electronic calculator, in: Mathematical tables and other aids to computation, Band 5, April 1951, Heft 34, Seiten 86–92

Macnee, A. B.: An electronic differential analyzer, in: Proceedings of the IRE, Band 37, 1949, Heft 11, Seiten 1315–1324

Macrae, Norman [1994]: John von Neumann. Mathematik und Computerforschung – Facetten eines Genies, Birkhäuser Verlag, Basel, Boston 1994, 349 Seiten

Macrae, Norman [1999]: John von Neumann. The scientific genius, who pioneered the modern computer, game theory, nuclear deterrence, and much more, Pantheon Books, New York 1999, X, 406 Seiten

Maddison, Francis: Early mathematical wheelwork. Byzantine calendrical gearing, in: Nature, Band 314, 28. März 1985, Seiten 316–317 (Räderwerk von Antikythera)

Mähly, Hans Jakob: Zur iterativen Auflösung algebraischer Gleichungen, in: Zeitschrift für angewandte Mathematik und Physik, Band 5, 1954, Seiten 260–263 (Untersuchungen mit der Zuse Z4)

Mahn, Anne: Vermessenes Altona. Die Firma Dennert & Pape Aristo, Stiftung Historische Museen Hamburg, Altonaer Museum für Kunst und Kunstgeschichte, Altona 2011, 128 Seiten

Mahon, Patrick: History of hut 8 to December 1941, in: Brian Jack Copeland (Hg.): The essential Turing. Seminal writings in computing, logic, philosophy, artificial intelligence, and artificial life, plus the secrets of Enigma, Clarendon press, Oxford 2004, Seiten 267–312 (1945)

Mahoney, Michael Sean [1988]: The history of computing in the history of technology, in: Annals of the history of computing, Band 10, 1988, Heft 2, Seiten 113–125

Mahoney, Michael Sean [1996]: Issues in the history of computing, in: Thomas J.Bergin; Richard G. Gibson (Hg.): History of programming languages 2, ACM press, New York 1996, Seiten 772–781

Mahoney, Michael Sean [2000]: The structures of computation, in: Raúl Rojas, Ulf Hashagen (Hg.): The first computers – history and architectures, MIT press, Cambridge, Massachusetts, London 2000, Seiten 17–32

Mahoney, Michael Sean [2004]: Calculating – thinking – computational thinking. Seventeenth-century perspectives on computational science, in: Rudolf Seising, Menso Folkerts, Ulf Hashagen (Hg.): Form, Zahl, Ordnung. Studien zur Wissenschafts- und Technikgeschichte, Franz Steiner Verlag, Stuttgart 2004, Seiten 209–221

Mahoney, Michael Sean [2008]: What makes the history of software hard, in: IEEE Annals of the history of computing, Band 30, 2008, Heft 3, Seiten 8–18

Mahoney, Michael Sean [2011]: Histories of computing, Harvard university press, Cambridge, Massachusetts, London 2011, IX, 250 Seiten

Maier, Elmar [2014a]: Ein prägender Lebensabschnitt. Rechenmaschine Curta (Patent Herzstark), 2014, 22 Seiten (Zeitzeugenbericht), http://dx.doi.org/10.3929/ethz-a-010345785

Maier, Elmar [2014b]: Wie der Name „Curta“ entstand, 2014, 2 Seiten (Zeitzeugenbericht)

Maier, Hans: Die christliche Zeitrechnung. Ihre Geschichte und Bedeutung, Herder, Freiburg im Breisgau, Basel, Wien 2013, 153 Seiten

Maier, Helmut: Grundlagen der Robotik, VDE Verlag GmbH, Berlin, Offenbach 2016, 299 Seiten (Kapitel 2: Geschichte der Roboter, Seiten 18–25)

Mailland, Julien; Driscoll, Kevin: Minitel. Welcome to the intenet, MIT press, Cambridge, Massachusetts, London 2017, X, 226 Seiten

Maingot, Éliane: Les automates, Librairie Hachette, Paris 1959, 96 Seiten (Figurenautomaten, Musikautomaten, Schreibautomaten, mechanische Bilder, Jacques Vaucanson, Pierre Jaquet-Droz, Henri Maillardet, Peter Kinzing)

Malassis, Lucien; Lemaire, Eugène; Grelet, R.: Bibliographie relative à l'arithmétique, au calcul simplifié et aux instruments à calculer, in: Bulletin de la société d'encouragement pour l'industrie nationale, Band 119, September/Oktober 1920, Seiten 739–757 (Gedenkausgabe 100 Jahre Thomas-Arithmometer)

Malavard, L. [1953]: Machines et méthodes d'analogies rhéoélectriques, in: Joseph Pérès (Hg.): Les machines à calculer et la pensée humaine, Paris, 8–13 janvier 1951, Colloques internationaux du Centre national de la recherche scientifique, Nr. 37, Editions du Centre national de la recherche scientifique (CNRS), Paris 1953, Seiten 155–176 (Institut de calcul Blaise Pascal, Paris, Chatillon-sous-Bagneux (Seine))

Malavard, L. [1988]: Le calcul analogique au Centre national de la recherche scientifique, in: Philippe Chatelin (Hg.): Colloque sur l'histoire de l'informatique en France, Grenoble, 3–4–5 mai 1988, CRNS, Grenoble 1988, Band 2, Seiten 241–260

Malik, Rex: And tomorrow ... the world? Inside IBM, Millington Ltd., London 1975, XXII, 496 Seiten

Malinovsky, Boris Nikolaevich: Pionieers of Soviet computing, 2. Auflage 2010, VIII, 170 Seiten (Hg. Anne Fitzpatrick, Special interest group for computers, informtion and society (Sigcis), elektronische Ausgabe

Mall, Manfred; Roderer, Helmut: Dornier-Hybridrechner, in: Dornier Post 4/70, Seiten 17–21

Mallik, Asok Kumar: The story of numbers, World scientific publishing Co. Pte. Ltd., Singapur, New Jersey usw. 2018, XV, 180 Seiten

Malsch, Fritz: Geschichte der Mathematik, Verlag von Quelle & Meyer, Leipzig 1928, 115 Seiten

Manegold, Karl-Heinz: Der Wiener Patentschutzkongreß von 1873. Seine Stellung und Bedeutung in der Geschichte des deutschen Patentwesens im 19. Jahrhundert, in: Technikgeschichte, Band 38, 1971, Heft 2, Seiten 158–165

Maor, Eli: On abaci of every kind, in: Journal of the Oughtred society, Band 17, 2008, Heft 2, Seiten 10–16 (Kugelrechner)

Marani, Pietro C.; Fiorio, Maria Teresa (Hg.): Leonardo da Vinci, 1452–1519. Il disegno del mondo, Skira editore, Mailand 2015, 614 Seiten (Ausstellungskatalog)

Maraszek, Regine (Hg.): Die Himmelsscheibe von Nebra, Landesamt für Denkmalpflege und Archäologie Sachsen-Anhalt, Landesmuseum für Vorgeschichte, Halle (Saale), 3., veränderte Auflage 2010, 68 Seiten

Marchant, Jo [2006]: In search of lost time, in: Nature, Band 444, 30. November 2006, Seiten 534–538 (Räderwerk von Antikythera)

Marchant, Jo [2009]: Decoding the heavens. A 2000-year-old computer – and the century-long search to discover its secrets, Da Capo press, Cambridge, Massachusetts 2009, V, 328 Seiten (Räderwerk von Antikythera)

Marchant, Jo [2010]: Mechanical inspiration, in: Nature, Band 468, 25. November 2010, Seiten 496–498 (Räderwerk von Antikythera)

Marchant, Jo [2011]: Die Entschlüsselung des Himmels. Der erste Computer – ein 2000 Jahre altes Rätsel wird gelöst, Rowohlt Verlag GmbH, Reinbek bei Hamburg, 2. Auflage 2011, 298 Seiten (Räderwerk von Antikythera)

Marcotty, Michael: Documenting projects with history in mind, in: Thomas J.Bergin; Richard G. Gibson (Hg.): History of programming languages 2, ACM press, New York 1996, Seiten 806–807

Marcus, Mitchell; Akera, Atsushi: Exploring the architecture of an early machine: The historical relevance of the Eniac machine architecture, in: IEEE Annals of the history of computing, Band 18, 1996, Heft 1, Seiten 17–24

Mareschall, G.: Calculateur mécanique instantané de M. Troncet, in: La nature, Band 18, 1890, 2. Semester, Seiten 307–308

Marett-Crosby, Michael: Twenty-five astronomical observations that changed the world. And how to make them yourself, Springer science+business media, New York, Heidelberg usw. 2013, XIV, 318 Seiten

Marguin, Jean: Histoire des instruments et machines à calculer. Trois siècles de mécanique pensante 1642–1942, Hermann éditeurs des sciences et des arts, Paris 1994, 207 Seiten

Marguin, Jean; Jacomy, Bruno (Hg.): De la machine à calculer de Pascal à l'ordinateur: 350 ans d'informatique, 25. April – 23. September 1990, Musée national des techniques, Conservatoire national des arts et métiers (CNAM), Paris 1990, 63 Seiten (Austellungskatalog)

Marie, Maximilien [1977a]: Histoire des sciences mathématiques et physiques, Band 1: De Thales à Diophante, Kraus reprint, Nendeln 1977, VII, 287 Seiten (Nachdruck von Gauthier-Villars, imprimeur-libraire, Paris 1883)

Marie, Maximilien [1977b]: Histoire des sciences mathématiques et physiques, Band 2: De Diophante à Viète, Kraus reprint, Nendeln 1977, V, 315 Seiten (Nachdruck von Gauthier-Villars, imprimeur-libraire, Paris 1883)

Marie, Maximilien [1977c]: Histoire des sciences mathématiques et physiques, Band 3: De Viète à Descartes, Kraus reprint, Nendeln 1977, V, 230 Seiten (Nachdruck von Gauthier-Villars, imprimeur-libraire, Paris 1884)

Marie, Maximilien [1977d]: Histoire des sciences mathématiques et physiques, Band 4: De Descartes à Huyghens, Kraus reprint, Nendeln 1977, V, 246 Seiten (Nachdruck von Gauthier-Villars, imprimeur-libraire, Paris 1884)

Marie, Maximilien [1977e]: Histoire des sciences mathématiques et physiques, Band 5: De Huyghens à Newton, Kraus reprint, Nendeln 1977, V, 255 Seiten (Nachdruck von Gauthier-Villars, imprimeur-libraire, Paris 1884)

Marie, Maximilien [1977f]: Histoire des sciences mathématiques et physiques, Band 6: De Newton à Euler, Kraus reprint, Nendeln 1977, V, 260 Seiten (Nachdruck von Gauthier-Villars, imprimeur-libraire, Paris 1885)

Marie, Maximilien [1977g]: Histoire des sciences mathématiques et physiques, Band 7: De Newton à Euler (Fortsetzung), Kraus reprint, Nendeln 1977, V, 272 Seiten (Nachdruck von Gauthier-Villars, imprimeur-libraire, Paris 1885)

Marie, Maximilien [1977h]: Histoire des sciences mathématiques et physiques, Band 8: D'Euler à Lagrange, Kraus reprint, Nendeln 1977, V, 259 Seiten (Nachdruck von Gauthier-Villars, imprimeur-libraire, Paris 1886)

Marie, Maximilien [1977i]: Histoire des sciences mathématiques et physiques, Band 9: De Lagrange à Laplace, Kraus reprint, Nendeln 1977, V, 321 Seiten (Nachdruck von Gauthier-Villars, imprimeur-libraire, Paris 1886)

Marie, Maximilien [1977j]: Histoire des sciences mathématiques et physiques, Band 10: De Laplace à Fourier, Kraus reprint, Nendeln 1977, V, 229 Seiten (Nachdruck von Gauthier-Villars, imprimeur-libraire, Paris 1887)

Marie, Maximilien [1977k]: Histoire des sciences mathématiques et physiques, Band 11: De Fourier à Arago, Kraus reprint, Nendeln 1977, V, 257 Seiten (Nachdruck von Gauthier-Villars, imprimeur-libraire, Paris 1887)

Marie, Maximilien [1977l]: Histoire des sciences mathématiques et physiques, Band 12: D'Arago à Abel, Kraus reprint, Nendeln 1977, V, 258 Seiten (Nachdruck von Gauthier-Villars, imprimeur-libraire, Paris 1888)

Marks, Robert W.: Rechenschieber. Schritt für Schritt, Humboldt-Taschenbuch Verlag Jacobi KG, München 1972, 160 Seiten (Gebrauchsanweisung mit Übungsaufgaben)

Marquardt, Wolfgang: Wissenschaft braucht Sammlungen. Die „Entdeckung" des Werts von Objekten als Forschungsinfrastrukturen, in: Forschung & Lehre, Band 19, 2012, Heft 4, Seiten 268–269

Marshall, Stephen J.: The story of the computer. A technical and business history, Create space independent publishing platform, 2017

Marsland, T. Anthony; Schaeffer, Jonathan (Hg.): Computers, chess, and cognition, Springer-Verlag, New York usw. 1990 (Kapitel: A short history of computer chess, Seiten 3–7)

Marti, Markus [2005]: 600 Jahre Zytglogge Bern. Eine kleine Chronik der Zeitmessung, Stämpfli Verlag AG, Bern 2005, 44 Seiten

Marti, Markus [2011]: Zytglogge-Chronik. Mit ausführlicher Beschreibung des Monumentalwerks, Stämpfli Verlag AG, Bern 2011, 110 Seiten

Marti, Markus [2014]: Die astronomische Monumentaluhr am Zeitglockenturm in Bern, in: Manfred Schukowski; Uta Jahnke; Wolfgang Fehlberg (Hg.): Mittelalterliche astronomische Großuhren. Internationales Symposium in Rostock, 25. bis 28. Oktober 2012, Akademische Verlagsanstalt, Leipzig 2014, Seiten 175–199

Martin, C. Dianne [1993]: The myth of the awesome thinking machine, in: Communications of the ACM, Band 36, 1993, Heft 4, Seiten 120–133 (Hinweise auf frühe Veröffentlichungen zu Eniac, Harvard Mark, Edvac)

Martin, C. Dianne [1995]: Eniac: Press conference that shook the world, in: IEEE technology and society magazine, Band 14, 1995, Heft 4, Seiten 3–10

Martin, Colin [1962a]: Deux tables de compte valaisannes, in: Annales valaisannes, 2. Serie, Band 37, 1962, Seiten 405–418 (Band 11, 1962, Heft 2–4, Seiten 405–418)

Martin, Colin [1962b]: Tables de compte du musée historique de Thoun, in: Schlossmuseum Thun, Jahresbericht 1962, Seiten 8–10

Martin, Colin [1968]: D'une table de compte, au Musée de Genève, à la machine à calculer de Pascal, in: Genava, neue Serie, Band 16, 1968, Seiten 193–202 (Musée d'art et d'histoire, Genf)

Martin, Colin [1987]:Deux tables de compte inédites, in: Schweizer Münzblätter, Band 33–37, 1983–1987, Heft 137, Seiten 20–24

Martin, Colin [1989]: Notes sur l'abacus d'Aoste, in: Memorie dell'accademia italiana di studi filatelici e numismatici, Band 4, 1989, Heft 1, Seiten 59–62

Martin, Colin [1992]: Les tables de compte, in: Bulletin. Association des amis du cabinet des médailles, 1992, Nr. 5, Seiten 19–23

Martin, Ernst [1925]: Die Rechenmaschinen und ihre Entwicklungsgeschichte, Verlag Johannes Meyer, Pappenheim, 1. Auflage 1925, 390 Seiten (1. Band: Rechenmaschinen mit automatischer Zehnerübertragung) (Ernst Martin = Deckname für Johannes Meyer)

Martin, Ernst [1934]: Die Schreibmaschine und ihre Entwicklungsgeschichte, Verlag Johannes Meyer, Pappenheim, 5. Auflage 1934, 816 Seiten (Ernst Martin = Deckname für Johannes Meyer)

Martin, Ernst [1949]: Die Schreibmaschine und ihre Entwicklungsgeschichte, Verlag Peter Basten, Aachen 1949, 592 Seiten (Ernst Martin = Deckname für Johannes Meyer)

Martin, Ernst [1992]: The calculating machines (Die Rechenmaschinen). Their history and development, MIT press, Cambridge, Massachusetts, London/Tomash publishers, Los Angeles, San Francisco 1992, XIX, 367 Seiten (Ernst Martin = Deckname für Johannes Meyer)

Martin, Gonzalo: The introduction of slide rules in Spain, in: Journal of the Oughtred society, Band 21, 2012, Heft 1, Seiten 33–40

Martzloff, Jean-Claude [1988]: Histoire des mathématiques chinoises, Masson, Paris, Mailand usw. 1988, XXI, 375 Seiten

Martzloff, Jean-Claude [2006]: A history of Chinese mathematics, Springer, Berlin, Heidelberg usw. 2006, XXIV, 485 Seiten

Martzloff, Jean-Claude [2016]: Astronomy and calendars – the other Chinese mathematics, Springer, Berlin, Heidelberg 2016, XXXV, 471 Seiten

Maruoka, Akira: Concise guide to computation theory, Springer-Verlag, London 2011, XVII, 281 Seiten

Mason, John: Bartering problems in arithmetic books 1450–1890, in: BSHM Bulletin, Journal of the British society for the history of mathematics, Band 22, 2007, Heft 3, Seiten 160–181

Mason, Stephen Finney [1966]: A history of the sciences, Collier books, New York, neue, überarbeitete Auflage 1966, 638 Seiten

Mason, Stephen Finney [1991]: Geschichte der Naturwissenschaft in der Entwicklung ihrer Denkweisen, Verlag für Geschichte der Naturwissenschaften und der Technik, Stuttgart 1991, 732 Seiten (Nachdruck von 1974)

Masson, André [2015a]: Mechanische Analog-Computer für schwere Flabkanonen, ca. 1935–1945 (Sperry), Langenthal 2015, 26 Seiten, http://dx.doi.org/10.3929/ethz-a-010407843

Masson, André [2015b]: Mechanische Analog-Computer für schwere Flabkanonen, ca. 1935–1955 (Gamma-Juhasz), Langenthal 2015, 28 Seiten, http://dx.doi.org/10.3929/ethz-a-010407843

Masson, André [2015c]: Flab-Distanz-Bestimmung mit Rechengeräten: Diverse Vermessungs-, Kontroll- und Schulungsgeräte im Bereich der Schweizer Fliegerabwehr, Langenthal, Mai 2015, 5 Seiten (Selbstverlag)

Masson, André [2016a]: Mechanisches Rechnen mit präzis geformten Stahlkörpern und Zahnrad-Getrieben, Langenthal 2016, 22 Seiten (Selbstverlag)

Masson, André [2016b]: Kommandogerät der Fliegerabwehr mit vereinfachter Geometrie, 1938–1950, Langenthal, Mai 2016, 11 Seiten (Selbstverlag)

Masson, André [2016c]: Oionoskop mit Stereomat und Verograph, Langenthal, Juli 2016, 18 Seiten (Selbstverlag)

Masson, André [2016d]: Frühe Flugzeug-Vermessung durch mechanische Rechner bei der Fliegerabwehr: Horch-Ortung – Elascop und Orthognom, Langenthal, November 2016, 35 Seiten (Selbstverlag)

Masson, André [2017a]: Kurvenflug-Rechner. Frühe Flugzeugvermessung durch mechanische Rechner bei der Fliegerabwehr, Langenthal, Januar 2017, 28 Seiten (Selbstverlag)

Masson, André [2017b]: Frühe mechanische Rechner der Artillerie und Fliegerabwehr: Automatisierte Rechner für Geschossflugbahnen, Langenthal, Mai 2017, 24 Seiten (Selbstverlag)

Masson, André [2017c]: Mechanische Rechner der Fliegerabwehr, frühe Lösungen: Flugzeugvermessung im 1. Weltkrieg und danach, ca. 1915–1936, Langenthal, Oktober 2017, 34 Seiten (Selbstverlag)

Masson, André [2018]: Rechenanlage „Verograph“ zur genauen, laufenden Distanzbestimmung. Früher elektrischer Analog-Rechner, Langenthal, Dezember 2018, 28 Seiten (Selbstverlag)

Masson, André [2019]: Flabvisier Xaba zu 35mm Flabkanone 1963 Oerlikon, Langenthal, Mai 2019, 31 Seiten (Selbstverlag)

Masson, André Masson [2020]: Historische Militär-Rechner: Bomben-Abwurfrechner BT-9 des Hunter (ein SAAB-Export-Produkt), Langenthal, März 2020, 43 Seiten (Selbstverlag)

Matherat, Philippe: Une histoire de la microélectronique. Une révolution technique qui a profondément transformé le monde en moins d'un demi-siècle, Editions universitaires européennes, Saarbrücken 2010, 47 Seiten

Mathieu: Mesures diverses, compteurs et machines à calculer, in: Rapport du jury central sur les produits de l'agriculture et de l'industrie exposés en 1849, Imprimerie nationale, Paris 1850, Band 2, Seiten 549–551 (exposition nationale, 1849, Paris, Silbermedaille für Thomas)

Matis, Herbert: Die Wundermaschine. Die unendliche Geschichte der Datenverarbeitung: Von der Rechenuhr zum Internet, MITP, Bonn 2002, 392 Seiten (Abschnitt „Die Additionsmaschine von Leonardo da Vinci, ca. 1495“, Seiten 58–60) (Roberto Guatelli)

Matschoß, Conrad (Hg.) [1925]: Männer der Technik. Ein biographisches Handbuch, VDI-Verlag GmbH, Berlin 1925, XI, 306 Seiten (alfabetisches Nachschlagewerk)

Matschoß, Conrad (Hg.) [1933]: Das deutsche Museum. Geschichte, Aufgaben, Ziele, VDI-Verlag GmbH, Berlin/R. Oldenbourg, München, 3. Auflage 1933, VI, 394 Seiten

Matschoß, Conrad [1927]: Technische Kulturdenkmäler, VDI-Verlag GmbH, Berlin 1927, 30 Seiten (Sonderdruck, Beiträge zur Geschichte der Technik und Industrie, Jahrbuch des Vereins Deutscher Ingenieure, Band 17)

Matschoß, Conrad [1940]: Geschichte des Zahnrades, VDI-Verlag GmbH, Berlin 1940, VI, 132 Seiten (u.a. **Räderuhr)**

Matschoß, Conrad [1954]: Große Ingenieure. Lebensbeschreibungen aus der Geschichte der Technik, J. F. Lehmanns Verlag, München, 4., verbesserte Auflage 1954, XV, 386 Seiten

Matschoß, Conrad; Lindner, Werner (Hg.): Technische Kulturdenkmale, Verlag F. Bruckmann AG, München 1932, VIII, 127 Seiten, sowie VDI-Verlag, Düsseldorf 1984, XXXII, 127 Seiten

Mattaliano, Maurizio: Historical archive of the Istituto per le applicazioni del calcolo „Mauro Picone“ (IAC – Institute of applied calculus), in: Newsletter of the European mathematical society, Nr. 100, Juni 2016, Seiten 49–50

Mauchly, John William [1975]: Mauchly on the trials of building Eniac. People could not see how something with 18 000 tubes and costing $ 500 000 could ever become practical!, in: IEEE spectrum, Band 12, 1975, Heft 4, Seiten 70–76

Mauchly, John William [1980]: The Eniac, in: Nicholas Constantine Metropolis; Jack Howlett; Gian-Carlo Rota (Hg.): A history of computing in the twentieth century. A collection of essays, Academic press, New York, London usw. 1980, Seiten 541–550

Mauchly, John William [1982a]: The use of high speed vacuum tube devices for calculating, in: Brian Randell (Hg.): The origins of digital computers. Selected papers, Springer-Verlag, Berlin, Heidelberg usw., 3. Auflage 1982, Seiten 355–358

Mauchly, John William [1982b]: Preparation of problems for Edvac-type machines, in: Brian Randell (Hg.): The origins of digital computers. Selected papers, Springer-Verlag, Berlin, Heidelberg usw., 3. Auflage 1982, Seiten 393–397

Mauchly, John William [1985a]: Digital and analogy computing machines, in: Martin Campbell-Kelly; Michael Roy Williams (Hg.): The Moore school lectures. Theory and techniques for design of electronic digital computers (held at the Moore school of electrical engineering of the University of Pennsylvania during July and August 1946), MIT press, Cambridge, Massachusetts, London/ Tomash publishers, Los Angeles, San Francisco 1985, Seiten 25–40

Mauchly, John William [1985b]: The use of function tables with computing machines, in: Martin Campbell-Kelly; Michael Roy Williams (Hg.): The Moore school lectures. Theory and techniques for design of electronic digital computers (held at the Moore school of electrical engineering of the University of Pennsylvania during July and August 1946), MIT press, Cambridge, Massachusetts, London/Tomash publishers, Los Angeles, San Francisco 1985, Seiten 99–106

Mauchly, John William [1985c]: Preparation of problems for Edvac-type machines, in: Proceedings of a symposium on large-scale digital calculating machinery, Cambridge, Massachusetts, 7.–10. Januar 1947, MIT press, Cambridge, Massachusetts, London/Tomash publishers, Los Angeles, San Francisco 1985, Seiten 203–207

Mauchly, John William [1985d]: Sorting and collating, in: Martin Campbell-Kelly; Michael Roy Williams (Hg.): The Moore school lectures. Theory and techniques for design of electronic digital computers (held at the Moore school of electrical engineering of the University of Pennsylvania during July and August 1946), MIT press, Cambridge, Massachusetts, London/ Tomash publishers, Los Angeles, San Francisco 1985, Seiten 271–287

Mauchly, John William [1985e]: Conversion between binary and decimal number systems, in: Martin Campbell-Kelly; Michael Roy Williams (Hg.): The Moore school lectures. Theory and techniques for design of electronic digital computers (held at the Moore school of electrical engineering of the University of Pennsylvania during July and August 1946), MIT press, Cambridge, Massachusetts, London/Tomash publishers, Los Angeles, San Francisco 1985, Seiten 299–304

Mauchly, John William [1985f]: Code and control II. Machine design and instruction codes, in: Martin Campbell-Kelly; Michael Roy Williams (Hg.): The Moore school lectures. Theory and techniques for design of electronic digital computers (held at the Moore school of electrical engineering of the University of Pennsylvania during July and August 1946), MIT press, Cambridge, Massachusetts, London/Tomash publishers, Los Angeles, San Francisco 1985, Seiten 453–461

Mauchly, Kathleen R.: John Mauchly's early years, in: Annals of the history of computing, Band 6, 1984, Heft 2, Seiten 116–138

Mauersberger, Klaus: Mehr als ein Nachbau? Historische Untersuchungen und Restaurierungsarbeiten an der hybriden „Mitterhofer-Schreibmaschie“ der TU Dresden, in: Historische Bürowelt, 2017, Heft 108, Seiten 12–19

Mauersberger, Klaus; Pulla, Ralf: Von der Universität ins Museum – Schreibmaschinensammlungen in Dresden, in: Historische Bürowelt, 2016, Heft 106, Seiten 21–29 (u.a. Schreibmaschine von Peter Mitterhofer)

Maurer, Bertram [1998]: Karl Culmann und die graphische Statik, Verlag für Geschichte der Naturwissenschaft und der Technik (GNT), Berlin, Diepholz usw. 1998, XVI, 550 Seiten (Dissertation)

Maurer, Bertram [2015]: Mathematik. Die faszinierende Welt der Zahlen, Fackelträger Verlag GmbH, Köln 2015, 288 Seiten

Maurice, Klaus [1968]: Von Uhren und Automaten. Das Messen der Zeit, Prestel Verlag, München 1968, 96 Seiten

Maurice, Klaus [1976a]: Die deutsche Räderuhr. Zur Kunst und Technik des mechanischen Zeitmessers im deutschen Sprachraum, Band 1: Text und Register, C. H. Beck'sche Verlagsbuchhandlung (Oscar Beck), München 1976, XII, 322 Seiten

Maurice, Klaus [1976b]: Die deutsche Räderuhr. Zur Kunst und Technik des mechanischen Zeitmessers im deutschen Sprachraum, Band 2: Katalog und Tafeln, C. H. Beck'sche Verlagsbuchhandlung (Oscar Beck), München 1976, IV, 125 Seiten und 400 Tafeln

Maurice, Klaus [1980]: Jost Bürgi oder über die Innovation, in: Klaus Maurice; Otto Mayr (Hg.): Die Welt als Uhr. Deutsche Uhren und Automaten 1550–1650, Deutscher Kunstverlag, München, Berlin 1980, Seiten 90–104

Maurice, Klaus; Mayr, Otto (Hg.): Die Welt als Uhr. Deutsche Uhren und Automaten 1550–1650, Deutscher Kunstverlag, München, Berlin 1980, XVI, 315 Seiten (Ausstellungskatalog) (u.a. Figurenuhren)

May, Kenneth O.: Historiography: A perspective for computer scientists, in: Nicholas Constantine Metropolis; Jack Howlett; Gian-Carlo Rota (Hg.): A history of computing in the twentieth century. A collection of essays, Academic press, New York, London usw. 1980, Seiten 11–18

May, W. E.; Holder, Leonard: A history of marine navigation, G. T. Foulis & Co. Ltd., Henley-on-Thames, Oxfordshire 1973, XV, 280 Seiten

Mayer, Johann Eugen [1908a]: Das Rechnen in der Technik und seine Hilfsmittel (u.a. Rechenschieber, Rechentafeln, Rechenmaschinen), G.J. Göschen'sche Verlagshandlung, Leipzig 1908, 128 Seiten

Mayer, Johann Eugen [1908b]: Das mechanische Rechnen des Ingenieurs (Rechenschieber, Rechenmaschien, Planimeter, Integrator, Integraph), Dr. Max Jänecke, Verlagsbuchhandlung, Hannover 1908, 119 Seiten

Mayet, Paul: Die Rechenmaschinen auf der Pariser Weltausstellung nach ihrer Verwendbarkeit im Kaiserlichen Statistischen Amt, Berlin 1900, II, 46 Seiten (Bearbeitung von Stephan Weiß, 2006)

Mayher: Neuer Pantograph von Ott und Coradi, in: Zeitschrift für Vermessungswesen, Band 5, 1876, Heft 2, Seite 93

Mayr, Maria: Neue Dokumente und Bilder von Peter Mitterhofer, in: Historische Bürowelt, 2017, Heft 108, Seiten 9–11 (Schreibmaschine)

McCallum, D. M.; Smith, J. B. [1951a]: Mechanized reasoning. Logical computors and their design, in: Electronic engineering, Band 23, April 1951, Heft 278, Seiten 126–133 (zu beachten: comput*o*r)

McCallum, D. M.; Smith, J. B. [1951b]: Feedback logical computors, in: Electronic engineering, Band 23, Dezember 1951, Heft 286, Seiten 458–461 (zu beachten: comput*o*r)

McCann, Doug; Thorne, Peter: The last of the first. Csirac: Australia's first computer, Department of computer science and software engineering, Universität Melbourne 2000, XVIII, 176 Seiten

McCann, G. D.: The California Institute of Technology electric analog computer, in: Mathematical tables and other aids to computation, Band 3, Oktober 1949, Heft 28, Seiten 501–513

McCarthy, James H.: The American digest of business machines, American exchange service, Chicago 1924, 640 Seiten

McCartney, Scott: Eniac. The triumphs and tragedies of the world's first computer, Walker publishing company, Inc., New York 1999, IX, 262 Seiten

McCracken, Daniel D. [1957]: Digital computer programming, John Wiley, New York, Chapman & Hall, London 1957, VI, 253 Seiten

McCracken, Daniel D. [1960]: Programmation des calculatrices numériques, Dunod, Paris 1960, VII, 255 Seiten

McCray, W. Patrick: How astronomers digitized the sky, in: Technology and culture, Band 55, 2014, Heft 4, Seiten 908–944

McCulloch, Warren Sturgis; Lettvin, J. Y.; Pitts, Walter Harry; Dell, P. C.: Une comparaison entre les machines à calculer et le cerveau, in: Joseph Pérès (Hg.): Les machines à calculer et la pensée humaine, Paris, 8–13 janvier 1951, Colloques internationaux du Centre national de la recherche scientifique, Nr. 37, Editions du Centre national de la recherche scientifique (CNRS), Paris 1953, Seiten 425–443 (Universität Illinois/MIT, Cambridge)

McCulloch, Warren Sturgis; Pitts, Walter Harry: A logical calculus of the ideas immanent in nervous activity, in: Bulletin of mathematical biophysics, Band 5, 1943, Heft 4, Seiten 115–133

McCullough, Brian: How the internet happened. From Netscape to the iphone, Liveright publishing corporation, New York 2018, X, 372 Seiten

McFarland, David D. [2003a]: Lightning subtraction, in: Journal of the Oughtred society, Band 12, 2003, Heft 1, Seiten 33–40

McFarland, David D. [2003b]: Addition and subtraction with slide rules and allied instruments, in: Journal of the Oughtred society, Band 12, 2003, Heft 2, Seiten 27–36

McFarland, David D. [2008]: Square roots by slide rules and other means, in: Journal of the Oughtred society, Band 17, 2008, Heft 2, Seiten 29–39 (Rechenstab, Kugelrechner, Napierstäbchen, Reduktionszirkel)

McKay, Sinclair [2010]: The secret life of Bletchley Park. The history of the wartime codebreaking centre and the men and women who were there, Aurum press Ltd., London 2010, VI, 336 Seiten

McKay, Sinclair [2011]: The secret life of Bletchley Park. The WWII codebreaking centre and the men and women who worked there, Aurum press Ltd., London 2011, VI, 336 Seiten (Taschenbuch)

McLeod, Alexus: Astronomy in the ancient world. Early and modern views on celestial events, Springer international publishing AG Switzerland, Cham 2016, VIII, 234 Seiten

McPherson, J. L.: Applications of large-scale high-speed computing machines to statistical work, in: Mathematical tables and other aids to computation, Band 3, April 1948, Heft 22, Seiten 121–126

McPherson, John C.; Hamilton, Frank, E.; Seeber, Robert R.: A large-scale, general-purpose electronic digital calculator – the SSEC, in: Jeffrey R. Yost (Hg.): The IBM century. Creating the IT revolution, IEEE computer society press, Los Alamitos, California 2011, Seiten 53–68

Medina, Leandro Rodriguez; Cervantes Villagómez, Ofelia: Small step for machines, giant leap for Mexico: A local history of computing, in: IEEE Annals of the history of computing, Band 37, 2015, Heft 4, Seiten 14–28

Mehlitz, Dieter: Die Bahnsteuerung unter besonderer Berücksichtigung des „Graphomat Zuse Z64", in: Mathematik – Technik – Wirtschaft (mtw). Zeitschrift für moderne Rechentechnik und Automation, Band 9, 1962, Heft 2, Seiten 59–63

Mehmke, Rudolf [1894]: Zur Geschichte der Rechenmaschinen, in: Jahresbericht der Deutschen Mathematiker-Vereinigung, Band 3, 1894, Seiten 59–62

Mehmke, Rudolf [1904]: Numerisches Rechnen, in: Akademien der Wissenschaften zu Göttingen, Leipzig, München und Wien (Hg.): Encyklopädie der mathematischen Wissenschaften mit Einschluss ihrer Anwendungen, B. G. Teubner, Leipzig 1900–1904, Band 1, Teil 2, Seiten 938–1079

Mehmke, Rudolf [1924]: Leitfaden zum graphischen Rechnen, Franz Deuticke, Wien, Leipzig, 2., vermehrte und verbesserte Auflage 1924, VIII, 185 Seiten

Meidinger, Heinrich [1860a]: Die Scheutz'sche Rechenmaschine, in: Dingler's polytechnisches Journal, Band 156, 1860, Heft 65, Seiten 241–256 (Teil 1)

Meidinger, Heinrich [1860b]: Die Scheutz'sche Rechenmaschine, in: Dingler's polytechnisches Journal, Band 156, 1860, Heft 83, Seiten 321–336 (Teil 2)

Meier, Christian J.: Eine kurze Geschichte des Quantencomputers. Wie bizarre Quantenphysik eine neue Technologie erschafft, Heise Zeitschriften-Verlag GmbH & Co. KG, Hannover 2015, VI, 117 Seiten

Meier, Hans-Peter: Die Anwendung elektronischer Rechenmaschinen in der Maschinen-Industrie, in: Schweizerische Bauzeitung, Band 76, 1958, Heft 12, Seiten 174–176 (u.a. elektronische Analogie-Rechenmaschinen)

Meinel, Christoph (Hg.): Instrument – Experiment. Historische Studien, Verlag für Geschichte der Naturwissenschaften und der Technik (GNT), Berlin, Diepholz 2000, 423 Seiten

Meinel, Christoph; Renneberg, Monika (Hg.): Geschlechterverhältnisse in Medizin, Naturwissenschaft und Technik, Verlag für Geschichte der Naturwissenschaften und der Technik (GNT), Bassum, Stuttgart 1996, 349 Seiten

Meinel, Christoph; Voswinckel, Peter (Hg.): Medizin, Naturwissenschaft, Technik und Nationalsozialismus. Kontinuitäten und Diskontinuitäten, Verlag für Geschichte der Naturwissenschaften und der Technik (GNT), Stuttgart 1994, 332 Seiten

Meinel, Christoph; Sack, Harald: Digitale Kommunikation. Vernetzung, Multimedia, Sicherheit, Springer-Verlag, Berlin, Heidelberg 2009 (Abschnitt 2.8: Der Computer als universeller persönlicher Kommunikationsmanager, Seiten 68–75)

Meller, Harald (Hg.): Arche Nebra – die Himmelsscheibe erleben, Landesamt für Denkmalpflege und Archäologie Sachsen-Anhalt, Landesmuseum für Vorgeschichte, Halle (Saale) 2010, 108 Seiten

Menabrea, Luigi Federico [1842a]: Notions sur la machine analytique de M. Charles Babbage, in: Bibliothèque universelle de Genève 1842, neue Serie, Band 41, Seiten 352–376

Menabrea, Luigi Federico [1842b]: Sketch of the analytical engine invented by Charles Babbage, Esq., in: Bibliothèque universelle de Genève, Nr. 82, Oktober 1842 (Urfassung französisch, englische Übersetzung von Ada Lovelace Byron in: Scientific memoirs, Band 3, Richard und John E.Taylor, London 1843, Seiten 666–731 (https://www.fourmilab.ch)

Menabrea, Luigi Federico [2016]: Sketch of the analytical engine invented by Charles Babbage, Esq., in: Robin Hammerman; Andrew L. Russell (Hg.): Ada's legacy. Cultures of computing from the Victorian to the digital age, Association for computing machinery, New York/Morgan & Claypool publishers, San Rafael, Kalifornien, 2016, Seiten 33–105 (kommentierte Übersetzung von Augusta Ada Lovelace)

Meng, Xiao-Li; Xianchao Xie: I got more data, my model is more refined, but my estimator is getting worse! Am I just dumb? doi:10.1080/07474938.2013.808567 (Econometric reviews), 33 Seiten

Menninger, Karl [1969]: Number words and number symbols. A cultural history of numbers, MIT press, Cambridge, Massachusetts, London 1969, XIII, 480 Seiten

Menninger, Karl [1979]: Zahlwort und Ziffer. Eine Kulturgeschichte der Zahl. Vandenhoeck & Ruprecht, Göttingen, 3. Auflage 1979, Band 1: Zählreihe und Zahlsprache, 218 Seiten, Band 2: Zahlschrift und Rechnen, IV, 314 Seiten

Menzel, M.: Methodische Anleitung für das Rechnen auf Vier-Spezies-Maschinen mittleren Wirkungsgrades, Verlag für Bürotechnik, Berlin 1927, 68 Seiten (mit Gebrauchsanweisung) (mittlerer Wirkungsgrad: Einstellwerk: 8–9 Stellen; Umdrehungszähler: 8–9 Stellen; Ergebniswerk: 13 Stellen)

Merckel, Curt [1901]: Schöpfungen der Ingenieurtechnik der Neuzeit, Druck und Verlag von B. G. Teubner, Leipzig 1901, IV, 139 Seiten

Merckel, Curt [1904]: Bilder aus der Ingenieurtechnik, Druck und Verlag von B. G. Teubner, Leipzig 1904, IV, 136 Seiten

Merckel, Curt [1969]: Die Ingenieurtechnik im Alterthum, Georg Olms Verlag, Hildesheim 1969, XX, 658 Seiten (Nachdruck von 1899, Verlag von Julius Springer, Berlin)

Mercouroff, Wladimir: Les chemins de l'informatique. Les hommes et les idées. La science et les techniques. Les machines et les applications, Arman Collin, Paris 1991, IV, 163 Seiten

Merkel, Gerhard: Computerentwicklungen in der DDR – Rahmenbedingungen und Ergebnisse, in: Friedrich Naumann; Gabriele Schade (Hg.): Informatik in der DDR – eine Bilanz. Tagungsband zu den Symposien 7. bis 9. Oktober 2004 in Chemnitz, 11. bis 12. Mai 2006 in Erfurt, Gesellschaft für Informatik, Bonn 2006, Seiten 40–54

Merrifield, C. W.: Report of the committee appointed to consider the avisability and to estimate the expense of constructing Mr. Babbage's analytical machine, and of printing tables by its means, in: Brian Randell (Hg.): The origins of digital computers. Selected papers, Springer-Verlag, Berlin, Heidelberg usw., 3. Auflage 1982, Seiten 55–65

Merzbach, Uta C.: Georg Scheutz and the first printing calculator, Smithsonian institution press, City of Washington 1977, III, 74 Seiten

Merzbach, Uta C.; Boyer, Carl B.: A history of mathematics, John Wiley & sons, Inc., Hoboken, New Jersey, 3. Auflage 2011, XX, 668 Seiten

Metropolis, Nicholas Constantine: The Maniac, in: Nicholas Constantine Metropolis; Jack Howlett; Gian-Carlo Rota (Hg.): A history of computing in the twentieth century. A collection of essays, Academic press, New York, London usw. 1980, Seiten 457–464

Metropolis, Nicholas Constantine; Howlett, Jack; Rota, Gian-Carlo (Hg.): A history of computing in the twentieth century. A collection of essays, Academic press, New York, London usw. 1980, XIX, 659 Seiten

Metropolis, Nicholas Constantine; Worlton, Jack: A trilogy on errors in the history of computing, in: Annals of the history of computing, Band 2, 1980, Heft 1, Seiten 100–116

Metzen, Heinz: 10er-Blocktastatur bei manuellen Sprossenrad-Rechenmaschinen, in: Historische Bürowelt, September 2002, Heft 62, Seiten 13–14

Metzger, Wolfram: Musikautomaten. Ein Führer durch das Museum mechanischer Musikinstrumente „Sammlung Jan Brauers“ im Schloß Bruchsal, Info Verlagsgesellschaft, Karlsruhe 1995, 56 Seiten

Metzger, Wolfram; Kreiss, Jakob [1994]: Drehorgeln. Schaurig-schön, Info Verlagsgesellschaft, Karlsruhe 1994, 212 Seiten (Ausstellungskatalog)

Metzger, Wolfram; Kreiss, Jakob [2003]: Musikautomaten. Die Sammlung Jens Carlson, Kulturstiftung der Länder, Berlin 2003, 118 Seiten (Badisches Landesmusum, Karlsruhe (Hg.))

Mey, Hansjürg: Die technische Innovation als Herausforderung unserer Zeit, in: Ferrum, Nr. 56, 1985, Seiten 3–5 (Vermarktung der Ermeth)

Mey, Hansjürg: Theorie und Praxis der Aufgabenverteilung zwischen Hochschule und Industrie, in: Neue Zürcher Zeitung, Nr. 276, 26. November 1980, Seite 111 (Vermarktung der Ermeth)

Meyer zur Capellen, Walther [1949]: Mathematische Instrumente, Akademische Verlagsgesellschaft Geest und Portig KG, Leipzig 1949, 3., ergänzte Auflage, X, 339 Seiten

Meyer zur Capellen, Walther [1952]: Instrumentelle Mathematik für den Ingenieur, Verlag W. Girardet, Essen 1952, 383 Seiten

Meyer, Eric T.; Schroeder, Ralph: Knowledge machines. Digital transformations of the sciences and humanities, MIT press Cambridge, Massachusetts, London 2015, XI, 271 Seiten

Meyer, Herbert: Der Siemens-Digitalrechner 2002 als Kern von Nachrichtenverarbeitungs-Systemen, in: Elektronische Rechenanlagen, Band 1, 1959, Heft 2, Seiten 80–85

Meyer, Jan: Vom Kerbholz zur Curta. Die Geschichte der mechanischen Rechenhilfsmittel, o. O., o. J., 29 Seiten, www.rechenhilfsmittel.de

Meyer, René: Computer in der DDR, Landeszentrale für politische Bildung Thüringen, Erfurt 2019, 147 Seiten (Oprema, ZRA1, D1–4, Seiten 25–31)

Meyer, Torsten: Die Anfänge technikhistorischen Arbeitens in Deutschland. Johann Beckmanns ‚Beyträge zur Geschichte der Erfindungen', in: Technikgeschichte, Band 64, 1997, Heft 3, Seiten 161–179

Meyer, Torsten; Popplow, Marcus (Hg.): Technik, Arbeit und Umwelt in der Geschichte. Günter Bayerl zum 60. Geburtstag, Waxmann Verlag GmbH, Münster 2006, IX, 532 Seiten (Sammeln – Forschen – Unterhalten? Industriegeschichtliche Museen in Zeiten der Eventkultur amBeispiel des Landesmuseums für Technik und Arbeit in Mannheim, Seiten 443–451; Technisierungsschübe und bürgerliche (industrielle) Gesellschaft. Zum Verhältnis von Technik und Gesellschaft in der Neuzeit, Seiten 467–482; Wissenschafts- und Technikgeschichte im Spagat: Ein Bein auf dem festen Boden der Naturwissenschaft, das andere im Sumpf der Geschichte, Seiten 483–492; Technikgeschichte in der Technikdidaktik: Hoffnung und Furcht, Seiten 515–529)

Meyer, Wilhelm Franz (Hg.) [Teil 1]: Arithmetik und Algebra, Encyklopädie der mathematischen Wissenschaften mit Einschluss ihrer Anwendungen, Druck und Verlag von B. G. Teubner, Leipzig 1898–1904, Band 1, Teil 1, XXXVIII, 1–554 (Seiten)

Meyer, Wilhelm Franz (Hg.) [Teil 2]: Arithmetik und Algebra, Encyklopädie der mathematischen Wissenschaften mit Einschluss ihrer Anwendungen, Druck und Verlag von B. G. Teubner, Leipzig 1900–1904, Band 1, Teil 2, X, 555–1197 (Seiten)

Meyer, Wilhelm Franz; Mohrmann, Hans (Hg.) [Teil 1, erste Hälfte]: Geometrie, Encyklopädie der mathematischen Wissenschaften mit Einschluss ihrer Anwendungen, Verlag und Druck von B. G. Teubner, Leipzig 1907–1910, Band 3, Teil 1, erste Hälfte, XXII, 770 Seiten (Strahlensatz von Thales, Seite 53)

Meyer, Wilhelm Franz; Mohrmann, Hans (Hg.) [Teil 1, zweite Hälfte]: Geometrie, Encyklopädie der mathematischen Wissenschaften mit Einschluss ihrer Anwendungen, Verlag und Druck von B. G. Teubner, Leipzig 1914–1931, Band 3, Teil 1, zweite Hälfte, XIII, 825 + 264 Seiten

Meyer, Wilhelm Franz; Mohrmann, Hans (Hg.) [Teil 2, erste Hälfte]: Geometrie, Encyklopädie der mathematischen Wissenschaften mit Einschluss ihrer Anwendungen, Verlag und Druck von B. G. Teubner, Leipzig 1903–1915, Band 3, Teil 2, erste Hälfte, XIX, 768 Seiten

Meyer, Wilhelm Franz; Mohrmann, Hans (Hg.) [Teil 2, zweite Hälfte, A]: Geometrie, Encyklopädie der mathematischen Wissenschaften mit Einschluss ihrer Anwendungen, Verlag und Druck von B. G. Teubner, Leipzig 1921–1928, Band 3, Teil 2, zweite Hälfte, Teilband A, XI, 668 Seiten

Meyer, Wilhelm Franz; Mohrmann, Hans (Hg.) [Teil 2, zweite Hälfte, B]: Geometrie, Encyklopädie der mathematischen Wissenschaften mit Einschluss ihrer Anwendungen, Verlag und Druck von B. G. Teubner, Leipzig 1921–1934, Band 3, Teil 2, zweite Hälfte, Teilband B, XIII, 895 Seiten

Meyer, Wilhelm Franz; Mohrmann, Hans (Hg.) [Teil 3]: Geometrie, Encyklopädie der mathematischen Wissenschaften mit Einschluss ihrer Anwendungen, Verlag und Druck von B. G. Teubner, Leipzig 1902–1927, Band 3, Teil 3, XVI, 606 + 206 Seiten

Meyer-Brötz, G.: Rechenautomat ZRA I aus Jena, in: Elektronische Rechenanlagen, Band 2, 1960, Heft 3, Seiten 149–151

Meyers Großes Konversations-Lexikon: Ein Nachschlagewerk des allgemeinen Wissens, Bibliographisches Institut, Leipzig, Wien, 6., gänzlich neubearbeitete und vermehrte Auflage 1908, 16. Band: Stichwort Rechenmaschinen, Seiten 657–660

Meynen, Gloria: Büro, Humboldt-Universität zu Berlin, Berlin 2004, 206 Seiten (Dissertation)

Michel, Henri [1939]: Introduction à l'étude d'une collection d'instruments anciens de mathématiques, de Sikkel, Avers 1939, 111 Seiten (Astronomie, Vermessungswesen, Zeitmessung)

Michel, Henri [1947]: Traité de l'astrolabe, Gauthier-Villars, imprimeur-éditeur, Paris 1947, VIII, 202 Seiten

Michel, Henri [1965]: Messen über Zeit und Raum. Messinstrumente aus 5 Jahrtausenden, Chr. Belser Verlag, Stuttgart 1965, 224 Seiten

Michel, Henri [1967]: Scientific instruments in art and history, Barrie and Rockliff, London 1967, 208 Seiten

Michel, Henri [1977]: Images des sciences. Les anciens instruments scientifiques vus par les artistes de leur temps, Albert de Visscher, Rhode-St-Genèse, Belgien 1977, 153 Seiten (Astronomie, Mathematik, Navigation, Optik, Pneumatik, Vermessungswesen)

Michel, Henri [1980]: Instruments des sciences dans l'art et l'histoire, Albert de Visscher, Rhode-St-Genèse, Belgien 1980, 206 Seiten

Michie, Donald: Codebreaking and Colossus, in: Brian Jack Copeland (Hg.): Colossus. The secrets of Bletchley Park's codebreaking computers, Oxford University Press, Oxford 2006, Seiten 223–246

Mierzowski, Kristin [1984a]: Von der Kellerwerkstatt zum Großunternehmen. 31 Jahre Nixdorf-Computer, in: Hans-Rainer Schuchmann; Heinz Zemanek (Hg.): Computertechnik im Profil. Ein Vierteljahrhundert deutscher Informationsverarbeitung, R. Oldenbourg Verlag, München, Wien 1984, Seiten 100–104

Mierzowski, Kristin [1984b]: Aufregende Nachrichten von einst. Ein Streifzug durch die ersten zehn Jahrgänge der eR, in: Hans-Rainer Schuchmann; Heinz Zemanek (Hg.): Computertechnik im Profil. Ein Vierteljahrhundert deutscher Informationsverarbeitung, R. Oldenbourg Verlag, München, Wien 1984, Seiten 110–116 (eR = Zeitschrift „Elektronische Rechenanlagen")

mik: Historische Rechenmaschinen. Seltener Fund an der ETH Zürich, in: Neue Zürcher Zeitung online, 14. Februar 2014 (Fund mechanischer Rechenmaschinen an der ETH Zürich)

Mikami, Yoshio: The development of mathematics in China and Japan, Chelsea publishing company, New York, 2. Auflage 1974, X, 389 Seiten (Abschnitt „Soroban calculation", Seiten 351–386)

Miller, J. C. P.: Überblick über Rechenhilfsmittel, in: Zeitschrift für angewandte Mathematik und Mechanik, Band 30, 1950, Heft 8/9, Seite 273

Millican, Peter: The philosophical significance of the Turing machine and the Turing test, in: S. Barry Cooper; Jan van Leeuwen (Hg.): Alan Turing. His work and impact, Elsevier, Amsterdam, Boston usw. 2013, Seiten 587–600

Milligan, Ian: History in the age of abundance? How the web is transforming historical research, McGill-Queen's University Press, Montreal, Kingston usw. 2019, XV, 310 Seiten

Mindell, David A.: Between human and machine. Feedback, control, and computing before cybernetics, Johns Hopkins university press, Baltimore, Maryland, London 2002, XV, 439 Seiten

Ministère du commerce, de l'industrie et des colonies: Exposition universelle internationale de 1889 à Paris. Rapports du jury international, Imprimerie nationale, Paris 1891, Seiten 663–667 (machines à calcul, u.a. Geräte von Thomas, Bollée, Hollerith) (Weltausstellung 1889, Paris)

Ministère du commerce, de l'industrie et des colonies: Exposition universelle internationale de 1889 à Paris. Rapport général, Imprimerie nationale, Paris 1890, Band 4, Seiten 546–547 (machines à calcul, u.a. Geräte von Thomas, Bollée, Hollerith) (Weltausstellung 1889, Paris)

Ministère du commerce, de l'industrie, des postes et des télégraphes: Exposition universelle internationale de 1900 à Paris. Rapports du jury international, Imprimerie nationale, Paris 1902, Seiten 407–413 (instruments de calcul et de mathématiques, u.a Rechengeräte von Bollée, Burkhardt, Burroughs, Coradi, Hamann, National Cash Register, Odhner, Thomas), Seiten 414–417 (instruments de dessin, u.a. Zeichengeräte von Coradi, Hamann) (Weltausstellung 1900, Paris)

Minow, Helmut [1990]: Historische Vermessungsinstrumente. Ein Verzeichnis der Sammlungen in Europa. Verlag Chmielorz GmbH Wiesbaden, 2., erweiterte Neuauflage 1990, 310 Seiten

Minow, Helmut [1991]: Vermessungsinstrumente im Mittelalter, in: Vermessung, Photogrammetrie, Kulturtechnik, Band 89, 1991, Heft 11, Seiten 617–622

Minsky, Marvin L.: Computation: Finite and infinite machines, Prentice-Hall, Inc., Englewood Cliffs, New Jersey 1967, XVII, 317 Seiten (Turingmaschine: Seiten 117–145)

Minutes of 1947 patent conference, Moore school of electrical engineering, University of Pennsylvania, in: Annals of the history of computing, Band 7, 1985, Heft 2, Seiten 100–116

Misa, Thomas J. (Hg.): Building the Control Data Legacy. The career of Robert M. Price, Charles Babbage Institute, Minneapolis, Minnesota 2012, VI, 420 Seiten

Misa, Thomas J. [2011]: Leonardo to the Internet. Technology and culture from the Renaissance to the present, Johns Hopkins university press, Baltimore, Maryland, 2. Auflage 2011, XXII, 378 Seiten

Misa, Thomas J. [2015]: Historical reflections. Computing is history. Reflections on the past to inform the future, in: Communications of the ACM, Band 58, 2015, Heft 10, Seiten 35–37

Misa, Thomas J. [2016]: Charles Babbage, Ada Lovelace, and the Bernoulli numbers, in: Robin Hammerman; Andrew L. Russell (Hg.): Ada's legacy. Cultures of computing from the Victorian to the digital age, Association for computing machinery, New York/Morgan & Claypool publishers, San Rafael, Kalifornien 2016, Seiten 11–31

Misa, Thomas J.; Yost, Jeffrey Y.: Fast lane. Managing science in the Internet world, Johns Hopkins university press, Baltimore, Maryland 2016, XIII, 206 Seiten

Mollenhoff, Clark R.: Atanasoff. Forgotten father of the computer, Iowa State university press, Ames 1988, XV, 275 Seiten (Biografie)

Möller, Regina Dorothea: Das didaktische Potenzial des Linienrechnens heute, in: Hartmut Roloff; Manfred Weidauer (Hg.): Wege zu Adam Ries, Dr. Erwin Rauner Verlag, Augsburg 2004, Seiten 267–283

Möller, Wolfgang: Digital-Rechenanlage TR4, in: ADL-Nachrichten, 1960, Heft 13, Seiten 366–370 (Arbeitsgemeinschaft deutscher Lochkartenfachleute)

Mönch, Regina: Scharfe Missbilligung. Uni Münster zu Plagiatsfall Lippe, in: Frankfurter Allgemeine. Zeitung für Deutschland, Nr. 17, 21. Januar 2015, Seite N4 (Forschung und Lehre)

Monnier, Valéry [2007]: Charles-Xavier Thomas aus Colmar und sein Arithmometer. Projekt soll mehr Licht ins Dunkel bringen, in: Historische Bürowelt, Juni 2007, Heft 76, Seiten 13–16

Monnier, Valéry [2014]: Mademoiselle Renauds Arithmometer Nr. 541 – eine Heirat wider Willen? in: Historische Bürowelt, September 2014, Heft 97, Seiten 19–26

Monnier, Valéry; Szrek, Walter; Zalewski, Janusz: Chaim Selig Slonimski and his adding devices, in: IEEE Annals of the history of computing, Band 35, 2013, Heft 3, Seiten 42–53

Mons, Wilhelm; Zuse, Horst; Vollmar, Roland (Hg.): Konrad Zuse. Ernst-Freiberger-Stiftung, Berlin 2005, 168 Seiten (bebra wissenschaft, Berlin 2007, 168 Seiten, Reihe „Helden ohne Degen")

Montagnini, Leone [2005]: Le armonie del disordine. Norbert Wiener matematico-filosofo del Novecento, Istituto veneto di scienze, lettere ed arti, Venedig 2005, XVI, 314 Seiten (Biografie)

Montagnini, Leone [2017]: Harmonies of disorder. Norbert Wiener: A mathematician-philosopher of our time, Springer international publishing AG Switzerland, Cham 2017, XX, 307 Seiten (Biografie)

Monteferrante, Sandra: Maya mathematics, in: BSHM Bulletin, Journal of the British society for the history of mathematics, Band 26, 2011, Heft 2, Seiten 71–79

Montgomerie, G. A.: Digital calculating machines and their application to scientific and engineering work, Blackie, London, Glasgow 1956, 262 Seiten

Montucla, Jean Etienne [1799a]: Histoire des mathématiques, Band 1, Henri Agasse, libraire, Paris, neue, erheblich erweiterte und nachgeführte Auflage 1799, VIII, 739 Seiten, XII (Bildtafeln)

Montucla, Jean Etienne [1799b]: Histoire des mathématiques, Band 2, Henri Agasse, libraire, Paris, neue, erheblich erweiterte und nachgeführte Auflage 1799, 718 Seiten, XIV (Bildtafeln)

Montucla, Jean Etienne [1802a]: Histoire des mathématiques, Band 3, Henri Agasse, libraire, Paris, neue, erheblich erweiterte und nachgeführte Auflage 1802, VIII, 832 Seiten, XVI (Bildtafeln)

Montucla, Jean Etienne [1802b]: Histoire des mathématiques, Band 4, Henri Agasse, libraire, Paris, neue, erheblich erweiterte und nachgeführte Auflage 1802, 688 Seiten, II (Bildtafeln)
Mooers, Calvin N. [1985a]: Code and control IV. Examples of a three-address code and the use of „stop order tags", in: Martin Campbell-Kelly; Michael Roy Williams (Hg.): The Moore school lectures. Theory and techniques for design of electronic digital computers (held at the Moore school of electrical engineering of the University of Pennsylvania during July and August 1946), MIT press, Cambridge, Massachusetts, London/Tomash publishers, Los Angeles, San Francisco 1985, Seiten 465–484
Mooers, Calvin N. [1985b]: Discussion of ideas for the Naval Ordnance Laboratory computing machine, in: Martin Campbell-Kelly; Michael Roy Williams (Hg.): The Moore school lectures. Theory and techniques for design of electronic digital computers (held at the Moore school of electrical engineering of the University of Pennsylvania during July and August 1946), MIT press, Cambridge, Massachusetts, London/Tomash publishers, Los Angeles, San Francisco 1985, Seiten 517–525
Mooers, Calvin N. [2001]: The computer project at the Naval Ordnance Laboratory, in: IEEE Annals of the history of computing, Band 23, 2001, Heft 2, Seiten 51–67
Moon, Francis Charles: The machines of Leonardo da Vinci and Franz Reuleaux. Kinematics of machines from the Renaissance to the 20th century, Springer, Dordrecht 2007, XXXIII, 417 Seiten (History of mechanism and machine science, Band 2, Abschnitt: „Machines in ancient times" (Räderwerk von Antikythera), Seiten 100–101; Kapitel „Ancient Greek and Roman machines", Seiten 107–115; Kapitel „Models as the new „theater of machines"", Seiten 199–211) (Roberto Guatelli)
Moon, Parry: The abacus. Its history; its design; its possibilities in the modern world, Gordon and Breach science publishers, Inc., New York 1971, VII, 179 Seiten (mit Gebrauchsanweisungen für Rechenbrett, Kugelrechner und Neperstäbchen)
Moore, Doris Langley: Ada. Countess of Lovelace. Byrons's legitimate daughter, Harper & Row publishers, New York, Hagerstown usw. 1977, VIII, 397 Seiten (Biografie)
Moreau, René [1986]: The computer comes of age. The people, the hardware, and the software, MIT press, Cambridge, Massachusetts 1986, 226 Seiten
Moreau, René [1987]: Ainsi naquit l'informatique. Histoire des hommes et des techniques, Dunod, Paris, 4. Auflage 1987, VII, 224 Seiten
Mori, Elisabetta: Coping with the „Amercian giants". Mergers and attempted partnerships in the European computer industry (1962–1964), in: IEEE Annals of the history of computing, Band 41, 2019, Heft 4, Seiten 83–96
Moriarty, Edward A.: Amtlicher Catalog der Ausstellung der Industrie-Erzeugisse aller Völker 1851, Gebrüder Spicer, Papierhändler, London 1851, 308 Seiten + 16 Seiten Anzeigen (Seite 230, Nr. 390: „Thomas, C. X., 13, rue du Helder, Paris. – Arithmometer, eine Maschine um mehrere Zahlen auf einmal zusammenzurechnen"; Seite 291, Nr. 59: „Schilt, V., Mechaniker, Solothurn, Rechenmaschine.")
Morland, Samuel: The description and use of two arithmetick instruments, London 1673, 154 Seiten (Addier-Subtrahierinstrument sowie Multiplikationsinstrument)
Morris, Peter; Hart, James C. (Hg.): Milestones of science and technology. Making the modern world, KWS publishers, Chicago, Illinois, zweite, überarbeitete und erweiterte Auflage 2013, 270 Seiten (u.a. Charles Babbage, Robert Bissaker, John Ambrose Fleming, Douglas Rayner Hartree, John Napier, Valdemar Poulsen, John Rowley, Christopher Strachey, John Joseph Thomson, Alan Turing)
Morris, Stephen; Gotel, Orlena: The role of flow charts in the early automation of applied mathematics, in: BSHM Bulletin, Journal of the British society for the history of mathematics, Band 26, 2011, Heft 1, Seiten 44–52

Morrison, Philip; Morrison, Emily (Hg.): Charles Babbage and his calculating engines. Dover publications, New York 1961, XXXVIII, 400 Seiten

Morrison, Philip; Morrison, Emily: The strange life of Charles Babbage, in: Scientific American, Band 186, 1952, Heft 4, Seite 66

Morschheuser, Franz: Schreibmaschinen. Geschichte, Normung, Technik, Winklers Verlag, Gebrüder Grimm, Darmstadt 1982, 80 Seiten

Morton, Paul L.: The California digital computer, in: Mathematical tables and other aids to computation, Band 5, April 1951, Heft 34, Seiten 56–61

Mosconi, Jean: Charles Babbage: Vers une théorie du calcul mécanique, in: Revue d'histoire des sciences, Band 36, 1983, Heft 1, Seiten 69–107

Moseley, Maboth: Irascible genius. The life of Charles Babbage, Regnery publishing, Inc., Washington, D.C. 1970, 287 Seiten (Biografie)

Moskaliuk, Stepan S. (Hg.): Heinz Zemanek, Timpani, Kyiv 2001, 511 Seiten

Mounier-Kuhn, Pierre-Eric [1988]: L'institut Blaise Pascal du CNRS, 1946–1969, in: Philippe Chatelin (Hg.): Colloque sur l'histoire de l'informatique en France, Grenoble, 3–4–5 mai 1988, CRNS, Grenoble 1988, Band 1, Seiten 343–345 (CNRS=Centre national de la recherche scientifique)

Mounier-Kuhn, Pierre-Eric [1989a]: Prologue. History of computing in France, in: Annals of the history of computing, Band 11, 1989, Heft 4, Seiten 237–240

Mounier-Kuhn, Pierre-Eric [1989b]: The Institut Blaise-Pascal (1946–1969) from Couffignal's machine to artificial intelligence, in: Annals of the history of computing, Band 11, 1989, Heft 4, Seiten 257–261

Mounier-Kuhn, Pierre-Eric [1989c]: Bull: A world-wide company born in Europe, in: Annals of the history of computing, Band 11, 1989, Heft 4, Seiten 279–297

Mounier-Kuhn, Pierre-Eric [1990]: Specifications of twelve early computers made in France, in: Annals of the history of computing, Band 12, 1990, Heft 1, Seiten 3–4

Mounier-Kuhn, Pierre-Eric [2010a]: L'informatique en France de la seconde guerre mondiale au plan calcul. L'émergence d'une science, Presses de l'Université Paris-Sorbonne, Paris 2010, 718 Seiten

Mounier-Kuhn, Pierre-Eric [2010b]: Jean Carteron, in: IEEE Annals of the history of computing, Band 32, 2010, Heft 1, Seiten 82–89

Mounier-Kuhn, Pierre-Eric [2012]: Computer science in French universities: Early entrants and latecomers, in: Information & culture, Band 47, 2012, Heft 4, Seiten 414–456

Mount, Ellis; List, Barbara A.: Milestones in science and technology. The ready reference guide to discoveries, inventions, and facts, Oryx press, Phoenix, Arizona 1987, VII, 141 Seiten

Mourlevat, Guy: Les machines arithmétiques de Blaise Pascal, La Française d'édition et d'imprimerie, Clermont-Ferrand 1988, 76 Seiten

Moussas, Xenophon: The Antikythera mechanism: The oldest mechanical universe in its scientific milieu, in: David Valls-Gabaud; Alexander Boksenberg (Hg.): The role of astronomy in society and culture. Proceedings of the 260th symposium of the international astronomical union held at the Unesco headquarters, Paris, France, 19.–23. Januar 2009, Cambridge University Press, Cambridge 2011, Seiten 135–148

Mt.: 100 Jahre Alfred J. Amsler & Co., Schaffhausen, in: Neue Zürcher Zeitung, 11. Juni 1954, Abendausgabe, Nr. 1441, Blatt 10f.

Mucke, Hermann: Die Curta und ihr Schöpfer, in: Sternenbote, September 2017 (Herzstark)

Müggenburg, Jan: Lebhafte Artefakte. Heinz von Foerster und die Maschinen des Biological computer laboratory, Konstanz university press, Konstanz 2018, 380 Seiten

Mühe, Richard; Vogel, Horand M.: Alte Uhren. Ein Handbuch europäischer Tischuhren, Wanduhren und Bodenstanduhren, Verlag Georg D. W. Callwey, München 1976, 306 Seiten

Mullaney, F. C.: Design features of the Era 1101 computer, in: Electrical engineering, Band 71, 1952, Heft 11, Seiten 1015–1018
Müller, A. E.: Über Elektronenröhren und deren Verwendung in der Radio-Nachrichtenübermittlung, in: Schweizerische Techniker-Zeitung, Band 21, 1924, Heft 35/36, Seiten 407–421
Müller, Armin (Hg.): Jost Bürgi (1552–1632), Toggenburger Vereinigung für Heimatkunde, Wattwil 1982, 51 Seiten (Toggenburgerblätter für Heimatkunde, 34. Heft, 1982)
Müller, Armin [1982]: Herkunft und Lebenswerg Jost Bürgis, in: Armin Müller (Hg.): Jost Bürgi (1552–1632), Toggenburger Vereinigung für Heimatkunde, Wattwil 1982, Seiten 7–20 (Toggenburgerblätter für Heimatkunde, 34. Heft, 1982)
Müller, Armin [2011]: Büromaschinen und Computer der Kienzle Apparate GmbH, Villingen. Erfolgreicher Neueinstieg am Rechnermarkt, in: Historische Bürowelt, Dezember 2011, Heft 86, Seiten 25–28
Müller, Felix: Zur Terminologie der ältesten mathematischen Schriften in deutscher Sprache, in: Abhandlungen zur Geschichte der Mathematik 1899, Heft 9, Seiten 301–333 (Supplement zum 44. Jahrgang der Zeitschrift für Mathematik und Physik) (u.a. Linienrechnen, Rechenbücher)
Müller, Thomas: Analogrechner auf deutschen U-Booten des zweiten Weltkrieges. Technikgeschichte und mathematische Grundlagen, Tredition GmbH, Hamburg 2015, 271 Seiten (Dissertation)
Mumford, Lewis: Technics and civilization, Routledge & Kegan Paul Ltd., London 1967, XI, 495 Seiten
Mundy, Liza: Code girls. The untold story of the American women code breakers of World War II, Hachette book group, Inc., New York 2017, XV, 416 Seiten
Munz, Alfred [1987]: Philipp Matthäus Hahn. Pfarrer, Erfinder und Erbauer von Himmelsmaschinen, Waagen, Uhren und Rechenmaschinen, Jan Thorbecke Verlag GmbH & Co., Sigmaringen, 2., durchgesehene Auflage 1987, 144 Seiten (Biografie)
Munz, Alfred [1990]: Philipp Matthäus Hahn. Pfarrer und Mechanikus. Betrachtungen zu Leben und Werk, Jan Thorbecke Verlag GmbH & Co., Sigmaringen 1990, 175 Seiten (Biografie)
Murphy, John S.: Elektronische Ziffernrechner. Einführung in Aufbau, Arbeitsweise und Verwendung, Berliner Union, Stuttgart 1964, III, 364 Seiten
Murphy, Susan: Heron of Alexandria's On automaton-making, in: History of technology, Band 17, 1995, Seiten 1–44
Murray, Francis J. [1948]: The theory of mathematical machines, King's Crown press, New York, 2., überarbeitete Auflage 1948, VIII, 139 Seiten
Murray, Francis J. [1961a]: Mathematical machines, Band 1: Digital computers, Columbia university press, New York 1961, IX, 300 Seiten
Murray, Francis J. [1961b]: Mathematical machines, Band 2: Analog devices, Columbia university press, New York 1961, VIII, 365 Seiten
Murrell, Kevin [2013a]: Early home computers, Shire publications Ltd., Oxford 2013, 48 Seiten
Murrell, Kevin [2013b]: The Harwell Dekatron computer, in: Arthur Tatnall; Tilly Blyth; Roger Johnson (Hg.): Making the history of computing relevant. IFIP WG 9,7 International conference, HC 2013, London, UK, 17–18 June 2013, revised selected papers, Springer, Heidelberg, New York usw. 2013, Seiten 307–313 (IFIP Advances in information and communication technology, Band 416)
Murrell, Kevin; Holroyd, Delwyn: The Harwell dekatron computer, The national museum of computing, Bletchley Park, Milton Keyes, 2013, V, 38 Seiten
Musée d'horlogerie du Locle (Hg.): Chefs-d'œuvre de la collection Sandoz, Musée d'horlogerie du Locle, Château des Monts, Le Locle 2009, 240 Seiten (Ausstellungskatalog) (Uhren, Mensch- und Tierautomaten, Musikautomaten, mechanische Bilder)
Musée des arts et métiers (Hg.): Actes du colloque „Vers un musée de l'informatique et de la société numérique en France?“, Musée des arts et métiers, Paris, 7.–8. November 2012, 299 Seiten
Musée du conservatoire national des arts et métiers (Hg.): Horloges et automates, Les presses artistiques, Paris 1954, 88 Seiten (Ausstellungskatalog)

Museo Galileo; Istituto e museo di storia della scienza (Hg.): Catalogo degli strumenti esposti al Museo Galileo, Florenz, November 2015, 552 Seiten (Ausstellungskatalog von Filippo Camerota; Paolo Galluzzi, Paolo Brenni u.a.; wissenschaftliche Instrumente u.a. aus Astronomie, Chemie, Mathematik, Medizin, Navigation, Physik, Vermessungswesen, z.B.: Armillarsphären (dreidimensional), Astrolabien (zweidimensional), astronomische Uhren, Erdgloben, Fernrohre, Himmelsgloben, Jakobsstäbe, Kompasse (bussola), Mikroskope, Nachtuhren, Öluhren, Planetarien, Quadranten, Sanduhren, Sonnenuhren, Theodoliten, Uhren, Waagen, Wegmesser, ferner: Organum mathematicum (Athanasius Kircher), Pantografen, Proportionalwinkel (compasso di proporzione), Reduktionszirkel (compasso di riduzione), Stechzirkel (compasso di divisione), Zirkel (Einsatzzirkel, Zeichenzirkel, compasso per disegno), Rechenmaschine von Samuel Morland (1664, Seite 213) und trigonometrische Maschine von Samuel Morland (1670, Seite 214)

Museum für Kommunikation (Hg.): Loading History – Computergeschichte(n) aus der Schweiz, Chronos-Verlag Zürich/Editions Payot, Lausanne 2001, 119 Seiten

Museum für ostasiatische Kunst, Köln (Hg.): Glanz der Kaiser von China. Kunst und Leben in der verbotenen Stadt, Kehrer Verlag, Heidelberg, Berlin 2012, 208 Seiten (Palastmuseum Peking) (Ausstellungskatalog)

Museumsführer. Technisches Museum Wien, Wien, 2., veränderte Auflage 2015, 88 Seiten

Mußtopf, Günter (Hg.): Als die Computer Laufen lernten. Ein amüsanter Rückblick, perComp Verlag, Hamburg 2005, VIII, 180 Seiten (mit Beiträgen u.a. von Alarich Baeumler, Friedrich L. Bauer, Hermann Fleßner, Fritz-Rudolf Güntsch, Lorenz Hanewinkel, Herbert Heins, Günter Mußtopf, Otto Suppes, Horst Zuse)

Myers, D. M.: Some analogue computing devices, in: Commonwealth scientific and industrial research organization (Hg.): Proceedings of conference on automatic computing machines held in the Department of electrical engineering, University of Sydney, August 1951, Melbourne, April 1952, Seiten 174–184

Myers, D. M.; Blunden, W. R.: The Csiro differential analyser, in: Commonwealth scientific and industrial research organization (Hg.): Proceedings of conference on automatic computing machines held in the Department of electrical engineering, University of Sydney, August 1951, Melbourne, April 1952, Seiten 18–28

Myers, D. M.; Hollway, D. L.; Speedy, C. B.; Cooper, Brian F.: Some new developments in equipment for high speed digital machines, in: Commonwealth scientific and industrial research organization (Hg.): Proceedings of conference on automatic computing machines held in the Department of electrical engineering, University of Sydney, August 1951, Melbourne, April 1952, Seiten 142–173

N

Nachtigall, Werner; Schönbeck, Charlotte (Hg.): Technik und Natur, VDI-Verlag GmbH, Düsseldorf 1994, XVIII, 582 Seiten (Technik und Kultur, Band 6)

Nadler, Morton: Some notes on computer research in Eastern Europe, in: Communications of the ACM, Band 2, 1959, Heft 12, Seiten 1–2

Nagl, Alfred [1888]: Die Rechenpfennige und die operative Arithmetik, Wien 1888, 64 Seiten, Sonderdruck aus der Numismatischen Zeitschrift, Band 19, 1887, Seiten 314–352

Nagl, Alfred [1899]: Die Rechenmethoden auf dem griechischen Abakus, in: Abhandlungen zur Geschichte der Mathematik 1899, Heft 9, Seiten 335–357 + Bildtafel (Supplement zum 44. Jahrgang der Zeitschrift für Mathematik und Physik)

Nagl, Alfred [1914]: Die Rechentafel der Alten, in: Sitzungsberichte der kaiserlichen Akademie der Wissenschaften in Wien, philosophisch-historische Klasse, Band 177, 5. Abhandlung, Alfred Hölder, k. u. k. Hof- und Universitäts-Buchhändler, Wien 1914, Seiten 1–86 (salaminische

Rechentafel, Dariusvase, römische Rechentafel (Handabakus); Alfabetrechnung mit griechischen Buchstaben)
Nagler, Josef [1960a]: Gedanken zur technischen Geschichtsforschung, in: Blätter für Technikgeschichte, Heft 22, 1960, Seiten 1–4
Nagler, Josef [1960b]: Beschreibung der Rechenmaschine des Antonius Braun, in: Blätter für Technikgeschichte, Heft 22, 1960, Seiten 81–87
Nahin, Paul Joel: The logician and the engineer. How George Boole and Claude Shannon created the information age, Princeton university press, Princeton, New Jersey, Oxford 2013, XIII, 228 Seiten
Nanni, Romano: Leonardo and the artes mechanicae, Skira editore, Mailand 2013, 319 Seiten
Napier, John [1617]: Rabdologiae seu numerationis per virgulas, Edinburg, um 1617, XIII, 154 Seiten (Neperstäbchen)
Napier, John [1617]: Rabdologiæ seu numerationis per virgulas, Edinburg, um 1617, XIII, 154 Seiten (Neperstäbchen, Promptuarium, binäre Arithmetik)
Napier, John [1990]: Rabdology, MIT press, Cambridge, Massachusetts/Tomash publishers, Los Angeles, San Francisco 1990, XXXVII, 135 Seiten (mit Gebrauchsanweisung für die neperschen Stäbchen; Promptuarium, binäre Arithmetik)
Napper, R. B. E.: The Manchester Mark 1 computers, in: Raúl Rojas, Ulf Hashagen (Hg.): The first computers – history and architectures, MIT press, Cambridge, Massachusetts, London 2000, Seiten 365–377
Narkiewicz, Władysław: The story of algebraic numbers in the first half of the 20th century. From Hilbert to Tate, Springer Nature Switzerland AG, Cham 2018, XI, 443 Seiten
Nash, Stephen G. (Hg.): A history of scientific computing, ACM press, New York 1990, XIX, 359 Seiten
Naslin, P. [1958]: Principes des calculatrices numériques automatiques, Dunod, Paris 1958; VI, 226 Seiten
Naslin, P. [1961]: Aufbau und Wirkungsweise von Ziffernrechenautomaten, VDI-Verlag GmbH, Düsseldorf 1961, IX, 162 Seiten
Nassehi, Armin: Muster. Theorie der digitalen Gesellschaft, Verlag C.H. Beck oHG, München 2019, 352 Seiten
National physical laboratory (Hg.) [1959a]: Mechanisation of thought processes, Symposium No. 10, Band 1, Her Majesty's stationery office, London 1959, X, 531 Seiten (Tagungsband)
National physical laboratory (Hg.) [1959b]: Mechanisation of thought processes, Symposium No. 10, Band 2, Her Majesty's stationery office, London 1959, II, 448 Seiten (Tagungsband)
Naumann, Friedrich [1989]: Konrad Zuse (geb. 1910). Schöpfer des ersten funktionsfähigen Computers, in: Gisela Buchheim, Rolf Sonnemann (Hg.): Lebensbilder von Ingenieurwissenschaftlern. Eine Sammlung von Biographien aus zwei Jahrhunderten, Birkhäuser, Basel, Boston usw. 1989, Seiten 203–214
Naumann, Friedrich [1992]: Jacob Leupold (1674–1727) – der berühmte Leipziger Mechanicus als Historiograph alter Rechen- und Meß-Kunst sowie „dieser beyden Wissenschafften nöthige Grund-Regeln und Handgriffe“, in: Sächsische Heimatblätter, Band 38, 1992, Heft 6, Seiten 372–384
Naumann, Friedrich [1995]: Jacob Leupolds „Wissenschafft der Zahlen und Maaße“, in: Beiträge zur Geschichte von Technik und technischer Bildung, Folge 11, Hochschule für Technik, Wirtschaft und Kultur Leipzig, 1995, Seiten 47–90
Naumann, Friedrich [1996]: *Numero mensura et pondere deus omnia creavit.* Jacob Leupolds Beitrag zur Herausbildung der Meßtechnik, in: Dieter Hoffmann; Harald Witthöft (Hg.): Genauigkeit und Präzision in der Geschichte der Wissenschaften und des Alltags, Wirtschaftsverlag NW, Bremerhaven 1996, Seiten 231–257 (PTB-Texte, Band 4)
Naumann, Friedrich [1997]: Computer in Ost und West: Wurzeln, Konzepte und Industrien zwischen 1945 und 1990, in: Technikgeschichte, Band 64, 1997, Heft 2, Seiten 125–144

Naumann, Friedrich [2000]: Développement de l'industrie informatique dans les deux Etats allemands, in: Michel Hau; Hubert Kiesewetter (Hg.): Chemins vers l'an 2000: le processus de transformation scientifique en Allemagne et en France au XX siècle, Verlag Lang, Bern, Berlin 2000, Seiten 173–199

Naumann, Friedrich [2001a]: Vom Abakus zum Internet. Die Geschichte der Informatik, Primus-Verlag, Darmstadt 2001, 287 Seiten

Naumann, Friedrich [2001b]: The development of computer engineering in the countries of the council for mutual economic assistance (CMEA), in: Georg Trogemann; Alexander Y. Nitussov; Wolfgang Ernst (Hg.): Computing in Russia. The history of computer devices and information technology revealed, Friedrich Vieweg & Sohn, Braunschweig, Wiesbaden 2001, Seiten 177–188

Naumann, Friedrich [2003]: Die historische Entwicklung des erzgebirgischen Bergbaus und Adam Ries als „Bergmann der Feder", in: Jürgen Kiefer; Karin Reich (Hg.): Gemeinnützige Mathematik. Adam Ries und seine Folgen, Verlag der Akademie gemeinnütziger Wissenschaften zu Erfurt, Erfurt 2003, Seiten 55–87

Naumann, Friedrich [2006]: Informatik als Wissenschaft – einige historische Aspekte, in: Friedrich Naumann; Gabriele Schade (Hg.): Informatik in der DDR – eine Bilanz. Tagungsband zu den Symposien 7. bis 9. Oktober 2004 in Chemnitz, 11. bis 12. Mai 2006 in Erfurt, Gesellschaft für Informatik, Bonn 2006, Seiten 17–39

Naumann, Friedrich [2008]: Wilhelm Schickard (1592–1635) – ein Philosophus amphidexios, in: Rainer Gebhardt (Hg.): Visier- und Rechenbücher der frühen Neuzeit, Adam-Ries-Bund, Annaberg-Buchholz 2008, Seiten 121–140 (Tagungsband)

Naumann, Friedrich [2009a]: Dějiny informatiky – Od abaku k internetu. Verlag Academia, Prag 2009, 422 Seiten (= Vom Abakus zum Internet)

Naumann, Friedrich [2009b]: Adam Ries als „Bergmann von der Feder". in: Hans Wußing (Hg.): Adam Ries, Edition am Gutenbergplatz, Leipzig 2009, Seiten 151–158

Naumann, Friedrich [2012]: Mit Chemnitz ist zu rechnen. Von der Rechenmaschine zum Supercomputer. Begleitband zur Sonderausstellung vom 16. Juni bis 9. September 2012, Sächsisches Industriemuseum, Chemnitz 2012, 147 Seiten (Ausstellungskatalog)

Naumann, Friedrich; Jornitz, Günther: Über ein halbes Jahrhundert Continental-Büromaschinen, in: Jörg Feldkamp; Achim Dresler (Hg.): 120 Jahre Wanderer 1885–2005. Ein Unternehmen aus Chemnitz und seine Geschichte in der aktuellen Forschung, Zweckverband Sächsiches Industriemuseum, Chemnitz 2005, Seiten 112–120 (Reihe Industriearchäologie, Heft 4)

Naumann, Friedrich; Schade, Gabriele (Hg.): Informatik in der DDR – eine Bilanz. Tagungsband zu den Symposien 7. bis 9. Oktober 2004 in Chemnitz, 11. bis 12. Mai 2006 in Erfurt, Gesellschaft für Informatik, Bonn 2006, 567 Seiten

Naumann, Manfred (Hg.): Artikel aus der von Diderot und d'Alembert herausgegebenen Enzyklopädie, Röderberg-Verlag GmbH, Frankfurt am Main, 2. Auflage 1985, 795 Seiten, 1 Tafel

Naur, Peter [1978]: The European side of the last phase of the development of Algol 60, in: Sigplan notices, Band 13, 1978, Heft 8, Seiten 15–44 (Special interest group on programming languages)

Naur, Peter [1981]: The European side of the last phase of the development of Algol 60, in: Richard L. Wexelblat (Hg.): History of programming languages, Academic press, New York, London usw. 1981, Seiten 92–139

Nef, Andreas; Wildi, Tobias [2006]: Informatik an der ETH Zürich 1948–1981. Zwischen Wissenschaft und Dienstleistung, ETH Zürich, Departement Informatik, September 2006, 57 Seiten

Nef, Andreas; Wildi, Tobias [2009]: Informatik an der ETH Zürich 1948–1981. Zwischen Wissenschaft und Dienstleistung. in: Peter Haber (Hg.): Computergeschichte Schweiz. Eine Bestandesaufnahme, Chronos-Verlag, Zürich 2009, Seiten 9–58 (Geschichte und Informatik, Band 17)

Negretti, Giampiero; de Vecchi, Paolo: Faszination Uhr. Eine Geschichte der Zeitmessung, Verlag Georg D. W. Callwey GmbH & Co., München 1996, 239 Seiten

Nelsen, R. Arvid: The future of the history of computing, in: Journal of opinions, ideas, and essays , Artikel Nr. 9, Dezember 2013, 3 Seiten (Charles Babbage institute, Universität Minnesota, Minneapolis)

Neovius, Gösta: Activity in Sweden in digital computer field, in: Michael Roy Williams; Martin Campbell-Kelly (Hg.): The early British computer conferences, MIT press, Cambridge, Massachusetts, London/Tomash publishers, Los Angeles, San Francisco 1989, Seite 193

Nesselmann, Georg Heinrich Friedrich [1842]: Versuch einer kritischen Geschichte der Algebra, Teil 1: Die Algebra der Griechen, Verlag von G. Reimer, Berlin 1842, XVI, 499 Seiten

Nesselmann, Georg Heinrich Friedrich[1969]: Versuch einer kritischen Geschichte der Algebra. Die Algebra der Griechen, Minerva GmbH, Frankfurt 1969, XVI, 500 Seiten (Nachdruck von 1842)

Neuburger, Albert: Die Technik des Altertums, Prisma Verlag GmbH, Gütersloh, 4. Auflage 1984, XVIII, 570 Seiten (Nachdruck von 1919, R. Voigtländer, Leipzig) (Kapitel: Technische Mechanik und Maschinen, Seiten 206–236)

Neudeck, Georg: Geschichte der Technik, Walter Seifert Verlag, Stuttgart, Heilbronn 1923, VIII, 490 Seiten

Neuendorff, H.: Über ein neues Coordinatenplanimeter aus der Werkstatt des Mechanikers Ch. Hamann in Friedenau-Berlin, in: Zeitschrift für Vermessungswesen, Band 27, 1898, Heft 20, Seiten 553–564

Neuendorff, Richard [1911]: Praktische Mathematik, Band 1: Graphisches und numerisches Rechnen, Verlag von B. G. Teubner, Leipzig 1911, VI, 106 Seiten

Neuendorff, Richard [1918]: Praktische Mathematik, Band 2: Geometrisches Zeichnen, Projektionslehre, Flächenmessung, Körpermessung, Verlag von B. G. Teubner, Leipzig, Berlin 1918, IV, 104 Seiten

Neuenschwander, Erwin [1999]: Zur Historiographie der Mathematik in der Schweiz, in: Archives internationales d'histoire des sciences, Académie internationale d'histoire des sciences, Band 49, 1999, Heft 143, Seiten 369–399

Neuenschwander, Erwin [2010]: 100 Jahre Schweizerische mathematische Gesellschaft, in: Bruno Colbois; Christine Riedtmann; Viktor Schroeder (Hg.): .): math.ch/100. Schweizerische Mathematische Gesellschaft 1910–2010, European Mathematical Society, Zürich 2010, Seiten 23–105

Neugebauer, Otto [1934]: Vorlesungen über Geschichte der antiken mathematischen Wissenschaften, Band 1: Vorgriechische Mathematik, Verlag von Julius Springer, Berlin 1934, XII, 212 Seiten

Neugebauer, Otto [1949]: The early history of the astrolabe, in: Isis, Band 40, 1949, Heft 3, Seiten 240–256

Neugebauer, Otto [1969]: The exact sciences in antiquity, Dover publications, Inc., New York, 2. Auflage 1969, XVII, 240 Seiten

Neugebauer, Otto [1975a]: A history of ancient mathematical astronomy, Teil 1, Springer-Verlag, Berlin, Heidelberg usw. 1975, XXIII, 555 Seiten

Neugebauer, Otto [1975b]: A history of ancient mathematical astronomy, Teil 2, Springer-Verlag, Berlin, Heidelberg usw. 1975, Seiten 559–1058 (V, 500 Seiten)

Neugebauer, Otto [1975c]: A history of ancient mathematical astronomy, Teil 3, Springer-Verlag, Berlin, Heidelberg usw. 1975, Seiten 1061–1457 (397 Seiten)

Neugebauer, Otto [1983]: Astronomy and history. Selected essays, Springer-Verlag, New York, Berlin usw. 1983, XII, 538 Seiten

Neuhart, John: A calculator chronicle. 300 years of counting and reckoning tools. The mechanization of arithmetic, International business machines corporation, Armonk, New York, o. J. (etwa 1983), 31 Seiten (Ausstellungskatalog: IBM Gallery of science and art, New York city)
Neukom, Hans [2004]: Early use of computers in Swiss banks, in: IEEE Annals of the history of computing, Band 26, 2004, Heft 3, Seiten 50–59
Neukom, Hans [2005]: Ermeth: The first Swiss computer, in: IEEE Annals of the history of computing, Band 27, 2005, Heft 4, Seiten 5–22
Neukom, Hans [2006]: The second life of Eniac, in: IEEE Annals of the history of computing, Band 28, 2006, Heft 2, Seiten 4–16
Neukom, Hans [2009a]: Ubisco – Analyse eines Scheiterns, in: Peter Haber (Hg.): Computergeschichte Schweiz. Eine Bestandesaufnahme, Chronos-Verlag, Zürich 2009, Seiten 59–94 (Geschichte und Informatik, Band 17)
Neukom, Hans [2009b]: Ubisco and CDC: Analysis of a failure, IEEE Annals of the history of computing, Band 31, 2009, Heft 2, Seiten 31–43
Neunhäuserer, Jörg: Schöne Sätze der Mathematik. Ein Überblick mit kurzen Beweisen, Springer-Verlag GmbH Deutschland, Berlin, 2. Auflage 2017, IX, 216 Seiten
Newman, Edward A. [1989a]: The pilot model of the Ace, in: Michael Roy Williams; Martin Campbell-Kelly (Hg.): The early British computer conferences, MIT press, Cambridge, Massachusetts, London/Tomash publishers, Los Angeles, San Francisco 1989, Seiten 190–191
Newman, Edward A. [1989b]: Preventive or curative maintenance, in: Michael Roy Williams; Martin Campbell-Kelly (Hg.): The early British computer conferences, MIT press, Cambridge, Massachusetts, London/Tomash publishers, Los Angeles, San Francisco 1989, Seiten 442–444
Newman, James R. (Hg.) [2000a]: The world of mathematics, Band 1, Dover publications Inc., Mineola, New York 2000, IX, 724, XXIX Seiten (Nachdruck von 1956, Simon and Schuster, New York)
Newman, James R. (Hg.) [2000b]: The world of mathematics, Band 2, Dover publications Inc., Mineola, New York 2000, VII, 690, XIX Seiten (Nachdruck von 1956, Simon and Schuster, New York)
Newman, James R. (Hg.) [2000c]: The world of mathematics, Band 3, Dover publications Inc., Mineola, New York 2000, VII, 607, VIII Seiten (Nachdruck von 1956, Simon and Schuster, New York)
Newman, James R. (Hg.) [2000d]: The world of mathematics, Band 4, Dover publications Inc., Mineola, New York 2000, VII, 447, VIII Seiten (Nachdruck von 1956, Simon and Schuster, New York) (John von Neumann: The general and logical theory of automata, Seiten 2070–2098; Alan M. Turing: Can a machine think?, Seiten 2099–2123; Claude E. Shannon: A chess-playing machine, Seiten 2124–2133)
Newman, Maxwell Herman Alexander [1948]: General principles of the design of all-purpose computing machines, in: Proceedings of the royal society of London, Series A: mathematical and physical sciences, Band 195, 22. Dezember 1948, Heft 1042, Seiten 271–274
Newman, Maxwell Herman Alexander [1989a]: Some routines involving large integers, in: Michael Roy Williams; Martin Campbell-Kelly (Hg.): The early British computer conferences, MIT press, Cambridge, Massachusetts, London/Tomash publishers, Los Angeles, San Francisco 1989, Seiten 73–74
Newman, Maxwell Herman Alexander [1989b]: The influence of automatic computers on mathematical methods, in: Michael Roy Williams; Martin Campbell-Kelly (Hg.): The early British computer conferences, MIT press, Cambridge, Massachusetts, London/Tomash publishers, Los Angeles, San Francisco 1989, Seite 179

Newman, William [2006]: Max Newman – mathematician, codebreaker, and computer pioneer, In: Brian Jack Copeland (Hg.): Colossus. The secrets of Bletchley Park's codebreaking computers, Oxford University Press, Oxford 2006, Seiten 176–188

Newman, William [2012]: Alan Turing remembered, in: Communications of the ACM, Band 55, 2012, Heft 12, Seiten 39–40

Nicholson, Paul T.; Shaw, Ian (Hg.): Ancient Egyptian materials and technology, Cambridge University Press, Cambridge 2000, XXII, 702 Seiten

Nickel, Gregor; Helmerich, Markus; Krömer, Ralf; Lengnik, Katja; Rathgeb, Martin (Hg.): Mathematik und Gesellschaft. Historische, philosophische und didaktische Perspektiven, Springer Fachmedien Wiesbaden GmbH 2018, XIII, 304 Seiten (Tagungsband)

Nicolet, François: Zeitzeugenbericht zur Cora, 2014, http://dx.doi.org/10.3929/ethz-a-010042296 (Bau eines Fortran-IV-Compilers für die Cora 2)

Nicollier, Grégoire: How Bürgi computed the sines of all integer angles simultaneously in 1586, in: Mathemathische Semesterberichte, Band 65, 2018, Heft 1, Seiten 15–34 (Kunstweg)

Niehörster, Thomas: Konrad Zuse. Vater des Computers – seine Zeit in Hinterstein und Hopferau, Hindelanger Hefte, Nr. 3, 2007, 40 Seiten (Ursus-Verlag, Bad Hindelang)

Nielsen, Lars: Computing. A business history, New street communications LLC, Wickford, Rhode Island 2012, III, 154 Seiten

Nipp, Hansjörg [2007]: C^3 = Contina, Curta, Carena, Mauren/FL 2007, DVD, www.staedtlefilm.li

Nipp, Hansjörg [2013]: Museum Mura, Curta, Carena, Contina, März 2013, 9 Seiten

Nipp, Hansjörg [2017]: Curta, Carena & Co. Geschichte der Contina in Mauren, Alpenland-Verlag AG, Schaan FL 2017, 183 Seiten (Curt Herzstark)

Nipp, Hansjörg [2018]: Die Entwicklung der Curta-Produktions-Stückzahlen in den ersten Jahren, in: Historische Bürowelt, Juli 2018, Heft 112, Seiten 29–31

Nipp, Hansjörg [2019]: Curta. Die Geschichte von den drei Prototypen. Wo sind die Curta-Prototypen ohne Kurbel?, in: Historische Bürowelt, Juli 2019, Heft 116, Seiten 29–30

Nissen, Hans J.; Damerow, Peter; Englund, Robert K. [1991]: Frühe Schrift und Techniken der Wirtschaftsverwaltung im alten Vorderen Orient. Informationsspeicherung und -verarbeitung vor 5000 Jahren, Verlag Franzbecker, Bad Salzdetfurth, 2. Auflage 1991, XII, 222 Seiten (Ausstellungskatalog)

Nissen, Hans J.; Damerow, Peter; Englund, Robert K. [1993]: Archaic bookkeeping. Early writing and techniques of economic administration in the ancient Near East, University of Chicago press, Chicago, London 1993, XI, 169 Seiten

Nitusov, A. Y.: Computer developments in the socialistic countries: Members of the Council for mutual economic assistance (CMEA), in: John Impagliazzo; Eduard Proydakov (Hg.): Perspectives on Soviet and Russian computing, First IFIP WG 9.7 conference, SoRuCom 2006, Petrozavodsk, Russia, July 3–7, 2006, revised selected papers, Springer, Heidelberg, Dordrecht usw. 2011, Seiten 208–219

Nix, Leo Michael Ludwig; Schmidt, Wilhelm (Hg.): Herons von Alexandria Mechanik und Katoptrik, Druck und Verlag von B. G. Teubner, Leipzig 1900, XLIV, 416 Seiten

Noack, Bernd: Die Sprechmaschine. Der Beamte und Erfinder Wolfgang von Kempelen baute 1791 einen Apparat, der vor staunendem Publikum die menschliche Stimme imitierte, in: Neue Zürcher Zeitung, Nr. 238, 14. Oktober 2013, Seite 35 (Feuilleton)

Nockemann, Guido: Der römische Abakus – ein Taschenrechner der Antike, in: Gudrun Wolfschmidt (Hg.): Vom Abakus zum Computer. Geschichte der Rechentechnik, Teil 1, Begleitbuch zur Ausstellung, 2015–2018, Tredition GmbH, Hamburg 2019, Seiten 75–85

Nocun, Katharina: Die Daten, die ich rief. Wie wir unsere Freiheit an Großkonzerne verkaufen, Bastei Lübbe AG, Köln 2018, 347 Seiten

Nofre, David [2010]: Unraveling Algol: US, Europe, and the creation of a programming language, in: IEEE Annals of the history of computing, Band 32, 2010, Heft 2, Seiten 58–68

Nofre, David [2014]: Managing the technological edge: The Unesco International computation centre and the limits to the transfer of computer technology, 1946–61, in: Annals of science, Band 71, 2014, Heft 3, Seiten 410–431

Nofre, David; Priestley, Mark; Alberts, Gerard: When technology became language. The origins of the linguistic conception of computer programming, 1950–1960, in: Technology and culture, Band 55, 2014, Heft 1, Seiten 40–75

Norberg, Arthur L.: Computers and commerce. A study of technology and management at Eckert-Mauchly Computer company, Engineering Research Associates, and Remington Rand 1946–1957, MIT press, Cambridge, Massachusetts, London 2005, X, 347 Seiten

Norberg, Arthur L.; Yost, Jeffrey R.: IBM Rochester at 50. Commemorating our past, celebrating our present, charting our future, 1956–2006, IBM, Rochester 2006, III, 51 Seiten

Nordal, Ola: Tool or science? The history of computing at the Norwegian University of science and technology, in: John Impagliazzo; Timo Järvi; Petri Paju (Hg.): History of Nordic computing 2. Second IFIP WG 9.7 conference, HiNC2, Turku, Finland, August 21-23, 2007, revised selected papers, Springer-Verlag, Berlin, Heidelberg usw. 2009, Seiten 121–129

Nordhaus, William D.: The progress of computing, Cowles foundation for research in economics, Yale university, New Haven, Connecticut, September 2001, 52 Seiten

Norman, Jeremy M. (Hg.): From Gutenberg to the Internet. A sourcebook on the history of information technology, historyofscience.com, Novato, California 2005, XVI, 899 Seiten

Numerico, Teresa: From Turing machine to ‘electronic brain’, in: Brian Jack Copeland (Hg.): Alan Turing’s electronic brain. The struggle to build the Ace, the world’s fastest computer, Oxford University Press, Oxford 2012, Seiten 173–192

Nyce, James M.; Kahn, Paul (Hg.): From memex to hypertext: Vannevar Bush and the mind’s machine, Academic press, Inc., San Diego 1991, XI, 367 Seiten

Nyhan, Julianne; Flinn Andrew: Computation and the humanities. Towards an oral history of digital humanities, Springer open, Cham 2016, XI, 285 Seiten

O

o. V. [1832/33]: Mr. Babbage’s calculating machinery, in: The mechanic’s magazine. Museum, register, journal, and gazette, Band 18, 1832/1833, Heft 488, Seiten 173–175

o. V. [1832a]: Über Hrn. Babbage’s Rechenmaschine, in: Dingler’s polytechnisches Journal, Band 47, 1832, Heft 83, Seiten 441–447

o. V. [1832b]: Alleged decline of science in England, in: The mechanic’s magazine. Museum, register, journal, and gazette, Band 17, 1832, Heft 459, Seiten 114–117 (Charles Babbage)

o. V. [1834]: Mr. Babbage and his calculating engine, in: The mechanic’s magazine. Museum, register, journal, and gazette, Band 21, 1834, Heft 578, Seiten 391–392

o. V. [1855a]: Disputes in the royal and royal astronomical societies, in: The mechanic’s magazine. Museum, register, journal, and gazette, Band 62, 1855, Heft 1649, Seiten 242–246 (Teil 1) (Charles Babbage)

o. V. [1855b]: Disputes in the royal and royal astronomical societies, in: The mechanic’s magazine. Museum, register, journal, and gazette, Band 62, 1855, Heft 1650, Seiten 267–271 (Teil 2) (Charles Babbage)

o. V. [1856]: The calculating machine of M. Scheutz, in: The mechanic’s magazine. Museum, register, journal, and gazette, Band 64, 1856, Heft 1705, Seiten 343–346

o. V. [1862]: Anleitung zum Gebrauch des Amsler-Laffon’schen Polarplanimeters mit besonderer Rücksicht auf die Flächenberechnungen bei der Grundsteuerveranlagung, Anlage C zu: Bitter: Grundsteuer-Veranlagung. Circulare vom 13. Oktober 1862 No. IVa 4145 betreffend das spezielle

Verfahren bei Ermittelung des Flächeninhalts der Liegenschaften, insbesondere den Gebrauch des Amslerschen Polarplanimeters, königliche Centraldirektion zur Regelung der Grundsteuer, Berlin 1862, Seiten 35–63

o. V. [1880]: J. Amsler-Laffon's mechanical integrator, in: The engineer, Band 49, 2. April 1880, Seite 252

o. V. [1884a]: Hohmann und Coradi's Präcisionsplanimeter, in: Dingler's polytechnisches Journal, Band 252, 1884, Seiten 60–65

o. V. [1884b]: Das Rollplanimeter von G. Coradi in Zürich, in: Dingler's polytechnisches Journal, Band 254, 1884, Seiten 374–376

o. V. [1886a]: Über Neuerungen an Rechenapparaten, in: Dingler's polytechnisches Journal, Band 260, 1886, Seiten 167–172 (Teil 1)

o. V. [1886b]: Über Neuerungen an Rechenapparaten, in: Dingler's polytechnisches Journal, Band 260, 1886, Seiten 261–266 (Teil 2)

o. V. [1886c]: Julius Billeters Rechenapparate, in: Neue Zürcher Zeitung, 24. April 1886, Archiv Seiten a2 und a3 (Rechenschieber)

o. V. [1889]: Selling's Rechenmaschine, in: Dingler's polytechnisches Journal, Band 271, 1889, Seiten 193–205

o. V. [1904]: Gebrauchs-Anleitung für die Rechenmaschine „Millionär". Patent Otto Steiger, Hans W Egli, Ingenieur, Zürich 2, o. J., 36 Seiten (Referenzen vom April 1904)

o. V. [1909]: A proposed analytical machine, in: Engineering, 20. August 1909, Seiten 256–257 (Percy Ludgate)

o. V. [1910]: Anleitung für die Messrechenkunst mittels der Rechenwalze „Loga". Grösse 10 m (Patent Heinrich Daemen-Schmid), Loga Calculator, Zürich, um 1910, 16 Seiten

o. V. [1911]: Generalversammlung des Vereins schweizerischer Konkordatsgeometer, 14. und 15. Mai 1911 in Zürich. Ausstellung im Helmhaus vom 13. bis 15. Mai. Verzeichnis der Aussteller und Ausstellungsgegenstände, in: Schweizerische Geometer-Zeitung, Band 9, 1911, Seiten 105–131 (u.a. Amsler-Laffon, Schaffhausen; Billeter Julius, Zürich; Coradi G., Zürich; Daemen-Schmid, Oerlikon-Zürich; Egli, Hans W., Zürich; Kern, Aarau; Landort, Karl, Thalwil)

o. V. [1915]: Die Erzeugnisse der Contraves AG, Zürich, in: Neue Zürcher Zeitung, 4. Juli 1956, Mittagausgabe, Nr. 1915 (76), Blatt 6 f. (Technik)

o. V. [1920a]: Introduction, in: Bulletin de la société d'encouragement pour l'industrie nationale, Band 119, September/Oktober 1920, Seiten 545–553 (Einführung zur Gedenkausgabe 100 Jahre Thomas-Arithmometer)

o. V. [1920b]: Extraits du bulletin de la société d'encouragement pour l'industrie nationale, in: Bulletin de la société d'encouragement pour l'industrie nationale, Band 119, September/Oktober 1920, Seiten 660–738 (Gedenkausgabe 100 Jahre Thomas-Arithmometer, Auszüge aus früheren Veröffentlichungen)

o. V. [1924]: La machine à calculer Demos, in: La nature, Band 52, 1924, 2. Semester, Seite 115

o. V. [1929]: Bürofachausstellung „Zur Kaufleuten", Zürich, 12.–14. Juni 1929, Schweizerischer Kaufmännischer Verein, in: Neue Zürcher Zeitung, 11. Juni 1929 (NZZ-Archiv, Seite c8) (Ausstellerliste)

o. V. [1932]: So sahen die ersten Büromaschinen aus, in: Büro und Verkauf, Band 1, Heft 9, September 1932, Seiten 10–11

o. V. [1940]: Paillard 1814–1939, E. Paillard & Cie AG, Sainte-Croix, Yverdon VD 1940, 32 Seiten (Festschrift)

o. V. [1946a]: Eniac. Machine à calculer électronique, in: La nature, Band 74, 1946, Seite 202

o. V. [1946b]: Bürofachliche Neuheiten an der Mustermesse, in: Büro und Verkauf, Band 15, Heft 7, April 1946, Seite 166

o. V. [1950]: Eine Universalrechenmaschine im Taschenformat, in: Neue Zürcher Zeitung, Nr. 1908, 13. September 1950, Seite 54 (Technik) (Curta)
o. V. [1950a]: Digital computers in Sweden, in: Digital computer newsletter, Band 2, 1950, Heft 1, Seite 4 (Bark)
o. V. [1950b]: Computer at Mathematisch centrum, Amsterdam, in: Digital computer newsletter, Band 2, 1950, Heft 1, Seite 4
o. V. [1950c]: Bark computer, Sweden, in: Digital computer newsletter, Band 2, 1950, Heft 2, Seite 4
o. V. [1950d]: Telecommunications research establishment computer, in: Digital computer newsletter, Band 2, 1950, Heft 2, Seite 4
o. V. [1950e]: Die multiplizierende „Pfeffermühle", in: Tiroler Tageszeitung, Nr. 272, 23. November 1950 (Curta)
o. V. [1952a]: Umwälzende System-Vereinfachung im Rechenmaschinenbau, in: Energie und Technik, Nordverlag, Hamburg, April 1952, Sonderdruck, 6 Seiten (Curta)
o. V. [1952b]: Elektronen-Gehirn. Für intellektuelle Arbeit, in: Der Spiegel, Nr. 25, 1952 (3 Seiten)
o. V. [1952c]: Die Curta-Rechenmaschine. Die kleinste Rechenmaschine der Welt. Ein Wunderwerk der Feinwerktechnik, in: VDI-Nachrichten, Nr. 6, 1952, Sonderdruck, 3 Seiten (Düsseldorf)
o. V. [1953]: Ein programmgesteuertes elektronisches Rechengerät für Lochkarten, in: Neue Zürcher Zeitung, 24. Juni 1953, Mittagausgabe, Nr. 1471 (56), Blatt 6 (Technik)
o. V. [1954a]: Leo. Lyons electronic office, in: Electronic engineering, Band 26, April 1954, Heft 314, Seite 162
o. V. [1954b]: Rundgang durch die Büfa, in: Neue Zürcher Zeitung, 9. September 1954, Mittagausgabe, Nr. 12197, Blatt 9 (Schweizerische Bürofachausstellung in Zürich) (u.a. Ernst Jost AG, Edgar Rutishauser)
o. V. [1954c]: Brunsviga Rechenmaschinen-Museum. Katalog, Braunschweig, o. J. (um 1954), Band 1, 138 Seiten, Band 2, 162 Seiten, Band 3, 163 Seiten, Band 4, 122 Seiten
o. V. [1955a]: Besk (Swedish Board for computing machinery, Stockholm, Sweden), in: Digital computer newsletter, Band 7, 1955, Heft 3, Seite 10
o. V. [1955b]: Die Revolution der Roboter, in: Der Spiegel, Nr. 31, 1955 (11 Seiten)
o. V. [1956a]: Bark and Besk (Swedish Board for computing machinery, Stockholm, Sweden), in: Digital computer newsletter, Band 8, 1956, Heft 1, Seiten 15-16
o. V. [1956b]: Die Magie der Roboter, in: Der Spiegel, Nr. 40, 1956, Seiten 42–53
o. V. [1957a]: Besk – Swedish Board for computing machinery, Stockholm, Sweden, in: Digital computer newsletter, Band 9, 1957, Heft 2, Seite 14
o. V. [1957b]: Eröffnung des wissenschaftlichen Rechen-Instituts in Paris am 16. Mai 1957, in: MTW-Mitteilungen, Band 4, 1957, Heft 4, Seiten 267–268 (IBM 704)
o. V. [1957c]: Größte elektronische Großrechenanlage der Welt beginnt in Paris zu arbeiten, in: MTW-Mitteilungen, Band 4, 1957, Heft 5, Seiten 339–340 (IBM 704)
o. V. [1957d]: Erste Integrieranlage in Österreich, in: MTW-Mitteilungen, Band 4, 1957, Heft 6, Seiten 383–384 (elektronischer Analogrechner Telefunken RA 463/2)
o. V. [1958]: Ermeth. Eidgenössische Technische Hochschule Zurich, Switzerland, in: Digital computer newsletter, Band 10, 1958, Heft 1, Seite 13
o. V. [1958]: Mailüfterl. Technische Hochschule, Vienna, Austria, in: Digital computer newsletter, Band 10, 1958, Heft 1, Seiten 14-15
o. V. [1959a]: Die elektronische Rechenanlage Z22, in: Elektronische Rechenanlagen, Band 1, 1959, Heft 1, Seite 39
o. V. [1959b]: Elektronischer Rechenautomat ER 56 mit Transistoren, in: Elektronische Rechenanlagen, Band 1, 1959, Heft 1, Seiten 39–40
o. V. [1959c]: Telefunken Digital-Rechenanlage TR4, Telefunken GmbH, Backnang, Württemberg, Juni 1959, 16 Seiten

o. V. [1961a]: IBM-Computer – die Geschichte ihrer Entwicklung, in: ADL-Nachrichten, 1961, Heft 16, Seiten 477–485 (Arbeitsgemeinschaft deutscher Lochkartenfachleute)

o. V. [1961b]: Dr. ing. h.c. Konrad Zuse, in: ADL-Nachrichten, 1961, Heft 18, Seiten 566–567 (Arbeitsgemeinschaft deutscher Lochkartenfachleute)

o. V. [1961c]: Zuse Z31. System einer Datenverarbeitungsanlage, in: ADL-Nachrichten, 1961, Heft 18, Seiten 570–573 (Arbeitsgemeinschaft deutscher Lochkartenfachleute)

o. V. [1961d]: Remington Rand Univac-Rechenanlagen – die Geschichte ihrer Entwicklung, in: ADL-Nachrichten, 1961, Heft 19, Seiten 608–615 (Arbeitsgemeinschaft deutscher Lochkartenfachleute)

o. V. [1962]: Telefunken TR 4 zum ersten Male in Hannover gezeigt, in: ADL-Nachrichten, 1962, Heft 22, Seiten 129–130 (Arbeitsgemeinschaft deutscher Lochkartenfachleute)

o. V. [1964a]: Expo-Zeichenprogramm, 1964, 20 Seiten (Schweizerische Landesausstellung, Lausanne)

o. V. [1964b]: 1964: ein Mitterhofer-Jahr, in: Der Büromaschinenmechaniker, Band 6, 1964, Heft 68, Seiten 193–195 (Erfinder der Schreibmaschine)

o. V. [1969a]: Der numerisch gesteuerte Koordinatograph. Eine moderne programmgesteuerte Zeichenanlage, in: Handelszeitung, Nr. 47, 20. November 1969, Seiten 29–30

o. V. [1969b]: Beginn des Schreibmaschinen-Zeitalters. Vor 150 Jahren wurde Christopher Latham Sholes, der Erfinder der Schreibmaschine, geboren, in: Der Büromaschinenmechaniker, Band 11, 1969, Heft 125, Seiten 25–26

o. V. [1971]: Das Dornier-Hybridrechenzentrum, in: Dornier Post, o. J. (um 1971), 4 Seiten

o. V. [1972]: Gebrauchsanweisung. Vom Rechenschieber zur Rechen-Scheibe, Loga-Calculator AG, Uster ZH, o. J. (z.T. 1972), 21–29 Seiten (je nach Modell der Rechenscheibe) (Schweizerisches Wirtschaftsarchiv, Basel)

o. V. [1976]: Hardware then and now, in: Computer, Band 9, 1976, Heft 12, Seiten 54–57

o. V. [1979]: Eduard L. Stiefel, in: Numerische Mathematik, Band 32, 1979, Seiten 480–481 (Nachruf)

o. V. [1985]: Abenteuerliche Geräte aus Altmaterial, in: Der Spiegel, Nr. 25, 1985 (2 Seiten)

o. V. [1989]: Bibliography on automatic digital calculating machines, in: Michael Roy Williams; Martin Campbell-Kelly (Hg.): The early British computer conferences, MIT press, Cambridge, Massachusetts, London/Tomash publishers, Los Angeles, San Francisco 1989, Seiten 159–164

o. V. [1999a]: Höhere Mathematik auf Knöpfen. Das Ding kann nicht denken, in: Der Spiegel, Nr. 28, 7. Juli 1949, Seiten 30–32 (Zuse Z4)

o. V. [1999b]: ZRA 1 aus Jena, in: ADL-Nachrichten, 1960, Heft 15, Seiten 450–451 (Arbeitsgemeinschaft deutscher Lochkartenfachleute)

o. V. [2001]: Vom Rechenbrett zum Web-PC, Springer-Verlag, Berlin, Heidelberg 2001, CD (Meilensteine der Naturwissenschaft und Technik)

o. V. [2003a]: Handbuch der Büro-Maschinen. Übersicht über die wichtigsten Schreib- und Rechenmaschinen (Auszug), Verlag für Sammler-Literatur Dingwerth GmbH, Delbrück 2003, 192 Seiten (Nachdruck von 1927)

o. V. [2003b]: Software history bibliography, Charles Babbage institute, Universität Minnesota, Minneapolis, August 2003, 161 Seiten

o. V. [2011]: Die Original-Odhner Rechenmaschine und das maschinelle Rechnen, Edition Greis, Moos am Bodensee 2011, XX, 116 Seiten (Nachdruck von 1927) (Gebrauchsanweisung)

o. V. [2015]: Der versunkene Schatz. Das Schiffswrack von Antikythera. Objektlegenden Deutsch, Antikenmuseum Basel und Sammlung Ludwig, Basel 2015, 32 Seiten

o. V. [2018]: 2. Internationales Jost-Bürgi-Symposium vom 14. April 2018, Lichtensteig, 25 Seiten

o. V. [2019a]: Workshop. 3. Internationales Jost-Bürgi-Symposium vom 3. Mai 2019. Zusammenfassungen der Vorträge, Lichtensteig, 18 Seiten

o. V. [2019b]: 3. Internationales Jost-Bürgi-Symposium vom 4. Mai 2019. Zusammenfassungen der Vorträge, Lichtensteig, 17 Seiten

o. V. [Band I]: Das Buch der Erfindungen, Gewerbe und Industrien. Gesamtdarstellung aller Gebiete der gewerblichen und industriellen Arbeit sowie von Weltverkehr und Weltwirtschaft, Band 1, Verlag und Druck von Otto Spamer, Leipzig, 9., durchaus neugestaltete Auflage 1896, VIII, 742 Seiten (Baukunst)

o. V. [Band II]: Das Buch der Erfindungen, Gewerbe und Industrien. Gesamtdarstellung aller Gebiete der gewerblichen und industriellen Arbeit sowie von Weltverkehr und Weltwirtschaft, Band 2, Verlag und Druck von Otto Spamer, Leipzig, 9., durchaus neugestaltete Auflage 1898, XII, 792 Seiten (Physik)

o. V. [Band III]: Das Buch der Erfindungen, Gewerbe und Industrien. Gesamtdarstellung aller Gebiete der gewerblichen und industriellen Arbeit sowie von Weltverkehr und Weltwirtschaft, Band 3, Verlag und Druck von Otto Spamer, Leipzig, 9., durchaus neugestaltete Auflage 1897, VII, 627 Seiten (Elektrizität) (mit Telegrafie und Telefonie)

o. V. [Band IV]: Das Buch der Erfindungen, Gewerbe und Industrien. Gesamtdarstellung aller Gebiete der gewerblichen und industriellen Arbeit sowie von Weltverkehr und Weltwirtschaft, Band 4, Verlag und Druck von Otto Spamer, Leipzig, 9., durchaus neugestaltete Auflage 1897, VIII, 758 Seiten (Landwirtschaft)

o. V. [Band V]: Das Buch der Erfindungen, Gewerbe und Industrien. Gesamtdarstellung aller Gebiete der gewerblichen und industriellen Arbeit sowie von Weltverkehr und Weltwirtschaft, Band 5, Verlag und Druck von Otto Spamer, Leipzig, 9., durchaus neugestaltete Auflage 1899, VIII, 605 Seiten (Bergbau)

o. V. [Band VI]: Das Buch der Erfindungen, Gewerbe und Industrien. Gesamtdarstellung aller Gebiete der gewerblichen und industriellen Arbeit sowie von Weltverkehr und Weltwirtschaft, Band 6, Verlag und Druck von Otto Spamer, Leipzig, 9., durchaus neugestaltete Auflage 1900, VIII, 725 Seiten (Metallverarbeitung) (mit Reißzeug und Uhren)

o. V. [Band VII]: Das Buch der Erfindungen, Gewerbe und Industrien. Gesamtdarstellung aller Gebiete der gewerblichen und industriellen Arbeit sowie von Weltverkehr und Weltwirtschaft, Band 7, Verlag und Druck von Otto Spamer, Leipzig, 9., durchaus neugestaltete Auflage 1899, VIII, 656 Seiten (u.a. chemische Industrie)

o. V. [Band VIII]: Das Buch der Erfindungen, Gewerbe und Industrien. Gesamtdarstellung aller Gebiete der gewerblichen und industriellen Arbeit sowie von Weltverkehr und Weltwirtschaft, Band 8, Verlag und Druck von Otto Spamer, Leipzig, 9., durchaus neugestaltete Auflage 1898, VIII, 733 Seiten (Faserstoffe) (mit Webstuhl)

o. V. [Band X1]: Das Buch der Erfindungen, Gewerbe und Industrien. Gesamtdarstellung aller Gebiete der gewerblichen und industriellen Arbeit sowie von Weltverkehr und Weltwirtschaft, Band 9, Verlag und Druck von Otto Spamer, Leipzig, 9., durchaus neugestaltete Auflage 1901, X, 764 Seiten (Weltverkehr 1)

o. V. [Band X2]: Das Buch der Erfindungen, Gewerbe und Industrien. Gesamtdarstellung aller Gebiete der gewerblichen und industriellen Arbeit sowie von Weltverkehr und Weltwirtschaft, Band 10, Verlag und Druck von Otto Spamer, Leipzig, 9., durchaus neugestaltete Auflage 1901, VIII, 632 Seiten (Weltverkehr 2, mit Hauptregister für das gesamte Werk)

o. V.: Calcul à haute performance HPC-DIT. Historique des serveurs de calcul de DIT, ETH Lausanne, o. J., 4 Seiten

o. V.: Sammlung von Anleitungen und Beispielbogen, Loga-Calculator AG, Uster ZH, o. J. (Verzeichnis von Gebrauchsanweisungen zu Rechenscheiben und den Rechenwalzen Loga Calculatur und Billeter, 9 Seiten (Schweizerisches Wirtschaftsarchiv, Basel)

o. V.: The code breaking process and the codebreakers of Bletchley Park, Faltprospekt, Bletchley Park Trust, Bletchley Park, Milton Keynes, o. J., 8 Seiten (Ablauf des Entzifferungsvorgangs)

o. V.: Was ist Loga?, Loga-Calculator A.-G., Uster ZH, o. J., 3 Seiten (Schweizerisches Wirtschaftsarchiv, Basel)

O'Brien, Robert: Die Maschinen, Time-life international (Nederland) N. V., Amsterdam 1965, 200 Seiten

O'Mara, Margaret Pugh: The code. Silicon Valley and the remaking of America, Penguin press, New York 2019, 496 Seiten

O'Regan, Gerard [2012]: A brief history of computing, Springer-Verlag, London, 2. Auflage 2012, XXIII, 264 Seiten

O'Regan, Gerard [2013a]: Giants of computing. A compendium of select, pivotal pioneers, Springer-Verlag, London, Heidelberg usw. 2013, XXI, 306 Seiten

O'Regan, Gerard [2013b]: Mathematics in computing. An accessible guide to historical, foundational and application contexts, Springer-Verlag, London 2013, XIX, 285 Seiten

O'Regan, Gerard [2015]: Pillars of computing. A compendium of select, pivotal technology firms, Montagnini, Leone [2005]: Heidelberg usw. 2015, XX, 260 Seiten

O'Regan, Gerard [2016]: Introduction to the history of computing. A computing history primer, Springer international publishing AG Switzerland, Cham 2016, XXI, 296 Seiten

O'Regan, Gerard [2018]: The innovation in computing companion. A compendium of select pivotal inventions, Springer Nature Switzerland AG, Cham 2018, XXI, 300 Seiten

Oakley, Brian: The first break into German enigma at Bletchley Park, Bericht Nr. 19, Bletchley Park Trust, Bletchley Park, Milton Keynes, Januar 2011, 43 Seiten

Oberhänsli, Heinz H.: Uhren von einst bis heute, Gloria-Verlag AG, Spreitenbach 1976, 160 Seiten

Oberliesen, Rolf: Information, Daten und Signale. Geschichte technischer Informationsverarbeitung, Rowohlt Taschenbuch Verlag GmbH, Reinbek bei Hamburg 1982, 293 Seiten

Oberquelle, Horst: Computer sammeln und ein Computer-Museum aufbauen?, in: Historische Bürowelt, 2016, Heft 105, Seiten 3–6

Oblonský, Jan: Some features of the Czechoslovak relay computer Sapo, in: Johannes Wosnik; Alwin Walther; Walter Hoffmann (Hg.): Elektronische Rechenmaschinen und Informationsverarbeitung. Nachrichtentechnische Fachberichte. Beihefte der NTZ, Band 4, 1956, Seiten 73–75 (SAPO = samocinný pocítac, Rechenautomat)

Odefey, Alexander (Hg.): Zur Historie der mathematischen Wissenschafften. Beiträge zur Geschichte der Mathematik, der Naturwissenschaften und der Technik, Verlag für Geschichte der Naturwissenschaften und der Technik (GNT), Diepholz, Stuttgart usw. 2009, 304 Seiten

Oechslin, Ludwig [1985]: Die Uhr als Modell des Kosmos und der astronomische Apparat Bernardo Facinis, Biblioteca apostolica vaticana, Città del Vaticano 1985, 156 Seiten (Dissertation) (u.a. Räderwerk von Antikythera)

Oechslin, Ludwig [2001]: Jost Bürgi, Verlag Ineichen Zürich 2001, VIII, 108 Seiten

Oechslin, Ludwig [2012]: Die Monumentaluhr als Quelle der Inspiration, in: Manfred Schukowski; Uta Jahnke; Wolfgang Fehlberg (Hg.): Mittelalterliche astronomische Großuhren. Internationales Symposium in Rostock, 25. bis 28. Oktober 2012, Akademische Verlagsanstalt, Leipzig 2014, Seiten 303–326 (Schwilgué)

Oechtering, Veronika/Universität Bremen (Hg.): www.frauen-informatik-geschichte.de. Frauen in der Geschichte der Informationstechnik. Kompetenzzentrum Frauen in Informationsgesellschaft und Technologie, Bielefeld 2001, 79 Seiten

Oestmann, Günther [1993]: Die astronomische Uhr des Straßburger Münsters. Funktion und Bedeutung eines Kosmos-Modells des 16. Jahrhunderts, Verlag für Geschichte der Naturwissenschaften und der Technik (GNT), Stuttgart 1993, 326 Seiten (Dissertation)

Oestmann, Günther [2019]: Die Planetenuhr und Bergkristalluhr: Zwei Hauptwerke Jost Bürgis im Kunsthistorischen Museum zu Wien, in: Wolgang R. Dick, Jürgen Hamel (Hg.): Beiträge zur Astronomiegeschichte, Band 14, AVA Akademische Verlagsanstalt, Leipzig 2019, Seiten 37–58

Oettinger, Anthony G. [1962]: Retiring computer pioneer – Howard Aiken, in: Communications of the ACM, Band 5, 1962, Heft 6, Seiten 298–299

Oettinger, Anthony G. [1999]: Reminiscences of the boss (Howard Aiken), in: I. Bernard Cohen; Gregory W. Welch (Hg.): Makin' numbers. Howard Aiken and the computer, MIT press, Cambridge, Massachusetts, London 1999, Seiten 203–214

Öhlmann, Hermann [1953]: Die vollautomatische Göttinger Rechenmaschine G2, in: Ludwig Biermann (Hg.): Vorträge über Rechenanlagen. Gehalten in Göttingen, 19.–21. März 1953, Max-Planck-Institut für Physik, Göttingen 1953, Seiten 60–68

Öhlmann, Hermann [1956]: Bericht über Fertigstellung der G 2, in: Johannes Wosnik; Alwin Walther; Walter Hoffmann (Hg.): Elektronische Rechenmaschinen und Informationsverarbeitung. Nachrichtentechnische Fachberichte. Beihefte der NTZ, Band 4, 1956, Seiten 97–98

Oko [1960a]: Der Madas-Speicherwerksautomat, in: Der Büromaschinenmechaniker, Band 2, 1960, Heft 10, Seiten 66–68, Teil 1

Oko [1960b]: Der Madas-Speicherwerksautomat, in: Der Büromaschinenmechaniker, Band 2, 1960, Heft 11, Seiten 91–92, Teil 2

Oko [1960c]: Der Madas-Speicherwerksautomat, in: Der Büromaschinenmechaniker, Band 2, 1960, Heft 12, Seiten 105–106, Teil 3

Oko [1962a]: Technische Daten elektrischer Rechenmaschinen, in: Der Büromaschinenmechaniker, Band 4, 1962, Heft 41, Seiten 168–170, 1. Teil

Oko [1962b]: Technische Daten elektrischer Rechenmaschinen, in: Der Büromaschinenmechaniker, Band 4, 1962, Heft 42, Seiten 189–192, 2. Teil

Oko [1963]: Ordnungsmerkmale von Rechenmaschinen, in: Der Büromaschinenmechaniker, Band 5, 1963, Heft 58, Seiten 250–251

Okoma, Seiichi: The first Japanese computers and their software simulators, in: Raúl Rojas, Ulf Hashagen (Hg.): The first computers – history and architectures, MIT press, Cambridge, Massachusetts, London 2000, Seiten 419–434

Oláh, Stefan; Griesser-Stermscheg, Martina: Museumsdepots, Verlag Anton Pustet, Salzburg 2014, 192 Seiten

Oliveira, Arlindo: The digital mind. How science is redefining humanity, MIT press, Cambridge, Massachusetts, London 2017, XXII, 317 Seiten

Olivier, Théodore [1843a]: Rapport fait par M. Théodore Olivier, au nom du comité d'arts mécaniques, sur les machines à calculer présentées par M. le docteur Roth, boulevard des capucins, 21, in: Bulletin de la société d'encouragement pour l'industrie nationale, Band 42, September 1843, Seiten 411–415

Olivier, Théodore [1843b]: Nomenclature chronologique des instruments à calcul, par Th. Olivier, in: Bulletin de la société d'encouragement pour l'industrie nationale, Band 42, September 1843, Seiten 415–421

Olley, Allan [2010]: Existence precedes essence: Meaning of the stored-program concept, in: Arthur Tatnall (Hg.): History of computing. Learning from the past, IFIP WG 9.7 International conference, HC 2010, Brisbane, Australia, 20–23 September 2010, Springer, Berlin 2010, Seiten 169–178 (IFIP Advances in information and communication technology, Band 325) (IBM SSEC, Speicherprogramm)

Olley, Allan [2011]: Just a beginning: Computers and celestial mechanics in the work of Wallace J. Eckert, Graduate department of Institute for history and philosophy of science, University of Toronto, Toronto 2011, VIII, 313 Seiten (Dissertation)

Olszewski, Adam; Woleński, Jan; Janusz, Robert (Hg.): Church's thesis after 70 years, Ontos Verlag, Heusenstamm 2006, 551 Seiten (u.a. Aufsätze von Brian Jack Copeland, Andrew Hodges)

Omodeo, Eugenio G.; Policriti, Alberto (Hg.): Martin Davis on computability, computational logic, and mathematical foundations, Springer international publishing AG Switzerland, Cham 2016, XXVII, 438 Seiten

Opler, A.: 1143. James C. Robb, „A calculator for aiding matrix calculations", Faraday Soc. *Trans.*, v. 50, 1954, p. 8–12, in: Mathematical tables and other aids to computation, Band 8, Juli 1954, Heft 47, Seite 181

Oppenheim, Samuel [1920a]: Das astronomische Weltbild im Wandel der Zeit, Teil 1: Vom Altertum bis zur Neuzeit, Verlag und Druck von B. G. Teubner, Leipzig, Berlin, 3. Auflage 1920, 136 Seiten

Oppenheim, Samuel [1920b]: Das astronomische Weltbild im Wandel der Zeit, Teil 2: Moderne Astronomie, Verlag und Druck von B. G. Teubner, Leipzig, Berlin, 2. Auflage 1920, 130 Seiten

Ord-Hume, Arthur W. J. G. [1973]: Clockwork music. An illustrated history of mechanical musical instruments from the musical box to the pianola, from automaton Lady Virginal players to orchestrion, George Allen & Unwin Ltd., London 1973, 334 Seiten

Ord-Hume, Arthur W. J. G. [1978]: Barrel organ. The story of the mechanical organ and its repair, George Allen & Unwin Ltd., London, Boston usw. 1978, 567 Seiten

Ord-Hume, Arthur W. J. G. [1984]: Pianola. The history of the self-playing piano, George Allen & Unwin Ltd., London, Boston usw. 1984, XX, 395 Seiten

Ord-Hume, Arthur W. J. G. [1995]: The musical clock. Musical and automaton clocks and watches, Mayfield books, Ashbourne, Derbyshire 1995, 352 Seiten

Ord-Hume, Arthur W. J. G. [2004]: Automatic pianos. A collector's guide to the pianola, barrel piano and Aeolian orchestrelle, Schiffer publishing Ltd., Atglen, Pennsylvania 2004, 504 Seiten

Ord-Hume, Arthur W. J. G. [2007]: Automatic organs. A guide to orchestrions, barrel organs, fairground, dancehall and street organs including organettes, Schiffer publishing Ltd., Atglen, Pennsylvania 2007, 512 Seiten

Ore, Oystein: Number theory and its history, McGraw-Hill book company, Inc., New York 1948, X, 370 Seiten

Ornstein, Severo M.: Computing in the middle ages. A view from the trenches 1955–1983, 1st books, La Vergne, Tennessee 2010, XXVI, 275 Seiten

Osen, Lynn M.: Women in mathematics, MIT press, Cambridge, Massachusetts, London 1974, XII, 185 Seiten

Osterhage, Wolfgang W.: Galileo Galilei. At the threshold of the scientific age, Springer international publishing AG, Cham 2018, IX, 156 Seiten (Biografie)

Ostermann, Alexander; Wanner, Gerhard: Geometriy by its history, Springer-Verlag, Berlin, Heidelberg 2012, XII, 437 Seiten (Strahlensatz von Thales, Seiten 3–5)

Österreichisches Patentamt, Patentschrift Nr. 195147 vom 25. Jänner 1958; Curt Herzstark: Mehrfachrechenmaschine, angemeldet am 19. Oktober 1954, Beginn der Patentdauer: 15. Mai 1957, 9 Seiten (Curta)

Ostolaza, Julio Fernández; Bergareche, Álvaro Moreno: La vie artificielle, Editions du Seuil, Paris 1997, 153 Seiten

Oswald, Nicola; Volkert, Klaus: A glimpse of sources for historical studies at the ETH archive in Zürich, in: Newsletter of the European mathematical society, Nr. 109, September 2018, Seiten 28–33

Otnes, Robert K. [1987a]: Calculators by Georg B. Grant, in: Historische Bürowelt, Oktober 1987, Heft 19, Seiten 15–17

Otnes, Robert K. [1987b]: Die Rechenmaschinen von Georg B. Grant, in: Historische Bürowelt, Oktober 1987, Heft 19, Seiten 18–20

Otnes, Robert K. [1989a]: Keuffel and Esser slide rules, in: Historische Bürowelt, Juli 1989, Heft 24, Seiten 15–20 (Teil 1)

Otnes, Robert K. [1989b]: Keuffel and Esser slide rules, in: Historische Bürowelt, September 1989, Heft 25, Seiten 21–26 (Teil 2)

Otnes, Robert K. [1997]: Elmer A. Sperry and his calculator, in: Journal of the Oughtred society, Band 6, 1997, Heft 2, Seiten 19–22 (Rechenuhr)

Otnes, Robert K. [2001]: Keuffel & Esser – 1880 to 1899, in: Journal of the Oughtred society, Band 10, 2001, Heft 1, Seiten 18–28

Otnes, Robert K. [2002a]: The Lightning calculator – Bonham, Hook, and Pangborm, in: Journal of the Oughtred society, Band 11, 2002, Heft 1, Seiten 53–58

Otnes, Robert K. [2002b]: Amercian planimeters, in: Journal of the Oughtred society, Band 11, 2002, Heft 2, Seiten 59–64

Otnes, Robert K. [2003a]: The Groesbeck adder (1870), in: Journal of the Oughtred society, Band 12, 2003, Heft 1, Seiten 59–62

Otnes, Robert K. [2003b]: The Boucher style pocket calculator, in: Journal of the Oughtred society, Band 12, 2003, Heft 2, Seiten 43–48 (Rechenuhr)

Otnes, Robert K. [2008]: Notes on mechanical Fourier analyzers, in: Journal of the Oughtred society, Band 17, 2008, Heft 1, Seiten 34–41 (harmonische Analyse)

Otnes, Robert K. [2009]: Calculating instruments at the Smithsonian – In memoriam, in: Journal of the Oughtred society, Band 18, 2009, Heft 1, Seiten 52–53

Oughtred, William: The new artificial gauging line or rod – excerpts, in: Journal of the Oughtred society, Band 7, 1998, Heft 2, Seiten 5–7 (1633)

Overhoff, Gerhard [1953]: Stand der Entwicklung programmgesteuerter Rechenmaschinen in Deutschland, in: Physikalische Blätter, Band 9, 1953, Heft 1, Seiten 31–36

Overhoff, Gerhard [1955]: Das Drucken der Resultate elektronischer Rechenanlagen, in: Elektronische Rundschau, Band 9, 1955, Heft 10, Seiten 360–361

Owens, Kay; Lean, Glendon Angove; Paraide, Patricia; Muke, Charly: History of number. Evidence from Papua New Guinea and Oceania, Springer international publishing AG Switzerland, Cham 2018, XXVII, 461 Seiten

Owens, Larry [1986]: Vannevar Bush and the differential analyzer: The text and context of an early computer, in: Technology and culture, Band 27, 1986, Heft 1, Seiten 63–95

Owens, Larry [1991]: Vannevar Bush and the differential analyzer: The text and context of an early computer, in: James M. Nyce; Paul Kahn (Hg.): From memex to hypertext: Vannevar Bush and the mind's machine, Academic press, Inc., San Diego 1991, Seiten 3–38

Oxtoby, J. C.; Pettis, B. J.; Price, G. B. (Hg.): John von Neumann 1903–1957, in: Bulletin of the American mathematical society, Band 64, 1958, Heft 3, Teil 2, VII, 129 Seiten (u.a. Aufsätze von Stanislaw Ulam (Seiten 1–49), Claude E. Shannon (Seiten 123–129))

P

P. S. C.: Mr. Babbage and his rivals, in: The mechanic's magazine. Museum, register, journal, and gazette, Band 23, 1835, Heft 614, Seite 119

Padua, Sidney: The thrilling adventures of Lovelace and Babbage, Pantheon books, New York 2015, 318 Seiten

Paipetis, Stephanos A.; Ceccarelli, Marco (Hg.): The genius of Archimedes – 23 centuries of influence on mathematics, science and engineering, Proceedings of an international conference held at Syracuse, Italy, 8.–10. Juni 2010, Springer science+business media B.V., Dordrecht, Heidelberg usw. 2010, X, 515 Seiten (History of mechanism and machine science, Band 11, u.a. Räderwerk von Antikythera) (Tagungsband)

Paju, Petri [2005]: A failure revisited. The first Finnish computer construction project, in: Janis Bubenko; John Impagliazzo; Arne Sølvberg (Hg.): History of Nordic computing. IFIP WG 9.7 first working conference on the history of Nordic computing (HiNC1), June 16–18, 2003, Trondheim, Norway, Springer science+business media, Inc., New York 2005, Seiten 79–94

Paju, Petri [2008]: National projects and international users: Finland and early European computerization, in: IEEE Annals of the history of computing, Band 30, 2008, Heft 4, Seiten 77–91

Paland, Rolf [1984]: Die Entwicklung mechanischer Rechengeräte und -maschinen an signifikanten Beispielen, in: mathematica didactica, Band 7, 1984, Seiten 111–120 (Teil 1)

Paland, Rolf [1985a]: Die Leupold-Maschine. Ein Schaltklinkensystem – 200 Jahre vor Christel Haman, in: Historische Bürowelt, Januar 1985, Heft 8, Seiten 14–15

Paland, Rolf [1985b]: Die Entwicklung mechanischer Rechengeräte und -maschinen an signifikanten Beispielen, in: mathematica didactica, Band 8, 1985, Seiten 45–56 (Teil 2)

Paland, Rolf [1985c]: Die Entwicklung mechanischer Rechengeräte und -maschinen an signifikanten Beispielen, in: mathematica didactica, Band 8, 1985, Seiten 141–148 (Teil 3

Paland, Rolf [1986a]: Die Entwicklung mechanischer Rechengeräte und -maschinen an signifikanten Beispielen, in: mathematica didactica, Band 9, 1986, Seiten 111–116 (Teil 4)

Paland, Rolf [1986b]: Eine Nachbildung wurde zum Unikat: Die Gersten-Maschine, in: Historische Bürowelt, April 1986, Heft 13, Seiten 15–16

Paland, Rolf; Wiswe, Mechthild: Rechenkunst und Rechentechnik von den mechanischen Anfängen zur elektronischen Gegenwart, Braunschweigisches Landesmuseum für Geschichte und Volkstum, Braunschweig 1975, 22 Seiten (Ausstellungskatalog)

Pallmann, Hans [1952a]: Aufgaben und Projekte der Eidgenössischen Technischen Hochschule, in: Neue Zürcher Zeitung, 2. April 1952, Mittagausgabe, Nr. 721 (26), Blatt 5 (Technik) (Teil 1)

Pallmann, Hans [1952b]: Aufgaben und Projekte der Eidgenössischen Technischen Hochschule, in: Neue Zürcher Zeitung, 2. April 1952, Mittagausgabe, Nr. 721 (26), Blatt 5 (Technik) (Teil 2)

Palmer, Allison Lee: Leonardo da Vinci. A reference guide to his life and works, Rowman & Littlefield publishing group, Inc., Lanham, Maryland, Boulder usw. 2019, XIX, 184 Seiten (Eintrag „Adding machine“, Seiten 3–4)

Pamini, Renato; Ravano, Giambattista; Ré, Giancarlo; Spinedi, Carlo: 20 anni di ingegneria informatica. Breve storia delle attività nella Svizzera italiana, Scuola universitaria professionale della Svizzera italiana (Supsi), o. O. 2007, 56 +12 Seiten

Pannekoek, Antonie: A history of astronomy, George Allen & Unwin, Ltd. London 1961, 522 Seiten

Panow, D. J.: Der Rechenstab, B. G. Teubner Verlagsgesellschaft, Leipzig, 2., durchgesehene Auflage 1965, IV, 110 Seiten (mit Gebrauchsanweisung)

Panrucker, Nigel: Slide rule accuracy – an assessment, in: Slide rule gazette, Heft 8, Herbst 2007, Seiten 45–48

Pantalony, David: Collectors, displays and replicas in context: What we can learn from provenance research in science museums, in: Jed Buchwald; Larry Stewart (Hg.): The romance of science: Essays in honour of Trevor H. Levere, Springer international publishing AG, Cham 2017, Seiten 268–274 (Roberto Guatelli)

Papadimitriou, Christos H. [2003]: Turing. A novel about computation, MIT press, Cambridge, Massachusetts, London 2003, V, 284 Seiten

Papadimitriou, Christos H. [2012]: Alan and I. A personal account of Turing's life and impact, Communications of the ACM, Band 55, 2012, Heft 9, Seiten 42–43

Papadopoulos, Evangelos: Heron of Alexandria (c. 10–85 AD), in: Marco Ceccarelli (Hg.): Distinguished figures in mechanism and machine science. Their contributions and legacies, Band 1, Springer, Dordrecht 2007, Seiten 217–245 (Automaten)

Parisi, David: Archaeologies of touch. Interfacing with haptics from electricity to computing, University of Minnesota press, Minneapolis, London 2018, XVIII, 449 Seiten

Parker, Kevin, R.; Davey, Bill: The history of computer language selection, in: Arthur Tatnall (Hg.): Reflections on the history of computing. Preserving memories and sharing stories,

Springer, Heidelberg, Dordrecht usw. 2012, Seiten 166–179 (IFIP Advances in information and communication technology, Band 387)

Parnas, David Lorge: Inside risks. The real risks of artificial intelligence. Incidents from the early days of AI research are instructive in the current AI environment, in: Communications of the ACM, Band 60, 2017, Heft 10, Seiten 27–31 (u.a. Turingtest)

Päsler, H.: Die Anwendung des Elektronenrechners „Gamma 3" zur Lösung komplizierter mathematischer Probleme, in: Elektronische Rundschau, Band 9, 1955, Heft 10, Seiten 362–365

Pasquale, Frank: Law and technology. When machine learning is facially invalid. Observations on the use of machine learning and facial inferences to classify people using inexplicable data, in: Communications of the ACM, Band 61, 2018, Heft 9, Seiten 25–27

Patry, Jean: Eine elektronische Rechenanlage für die Kernenergieforschung in der Schweiz, in: Neue Zürcher Zeitung, 18. Mai 1960, Mittagausgabe, Nr. 1711 (68), Blatt 12 f. (Technik) [Zuse Z22]

Paulinyi, Akos; Troitzsch, Ulrich: Mechanisierung und Maschinisierung. 1600 bis 1840, Ullstein Buchverlage GmbH, Berlin 1997, 529 Seiten (Wolfgang König (Hg.): Propyläen Technikgeschichte, Band 3) (Abschnitte: Technik und Naturwissenschaft (wissenschaftliche Instrumente, Uhren, Automaten, Rechenmaschinen), Seiten 199–217; technische Literatur, Seiten 256–261; Fördergesellschaften, Seiten 262–267)

Paulson, Lawrence C: Provenance of British computing, in: Communications of the ACM, Band 57, 2014, Heft 9, Seite 8

Paulus, Rudolf F. [1970]: Pansophie und Technik bei Philipp Matthäus Hahn, in: Technikgeschichte, Band 37, 1970, Heft 3, Seiten 243–253

Paulus, Rudolf F. [1973]: Philipp Matthäus Hahn und die mechanische Rechenmaschine, in: Technikgeschichte, Band 40, 1973, Heft 1, Seiten 58–73

Paycha, Sylvie; Georgescu, Magdalena; Azzall, Sara (Hg.): Women of mathematics throughout Europe. A gallery of portraits, Verlag am Fluss, Berlin 2016, 124 Seiten

Payen, Jacques [1963]: Les exemplaires conservés de la machine Pascal, in: Revue d'histoire des sciences et de leurs applications, Band 16, 1963, Heft 2, Seiten 161–178

Payen, Jacques [1964]: Les exemplaires conservés de la machine Pascal, in: Pierre Costabel; Kokiti Hara; Jean Itard; Jean Mesnard; Jacques Payen; Bernard Rochot; François Russo; Michèle Sadoun-Goupil; Lucien Scheler; René Taton (Hg.): L'œuvre scientifique de Pascal, Presses universitaires de France, Paris 1964, Seiten 229–247

Payette, Sandy: Hopper and Dijkstra: Crisis, revolution and the future of programming, in: IEEE Annals of the history of computing, Band 36, 2014, Heft 4, Seiten 64–73

Peach, D. Len: An abacus abstract, in: Slide rule gazette, Heft 3, Herbst 2002, Seiten 75–83

Pearcey, Trevor [1952a]: Modern trends in machine computation, in: Supplement to the Australian journal of science, Band 10, 21. Februar 1948, Heft 4, Seiten I–XX

Pearcey, Trevor [1952b]: Programming for the Csiro digital machine, in: Commonwealth scientific and industrial research organization (Hg.): Proceedings of conference on automatic computing machines held in the Department of electrical engineering, University of Sydney, August 1951, Melbourne, April 1952, Seiten 81–92

Pearcey, Trevor [1952c]: Programming for punched card machines, in: Commonwealth scientific and industrial research organization (Hg.): Proceedings of conference on automatic computing machines held in the Department of electrical engineering, University of Sydney, August 1951, Melbourne, April 1952, Seiten 107–126

Pearcey, Trevor [1952d]: The functional design of an automatic computer, in: Commonwealth scientific and industrial research organization (Hg.): Proceedings of conference on automatic computing machines held in the Department of electrical engineering, University of Sydney, August 1951, Melbourne, April 1952, Seiten 127–141

Pearcey, Trevor [1952e]: An automatic computer in Australia, in: Mathematical tables and other aids to computation, Band 6, Juli 1952, Heft 39, Seiten 167–172 (Csiro)

Pearcey, Trevor [1988]: A history of Australian computing, Chisholm institute of technology, Caulfield East, Victoria 1988, VI, 193 Seiten

Pearcey, Trevor; Beard, Maston: Digital calculating machines used by Csiro, in: Commonwealth scientific and industrial research organization (Hg.): Proceedings of conference on automatic computing machines held in the Department of electrical engineering, University of Sydney, August 1951, Melbourne, April 1952, Seiten 42–50

Pearcey, Trevor; Hill, Geoffrey W. [1953a]: Programme design for the Csiro Mark 1 computer. Computer conventions, in: Australian journal of physics, Band 6, 1953, Heft 3, Seiten 316–334 (Teil 1)

Pearcey, Trevor; Hill, Geoffrey W. [1953b]: Programme design for the Csiro Mark 1 computer. Programme techniques, in: Australian journal of physics, Band 6, 1953, Heft 3, Seiten 335–356 (Teil 2)

Pearcey, Trevor; Hill, Geoffrey W. [1954]: Programme design for the Csiro Mark 1 computer. Adaption of routines for elaborate arithmetical operations, in: Australian journal of physics, Band 7, 1954, Heft 3, Seiten 485–504 (Teil 3)

Pearcey, Trevor; Hill, Geoffrey W.; Ryan, Reginald D.: The effect of interpretive techniques on functional design of computers, in: Australian journal of physics, Band 7, 1954, Heft 3, Seiten 505–509

Peddie, Jon: The history of visual magic in computers, Springer-Verlag, London 2013 (Abschnitt 5.6, The electronic computer revolution, Seiten 140 ff.)

Pedretti, Carlo [1980]: Leonardo da Vinci Architekt, Belser Verlag, Stuttgart, Zürich 1980, 364 Seiten

Pedretti, Carlo [1988]: Leonardo architetto, Electa SpA, Mailand 1988, 366 Seiten

Peet, Thomas Eric [1931]: Mathematics in ancient Egypt, Manchester university press, Manchester 1931, 35 Seiten (Nachdruck von The bulletin of the John Rylands library, Band 15, Juli 1931, Heft 2)

Peet, Thomas Eric [1970]: The Rhind mathematical papyrus. Introduction, transcription, translation and commentary, Klaus reprint, Nendeln, Liechtenstein 1970, IV, 136 Seiten + 24 Seiten Tafeln (altägyptischer Papyrus zur Mathematik)

Pehmer, Franz; Reese, Martin: Facta – Klein-Rechenmaschine aus Wien, in: Historische Bürowelt, Dezember 2014, Heft 98, Seiten 24–27

Pehmer, Franz; Reese, Martin; Waldbauer, Helmut: Curt Herzstarks „Multimator“, in: Historische Bürowelt, 2016, Heft 106, Seiten 14–17

Peláez, Eloína: The stored-program computer: two conceptions, in: Social studies of science, Band 29, 1999, Heft 3, Seiten 359–389 (Speicherprogramm)

Peltier, J.: Calcul de certaines fonctions usuelles en système binaire, in: Joseph Pérès (Hg.): Les machines à calculer et la pensée humaine, Paris, 8–13 janvier 1951, Colloques internationaux du Centre national de la recherche scientifique, Nr. 37, Editions du Centre national de la recherche scientifique (CNRS), Paris 1953, Seiten 295–305 (Institut de calcul Blaise Pascal, Paris, Chatillon-sous-Bagneux (Seine))

Penprase, Bryan, E.: The power of stars. How celestial observations have shaped civilization, Springer science+business media, New York, Dordrecht usw. 2011, XI, 347 Seiten (Abschnitt „The Antikythera mechanism“, Seiten 175–176)

Pensold, Wolfgang; Moritsch, Otmar: medien.welten. Die Kulturgeschichte der modernen Mediengesellschaft, Verlag Carl Ueberreuter, Wien 2013, 219 Seiten (Technisches Museum, Wien)

Pérès, Jean: L’évolution des machines à calculer, in: Atomes, Band 2, Dezember 1947, Heft 21, Seite 399

Pérès, Joseph (Hg.): Les machines à calculer et la pensée humaine, Paris, 8–13 janvier 1951, Colloques internationaux du Centre national de la recherche scientifique, Nr. 37, Editions du Centre national de la recherche scientifique (CNRS), Paris 1953, XIX, 570 Seiten

Pérès, Joseph: Les sciences exactes, E. de Boccard, éditeur, Paris 1930, 196 Seiten

Pérès, Joseph; Brillouin, Léon N.; Couffignal, Louis: Les grandes machines mathématiques, Editions de la revue d'optique, Paris 1948, 35 Seiten (Extrait des annales des télécommunications)

Periton, Cheryl: The medieval counting table revisited: a brief introduction and description of its use during the early modern period, in: BSHM Bulletin, Journal of the British society for the history of mathematics, Band 30, 2015, Heft 1, Seiten 35–49

Perlis, Alan J. [1978]: The American side of the development of Algol, in: Sigplan notices, Band 13, 1978, Heft 8, Seiten 3–14 (Special interest group on programming languages)

Perlis, Alan J. [1981]: The American side of the development of Algol, in: Richard L. Wexelblat (Hg.): History of programming languages, Academic press, New York, London usw. 1981, Seiten 75–91

Perregaux, Charles: Les Jaquet-Droz et leurs automates, Imprimerie Wolfrath & Sperlé, Neuenburg 1906, 55 Seiten

Perregaux, Charles; Perrot, F.-Louis: Les Jaquez-Droz et Leschot, Attinger frères, éditeurs, Neuenburg 1916, X, 270 Seiten (Kapitel: Apparition des automates, Seiten 99–111; L'écrivain, Seiten 181–189; Le dessinateur, Seiten 190–193; La joueuse de clavecin, Seiten 194–197; La grotte, Seiten 198–200) (Biografie)

Perrier, Georges [1939]: Petite histoire de la géodésie. Comment l'homme a mesuré et pesé la terre, Presses universitaires de France, Paris 1939, 188 Seiten

Perrier, Georges [1950]: Kurze Geschichte der Geodäsie, Bamberger Verlagshaus Meisenbach & Co., Bamberg 1950, 190 Seiten

Peters, Benjamin: How not to network a nation. The uneasy history of the Soviet internet, MIT press, Cambridge, Massachusetts, London 2016, XIII, 298 Seiten

Peters, Gunthild: Zwei Gulden vom Fuder. Mathematik der Fassmessung und praktisches Visierwissen im 15. Jahrhundert, Franz Steiner Verlag, Stuttgart 2018, 344 Seiten (Dissertation)

Petersen, Christian: Naturwissenschaften im Fokus 1. Geschichtliche Entwicklung, Grundbegriffe, Mathematik, Springer Fachmedien Wiesbaden GmbH, Wiesbaden 2017, XV, 205 Seiten

Petersson, Tom: Facit and the Besk boys: Sweden's computer industry (1956–1962), in: IEEE Annals of the history of computing, Band 27, 2005, Heft 4, Seiten 23–30

Petherick, E. J.: Multiplication abrégée dans un auto-calculateur parallèle décimal, in: Joseph Pérès (Hg.): Les machines à calculer et la pensée humaine, Paris, 8–13 janvier 1951, Colloques internationaux du Centre national de la recherche scientifique, Nr. 37, Editions du Centre national de la recherche scientifique (CNRS), Paris 1953, Seiten 41–51 (Royal aircraft establishment, Farnborough, England)

Petzold, Charles: The annotated Turing. A guided tour through Alan Turing's historic paper on computability and the Turing machine, Wiley publishing Inc, Indianapolis, Indiana 2008, XII, 372 Seiten

Petzold, Hartmut [1979]: Konrad Zuse, die Technische Universität Berlin und die Entwicklung der elektronischen Rechenmaschinen, in: Reinhard Rürup (Hg.): Wissenschaft und Gesellschaft. Beiträge zur Geschichte der Technischen Universität Berlin 1879–1979, Springer-Verlag, Berlin, Heidelberg usw. 1979, Band 1, Seiten 389–402

Petzold, Hartmut [1981]: Die Ermittlung des „Standes der Technik“ und der „Erfindungshöhe“ beim Patentverfahren Z391. Dokumentation nach den Zuse-Papieren, Gesellschaft für Mathematik und Datenverarbeitung mbH Bonn, Schloss Birlinghoven, St. Augustin 1981, 44 Seiten (GMD-Studien Nr. 59)

Petzold, Hartmut [1985]: Rechnende Maschinen. Eine historische Untersuchung ihrer Herstellung und Anwendung vom Kaiserreich bis zur Bundesrepublik, VDI-Verlag, Düsseldorf 1985, 579 Seiten (Technikgeschichte in Einzeldarstellungen, Band 41/1985) (Dissertation)
Petzold, Hartmut [1992]: Moderne Rechenkünstler. Die Industrialisierung der Rechentechnik in Deutschland, Verlag C.H. Beck, München 1992, 319 Seiten
Petzold, Hartmut [1993]: Mechanisierung und Automatisierung in der Rechenmaschinentechnik bis 1950 als Randbedingung für die frühen Arbeiten von Konrad Zuse, in: Wissenschaftliches Jahrbuch 1992/93, Deutsches Museum, München 1993, Seiten 187–205
Petzold, Hartmut [1998]: Die Mühlen des Patentamts. Die vergeblichen Bemühungen Konrad Zuses, die programmgesteuerte Rechenmaschine patentieren zu lassen, in: Raúl Rojas (Hg.): Die Rechenmaschinen von Konrad Zuse, Springer-Verlag, Berlin, Heidelberg 1998, Seiten 63–108
Petzold, Hartmut [2000]: Konrad Zuse and industrial manufacturing of electronic computers in Germany, in: Raúl Rojas, Ulf Hashagen (Hg.): The first computers – history and architectures, MIT press, Cambridge, Massachusetts, London 2000, Seiten 315–322
Petzold, Hartmut [2004a]: Hardwaretechnologische Alternativen bei Konrad Zuse, in: Hans Dieter Hellige (Hg.): Geschichten der Informatik. Visionen, Paradigmen, Leitmotive, Springer-Verlag, Berlin, Heidelberg 2004, Seiten 79–138
Petzold, Hartmut [2004b]: Eine Informatiktagung vor der Gründung der Informatik. Die Darmstädter Konferenz 1955, in: Rudolf Seising, Menso Folkerts, Ulf Hashagen (Hg.): Form, Zahl, Ordnung. Studien zur Wissenschafts- und Technikgeschichte, Franz Steiner Verlag, Stuttgart 2004, Seiten 759–782
Petzold, Hartmut [2006]: Zum Beitrag von Nikolaus Joachim Lehmann für die Herausbildung der Informatik in der DDR, in: Friedrich Naumann; Gabriele Schade (Hg.): Informatik in der DDR – eine Bilanz. Tagungsband zu den Symposien 7. bis 9. Oktober 2004 in Chemnitz, 11. bis 12. Mai 2006 in Erfurt, Gesellschaft für Informatik, Bonn 2006, Seiten 104–115
Petzold, Hartmut [2008]: Rechen mit dem Abakus, in: Kultur und Technik. Das Magazin aus dem Deutschen Museum, Band 32, 2008, Heft 1, Seiten 14–18
Pfeiffer, John: Maschinen denken schneller. Einführung in die Welt der Elektronengehirne, Kindler Verlag, München 1962, 255 Seiten
Pflüger, Jörg: Über die Verschiedenheit des maschinellen Sprachbaues, in: Norbert Bolz; Friedrich A. Kittler; Christoph Tholen (Hg.): Computer als Medium, Wilhelm Fink Verlag, München 1994, Seiten 161–181
Phelps, Byron E.: Early electronic computer developments at IBM, in: Annals of the history of computing, Band 2, 1980, Heft 3, Seiten 253–267
Phillips, William E.: Binary calculation, in: Brian Randell (Hg.): The origins of digital computers. Selected papers, Springer-Verlag, Berlin, Heidelberg usw., 3. Auflage 1982, Seiten 303–314
Pias, Claus (Hg.): Cybernetics. The Macy conferences 1946–1953. The complete transactions, Diaphanes, Zürich, Berlin 2016, 734 Seiten (Josiah Macy: Stifter; fünf der zehn Konferenzen: 1949–1953)
Pichler, Franz (Hg.): Von den Planetentheorien zur Himmelsmechanik. Die Newtonsche Revolution, Universitätsverlag Rudolf Trauner, Linz 2004, VII, 213 Seiten (Tagungsband)
Pichler, Franz [2004]: Meilensteine der Informationstechnologie. Ein Überblick, Sokrates Lecture, Technische Universität Wroclaw, September 2004, 14 Seiten (Johannes Kepler Universität Linz)
Pichler, Franz [2006]: Robert von Lieben. 100 Jahre Patent Kathodenstrahlrelais, Universitätsverlag Rudolf Trauner, Linz 2006, X, 119 Seiten
Pichler, Franz [2007]: Elektrisches Schreiben in die Ferne. Die Telegraphie in Österreich. Technische Entwicklung 1846–1906, Universitätsverlag Rudolf Trauner, Linz 2007, X, 142 Seiten

Pichler, Franz [2008]: Von der Knatterfunken-Telegraphie zum Radio-Broadcasting. Entwicklung der Funk- und Radiotechnik in Österreich 1898–1928, Universitätsverlag Rudolf Trauner, Linz 2008, X, 154 Seiten

Pichler, Franz [2009]: Historische elektrische Apparate und Maschinen. Nachbauten von Franz Mock, Mechanicus aus Krems, Universitätsverlag Rudolf Trauner, Linz 2009, IX, 130 Seiten

Pichler, Franz [2010a]: Aufsätze zur Geschichte der Informationstechnik. Telegraphie, Fernsehen, Elektronik, Signalverarbeitung, Universitätsverlag Rudolf Trauner, Linz 2010, IX, 116 Seiten

Pichler, Franz [2010b]: Elektrische Bilder aus der Ferne. Technische Entwicklung von Bildtelegraphie und Fernsehen bis zum Jahre 1939, Universitätsverlag Rudolf Trauner, Linz 2010, X, 103 Seiten

Pichler, Franz [2011]: Mobile Kommunikation per Funk. Von Heinrich Hertz zum Handy Netz des Mobilfunks, Universitätsverlag Rudolf Trauner, Linz 2011, IX, 107 Seiten (Ausstellungskatalog)

Pichler, Franz [2012]: Telegraphen-Apparate. Geschichte der elektrischen Telegraphie, Universitätsverlag Rudolf Trauner, Linz 2012, IX, 164 Seiten

Pichler, Franz [2014a]: Aufsätze zur Geschichte der Telegraphie. Spezielle Telegraphen-Apparate und Instrumente aus verschiedenen Ländern, Universitätsverlag Rudolf Trauner, Linz 2014, IX, 113 Seiten

Pichler, Franz [2014b]: Die Entwicklung der Elektrizität von Gilbert bis Galvani und Volta. Ein bibliophiler Streifzug an Hand einer Sammlung von Büchern, Universitätsverlag Rudolf Trauner, Linz 2014, IX, 105 Seiten

Pichler, Franz [2014c]: Historische Elektronenröhren für Telephonie und Radio. Sammlung von deutschen „Poströhren“ und österreichischen Radioröhren, Universitätsverlag Rudolf Trauner, Linz 2014, IX, 154 Seiten

Pichler, Franz [2014d]: Historische Meilensteine der Mikroelektronik. Kristall-Detektoren, Transistoren, integrierte Schaltungen, digitale Systeme, Universitätsverlag Rudolf Trauner, Linz 2014, IX, 92 Seiten

Pichler, Franz [2014e]: Hugo Gernsback und seine technischen Magazine, Universitätsverlag Rudolf Trauner, Linz, 2. erweiterte Auflage 2014, XI, 174 Seiten

Pichler, Franz [2018]: Telegraphie durch die Meere. Einrichtung und Betrieb der Seekabelnetze im 19'ten Jahrhundert, Universitätsverlag Rudolf Trauner, Linz 2018, IX, 90 Seiten

Pichler, Franz [2019a]: Meilensteine der Elektrizität. Von den Reibungsexperimenten bis zur weltweiten Vernetzung, Trauner Verlag + Buchservice GmbH, Linz 2018, 172 Seiten

Pichler, Franz [2019b]: Vom Morsetelegraphen zum Computer. Amerikanische Beiträge zur Entwicklung der Informationstechnik, Trauner Verlag + Buchservice GmbH, Linz 2018, 222 Seiten

Pichler, Franz; Prikowitsch, Johann (Hg.): Aufsätze zur Geschichte der Radio- und Funktechnik. Von der drahtlosen Telegraphie von Marconi bis zum Radiobasteln nach dem 2. Weltkrieg, Universitätsverlag Rudolf Trauner, Linz 2012, VII, 186 Seiten

Pichler, Franz; von Renteln, Michael (Hg.) [2006]: Von Newton zu Gauß, Universitätsverlag Rudolf Trauner, Linz 2006, VII, 225 Seiten

Pichler, Franz; von Renteln, Michael (Hg.) [2009]: Kosmisches Wissen von Peuerbach bis Laplace. Astronomie, Mathematik, Physik, Universitätsverlag Rudolf Trauner, Linz 2009, IX, 177 Seiten (Tagungsband)

Pickering, Andrew: The cybernetic brain. Sketches of another future, University of Chicago press, Chicago, London 2010, X, 526 Seiten

Pickover, Clifford Alan [2009]: The math book. From Pythagoras to the 57th dimension, 250 milestones in the history of mathematics, Sterling publishing Co., Inc., New York, London 2009, 528 Seiten

Pickover, Clifford Alan [2015]: Das Mathebuch. Von Pythagoras bis in die 57. Dimension. 250 Meilensteine in der Geschichte der Mathematik, Librero IBP, Kerkdriel, Niederlande 2015, 528 Seiten

Pickover, Clifford Alan [2016]: Das Physikbuch. Vom Big Bang zur Quantenauferstehung. 250 Meilensteine in der Geschichte der Physik, Librero IBP, Kerkdriel, Niederlande 2016, 528 Seiten

Pickstone, J. V.; Bowker, Geof: The Manchester heritage, in: IEEE Annals of the history of computing, Band 15, 1993, Heft 3, Seiten 7–8

Picone, Mauro: Exposition d'une méthode d'intégration numérique des systèmes d'équations linéaires aux dérivées partielles, mise en œuvre à l'Institut national pour les applications du calcul Résultats obtenus et résultats que l'on pourrait atteindre, in: Joseph Pérès (Hg.): Les machines à calculer et la pensée humaine, Paris, 8–13 janvier 1951, Colloques internationaux du Centre national de la recherche scientifique, Nr. 37, Editions du Centre national de la recherche scientifique (CNRS), Paris 1953, Seiten 239–261 (Istituto nazionale per le applicazioni del calcolo, Rom)

Pieper, Christine: Sowjetisierung und Amerikanisierung der Hochschulinformatik in der DDR bis 1989/90, in: Friedrich Naumann; Gabriele Schade (Hg.): Informatik in der DDR – eine Bilanz. Tagungsband zu den Symposien 7. bis 9. Oktober 2004 in Chemnitz, 11. bis 12. Mai 2006 in Erfurt, Gesellschaft für Informatik, Bonn 2006, Seiten 432–450

Piguet, Christian; Hügli, Heinz: Du zéro à l'ordinateur. Une brève histoire du calcul, Presses polytechniques et universitaires romandes, Lausanne 2004, VIII, 182 Seiten

Piguet, Jean-Claude: Le musée Baud à l'Auberson. Cinquante ans consacrés à la musique mécanique, 1955–2005, Musée Baud, L'Auberson 2005, 56 Seiten

Piloty, Hans [1956]: Die Entwicklung der Perm, in: Johannes Wosnik; Alwin Walther; Walter Hoffmann (Hg.): Elektronische Rechenmaschinen und Informationsverarbeitung. Nachrichtentechnische Fachberichte. Beihefte der NTZ, Band 4, 1956, Seiten 40–45 (Perm = programmgesteuerte elektronische Rechenanlage München)

Piloty, Hans [1959]: Zum Geleit, in: Elektronische Rechenanlagen, Band 1, 1959, Heft 1, Seite 1

Piloty, Hans; Piloty, Robert: Leitgedanken, Ziel und Stand der Münchener Entwicklung, in: Ludwig Biermann (Hg.): Vorträge über Rechenanlagen. Gehalten in Göttingen, 19.–21. März 1953, Max-Planck-Institut für Physik, Göttingen 1953, Seiten 8–15

Piloty, Hans; Piloty, Robert; Leilich, Hans-Otto, Proebster, Walter E. [1955a]: Die programmgesteuerte elektronische Rechenanlage München (Perm), in: Nachrichtentechnische Zeitschrift, 1955, Heft 11, Seiten 603–609 (Teil 1)

Piloty, Hans; Piloty, Robert; Leilich, Hans-Otto, Proebster, Walter E. [1955b]: Die programmgesteuerte elektronische Rechenanlage München (Perm), in: Nachrichtentechnische Zeitschrift, 1955, Heft 12, Seiten 650–658 (Teil 2)

Piloty, Robert [1951]: Elektronenrechenmaschinen, in: FTZ, Band 4, 1951, Heft 11, Seiten 491–497 (FTZ = Fernmeldetechnische Zeitschrift)

Piloty, Robert [1953a]: Die Schaltkreistechnik der Münchener Entwicklung, in: Ludwig Biermann (Hg.): Vorträge über Rechenanlagen. Gehalten in Göttingen, 19.–21. März 1953, Max-Planck-Institut für Physik, Göttingen 1953, Seiten 96–101

Piloty, Robert [1953b]: Ein neues Multiplikationsverfahren für Dualzahlen, in: Zeitschrift für angewandte Mathematik und Mechanik, Band 33, 1953, Heft 12, Seiten 429–430

Piloty, Robert [1956]: Betrachtungen über das Problem der Datenverarbeitung, in: Johannes Wosnik; Alwin Walther; Walter Hoffmann (Hg.): Elektronische Rechenmaschinen und Informationsverarbeitung. Nachrichtentechnische Fachberichte. Beihefte der NTZ, Band 4, 1956, Seiten 5–8

Piloty, Robert; Zschekel, H.: Elektronisches Auskunftssystem über die Verfügbarkeit von Passagierplätzen im Luftverkehr, in: Elektronische Rechenanlagen, Band 1, 1959, Heft 1, Seiten 6–16

Pincock, Stephen; Frary, Mark: Geheime Codes. Die berühmtesten Verschlüsselungstechniken und ihre Geschichte, Ehrenwirth, Bergisch Gladbach 2007, 176 Seiten

Pinkerton, John Maurice McLean [1961]: The evolution of design in a series of computers, Leo I–III, in: The computer journal, Band 4, 1961, Heft 1, Seiten 42–46

Pinkerton, John Maurice McLean [1989]: Operating and engineering experience gained with Leo, in: Michael Roy Williams; Martin Campbell-Kelly (Hg.): The early British computer conferences, MIT press, Cambridge, Massachusetts, London/Tomash publishers, Los Angeles, San Francisco 1989, Seiten 232–244

Pinkerton, John Maurice McLean; Hemy, Derek; Lenaerts, Ernest Henry: The influence of the Cambridge Mathematical Laboratory on the Leo project, in: IEEE Annals of the history of computing, Band 14, 1992, Heft 4, Seiten 41–48

Pinkerton, John Maurice McLean; Kaye, Ernest Joseph: Leo (Lyons electronic office), in: Electronic engineering, Band 26, Juli 1954, Heft 317, Seiten 284–291

Piper, Roger: The story of computers, Hodder and Stoughton, London usw., 3., überarbeitete Auflage 1980, 78 Seiten

Pirker, Theo: Büro und Maschine. Zur Geschichte und Soziologie der Mechanisierung der Büroarbeit, der Maschinisierung des Büros und der Büroautomation, Kyklos-Verlag Basel/J. C. B. Mohr (Paul Siebeck), Tübingen 1962, XII, 204 Seiten

Pirsch, Peter: Seiner Zeit voraus gedacht. Die Einführung des Binärsystems durch Leibniz, in: Leibniz – Auf den Spuren des großen Denkers. Unimagazin Hannover, 2008, Heft 3/4, Seiten 36–39

Pisula, Karl [1953]: Die berechenbaren Funktionen der formalen Logik und das Flussdiagramm von Befehlsfolgen, in: Ludwig Biermann (Hg.): Vorträge über Rechenanlagen. Gehalten in Göttingen, 19.–21. März 1953, Max-Planck-Institut für Physik, Göttingen 1953, Seiten 128–131

Pisula, Karl [1956]: Die Weiterentwicklung des Befehlscodes der G 2, in: Johannes Wosnik; Alwin Walther; Walter Hoffmann (Hg.): Elektronische Rechenmaschinen und Informationsverarbeitung. Nachrichtentechnische Fachberichte. Beihefte der NTZ, Band 4, 1956, Seiten 165–167

Plancherel, Michel: Mathématiques et mathématiciens en Suisse (1850–1950), in: Bruno Colbois; Christine Riedtmann; Viktor Schroeder (Hg.): .): math.ch/100. Schweizerische Mathematische Gesellschaft 1910–2010, European Mathematical Society, Zürich 2010, Seiten 1–21

Plaßmeyer, Peter; Gluch, Sibylle (Hg.): Einfach –vollkommen. Sachsens Weg in die internationale Uhrenwelt, Staatliche Kunstsammlungen Dresden, Mathematisch-physikalischer Salon, Dresden 2015, 200 Seiten (Ausstellungskatalog)

Plofker, Kim: Mathematics in India, Princeton university press, Princeton, Oxford 2009, XIII, 357 Seiten

Plüss, Mathias: Er knackte den geheimen Code, in: Das Magazin, Nr. 26, 6. Juli 2012, Seiten 16–25 (Tamedia, Zürich)

Pohlers, Wolfram: Mathematische Grundlagen der Informatik, R. Oldenbourg Verlag, München, Wien 1993, 193 Seiten

Polachek, Harry: History of the journal Mathematical tables and other aids to computation, 1959–1 965, in: IEEE Annals of the history of computing, Band 17, 1995, Heft 3, Seiten 67–74

Polak, Yuri: The history of computers and computing in virtual museums, in: John Impagliazzo; Eduard Proydakov (Hg.): Perspectives on Soviet and Russian computing, First IFIP WG 9.7 conference, SoRuCom 2006, Petrozavodsk, Russia, July 3–7, 2006, revised selected papers, Springer, Heidelberg, Dordrecht usw. 2011, Seiten 201–207

Poleni, Giovanni: Ioannis Poleni miscellanea, hoc est I. Dissertatio de barometris, & Thermometris, II. machinae aritmeticae, eiusque usus descriptio, III. de sectionibus conicis parallelorum in horologiis solaribus tractatus, Aloysium Pavinum, Venetiis 1709, VIII, 65 Seiten

Pollack, Seymour V. (Hg.): Studies in computer science, Mathematical association of America, Washington, D.C., 1982, XVII, 388 Seiten (The development of computer science, Seiten 1–51)

Pollems, Rolf E.: Konrad Zuse (1910*). (Kuno See), Ölgemälde an der Ausstellung „Konrad Zuse und die Frühzeit des wissenschaftlichen Rechnens an der ETH", ETH Zürich, 17. Juni–15. Juli 1981, 1 Seite (Liste von 21 Gemälden)

Pook, Leslie Philip: British domestic synchronous clocks 1930–1980. The rise and fall of a technology, Springer international publishing AG Switzerland, Cham, Heidelberg usw. 2015, XVII, 248 Seiten (History of mechanism and machine science, Band 29)

Popitz, Heinrich: Epochen der Technikgeschichte, J. C. B. Mohr (Paul Siebeck), Tübingen 1989, 73 Seiten

Popp, Karl; Stein, Erwin (Hg.): Gottfried Wilhelm Leibniz. Das Wirken des großen Universalgelehrten als Philosoph, Mathematiker, Physiker, Techniker, Universität Hannover, Schlütersche GmbH & Co. KG, Hannover 2000, 140 Seiten (Biografie)

Popplow, Marcus [1986]: Erfindungsschutz und Maschinenbücher: Etappen der Institutionalisierung technischen Wandels in der frühen Neuzeit, in: Technikgeschichte, Band 63, 1996, Heft 1, Seiten 21–46 (Patentwesen)

Popplow, Marcus [2010]: Technik im Mittelalter, Verlag C.H. Beck oHG, München 2010, 128 Seiten

Porter, Arthur: So many hills to climb. My journey as a computer pioneer, Beckham publications, Silver Spring, Maryland, 2004, 420 Seiten (Porters Lebenserinnerungen)

Pösch, Heinrich [1943a]: Bericht über die Erprobung einer Universal-Integriermaschine für gewöhnliche Differentialgleichungen, Institut für praktische Mathematik, Technische Hochschule, Aachen 1943, V, 23 Seiten (Deutsche Luftfahrtforschung Untersuchungen und Mitteilungen, Nr. 723)

Pösch, Heinrich [1943b]: Gebrauchsanweisung der Integriermaschine für Differentialgleichungen, Institut für praktische Mathematik, Technische Hochschule, Aachen 1943, V, 22 Seiten (Deutsche Luftfahrtforschung Untersuchungen und Mitteilungen, Nr. 723/2)

Pösch, Heinrich [1944]: Über den Entwurf von Schaltungen der Universal-Integriermaschine, Institut für praktische Mathematik, Technische Hochschule Aachen, 1944, 57 Seiten, mit Anhang: Beschreibung der Integriermaschine, 32 Seiten (Habilitationsschrift)

Pösch, Heinrich [1947]: Eine automatische Rechenmaschine mittels Röhren, in: Zeitschrift für angewandte Mathematik und Mechanik, Band 25/27, 1947, Heft 5/6, Seiten 140–141

Pösch, Heinrich [1960]: Anleitung zur Programmierung elektronischer Ziffernrechner, R. v. Decker's Verlag, G. Schenk, Hamburg, Berlin 1960, 189 Seiten

Pösch, Heinrich; Fromme, Theodor: Programmorganisation bei kleinen Rechenautomaten mit innerem Programm, in: Zeitschrift für angewandte Mathematik und Mechanik, Band 34, 1954, Heft 8/9, Seiten 307–308

Poser, Stefan: Erst magisch, dann mechanisch und plastisch, in: Ferrum, Heft 72, 2000, Seiten 25–32 (figürliche Automaten)

Post, Emil Leon: On computable numbers, with an application to the Entscheidungsproblem. A critique, in: Brian Jack Copeland (Hg.): The essential Turing. Seminal writings in computing, logic, philosophy, artificial intelligence, and artificial life, plus the secrets of Enigma, Clarendon press, Oxford 2004, Seiten 97–101 (1947)

Posthoff, Christian; Schultz, Konrad: Grundkurs theoretische Informatik, B.G. Teubner Verlagsgesellschaft, Stuttgart, Leipzig 1992, 219 Seiten

Powers (Hg.): Programmgesteuerte Rechenmaschine M9. Technische Daten (Prospekt), o. O., o. J., 4 Seiten

Prasteau, Jean: Les automates, Librairie Gründ, Paris 1968, 192 Seiten (Figurenautomaten, Musikautomaten)

Pratt, Vernon: Thinking machines. The evolution of artificial intelligence, Basil Blackwell, Ltd., Oxford/Basil Blackwell, Inc., New York 1987, XII, 254 Seiten

Preuß, J.; Schmidt-Klingenberg: Wir gehen einen gefährlichen Weg. Rechner-Erfinder Konrad Zuse über Computer und die Angst der Menschen vor der Technik, in: Der Spiegel, Nr. 25, 1985 (4 Seiten)

Priebe, Otto [1953]: Die Anwendungs- und Entwicklungsmöglichkeiten und -grenzen mechanischer Vierspeziesrechenmaschinen, Technische Universität Berlin-Charlottenburg, 1953, 218 Seiten (Dissertation)

Priebe, Otto [1955a]: Rechenmaschinen im Büro. Teil 1, Was muss man von Vierspeziesrechenmaschinen wissen?, Robert Göller Verlag, Baden-Baden 1955, 95 Seiten

Priebe, Otto [1955b]: Rechenmaschinen im Büro. Teil 2, Was muss man von Zweispeziesmaschinen wissen? (Die Addier- und Saldiermaschinen in ihren verschiedenen Ausbaustufen), Robert Göller Verlag, Baden-Baden 1955,160 Seiten

Priebe, Otto [1958]: Rechen- und Fakturiermaschinen in Hannover, in: Bürotechnik und Organisation, 1958, Heft 6, Seiten 428–448

Priestley, Mark [2011]: A science of operations. Machines, logic and the invention of programming, Springer-Verlag, London 2011, IX, 341 Seiten (Kapitel 5: Automating control)

Priestley, Mark [2018a]: Routines of substitution: John von Neumann's work on software development, 1945–1948, Springer international publishing AG Switzerland, Cham 2018, 131 Seiten

Priestley, Mark [2018b]: The mathematical origins of modern computing, in: Sven Ove Hansson (Hg.): Technology and mathematics. Philosophical and historical investigations, Springer international publishing AG, Cham 2018, Seiten 107–135

Primas, Hans; Günthard, Hans Heinrich.: Theorie der Form von Absorptionsbanden suspendierter Substanzen und deren Anwendung auf die Nujolmethode in der Infrarotspektroskopie, in: Helvetica chimica acta, Band 37, 1954, Heft 1, Seiten 360–374 (Untersuchungen mit der Zuse Z4)

Prinz, D. G.; Smith, J. B.: Machines for the solution of logical problems, in: Bertram Vivian Bowden (Hg.): Faster than thought. A symposium on digital computing machines, Pitman publishing, London 1953, Nachdruck 1971, Seiten 181–198

Prinz, Ina (Hg.) [2013a]: Rechenschieber im Arithmeum. Die Sammlung Schuitema, Arithmeum, Forschungsinstitut für diskrete Mathematik, Universität Bonn, Bonn 2013, 244 Seiten (Rechenwalzen und Rechenscheiben, Seiten 125–132; Rechenschieber und Taschenrechner, Seiten 213–217)

Prinz, Ina (Hg.) [2013b]: Slide rules in the Arithmeum. The Schuitema collection, Arithmeum, Forschungsinstitut für diskrete Mathematik, Universität Bonn/Nicolai, Berlin 2013, 244 Seiten

Prinz, Ina (Hg.) [2015]: Rechnen mit Perlen. Der Abakus und seine Geschichte, Arithmeum, Bonn/ Nicolai, Berlin 2015, 114 Seiten (Ausstellungskatalog)

Prinz, Ina (Hg.) [2017]: 300 Jahre logarithmisches Rechnen in deutschen Landen, Arithmeum im Forschungsinstitut für diskrete Mathematik, Universität Bonn, Bonn 2017, 174 Seiten (Ausstellungskatalog)

Prinz, Ina [2009]: Rechnen wie die Meister. Die Rechenbücher von Johannes Widmann, Adam Ries, Christoff Rudolff und Johann Albrecht, Nicolaische Verlagsbuchhandlung GmbH, Berlin 2009, VII, 239 Seiten

Prinz, Ina [2011]: Rechenbücher der frühen Neuzeit in der bibliophilen Sammlung des Arithmeums, in: Rainer Gebhardt (Hg.): Kaufmanns-Rechenbücher und mathematische Schriften der frühen Neuzeit, Adam-Ries-Bund, Annaberg-Buchholz 2011, Seiten 169–190

Proceedings of the IRE, Band 41, 1953, Heft 10, Seiten 1217–1519: 41 Aufsätze zur Informatik

Procházka, Antonín: Napierovy logaritmy, Matematicko-fyzikální fakulta, Univerzita Karlova, Praha 2019, III, 90 Seiten (Napier's logarithms)

Proebster, Walter E. [1953]: Parallelrechenwerk mit festem Komma, in: Ludwig Biermann (Hg.): Vorträge über Rechenanlagen. Gehalten in Göttingen, 19.–21. März 1953, Max-Planck-Institut für Physik, Göttingen 1953, Seiten 102–106

Proebster, Walter E. [1955]: Das Paralleladdierwerk der Perm, in: Elektronische Rundschau, Band 9, 1955, Heft 10, Seiten 353–359 (Perm: programmgesteuerte elektronische Rechenanlage München)

Proebster, Walter E. [1956]: Dezimal-binär-Konvertierung mit gleitendem Komma, in: Johannes Wosnik; Alwin Walther; Walter Hoffmann (Hg.): Elektronische Rechenmaschinen und Informationsverarbeitung. Nachrichtentechnische Fachberichte. Beihefte der NTZ, Band 4, 1956, Seiten 120–122

Proebster, Walter E. [1959]: Dünne magnetische Schichten als Speicher- und Schaltkreiselemente, in: Elektronische Rechenanlagen, Band 1, 1959, Heft 4, Seiten 164–171

Professional group on electronic computers (PGEC) [1956a]: Symposium on the impact of computers on science and society, in: Transactions of the IRE, professional group on electronic computers, Band EC-5, 1956, Heft 3, Seiten 142–158

Professional group on electronic computers (PGEC) [1956b]: Symposium. The design of machines to simulate the behavior of the human brain, in: Transactions of the IRE, professional group on electronic computers, Band EC-5, 1956, Heft 4, Seiten 240–255 (künstliche Intelligenz)

Prölß, Otto: Graphisches Rechnen, Verlag und Druck von B. G. Teubner, Leipzig, Berlin 1920, 104 Seiten

Pröse, Michael: Chiffriermaschinen und Entzifferungsgeräte im Zweiten Weltkrieg. Technikgeschichte und informatikhistorische Aspekte, m press, München 2006, 269 Seiten

Protz, Albert [1940a]: Beiträge zur Geschichte der mechanischen Musikinstrumente im 16. und 17. Jahrhundert, Friedrich-Wilhelms-Universität Berlin/Satz und Druck von Chr. Scheufele, Stuttgart 1940, 87, XXI Seiten (Dissertation) (u.a. Salomon de Caus, Robertus de Fluctibus, Athanasius Kircher, Caspar Schott)

Protz, Albert [1940b]: Mechanische Musikinstrumente, Bärenreiter-Verlag, Kassel 1940, 106 Seiten, 2 Seiten (Notenbeilage), 40 Bildtafeln (ergänzte Ausgabe der Dissertation) (astronomische Monumentaluhren, Turmglockenspiele, mechanische Musikinstrumente aus dem 16., 17., 18. und 19. Jahrhundert)

Proudfoot, Christopher: Grammophone und Phonographen, Verlag Georg D. W. Callwey, München 1981, 120 Seiten

Proust, Christine; Steele, John M. (Hg.): Scholars and scholarship in late Babylonian Uruk, Springer Nature Switzerland AG, Cham 2019, X, 274 Seiten (Tagungsband)

Pschibl, Günter: Auf der Spur der Siriuswerke, in: Historische Bürowelt, Dezember 2002, Heft 63, Seiten 3–5

Pugh, Emerson W.: Building IBM. Shaping an industry and its technology, MIT press, Cambridge, Massachusetts, London 1995, XVI, 405 Seiten

Pugh, Emerson W.; Aspray, William: Creating the computer industry, in: IEEE Annals of the history of computing, Band 18, 1996, Heft 2, Seiten 7–17

Puhle, Matthias (Hg.): Von der Erfindung der Zahl zum Computer, Magdeburger Museen, Magdeburg 1992, 84 Seiten (Aufsatz von Gerd Biegel: Von der Erfindung der Zahl zum Computer, Seiten 7–74)

Puig-Adam, P. [1953a]: Transformées de Laplace des fonctions empiriquement données, in: Joseph Pérès (Hg.): Les machines à calculer et la pensée humaine, Paris, 8–13 janvier 1951, Colloques internationaux du Centre national de la recherche scientifique, Nr. 37, Editions du Centre national de la recherche scientifique (CNRS), Paris 1953, Seiten 263–278

Puig-Adam, P. [1953b]: Les systèmes linéaires rétroactifs en chaine et les fractions continues, in: Joseph Pérès (Hg.): Les machines à calculer et la pensée humaine, Paris, 8–13 janvier 1951,

Colloques internationaux du Centre national de la recherche scientifique, Nr. 37, Editions du Centre national de la recherche scientifique (CNRS), Paris 1953, Seiten 495–513

Pullan, J. M.: The history of the abacus, Hutchinson & Co (publishers) Ltd, London, Melbourne usw. 1968, XIII, 127 Seiten (mit Bedienungshinweisen fürs Rechenbrett)

Puschert, Walter: Planetenbewegungen auf astronomischen Uhren, in: Manfred Schukowski; Uta Jahnke; Wolfgang Fehlberg (Hg.): Mittelalterliche astronomische Großuhren. Internationales Symposium in Rostock, 25. bis 28. Oktober 2012, Akademische Verlagsanstalt, Leipzig 2014, Seiten 155–174 (Schwilgué)

Püttmann, Thomas: Der Seilcomputer Kelvin, in: Mitteilungen der Deutschen Mathematiker-Vereinigung, Band 22, 2014, Heft 4, Seiten 222–225

Putz, W., u.a. (Hg.): Lueger Lexion der Technik, Band 2: Grundlagen der Elektrotechnik und Kerntechnik, Deutsche Verlags-Anstalt GmbH, Stuttgart, 4., vollständig neu bearbeitete und erweiterte Auflage 1960, XII, 624 Seiten

Pyatt, Edward: The National physical laboratory. A history, Adam Hilger, Ltd., Bristol 1983, X, 270 Seiten

Q

Quatrepoint, Jean-Michel; Jublin, Jacques; Arnaud, Danielle: French ordinateurs de l'affaire Bull à l'assassinat du plan calcul, Éditions Alan Moreau, Paris 1976, 333 Seiten

R

Rabinovich, Zinoviy L.: The work of Sergey Alekseevich Lebedev in Kiew and its subsequent influence of further scientific progress there, in: John Impagliazzo; Eduard Proydakov (Hg.): Perspectives on Soviet and Russian computing, First IFIP WG 9.7 conference, SoRuCom 2006, Petrozavodsk, Russia, July 3–7, 2006, revised selected papers, Springer, Heidelberg, Dordrecht usw. 2011, Seiten 1–5 (Lebedev: Mesm, Besm)

Rademacher, Hans: On the accumulation of errors in numerical integration on the Eniac, in: Martin Campbell-Kelly; Michael Roy Williams (Hg.): The Moore school lectures. Theory and techniques for design of electronic digital computers (held at the Moore school of electrical engineering of the University of Pennsylvania during July and August 1946), MIT press, Cambridge, Massachusetts, London/Tomash publishers, Los Angeles, San Francisco 1985, Seiten 223–238

Radkau, Joachim: Technik in Deutschland. Vom 18. Jahrhundert bis heute, Campus Verlag GmbH, Frankfurt, New York 2008, 533 Seiten (Abschnitt über Weltausstellungen: Seiten 161–169)

Rajaraman, Vaidyeswaran [2012]: History of computing in India (1955–2010), Indian institute of science, Bangalore 2012, III, 88 Seiten (IEEE Computer society)

Rajaraman, Vaidyeswaran [2015]: History of computing in India (1955–2010), in: IEEE Annals of the history of computing, Band 37, 2015, Heft 1, Seiten 24–35

Rajchman, Jan Aleksander [1947]: The selectron – a tube for selective electrostatic storage, in: Mathematical tables and other aids to computation, Band 2, Oktober 1947, Heft 20, Seiten 359–361

Rajchman, Jan Aleksander [1953]: A myriabit magnetic-core matrix memory, in: Proceedings of the IRE, Band 41, 1953, Heft 10, Seiten 1407–1421

Rajchman, Jan Aleksander [1980]: Early research on computers at RCA, in: Nicholas Constantine Metropolis; Jack Howlett; Gian-Carlo Rota (Hg.): A history of computing in the twentieth century. A collection of essays, Academic press, New York, London usw. 1980, Seiten 465–469 (RCA = Radio corporation of America)

Rajchman, Jan Aleksander [1985a]: The selectron, in: Martin Campbell-Kelly; Michael Roy Williams (Hg.): The Moore school lectures. Theory and techniques for design of electronic digital computers (held at the Moore school of electrical engineering of the University of Pennsylvania during July and August 1946), MIT press, Cambridge, Massachusetts, London/Tomash publishers, Los Angeles, San Francisco 1985, Seiten 497–513

Rajchman, Jan Aleksander [1985b]: The selectron – a tube for selective electrostatic storage, in: Proceedings of a symposium on large-scale digital calculating machinery, Cambridge, Massachusetts, 7.–10. Januar 1947, MIT press, Cambridge, Massachusetts, London/Tomash publishers, Los Angeles, San Francisco 1985, Seiten 133–145

Rajchman, Jan Aleksander; Morton, G. A.; Vance, A. W.: Report on electronic predictors for anti-aircraft fire control, in: Brian Randell (Hg.): The origins of digital computers. Selected papers, Springer-Verlag, Berlin, Heidelberg usw., 3. Auflage 1982, Seiten 345–347

Ralston, Anthony; Reilly, Edwin D. (Hg.): Encyclopedia of computer science, Nature publishing Group, London 2000, 4. Auflage, 2034 Seiten

Ramge, Thomas: Mensch und Maschine. Wie künstliche Intelligenz und Roboter unser Leben verändern, Philipp Reclam jun. GmbH & Co. KG, Ditzingen 2018, 96 Seiten

Ramm, Jasmin: Brunsviga. Gehirn von Stahl. Rechenmaschinen aus Braunschweig, Braunschweigisches Landesmuseum, Braunschweig 2008, 39 Seiten

Ramm-Ernst, Jasmin: Stahlgehirne. Mechanische Rechenmaschinen als eine neue Form von Technik (ca. 1850–1930) am Beispiel des Fabrikats Brunsviga. Deutscher Apotheker Verlag, Stuttgart 2015, 283 Seiten

Ramm-Ernst, Jasmin; Reese, Martin: Rema in Braunschweig 1916–1927. Firmengeschichte, Maschinen und Patente, in: Historische Bürowelt, Juli 2012, Heft 88, Seiten 14–23

Ramsayer, K.: Die Funktionsrechenmaschine, in: Zeitschrift für angewandte Mathematik und Mechanik, Band 30, 1950, Heft 8/9, Seiten 294–295

Ramunni, Girolamo (Hg.): Et l'homme... créa le robot, Musée des arts et métiers, Paris/Somogy éditions d'art, Paris 2012, 144 Seiten (Ausstellungskatalog)

Ramunni, Girolamo [1988]: Louis Couffignal (1902–1966): un pionnier de l'informatique en France?, in: Philippe Chatelin (Hg.): Colloque sur l'histoire de l'informatique en France, Grenoble, 3–4–5 mai 1988, CRNS, Grenoble 1988, Band 2, Seiten 393–418

Ramunni, Girolamo [1989]: Louis Couffignal, 1902–1966: Informatics pioneer in France?, in: Annals of the history of computing, Band 11, 1989, Heft 4, Seiten 247–256

Ramunni, Jérôme: La physique du calcul: Histoire de l'ordinateur, Hachette, Paris 1989, 287 Seiten

Rance, David G.: The mystery of the disappearing bakelite, in: Journal of the Oughtred society, Band 19, 2010, Heft 1, Seiten 17–26

Randell, Brian (Hg.): The origins of digital computers. Selected papers, Springer-Verlag, Berlin, Heidelberg usw., 3. Auflage 1982, XVI, 580 Seiten

Randell, Brian [1971]: Ludgate's analytical machine of 1909, in: The computer journal, Band 14, 1971, Heft 3, Seiten 317–326

Randell, Brian [1972]: On Alan Turing and the origins of digital computers, in: Bernard Meltzer; Donald Michie (Hg.): Machine Intelligence 7, Edinburgh university press, Edinburgh 1972, Seiten 3–20

Randell, Brian [1977]: Colossus: godfather of the computer, in: New Scientist, Band 73, 10. Februar 1977, Heft 1038, Seiten 346–348

Randell, Brian [1979a]: An annotated bibliography on the origins of computers, in: Annals of the history of computing, Band 1, 1979, Heft 2, Seiten 101–207

Randell, Brian [1979b]: La genèse des calculateurs électroniques, in: Maurice Daumas (Hg.): Histoire générale des techniques, Presses universitaires de France, Paris 1979, Band 5, Seiten 437–473

Randell, Brian [1980a]: The colossus, in: Nicholas Constantine Metropolis; Jack Howlett; Gian-Carlo Rota (Hg.): A history of computing in the twentieth century. A collection of essays, Academic press, New York, London usw. 1980, Seiten 47–92

Randell, Brian [1980b]: The origins of digital computers: Supplementary bibliography, in: Nicholas Constantine Metropolis; Jack Howlett; Gian-Carlo Rota (Hg.): A history of computing in the twentieth century. A collection of essays, Academic press, New York, London usw. 1980, Seiten 629–653

Randell, Brian [1982]: Colossus: Godfather of the computer, in: Brian Randell (Hg.): The origins of digital computers. Selected papers, Springer-Verlag, Berlin, Heidelberg usw., 3. Auflage 1982, Seiten 349–354

Randell, Brian [1994]: The origins of computer programming, in: IEEE Annals of the history of computing, Band 16, 1994, Heft 4, Seiten 6–14

Randell, Brian [2006]: Of men and machines, in: Brian Jack Copeland (Hg.): Colossus. The secrets of Bletchley Park's codebreaking computers, Oxford University Press, Oxford 2006, Seiten 141–149

Randell, Brian [2012]: A Turing enigma, in: Maciej Koutny; Irek Ulidowsky (Hg.): Concur 2012 – Concurrency theory, 23rd International conference 4.–7. September 2012, Newcastle upon Tyne, Springer, Berlin, Heidelberg 2012, Seiten 23–36

Rankin, Joy Lisi: A people's history of computing in the United States, Harvard university press, Cambridge, Massachusetts 2018, IX, 325 Seiten

Raper, Richard: A history of technology, Band 8: Consolidated indexes, Oxford University Press, Oxford usw. 1984, IX, 232 Seiten

Rapp, Friedrich (Hg.): Technik und Philosophie, VDI-Verlag GmbH, Düsseldorf 1990, XVIII, 338 Seiten (Technik und Kultur, Band 1)

Rashed, Roshdi: Classical mathematics from al-Kwārizmī to Descartes, Routledge, New York, Abingdon, Oxon 2015, XVI, 749 Seiten

Ratcliff, J. R.: Samuel Morland and his calculating machines c. 1666: the early career of a courtier-inventor in restoration London, in: British journal for the history of science, Band 40, 2007, Heft 2, Seiten 159–179

Rathgeb, Martin; Helmerich, Markus; Krömer, Ralf; Lengnik, Katja; Nickel, Gregor (Hg.): Mathematik im Prozess. Philosophische, historische und didaktische Perspektiven, Springer Fachmedien Wiesbaden 2013, XII, 366 Seiten (Tagungsband)

Rausch, Manuela [2006]: Die programmgesteuerten Automaten des Heron von Alexandria, Examicus GmbH & Co. KG, Frankfurt 2006, IV, 87, XV Seiten (Diplomarbeit)

Rausch, Manuela [2012]: Heron von Alexandria. Die Automatentheater und die Erfindung der ersten antiken Programmierung, Diplomica Verlag GmbH, Hamburg 2012, 78 Seiten

Raussen, Martin; Skau, Christian (Hg.): Interviews with the Abel prize laureates 2003–2016, Europan mathematical society publishing house, Zürich 2017, XIII, 287 Seiten

Raymond, François-Henri [1953]: Conceptions générales d'opérateurs mathématiques électroniques, in: Joseph Pérès (Hg.): Les machines à calculer et la pensée humaine, Paris, 8–13 janvier 1951, Colloques internationaux du Centre national de la recherche scientifique, Nr. 37, Editions du Centre national de la recherche scientifique (CNRS), Paris 1953, Seiten 185–208 (Société d'électronique et d'automatisme, Paris-Courbevoie)

Raymond, François-Henri [1989]: An adventure with a sad ending: The SEA, in: Annals of the history of computing, Band 11, 1989, Heft 4, Seiten 263–277

Raynaud, Dominique (Hg.): Géométrie pratique. Géomètres, ingénieurs et architectes XVIe–XVIIIe siècle, Presses universitaires de Franche-Comté, Besançon 2015, 147 Seiten

Rayward, W. Boyd; Bowden, Mary Ellen (Hg.): The history and heritage of scientific and technological information systems, Proceedings of the 2002 conference, Information today, Inc., Medford, New Jersey 2004, XV, 423 Seiten

Rebstock, Ulrich: Rechnen im islamischen Orient. Die literarischen Spuren der praktischen Rechenkunst, Wissenschaftliche Buchgesellschaft, Darmstadt 1992, XIX, 328 Seiten

Rechsteiner, Martin: Der Walzenrechner, in: St. Galler Tagblatt. Ausgabe für die Region Rorschach, 25. Juli 2016, Seite 21 (Lokalteil für die Region Rorschach)

Rediadis, Perikles: Der Astrolabos von Antikythera, Beck & Barth, Athen 1903, 10 Seiten

Redmond, Kent C.; Smith, Thomas Malcolm [1980]: Project Whirlwind. The history of a pioneer computer, Digital press, Bedford, Massachusetts 1980, XV, 280 Seiten

Redmond, Kent C.; Smith, Thomas Malcolm [2000]: From Whirlwind to Mitre. The R&D story of the Sage air defense computer, MIT press, Cambridge, Massachusetts, London 2000, XI, 535 Seiten

Reenskaug, Trygve: Applications and technologies for maritime and offshore industries, in: Janis Bubenko; John Impagliazzo; Arne Sølvberg (Hg.): History of Nordic computing. IFIP WG 9.7 first working conference on the history of Nordic computing (HiNC1), June 16–18, 2003, Trondheim, Norway, Springer science+business media, Inc., New York 2005, Seiten 369–390

Rees, Mina: The computing program of the Office of naval research, 1946–1953, in: Communications of the ACM, Band 30, 1987, Heft 10, Seiten 831–848

Reese, Martin [1995a]: Geschichte der Alpina-Werke Kaufbeuren und der Alpina-Universalrechenmaschine, in: Historische Bürowelt, Juni 1995, Heft 42, Seiten 22–28

Reese, Martin [1995b]: Die Firma Otto Meuter & Sohn: Rechenapparate und Rechenmaschinen für den kleinen Mann, in: Historische Bürowelt, September 1995, Heft 43, Seiten 19–31

Reese, Martin [1997]: Ergänzungen zur Geschichte der Walther-Werke in Zella-Mehlis, Hamburg und Niederstotzingen, in: Historische Bürowelt, 1997, Heft 49, Seiten 11–24

Reese, Martin [1999a]: Die Addiermaschine „Argenta“, ein Plagiat der „Lipsia Addi 7“ aus Delmenhorst/Bremen, in: Historische Bürowelt, 1999, Heft 54, Seiten 13–20

Reese, Martin [1999b]: Emil Schubert: Firmengründer und Konstrukteur der „Thales“- und „Schubert“-Sprossenradmaschinen, in: Historische Bürowelt, 1999, Heft 56, Seiten 13–22 (Teil 1)

Reese, Martin [2000a]: Emil Schubert: Firmengründer und Konstrukteur der „Thales“- und „Schubert“-Sprossenradmaschinen, in: Historische Bürowelt, 2000, Heft 57, Seiten 9–16 (Teil 2)

Reese, Martin [2000b]: Emil Schubert: Firmengründer und Konstrukteur der „Thales“- und „Schubert“-Sprossenradmaschinen, in: Historische Bürowelt, 2000, Heft 58, Seiten 10–15 (Teil 3)

Reese, Martin [2002]: Neue Blicke auf alte Maschinen. Zur Geschichte mechanischer Rechenmaschinen, Verlag Dr. Kovac, Hamburg 2002, 211 Seiten (Internationales Forum historische Bürowelt)

Reese, Martin [2003]: Vor 100 Jahren. Peerless und Badenia, in: Historische Bürowelt, Dezember 2003, Heft 66, Seiten 15–16

Reese, Martin [2005]: Mit dieser Maschine nahm die automatische Multiplikation ihren kommerziellen Anfang. Stopp-Multiplikation der Peerless Rapid, in: Historische Bürowelt, April 2005, Heft 70, Seiten 6–8

Reese, Martin [2007]: Erfolgreicher Rechenmaschinenentwickler. Er entwarf als Erster einen Printing Calculator für Astra und den Kienzle-Buchungsautomaten. Lorenz Maier (1906–1977), in: Historische Bürowelt, Januar 2007, Heft 75, Seiten 16–20

Reese, Martin [2008]: Die Rechenmaschinen der Firma Komet. Hoffnungsvoller Aufstieg – spurloses Versinken, in: Historische Bürowelt, Dezember 2008, Heft 79, Seiten 5–9

Reese, Martin [2010a]: 55 erfolgreiche Jahre: Madas-Rechenautomaten aus der Schweiz 1913–1968, in: Historische Bürowelt, Juni 2010, Heft 82, Seiten 15–22

Reese, Martin [2010b]: 55 erfolgreiche Jahre. Madas-Rechenautomaten aus der Schweiz 1913–1968, 12 Seiten, www.rechnerlexikon.de

Reese, Martin [2010c]: All over the world. Contex-Rechenmaschinen, in: Historische Bürowelt, Dezember 2010, Heft 83, Seiten 3–9

Reese, Martin [2012]: Dacometer. Eine beeindruckende Addiermaschine aus Dänemark mit unbekanntem Zykloid-Getriebe aus den USA, in: Historische Bürowelt, Oktober 2012, Heft 89, Seiten 16–20

Reese, Martin [2013]: „Autarith" 1906. Erste elektrisch angetriebene, vollautomatische Rechenmaschine der Welt. Ihr Konstrukteur Alexander Rechnitzer, ein wichtiger Vordenker, gerät zu Unrecht in Vergessenheit, in: Historische Bürowelt, April 2013, Heft 91, Seiten 3–13

Reese, Martin [2014a]: Hugo Cordt und Ernst Kuhrt. Zwei Konstrukteure, ihre Maschinen und ihre gemeinsame Buchungsmaschine, in: Historische Bürowelt, Juli 2014, Heft 96, Seiten 19–28

Reese, Martin [2014b]: Zur Person: Der unbekannte Chr. Haman, in: Historische Bürowelt, September 2014, Heft 97, Seiten 11–18

Reese, Martin [2014c]: Aus Schreibmaschinen wurden „Rechner", in: Historische Bürowelt, Dezember 2014, Heft 98, Seiten 12–17

Reese, Martin [2015a]: Woldemar Heinitz: Fabrikant und Konstrukteur der Monopol-Rechenmaschinen, der Monopol-Kassen und des Comptators, in: Historische Bürowelt, April 2015, Heft 99, Seiten 8–13

Reese, Martin [2016a]: Weltreise einer „Millionär" von Zürich nach San Francisco – und 60 Jahre später zurück nach Hamburg, in: Historische Bürowelt, 2016, Heft 103, Seiten 9–12

Reese, Martin [2016b]: Vaucanson aus Nordfrankreich, in: Historische Bürowelt, 2016, Heft 104, Seiten 3–5

Reese, Martin [2016c]: Technische Originalzeichnungen: das Rückgrat jeder Maschinenproduktion, in: Historische Bürowelt, 2016, Heft 106, Seiten 8–12

Reese, Martin [2016d]: „Teetzmann", „Orga-Constant" und der Mechaniker Wilhelm Augustin, in: Historische Bürowelt, 2016, Heft 106, Seiten 18–20

Reese, Martin [2017]: Die Walther 600 – und ihre Abkömmlinge, in: Historische Bürowelt, Dezember 2017, Heft 110, Seiten 7–10

Reese, Martin [2018a]: Siemag-Multiquick, eine Badenia TAV 13 duplex für den elektrischen Datentransfer, in: Historische Bürowelt, April 2018, Heft 111, Seiten 7–10

Reese, Martin [2018b]: Rheinmetall – Rechenmaschinen nach dem Sandwich-Prinzip, in: Historische Bürowelt, April 2018, Heft 111, Seiten 11–15

Reese, Martin [2018c]: Brunsvigas Sondermodelle um 1910, in: Historische Bürowelt, Juli 2018, Heft 112, Seiten 8–9

Reese, Martin [2018d]: Mitterhofers Schreibmaschine aus Meran passt (fast) in das Schreibmaschinen-Gehäuse aus Partschins, in: Historische Bürowelt, Juli 2018, Heft 112, Seiten 24–28

Reese, Martin [2018e]: Das Computer-Museum der Fachhochschule Kiel, in: Historische Bürowelt, September 2018, Heft 113, Seiten 17–19

Reese, Martin [2018f]: Anita – erster elektronischer Tischrechner, in: Historische Bürowelt, Dezember 2018, Heft 114, Seiten 7–11

Reese, Martin [2018g]: Logos 27– Olivettis Höhepunkt mechanischer Maschinenkunst, in: Historische Bürowelt, Dezember 2018, Heft 114, Seiten 22–25

Reese, Martin [2019a]: Precisa intern. Die schwierigen Jahre 1935–1950, Teil 1, in: Historische Bürowelt, April 2019, Heft 115, Seiten 16–22

Reese, Martin [2019b]: Precisa intern. Die schwierigen Jahre 1935–1950, Teil 2, in: Historische Bürowelt, Juli 2019, Heft 116, Seiten 3–8

Reese, Martin [2019c]: Hans Sabielny (1882–1965), in: Historische Bürowelt, September 2019, Heft 117, Seiten 3–11

Reese, Martin [2019d]: Als die Ketten-Addiergeräte nach Deutschland kamen, in: Historische Bürowelt, Dezember 2019, Heft 118, Seiten 11–17

Reese, Martin; Anthes, Erhard: Hugo Bunzel, Wien. Geschichte eines Pioniers, in: Historische Bürowelt, April 2012, Heft 87, Seiten 19–27

Reese, Martin; Haertel, Peter: Ein nicht unwesentlicher Irrtum. Numeria – nur scheinbar eine Monroe-Tochter, in: Historische Bürowelt, Dezember 2007, Heft 77, Seiten 3–5

Reese, Martin; Lange, Werner [1994]: Die Geschichte der Marchant-Rechenmaschinen GmbH in Hamburg , in: Historische Bürowelt, Juni 1994, Heft 38, Seiten 23–31

Reese, Martin; Lange, Werner [1998a]: Die Geschichte der Firma „Hannovera". Eine Odyssee von Menschen und Maschinen von Peine über Berlin, Zürich, Franken, Hamburg nach Gengenbach, in: Historische Bürowelt, 1998, Heft 51, Seiten 20–30 (Teil 1)

Reese, Martin; Lange, Werner [1998b]: Die Geschichte der Firma „Hannovera". Eine Odyssee von Menschen und Maschinen von Peine über Berlin, Zürich, Franken, Hamburg nach Gengenbach, in: Historische Bürowelt, 1998, Heft 52, Seiten 16–26 (Teil 2)

Reese, Martin; Schneemann, Herbert: Abgesichert durch 1600 Seriennummern und aktuelle Fakten. Eine neue Brunsviga-Tabelle, in: Historische Bürowelt, April 2011, Heft 84, Seiten 12–21

Reese, Martin; Vande Velde, Cris; Guérin, Julien: Die Rechenmaschine „Dactyle" und ihre Beziehungen zu Deutschland, Kalifornien, England und der Schweiz, in: Historische Bürowelt, 2017, Heft 107, Seiten 3–11 (Rechenmaschine von J. Goldschmidt)

Regenass, Peter: Millionaire-Rechenmaschine, Schweizer Präzisionsmechanik vor über 120 Jahren, in: Histec Journal, 2015, Heft 4, Seiten 20–24

Rehbein, Reinhold [2005a]: Aus der Geschichte der Lochkartenmaschine. Volkszählung inspirierte Hollerith, in: Historische Bürowelt, April 2005, Heft 70, Seiten 11–16 (Teil 1)

Rehbein, Reinhold [2005b]: Aus der Geschichte der Lochkartenmaschine. Volkszählung inspirierte Hollerith, in: Historische Bürowelt, September 2005, Heft 71, Seiten 18–20 (Teil 2)

Rehbock, Fritz: Rechenmaschinen, in: Die Naturwissenschaften, Band 15, 1927, Heft 33, Seiten 673–677

Rehm, Albert; Vogel, Kurt: Exakte Wissenschaften, in: Alfred Gercke; Eduard Norden (Hg.): Einleitung in die Altertumswissenschaft, Band 2, Teil 2, Verlag und Druck von B. G. Teubner, Leipzig, Berlin, 4. Auflage 1933, 78 Seiten

Reich, E. [1908]: Das Rückwärtseinschneiden mittels der Rechenmaschine und der natürlichen trig. Zahlen, in: Zeitschrift des Vereins Schweizerischer Konkordatsgeometer, Band 6, 1908, Heft 5, Seiten 73–78

Reich, E. [1942]: Altes und neues vom Maschinenrechnen, in: Schweizerische Zeitschrift für Vermessungswesen und Kulturtechnik, Band 40, 1942, Heft 10, Seiten 233–241

Reich, Karin: Gemeinnützige Mathematik – Mathematik als Wissenschaft. Ein spannungsreiches Verhältnis auch im 16. Jahrhundert, in: Jürgen Kiefer; Karin Reich (Hg.): Gemeinnützige Mathematik. Adam Ries und seine Folgen, Verlag der Akademie gemeinnütziger Wissenschaften zu Erfurt 2003, Seiten 201–221

Reich, Ulrich: Rechentische, -bretter und -tücher. Originale und Nachbauten, in: Rainer Gebhardt (Hg.): 500 Jahre erstes Rechenbuch von Adam Ries, Adam-Ries-Bund, Annaberg-Buchholz 2018, Seiten 57–64

Reidemeister, Kurt [1940]: Die Arithmetik der Griechen, Verlag und Druck von B. G. Teubner, Leipzig, Berlin 1940, 31 Seiten

Reidemeister, Kurt [1972]: Das exakte Denken der Griechen, Wissenschaftliche Buchgesellschaft, Darmstadt 1972, 108 Seiten

Reilly, Edwin D.: Milestones in computer science and information technology, Greenwood press, Westport, Connecticut, London 2003, X, 381 Seiten

Reimer, David: Count like an Egyptian: A hands-on introduction to ancient mathematics, Princeton university press, Princeton, New Jersey, Oxford 2014, XV, 237 Seiten (Multiplikation: Seiten 6–9, 22–30, 201–206)

Reinecke H.: Neuere Entwicklungen mechanischer Rechenmaschinen, in: Martin Graef (Hg.): 350 Jahre Rechenmaschinen, Carl Hanser-Verlag, München 1973, Seiten 43–50

Reinefeld, Alexander: Entwicklung der Spielbaum-Suchverfahren: Von Zuses Schachhirn zum modernen Schachcomputer, in: Wolfgang Reisig; Johann-Christoph Freytag (Hg.): Informatik. Aktuelle Themen im historischen Kontext, Springer-Verlag, Berlin, Heidelberg 2006, Seiten 241–273

Reinhardt, Volker: Leonardo da Vinci. Das Auge der Welt, Verlag C.H. Beck oHG, München 2018, 383 Seiten (Biografie)

Reisch, Gregor: Margarita philosophica, Stern-Verlag Janssen & Co, Düsseldorf 1973, XLIV, VI, 583 Seiten (mit Bild: Gegenüberstellung des Linienrechnens mit Rechentisch und des schriftlichen Rechnens mit indo-arabischen Ziffern)

Reischuk, Karl Rüdiger [1990]: Einführung in die Komplexitätstheorie, B.G. Teubner, Stuttgart 1990, XVII, 413 Seiten

Reischuk, Karl Rüdiger [1999]: Komplexitätstheorie, Band 1: Grundlagen. Maschinenmodelle, Zeit- und Platzkomplexität, Nichtdeterminismus, B.G. Teubner, Stuttgart, Leipzig, 2., völlig neu bearbeitete und erweiterte Auflage 1999, XVII, 355 Seiten

Reisig, Wolfgang; Freytag, Johann-Christoph (Hg.): Informatik. Aktuelle Themen im historischen Kontext, Springer-Verlag, Berlin, Heidelberg 2006, VIII, 345 Seiten

Reiß, Werner: Johann Strauß meets Elvis. Musikautomaten aus zwei Jahrhunderten, Arnoldsche art publishers, Stuttgart 2003, 382 Seiten (Ausstellungsführer)

Reiter, Edna E.; Johnson, Clayton Matthew: Limits of computation. An introduction to the undecidable and the intractable, CRC press, Boca Raton, Florida, London usw. 2013, XIX, 259 Seiten

Reitwiesner, George W.: The first operating system for the Edvac, in: IEEE Annals of the history of computing, Band 19, 1997, Heft 1, Seiten 55–59

Reitz, F. H. [1878]: Correctur des Amsler'schen Planimeters und Construction zweier neuer Varietäten desselben, in: Zeitschrift für Vermessungswesen, Band 17, 1878, Heft 5, Seiten 249–266

Reitz, F. H. [1882]: Planimeter Patent Hohmann-Coradi, in: Zeitschrift für Vermessungswesen, Band 11, 1882, Heft 20, Seiten 523–527

Reitz, F. H. [1884]: Rollplanimeter, Patent Hohmann-Coradi, in: Zeitschrift für Vermessungswesen, Band 13, 1884, Heft 20, Seiten 479–482

Rejewski, Marian [1985a]: Summary of our methods for reconstructing Enigma and reconstructing daily keys, and of German efforts to frustate those methods, in: Wladyslaw Kozaczuk (Hg.): Enigma. How the German machine cipher was broken, and how it was read by the allies in the World War II, University publications of America, Inc., Frederick, Maryland, 1985, Seiten 241–245

Rejewski, Marian [1985b]: How the Polish mathematicians broke Enigma, in: Wladyslaw Kozaczuk (Hg.): Enigma. How the German machine cipher was broken, and how it was read by the allies in the World War II, University publications of America, Inc., Frederick, Maryland, 1985, Seiten 246–271

Rejewski, Marian [1985c]: The mathematical solution of the Enigma cipher, in: Wladyslaw Kozaczuk (Hg.): Enigma. How the German machine cipher was broken, and how it was read by the allies in the World War II, University publications of America., Inc., Frederick, Maryland, 1985, Seiten 272–291

Rejewski, Marian [1989]: Das Lösen des Rätsels „Enigma" durch die polnischen Mathematiker, in: Wladyslaw Kozaczuk (Hg.): Geheimoperation Wicher. Polnische Mathematiker knacken den deutschen Funkschlüssel „Enigma", Karl Müller Verlag, Erlangen 1989, Seiten 260–290

Remington Rand (Hg.) [1957]: Univac 120. Programmierung mittels Lochkarten, in: MTW-Mitteilungen, Band 4, 1957, Heft 3, Seiten 201–202

Remington Rand (Hg.) [1958]: Dokumentation zur M9. Sammlung Fred Winteler, Zürich 1955–1958 (im Museum für Kommunikation, Bern)

Remington Rand (Hg.): M9. Panneau-Punkte. Programmierungsunterlagen. Relais-Liste, Zürich, o. J.
Remington Rand (Hg.): Programmschalttafel (M9), Remington Rand AG, Lochkartenmaschinen Zürich, o. J., 4 Seiten
Remmert, Volker R.; Schneider, Martina R.; Sørensen, Henrik Kragh (Hg.): Historiography of mathematics in the 19th and 20th centuries, Springer international publishing AG Switzerland, Cham 2016, X, 276 Seiten
Renwick, William: The Edsac demonstration, in: Michael Roy Williams; Martin Campbell-Kelly (Hg.): The early British computer conferences, MIT press, Cambridge, Massachusetts, London/ Tomash publishers, Los Angeles, San Francisco 1989, Seiten 21–26
Repsold, Johann Adolf [1908]: Zur Geschichte der astronomischen Messwerkezuge von Purbach bis Reichenbach, 1450 bis 1830, Verlag von Wilhelm Engelmann, Leipzig 1908, VIII, 132 Seiten + 171 Abbildungen (Band 1) (überarbeitete und korrigierte Fassung, Gerhard Sauer, Köln 2004)
Repsold, Johann Adolf [1914]: Zur Geschichte der astronomischen Messwerkezuge von 1830 bis um 1900, Verlag von Manuel Reinicke, Leipzig 1914, VIII, 161 Seiten + 290 Abbildungen (Band 2) (überarbeitete und korrigierte Fassung, Gerhard Sauer, Köln 2004)
Reuge, Jean; Margot, Denis: L'Auberson au temps des boîtes à musique, Editions Mon village SA, Sainte-Croix 2013, 110 Seiten (Cercle d'histoire de la région de Sainte-Croix, Heft 12)
Reuleaux, Franz [1862a]: Die Thomas'sche Rechenmaschine, in: Schweizerische polytechnische Zeitschrift, Band 7, 1862, Heft 3, Seiten 95–106 (Abbildung: Tafel 10)
Reuleaux, Franz [1862b]: Die Thomas'sche Rechenmaschine, in: Dingler's polytechnisches Journal, Band 165, 1862, Heft 83, Seiten 334–362
Reuleaux, Franz [1866]: Prof. Toepler's Verfahren der Wurzelausziehung mittelst der Thomas'schen Rechenmaschine, in: Dingler's polytechnisches Journal, Band 179, 1866, Heft 63, Seiten 260–264
Reuleaux, Franz [1892]: Die sogenannte Thomas'sche Rechenmaschine. Für Mathematiker, Astronomen, Ingenieure, Finanzbeamte, Versicherungs-Gesellschaften und Zahlenrechner überhaupt, Verlag von Arthur Felix, Leipzig, 2., umgearbeitete und erweiterte Auflage 1892, VIII, 61 Seiten (Gebrauchsanweisung)
Reverchon, Léopold [1920]: Le centenaire de la machine à calculer industrielle, in: La nature, Band 48, 1920, 1. Semester, Seiten 249–252
Reverchon, Léopold [1923]: La première machine à calculer à touches, in: La nature, Band 41, 1913, 1. Semester, Seiten 173–176
Rex, Frederick J.: Herman Hollerith, the first „Statistical engineer", in: Computers and automation, Band 10, 1961, Heft 8, Seiten 10–13
Rey, Abel [1930]: La science dans l'antiquité. Band 1: La science orientale avant les grecs, La Renaissance du livre, Paris 1930, XX, 495 Seiten
Rey, Abel [1933]: La science dans l'antiquité. Band 2: La jeunesse de la science grecque, La Renaissance du livre, Paris 1933, XVII, 537 Seiten
Rey, Abel [1939]: La science dans l'antiquité. Band 3: La maturité de la pensée scientifique en Grèce, Editions Albin Michel, Paris 1939, XXIII, 574 Seiten
Rey, Abel [1946]: La science dans l'antiquité. Band 4: L'apogée de la science technique grecque. Les sciences de la nature et de l'homme. Les mathématiques d'Hippocrate à Platon, Editions Albin Michel, Paris 1946, XIX, 313 Seiten
Rey, Abel [1948]: La science dans l'antiquité. Band 5: L'apogée de la science technique grecque. L'essor de la mathématique, Editions Albin Michel, Paris 1948, XV, 322 Seiten
Rheinberger, Hans-Jörg: Wozu Wissenschaftsgeschichte?, in: Rudolf Seising, Menso Folkerts, Ulf Hashagen (Hg.): Form, Zahl, Ordnung. Studien zur Wissenschafts- und Technikgeschichte, Franz Steiner Verlag, Stuttgart 2004, Seiten 51–62

Rheingold, Howard: Tools for thought. The history and future of mind-expanding technology, MIT press, Cambridge, Massachusetts, London 2000, 360 Seiten

Rice, Adrian: British mathematics 1837–1901, in: BSHM Bulletin, Journal of the British society for the history of mathematics, Band 21, 2006, Heft 3, Seiten 164–177

Rice, Brian; González-Velasco, Enrique; Corrigan, Alexander: The life and works of John Napier, Springer international publishing AG Switzerland, Cham 2017, XVIII, 994 Seiten (The question of priority (Jost Bürgi): Seiten 429–431; Napier's bones (Gebrauchsanweisung): Seiten 433–448; Rabdologiæ: Seiten 649–749)

Richards, Bernard: Recollections of life in the laboratory with Alan Turing, in: S. Barry Cooper; Jan van Leeuwen (Hg.): Alan Turing. His work and impact, Elsevier, Amsterdam, Boston usw. 2013, Seiten 872–875

Richards, Mark; Aldermann, John: Core memory. A visible survey of vintage computers featuring machines from the Computer history museum, Chronicle book LLC, San Francisco, Kalifornien 2007, 160 Seiten

Richards, Richard Kohler [1958a]: Arithmetic operations in digital computers, D. van Nostrand company, Inc., Princeton, New Jersey, Toronto usw. 1958, V, 397 Seiten

Richards, Richard Kohler [1958b]: Les opérations arithmétiques dans les calculatrices électroniques numériques, Imprimerie Matot-Braine, Reims 1958, VII, 398 Seiten

Richards, Richard Kohler [1966]: Electronic digital systems, John Wiley, New York, London, Sydney 1966, IX, 637 Seiten

Riches, David M. [2010]: Sterling slide adders, in: Journal of the Oughtred society, Band 19, 2010, Heft 2, Seiten 5–9 (Zahlenschieber)

Riches, David M. [2016]: More on Sterling slide adders, in: Journal of the Oughtred society, Band 25, 2016, Heft 2, Seiten 28–31 (Zahlenschieber)

Richter, Siegfried: Wunderbares Menschenwerk. Aus der Geschichte der mechanischen Automaten, Edition Leipzig 1989, 164 Seiten (Wasseruhren, Räderuhren, Automatenuhren, Figurenautomaten, Musikautomaten, Jaquard-Webstuhl, Schachtürke, Räderwerk von Antikythera, Heron von Alexandria, Athanasius Kircher)

Rickman, Jon T.; Todd, Kim D. (Hg.): Pioneer programmer. Jean Jennings Bartik and the computer that changed the world, Truman State university press, Kirksville, Missouri 2013, XXIII, 230 Seiten (Bartiks Lebenserinnerungen)

Rid, Thomas [2016a]: Rise of the machines. A cybernetic history, W. W. Norton & company, New York, London 2016, XVII, 414 Seiten

Rid, Thomas [2016b]: Maschinendämmerung. Eine kurze Geschichte der Kybernetik, Ullstein Buchverlage GmbH (Propyläen), Berlin 2016, 492 Seiten

Riedwyl, Hans [1970]: Statistik im Wandel der Zeit, in: Mitteilungen Schweizerischer Versicherungsmathematiker, Band 70, 1970, Heft 2, Seiten 331–336

Riedwyl, Hans [1975]: Hermann Hollerith und sein Besuch in Bern 1895, in: Schweizerische Zeitschrift für Volkswirtschaft und Statistik, Band 111, 1975, Heft 1, Seiten 17–22

Rieger, Théodore: Das Straßburger Münster und seine astronomische Uhr. Leitfaden durch Geschichte und Kunst, Edition des dernières nouvelles, Straßburg, 9. vermehrte Auflage 1966, 48 Seiten (Schwilgué)

Rießinger, Thomas: Informatik für Ingenieure und Naturwissenschaftler. Eine anschauliche Einführung in das Programmieren mit C und Java, Springer-Verlag, Berlin 2006 (Abschnitt 1.2: Wie alles begann, Seiten 11–25

Rinderknecht, Karl; Sommeregger, Georg: Ein Leben in der Schweizer Büromaschinenbranche, in: Historische Bürowelt, 2015, Heft 101, Seiten 12–20

Ringger, Peter: Der Zahltisch aus dem Kloster Wettingen im Schweizerischen Landesmuseum, in: Zeitschrift für Schweizerische Archäologie und Kunstgeschichte, Band 50, 1993, Seiten 235–250

Rino, Charles L.: A docent'ts farewell to Charles Babbage's difference engine No. 2, Computer History Museum, Mountain View, Kalifornien 2016, 22 Seiten

Ritchie, David: The computer pioneers. The making of the modern computer, Simon and Schuster, New York 1986, 238 Seiten

Roanes Lozano, Eugenio: La aritmética de las máquinas analíticas de Torres Quevedo y las usadas por los ordenadores actuales, in: Francisco González de Posada; Francisco A. González Redondo (Hg.): Actas del III simposio „Leonardo Torres Quevedo: su vida, su tiempo, su obra", 24–28 April 1995, Amigos de la cultura científica, o. O. 1999, Seiten 195–202

Robb, James C.: A calculator for aiding matrix calculations, in: Transactions of the Faraday society, Band 50, 1954, Seiten 8–12 (Mehrfach-Curta)

Robbrecht, Willy [2012]: About a French circular slide rule by Arnault-Paineau, in: Journal of the Oughtred society, Band 21, 2012, Heft 2, Seiten 52–56 (Rechenscheibe)

Robbrecht, Willy [2014]: A contribution to the Loga prehistory, in: Slide rule gazette, Heft 15, Herbst 2014, Seiten 5–10 (Loga-Rechenwalzen)

Robens, Erich; Jayaweera, Shanath Amarasiri A.; Kiefer, Susanne: Balances. Instruments, manufacturers, history, Springer-Verlag, Berlin, Heidelberg 2014, XX, 730 Seiten (Seite 556: Jean-Baptiste Schwilgué, Dezimalskala, 1822)

Robert, Michael F.: Tube failures in Eniac, in Electronics, Band 20, Oktober 1947, Seiten 116–119

Roberto G.: Er schuf die „rechnende Mocca-Mühle", in: Hobby, September 1954, Seiten 57–59 und 134 (Curta)

Robertson, James E.: The Ordvac and the Illiac, in: Nicholas Constantine Metropolis; Jack Howlett; Gian-Carlo Rota (Hg.): A history of computing in the twentieth century. A collection of essays, Academic press, New York, London usw. 1980, Seiten 347–364

Robins, Gay; Shute, Charles: The Rhind mathematical papyrus, an ancient Egyptian text, British Museum publications, London 1987, 61 Seiten, XXVI (Tafeln)

Robinson, A. A.: The reliability of high-speed digital computing machines, in: Michael Roy Williams; Martin Campbell-Kelly (Hg.): The early British computer conferences, MIT press, Cambridge, Massachusetts, London/Tomash publishers, Los Angeles, San Francisco 1989, Seiten 199–200

Robinson, Peter; Spärck Jones, Karen: Edsac 99, 15–16 April 1999, University of Cambridge Computer laboratory, Cambridge 1999, IV, 76 Seiten

Robinson, Tim: Modeling the difference engines of Charles Babbage, in: Journal of the Oughtred society, Band 15, 2006, Heft 2, Seiten 19–26

Robson, Eleanor; Stedall, Jacqueline (Hg.): The Oxford handbook of the history of mathematics, Oxford University Press, Oxford 2010, VII, 918 Seiten (Mathematikgeschichte) (Beiträge von Mary Croarken, Gary Urton)

Rochain, Serge: De la mécanographie à l'informatique. 50 ans d'évolution, Iste editions Ltd., London 2016, 363 Seiten

Rochester, Nathaniel: The 701 project as seen by its chief architect, in: Annals of the history of computing, Band 5, 1983, Heft 2, Seiten 115–117

Rochhaus, Peter [1996]: Adam Ries und die Annaberger Rechenmeister zwischen 1500 und 1604, in: Rainer Gebhardt; Helmuth Albrecht (Hg.): Rechenmeister und Cossisten der frühen Neuzeit, Technische Universität Bergakademie Freiberg 1996, Seiten 95–106

Rochhaus, Peter [2008]: Adam Ries. Vater des modernen Rechnens, Sutton Verlag GmbH, Erfurt 2008, 95 Seiten

Rode, Horst; Hansen, Klaus-Henning: Die Erfindung der universellen Maschine. Zur Geschichte der Datenverarbeitung in 50 Jahrhunderten, Metzler Schulbuchverlag, Hannover 1992, 268 Seiten

Röder, Julian; Rojas, Raúl; Nguyen, Hai: The Konrad Zuse Internet archive project, in: Arthur Tatnall; Tilly Blyth; Roger Johnson (Hg.): Making the history of computing relevant. IFIP WG 9,7 International conference, HC 2013, London, UK, 17–18 June 2013, revised selected papers, Springer, Heidelberg, New York usw. 2013, Seiten 89–95 (IFIP Advances in information and communication technology, Band 416)

Rodgers, William H. [1970]: Think. A biography of the Watsons and IBM, Weidenfeld & Nicolson, London 1970, 320 Seiten (Biografie)

Rodgers, William H. [1973]: Die IBM Saga. Ein Unternehmen verändert die Welt, Fischer Taschenbuch Verlag GmbH, Frankfurt am Main 1973, 367 Seiten

Rödler, Klaus: Historische Zahlen und Rechenverfahren aus didaktischer Perspektive, in: Magdalena Hykšová; Ulrich Reich (Hg.): Eintauchen in die mathematische Vergangenheit, Dr. Erwin Rauner Verlag, Augsburg 2011, Seiten 168–179

Roeck, Bernd: Leonardo. Der Mann, der alles wissen wollte, Verlag C.H. Beck oHG, München 2019, 429 Seiten (Biografie) (Abschnitt „Wunderdinge: Wasserspiele, Uhren, Roboter, Seiten 306–309)

Roegel, Denis [2008]: An early (1844) key-driven adding machine, in: IEEE Annals of the history of computing, Band 30, 2008, Heft 1, Seiten 59–65 (Schwilgué-Addiermaschine)

Roegel, Denis [2009]: Prototype fragments from Babbage's first difference engine, in: IEEE Annals of the history of computing, Band 31, 2009, Heft 2, Seiten 70–75

Roegel, Denis [2010]: Bürgi's progress tabulen (1620): logarithmic tables without logarithms, Forschungsbericht, Inria, Dezember 2010, I, 104 Seiten

Roegel, Denis [2012]: The Locomat project: Recomputing mathematical and astronomical tables, in: IEEE Annals of the history of computing, Band 34, 2012, Heft 2, Seiten 74–79

Roegel, Denis [2015a]: An overview of Schwilgué's patented adding machines, in: Bulletin of the scientific instrument society, 2015, Heft 126, Seiten 16–22

Roegel, Denis [2015b]: A new milestone: the first 7–8 places 2000 meters logarithmic slide cylinder, Loria, Vandoeuvre-lès-Nancy 2015, 30 Seiten

Roegel, Denis [2015c]: A mechanical calculator for arithmetic sequences (1844–1852): Part 1, Historical context and structure, in: IEEE Annals of the history of computing, Band 37, 2015, Heft 4, Seiten 90–96 (Schwilgué)

Roegel, Denis [2015d]: Napier's bones and Genaille-Lucas's rods, Loria, Vandoeuvre-lès-Nancy 2015, 34 Seiten

Roegel, Denis [2016a]: A mechanical calculator for arithmetic sequences (1844–1852): Part 2, Working details, in: IEEE Annals of the history of computing, Band 38, 2016, Heft 1, Seiten 80–96 (Schwilgué)

Roegel, Denis [2016b]: A new early adding machine by Schwilgué (c. 1840?), in: Bulletin of the scientific instrument society, 2016, Heft 130, Seiten 24–27

Roegel, Denis [2016c]: Before Torchi and Schwilgué, there was White, in: IEEE Annals of the history of computing, Band 38, 2016, Heft 4, Seiten 92–93

Roehl, Harvey N.: The player piano in America, Vestal press, Vestal, New York 1968, 49 Seiten (Keys to a musical past)

Rohde-Hamburg, Alfred: Die Geschichte der wissenschaftlichen Instrumente. Vom Beginn der Renaissance bis zum Ausgang des 18. Jahrhunderts, Verlag von Klinkhardt & Biermann, Leipzig 1923, VIII, 119 Seiten (Sonnenuhren, Nachtuhren, Proportionalwinkel, Winkelmesser, Scheibenmessinstrumente, Schrittmesser)

Rohleder, Hans: Zwischen Konrad Zuse und dem VEB Elrema, in: Friedrich Naumann; Gabriele Schade (Hg.): Informatik in der DDR – eine Bilanz. Tagungsband zu den Symposien 7. bis 9. Oktober 2004 in Chemnitz, 11. bis 12. Mai 2006 in Erfurt, Gesellschaft für Informatik, Bonn 2006, Seiten 87–91

Rohleder, Karl: Hatte westliche Informationstechnologie Einfluss auf die Informatik der sozialistischen Länder? Ein Rückblick nach 30 Jahren, in: Friedrich Naumann; Gabriele Schade (Hg.): Informatik in der DDR – eine Bilanz. Tagungsband zu den Symposien 7. bis 9. Oktober 2004 in Chemnitz, 11. bis 12. Mai 2006 in Erfurt, Gesellschaft für Informatik, Bonn 2006, Seiten 199–203

Rohrberg, Albert [1953]: Theorie und Praxis des logarithmischen Rechenstabes, B.G. Teubner Verlagsgesellschaft, Stuttgart, 11., ergänzte Auflage 1953, 64 Seiten

Rohrberg, Albert [1954]: Theorie und Praxis der Rechenmaschinen, B.G. Teubner Verlagsgesellschaft, Stuttgart 1954, 72 Seiten

Rohrberg, Albert [1961]: Wegweiser durch die Mathematik. Ein praktisches Nachschlagewerk, Band 1: Elementare Mathematik, Fachverlag Schiele und Schön, Berlin, 3., erweiterte und verbesserte Auflage 1961

Rojas, Raúl (Hg.) [1998]: Die Rechenmaschinen von Konrad Zuse, Springer-Verlag, Berlin, Heidelberg 1998, VII, 221 Seiten

Rojas, Raúl (Hg.) [2001]: Encyclopedia of computers and computer history, Fitzroy Dearborn publishers, Chicago, London 2001, 2 Bände, XIII+XI, 930 Seiten

Rojas, Raúl [1994a]: Who invented the computer? The debate from the viewpoint of computer architecture, in: Walter Gautschi (Hg.): Mathematics of computation 1943–1993. A half-century of computational mathematics, mathematics of computation 50th anniversary symposium, 9.–13. August 1993, Vancouver, British Columbia (American mathematical society, Providence, Rhode Island 1994, Seiten 361–365)

Rojas, Raúl [1994b]: On basic concepts of early computers in relation to contemporary architectures, in: Klaus Brunnstein, Eckart Raubold (Hg.): Applications and impacts. Information processing ’94, proceedings of the IFIP 13th world computer congress, Hamburg, 28. August – 2. September 1994, North-Holland, Amsterdam usw., 1994, Band 2, Seiten 324–331

Rojas, Raúl [1996]: Die Architektur der Rechenmaschinen Z1 und Z3 von Konrad Zuse, in: Informatik-Spektrum, Band 19, 1996, Seiten 303–315

Rojas, Raúl [1997a]: Konrad Zuse’s legacy: The architecture of the Z1 and Z3: in: IEEE Annals of the history of computing, Band 19, 1997, Heft 2, Seiten 5–23

Rojas, Raúl [1997b]: Konrad Zuses Rechenmaschine: sechzig Jahre Computergeschichte, in: Spektrum der Wissenschaft, 1997, Heft 5, Seiten 54–63

Rojas, Raúl [1998a]: Die Architektur der Rechenmaschinen Z1 und Z3, in: Raúl Rojas (Hg.): Die Rechenmaschinen von Konrad Zuse, Springer-Verlag, Berlin, Heidelberg 1998, Seiten 27–62

Rojas, Raúl [1998b]: How to make Zuse’s Z3 a universal computer, in: IEEE Annals of the history of computing, Band 20, 1998, Heft 3, Seiten 51–54

Rojas, Raúl [2000]: The architecture of Konrad Zuse’s early computing machines, in: Raúl Rojas, Ulf Hashagen (Hg.): The first computers – history and architectures, MIT press, Cambridge, Massachusetts, London 2000, Seiten 237–261

Rojas, Raúl [2002]: The architecture of Konrad Zuse’s early computing machines, in: Jaroslav Folta (Hg.): Computing technology, past and future, National technical museum in Prague, Prague 2002, Seiten 75–105

Rojas, Raúl [2010]: Konrad Zuse: 1910–2010, in: it Information Technology, Band 52, 2010, Heft 1, Seiten 3–4

Rojas, Raúl [2014a]: Konrad Zuse und der bedingte Sprung, in: Informatik-Spektrum, Band 37, 2014, Seiten 50–53

Rojas, Raúl [2014b]: The Z1: Architecture and algorithms of Konrad Zuse’s first computer, 2014, 24 Seiten

Rojas, Raúl [2017]: Die Computerprogramme von Charles Babbage, in: Informatik-Spektrum, Band 40, 2017, Seiten 283–293

Rojas, Raúl, Göktekin, Cüneyt; Friedland, Gerald; Krüger, Mike; Scharf, Ludmila; Kuniss, Denis; Langmack, Olaf: Konrad Zuses Plankalkül – Seine Genese und eine moderne Implementierung, in: Hans Dieter Hellige (Hg.): Geschichten der Informatik. Visionen, Paradigmen, Leitmotive, Springer-Verlag, Berlin, Heidelberg 2004, Seiten 215–235

Rojas, Raúl, Röder, Julian; Nguyen, Hai: Die Prozessorarchitektur der Rechenmaschine Z1, in: Informatik-Spektrum, Band 37, 2014, Seiten 341–347

Rojas, Raúl; Darius, Frank; Göktekin, Cüneyt, Heyne, Georg: The reconstruction of Konrad Zuse's Z3, in: IEEE Annals of the history of computing, Band 27, 2005, Heft 3, Seiten 23–32

Rojas, Raúl; Hashagen, Ulf (Hg.): The first computers – history and architectures, MIT press, Cambridge, Massachusetts, London 2000, XII, 457 Seiten

Rojas-Esponda, Tania: The S1 and S2 computing machines – Konrad Zuse's work for the German military 1941–1945. Die Rechenmaschinen S1 und S2 – Konrad Zuses Arbeit für das Deutsche Militär, in: it Information Technology, Band 52, 2010, Heft 1, Seiten 13–22

Roloff, Hartmut; Weidauer, Manfred (Hg.): Wege zu Adam Ries, Dr. Erwin Rauner Verlag, Augsburg 2004, VII, 442 Seiten (Tagung zur Geschichte der Mathematik, Erfurt 2002)

Romdhane, Lotfi; Zeghloul, Saïd: Al-Jazarī (1136–1206), in: Marco Ceccarelli (Hg.): Distinguished figures in mechanism and machine science. Their contributions and legacies, Band 2, Springer, Dordrecht 2010, Seiten 1–21 (Wasseruhr: Elefantenuhr)

Ronan, Colin: The atlas of scientific discovery, Apple press, London 1983, 192 Seiten

Rooney, Anne: Geschichte der Mathematik. Vom Bau der Pyramiden bis zur Erforschung der Unendlichkeit, Tosa GmbH, Fränkisch-Crumbach 2016, 208 Seiten

Roquette, Peter: Contributions to the history of number theory in the 20th century, Europan mathematical society publishing house, Zürich 2013, X, 278 Seiten

Rorvik, David M. [1973]: Quand l'homme devient machine. Une nouvelle étape de l'évolution, Editions Albin Michel, Paris 1973, 240 Seiten

Rorvik, David M. [1979]: As man becomes machine. The evolution of the cyborg, Sphere books Ltd., London 1979, 224 Seiten

Roscher, Lutz; Prinz, Ina; Anthes, Erhard; Reichel, Reinhard: Ausgerechnet! Die Geschichte der Glashütter Rechenmaschinen, Verlag „Stiftung Deutsches Uhrenmuseum Glashütte – Nicolas G. Hayek", Glashütte 2017, 60 Seiten (Ausstellungsführer)

Rosen, Saul [1969]: Electronic computers. A historical survey, in: Computing surveys, Band 1, 1969, Heft 1, Seiten 7–36

Rosen, Saul [1972]: Programming systems and languages 1965–1975, in: Communications of the ACM, Band 15, 1972, Heft 7, Seiten 591–600

Rosenberg, Jerry M.: The computer prophets, Macmillan company, New York 1969, 192 Seiten

Rosenheim, D. E.: Installation of the first production IBM 701, in: Annals of the history of computing, Band 5, 1983, Heft 2, Seiten 146–147

Rösgen, Petra (Hg.): Melodien für Millionen. Das Jahrhundert des Schlagers, Kerber Verlag, Bielefeld 2008, 190 Seiten (Stiftung Haus der Geschichte der Bundesrepublik Deutschland) (Ausstellungsführer)

Rosheim, Mark Elling [1989]: Robot wrist actuators, John Wiley & sons, Inc., New York, Chichester usw. 1989, X, 271 Seiten

Rosheim, Mark Elling [1994]: Robot revolution. The development of anthrorobotics, John Wiley & sons, Inc., New York, Chichester usw. 1994, XVIII, 423 Seiten (Kapitel „Robots past", Seiten 1–36, sowie Abschnitt, Seiten 318–332)

Rosheim, Mark Elling [2006]: Leonardo's lost robots, Springer-Verlag, Berlin, Heidelberg 2006, XIX, 188 Seiten

Ross, Michael: A pioneer woman, in: Communications of the ACM, Band 52, 2009, Heft 1, Seite 17 (Programmiererin Jean Bartik)

Ross, Paul: A comprehensive Hemmi slide rule catalog, in: Journal of the Oughtred society, Band 12, 2003, Heft 1, Seiten 41–53

Rosseland, Sven: Mechanische Integration von Integralgleichungen, in: Die Naturwissenschaften, Band 27, 1939, Heft 44, Seiten 729–735

Rossi, Cesare; Russo, Flavio; Russo, Ferruccio: Ancient engineers' inventions. Precursors of the present, Springer science+business media B.V., o. O. 2009, XV, 339 Seiten (History of mechanism and machine science, Band 8, Abschnitte: „Ancient computation devices" (Abakus, Mesolabio, Räderwerk von Antikythera), Seiten 41–59; „Automatic weaving" (Jacquards programmierbarer Webstuhl), Seiten 243–247; „The astronomic clock of Strasbourg" (u.a. Schwilgué), Seiten 282–283)

Rössler, Kaba: Die Sammlung Kern im Stadtmuseum Aarau, in: Geomatik Schweiz, Band 113, 2015, Heft 11, Seiten 444–447

Roth, David: Description du compteur et de la machine à calculer inventés par M. le docteur Roth, in: Bulletin de la société d'encouragement pour l'industrie nationale, Band 42, September 1843, Seiten 421–425

Roth, Günter Dietmar: Kosmos Astronomiegeschichte. Astronomen, Instrumente, Entdeckungen, Franckh'sche Verlagshandlung, W. Keller & Co., Stuttgart 1987, 190 Seiten

Röttel, Karl: Christoph Scheiner (1575–1650), in: Rainer Gebhardt (Hg.): Kaufmanns-Rechenbücher und mathematische Schriften der frühen Neuzeit, Adam-Ries-Bund, Annaberg-Buchholz 2011, Seiten 277–294 (Pantograf, Storchschnabel)

Rousseau, Pierre [1960]: Histoire des techniques et des inventions, Librairie Arthème Fayard, Paris 1960, 527 Seiten

Rousseau, Pierre [1967]: Histoire des techniques et des inventions, Librairie Hachette, Paris 1967, 416 Seiten

Rovida, Edoardo: Machines and signs. A history of the drawing of machines, Springer science+business media, Dordrecht, Heidelberg usw. 2013, IX, 247 Seiten (Zeichnungen u.a. von Salomon de Caus, Gaspar Schott, Blaise Pascal, Gottfried Wilhelm Leibniz)

Ruault, Franco: Geschäftsmodell Judenhass. Martin Hilti – „Volksdeutscher" Unternehmer im Fürstentum Liechtenstein, 1939–1945, Verlag Peter Lang, Frankfurt am Main 2017, 210 Seiten

Rüdiger, Bernd: Adam Ries. Leben und Wirken des bedeutendsten deutschen Rechenmeisters, Adam-Ries-Bund e.V., Annaberg-Buchholz 2017, 168 Seiten (Biografie)

Rudins, George: Soviet computers: A historical survey, in: Soviet cybernetics review, Band 4, 1970, Heft 1, Seiten 6–44

Rudowski, Inge C. [2008]: Mathematical clergymen – clerical mathematicians, in: Slide rule gazette, Heft 9, Herbst 2008, Seiten 18–26 (Teil 1)

Rudowski, Inge C. [2009]: Mathematical clergymen – clerical mathematicians, in: Slide rule gazette, Heft 10, Herbst 2009, Seiten 47–54 (Teil 2)

Rudowski, Inge C. [2014]: Reckoning counters: Their beauty and varieties, in: Slide rule gazette, Heft 15, Herbst 2014, Seiten 118–124

Rudowski, Inge C.; Rudowski, Werner H.: The Lennep brothers. Engravers, mathematicians, and engineers, in: Journal of the Oughtred society, Band 22, 2013, Heft 2, Seiten 12–20

Rudowski, Werner H. [2004]: Abaci, in: Slide rule gazette, Heft 5, Herbst 2004, Seiten 81–86

Rudowski, Werner H. [2005a]: The Schnellkalkulator system Bloch: A mechanical nomographic table, in: Journal of the Oughtred society, Band 14, 2005, Heft 1, Seiten 46–50

Rudowski, Werner H. [2005b]: Images of John Napier, baron of Merchiston, in: Slide rule gazette, Heft 6, Herbst 2005, Seiten 77–85

Rudowski, Werner H. [2006a]: The oldest German slide rule, in: Journal of the Oughtred society, Band 15, 2006, Heft 2, Seiten 30–34

Rudowski, Werner H. [2006b]: How well known were slide rules in Germany, Austria and Switzerland before the second half of the 19th century?, in: Journal of the Oughtred society, Band 15, 2006, Heft 2, Seiten 42–49

Rudowski, Werner H. [2006c]: Images of Charles Babbage, in: Slide rule gazette, Heft 7, Herbst 2006, Seiten 7–14

Rudowski, Werner H. [2007]: Leibniz and his logarithmic calculating cylinder, in: Journal of the Oughtred society, Band 16, 2007, Heft 2, Seiten 43–47

Rudowski, Werner H. [2008]: Logarithmic scales, in: Slide rule gazette, Heft 9, Herbst 2008, Seiten 51–64

Rudowski, Werner H. [2010a]: A pair of old Austrian calculating rods in Bavaria, in: Journal of the Oughtred society, Band 19, 2010, Heft 2, Seiten 10–15

Rudowski, Werner H. [2010b]: Soroban, the Japanese sophisticated calculating device, in: Slide rule gazette, Heft 11, Herbst 2010, Seiten 43–48

Rudowski, Werner H. [2012]: Scheffelt & Co. Frühe logarithmische Recheninstrumente im deutschen Sprachraum, Bochum 2012, 288 Seiten (Selbstverlag)

Rudowski, Werner H. [2012a]: A German forerunner of Fuller's cylinder slide rule, in: Slide rule gazette, Heft 13, Herbst 2012, Seiten 12–14

Rudowski, Werner H. [2012b]: Very early Gunter's scales, in: Slide rule gazette, Heft 13, Herbst 2012, Seiten 68–71

Rudowski, Werner H. [2013a]: Die mathematische Ausstellung 1893 in München, in: Karl Kleine (Hg.): Computing for science, engineering, and production. Mathematical tools for the second industrial revolution, Proceedings of the 19th international meeting of collectors and researchers of historical computing instruments, Berlin, October 11–12, 2013 (Rechnen für Wissenschaft, Entwicklung und Produktion. Rechengeräte für die zweite industrielle Revolution. Tagungsband des 19. „International Meeting" von Sammlern und Forschern historischer Rechengeräte, Berlin, 11.–12. Oktober 2013), Books on demand, Norderstedt 2013, Seiten 59–90

Rudowski, Werner H. [2013b]: Die Geschichte des Rechenschiebers, in: Ina Prinz, (Hg.): Rechenschieber im Arithmeum. Die Sammlung Schuitema, Arithmeum, Forschungsinstitut für diskrete Mathematik, Universität Bonn, Bonn 2013, Seiten 23–56

Rudowski, Werner H. [2015]: Variants of Soho slide rules, in: Journal of the Oughtred society, Band 24, 2015, Heft 2, Seiten 6–13

Rudowski, Werner H. [2017]: Proportionalzirkel, in: Ina Prinz (Hg.): 300 Jahre logarithmisches Rechnen in deutschen Landen, Arithmeum im Forschungsinstitut für diskrete Mathematik, Universität Bonn, Bonn 2017, Seiten 50–59 (Ausstellungskatalog)

Ruggli, O.: Der unbekannte Rechenstab, in: Der Organisator, Band 27, Heft 313, April 1945, Seiten 52–54

Runge, Carl: Graphische Methoden, Verlag und Druck von B. G. Teubner, Leipzig, Berlin 3. Auflage 1928, IV, 130 Seiten

Runge, Carl; König, H.: Vorlesungen über numerisches Rechnen, Verlag von Julius Springer, Berlin 1924, VIII, 372 Seiten

Russo, F.: Les grandes machines mathématiques, in: Revue des questions scientifiques, Jahrgang 60, Band 118, 1947, Seiten 611–616

Russo, Thomas A. [2000]: Office collectibles. 100 years of businiess technology, Schiffer publishing Ltd., Atglen, Pennsylvania 2000, 224 Seiten (u.a. Rechenmaschinen, Registrierkassen, Schreibmaschinen)

Russo, Thomas A. [2001]: Antique office machines: 600 years of calculating devices, Schiffer publishing Ltd., Atglen, Pennsylvania 2001, 224 Seiten

Russo, Thomas A. [2002]: Mechanical typewriters. Their history, value, and legacy, Schiffer publishing, Atglen, Pennsylvania 2002, 256 Seiten

Rutishauser, Hanna: Numerik, Algol und die Schweizer Hochalpen. Zur Arbeit an der Biografie von Heinz Rutishauser (1918–1970), in: Informatik-Spektrum, Band 36, 2013, Seiten 463–468

Rutishauser, Hanna; Gander, Walter [2015a]: Programmieren, welche Bürde! Gedanken zur Antrittsvorlesung „Über das Prinzip der Programmsteuerung" des Mathematikers Heinz Rutishauser (1918–1970) als Privatdozent der ETH Zürich, gehalten am 29. November 1952, in: Informatik-Spektrum, Band 38, 2015, Seiten 51–55 (Teil 1)

Rutishauser, Hanna; Gander, Walter [2015b]: Programmieren, welche Bürde! Gedanken zur Antrittsvorlesung „Über das Prinzip der Programmsteuerung" des Mathematikers Heinz Rutishauser (1918–1970) als Privatdozent der ETH Zürich, gehalten am 29. November 1952, in: Informatik-Spektrum, Band 38, 2015, Seiten 152–155 (Teil 2)

Rutishauser, Hanna; Gander, Walter [2015c]: Programmieren, welche Bürde! Gedanken zur Antrittsvorlesung „Über das Prinzip der Programmsteuerung" des Mathematikers Heinz Rutishauser (1918–1970) als Privatdozent der ETH Zürich, gehalten am 29. November 1952, in: Informatik-Spektrum, Band 38, 2015, Seiten 253–259 (Teil 3)

Rutishauser, Heinz [1950]: Die neueste elektronische Rechenmaschine, in: Neue Zürcher Zeitung, 26. April 1950, Mittagausgabe, Nr. 871 (24), Blatt 5 f. (Technik) (Harvard mark 3)

Rutishauser, Heinz [1951a]: Erste Erfahrungen mit dem programmgesteuerten Rechengerät Z4 von K. Zuse, in: Zeitschrift für angewandte Mathematik und Mechanik, Band 31, 1951, Heft 8/9, Seite 254

Rutishauser, Heinz [1951b]: Über automatische Rechenplanfertigung bei programmgesteuerten Rechenmaschinen, in: Zeitschrift für angewandte Mathematik und Mechanik, Band 31, 1951, Heft 8/9, Seite 255

Rutishauser, Heinz [1952a]: Automatische Rechenplanfertigung bei programmgesteuerten Rechenmaschinen, Birkhäuser Verlag, Basel 1952, 45 Seiten (Nachdruck 1956) (Untersuchungen mit der Zuse Z4)

Rutishauser, Heinz [1952b]: Über die Instabilität von Methoden zur Integration gewöhnlicher Differentialgleichungen, in: Zeitschrift für angewandte Mathematik und Physik, Band 3, 1952, Seiten 65–74 (Untersuchungen mit der Zuse Z4)

Rutishauser, Heinz [1952c]: Automatische Rechenplanfertigung bei programmgesteuerten Rechenmaschinen, in: Zeitschrift für angewandte Mathematik und Physik, Band 3, 1952, Seiten 312–313 (Untersuchungen mit der Zuse Z4)

Rutishauser, Heinz [1953a]: Bemerkungen zum programmgesteuerten Rechnen, in: Ludwig Biermann (Hg.): Vorträge über Rechenanlagen. Gehalten in Göttingen, 19.–21. März 1953, Max-Planck-Institut für Physik, Göttingen 1953, Seiten 34–37

Rutishauser, Heinz [1953b]: Beiträge zur Kenntnis des Lanczosschen Bioorthogonalisierungsalgorithmus, in: Zeitschrift für angewandte Mathematik und Physik, Band 4, 1953, Seiten 35–56 (Untersuchungen mit der Zuse Z4)

Rutishauser, Heinz [1954a]: Der Quotienten-Differenzen-Algorithmus, in: Zeitschrift für angewandte Mathematik und Physik, Band 5, 1954, Seiten 233–251 (Untersuchungen mit der Zuse Z4)

Rutishauser, Heinz [1954b]: Anwendungen des Quotienten-Differenzen-Algorithmus, in: Zeitschrift für angewandte Mathematik und Physik, Band 5, 1954, Seiten 496–507 (Untersuchungen mit der Zuse Z4)

Rutishauser, Heinz [1955a]: Some programming techniques for the Ermeth, in: Journal of the Association for computing machinery, Band 2, 1955, Heft 1, Seiten 1–4

Rutishauser, Heinz [1955b]: Bestimmung der Eigenwerte und Eigenvektoren einer Matrix mit Hilfe des Quotienten-Differenzen-Algorithmus, in: Zeitschrift für angewandte Mathematik und Physik, Band 6, 1955, Seiten 387–401 (Untersuchungen mit der Zuse Z4)

Rutishauser, Heinz [1955c]: Bemerkungen zur numerischen Integration gewöhnlicher Differentialgleichungen n-ter Ordnung, in: Zeitschrift für angewandte Mathematik und Physik, Band 6, 1955, Seiten 497–498 (Untersuchungen mit der Zuse Z4)

Rutishauser, Heinz [1956]: Maßnahmen zur Vereinfachung des Programmierens (Bericht über die in 5-jähriger Programmierungsarbeit mit der Z4 gewonnenen Erfahrungen), in: Johannes Wosnik; Alwin Walther; Walter Hoffmann (Hg.): Elektronische Rechenmaschinen und Informationsverarbeitung. Nachrichtentechnische Fachberichte. Beihefte der NTZ, Band 4, 1956, Seiten 26–30

Rutishauser, Heinz [1960]: Bemerkungen zur numerischen Integration gewöhnlicher Differentialgleichungen n-ter Ordnung, in: Numerische Mathematik, Band 2, 1960, Seiten 263–279 (Untersuchungen mit der Zuse Z4)

Rutishauser, Heinz; Speiser, Ambros Paul; Stiefel, Eduard [1950a]: Programmgesteuerte digitale Rechengeräte (elektronische Rechenmaschinen), Zusammenfassender Bericht, in: Zeitschrift für angewandte Mathematik und Physik, Band 1, 1950, Seiten 277–297 (Teil 1)

Rutishauser, Heinz; Speiser, Ambros Paul; Stiefel, Eduard [1950b]: Programmgesteuerte digitale Rechengeräte (elektronische Rechenmaschinen), Zusammenfassender Bericht, in: Zeitschrift für angewandte Mathematik und Physik, Band 1, 1950, Seiten 339–362 (Teil 2)

Rutishauser, Heinz; Speiser, Ambros Paul; Stiefel, Eduard [1951a]: Programmgesteuerte digitale Rechengeräte (elektronische Rechenmaschinen), Zusammenfassender Bericht, in: Zeitschrift für angewandte Mathematik und Physik, Band 2, 1951, Seiten 1–25 (Teil 3)

Rutishauser, Heinz; Speiser, Ambros Paul; Stiefel, Eduard [1951b]: Programmgesteuerte digitale Rechengeräte (elektronische Rechenmaschinen), Zusammenfassender Bericht, in: Zeitschrift für angewandte Mathematik und Physik, Band 2, 1951, Seiten 63–92 (Teil 4)

Rutishauser, Heinz; Speiser, Ambros Paul; Stiefel, Eduard [1951c]: Programmgesteuerte digitale Rechengeräte (elektronische Rechenmaschinen), Birkhäuser Verlag, Basel 1951, 102 Seiten

Rutland, David: Why computers are computers. The Swac and the PC. In the celebration of the 50th anniversary of electronic computers. Wren publishers, Philomat, Oregon 1995, XV, 178 Seiten

Ruttimann, Jacqueline: Milestones in scientific computing, in: Nature, Band 440, 23. März 2006, Seiten 399–405

Ruwa [1960]: Quadratwurzelziehen mit der Rechenmaschine, in: Der Büromaschinenmechaniker, Band 2, 1960, Heft 18, Seiten 226–227

Ruwa [1969]: Subtraktion durch Addition des Komplements bei der Mercedes-Euklid-Rechenmaschine, in: Der Büromaschinenmechaniker, Band 11, 1969, Heft 131, Seiten 151–153

Ryan, Reginald D.: A permanent high speed store for use with digital computers, in: Transactions of the IRE professional group on electronic computers, Band EC-3, 1954, Heft 3, Seiten 2–5

Rybnikov, K. A.: Istorija matematiki, Izdatelstvo moskovskogo universiteta, Moskau 1994, 496 Seiten (Mathematikgeschichte, auf Russisch)

Ryder, John D.; Fink, Donald Donald G.: Engineers and electrons. A century of electrical progress, IEEE press, New York 1984, XX, 251 Seiten

Ryska, Norbert: Weltgeschichte der Kryptologie, Heinz-Nixdorf-Museumsforum, Paderborn 2006 (CD)

Ryska, Norbert; Herda, Siegfried: Kryptographische Verfahren in der Datenverarbeitung, Springer-Verlag, Berlin, Heidelberg usw. 1980, IV, 401 Seiten

Ryska, Norbert; Viehoff, Jochen: The Heinz Nixdorf museums forum, central venue for the „history of computing“, in: Arthur Tatnall; Tilly Blyth; Roger Johnson (Hg.): Making the history of computing relevant. IFIP WG 9,7 International conference, HC 2013, London, UK, 17–18 June 2013, revised selected papers, Springer, Heidelberg, New York usw. 2013, Seiten 47–52 (IFIP Advances in information and communication technology, Band 416)

S

S. Y.: Calculating machinery, in: The mechanic's magazine. Museum, register, journal, and gazette, Band 23, 1835, Heft 624, Seiten 317–318

Saavedra, Eduardo [1895a]: Informe interesante mencionado en el anterior resumen de actas sobre una máquina para resolver equaciones, in: Revista de obras públicas. Boletín, 1895, Heft 22, Seiten 169–170 (Teil 1) (Torres Quevedo)

Saavedra, Eduardo [1895b]: Informe interesante mencionado en el anterior resumen de actas sobre una máquina para resolver equaciones, in: Revista de obras públicas. Boletín, 1895, Heft 23, Seiten 177–178 (Teil 2) (Torres Quevedo)

Saavedra, Eduardo [1895c]: Informe interesante mencionado en el anterior resumen de actas sobre una máquina para resolver equaciones, in: Revista de obras públicas. Boletín, 1895, Heft 24, Seiten 185–186 (Teil 3) (Torres Quevedo)

Saavedra, Eduardo [1895d]: Informe interesante mencionado en el anterior resumen de actas sobre una máquina para resolver equaciones, in: Revista de obras públicas. Boletín, 1895, Heft 25, Seiten 193–194 (Teil 4) (Torres Quevedo)

Saavedra, Eduardo [1895e]: Informe interesante mencionado en el anterior resumen de actas sobre una máquina para resolver equaciones, in: Revista de obras públicas. Boletín, 1895, Heft 26, Seiten 201–202 (Teil 5) (Torres Quevedo)

Sabielny, Hans: Die Glashütter Archimedes-Rechenmaschinen und ihre Handhabung. Gemeinverständliches Lehrbuch für das Maschinenrechnen zum Selbstunterricht und für den Gebrauch in Lehranstalten, Dresden 1920, 48 Seiten (Selbstverlag) (mit Gebrauchsanweisung)

Sablière, Jean (Hg.): De l'automatisme à l'automatisation, Gauthier-Villars éditeur, Paris 1966, 129 Seiten (u.a. Beiträge zu Heron von Alexandria, Salomon de Caus, Jacques Vaucanson, William Ross Ashby)

Sale, Anthony E. [1995]: The Colossus of Bletchley Park, in: IEE Review, März 1995, Seiten 55–59

Sale, Anthony E. [2000a]: The Colossus of Bletchley Park – The German cipher system, in: Raúl Rojas, Ulf Hashagen (Hg.): The first computers – history and architectures, MIT press, Cambridge, Massachusetts, London 2000, Seiten 351–364

Sale, Anthony E. [2000b]: Lorenz and Colossus, in: Proceedings of the 13th IEEE computer security foundations workshop, CSFW-13, Institute of electrical and electronics engineers, New York 2000, Seiten 216–222

Sale, Anthony E. [2005]: The rebuilding of Colossus at Bletchley Park, in: IEEE Annals of the history of computing, Band 27, 2005, Heft 3, Seiten 61–69

Sale, Anthony E. [2006]: The colossus rebuild, in: Brian Jack Copeland (Hg.): Colossus. The secrets of Bletchley Park's codebreaking computers, Oxford University Press, Oxford 2006, Seiten 150–153

Sale, Anthony E. [2011]: The Colossus computer 1943–1996 and how it helped to break the German Lorenz cipher in WWII, M & M Baldwin, Cleobury Mortimer, Shropshire 2011, 18 Seiten

Sale, Anthony E. [2013]: Alan Turing, the enigma and the bombe, in: S. Barry Cooper; Jan van Leeuwen (Hg.): Alan Turing. His work and impact, Elsevier, Amsterdam, Boston usw. 2013, Seiten 426–431

Saluz, Eduard C. (Hg.): Klangkunst. 200 Jahre Musikdosen. Sonderausstellung des Schweizerischen Landesmuseums, 18. Juli bis 27. Oktober 1996, Schweizerisches Landesmuseum, Bundesamt für Kultur, Seewen 1996, 246 Seiten (Ausstellungskatalog)

Samelson, Klaus [1956]: Probleme der Programmierungstechnik, in: Johannes Wosnik; Alwin Walther; Walter Hoffmann (Hg.): Elektronische Rechenmaschinen und Informationsverarbeitung. Nachrichtentechnische Fachberichte. Beihefte der NTZ, Band 4, 1956, Seiten 141–142

Samelson, Klaus [1957]: Probleme der Programmierungstechnik, in:Nikolaus Joachim Lehmann (Hg.): Aktuelle Probleme der Rechentechnik. Bericht über das internationale Mathematiker-

Kolloquium, Dresden, 22. bis 27. November 1955, VEB Deutscher Verlag der Wissenschaften, Berlin 1957, Seiten 61–68

Samelson, Klaus [1960]: Der Stand der Technik des Maschinenrechnens, in: Mathematik – Technik – Wirtschaft (mtw). Zeitschrift für moderne Rechentechnik und Automation, Band 7, 1960, Heft 1, Seiten 1–4

Samelson, Klaus; Bauer, Friedrich Ludwig [1953]: Optimale Rechengenauigkeit bei Rechenanlagen mit gleitendem Komma, in: Zeitschrift für angewandte Mathematik und Physik, Band 4, 1953, Seiten 312–316

Samelson, Klaus; Bauer, Friedrich Ludwig [1954]: Maßnahmen zur Erzielung kurzer und übersichtlicher Programme für Rechenautomaten, in: Zeitschrift für angewandte Mathematik und Mechanik, Band 34, 1954, Heft 7, Seiten 262–272

Samelson, Klaus; Bauer, Friedrich Ludwig [1959]: Sequentielle Formelübersetzung, in: Elektronische Rechenanlagen, Band 1, 1959, Heft 4, Seiten 176–182

Sammet, Jean E. [1969]: Programming languages: History and fundamentals, Prentice-Hall, Inc., Englewood Cliffs, New Jersey 1969, XXX, 785 Seiten

Sammet, Jean E. [1996]: An effective history conference, in: Thomas J.Bergin; Richard G. Gibson (Hg.): History of programming languages 2, ACM press, New York 1996, Seiten 795–798

Samuel, Andreas/koe: Ein Museum zum Mitmachen. Das Zuseum in Bautzen, in: Log in, Informatische Bildung und Computer in der Schule, 2010, Nr. 165, Seiten 4–5

Samuel, Arthur Lee: Computing bit by bit or Digital computers made easy, in: Proceedings of the IRE, Band 41, 1953, Heft 10, Seiten 1223–1230

Sanchez Perez, José Augusto: La aritmética en Babilonia y Egipto, Consejo superior de investigaciones cientificas, Madrid 1943, 73 Seiten (Patronato „Alfonso el Sabio“, Instituto „Jorge Juan“)

Sander, Peter; Stucky, Wolffried; Herschel, Rudolf: Automaten, Sprachen, Berechenbarkeit, B.G. Teubner, Stuttgart, 2. durchgesehene Auflage 1995, 267 Seiten

Sandie, R. Bruce [2010]: W&G: An Australian slide rule manufacturer, in: Journal of the Oughtred society, Band 19, 2010, Heft 2, Seiten 59–63

Sandie, R. Bruce [2013]: Browne Fuller-type cylindrical slide rules, in: Journal of the Oughtred society, Band 22, 2013, Heft 1, Seiten 29–32 (Rechenwalze)

Sandner, Günther; Spengler, Hans: Die Entwicklung der Datenverarbeitung von Hollerith-Lochkartenmaschinen zu IBM Enterprise Servern. Von 1887 bis 2000 in 10 Epochen, Sander, Böblingen 2006, 128 Seiten

Sandström, Christian: Facit and the displacement of mechanical calculators, in: IEEE Annals of the history of computing, Band 35, 2013, Heft 3, Seiten 20–31

Sanford, Vera: A short history of mathematics, George G. Harrap & company Ltd., London 1931, XII, 402 Seiten (Mathematikgeschichte)

Sangwin, Christopher J.: Locating the center of mass by mechanical means, in: Journal of the Oughtred society, Band 15, 2006, Heft 2, Seiten 14–18 (Planimeter)

Sarasvati Amma, T. A.: Geometry in ancient and medieval India, Motilal Banarsidass, Delhi 1979, XI, 280 Seiten

Sarton, George [1927]: Introduction the the history of science, Band 1: From Homer to Omar Khayyam, The Williams & Wilkins company, Baltimore, Maryland 1927, XI, 839 Seiten (Nachdruck 1950)

Sarton, George [1931a]: Introduction the the history of science, Band 2, Teil 1: From Rabbi Ben Ezra to Roger Bacon, The Williams & Wilkins company, Baltimore, Maryland 1931, XXXVIII, 480 Seiten (Nachdruck 1950)

Sarton, George [1931b]: Introduction the the history of science, Band 2, Teil 2: From Rabbi Ben Ezra to Roger Bacon, The Williams & Wilkins company, Baltimore, Maryland 1931, XVI, 771 Seiten

Sarton, George [1947]: Introduction the the history of science, Band 3, Teil 1: Science and learning in the fourteenth century, The Williams & Wilkins company, Baltimore, Maryland 1947, XXXV, 1018 Seiten

Sarton, George [1948]: Introduction the the history of science, Band 3, Teil 2: Science and learning in the fourteenth century, The Williams & Wilkins company, Baltimore, Maryland 1948, IX, 1137 Seiten

Sarton, George [1952a]: A history of science, Band 1: Ancient science through the golden age of Greece, Harvard university press, Cambridge, Massachusetts 1952, XXVI, 646 Seiten

Sarton, George [1952b]: A guide to the history of science, Chronica botanica company, Waltham, Massachusetts 1952, XVIII, 316 Seiten

Sarton, George [1957a]: The study of the history of mathematics, Band 1, Dover publications, Inc., New York 1957, V, 113 Seiten

Sarton, George [1957b]: The study of the history of mathematics, Band 2, Dover publications, Inc., New York 1957, III, 75 Seiten

Sarton, George [1959]: A history of science, Band 2: Hellenistic science and culture in the last three centuries B. C., Harvard university press, Cambridge, Massachusetts 1959, XXVI, 554 Seiten

Sassenfeld, Helmut: Wechselwirkungen zwischen Lochkartenmaschinen und Rechenautomaten, in: Ludwig Biermann (Hg.): Vorträge über Rechenanlagen. Gehalten in Göttingen, 19.–21. März 1953, Max-Planck-Institut für Physik, Göttingen 1953, Seiten 132–135

Saudan, Gérald: Swiss calculating machines. H. W. Egli A.-G. – A success story, Yens sur Morges VD 2017, 147 Seiten (Selbstverlag) (Millionär, Madas)

Sauer, Robert [1953]: Bericht über die Arbeiten der Mathematiker in den Münchener Arbeitsgemeinschaft für elektronische Rechenanlagen, in: Ludwig Biermann (Hg.): Vorträge über Rechenanlagen. Gehalten in Göttingen, 19.–21. März 1953, Max-Planck-Institut für Physik, Göttingen 1953, Seite 15

Sauer, Robert [1956]: Eröffnung des Rechenzentrums der Technischen Hochschule München, in: MTW-Mitteilungen, Band 3, 1956, Heft 4, Seiten 176–177 (Perm, programmgesteuerte elektronische Rechenanlage München)

Sauer, Robert; Bauer, Friedrich Ludwig [1956a]: Einführung in die numerische Verfahrenstechnik für Rechenautomaten, in: MTW-Mitteilungen, Band 3, 1956, Heft 1, Seiten 8–14 (Teil 1)

Sauer, Robert; Bauer, Friedrich Ludwig [1956b]: Einführung in die numerische Verfahrenstechnik für Rechenautomaten, in: MTW-Mitteilungen, Band 3, 1956, Heft 2, Seiten 62–67 (Teil 2)

Sauer, Robert; Heinrich, Helmut: Friedrich Adolf Willers. Sein Leben und Wirken, in: Zeitschrift für angewandte Mathematik und Mechanik, Band 40, 1960, Heft 1/3, Seiten 1–8 (Nachruf)

Sauer, Robert; Pösch, Heinrich [1943]: Integriermaschine für gewöhnliche Differentialgleichungen, in: Zeitschrift des Vereins deutscher Ingenieure, Band 87, 1943, Heft 15/16, Seiten 221–224

Sauer, Robert; Pösch, Heinrich [1944]: Zur Theorie der Integriermaschine für gewöhnliche Differentialgleichungen, in: Zeitschrift für angewandte Mathematik und Mechanik, Band 24, 1944, Heft 2, Seiten 63–70

Sawday, Jonathan: Engines of the imagination. Renaissance culture and the rise of the machine, Routledge, London, New York 2007, XXII, 402 Seiten

Schaaf, Berthold: Schwarzwalduhren, G. Braun GmbH, Karlsruhe 1995, 332 Seiten (u.a. Glockenschläger, Musikuhren (Spieluhren)

Schaaf, Klaus; Fengler, Winfrid: Erkennen worauf des ankommt. Wir schreiben Technikgeschichte, AEG Electrocom GmbH (Konstanz) / Stadler Verlagsgesellschaft mbH, Konstanz 1994, 184 Seiten

Schade, C.: Taschenrechner „Fix“, die Rechenmaschine in der Tasche, Engelhard-Reyher-Verlag, Gotha, 3. Auflage 1946, 203 Seiten (Hinweis: keine Rechenmaschine, sondern Rechentafel)

Schaefer, E.: Vergleich neuer Speicherelemente für elektronische Rechenmaschinen, in: Elektronische Rechenanlagen, Band 2, 1960, Heft 4, Seiten 183–193

Schafer, Valérie; Thierry, Benjamin G. (Hg.): Connecting women. Women, gender and ICT in Europe in the nineteenth and twentieth century, Springer, Cham, Heidelberg usw. 2015, XVI, 174 Seiten

Schaffrath, Thomas; Israel, Siegfried; Popp, Jürgen; Kutschbach, Rolf; Krug, Wilfried: Informatik in der DDR – ein Kompendium. Beiträge zu Entwcklungsgeschichten, Hardware und Software sowie Übersichtstabellen zur programmierbaren Rechentechnik in der DDR, Förderverein für die technischen Sammlungen, Dresden 2016, 40 Seiten

Schai, Alfred: Die elektronischen und magnetischen Schaltungen der Ermeth, in: Scientia Electrica, Band 3, 1957, Heft 4, Seiten 127–140

Schardin, Joachim: Kunst- und Automatenuhren. Katalog der Großuhrensammlung, Staatlicher mathematisch-physikalischer Salon im Dresdner Zwinger, Dresden, o. J. (ab 1985), 108 Seiten (Tisch-, Stutz-, Türmchen-, Teller-, Wand-, Bodenstanduhren, Pendulen, Figurenautomatenuhren)

Schärlig, Alain [2001a]: Compter avec des cailloux. Le calcul élémentaire sur l'abaque chez les anciens Grecs, Presses polytechniques et universitaires romandes, Lausanne, 2., verbesserte Auflage 2001, 340 Seiten (umfassende Übersicht über griechische Rechentafeln und römische Kugelrechner, mit Gebrauchsanweisung für alle vier Grundrechenarten auf Rechenbrettern, Rechnen auf griechischen Rechentafeln)

Schärlig, Alain [2001b]: Au musée d'art et d'histoire de Genève, la plus ancienne table de Pythagore connue, in: Genava, neue Serie, Band 49, 2001, Seiten 139–142 (Musée d'art et d'histoire, Genf)

Schärlig, Alain [2001c]: Une pièce trouvée à Laurion: C'est un abaque!, in: Zeitschrift für Papyrologie und Epigraphik, Band 134, 2001, Seiten 137–138

Schärlig, Alain [2001d]: L'abaque, machine à calculer des anciens grecs, in: Archéologia, Juni 2001, Heft 379, Seiten 52–57

Schärlig, Alain [2001e]: Les deux types d'abaques des anciens grecs et leurs jetons quinaires, in: Archives des sciences, Band 54, September 2001, Heft 2, Seiten 69–75 (Genf)

Schärlig, Alain [2002a]: Greek abacuses – Two types and some uncertainties, in: Mediterranean archaeology, Band 15, 2002, Seiten 15–21

Schärlig, Alain [2002b]: Le mystère des trois tables de compte valaisannes, in: Annales valaisannes, 2002, Seiten 37–44

Schärlig, Alain [2002c]: La table de compte du Musée d'art et d'histoire, dite „table du baron Châtelard", in: Genava, 2002, Seiten 285–292 (Musée d'art et d'histoire, Genf)

Schärlig, Alain [2003a]: Compter avec des jetons. Tables à calculer et tables de compte du Moyen Age à la Révolution, Presses polytechniques et universitaires romandes, Lausanne 2003, 283 Seiten (umfassende Übersicht über Rechentische und Rechentücher, mit Gebrauchsanweisung für alle vier Grundrechenarten; ägyptische Multiplikation, Seiten 71–72, ägyptische Division, Seiten 81–82)

Schärlig, Alain [2003b]: Der Bremgarter Rechentisch – ein Kleinod der manuellen Arithmetik. Ein Erklärungsversuch, in: Bremgarter Neujahrsblätter 2003, Seiten 123–144

Schärlig, Alain [2003c]: Rechnen ganz einfach. Der römische Abacus – sein griechischer Vorfahre und seine Nachkommenschaft bis nach Japan, in: Antike Welt, Band 34, 2003, Heft 5, Seiten 517–520

Schärlig, Alain [2004]: Un bas-relief à Trèves: Ces romains calculent, ils ne jouent pas!, in: Antike Kunst, Band 47, 2004, Seiten 65–71, Tafel 9

Schärlig, Alain [2005]: Eine Rechentafel des 14. Jahrhunderts aus Italien, in: Rainer Gebhardt (Hg.): Arithmetische und algebraische Schriften der frühen Neuzeit, Adam-Ries-Bund, Annaberg-Buchholz 2005, Seiten 23–32 (Tagungsband)

Schärlig, Alain [2006a]: Compter du bout des doigts. Cailloux, jetons et bouliers, de Périclès à nos jours, Presses polytechniques et universitaires romandes, Lausanne 2006, 294 Seiten (mit Gebrauchsanweisung für Rechentafeln, Rechentische und Kugelrechner)
Schärlig, Alain [2006b]: Trois multiplications „sans table", in: Tangente, Juli-August 2006, Heft 111, Seiten 36–39
Schärlig, Alain [2007]: L'abaque grec et la calculette romaine, in: Tangente, 2007, Sonderheft 30, Seiten 136–141
Schärlig, Alain [2008a]: Compter en 1619. Le livre arithmétique de Johann Rudolff von Graffenried, Presses polytechniques et universitaires romandes, Lausanne 2008, 158 Seiten
Schärlig, Alain [2008b]: Johan Rudolff von Graffenried und seine Arithmeticae logisticae popularis libri IIII von 1619, in: Rainer Gebhardt (Hg.): Visier- und Rechenbücher der frühen Neuzeit, Adam-Ries-Bund, Annaberg-Buchholz 2008, Seiten 275–288 (Tagungsband)
Schärlig, Alain [2009]: Johan Rudolff von Graffenried (1584–1648), ein unbekannter Berner „Compilator", in: Magdalena Hykšová; Ulrich Reich (Hg.): Eintauchen in die mathematische Vergangenheit, Dr. Erwin Rauner Verlag, Augsburg 2011, Seiten 193–201
Schärlig, Alain [2010]: Du zéro à la virgule. Les chiffres arabes à la conquête de l'Europe 1143–1585, Presses polytechniques et universitaires romandes, Lausanne 2010, 296 Seiten
Schärlig, Alain [2012a]: Un portrait de Gerbert d'Aurillac. Inventeur d'un abaque, utilisateur précoce des chiffres arabes, et pape de l'an mil, Presses polytechniques et universitaires romandes, Lausanne 2012, 133 Seiten
Schärlig, Alain [2012b]: Gerbert d'Aurillac, un savant au Xe siècle, in: Moyen Age, 2012, Heft 87, Seiten 6–8
Schärlig, Alain [2012c]: Le mystérieux abaque de Gerbert d'Aurillac, in: Pour la science, April 2012, Heft 414, Seiten 88–91
Scharrer, Matthias [2011a]: Wie der erste Compi an die ETH kam. Technologie. Am Anfang der Informatik in der Schweiz stand eine Maschine aus Nazi-Deutschland, in: Aargauer Zeitung, 11. Januar 2011, Seite 12
Scharrer, Matthias [2011b]: Ein Zimmer genügte nicht für die Z4, in: Landbote, 17. Januar 2011, Seite 25
Schaub, Hans Peter: Aro. Der Rechenschieber zweier Schweizer Tüftler, 5 Seiten
Schauer, Lucie (Hg.): Maschinenmenschen, Neuer Berliner Kunstverein, Berlin 1989, 173 Seiten (Ausstellungskatalog)
Schecher, Heinz: Maßnahmen zur Vereinfachung von Rechenplänen bei elektronischen Rechenanlagen, in: Zeitschrift für angewandte Mathematik und Mechanik, Band 36, 1956, Heft 9/10, Seiten 377–395
Scheffelt, Michael [1697]: Instrumentum proportionum, das ist: viel vermehrt gründlich und sehr deutlicher Unterricht, wie durch den so genannten Proportional-Zirkul allerhand so wol mathematische als mechanische unter die Proportion gehörige Fragen, in Theoria und Praxi, mit sehr behender und accurater Fertigkeit aufzulösen seyen ... Ulm 1697, XXVIII, 132 Seiten (Selbstverlag) (Gebrauchsanweisung Proportionalwinkel)
Scheffelt, Michael [1708]: Instrumentum proportionum, oder Unterricht vom Proportional-Zirkul - durch welchen so wohl mathematische als mechanische unter die Proportion gehörige Fragen, in Theoria und Praxi, mit behender und accurater Fertigkeit aufzulösen seyn, Verlegts Daniel Bartholomæ, Ulm 1708, XXIV, 168 Seiten (Gebrauchsanweisung Proportionalwinkel)
Scheffelt, Michael [1781]: Unterricht vom Proportionalzirkel, bey Johann Friedrich Korn dem Älteren, im Buchladen neben dem königlichen Ober-Zoll- und Accis-Amt, Breslau 1781, XII, 177 Seiten (neue durchgehends umgearbeitete und mit einer historischen Einleitung vermehrte Auflage, von Johann Ephraim Scheibel) (Gebrauchsanweisung Proportionalwinkel)

Scheicher, Elisabeth: Die Kunst- und Wunderkammern der Habsburger, Verlag Fritz Molden, Wien, München usw. 1979, 208 Seiten (u.a. Jost Bürgi, Seiten 153–157)

Schein, Edgar H.; deLisi, Peter S.; Kampas, Paul J.; Sonduck, Michael [2003]: DEC is dead, long live DEC. The lasting legacy of Digital Equipment Corporation, Berrett-Koehler publishers, Inc., San Francisco 2003, XV, 319 Seiten

Schein, Edgar H.; deLisi, Peter S.; Kampas, Paul J.; Sonduck, Michael [2006]: Aufstieg und Fall von Digital Equipment Corporation, EHP-Verlag Andreas Kohlhage, Bergisch Gladbach 2006, 272 Seiten

Schelhowe, Heidi: Mathematik- und Ingenieurtraditionen und die Spuren des Geschlechts in der Informatik, in: Sybille Krämer (Hg.): Ada Lovelace. Die Pionierin der Computertechnik und ihre Nachfolgerinnen, Wilhelm-Fink GmbH & Co. Verlags-KG, Paderborn 2015, Seiten 129–142

Schellenberg, Hans Michael: Heron von Alexandria, in: Stiftung Schloss und Park Benrath (Hg.): Wunder und Wissenschaft. Salomon de Caus und die Automatenkunst in Gärten um 1600, Grupello Verlag, Düsseldorf 2008, Seiten 29–36 (Automaten)

Schellenberg, Hanspaul: 150 ans Paillard. Paillard prépare l'avenir, Paillard SA, Yverdon 1964, 80 Seiten (Festschrift)

Scheurer, André; Frioud, Pascal: Als der Ton noch aus dem Trichter kam. Die faszinierende Weltder Phonographen und Grammophone, Museum für Musikautomaten, Seewen 2008, 136 Seiten (Ausstellungskatalog)

Scheurer, Nicolas:Tagungsbericht: Symposium-Bericht: 50 Jahre digitale Transformation in der Schweiz. Visionen und Wirklichkeit von 1967 bis 2017, Bern, 15. Juni 2017, PTT-Archiv, Köniz 2017, 3 Seiten

Scheutz, George; Scheutz, Edward: Specimens of tables calculated, stereomoulded, and printed by machinery, Longman, Brown, Green, Longmans, and Roberts, London 1857, XVIII, 50 Seiten

Schifano, Laurence (Hg.): La vie filmique des marionettes, Presses universitaires de Paris 10, Paris 2008, 318 Seiten

Schilliger, Michael: Der Agent, der keiner war. Walter Schmid stellt in Hombrechtikon Chiffriermaschinen aus – ein typischer Sammler ist er nicht, in: Neue Zürcher Zeitung, Nr. 210, 11. September 2015, Seite 20 (Zürich und Region)

Schilling, Friedrich: Über die Nomographie von M. d'Ocagne. Eine Einführung in dieses Gebiet, Druck und Verlag von B. G. Teubner, Leipzig 1900, 47 Seiten

Schillinger, Klaus [1990]: Zeicheninstrumente. Katalog, Staatlicher mathematisch-physikalischer Salon, Dresden Zwinger, 1990, 72 Seiten (u.a. Reduktionszirkel, Winkelmesser, Storchschnabel)

Schillinger, Klaus [1998]: Mathematikgeschichtliche und andere Zeugnisse des Instrumentenbaus im Staatlichen mathemtisch-physikalischen Salon im Dresdner Zwinger, in: Michael Toepell (Hg.): Mathematik im Wandel, Verlag Franzbecker, Hildesheim, Berlin 1998, Seiten 360–379

Schillinger, Klaus [2000]: Rechengeräte aus der Sammlung des Mathematisch-physikalischen Salons. Bestandskatalog, Staatliche Kunstsammlungen Dresden, Mathematisch-physikalischer Salon, Dresden/Zwinger, Dresden 2000, 124 Seiten

Schillinger, Klaus; Schardin, Joachim: Vermisste Instrumente und Uhren des Mathematisch-physikalischen Salons Dresden, E. A. Seemann Kunstverlagsgesellschaft mbH, Leipzig 1992, 44 Seiten (u.a. Zeichen-, Vermessungsinstrumente)

Schilt, H. [1958]: Programme für die Berechnung von Wurzeln, Polynomen und Potenzreihen mit Handrechnungen, in: Schweizerische Bauzeitung, Band 76, 1958, Heft 21, Seiten 319–323 (Curta)

Schilt, H. [1960]: Das Bestimmen von Näherungsbrüchen mit Hilfe der Curta-Rechenmaschine, in: Schweizerische Bauzeitung, Band 78, 1960, Heft 29, Seiten 488–491

Schilt, H. [1962]: Über die Auflösung von Gleichungssystemen mit einer „Curta“, in: Elemente der Mathematik, Band 17, 1962, Heft 4, Seiten 81–84

Schimank, Hans [1961]: Der Ingenieur. Entwicklungsweg eines Berufes bis Ende des 19. Jahrhunderts, Bund-Verlag GmbH, Köln-Deutz 1961, 56 Seiten

Schimank, Hans [1964]: Epochen der Naturforschung. Leonardo, Kepler, Faraday, Heinz Moos Verlag, München, 2. Auflage 1964, 176 Seiten

Schlaeppi, Hans P. [1959a]; Carter, Ivan P. V.: Magnetkernspeicher mit Vielfachkoinzidenz, in: Elektronische Rechenanlagen, Band 1, 1959, Heft 3, Seiten 127–133

Schlaeppi, Hans P. [1959b]: Entwicklung einer programmgesteuerten elektronischen Rechenanlage am Institut für angewandte Mathematik der ETH, in: Zeitschrift für angewandte Mathematik und Physik, Band 5, 1954, Seiten 435–436

Schlegel, Konrad: Kunsthistorisches Museum Wien. Die Kunstkammer Wien, Verlag C. H. Beck oHG, München/Scala publishers Ltd., London 2013, 128 Seiten

Schlender, Bodo [1960]: Einführung in die Arbeitsweise elektronischer Datenverarbeitungsmaschinen dargestellt am Beispiel der elektronischen Rechenmaschine Z22, in: ADL-Nachrichten, 1960, Heft 12, Seiten 298–304 (Arbeitsgemeinschaft deutscher Lochkartenfachleute)

Schlender, Bodo [1962]: Zahlensysteme und Zahlendarstellungen in Rechenautomaten, ADL-Nachrichten, 1962, Heft 24, Seiten 236–242 (Arbeitsgemeinschaft deutscher Lochkartenfachleute)

Schlüter, Alf [1953]: Bericht über Rechnungen mit der G1, in: Ludwig Biermann (Hg.): Vorträge über Rechenanlagen. Gehalten in Göttingen, 19.–21. März 1953, Max-Planck-Institut für Physik, Göttingen 1953, Seiten 55–59

Schlüter, Alf [1956]: Das Göttinger Projekt einer schnellen elektronischen Rechenmaschine (G 3), in: Johannes Wosnik; Alwin Walther; Walter Hoffmann (Hg.): Elektronische Rechenmaschinen und Informationsverarbeitung. Nachrichtentechnische Fachberichte. Beihefte der NTZ, Band 4, 1956, Seiten 99–100

Schmayl, Winfried: Streifzüge durch die Technikgeschichte, Münsterscher Verlag für Wissenschaft, Münster, 2., erweiterte Auflage 2017, 299 Seiten

Schmeh, Klaus [2008]: Codeknacker gegen Codemacher. Die faszinierende Geschichte der Verschlüsselung, W3L Verlag, Herdecke, Witten, 2. stark erweiterte Auflage 2008, VIII, 430 Seiten

Schmeh, Klaus [2012]: Nicht zu knacken. Von ungelösten Enigma-Codes zu den Briefen des Zodiac-Killers, Carl Hanser Verlag, München 2012, 294 Seiten

Schmeh, Klaus [2013]: Why Turing cracked the enigma and the Germans did not, in: S. Barry Cooper; Jan van Leeuwen (Hg.): Alan Turing. His work and impact, Elsevier, Amsterdam, Boston usw. 2013, Seiten 432–437

Schmeh, Klaus [2016]: Kryptografie. Verfahren, Protokolle, Infrastrukturen, dpunkt-Verlag GbmH, Heidelberg, 6., aktualisierte Auflage 2016, XXXIX, 906 Seiten

Schmeh, Klaus [2017]: Versteckte Botschaften. Die faszinierende Geschichte der Steganografie, Heise Medien, Hannover, 2., aktualisierte und erweiterte Auflage 2017, XIX, 297 Seiten

Schmid, Erich Fritz: Joseph Haydn und die Flötenuhr, in: Zeitschrift für Musikwissenschalft, Band 14, 1932, Heft 4, Seiten 193–221 (Schachspielautomat von Joseph Niececz, Seite 198)

Schmid, Gérard; Lewin, Michael: Die Millionär N° 10, in: Historische Bürowelt, 2017, Heft 108, Seiten 20–23

Schmid, Harald [2006]: Speichervorrichtungen bei mechanischen Vierspezies-Rechenmaschinen, 2006, 17 Seiten, www.rechnerlexikon.de;

Schmid, Harald [2014]: Archimedes – Diehl. Vom Arithmometer zum druckenden Rechensystem, Verlag W. Sünkel, Offenhausen 2014, VIII, 200 Seiten

Schmid, Harald; Eichler, Ulrich; Hänsgen, Hellmut: Archimedes. Die Geschichte einer Rechenmaschinenfabrik in Glashütte/Sachsen, Verlag W. Sünkel, Offenhausen 2016, 184 Seiten

Schmid, Harald; Reese, Martin: Die Badenia-Modelle VA-RE 17, in: Historische Bürowelt, Juli 2019, Heft 116, Seiten 13–21

Schmid, Rudolf W.; Heilbronner, Edgar: Zur Kenntnis der polarographischen Reduktion aromatischer Aldehyde, in: Helvetica chimica acta, Band 37, 1954, Heft 5, Seiten 1453–1466 (Untersuchungen mit der Zuse Z4)

Schmid, Walter [2004]: Die Chiffriermaschine Nema. Kryptologische Grundlagen, Entwicklung der Rotormaschine, Brechen der Rotormaschine, Arbeiten mit der Nema, Geschichte der Nema, technische Details, Hombrechtikon, 3., überarbeitete und erweiterte Auflage 2004, 109 Seiten (Selbstverlag), mit zwei Broschüren: Bedienungs-Anleitung zur Chiffriermaschine „Nema" / Instruction de service de la machine à chiffrer „Nema", Zellweger AG, Uster, 1947, 32 Seiten (CD mit Simulationsprogrammen), sowie Schlüsselungsverfahren für die Nema-Maschine/Procédé de chiffrement pour la machine Nema, Übermittlungsdienst der Armee, Bern, 1948, 6 Seiten (Freigabe der drei geheimen Schriften am 9. Juli 1992)

Schmid, Walter [2008]: Der Krypto-Funk-Fernschreiber KFF 58. Grundlagen, Funktionen, Betriebstechnik, Simulation, Hombrechtikon 2008, 269 Seiten (Selbstverlag)

Schmidhuber, Jürgen [2006]: Colossus was the first electronic digital computer, in: Nature, Band 441, 3. Mai 2006, Seite 25

Schmidhuber, Jürgen [2012]: Turing in context, in: Science, Band 336, 29. Juni 2012, Seiten 1638–1639

Schmid-Lanter, Jost A.: Der St. Galler Globus. Ein kosmographisches Modell des Tilemann Stella, Verlag am Klosterhof, St. Gallen/Schwabe Verlag, Basel 2019, 255 Seiten

Schmidt, Fritz: Geschichte der geodätischen Instrumente und Verfahren im Altertum und Mittelalter, Verlag Konrad Wittwer GmbH, Stuttgart 1988, V, 400 Seiten, XXVI (Bildtafeln) (Nachdruck von 1935)

Schmidt, Werner H.; Girbardt, Werner (Hg.): 1. Greifswalder Symposium zur Entwicklung der Rechentechnik, 15.–17. September 2000, Ernst Moritz Arndt Universität, Greifswald 2000, IV, 119 Seiten

Schmidt, Wilhelm (Hg.): Herons von Alexandria Druckwerke und Automatentheater, Druck und Verlag von B. G. Teubner, Leipzig 1899, LXXII, 514, 182 Seiten (Nachdruck 1976) (Pneumatik und Automatik) (Anhang: Herons Fragment über Wasseruhren, Philons Druckwerke, Vitruvs' Kapitel zur Pneumatik)

Schmidt, Wilhelm: Heron von Alexandria. B. G. Teubner, Leipzig 1899, 16 Seiten + 3 Bildtafeln (Sonderabdruck aus den Neuen Jahrbüchern für das klassische Altertum, Geschichte und deutsche Litteratur)

Schmidt-Brücken, Katharina: Von al-Choresmi zum „algorithmischen Denken". Zur Geschichte des Algorithmusbegriffs. Interdisziplinäres Forschungsprojekt (IFP) „Sozialgeschichte der Informatik", Technische Universität Berlin, Fachbereich 13, Informatik, 1996, XII, 96 Seiten

Schmitt, Martin: Internet im kalten Krieg. Eine Vorgeschichte des globalen Kommunikationsnetzes, Transcript. Roswitha Gost & Dr. Karin Werner GbR, Bielefeld 2016, 250 Seiten

Schmitt, Martin; Erdogan, Julia;Kasper, Thoma; Funke, Janine: Digitalgeschichte Deutschlands. Ein Forschungsbericht, in: Technikgeschichte, Band 83, 2016, Heft 1, Seiten 33–70

Schmitt, Rolf: Patentierte Rechenübungstafel hat Ursprung in Bruchsal, in: Der Kurier (Ausgabe Bruchsal), 2. Juni 2016, Seite 13 (Lokales) (Wilhelm Prager)

Schmuhl, Boje E. Hans (Hg.): Maschinen und Mechanismen in der Musik, Wissner-Verlag, Augsburg 2006, 360 Seiten (Tagungsband)

Schmundt, Hilmar: Rassenforschung am Rechner, in: Der Spiegel, Nr. 24, 14. Juni 2010, Seiten 118–119

Schneck, Paul B.: A modern review of „Electronic computing circuits of the Eniac“, in: Proceedings of the IEEE, Band 85, 1997, Heft 7, Seiten 1169–1171
Schneider, Arnold [1973a]: Bacos, Funktionsbeschreibung, Contraves AG, Zürich, 15. Januar 1973, 16 Seiten
Schneider, Arnold [1973b]: Bacos, I/O-Aufrufe, Contraves AG, Zürich, 14. Juni 1973, 3 Seiten
Schneider, Arnold [1973c]: Erstellen von System-Disk, Contraves AG, Zürich, 7. November 1973, 1 Seite
Schneider, Dieter; Gubler, Erich; Wiget, Adrian: Meilensteine der Geschichte und Entwicklung der schweizerischen Landesvermessung, in: Geomatik Schweiz, Band 113, 2015, Heft 11, Seiten 462–483
Schneider, Ivo [1970]: Die mathematischen Praktiker im See-, Vermessungs- und Wehrwesen vom 15. bis zum 19. Jahrhundert, in: Technikgeschichte, Band 37, 1970, Heft 3, Seiten 210–242
Schneider, Ivo [1971]: Der Proportionalzirkel. Ein universelles Analogrecheninstrument der Vergangenheit, R. Oldenbourg Verlag, München 1971, 96 Seiten (Abhandlungen und Berichte des Deutschen Museums)
Schneider, Ivo [2001]: Der Proportionalzirkel als Analogrechengerät und Vielzweckinstrument, in: Jochen Konrad-Klein; Klaus Kühn; Hartmut Petzold (Hg.): 7. Internationales Treffen für Rechenschieber- und Rechenmaschinensammler, IM 2001, Deutsches Museum, München 2001, Seiten 53–68
Schneider, Ivo [2011]: Matthias Bernegger, der rechnende Humanist, in: Rainer Gebhardt (Hg.): Kaufmanns-Rechenbücher und mathematische Schriften der frühen Neuzeit, Adam-Ries-Bund, Annaberg-Buchholz 2011, Seiten 111–120 (Galileos Proportionalwinkel, Seiten 118–120)
Schneider, Ivo [2014]: Galileis *compasso geometrico e militar*e, in: Rainer Gebhardt (Hg.): Arithmetik, Geometrie und Algebra der frühen Neuzeit, Adam-Ries-Bund, Annaberg-Buchholz 2014, Seiten 93–106
Schneider, Ivo [2016]: Archimedes. Ingenieur, Naturwissenschaftler, Mathematiker, Springer-Verlag, Berlin, Heidelberg, 2. Auflage 2016, XXV, 159 Seiten
Schneider, Marianne (Hg.): Leonardo da Vinci. Eine Bibliographie mit Zeugnissen, Selbstzeugnissen, Dokumenten und Bildern, Schirmer/Mosel, München 2002, 319 Seiten
Schoeck-Grüebler, Elisabeth: Der freund eidgenössischer Rechenschieber. Der Briefwechsel zwischen Felix Donat Kyd aus Brunnen und Hofrat Johann Caspar Horner aus Zürich, 1831–1834, Brunnen 2004, 130 Seiten (Selbstverlag)
Scholz, Joachim: Besonderheiten der Rechenautomaten D1, D2, D4a, in: Friedrich Naumann; Gabriele Schade (Hg.): Informatik in der DDR – eine Bilanz. Tagungsband zu den Symposien 7. bis 9. Oktober 2004 in Chemnitz, 11. bis 12. Mai 2006 in Erfurt, Gesellschaft für Informatik, Bonn 2006, Seiten 92–103
Schönbeck, Charlotte: Technik und Kultur. Gesamtregister, VDI-Verlag GmbH, Düsseldorf 1995, IX, 228 Seiten
Schöne, Hermann (Hg.): Herons von Alexandria Vermessungslehre und Dioptra, Druck und Verlag von B. G. Teubner, Leipzig 1903, XXI, 366 Seiten
Schöppenthau, Heinz; Schmitz, Eugen; Lehmann, Heinz; Schulze, Horst; Heinrich, Dieter: Lochkartentechnik, Verlag Die Wirtschaft, Berlin, 2., ergänzte Auflage 1965, 367 Seiten
Schorn, Ronald A.: Planetary astronomy. From ancient times to the third millenium, Texas A&M university press, College Station, 2. Auflage 1999, XXV, 376 Seiten
Schramm, Helmut: Astronomische Instrumente. Katalog, Staatlicher mathematisch-physikalischer Salon, Dresden Zwinger, o. J. (etwa 1989), 60 Seiten
Schranz, Adolf G.: Addiermaschinen einst und jetzt, Verlag Peter Basten, Aachen, o. J. (um 1952/53), 128 Seiten (siehe auch A. Hennemann)
Schreiber, Georg: Koch, Huxhold & Hannemann, 1904–1944, Berlin 2011, 115 Seiten (Selbstverlag)

Schreiber, Peter [2000]: Ideelle und technische Wurzeln der programmgesteuerten Rechentechnik in den Unterhaltungs- und Musikautomaten und in der Textilproduktion, in: Werner H. Schmidt; Werner Girbardt (Hg.): 1. Greifswalder Symposium zur Entwicklung der Rechentechnik, 15.–17. September 2000, Ernst Moritz Arndt Universität, Greifswald 2000, Seiten 3–10

Schreiber, Peter [2003]: Zur Geschichte der mechanischen Rechenmaschinen und ihrem Platz in der Geschichte, in: Werner Girbardt; Werner H. Schmidt (Hg.): 2. Greifswalder Symposium zur Entwicklung der Rechentechnik, 12.–14. September 2003, Ernst Moritz Arndt Universität, Greifswald 2003, Seiten 89–96 (Mitteilungen zur Geschichte der Rechentechnik, 2003, Heft 3)

Schreyer, Helmut Theodor [1939]: Technische Rechenmaschine, Berlin, 15. Oktober 1939, 4 Seiten, http://zuse.zib.de/

Schreyer, Helmut Theodor [1941]: Das Röhrenrelais und seine Schaltungstechnik, Technische Hochschule, Berlin 1941, II, 56 Seiten (Dissertation) (Röhrenrelais = Kombination von Elektronenröhre und Glimmlampe)

Schreyer, Helmut Theodor [1982]: Technical computing machines, in: Brian Randell (Hg.): The origins of digital computers. Selected papers, Springer-Verlag, Berlin, Heidelberg usw., 3. Auflage 1982, Seiten 171–173

Schreyer, Helmut Theodor [1983a]: Die Entwicklung des Versuchsmodells einer elektronischen Rechenmaschine, Gesellschaft für Mathematik und Datenverarbeitung mbH, St. Augustin, Bericht, Nr. 143, 1983, Seiten 23–40 (Oldenbourg, München)

Schreyer, Helmut Theodor [1983b]: Grundschaltung eines während des letzten Weltkrieges entwickelten elektronischen Rechners, Gesellschaft für Mathematik und Datenverarbeitung mbH, St. Augustin, Bericht, Nr. 143, 1983, Seiten 41–52 (Oldenbourg, München)

Schreyer, Helmut Theodor [1990]: An experimental model of an electronic computer, in: Annals of the history of computing, Band 12, 1990, Heft 3, Seiten 189–197

Schröder, Ute (Hg.): Wissenschaft und Kunst. Arithmeum. Rechnen einst und heute, Bonner akademische Reden, Bouvier, Bonn 2000, 34 Seiten

Schröter, Jens: Bilder weben, Musik komponieren. Ada Lovelace und das Universalmedium Computer, in: Sybille Krämer (Hg.): Ada Lovelace. Die Pionierin der Computertechnik und ihre Nachfolgerinnen, Wilhelm-Fink GmbH & Co. Verlags-KG, Paderborn 2015, Seiten 69–74

Schröter, Otto [1955a]: Die Bedeutung der Elektronik für die Lochkarten-Rechenmaschinentechnik, in: Elektronische Rundschau, Band 9, 1955, Heft 5, Seiten 173–178

Schröter, Otto [1955b]: Von der Lochkarten-Rechenmaschine zur EDPM-Anlage, in: Elektronische Rundschau, Band 9, 1955, Heft 10, Seiten 344–348 (EDPM = electronic data processing machine, elektronische Datenverarbeitungsanlage)

Schrutka, Lothar [1911]: Theorie und Praxis des logarithmischen Rechenschiebers, Franz Deuticke, Wien 1911, X, 96 Seiten

Schrutka, Lothar [1923]: Zahlenrechnen, Verlag und Druck von B. G. Teubner, Leipzig, Berlin 1923, X, 146 Seiten

Schubert, Günter: Digitale Kleinrechner, Friedrich Vieweg & Sohn, Braunschweig, 4., bearbeitete Auflage 1968, 82 Seiten

Schubring, Gert (Hg.): Interfaces between mathematical practices and mathematical education, Springer Nature Switzerland AG, Cham 2019, XVI, 190 Seiten

Schuchardin, Semjon Wiktorowitsch: Grundlagen der Geschichte der Technik. Versuch einer Ausarbeitung der theoretischen und methodologischen Probleme, VEB Fachbuchverlag, Leipzig 1963, 195 Seiten

Schuchardin, Semjon Wiktorowitsch; Laman, Nikolai Konstantinowitsch; Fjodorow, Alexander Sergejewitsch (Hg.): Allgemeine Geschichte der Technik von 1870 bis etwa 1920, VEB Fachbuchverlag, Leipzig 1984, 357 Seiten (Rechenmaschinen, Seiten 277–281)

Schuchmann, Hans-Rainer: Prof. Heinz Zemanek zum 80. Geburtstag, in: it Information Technology, Band 42, 2000, Heft 1, Seiten 5–6

Schuchmann, Hans-Rainer; Zemanek, Heinz (Hg.): Computertechnik im Profil. Ein Vierteljahrhundert deutscher Informationsverarbeitung, R. Oldenbourg Verlag, München, Wien 1984, VI, 198 Seiten

Schuff, Hans Konrad: Probleme der kommerziellen Datenverarbeitung, in: Walter Hoffmann (Hg.): Digitale Informationswandler. Probleme der Informationsverarbeitung in ausgewählten Beiträgen, Friedrich Vieweg, Braunschweig 1962, Seiten 350–405

Schuitema, IJzebrand: Rechenschieber und Rechenscheiben als Sammelobjekte, in: Historische Bürowelt, September 1990, Heft 29, Seiten 9–15

Schuitema, IJzebrand; van Herwijnen, Herman: Calculating on slide rule and disc. „2x3 ... apromimately 6“. Portrait of an era. Historical research on design, manufacture and use of some slide rules and discs by persons and firms in the Netherlands and abroad, in the 20th century, Odijk NL 2000, IV, 183 Seiten (Selbstverlag)

Schukowski, Manfred; Jahnke, Uta; Fehlberg, Wolfgang (Hg.): Mittelalterliche astronomische Großuhren. Internationales Symposium in Rostock, 25. bis 28. Oktober 2012, Akademische Verlagsanstalt, Leipzig 2014, 415 Seiten (Tagungsband)

Schulte, Catherine Mary (sister Mary Leontius): Writing the history of mathematical notation: 1483–1700, Docent press, Boston, Massachusetts 2015, XIX, 240 Seiten

Schultz, Brad; Elmauer, Elmar: Konrad Zuse. An interview with the inventor of the world's first fully functional programmable digital computer, in: Marguerit Zientara (Hg.): The history of computing. A biographical portrait of the visionaries who shaped the destiny of the computer industry, CW Communications, Inc., Framingham, Massachusetts 1981, Seiten 35–44

Schulz, J. W. G.: Die Hamannsche Rechenmaschine „Gauß“, in: Zeitschrift für Instrumentenkunde, Band 26, 1906, Heft 2, Seiten 50–58

Schulze, Joachim: Zur Gründung des ersten wissenschaftlichen Industriebetriebes der DDR, des VEB Elektronische Rechenmaschinen Elrema – über die Anfänge der elektronischen Rechentechnik in Chemnitz, in: Friedrich Naumann; Gabriele Schade (Hg.): Informatik in der DDR – eine Bilanz. Tagungsband zu den Symposien 7. bis 9. Oktober 2004 in Chemnitz, 11. bis 12. Mai 2006 in Erfurt, Gesellschaft für Informatik, Bonn 2006, Seiten 178–184

Schulze, Marco; Eggers, Boris (Hg.): Museums of the world, K. G. Saur Verlag GmbH, München, 13., überarbeitete und erweiterte Auflage 2006, Band 1: XIV, 704 Seiten; Band 2: IX, 710 Seiten

Schumacher, Guido: Die Rekonstruktion einer „Machina, mit welcher ein Orgel durch Wasser getrieben“ nach Salomon de Caus, in: Boje E. Hans Schmuhl (Hg.): Maschinen und Mechanismen in der Musik, Wissner-Verlag, Augsburg 2006, Seiten 307–322 (Nachbau der Stiftwalzenorgel von Salomon de Caus)

Schunke, Katja: Zur Rezeption des Plankalküls von Konrad Zuse. Die Einordnung in die Programmiersprachenkonzepte zur Zeit seiner Veröffentlichung, Technische Universität Berlin, Forschungsberichte des Fachbereichs Informatik, Bericht 2000-5, Berlin 2000, 93 Seiten

Schure, Conrad [1997]: Slide rule watches, in: Journal of the Oughtred society, Band 6, 1997, Heft 1, Seite 47 (Rechenuhr)

Schure, Conrad [2007]: The Nystrom calculator – The first American patented slide rule, in: Journal of the Oughtred society, Band 16, 2007, Heft 2, Seiten 3–5

Schure, Conrad [2008]: Boucher's Bouchers, in: Journal of the Oughtred society, Band 17, 2008, Heft 1, Seiten 2–4 (Rechenuhr)

Schürmann, Astrid (Hg.): Physik / Mechanik, Franz Steiner Verlag, Stuttgart 2005, 236 Seiten (u.a. Heron von Alexandria, Marcus Vitruvius Pollio)

Schürmann, Astrid: Griechische Mechanik und antike Gesellschaft, Franz Steiner Verlag, Stuttgart 1991, X, 348 Seiten (Dissertation) (u.a. Archimedes, Heron von Alexandria, Ktesibios, Philon von Byzanz, Marcus Vitruvius Pollio)

Schüssler, Matthias: Der schüchterne Vater des Computers, in: Tages-Anzeiger, Nr. 139, 18. Juni 2012, Seite 38 (Digital)

Schuster, Peter M.; Pichler, Franz (Hg.): Modelle der Wirklichkeit vom späten Mittelalter bis zur Zeit der Aufklärung in Astronomie, Mathematik, Physik, Living edition Starna GmbH, Pöllauberg 2012, VIII, 227 Seiten (Tagungsband)

Schütte, Walter [1953]: Schreiben, Lesen und Suchen von Impulsen hoher Folgefrequenz auf dem Darmstädter Magnettrommel-Speicher, in: Ludwig Biermann (Hg.): Vorträge über Rechenanlagen. Gehalten in Göttingen, 19.–21. März 1953, Max-Planck-Institut für Physik, Göttingen 1953, Seiten 69–74

Schütte, Walter [1956]: Einige technische Besonderheiten von Dera, in: Johannes Wosnik; Alwin Walther; Walter Hoffmann (Hg.): Elektronische Rechenmaschinen und Informationsverarbeitung. Nachrichtentechnische Fachberichte. Beihefte der NTZ, Band 4, 1956, Seiten 126–128 (Dera = Darmstädter elektronischer Rechenautomat)

Schwantes, Neal: Antique cash registers of Europe. A history and comprehensive information guide, KS & M publishing, Umkirch 2019, VIII, 247 Seiten (Registierkassen)

Schwarz, Hans-Rudolf: The early years of computing in Switzerland, in: Annals of the history of computing, Band 3, 1981, Heft 2, Seiten 121–132

Schwarz, Helmut: Elektronische Analogrechner. Eine Einführung in Wirkungsweise, Aufbau und Anwendungen, Franckh'sche Verlagshandlung, Stuttgart 1962, 111 Seiten

Schwarz, Wolfgang: Analogprogrammierung. Theorie und Praxis des Programmierens für Analogrechner, VEB Fachbuchverlag, Leipzig 1971, 518+35 Seiten

Schwarzschild, Karl; Oppenheim, Samuel (Hg.): Astronomie, Encyklopädie der mathematischen Wissenschaften mit Einschluss ihrer Anwendungen, Verlag und Druck von B. G. Teubner, Leipzig 1905–1923, Band 6, Teil 2, erste Hälfte, XIX, 1061 Seiten

Schwarzschild, Karl; Oppenheim, Samuel; v. Dyck, W. (Hg.): Astronomie, Encyklopädie der mathematischen Wissenschaften mit Einschluss ihrer Anwendungen, Verlag und Druck von B. G. Teubner, Leipzig 1922–1934, Band 6, Teil 2, zweite Hälfte, XVII, 1123 Seiten

Schweier, Ursula; Saupe, Dietmar: Funktions- und Konstruktionsprinzipien der programmgesteuerten mechanischen Rechenmaschine „Z1". Gesellschaft für Mathematik und Datenverarbeitung mbH, St. Augustin, August 1988, VII, 151 Seiten und 37 Seiten Anhang (Arbeitspapiere der GMD, Nr. 321)

Schweizer Fernsehen: Sternstunde Philosophie. Zurück in die Zukunft. Die Geschichte des Computers. Jürg Gutknecht und Jochen Koubek im Gespräch mit Nathalie Wappler, Zürich 2010 (DVD)

Schweizer Mustermesse Basel (Hg.): Offizieller Katalog, Verlag der Schweizer Mustermesse, Basel (1917–2019)

Schweizer, Gerhard; Kärcher, Rainer: DO80 – ein neuer Dornier-Analogrechner, in: Dornier Post 1/72, Seiten 4–6

Schweizerischer Bürofach-Verband (Hg.): Die Technik des modernen Büros. Ein Führer durch die Bürofachausstellung Zürich, Tonhalle, 13.–16. September 1933, 112 Seiten

Schweizerisches Nationalmuseum (Hg.): 26 Dinge, Verlag Scheidegger & Spiess, Zürich 2016, 112 Seiten (u.a. Himmelsglobus von Jost Bürgi, 1594; Reiseuhr von Abraham-Louis Breguet, 1796)

Schwetlick, Hubert: Alwin Walther (6. Mai 1898–4. Januar 1967). Ein Pionier des wissenschaftlichen Rechnens, in: Zeitschrift für angewandte Mathematik und Mechanik, Band 80, 2000, Heft 1, Seiten 5–8

Schwilgué, Charles [1847]: Description abrégée de l'horloge astronomique de la cathédrale de Strasbourg, Imprimerie de Ph.-Alb. Dannbach, Straßburg, 3. Auflage 1847, 68 Seiten

Schwilgué, Charles [1854]: Description abrégée de l'horloge astronomique de la cathédrale de Strasbourg, Imprimerie Dannbach, Straßburg, 7. Auflage 1854, 66 Seiten

Schwilgué, Charles [1857]: Notice sur la vie, les travaux et les ouvrages de mon père J. B. Schwilgué, ingénieur-mécanicien, officier de la légion d'honneur, créateur de l'horloge astronomique de la cathédrale de Strasbourg, Imprimerie de G. Silbermann, Straßburg 1857, IX, 279 Seiten (Biografie)

Schwilgué, Charles [1858]: Kurze Beschreibung der astronomischen Uhr des Straßburger Münsters, Adolphe Christophe, Straßburg, 5. Auflage 1858, 71 Seiten

Schwilgué, Charles [1893a]: Die astronomische Uhr des Straßburger Münsters, in: Allgemeine Uhrmacher-Zeitung, Band 6, 1893, Heft 10, Seiten 90–93 (Teil 1)

Schwilgué, Charles [1893b]: Die astronomische Uhr des Straßburger Münsters, in: Allgemeine Uhrmacher-Zeitung, Band 6, 1893, Heft 14, Seiten 130–133 (Teil 2)

Schwilgué, Charles [1893c]: Die astronomische Uhr des Straßburger Münsters, in: Allgemeine Uhrmacher-Zeitung, Band 6, 1893, Heft 15, Seiten 140–142 (Teil 3)

Schwilgué, Jean-Baptiste; Schwilgué, Charles-Maximilien: Instrument servant à constater le nombre de révolutions des moteurs et machines, in: Le génie civil. Revue des inventions françaises et étrangères, Band 1, 1851, Heft 3, Seiten 191–192

Schwilgué, Karl: Anleitung zur Behandlung der Thurm-Uhren nach dem Schwilgué'schen System, G. Silbermann, Straßburg 1858, 60 Seiten

Scott, Joseph Frederick: A history of mathematics. From antiquity to the beginning of the nineteenth century, Taylor & Francis Ltd., London, 2. Auflage 1960, XI, 266 Seiten

Scott, Norman R.: Analog and digital computer technology, McGraw-Hill book company, Inc., New York, Toronto usw. 1960, XI, 522 Seiten

scr.: 25 Jahre Contraves, in: Neue Zürcher Zeitung, 27. März 1961, Nr. 1142

Scriba, Christoph J.; Schreiber, Peter [2010]: 5000 Jahre Geometrie. Geschichte – Kulturen – Menschen, Springer-Verlag, Berlin, Heidelberg, 3. Auflage 2010, XIII, 631 Seiten (Reihe „Vom Zählstein zum Computer", u.a. Rechenbrett, Geometrie und Informatik)

Scriba, Christoph J.; Schreiber, Peter [2015]: 5000 years of geometry. Mathematics in history and culture, Springer Basel AG (Birkhäuser) 2015, XII, 626 Seiten

Sebag-Montefiore, Hugh: Enigma. The battle for the code, Weidenfeld & Nicolson, London 2000, XII, 403 Seiten

Sebek, R.: Heinz Zemanek. 50 Jahre Vorlesungen – ein Jubiläum, in: e&i Elektrotechnik und Informationstechnik, Band 115, 1998, Heft 3, Seiten 162–163

Sebert, A. [1879]: Rapport fait par M. Sebert, au nom du comité des arts économiques, sur la machine à calculer, dite arithmomètre, inventée par M. Thomas (de Colmar) et perfectionnée par M. Thomas de Bojano, 44, rue de Châuteaudun, à Paris, in: Bulletin de la société d'encouragement pour l'industrie nationale, Band 78, August 1879, Seiten 393–425, 2 Tafeln (101 und 102, Zeichnungen), Holzschnitt

Sebert, A. [1895]: Rapport fait par M. le général Sebert, au nom du comité des arts économiques, sur les machines à calculer de M. Léon Bollée, du Mans, in: Bulletin de la société d'encouragement pour l'industrie nationale, Band 94, September 1895, Seiten 977–985 (mit: Notice sur les machines à calculer, de M. Léon Bollée, Seiten 985–996)

Seck, Friedrich (Hg.) [1978]: Wilhelm Schickard 1592–1635. Astronom, Geograph, Orientalist, Erfinder der Rechenmaschine, J. C. B. Mohr (Paul Siebeck), Tübingen 1978, 422 Seiten (Biografie)

Seck, Friedrich (Hg.) [1981]: Wissenschaftsgeschichte um Wilhelm Schickard, J. C. B. Mohr (Paul Siebeck), Tübingen 1981, 240 Seiten (Tagungsband)

Seck, Friedrich (Hg.) [1995]: Zum 400. Geburtstag von Wilhelm Schickard. Zweites Tübinger Schickard-Symposium, 25. bis 27. Juni 1992, Jan Thorbecke Verlag, Sigmaringen 1995, 319 Seiten

Seck, Friedrich: Ein fleißiger Mechanicus. Am Beginn der Schickard-Forschung, in: Tübinger Blätter, Band 59, 1972, Seiten 102–107

Sedgwick, William Thompson; Tyler, Harry Walter: A short history of science, Macmillan company, New York 1919, XV, 474 Seiten

Segert, Paul: Hermann Hollerith, in: ADL-Nachrichten, 1960, Heft 15, Seite 421 (Arbeitsgemeinschaft deutscher Lochkartenfachleute)

Seibel, Benjamin: Cybernetic government. Informationstechnologie und Regierungsrationalität von 1943–1970, Springer Fachmedien, Wiesbaden 2016, 281 Seiten (Dissertation)

Seidel, Christian: Die Erfindung des Computers, Seminararbeit im Fach Geschichte der Naturwissenschaften und Technik, Proseminar – Einführung in die Computergeschichte, Ulf Hashagen, Wintersemester 2002/2003, 21 Seiten, 18. April 2003

Seidel, Robert W.: Reconstructions, historical and otherwise: The challenge of high-tech artifacts, in: Raúl Rojas, Ulf Hashagen (Hg.): The first computers – history and architectures, MIT press, Cambridge, Massachusetts, London 2000, Seiten 33–52

Seidel, Rudolf: Das Relais – Bauelement für Büromaschinen, in: Der Büromaschinenmechaniker, Band 4, 1962, Heft 33, Seiten 3–4

Seidl, Ernst; Steinheimer, Frank; Weber, Cornelia (Hg.): Zur Sache! Objektwissenschaftliche Ansätze der Sammlungsforschung, Gesellschaft für Universitätssammlungen e. V., Humboldt-Universität zu Berlin, Berlin 2019, 124 Seiten

Seiradakis, John Hugh; Edmunds, Michael G.: Our current knowledge of the Antikythera mechanism, in: Nature Astronomy, Band 2, Januar 2018, Seiten 35–42

Seising, Rudolf [2004]: Information, Kommunikation, Wissen. Wissenschafts- und Technikgeschichte, wohin?, in: Rudolf Seising, Menso Folkerts, Ulf Hashagen (Hg.): Form, Zahl, Ordnung. Studien zur Wissenschafts- und Technikgeschichte, Franz Steiner Verlag, Stuttgart 2004, Seiten 799–836

Seising, Rudolf [2015]: Die verwobene Geschichte von Informatik und Fuzzy Sets, in: Informatik-Spektrum, Band 38, 2015, Seiten 550–563

Seising, Rudolf; Folkerts, Menso; Hashagen, Ulf (Hg.): Form, Zahl, Ordnung. Studien zur Wissenschafts- und Technikgeschichte, Franz Steiner Verlag, Stuttgart 2004, XI, 926 Seiten

Sejnowski, Terrence J.: The deep learning revolution, MIT press, Cambridge, Massachusetts, London 2018, X, 342 Seiten

Séletsky, L.: Amsler-Spezial-Planimeter, in: Schweizerische Technische Zeitschrift, Band 3, 1928, Heft 14/15, Seiten 201–204

Selin, Helaine (Hg.): Mathematics across cultures. The history of non-Western mathematics, Kluwer academic publishers, Dordrecht, Boston usw. 2000, XX, 479 Seiten

Selling, Eduard [1887]: Eine neue Rechenmaschine, Verlag von Julius Springer, Berlin 1887, 53 Seiten (Nürnberger Schere)

Selling, Eduard [1905]: Neue Rechenmaschine, in: Zeitschrift für Mathematik und Physik, Band 52, 1905, Seiten 83–103

Selzer, Edgar: Denn der Mensch ist mehr als sein Computer. Warum die Turing-Maschine das Wittgensteinsche Sprachspiel nicht bewältigen kann, Trauner, Linz 2011, XI, 284 Seiten

Semmler, Wilhelm [1906a]: Die Rechenmaschine „Gauß“ und ihr Gebrauch, in: Zeitschrift für Vermessungswesen, Band 35, 1906, Heft 1, Seiten 10–14 (Teil 1)

Semmler, Wilhelm [1906b]: Die Rechenmaschine „Gauß“ und ihr Gebrauch, in: Zeitschrift für Vermessungswesen, Band 35, 1906, Heft 2, Seiten 33–38 (Teil 2)

Semmler, Wilhelm [1906c]: Die Rechenmaschine „Gauss“ und ihr Gebrauch, in: Schweizerische Techniker-Zeitung, Band 3, 1906, Heft 24, Seiten 387–391

Sen, Syamal K., Agarwal, Ravi P.: Zero. A landmark discovery, the dreadful void, and the ultimate mind, Elsevier Ltd., Amsterdam, Boston usw. 2016, VIII, 157 Seiten

Sendler, Ulrich: Das Gespinst der Digitalisierung. Menschheit im Umbruch – auf dem Weg zu einer neuen Weltanschauung, Springer Fachmedien Wiesbaden GmbH, Wiesbaden 2018, XXI, 298 Seiten

Service des publics du museum Henri-Lecoq: Blaise Pascal, Muséum Henri-Lecoq, Clermont-Ferrand, o. J. (ab 2011), 14 Seiten

Seshadri, C. S. (Hg.): Studies in the history of Indian mathematics, Hindustan book agency, Neu-Delhi 2010, XIV, 389 Seiten

Sesiano, Jacques (Hg.) [2014a]: The Liber mahameleth. A 12th-century mathematical treatise, Teil 1: General introduction, Latin text, Springer international publishing Switerland AG, Cham 2014, LXXXI, 577 Seiten

Sesiano, Jacques (Hg.) [2014b]: The Liber mahameleth. A 12th-century mathematical treatise, Teil 2: Translation, glossary, Springer international publishing Switzerland AG, Cham 2014, VIII, 557 Seiten

Sesiano, Jacques (Hg.) [2014c]: The Liber mahameleth. A 12th-century mathematical treatise, Teil 3: Mathematical commentary, bibliography, index, Springer international publishing Switzerland AG, Cham 2014, XI, 598 Seiten

Sesiano, Jacques [1984]: Une arithmétique médiévale en langue provençale, in: Centaurus, Band 27, 1984, Heft 1, Seiten 26–75

Sesiano, Jacques [1996]: Un traité médiéval sur les carrés magiques. De l’arrangement harmonieux des nombres, Presses polytechniques et universitaires romandes, Lausanne 1996, VI, 208 Seiten

Sesiano, Jacques [1999]: Une introduction à l’histoire de l’algèbre. Résolution des équations des Mésopotamiens à la Renaissance, Presses polytechniques et universitaires romandes, Lausanne 1999, VIII, 168 Seiten

Sesiano, Jacques [2004]: Les carrés magiques dans les pays islamiques, Presses polytechniques et universitaires romandes, Lausanne 2004, XIII, 277 Seiten

Sesiano, Jacques [2009]: An introduction to the history of algebra. Solving equations from Mesopotamian times to the Renaissance, American mathematical society, Providence, Rhode Island 2009, VII, 174 pages

Sesiano, Jacques [2014]: Récréations mathématiques au Moyen Âge, Presses polytechniques et universitaires romandes, Lausanne 2014, VII, 290 Seiten

Sesiano, Jacques [2017]: Magic squares in the tenth century. Two Arabic treatises by Anṭākī and Būzjānī, Springer international publishing AG, Cham 2017, VIII, 394 Seiten

Sesiano, Jacques [2018]: L’arithmétique de Pamiers. Traité mathématique en langue d’oc du XVe siècle, Presses polytechniques et universitaires romandes, Lausanne 2018, V, 380 Seiten

Sestier, A.: Les calculateurs numériques automatiques et leurs applications, Editions „Hommes et techniques“, Neuilly (Seine) 1958, 184 Seiten

Sestoft, Peter: Early Nordic compilers and autocodes, in: Christian Gram; Per Rasmussen; Søren Duus Østergaard (Hg.): History of Nordic computing 4. 4th IFIP WG 9.7 conference, HiNC 4, Copenhagen, Denmark, 13.–15. August 2014, revised selected papers, Springer, Cham, Heidelberg usw. 2015, Seiten 350–366

Severance, Charles: Alan Turing and Bletchley Park, in: Computer, Juni 2012, Seiten 6–8

Sezgin, Fuat (Hg.): The Hindu-Arabic numerals and their transmission to the Occident, Institut für Geschichte der arabisch-islamischen Wissenschaften, Universität Frankfurt, Frankfurt am Main 2007, VI, 394 Seiten (Abschnitt „Did the Arabs know the abacus?“, Seiten 190–198)

Shah, Huma: Conversation, deception and intelligence: Turing's question-answer game, in: S. Barry Cooper; Jan van Leeuwen (Hg.): Alan Turing. His work and impact, Elsevier, Amsterdam, Boston usw. 2013, Seiten 614–620

Shamir, Eli: Computer science and technology in Israel, 1950–1980, in: Rutherford journal, The New Zealand journal for the history and philosophy of science and technology, Band 3, 2010, www.rutherfordjournal.org (Israel)

Shannon, Claude Elwood [1950]: A chess-playing machine, in: Scientific American, Band 182, Februar 1950, Seiten 48–51

Shannon, Claude Elwood [1953]: Computers and automata, in: Proceedings of the IRE, Band 41, 1953, Heft 10, Seiten 1234–1241

Shannon, Claude Elwood [1993]: Collected papers, IEEE press, Piscataway, New Jersey 1993, XLIV, 924 Seiten (hg. von N.J. A. Sloane; Aaron D. Wyner) (römischer Relaisrechner, Seiten 695–698)

Shannon, Claude Elwood [2000]: Ein – Aus. Ausgewählte Schriften zur Kommunikations- und Nachrichtentheorie, Verlag Brinkmann und Bose, Berlin 2000, 334 Seiten (hg. von Friedrich Kettler u.a.)

Shannon, Claude Elwood; McCarthy, John (Hg.): Automata studies, Princeton university press, Princeton, New Jersey 1956, IX, 285 Seiten (u.a. Aufsätze von W. Ross Ashby, Martin D. Davis, Stephen Cole Kleene, John McCarthy, Marvin L. Minsky, Claude Elwood Shannon, Albert M. Uttley, John von Neumann)

Shannon, Claude Elwood; Weaver, Warren: The mathematical theory of communication, University of Illinois press, Urbana, Illinois, Chicago 1998, XI, 127 Seiten

Shapiro, Stewart: Proving things about the informal, in: Giovanni Sommaruga; Thomas Strahm (Hg.): Turing's revolution. The impact of his ideas about computability, Birkhäuser/Springer international publishing AG Switzerland, Cham, Heidelberg usw., 2015, Seiten 283–296

Sharma, Dinesh C.: The outsourcer. The story of India's IT revolution, MIT Press, Cambridge, Massachusetts, London 2015, XIX, 274 Seiten

Sharpless, T. Kite [1947]: Design of mercury delay line, in Electronics, Band 20, November 1947, Seiten 134–138

Sharpless, T. Kite [1985a]: Mercury delay lines as a memory unit, in: Proceedings of a symposium on large-scale digital calculating machinery, Cambridge, Massachusetts, 7.–10. Januar 1947, MIT press, Cambridge, Massachusetts, London/Tomash publishers, Los Angeles, San Francisco 1985, Seiten 103–109

Sharpless, T. Kite [1985b]: Switching and coupling circuits, in: Martin Campbell-Kelly; Michael Roy Williams (Hg.): The Moore school lectures. Theory and techniques for design of electronic digital computers (held at the Moore school of electrical engineering of the University of Pennsylvania during July and August 1946), MIT press, Cambridge, Massachusetts, London/Tomash publishers, Los Angeles, San Francisco 1985, Seiten 191–209

Sharpless, T. Kite [1985c]: Description of serial acoustic binary Edvac, in: Martin Campbell-Kelly; Michael Roy Williams (Hg.): The Moore school lectures. Theory and techniques for design of electronic digital computers (held at the Moore school of electrical engineering of the University of Pennsylvania during July and August 1946), MIT press, Cambridge, Massachusetts, London/Tomash publishers, Los Angeles, San Francisco 1985, Seiten 549–560

Shasha, Dennis Elliott; Lazere, Cathy A.: Ouzt of their minds. The lives and discoveries of 15 great computer scientists, Copernicus, New York 1995, XI, 291 Seiten

Shaw, Robert F. [1950]: Arithmetic operations in a binary computer, in: Review of scientific instruments, Band 21, 1950, Heft 8, Seiten 687–693

Shaw, Roibert F. [1957]: Einsatz der Rechenautomaten in der Elektrotechnik, in: Schweizerische Bauzeitung, Band 75, 1957, Heft 36, Seiten 568–569

Shelburne, Brian J. [1998]: Burton, Christopher P.: Early programs on the Manchester Mark 1 prototype, in: IEEE Annals of the history of computing, Band 20, 1998, Heft 3, Seiten 4–15

Shelburne, Brian J. [2012]: The Eniac's 1949 determination of π, in: IEEE Annals of the history of computing, Band 34, 2012, Heft 3, Seiten 44–54

Sheldon, John W.; Tatum, Liston: The IBM card-programmed electronic calculator, in: Brian Randell (Hg.): The origins of digital computers. Selected papers, Springer-Verlag, Berlin, Heidelberg usw., 3. Auflage 1982, Seiten 233–239

Shell-Gellasch, Amy; Thoo, J. B.: Algebra in context. Introductory algebra from origins to applications, Johns Hopkins university press, Baltimore, Maryland 2015, XVI, 536 Seiten

Shell-Gellasch, Amy (Hg.): Hands on history. A resource for teaching mathematics, Mathematical association of America, Washigton, D.C. 2007, XII, 177 Seiten (Neperstäbchen (mit Gebrauchsanweisung), Seiten 17–27; Planimeter (mit Bauanleitung), Seiten 71–88; Sonnenuhren (mit Bauanleitung), Seiten 125–137)

Shepherd, Rodger [1996]: Some distinctive features of Dietzgen slide rules, in: Journal of the Oughtred society, Band 5, 1996, Heft 2, Seiten 42–48 (Breitling, Heuer, Mondida)

Shepherd, Rodger [1998]: The Dempster Rotarule, in: Journal of the Oughtred society, Band 7, 1998, Heft 1, Seiten 4–6 (Rechenscheibe)

Shepherd, Rodger [2014]: Pencil slide rules: Part 1 – An overview, in: Journal of the Oughtred society, Band 23, 2014, Heft 2, Seiten 33–43 (Rechenstift)

Shepherd, Rodger [2015a]: Pencil slide rules: Part 2 – The Devco series, in: Journal of the Oughtred society, Band 24, 2015, Heft 1, Seiten 6–10 (Rechenstift)

Shepherd, Rodger [2015b]: Pencil slide rules: Part 3 – The Schauer scale revisited, in: Journal of the Oughtred society, Band 24, 2015, Heft 2, Seiten 14–17 (Rechenstift)

Shepherd, Rodger [2015c]: Pencil slide rules: Part 4 – The Nicolet and the Monroe in context, in: Journal of the Oughtred society, Band 24, 2015, Heft 2, Seiten 28–35 (Rechenstift)

Shepherd, Rodger [2016]: Pencil slide rules: Part 5 – The digital transition, in: Journal of the Oughtred society, Band 25, 2016, Heft 1, Seiten 43–51 (Rechenstift)

Shepherd, Rodger [2017]: Pencil slide rules and their successors, the calculator pens and pentop computers, The Oughtred Society 2017, 60 Seiten (www.oughtred.org)

Shepherd, Rodger [2018]: The Pen-cu-lator: A truly unique calculator pen, in: Journal of the Oughtred society, Band 27, 2018, Heft 1, Seiten 51–53 (Rechenstift)

Shepherd, Rodger [2019]: The calcu-pen CP-01, in: Journal of the Oughtred society, Band 28, 2019, Heft 1, Seite 35 (Rechenstift)

Shepherd, Rodger; Fluhr, Zachary: „Wages calculators“ or rim slide rules?, in: Journal of the Oughtred society, Band 10, 2001, Heft 2, Seiten 10–11

Shepherd, Rodger; von Jezierski, Dieter: The Molter slide rule, in: Journal of the Oughtred society, Band 8, 1999, Heft 1, Seiten 3–4 (Rechenscheibe)

Sheppard, C. Bradford [1985a]: Transfer between external and internal memory, in: Proceedings of a symposium on large-scale digital calculating machinery, Cambridge, Massachusetts, 7.–10. Januar 1947, MIT press, Cambridge, Massachusetts, London/Tomash publishers, Los Angeles, San Francisco 1985, Seiten 267–273

Sheppard, C. Bradford [1985b]: Memory devices, in: Martin Campbell-Kelly; Michael Roy Williams (Hg.): The Moore school lectures. Theory and techniques for design of electronic digital computers (held at the Moore school of electrical engineering of the University of Pennsylvania during July and August 1946), MIT press, Cambridge, Massachusetts, London/Tomash publishers, Los Angeles, San Francisco 1985, Seiten 251–269

Shilov, Valery V.; Silantiev, Sergey A. [2016]: „Machines à comparer les idées“ of Semen Korsakov: First step towards AI, in: Arthur Tatnall; Christopher Leslie (Hg.): International communities of invention and innovation, IFIP WG 9.7 International conference on the history of computing, HC

2016, Brooklyn, New York, 25.–29. Mai 2016, revised selected papers, Springer international publishing AG Switzerland, Cham 2016, Seiten 71–86

Shilov, Valery V.; Silantiev, Sergey A. [2017]: Jan Józef Baranowski: Life and machines, in: Journal of the Oughtred society, Band 26, 2017, Heft 1, Seiten 50–54

Shilov, Valery V.; Silantiev, Sergey A. [2018]: Victor Vogel und seine „Spira“, in: Historische Bürowelt, September 2018, Heft 113, Seiten 6–9 (Zahlenschieber)

Shin, Youjung: The spring of artificial intelligence in its global winter. Korean language and AI researchers in the late 1980s, in: IEEE Annals of the history of computing, Band 41, 2019, Heft 4, Seiten 71–82

Shirley, John W.: Binary numeration before Leibniz, in: American journal of physics, Band 19, 1951, Heft 8, Seiten 452–454

Shirley, Thomas: Computers. Their history, present applications, and future, Holt, Rinehart and Winston, Inc., New York 1965, 174 Seiten

Shurkin, Joel N.: Engines of the mind. The evolution of the computer from mainframes to microprocessors, W. W. Norton, New York, London 1996, 363 Seiten

Sidoli, Nathan; van Brummelen, Glen (Hg.): From Alexandria, through Baghdad. Surveys and studies in the ancient Greek and medieval Islamic mathematical sciences, Springer-Verlag, Berlin, Heidelberg 2014, XV, 583 Seiten

Sieber, Armin: Dialogroboter. Wie Bots und künstliche Intelligenz Medien und Massenkommunikation verändern, Springer Fachmedien Wiesbaden GmbH, Wiesbaden 2019, VII, 228 Seiten

Siefkes, Dirk (Hg.): Beiträge zur Sozialgeschichte der Informatik, Technische Universität Berlin 1995, III, 130 Seiten (Forschungsberichte des Fachbereichs Informatik)

Siefkes, Dirk [2002]: Sozialgeschichte und kulturelle Theorie der Informatik, Technische Universität Berlin 2002, 37 Seiten (Forschungsberichte der Fakultät IV, Elektrotechnik und Informatik)

Siefkes, Dirk [2004]: Rechnen mit Zahlen oder Rechnen mit Buchstaben, in: Technikgeschichte, Band 71, 2004, Heft 3, Seiten 185–199

Siefkes, Dirk; Braun, Anette; Eulenhöfer, Peter; Stach, Heike; Städtler, Klaus (Hg.): Pioniere der Informatik. Ihre Lebensgeschichte im Interview. Interviews mit Friedrich L. Bauer, Christiane Floyd, Joseph Weizenbaum, Niklaus Wirth und Heinz Zemanek, Springer-Verlag, Berlin, Heidelberg 1999, XIII, 143 Seiten

Siefkes, Dirk; Eulenhöfer, Peter; Stach, Heike; Städtler, Klaus (Hg.): Sozialgeschichte der Informatik. Kulturelle Praktiken und Orientierungen, Deutscher Universitätsverlag GmbH, Wiesbaden 1998, VI, 318 Seiten

Sieg, Wilfried: Gödel on computability, in: Philosophia mathematica, Reihe 3, Band 14, 2006, Heft 2, Seiten 189–207 (Sonderausgabe zu Kurt Gödel)

Siemens Aktiengesellschaft (Hg.): Herrn von Leibniz' Rechnung mit Null und Eins, Siemens Aktiengesellschaft, Berlin, München, 3. Auflage 1979, 62 Seiten

Sigrist, Walter: Die Curta-Rechenmaschine– eine Legende, in: Vermessung, Photogrammetrie, Kulturtechnik, Band 90, 1992, Heft 3, Seiten 138–142

Silberstein, Marcel: Erfindungsschutz und merkantilistische Gewerbeprivilegien, Polygraphischer Verlag AG, Zürich 1961, XVIII, 309 Seiten

Silver, David; Schrittwieser, Julian; Simonyan, Karen, u.a.: Mastering the game of Go without human knowledge, in: Nature, Band 550, 19. Oktober 2017, Heft 7676, Seite 354–359 (künstliche Intelligenz)

Simanowski, Roberto [2016]: Facebook-Gesellschaft, Matthes & Seitz Verlagsgesellschaft mbH, Berlin 2016, 238 Seiten

Simanowski, Roberto [2018]: Facebook society. Losing ourselves in sharing ourselves, Columbia university press, New York 2018, XIX, 269 Seiten

Simmen, René (Hg.): Der mechanische Mensch. Texte und Dokumente über Automaten, Androiden und Roboter. Eine Sammlung, Zürich 1967, 107 Seiten (Selbstverlag) (Salomon de Caus, Jacques Vaucanson, Friedrich Knaus, Pierre Jaquet-Droz, Wolfgang von Kempelen, Mical)

Simmons, John R. M.: Leo and the managers, Macdonald & Co. (publishers) Ltd., London 1962, 174 Seiten

Simon, Ernst: Mechanische Musikinstrumente früherer Zeiten und ihre Musik, Breitkopf & Härtel, Wiesbaden 1960, 115 Seiten

Simon, Max: Geschichte der Mathematik im Altertum in Verbindung mit antiker Kulturgeschichte, Verlag von Bruno Cassirer, Berlin 1909, XVII, 401 Seiten (Heron von Alexandria, Seiten 314–337)

Simpson, Richard: A joint meeting of the James Clerk Maxwell foundation and the British society for the history of mathematics (BSHM) in celebration of the 400th anniversary of the publication of John Napier's Mirifici logarithmorum canonis descriptio, in: Journal of the Oughtred society, Band 24, 2015, Heft 1, Seiten 41–44, und in: BSHM Bulletin, Journal of the British society for the history of mathematics, Band 29, 2014, Heft 3, Seiten 213–214 (Tagungsbericht)

Singer, Charles; Holymard, E. J.; Hall, A. R. (Hg.) [Band 1, 1954]: A history of technology, Band 1: From early times to fall of ancient empires, Oxford University Press, London usw. 1954, LV, 8 Landkarten, 828 Seiten, 36 Tafeln (ancient mathematics and astronomy, Seiten 785–803)

Singer, Charles; Holymard, E. J.; Hall, A. R.; Williams, Trevor Illtyd (Hg.) [Band 2, 1979]: A history of technology, Band 2: The mediterranean civilisations and the middle ages, c. 700 B. C. to c. A. D. 1500, Oxford University Press, Oxford usw. 1979, LIX, 802 Seiten, 44 Tafeln (Nachdruck von 1956)

Singer, Charles; Holymard, E. J.; Hall, A. R.; Williams, Trevor Illtyd (Hg.) [Band 3, 1979]: A history of technology, Band 3: From the Renaissance to the industrial revolution, c. 1500 to c. 1750, Oxford University Press, Oxford usw. 1979, XXXVII, 766 Seiten, 44 Tafeln (Nachdruck von 1957) (precision instruments, Seiten 582–619; manufacture of scientific instruments, Seiten 620–647; mechanical timekeepers, Seiten 648–675)

Singer, Charles; Holymard, E. J.; Hall, A. R.; Williams, Trevor Illtyd (Hg.) [Band 4, 1958]: A history of technology, Band 4: The industrial revolution, c. 1750 to c. 1850, Oxford University Press, London usw. 1958, XXXIII, 728 Seiten, 48 Tafeln

Singer, Charles; Holymard, E. J.; Hall, A. R.; Williams, Trevor Illtyd (Hg.) [Band 5, 1980]: A history of technology, Band 5: The late nineteenth century, c. 1850 to c. 1900, Oxford University Press, Oxford usw. 1980, XXXVIII, 888 Seiten, 44 Tafeln (Nachdruck von 1958)

Singh, Simon [1999a]: The code book. The evolution of secrecy from Mary queen of Scots to quantum cryptography, Doubleday, New York, London usw. 1999, XIII, 402 Seiten (inhaltsgleich mit 1999b)

Singh, Simon [1999b]: The code book. The science of secrecy from ancient Egypt to quantum cryptography, Fourth estate Ltd., London 1999, XIII, 402 Seiten (inhaltsgleich mit 1999a)

Singh, Simon [2000]: The science of secrecy. The history of codes and codebreaking, Fourth estate Ltd., London 2000, XI, 224 Seiten

Singh, Simon [2006a]: Geheime Botschaften. Die Kunst der Verschlüsselung von der Antike bis in die Zeiten des Internet, dtv, München, 7. Auflage 2006, 458 Seiten

Singh, Simon [2006b]: A brief history of cryptography from Caesar to Bletchley Park, in: Brian Jack Copeland (Hg.): Colossus. The secrets of Bletchley Park's codebreaking computers, Oxford University Press, Oxford 2006, Seiten 9–16

Sir Samuel Morland: Diplomat and inventor, 1625–1695, W. Heffer and sons Ltd., Cambridge 1970, XVI, 133 Seiten (hg. von H.W. Dickinson) (Biografie)

Skudryz, E.: Bau elektronischer Rechenanlagen an der Technischen Hochschule in Wien, in: Mitteilungen, Band 1, 1954, Heft 4, Seiten 1–4 (Mathematisches Labor der Technischen Universität Wien)

Slater, Robert: Portraits in silicon, MIT press, Cambridge, Massachusetts, London 1987, XIV, 374 Seiten

Sloman, Aaron: The mythical Turing test, in: S. Barry Cooper; Jan van Leeuwen (Hg.): Alan Turing. His work and impact, Elsevier, Amsterdam, Boston usw. 2013, Seiten 606–611

Slomson, Alan: Turing and chess, in: S. Barry Cooper; Jan van Leeuwen (Hg.): Alan Turing. His work and impact, Elsevier, Amsterdam, Boston usw. 2013, Seiten 623–625

Slonimsky, Ch. Z.: Allgemeine Bemerkungen über Rechenmaschinen, und Prospectus eines neu erfundenen Rechen-Instruments, in: Journal für die reine und angewandte Mathematik, Band 28, 1844, Heft 2, Seiten 184–190 (Crelles Journal)

Slotta, Rainer: Einführung in die Industriearchäologie, Wissenschaftliche Buchgesellschaft, Damrstadt 1982, VIII, 201 Seiten, 80 Seiten (Bildtafeln)

Slutz, Ralph J. [1980]: Memories of the Bureau of Standards' Seac, in: Nicholas Constantine Metropolis; Jack Howlett; Gian-Carlo Rota (Hg.): A history of computing in the twentieth century. A collection of essays, Academic press, New York, London usw. 1980, Seiten 471–477

Slutz, Ralph J. [1989]: Memory studies and other developments at the National bureau of standards, in: Michael Roy Williams; Martin Campbell-Kelly (Hg.): The early British computer conferences, MIT press, Cambridge, Massachusetts, London/Tomash publishers, Los Angeles, San Francisco 1989, Seiten 424–441

Small, James S. [1993]: General-purpose electronic analog computing: 1945–1965, in: IEEE Annals of the history of computing, Band 15, 1993, Heft 2, Seiten 8–18

Small, James S. [2001]: The analogue alternative. The electronic analogue computer in Britain and the USA, 1930–1975, Routledge, London, New York 2001, XIV, 322 Seiten (Übersicht über britische und amerikanische Hersteller und Installationen von Analogrechnern, Seiten 119–223)

Smallenburg, Nico E.: De Loga calculators, Oosterhout 2004, X, 195 Seiten (Selbstverlag)

Smiley, Jane: The man who invented the computer. The biography of John Atanasoff, digital pioneer, Doubleday, New York usw. 2010, 246 Seiten (Biografie)

Smith, A. E.: A survey of large-scale digital computers and computer projects, Office of naval research, Department of the navy, Washington, D.C., Juli 1950, IV, 28 Seiten

Smith, Alvy Ray: The dawn of digital light, in: IEEE Annals of the history of computing, Band 38, 2016, Heft 4, Seiten 74–91

Smith, Charles V. L.: Electronic digital computers, McGraw-Hill, New York, Toronto, London 1959, IX, 443 Seiten

Smith, Christopher: The hidden history of Bletchley Park. A social and organisational history 1939–1945, Palgrave Macmillan, Basingstoke, Hampshire 2015, VII, 238 Seiten

Smith, David Eugene [1906]: History of modern mathematics, John Wiley & sons, New York/Chapman & Hall, Ltd., London, 4., erweiterte Auflage 1906, 81 Seiten

Smith, David Eugene [1958a]: History of mathematics, Band 1: General survey of the history of elementary mathematics, Dover publications, Inc., New York 1958, XXII, 596 Seiten (Erstveröffentlichung: Ginn and company, Boston, New York usw. 1923)

Smith, David Eugene [1958b]: History of mathematics, Band 2: Special topics of elementary mathematics, Dover publications, Inc., New York 1958, XII, 725 Seiten (Erstveröffentlichung: Ginn and company, Boston, New York usw. 1925)

Smith, David Eugene [1970]: Rara arithmetica. A catalogue of the arithmetics written before the year MDCI with a desription of those in the library of George Arthur Plimpton of New York, Chelsea publishing company, New York, 4. Auflage 1970, XVIII, 725 Seiten (kommentierte Bibliografie)

Smith, David Eugene; Karpinski, Louis Charles: The Hindu-Arabic numerals, Ginn & Co. publishers, Boston, London 1911, VI, 160 Seiten

Smith, David Eugene; Mikami, Yoshio: A history of Japanese mathematics, Open court publishing company, Chicago 1914, VII, 288 Seiten (Kapitel 3: The development of the Soroban, Seiten 18–46)

Smith, Einar: Elementare Berechenbarkeitstheorie, Springer-Verlag, Berlin, Heidelberg 1996, X, 166 Seiten

Smith, Ludovic: Crash! The story of information technology, Exposure publishing, Liskeard 2007, V, 263 Seiten

Smith, Michael [2000]: The emperor's codes. Bletchley Park and the breaking of Japan's secret ciphers, Bantam press, London, New York usw. 2000, XIII, 322 Seiten

Smith, Michael [2006]: How it began: Bletchley Park goes to war, in: Brian Jack Copeland (Hg.): Colossus. The secrets of Bletchley Park's codebreaking computers, Oxford University Press, Oxford 2006, Seiten 18–35

Smith, Michael [2013]: Bletchley Park. The code-breakers of station X, Shire publications Ltd., Oxford 2013, 56 Seiten

Smith, Richard E.: A historical overview of computer architecture, in: Annals of the history of computing, Band 10, 1989, Heft 4, Seiten 277–303

Smith, Thomas M.: Project Whirlwind: An unorthodox development project, in: Technology and culture, Band 17, 1976, Heft 3, Seiten 447–464

Soare, Robert Irving [2015]: Why Turing's thesis is not a thesis, in: Giovanni Sommaruga; Thomas Strahm (Hg.): Turing's revolution. The impact of his ideas about computability, Birkhäuser/Springer international publishing AG Switzerland, Cham, Heidelberg usw., 2015, Seiten 297–310

Soare, Robert Irving [2016]: Turing computability. Theory and applications, Springer-Verlag, Berlin, Heidelberg 2016, XXXVI, 263 Seiten (Kapitel „History of computability", Seiten 227–249)

Sobel, Robert [1981]: IBM. Colossus in transition, Times Books, New York 1981, VIII, 360 Seiten

Sobel, Robert [1986]: IBM und die globale Herausforderung, Orell Füssli, Zürich, Schwäbisch Hall 1986, 262 Seiten

Sobel, Robert [2000]: Thomas Watson, senior. IBM and the computer revolution, Beard books, Washington, D.C. 2000, VIII, 360 Seiten

Sobeslavsky, Erich; Lehmann, Nikolaus Joachim: Zur Geschichte von Rechentechnik und Datenverarbeitung in der DDR 1946–1968, Hannah-Arendt-Institut für Totalitarismusforschung, Technische Universität Dresden, Dresden 1996, 166 Seiten

Socher, Rolf: Theoretische Grundlagen der Informatik, Carl Hanser Verlag, München, 3., aktualisierte und erweiterte Auflage 2008, 227 Seiten

Soifer, Alexander: The scholar and the state: In search of Van der Waerden, Springer, Basel, Heidelberg usw. 2015, XXIX, 471 Seiten (Biografie)

Sommaruga, Giovanni; Strahm, Thomas (Hg.): Turing's revolution. The impact of his ideas about computability, Birkhäuser/Springer international publishing AG Switzerland, Cham, Heidelberg usw., 2015, XXIV, 329 Seiten

Sommeregger, Georg [2018a]: Katalog zur Sonderausstellung Hermes. Götterbote aus den Alpen. Die Schweiz und ihre Schreibmaschinen, typewriters.ch Verlag, Basel 2018, 232 Seiten

Sommeregger, Georg [2018b]: Neue Forschungsergebnisse zu Peter Mitterhofer. Neues Licht – auf sein Gedicht, in: Historische Bürowelt, September 2018, Heft 113, Seiten 26–30

Sommerfeld, Arnold (Hg.): [Teil 1]: Physik, Encyklopädie der mathematischen Wissenschaften mit Einschluss ihrer Anwendungen, Verlag und Druck von B. G. Teubner, Leipzig 1903–1921, Band 5, Teil 1, XX, 1112 Seiten

Sommerfeld, Arnold (Hg.): [Teil 2]: Physik, Encyklopädie der mathematischen Wissenschaften mit Einschluss ihrer Anwendungen, Verlag und Druck von B. G. Teubner, Leipzig 1904–1922, Band 5, Teil 2, XV, 878 Seiten

Sommerfeld, Arnold (Hg.): [Teil 3]: Physik, Encyklopädie der mathematischen Wissenschaften mit Einschluss ihrer Anwendungen, Verlag und Druck von B. G. Teubner, Leipzig 1909–1926, Band 5, Teil 3, XV, 1242 Seiten

Sonar, Thomas [1999]: Einführung in die Analysis, unter besonderer Berücksichtigung ihrer historischen Entwicklung, für Studierende des Lehramtes, Friedrich Vieweg & Sohn Verlagsgesellschaft mbH, Braunschweig 1999, XIII, 257 Seiten

Sonar, Thomas [2002]: Der fromme Tafelmacher. Die frühen Arbeiten des Henry Briggs, Logos-Verlag, Berlin 2002, 209 Seiten

Sonar, Thomas [2016a]: 3000 Jahre Analysis. Geschichte – Kulturen– Menschen, Springer-Verlag, Berlin, Heidelberg, 2. korrigierte Auflage 2016, XXIV, 712 Seiten (Reihe „Vom Zählstein zum Computer"; u.a. Archimedes, Leibniz, Pascal, Logarithmen; Jost Bürgi, Seiten 185–188)

Sonar, Thomas [2016b]: Die Geschichte des Prioritätsstreits zwischen Leibniz und Newton. Geschichte –Kulturen – Menschen, Springer-Verlag GmbH, Berlin, Heidelberg 2016, XXVII, 596 Seiten

Sonar, Thomas [2018]: The history of the priority dispute between Newton and Leibniz. Mathematics in history and culture, Springer international publishing AG, Cham 2018, XXVII, 549 Seiten

Soni, Jimmy; Goodman, Rob: A mind at play. How Claude Shannon invented the information age, Simon & Schuster, New York 2017, XV, 366 Seiten

Soppelsa, Maria Laura (Hg.): Giovanni Poleni. Idraulico, matematico, architetto, filologo (1683–1761), Atti della giornata di studi, Padua, 15 marzo 1986, Accademia patavina di scienze, lettere ed arti, Universität Padua 1988, XI, 244 Seiten

Soresini, Franco [1977a]: Storia del calcolo automatico, Band 1: Calcolo numerico meccanico, Confederazione generale dell'industria italiana (Confindustria), Rom 1977, 178 Seiten

Soresini, Franco [1977b]: Storia del calcolo automatico, Band 2: Dalla meccanografia all'informatica, Confederazione generale dell'industria italiana (Confindustria), Rom 1977, 280 Seiten

Soresini, Franco [1977c]: Storia del calcolo automatico, Band 3: Calcolo analogico e cibernetica, Confederazione generale dell'industria italiana (Confindustria), Rom 1977, 220 Seiten

Soriano, André; Bataïni, Antoine; Bordeau, Annette: Mechanische Spielfiguren aus vergangenen Zeiten, Editions André Sauret et Musée national de Monaco, Monaco 1985, 175 Seiten (u.a. Musikautomaten)

Sorrenson, Richard: Perfect mechanics. Instrument makers at the Royal society of London in the eighteenth century, Docent press, Boston, Massachusetts 2013, IX, 240 Seiten

Sossna, H. [1897]: Auflösung der Aufgabe der beiden Punktgruppen mittelst Maschine und numerisch-trigonometrischer Tafel, in: Zeitschrift für Vermessungswesen, Band 26, 1897, Heft 23, Seiten 649–661

Sossna, H. [1899]: Auflösung der Aufgabe des Einkettens mittelst Maschine und numerisch-trigonometrischer Tafel. Die neue Multiplicationsmaschine von Otto Steiger und Hans W. Egli in Zürich, in: Zeitschrift für Vermessungswesen, Band 28, 1899, Heft 24, Seiten 665–696 (Millionär)

Spalt, Detlef P.: Die Analysis im Wandel und im Widerstreit. Eine Formierungsgeschichte der Grundbegriffe, Verlag Karl Alber, Freiburg, München 2015, XXVII, 762 Seiten

Speicher, Christian [2006]: Ein Prunkstück der Technikgeschichte. Was der Mechanismus von Antikythera über die feinmechanischen Fähigkeiten der Griechen verrät, in: Neue Zürcher Zeitung, Nr. 284, 6. Dezember 2006, Seite 67

Speiser, Ambros Paul [1950a]: Das programmgesteuerte Rechengerät an der Eidgenössischen Technischen Hochschule in Zürich, in: Neue Zürcher Zeitung, 30. August 1950, Mittagausgabe, Nr. 1796 (50), Blatt 5 (Technik)

Speiser, Ambros Paul [1950b]: Elektronische Rechenautomaten, in: Schweizerische Bauzeitung, Band 68, 1950, Heft 33, Seiten 441–444 (Teil 1)

Speiser, Ambros Paul [1950c]: Elektronische Rechenautomaten, in: Schweizerische Bauzeitung, Band 68, 1950, Heft 34, Seiten 464–467 (Teil 2)

Speiser, Ambros Paul [1950d]: Die Anfertigung von Rechenplänen für die programmgesteuerte Rechenmaschine Z4, in: Technische Rundschau, Band 42, 1950, Heft 40, Seiten 1–3

Speiser, Ambros Paul [1951]: Über die Konstruktion von Rechengeräten mit linearen Potentiometern sowie die mathematischen Grundlagen der zugehörigen Kurvenanpassungen, Institut für angewandte Mathematik, ETH Zürich 1951, 56 Seiten (Untersuchungen mit der Zuse Z4)

Speiser, Ambros Paul [1952a]: Eine neue elektronische Statistik-Maschine, in: Neue Zürcher Zeitung, 20. Februar 1952, Mittagausgabe, Nr. 374 (14), Blatt 6 f. (Technik)

Speiser, Ambros Paul [1952b]: Analogierechengeräte mit linearen Potentiometern, in: Zeitschrift für angewandte Mathematik und Mechanik, Band 32, 1952, Heft 8/9, Seiten 245–246

Speiser, Ambros Paul [1952c]: Rechengeräte mit linearen Potentiometern, in: Zeitschrift für angewandte Mathematik und Physik, Band 3, 1952, Heft 6, Seite 449–460

Speiser, Ambros Paul [1953]: Mechanische und elektrische Analogie-Rechengeräte, in: Neue Zürcher Zeitung, 21. Oktober 1953, Mittagausgabe, Nr. 2458 (96), Blatt 7 f. (Technik, Antrittsvorlesung)

Speiser, Ambros Paul [1954a]: „Ermeth“, Projekt einer elektronischen Rechenmaschine an der Eidgenössischen Technischen Hochschule in Zürich und bisherige Entwicklungsergebnisse, in: Neue Zürcher Zeitung, 4. August 1954, Mittagausgabe, Nr. 1903 (79), Blatt 6 (Technik)

Speiser, Ambros Paul [1954b]: Projekt einer elektronischen Rechenmaschine an der E.T.H. (Ermeth), in: Zeitschrift für angewandte Mathematik und Mechanik, Band 34, 1954, Heft 8/9, Seiten 311–312

Speiser, Ambros Paul [1956]: Eingangs- und Ausgangsorgane sowie Schaltpulte der Ermeth, in: Johannes Wosnik; Alwin Walther; Walter Hoffmann (Hg.): Elektronische Rechenmaschinen und Informationsverarbeitung. Nachrichtentechnische Fachberichte. Beihefte der NTZ, Band 4, 1956, Seiten 87–89 (Ermeth = elektronische Rechenmaschine der ETH)

Speiser, Ambros Paul [1957]: Entwurf eines elektronischen Rechengerätes unter besonderer Berücksichtigung der Erfordernis eines minimalen Materialaufwandes bei gegebener mathematischer Leistungsfähigkeit. Birkhäuser Verlag, Basel, Stuttgart, 3. unveränderte Auflage 1957, IV, 54 Seiten, 13 Seiten Anhang

Speiser, Ambros Paul [1958a]: Neue Tendenzen auf dem Gebiet der elektronischen Rechenmaschinen, in: Neue Zürcher Zeitung, 15. Mai 1958, Auffahrtsausgabe, Nr. 1414 (68), Blatt 6 f. (Technik) (Teil 1)

Speiser, Ambros Paul [1958b]: Neue Tendenzen auf dem Gebiet der elektronischen Rechenmaschinen, in: Neue Zürcher Zeitung, 15. Mai 1958, Auffahrtsausgabe, Nr. 1415 (69), Blatt 7 f. (Technik) (Teil 2)

Speiser, Ambros Paul [1961]: ohne Überschrift (Geleitwort), in: Elektronische Rechenanlagen, Band 3, 1961, Heft 4, Seite 143

Speiser, Ambros Paul [1962]: Neue technische Entwicklungen, in: Walter Hoffmann (Hg.): Digitale Informationswandler. Probleme der Informationsverarbeitung in ausgewählten Beiträgen, Friedrich Vieweg, Braunschweig 1962, Seiten 67–109

Speiser, Ambros Paul [1967]: Digitale Rechenanlagen. Grundlagen – Schaltungstechnik – Arbeitsweise, Betriebssicherheit, Springer-Verlag, Berlin, Heidelberg usw., 2., neu bearbeitete Auflage 1967, XVI, 454 Seiten

Speiser, Ambros Paul [1978]: Eduard Stiefel und die Computer-Technik, in: Neue Zürcher Zeitung, 20. Dezember 1978, Seite 47 (Forschung und Technik) (Nachruf)

Speiser, Ambros Paul [1979]: Digital processing: Reflections about the past and the future, in: Zeitschrift für angewandte Mathematik und Physik, Band 30, 1979, Seiten 355–363

Speiser, Ambros Paul [1980]: The relay calculator Z4, in: Annals of the history of computing, Band 2, 1980, Heft 3, Seiten 242-243

Speiser, Ambros Paul [1981]: Die Z4 an der ETH Zürich. Ein Stück Technik- und Mathematikgeschichte, in: Elemente der Mathematik, Band 36, 1981, Heft 6, Seiten 145–153

Speiser, Ambros Paul [1985]: Die Zukunft der Computer aus der Sicht des Jahres 1950. Rückblick auf ein Stück „Technological forecasting", in: Neue Zürcher Zeitung, Nr. 127, 5. Juni 1985, Seite 71 (Forschung und Technik)

Speiser, Ambros Paul [1987]: Die Anfänge der Informatik an der ETH Zürich, in: Informatik-Bulletin, Nr. 51, Oktober 1987, Seiten 4–9 (Hg.: Computerkommission und Institut für Informatik der ETH Zürich)

Speiser, Ambros Paul [1989]: A brief account of the work done at the Zurich institute of applied mathematics, in: Michael Roy Williams; Martin Campbell-Kelly (Hg.): The early British computer conferences, MIT press, Cambridge, Massachusetts, London/Tomash publishers, Los Angeles, San Francisco 1989, Seiten 193–194

Speiser, Ambros Paul [1990]:Fünfzig Jahre digitale Elektronik, in: Neue Zürcher Zeitung, Nr. 140, 20. Juni 1990, Seiten 65–66 (Forschung und Technik) (Eniac, Ermeth)

Speiser, Ambros Paul [1992]: 95 Semester ETH – der Weg zur Informatik. Presse- und Informationsdienst ETH Zürich 1992, 17 Seiten (Abschiedsvorlesung)

Speiser, Ambros Paul [1994]: Episoden aus den Anfängen, in: ETH-Rat (Hg.): Informatik in ETH-Bereich. Vom Relaisrechner zum Großcomputer, Zürich 1994, Seiten 8–70 (Impulse der ETH: Forschung, Lehre, Praxis)

Speiser, Ambros Paul [1995]: Zum Tod von Konrad Zuse, in: Neue Zürcher Zeitung, Nr. 297, 21. Dezember 1995, Seite 20 (Vermischte Meldungen)

Speiser, Ambros Paul [1996]: Wer hat den Computer erfunden?, in: Neue Zürcher Zeitung, Nr. 271, 20. November 1996, Seiten 73–74 (Forschung und Technik)

Speiser, Ambros Paul [1997]: Wer hat den Computer erfunden? Referat, gehalten an der Diplomfeier der Abteilung Informatik der ETH Zürich, 1996, 6 Seiten, in: Physik in unserer Zeit, 28. Jahrgang 1997, Nr. 4, Seiten 146–148 (VCH Verlagsgesellschaft, Weinheim)

Speiser, Ambros Paul [1998]: IBM Research Laboratory Zurich. The early years, in: IEEE Annals of the history of computing, Band 20, 1998, Heft 1, Seiten 15–35

Speiser, Ambros Paul [2000]: Konrad Zuse's Z4: Architecture, programming, and modifications at the ETH Zurich, in: Raúl Rojas, Ulf Hashagen (Hg.): The first computers – history and architectures, MIT press, Cambridge, Massachusetts, London 2000, Seiten 263–276

Speiser, Ambros Paul [2001]: Doppelgitterröhren als Mal-Gatter. Helmut Schreyer: ein vergessener Computerpionier, in: Neue Zürcher Zeitung, Nr. 189, 17. August 2001, Seite 58 (Medien und Informatik)

Speiser, Ambros Paul [2003a]: Die Anfänge der Elektronik. Von der Elektronenröhre zum Transistor, in: Neue Zürcher Zeitung, Nr. 5, 8. Januar 2003, Seite 75 (Forschung und Technik)

Speiser, Ambros Paul [2003b]: Ein Apparat, dicht bepackt mit Hebeln, Blechen, Federn, Stahlstiften. Wie Konrad Zuses Z4-Computer 1950 nach Zürich gelangte, in: Neue Zürcher Zeitung, Nr. 112, 16. Mai 2003, Seite 75 (Medien und Informatik)

Speiser, Ambros Paul [2004]: Konrad Zuses Z4 und die Ermeth: Ein weltweiter Architektur-Vergleich, in: Hans Dieter Hellige (Hg.): Geschichten der Informatik. Visionen, Paradigmen, Leitmotive, Springer-Verlag, Berlin, Heidelberg 2004, Seiten 171–194

Spence, Homer W. [1951a]: Systematization of tube surveillance in large-scale computers, in: AIEE Transactions, Band 70, 1951, Heft 1, Seiten 516–519

Spence, Homer W. [1951b]: Systematization of tube surveillance in large-scale computers, in: Electrical engineering, Band 70, 1951, Heft 7, Seiten 605–608

Spencer, Donald D. [1996]: Great men and women of computing, Camelot publishing company, Ormond Beach, Florida 1996, 176 Seiten

Spencer, Donald D. [1999]: The timetable of computers. A chronology of the most important people and events in the history of computers. Camelot publishing company, Ormond Beach, Florida 1999, 192 Seiten

Sperry Rand corporation (Hg.): A history of Sperry Rand corporation, New York, 3. Auflage 1964, 32 Seiten (Selbstverlag)

Spicer, Dag; Tashev, Kirsten: The quest to build a thinking machine. A history of computer chess, in: Core 5.1, Mai 2006, Seiten 3–11 (Computer history museum, Mountain View, California)

Spillemaecker, Chantal (Hg.): Vaucanson & l'homme artificiel. Des automates aux robots, Presses universitaires de Grenoble, Grenoble 2010, 128 Seiten

Spindler, Hermann A. [1931]: Logarithmisch-graphische Rechenhilfsmittel für das kaufmännische Bureau, in: Neue Zürcher Zeitung, 14. Juni 1931 (NZZ-Archiv, Seite g2)

Spindler, Hermann A. [1932]: Bürotechnische Neuheiten an der 4. Schweizerischen Büro-Fachausstellung in Zürich, in: Büro und Verkauf, Band 1, Heft 10, Oktober 1932, Seiten 14–17

Spindler, Hermann A. [1933a]: Neues an der Bürofach-Ausstellung, in: Büro und Verkauf, Band 2, Heft 9, September 1933, Seiten 9–17

Spindler, Hermann A. [1933b]: Bürofach-Ausstellung in Zürich 1933, in: Büro und Verkauf, Band 2, Heft 10, Oktober 1933, Seiten 12–14

Spindler, Hermann A. [1934a]: Bürobedarf an der Schweizer Mustermesse in Basel, in: Büro und Verkauf, Band 3, Heft 5, Mai 1934, Seiten 13–14

Spindler, Hermann A. [1934b]: Rückblick auf die Bürofachausstellung 1934, in: Büro und Verkauf, Band 3, Heft 10, Oktober 1934, Seiten 14–16

Spindler, Hermann A. [1935a]: Schweizerische Büromaschinen und Bürobedarf an der Mustermesse 1935, in: Büro und Verkauf, Band 4, Heft 5, Mai 1935, Seiten 13–15

Spindler, Hermann A. [1935b]: Bericht über die Bürofachausstellung in Zürich, in: Büro und Verkauf, Band 5, Heft 1, Oktober 1935, Seiten 14–19

Spindler, Hermann A. [1936]: Bürobedarf an der 20. Schweizer Mustermesse 1936, in: Büro und Verkauf, Band 5, Heft 8, Mai 1936, Seiten 17–19

Spindler, Hermann A. [1937a]: Bürobedarfsmesse an der Schweizer Mustermesse 1937, in: Büro und Verkauf, Band 6, Heft 8, Mai 1937, Seiten 19–21

Spindler, Hermann A. [1937b]: Neue schweizerische Rechenmaschinen, in: Büro und Verkauf, Band 6, Heft 9, Juni 1937, Seiten 21–22

Spindler, Hermann A. [1937c]: Rückschau auf die Bürofachausstellung 1937, in: Büro und Verkauf, Band 7, Heft 1, Oktober 1937, Seiten 16–18

Spindler, Hermann A. [1938]: Wie haben die Schreibmaschinen vor 60 Jahren ausgesehen?, in: Büro und Verkauf, Band 8, Heft 1, Oktober 1938, Seiten 8–9

Spindler, Hermann A. [1939a]: Bürotechnik an der Schweizer Mustermesse, in: Büro und Verkauf, Band 8, Heft 7, April 1939, Seiten 19–20

Spindler, Hermann A. [1939b]: Das moderne Büro an der Schweizerischen Landesausstellung, in: Büro und Verkauf, Band 8, Heft 9, Juni 1939, Seiten 1–4

Spindler, Hermann A. [1940]: Büromaschinen und Bürobedarfsartikel an der Schweizer Mustermesse Basel 1940, in: Büro und Verkauf, Band 9, Heft 8, Mai 1940, Seiten 9–10

Spindler, Hermann A. [1941]: Büromaschinen und Büroartikel an der 25. Schweizer Mustermesse Basel 1941, in: Büro und Verkauf, Band 10, Heft 8, Mai 1941, Seiten 16–17

Spindler, Hermann A. [1942]: Büroeinrichtungen und Bürobedarf an der 26. Schweizer Mustermesse in Basel, in: Büro und Verkauf, Band 11, Heft 8, Mai 1942, Seiten 11–13

Spindler, Hermann A. [1943]: Die Gruppe „Büro und Geschäft" an der Muba 1943, in: Büro und Verkauf, Band 12, Heft 9, Juni 1943, Seiten 16–18

Spindler, Hermann A. [1944]: Die Gruppe „Büro und Geschäft" an der Mustermesse 1944, in: Büro und Verkauf, Band 13, Heft 8, Mai 1944, Seiten 20–21

Spindler, Hermann A. [1945]: Die Gruppe „Büro und Geschäft“ an der Schweizer Mustermesse 1945, in: Büro und Verkauf, Band 14, Heft 8, Mai 1945, Seiten 211–213 (Seite 212: Rechenuhr „Arithmo“)

Spindler, Hermann A. [1947]: Bürotechnik an der Mustermesse 1947, in: Büro und Verkauf, Band 16, Heft 8, Mai 1947, Seiten 217–218, und Heft 9, Juni 1947, Seiten 243–244

Spindler, Hermann A. [1948]: Die Gruppe „Büro und Geschäft“ an der Mustermesse 1948, in: Büro und Verkauf, Band 17, Heft 8, Mai 1948, Seiten 222–223

Spindler, Hermann A. [1949]: Einige bürotechnische Neuheiten an der Schweizer Mustermesse 1949, in: Büro und Verkauf, Band 18, Heft 9, Juni 1949, Seiten 253 und 259

Spindler, Hermann A. [1950a]: Bürotechnische Neuerungen an der Schweizer Mustermesse 1950, in: Büro und Verkauf, Band 19, Heft 8, Mai 1950, Seiten 215–216

Spindler, Hermann A. [1950b]: Das Rechnen im Büro, in: Büro und Verkauf, Band 19, Heft 9, Juni 1950, Seiten 314–316

Spindler, Hermann A. [1950c]: „Büfa“, schweizerische Bürofachausstellung in Zürich, in: Büro und Verkauf, Band 20, Heft 1, Oktober 1950, Seiten 16–18

Spindler, Hermann A. [1951a]: Bürotechnik an der Schweizer Mustermesse, in: Büro und Verkauf, Band 20, Heft 8, Mai 1951, Seiten 207–208, und Heft 9, Juni 1951, Seite 225

Spindler, Hermann A. [1951b]: Bürofachliches an der Technischen Messe in Hannover, in: Büro und Verkauf, Band 20, Heft 9, Juni 1951, Seiten 231–233

Spindler, Hermann A. [1952a]: Bürofachliches an der 36. Schweizer Mustermesse, in: Büro und Verkauf, Band 21, Heft 8, Mai 1952, Seiten 225–227, und Heft 9, Juni 1952, Seiten 255–256

Spindler, Hermann A. [1952b]: Mensch und Maschine im Büro. Betrachtungen zur Büfa 1952, in: Neue Zürcher Zeitung, 11. September 1952, Mittagausgabe, Nr. 1957, Blatt 5 (Schweizerische Bürofachausstellung in Zürich)

Spindler, Hermann A. [1952c]: Bürotechnik heute – Beobachtungen an der Büfa 1952, in: Büro und Verkauf, Band 22, Heft 1, Oktober 1952, Seiten 17–22, und Heft 2, November 1952, Seiten 37–42

Spindler, Hermann A. [1953]: Bürofachliches an der 37. Schweizer Mustermesse, in: Büro und Verkauf, Band 22, Heft 8, Mai 1953, Seiten 200–202, und Heft 9, Juni 1953, Seiten 225–227

Spindler, Hermann A. [1954a]: Bürotechnik an der 38. Schweizer Mustermesse, in: Büro und Verkauf, Band 23, Heft 9, Juni 1954, Seiten 217–218, und Heft 10, Juli 1954, Seite 247–248

Spindler, Hermann A. [1954b]: Buchungsmaschinen an der Büfa 1954, in: Büro und Verkauf, Band 24, Heft 1, Oktober 1954, Seiten 8–10

Spindler, Hermann A. [1955a]: Moderne Additions- und Rechenmaschinen, in: Büro und Verkauf, Band 24, Heft 5, Februar 1955, Seiten 126–129

Spindler, Hermann A. [1955b]: Die Gruppe „Büro und Geschäft“ an der Schweizer Mustermesse 1955, in: Büro und Verkauf, Band 24, Heft 8, Mai 1955, Seiten 214–216, und Heft 9, Juni 1955, Seiten 250–251

Spindler, Hermann A. [1955c]: Schreibmaschinen, Diktiermaschinen, Vervielfältigungsmaschinen, in: Büro und Verkauf, Band 24, Heft 9, Juni 1955, Seiten 244–249

Spindler, Hermann A. [1956a]: Die Automation, in: Neue Zürcher Zeitung, 6. September 1956 (NZZ-Archiv)

Spindler, Hermann A. [1956b]: Bürotechnik an der 40. Schweizer Mustermesse, in: Büro und Verkauf, Band 25, Heft 8, Mai 1956, Seiten 216–219, und Heft 9, Juni 1956, Seite 234

Spindler, Hermann A. [1956c]: Bürotechnik an der Messe in Hannover, in: Büro und Verkauf, Band 25, Heft 9, Juni 1956, Seiten 241–242

Spindler, Hermann A. [1956d]: Buchungs- und Fakturiermaschinen an der „Büfa 1956“, in: Büro und Verkauf, Band 26, Heft 1, Oktober 1956, Seiten 37–40

Spindler, Hermann A. [1957a]: Additions- und Rechenmaschinen an der Büfa 1956, in: Büro und Verkauf, Band 26, Heft 4, Januar 1957, Seiten 118–121

Spindler, Hermann A. [1957b]: Lochkartenmaschinen an der „Büfa“ 1956, in: Büro und Verkauf, Band 26, Heft 5, Februar 1957, Seiten 146–149

Spindler, Hermann A. [1957c]: Bürofachliches an der 41. Schweizer Mustermesse, in: Büro und Verkauf, Band 26, Heft 9, Juni 1957, Seite 257–259, und Heft 10, Juli 1957, Seiten 285–287

Spindler, Hermann A. [1958a]: Bürotechnik an der 42. Schweizer Mustermesse, in: Büro und Verkauf, Band 27, Heft 8, Mai 1958, Seite 237–238, und Heft 9, Juni 1958, Seiten 269–272

Spindler, Hermann A. [1958b]: 11. Schweizerische Bürofachausstellung – Büfa 1958, in: Büro und Verkauf, Band 28, Heft 1, Oktober 1958, Seiten 25–28, und Heft 2, November 1958, Seiten 49–51, und Heft 3, Dezember 1958, Seiten 88–89

Spindler, Hermann A. [1959]: Die Gruppe „Büro und Geschäft“ an der Schweizer Mustermesse 1959, in: Büro und Verkauf, Band 28, Heft 8, Mai 1959, Seiten 238–239, und Heft 9, Juni 1959, Seiten 264–265

Spindler, Hermann A. [1960a]: Die Gruppe „Büro und Geschäft“ an der Mustermesse 1960, in: Büro und Verkauf, Band 29, Heft 8, Mai 1960, Seite 216, und Heft 9, Juni 1960, Seiten 244–245

Spindler, Hermann A. [1960b]: „Büfa“ 1960 in Zürich, in: Büro und Verkauf, Band 30, Heft 1, Oktober 1960, Seiten 20–22, und Heft 2, November 1960, Seiten 53–56

Spindler, Hermann A. [1961]: Bürotechnische Neuheiten an der Schweizer Mustermesse 1961, in: Büro und Verkauf, Band 30, Heft 8, Mai 1961, Seiten 215 und 222

Spindler, Hermann A. [1962]: Die Gruppe „Bürofach“ an der Schweizer Mustermesse 1962, in: Büro und Verkauf, Band 31, Heft 8, Mai 1962, Seite 212, und Heft 9, Juni 1962, Seiten 258 und 261

Spindler, Hermann A. [1963]: Die Gruppe „Bürofach“ an der Schweizer Mustermesse 1963, in: Büro und Verkauf, Band 32, Heft 8, Mai 1963, Seiten 226–229

Spindler, Hermann A. [1964]: Das Bürofach an der Schweizer Mustermesse 1964, in: Büro und Verkauf, Band 33, Heft 8, Mai 1964, Seiten 216–217, und Heft 9, Juni 1964, Seiten 247–248

Spindler, Hermann A. [1965a]: Das Bürofach an der Schweizer Mustermesse 1965, in: Büro und Verkauf, Band 34, Heft 9, Juni 1965, Seiten 257–258

Spindler, Hermann A. [1965b]: „Büfa“, schweizerische Bürofachausstellung 1965, in: Büro und Verkauf, Band 35, Heft 1, Oktober 1965, Seiten 17–18, und Heft 2, November 1965, Seiten 51–52

Spindler, Hermann A. [1966]: Das Bürofach an der 50. Schweizer Mustermesse, in: Büro und Verkauf, Band 35, Heft 8, Mai 1966, Seiten 216–217, und Heft 9, Juni 1966, Seiten 241–242

Spitzer, Manfred [2012]: Digitale Demenz. Wie wir unsere Kinder um den Verstand bringen, Droemersche Verlagsanstalt Th. Knaur Nachf. GmbH & Co. KG, München 2012, 368 Seiten

Spitzer, Manfred [2015]: Cyberkrank! Wie das digitalisierte Leben unsere Gesundheit ruiniert, Verlagsgruppe Droemer Knaur GmbH & Co. KG, München 2015, 432 Seiten

Spitzer, Manfred [2017]: Früher war alles später ... und heute zerreißen wir (uns) so schnell es geht, Schattauer GmbH, Stuttgart 2017, XII, 278 Seiten

Spitzer, Manfred [2018]: Einsamkeit. Die unerkannte Krankheit. Schmerzhaft, ansteckend, tödlich, Droemer Knaur GmbH & Co. KG, München 2018, 317 Seiten

Sprague, R. E.: Fundamental concepts of the digital differential analyzer method of computation, in: Mathematical tables and other aids to computation, Band 6, Januar 1952, Heft 37, Seiten 41–49

SRF mySchool: Medienkompetenz. Computergeschichte, Schweizer Radio und Fernsehen, Zürich 2013, DVD

SRF mySchool: Medienkompetenz. Handygeschichte, Schweizer Radio und Fernsehen, Zürich 2014, DVD

SRF mySchool: Medienkompetenz. Internetgeschichte, Schweizer Radio und Fernsehen, Zürich 2013, DVD

Staley, David J.: Computers, visualization, and history. How new technology will transform our understanding of the past, M. E. Sharpe, Inc., Armonk, New York, London, 2. Auflage 2014, XXII, 193 Seiten

Stambach, Johann Jakob: Der topographische Distanzenmesser mit Rechenschieber, Aarau 1872, 11 Seiten (Kern, Aarau)

Stamm, Marielle: La saga du vidéotex, in: Peter Haber (Hg.): Computergeschichte Schweiz. Eine Bestandesaufnahme, Chronos-Verlag, Zürich 2009, Seiten 143–164 (Geschichte und Informatik, Band 17)

Stampfer, Simon [1850a]: Über das neue Planimeter des Caspar Wetli, Ingenieur im Kanton Zürich, Sonderdruck aus: Sitzungsberichte der mathematisch-naturwissenschaftlichen Classe der kaiserlichen Akademie der Wissenschaften, Wien 1850, Februar-Heft, 23 Seiten

Stampfer, Simon [1850b]: Über das neue Planimeter des Kaspar Wetli, Ingenieur im Kanton Zürich, in: Dingler's polytechnisches Journal, Band 116, 1850, Heft 85, Seiten 424–443

Standage, Tom [2002a]: The mechanical Turk. The true story of the chess-playing machine that fooled the world, Allen Lane The Penguin press, London, New York usw. 2002, XIV, 274 Seiten

Standage, Tom [2002b]: Der Türke. Die Geschichte des ersten Schachautomaten und seiner abenteuerlichen Reise um die Welt, Campus Verlag, Frankfurt, New York 2002, 224 Seiten (Schachtürke)

Starck, Johannes Matthias: Peer Review für wissenschaftliche Fachjournale. Strukturierung eines informativen Reviews, Springer Fachmedien Wiesbaden GmbH, Wiesbaden 2018, IX, 64 Seiten

Starke, Dieter: Geschichte der Naturwissenschaften. Erste Anfänge, Verlag Harri Deutsch, Thun, Frankfurt am Main 1999, VII, 213 Seiten

Starnazzi, Carlo: Léonard. Codes & machines, Cartei & Bianchi editori, Florenz 2006, 175 Seiten (odomètre, Seiten 32–33; robot automate, Seiten 52–53; char automoteur, Seiten 58–59) (Ausstellungskatalog)

Starzl, Werner: Unbekanntes Kolonnen-Addiergerät. Wiener Calculator, in: Historische Bürowelt, Dezember 2002, Heft 63, Seiten 6–7

Staub, Fridolin: Eine Sammlung alter Uhren. Eisenuhren von der Gotik bis zum Barock, Uhren aus dem 17. bis zum 19. Jahrhundert, Schweizer Holzräder- und Bauernuhren, Verlag Ernst Staub, Gipf-Oberfrick 2000, 272 Seiten

Staubermann, Klaus (Hg.): Reconstructions. Recreating science and technology of the past, National museums Scotland, Edinburgh 2011, XII, 276 Seiten (u.a. Räderwerk von Antikythera, Differenzenmaschine 2 von Charles Babbage)

Stäuble, Mario: Ein entschlüsselter Deal, in: Tages-Anzeiger, Nr. 174, 30. Juli 2015, Seite 3 (Schweiz) (Crypto AG)

Staudacher, Fritz [2016a]: Jost Bürgi, Kepler und der Kaiser. Uhrmacher, Instrumentenbauer, Astronom, Mathematiker, 1552–1632, Verlag Neue Zürcher Zeitung, Zürich, 3., überarbeitete und erweiterte Auflage 2016, 312 Seiten

Staudacher, Fritz [2016b]: Bedeutendster Mathematiker der frühen Neuzeit, in: Bulletin VSMP (Verein Schweizerischer Mathematik- und Physiklehrkräfte), September 2016, Heft 132, Seiten 34–39 (Jost Bürgi)

Staudacher, Fritz [2018]: Jost Bürgi, Kepler und der Kaiser. Uhrmacher, Astronom, Mathematiker, Instrumentenbauer, Erz-Metallurgist, 1552–1632, Verlag Neue Zürcher Zeitung, Zürich, 4., überarbeitete und erweiterte Auflage 2018, 320 Seiten

Stauder, Wilhelm: Alte Musikinstrumente in ihrer vieltausendjährigen Entwicklung und Geschichte, Klinkhardt & Biermann, Braunschweig 1973, XII, 462 Seiten

Stautz, Burkhard [1997]: Untersuchungen von mathematisch-astronomischen Darstellungen auf mittelalterlichen Astrolabien islamischer und europäischer Herkunft, Verlag für Geschichte der Naturwissenschaften und der Technik (GNT), Bassum 1997, 287 Seiten (Dissertation)

Stautz, Burkhard [1999]: Die Astrolabiensammlungen des Deutschen Museums und des Bayerischen Nationalmuseums, Oldenbourg, München 1999, X, 425 Seiten

Stedall, Jacqueline [2008]: Mathematics emerging. A sourcebook 1540–1900, Oxford University Press, Oxford 2008, XXI, 653 Seiten

Stedall, Jacqueline [2012]: The history of mathematics. A very short introduction, Oxford University Press, Oxford, New York usw. 2012, XVII, 123 Seiten

Steele, John M. (Hg.) [2007]: Calendars and years. Astronomy and time in the ancient near East, Oxbow books, Oxford 2007, VII, 167 Seiten

Steele, John M. (Hg.) [2011]: Calendars and years II. Astronomy and time in the ancient and medieval world, Oxbow books, Oxford 2011, IV, 179 Seiten

Steele, John M. (Hg.) [2016]: The circulation of astronomical knowledge in the ancient world, Koninklijke Brill NV, Leiden, Boston 2016, X, 585 Seiten

Steele, John M.: Observations and predictions of eclipse times by early astronomers, Kluwer academic publishers, Dordrecht, Boston usw. 2000, XI, 321 Seiten

Steele, John M.; Imhausen, Annette (Hg.): Under one sky. Astronomy and mathematics in the ancient near East, Ugarit-Verlag, Münster 2002, VII, 496 Seiten

Steiglitz, Kenneth: The discrete charm of themachine. Why the world became digital, Princeton university press, Princeton, New Jersey, Woodstock, Oxfordshire 2019, XVII, 235 Seiten

Stein, Dorothy [1985]: Ada. A life and a legacy, MIT press, Cambridge, Massachusetts, London 1985, XIX, 321 Seiten (Biografie)

Stein, Dorothy [2004]: Ada Augusta Lovelace. Eine Frau am Anfang der Moderne, Kulturverlag Kadmos, Berlin, 2. Auflage 2004, XXIV, 365 Seiten (Biografie)

Stein, Erwin: Die Leibniz-Dauerausstellung der Gottfried-Wilhelm-Leibniz-Universität, Leibniz-Universität, Hannover, o. J., 58 Seiten (Abschnitt: Die Leibnizschen Rechenmaschinen, Seiten 39–58) (Ausstellungskatalog)

Stein, Erwin; Kopp, Franz Otto [2008]: Calculemus! Neue Hannoversche Funktionsmodelle zu den Rechenmaschinen von Leibniz, in: Leibniz – Auf den Spuren des großen Denkers. Unimagazin Hannover, 2008, Heft 3/4, Seiten 60–63

Stein, Erwin; Kopp, Franz Otto [2010]: Konstruktion und Theorie der leibnizschen Rechenmaschinen im Kontext der Vorläufer, Weiterentwicklungen und Nachbauten. Mit einem Überblick zur Geschichte der Zahlensysteme und Rechenhilfsmittel, in: studia leibnitiana, Zeitschrift für Geschichte der Philosophie und der Wissenschaften, Band 42, 2010, Heft 1, Seiten 1–128

Stein, Erwin; Kopp, Franz Otto; Wiechmann, Karin; Weber, Gerhard: Neue Forschungsergebnisse und Nachbauten zur Vier-Spezies-Rechenmaschine und zur dyadischen Rechenmaschine nach Leibniz, in: Herbert Breger; Jürgen Herbst; Sven Erdner (Hg.): Einheit in der Vielfalt. 8. Internationaler Leibniz-Kongress, Hannover, 24. bis 29. Juli 2006, Gottfried-Wilhelm-Leibniz-Gesellschaft e.V. Hannover 2006, Vorträge, 2. Teil, Seiten 1018–1025

Stein, P.: Provision for expansion in the Seac, in: Mathematical tables and other aids to computation, Band 5, Oktober 1951, Heft 36, Seiten 232–240

Steinbuch, Karl (Hg.): Taschenbuch der Nachrichtenverarbeitung, Springer-Verlag, Berlin, 2., überarbeitete Auflage 1967, XXIII, 1468 Seiten

Steinbuch, Karl [1959a]: Nachrichtenverarbeitung, in: Elektronische Rechenanlagen, Band 1, 1959, Heft 1, Seiten 17–19

Steinbuch, Karl [1959b]: Lernende Automaten, in: Elektronische Rechenanlagen, Band 1, 1959, Heft 3, Seiten 112–118 (Teil 1)

Steinbuch, Karl [1959c]: Lernende Automaten, in: Elektronische Rechenanlagen, Band 1, 1959, Heft 4, Seiten 172–175 (Teil 2)

Steinbuch, Karl [1962]: ohne Überschrift (Geleitwort), in: Elektronische Rechenanlagen, Band 4, 1962, Heft 5, Seite 205

Steinbuch, Karl [1966]: Die informierte Gesellschaft. Geschichte und Zukunft der Nachrichtentechnik, Rowohlt, Deutsche Verlags-Anstalt, Stuttgart 1966, 249 Seiten

Steinbuch, Karl [1971]: Maschinelle Intelligenz und Zeichenerkennung, in: Die Naturwissenschaften, Band 58, 1971, Seiten 210–217

Steiner, Christopher: Automate this. How algorithms came to rule our world, Portfolio, Penguin, New York 2012, VI, 248 Seiten

Steinhardt, Gerald (Hg.): Die Fakultät für Informatik. Schlüsseltechnologie der Informationsgesellschaft, Böhlau Verlag GmbH & Co. KG, Wien, Köln usw. 2016, 146 Seiten (Festschrift 200 Jahre Technische Universität Wien)

Stender, Richard: Der moderne Rechenstab. Ein Vorbereitungsbuch für Schule und Hochschule und ein Hilfsbuch für die Praxis, Otto Salle Verlag, Frankfurt am Main, Hamburg, 9., neu bearbeitete Auflage 1967, VII, 119 Seiten (mit Gebrauchsanweisung fürs Stabrechnen)

Stephens, Carlene [1985a]: Schreib- und Rechenmaschinenschätze der Smithsonian Institution, Washington/USA, in: Historische Bürowelt, Juli 1985, Heft 10, Seiten 7–10 (Teil 1)

Stephens, Carlene [1985b]: Schreib- und Rechenmaschinenschätze der Smithsonian Institution, Washington/USA, in: Historische Bürowelt, Oktober 1985, Heft 11, Seiten 10 und 14–15 (Teil 2)

Stephens, Carlene [1986]: Schreib- und Rechenmaschinenschätze der Smithsonian Institution, Washington/USA, in: Historische Bürowelt, Januar 1986, Heft 12, Seiten 8–12 (Teil 3)

Stern, Beatrice M.: A history of the Institute for advanced study 1930–1950, Princeton, New Jersey 1964, V, 365 Seiten

Stern, Catherine; Stern, Margaret B.: Comments on ancient Egyptian multiplication, in: The arithmetic teacher, Band 11, 1964, Seiten. 254–257

Stern, Nancy Beth [1977]: An interview with J. Presper Eckert, Charles Babbage Institute, Universität Minnesota, Minneapolis, 28. Oktober 1977, 61 Seiten

Stern, Nancy Beth [1979]: The Binac: A case study in the history of technology, in: Annals of the history of computing, Band 1, 1979, Heft 1, Seiten 9–20

Stern, Nancy Beth [1980a]: Who „invented" the first electronic digital computer? in: Annals of the history of computing, Band 2, 1980, Heft 4, Seiten 375–376

Stern, Nancy Beth [1980b]: John von Neuman's influence on electronic digital computing, 1944–1946, in: Annals of the history of computing, Band 2, 1980, Heft 4, Seiten 349–362

Stern, Nancy Beth [1981a]: From Eniac to Univac. An appraisal of the Eckert-Mauchly computers, Digital press, Bedford, Massachusetts 1981, IX, 266 Seiten

Stern, Nancy Beth [1981b]: From Eniac to Univac. As inventors, Eckert and Mauchly were clear successes, but as entrepreneurs they had some difficult times, in: IEEE spectrum, Band 18, 1981, Heft 12, Seiten 61–69

Stern, Nancy Beth [1982]: Burks on the stored program concept, in: Annals of the history of computing, Band 4, 1982, Heft 2, Seiten 183–184 (Speicherprogramm)

Sterner, Matthäus: Principielle Darstellung des Rechenunterrichtes auf historischer Grundlage, 1. Teil: Geschichte der Rechenkunst, Druck und Verlag von R. Oldenbourg, München, Leipzig 1891, XII, 533 Seiten

Stevenson, Malcolm G.: Bell labs. A pioneer in computing technology, in: Bell laboratories records, Dezember 1973, Seiten 345–351

Stewart, Ian: Meilensteine der Mathematik, Spektrum akademischer Verlag, Heidelberg 2010, 288 Seiten

Stibitz, George Robert [1947]: Should automatic computers be large or small?, in: Mathematical tables and other aids to computation, Band 2, Oktober 1947, Heft 20, Seiten 362–364

Stibitz, George Robert [1948a]: A new class of computing aids, in: Mathematical tables and other aids to computation, Band 3, Juli 1948, Heft 23, Seiten 217–221

Stibitz, George Robert [1948b]: Electric root finder, in: Mathematical tables and other aids to computation, Band 3, Oktober 1948, Heft 24, Seiten 328–329

Stibitz, George Robert [1950]: A note on „is" and „might be" in computers, in: Mathematical tables and other aids to computation, Band 4, Juli 1950, Heft 31, Seiten 168–169

Stibitz, George Robert [1980]: Early computers, in: Nicholas Constantine Metropolis; Jack Howlett; Gian-Carlo Rota (Hg.): A history of computing in the twentieth century. A collection of essays, Academic press, New York, London usw. 1980, Seiten 479–483

Stibitz, George Robert [1982]: Computer, in: Brian Randell (Hg.): The origins of digital computers. Selected papers, Springer-Verlag, Berlin, Heidelberg usw., 3. Auflage 1982, Seiten 247–252

Stibitz, George Robert [1985a]: The organization of large-scale calculating machinery, in: Proceedings of a symposium on large-scale digital calculating machinery, Cambridge, Massachusetts, 7.–10. Januar 1947, MIT press, Cambridge, Massachusetts, London/Tomash publishers, Los Angeles, San Francisco 1985, Seiten 91–100

Stibitz, George Robert [1985b]: Introduction to the course on electronic digital computers, in: Martin Campbell-Kelly; Michael Roy Williams (Hg.): The Moore school lectures. Theory and techniques for design of electronic digital computers (held at the Moore school of electrical engineering of the University of Pennsylvania during July and August 1946), MIT press, Cambridge, Massachusetts, London/Tomash publishers, Los Angeles, San Francisco 1985, Seiten 5–16

Stibitz, George Robert; Larrivee, Jules, A.: Mathematics and computers, McGraw-Hill book company, Inc., New York, Toronto usw., 1. Auflage 1957, IX, 228 Seiten

Stiefel, Eduard [1948]: Elektronische Rechenmaschinen, in: Neue Zürcher Zeitung, 13. Oktober 1948, Mittagausgabe, Nr. 2140 (60), Blatt 5f. (Technik)

Stiefel, Eduard [1950]: Die programmgesteuerte elektromechanische Rechenmaschine der ETH, in: Zeitschrift für angewandte Mathematik und Physik, Band 1, 1950, Seiten 334–335

Stiefel, Eduard [1952a]: Über einige Methoden der Relaxationsrechnung, in: Zeitschrift für angewandte Mathematik und Physik, Band 3, 1952, Heft 1, Seiten 1–33 (Untersuchungen mit der Zuse Z4)

Stiefel, Eduard [1952b]: Alte und neue Integrieranlagen, in: Neue Zürcher Zeitung, 12. November 1952, Mittagausgabe, Nr. 2512 (91), Blatt 6, und Nr. 2513 (92), Blatt 7 f (Technik)

Stiefel, Eduard [1953]: La machine à calculer arithmétique „Z4“ de l'École polytechnique fédérale à Zurich (Suisse) et son application à la résolution d'une équation aux dérivées partielles du type elliptique, in: Joseph Pérès (Hg.): Les machines à calculer et la pensée humaine, Paris, 8–13 janvier 1951, Colloques internationaux du Centre national de la recherche scientifique, Nr. 37, Editions du Centre national de la recherche scientifique (CNRS), Paris 1953, Seiten 33–40

Stiefel, Eduard [1954a]: Rechenautomaten im Dienste der Technik. Erfahrungen mit dem Zuse-Rechenautomaten Z4, in: Arbeitsgemeinschaft für Forschung des Landes Nordrhein-Westfalen, Heft 45. Westdeutscher Verlag, Köln, Opladen 1954, Seiten 29–65

Stiefel, Eduard [1954b]: Ermittlung von allgemeinen Störungen einer Planetenbewegung, in: Archiv der Mathematik, Band 5, 1954, Heft 4–6, Seiten 347–354 (Untersuchungen mit der Zuse Z4)

Stiefel, Eduard [1955a]: Elektronische Rechenautomaten als Beispiel zur allgemeinen Kybernetik, in: Verhandlungen der Schweizerischen Naturforschenden Gesellschaft, Kommissionsverlag H. R. Sauerländer, Aarau 1955, Seiten 53–62

Stiefel, Eduard [1955b]: Relaxationsmethoden bester Strategie zur Lösung linearer Gleichungssysteme, in: Commentarii mathematici helvetici, Band 29, 1955, Seiten 157–179 (Untersuchungen mit der Zuse Z4)

Stiefel, Eduard [1955c]: Maschinelles Rechnen an der ETH, in: Neue Zürcher Zeitung, 21. Oktober 1955, Sonderausgabe „100 Jahre Eidgenössische Technische Hochschule in Zürich“ (Festausgabe), Nr. 2791/93

Stiefel, Eduard [1956]: Rechenautomaten im Dienste der Kriegstechnik, in: Allgemeine schweizerische Militärzeitschrift, Band 122, 1956, Heft 11, Seiten 826–837

Stiefel, Eduard [1957]: Einsatz der Rechenautomaten in der Technik, in: Bulletin des Schweizerischen Elektrotechnischen Vereins, Band 48, 1957, Heft 11, Seiten 507–513

Stiefel, Eduard [1959]: ohne Überschrift (Geleitwort), in: Elektronische Rechenanlagen, Band 1, 1959, Heft 4, Seite 159

Stiefel, Eduard [1960]: Wandlungen in den Beziehungen der Mathematik zu ihren Anwendungen, in: Elektronische Rechenanlagen, Band 2, 1960, Heft 3, Seiten 114–117

Stiefel, Eduard [1963]: Einige Gedanken zur Arbeit und Ausbildung in angewandter Mathematik, in: Schweizerische Bauzeitung, Band 81, 1963, Heft 21, Seiten 395–396

Stiefel, Eduard [1979]: Comments on the bibliography, in: Zeitschrift für angewandte Mathematik und Physik, Band 30, 1979, Seiten 141–142

Stiftung Kloster Michaelstein (Hg.): Kunst der Mechanik. Die phantastischen Erfindungen des Salomon de Caus, Verlag Janos Stekovics, Halle an der Saale 2003, 176 Seiten (Nachdruck 1615) (u.a. Wasserorgel)

Stiftung Schloss und Park Benrath (Hg.): Wunder und Wissenschaft. Salomon de Caus und die Automatenkunst in Gärten um 1600, Grupello Verlag, Düsseldorf 2008, 271 Seiten (Seiten 216–217: Vorrichtung zur Erzeugung von Vogelstimmen in Hellbrunn) (Ausstellungskatalog)

Stikas, Constantin: Antikythera mechanism. The book, Athen 2014, 215 Seiten (Selbstverlag) (Räderwerk von Antikythera) (Sammlung von Interviews)

Stiller, Andreas [2010a]: Der Rechenplaner. Zum hundertsten Geburtstag von Konrad Zuse, in: Magazin für Computertechnik, c't, 2010, Heft 14, 21. Juni 2010, Seiten 26–27 (Heise-Verlag, Hannover)

Stiller, Andreas [2010b]: Verkehrter von Neumann, in: Magazin für Computertechnik, c't, 2010, Heft 15, 5. Juli 2010, Seite 12 (Heise-Verlag, Hannover)

Stiller, Andreas [2015]: Der erste Prozessrechner. Neues zu alten Rechnern und 1000 Jahre Straßburger Münster, in: Magazin für Computertechnik, c't, 2015, Heft 4, 24. Januar 2015, Seiten 20–21 (Heise-Verlag, Hannover) (Schwilgué)

Stillwell, John [2010]: Mathematics and its history, Springer science+business media, New York, Dordrecht usw., 3. Auflage 2010, XXI, 660 Seiten

Stillwell, John [2016]: Elements of mathematics. From Euclid to Gödel, Princeton university press, Princeton, New Jersey, Woodstock, Oxfordshire 2016, XV, 422 Seiten

Stock, John Robert [1954]: An arithmetic unit for automatic digital computers, in: Zeitschrift für angewandte Mathematik und Physik, Band 5, 1954, Seiten 168–172

Stock, John Robert [1956]: Die mathematischen Grundlagen für die Organisation der elektronischen Rechenmaschine der Eidgenössischen Technischen Hochschule. ETH Zürich, Zürich 1956, 73 Seiten (Dissertation)

Stöcklein, Ansgar; Rassem, Mohammed (Hg.): Technik und Religion, VDI-Verlag GmbH, Düsseldorf 1990, XVIII, 400 Seiten (Technik und Kultur, Band 2)

Stokar, H. G.: Praktische Gesichtspunkte bei der Beurteilung von Bureaumaschinen, in: Neue Zürcher Zeitung, 14. Juni 1931 (NZZ-Archiv, Seite a2)

Stoll, Clifford [2004a]: The curious history of the first pocket calculator, in: Scientific American, Januar 2004, Seiten 92–99 (Curta)

Stoll, Clifford [2004b]: L'histoire mouvementée de la première calculatrice de poche, in: Pour la science, Februar 2004, Heft 316, Seiten 18–33 (Curta)

Stoll, Clifford [2004c]: Rechnen mit der Kurbel, in: Spektrum der Wissenschaft, 2004, Heft 4, Seiten 87–94 (Curta)

Stoll, Clifford [2006]: L'ère de la règle à calcul, in: Pour la science, September 2006, Heft 347, Seiten 12–17

Stone, Brad [2013]: Der Allesverkäufer. Jeff Bezos und das Imperium von Amazon, Campus Verlag GmH, Frankfurt 2013, 399 Seiten

Stone, Brad [2014a]: The everything store. Jeff Bezos and the age of Amazon, Corgi books, London 2014, 463 Seiten (Little Brown and company, New York 2013, 560 Seiten)

Stone, Brad [2014b]: Amazon la boutique à tout vendre. L'histoire de Jeff Bezos, First, Paris 2014, 429 Seiten

Stone, Brad [2017]: The upstarts. How Uber, Airbnb and the killer companies of the new Silicon valley are changing the world, Bantam press, London 2017, X, 372 Seiten

Stoschek, Erwin; Griewank, Andreas (Hg.): Professor Nikolaus Joachim Lehmann. Begründer der elektronischen Rechentechnik und Informatik in Sachsen. Eine Festschrift zur Erinnerung an seinen 75. Geburtstag, Dresden university press, Dresden 1997, 131 Seiten

Strachey, C.; Wilkes, Maurice Vincent: Some proposals for improving the efficiency of Algol 60, in: Communications of the ACM, Band 4, 1961, Heft 11, Seiten 488–491

Strandh, Sigvard: Die Maschine. Geschichte, Elemente, Funktion. Ein enzyklopädisches Sachbuch, Verlag Herder, Freiburg im Breisgau 1980, 240 Seiten (Abschnitt: Der Computer und seine Vorläufer, Seiten 187–208)

Strickland, Jim: Who was that guy? Roberto Guatelli, in: Computer history museum, Mountain View, Kalifornien, volunteer information exchange, Band 2, 15. Februar 2012, Nr. 3

Strittmatter, Kai: Die Neuerfindung der Diktatur. Wie China den digitalen Überwachungsstaat aufbaut und uns damit herausfordert, Piper Verlag GmbH, München, 2. Auflage 2018, 288 Seiten

Strohmeyr, Armin: Verkannte Pioniere. Erfinder, Abenteurer, Visionäre, Styria Premium, Wien, Graz usw. 2013, 304 Seiten (Beiträge zu Ada Byron-Lovelace 1815–1852: Die erste Programmiersprache, Seiten 220–233; Konrad Zuse 1910–1995: Der frei programmierbare Rechner, Seiten 272–285)

Stromberg, Martin; Vangerow, Andreas: Computergeschichte und Militär, Ausarbeitung zum Seminar „Gedankengeschichte der Informatik", Universität Bielefeld, Technische Fakultät, Sommersemester 2001, 32 Seiten

Strudwick, Nigel: Masterpieces of ancient Egypt, British Museum press, London 2006, 252 Seiten

Struik, Dirk Jan [1967]: A concise history of mathematics, Dover publications, Inc., New York, 3. überarbeitete Auflage 1967, X, 195 Seiten

Struik, Dirk Jan [1980]: Abriß der Geschichte der Mathematik, VEB Deutscher Verlag der Wissenschaften, Berlin, 7., ergänzte Auflage 1980, 262 Seiten

Strunz, Franz [1904]: Naturbetrachtung und Naturerkenntnis im Altertum. Eine Entwicklungsgeschichte der antiken Naturwissenschaften, Verlag von Leopold Voss, Hamburg, Leipzig 1904, VII, 168 Seiten

Strunz, Franz [1909]: Beiträge und Skizzen zur Geschichte der Naturwissenschaften, Verlag von Leopold Voss, Hamburg, Leipzig 1909, VII, 192 Seiten (Nachdruck 1972)

Strunz, Franz [1910]: Geschichte der Naturwissenschaften im Mittelalter, Verlag von Ferdinand Enke, Stuttgart 1910, VII, 120 Seiten

Strunz, Franz [1913]: Die Vergangenheit der Naturforschung. Ein Beitrag zur Geschichte des menschlichen Geistes, Eugen Diederichs, Jena 1913, VI, 198 Seiten

Strutt, Maximilian Julius: Elektronenröhren, Springer-Verlag, Berlin, Göttingen, Heidelberg 1957, XV, 391 Seiten

Stuart, Tom: Understanding computation. From simple machines to impossible programs, O'Reilly, Beijing, Cambridge usw. 2013, X, 319 Seiten

Stuart, Williams R.: Special-purpose automatic computers, in: Bertram Vivian Bowden (Hg.): Faster than thought. A symposium on digital computing machines, Pitman publishing, London 1953, Nachdruck 1971, Seiten 199–202

Stuchlik, Franz [1968]: Programmgesteuerte Universalrechner, Friedrich Vieweg & Sohn, Braunschweig, 3., bearbeitete Auflage 1968, 80 Seiten

Stuchlik, Franz [2006]: Zur Entwicklung der Informatik im Hoch- und Fachschulwesen der DDR, in: Friedrich Naumann; Gabriele Schade (Hg.): Informatik in der DDR – eine Bilanz. Tagungsband zu den Symposien 7. bis 9. Oktober 2004 in Chemnitz, 11. bis 12. Mai 2006 in Erfurt, Gesellschaft für Informatik, Bonn 2006, Seiten 71–86

Stucken, Harro [1947]: Über eine neue Rechengeräteentwicklung, in: Die Naturwissenschaften, Band 34, 1947, Seite 32

Stucken, Harro [1950]: Programmgesteuerte Rechenmaschinen in Deutschland, in: Physikalische Blätter, Band 6, 1950, Heft 4, Seiten 166–170

Stucken, Harro [1952]: Das programmgesteuerte Rechengerät Z5, in: Zeitschrift für angewandte Mathematik und Mechanik, Band 32, 1952, Heft 8/9, Seite 247

Stümpel, Rolf (Hg.): Büromaschinen aus Berlin, Museum für Verkehr und Technik, Berlin 1988, 83 Seiten

Sturm, Ambros: Geschichte der Mathematik bis zum Ausgange des 18. Jahrhunderts, G. J. Göschen'sche Verlagshandlung, Leipzig, 2., verbesserte Auflage 1911, 155 Seiten

Stutz, Th.: Digitales Mess- und Steuersystem, Contraves AG, Zürich, in: NT 7, Ausgabe A, Nr. 3, 1965, Seiten 119–126

Suekane, Ryota: Early history of computing in Japan, in: Nicholas Constantine Metropolis; Jack Howlett; Gian-Carlo Rota (Hg.): A history of computing in the twentieth century. A collection of essays, Academic press, New York, London usw. 1980, Seiten 575–578

Sumner, Frank H.: The Atlas computer, in: Raúl Rojas, Ulf Hashagen (Hg.): The first computers – history and architectures, MIT press, Cambridge, Massachusetts, London 2000, Seiten 387–396

Sussman, Herbert: Victorian technology. Invention, innovation, and the rise of the machine, ABC-Clio, LLC, Santa Barbara, Kalifornien, Denver, Colorado usw. 2009, XVIII, 171 Seiten (analytische Maschine von Babbage, Dampfmaschine, Elektrizität, Telefon, Weltausstellung 1851)

Sust, O.: Die Hamannsche Rechenmaschine „Mercedes-Euklid", in: Zeitschrift für Instrumentenkunde, Band 30, 1910, Heft 8, Seiten 233–245

Suter, Heinrich: Die Mathematiker und Astronomen der Araber und ihre Werke, Druck und Verlag von B. G. Teubner, Leipzig 1900, IX, 278 Seiten (Abhandlungen zur Geschichte der mathematischen Wissenschaften mit Einschluss ihrer Anwendungen, Heft 10)

Suzuki, Jeff [2002]: A history of mathematics, Prentice Hall, Upper Saddle River, New Jersey 2002, XIII, 815 Seiten

Suzuki, Jeff [2009]: Mathematics in historical context, Mathematical association of America, Washington, D.C. 2009, X, 409 Seiten

Svensson, Patrik; Goldberg, David Theo (Hg.): Between humanities and the digital, MIT press, Cambridge, Massachusetts, London 2015, XIII, 574 Seiten

Svoboda, Antonín [1956]: Aritma calculating punch, in: Johannes Wosnik; Alwin Walther; Walter Hoffmann (Hg.): Elektronische Rechenmaschinen und Informationsverarbeitung. Nachrichtentechnische Fachberichte. Beihefte der NTZ, Band 4, 1956, Seite 72

Svoboda, Antonín [1980]: From mechanical linkages to electronic computers: Recollections from Czechoslovakia, in: Nicholas Constantine Metropolis; Jack Howlett; Gian-Carlo Rota (Hg.): A history of computing in the twentieth century. A collection of essays, Academic press, New York, London usw. 1980, Seiten 579–586

Swade, Doron D. [1993]: Der mechanische Computer des Charles Babbage, in: Spektrum der Wissenschaft, 1993, Heft 4, Seiten 78–84

Swade, Doron D. [1998]: Charles Babbage and his calculating engines, Science Museum, London 1998, XII, 48 Seiten

Swade, Doron D. [2000]: The cogwheel brain. Charles Babbage and the quest to build the first computer, Little, Brown and company, London 2000, X, 342 Seiten

Swade, Doron D. [2002]: The difference engine. Charles Babbage and the quest to build the first computer, Penguin Books, New York, London usw. 2002, X, 342 Seiten

Swade, Doron D. [2005]: Historical reconstructions, in: IEEE Annals of the history of computing, Band 27, 2005, Heft 3, Seite 3

Swade, Doron D. [2008]: Legacy and legend. Charles Babbage and modern computing, in: Core, 2008, Seiten 18–31 (Computer history museum, Mountain View, California)

Swade, Doron D. [2010]: Automatic computation: Charles Babbage and computational method in: Rutherford journal, The New Zealand journal for the history and philosophy of science and technology, Band 3, 2010, www.rutherfordjournal.org

Swade, Doron D. [2011a]: Reconstructions as experimental history. Historic computing machines, in: Klaus Staubermann (Hg.): Reconstructions. Recreating science and technology of the past, National museums Scotland, Edinburgh 2011, Seiten 103–126 (Differenzenmaschine 2 von Charles Babbage, ternäre Rechenmaschine von Thomas Fowler, Z3 von Konrad Zuse, Turing-Welchman-Bombe, Colossus, Manchester baby, Pegasus von Ferranti)

Swade, Doron D. [2011b]: Calculating engines: Machines, mathematics and misconceptions, in: Raymond Flood, Adrian Rice, Robin Wilson (Hg.): Mathematics in Victorian Britain, Oxford University Press, Oxford 2011, Seiten 238–259

Swade, Doron D. [2011c]: Pre-electronic computing, in: Cliff B. Jones; John L. Lloyd (Hg.): Dependable and historic computing. Essays dedicated to Brian Randell on the occasion of his 75th birthday, Springer-Verlag, Heidelberg usw. 2011, Seiten 58–83

Swade, Doron D. [2011d]: Inventing the user: Edsac in context, in: The computer journal, Band 54, 2011, Heft 1, Seiten 143–147

Swade, Doron D. [2011e]: Pioneer profile Ada Lovelace, in: Resurrection. The bulletin of the computer conservation society, Winter 2010/2011, Heft 53, Seiten 31–34

Swade, Doron D. [2018]: Mathematics and mechanical computation, in: Sven Ove Hansson (Hg.): Technology and mathematics. Philosophical and historical investigations, Springer international publishing AG, Cham 2018, Seiten 79–106 (Charles Babbage)

Swade, Doron D. [2019]: Forgotten machines: The need for a new master narrative, in: Thomas Haigh (Hg.): Exploring the early digital, Springer Nature Switzerland AG, Cham 2019, Seiten 41–68 (Totalisator)

Swaine, Michael; Freiberger, Paul: Fire in the valley. The birth and death of the personal computer, The pragmatic bookshelf, Dallas, Texas, Raleigh, North Carolona, 3. Auflage 2014, XXVII, 386 Seiten

Swann, G. M. Peter; Baptista, Rui: The dynamics of firm growth and entry in industrial clusters: a comparison of the US and UK computer industries, in: Journal of evolutionary economics, Band 9, 1999, Heft 3, Seiten 373–399

Swartzlander, Earl E.: Computer design development. Principal papers, Hayden book company, Inc., Rochelle Park, New Jersey 1976, VIII, 310 Seiten

Swedin, Eric G.; Ferro, David L.: Computers. The life story of a technology, Johns Hopkins university press, Baltimore, Maryland 2007, XXI, 167 Seiten

Sweetman, David: Slide rule scale listing conventions, in: Journal of the Oughtred society, Band 24, 2015, Heft 1, Seiten 47–51

Sweetman, David; Zeldes, Nathan: Gilbert Small's pocket calculator, in: Journal of the Oughtred society, Band 24, 2015, Heft 1, Seiten 36–39

Swetz, Frank J. (Hg.): From five fingers to infinity. A journey through the history of mathematics, Open court, Chicago, La Salle, Illinois 1994, XX, 770 Seiten (Aaron Strauss: Eniac: The first computer, Seiten 733–739)

Swetz, Frank J.; Fauvel, John; Bekken, Otto B.; Johansson, Bengt; Katz, Victor J. (Hg.): Learn from the masters, Mathematical association of America, Washington, D.C. 1995, X, 303 Seiten (Tagungsband)

Swinton, Jonathan: Alan Turing's Manchester, Infang publishing, London 2019, 224 Seiten

Sworykin, A. A.; Osmowa, N. I.; Tschernyschew, W. I.; Schuchardin, Semen Viktorovič: Geschichte der Technik, VEB Fachbuchverlag, Leipzig, 2. verbesserte Auflage 1967, 848 Seiten

sy [1956]: Von Stand zu Stand. Nochmals: Schreiben und Rechnen, in: Neue Zürcher Zeitung, 6. September 1956 (NZZ-Archiv, Seiten b23, b31) (Übersicht über die Aussteller von Rechenmaschinen)

sy [1960]: Bürofachausstellung 1960. Ein kleiner Rundgang, in: Neue Zürcher Zeitung, 8. September 1960, Abendausgabe, Nr. 3014, Blatt 15 (Übersicht über die Aussteller von Rechenmaschinen)

Szpiro, George [2013]: Komplexe Arithmetik auf einer polynesischen Insel. Kombination von Binär- und Dezimalsystem vor 500 Jahren, in: Neue Zürcher Zeitung, Nr. 303, 31. Dezember 2013, Seite 53 (Forschung und Technik)

Szpiro, George [2016]: Ein „Kunstweg" zur Berechnung von Sinuswerten, in: Neue Zürcher Zeitung, Nr. 23, 29. Januar 2016, Seite 58 (Forschung und Technik) (Jost Bürgi)

T

T. [1967]: Elektronik-Jubiläum in Niederteufen. Zehn Jahre Firma Güttinger: Vom Analogrechner zum Computersatz, in: St. Galler Tagblatt, Nr. 467, 5. Oktober 1967

T. [1968]: Güttinger – Elektronik in Niederteufen, in: St. Galler Tagblatt, Nr. 21, 13. Januar 1968

Tabor, Lewis P.: Brief description and operating characteristics of the Eniac, in: Proceedings of a symposium on large-scale digital calculating machinery, Cambridge, Massachusetts, 7.–10. Januar 1947, MIT press, Cambridge, Massachusetts, London/Tomash publishers, Los Angeles, San Francisco 1985, Seiten 31–39

Taddei, Mario: Leonardo dreidimensional. Neue Roboter und Maschinen, Chr. Belser AG für Verlagsgeschäfte & Co. KG, Stuttgart 2008, 445 Seiten

Taddei, Mario; Zanon, Edoardo (Hg.): Leonardos Maschinen. In der Werkstatt des genialen Erfinders, Theiss Verlag, Darmstadt 2017, 239 Seiten

Taddei, Mario; Zanon, Edoardo; Laurenza, Domenico: Leonardo dreidimensional. Mit Computergrafik auf der Spur des genialen Erfinders, Chr. Belser AG für Verlagsgeschäfte & Co. KG, Stuttgart 2006, 239 Seiten

Taglialagamba, Sara [2010a]: Leonardo da Vinci. Automazioni e robotica/Automations and robotics, CB edizioni [Cartei & Bianchi], Poggio a Caiano (Prato), 2010, 160 Seiten

Taglialagamba, Sara [2010b]: Leonardo & l'ingegneria, CB edizioni [Cartei & Bianchi], Poggio a Caiano (Prato) 2010, 152 Seiten (Leonardo da Vinci)

Taglialagamba, Sara [2010c]: Leonardo & engineering, CB edizioni [Cartei & Bianchi], Poggio a Caiano (Prato), 2010, 151 Seiten (Leonardo da Vinci)

Tait, William W.: Gödel's interpretation of intuitionism, in: Philosophia mathematica, Reihe 3, Band 14, 2006, Heft 2, Seiten 208–228 (Sonderausgabe zu Kurt Gödel)

Tallack, Peter (Hg.): Meilensteine der Wissenschaft. Eine Zeitreise, Spektrum akademischer Verlag GmbH, Heidelberg, Berlin 2002, 528 Seiten

Tanenbaum, Andrew S; Austin, Todd: Structured computer organization, Pearson Education, Boston usw., 6. Auflage 2013, XXIII, 771 Seiten

Tanner, Albert: Das Schiffchen fliegt – die Maschine rauscht. Weber, Sticker und Unternehmer in der Ostschweiz, Unionsverlag, Zürich 1985, 214 Seiten

Tannery, Paul [1930]: Pour l'histoire de la science hellène. De Thalès à Empédocle, Gauthier-Villars et Cie., éditeurs, Paris, 2. Auflage 1930, XXIV, 435 Seiten

Tannery, Paul [1976]: Recherches sur l'histoire de l'astronomie ancienne, Georg Olms Verlag, Hildesheim, New York 1976, VIII, 370 Seiten (Nachdruck von 1893, Gauthier-Villars & fils, Paris)

Tannery, Paul [1988]: La géométrie grecque. Comment son histoire nous est parvenue et ce que nous en savons, Editions Jacques Gabay, Sceaux 1988, VII, 188 Seiten (Nachdruck von 1887, Gauthier-Villars, imprimeur-libraire, Paris)

Tantner, Anton: Die ersten Suchmaschinen. Adressbüros, Fragämter, Intelligenz-Comptoirs, Verlag Klaus Wagenbach, Berlin 2015, 173 Seiten

Taplin, Jonathan: Move fast and break things. How Facebook, Google and Amazon have cornered culture and what it means for all of us, Macmillan, London 2017, X, 308 Seiten

Tapscott, Don; Tapscott, Alex [2016a]: Blockchain revolution. How the technology behind bitcoin is changing money, business, and the world, Penguin Random House LLC, New York 2016, XX, 348 Seiten

Tapscott, Don; Tapscott, Alex [2016b]: Die Blockchain-Revolution. Wie die Technologie hinter Bitcoin nicht nur das Finanzsystem, sondern die ganze Welt verändert, Plassen Verlag, Kulmbach 2016, 440 Seiten

Tarján, Rudolf: Logische Maschinen, in: Walter Hoffmann (Hg.): Digitale Informationswandler. Probleme der Informationsverarbeitung in ausgewählten Beiträgen, Friedrich Vieweg, Braunschweig 1962, Seiten 110–159

Tatnall, Arthur (Hg.) [2010]: History of computing. Learning from the past, IFIP WG 9.7 International conference, HC 2010, Brisbane, Australia, 20–23 September 2010, Springer, Berlin 2010, XII, 228 Seiten (IFIP Advances in information and communication technology, Band 325)

Tatnall, Arthur (Hg.) [2012]: Reflections on the history of computing. Preserving memories and sharing stories, Springer, Heidelberg, Dordrecht usw. 2012, X, 397 Seiten (IFIP Advances in information and communication technology, Band 387)

Tatnall, Arthur; Blyth, Tilly; Johnson, Roger C. (Hg.): Making the history of computing relevant. IFIP WG 9.7 International conference, HC 2013, London, UK, 17–18 June 2013, revised selected papers, Springer, Heidelberg, New York usw. 2013, IX, 321 Seiten (IFIP Advances in information and communication technology, Band 416)

Tatnall, Arthur; Davey, Bill: Towards machine independence: From mechanically programmed devices to the internet of things, in: Arthur Tatnall; Christopher Leslie (Hg.): International communities of invention and innovation, IFIP WG 9.7 International conference on the history of computing, HC 2016, Brooklyn, New York, 25.–29. Mai 2016, revised selected papers, Springer international publishing AG Switzerland, Cham 2016, Seiten 87–100

Tatnall, Arthur; Leslie, Christopher (Hg.): International communities of invention and innovation, IFIP WG 9.7 International conference on the history of computing, HC 2016, Brooklyn, New York, 25.–29. Mai 2016, revised selected papers, Springer international publishing AG Switzerland, Cham 2016, XII, 193 Seiten (IFIP = International federation for information processing; WG = working group; HC = history of computing)

Taton, René (Hg.) [1994a]: Histoire générale des sciences, Band 1: La science antique et médiévale des origines à 1450, Quadriga / Presses universitaires de France, Paris 1994, VIII, 721 Seiten

Taton, René (Hg.) [1994b]: Histoire générale des sciences, Band 2: La science moderne de 1450 à 1800, Quadriga / Presses universitaires de France, Paris 1994, VIII, 870 Seiten

Taton, René [1949]: Le calcul mécanique, Presses universitaires de France, Paris 1949, 128 Seiten

Taton, René [1963]: Sur l'invention de la machine arithmétique, in: Revue d'histoire des sciences, Band 16, 1963, Heft 2, Seiten 139–160

Taton, René [1964]: Sur l'invention de la machine arithmétique, in: Pierre Costabel; Kokiti Hara; Jean Itard; Jean Mesnard; Jacques Payen; Bernard Rochot; François Russo; Michèle Sadoun-Goupil; Lucien Scheler; René Taton (Hg.): L'œuvre scientifique de Pascal, Presses universitaires de France, Paris 1964, Seiten 207–228

Taton, René [1969]: Histoire du calcul, Presses universitaires de France, Paris, 5. nachgeführte Auflage 1969, 128 Seiten

Taton, René [2000]: Etudes d'histoire des sciences, Brepols publishers n. v., Turnhout, Belgien 2000, 544 Seiten

Taton, René; Curtis, Wilson (Hg.) [1989]: Planetary astronomy from the Renaissance to the rise of astrophysics, Teil A: Tycho Brahe to Newton, Cambridge University Press, Cambridge 1989, X, 274 Seiten

Taton, René; Curtis, Wilson (Hg.) [1995]: Planetary astronomy from the Renaissance to the rise of astrophysics, Teil B: The eighteenth and nineteenth centuries, Cambridge University Press, Cambridge 1995, XIII, 281 Seiten

Taub, A. H.: (Hg.): John von Neumann. Collected works, Pergamon press, Oxford, London, New York, Paris 1963, Band 5: Design of computers, theory of automata and numerical analysis, IX, 784 Seiten (mit Beitrag: Arthur Walter Burks; Herman Heine Goldstine; John von Neumann: Preliminary discussion of the logical design of an electronic computing instrument, Seiten 34–79)

Taurisson, Alain: Du boulier à l'informatique, Cité des sciences et de l'industrie, Presses pocket, Paris 1991, 127 Seiten

Teather, Anne; Chamberlain, Andrew; Parker Pearson, Mike: The chalk drums from Folton and Levant: Measuring devices from the time of Stonhenge, in: British journal for the history of mathematics, Band 34, 2019, Heft 1, Seiten 1–11

Technisches Museum Wien (Hg.): Museumführer, Prestel Verlag, München usw., 2., aktualisierte und erweiterte Auflage 2005, 191 Seiten (Hg.: Gabriele Zuna-Kratky; Redaktion: Barbara Pilz, Helmut Lackner)

Technisches Museum Wien (Hg.): Schreiben wie gedruckt. Peter Mitterhofers Schreibmaschinen 1864–1869, Technisches Museum Wien 2005/2006, 112 Seiten (Ausstellungskatalog)

Tedre, Matti: The science of computing. Shaping a discipline, CRC press, Taylor & Francis group, Boca Raton, Florida, London usw. 2015, XII, 280 Seiten (Abschnitt: Roots of the stored-program paradigm, Seiten 92–101)

Tee, Garry J.: The Auckland promptuary, in: The New Zealand mathematics society newsletter, Dezember 2017, Heft 131, 3 Seiten (Napiers Promptuarium)

Tegmark, Max: Life 3.0. Being human in the age of artificial intelligence, Allen Lane, London 2017, XII, 364 Seiten

Teichmann, Jürgen: Wandel des Weltbildes. Astronomie, Physik und Meßtechnik in der Kulturgeschichte, B. G. Teubner, Stuttgart, Leipzig, 4. Auflage 1999, 231 Seiten

Telefunken AG (Hg.) [1962]: Die Telefunken-Groß-Rechenanlage TR4, in: Elektronische Rechenanlagen, Band 4, 1962, Heft 3, Seiten 124–129

Telefunken AG (Hg.) [1963]: Chronik der Jahre 1953 bis 1963, in: Telefunken AG (GmbH) Berlin (Hg.): Telefunken Zeitung, Band 36, 1963, Seiten 221–223

Tetmajer, Ludwig: Theorie und Gebrauch des logarithmischen Rechenschiebers, Verlag von Meyer & Zeller (A. Reimmann), Zürich 1875, VII, 68 Seiten

Teuscher, Christof (Hg.): Alan Turing. Life and legacy of a great thinker, Springer-Verlag, Berlin, Heidelberg usw. 2004, XXVIII, 542 Seiten

Teuscher, Christof: Turing's connectionism. An investigation of neural network architectures, Springer-Verlag, London, Berlin usw. 2002, XXIII, 200 Seiten

Thacher, Edwin: The slide rule, Transactions, Engineers' society of Western Pennsylvania, Band 1, 1880/1882, Seiten 289–311

Thadeusz, Frank [2013a]: Vergessener Meister, in: Der Spiegel, Nr. 27, 1. Juli 2013, Seite 106 (Curt Herzstark)

Thadeusz, Frank [2013b]: Early calculator. The sad story of an inventor at Buchenwald, 3. Juli 2013, www.spiegel.de (Curt Herzstark)

The international exhibition of 1862. The illustrated catalogue of the industrial department, British division, Band 2, Her majesty's commissioners, London 1862 (Official illustrated catalogue advertiser, Teil 7, Seite 2: Anzeige Thomas-Arithmometer mit Preisangaben)

Thiele, Erdmann (Hg.): Telefunken nach 100 Jahren. Das Erbe einer deutschen Weltmarke, Nicolaische Verlagsbuchhandlung GmbH, Berlin 2003, 399 Seiten (Festschrift)

Thien, Jörg [2003]: Addiermaschine mit gleichachsigen Zahlenscheiben. Rechenscheibe mit Summus, in: Historische Bürowelt, September 2003, Heft 65, Seiten 15–16

Thien, Jörg [2005]: Additionsmaschine mit zwei verschiedenen Tastaturen. Zehnertastatur setzt sich durch, in: Historische Bürowelt, April 2005, Heft 70, Seiten 9–10

Thien, Jörg [2008]: Eine seltene Spezies: Sprossenradrechenmaschine Monopol. Schön, aber erfolglos, in: Historische Bürowelt, Dezember 2008, Heft 79, Seiten 3–4

Thomas, Marc [2010]: A very early Lenoir slide rule, in: Journal of the Oughtred society, Band 19, 2010, Heft 1, Seiten 60–64

Thomas, Marc [2011]: Introduction of slide rules in France, in: Journal of the Oughtred society, Band 20, 2011, Heft 2, Seiten 1–7

Thomas, Marc [2013]: French slide rule makers in the 19th century. From Gravet-Lenoir to Tavernier-Gravet: A family story, in: Journal of the Oughtred society, Band 22, 2013, Heft 1, Seiten 27–29

Thomas, Marc [2018]: La règle à calcul. La longue histoire d'un instrument oublié, Presses universitaires de Limoges, Limoges 2018, 250 Seiten (Rechenschieber)

Thomas, Wolfgang: Algorithms: From Al-Khwarizmi to Turing and beyond, in: Giovanni Sommaruga; Thomas Strahm (Hg.): Turing's revolution. The impact of his ideas about computability, Birkhäuser/Springer international publishing AG Switzerland, Cham, Heidelberg usw., 2015, Seiten 29–42

Thompson, J. Eric S.: Maya arithmetic, in: Contributions to American anthropology and history, Band 7, 1942, Heft 36, Seiten 37–62

Thorndike, Lynn [Band 1]: A history of magic and experimental science during the first thirteen centuries of our era, Band 1, Columbia university press, New York 1947, XLI, 835 Seiten (Gerbert, Heron von Alexandria, Marcus Vitruvius Pollio)

Thorndike, Lynn [Band 2]: A history of magic and experimental science during the first thirteen centuries of our era, Band 2, Columbia university press, New York 1947, VII, 1036 Seiten

Thorndike, Lynn [Band 3]: A history of magic and experimental science. Fourteenth and fifteenth centuries, Band 3, Columbia university press, New York 1953, XXVI, 827 Seiten

Thorndike, Lynn [Band 4]: A history of magic and experimental science. Fourteenth and fifteenth centuries, Band 4, Columbia university press, New York 1953, XVIII, 767 Seiten

Thorndike, Lynn [Band 5]: A history of magic and experimental science. The sixteenth century, Band 5, Columbia university press, New York 1951, XXII, 695 Seiten

Thorndike, Lynn [Band 6]: A history of magic and experimental science. The sixteenth century, Band 6, Columbia university press, New York 1951, XVIII, 766 Seiten

Thorndike, Lynn [Band 7]: A history of magic and experimental science. The seventeenth century, Band 7, Columbia university press, New York 1958, X, 695 Seiten (Bürgi, Galilei, Napier)

Thorndike, Lynn [Band 8]: A history of magic and experimental science. The seventeenth century, Band 8, Columbia university press, New York 1958, VIII, 808 Seiten

Thorne, Peter: The CSIR Mark 1/Csirac: Australia's first computer, in: Resurrection. The bulletin of the computer conservation society, Herbst 2014, Heft 67, Seiten 20–28

Thurm, Georg-Alexander: Eine Simulation der Z3 für das Internet, in: Raúl Rojas (Hg.): Die Rechenmaschinen von Konrad Zuse, Springer-Verlag, Berlin, Heidelberg 1998, Seiten 195–205

Tiburski, Jens: Die Erfindung des Computers. Zuses Z3, in: Log in. Informatische Bildung und Computer in der Schule, 2010, Nr. 163/164, Seiten 104–107

Tieszen, Richard: After Gödel: Mechanism, reason, and realism in the philosophy of mathematics, in: Philosophia mathematica, Reihe 3, Band 14, 2006, Heft 2, Seiten 229–254 (Sonderausgabe zu Kurt Gödel)

Timm, Albrecht [1964]: Kleine Geschichte der Technologie, W. Kohlhammer GmbH, Stuttgart 1964, 224 Seiten

Timm, Albrecht [1972]: Einführung in die Technikgeschichte, Walter de Gruyter & Co, Berlin, New York 1972, 122 Seiten

Tinter, Wilhelm: Hohmann's Präcisions-Polar-Planimeter. Beschreibung, Theorie, Untersuchung über die Eigenschaften und über die Genauigkeit der Angaben desselben, Wien 1882, 34 Seiten (Selbstverlag)

Tissandier, Gaston: Machine à calculer de M. Léon Bollée, in: La nature, Band 18, 1890, 1. Semester, Seiten 359–360

Tisserand, Gérard (Hg.): Les machines arithmétiques de Blaise Pascal à nos jours, Musée du Ranquet, Musée de la ville, Clermont-Ferrand 2001, 72 Seiten (Ausstellungskatalog)

Tissot, Laurent: E. Paillard & Cie. SA. Une entreprise vaudoise de petite mécanique 1920–1945, Editions Delval, Cousset (Freiburg) 1987, 470 Seiten

Tobies, Renate (Hg.): „Aller Männerkultur zum Trotz". Frauen in Mathematik, Naturwissenschaften und Technik, Campus Verlag GmbH, Frankfurt am Main 2008, 364 Seiten

Tobies, Renate [2013]: Mathematical instruments as a component of applied mathematics in the first half of the 20th century: From university training to industry, in: Karl Kleine (Hg.): Computing for science, engineering, and production. Mathematical tools for the second industrial revolution, Proceedings of the 19th international meeting of collectors and researchers of historical computing instruments, Berlin, October 11–12, 2013 (Rechnen für Wissenschaft, Entwicklung und Produktion. Rechengeräte für die zweite industrielle Revolution. Tagungsband des 19. „International Meeting" von Sammlern und Forschern historischer Rechengeräte, Berlin, 11.–12. Oktober 2013), Books on demand, Norderstedt 2013, Seiten 91–101

Tobies, Renate [2019]: Felix Klein. Visionen für Mathematik, Anwendungen und Unterricht, Springer-Verlag GmbH Deutschland, Berlin 2019, XVI, 574 Seiten (Biografie)

Tobies, Renate; Vogt, Annette B. (Hg.): Women in industrial research, Franz Steiner Verlag, Stuttgart 2014, XV, 258 Seiten

Tobler, Beatrice [2001]: Z4 und Ermeth: Maschinen im Dienste des wissenschaftlichen Rechnens, in: Museum für Kommunikation (Hg.): Loading History – Computergeschichte(n) aus der Schweiz, Chronos-Verlag Zürich/Editions Payot, Lausanne 2001, Seiten 12–21

Tobler, Beatrice [2009]: Geräte und Geschichten. Computer im Museum, in: Peter Haber (Hg.): Computergeschichte Schweiz. Eine Bestandesaufnahme, Chronos-Verlag, Zürich 2009, Seiten 207–222 (Geschichte und Informatik, Band 17)

Tobler, Beatrice; Bruderer, Herbert: Videodokumentation zur Rechenmaschine M9, Museum für Kommunikation, Bern, August 2011 (DVD, videocompany.ch, Zofingen, 2 h 10')

Tocher, K. D. [1989a]: The application of automatic computing machines to statistics, in: Michael Roy Williams; Martin Campbell-Kelly (Hg.): The early British computer conferences, MIT press, Cambridge, Massachusetts, London/Tomash publishers, Los Angeles, San Francisco 1989, Seiten 373–385

Tocher, K. D. [1989b]: The design requirements of a low-cost computing machine, in: Michael Roy Williams; Martin Campbell-Kelly (Hg.): The early British computer conferences, MIT press, Cambridge, Massachusetts, London/Tomash publishers, Los Angeles, San Francisco 1989, Seiten 483–486

Tocher, K. D.; Michaelson, S.: The Imperial College computing engine, in: Bertram Vivian Bowden (Hg.): Faster than thought. A symposium on digital computing machines, Pitman publishing, London 1953, Nachdruck 1971, Seiten 161–164

Todd, John; Sadler, D. H.: Admiralty computing service, in: Mathematical tables and other aids to computation, Band 2, Juli 1947, Heft 19, Seiten 289–297

Toepell, Michael (Hg.) [1998]: Mathematik im Wandel, Verlag Franzbecker, Hildesheim, Berlin 1998, V, 437 Seiten (Tagungsband)

Toepell, Michael (Hg.) [2001]: Mathematik im Wandel, Verlag Franzbecker, Hildesheim, Berlin 2001, VII, 490 Seiten (Tagungsband)

Toepell, Michael (Hg.) [2006]: Mathematik im Wandel, Verlag Franzbecker, Hildesheim, Berlin 2006, V, 380 Seiten (Tagungsband)

Toepell, Michael (Hg.) [2009]: Mathematik im Wandel, Verlag Franzbecker KG, Hildesheim 2009, V, 347 Seiten (Tagungsband)

Toma, Victor: Cifa-1. The electronic computer of the institute of physics of the academy of the Rumanian people's republic, in: Nikolaus Joachim Lehmann (Hg.): Aktuelle Probleme der Rechentechnik. Bericht über das internationale Mathematiker-Kolloquium, Dresden, 22. bis 27. November 1955, VEB Deutscher Verlag der Wissenschaften, Berlin 1957, Seiten 27–41

Tomasczewski, Dolores: GMD erstellt dokumentarische Auswertung der persönlichen Unterlagen von Konrad Zuse, in: Der GMD-Spiegel, September 1979, Heft 3, Seiten 40–53

Tomash, Erwin [1980]: The start of an Era: Engineering Research Associates, Inc., 1946–1955, in: Nicholas Constantine Metropolis; Jack Howlett; Gian-Carlo Rota (Hg.): A history of computing in the twentieth century. A collection of essays, Academic press, New York, London usw. 1980, Seiten 485–495

Tomash, Erwin [1987a]: An interview with Curt Herzstark, Nendeln, Liechtenstein, 10.–11. September 1987, Charles Babbage Institute, University of Minnesota, Minneapolis, 86 Seiten

Tomash, Erwin [1987b]: An interview with Curt Herzstark, Nendeln, Liechtenstein, 10.–11. September 1987, English translation, Charles Babbage Institute, University of Minnesota, Minneapolis, 67 Seiten

Tomash, Erwin [1988]: The Madrid promptuary, in: Annals of the history of computing, Band 10, 1988, Heft 1, Seiten 52–67 (Napiers Promptuarium)

Tomash, Erwin; Cohen, Arnold A.: The birth of Era: Engineering Research Associates, Inc., 1946–1955, in: Annals of the history of computing, Band 1, 1979, Heft 2, Seiten 83–96

Toole, Betty Alexandra (Hg.): Ada, the enchantress of numbers, Strawberry press, Mill Valley, California 1992, XV, 440 Seiten

Toole, Betty Alexandra: Ada Byron, Lady Lovelace, an analyst and metaphysician, in: IEEE Annals of the history of computing, Band 18, 1996, Heft 3, Seiten 4–12

Torge, Wolfgang: Geschichte der Geodäsie in Deutschland, Walter de Gruyter, Berlin, New York, 2., durchgesehene und korrigierte Auflage 2009, XI, 389 Seiten

Torra, Vincenç [2011]: Dal pallottoliere alla rivoluzione digitale. Algoritmi e informatica, RBA Italia S.r.l., Mailand 2011, 150 Seiten

Torra, Vincenç [2013]: Du boulier à la révolution numérique. Algorithmes et informatique, RBA France, Sarl, Paris 2013, 152 Seiten

Torres Quevedo, Leonardo [1895a]: Memoria sobre las máquinas algébricas, in: Revista de obras públicas. Boletín, 1895, Heft 26, Seiten 202–205 (Teil 1)

Torres Quevedo, Leonardo [1895b]: Memoria sobre las máquinas algébricas, in: Revista de obras públicas. Boletín, 1895, Heft 27, Seiten 209–215 (Teil 2)

Torres Quevedo, Leonardo [1895c]: Memoria sobre las máquinas algébricas, in: Revista de obras públicas. Boletín, 1895, Heft 28, Seiten 217–222 (Teil 3)

Torres Quevedo, Leonardo [1895d]: Memoria sobre las máquinas algébricas, in: Revista de obras públicas. Boletín, 1895, Heft 29, Seiten 225–227 (Teil 4)

Torres Quevedo, Leonardo [1895e]: Memoria sobre las máquinas algébricas, in: Revista de obras públicas. Boletín, 1895, Heft 30, Seiten 233–240 (Teil 5)

Torres Quevedo, Leonardo [1895f]: Memoria sobre las máquinas algébricas, in: Revista de obras públicas. Boletín, 1895, Heft 31, Seiten 241–246 (Teil 6)

Torres Quevedo, Leonardo [1895g]: Memoria sobre las máquinas algébricas, in: Revista de obras públicas. Boletín, 1895, Heft 32, Seiten 249–254 (Teil 7)

Torres Quevedo, Leonardo [1895h]: Memoria sobre las máquinas algébricas, in: Revista de obras públicas. Boletín, 1895, Heft 33, Seiten 257–262 (Teil 8)

Torres Quevedo, Leonardo [1901a]: Máquinas algébricas, in: Revista de obras públicas, Band 48, 1901, Heft 1339, Seiten 195–196 (Teil 1)

Torres Quevedo, Leonardo [1901b]: Máquinas algébricas, in: Revista de obras públicas, Band 48, 1901, Heft 1341, Seiten 205–209 (Teil 2)

Torres Quevedo, Leonardo [1907a]: Sobre un sistema de notaciones y simbolos destinados á facilitar la descripción de las máquinas, in: Revista de obras públicas, Band 55, 1907, Heft 1634, Seiten 25–30

Torres Quevedo, Leonardo [1907b]: El telekino, in: Revista de obras públicas, Band 55, 1907, Heft 1653, Seiten 325–328

Torres Quevedo, Leonardo [1911a]: Sobre un nuevo sistema de máquinas de calcular electromecánicas, in: Revista de obras públicas, Band 59, 1911, Heft 1857, Seiten 227–233 (Teil 1)

Torres Quevedo, Leonardo [1911b]: Sobre un nuevo sistema de máquinas de calcular electromecánicas, in: Revista de obras públicas, Band 59, 1911, Heft 1860, Seiten 274–278 (Teil 2)

Torres Quevedo, Leonardo [1913/14]: Ensayos sobre automática. Su definición. Extensión teórica de sus aplicaciones, in: Revista de la real academia de ciencias exactas, fisicas y naturales, Band 12, 1913/14, Seiten 391–419

Torres Quevedo, Leonardo [1914]: Complemento de la teoria de las máquinas, in: Revista de obras públicas, Band 62, 1914, Heft 2043, Seiten 575–583

Torres Quevedo, Leonardo [1920]: Arithmomètre électromécanique, in: Bulletin de la société d'encouragement pour l'industrie nationale, Band 119, September/Oktober 1920, Seiten 588–599 (Gedenkausgabe 100 Jahre Thomas-Arithmometer)

Torres Quevedo, Leonardo [1982a]: Essays on automatics. Its definition – theoretical extent of its applications, in: Brian Randell (Hg.): The origins of digital computers. Selected papers, Springer-Verlag, Berlin, Heidelberg usw., 3. Auflage 1982, Seiten 89–107

Torres Quevedo, Leonardo [1982b]: Electromechanical calculating machine, in: Brian Randell (Hg.): The origins of digital computers. Selected papers, Springer-Verlag, Berlin, Heidelberg usw., 3. Auflage 1982, Seiten 109–120

Torres-Quevedo, Gonzales [1953a]: Les travaux de l'École espagnole sur l'automatisme, in: Joseph Pérès (Hg.): Les machines à calculer et la pensée humaine, Paris, 8–13 janvier 1951, Colloques internationaux du Centre national de la recherche scientifique, Nr. 37, Editions du Centre national de la recherche scientifique (CNRS), Paris 1953, Seiten 361–381 (Maschine für die Lösung algebraischer Gleichungen, Integrieranlage, elektromechanische Rechenmaschine)

Torres-Quevedo, Gonzales [1953b]: Présentation des appareils de Leonardo Torres-Quevedo, in: Joseph Pérès (Hg.): Les machines à calculer et la pensée humaine, Paris, 8–13 janvier 1951, Colloques internationaux du Centre national de la recherche scientifique, Nr. 37, Editions du Centre national de la recherche scientifique (CNRS), Paris 1953, Seiten 383–406 (Madrid) (Schachautomaten von 1911 und 1921, Telekino, Analogmaschine mit Endlosspindel für die Lösung algebraischer Gleichungen)

Tòth, Peter [1960]: Abschlussbericht zum Vorstudium über digitale Feuerleitsysteme, technische Mitteilung TM-SE 1 479.-011, Contraves AG, Zürich, 30. August 1960, 60 Seiten

Tòth, Peter [1963]: Der zeichnende Koordinatograph mit Digital-Interpolation der Firma Contraves – Konzeption und Funktionsweise, in: Einsatzmöglichkeiten für Zeichengeräte mit Lochstreifen-, Lochkarten- oder Magnetbandsteuerung, Haus der Technik e.V., Essen, Vortragsveröffentlichungen, Heft 3, Vulkan-Verlag Dr. W. Classen, Essen 1963, Seiten 25–26

Toulon, Paul: Les machines à calculer et leurs applications dans l'organisation de l'industrie et du commerce, in: Bulletin de la société d'encouragement pour l'industrie nationale, Band 119, September/Oktober 1920, Seiten 570–587 (Gedenkausgabe 100 Jahre Thomas-Arithmometer)

Tozzi, Christopher J.: For fun and profit. A history of the free and open source software revolution, MIT press, Cambridge, Massachusetts, London 2017, X, 324 Seiten

tr. Das David Sarnoff Research Center. Vom RCA Lab zu SRI East, in: Neue Zürcher Zeitung, Nr. 190, 17. August 1988, Seite 67 (Forschung und Technik)

Trachtenbrot, Boris A. [1963a]: Algorithms and automatic computing machines, D.C. Heath & Co., Boston 1963, VII, 101 Seiten

Trachtenbrot, Boris A. [1963b]: Algorithmes et machines à calculer, Dunod, Paris 1963, XI, 149 Seiten

Trachtenbrot, Boris A. [1966]: Wieso können Automaten rechnen? Eine Einführung in die logisch-mathematischen Grundlagen programmgesteuerter Rechenautomaten, VEB Deutscher Verlag der Wissenschaften, Berlin, 4. Auflage 1966, 101 Seiten

Trachtenbrot, Boris A. [1977]: Algorithmen und Rechenautomaten, VEB Deutscher Verlag der Wissenschaften, Berlin 1977, 208 Seiten

Traud, Bernhard: Konrad Zuse, der Erfinder des Computers, Eiterfeld 2005 (Selbstverlag, DVD)

Travis, Irven: The history of computing devices, in: Martin Campbell-Kelly; Michael Roy Williams (Hg.): The Moore school lectures. Theory and techniques for design of electronic digital computers (held at the Moore school of electrical engineering of the University of Pennsylvania during July and August 1946), MIT press, Cambridge, Massachusetts, London/Tomash publishers, Los Angeles, San Francisco 1985, Seiten 19–23

Trefftz, Eleonore: Die Göttinger Rechenmaschinen vom Benutzer aus gesehen, in: Zeitschrift für angewandte Mathematik und Mechanik, Band 37, 1957, Heft 3/4, Seiten 146–148

Treue, Wilhelm (Hg.) [1977]: Deutsche Technikgeschichte, Vandenhoeck & Ruprecht, Göttingen 1977, 122 Seiten (Tagungsband)

Treue, Wilhelm (Hg.) [1986]: Achse, Rad und Wagen. Fünftausend Jahre Kultur- und Technikgeschichte, Vandenhoeck & Ruprecht, Göttingen 1986, V, 412 Seiten

Treutlein, P.: Das Rechnen im 16. Jahrhundert, in: Abhandlungen zur Geschichte der Mathematik 1877, Heft 1, Seiten 1–100 (Supplement zur historisch-literarischen Abtheilung des 22. Jahrgangs der Zeitschrift für Mathematik und Physik) (Fingerrechnen, Rechnen auf den Linien, Ziffernrechnen)

Trimble, George R. [1986]: The IBM 650 magnetic drum calculator, in: Annals of the history of computing, Band 8, 1986, Heft 1, Seiten 20–29

Trimble, George R. [2011]: The IBM 650 magnetic drum calculator, in: Jeffrey R. Yost (Hg.): The IBM century. Creating the IT revolution, IEEE computer society press, Los Alamitos, California 2011, Seiten 137–147

Trinks, Franz [1892]: Die neue Rechenmaschine Brunsviga, in: Zeitschrift des Vereins deutscher Ingenieure, Band 36, 1892, Heft 52, Seiten 1522–1523

Trinks, Franz [1926]: Geschichtliche Daten aus der Entwicklung der Rechenmaschinen von Pascal bis zur „Nova-Brunsviga“, Grimme, Natalis & Co. AG, Braunschweig, o. J. (um 1926), 48 Seiten (Auszug aus G.N.C.-Monatsschrift)

Trogemann, Georg; Nitussov, Alexander Y.; Ernst, Wolfgang (Hg.): Computing in Russia. The history of computer devices and information technology revealed, Friedrich Vieweg & Sohn, Braunschweig, Wiesbaden 2001, XI, 350 Seiten

Troitzsch, Ulrich: Zum Stande der Forschung über Jacob Leupold (1674–1727), in: Technikgeschichte, Band 42, 1975, Heft 4, Seiten 263–286

Troitzsch, Ulrich; Weber, Wolfhard (Hg.): Die Technik. Von den Anfängen bis zur Gegenwart, Georg Westermann Verlag, Braunschweig 1982, 640 Seiten

Troitzsch, Ulrich; Wohlauf, Gabriele (Hg.): Technik-Geschichte. Historische Beiträge und neuere Ansätze, Suhrkamp Verlag, Frankfurt am Main 1980, 460 Seiten

Tropfke, Johannes: Geschichte der Elementar-Mathematik in systematischer Darstellung mit besonderer Berücksichtigung der Fachwörter, Walter de Gruyter, Berlin, Leipzig, 3. Auflage, Band 1: Rechnen 1930, 222 Seiten (u.a. Kopfrechnen, schriftliches Rechnen); Band 2: Allgemeine Arithmetik, 1933, 266 Seiten (u.a. Logarithmen); Band 3: Proportionen, Gleichungen 1937, 239 Seiten; Band 4: Ebene Geometrie, 1940, 316 Seiten

Tropp, Henry S.: The Smithsonian computer history project and some personal recollections, in: Nicholas Constantine Metropolis; Jack Howlett; Gian-Carlo Rota (Hg.): A history of computing in the twentieth century. A collection of essays, Academic press, New York, London usw. 1980, Seiten 115–122

Trösch, Beat Andreas; Anliker, Max; Ziegler, Hans: Lateral vibrations of twisted rods, in: Quarterly of applied mathematics, Band 12, 1954, Heft 2, Seiten 163–173

Trost, Ernst: Aufbau und Wirkungsweise einer Taschenrechenmaschine, in: Technische Rundschau, Band 49, 1957, Heft 50, Seiten 21–23 (Curta)

Trueb, Lucien F.: Die astronomische Uhr des Straßburger Münsters, in: Neue Zürcher Zeitung, Nr. 15, 19. Januar 1977, Seiten 45–46 (Forschung und Technik) (Schwilgué)

Truitt, Elly Rachel: Medieval robots. Mechanism, magic, nature, and art, University of Pennsylvania press, Philadelphia 2015, XI, 255 Seiten

Tschanz-Wettach, Willy: Einige Winke für die Anschaffung und Bedienung von Additions- und Rechenmaschinen, in: Büro und Verkauf, Band 16, Heft 12, September 1947, Seiten 313–314, und Band 17, Heft 1, Oktober 1947, Seiten 22–24

Tscheschew, Boris Iljitsch Iwanow Wladislaw: Entstehung und Entwicklung der technischen Wissenschaften, Verlag MIR, Moskau/VEB Fachbuchverlag, Leipzig 1982, 325 Seiten

Tschudin, Peter: Hüpfende Lettern. Kleine Geschichte der Schreibmaschinen, Basler Papiermühle, Basel 1983, 30 Seiten

Tsui, F.: Die Abhängigkeit der Störabstände in Lesesignalen von dem Gesamt-Informationsinhalt in einem Stromkoinzidenz-Ferritkernspeicher und ihre Verbesserung durch asymmetrische Ansteuerung, in: Elektronische Rechenanlagen, Band 6, 1964, Heft 3, Seiten 133–137

Tsui, F.; Anacker, W.; Piloty, Hans: Neues Konstruktionsprinzip für einen wirtschaftlichen und betriebssicheren Halbfestwertspeicher, in: Elektronische Rechenanlagen, Band 5, 1963, Heft 1, Seiten 22–27

Tsui, F.; Piloty, Hans: Der Magnetkernspeicher der Perm, in: Elektronische Rechenanlagen, Band 3, 1961, Heft 6, Seiten 246–253 (Perm = programmgesteuerte elektronische Rechenanlage München)

Tuplin, Christopher J.; Rihll, T. E. (Hg.): Science and mathematics in ancient Greek culture, Oxford University press, Oxford, 2002, XVI, 379 Seiten

Turck, Joseph A. V.: Origin of modern calculating machines. A chronicle of the evolution of the principles that form the generic make-up of the modern calculating machine, The Western society of engineers, Chicago 1921, 196 Seiten

Turing, Alan Mathison [1936a]: On computable numbers, with an application to the Entscheidungsproblem, in: Proceedings of the London Mathematical Society, Band 42, Teil 3, 30. November 1936, Seiten 230–240

Turing, Alan Mathison [1936b]: On computable numbers, with an application to the Entscheidungsproblem, in: Proceedings of the London Mathematical Society, Band 42, Teil 4, 23. Dezember 1936, Seiten 241–265

Turing, Alan Mathison [1937]: On computable numbers, with an application to the Entscheidungsproblem, A correction, in: Proceedings of the London Mathematical Society, Band 43, 1937, Seiten 544–546

Turing, Alan Mathison [1953]: Automatic computation at the National Physical Laboratory, in: Bertram Vivian Bowden (Hg.): Faster than thought. A symposium on digital computing machines, Pitman publishing, London 1953, Nachdruck 1971, Seiten 135–139

Turing, Alan Mathison [1989a]: Checking a large routine, in: Michael Roy Williams; Martin Campbell-Kelly (Hg.): The early British computer conferences, MIT press, Cambridge, Massachusetts, London/Tomash publishers, Los Angeles, San Francisco 1989, Seiten 70–72

Turing, Alan Mathison [1989b]: Local programming methods and conventions, in: Michael Roy Williams; Martin Campbell-Kelly (Hg.): The early British computer conferences, MIT press, Cambridge, Massachusetts, London/Tomash publishers, Los Angeles, San Francisco 1989, Seite 178

Turing, Alan Mathison [2004a]: On computable numbers, with an application to the Entscheidungsproblem, in: Brian Jack Copeland (Hg.): The essential Turing. Seminal writings in computing, logic, philosophy, artificial intelligence, and artificial life, plus the secrets of Enigma, Clarendon press, Oxford 2004, Seiten 58–90 (1936)

Turing, Alan Mathison [2004b]: On computable numbers, with an application to the Entscheidungsproblem. A correction, in: Brian Jack Copeland (Hg.): The essential Turing. Seminal writings in computing, logic, philosophy, artificial intelligence, and artificial life, plus the secrets of Enigma, Clarendon press, Oxford 2004, Seiten 94–96 (1937)

Turing, Alan Mathison [2004c]: Systems of logic based on ordinals, in: Brian Jack Copeland (Hg.): The essential Turing. Seminal writings in computing, logic, philosophy, artificial intelligence, and artificial life, plus the secrets of Enigma, Clarendon press, Oxford 2004, Seiten 146–204 (1938)

Turing, Alan Mathison [2004d]: The steckered Enigma. Bombe and spider, in: Brian Jack Copeland (Hg.): The essential Turing. Seminal writings in computing, logic, philosophy, artificial intelligence, and artificial life, plus the secrets of Enigma, Clarendon press, Oxford 2004, Seiten 314–335 (1940)

Turing, Alan Mathison [2004e]: Memorandum to OP-20-G on naval enigma, in: Brian Jack Copeland (Hg.): The essential Turing. Seminal writings in computing, logic, philosophy, artificial intelligence, and artificial life, plus the secrets of Enigma, Clarendon press, Oxford 2004, Seiten 347–352 (um 1941)

Turing, Alan Mathison [2004f]: Lecture on the automatic computing engine, in: Brian Jack Copeland (Hg.): The essential Turing. Seminal writings in computing, logic, philosophy, artificial intelligence, and artificial life, plus the secrets of Enigma, Clarendon press, Oxford 2004, Seiten 378–394 (1947)

Turing, Alan Mathison [2004g]: Intelligent machinery, in: Brian Jack Copeland (Hg.): The essential Turing. Seminal writings in computing, logic, philosophy, artificial intelligence, and artificial life, plus the secrets of Enigma, Clarendon press, Oxford 2004, Seiten 410–432 (1948)

Turing, Alan Mathison [2004h]: Computing machinery and intelligence, in: Brian Jack Copeland (Hg.): The essential Turing. Seminal writings in computing, logic, philosophy, artificial intelligence, and artificial life, plus the secrets of Enigma, Clarendon press, Oxford 2004, Seiten 441–464 (1950)

Turing, Alan Mathison [2004i]: Intelligent machinery, a heretical theory, in: Brian Jack Copeland (Hg.): The essential Turing. Seminal writings in computing, logic, philosophy, artificial intelligence, and artificial life, plus the secrets of Enigma, Clarendon press, Oxford 2004, Seiten 472–475 (1951)

Turing, Alan Mathison [2004j]: Can digital computers think?, in: Brian Jack Copeland (Hg.): The essential Turing. Seminal writings in computing, logic, philosophy, artificial intelligence, and artificial life, plus the secrets of Enigma, Clarendon press, Oxford 2004, Seiten 482–486 (1951)

Turing, Alan Mathison [2004k]: The chemical basis of morphogenesis, in: Brian Jack Copeland (Hg.): The essential Turing. Seminal writings in computing, logic, philosophy, artificial intelligence, and artificial life, plus the secrets of Enigma, Clarendon press, Oxford 2004, Seiten 519–561 (1952)

Turing, Alan Mathison [2004l]: Chess, in: Brian Jack Copeland (Hg.): The essential Turing. Seminal writings in computing, logic, philosophy, artificial intelligence, and artificial life, plus the secrets of Enigma, Clarendon press, Oxford 2004, Seiten 569–575 (1953)

Turing, Alan Mathison [2004m]: Solvable and unsolvable problems, in: Brian Jack Copeland (Hg.): The essential Turing. Seminal writings in computing, logic, philosophy, artificial intelligence, and artificial life, plus the secrets of Enigma, Clarendon press, Oxford 2004, Seiten 582–595 (1954)

Turing, Alan Mathison [2012]: Proposed electronic calculator, in: Brian Jack Copeland (Hg.): Alan Turing's electronic brain. The struggle to build the Ace, the world's fastest computer, Oxford University Press, Oxford 2012, Seiten 369–454 (1945)

Turing, Alan Mathison [2013a]: Lecture to the London mathematical society on 20 February 1947, in: S. Barry Cooper; Jan van Leeuwen (Hg.): Alan Turing. His work and impact, Elsevier, Amsterdam, Boston usw. 2013, Seiten 486–497

Turing, Alan Mathison [2013b]: Intelligent machinery, in: S. Barry Cooper; Jan van Leeuwen (Hg.): Alan Turing. His work and impact, Elsevier, Amsterdam, Boston usw. 2013, Seiten 501–516

Turing, Alan Mathison [2013c]: Computing machinery and intelligence, in: S. Barry Cooper; Jan van Leeuwen (Hg.): Alan Turing. His work and impact, Elsevier, Amsterdam, Boston usw. 2013, Seiten 552–568

Turing, Alan Mathison [2013d]: Can digital computers think?, in: S. Barry Cooper; Jan van Leeuwen (Hg.): Alan Turing. His work and impact, Elsevier, Amsterdam, Boston usw. 2013, Seiten 660–663

Turing, Alan Mathison [2013e]: Intelligent machinery: a heretical theory, in: S. Barry Cooper; Jan van Leeuwen (Hg.): Alan Turing. His work and impact, Elsevier, Amsterdam, Boston usw. 2013, Seiten 664–666

Turing, Alan Mathison u.a.; Digital computers applied to games, in: Bertram Vivian Bowden (Hg.): Faster than thought. A symposium on digital computing machines, Pitman publishing, London 1953, Nachdruck 1971, Seiten 286–310

Turing, Alan Mathison; Braithwaite, Richard; Jefferson, Geoffrey; Newman, Max: Can automatic calculating machines be said to think?, in: S. Barry Cooper; Jan van Leeuwen (Hg.): Alan Turing. His work and impact, Elsevier, Amsterdam, Boston usw. 2013, Seiten 667–676

Turing, Alan Mathison; Braithwaite, Richard; Jefferson, Geoffrey; Newman, Max: Can automatic calculating machines be said to think?, in: Brian Jack Copeland (Hg.): The essential Turing. Seminal writings in computing, logic, philosophy, artificial intelligence, and artificial life, plus the secrets of Enigma, Clarendon press, Oxford 2004, Seiten 494–506 (1952)

Turing, Alan Mathison; Welchman, Gordon; Hugh, Alexander; Milner-Barry, Stuart: Letter to Winston Churchill, in: Brian Jack Copeland (Hg.): The essential Turing. Seminal writings in computing, logic, philosophy, artificial intelligence, and artificial life, plus the secrets of Enigma, Clarendon press, Oxford 2004, Seiten 338–340 (1941)

Turing, Alan Mathison; Wilkinson, James H.: The automatic computing engine, in: Brian Jack Copeland (Hg.): Alan Turing's electronic brain. The struggle to build the Ace, the world's fastest computer, Oxford University Press, Oxford 2012, Seiten 464–527 (Vortragsreihe 1946/1947)

Turing, Sara: Alan M. Turing, Cambridge University Press, Cambridge 2012, XXIV, 169 Seiten (Biografie)

Turkel, William J.; Muhammedi, Shezan; Start, Mary Beth: Grounding digital history in the history of computing, in: IEEE Annals of the history of computing, Band 36, 2014, Heft 2, Seiten 72–75

Turnbull, Herbert Westren: The great mathematicians, Simon and Schuster, New York 1962, XV, 141 Seiten

Turner, Anthony John [1987]: Early scientific instruments Europe 1400–1800, Sotheby's publications, Philip Wilson publishers Ltd., London 1987, 320 Seiten

Turner, Anthony John [2018]: Mathematical instruments in the collections of the Bibliothèque ntinale de Framce, Brepols publishers/BnF éditions, Paris 2018, 335 Seiten (Abschnitt „Portable Roman bead-frame abacus", Seiten 233–235)

Turner, Gerard L'Estrange [1980]: Antique scientific instruments, Blandford press Ltd., Poole, Dorset 1980, 168 Seiten

Turner, Gerard L'Estrange [1983]: Nineteenth-century scientific instruments, Sotheby publications, University of California press, Berkeley, Los Angeles 1983, 320 Seiten

Tutte, William T.: My work at Bletchley Park, in: Brian Jack Copeland (Hg.): Colossus. The secrets of Bletchley Park's codebreaking computers, Oxford University Press, Oxford 2006, Seiten 352–369

Tweedale, Geoffrey [1990]: Calculating machines and computers, Shire publications Ltd., Princes Risborough, Buckinghamshire 1990, 32 Seiten

Tweedale, Geoffrey [1993]: A Manchester computer pioneer: Ferranti in retrospect, in: IEEE Annals of the history of computing, Band 15, 1993, Heft 3, Seiten 37–43

Tympas, Aristotle: Calculation and computation in the pre-electronic era. The mechanical and electrical ages, Springer-Verlag London Ltd. 2017, XIV, 243 Seiten

U

Übler, Rebekka: Die Schutzwürdigkeit von Erfindungen. Fortschritt und Erfindungshöhe in der Geschichte des Patent- und Gebrauchsmusterrechts, Mohr Siebek, Tübingen 2014, XVI, 394 Seiten

Uckelmann, Sarah L.: Computation in medieval western Europe, in: Sven Ove Hansson (Hg.): Technology and mathematics. Philosophical and historical investigations, Springer international publishing AG, Cham 2018, Seiten 33–46

Uhl, Wolfgang: Erweiterte Schalttechnik an der Z5 auf Grund der Erfahrung, in: Johannes Wosnik; Alwin Walther; Walter Hoffmann (Hg.): Elektronische Rechenmaschinen und Informationsverarbeitung. Nachrichtentechnische Fachberichte. Beihefte der NTZ, Band 4, 1956, Seite 101

Uhlig, Robert: Genius of Britain. The scientists who changed the world, Harper Collins publishers, London 2010, XII, 340 Seiten (u.a. Charles Babbage, John Napier, Alan Turing, William Oughtred)

Ulam, Stanislaw Marcim: Von Neumann: The interaction of mathematics and computing, in: Nicholas Constantine Metropolis; Jack Howlett; Gian-Carlo Rota (Hg.): A history of computing in the twentieth century. A collection of essays, Academic press, New York, London usw. 1980, Seiten 93–99

Ulbricht, Heinz: Die Chiffriermaschine Enigma. Trügerische Sicherheit. Ein Beitrag zur Geschichte der Nachrichtendienste, Technische Universität Carolo-Wilhelmina, Braunschweig 2005, VIII, 206 Seiten

Ullmann, Alexander Franz: Volltasten- oder Zehntastensystem?, in: Der Organisator, Band 13, Heft 147, Juni 1931, Seiten 113–116

Ulmann, Bernd [2009]: Faszination Analogrechnen. Geschichte und Grundlagen der Analogrechner, Universität Hamburg, Hamburg 2009, VIII, 491 Seiten (Dissertation)

Ulmann, Bernd [2010]: Analogrechner. Wunderwerke der Technik – Grundlagen, Geschichte und Anwendung, Oldenbourg-Verlag, München 2010, XIX, 487 Seiten

Ulmann, Bernd [2013]: Analog computing, Oldenbourg Wissenschaftsverlag, München 2013, XV, 298 Seiten

Ulmann, Bernd [2014]: AN/FSQ-7: The computer that shaped the cold war, Oldenbourg Wissenschaftsverlag GmbH, München 2014, XII, 260 Seiten (Whirlwind, Sage)

Underwood, Sarah: The Alan Turing year leaves a rich legacy, in: Communications of the ACM, Band 56, 2013, Heft 10, Seiten 24–25

Unger, Friedrich August [1888]: Die Methodik der praktischen Arithmetik in historischer Entwicklung vom Ausgange des Mittelalters bis auf die Gegenwart, Druck und Verlag von B. G. Teubner, Leipzig 1888, XII, 240 Seiten (Abschnitt „Rechenmaschinen", Seiten 118–121, Abschnitt „Logarithmen", Seiten 130–131, Abschnitt „Anschauungsmittel", Seiten 203–213, mit zahlreichen, längst vergessenen Rechenhilfsmitteln)

Unger, Friedrich August [1899]: Einige Additionsmaschinen, in: Abhandlungen zur Geschichte der Mathematik 1899, Heft 9, Seiten 515–535 (Supplement zum 44. Jahrgang der Zeitschrift für Mathematik und Physik)

Unger, Heinz: Arbeiten der Darmstädter mathematischen Rechenautomatengruppe, in: Johannes Wosnik; Alwin Walther; Walter Hoffmann (Hg.): Elektronische Rechenmaschinen und Informationsverarbeitung. Nachrichtentechnische Fachberichte. Beihefte der NTZ, Band 4, 1956, Seiten 157–160

Ungerer, Alfred [1909]: Eine Schwilgué'sche Räderteilmaschine mit Cycloïden-Trassierapparat und Additionsmaschine, in: Elsass-Lothringer Bezirksverein Deutscher Ingenieure, Einladung zur 130. Sitzung am 23. März 1909, Straßburg 1909, Seiten 2–3

Ungerer, Alfred [1910]: Eine Schwilguésche Räderteilmaschine, in: Deutsche Uhrmacher-Zeitung, Band 34, 1910, Heft 7, Seiten 113–115

Ungerer, Alfred [1911]: Die astronomische Uhr im Straßburger Münster, Druck und Verlag der Straßburger Neuesten Nachrichten AG, Straßburg 1911, V, 30 Seiten (Schwilgué)

Ungerer, Alfred [1916a]: Die astronomische Uhr im Straßburger Münster. Vortrag des Herrn Alfred Ungerer, Straßburg, 22. Januar 1916, in: Mitteilungen des Elsass-Lothringer Bezirksvereins des Vereins deutscher Ingenieure, 1916, Seiten 5–10 (Schwilgué)

Ungerer, Alfred [1916b]: Die astronomische Uhr im Straßburger Münster, Vortrag, gehalten am 17. bzw. 19 April 1916, in: Technische Mitteilungen und Nachrichten, Westfälischer Bezirksverein deutscher Ingenieure zu Dortmund, Ruhr-Bezirksverein deutscher Ingenieur zu Duisburg, Band 9, 1916, Heft 20, Seiten 261–266 (Schwilgué)

Ungerer, Alfred [1920a]: Description de l'horloge astronomique de la cathédrale de Strasbourg, J. & A. Ungerer, successeurs de Schwilgué, Straßburg 1920, 5. Auflage, 30 Seiten

Ungerer, Alfred [1920b]: L'horloge astronomique de la cathédrale de Strasbourg, in: Comptes-rendus du congrès international des mathématiciens, Straßburg, 22–30. September 1920, Toulouse, Seiten 656–663 (Schwilgué)

Ungerer, Alfred [1921]: Conférence sur l'horloge astronomique de la cathédrale de Strasbourg, in: Bulletin de l'association régionale des ingénieurs d'Alsace et de Lorraine, Band 1, Oktober 1920–Januar 1921, Heft 4/5, Seiten 7–19 (Schwilgué)

Ungerer, Alfred [1926]: Les horloges d'édifice. Guide pratique suivi d'une nomenclature des horloges monumentales et astronomiques les plus remarquables, Gauthier-Villars et Cie., imprimeurs-éditeurs, Paris 1926, VI, 334 Seiten (Schwilgué)

Ungerer, Alfred [1931]: Les horloges astronomiques et monumentales les plus remarquables de l'Antiquité jusqu'à nos jours, Straßburg 1931, 515 Seiten (Selbstverlag) (Schwilgué)

Ungerer, Alfred; Ungerer, Théodore: L'horloge astronomique de la cathédrale de Strasbourg, Imprimerie Alsacienne, Straßburg 1922, VIII, 193 Seiten (ausführliche technische Beschreibung der astronomischen Uhr) (Schwilgué)

Ungerer, Theodor [1965]: Die astronomische Uhr des Straßburger Münsters. Geschichte – Beschreibung – Der Gang des Werkes, Société d'édition de la Basse-Alsace, Straßburg, 12., durch Charles Ungerer überholte und verbesserte Auflage in Zusammenarbeit mit Léon Leclerc, 1965, 44 Seiten (Schwilgué)

Ungerer, Théodore [1976]: L'horloge astronomique de la cathédrale de Strasbourg. Historique – description – fonctionnement, Société d'édition de la Basse-Alsace, Straßburg, 14., von Charles Ungerer in Zusammenarbeit mit Léon Leclerc durchgesehene und verbesserte Auflage, 1976, 47 Seiten (Schwilgué)

Unterberg, Rolf: Vom Abakus zum Computer: Ausstellung einer Sammlung zur Entwicklungsgeschichte der Rechentechnik, Volkshochschule, Düsseldorf 1989, 78 Seiten

Unterburg, Gerd: Die Bedeutung der Patente in der industriellen Entwicklung, Duncker & Humblot, Berlin 1970, 204 Seiten

Unterluggauer, Mariann: European informatics network – Knotenpunkt Schweiz, in: Peter Haber (Hg.): Computergeschichte Schweiz. Eine Bestandesaufnahme, Chronos-Verlag, Zürich 2009, Seiten 95–107 (Geschichte und Informatik, Band 17)

Ursprung, Heinrich [1986]: Denkplatz und Arbeitsplatz Schweiz. Probleme des Zusammenwirkens, in: Neue Zürcher Zeitung, Nr. 161, 15. Juli 1986, Seite 21–22 (Vermarktung der Ermeth)

Ursprung, Heinrich [1987]: Zukunftssicherung der Schweiz durch die Technik, in: Schweizerischer Ingenieur und Architekt, 1987, Heft 14, Seiten 371–372 (Vermarktung der Ermeth)

Urton, Gary [2010]: Mathematics and authority: a case study in old and new world counting, in: Eleanor Robson; Jacqueline Stedall (Hg.): The Oxford handbook of the history of mathematics, Oxford University Press, Oxford 2010, Seiten 27–55 (Quipus)

Urton, Gary [2017]: Inka history in knots. Reading khipus as primary sources, University of Texas press, Austin 2017, XVII, 293 Seiten (Quipus)

Usher, Abbott Payson: A history of mechanical inventions, Dover publications, Inc., New York, überarbeitete Auflage 1988, XIII, 450 Seiten (Nachdruck von 1954)

Uttley, Albert M. [1953]: Réalisation de suites d'opérations logiques au moyen des machines à calculer, in: Joseph Pérès (Hg.): Les machines à calculer et la pensée humaine, Paris, 8–13 janvier 1951, Colloques internationaux du Centre national de la recherche scientifique, Nr. 37, Editions du Centre national de la recherche scientifique (CNRS), Paris 1953, Seiten 465–473 (Telecommunication research establishment, London)

Uttley, Albert M. [1989]: Preliminary plans for the TRE electronic digital computer, in: Michael Roy Williams; Martin Campbell-Kelly (Hg.): The early British computer conferences, MIT press, Cambridge, Massachusetts, London/Tomash publishers, Los Angeles, San Francisco 1989, Seiten 147–149 (TRE = Telecommunications research establishment)

Uttley, Albert M.; Carter, R. H. A.: The Telecommunications research establishment parallel electronic digital computer, in: Bertram Vivian Bowden (Hg.): Faster than thought. A symposium on digital computing machines, Pitman publishing, London 1953, Nachdruck 1971, Seiten 144–160

V

Vahrenkamp, Richard: The computing boom in the US aeornautical industry, 1945–1965, Working paper on the history of computing No. 5/2019, Berlin 2019, 49 Seiten

Vallianatos, Evaggelos: Deciphering and appeasing the heavens: The history and fate of an ancient Greek computer, in: Leonardo, Band 45, 2012, Heft 3, Seiten 251–257 (Räderwerk von Antikythera)

Valls-Gabaud, David; Boksenberg, Alexander (Hg.): The role of astronomy in society and culture. Proceedings of the 260th symposium of the international astronomical union held at the Unesco headquarters, Paris, France, 19.-23. Januar 2009, Cambridge University Press, Cambridge 2011, XXI, 793 Seiten (Räderwerk von Antikythera) (Tagungsband)

Valtat, Raymond André: Machine à calculer fondée sur l'emploi de la numération binaire, in: Comptes rendus hebdomadaires des séances de l'Académie des sciences, Band 202, Januar–Juni 1936, Seiten 1745–1748 (mit Bemerkungen von Maurice d'Ocagne)

van Atten, Mark: Two draft letters from Gödel on self-knowledge of reason, in: Philosophia mathematica, Reihe 3, Band 14, 2006, Heft 2, Seiten 255–261 (Sonderausgabe zu Kurt Gödel)

van Brummelen, Glen: Heavenly mathematics. The forgotten art of spherical trigonometry, Princeton university press, Princeton, New Jersey, Oxford 2013, XVI, 192 Seiten

van den Dungen, F. H.: L'intégration numérique de l'équation des ondes, in: Joseph Pérès (Hg.): Les machines à calculer et la pensée humaine, Paris, 8–13 janvier 1951, Colloques internationaux du Centre national de la recherche scientifique, Nr. 37, Editions du Centre national de la recherche scientifique (CNRS), Paris 1953, Seiten 215–238

van den Herik, H. J.: An interview with Konrad Zuse, June, 13 1990 in Hünfeld, West Germany, in: ICCA Journal, Juni1990, Seiten 81–87 (International Computer Chess Association)

van der Poel, Willem Louis [1949]: Schakelingen van automatische cijfermachines, in: Nederlands tijdschrift voor natuurkunde, Band 15, 1949, Seiten 255–264

van der Poel, Willem Louis [1952]: A simple electronic digital computer, in: Applied scientific research, Abteilung B, Band 2: Electrophysics, acoustics, optics, mathematical methods, 1952, Seiten 367–400

van der Poel, Willem Louis [1962]: Micro-programming and trickology, in: Walter Hoffmann (Hg.): Digitale Informationswandler. Probleme der Informationsverarbeitung in ausgewählten Beiträgen, Friedrich Vieweg, Braunschweig 1962, Seiten 269–311

van der Salm, Simon A. M.: The Limpert board. A wonderful application of logarithmical scales, in: Journal of the Oughtred society, Band 26, 2017, Heft 1, Seiten 38–49

van der Spiegel, Jan; Tau, James F. u.a.: The Eniac: History, operation and reconstruction in VLSI, in: Raúl Rojas, Ulf Hashagen (Hg.): The first computers – history and architectures, MIT press, Cambridge, Massachusetts, London 2000, Seiten 121–178

van der Waerden, Bartel Leendert [1966]: Erwachende Wissenschaft. Ägyptische, babylonische und griechische Mathematik, Birkhäuser Verlag, Basel, Stuttgart, 2., ergänzte Auflage 1966, 488 Seiten (Rechenbrett, Astrolab)

van der Waerden, Bartel Leendert [1968]: Erwachende Wissenschaft. Band 2: Die Anfänge der Astronomie, Birkhäuser Verlag, Basel, Stuttgart 1968, XII, 316 Seiten

van der Waerden, Bartel Leendert [1973]: Science awakening, Band 1, Wolters-Noordhoff publishing, Groningen, 3. Auflage 1973, 306 Seiten

van der Waerden, Bartel Leendert [1974]: Science awakening, Band 2: The birth of astronomy, Noordhoff international publishing, Leyden 1974, XV, 347 Seiten

van der Waerden, Bartel Leendert [1988]: Die Astronomie der Griechen. Eine Einführung, Wissenschaftliche Buchgesellschaft, Darmstadt 1988, XI, 315 Seiten

van der Waerden, Bartel Leendert; Folkerts, Menso: Written numbers, The open university press, Milton Keynes 1976, 72 Seiten

van der Waerden, Bartel Leendert; Neuenschwander, Erwin: Methods of calculation, The open university press, Milton Keynes 1976, 40 Seiten (Rechentafel, Kugelrechner, Rechentisch; Gebrauchsanweisungen)
van Heijenoort, Jean (Hg.) [1968]: Jacques Herbrand: Ecrits logiques, Presses universitaires de France, Paris 1968, 244 Seiten
van Heijenoort, Jean (Hg.) [2000]: From Frege to Gödel. A sourcebook in mathematical logic, 1879–1931, toexcel, San Jose, New York usw. 2000, XI, 665 Seiten (u.a. Wilhelm Ackermann, Paul Bernays, Gottlob Frege, Kurt Gödel, Jacques Herbrand, David Hilbert, Emil Leon Post, John von Neumann, Hermann Weyl, Norbert Wiener)
van Noort, Huib: Demonstration model of the Resulta adder, in: Journal of the Oughtred society, Band 19, 2010, Heft 2, Seiten 66–69
van Poelje, Otto E. (Hg.): IM 2014. Turning and sliding. Proceedings. 20th International meeting of collectors of historical calculating instruments, 5.–6. September 2014, Delft, Holland, Kring historische rekeninstrumenten (holländischer Kreis für historischen Rechengeräte), o. O. 2014, V, 185 Seiten (Tagungsband)
van Poelje, Otto E. [2003]: The demise of the slide rule (and the advent of its successors), in: Journal of the Oughtred society, Band 12, 2003, Heft 2, Seiten 49–53
van Poelje, Otto E. [2004]: Gunter rules in navigation, in: Journal of the Oughtred society, Band 13, 2004, Heft 1, Seiten 11–22
van Poelje, Otto E. [2005]: Adriaen Vlacq and Ezechiel de Decker: Dutch contributors to the early tables of Briggsian logarithms, in: Journal of the Oughtred society, Band 14, 2005, Heft 1, Seiten 30–40
van Poelje, Otto E. [2007]: The sliding Gunter – versions for navigation at sea, in: Journal of the Oughtred society, Band 16, 2007, Heft 1, Seiten 12–18
van Poelje, Otto E. [2008a]: Early drawings of logarithmic scales by Gunter and Wingate, in: Journal of the Oughtred society, Band 17, 2008, Heft 1, Seiten 5–10
van Poelje, Otto E. [2008b]: Which dividers to use on Gunter rules, in: Slide rule gazette, Heft 9, Herbst 2008, Seiten 65–71
van Poelje, Otto E. [2010a]: Calculating disc by Benjamin Ayres (ca 1750), in: Journal of the Oughtred society, Band 19, 2010, Heft 1, Seiten 54–59 (Rechenscheibe)
van Poelje, Otto E. [2010b]: French calculating disc – Montre logarithmique, in: Journal of the Oughtred society, Band 19, 2010, Heft 2, Seiten 23–27 (Rechenscheibe)
van Poelje, Otto E. [2010c]: An addendum to „joint slide rules“, in: Slide rule gazette, Heft 11, Herbst 2010, Seiten 53–56
van Poelje, Otto E. [2012]: The „Reka Rechenapparat“ and other logarithmic calculating tablets, in: Journal of the Oughtred society, Band 21, 2012, Heft 2, Seiten 44–48
van Poelje, Otto E.; Morizet, Michel: Two „cadrans logarithmiques“ by Le Blond and Gattey. For old-to-metric unit conversions in France (1799), in: Journal of the Oughtred society, Band 22, 2013, Heft 2, Seiten 46–53
van Wijngaarden, Adriaan [1949]: Algemeen overzicht over moderne rekenmachines, in: Nederlands tijdschrift voor natuurkunde, Band 15, 1949, Seiten 244–254
van Wijngaarden, Adriaan [1953]: Erreurs d'arrondiment dans les calculs sysématiques, in: Joseph Pérès (Hg.): Les machines à calculer et la pensée humaine, Paris, 8–13 janvier 1951, Colloques internationaux du Centre national de la recherche scientifique, Nr. 37, Editions du Centre national de la recherche scientifique (CNRS), Paris 1953, Seiten 285–293 (Mathematisch centrum, Amsterdam)
van Wijngaarden, Adriaan [1956]: Moderne Rechenautomaten in den Niederlanden, in: Johannes Wosnik; Alwin Walther; Walter Hoffmann (Hg.): Elektronische Rechenmaschinen und Informati-

onsverarbeitung. Nachrichtentechnische Fachberichte. Beihefte der NTZ, Band 4, 1956, Seiten 60–61

van Wijngaarden, Adriaan [1989a]: Computing machine projects in Holland, in: Michael Roy Williams; Martin Campbell-Kelly (Hg.): The early British computer conferences, MIT press, Cambridge, Massachusetts, London/Tomash publishers, Los Angeles, San Francisco 1989, Seite 130

van Wijngaarden, Adriaan [1989b]: Mathematics and computing, in: Michael Roy Williams; Martin Campbell-Kelly (Hg.): The early British computer conferences, MIT press, Cambridge, Massachusetts, London/Tomash publishers, Los Angeles, San Francisco 1989, Seiten 333–337

Vande Velde, Cris: Brunsviga Nr. 633 – eine Dekonstruktion, in: Historische Bürowelt, Dezember 2013, Heft 94, Seiten 17–24

Vande Velde, Cris; Reese, Martin: Die Odhner Lusid, in: Historische Bürowelt, Dezember 2017, Heft 110, Seiten 16–24

Vardalas, John N.: The computer revolution in Canada. Building national technological competence, MIT press, Cambridge, Massachusetts 2001, IX, 409 Seiten

Vardi, Moshe Y. [2011]: Solving the unsolvable?, in: Communications of the ACM, Band 54, 2011, Heft 7, Seite 5

Vardi, Moshe Y. [2013]: Who begat computing?, in: Communications of the ACM, Band 56, 2013, Heft 1, Seite 5

Vardi, Moshe Y. [2014]: Would Turing have passed the Turing test?, in: Communications of the ACM, Band 57, 2014, Heft 9, Seite 5

Vardi, Moshe Y. [2015]: The rise and fall of industrial research labs, in: Communications of the ACM, Band 58, 2015, Heft 1, Seite 5

Vardi, Moshe Y. [2017]: Would Turing have won the Turing award?, in: Communications of the ACM, Band 60, 2017, Heft 11, Seite 7

Varren, Alexander: Systematik der Zehnerschaltvorrichtungen, Technische Hochschule Berlin 1929/1934, 102 Seiten (Dissertation)

Väterlein, Christian (Hg.): Philipp Matthäus Hahn 1739–1790. Ausstellungen des Württembergischen Landesmuseums Stuttgart und der Städte Ostfildern, Albstadt, Kornwestheim, Leinfelden-Echterdingen, Teil 2, Aufsätze, Württembergisches Landesmuseum, Stuttgart 1989, 540 Seiten (u.a. drei Beiträge von Ludwig Oechslin) (Ausstellungskatalog)

Veelken, Reinhard: Der Siemens-Digitalrechner 2002 – Ein Rückblick nach 25 Jahren, in: Hans-Rainer Schuchmann; Heinz Zemanek (Hg.): Computertechnik im Profil. Ein Vierteljahrhundert deutscher Informationsverarbeitung, R. Oldenbourg Verlag, München, Wien 1984, Seiten 87–90

Vega, Georg: Logarithmische, trigonometrische und andere zum Gebrauche der Mathematik eingerichtete Tafeln und Formeln, kaiserlich-königliche Hofbuchdrucker und Buchhändler Johann Thomas von Edlen von Trattnern, Wien 1783, LXVIII, 420 Seiten

Veithen, Cornelius: Über die Verwendung der Rechenmaschine bei der Bahnbestimmung von Planeten, Universität Göttingen/Breitkopf & Härtel, Leipzig 1912, 43 Seiten (Dissertation)

Venetsianos, Panagiotis [2014]: A brief survey of combined slide rules – Part 1, in: Journal of the Oughtred society, Band 23, 2014, Heft 2, Seiten 43–50 (Verbundrechner)

Venetsianos, Panagiotis [2015]: A brief survey of combined slide rules – Part 2, in: Journal of the Oughtred society, Band 24, 2015, Heft 1, Seiten 10–19 (Verbundrechner)

Venetz, Louis A.: „Wer immer strebend sich bemüht, den können wir erlösen". Gespräch mit Konrad Zuse, in: Output, 1992, Nr. 1, Seiten 24–28

Verhoeven, Daniel [2015a]: Zur Konstruktion und Datierung einer Rechenmaschine „Monopol Duplex", in: Historische Bürowelt, April 2015, Heft 99, Seiten 14–16

Verhoeven, Daniel [2015b]: Die Rechenmaschine „W. Küttner's System" – Vorläufer der „Monopol", in: Historische Bürowelt, 2015, Heft 101, Seiten 25–31

Verhulst, Rik: Im Banne der Mathematik. Die kulturellen Aspekte der Mathematik in Zivilisation, Kunst und Kultur, Springer-Verlag GmbH Deutschland, Berlin 2019, XI, 385 Seiten (Kapitel „Mathematik und Kultur“, Seiten 182–273)

Verlag Organisator AG (Hg.): Maschinen und Hülfsmittel für das Büro. Kurze Beschreibung der wichtigsten in der Schweiz erhältlichen Büro-Hilfsmittel zusammengestellt von der Schweizer Monatsschrift „Der Organisator“ Zürich, Verlag Organisator AG, Zürich 1932, 68 Seiten + 26 Seiten (Anzeigen)

Vernay, Jacques: IBM France, in: Annals of the history of computing, Band 11, 1989, Heft 4, Seiten 299–311

Verzuh, Frank M.: The solution of simultaneous linear equations with the aid of the 602 calculating punch, in: Mathematical tables and other aids to computation, Band 3, Juli 1949, Heft 27, Seiten 453–462

Vickers, Tom: Alan Turing at the NPL 1945–47, in: S. Barry Cooper; Jan van Leeuwen (Hg.): Alan Turing. His work and impact, Elsevier, Amsterdam, Boston usw. 2013, Seiten 539–545

Vidal, Nathalie; Vogt, Dominique: Les machines arithmétiques de Blaise Pascal, Muséum Henri-Lecoq, Clermont-Ferrand, 2011, 76 Seiten (Band 5, histoire des sciences et techniques)

Vierendeel, Arthur [1921a]: Esquisse d'une histoire de la technique, Band 1, Vromant & Co., Imprimeurs-éditeurs, Brüssel, Paris 1921, 188 Seiten

Vierendeel, Arthur [1921b]: Esquisse d'une histoire de la technique, Band 2, Vromant & Co., Imprimeurs-éditeurs, Brüssel, Paris 1921, 202 Seiten

Vigneron, Henri: Les automates, in: La nature, Band 42, 1914, Heft 13, Seiten 56–61 (Schachautomat von Torres Quevedo)

Vlacq, Adriaan; Briggs, Henry: Trigonometria artificialis, sive magnus canon triangulorum logarithmicus, ad radium 100000,00000, & ad dena scrupula secunda, ab Adriano Vlacco Goudano constructus, Gouda 1633, IV, 460 Seiten

Voellmy, Erwin: Jost Bürgi und die Logarithmen, in: Elemente der Mathematik, Beihefte zur Zeitschrift, Band 3/4/5, 1948, Nr. 5, Seiten 1–24

Vogel, Benedikt: Qubits – Bausteine des Quantencomputers, in: Uni nova, Nr. 130, November 2017, Seiten 19–20 (Wissenschaftsmagazin der Universität Basel) (Quantenrechner)

Vogel, Kurt [1929]: Die Grundlagen der ägyptischen Arithmetik in ihrem Zusammenhang mit der 2:n-Tabelle des Papyrus Rhind, Akademische Buchdruckerei F. Straub, München 1929, VI, 212 Seiten (Dissertation)

Vogel, Kurt [1958]: Vorgriechische Mathematik 1. Vorgeschichte und Ägypten, Hermann Schroedel Verlag KG, Hannover/Verlag Ferdinand Schöningh, Paderborn 1958, 80 Seiten

Vogel, Kurt [1959]: Vorgriechische Mathematik 2. Die Mathematik der Babylonier, Hermann Schroedel Verlag KG, Hannover/Verlag Ferdinand Schöningh, Paderborn 1959, 94 Seiten

Vogel, Kurt [1988a]: Kleine Schriften zur Geschichte der Mathematik, 1. Halbband, Franz Steiner Verlag Wiesbaden GmbH, Stuttgart 1988, XLVII, 413 Seiten (hg. von Menso Folkerts)

Vogel, Kurt [1988b]: Kleine Schriften zur Geschichte der Mathematik, 2. Halbband, Franz Steiner Verlag Wiesbaden GmbH, Stuttgart 1988, VII, 471 Seiten (hg. von Menso Folkerts)

Vogel, Paul; Labhart, Walter: Drei Aarauer Pioniere. Jakob Kern, Alfred Oehler, Arnold Roth, Verein für wirtschaftshistorische Studien, Zürich 1980, 108 Seiten (Schweizer Pioniere der Wirtschaft und Technik, Band 33; Jakob Kern: Seiten 9–32)

Vogler, Ch. A.: Allgemeines Prinzip des Rechenschiebers, in: Zeitschrift für Vermessungswesen, Band 10, 1881, Heft 6, Seiten 257–259

Vogt, Arnold: Datenformat AZP Bacos, Contraves AG, Zürich, 12. Juli 1973, 2 Seiten

Volkert, Klaus: In höheren Räumen. Der Weg der Geometrie in die vierte Dimension, Springer-Verlag GmbH Deutschland, Berlin 2018, XI, 272 Seiten

Volkert, Klaus; Steuding, Jörn (Hg.): Facetten der Mathematikgeschichte, Springer-Verlag GmbH Deutschland, Berlin 2019, XI, 462 Seiten

Vollmar, Roland: Konrad Zuse's first computing devices, in: Roberto Moreno-Díaz; Franz Pichler; Alexis Quesada-Arencibia (Hg.): Computer aided systems theory, Eurocast 2017, Springer international publishing AG, Cham 2018, Seiten 13–18 (Tagungsband, Teil 1)

Vollrath, Hans-Joachim [1997]: Eine alte italienische Addiermaschine im Holzkasten, in: Historische Bürowelt, 1997, Heft 49, Seiten 25–27 (IPC, Florenz)

Vollrath, Hans-Joachim [1999]: Historische Winkelmessgeräte in Projekten des Mathematikunterrichts, in: Der Mathematikunterricht, Band 45, 1999, Heft 4, Seiten 42–58

Vollrath, Hans-Joachim [2002]: Das Organum mathematicum – Athanasius Kirchers Lehrmaschine, in: Horst Beinlich; Hans-Joachim Vollrath; Klaus Wittstadt (Hg.): Spurensuche. Wege zu Athanasius Kircher, Verlag J. H. Röll, Dettelbach 2002, Seiten 101–117

Vollrath, Hans-Joachim [2005]: Entdeckungen an Zirkeln, in: Der Mathematikunterricht, Band 51, 2005, Heft 1, Seiten 4–18

Vollrath, Hans-Joachim [2006]: Über ein Paar von Rechenstäben aus dem Mathematischen Kabinett der Universität Würzburg, in: Mittelfränkisches Jahrbuch für Geschichte und Kunst, Band 58, 2006, Seiten 26–32

Vollrath, Hans-Joachim [2011]: Nikolaus Goldmann's architectural rods, in: Journal of the Oughtred society, Band 20, 2011, Heft 1, Seiten 32–37

Vollrath, Hans-Joachim [2013]: Verborgene Ideen. Historische mathematische Instrumente, Springer Fachmedien, Wiesbaden 2013, 156 Seiten

Voltz, Hannspeter: Menschen und Computer. Streifzüge durch die Geschichte der Datenverarbeitung, Markt & Technik, Haar bei München 1993, 288 Seiten

Völz, Horst: Grundlagen der Information, Akademie Verlag GmbH, Berlin 1991, 643 Seiten

von Bassermann-Jordan, Ernst [1926]: Alte Uhren und ihre Meister, Verlag Wilhelm Diebener GmbH, Leipzig 1926, VIII, 179 Seiten

von Bassermann-Jordan, Ernst [1961]: Uhren. Ein Handbuch für Sammler und Liebhaber, Klinkhardt & Biermann, Braunschweig, 4., völlig neu gestaltete Auflage 1961, X, 518 Seiten (Neubearbeitung durch Hans von Bertele)

von Bassermann-Jordan, Ernst [1964]: Montres, horloges et pendules, Klinkhardt & Biermann, Braunschweig 1964, 517 Seiten

von Bertele, Hans: Bürgi als Uhrmacher und Ingenieur, in: Ludolf von Mackensen (Hg.): Die erste Sternwarte Europas mit ihren Instrumenten und Uhren. 400 Jahre Jost Bürgi in Kassel, Verlag Georg D. W. Callwey, München, 3., verbesserte Auflage 1988, Seiten 42–60

von Bezold, Gustav: Wissenschaftliche Instrumente im Germanischen Museum, in: Festschrift zum XVI. deutschen Geographentag in Nürnberg, 21. bis 23. Mai 1907, Nürnberg 1907, Seiten 21–40 (Abhandlungen der Naturhistorischen Gesellschaft zu Nürnberg, Band 17)

von Braunmühl, Anton [1891]: Christoph Scheiner als Mathematiker, Physiker und Astronom, Buchnersche Verlagsbuchhandlung, Bamberg 1891, VI, 92 Seiten (Pantograf)

von Braunmühl, Anton [1900]: Vorlesungen über Geschichte der Trigonometrie, Teil 1: Von den ältesten Zeiten bis zur Erfindung der Logarithmen, Druck und Verlag von B. G. Teubner, Leipzig 1900, VII, 260 Seiten

von Braunmühl, Anton [1903]: Vorlesungen über Geschichte der Trigonometrie, Teil 2: Von der Erfindung der Logarithmen bis auf die Gegenwart, Druck und Verlag von B. G. Teubner, Leipzig 1903, XI, 264 Seiten (Erfindung der Logarithmen, Jost Bürgi, John Neper, Seite 2)

von Freytag Löringhoff, Bruno [1961]: Die Rekonstruktion der ersten Rechenmaschine (Wilhelm Schickard 1623), in: Der Büromaschinenmechaniker, Band 3, 1961, Heft 24, Seiten 91–93

von Freytag Löringhoff, Bruno [1962]: Wilhelm Schickard. Das Porträt, in: Elektronische Rechenanlagen, Band 4, 1962, Heft 4, Seiten 147–148 von Freytag Löringhoff, Bruno [1973]: Wilhelm Schickard und seine Rechenmaschine von 1623, in: Martin Graef (Hg.): 350 Jahre Rechenmaschinen, Carl Hanser-Verlag, München 1973, Seiten 11–19

von Freytag Löringhoff, Bruno [1986]: Wilhelm Schickard und seine Rechenmaschine von 1623, überarbeiteter und erweiterter Text eines am 4. Dezember 1986 in Kaiserlautern gehaltenen Colloquiumsvotrages, 31 Seiten (Mikrofilmkarte)

von Freytag Löringhoff, Bruno [1995]: Zu Irrungen und Verwirrungen um Wilhelm Schickard und seine Rechenmaschine von 1623 – ein Satyrspiel, in: Friedrich Seck (Hg.): Zum 400. Geburtstag von Wilhelm Schickard. Zweites Tübinger Schickard-Symposium, 25. bis 27. Juni 1992, Jan Thorbecke Verlag, Sigmaringen 1995, Seiten 287–296

von Freytag Löringhoff, Bruno [2002]: Wilhelm Schickards Tübinger Rechenmaschine von 1623, 5., erweiterte Auflage, Kulturamt der Universitätsstadt Tübingen, Tübingen 2002, 30 Seiten

von Hoerner, S.: Lösung von Systemen linearer Gleichungen mit Rechenautomaten, in: Ludwig Biermann (Hg.): Vorträge über Rechenanlagen. Gehalten in Göttingen, 19.–21. März 1953, Max-Planck-Institut für Physik, Göttingen 1953, Seiten 136–140

von Holtey, Georg; Widmer, Peter: Uhren deutschschweizer Meister, Museum für Musikautomaten, Seewen 2007, 120 Seiten (Ausstellungskatalog)

von Jezierski, Dieter [1997a]: Rechenschieber – eine Dokumentation. Geschichte, Hersteller, Modelle, Stein 1997, VIII, 110 Seiten (Selbstverlag)

von Jezierski, Dieter [1997b]: Further notes on the operation of Gunter's rule, in: Journal of the Oughtred society, Band 6, 1997, Heft 2, Seiten 7–8

von Jezierski, Dieter [2000]: Slide rules. A journey through three centuries, Astragal press, Mendham, New Jersey 2000, VIII, 126 Seiten

von Jezierski, Dieter [2001a]: Two German wages calculating machines, in: Journal of the Oughtred society, Band 10, 2001, Heft 1, Seiten 45–46 (Rechenrad)

von Jezierski, Dieter [2001b]: The Faber-Castell Taschenrechner (TR): A pocket calculator combined with a slide rule, in: Journal of the Oughtred society, Band 10, 2001, Heft 2, Seiten 12–14 (Verbundrechner)

von Jezierski, Dieter [2001c]: Florian Cajori – a Swiss in North America, in: Slide rule gazette, Heft 2, Herbst 2001, Seiten 86–88

von Jezierski, Dieter [2008]: Sonne's circular slide rule, in: Journal of the Oughtred society, Band 17, 2008, Heft 2, Seiten 6–9 (Rechenscheibe)

von Jezierski, Dieter; Rance, David: George R. Stibitz's film slide rule: a computing machine with logarithmic sales, in: Journal of the Oughtred society, Band 21, 2012, Heft 1, Seiten 52–57

von Jülich, Peter: De modo mensurandi vasa. Ein Traktat zur Fassmessung aus dem 15. Jahrhundert, Dr. Erwin Rauner Verlag, Augsburg 2018, XXXII, 91 Seiten, Beilage 25 Seiten (hg. von Menso Folkerts und Martin Hellmann)

von Klinckowstroem, Carl [1921]: Zur Datierung von Pascals Rechenmaschine, in: Geschichtsblätter für Technik und Industrie, Band 8, 1921, Seiten 16–22 (Teil 1) (+ 1 Tafel)

von Klinckowstroem, Carl [1922]: Von Kunst- und Raritätenkammern, in: Geschichtsblätter für Technik und Industrie, Band 9, 1922, Seiten 12–25

von Klinckowstroem, Carl [1972]: Knaurs Geschichte der Technik, Droemersche Verlagsanstalt Th. Knaur Nachfolger, München, Zürich, überarbeitete und ergänzte Auflage 1972, 496 Seiten

von Mackensen, Ludolf (Hg.) [1988]: Die erste Sternwarte Europas mit ihren Instrumenten und Uhren. 400 Jahre Jost Bürgi in Kassel, Verlag Georg D. W. Callwey, München, 3., verbesserte Auflage 1988, 160 Seiten (Ausstellungskatalog)

von Mackensen, Ludolf [1969a]: Bedingungen für den technischen Fortschritt, dargestellt anhand der Entwicklung und ersten Verwertung der Rechenmaschinenerfindung im 19. Jahrhundert, in: Technikgeschichte, Band 36, 1969, Heft 2, Seiten 89–102 von Mackensen, Ludolf [1969b]: Zur Vorgeschichte und Entstehung der ersten digitalen 4-Spezies-Rechenmaschine von Gottfried Wilhelm Leibniz, in: Akten des internationalen Leibniz-Kongresses, Hannover, 14.–19. November 1966, Band 2: Mathematik-Naturwissenschaften, Franz Steiner Verlag GmbH, Wiesbaden 1969, Seiten 34–68 (Sonderdruck)

von Mackensen, Ludolf [1970]: Zur Vorgeschichte und Entstehung der ersten digitalen 4-Spezies-Rechenmaschine von Gottried Wilhelm Leibniz, in: Veröffentlichungen des Forschungsinstituts des Deutschen Museums für die Geschichte der Naturwissenschften und der Technik, München 1970, Reihe B, Abhandlungen Nr. 3. Seiten 34–68

von Mackensen, Ludolf [1973]: Von Pascal zu Hahn. Die Entwicklung von Rechenmaschinen im 17. und 18. Jahrhundert, in: Martin Graef (Hg.): 350 Jahre Rechenmaschinen, Carl Hanser-Verlag, München 1973, Seiten 21–33

von Mackensen, Ludolf [1987]: Leitlinien in der Entwicklung der Datenverarbeitung, in: Ferrum, Nr. 58, 1987, Seiten 12–22

von Mackensen, Ludolf [2000]: Die ersten dekadischen und dualen Rechenmaschinen, in: Karl Popp; Erwin Stein (Hg.): Gottfried Wilhelm Leibniz. Das Wirken des großen Universalgelehrten als Philosoph, Mathematiker, Physiker, Techniker, Universität Hannover, Schlütersche GmbH & Co. KG, Hannover 2000, Seiten 84–107

von Mackensen, Ludolf [2006]: Erforschung und Nachbauten der Leibnizschen Rechenmaschinen. Ein historischer Überblick auf geniale Ideen und ihre Realisierbarkeit, in: Herbert Breger; Jürgen Herbst; Sven Erdner (Hg.): Einheit in der Vielfalt. 8. Internationaler Leibniz-Kongress, Hannover, 24. bis 29. Juli 2006, Gottfried-Wilhelm-Leibniz-Gesellschaft e.V. Hannover 2006, Vorträge, 1. Teil, Seite 555

von Moos, Mario: Genealogie eines Zweiges der Familie Goldschmid von Winterthur unter besonderer Berücksichtung von Jakob Goldschmid (1815–1876), Mechaniker in Zürich, Forschungsbericht vom 12. August 2016, Fehraltorf 2016, 42 Seiten (Selbstverlag)

von Muldau, Hans H.: Mensch und Roboter, Verlag Herder KG, Freiburg im Breisgau, Basel usw. 1975, 192 Seiten (Kapitel: Die Geschichte der Automaten, Seiten 21–46)

von Neumann, John [1954]: Entwicklung und Ausnutzung neuerer mathematischer Maschinen, in: Arbeitsgemeinschaft für Forschung des Landes Nordrhein-Westfalen, Heft 45. Westdeutscher Verlag, Köln, Opladen 1954, Seiten 7–27

von Neumann, John [1960]: Die Rechenmaschine und das Gehirn, R. Oldenbourg Verlag, München 1960, 80 Seiten

von Neumann, John [1982]: First draft of a report on the Edvac, in: Brian Randell (Hg.): The origins of digital computers. Selected papers, Springer-Verlag, Berlin, Heidelberg usw., 3. Auflage 1982, Seiten 383–392

von Neumann, John [1984]: Entwicklung und Ausnutzung neuerer mathematischer Maschinen, in: Hans-Rainer Schuchmann; Heinz Zemanek (Hg.): Computertechnik im Profil. Ein Vierteljahrhundert deutscher Informationsverarbeitung, R. Oldenbourg Verlag, München, Wien 1984, Seiten 28–35

von Neumann, John [1987a]: First draft of a report on the Edvac, in: William Aspray; Arthur Walter Burks (Hg.): Papers of John von Neumann on computing and computer theory, MIT press, Cambridge, Massachusetts, London 1987, Seiten 17–82

von Neumann, John [1987b]: The future of high-speed computing, in: William Aspray; Arthur Walter Burks (Hg.): Papers of John von Neumann on computing and computer theory, MIT press, Cambridge, Massachusetts, London 1987, Seite 349

von Neumann, John [1987c]: The Norc and problems in high speed computing, in: William Aspray; Arthur Walter Burks (Hg.): Papers of John von Neumann on computing and computer theory, MIT press, Cambridge, Massachusetts, London 1987, Seiten 350–359

von Neumann, John [1987d]: The general and logical theory of automata, in: William Aspray; Arthur Walter Burks (Hg.): Papers of John von Neumann on computing and computer theory, MIT press, Cambridge, Massachusetts, London 1987, Seiten 391–431
von Neumann, John [1987e]: Probalistic logics and the synthesis of reliable organisms from unreliable components, in: William Aspray; Arthur Walter Burks (Hg.): Papers of John von Neumann on computing and computer theory, MIT press, Cambridge, Massachusetts, London 1987, Seiten 553–602
von Neumann, John [1989]: The principles of large-scale computing machines, in: Annals of the history of computing, Band 10, 1989, Heft 4, Seiten 243–256
von Neumann, John [1993]: First draft of a report on the Edvac, IEEE Annals of the history of computing, Band 15, 1993, Heft 4, Seiten 27–75
von Neumann, John [2012]: The computer and the brain, Yale university press, New Haven, London, 3. Auflage 2012, LI, 83 Seiten
von Platen, Jürgen [1965a]: Die Rechenmaschine von J. H. Müller, in: Der Büromaschinenmechaniker, Band 7, 1965, Heft 73, Seiten 26–27
von Platen, Jürgen [1965b]: Die Rechenmaschinen von Edmondson und Duschanek, in: Der Büromaschinenmechaniker, Band 7, 1965, Heft 76, Seite 85
von Platen, Jürgen [1965c]: Sprossenrad-Konstruktionen, in: Der Büromaschinenmechaniker, Band 7, 1965, Heft 78, Seiten 131–132
von Platen, Jürgen [1965d]: Aus der Geschichte der Rechenmaschinen. Frühe Konstruktionen von Christel Hamann, in: Der Büromaschinenmechaniker, Band 7, 1965, Heft 79, Seiten 150–151
von Platen, Jürgen [1965e]: Aus der Geschichte der Rechenmaschinen. Rechengeräte der Vergangenheit, in: Der Büromaschinenmechaniker, Band 7, 1965, Heft 81, Seiten 187–188
von Platen, Jürgen [1965f]: Rechenmaschinen der Inflationszeit, in: Der Büromaschinenmechaniker, Band 7, 1965, Heft 84, Seiten 243–244
von Platen, Jürgen [1966a]: Historische Rechenmaschinen. Sprossenradmaschinen mit Volltastatur, in: Der Büromaschinenmechaniker, Band 8, 1966, Heft 86, Seiten 27–28
von Platen, Jürgen [1966b]: Rechengeräte der Inflationszeit, in: Der Büromaschinenmechaniker, Band 8, 1966, Heft 89, Seiten 87–88
von Platen, Jürgen [1966c]: Rechenspielzeuge der Vergangenheit, in: Der Büromaschinenmechaniker, Band 8, 1966, Heft 91, Seiten 129–130
von Platen, Jürgen [1966d]: Interessantes über historische Schreibmaschinen, in: Der Büromaschinenmechaniker, Band 8, 1966, Heft 94, Seiten 194–196
von Sanden, Horst: Praktische Analysis, Verlag von B. G. Teubner, Leipzig, Berlin, 2., verbesserte Auflage 1923, XVII, 195 Seiten
von Schlosser, Julius: Die Kunst- und Wunderkammern der Spätrenaissance. Ein Beitrag zur Geschichte des Sammelwesens, Klinkhardt & Biermann, Braunschweig, 2., durchgesehene und vermehrte Ausgabe 1978, VII, 268 Seiten
von Windisch, Carl Gottlieb: Inanimate reason; or a circumstantial account of that astonishing piece of mechanism, M. de Kempelen's chess-player; now exhibiting at No. 8, Savile-Row, Burlington Gardens; illustrated with three copper-plates, exhibiting this celebrated automaton in different points of view, S. Bladon, No. 13, Pater-Noster-Row, London 1784, 58 Seiten (7 Briefe, Pressburg, vom 7. bis 30. September 1783, drei Kupferstiche des Schachtürken)
Vondran, Ruprecht (Hg.): Stahl ist Zukunft. Von der Weltausstellung London 1851 bis zur Expo 2000 in Hannover, Klartext Verlag, Essen, X, 118 Seiten
Vonnegut, Kurt [1999]: Player piano, Dell publishing, New York 1999, VII, 341 Seiten (Roman)
Vonnegut, Kurt [2010]: Le pianiste déchaîné, Gallimard, Paris 2010, 490 Seiten (Roman)

Vorndran, Edgar P.: Entwicklungsgeschichte des Computers. Eine kurzgefasste Geschichte der Rechen- und Datentechnik, VDE-Verlag, Berlin, Offenbach, 2., überarbeitete Auflage 1986, 164 Seiten

Voskuhl, Adelheid: Androids in the enlightenment. Mechanics, artisans, and cultures of the self, University of Chicago press, Chicago, London 2013, XIII, 279 Seiten (Vergleich der Musikautomaten der Jaquet-Droz und von David Roentgen/Peter Kinzing)

Vossen, Gottfried; Witt, Kurt-Ulrich: Grundkurs theoretische Informatik. Eine anwendungsbezogene Einführung, Vieweg + Teubner, Wiesbaden, 5., durchgesehene Auflage 2011, XVI, 449 Seiten

W

Wada, Eiiti [2000]: The Parametron computer PC-1 and its initial input routine, in: Raúl Rojas, Ulf Hashagen (Hg.): The first computers – history and architectures, MIT press, Cambridge, Massachusetts, London 2000, Seiten 435–452

Wada, Eiiti [2010]: Projects and activities of the IPSJ computer history of committee, in: Arthur Tatnall (Hg.): History of computing. Learning from the past, IFIP WG 9.7 International conference, HC 2010, Brisbane, Australia, 20–23 September 2010, Springer, Berlin 2010, Seiten 50–57 (IFIP Advances in information and communication technology, Band 325) (IPSJ = Information processing society of Japan)

Wada, Hiroshi: Pioneering electronics and computer technologies in postwar Japan, in: IEEE Annals of the history of computing, Band 30, 2008, Heft 3, Seiten 84–89

Wadden, Mary: Silicon Valley: The history in pictures, Silicon Valley historical association, Menlo Park, Kalifornien 2013, V, 230 Seiten

Wagner, Gerhard G.: „The instrumentum architecuturæ“ by Balthasar Neumann, in: Journal of the Oughtred society, Band 20, 2011, Heft 1, Seiten 38–41 (Proportionalwinkel)

Wagner, Pierre: La machine en logique, Presses universitaires de France, Paris 1998, V, 241 Seiten

Wagner, Roi: Making and breaking mathematical sense. Histories and philosophies of mathematical practice, Princeton university press, Princeton, New Jersey, Oxford 2017, XIII, 236 Seiten

Wagner, Roy; Hunziker, Samuel: Jost Bürgi's methods of calculating sines, and possible transmission from India, https://doi.org/10.3929/ethz-b-000313142 (2019)

Wagner, Susanne: Vom Abakus zum Taschenrechner. Wie haben Menschen früher gerechnet, in: Bildung, Beilage der Titel Tages-Anzeiger, Der Landbote, Zürcher Oberländer, Zürcher Unterländer und Zürichsee-Zeitung, 8./9. Mai 2019, Seite 19 (Interview)

Wagner, Wolfgang: Der Markt für Rechen- und Addiermaschinen in Deutschland. Eine marktanalytische Untersuchung, Wirtschafts-Hochschule Berlin 1939, V, 77 Seiten (Dissertation)

Waize, Alfred [1999]: Die Welt der Rechenmaschinen. Die wechselvolle Geschichte der Rechenmaschinenentwicklung von den Anfängen bis zum Ende in Sömmerda, Desotron Verlagsgesellschaft, Erfurt 1999, 144 Seiten

Waize, Alfred [2003]: Peter Mitterhofer und seine fünf Schreibmaschinenmodelle – in neuer Sicht –. Die wechselvolle Geschichte des Tiroler Zimmermanns Peter Mitterhofer aus Partschins von 1864 bis 1869, Desotron Verlagsgesellschaft, Erfurt, 2. Auflage 2003, 49 Seiten

Wälchli, Jean [1956a]: Was bedeuten Elektronenrechner für die Geschäftsführung?, in: Büro und Verkauf, Band 25, Heft 8, Mai 1956, Seiten 203–208

Wälchli, Jean [1956b]: Möglichkeiten und Notwendigkeit in der Entwicklung von Elektronenrechnern, in: Büro und Verkauf, Band 25, Heft 12, September 1956, Seiten 313–317

Waldburger, Heinz [1960]: Gebrauchsanleitung für die Ermeth (Elektronische Rechenmaschine der ETH), Institut für angewandte Mathematik, ETH Zürich 1960, V, 260 Seiten

Waldburger, Heinz [2012]: Nachwort, in: Herbert Bruderer (Hg.): Konrad Zuse und die Schweiz. Wer hat den Computer erfunden?, Oldenbourg-Verlag, München 2012, Seiten 205–207 (Zeitzeugenbericht), http://dx.doi.org/10.3929/ethz-a-006517565

Waldmeyer, E.: Technorama – ein Stück Geschichte der Schweizer Technik, in: Schweizerische Bauzeitung, Band 79, 1961, Heft 24, Seiten 407–409

Waldschmidt, Klaus [2008]: Über „Schnelle Rechenmaschinenspeicher und ihre Geschwindigkeits- und Kapazitätsgrenzen" von Heinz Billing, in: it Information Technology, Band 50, 2008, Heft 5, Seiten 327–328

Waldschmidt, Klaus [2009]: Assoziativspeicher und eine erste Skizze von Konrad Zuse aus dem Jahre 1943, in: Volker Diekert u.a. (Hg.): Informatik als Dialog zwischen Theorie und Anwendung, Vieweg + Teubner, Wiesbaden 2009, Seiten 5–16

Waldvogel, Jörg [2012]: Jost Bürgi and the discovery of the algorithms, Forschungsbericht Nr. 2012-43, Seminar für angewandte Mathematik, ETH Zürich 2012, II, 29 Seiten

Waldvogel, Jörg [2014]: Jost Bürgi and the discovery of the logarithms, in: Elemente der Mathematik, Band 69, 2014, Heft 3, Seiten 89–117

Waldvogel, Jörg [2016]: Jost Bürgi's artificium of 1586 in modern view, an ingenious algorithm for calculating tables of the sine function, in: Elemente der Mathematik, Band 71, 2016, Heft 3, Seiten 89–99 (Kunstweg)

Waldvogel, Jörg; Kirchgraber, Urs; Schwarz, Hans-Rudolf; Henrici, Peter: Eduard Stiefel (1909–1978), in: Zeitschrift für angewandte Mathematik und Physik, Band 30, 1979, Seiten 135–140 (Nachruf)

Walsdorf, Ariane; Badur, Klaus; Stein, Erwin; Kopp, Franz Otto: Das letzte Original. Die Leibniz-Rechenmaschine der Gottfried Wilhelm Leibniz Bibliothek, Gottfried Wilhelm Leibniz Bibliothek, Hannover 2014, 271 Seiten

Walsh, Toby: Turing's red flag. A proposal for a law to prevent artificial intelligence systems from being mistaken for humans, in: Communications of the ACM, Band 59, 2016, Heft 7, Seiten 34–37

Walter, Emil J. [1970a]: Voraussetzungen und Folgen der industriellen Revolution der Gegenwart, in: Neue Zürcher Zeitung, 8. Dezember 1970, Morgenausgabe, Nr. 571, Seite 13

Walter, Emil J. [1970b]: Stufen der Rationalisierung bis zur Automation, in: Neue Zürcher Zeitung, 11. Dezember 1970, Morgenausgabe, Nr. 577, Seiten 13–14

Walter, Emil J. [1970c]: Industrielle Automation, Elektronik und Automatik, in: Neue Zürcher Zeitung, 14. Dezember 1970, Mittagausgabe, Nr. 582, Seite 5

Walter, W. Grey: Réalisation mécanique de modèles de structure cérébrale, in: Joseph Pérès (Hg.): Les machines à calculer et la pensée humaine, Paris, 8–13 janvier 1951, Colloques internationaux du Centre national de la recherche scientifique, Nr. 37, Editions du Centre national de la recherche scientifique (CNRS), Paris 1953, Seiten 407–420 (Vorführung künstlicher Tiere)

Walther, Alwin [1946]: Wechselwirkungen zwischen Mathematik und Technik. Vortrag vom 13. Februar 1946, in: Technische Hochschule Darmstadt (Hg.): Die Welt des Ingenieurs. Vortragsreihe im Wintersemester 1945/1946, Carl Winter Universitätsverlag, Heidelberg, Darmstadt 1946, Seiten 9–32

Walther, Alwin [1949]: Lösung gewöhnlicher Differentialgleichungen mit der Integrieranlage IPM-Ott, in: Zeitschrift für angewandte Mathematik und Mechanik, Band 29, 1949, Heft 1/2, Seiten 37–38

Walther, Alwin [1954a]: Probleme im Wechselspiel von Mathematik und Technik, in: Zeitschrift des Vereins deutscher Ingenieure, Band 96, 1954, Heft 5, Seiten 137–149

Walther, Alwin [1954b]: Neue deutsche Integrieranlage für Differentialgleichungen, in: Zeitschrift des Vereins deutscher Ingenieure, Band 96, 1954, Heft 22, Seiten 755–758

Walther, Alwin [1959]: ohne Überschrift (Geleitwort), in: Elektronische Rechenanlagen, Band 1, 1959, Heft 2, Seite 53

Walther, Alwin; Dreyer, Hans-Joachim [1949]: Die Integrieranlage IPM-Ott für gewöhnliche Differentialgleichungen, in: Die Naturwissenschaften, Band 36, 1949, Seiten 199–206

Walther, Alwin; Dreyer, Hans-Joachim [1953a]: Grundzüge und Besonderheiten der Darmstädter Rechenautomaten-Entwicklung, in: Ludwig Biermann (Hg.): Vorträge über Rechenanlagen. Gehalten in Göttingen, 19.–21. März 1953, Max-Planck-Institut für Physik, Göttingen 1953, Seiten 1–7

Walther, Alwin; Dreyer, Hans-Joachim [1953b]: Mathematische Maschinen und Instrumente. Instrumentelle Verfahren, in: Alwin Walther (Hg.): Naturforschung und Medizin in Deutschland 1939–1946, Band 3: Angewandte Mathematik, Teil 1, Verlag Chemie, Weinheim 1953, Seiten 129–165 (Fiat review)

Walther, Alwin; Hoffmann, Walter [1956]: Rechenanlagen, in: Zeitschrift des Vereins deutscher Ingenieure, Band 98, 1956, Heft 13, Seiten 614–618

Walther, Alwin; Hoffmann, Walter [1957]: Entwicklung der Rechenanlagen 1956, in: Zeitschrift des Vereins deutscher Ingenieure, Band 99, 1957, Heft 16, Seiten 731–737

Wang, An; Woo, Way Dong: Static magnetic storage and delay line, in: Journal of applied physics, Band 21, Januar 1950, Seiten 49–54

Wang, Daniel C.: From the Edvac to Webvacs, in: Communications of the ACM, Band 58, 2015, Heft 8, Seiten 44–51

Wang, Hao: A variant to Turing's theory of computing machines, in: Journal of the Association for computing machinery, Band 4, 1957, Heft 1, Seiten 63–92

Ward, Francis Alan Burnett (Hg.): The planetarium of Giovanni de Dondi, citizen of Padua, The antiquarian horological society, London 1974, VIII, 156 Seiten (Astrarium)

Ward, Francis Alan Burnett [1963]: Time keepers. Clocks, watches, sundials, sand-glasses, Her majesty's stationery office, London 1963, 22 Seiten

Ward, Francis Alan Burnett [1981]: A catalogue of European scientific instruments in the Department of medieval and later antiquities of the British Museum, British Museum publications Ltd., London 1981, 152 Seiten, LXIII (Tafeln) (römischer Abakus, Seite 81 und Abbildung 219, Tafel XXIX)

Ward, Francis Alan Burnett: Time measurement, Teil 1 [1958]: Historical review, Her majesty's stationery office, London, 4. Auflage 1958, VI, 60 Seiten (auch Handbook of the collection illustrating time measurement, Her majesty's stationery office, London, 2., verbesserte Auflage 1961, VI, 60 Seiten)

Ward, Francis Alan Burnett: Time measurement, Teil 2 [1955]: Descriptive catalogue, Her majesty's stationery office, London, 3. Auflage 1955, VI, 99 Seiten (auch Descriptive catalogue of the collection illustrating time measurement, Her majesty's stationery office, London 1966, VII, 151 Seiten)

Ware, Willis H. (Hg.) [1960a]: Soviet computer technology – 1959, in: IRE Transactions on electronic computers, Band EC-9, 1960, Heft 1, Seiten 72–120

Ware, Willis H. (Hg.) [1960b]: Soviet computer technology – 1959, in: Communications of the ACM, Band 3, 1960, Heft 3, Seiten 131–166

Warrick, Patricia S.: Charles Babbage and the countess, Author House, Bloomington, Indiana 2007, VIII, 505 Seiten

Warwick, Kevin; Shah, Huma: Turing's imitation game. Conversations with the unknown, Cambridge University Press, Cambridge, New York usw. 2016, VII, 195 Seiten

Waschkies, Hans-Joachim: Anfänge der Arithmetik im alten Orient und bei den Griechen, Verlag B. R. Grüner, Amsterdam 1989, VIII, 386 Seiten

Wass, C. A. A.; Garner, K. C.: Introduction to electronic analogue computers, Pergamon press, Oxford, London usw., 2., überarbeitete und erweiterte Auflage 1965, X, 299 Seiten

Watier, Guillaume: Le calcul confié aux machines, Ellipses Edition marketing SA, Paris 2001, 125 Seiten

Watson, Ian: The universal machine. From the dawn of computing to digital consciousness, Copernicus Books, New York, Springer-Verlag Berlin, Heidelberg 2012, XIV, 353 Seiten

Watson, Thomas J., junior; Petre, Peter: Father, son & Co. My life at IBM and beyond, Bantam books, New York usw. 2000, XI, 468 Seiten (Lebenserinnerungen)

Weber, Cornelia: Universität der Dinge? Akademische Sammlungen im modernen Wissenschaftsbetrieb, in: Forschung & Lehre, Band 19, 2012, Heft 4, Seiten 272–274

Weber, Felix [2012]: Programmgesteuerte Rechenmaschine, in: Zentralschweiz am Sonntag, 8. Juli 2012, Nr. 28, Seite 39

Weber, Felix [2016]: Verpasste Chancen? Der doch nicht so unbedeutende Beitrag der Schweiz zur Informations-Revolution, in: R. James Breiding, Gerhard Schwarz (Hg.): Wirtschaftswunder Schweiz. Ursprung und Zukunft eines Erfolgsmodells, Verlag Neue Zürcher Zeitung, Zürich, 3., überarbeitete Auflage 2016, Seiten 377–405

Weber, Rebecca: Computability theory, American Mathematical Society, Providence, Rhode Island, 2012, VII, 203 Seiten

Weber, Wolfhard [1969]: Charles Babbage – Gedanken zu seiner Stellung in der Wirtschafts- und Sozialgeschichte Deutschlands und Englands in der ersten Hälfte des 19. Jahrhunderts, in: Technikgeschichte, Band 36, 1969, Heft 3, Seiten 206–219

Weber, Wolfhard [1980]: Von der „Industriearchäologie" über das „industrielle Erbe" zur „Industriekultur". Überlegungen zum Thema einer handlungsorientierten Technikhistorie, in: Ulrich Troitzsch; Gabriele Wohlauf (Hg.): Technik-Geschichte. Historische Beiträge und neuere Ansätze, Suhrkamp Verlag, Frankfurt am Main 1980, Seiten 420–447

Weber, Wolfhard; Engelskirchen, Lutz: Streit um die Technikgeschichte in Deutschland 1945–1975, Waxmann-Verlag GmbH, Münster, New York usw. 2000, VII, 446 Seiten

Wegner, Peter: The evolution of computation, in: The computer journal, Band 55, 2012, Heft 7, Seiten 811–813

Wei, James: Great inventions that changed the world, John Wiley & sons, Inc., Hoboken, New Jersey 2012, XIII, 345 Seiten

Weickert, A.; Stolle, R.: Praktisches Maschinenrechnen, Polytechnische Buchhandlung A. Seydel, Berlin 1889, VII, 148 Seiten

Weidmann, Ernst: Vom Gänsekiel zur Schreibmaschine, in: Büro und Verkauf, Band 8, Heft 1, Oktober 1938, Seite 6

Weierud, Frode [2006]: Bletchley Park's sturgeon – the fish that laid no eggs, in: Brian Jack Copeland (Hg.): Colossus. The secrets of Bletchley Park's codebreaking computers, Oxford University Press, Oxford 2006, Seiten 307–327

Weierud, Frode [2013]: Prof's book: seen in the light of cryptologic history, in: S. Barry Cooper; Jan van Leeuwen (Hg.): Alan Turing. His work and impact, Elsevier, Amsterdam, Boston usw. 2013, Seiten 413–416

Weik, Martin H. [1955]: A survey of domestic electronic digital computing systems, Aberdeen Proving Ground, Maryland 1955 (Ballistic research laboratories report 971), XVIII, 272 Seiten

Weik, Martin H. [1957]: A second survey of domestic electronic digital computing systems, Office of technical services, United States Department of commerce, Washington, D.C., 1957, 439 Seiten (Ballistic research laboratories report 1010)

Weimer, Wolfram: Der vergessene Erfinder. Wie Philipp Reis das Telefon erfand, Verlag Ch. Goetz, Tegernsee/München 2019, 144 Seiten

Weinand, Yves: Die Maschinen des Salomon de Caus – Dokumentation der Planung und Realisierung einer Konstruktion, in: Boje E. Hans Schmuhl (Hg.): Maschinen und Mechanismen in der Musik, Wissner-Verlag, Augsburg 2006, Seiten 257–305 (Nachbau der Stiftwalzenorgel von Salomon de Caus)

Weinhart, Karl (Hg.): Informatik und Automatik. Führer durch die Ausstellung, Deutsches Museum, München 1990, 216 Seiten (Museumsführer)

Weiss, Eric: Konrad Zuse orbituary, in: IEEE Annals of the history of computing, Band 18, 1996, Heft 2, Seiten 3–5

Weiß, Erich (Hg.): Meilensteine im Instrumentenbau, 12. Symposium zur Vermessungsgeschichte in Dortmund am 10. Februar 2014 im Museum für Kunst und Kulturgeschichte, Förderkreis Vermessungstechnisches Museum e.V., Dortmund 2014, 80 Seiten (Tagungsband)

Weiss, Eugène H.: Phonographes et musique mécanique, Librairie Hachette, Paris 1930, 191 Seiten

Weiss, Robert [1984]: Die Geschichte der Datenverarbeitung, Sperry, Zürich 1984, 44 Seiten

Weiss, Robert [2009]: Der Schweizer Computermarkt: ein Rückblick auf frühere Ausblicke, in: Peter Haber (Hg.): Computergeschichte Schweiz. Eine Bestandesaufnahme, Chronos-Verlag, Zürich 2009, Seiten 123–142 (Geschichte und Informatik, Band 17)

Weiss, Robert [2013a]: Ein Meilenstein in der Computergeschichte: DEC PDP-8, in: Histec Journal, 2013, Heft 1, Seiten 9–13

Weiss, Robert [2013b]: Die Geschichte des Computers: Eine spannende Zeitreise, in: Histec Journal, 2013, Heft 2, Seiten 24–27 (Teil 1)

Weiss, Robert [2014a]: Computer history museum, Mountain View, Silicon Valley, in: Histec Journal, 2014, Heft 1, Seiten 20–21

Weiss, Robert [2014b]: Die Geschichte des Computers: Eine spannende Zeitreise, in: Histec Journal, 2014, Heft 1, Seiten 25–28 (Teil 2)

Weiss, Robert [2014c]: Die Geschichte des Computers: Eine spannende Zeitreise, in: Histec Journal, 2014, Heft 2, Seiten 25–28 (Teil 3)

Weiss, Robert [2014d]: Die Geschichte des Computers: Eine spannende Zeitreise, in: Histec Journal, 2014, Heft 3, Seiten 25–28 (Teil 4)

Weiss, Robert [2014e]: Die Geschichte des Computers: Eine spannende Zeitreise, in: Histec Journal, 2014, Heft 4, Seiten 25–28 (Teil 5)

Weiss, Robert [2015a]: Die Geschichte des Computers: Eine spannende Zeitreise, in: Histec Journal, 2015, Heft 1, Seiten 25–28 (Teil 6)

Weiss, Robert [2015b]: Die Geschichte des Computers: Eine spannende Zeitreise, in: Histec Journal, 2015, Heft 2, Seiten 25–28 (Teil 7)

Weiss, Robert [2015c]: Die Geschichte des Computers: Eine spannende Zeitreise, in: Histec Journal, 2015, Heft 3, Seiten 25–28 (Teil 8)

Weiss, Robert [2016a]: Die Geschichte des Computers: Eine spannende Zeitreise, in: Histec Journal, 2016, Heft 1, Seiten 25–28 (Teil 9)

Weiss, Robert; Weiss, Micha: Meilensteine der Computer-, Elektronik- und Telekommunikations-Revolution: Die wichtigsten Produkte, Firmen, Ereignisse und Entwicklungen, die in den letzten Jahren Computer-, Elektronik- und Telekommunikationsgeschichte schrieben, Plakat, o. O. 2009

Weiß, Stephan [2003]: Die Multipliziertafeln ihre Ausgestaltung und Verwendung, Dezember 2003, 118 Seiten (http://www.mechrech.info)

Weiß, Stephan [2004a]: Die Multipliziermaschinen von Eduard Selling, Teil 1: Die Maschine erster Bauart, Februar 2004, 45 Seiten (http://www.mechrech.info)

Weiß, Stephan [2004b]: Die Multipliziermaschinen von Eduard Selling, Teil 2: Die Maschinen zweiter und dritter Bauart, Juni 2004, 20 Seiten (http://www.mechrech.info)

Weiß, Stephan [2006]: Die Differenzenmaschine von Hamann und die Berechnung der Logarithmen, Februar 2006, 34 Seiten (http://www.mechrech.info)

Weiß, Stephan [2007a]: Die Rechenstäbe von Neper, ihre Varianten und Nachfolger. Ein Beitrag zur Geschichte des instrumentalen Rechnens, April 2007, 125 Seiten (http://www.mechrech.info)

Weiß, Stephan [2007b]: Historische Bauanleitungen und Beschreibungen für die Rechenstäbe von Neper, April 2007, 52 Seiten (http://www.mechrech.info)

Weiß, Stephan [2008a]: Ausführungen und Varianten der Schaltorgane in historischen Vierspezies-Maschinen, April 2008, 46 Seiten (http://www.mechrech.info)

Weiß, Stephan [2008b]: Was ist eine Rechenmaschine? Die Bedeutung des Begriffs im Wandel, Juli 2008, 18 Seiten (http://www.mechrech.info)

Weiß, Stephan [2009a]: The tens carry: Remarks on Didier Roth's multiplicateur et diviseur à réglettes, in: Journal of the Oughtred society, Band 18, 2009, Heft 1, Seiten 21–23

Weiß, Stephan [2009b]: Non-decimal slide adders and the carry, in: Journal of the Oughtred society, Band 18, 2009, Heft 2, Seiten 22–25 (Zahlenschieber)

Weiß, Stephan [2009c]: Methoden des Zehnerübertrags in historischen Multiplizierhilfen von Napier bis Genaille, Februar 2009, 41 Seiten (http://www.mechrech.info)

Weiß, Stephan [2009d]: Multipliziereinrichtungen an Zahlenschiebern, Juni 2009, 24 Seiten (http://www.mechrech.info)

Weiß, Stephan [2011]: Slonimky's multiplying device, an impressive example for applied mathematics, in: Journal of the Oughtred society, Band 20, 2011, Heft 1, Seiten 23–30

Weiß, Stephan [2012]: Tens carry only by geometry – Josef Funke's adding device, in: Journal of the Oughtred society, Band 21, 2012, Heft 2, Seiten 49–51

Weiß, Stephan [2013a]: The small multiplication table through the centuries in Europe, in: Journal of the Oughtred society, Band 22, 2013, Heft 2, Seiten 54–58

Weiß, Stephan [2013b]: Modelle der Rechenmaschine Brunsviga bis 1920, August 2013, 37 Seiten (http://www.mechrech.info)

Weiß, Stephan [2015]: Ausgestaltung und Design mechanischer Rechenmaschinen bis 1950, August 2015, 17 Seiten (http://www.mechrech.info)

Weissenborn, Hermann: Gerbert. Beiträge zur Kenntnis der Mathematik des Mittelalters, Mayer & Müller, Berlin 1888, VII, 251, VI Seiten

Weiss-Stauffacher, Heinrich (Hg.): Musikautomaten und mechanische Musikinstrumente, Orell Füssli Verlag, Zürich 1975, 247 Seiten (Sammlungskatalog)

Weiss-Stauffacher, Heinrich; Prisi, Bernhard; Oechslin, Ludwig: Der Musikautomat von Hyderabad. Ein Beschreibungsversuch, in: Jahresbericht, Schweizerisches Landesmuseum, Zürich

Weizenbaum, Joseph: Social and political impact of the long-term history of computing, in: IEEE Annals of the history of computing, Band 30, 2008, Heft 3, Seiten 40–42

Welchman, Gordon: The hut six story. Breaking the enigma codes, McGraw-Hill book company, New York usw. 1982, 326 Seiten

Wells, Francis; Wyman, Thomas: La règle à calcul: Lenoir, Gravet-Lenoir and Tavernier-Gravet slide rules, in: Journal of the Oughtred society, Band 11, 2002, Heft 1, Seiten 23–27

Wells, John Varick: The origins of the computer industry. A case study in radical technological change, Yale-Universität, New Haven, Connecticut 1978, VIII, 307 Seiten (Dissertation)

Wells, Mark B.: Reflections on the evolution of algorithmic languages, in: Nicholas Constantine Metropolis; Jack Howlett; Gian-Carlo Rota (Hg.): A history of computing in the twentieth century. A collection of essays, Academic press, New York, London usw. 1980, Seiten 275–287

Weng, Wan-go; Boda, Yang: Palastmuseum Peking. Die Schätze der verborgenen Stadt, Prestel-Verlag, München 1982, 317 Seiten

Wengenroth, Ulrich (Hg.): Technik und Wirtschaft, VDI-Verlag GmbH, Düsseldorf 1993, XVIII, 592 Seiten (Technik und Kultur, Band 8) (Abschnitt: Informationsübermittlung und Informationsverarbeitung, Seiten 458–482)

Wenzel, Johann: Jost Bürgi als Künstler der Mechanik, in: Armin Müller (Hg.): Jost Bürgi (1552–1632), Toggenburger Vereinigung für Heimatkunde, Wattwil 1982, Seiten 21–36 (Toggenburgerblätter für Heimatkunde, 34. Heft, 1982)

Werkmeister, Paul [1923]: Das Entwerfen von graphischen Rechentafeln (Nomographie), Verlag von Julius Springer, Berlin 1923, VIII, 194 Seiten

Werkmeister, Paul [1929]: Praktisches Zahlenrechnen, Walter de Gruyter & Co., Berlin, Leipzig, 2., verbesserte Auflage 1929, 136 Seiten

Werkmeister, Paul [1950]: Geodätische Instrumente, Akademische Verlagsgesellschaft Geest und Portig KG, Leipzig, 2., umgearbeitete Auflage 1950, VIII, 181 Seiten

Werner, Karl: Aus der Frühzeit physikalischer Werkstätten – kleiner Beitrag zu einem Lebensbild Jacob Leupolds (1674–1727), in: Zeitschrift für Geschichte der Naturwissenschaft, Technik und Medizin, Band 1, 1960, Heft 3, Seiten 45–56

Wernly, Simon; Haag, Chris: 1858–2008. 150 Jahre Haag-Streit. 150 years of Haag-Streit, Haag-Streit AG, Köniz BE 2008, 290 Seiten (Festschrift)

Wess, Jane: The Soho slide rule. The Boulton and Watt manufactury at Soho near Birmingham, in: Journal of the Oughtred society, Band 6, 1997, Heft 2, Seiten 23–26

Westphal, Alfred [1876a]: Über die chinesisch-japanische Rechenmaschine, in: Mittheilungen der deutschen Gesellschaft für Natur- und Völkerkunde Ostasiens, Band 1, 1873–1876, Heft 8, Seiten 27–35 (Abakus; Anleitung für alle vier Grundrechenarten, Quadratwurzeln, Kubikwurzeln)

Westphal, Alfred [1876b]: Über das Wahrsagen auf der Rechenmaschine, in: Mittheilungen der deutschen Gesellschaft für Natur- und Völkerkunde Ostasiens, Band 1, 1873–1876, Heft 8, Seiten 48–49

Westphal, Alfred [1876c]: Über die chinesische Swan-Pan, in: Mittheilungen der deutschen Gesellschaft für Natur- und Völkerkunde Ostasiens, Band 1, 1873–1876, Heft 9, Seiten 43–53 (Rechentafel (Abakus); Anleitung für Multiplikation, Division, Wurzelziehen, Gleichungen)

Westphal, Alfred [1876d]: Beitrag zur Geschichte der Mathematik in Japan, in: Mittheilungen der deutschen Gesellschaft für Natur- und Völkerkunde Ostasiens, Band 1, 1873–1876, Heft 9, Seiten 54–55

Wexelblat, Richard L. (Hg.): History of programming languages, Academic press, New York, London usw. 1981, XXIII, 758 Seiten

Weyl, F. J.: Aufbauprinzip, Arbeitsweise und Leistungsfähigkeit elektronischer programmgesteuerter Rechenautomaten und ihre Bedeutung für die naturwissenschaftliche Forschung, in: Hubert Cremer (Hg.): Probleme der Entwicklung programmgesteuerter Rechengeräte und Integrieranlagen, Mathematisches Institut, Aachen 1953, Seiten 17–38

Wheeler, David John [1989]: Planning the use of a paper library, in: Michael Roy Williams; Martin Campbell-Kelly (Hg.): The early British computer conferences, MIT press, Cambridge, Massachusetts, London/Tomash publishers, Los Angeles, San Francisco 1989, Seiten 42–44

Wheeler, David John [1992]: The Edsac programming system, in: IEEE Annals of the history of computing, Band 14, 1992, Heft 4, Seiten 34–40

Wheeler, Joyce M.: Applications of the Edsac, in: IEEE Annals of the history of computing, Band 14, 1992, Heft 4, Seiten 27–33

Whewell, William [1847a]: History of inductive sciences from earliest to present time, Band 1, John W. Parker and son, London, neue, überarbeitete Auflage 1847, XLIV, 466 Seiten

Whewell, William [1847b]: History of inductive sciences from earliest to present time, Band 2, John W. Parker and son, London, neue, überarbeitete Auflage 1847, XI, 602 Seiten

Whewell, William [1847c]: History of inductive sciences from earliest to present time, Band 3, John W. Parker and son, London, neue, überarbeitete Auflage 1847, XII, 696 Seiten

Whewell, William [1857a]: History of inductive sciences from earliest to present time, Band 1, John W. Parker and son, London, 3., ergänzte Auflage 1857, XXXII, 394 Seiten

Whewell, William [1857b]: History of inductive sciences from earliest to present time, Band 2, John W. Parker and son, London, 3., ergänzte Auflage 1857, XII, 488 Seiten

Whewell, William [1967a]: The philosophy of the inductive sciences founded upon their history, Band 1, Johnson reprint corporation, New York, London 1967, XXXVIII, XXXIV, 708 Seiten (Nachdruck von John W. Parker, London 1847)

Whewell, William [1967b]: The philosophy of the inductive sciences founded upon their history, Band 2, Johnson reprint corporation, New York, London 1967, XIV, 679 Seiten (Nachdruck von John W. Parker, London 1847)

Whewell, William [1984]: Selected writings on the history of science, University of Chicago press, Chicago, London 1984, XXVIII, 392 Seiten

Whewell, William [2000]: Indications of the creator. Extracts, bearing upon theology, from the history and the philosophy of the inductive sciences, Thoemmes press, Bristol 2000, XI, 215 Seiten

White, Graham: Hardware, software, humans: Truth, fiction, and abstraction, in: History and philosophy of logic, Band 36, 2015, Heft 3, Seiten 278–301 (Sonderausgabe „Logical issues in the history and philosophy of computer science")

Whitehead, Alfred North [1939]: Science and the modern world. Lowell lectures, 1925, Macmillan company, New York 1939, XII, 304 Seiten

Whitehead, Alfred North [1984]: Wissenschaft und moderne Welt, Suhrkamp Verlag, Frankfurt am Main 1984, 259 Seiten

Whiteside, D. T.: 'And John Napier created logarithms...', in: BSHM Bulletin, Journal of the British society for the history of mathematics, Band 29, 2014, Heft 3, Seiten 154–166

Wicks, Keith: Key moments in science and technology, Octopus publishing group Ltd., London 1999, 192 Seiten

Widmer, Reto: Computergeschichte: Die vergessenen Rechenmaschinen, in: Schweizer Radio und Fernsehen (SRF), 12. Februar 2014 (Fund mechanischer Rechenmaschinen an der ETH Zürich)

Wieland, H. R.: Computergeschichte(n) – nicht nur für Geeks. Von Antikythera zur Cloud, Galileo press, Bonn 2011, 605 Seiten (mit DVD)

Wieleitner, Heinrich [1911]: Geschichte der Mathematik, Teil 2: Von Cartesius bis zur Wende des 18. Jahrhunderts, 1. Hälfte: Arithmetik, Algebra, Analysis, G. J. Göschen'sche Verlagshandlung, Leipzig 1911, VIII, 251 Seiten

Wieleitner, Heinrich [1921]: Geschichte der Mathematik, Teil 2: Von Cartesius bis zur Wende des 18. Jahrhunderts, 2. Hälfte: Geometrie und Trigonometrie, Walter de Gruyter & Co., Berlin, Leipzig 1921, VI, 220 Seiten

Wieleitner, Heinrich [1922]: Geschichte der Mathematik, Band 1: Von den ältesten Zeiten bis zur Wende des 17. Jahrhunderts, Walter de Gruyter & Co., Berlin, Leipzig 1922, 136 Seiten

Wieleitner, Heinrich [1923]: Geschichte der Mathematik, Band 2: Von 1700 bis zur Mitte des 19. Jahrhunderts, Walter de Gruyter & Co., Berlin, Leipzig 1923, 154 Seiten

Wieleitner, Heinrich [1924]: Die Geburt der modernen Mathematik. Historisches und Grundsätzliches, Band 1: Analytische Geometrie, G. Braun GbmH, Karlsruhe 1924, III, 61 Seiten

Wieleitner, Heinrich [1925a]: Die Geburt der modernen Mathematik. Historisches und Grundsätzliches, Band 2: Die Infinitesimalrechnung, G. Braun GbmH, Karlsruhe 1925, III, 72 Seiten

Wieleitner, Heinrich [1925b]: Der Gegenstand der Mathematik im Lichte ihrer Entwicklung, Verlag und Druck von B. G. Teubner, Leipzig, Berlin 1925, 61 Seiten

Wieleitner, Heinrich [1927]: Der Begriff der Zahl in seiner logischen und historischen Entwicklung, Verlag und Druck von B. G. Teubner, Leipzig, Berlin, 3., durchgesehene Auflage 1927, IV, 59 Seiten

Wiener, Norbert [1953]: Les machines à calculer et la forme (Gestalt), in: Joseph Pérès (Hg.): Les machines à calculer et la pensée humaine, Paris, 8–13 janvier 1951, Colloques internationaux du Centre national de la recherche scientifique, Nr. 37, Editions du Centre national de la recherche scientifique (CNRS), Paris 1953, Seiten 461–463 (MIT, Cambridge, Massachusetts)

Wiener, Norbert [1963]: Kybernetik. Regelung und Nachrichtenübertragung im Lebewesen und in der Maschine, Econ-Verlag GmbH, Düsseldorf, Wien, 2., revidierte und ergänzte Auflage 1963, 287 Seiten

Wiener, Norbert [1965]: Mathematik – mein Leben, Fischer Bücherei KG, Frankfurt am Main, Hamburg 1965, 311 Seiten (Lebenserinnerungen; Seite 273: Teilnahme am Kongress in Paris 1951)

Wiener, Norbert [1973]: I am a mathematician. The later life of a prodigy, MIT press, Cambridge, Massachusetts, London 1973, 380 Seiten (Lebenserinnerungen, Seiten 333/334: Teilnahme am Kongress in Paris 1951)

Wiener, Norbert [1991]: Cybernetics or control and communication in the animal and the machine, MIT press, Cambridge, Massachusetts 2. Auflage 1991, XIX, 212 Seiten

Wiener, Norbert [2000]: God & golem Inc. Sur quelques points de collision entre cybernétique et religion, Editions de l'éclat, Nîmes 2000, 125 Seiten

Wiener, Oswald; Bonik, Manuel; Hödicke, Robert: Eine elementare Einführung in die Theorie der Turing-Maschinen, Springer-Verlag, Wien, New York 1998, IX, 283 Seiten

Wierzbicki, Andrzej Piotr: Technen. Elements of recent history of information technologies with epistemological conclusions, Springer, Cham, Heidelberg usw. 2015, X, 320 Seiten

Wiese, Fritz [1959a]: Arbeitsweise der Staffelwalzen-Rechenmaschinen, in: Der Büromaschinenmechaniker, Band 1, 1959, Heft 3, Seiten 43–71, Teil 1

Wiese, Fritz [1959b]: Arbeitsweise der Staffelwalzen-Rechenmaschinen, in: Der Büromaschinenmechaniker, Band 1, 1959, Heft 4, Seiten 69–71, Teil 2

Wilberg, Ernst-Eberhard: Die Leibniz'sche Rechenmaschine und die Julius-Universität in Helmstedt, Technische Universität Carolo-Wilhelmina, Braunschweig 1977, XIV, 134 Seiten

Wilder, Raymond L.: Evolution of mathematical concepts. An elementary study, Dover publications, Inc., Mineola, New York 2013, XX, 216 Seiten

Wildes, Karl L.; Lindgren, Nilo A.: A century of electrical engineering and computer science at MIT, 1882–1982, MIT press, Cambridge, Massachusetts, London 1985, XIII, 423 Seiten

Wilkes, Maurice Vincent [1947]: The Eniac – High-speed electronic calculating machine, in: Electronic engineering, Band 19, April 1947, Heft 230, Seiten 104–108

Wilkes, Maurice Vincent [1948]: The design of a practical high-speed computing machine, in: Proceedings of the royal society of London, Series A: mathematical and physical sciences, Band 195, 22. Dezember 1948, Heft 1042, Seiten 274–279

Wilkes, Maurice Vincent [1949a]: Programme design for a high-speed automatic calculating machine, in: Journal of scientific instruments, Band 26, 1949, Heft 6, Seiten 217–220

Wilkes, Maurice Vincent [1949b]: Progress in high-speed calculating machine design, in: Nature, Band 164, 27. August 1949, Heft 4165, Seiten 341–343

Wilkes, Maurice Vincent [1949c]: Electronic calculating-machine development in Cambridge, in: Nature, Band 164, 1. Oktober 1949, Heft 4170, Seiten 557–558

Wilkes, Maurice Vincent [1950]: Automatic computing, in: Nature, Band 166, 2. Dezember 1950, Heft 4231, Seiten 942–943 (Sommerschule für Programmgestaltung an der Universität Cambridge, 12.–21. September 1950)

Wilkes, Maurice Vincent [1953a]: Expériences d'opérations effectuées avec l'Edsac, in: Joseph Pérès (Hg.): Les machines à calculer et la pensée humaine, Paris, 8–13 janvier 1951, Colloques internationaux du Centre national de la recherche scientifique, Nr. 37, Editions du Centre national de la recherche scientifique (CNRS), Paris 1953, Seiten 307–318 (Universität Cambridge)

Wilkes, Maurice Vincent [1953b]: Can machines think?, in: Proceedings of the IRE, Band 41, 1953, Heft 10, Seiten 1230–1234

Wilkes, Maurice Vincent [1957]: Automatic digital computers, Wiley, New York 1957, X, 305 Seiten

Wilkes, Maurice Vincent [1964]: Babbage's dream in action, in: Nature, Band 202, 16. Mai 1964, Heft 4933, Seiten 631–632

Wilkes, Maurice Vincent [1968]: Computers then and now, in: Journal of the Association for computing machinery, Band 15, 1968, Heft 1, Seiten 1–7

Wilkes, Maurice Vincent [1971]: Calculating machine development at Cambridge, in: Bertram Vivian Bowden (Hg.): Faster than thought. A symposium on digital computing machines, Pitman publishing, London 1953, Nachdruck 1971, Seiten 130–134

Wilkes, Maurice Vincent [1972]: Historical perspectives– computer architecture, in: Proceedings of the AFIPS '72 fall joint computer conference, December 5–7, 1972, Annaheim, California, Teil 2, Seiten 971–976 (AFIPS = American federation of information processing societies)

Wilkes, Maurice Vincent [1975a]: Early computer developments at Cambridge: The Edsac, in: The radio and electronic engineer, Band 45, 1975, Heft 7, Seiten 332–335

Wilkes, Maurice Vincent [1975b]: How Babbage's dream came true, in: Nature, Band 257, 16. Oktober 1975, Heft 5527, Seiten 541–544

Wilkes, Maurice Vincent [1980a]: Early programming developments in Cambridge, in: Nicholas Constantine Metropolis; Jack Howlett; Gian-Carlo Rota (Hg.): A history of computing in the twentieth century. A collection of essays, Academic press, New York, London usw. 1980, Seiten 497–501

Wilkes, Maurice Vincent [1980b]: Mauchly's position on von Neuman's role in drafting the Edvac report, in: Annals of the history of computing, Band 2, 1980, Heft 4, Seiten 376–377

Wilkes, Maurice Vincent [1985]: Memoirs of a computer pioneer, MIT press, Cambridge, Masssachusetts, London 1985, VIII, 240 Seiten (Wilkes Lebenserinnerungen)

Wilkes, Maurice Vincent [1989a]: The best way to design an automatic calculating machine, in: Michael Roy Williams; Martin Campbell-Kelly (Hg.): The early British computer conferences, MIT press, Cambridge, Massachusetts, London/Tomash publishers, Los Angeles, San Francisco 1989, Seiten 182–184

Wilkes, Maurice Vincent [1989b]: The Edsac, in: Michael Roy Williams; Martin Campbell-Kelly (Hg.): The early British computer conferences, MIT press, Cambridge, Massachusetts, London/ Tomash publishers, Los Angeles, San Francisco 1989, Seiten 229–231

Wilkes, Maurice Vincent [1992]: Edsac 2, in: IEEE Annals of the history of computing, Band 14, 1992, Heft 4, Seiten 49–56

Wilkes, Maurice Vincent [1995]: Computing perspectives, Morgan Kaufmann publishers, San Francisco, California 1995, X, 207 Seiten

Wilkes, Maurice Vincent [1997]: Arithmetics on the Edsac, in: IEEE Annals of the history of computing, Band 19, 1997, Heft 1, Seiten 13–15

Wilkes, Maurice Vincent [1999]: A view from overseas, in: I. Bernard Cohen; Gregory W. Welch (Hg.): Makin' numbers. Howard Aiken and the computer, MIT press, Cambridge, Massachusetts, London 1999, Seiten 215–218

Wilkes, Maurice Vincent [2001a]: John Pinkerton and Lyons electronic office, in: Computing and control engineering journal, Band 12, 2001, Heft 3, Seiten 139–144

Wilkes, Maurice Vincent [2001b]: John Pinkerton and Lyons electronic office, in: Engineering science and education journal, Band 10, 2001, Heft 5, Seiten 183–188

Wilkes, Maurice Vincent [2005]: What I remember of the Eniac, in: IEEE Annals of the history of computing, Band 27, 2005, Heft 4, Seiten 30–31

Wilkes, Maurice Vincent [2012]: Recollections of early vacuum tube circuits, in: Brian Jack Copeland (Hg.): Alan Turing's electronic brain. The struggle to build the Ace, the world's fastest computer, Oxford University Press, Oxford 2012, Seiten 345–348

Wilkes, Maurice Vincent; Phister, M.; Barton, S. A.: Experience with marginal checking and automatic routing of the Edsac, in: Michael Roy Williams; Martin Campbell-Kelly (Hg.): The early British computer conferences, MIT press, Cambridge, Massachusetts, London/Tomash publishers, Los Angeles, San Francisco 1989, Seiten 446–453

Wilkes, Maurice Vincent; Renwick, Willam [1949]: The Edsac – an electronic calculating machine, in: Journal of scientific instruments and of physics in industry, Band 26, Dezember 1949, Seiten 385–391

Wilkes, Maurice Vincent; Renwick, William [1948]: An ultrasonic memory unit for the Edsac, in: Electronic engineering, Band 20, Juli 1948, Heft 245, Seiten 208–213

Wilkes, Maurice Vincent; Renwick, William [1950]: The Edsac (electronic delay storage automatic calculator), in: Mathematical tables and other aids to computation, Band 4, April 1950, Heft 30, Seiten 61–65

Wilkes, Maurice Vincent; Renwick, William [1982]: The Edsac, in: Brian Randell (Hg.): The origins of digital computers. Selected papers, Springer-Verlag, Berlin, Heidelberg usw., 3. Auflage 1982, Seiten 417–421

Wilkes, Maurice Vincent; Renwick, William [1989]: The Edsac, in: Michael Roy Williams; Martin Campbell-Kelly (Hg.): The early British computer conferences, MIT press, Cambridge, Massachusetts, London/Tomash publishers, Los Angeles, San Francisco 1989, Seiten 16–20

Wilkes, Maurice Vincent; Wheeler, David John; Gill, Stanley: The preparation of programs for an electronic digital computer, with special reference to the Edsac and the use of a library of subroutines, Addison-Wesley Cambridge, Massachusetts 1951/Tomash publishers, Los Angeles, San Francisco 1982, XXXI, 167 Seiten

Wilkinson, James Hardy [1948]: The automatic computing engine at the National physical laboratory, in: Proceedings of the royal society of London, Series A: mathematical and physical sciences, Band 195, 22. Dezember 1948, Heft 1042, Seiten 285–286

Wilkinson, James Hardy [1975]: The pilot Ace at the National physical laboratory, in: The radio and electronic engineer, Band 45, 1975, Heft 7, Seiten 336–340

Wilkinson, James Hardy [1980]: Turing's work at the National Physical Laboratory and the construction of Pilot Ace, Deuce, and Ace, in: Nicholas Constantine Metropolis; Jack Howlett; Gian-Carlo Rota (Hg.): A history of computing in the twentieth century. A collection of essays, Academic press, New York, London usw. 1980, Seiten 101–114

Wilkinson, James Hardy [1989a]: Coding on automatic digital computing machines, in: Michael Roy Williams; Martin Campbell-Kelly (Hg.): The early British computer conferences, MIT press, Cambridge, Massachusetts, London/Tomash publishers, Los Angeles, San Francisco 1989, Seiten 36–41

Wilkinson, James Hardy [1989b]: The pilot Ace, in: Michael Roy Williams; Martin Campbell-Kelly (Hg.): The early British computer conferences, MIT press, Cambridge, Massachusetts, London/Tomash publishers, Los Angeles, San Francisco 1989, Seiten 219–228

Wilkinson, James Hardy [1989c]: Linear algebra on the pilot Ace, , in: Michael Roy Williams; Martin Campbell-Kelly (Hg.): The early British computer conferences, MIT press, Cambridge, Massachusetts, London/Tomash publishers, Los Angeles, San Francisco 1989, Seiten 337–343

Wilkinson, James Hardy [2012]: The pilot Ace at the National physical laboratory, in: Brian Jack Copeland (Hg.): Alan Turing's electronic brain. The struggle to build the Ace, the world's fastest computer, Oxford University Press, Oxford 2012, Seiten 93–104

Willers, Friedrich Adolf [1920]: Graphische Integration, Walter de Gruyter & Co., Berlin, Leipzig 1920, 142 Seiten

Willers, Friedrich Adolf [1923]: Numerische Integration, Walter de Gruyter & Co., Berlin, Leipzig 1923, 116 Seiten

Willers, Friedrich Adolf [1943]: Mathematische Instrumente, R. Oldenbourg Verlag, München, Berlin 1943, 271 Seiten

Willers, Friedrich Adolf [1949]: Zahlzeichen und Rechnen im Wandel der Zeit, Volk und Wissen Verlag, Berlin, Leipzig 1949, 84 Seiten

Willers, Friedrich Adolf [1951]: Mathematische Maschinen und Instrumente, Akademie-Verlag, Berlin 1951, XII, 318 Seiten (Abschnitt „Vorhandene Rechenautomaten", Seiten 69–74)

Willers, Friedrich Adolf [1952/53]: Aus der Frühzeit der Rechenmaschinen, in: Wissenschaftliche Zeitschrift der Technischen Hochschule Dresden, Band 2, 1952/53, Heft 2 , Seiten 151–158

Willers, Friedrich Adolf [1971]: Methoden der praktischen Analysis, Walter de Gruyter, Berlin, New York, 4., verbesserte Auflage 1971, 445 Seiten

Williams, Bruce O. B.: The computing board: An ambitious all-purpose calculating device and some similar concepts, in: Journal of the Oughtred society, Band 12, 2003, Heft 1, Seiten 54–58

Williams, Frederic Calland [1948]: A cathode-ray tube digit store, in: Proceedings of the royal society of London, Series A: mathematical and physical sciences, Band 195, 22. Dezember 1948, Heft 1042, Seiten 279–284

Williams, Frederic Calland [1975]: Early computers at Manchester, in: The radio and electronic engineer, Band 45, 1975, Heft 7, Seiten 327–331

Williams, Frederic Calland [1989a]: The university of Manchester computing machine, in: Michael Roy Williams; Martin Campbell-Kelly (Hg.): The early British computer conferences, MIT press, Cambridge, Massachusetts, London/Tomash publishers, Los Angeles, San Francisco 1989, Seiten 171–177

Williams, Frederic Calland [1989b]: Madam, in: Michael Roy Williams; Martin Campbell-Kelly (Hg.): The early British computer conferences, MIT press, Cambridge, Massachusetts, London/ Tomash publishers, Los Angeles, San Francisco 1989, Seiten 245–249

Williams, Frederic Calland; Kilburn, Thomas [1948]: Electronic digital computers, in: Nature, Band 162, 25. September 1948, Heft 4117, Seite 487

Williams, Frederic Calland; Kilburn, Thomas [1949]: A storage system use with binary-digital computing machines, in Proceedings of the IEE, Band 96, 1949, Heft 40, Seiten 183–200 (Teil 3: Radio and communication engineering)

Williams, Frederic Calland; Kilburn, Thomas [1953]: Aperçu des recherches sur les machines à calculer à l'Université de Manchester, in: Joseph Pérès (Hg.): Les machines à calculer et la pensée humaine, Paris, 8–13 janvier 1951, Colloques internationaux du Centre national de la recherche scientifique, Nr. 37, Editions du Centre national de la recherche scientifique (CNRS), Paris 1953, Seiten 101–112

Williams, Frederic Calland; Kilburn, Thomas [1971]: The University of Manchester computing machine, in: Bertram Vivian Bowden (Hg.): Faster than thought. A symposium on digital computing machines, Pitman publishing, London 1953, Nachdruck 1971, Seiten 117–129

Williams, Frederic Calland; Kilburn, Thomas [1982]: Electronic digital computers, in: Brian Randell (Hg.): The origins of digital computers. Selected papers, Springer-Verlag, Berlin, Heidelberg usw., 3. Auflage 1982, Seiten 415–416

Williams, J. B.: The electronics revolution. Inventing the future, Springer international publishing AG, Cham 2017, X, 284 Seiten

Williams, Kim; Ostwald, Michael J. (Hg.) [2015a]: Architecture and mathematics from antiquity to the future, Band 1: Antiquity to the 1500s, Springer international publishing AG Switzerland, Cham, Heidelberg usw. 2015, XIX, 735 Seiten

Williams, Kim; Ostwald, Michael J. (Hg.) [2015b]: Architecture and mathematics from antiquity to the future, Band 2: The 1500s to the future, Springer international publishing AG Switzerland, Cham, Heidelberg usw. 2015, XIX, 690 Seiten

Williams, Leslie Pearce: The nineteenth century, Charles Scribner's sons, New York 1978, XIV, 413 Seiten (Album of science)

Williams, Michael Roy [1976]: The difference engines, in: The computer journal, Band 19, 1976, Heft 1, Seiten 82–89

Williams, Michael Roy [1983]: From Napier to Lucas: The use of Napier's bones in calculating instruments, in: Annals of the history of computing, Band 5, 1983, Heft 3, Seiten 279–296

Williams, Michael Roy [1989]: Museums and archives, in: Annals of the history of computing, Band 11, 1989, Heft 4, Seiten 313–319

Williams, Michael Roy [1990]: Early calculation, in: William Aspray (Hg.): Computing before computers, Iowa State university press, Ames, Iowa 1990, Seiten 3–58

Williams, Michael Roy [1991]: The first computer, in: Hermann A. Maurer (Hg.): New results and new trends in computer science, Springer-Verlag, Berlin, Heidelberg 1991, Seiten 371–388 (Proceedings, Graz, Austria, 20.–21. Juni 1991)

Williams, Michael Roy [1993]: The origins, uses, and fate of the Edvac, in: IEEE Annals of the history of computing, Band 15, 1993, Heft 1, Seiten 22–38

Williams, Michael Roy [1994]: Utec and Ferut. The university of Toronto's computation centre, in: IEEE Annals of the history of computing, Band 16, 1994, Heft 2, Seiten 4–12 (Utec = The University of Toronto Electronic Computer, Ferut = Ferranti University of Toronto)

Williams, Michael Roy [1997]: A history of computing technology, IEEE Computer society press, Los Alamitos, California, 2. Auflage 1997, XI, 426 Seiten (1. Auflage 1985, XI, 432 Seiten; Nachdruck 2000)

Williams, Michael Roy [2000]: A preview of things to come: Some remarks on the first generation of computers, in: Raúl Rojas, Ulf Hashagen (Hg.): The first computers – history and architectures, MIT press, Cambridge, Massachusetts, London 2000, Seiten 1–13

Williams, Michael Roy [2003]: The computer history museum, in: Inroads, The SIGCSE bulletin, Band 35, 2003, Heft 4, Seiten 12–13

Williams, Michael Roy [2004]: Survey calculations, in: Inroads, The SIGCSE bulletin, Band 36, 2004, Heft 4, Seiten 12–13

Williams, Michael Roy [2006]: What does it mean to be the first computer?, in: JVA '06 Proceedings of the IEEE John Vincent Atanasoff 2006 International symposium on modern computing, 3.–6. October 2006, Universität Sofia, Bulgarien, IEEE Computer society Washington, DC, USA 2006, Seiten 3–9

Williams, Michael Roy [2018]: The first public discussion of the secret Colossus project, in: IEEE Annals of the history of computing, Band 40, 2018, Heft 1, Seiten 84–87

Williams, Michael Roy; Campbell-Kelly, Martin (Hg.): The early British computer conferences, MIT press, Cambridge, Massachusetts, London/Tomash publishers, Los Angeles, San Francisco 1989, XVI, 508 Seiten

Williams, Richard: Early computers in Europe, in: AFIPS '76 proceedings of the June 7–10, 1976, national computer conference and exposition, Seiten 21–29 (AFIPS = American federation of information processing societies)

Williams, Samuel B. [1959]: Digital computing systems, McGraw-Hill book company, Inc., New York, Toronto usw. 1959, X, 229 Seiten

Williams, Samuel B. [1985a]: Bell Telephone laboratories' relay computing system, in: Proceedings of a symposium on large-scale digital calculating machinery, Cambridge, Massachusetts, 7.–10. Januar 1947, MIT press, Cambridge, Massachusetts, London/Tomash publishers, Los Angeles, San Francisco 1985, Seiten 40–68

Williams, Samuel B. [1985b]: Reliability and checking in digital computing systems, in: Martin Campbell-Kelly; Michael Roy Williams (Hg.): The Moore school lectures. Theory and techniques for design of electronic digital computers (held at the Moore school of electrical engineering of the University of Pennsylvania during July and August 1946), MIT press, Cambridge, Massachusetts, London/Tomash publishers, Los Angeles, San Francisco 1985, Seiten 425–434

Williams, Trevor Illtyd (Hg.) [1978a]: A history of technology, Band 6: The twentieth century, c. 1900 to c. 1950 (Teil 1), Oxford University Press, Oxford usw. 1978, XXV, 690 Seiten

Williams, Trevor Illtyd (Hg.) [1978b]: A history of technology, Band 7: The twentieth century, c. 1900 to c. 1950 (Teil 2), Oxford University Press, Oxford usw. 1978, XIX, 691 Seiten (computers, Seiten 1150–1203; electronic engineering, Seiten 1091–1125)

Willoughby, E. O.; Rose, G. A.; Forte, W. G.: An analogue computer to solve polynomial equations with real coefficients, in: Commonwealth scientific and industrial research organization (Hg.): Proceedings of conference on automatic computing machines held in the Department of electrical engineering, University of Sydney, August 1951, Melbourne, April 1952, Seiten 196–199

Wilski, Paul [1892a]: Rollenschiefe und Scharnierschiefe beim Amsler'schen Polarplanimeter, in: Zeitschrift für Vermessungswesen, Band 21, 1892, Heft 22, Seiten 609–618

Wilski, Paul [1892b]: Neue mechanische Rechenhülfsmittel, in: Zeitschrift für Vermessungswesen, Band 21, 1892, Heft 23, Seiten 625–630 (Tafeln von Scherer und Kloth)

Wilson, Daniel Howard [2011]: Robopocalypse, Doubleday, New York, London usw. 2011, VI, 351 Seiten (Roman)

Wilson, Daniel Howard [2017]: The clockwork dynasty. A novel, Doubleday, New York, London usw. 2017, VII, 312 Seiten (Roman)

Wilson, Ernest J.: The information revolution and developing countries, MIT press, Cambridge, Massachusetts, London 2004, XV, 431 Seiten

Wilson, John F.: Ferranti: A history. Building a family business, 1882–1975, Carnegie publishing Ltd., Lancaster 2003, XVIII, 621 Seiten

Wilson, Robert: Astronomy through the ages. The story of the human attempt to understand the universe, Taylor & Francis, London 1997, XV, 302 Seiten

Winau, Rolf (Hg.): Technik und Medizin, VDI-Verlag GmbH, Düsseldorf 1993, XVIII, 340 Seiten (Technik und Kultur, Band 4)

Winegrad, Dilys: Celebrating the birth of modern computing: The fiftieth anniversary of a discovery at the Moore school of Engineering of the University of Pennsylvania, in: IEEE Annals of the history of computing, Band 18, 1996, Heft 1, Seiten 5–9

Winkler, Helmut: Elektronische Analogieanlagen, Akademie-Verlag, Berlin 1961, X, 242 Seiten

Winkler, Jürgen F. H. [2010]: Konrad Zuse und die Optik-Rechenmaschine in Jena, in: Log in. Informatische Bildung und Computer in der Schule, 2010, Nr. 166/167, Seiten 132–136

Winkler, Jürgen F. H. [2011]: Konrad Zuse and Switzerland. Physik-Anekdoten (11), in: SPG-Mitteilungen, Mai 2011, Nr. 34, Seiten 42–44 (Schweizerische Physikalische Gesellschaft)

Winkler, Jürgen F. H. [2012]: Konrad Zuse and floating-point numbers, in: Communications of the ACM, Band 55, 2012, Heft 10, Seiten 6–7

Winkler, Jürgen F. H. [2019]: Oprema – The relay computer of Carl Zeiss Jena, 2019, 33 Seiten

Wirth, Niklaus [1969a]: Computerwissenschaften, in: Neue Zürcher Zeitung, 7. Januar 1969, Mittagausgabe, Nr. 10, Seite 5 (Forschung) (Antrittsvorlesung) (Teil 1)

Wirth, Niklaus [1969b]: Computerwissenschaften, in: Neue Zürcher Zeitung, 14. Januar 1969, Mittagausgabe, Nr. 26, Seiten 5–6 (Forschung) (Antrittsvorlesung) (Teil 2)

Wirth, Niklaus [1969c]: Computerwissenschaften, in: Neue Zürcher Zeitung, 21. Januar 1969, Mittagausgabe, Nr. 42, Seite 5 (Forschung) (Antrittsvorlesung) (Teil 3)

Wirth, Niklaus [1996]: Recollections about the development of Pascal, in: Thomas J.Bergin; Richard G. Gibson (Hg.): History of programming languages 2, ACM press, New York 1996, Seiten 97–111

Wirth, Niklaus [2008]: A brief history of software engineering, in: IEEE Annals of the history of computing, Band 30, 2008, Heft 3, Seiten 32–39

Wissner, Adolf: Astronomische und mathematische Instrumente im Deutschen Museum zu München, in Sudhoffs Archiv für Geschichte der Medizin und der Naturwissenschaften, Band 42, 1958, Seiten 227–236

Witt, Kurt-Ulrich: Elemente des Rechneraufbaus, Hanser, München, Wien 1995, XX, 380 Seiten

Witte, Bertold: Vermessung langer Tunnel von der Antike bis zum 20. Jahrhundert, in: Geomatik Schweiz, Band 113, 2015, Heft 11, Seiten 448–453

Witting, Alexander; Gebhardt, Martin: Beispiele zur Geschichte der Mathematik, Teil 2, Druck und Verlag von B. G. Teubner, Leipzig, Berlin 1913, VIII, 61 Seiten

Wittke, Heinz [1948]: Die Rechenmaschine und ihre Rechentechnik. Eine Einführung und ein Übungsbuch mit ausgewählten Anwendungsbeispielen aus der Geodäsie, Geometrie und angewandten Mathematik, Herbert Wichmann Verlag, Bad Liebenwerda – Berlin 1948, VIII, 160 Seiten

Wittke, Heinz [1949]: Vom Abacus zum Eniac, in: Zeitschrift für angewandte Mathematik und Mechanik, Band 29, 1949, Heft 1/2, Seiten 34–36

Wittmann, Armin: Dr. h.c. ETH Konrad Zuse. Geschichte der Computer weltweit. Entwicklung der Computer an der ETH Zürich, Seminararbeit, Institut für Verhaltensforschung der ETH Zürich, Zürich 1994, 22 Seiten

Wolf, Abraham [1950]: A history of science, technology, and philosophy in the 16th & 17th centuries, George Allen & Unwin Ltd., London, 2. Auflage 1950, XXVII, 692 Seiten (Abschnitt: Mechanical calculators, Seiten 556–563)

Wolf, Abraham [1952]: A history of science, technology, and philosophy in the eightenth century, George Allen & Unwin Ltd., London, 2. Auflage 1952, 814 Seiten (Abschnitt: Mechanical calculators, Seiten 653–660)

Wolf, Rebecca [2011]: Friedrich Kaufmanns Trompetenautomat. Ein musikalisches Experiment um 1810, Franz Steiner Verlag, Stuttgart 2011, 242 Seiten (Musikautomaten)

Wolf, Rebecca: Die Musikmaschinen von Kaufmann, Mälzel und Robertson. Eine Quellenedition, Deutsches Museum, München 2012, 366 Seiten

Wolf, Rudolf [1851]: Über den Oppikofer'schen Planimeter, Vortrag vom 31. Mai 1851. Notizen zur Geschichte der Mathematik und Physik in der Schweiz, Nr. 213, Seiten 145–151

Wolf, Rudolf [1872]: Handbuch der Mathematik, Physik, Geodäsie und Astronomie, Druck und Verlag von Friedrich Schulthess, Zürich 1869–1872, Band 1: XII, 492 Seiten, Band 2: VIII, 459 Seiten

Wolf, Rudolf [1877]: Taschenbuch für Mathematik, Physik, Geodäsie und Astronomie, Druck und Verlag von Friedrich Schulthess, Zürich, 5., neu durchgearbeitete, mit vierundzwandzig Tabellen und vielen Holzschnitten ausgestattete Auflage 1877, XVIII, 434 Seiten

Wolf, Rudolf [1879]: Geschichte der Vermessungen in der Schweiz als historische Einleitung zu den Arbeiten der schweizerischen geodätischen Commission, Commission von S. Höhr, Zürich 1879, VI, 320 Seiten (Gesellschaft für die Geschichte der Geodäsie in der Schweiz, CD)

Wolf, Rudolf [1893]: Handbuch der Astronomie, ihrer Geschichte und Litteratur, Druck und Verlag von Friedrich Schulthess, Zürich 1890–1893, XVI, 712 + 658 Seiten (zwei Halbbände) (mit Mathematik, Physik, Geodäsie, wissenschaftliche Instrumente)

Wolf, Rudolf [1895]: Taschenbuch für Mathematik, Physik, Geodäsie und Astronomie, Druck und Verlag von Friedrich Schulthess, Zürich, 6., von A. Wolfer vollendete Auflage 1895, XXIV, 388 Seiten

Wolf, Rudolf [1973a]: Handbuch der Astronomie, ihrer Geschichte und Literatur, Georg Olms Verlag Hildesheim, New York 1973, XVI, 712 Seiten (Band 1) (Nachdruck von 1890–1891)

Wolf, Rudolf [1973b]: Handbuch der Astronomie, ihrer Geschichte und Literatur, Georg Olms Verlag Hildesheim, New York 1973, 658 Seiten (Band 2) (Nachdruck von 1892–1893)

Wolf, Rudolf [1984]: Geschichte der Astronomie, Verlag Reinhard Kuballe, Osnabrücke 1984, XVI, 815 Seiten (Nachdruck von 1877, Druck und Verlag von R. Oldenbourg, München)

Wolf, Rudolf [1989]: Verzeichniss der Sammlungen der Zürcher-Sternwarte, Eidgenössische Sternwarte, Zürich 1873 f., 221 Seiten (Wissenschaftshistorische Sammlungen der ETH-Bibliothek, Zürich 1989)

Wolff, John: 60 lange Jahre: Die Victor adding machine company in Chicago, in: Historische Bürowelt, 2015, Heft 102, Seiten 20–25

Wolff, Ulrich: Zum Gedenken an die Leibniz'sche „Wendeltreppe“ (Staffelwalze) und deren Nachfolger, in: Historische Bürowelt, 2016, Heft 106, Seiten 3–5

Wolfrath, Klaus: Zur Rekonstruktion der Z3, in: Wissenschaftliches Jahrbuch 1992/93, Deutsches Museum, München 1993, Seiten 205–209

Wolfschmidt, Gudrun (Hg.) [2002]: Popularisierung der Naturwissenschaften, Verlag für Geschichte der Naturwissenschaft und der Technik (GNT), Berlin, Diepholz usw. 2002, 409 Seiten (u.a. Abschnitte zu Wunderkammern, Weltausstellungen, technischen Museen)

Wolfschmidt, Gudrun (Hg.) [2007a]: Von Hertz zum Handy. Entwicklung der Kommunikation, Books on demand GmbH, Norderstedt 2007, 360 Seiten (Ausstellungsführer)

Wolfschmidt, Gudrun (Hg.) [2007b]: Hamburgs Geschichte einmal anders. Entwicklung von Naturwissenschaft, Medizin und Technik, Teil 1, Books on demand GmbH, Norderstedt 2007, 432 Seiten

Wolfschmidt, Gudrun (Hg.) [2009]: Hamburgs Geschichte einmal anders. Entwicklung der Naturwissenschaften, Medizin und Technik, Teil 2, Books on demand GmbH, Norderstedt 2009, 272 Seiten

Wolfschmidt, Gudrun (Hg.) [2011]: Hamburgs Geschichte einmal anders. Entwicklung der Naturwissenschaften, Medizin und Technik, Teil 3, Tredition GmbH, Hamburg 2011, 239 Seiten (Aufsatz: Gewerbe- und Industrieausstellungen in Deutschland (1790–1914), Seiten 168–197)

Wolfschmidt, Gudrun (Hg.) [2013]: Sonne, Mond und Sterne. Meilensteine der Astronomiegeschichte, Tredition GmbH, Hamburg 2013, 376 Seiten (Festschrift)

Wolfschmidt, Gudrun (Hg.) [2019]: Vom Abakus zum Computer. Geschichte der Rechentechnik, Teil 1, Begleitbuch zur Ausstellung, 2015–2018, Tredition GmbH, Hamburg 2019, 489 Seiten

Wolfschmidt, Gudrun (Hg.) [2020]: Maß und Mythos, Zahl und Zauber: Die Vermessung von Himmel und Erde. Measure and myth, number and magic: Measuring heaven and earth. Tagung der Gesellschaft für Archäoastronomie in Dortmund 2018, Tredition GmbH, Hamburg 2020, 326 Seiten

Wolfschmidt, Gudrun: Milchstraße, Nebel, Galaxien. Strukturen im Kosmos von Herschel bis Hubble, Oldenbourg, München 1995, 186 Seiten (Abhandlungen und Berichte, Deutsches Museum)

Wolfson, Bob [2011]: Building a Thacher, in: Journal of the Oughtred society, Band 20, 2011, Heft 1, Seiten 57–62 (Rechenwalze)

Wolfson, Bob [2012]: Inside the Otis King patent calculator, in: Journal of the Oughtred society, Band 21, 2012, Heft 2, Seiten 22–28 (Rechenwalze)

Wollenhaupt, Heinz: Die digitale Telefunken-Rechenanlage TR4 – ein in Backnang entwickeltes Spitzenprodukt, in: Gerhard Fritz; Bernhard Trefz (Hg.): Backnanger Jahrbuch 2006. Beiträge zur Geschichte von Stadt und Umgebung, Fr. Stroh Verlag, Backnang 2006, Seiten 217–221

Wolters, Martin F. [1963a]: Der gegenwärtige Stand der elektronischen Datenverarbeitung in den USA. Eindrücke einer fünfwöchigen Studienreise durch die Vereinigten Staaten, in: Elektronische Rechenanlagen, Band 5, 1963, Heft 5, Seiten 221–229 (Teil 1)

Wolters, Martin F. [1963b]: Der gegenwärtige Stand der elektronischen Datenverarbeitung in den USA. Eindrücke einer fünfwöchigen Studienreise durch die Vereinigten Staaten, in: Elektronische Rechenanlagen, Band 5, 1963, Heft 6, Seiten 279–286 (Teil 2)

Womersley, John Ronald: Scientific computing in Great Britain, in: Mathematical tables and other aids to computation, Band 2, Juli 1946, Heft 15, Seiten 110–117

Woodger, Michael: The Ace simulator and the cybernetic model, in: Brian Jack Copeland (Hg.): Alan Turing's electronic brain. The struggle to build the Ace, the world's fastest computer, Oxford University Press, Oxford 2012, Seiten 331–334

Wooldridge, Dean E [1963].: The machinery of the brain, McGraw-Hill book company, Inc., New York, San Francisco usw. 1963, XII, 252 Seiten

Wooldridge, Dean E. [1967]: Mechanik der Gehirnvorgänge, R. Oldenbourg, Wien, München 1967, 317 Seiten

Worsley, B. H.: The Edsac demonstration, in: Brian Randell (Hg.): The origins of digital computers. Selected papers, Springer-Verlag, Berlin, Heidelberg usw., 3. Auflage 1982, Seiten 423–429

Worthy, James C.: William C. Norris. Portrait of a maverick, Bailinger publishing company, Cambridge, Massachusetts 1987, XIV, 261 Seiten (Biografie)

Wosnik, Johannes; Walther, Alwin; Hoffmann, Walter (Hg.): Elektronische Rechenmaschinen und Informationsverarbeitung/Electronic digital computers and information processing, Vieweg, Braunschweig 1959, 229 Seiten (Nachrichtentechnische Fachberichte, Band 4, 1956, Nachdruck 1959), VIII, 229 Seiten

Woytak, Richard A.: A conversation with Marian Rejewski, in: Wladyslaw Kozaczuk (Hg.): Enigma. How the German machine cipher was broken, and how it was read by the allies in the World War II, University publications of America, Inc., Frederick, Maryland, 1985, XIV, Seiten 229–240

Wright, M.: Mercury delay line storage, in: Michael Roy Williams; Martin Campbell-Kelly (Hg.): The early British computer conferences, MIT press, Cambridge, Massachusetts, London/Tomash publishers, Los Angeles, San Francisco 1989, Seiten 402–406

Wright, Michael T. [1990]: Rational and irrational reconstruction: The London sundial-calendar and the early history of geared mechanisms, in: History of technology, Band 12, 1990, Seiten 65–102

Wright, Michael T. [2002]: A planetarium display for the Antikythera mechanism, in: Horological journal, Band 144, 2002, Heft 5, Seiten 169–173

Wright, Michael T. [2004]: The scholar, the mechanic and the Antikythera mechanism: Complementary approaches to the study of an instrument, in: Bulletin of the scientific instrument society, 2004, Heft 80, Seiten 4–11

Wright, Michael T. [2005]: Counting months and years: The upper back dial of the Antikythera mechanism, in: Bulletin of the scientific instrument society, 2005, Heft 87, Seiten 8–13

Wright, Michael T. [2007]: The Antikythera mechanism reconsidered, in: Interdisciplinary science reviews, Band 32, 2007, Heft 1, Seiten 27–43

Wright, Michael T. [2011]: The Antikythera mechanism. Reconstruction as a medium for research and publication, in: Klaus Staubermann (Hg.): Reconstructions. Recreating science and technology of the past, National museums Scotland, Edinburgh 2011, Seiten 1–20

Wright, Michael T. [2012]: The front dial of the Antikythera mechanism, in: Teun Koetsier; Marco Ceccarelli (Hg.): Explorations in the history of machines and mechanisms, Proceedings of HMM 2012, Springer science+business media, Dordrecht 2012, Seiten 279–292 (History of mechanism and machine science, Band 15)

Wright, Michael T. [2013]: The Antikythera mechanism: Compound gear-trains for planetary indications, in: Almagest, Band 4, 2013, Heft 2, Seiten 4–31

Wulforst, Harry: Breakthrough to the computer age, Charles Scribner's Sons, New York 1982, VI, 185 Seiten

Wulkan, Felix [1954]: Die fortschreitende Mechanisierung der Büroarbeit, in: Neue Zürcher Zeitung, 9. September 1954, Mittagausgabe, Nr. 2195, Blatt 7 (Schweizerische Bürofachausstellung in Zürich)

Wurster, Christian: Der Computer. Eine illustrierte Geschichte, Taschen GmbH, Köln 2002, 335 Seiten
Wußing, Hans (Hg.): Geschichte der Naturwissenschaften, Aulis Verlag Deubner & Co KG, Köln, 2., durchgesehene Auflage 1987, 564 Seiten
Wußing, Hans [1965]: Mathematik in der Antike, Pfalz Verlag AG, Basel, 2., durchgesehene Auflage 1965, 245 Seiten
Wußing, Hans [1979]: Vorlesungen zur Geschichte der Mathematik, VEB Deutscher Verlag der Wissenschaften, Berlin 1979, 365 Seiten
Wußing, Hans [2008]: 6000 Jahre Mathematik. Eine kulturgeschichtliche Zeitreise – 1. Von den Anfängen bis Leibniz und Newton, Springer-Verlag, Berlin, Heidelberg 2008, XIII, 529 Seiten (Reihe „Vom Zählstein zum Computer", u.a. Logarithmen, Schickard, Pascal, Leibniz)
Wußing, Hans [2009a]: 6000 Jahre Mathematik. Eine kulturgeschichtliche Zeitreise – 2. Von Euler bis zur Gegenwart, Springer-Verlag, Berlin, Heidelberg 2009, XVII, 675 Seiten (Reihe „Vom Zählstein zum Computer", u.a. Abschnitte „Charles Babbage: «Programmgesteuerte Rechner»", Seiten 116–126, „Computer verändern die Welt", Seiten 503–528, ferner Hilbert, Gauß, Boole)
Wußing, Hans [2009b]: Adam Ries, Edition am Gutenbergplatz, Leipzig, 3., bearbeitete und erweiterte Auflage 2009, 183 Seiten (Anhang mit Beiträgen von Menso Folkerts, Rainer Gebhardt, Alfred Meixner, Friedrich Naumann, Manfred Weidauer)
Wußing, Hans [2009c]: Von Gauß bis Poincaré. Mathematik und industrielle Revolution, Edition am Gutenbergplatz, Leipzig 2009, 74 Seiten
Wußing, Hans [2010]: Von Leonardo da Vinci bis Galileo Galilei, Edition am Gutenbergplatz, Leipzig 2010, 70 Seiten
Wußing, Hans; Dietrich, Hans; Purkert, Walter; Tutzke, Dietrich (Hg.): Fachlexikon abc. Forscher und Erfinder, Verlag Harri Deutsch, Thun, Frankfurt am Main 1992, 672 Seiten
Wüthrich, Urs: Ein Oldtimer verblüfft die Fachwelt, in: Berner Zeitung, 4. Juni 2011, Seite 3
Wyman, Thomas [2001]: Kilderkins, Hogsheads and dipping rods: A brief history of the slide rule, in: Journal of the Oughtred society, Band 10, 2001, Heft 2, Seiten 2–4
Wyman, Thomas [2009]: The first tables of logarithms – A brief chronology, in: Journal of the Oughtred society, Band 18, 2009, Heft 2, Seiten 33–39
Wyman, Thomas [2011]: Description and use of the sliding Gunter in navigation, in: Journal of the Oughtred society, Band 20, 2011, Heft 2, Seiten 33–38
Wyman, Thomas [2013a]: The Meyrat & Perdrizet (M&P) pocket-watch calculator, in: Journal of the Oughtred society, Band 22, 2013, Heft 1, Seiten 25–27 (Rechenuhr)
Wyman, Thomas [2013b]: Pocket-watch calculators produced by scientific publishing company, in: Journal of the Oughtred society, Band 22, 2013, Heft 1, Seiten 51–54 (Rechenuhr)
Wyman, Thomas [2013c]: Soho steam engines. The first engineering slide rule and the evolution of exercise rules, in: Journal of the Oughtred society, Band 22, 2013, Heft 2, Seiten 2–11
Wyman, Thomas [2014]: When was the first slide rule produced in the United States?, in: Journal of the Oughtred society, Band 23, 2014, Heft 1, Seiten 38–42
Wynn-Williams, Gareth: Surveying the skies. How astronomers map the universe, Springer international publishing AG Switzerland, Cham 2016, XI, 187 Seiten
Wynter, Harriet; Turner, Anthony John: Scientific instruments, Cassel & Collier Macmillan publishers Ltd., London 1975, 239 Seiten
Wyss, Jürg; Hösli, Marc; Piguet, Jean-Claude: L'atelier du Dr Wyss. Le génie technique et musical de la fabrication de la boîte à musique, Editions Mon village SA, Sainte-Croix 2010, 158 Seiten (Cercle d'histoire de la région de Sainte-Croix, Heft 9/Musée des arts et sciences de Sainte-Croix)

Y

Yamada, Akihiko: Parametron and relay computers exhibition held at Tokyo university of science in November 2018, in: IEEE Annals of the history of computing, Band 41, 2019, Heft 1, Seiten 61–63

Yamashita, Hideo u.a.: Digital computer development in Japan, in: Walter Hoffmann (Hg.): Digitale Informationswandler. Probleme der Informationsverarbeitung in ausgewählten Beiträgen, Friedrich Vieweg, Braunschweig 1962, Seiten 575–649

Yan, Hong-Sen: Reconstruction designs of lost ancient Chinese machinery, Springer, Dordrecht 2007, XII, 308 Seiten

Yan, Hong-Sen; Ceccarelli, Marco (Hg.): International symposium on history of machines and mechanisms, Proceedings of HMM 2008, Springer science+business media B.V., o. O. 2009, IX, 378 Seiten (Abschnitt „Phases in the unraveling of the secrets of the gear system of the Antikythera mechanism", Seiten 269–294)

Yǎn, Lǐ; Shírán, Dù: Chinese mathematics. A concise history, Oxford University Press, Oxford, New York usw. 1987, XIII, 290 Seiten (Anleitung fürs Rechnen mit Zählstäbchen für alle vier Grundrechenarten, Seiten 11–19)

Yang, Xin-She (Hg.): Artificial intelligence, evolutionary computing and metaheuristics. In the footsteps of Alan Turing, Springer-Verlag, Berlin, Heidelberg 2013, XIX, 794 Seiten

Yates, David M.: Turing's legacy. A history of computing at the National Physical Laboratory 1945–1995, Science Museum, London 1997, 347 Seiten

Yeldham, Florence A.: The story of reckoning in the Middle Ages, George G. Harrap & Co. Ltd., London, Calcutta usw. 1926, 96 Seiten (mit Anleitung zum Linenrechnen)

Yoffie, David B. (Hg.): Competing the age of digital convergence, Harvard Business School press, Boston, Massachusetts 1997, VIII, 464 Seiten (Alfred D. Chandler: The computer industry. The first half-century, Seiten 37–122)

Yoshino, Y.: The Japanese abacus explained, Dover publications, Inc., New York 1963, XIII, 240 Seiten (mit Gebrauchsanweisung)

Yost, Jeffrey R. (Hg.): The IBM century. Creating the IT revolution, IEEE computer society press, Los Alamitos, California 2011, X, 282 Seiten

Yost, Jeffrey R. [2002]: A bibliographic guide to resources in scientific computing, 1945–1975, Greenwood press, Westport, Connecticut 2002, 263 Seiten

Yost, Jeffrey R. [2005]: The computer industry, Greenwood press, Westport, Connecticut, London 2005, XXII, 264 Seiten

Yost, Jeffrey, R. [2013]: Appropriation and independence: BTM, Burroughs, and IBM at the advent of the computer industry, in: IEEE Annals of the history of computing, Band 35, 2013, Heft 4, Seiten 5–17

Yost, Jeffrey, R. [2017]: Making IT work. A history of the computer services industry, MIT press, Cambdridge, Massachusetts, London 2017, X, 359 Seiten

Z

Zabell, Sandy: Cryptology, mathematics, and technology, in: Sven Ove Hansson (Hg.): Technology and mathematics. Philosophical and historical investigations, Springer international publishing AG, Cham 2018, Seiten 137–161

Zack, Maria; Landry, Elaine (Hg.) [2015]: Research in history and philosophy of mathematics, Springer international publishing AG, Cham 2015, XII, 192 Seiten (Tagungsband) (Proportionalwinkel, Seiten 26–38, 51–61)

Zack, Maria; Landry, Elaine (Hg.) [2016]: Research in history and philosophy of mathematics, Springer international publishing AG, Cham 2016, XIV, 248 Seiten (Tagungsband) (Beitrag

„Charter members of the MAA and the material culture of American mathematics“, Seiten 205–219)

Zack, Maria; Schlimm, Dirk (Hg.) [2017]: Research in history and philosophy of mathematics, Springer international publishing AG, Cham 2017, XIII, 218 Seiten (Tagungsband)

Zack, Maria; Schlimm, Dirk (Hg.) [2018]: Research in history and philosophy of mathematics, Springer international publishing AG, Cham 2018, XIII, 203 Seiten (Tagungsband)

Zehnder, Carl August [2011]: Silicon Valley an der Limmat – aber mit Schweizer Akzent, Vortrag an der ETH Zürich, Science City, 6. November 2011, 31 Folien

Zehnder, Carl August [2014]: Eine neue Wissenschaft erkämpft sich ihren Platz. Der Weg zum eigenen Studiengang für Informatik an der ETH Zürich, in: Franz Betschon; Stefan Betschon; Jürg Dominik Lindecker; Willy Schlachter (Hg.): Ingenieure bauen die Schweiz. Technikgeschichte aus erster Hand, Band 1, Verlag Neue Zürcher Zeitung, Zürich, 2., überarbeitete Auflage 2014, Seiten 496–504

Zeidler, Eberhard; Bronstein, I. N.; Semendjaew, K. A.; Grosche, G; Ziegler, V.; Ziegler, D. (Hg.): Springer-Taschenbuch der Mathematik, Vieweg+Teubner Verlag; Springer Fachmedien Wiesbaden, 3., neu bearbeitete und erweiterte Auflage 2013, XX, 1310 Seiten (Nachschlagewerk)

Zelbstein, Uri: L'univers des machines, de l'électronique des automates et des robots ou La grande aventure des hommes qui ont contribué à leur création, Librairie scientifique et technique Albert Blanchard, Paris 1986, 79 Seiten (u.a. Pierre-Jaquet Droz, Joseph-Marie Jacquard, Leonardo Torres Quevedo, Jacques de Vaucanson)

Zeldes, Nathan: Kaufmann' posographe, in: Journal of the Oughtred society, Band 28, 2019, Heft 1, Seiten 37–43 (mechanischer Analogrechner)

Zellmer, Rolf: Die Entstehung der deutschen Computerindustrie. Von den Pionierleistungen Konrad Zuses und Gerhard Dirks' bis zu den ersten Serienprodukten der 50er und 60er Jahre, Universität Köln 1990, XI, 403 Seiten (Dissertation)

Zemanek, Heinz [1956a]: Die Arbeiten an elektronischen Rechenmaschinen und Informationsbearbeitungsmaschinen am Institut für Niederfrequenztechnik der Technischen Hochschule in Wien, in: Johannes Wosnik; Alwin Walther; Walter Hoffmann (Hg.): Elektronische Rechenmaschinen und Informationsverarbeitung. Nachrichtentechnische Fachberichte. Beihefte der NTZ, Band 4, 1956, Seiten 56–61

Zemanek, Heinz [1956b]: Logistische Rechenmaschinen unter besonderer Berücksichtigung der logistischen Relaisrechenmaschine des Instituts für Niederfrequenztechnik der Technischen Hochschule Wien, in: Johannes Wosnik; Alwin Walther; Walter Hoffmann (Hg.): Elektronische Rechenmaschinen und Informationsverarbeitung. Nachrichtentechnische Fachberichte. Beihefte der NTZ, Band 4, 1956, Seiten 207–212

Zemanek, Heinz [1957a]: Automation, in: MTW-Mitteilungen, Band 4, 1957, Heft 1, Seiten 11–20

Zemanek, Heinz [1957b]: Kybernetik, 1. Teil: Maschinen mit Phantasie, in: MTW-Mitteilungen, Band 4, 1957, Heft 5, Seiten 281–289

Zemanek, Heinz [1957c]: Kybernetik, 2. Teil: Das Tier und die Maschine, in: MTW-Mitteilungen, Band 4, 1957, Heft 6, Seiten 371–380

Zemanek, Heinz [1958]: „Mailüfterl“, ein dezimaler Volltransistor-Rechenautomat, in: Elektrotechnik und Maschinenbau, Band 75, 1958, Heft 15/16, Seiten 453–463

Zemanek, Heinz [1959a]: Elementare Informationstheorie, R. Oldenbourg, Wien, München 1959, 120 Seiten

Zemanek, Heinz [1959b]: Wesen und Grenzen des Automaten, in: Mathematik – Technik – Wirtschaft (mtw). Zeitschrift für moderne Rechentechnik und Automation, Band 6, 1959, Heft 1, Seiten 9–16

Zemanek, Heinz [1959c]: Die algorithmische Formelsprache Algol, in: Elektronische Rechenanlagen, Band 1, 1959, Heft 2, Seiten 72–79 (Teil 1)

Zemanek, Heinz [1959d]: Die algorithmische Formelsprache Algol, in: Elektronische Rechenanlagen, Band 1, 1959, Heft 3, Seiten 140–143 (Teil 2)

Zemanek, Heinz [1959e]: Zukünftige Technik und Anwendung elektronischer Rechenmaschinen, in: Mathematik – Technik – Wirtschaft (mtw). Zeitschrift für moderne Rechentechnik und Automation, Band 6, 1959, Heft 4, Seiten 133–137

Zemanek, Heinz [1960]: ohne Überschrift (Geleitwort), in: Elektronische Rechenanlagen, Band 2, 1960, Heft 2, Seite 53

Zemanek, Heinz [1961]: Lernende Automaten, in: Mathematik – Technik – Wirtschaft (mtw). Zeitschrift für moderne Rechentechnik und Automation, Band 8, 1961, Heft 2, Seiten 49–54

Zemanek, Heinz [1962a]: Automaten und Denkprozesse, in: Walter Hoffmann (Hg.): Digitale Informationswandler. Probleme der Informationsverarbeitung in ausgewählten Beiträgen, Friedrich Vieweg, Braunschweig 1962, Seiten 1–66

Zemanek, Heinz [1962b]: Sequentielle asynchrone Logik, in: Elektronische Rechenanlagen, Band 4, 1962, Heft 6, Seiten 248–253

Zemanek, Heinz [1963a]: ohne Überschrift (Geleitwort), in: Elektronische Rechenanlagen, Band 5, 1963, Heft 2, Seite 55

Zemanek, Heinz [1963b]: Geschichte des Automaten: Frühgeschichte, in: Elektronische Rechenanlagen, Band 5, 1963, Heft 5, Seite 199

Zemanek, Heinz [1964a]: Geschichte des Automaten: Mechanische Automaten des 18. Jahrhunderts. Jacques de Vaucanson, in: Elektronische Rechenanlagen, Band 6, 1964, Heft 1, Seiten 5–6

Zemanek, Heinz [1964b]: Geschichte des Automaten: Mechanische Automaten des 18. Jahrhunderts. Friedrich von Knaus, in: Elektronische Rechenanlagen, Band 6, 1964, Heft 2, Seiten 57–58

Zemanek, Heinz [1964c]: Norbert Wiener. Das Porträt, in: Elektronische Rechenanlagen, Band 6, 1964, Heft 4, Seiten 165–166

Zemanek, Heinz [1964d]: Kybernetik, in: Elektronische Rechenanlagen, Band 6, 1964, Heft 4, Seiten 169–177

Zemanek, Heinz [1966a]: Geschichte des Automaten: Mechanische Automaten des 18. Jahrhunderts. Wolfgang von Kepelen, in: Elektronische Rechenanlagen, Band 8, 1966, Heft 1, Seiten 5–6

Zemanek, Heinz [1966b]: Geschichte des Automaten: Das Componium von Winkel. Ein Gerät mit einem Zufallsgenerator aus dem Jahre 1821, in: Elektronische Rechenanlagen, Band 8, 1966, Heft 2, Seiten 61–62 (mechanische Orgel)

Zemanek, Heinz [1966c]: Schweizer Automaten. Die Familien Jaquet-Droz und Maillardet, in: Elektronische Rechenanlagen, Band 8, 1966, Heft 5, Seiten 213–215

Zemanek, Heinz [1966d]: Spanische Automaten. Leonardo Torres y Quevedo (1852–1936), in: Elektronische Rechenanlagen, Band 8, 1966, Heft 6, Seiten 271–272

Zemanek, Heinz [1967a]: Lernende Automaten, in: Karl Steinbuch (Hg.): Taschenbuch der Nachrichtenverarbeitung, Springer-Verlag, Berlin, 2., überarbeitete Auflage 1967, Seiten 1383–1450

Zemanek, Heinz [1967b]: Geschichte des Automaten – 18. Jahrhundert. Der dritte Schreiber von Friedrich von Knaus, in: Elektronische Rechenanlagen, Band 9, 1967, Heft 3, Seiten 107–108

Zemanek, Heinz [1968]: Eine formale Sprache aus dem Jahre 1907 von Leonardo Torres y Quevedo zur Beschreibung von Maschinen, in: Elektronische Rechenanlagen, Band 10, 1968, Heft 1, Seiten 5–6

Zemanek, Heinz [1970a]: Otto Schäffler. Wiener Pionier der Lochkartentechnik, in: Elektronische Rechenanlagen, Band 12, 1970, Heft 3, Seiten 133–134

Zemanek, Heinz [1970b]: Nachruf. Prof. Dr. Heinz Rutishauser, in: Elektronische Rechenanlagen, Band 12, 1970, Heft 6, Seite 305

Zemanek, Heinz [1973]: Datenverarbeitung vor 100 Jahren. Otto Schäffler (1838–1928), ein zu Unrecht vergessener österreichischer Pionier der Nachrichten- und Lochkartentechnik, in: Elektrotechnik und Maschinenbau, Band 90, 1973, Heft 11, Seiten 543–550

Zemanek, Heinz [1976]: Computer prehistory and history in Central Europe, in: AFIPS '76 proceedings of the June 7–10, 1976, national computer conference and exposition, Seiten 15–20 (AFIPS = American federation of information processing societies)

Zemanek, Heinz [1980]: Central European prehistory of computing, in: Nicholas Constantine Metropolis; Jack Howlett; Gian-Carlo Rota (Hg.): A history of computing in the twentieth century. A collection of essays, Academic press, New York, London usw. 1980, Seiten 587–609

Zemanek, Heinz [1983]: „Mailüfterl" – eine Retrospektive, in: Elektronische Rechenanlagen, Band 25, 1983, Heft 6, Seiten 91–99

Zemanek, Heinz [1984a]: „Mailüfterl" – Eine Retrospektive, in: Hans-Rainer Schuchmann; Heinz Zemanek (Hg.): Computertechnik im Profil. Ein Vierteljahrhundert deutscher Informationsverarbeitung, R. Oldenbourg Verlag, München, Wien 1984, Seiten 91–99

Zemanek, Heinz [1984b]: 25 Jahre internationaler Zusammenarbeit aus der Sicht des deutschsprachigen Raumes, in: Hans-Rainer Schuchmann; Heinz Zemanek (Hg.): Computertechnik im Profil. Ein Vierteljahrhundert deutscher Informationsverarbeitung, R. Oldenbourg Verlag, München, Wien 1984, Seiten 105–109

Zemanek, Heinz [1987]: Die Entwicklung der logischen Basis der Computerwissenschaften, in: Ferrum, Nr. 58, 1987, Seiten 34–46

Zemanek, Heinz [1988]: Ausgewählte Beiträge zu Geschichte und Philosophie der Informationsverarbeitung, R. Oldenbourg Verlag, Wien, München 1988, 291 Seiten

Zemanek, Heinz [1990]: Kalender und Chronologie. Bekanntes und Unbekanntes aus der Kalenderwissenschaft, R. Oldenbourg Verlag, München/Wien, 5. verbesserte Auflage 1990, 160 Seiten

Zemanek, Heinz [1991]: Weltmacht Computer. Weltreich der Information, Bechtle Verlag, Esslingen, München 1991, 528 Seiten

Zemanek, Heinz [1992]: Das geistige Umfeld der Informationstechnik, Springer-Verlag, Berlin, Heidelberg 1992, IX, 303 Seiten (Kapitel: Geschichte der Informationsverarbeitung, Seiten 25–50)

Zemanek, Heinz [2000]: Vom Mailüfterl zum Internet. Geschichte, Perspektiven und Kritik der Informationstechnik, Picus Verlag, Wien 2000, 63 Seiten

Zemanek, Heinz [2002a]: My relations to Antonin Svoboda, in: Jaroslav Folta (Hg.): Computing technology, past and future, National technical museum in Prague, Prague 2002, Seiten 11–23

Zemanek, Heinz [2002b]: Computers in small countries, in: Jaroslav Folta (Hg.): Computing technology, past and future, National technical museum in Prague, Prague 2002, Seiten 157–170

Zeraschi, Helmut: Drehorgeln, Buchclub Ex Libris, Zürich 1979, 251 Seiten

Zerfowski, Detlef [1999]: Mechanische Rechenmaschinen und Rechenhilfsmittel in der Vergangenheit. Eine Literaturrecherche, Weinstadt-Beutelsbach 1999, 199 Seiten (Selbstverlag)

Zerfowski, Detlef [2004]: Technischer Leiter, Erfinder und Stratege: Franz Trinks. Ein Leben für Grimme, Natalis & Co., in: Historische Bürowelt, April 2004, Heft 67, Seiten 17–18

Zerfowski, Detlef [2012]: Unser weltweites Wissen über mechanische Rechenmaschinen, Rechenschieber und andere Rechenhilfsmittel. Der Versuch einer umfassenden Übersicht des Wissens aus Vergangenheit und Gegenwart, Bangalore, Indien 2012, 1574 Seiten (Nachschlagewerk über Patente sowie Bibliografie)

Zerfowski, Detlef; Herden, Susanne [2002a]: Geodätisches Rechnen. Vermessungstechnische Berechnungsalgorithmen auf mechanischen Rechenmaschinen, in: Historische Bürowelt, April 2002, Heft 61, Seiten 13–19 (Teil 1)

Zerfowski, Detlef; Herden, Susanne [2002b]: Geodätisches Rechnen. Vermessungstechnische Berechnungsalgorithmen auf mechanischen Rechenmaschinen, in: Historische Bürowelt, September 2002, Heft 62, Seiten 15–19 (Teil 2)

Zerfowski, Detlef; Herden, Susanne [2002c]: Geodätisches Rechnen. Eine analoge Rechenmaschine im Büro: das Planimeter, in: Historische Bürowelt, Dezember 2002, Heft 63, Seiten 17–19

Zernike, F.: De differentiaal-analysator als voorbeeld van een continue machine, in: Nederlands tijdschrift voor natuurkunde, Band 15, 1949, Seiten 265–274

Zeuthen, Hieronymus Georg [1896]: Geschichte der Mathematik im Altertum und Mittelalter, Verlag von Andr. Fred. Höst & Sön, Kopenhagen 1896, VII, 344 Seiten

Zeuthen, Hieronymus Georg [1902]: Histoire des mathématiques dans l'antiquité et le moyen âge, Gauthier-Villars, imprimeur-libraire, Paris 1902, XV, 296 Seiten

Zeuthen, Hieronymus Georg [1903]: Geschichte der Mathematik im 16. und 17. Jahrhundert, Druck und Verlag von B. G. Teubner, Leipzig 1903, VIII, 434 Seiten (Abhandlungen zur Geschichte der mathematischen Wissenschaften mit Einschluss ihrer Anwendungen, Heft 17)

Zeuthen, Hieronymus Georg [1966]: Die Mathematik im Altertum und im Mittelalter, Johnson reprint corporation, New York/B. G. Teubner Verlagsgesellschaft mbH, Stuttgart 1966, V, 95 Seiten (Erstveröffentlichung 1912)

Zhang, Pu; Guo; Fuxiang: L'art de l'horlogerie occidentale et la Chine, China international press, Peking 2005, 151 Seiten (Williamson, Seiten 90–91; Jaquet Droz, Seiten 90–91 und 97)

Zhuoyun, Yu: Palaces of the forbidden city, Penguin books Ltd., Harmondsworth, Middlesex/Viking Penguin Inc., New York 1987, 332 Seiten (Palastmuseum Peking)

Zicklam, H.: Die neue Alpina-Universal-Rechenmaschine, in: Der Büromaschinenmechaniker, Band 3, 1961, Heft 28, Seiten 163–166

Ziegenbalg, Jochen; Ziegenbalg, Oliver; Ziegenbalg, Bend: Algorithmen von Hammurapi bis Gödel, Springer Fachmedien, Wiesbaden, 4., überarbeitete und erweiterte Auflage 2016, XII, 376 Seiten (Kapitel 3: Historische Bezüge, Seiten 33–96) (Hammurapi war ein babylonischer König, 1728–1686 v. Chr.)

Zielinski, Siegfried; Weibel, Peter (Hg.): Allah's automata. Artifacts of the Arabic-Islamic Renaissance (800–1200), Hatje Cantz Verlag, Ostfildern 2015, 152 Seiten (u.a. Wasser- und Elefantenuhr von Al-Jazarī)

Zientara, Marguerite: The history of computing. A biographical portrait of the visionaries who shaped the destiny of the computer industry, CW Communications, Inc., Framingham, Massachusetts 1981, 56 Seiten

Zimmermann, Franz: Rechenschieber und Rechenscheibe im Mittelschulunterricht, in: Schulpraxis, Band 61, 1971, Heft 9/10, Seiten 205–226

Zinner, Ernst [1931]: Die Geschichte der Sternkunde von den ersten Anfängen bis zur Gegenwart, Verlag von Julius Springer, Berlin 1931, XI, 673 Seiten (u.a. Wasser-, Sonnen-, Stern-, Räderuhren, Bewegungswerke (Planetarien), Räderwerk von Antikythera)

Zinner, Ernst [1956]: (Deutsche und niederländische) Astronomische Instrumente des 11.–18. Jahrhunderts, C. H. Beck'sche Verlagsbuchhandlung, München 1956, X, 679 Seiten + 80 Seiten Tafeln

Zitzler, Eckart: Dem Computer ins Hirn geschaut. Informatik entdecken, verstehen und querdenken, Springer-Verlag GmbH Deutschland, Berlin 2017, XVI, 459 Seiten

Zobel, Carsten; Amler, Volker: Am Anfang war das Blech. Das Werk des Computerpioniers Konrad Zuse, in: Magazin für Computertechnik c't, 1989, Heft 3, Seiten 232–250 (Heise-Verlag, Hannover)

Zöllner: Die Leibniz'sche Rechenmaschine, in: Zeitschrift für Vermessungswesen, Band 9, 1880, Heft 5, Seiten 228–229

Zopfi, Emil [2000]: 17 468 Elektronenröhren für ein Artilleriegeschoss. Der moderne Computer hat viele Väter, in: Neue Zürcher Zeitung, Nr. 11, 14. Januar 2000, Seite 69 (Medien und Informatik) (Eniac)

Zopfi, Emil [2003]: Der Computer hat nicht nur Väter. Die Beiträge der Pionierinnen werden unterschätzt, in: Neue Zürcher Zeitung, Nr. 95, 25. April 2003, Seite 79 (Medien und Informatik)

Zopfi, Emil [2016]: Die fesselnde Maschine. Kolumnen, Reportagen und Essays zum Computer 1987–2007, Zürich 2016, 269 Seiten (Selbstverlag) (Zuse Z4: Der Computer aus der Asche, Seiten 47–49; Zum Kaffee beim Erfinder des Computers, Seiten 90–96; Der Computer war sein Lebenswerk, Seiten 113–119)

Zoppke, Till: Konrad Zuse und seine Rechenmaschinen, in: it Information Technology, Band 52, 2010, Heft 1, Seiten 5–11

Zoppke, Till; Rojas, Raúl: The virtual life of Eniac: Simulating the operation of the first electronic computer, in: IEEE Annals of the history of computing, Band 28, 2006, Heft 2, Seiten 18–25

Zuberbühler, C.: Tabellenrechnen mit der Curta-Rechenmaschine, in: Straße und Verkehr, Band 47, 1961, Heft 6, 2 Seiten 348–349

Zumbühl, Dominik: Die zweite Revolution der Quantenphysik, in: Uni nova, Nr. 130, November 2017, Seiten 16–17 (Wissenschaftsmagazin der Universität Basel) (Quantenrechner)

Zumbühl, Hans: Sicher rechnen mit Rechenschieber und Rechenscheibe, A. Francke AG Verlag, Bern, 4. Auflage 1968, 75 Seiten (mit Gebrauchsanweisung)

Zuse KG [1951]: Development of the calculating punch. Report on period July–October 1951, o. O., 46 Seiten, http://www.zib.de/zuse

Zuse KG [1953a]: Programmgesteuerte Rechenanlage Typ Z 5, Neukirchen, Kreis Hünfeld, 1953, 30 Seiten

Zuse KG [1953b]: Bau- und Konstruktionsunterlagen zur M9. 1953/1954. Museum für Kommunikation, Bern

Zuse KG [1960]: Die historischen Modelle der Zuse-Rechengeräte-Entwicklung, Bad Hersfeld, 23. April 1960, 19 Seiten

Zuse KG [1961]: Zuse. 25 Jahre Entwicklung programmgesteuerter Rechenanlagen vom mechanischen Schaltglied über Relais, Röhre zum Transistor, Bad Hersfeld, 1961, 34 Seiten (Hg.: Presseabteilung)

Zuse, Horst (Hg.): Konstruktion der Rechenmaschine Z22, Berlin 2009, 29 Seiten

Zuse, Horst [1999]: Geschichte der Programmiersprachen, Technische Universität Berlin, Forschungsberichte des Fachbereichs Informatik, Bericht 1999-1, Berlin 1999, 69 Seiten

Zuse, Horst [2000]: Die heutige Dokumentierung von Konrad Zuses Pionierleistung für die Informatik, Vortrag an der ETH Zürich, Juni 2000, 9 Seiten

Zuse, Horst [2010a]: Konrad Zuses Werk, März 2010, 124 Seiten

Zuse, Horst [2010b]: Konrad Zuses Werk, DVD, 2010

Zuse, Horst [2011]: Nachbau der Zuse Z3 zu Konrad Zuses hundertstem Geburtstag im Jahr 2010, Präsentation auf der Ausstellung „Weltwissen“ im Gropiusbau Berlin, 23. September 2010 bis 9. Januar 2011, 7 Seiten

Zuse, Horst [2013a]: Reconstruction of Konrad Zuse's Z3, in: Arthur Tatnall; Tilly Blyth; Roger Johnson (Hg.): Making the history of computing relevant. IFIP WG 9,7 International conference, HC 2013, London, UK, 17–18 June 2013, revised selected papers, Springer, Heidelberg, New York usw. 2013, Seiten 287–296 (IFIP Advances in information and communication technology, Band 416)

Zuse, Horst [2013b]: Reconstructing Konrad Zuse's Z3 computer, in: Karl Kleine (Hg.): Computing for science, engineering, and production. Mathematical tools for the second industrial revolution, Proceedings of the 19th international meeting of collectors and researchers of historical computing instruments, Berlin, October 11–12, 2013 (Rechnen für Wissenschaft, Entwicklung und Produktion. Rechengeräte für die zweite industrielle Revolution. Tagungsband des 19.

„International Meeting“ von Sammlern und Forschern historischer Rechengeräte, Berlin, 11.–12. Oktober 2013), Books on demand, Norderstedt 2013, Seiten 351–366
Zuse, Konrad [1936]: Verfahren zur selbsttätigen Durchführung von Rechnungen mit Hilfe von Rechenmaschinen, 1936, 7 Seiten, http://zuse.zib.de
Zuse, Konrad [1939]: Rechenmaschine, Berlin, o. J., etwa 1939, 8 Seiten, http://zuse.zib.de/
Zuse, Konrad [1943a]: Rechenplangesteuerte Rechengeräte für technische und wissenschaftliche Rechnungen, Dipl.-Ing. Konrad Zuse Ingenieurbüro und Apparatebau, Berlin 1943, 15 Seiten, http://zuse.zib.de/
Zuse, Konrad [1943b]: Algebraisches Rechengerät V_4. Beschreibung des organisatorischen Teiles, Berlin, etwa 1943, 20 Seiten, http://zuse.zib.de/
Zuse, Konrad [1943c]: Algebraisches Rechengerät (V_4), Berlin, etwa 1943, 1 Seite (Blockschema)
Zuse, Konrad [1943d]: Rechenpläne für das Rechengerät V_4 (Herstellungsanweisung und Musterbeispiel), Berlin, o. J., etwa 1943, 18 Seiten
Zuse, Konrad [1943e]: Rechenplan für quadratische Gleichung, Berlin, o. J., etwa 1943, 1 Seite
Zuse, Konrad [1943f]: Planfertigungsgeräte, Berlin, o. J., etwa 1943, 3 Seiten
Zuse, Konrad [1945a]: Neuartiges, wissenschaftliches Rechengerät, Hinterstein, 14. Juni 1945, 3 Seiten
Zuse, Konrad [1945b]: Neuartiges Rechengerät, Hinterstein, 26. September 1945, 2 Seiten
Zuse, Konrad [1945c]: Kurze Beschreibung des mechanischen Speicherwerks der Fa. Zuse, Hopferau, o. J., etwa 1945, 2 Seiten
Zuse, Konrad [1945d]: Übersicht über Zuse-Speicherwerk des Versuchsmodells V_4 (Hopferau), Hopferau, o. J., etwa 1945, 1 Seite (Zeichnung)
Zuse, Konrad [1946a]: Kostenrechnung für ein mit einer Zuse-Rechenmaschine ausgerüstetes Rechenbüro, Hinterstein, 24. Januar 1946, 6 Seiten, http://zuse.zib.de/
Zuse, Konrad [1946b]: Algebraisches Rechengerät, System Zuse V_4 (Hopferau), Hopferau, o. J., etwa 1946, 2 Seiten, http://zuse.zib.de/
Zuse, Konrad [1946c]: Algebraisches Rechengerät System „Zuse V_4 (Hopferau)“, Hopferau, etwa 1946, 1 Seite (Zeichnung)
Zuse, Konrad [1946d]: Bericht über meine Rechengeräte, o. O., o. J., etwa 1946, 9 Seiten, http://zuse.zib.de/
Zuse, Konrad [1946e]: Über die Weiterentwicklung heutiger Rechenmaschinen, Hopferau, o. J., etwa 1946, 4 Seiten
Zuse, Konrad [1946f]: Allgemeiner Plankalkül, Hopferau, o. J., etwa 1946, 3 Seiten
Zuse, Konrad [1947]: Vergleich der amerikanischen Rechengeräte MIT und Eniac mit Zuse-Geräten, o. O., o. J., etwa 1947, 3 Seiten, http://zuse.zib.de/
Zuse, Konrad [1948a]: Ein neues Rechengerät für technische und wissenschaftliche Rechnungen, in: Der Wirtschaftspiegel. Technisches Sonderheft, Band 1, 1948, Heft 1, Seiten 55–58 (= Technische Hefte des Wirtschaftspiegel, Band 1, 1948, Heft 1, Seiten 55–58), Doeblin-Verlag, Wiesbaden
Zuse, Konrad [1948b]: Über Theorie und Anwendungen logistischer Rechengeräte, Hopferau, 8. Juli 1948, 38 Seiten, http://zuse.zib.de/
Zuse, Konrad [1948c]: Über den allgemeinen Plankalkül als Mittel zur Formulierung schematisch-kombinativer Aufgaben, in: Archiv der Mathematik, Band 1, 1948, Heft 6, Seiten 441–449
Zuse, Konrad [1948d]: Rechenpläne für das Rechengerät V4. Herstellungsanweisungen und Musterbeispiele, o. O., o. J., frühestens 1948, 21 Seiten, http://zuse.zib.de/
Zuse, Konrad [1949a]: Die mathematischen Voraussetzungen für die Entwicklung logisch-kombinativer Rechenmaschinen, in: Zeitschrift für angewandte Mathematik und Mechanik, Band 29, 1949, Heft 1/2, Seiten 36–37

Zuse, Konrad [1949b]: A new calculating machine for technical and scientific calculations, Zuse-Ingenieurbüro, Hopferau, 29. März 1949, 11 Seiten

Zuse, Konrad [1950a]: Rechnen mit Dezimalzahlen in Ja-Nein-Wert-Verschlüsselung, Dipl.-Ing. K. Zuse, Ingenieurbüro und Apparatebau, Berlin, 16. Januar 1950, 14 Seiten (theoretische Grundlagen des Rechenlochers M9)

Zuse, Konrad [1950b]: Rechenlocher-Funktionsmodell (M9), Dipl.-Ing. K. Zuse, Ingenieurbüro und Apparatebau, Berlin, Januar 1950, 16 Seiten, sowie Änderungsvorschlag Additionswerk 1:1, 17. Februar 1950, 1 Seite

Zuse, Konrad [1950c]: Datenblatt Z4, o. O., 1950, 6 Seiten, http://zuse.zib.de/

Zuse, Konrad [1950d]: Programmgesteuerte Rechenmaschinen in Deutschland, in: Zeitschrift für angewandte Mathematik und Mechanik, Band 30, 1950, Heft 8/9, Seiten 292–293

Zuse, Konrad [1952a]: Der Programmator, in: Zeitschrift für angewandte Mathematik und Mechanik, Band 32, 1952, Heft 8/9, Seite 246

Zuse, Konrad [1952b]: Kurzbeschreibung M8, o. O., 9. Dezember 1952, 6 Seiten, http://zuse.zib.de/

Zuse, Konrad [1953a]: Erfahrungen mit dem programmgesteuerten Rechengerät Z5, in: Ludwig Biermann (Hg.): Vorträge über Rechenanlagen. Gehalten in Göttingen, 19.–21. März 1953, Max-Planck-Institut für Physik, Göttingen 1953, Seiten 42–46

Zuse, Konrad [1953b]: Über programmgesteuerte Rechengeräte für industrielle Verwendung, in: Hubert Cremer (Hg.): Probleme der Entwicklung programmgesteuerter Rechengeräte und Integrieranlagen, Mathematisches Institut, Aachen 1953, Seiten 55–75

Zuse, Konrad [1956a]: Große oder kleine programmgesteuerte Rechengeräte?, in: Mathematical methods of operations research (Unternehmensforschung), Band 1, 1956, Heft 1, Seiten 117–122

Zuse, Konrad [1956b]: Gedanken zur Automation und zum Problem der technischen Keimzelle, in: Mathematical methods of operations research (Unternehmensforschung), Band 1, 1956, Heft 1, Seiten 160–165

Zuse, Konrad [1957]: Daten über die Entwicklung der Zuse-Rechengeräte, o. O., o. J., etwa 1957, 3 Seiten, http://zuse.zib.de/

Zuse, Konrad [1958a]: Die Feldrechenmaschine. Über den Entwurf einer programmgesteuerten Rechenmaschine, welche insbesondere für parallele Differential-Gleichungen geeignet ist, in: MTW-Mitteilungen, Band 5, 1958, Heft 4, Seiten 213–220

Zuse, Konrad [1958b]: Elektromechanische und elektronische Rechenmaschinen, 10. Tagung Feinwerktechnik „Wechselbeziehungen zwischen Mechanik und Elektronik" in Braunschweig am 30. und 31. Oktober 1958, Technische Hochschule Braunschweig, 12 Seiten (VDI-Fachgruppe Feinwerktechnik)

Zuse, Konrad [1959a]: Über den Plankalkül, in: Elektronische Rechenanlagen, Band 1, 1959, Heft 2, Seiten 68–71

Zuse, Konrad [1959b]: Einige Gesichtspunkte der Entwicklung programmgesteuerter Rechenanlagen in den letzten 20 Jahren, in: Allgemeines statistisches Archiv, Band 43, 1959, Heft 4, und Bad Hersfeld, 8 Seiten, http://zuse.zib.de/

Zuse, Konrad [1961]: ohne Überschrift (Geleitwort), in: Elektronische Rechenanlagen, Band 3, 1961, Heft 3, Seite 97

Zuse, Konrad [1962]: Entwicklungslinien einer Rechengeräte-Entwicklung von der Mechanik zur Elektronik, in: Walter Hoffmann (Hg.): Digitale Informationswandler. Probleme der Informationsverarbeitung in ausgewählten Beiträgen, Friedrich Vieweg, Braunschweig 1962, Seiten 508–532

Zuse, Konrad [1967]: Über sich selbst reproduzierende Systeme, in: Elektronische Rechenanlagen, Band 9, 1967, Heft 2, Seiten 57–64

Zuse, Konrad [1969]: Rechnender Raum, Friedrich Vieweg, Braunschweig 1969, VII, 70 Seiten

Zuse, Konrad [1972]: Zur Problematik der Rechenautomatik, in: Herbert Meschkowski (Hg.): Grundlagen der modernen Mathematik, Wissenschaftliche Buchgesellschaft, Darmstadt 1972, Seiten 253–309
Zuse, Konrad [1973]: Die ersten programmgesteuerten Relais-Rechenmaschinen, in: Martin Graef (Hg.): 350 Jahre Rechenmaschinen, Carl Hanser-Verlag, München 1973, Seiten 51–56
Zuse, Konrad [1975a]: Gesichtspunkte zur Beurteilung algorithmischer Sprachen, Gesellschaft für Mathematik und Datenverarbeitung, Abteilung für Informationswesen. St. Augustin 1975, Nr. 105, 156 Seiten
Zuse, Konrad [1975b]: Mathematische Logik und Informatik, in: Jörg Mühlbacher (Hg.): Gesellschaft für Informatik, 5. Jahrestagung, Dortmund 1975, Seiten 57–70 (Lecture notes in computer science, Band 34, Springer-Verlag, Berlin usw.)
Zuse, Konrad [1977a]: Beschreibung des Plankalküls, R. Oldenbourg Verlag, München, Wien 1977, 165 Seiten (Berichte der Gesellschaft für Mathematik und Datenverarbeitung, Bericht Nr. 112)
Zuse, Konrad [1977b]: Zusammenstellung wichtiger Personen in der Zeit von 1936 bis 1945, die an den Geräten Z1 bis Z4 mitgearbeitet haben oder in anderer Form dazu beigetragen haben bzw. sich dafür interessierten (aufgestellt Juni 1977), 5 Seiten, http://zuse.zib.de
Zuse, Konrad [1978]: A contribution to the computer development by the Eidgenössische Technische Hochschule, Hünfeld, 6. Juli 1978, 8 Seiten, http://zuse.zib.de/
Zuse, Konrad [1979]: Die Rolle der ETH bei der Computerentwicklung, in: Zeitschrift für angewandte Mathematik und Physik, Band 30, 1979, Seiten 399–403 (Nachruf für Eduard Stiefel)
Zuse, Konrad [1980a]: Some remarks on the history of computing in Germany, in: Nicholas Constantine Metropolis; Jack Howlett; Gian-Carlo Rota (Hg.): A history of computing in the twentieth century. A collection of essays, Academic press, New York, London usw. 1980, Seiten 611–627
Zuse, Konrad [1980b]: Installation of the German computer Z4 in Zurich in 1950, in: Annals of the history of computing, Band 2, 1980, Heft 3, Seiten 239-241
Zuse, Konrad [1982a]: Method for automatic execution of calculations with the aid of computers, in: Brian Randell (Hg.): The origins of digital computers. Selected papers, Springer-Verlag, Berlin, Heidelberg usw., 3. Auflage 1982, Seiten 163–170
Zuse, Konrad [1982b]: The outline of a computer development from mechanics to electronics, in: Brian Randell (Hg.): The origins of digital computers. Selected papers, Springer-Verlag, Berlin, Heidelberg usw., 3. Auflage 1982, Seiten 175–190
Zuse, Konrad [1984]: Der Computer und die Evolution menschlichen Denkens, in: Hans-Rainer Schuchmann; Heinz Zemanek (Hg.): Computertechnik im Profil. Ein Vierteljahrhundert deutscher Informationsverarbeitung, R. Oldenbourg Verlag, München, Wien 1984, Seiten 2–4
Zuse, Konrad [1993]: The computer – my life, Springer-Verlag, Berlin, Heidelberg usw. 1993, XIV, 245 Seiten (Lebenserinnerungen)
Zuse, Konrad [1998a]: Patentanmeldung Z391 (1941), in: Raúl Rojas (Hg.): Die Rechenmaschinen von Konrad Zuse, Springer-Verlag, Berlin, Heidelberg 1998, Seiten 111–193
Zuse, Konrad [1998b]: Mechanisches Schaltglied. Patentiert im Gebiet der Bundesrepublik Deutschland vom 9. Mai 1936 an, in: Raúl Rojas (Hg.): Die Rechenmaschinen von Konrad Zuse, Springer-Verlag, Berlin, Heidelberg 1998, Seiten 207–221
Zuse, Konrad [2001a]: Der Plankalkül, Gesellschaft für Mathematik und Datenverarbeitung, Bericht Nr. 63, Bonn 1972, XVI, 368 Seiten (Nachdruck: GMD Research Series, Nr. 25, GMD – Forschungszentrum für Informationstechnik, Sankt Augustin 2001, XVIII, 368 Seiten)
Zuse, Konrad [2001b]: Ansätze einer Theorie des allgemeinen Rechnens unter besonderer Berücksichtigung des Aussagenkalküls und dessen Anwendung auf Relaisschaltungen (Kurzfassung), in: Konrad Zuse: Der Plankalkül, Gesellschaft für Mathematik und Datenverarbeitung, Bericht

Nr. 63, Bonn 1972, Seiten 1–32 (Nachdruck: GMD Research Series, Nr. 25, GMD – Forschungszentrum für Informationstechnik, Sankt Augustin 2001, Seiten 1–32)

Zuse, Konrad [2005]: Rechnender Raum, in: Wilhelm Mons; Horst Zuse; Roland Vollmar (Hg.): Konrad Zuse. Ernst Freiberger-Stiftung, Berlin 2005, Seiten 117–164

Zuse, Konrad [2007]: Rechnender Raum, in: Spektrum der Wissenschaft Spezial, 2007, Heft 3, Seiten 6–15

Zuse, Konrad [2010]: Der Computer – Mein Lebenswerk. Mit Geleitworten von Friedrich L. Bauer und Heinz Zemanek, Springer-Verlag, Berlin, Heidelberg, 5., unveränderte Auflage 2010, XV, 218 Seiten (Zuses Lebenserinnerungen) (Erstausgabe Verlag Moderne Industrie Wolfgang Dummer & Co., München 1970)

Zuse, Konrad: Über sich selbst reproduzierende Systeme, o. J., in: http://zuse.zib.de/

Zuse-Ingenieurbüro Hopferau (Hg.) [1947]: Zuse-Rechengeräte, Hopferau, Oktober 1947, in: Wilfried de Beauclair (Hg.): Rechnen mit Maschinen. Eine Bildgeschichte der Rechentechnik, Springer-Verlag, Berlin, Heidelberg, 2. Auflage 2005, Seiten 77–80

Zuse-Ingenieurbüro Hopferau (Hg.) [1949]: Zuse-Rechengeräte, Hopferau 1949, 6 Seiten, http://zuse.zib.de/

Zuse-Ingenieurbüro, Hopferau: Zuse calculators, Hopferau, o. J., 6 Seiten, http://zuse.zib.de/

Zwahlen, Robert: Konrad Zuse und die Frühzeit des „wissenschaftlichen“ Rechnens an der ETH. Zu einer Ausstellung in der ETH, in: Schweizer Ingenieur und Architekt, Band 99, 1981, Heft 27/28, Seiten 630–631

Zweckbronner, Gerhard: Stationstext. Mechanisierung von Kopfarbeit, Rechnen mit Maschinen, Technoseum, Mannheim 2013, 15 Seiten

Zweifel, Regula: Musikautomaten Museum Seewen, Georg-Westermann-Verlag GmbH, Braunschweig 1993, 128 Seiten

Wann wurde die Existenz von programmgesteuerten Digitalrechnern bekannt?

Im Aufsatz von C. Dianne Martin: The myth of the awesome thinking machine (Communications of the ACM, Band 36, 1993, Heft 4, Seiten 120–133) werden Schlagzeilen zu frühen Rechenmaschinen angeführt: Eniac (ab 15. Februar 1946, Seiten 125–127), Harvard Mark 1–3 (ab 1946, Seite 128), Edvac (1947, Seite 128). Die Kunde von den programmgesteuerten Elektronenrechnern verbreitete sich kurz nach dem zweiten Weltkrieg, allerdings mit Ausnahme des Colossus (1975).

Frühe Veröffentlichungen zu IBM ASCC/Harvard Mark 1: ab 1946

Aiken, Howard Hathaway; Hopper, Grace Murray: The automatic sequence controlled calculator, in: Electrical engineering, Band 65, 1946, Heft 8/9, Seiten 384–391 (Teil 1)

Aiken, Howard Hathaway; Hopper, Grace Murray: The automatic sequence controlled calculator, in: Electrical engineering, Band 65, 1946, Heft 10, Seiten 449–454 (Teil 2)

Aiken, Howard Hathaway; Hopper, Grace Murray: The automatic sequence controlled calculator, in: Electrical engineering, Band 65, 1946, Heft 11, Seiten 522–528 (Teil 3)

Im August 1944 erschien in Stars and stripes (Zeitung der amerikanischen Streitkräfte in Rom) eine Nachricht über den Bau von Harvard Mark 1/IBM ASCC unter der Überschrift: Il più grande calcolatore matematico del mondo. Il calcolatore o supercervello che risolve qualsiasi problema matematico.

Frühe Veröffentlichungen zu Eniac: ab 1946

Goldstine, Herman Heine; Goldstine, Adele K.: The electronic numerical integrator and computer (Eniac), in: Mathematical tables and other aids to computation, Band 2, Juli 1946, Heft 15, Seiten 97–110

Hartree, Douglas Rayner: The Eniac, an electronic calculating machine, in: Nature, Band 157, 20. April 1946, Seite 527
Hartree, Douglas Rayner: The Eniac, an electronic computing machine, in: Nature, Band 158, 12. Oktober 1946, Seiten 500–506
Kennedy, T. R.: Electronic computer flashes answers, may speed engineering, in: The New York Times, 15. Februar 1946, Seite 1
o. V.: Eniac. Machine à calculer électronique, in: La nature, Band 74, 1946, Seite 202

Frühe Veröffentlichungen zu Zuse: ab 1947

1945–1946

Walther, Alwin: Wechselwirkungen zwischen Mathematik und Technik. Vortrag vom 13. Februar 1946, in: Technische Hochschule Darmstadt (Hg.): Die Welt des Ingenieurs. Vortragsreihe im Wintersemester 1945/1946, Carl Winter Universitätsverlag, Heidelberg, Darmstadt 1946, Seiten 9–32 (Erwähnung auf Seite 24, dass Zuse das Dualsystem nutzt, jedoch ohne Nennung der Z4)

1947

Stucken, Harro: Über eine neue Rechengeräteentwicklung, in: Die Naturwissenschaften, Band 34, 1947, Seite 32
Lyndon, Roger C.: The Zuse computer, in: Mathematical tables and other aids to computation, Band 2, Oktober 1947, Heft 20, Seiten 354–359
Machine development laboratory of the National bureau of standards: Bibliography, Z-I, in: Mathematical tables and other aids to computation, Band 2, Oktober 1947, Heft 20, Seiten 367–368, Besprechung von: K. Zuse, Calculator for technical and scientific calculations designed according to a theoretical plan, 59 Seiten (Verteilung durch Office of the publication board, Department of commerce, Washington, D.C.)

Roger C. Lyndon war in der für Forschung zuständigen Abteilung der amerikanischen Botschaft in London tätig. Die Arbeit von Lyndon wird jedoch im Literaturverzeichnis der 1950/51 herausgegebenen Aufsätze „Programmgesteuerte digitale Rechengeräte (elektronische Rechenmaschinen)“ von Heinz Rutishauser; Ambros Speiser; Eduard Stiefel auf Seite 101 angeführt.

Außer dem Bericht von Konrad Zuse werden auch Arbeiten von George Robert Stibitz: Relay computers (Februar 1945, V, 70 Blätter und Anhang) und des National defense research committee: Description of the Eniac and comments on electronic digital computing machines von John Presper Eckert, John William Mauchly, Herman Heine Goldstine und John Grist Brainerd der Moore school of electrical engineering, Universität Pennsylvania (November 1945, VIII, 58 Blätter und 11 Zeichnungen), beschrieben.

ferner (unveröffentlicht):

Brinkmann, Donald (Universität Zürich): Postkarte an Konrad Zuse, Hopferau bei Füssen, 3. September 1947, 1 Seite

1948

Zuse, Konrad: Ein neues Rechengerät für technische und wissenschaftliche Rechnungen, in: Der Wirtschaftspiegel. Technisches Sonderheft, Band 1, 1948, Heft 1, Seiten 55–58 (= Technische Hefte des Wirtschaftspiegel, Band 1, 1948, Heft 1, Seiten 55–58), Doeblin-Verlag, Wiesbaden
Zuse, Konrad: Über den allgemeinen Plankalkül als Mittel zur Formulierung schematisch-kombinativer Aufgaben, in: Archiv der Mathematik, Band 1, 1948, Heft 6, Seiten 441–449

Im Literaturverzeichnis der 1950/51 herausgegebenen Aufsätze „Programmgesteuerte digitale Rechengeräte (elektronische Rechenmaschinen)“ von Heinz Rutishauser, Ambros Speiser, Eduard Stiefel wird auf Seite 102 auf ein technisches Sonderheft des „Wirtschaftspiegel“ vom März 1948

(„Beschreibung des Rechengerätes von Zuse") hingewiesen. Zuses schwer zugängliche Arbeit war in Zürich wohl frühestens 1949 bei Vertragsabschluss verfügbar.

1949

Wittke, Heinz: Vom Abacus zum Eniac, in: Zeitschrift für angewandte Mathematik und Mechanik, Band 29, 1949, Heft 1/2, Seite 35

Zuse, Konrad: Die mathematischen Voraussetzungen für die Entwicklung logisch-kombinativer Rechenmaschinen, in: Zeitschrift für angewandte Mathematik und Mechanik, Band 29, 1949, Heft 1/2, Seiten 36–37

Billing, Heinz: Numerische Rechenmaschine mit Magnetophonspeicher, in: Zeitschrift für angewandte Mathematik und Mechanik, Band 29, 1949, Heft 1/2, Seiten 38–42

o. V.: Höhere Mathematik auf Knöpfen. Das Ding kann nicht denken, in: Der Spiegel, Nr. 28, 7. Juli 1949, Seiten 30–32 (Zuse Z4)

Meyer zur Capellen, Walther: Mathematische Instrumente, Akademische Verlagsgesellschaft Geest und Portig KG, Leipzig 1949, 3., ergänzte Auflage, Seiten 311–313 (Nachtrag: Abschnitt 5.2 Das Gerät von Konrad Zuse, mit Erwähnung eines Prospekts vom Apparatebau Konrad Zuse, Füssen, Allgäu)

1950

Stucken, Harro: Programmgesteuerte Rechenmaschinen in Deutschland, in: Physikalische Blätter, Band 6, 1950, Heft 4, Seiten 166–170

Zuse, Konrad: Programmgesteuerte Rechenmaschinen in Deutschland, in: Zeitschrift für angewandte Mathematik und Mechanik, Band 30, 1950, Heft 8/9, Seiten 292–293

Rutishauser, Heinz; Speiser, Ambros Paul; Stiefel, Eduard: Programmgesteuerte digitale Rechengeräte (elektronische Rechenmaschinen), Zusammenfassender Bericht, in: Zeitschrift für angewandte Mathematik und Physik, Band 1, 1950, Seiten 277–297 (Teil 1)

Rutishauser, Heinz; Speiser, Ambros Paul; Stiefel, Eduard: Programmgesteuerte digitale Rechengeräte (elektronische Rechenmaschinen), Zusammenfassender Bericht, in: Zeitschrift für angewandte Mathematik und Physik, Band 1, 1950, Seiten 339–362 (Teil 2)

Stiefel, Eduard: Die programmgesteuerte elektromechanische Rechenmaschine der ETH, in: Zeitschrift für angewandte Mathematik und Physik, Band 1, 1950, Seiten 334–335

Speiser, Ambros Paul: Das programmgesteuerte Rechengerät an der Eidgenössischen Technischen Hochschule in Zürich, in: Neue Zürcher Zeitung, 30. August 1950, Mittagausgabe, Nr. 1796 (50), Blatt 5 (Technik)

Speiser, Ambros Paul: Die Anfertigung von Rechenplänen für programmgesteuerte Rechenmaschinen, in: Technische Rundschau, Band 42, 1950, Heft 40, Seiten 1–3

Lü: Eine programmgesteuerte elektrische Rechenmaschine, in: Bulletin des Schweizerischen Elektrotechnischen Vereins, Band 41, 1950, Heft 16, Seiten 607–609 (Das Kürzel Lü steht wahrscheinlich für Lütolf oder Lüthy)

Smith, A. E.: A survey of large-scale digital computers and computer projects, Office of naval research, Department of the navy, Washington, D.C., Juli 1950, IV, 28 Seiten

Frühe Veröffentlichungen zu Colossus: 1975 ff. (Government code and cypher school, Bletchley Park, Buckinghamshire)

Public record office (britische Regierung), London, sowie Science museum, London: erstmals Veröffentlichung einer Reihe von Fotografien zu Colossus (20. Oktober 1975)

Randell, Brian: Colossus: godfather of the computer, in: New Scientist, Band 73, 10. Februar 1977, Heft 1038, Seiten 346–348

Good, Irving Jack: Pioneering work on computers at Bletchley, in: Nicholas Constantine Metropolis; Jack Howlett; Gian-Carlo Rota (Hg.): A history of computing in the twentieth century. A collection of essays, Academic press, New York, London usw. 1980, Seiten 31–45 (Vortrag im National physical laboratory, Teddington, 28. April 1976)

Randell, Brian: The colossus, in: Nicholas Constantine Metropolis; Jack Howlett; Gian-Carlo Rota (Hg.): A history of computing in the twentieth century. A collection of essays, Academic press, New York, London usw. 1980, Seiten 47–92 (Vortrag auf der International research conference on the history of computing, Los Alamos, 10.–15. Juni 1976)

Frühe Erhebungen zu digitalen Rechenautomaten

Engineering Research Associates, Inc.: High-speed computing devices, Tomash publishers, Los Angeles, San Francisco 1983, XLII, 451 Seiten (Erstveröffentlichung 1950)

Rutishauser, Heinz; Speiser, Ambros Paul; Stiefel, Eduard: Programmgesteuerte digitale Rechengeräte (elektronische Rechenmaschinen), Birkhäuser Verlag, Basel 1951, 102 Seiten

Blachman, Nelson M.: A survey of automatic digital computers, Office of naval research, Department of the navy, Washington, D.C. 1953, VI, 109 Seiten

Weik, Martin H.: A survey of domestic electronic digital computing systems, Aberdeen Proving Ground, Maryland 1955 (Ballistic research laboratories report 971), XVIII, 272 Seiten

Weik, Martin H.: A second survey of domestic electronic digital computing systems, Office of technical services, United States Department of commerce, Washington, D.C., 1957, 439 Seiten (Ballistic research laboratories report 1010)

Frühe Handbücher

IBM ASCC/Harvard Mark I

Computation Laboratory: A manual of operation for the automatic sequence controlled calculator, Harvard university press, Cambridge, Massachusetts 1946/MIT press, Cambridge, Massachusetts, London/Tomash publishers, Los Angeles, San Francisco 1985, XLVI, 561 Seiten (Hubert Arnold, Richard M. Bloch, Robert V.D. Campbell, Grace Murray Hopper)

Eniac

Goldstine, Adele K.: Report on the Eniac (Electronic numerical integrator and computer). Developed under the supervision of the Ordnance department, United States army, Washington, D.C., Technical manual, University of Pennsylvania, Moore school of electrical engineering, Philadelphia, Pennsylvania, 1. Juni 1946, Periscope Film LLC, Los Angeles, California 2012, XXXI, 432 Seiten

Frühe grundlegende Arbeiten zu Geräten und Programmen

Burks, Arthur Walter; Goldstine, Herman Heine; von Neumann, John: Preliminary discussion of the logical design of an electronic computing instrument, The Institute for Advanced Study, Princeton, 2. Auflage 1947, V, 42 Seiten (Erstveröffentlichung 1946)

Goldstine, Herman Heine; von Neumann, John: Planning and coding of problems for an electronic computing instrument, in: William Aspray; Arthur Walter Burks (Hg.): Papers of John von Neumann on computing and computer theory, MIT press, Cambridge, Massachusetts, London 1987, Seiten 151–306 (Erstveröffentlichung 1947)

Rutishauser, Heinz: Automatische Rechenplanfertigung bei programmgesteuerten Rechenmaschinen, Birkhäuser Verlag, Basel 1952, 45 Seiten (Nachdruck 1956)

Rutishauser, Heinz; Speiser, Ambros Paul; Stiefel, Eduard: Programmgesteuerte digitale Rechengeräte (elektronische Rechenmaschinen), Birkhäuser Verlag, Basel 1951, 102 Seiten von Neumann, John: First draft of a report on the Edvac, in: William Aspray; Arthur Walter Burks (Hg.): Papers of John von Neumann on computing and computer theory, MIT press, Cambridge, Massachusetts, London 1987, Seiten 17–82 (Erstveröffentlichung 1945)

Wilkes, Maurice Vincent; Wheeler, David John; Gill, Stanley: The preparation of programs for an electronic digital computer, with special reference to the Edsac and the use of a library of subroutines, Addison-Wesley Cambridge, Massachusetts 1951/Tomash publishers, Los Angeles, San Francisco 1982, XXXI, 167 Seiten

siehe auch Rutishauser (Automatische Rechenplanfertigung bei programmgesteuerten Rechenmaschinen, 1952)

Erste Programmiersprache

Zuse, Konrad: Der Plankalkül, Gesellschaft für Mathematik und Datenverarbeitung, Bericht Nr. 63, Bonn 1972, XVI, 368 Seiten (Nachdruck: GMD Research Series, Nr. 25, GMD – Forschungszentrum für Informationstechnik, Sankt Augustin 2001, XVIII, 368 Seiten)

Briefwechsel zwischen Informatikpionieren

Guerraggio, Angelo; Mattaliano, Maurizio; Nastasi, Pietro (Hg.): Per l'archivio della corrispondenza dei matematici italiani. La „lunga marcia“ di Mauro Picone (1885–1977), Università commerciale Luigi Bocconi, Centro Pristem, Palermo 2010, XVIII, 390 Seiten (Quaderni Pristem, Band 15) (Pristem = progetto ricerche storiche e metodologiche)

Mehrsprachiger Briefwechsel zwischen Mauro Picone (Gründer des 1932 geschaffenen Istituto per le applicazioni del calcolo, Rom) und Aiken, Böhm, Couffignal, Curtiss, Eckert, Goldstine, Huskey, Rajchman, Rosser, von Neumann, Watson u.a.

Bericht über US-Elektronenrechner (Besuch zahlreicher Institutionen)

Canepa, Michele, Briefe an Mauro Picone, 10. Dezember 1950 und Januar 1951, in: Angelo Guerraggio; Maurizio Mattaliano; Pietro Nastasi (Hg.): Per l'archivio della corrispondenza dei matematici italiani. La „lunga marcia“ di Mauro Picone (1885–1977), Seiten 90–93 und 95–111

Zeitschriften

Die folgenden Blätter haben mehrfach Beiträge zur Geschichte der Rechentechnik und der Informatik bzw. der Technik veröffentlicht. Zu beachten: Manche dieser Zeitschriften sind verschwunden oder haben eine neuen Namen erhalten.

- ADL-Nachrichten (Arbeitsgemeinschaft deutscher Lochkartenfachleute, Deutschland)
- Annals of the computation laboratory of Harvard university (USA)
- Arts mécaniques. Bulletin de l'association nationale des collectionneurs de machines à écrire et à calculer mécaniques (Frankreich)
- Australian journal of physics (Australien)
- Braunschweiger GNC-Monatsschrift (Grimme, Natalis & Co.) (Deutschland)
- BSHM Bulletin, Journal of the British society for the history of mathematics (Großbritannien)
- Bulletin de la société d'encouragement pour l'industrie nationale (Frankreich)
- Bulletin of the scientific instrument society (Großbritannien)
- Communications of the ACM (USA)
- Computer (IEEE Computer society, USA)
- Der Büromaschinenmechaniker (Deutschland)
- Die Naturwissenschaften (Deutschland)

- Digital computer newsletter (Office of naval research, Navy department, Washington, D.C., USA; 1949–1962; 1954–1957 auch als Anhang zum Journal of the Association for computing machinery) (USA)
- Dingler's polytechnisches Journal (Deutschland)
- Electrical engineering (American institute of electrical engineers, AIEE, USA)
- Electronic engineering (Großbritannien)
- Elektronische Rechenanlagen (Deutschland)
- Elemente der Mathematik (Schweiz)
- Ferrum (Schweiz)
- Histec Journal (History tecnic journal, Schweizer Zeitschrift für historische Technik, Schweiz)
- Historische Bürowelt (Deutschland)
- IEEE Annals of the history of computing (IEEE Computer society, USA)
- IEEE Spectrum (USA)
- Informatik-Spektrum (Deutschland)
- Internet histories: Digital technology, culture and society (USA)
- it Information technolgy (Deutschland)
- Journal for the history of astronomy (USA)
- Journal of scientific instruments (Großbritannien)
- Journal of the Oughtred society (Rechenschieber, USA)
- La nature (Frankreich)
- Mathematical tables and other aids to computation (MTAC, 1943–1959, seit 1960: Mathematics of computation) (USA)
- Nature (Großbritannien)
- Proceedings of the IEEE (Institute of electrical and electronics engineers, USA)
- Proceedings of the IRE/Proceedings of the Institute of radio engineers (USA)
- Resurrection (Computer conservation society, Großbritannien)
- Revista de obras publicas (Spanien)
- Schweizerische Bauzeitung (Schweiz)
- Scientific American (USA)
- Slide rule gazette, United Kingdom slide rule circle (UKSRC) (Großbritannien)
- Spektrum der Wissenschaft (Deutschland)
- Technikgeschichte (Deutschland)
- Technische Rundschau (Schweiz)
- Technology and culture. The international quarterly of the society for the history of technology (USA)
- The computer journal (British computer society, Großbritannien)
- The radio and electronic engineer (Großbritannien)
- Transactions of the IRE, professional group on electronic computers (USA)
- Zeitschrift für angewandte Mathematik und Mechanik (Zamm, Deutschland)
- Zeitschrift für angewandte Mathematik und Physik (Zamp, Deutschland)
- Zeitschrift für Vermessungswesen (Deutschland)

ETH-Bibliothek Zürich: kommentierte Bibliografie des Archivguts

Einführung

Beim Archivgut handelt es sich um Schrift-, Bild- und Tondokumente. Es geht vorwiegend um Schriftstücke, Akten, Urkunden, Karten. Das Schriftgut zur Frühgeschichte der Informatik liegt vor allem in Form von Briefen, Berichten, Notizen, Protokollen, Verträgen vor. Die meisten Akten sind maschinenschriftlich, einige handschriftlich abgefasst. Hinzu kommen Zeichnungen, Pläne und Fotos. Die Textdokumente, Zeichnungen und Mikrofilmkarten werden nicht ausgeliehen. Sie sind nur an Ort und Stelle einsehbar und inhaltlich nicht näher erschlossen.

Eine Fundgrube für die Erforschung der Frühgeschichte der Informatik in der Schweiz sind die übers Internet abrufbaren *Schulratsprotokolle.* Sie enthalten im Anhang u.a. auch die damaligen Vorlesungsverzeichnisse der ETH Zürich mit Listen der Professoren und Assistenten. Es ist allerdings nur ein kleiner Teil der Aktenstücke des Hochschularchivs digitalisiert. Der *Schweizerische Schulrat* ist Vorgänger des heutigen Rats der Eidgenössischen Technischen Hochschulen (ETH-Rat). Der ETH-Bereich umfasst sechs Einrichtungen, die beiden technischen Hochschulen Zürich und Lausanne sowie vier Forschungsanstalten.

Weitere vorzügliche historische Quellen sind die *Jahresberichte* des Instituts für angewandte Mathematik (ab 1947/1948), die *Verträge* zwischen der Zuse KG und der ETH Zürich (und deren Entwürfe), der *Prüfbericht* über die Z4, das *Abnahmeprotokoll* zur Z4, die *Liste der von 1950 bis 1955 mit der programmgesteuerten Rechenmaschine Z4 ausgeführten Aufträge und mathematischen Untersuchungen* sowie der *Briefwechsel* zwischen Hans Pallmann, Eduard Stiefel und Konrad Zuse. Die meisten dieser Dokumente sind im *Nachlass von Eduard Stiefe*l sowie in den *Schulratsakten* zu finden

Für das Hochschularchiv gilt eine *Sperrfrist von 50 Jahren.* Im Jahr 2019 sind daher nur die Unterlagen und Schulratsprotokolle bis 1968 zugänglich. Das Archiv der ETH-Bibliothek in Zürich beherbergt auch die Nachlässe von Paul Bernays, Hans Pallmann und *Heinz Rutishauser.* Der Nachlass von Ambros Speiser befindet sich in Privatbesitz. Die Dokumente im historischen Archiv ABB (Baden AG) beziehen sich weitestgehend auf Speisers Tätigkeit für die BBC. Weitere Dokumente zur Ermeth sind ferner im *Museum für Kommunikation, Bern* (PTT-Archiv) zu finden.

Schulratsarchiv

SR 1 Ausgang (Missiven)
SR 2 Protokolle und Verfügungen
SR 3 Eingang (Akten)

Die ausgehende Post (SR 1) des Schulratspräsidenten liegt in Form von Mikrofilmkarten vor. Die Schulratsprotokolle (SR 2) sind digitalisiert und übers Internet abrufbar. Die Akten (SR 3) stehen auf Papier oder als Mikrofilmkarten zur Verfügung.

Schulratsprotokolle

http://www.sr.ethbib.ethz.ch/digbib/home

Schulratsakten

Quelle: ETH-Bibliothek, Archive,
Schweizerischer Schulrat: Akten, SR 3:
1947–1950: Systematik-Nr. 232.144 (Institut für angewandte Mathematik),
1951–1962: Systematik-Nr. 509.203 (Institut für angewandte Mathematik).
Die Dokumente bis 1960 liegen in Form von Mikrofilmkarten vor, ab 1961 (noch) auf Papier.
Weitere Systematik-Nummern: 232.142, 232.143, 232.20, 232.244, 131.770–131.771.
Jahresberichte sind auch unter den Systematik-Nummern 101 (1947–1950) bzw. 151 (ab 1951) zu finden.

Jahresberichte des Instituts für angewandte Mathematik, 1947–1969

Quellen: ETH-Bibliothek, Archive, Nachlass von Eduard Stiefel (Hs 385:47) sowie Schweizerischer Schulrat, Akten, SR 3, 1947 ff.

1968 wurde die Fachgruppe „Computerwissenschaften“ gegründet. Ab 1970 beschreiben die Jahresberichte die Tätigkeit des (umbenannten) *Seminars* für angewandte Mathematik.

Die unten stehenden Jahresberichte decken die *Pionierzeit* der Informatik an der ETH Zürich ab. Sie dauerte von 1948 bis 1956 (Nutzung der Zuse Z4 und Bau der Ermeth) bzw. bis 1963 (Abbruch der Ermeth). Von 1957 bis 1963 standen die Anwendung und die Entwicklung von Programmiersprachen im Vordergrund. Die Berichte von 1947 bis 1952 beziehen sich jeweils auf das *Studienjahr*, ab 1953 gelten sie für das *Kalenderjahr.*

1948 begannen längere Studienaufenthalte von Heinz Rutishauser, Ambros Speiser und Eduard Stiefel in den USA. Aufschlussreich sind auch die Tätigkeitsberichte der dem Institut für angewandte Mathematik angegliederten *Kommission zur Entwicklung von Rechengeräten in der Schweiz.*

Im Brief von 17. Januar 1950 von Hans Pallmann an Eduard Stiefel wird ein *Jahresbericht für das Studienjahr 1948/1949* erwähnt. Der Bericht ging am 17. März 1949 bei der Kanzlei des Schweizerischen Schulrats ein. Der Jahresbericht 1948/49 ist verschollen.

Verfügbare Jahresberichte

Stiefel, Eduard: Jahresbericht 1947/1948 über das Institut für angewandte Mathematik der ETH, ETH Zürich, 16. März 1949, 2 Seiten

Stiefel, Eduard: Bericht über die Tätigkeit des Institutes für angewandte Mathematik im Sommersemester 1948, 2 Seiten (Eingang beim Schulrat: 24. Juni 1948)

o. V.: Jahresbericht des Institutes für angewandte Mathematik für das Studienjahr 1949/50, ETH Zürich, 4. Januar 1951, 3 Seiten

Rutishauser, Heinz: Bericht über die Tätigkeit des Instituts im Studienjahr 1950/51, ETH Zürich, 9. Januar 1952, 3 Seiten

Stiefel, Eduard: Bericht über die Tätigkeit des Instituts im Studienjahr 1951/52, ETH Zürich, 31. Dezember 1952, 6 Seiten

Stiefel, Eduard: Bericht über die Tätigkeit des Instituts für angewandte Mathematik im Jahre 1953, ETH Zürich, 9. Januar 1954, 7 Seiten

Stiefel, Eduard: Bericht über die Tätigkeit des Instituts für angewandte Mathematik im Jahre 1954, ETH Zürich, 7. Januar 1955, 11 Seiten

Stiefel, Eduard: Bericht über die Tätigkeit des Instituts für angewandte Mathematik im Jahre 1955, ETH Zürich, 4. Januar 1956, 10 Seiten

Stiefel, Eduard: Bericht über die Tätigkeit des Instituts für angewandte Mathematik im Jahre 1956, ETH Zürich, 20. Dezember 1956, 11 Seiten

Stiefel, Eduard: Bericht über die Tätigkeit des Instituts für angewandte Mathematik im Jahre 1957, ETH Zürich, 20. Dezember 1957, 8 Seiten

Stiefel, Eduard: Bericht über die Tätigkeit des Instituts für angewandte Mathematik im Jahre 1958, ETH Zürich, 20. Dezember 1958, 10 Seiten

Stiefel, Eduard: Bericht über die Tätigkeit des Instituts für angewandte Mathematik im Jahre 1959, ETH Zürich, 21. Dezember 1959, 9 Seiten

Stiefel, Eduard: Bericht über die Tätigkeit des Instituts für angewandte Mathematik im Jahre 1960, ETH Zürich, 20. Dezember 1960, 9 Seiten

Stiefel, Eduard: Bericht über die Tätigkeit des Instituts für angewandte Mathematik im Jahre 1961, ETH Zürich, 20. Dezember 1961, 10 Seiten

Stiefel, Eduard: Bericht über die Tätigkeit des Instituts für angewandte Mathematik im Jahre 1962, ETH Zürich, 21. Dezember 1962, 12 Seiten

Stiefel, Eduard: Bericht über die Tätigkeit des Instituts für angewandte Mathematik im Jahre 1963, ETH Zürich, 21. Dezember 1963, 9 Seiten

Stiefel, Eduard: Bericht über die Tätigkeit des Instituts für angewandte Mathematik im Jahre 1964, ETH Zürich, 15. Dezember 1964, 7 Seiten

Eduard Stiefels Studienreise in die USA
Stiefel, Eduard: Bericht über eine Studienreise nach den Vereinigten Staaten von Amerika vom 18. Oktober 1948 bis 12. März 1949, ETH Zürich, Institut für angewandte Mathematik, 16. Mai 1949, 8 Seiten
Quelle: ETH-Bibliothek, Archive, Nachlass von Eduard Stiefel (Hs 385:243)

Forschungskommission zur Entwicklung von Rechengeräten in der Schweiz
Protokoll über die Sitzung der Forschungskommission zur Entwicklung von Rechengeräten in der Schweiz, 8. Mai 1948, 4 Seiten
Quelle: ETH-Bibliothek, Archive, Schweizerischer Schulrat: Akten, SR 3:1948

Kommission zur Entwicklung von Rechengeräten in der Schweiz
Stiefel, Eduard: Protokoll der Sitzung der Kommission zur Entwicklung von Rechengeräten in der Schweiz. Sitzung vom 25. Juni 1949, Zürich, 28. Juni 1949, 5 Seiten (mit *Tätigkeitsbericht der Kommission 1948/1949)*; Anhang: Voranschlag
Quelle: ETH-Bibliothek, Archive, Nachlass von Eduard Stiefel (Hs 385:243)

Unterredungen des Schulratspräsidenten
Unterredung [von Prof. Hans Pallmann] **mit Herrn Prof.** [Eduard] **Stiefel**, 22. Juni 1949, 2 Seiten (handschriftlich)
Quelle: ETH-Bibliothek, Archive, Nachlass von Eduard Stiefel (Hs 385:243)

Klage über die hohen Miet- und Servicekosten von IBM, bei zehnjährigem Gebrauch beliefen sich die Auslagen auf etwa 400 000 Franken. Für dieses Geld wäre eine Eigenkonstruktion möglich,
Angaben zu einer Besprechung Eduard Stiefels mit Hans Brändli und Max Lattmann bei Contraves,

Aussage, dass Contraves beabsichtige, das Zuse-Gerät zu übernehmen, sofern die ETH und die Industrie sich daran finanziell beteiligen würden, die Übernahme sei billig (Voranschlag: 30 000 Fr.)
Erwähnung einer Reise von Eduard Stiefel und Hans Brändli [nach anderen Quellen war Max Lattmann dabei] nach Deutschland,
Annahme, dass eine schweizerische Eigenkonstruktion nicht mehr als 100 000 Franken kosten würde

Unterredung [von Prof. Hans Pallmann] **mit den HH.** [Jakob Ackeret, Eduard Stiefel, Maximilian Julius Strutt. Ernst Baumann, Max Lattmann] **der Kommission zur Entwicklung von Rechengeräten und Hans Brändli** [Direktor der Contraves], 16. Juli 1949, 2 Seiten, 18. Juli 1949
Quelle: ETH-Bibliothek, Archive, Nachlass von Eduard Stiefel (Hs 385:243)

Annahme, dass die Entwicklung einer schweizerischen Rechenmaschine auf mindestens 300 000 Franken zu stehen käme,
Feststellung, dass Eduard Stiefel und Max Lattmann die deutsche Rechnungsmaschine von Zuse besichtigt hätten, die Maschine sei mathematisch außergewöhnlich gut durchstrukturiert, sie entspreche aber nicht allen Anforderungen (zu langsam, zu kleines Gedächtnis, zu wenige Stellen), für eine Nutzung müsste sie instand gestellt und überholt werden,
Mitteilung, dass der Konstrukteur Zuse, der den deutschen Mathematikern und auch in Amerika bekannt sei, 40 000 deutsche Mark fordere, d.h. 32 000 bis 48 000 Schweizer Franken, je nach Kurs,
Erwähnung, dass die Maschine nicht gekauft werden, sondern der ETH dauernd in Miete zur Verfügung stehen sollte, die 40 000 deutsche Mark stellten einen Kredit an Zuse für die Weiterentwicklung der Maschine dar, die übernommene Maschine gelte als Sicherheit,
Bemerkung, dass die Maschine einen raschen Beginn ermögliche, da in ihr sehr viel Entwicklungsarbeit vorweggenommen worden sei,

Forderung, dass die Besitzverhältnisse besonders sorgfältig geklärt werden müssten, Aussage Max Lattmanns, dass Konrad Zuse unter dürftigen Verhältnissen lebe, die Maschine sei schlecht und recht in einem Keller untergebracht, Zuse mache einen sehr guten Eindruck,
Bitte an Ernst Baumann, mit Hans Brändli und Max Lattmann einen Vertragsentwurf zu bearbeiten, Zuse müsse um die Ausfuhrbewilligung nachsuchen,
Hinweis, dass die ETH diese Maschine vollständig übernehmen solle, d.h. ohne die finanzielle Mitwirkung der Contraves

Ausbau des Institutes für angewandte Mathematik. Unterredung [von Prof. Hans Pallmann] **mit Herrn Prof.** [Eduard] **Stiefel** vom 11. August 1949, 8 Seiten (handschriftlich)
Quelle: ETH-Bibliothek, Archive, Nachlass von Eduard Stiefel (Hs 385:243)

Feststellung, dass dem von Eduard Stiefel geleiteten Institut der Raum 23c$_1$ zugeteilt und dass seit 1948 ein b-Assistent bewilligt worden sei. Der ordentliche Kredit betrage 500 Franken/Jahr. Das Institut besitze eine elektrische Rechenmaschine und eine Loga-Rechenwalze. Ihm sei eine Kommission zur Entwicklung von Rechengeräten angegliedert;
eingehende Betrachtungen zum Inhalt eines Vertrages mit Zuse (Kosten von 40 000 Franken),
Hinweis, dass bei einer Übernahme der Rechenmaschine Zuse die räumlich, personelle und finanzielle Ausstattung des Instituts nicht mehr genüge, mit Angaben zu den Mindestanforderungen

Unterredung [von Prof. Hans Pallmann] **mit Prof.** [Eduard] **Stiefel**, 6. November 1950, 6 Seiten (handschriftlich, mit einigen Bemerkungen in stenografischer Kurzschrift)
Quelle: ETH-Bibliothek, Archive, Nachlass von Eduard Stiefel (Hs 385:243)

Feststellung, dass die Drittbenutzung sehr groß sei,

Berechnung der Kosten für die Z4 bei einer Abschreibung der 50 000 Franken in fünf Jahren (40 Fr./Tag bei 250 Tagen/Jahr), mit Personalkosten (30 Fr./Tag) und Stromkosten (10 Fr./Tag): Gesamtauslagen 80 Franken/Tag,
Bedenken, dass bei einem Ausfall von Ambros Speiser niemand vorhanden wäre, der die Maschine funktionell verstehen würde,
Angaben zur Weiterentwicklung (dringend nötiger neuer Speicher) und zum Ersatz der Z4 (1955) Annahme, dass die USA auf Jahre hinaus nicht liefern können,
Anmerkung: Diese Gesprächsnotiz zur Amortisation (Deckung der Anschaffungskosten durch die Erträge) belegt, dass die ETH für die Z4 im Ganzen 50 000 Franken ausgelegt hatte.

Anmerkung
Verfasser der handschriftlichen Gesprächsnotizen zu den Unterredungen ist mit hoher Wahrscheinlichkeit Hans Pallmann.

Vereinbarungen zwischen der Firma Zuse und dem Institut für angewandte Mathematik der ETH

Vorbemerkung zu den Verträgen
Zwischen dem Institut für angewandte Mathematik der ETH Zürich und dem Zuse-Ingenieurbüro, Neukirchen, wurden zwei Verträge geschlossen: der *Hauptvertrag* (7. September 1949) mit einer technischen Beilage und der *Ausführungsvertrag* (Mietvertrag, 22. September/8. Oktober 1949).
Am 6. Februar 1950 folgte eine Bestellung von Zusatzeinrichtungen. Weitere Abmachungen wurden im Abnahmeprotokoll vom 21. Juli 1950 getroffen. Die Beziehungen zwischen den als „Vertrag" und „Mietvertrag" bezeichneten Urkunden werden erst durch den Briefwechsel zwischen Schulratspräsident Hans Pallmann und Institutsvorstand Eduard Stiefel verständlich.

Grundvertrag

Vertrag zwischen dem Institut für angewandte Mathematik der Eidgenössischen Technischen Hochschule in Zürich und dem Zuse-Ingenieurbüro in Neukirchen, Kreis Hünfeld, Zürich und Neukirchen, 7. September 1949, 8 Seiten (Unterzeichnung in Basel durch Eduard Stiefel und Konrad Zuse, Billigung durch die Verwaltung für Wirtschaft des Vereinigten Wirtschaftsgebietes, Frankfurt am Main-Höchst [Diese Genehmigung fehlt im vorliegenden Dokument, wird aber bestätigt im Brief von Hans Pallmann an Konrad Zuse vom 20. Oktober 1949],Genehmigung am 19. September 1949 durch den Präsidenten des Schweizerischen Schulrates, Hans Pallmann), mit technischer Beilage
Quelle: ETH-Bibliothek, Archive, Nachlass von Eduard Stiefel (Hs 385:243)

Anmerkung
Der Grundvertrag wurde am 19. September 1949 genehmigt (Präsidialprotokoll vom 26. September 1949). In der Sitzung des Schweizerischen Schulrates vom 8. Oktober 1949 wurde dies mit Zustimmung zur Kenntnis genommen.

Technische Beilage zum Vertrag zwischen dem Ingenieur-Büro Zuse in Neukirchen und dem Institut für angewandte Mathematik der ETH betreffend Übernahme des Rechengerätes V4 durch die Eidgenössische Technische Hochschule in Zürich, Zürich, 6. September 1949, 2 Seiten (Unterzeichnung durch Eduard Stiefel und Konrad Zuse)
Quelle: ETH-Bibliothek, Archive, Nachlass von Eduard Stiefel (Hs 385:243)

Hinweis
Es gab mehrere Vertragsentwürfe:
- Entwurf von Hans Brändli (Contraves AG, Zürich),
- Entwurf ETH vom 9. August 1949,
- Entwurf ETH vom 12. August 1949

und mehrere Stellungnahmen dazu, z.B. von:
- Gustav Neukomm (Jurist, Kanzlei des Schweizerischen Schulrates),
- Walter Saxer (ehemaliger Rektor der ETH),
- Arthur Rohn (ehemaliger langjähriger Schulratspräsident, keine Änderungsvorschläge).

Zusatzvertrag

Mietvertrag zwischen dem Institut für angewandte Mathematik der Eidgenössischen Technischen Hochschule in Zürich und dem Zuse-Ingenieurbüro in Neukirchen, Kreis Hünfeld, Neukirchen, 22. September 1949/Zürich, 8. Oktober 1949, 4 Seiten (Unterzeichnung durch Konrad Zuse, Eduard Stiefel, Verwaltung für Wirtschaft des Vereinigten Wirtschaftsgebietes, Frankfurt am Main-Höchst, Genehmigung am 13. Oktober 1949 durch den Präsident des Schweizerischen Schulrates, Hans Pallmann)
Quelle: ETH-Bibliothek, Archive, Nachlass von Eduard Stiefel (Hs 385:243)

Anmerkung
Dieser Ausführungsvertrag baut auf dem Hauptvertrag auf, er ändert die Zahlungsbedingungen zugunsten Zuses.

Nachträgliche Bestellung

Brief von Eduard Stiefel an die Zuse KG vom 6. Februar 1950, 2 Seiten
Bestellung von Zusatzeinrichtungen für die Rechenmaschine vom Typ Zuse V4: 1 Druckwerk zum Niederschreiben der errechneten Ergebnisse, 1 Lochstreifenwerk zum Lochen von Zahlen auf Filmstreifen, elektrische Steuerungseinrichtungen hierzu sowie Anschluss der Geräte an die Maschine, Gesamtpreis von 20 000 Schweizer Franken

Quelle: ETH-Bibliothek, Archive, Nachlass von Eduard Stiefel (Hs 385:243)

Anmerkungen
Durch diesen Auftrag wurde der im Grundvertrag festgehaltene Höchstbetrag von 50 000 Franken für die Übernahme der Zusemaschine Z4 nicht aufgestockt. Das geht u.a. hervor aus der Unterredung [von Prof. Hans Pallmann] mit Prof. [Eduard] Stiefel, 6. November 1950 und der Schlussrechnung für die Z4 (Kostenaufstellung für die Überholung des Rechengerätes Z4 vom 26. Juli 1950).

Prüfberichte

Untersuchung in Neukirchen
Böhm, Corrado; Laett, Harry: **Bericht über die Erfahrungen mit der Zuse-Rechenmaschine vom 27. September bis 12. Oktober 1949**, ETH Zürich, Institut für angewandte Mathematik, 17. Oktober 1949, 8 Seiten
Quelle: ETH-Bibliothek, Archive, Nachlass von Eduard Stiefel (Hs 385:243)

Untersuchung in Zürich
Abnahmeprotokoll [für die Z4] vom 21. Juli 1950
Unterzeichnung durch Eduard Stiefel, Konrad Zuse und Harro Stucken, 2 Seiten
Quelle: ETH-Bibliothek, Archive, Nachlass von Eduard Stiefel (Hs 385:243)

Anmerkungen zum Inhalt des Abnahmeprotokolls
Erklärung, dass am 20. Juli 1950 die fünfjährige Laufzeit des Mietvertrags beginne.
Für die Abnahmeprüfung musste das Gerät nach einem zyklischen Rechenplan arbeiten, der alle wesentlichen Operationen der Maschine umfasste und 46mal ablief. Dabei führte die Maschine etwa 1000 Rechenoperationen fehlerfrei aus. Einige Filmrollen hielten der Beanspruchung durch den

Filmtransport nicht stand und müssen ersetzt werden;
Fälligkeit der letzten Rate von 10 000 Franken an die Zuse KG;
Nennung eines Versicherungssachwerts für das Gerät von 150 000 Franken,
zusätzliche Vereinbarungen zur Betriebssicherheit

Öffentliche Vorführung der Zusemaschine
Vorführung der Z4 an der ETH Zürich, 1 Seite
Stiefel, Eduard: Einladung zur Vorführung der neuen programmgesteuerten Rechenmaschine der ETH durch den Konstrukteur, Herrn dipl. Ing K. Zuse (mit einleitendem Vortrag), 14. Juli 1950
Zeitpunkt: Freitag, 21. Juli 1950, 17.15 Uhr
Ort: Auditorium 23d, ETH-Hauptgebäude
Quelle: ETH-Bibliothek, Archive, Nachlass von Eduard Stiefel (Hs 385:243)

Schlussrechnung für die Z4
Kostenaufstellung für die Überholung des Rechengerätes Z4
Anlage zum Schreiben vom 26. Juli 1950 an den Herrn Präsidenten des Schweizerischen Schulrates in Zürich, 1 Seite

Beträge
Gesamtsumme: 56 900 deutsche Mark (davon 33 464 DM für Neuanfertigung und 23 062 DM für Überholungsarbeiten, 186 DM für Transportkosten, 188 DM für Versicherungsanteil)
Quelle: ETH-Bibliothek, Archive, Nachlass von Eduard Stiefel (Hs 385:243)

Rückgabe der Z4 an die Zuse KG
Vereinbarung über die Rückgabe der Relais-Rechenmaschine Z4 an die Firma Zuse KG, Neukirchen, Deutschland, durch das Institut für angewandte Mathematik der ETH, Zürich, 21. Januar 1955, 2 Seiten (Unterzeichnung durch Eduard Stiefel, Konrad Zuse und Harro Stucken, Genehmigung am 15. Februar 1955 durch den Präsidenten des Schweizerischen Schulrates, Hans Pallmann)
Quelle: ETH-Bibliothek, Archive, Schweizer Schulrat, Akten, SR 3: 1955, Systematik-Nr. 509.203

Anmerkungen
Diese Vereinbarung bezieht sich auf die Relaismaschine mit mechanischem Speicherwerk, sie betrifft nicht das in letzter Zeit an die Maschine angeschlossene elektronische Speicherwerk. Die Rückgabe ist auf die Woche vom 1. bis 8. April 1955 vorgesehen. Vertragsgemäß hätte das Gerät am 21. Juli 1955 zurückgegeben werden müssen. Die ETH verzichtet auf die Rückerstattung der Miete für die Monate April bis Juli 1955 im Sinne eines Beitrags an die Instandstellungskosten. Sämtliche zur Maschine gehörigen Akten werden hinsichtlich der vom Institut vorgenommenen Schaltungsänderungen nachgeführt und der Zuse KG übergeben. Die von den Mathematikern des Instituts hergestellten Befehlsstreifen stehen der Firma Zuse oder einem Drittbenutzer unentgeltlich zur Verfügung.

Projekt für den Bau einer neuen programmgesteuerten Rechenmaschine (Ermeth)

- Institut für angewandte Mathematik, Projekt für den Bau einer neuen programmgesteuerten Rechenmaschine, **3. Dezember 1951**, 10 Seiten (mit Begleitbrief von Heinz Rutishauser und Ambros Speiser [Abwesenheit von Eduard Stiefel in den USA] vom 3. Dezember 1951 an Hans Pallmann, 1 Seite),
  dezimaler *Relaisrechner* mit Gleitkomma (1600 elektromagnetische Relais),
  Stellungnahme von Hans Pallmann vom 5. Dezember 1951, 1 Seite (Ansicht, dass das Problem der neuen Rechenmaschine ohne Zeitverlust abgeklärt werden müsse, das endgültige Projekt und der endgültige Finanzantrag seien aber von Eduard Stiefel einzureichen)

  Brief von Eduard Stiefel (USA) vom 8. Januar 1952 an Hans Pallmann, 2 Seiten (Hinweis, dass die theoretischen und praktischen Vorarbeiten für die neue Maschine abgeschlossen seien, der Entscheid über das neue Vorhaben sei wegen des Vorhabens der Unesco [Gründung eines europäischen Recheninstituts] hinausgeschoben worden)
- Institut für angewandte Mathematik, Projekt für den Bau einer neuen programmgesteuerten Rechenmaschine, **3. September 1952**, 9 Seiten
  dezimaler *Relaisrechner* mit Gleitkomma (2000 Relais)
- Institut für angewandte Mathematik, Projekt für den Bau einer neuen programmgesteuerten Rechenmaschine, **1. Mai 1953**, 9 Seiten [endgültige Fassung]
  dezimaler *Röhrenrechner* mit Gleitkomma (1200 Elektronenröhren, 600 Relais)
  Beilage 1: Ausgeführte mathematische Untersuchungen, 2 Seiten,
  Beilage 2: Liste der erledigten und abgewiesenen Aufträge, 4 Seiten,
  beide Beilagen jeweils zu allen drei Fassungen (1951, 1952 und 1953) des Vorhabens

Vorträge an der ETH Zürich (Ankündigungen)

- Eduard Stiefel
  Sommersemester 1949: 24. Juni 1949
  Bericht über neuere mathematische und technische Entwicklungen auf dem Gebiete der elektronischen Rechenmaschinen
- Heinz Rutishauser
  Wintersemester 1949/50: 28. Oktober 1949, 4., 11. und 18. November 1949 sowie 6. und 13. Januar 1950

- Die großen programmgesteuerten elektronischen Rechenmaschinen vom mathematischen Standpunkt aus

Sitzungen des Schweizerischen Schulrates

- 1947 (Schulratspräsident: Arthur Rohn, Rektor: Franz Tank, ab 1. September Hans Pallmann)
  8 Sitzungen: 7. Februar, 22. März, 3. Mai, 20. Juni, 12. Juli, 27. September, 8. November, 20. Dezember
  20. Juni 1947: Vorschlag zur Einführung der angewandten Mathematik an der ETH,
  20. Dezember 1947: *Schaffung eines Instituts für angewandte Mathematik* auf den Beginn des Sommersemesters 1948 und Einsetzung einer Kommission zur Entwicklung von Rechengeräten in der Schweiz (Ernennung der Kommission am 26. Januar 1948)
- 1948 (Schulratspräsident: Arthur Rohn, Rektor: Hans Pallmann)
  8 Sitzungen: 6. Februar, 1. April, 8. Mai, 25. Juni, 10. Juli, 2. Oktober, 6. November, 18. Dezember
  10. Juli 1948: Bewilligung eines Kredits für eine dreimonatige Studienreise Eduard Stiefels in die USA
- 1949 (Schulratspräsident: Hans Pallmann, Rektor: Fritz Stüssi)
  8 Sitzungen: 12. Februar, 9. April, 14. Mai, 24. Juni, 9. Juli, 8. Oktober, 5. November, 17. Dezember
  24. Juni 1949: Unterrichtung über ein 1948 von der *Unesco* beschlossenes Vorhaben, in einem neutralen europäischen Land ein internationales Recheninstitut zu gründen,
  8. Oktober 1949: Bericht über die Besichtigung der Zusemaschine durch Eduard Stiefel und Max Lattmann, zustimmende Kenntnisnahme von der Anschaffung einer Rechenmaschine (Z4)
- 1950 (Schulratspräsident: Hans Pallmann, Rektor: Fritz Stüssi)
  6 Sitzungen: 4. Februar, 1. April, 25. Mai, 24. Juni, 7. Oktober, 2. Dezember
  2. Dezember 1950: Erlass einer Benützungsordnung für die Ausführung mathematischer Arbeiten im Institut für angewandte Mathematik, Ernennung der Mitglieder der Kommission für die Entwicklung von Rechengeräten in der Schweiz für die zweite dreijährige Amtsdauer (1951–1953)
- 1951 (Schulratspräsident: Hans Pallmann, Rektor: Fritz Stüssi/ab Herbst Henry Favre)
  6 Sitzungen: 3. Februar, 21. April, 23. Juni, 7. Juli, 6. Oktober, 22. Dezember
  7. Juli 1951: Bericht über die Bewerbung von ETH und Universität Zürich um den Sitz eines internationalen Instituts für angewandte Mathematik (Unesco), Mitbewerber: Holland und Italien
  6. Oktober 1951: Annahme der *Habilitationsschrift „Über automatische Rechenplanfertigung bei programmgesteuerten Rechengeräten" von Heinz Rutishauser,* Urlaub für Eduard Stiefel für das Wintersemester 1951/52 als Gastprofessor an der Universität Kalifornien, Rückzug der Bewerbung um ein internationales Institut für angewandte Mathematik wegen der geänderten Finanzierungsgrundlage (Beauftragter der Unesco: Herman Heine Goldstine)

Beschlüsse des Schweizerischen Schulrates

- 24./25 Juni 1949, 1 Seite
  Wahl von Maximilian Julius Strutt als weiteres Mitglied der Kommission zur Entwicklung von Rechengeräten in der Schweiz für den Rest der ersten Amtsdauer, d.h. bis Ende Dezember 1950
- 2. Dezember 1950, 1 Seite
  Erlass einer Benützungsordnung für die Ausführung mathematischer Arbeiten im Institut für angewandte Mathematik der ETH Zürich

Verfügungen des Schweizerischen Schulratspräsidenten (Präsidialverfügungen bzw. Präsidialprotokolle)

- 29. November 1948, 1 Seite
  Bewilligung eines Schulfondskredits von 4950 Franken für die Anschaffung von Rechengeräten für das Institut für angewandte Mathematik
- 12. Januar 1949, 1 Seite
  Bewilligung eines Nachtragskredits von 500 Franken für das Institut für angewandte Mathematik
- 14. Januar 1949, 1 Seite
  Bewilligung eines Kredits von 600 Franken für die Zwecke des Instituts für angewandte Mathematik, u.a. für die Herausgabe von Mitteilungen aus dem Institut für angewandte Mathematik (aufgrund des Gesuchs vom 20. Dezember 1948 von Hans Ziegler, Vorstand der Abteilung für Mathematik und Physik)
- 8. Juli 1949, 1 Seite
  Beurlaubung von Eduard Stiefel wegen Militärdienstes vom 9. bis 11. und vom 18. bis 30. Juli 1949
- 26. September 1949, 1 Seite
  Mitteilung, dass der Vertrag vom 7. September 1949 zwischen dem Institut für angewandte Mathematik der ETH und dem Zuse-Ingenieurbüro in Neukirchen am 19. September 1949 genehmigt wurde
  finanzielle Regelung der Abordnung von Corrado Böhm und Harry Laett nach Neukirchen (10–14 Tage)
- 15. Oktober 1949, 1 Seite
  Festlegung der Entschädigung von Corrado Böhm für die Reise vom 27. September bis 12. Oktober 1949 nach Neukirchen
- 15. Oktober 1949, 1 Seite
  Festlegung der Entschädigung von Harry Laett für die Reise vom 27. September bis 12. Oktober 1949 nach Neukirchen
- 15. Oktober 1949, 1 Seite
  Erwähnung der beiden Zahlungen von 100 Franken und 50 Franken an Harro Stucken vom 4. bzw. 7. Oktober 1949 [Überliefert sind eine Empfangsbestätigung vom 4. Oktober 1949 für 100 Franken sowie eine Empfangsbestätigung von 50. Franken vom 7. Oktober 1949, jeweils unterzeichnet von Harro Stucken]
- 4. Februar 1950 (Schweizerischer Schulrat, Akten, SR 3: 1950, Systematik-Nr. 101)
  Urlaub für Eduard Stiefel vom 14. bis 20. Januar 1950 zum Besuch des Ingenieurbüros Zuse in Neukirchen

Gesuche an Geldgeber

Stiefel, Eduard: An die **Eidgenössische Volkswirtschaftsstiftung**. Gesuch um einen Forschungskredit für Arbeiten auf dem Gebiet der großen programmgesteuerten Rechenmaschinen, ETH Zürich, Institut für angewandte Mathematik

- 13. Oktober 1949, 6 Seiten,
  Antrag auf einen Kredit von 36 000 Franken, verteilt auf drei Jahre (Gehalt für Heinz Rutishauser)
  Vorhersage Stiefels zum Bedarf an Computern: Grosse Rechenmaschinen seien vorläufig sehr teure Einzelgeräte, von denen (wenigstens in Europa) auch in den nächsten Jahren jedes Land höchstens eines besitzen werde
  Quelle: ETH-Bibliothek, Archive, Nachlass von Eduard Stiefel (Hs 385:243)

Brief von Eduard Stiefel (Vorstand des Instituts für angewandte Mathematik der ETH Zürich) an Julius Weber, Ascona (Präsident des **Aluminium-Fonds**, Neuhausen)

– 10. November 1950, 2 Seiten
  Gesuch um eine Zuwendung von 6000 Franken, verteilt in zwei Raten über die Jahre 1950/1952, für die Materialbeschaffung für eine wissenschaftliche Untersuchung von Ambros Speiser zum Bau von Gedächtnissen für Zwischenergebnisse (elektromagnetischer, elektronischer und ggf. elektrochemischer Speicher)
  Beilage: eine Ausgabe der Zeitschrift für angewandte Mathematik und Physik und verschiedene Artikel
  Quelle: ETH-Bibliothek, Archive, Nachlass von Eduard Stiefel (Hs 385:243)

Briefe von Eduard Stiefel (Vorstand des Instituts für angewandte Mathematik der ETH Zürich) an Hans Pallmann (Präsident des Schweizerischen Schulrats) z.H. Kuratorium des **Jubiläumsfonds ETH 1930** (Quästor: Ingenieur J. Büchi)

– 2. November 1949, 7 Seiten
  Gesuch um einen Kredit von 20 000 Franken zur Anschaffung einer großen programmgesteuerten Rechenmaschine,
  Hinweis auf den großen Rückstand der Schweiz,
  Vorhersage Stiefels zum Bedarf an Computern: Große Rechenmaschinen seien vorläufig sehr teure Einzelgeräte, von denen (wenigstens in Europa) auch in den nächsten Jahren jedes Land höchstens eines besitzen werde
  Beilage: Zusammenfassung über neuere technische Entwicklungen
  Quelle: ETH-Bibliothek, Archive, Schweizerischer Schulrat: Missiven, SR 1:1949
– 2. November 1949, 3 Seiten
  Jubiläumsfonds ETH 1930: Gesuch von Dr. E. Stiefel, o. Prof. für höhere Mathematik und Vorstand des Instituts für angewandte Mathematik der ETH,
  Gegenstand: Beitrag an die Kosten der Anschaffung einer großen programmgesteuerten Rechenmaschine, 20 000 Franken,
  Berichterstatter: Prof. Dr. H. Pallmann, ETH,
  Hans Pallmanns Referat zum Gesuch von Eduard Stiefel, 3 Seiten (maschinenschriftlich) und 5 Seiten (handschriftlich)
  Restkredit von 30 000 Franken aus der Huber-Kudlich-Stiftung,
  Quelle: ETH-Bibliothek, Archive, Schweizerischer Schulrat: Missiven, SR 1:1949

Rechenschaftsberichte für die Geldgeber
Volkswirtschaftsstiftung

Stiefel, Eduard: An den Vorstand der Eidgenössischen Stiftung zur Förderung schweizerischer Volkswirtschaft durch wissenschaftliche Forschung. Bericht über die Tätigkeit des Instituts im Jahre 1950/Verwendung der Kredite, ETH Zürich, Institut für angewandte Mathematik, 23. Januar 1951, 3 Seiten
Quelle: ETH-Bibliothek, Archive, Nachlass von Eduard Stiefel (Hs 385:243)

Rutishauser, Heinz: An den Vorstand der Eidgenössischen Stiftung zur Förderung schweizerischer Volkswirtschaft durch wissenschaftliche Forschung. Bericht über die Tätigkeit des Instituts im Jahre 1951, ETH Zürich, Institut für angewandte Mathematik, 10. Januar 1952, 2 Seiten
Quelle: ETH-Bibliothek, Archive, Nachlass von Eduard Stiefel (Hs 385:243)

Stiefel, Eduard: An den Vorstand der Eidgenössischen Stiftung zur Förderung schweizerischer Volkswirtschaft durch wissenschaftliche Forschung. Schlussbericht über die Verwendung des dem Institut für angewandte Mathematik der ETH gewährten Kredites, 9. Januar 1953, 2 Seiten

Quelle: ETH-Bibliothek, Archive, Nachlass von Eduard Stiefel (Hs 385:243)

Aluminium-Fonds

Rutishauser, Heinz: Bericht über die Verwendung der Mittel aus dem Aluminium-Fonds Neuhausen im Jahre 1951, ETH Zürich, Institut für angewandte Mathematik, 9. Januar 1952, 1 Seite
Quelle: ETH-Bibliothek, Archive, Nachlass von Eduard Stiefel (Hs 385:243)

Stiefel, Eduard: Bericht über die Verwendung des Kredites aus dem Aluminium-Fonds Neuhausen im Jahre 1952, ETH Zürich, Institut für angewandte Mathematik, 18. November 1952, 2 Seiten
Quelle: ETH-Bibliothek, Archive, Nachlass von Eduard Stiefel (Hs 385:243)

Verzeichnis der mit der Z4 durchgeführten Arbeiten

Liste der 1950–1955 mit der programmgesteuerten Rechenmaschine Z4 ausgeführten Aufträge und mathematischen Untersuchungen, Eidgenössische Technische Hochschule, Institut für angewandte Mathematik, Zürich, 11. Juli 1955, 9 Seiten
Quelle: ETH-Bibliothek, Archive, Nachlass von Eduard Stiefel (Hs 385:243)

Lizenzvertrag für den Magnettrommelspeicher zwischen der Hasler AG und der ETH

Nachbau-Vertrag [zwischen dem Institut für angewandte Mathematik an der Eidgenössischen Technischen Hochschule in Zürich und Hasler AG, Werke für Telephonie und Präzisionsmechanik in Bern], Zürich/Bern, 13. Juni 1955, 4 Seiten sowie Anhang zum Nachbau-Vertrag, Zürich/Bern, 13. Juni 1955, 1 Seite (Unterzeichnung beider Urkunden durch Karl Eigenheer, NN [unlesbar] , Ambros Speiser (i.A., Eduard Stiefel war in den USA), gleichzeitige Genehmigung durch den Präsidenten des Schweizerischen Schulrates, Hans Pallmann),
Quelle: ETH-Bibliothek, Archive, Schweizer Schulrat, Akten, SR 3: 1955, Systematik-Nr. 509.203

Anmerkungen

Bei dieser zehnjährigen Abmachung ging es um den Nachbau des *elektromagnetischen Speicherwerks* (magnetische Speichertrommel), das die ETH für die elektronische Rechenmaschine Ermeth entwickelte. Hasler erhielt u.a. das *ausschließliche* Recht, das Speicherwerk weltweit herzustellen, zu verkaufen und Unterlizenzen zu vergeben. Dabei ging es auch um die Regelung von zwei Patentan meldungen von Hans Schlaeppi für Ableseschaltungen. Das Rechenwerk und das Leitwerk der Ermeth waren nicht Gegenstand des Vertrages.
Im Anhang verpflichtet sich Hasler, der Zuse KG zu angemessenen Bedingungen eine Unterlizenz für den Nachbau und den Verkauf des Speicherwerks zu erteilen. Das Institut verpflichtet sich, der Zuse KG das für die Rechenmaschine Z4 entwickelte und mit dieser zusammengebaute Speicherwerk [Versuchstrommel] nur auszuhändigen, nachdem die Zuse KG schriftlich bestätigt hat, die Magnettrommel nur nach Abschluss eines Unterlizenzvertrages zu bauen.
Der Vertrag wurde offenbar nicht umgesetzt, weil Ambros Speiser Ende 1955 kurzfristig zur Konkurrenzfirma IBM wechselte. Der Weggang vor der Fertigstellung der Ermeth und die Gründung des IBM-Forschungslabors führten zu einem Zerwürfnis zwischen Hasler/ETH und Speiser.

Arbeitsgemeinschaft zwischen Hasler AG, Paillard SA und ETH (1957–1960)

Vereinbarung zwischen dem Institut für angewandte Mathematik der ETH einerseits und den Firmen Hasler AG und Paillard SA andererseits betreffend die Erteilung eines Forschungsauftrages, Bern/Yverdon/Zürich, 2. September 1957, 3 Seiten (Unterzeichnung durch NN [unlesbar], Jakob Bauer, Fritz Pagan und Eduard Stiefel, Genehmigung am 5. September 1957 durch den Präsidenten des Schweizerischen Schulrates, Hans Pallmann),
Quelle: ETH-Bibliothek, Archive, Schweizer Schulrat, Akten, SR 3: 1957, Systematik-Nr. 509.203

Anmerkungen
Bei dieser Arbeitsgemeinschaft ging es um die Entwicklung eines kleinen Elektronenrechners. Im Herbst wurde jeweils ein (umfangreicher) Jahresbericht erstellt. Die ETH schuf damit die Grundlagen für eine *elektronische Fakturiermaschine*. An der Zusammenarbeit waren vonseiten der ETH die Ingenieure Hans Rudolf Graf, Ronald Hug und Alfred Schai beteiligt.
Der Bau eines Prototyps oblag der Paillard SA. Im Jahresbericht 1963 des Instituts für angewandte Mathematik wird eine Beratung der Firma Paillard im Zusammenhang mit der Konstruktion einer Rechenmaschine erwähnt.

Gründung eines Rechenzentrums
Memorandum zur Neuausrüstung des Instituts für angewandte Mathematik mit einem leistungsfähigen digitalen Rechengerät, Zürich, 19. Oktober 1962, 8 Seiten [Ersatz der Ermeth]
Quelle: ETH-Bibliothek, Archive, Nachlass von Heinz Rutishauser (Hs 914:2)

Briefwechsel zur Übernahme der Zuse-Rechenmaschine

Vorbemerkungen
Diese Zusammenstellung enthält, soweit bekannt, alle wichtigen Schreiben aus den Jahren 1949 und 1950 und einige ausgewählte weitere Briefe. Der aussagekräftigste Briefwechsel wickelte sich zwischen dem Schulratspräsidenten Hans Pallmann und dem Institutsvorstand Eduard Stiefel sowie zwischen der Firma Zuse und der ETH Zürich ab. In der Korrespondenz werden einige weitere Briefe erwähnt, die jedoch nicht überliefert sind.
Quelle: ETH-Bibliothek, Archive, Nachlass von Eduard Stiefel (Hs 385:243)

Brief von Hans Pallmann (Präsident des Schweizerischen Schulrats) **an die Mitglieder des Schweizerischen Schulrats**
- 20. Mai 1949, 2 Seiten
  Begleitbrief zu Eduard Stiefels Studienreise in die Vereinigten Staaten von Amerika, Angaben zu Krediten (Beiträge) an Eduard Stiefel (Studienreise in die USA) sowie an Ambros Speiser und Heinz Rutishauser (Studienaufenthalte in den USA),Hinweise auf Fragen von Harlow Shapley von der Harvard-Universität (Gründung eines internationalen Recheninstituts) sowie vom Massachusetts Institute of Technology (Dozentenaustausch),
  9 Beilagen

Briefwechsel zwischen Hans Pallmann (Präsident des Schweizerischen Schulrats) **und Eduard Stiefel** (Vorstand des Instituts für angewandte Mathematik der ETH Zürich)

Pallmanns Briefe an Stiefel
- 12. April 1949, 1 Seite
  Hinweis, dass nach Mitteilung des Rektorats die Frage der Auszahlung von Eduard Stiefels Studiengeld für das Wintersemesters 1948/49 noch nicht geregelt sei
- 5. Mai 1949, 1 Seite
  Bitte um baldige Erledigung des Schreibens vom 12. April 1949 betreffend Auszahlung des Studiengeldes für das Wintersemester 19848/49
- 20. Mai 1949, 1 Seite
  Danksagung für Stiefels Bericht über die Studienreise nach der Vereinigten Staaten von Amerika und Ankündigung, dass der Bericht mit den Beilagen bei den Mitgliedern des Schweizerischen Schulrates in Umlauf gesetzt wurde

Erwähnung einer Anfrage von Harlow Shapley (Harvard-Universität) zur Gründung eines internationalen Recheninstituts (Unesco)

- 31. Mai 1949, 1 Seite
  Bescheid, dass dem Institut für angewandte Mathematik für das Jahr 1949 ein regulärer Betriebskredit von 500 Franken und ein einmaliger Kredit von 600 Franken insbesondere für die Herausgabe von Mitteilungen aus dem Institut für angewandte Mathematik zur Verfügung stehe, Durchschlag an die Kasse der ETH
- 1. Juni 1949, 1 Seite
  Einverständnis zur Verwendung eines Beitrages von rund 600 Franken für die Benutzung der Lochkartenmaschinen von IBM, Durchschlag an die Kasse der ETH
- 1. Juni 1949, 1 Seite
  Mitteilung, dass Pallmann die Erweiterung der Kommission zur Entwicklung von Rechengeräten in der Schweiz durch Maximilian Julius Strutt dem Schweizerischen Schulrat in der nächsten Sitzung von Ende Juni 1949 beantragen werde
- 9. August 1949, 1 Seite
  Ankündigung, dass die Besprechung von Fragen zum Institut für angewandte Mathematik vom 10. August auf den 11. August 1949 verschoben werden muss
- 11. August 1949, 1 Seite
  Begleitschreiben zum Vertragsentwurf von Hans Brändli für die Übernahme der Rechenmaschine Z4 mit Ankündigung einer Besprechung mit Zuse in Konstanz oder Zürich, mit Bitte um eine Stellungnahme; Kopie an *Ernst Baumann*, Leiter der Abteilung für industrielle Forschung AfiF des Instituts für theoretische Physik der ETH
  Beilage: Vertragsentwurf vom 12. August 1949
- 15. August 1949, 2 Seiten
  Auskünfte zu Geldfragen: Der Kredit für einen Assistenten der Kategorie b sei im Voranschlag 1950 aufgenommen worden (Gehalt für Ambros Speiser), Gewährung eines jährlichen Kredits von 5000 Franken für das Institut für angewandte Mathematik (Gutheißung durch den Schweizerischen Schulrat unter Vorbehalt der Genehmigung durch die Oberbehörden)
  Darlegung, dass für die Besoldung von Heinz Rutishauser und die Rechenmaschine Zuse keine Kredite zulasten des Voranschlages bewilligt werden können,
  Bitte um eine baldige Unterbreitung eines Gesuchs für die Entlohnung von Heinz Rutishauser während drei Jahren an die Eidgenössische Volkswirtschaftsstiftung,
  Erörterung, dass der Kredit von 40 000 Franken für die Rechenmaschine Zuse nach Vertragsabschluss zulasten eines oder mehrerer Fonds oder zulasten des Arbeitsbeschaffungskredits des Bundes bewilligt werden könnte
- 29. August 1949, 3 Seiten
  Verbesserungsvorschläge zum Gesuch von Eduard Stiefel an die Eidgenössische Stiftung zur Förderung schweizerischer Volkswirtschaft durch wissenschaftliche Forschung (Volkswirtschaftsstiftung): Betonung der volkswirtschaftlichen Bedeutung der Forschung auf dem Gebiet der großen programmgesteuerten Rechenmaschinen,
  Hinweise auf die Rückständigkeit der Schweiz, die günstige Übernahme der Zusemaschine und ihre Weiterentwicklungsmöglichkeiten,
  Antrag auf einen Kredit von 36 000 Franken, verteilt auf drei Jahre (Gehalt für Heinz Rutishauser), Einreichung des Gesuchs erst nach Abschluss der Verhandlungen mit Zuse (d.h. etwa im Oktober 1949)
  Beilagen: Gesuchsentwurf und Protokolle
- 4. Oktober 1949, 1 Seite
  Hinweis auf die für Zuse vorteilhafte Abwertung der deutschen Mark und Anfrage zur einer möglichen Herabsetzung des Frankenbetrags [bei Vertragsabschluss 100 DM = 129,45 Fr, nun

100 DM = 102,35 Fr.]. Damals sei man von einer wirtschaftlichen Gesundung Deutschlands und somit weiterhin ansteigenden Wechselkursen ausgegangen.

- 7. Oktober 1949, 1 Seite
  Kenntnisnahme des Entwurfs zu einem Ausführungsvertrag [= Mietvertrag] zum Grundvertrag [= Hauptvertrag] vom 7. September 1949, Pallmanns Einverständnis zur Unterzeichnung des bereinigten Vertragstextes,
  Erwähnung einer Besprechung vom 6. Oktober 1949 zwischen Eduard Stiefel, Gustav Neukomm und Harro Stucken zur Bereinigung des Ausführungsvertrags
- 14. Oktober 1949, 1 Seite
  Übermittlung des von Harro Stucken zugesandten und von der zuständigen deutschen Stelle gutgeheißenen Ausführungsvertrags vom 22. September/8. Oktober 1949 sowie
  Anfrage nach dem Prüfbefund der beiden Assistenten Corrado Böhm und Harry Laett;
  Beilage: Ausführungsvertrag
- 17. Oktober 1949, 2 Seiten
  Hinweis, dass die 50 000 Franken für die Miete [so] der Rechenmaschine nicht zulasten des Voranschlages der Hochschule bewilligt werden können, dass die ETH vielmehr zu versuchen habe, den ganzen Kredit aus verschiedenen Fonds und Stiftungen zu erhalten;
  Ankündigung, dass aus der Huber-Kudlich-Stiftung [Errichtung am30. November 1950] im Frühjahr 1950 voraussichtlich 30 000 Franken bewilligt werden können. Der Rest von 20 000 Franken sollte vom Jubiläumsfonds ETH 1930 übernommen werden können, Durchschlag an die Kasse der ETH
- 19. Oktober 1949, 1 Seite
  Eingangsbestätigung für das Gesuch von Eduard Stiefel an die Eidgenössische Volkswirtschaftsstiftung um die Bewilligung eines Kredits für Arbeiten auf dem Gebiet der großen, programmgesteuerten Rechenmaschinen,
  Bitte um Einreichung des Gesuchs an die Eidgenössische Volkswirtschaftsstiftung (Privatdozent A. von Moos, ETH Zürich),
  Beilage: Gesuch
- 20. Oktober 1949, 2 Seiten
  Kenntnisnahme des Prüfberichts der beiden Assistenten Corrado Böhm und Harry Laett,
  Hinweis Pallmanns auf die beachtlichen Vorzüge der Maschine und deren namhafte Unvollkommenheiten und Nachteile,
  Hinweis auf die noch ausstehende Beschreibung der Patentsituation und die noch fehlende Bereinigung der Bedienungsanweisung und der Schaltschemata,
  Bestätigung der Zahlungsanweisung für Zuse von 20 000 Franken,
  Erwähnung, dass mit der [mittlerweile erledigten] Zustellung des Schreibens zum Grenzübertritt (Ausnahmefall) absichtlich zugewartet worden sei, nachdem Harro Stucken [Zeitpunkt unbekannt, Stucken war mindestens vom 4. bis 7. Oktober 1949 in Zürich] gekommen sei und die Durchführung des ganzen Vertrags in Frage gestellt habe [Grund unbekannt; Ausfuhrverbot?];
  Beilagen: Verpfändungserklärung [Rückgabe] und Briefdurchschlag an die Kasse der ETH
- 14. November 1949, 1 Seite
  Bitte um genauere Umschreibung der Rechte, die Zuse der Firma Powers in Frankfurt abgetreten habe bzw. ihm noch zustehen,
  Beilage: Orientierung über die Patentlage vom 3. November 1949
- 24. Dezember 1949, 1 Seite
  Mitteilung, dass Ambros Speiser ab dem 1. Januar 1950 als Assistent der Kategorie b angestellt und Heinz Rutishauser in dieser Eigenschaft auf 31. Dezember 1949 entlassen werde [da Besoldung von Heinz Rutishauser durch Kredite der Eidgenössischen Volkswirtschaftsstiftung]

- 27. Dezember 1949, 2 Seiten
  Benachrichtigung über die Zusage eines Kredits von 20 000 Franken aus dem Jubiläumsfonds ETH 1930, Durchschlag an die Kasse der ETH
- 17. Januar 1950, 1 Seite
  Hinweis, dass die Gebühreneinnahmen für die Aufträge Dritter der Kasse der ETH abgeliefert werden und nachher in der Staatsrechnung erscheinen müssen,
  Erwähnung eines Jahresberichts für das Jahr 1948/49, Durchschlag an Kasse der ETH
- 17. Januar 1950, 1 Seite
  Bestätigung des Eingangs von Kopien der verschiedenen Bau- und Installationsvorhaben für die Z4,
  Mitteilung, dass die eidgenössische Bauinspektion an der Bearbeitung der Pläne ist
- 25. Januar 1950, 1 Seite
  Gewährung eines Vorschusskredits von 3000 Franken für die Anschaffung von Geräten und Maschinen, Durchschlag an die Kasse der ETH
- 21. Februar 1950 (verschollen)
- 11. März 1950, 2 Seiten
  Zustimmung zur Anschaffung einer mechanischen Werkstatt (800 Fr.), einer elektrischen Werkstatt (mit einem Oszillografen ,1600 Fr.), einer Schreibmaschine (Hermes Standard 6B, 700 Fr.) und einer Schalttafel von Sprecher und Schuh (1600 Fr.), Gesamtsumme 4700 Franken, Durchschläge an Kasse der ETH und Hans Hasler, Chef des technischen Dienstes der ETH (Betriebstechniker), Einreichung durch Hans Pallmann eines Antrags an den Bundesrat für einen Kredit von 4700 Franken zulasten des Schulfonds,
- 13. März 1950, 3 Seiten
  Fragen zu den Ratenzahlungen für den Hauptauftrag und den Auftrag für zusätzliche Lieferungen,
- Darlegung, dass aus dem Jubiläumsfonds ETH 1930 ein Kredit von 20 000 Franken bewilligt worden sei zur Deckung der am 21. Oktober 1949 als Kassavorschuss erfolgten ersten Zahlung in gleicher Höhe an Zuse,
  Hinweis, dass auch die künftigen Zahlungen an Zuse aufgrund von Kassavorschüssen erfolgen müssen, bis zur Errichtung der Huber-Kudlich-Stiftung [am 30. November 1950],
  Hinweis, dass die ETH mit Zuse nicht eine feste Zahlung von 50 000 Franken, sondern eine maximale Zahlung in dieser Höhe vereinbart habe, Feststellung, dass der Anspruch auf höhere Leistungen durch die Zuse KG aufgrund der Abwertung der deutschen Mark begründet ist
- 27. März 1950, 1 Seite
  Kenntnisnahme der bevorstehenden, von Ambros Speiser durchgeführten Vorabnahme der Z4 in Neukirchen,
  Hinweis auf die Weiterleitung des Visumsgesuchs für Ambros Speiser am 23. März 1950 nach Bern,
  Kenntnisnahme der Fälligkeit (nach der Vorabnahme in Neukirchen) einer weiteren Rate von 10 000 Franken an Zuse, womit die bisherigen Gesamtleistungen der ETH auf 40 000 Franken anwachsen werden,
  Bestätigung, dass die Frage des Abwertungsgewinns erledigt sei,
  Hinweis, dass gemäß Hauptvertrag eine Schlussabrechnung aufgrund der Rechnungsvorlage stattfinden soll, dabei solle festgestellt werden, wie viel die ETH ggf. als letzte Rate bis zum maximalen Gesamtbetrag von 50 000 Franken noch zu zahlen habe
- 11. Juli 1950, 1 Seite
  Ablehnung einer von Eduard Stiefel gewünschten zusätzlichen Versicherung der Z4 gegen Wasserschaden und ggf. Diebstahl, laut der Eidgenössischen Versicherungskasse genüge die übliche Feuer- und Explosionsschadenversicherung, die Gefahr sei nicht größer als bei anderen

z.T. erheblich teureren Maschinen und Einrichtungen (z.B. Elektronenmikroskop, Zyklotronanlage), Durchschlag an Betriebstechniker Hans Hasler

- 26. Juli 1950, 1 Seite
  Einverständnis mit der Erhöhung der Versicherungssumme für die Z4 von ursprünglich 70 000 Franken auf 150 000 Franken, Durchschlag an Betriebstechniker Hans Hasler
- 11. November 1950, 1 Seite
  Hinweis, dass die Amtsdauer der Kommission zur Entwicklung von Rechengeräten in der Schweiz.. Ende Dezember 1950 abläuft,
  Anfrage, ob alle Kommissionsmitglieder dem Schweizerischen Schulrat für eine weitere Amtsdauer von drei Jahren vorgeschlagen werden sollen oder ob Stiefel Änderungen und Ergänzungen beantragen möchte
- 19. Dezember 1950, 2 Seiten
  Begleitschreiben zur Übermittlung von 30 Exemplaren der Ordnung für die Ausführung von mathematischen Arbeiten im Institut für angewandte Mathematik der ETH Zürich, Regelung für Privataufträge, Durschlag an die Kasse der ETH (Unterzeichnung auch durch Hans Bosshardt)
- 23. Dezember 1950, 1 Seite
  Mitteilung zur Rückverbuchung eines Reisekredits von 1000 Franken
- 23. Dezember 1950, 1 Seite
  Mitteilung, dass ein weiterer Mitarbeiter am Institut für angewandte Mathematik als Assistent der Kategorie b bewilligt werden könnte
- 29. Dezember 1950, 1 Seite
  Hinweis, dass der Schweizerische Schulrat am 2. Dezember 1950 ein Benützungsreglement für die Z4 beschlossen habe,
  Bitte um genauere Abklärungen (in Bezug auf Technik, Dringlichkeit und Kreditbedarf, mit Bericht und Antrag) zu der von Stiefel angeschnittenen Frage der Vorarbeiten für eine schweizerische Neukonstruktion einer Rechenmaschine, Frist bis spätestens Ende April 1951 für einen Antrag, falls ein einmalige außerordentlicher Kredit notwendige sein sollte (zur Aufnahme in den Voranschlag)

Stiefels Briefe an Pallmann

- 7. Mai 1949, 1 Seite
  Begleitschreiben zum Bericht über eine Studienreise in die USA
  Beilage: Bericht über eine Studienreise nach den vereinigten Staaten von Amerika vom 18. Oktober 1948 bis 12. März 1949
- 27. Mai 1949 (verschollen)
- 30. Mai 1949, 1 Seite
  Angaben zur Zusammensetzung der Kommission zur Entwicklung von Rechengeräten in der Schweiz mit Antrag auf Ernennung von Maximilian Julius Strutt als zusätzliches Mitglied der Kommission
- 20. Juni 1949, 2 Seiten
  Bekanntgabe, dass die Kommission zur Entwicklung von Rechengeräten in der Schweiz an der Sitzung vom 25. Juni 1949 Beschlüsse über das allgemeine weitere Vorgehen fassen und dem Schweizerischen Schulrat Anträge unterbreiten werde,
  Feststellung, dass in der schweizerischen Industrie in der letzten Zeit eine steigende Nachfrage nach maschinellem Rechnen zu verzeichnen sei, so führe beispielsweise die Werkzeugmaschinen-Fabrik Oerlikon Bührle & Co. umfangreiche Berechnungen auf Lochkartenmaschinen von IBM durch,
  Erklärung, dass die Verwendung dieser Lochkartenmaschinen in der Schweiz nur als Durchgangsstadium des wissenschaftlichen numerischen Rechnens anzusehen sei (bis besser geeignete Maschinen zur Verfügung stünden),

Empfehlung, sich unbedingt vom amerikanischen Konzern und seinen hohen Preisen freizumachen,
Bestätigung, dass Eduard Stiefel in den letzten Tagen mit dem deutschen Zuse-Ingenieurbüro Verbindung aufgenommen habe,
Hinweis, dass die Firma Zuse die Entwicklung einer Relaismaschine plane, deren Leistungsfähigkeit zwischen den IBM-Geräten und den großen elektronischen Maschinen liege;
Erwähnung, dass die Maschine nur etwa 30 000 Franken kosten solle,
Bemerkung, dass die Firma der Kommission vorschlage, an der Entwicklungsarbeit teilzunehmen,
Absicht der Kommission, die diesbezüglichen Fragen zu klären,
Beilagen: Memorandum von Harlow Shapley (Harvard-Universität) zur Gründung eines internationalen Recheninstituts (Memorandum on the establishment of an international computation center under the general sponsorship of Unesco and Ecosoc, 6 Seiten), Auszug aus einem Vortrag von Eduard Stiefel über Rechenmaschinen
Anmerkungen
Dieser Brief belegt, dass Eduard Stiefel (spätestens) im Juni 1949 von Zuse Kenntnis hatte.
Als Sitz für das von der Unesco vorgeschlagene internationale Zentrum für angewandte Mathematik wurde Rom festgelegt (Schulratsprotokolle vom 22. Dezember 1951 und 29. Dezember 1953). Bei der Umsetzung kam es aber zu jahrelangen Verzögerungen, schließlich verzichtete man auf das Institut.

- 1. Juli 1949, 1 Seite
  Begleitschreiben zum Protokoll der Sitzung der Kommission zur Entwicklung von Rechengeräten in der Schweiz vom 25. Juni 1949,
  Mitteilung, dass die Kommission Stiefel beauftragt habe, die deutsche Maschine in Hopferau bei Füssen zu besichtigen (Aufenthalt von 2 bis 3 Tagen),
  Bitte um die Bewilligung des notwendigen Urlaubs und der üblichen Tagesentschädigungen,
  Hinweis, dass eine kleine zu gründende Arbeitsgruppe die Vorarbeiten für die Entwicklung einer Rechenmaschine leisten solle
  Beilage: Protokoll
- 2. Juli 1949, 2 Seiten
  Voranschlag für die finanziellen Aufwendungen zur Gründung einer Arbeitsgruppe, die ein Projekt für eine Rechenmaschine fertig aufzustellen hätte,
  vorgesehene Zusammensetzung: Heinz Rutishauser, Mathematiker (früher Assistent von Walter Saxer, längere Mittelschulpraxis an der Kantonsschule Trogen AR, Assistent am Institut für angewandte Mathematik im Sommersemester 1948, zurzeit für ein Jahr zum Studium in den USA), Anstellung ab 1. Oktober 1949, Monatsgehalt 800 Franken, sowie Ambros Speiser, Elektroingenieur (Diplom im Herbst 1948, seither Studienaufenthalt in den USA), Anstellung ab 1. April 1950, Monatsgehalt 550 Franken,
  Voranschlag für die Arbeitsgruppe für das Jahr vom 1. Oktober 1949 bis 30. September 1950: 22 850 Franken (Gehalt Heinz Rutishauser: 12 Monate zu 800 Fr., Gehalt Ambros Speiser: 9 Monate zu 550 Fr., Gehalt eines weiteren Ingenieurs: 6 Monate zu 550 Fr., Material: 5000 Fr.),
  vorläufiger Voranschlag für das zweite Jahr: 27 800 Franken (Jahresgehalt für einen Mathematiker: 9600 Fr., Jahresgehalt für zwei Ingenieure: 13 200 Fr., Material: 5000 Fr.),
  sollte eine fertige Maschine käuflich erworben werden, so würde anstelle des zweiten Ingenieurs ein Mathematiker eingestellt (für die Bedienung der Maschine)
- 6. Juli 1949, 1 Seite
  Benachrichtigung über eine bevorstehende Militärdienstleistung vom 9. bis 11. und vom 18. bis 30. Juli 1949,

Anfrage, ob nicht jetzt schon ein Gesuch an die Eidgenössische Volkswirtschaftsstiftung gestellt werden solle, damit im Herbst die nötigen Mittel bereitstünden

- 22. August 1949, 1 Seite
  Übermittlung des Gesuchs (Entwurf) an die Eidgenössische Volkswirtschaftsstiftung mit Bitte um Durchsicht
- 8. September 1949, 1 Seite
  Mitteilung, dass der Vertrag zur Übernahme der Rechenmaschine Z4 von beiden Seiten am 7. September 1949 unterzeichnet wurde sowie
  Ankündigung der Prüfung der Z4 in Neukirchen durch Corrado Böhm (Assistent am Institut für angewandte Mathematik) und Harry Laett (Assistent für Schwachstromtechnik bei Heinrich Emil Weber)
- 13. Oktober 1949, 1 Seite
  Zusendung des zweiten Entwurfs des Gesuchs an die Eidgenössische Volkswirtschaftsstiftung, Beilage: Gesuch
- 17. Oktober 1949, 2 Seiten
  Begleitschreiben zum Prüfbericht der beiden Assistenten Corrado Böhm und Harry Laett sowie zur Erklärung der Sicherheitsübereignung durch Konrad Zuse,
  Hinweis auf die von Harro Stucken vorgewiesene Ausfuhrbewilligung und auf die Übergabe der folgenden Aktenstücke:
  a) Schaltungspläne des algebraischen Rechengerätes V_4,
  b) Ansätze einer Theorie des allgemeinen Rechnens und dessen Anwendungen auf Relaisschaltungen (theoretische Abhandlungen von Konrad Zuse, die seine mathematischen Gedanken zur Theorie der Rechenmaschine enthält),
  c) kurze Anleitung für das Arbeiten an der gegenwärtigen Maschine,
  d) kurze Darstellung der Grundideen Zuses zur Entwicklung eines weiteren rein mechanischen Rechengeräts,
  Hinweis auf die noch ausstehende Unterrichtung über die Patentsituation,
  Einverständnis mit der Bezahlung der ersten Rate von 20 000 Franken;
  Beilagen: Prüfbericht der beiden Assistenten Corrado Böhm und Harry Laett, Verpfändungserklärung (Erklärung zur Sicherheitsübereignung)
- 18. Oktober 1949, 1 Seite
  Bitte um Zusendung des (von Konrad Zuse in seinem Brief vom 12. Oktober 1949 an Hans Pallmann) erwähnten Schreibens für den Ausnahmefall (Erleichterung eines plötzlichen Grenzübertritts in die Schweiz)
  Bitte um möglichst rasche Überweisung eines Kassavorschusses von 20 000 Franken an Konrad Zuse
- 9. November 1949, 1 Seite
  Dank für die schnelle Bereitstellung und die großzügige Bewilligung der finanziellen Mittel für die erste Rate für die Zusemaschine,
  Zwischenbericht zur Patentlage mit Hinweis auf drei Patente für das mechanische Speicherwerk, die an die Firma Powers übertragen worden seien, Ankündigung diesbezüglicher Verhandlungen mit Zuse,
  Beilagen: Briefe von Konrad Zuse vom 1. November 1949 und vom 3. November 1949
- 9. Dezember 1949, 2 Seiten
  Übermittlung von Vorschlägen zur Aufstellung des Geräts V4 und zu dessen Stromlieferungsanlagen,
  Vorschlag, den Raum 12d, unterteilt in einen Maschinenraum, einen Bedienungsraum und zwei Arbeitsräume, sofort auszubauen, damit er bei der Ankunft der Maschine Mitte März 1950 bezugsbereit sei,

Bitte um eine repräsentative Gestaltung des Bedienungsraums für den Empfang in- und ausländischer Besucher und Industrievertreter,
Beilagen: vorläufige Grundrissskizze, Schaltschema der Stromlieferungsanlage, Verzeichnis der bei der Industrie eingeholten Angebote für die Apparate der Stromlieferungsanlage (Ankündigung von zwei weiteren Beilagen)

- 22. Dezember 1949, 2 Seiten
Nachlieferung des Aufstellungsplans für die Z4 sowie der Liste der Werkzeuge und der elektrischen Hilfsinstrumente
- 27. Dezember 1949, 4 Seiten (verschollen)
nach einem Besuch in Neukirchen
- 5. Januar 1950, 2 Seiten
Mitteilung, dass die Firma Brown, Boveri & Cie die Umformergruppe bestehend aus einem Motor, zwei Generatoren und einem Antriebsmotor für die Maschine, im Wert von 8000 Franken, der ETH schenke,
Mitteilung, dass die Firma Sprecher und Schuh die Schaltanlagen (Schützen und Sicherungen) im Wert von 800 Franken, der ETH schenke,
Hinweis, dass die ETH für die Stromlieferung ggf. nur noch eine Schalttafel mit Schaltern und Messinstrumenten von etwa 800 Franken kaufen müsse
- 11. Januar 1950, 1 Seite
Begleitschreiben zur Übersendung von Kopien der Eingaben zum Ausbau des Instituts für angewandte Mathematik,
Beilagen: Eingaben zum Ausbau des Instituts für angewandte Mathematik
- 13. Januar 1950, 2 Seiten
Begleitschreiben zur Kostenzusammenstellung für die Werkstatteinrichtung des Instituts für angewandte Mathematik
Beilage: Kostenzusammenstellung
- 27. Januar 1950, 4 Seiten
Bemerkung, dass Zuse die bereinigten Schaltschemen geliefert habe,
Hinweis auf die Fälligkeit einer weiteren Rate von 10 000 Franken (gleich einem Fünftel der Gesamtsumme,
Bestätigung, dass Zuse den Abwertungsgewinn ausschließlich zur Verbesserung der Maschine verwendet habe,
Hinweis, dass Zuse die Neuerungen, die er in die Maschine eingebaut habe und zu denen er vertraglich nicht verpflichtet gewesen sei, der ETH noch verrechnen könnte,
Feststellung, dass an die Firma Powers-Remington nur Rechte für den Bau von Buchhaltungsmaschinen, nicht aber für wissenschaftliche und technische Rechengeräte abgetreten wurden,
Ankündigung der Vorabnahme der Z4 in Neukirchen,
Kreditgesuch für mechanische und elektrische Hilfsapparate für die Einrichtung des Instituts [4700 Fr.],
Beilage: Zuses Schreiben vom 18. Januar 1950
- 6. Februar 1950, 1 Seite
Gesuch mit Mobiliarliste für die Räume 12d und 13d (Räume für die Z4),
Beilagen: Aufstellungen für die Räume 12d und 13d
- 24. März 1950, 2 Seiten
Klärung zu den Ratenzahlungen,
Hinweis, dass der im Hauptvertrag vom 7. September 1949 vorgesehene Zahlungsplan auf Wunsch von Zuse wegen seiner ungünstigen finanziellen Lage durch den Mietvertrag vom 22. September/8. Oktober 1949 geändert wurde:
1. Rate: 20 000 Franken, fällig nach Vertragsabschluss (Überweisung am 20. Oktober 1949),

2. Rate: 10 000 Franken, fällig nach Eingang der Akten, begründet gegenüber den deutschen Behörden mit der Bestellung von Zusatzgeräten (Überweisung am 9. Februar 1950),
3. Rate: 10 000 Franken, fällig nach Vorabnahme in Neukirchen, begründet gegenüber den deutschen Behörden mit der Bestellung von Zusatzgeräten (noch fällig, Überweisung frühestens im Mai 1950),
4. Rate 10 000 Franken (letzte Rate), laut Mietvertrag fällig nach Abnahme der betriebsfertigen Maschine in Zürich [21. Juli 1950];
Hinweis, dass Ambros Speiser mit der Vorabnahme im April 1950 in Neukirchen betraut werde,
Angaben zur Abnahmeprüfung:
a) Kontrolle, ob die durch Harry Laett festgestellten technischen Mängel behoben sind,
b) Durchführung von Rechnungen in mindestens 12-stündigem Dauerbetrieb;
Ankündigung, dass Stiefels Assistent, der Ingenieur Peter Henrici, ebenfalls nach Neukirchen abgeordnet werde, damit mindestens noch eine weitere Person die Maschine technisch beherrsche [Anmerkung: In den Dienstverschiebungsgesuchen vom 2. und 22. Mai 1950 für Ambros Speiser schreibt Hans Pallmann, Speiser sei der einzige Fachmann des Instituts für angewandte Mathematik, der für die Montagearbeiten der Z4 in Zürich die erforderlichen technischen Kenntnisse habe];
Beilage: Kopie des Auftrags an Zuse vom 6. Februar 1950

- 16. Mai 1950, 1 Seite
  Bitte um Danksagung durch Pallmann für einen Antriebsmotor und eine Umformergruppe im Gesamtwert von 6000 Franken (Geschenk der AG Brown, Boveri & Cie, Baden) sowie eine Schalttafel der Sprecher & Schuh AG, Aarau, die zu einem um etwa 1000 Franken ermäßigten Preis abgegeben wurde
- 17. Mai 1950, 2 Seiten
  Urlaubsgesuch für Oberleutnant Ambros Speiser, Verschiebung des militärischen Wiederholungskurses (19. Juni bis 8. Juli 1950) wegen Terminüberschneidung mit der Aufstellung der Z4 an der ETH
  Beilagen: Kopie des Gesuchs von Ambros Speiser, Kopie des Begleitschreibens von Eduard Stiefel, Kopie des Begleitschreibens von Hans Pallmann, Antwort der Abteilung für Flugwesen und Fliegerabwehr
- 29. Juni 1950, 1 Seite
  Zustellung eines Zollbefreiungsgesuchs für die Zusemaschine mit der Bitte um ein offizielles Begleitschreiben,
  Hinweis, dass das Gerät voraussichtlich am 5. Juli 1950 am Güterbahnhof Zürich eintreffen werde und es peinlich wäre, wenn durch Zollformalitäten Verzögerungen im Transport an die ETH entständen, nachdem die ETH Zuse immer wieder zur Ablieferung gedrängt habe
- 21. Juli 1950, 1 Seite
  Zustellung des Abnahmeprotokolls über die Zusemaschine vom 21. Juli 1950,,
  Hinweis, dass die Montagearbeiten schneller fortgeschritten seien als erwartet,
  Antrag, die Versicherungssumme von ursprünglich 70 000 Franken wegen der neu eingebauten Ergänzungen nachträglich auf 150 000 Franken erhöhen zu lassen
  Beilage: Kopie des Abnahmeprotokolls für die Zusemaschine
- 4. August 1950, 1 Seite
  Begleitschreiben zur Rechnung der Zuse KG,
  Darlegung, dass die angeführten Beträge vertretbar und zudem anständig berechnet seien und dass die Erreichung der Maximalsumme von 50 000 Franken durch den Einbau der von seinem Institut angeregten Zusatzeinrichtungen begründet werden könne,
  Beilage: Kostenaufstellung für die Überholung des Rechengerätes Z4 [Gesamtkosten: 56 900 DM]

- 15. November 1950, 2 Seiten
  Hinweis auf das geplante Reglement für die Ausmietung der Z4 an Dritte mit den zugehörigen Tarifen,
  Antrag auf die Anstellung auf den 1. Januar 1951 eines Laboranten (Mindestausbildung als Elektrotechniker) für den Unterhalt, kleiner Reparaturen und die Überwachung der Z4,
  Erklärung, dass es sich schon jetzt absehen lasse, dass die Z4 nach fünfjährigem Gebrauch vollständig verbraucht und gänzlich unmodern sein werde, Zuse könnte ggf. ein neues Speicherwerk für 1000 Zahlen liefern. Die Anschaffung zu rund 30 000 Franken könnte lohnend sein, falls der Speicher für die geplante neue Maschine verwendbar wäre,
  Hinweis, dass die ETH schon 1951 mit den Vorarbeiten für eine schweizerische Neukonstruktionen beginnen müsse,
  Bekräftigung der Absicht, dass mit der Z4 das programmgesteuerte Rechnen in der Schweiz bekannt gemacht werden solle
- 22. November 1950, 1 Seite
  Mitteilung, dass alle bisherigen Mitglieder der Kommission zur Entwicklung von Rechengeräten in der Schweiz für eine weitere Amtsdauer von drei Jahren zur Verfügung stehen sowie Vorschlag von drei weiteren Kommissionsmitgliedern: Heinrich Weber, Hans Wyss und O. Kihm
- 21. Dezember 1950 (verschollen)
- 17. Januar 1951, 2 Seiten
  Berichterstattung über den Kongress über große Rechenmaschinen in Paris (Colloque international „Les machines à calculer et la pensée humaine", Paris, 8.–13. Januar 1951),
  Hinweis auf zwei Firmen, die serienmäßig elektronische Rechner herstellen: Ferranti Ltd. Electrical & General Engineers, Moston, und Eckert-Mauchly, Philadelphia (Tochtergesellschaft von Remington Rand), Preise zwischen ½ und 4 Millionen Franken,
  Beilagen: Zusammenfassung von Vorträgen, 18 Seiten
- 26. Februar 1951, 2 Seiten
  Berichterstattung über einen einwöchigen Aufenthalt in Deutschland (Technische Universität Charlottenburg, Berlin, sowie Technische Hochschule Darmstadt)

Briefwechsel zwischen Hans Pallmann (Präsident des Schweizerischen Schulrats) **und Walter Saxer** (Ordinarius für höhere Mathematik und von 1939 bis 1943 Rektor der ETH)

Pallmanns Brief an Saxer
- 12. August 1949, 1 Seite
  Zusendung des Vertragsentwurfs zur Zusemaschine mit Bitte um eine Stellungnahme unter allen Gesichtspunkten,
  Beilage: Vertragsentwurf

Saxers Brief an Pallmann
- 15. August 1949, 2 Seiten
  Stellungnahme zum Vertragsentwurf für die Übernahme der Rechenmaschine Z4,
  Befürwortung der Konstruktion und des Gebrauchs moderner leistungsfähiger Rechnungsmaschinen, um den Anschluss an eine bedeutende Entwicklung nicht zu verlieren, die Mathematik sei im Begriff, aus einer bisher rein theoretischen Wissenschaft teilweise eine experimentelle Wissenschaft zu werden,
  Äußerung von Bedenken zum sehr komplizierten Vertragsentwurf zu der noch nicht gebrauchsfertigen Rechnungsmaschine, der Vertragsentwurf sei wohl aus einer Zwangslage entstanden (fehlende Geldmittel der Schweiz), der Name Zuse sei ihm bisher unbekannt gewesen, Frage zur Ausfuhrbewilligung Zuses

Briefwechsel zwischen Hans Pallmann (Präsident des Schweizerischen Schulrats) **und Hans Brändli** (Direktor der Contraves AG, Zürich)

Pallmanns Brief an Brändli

- 29. September 1949, 1 Seite
  Mitteilung, dass der Vertrag zur Übernahme der Rechenmaschine Z4 genehmigt wurde, sowie Danksagung für die Mitwirkung an den Vorbesprechungen und der Aufstellung des Vertragsentwurfs; Durchschlag an Eduard Stiefel

Brändlis Brief an Pallmann

- 30. September 1949, 1 Seite
  Kenntnisnahme des Vertragsabschlusses ETH/Zuse,
  Bestätigung der Vertragsverhandlungen mit Zuse in Friedrichshafen [25. August 1949],
  Äußerung der Auffassung, dass die Übernahme der Rechenmaschine Z4 für die ETH eine einmalige Chance sei und dass die finanziellen Verpflichtungen der ETH im Vergleich zur Gegenleistung außerordentlich bescheiden seien

Briefwechsel zwischen Hans Pallmann (Präsident des Schweizerischen Schulrats) **und dem Zuse-Ingenieurbüro bzw. der Zuse KG** (Hopferau bei Füssen, ab 1. August 1949 Neukirchen, Kreis Hünfeld)

Pallmanns Briefe an Zuses Firma

- 22. Juli 1949, 1 Seite
  Ankündigung eines Vertragsentwurfs für die Übernahme der Z4, mit Erwähnung von Besprechungen bzw. eines Briefwechsels zwischen Konrad Zuse, Eduard Stiefel und Hans Brändli, sowie Anfrage für eine Besprechung mit Zuse in Zürich oder ggf. in Konstanz [Das Gespräch fand am 25. August 1949 in Friedrichshafen statt. Die Schweizer Abordnung traf sich um 8 Uhr vor dem Hotel Bodan beim Bahnhof, Abfahrt der Fähre um 0850 Uhr)]; Durchschlag an Hans Brändli
- 29. September 1949, 1 Seite
  Mitteilung, dass der Vertrag zur Übernahme der Rechenmaschine Z4 am 19. September 1949 genehmigt wurde
- 29. September 1949, 2 Seiten
  formelle Bestätigung (in zwei Ausfertigungen) der Genehmigung vom 19. September 1949 des Vertrags zwischen Zuse und dem Institut für angewandte Mathematik der ETH,
  Hinweis auf die Abordnung von Corrado Böhm und Harry Laett nach Neukirchen;
  Ausdruck der Hoffnung auf einen Besuch Konrad Zuses in Zürich,
  Ankündigung der Zusendung (mit getrennter Post) eines Schreibens, das bei ganz besonderen Verhältnissen (Ausnahmefall) in Deutschland Zuses Übertritt in die Schweiz erleichtern soll (laut Abmachung zwischen Konrad Zuse und Eduard Stiefel), Durchschlag an Eduard Stiefel,
  Beilagen: Bestätigung der Vertragsgenehmigung
- 29. September 1949, 1 Seite (Brief an Harro Stucken)
  Einladung Harro Stuckens zu einer mehrtätigen Teilnahme an wissenschaftliche Kolloquien im Rahmen des mathematischen Seminars der ETH Zürich, Durchschläge an Harro Stucken und Eduard Stiefel,
  Befürwortung der Ausreisebewilligung für Harro Stucken für die Schweiz
- 20. Oktober 1949, 2 Seiten
  Empfangsbestätigung für den von der Verwaltung für Wirtschaft des Vereinigten Wirtschaftsgebietes Frankfurt am Main-Höchst genehmigten Vertrag zur Übernahme der Rechenmaschine Z4,
  Bestätigung der Auftragserteilung für die telegrafische Überweisung der ersten Teilzahlung von 20 000 Franken,

Erwähnung eines separaten Briefs zur Erleichterung eines etwaigen Grenzübertritts (Ausnahmefall),
Bitte um Unterrichtung über die Patentsituation
- 20. Oktober 1949 (Übermittlung des Schreibens zum Ausnahmefall, verschollen)
- 13. März 1950, 1 Seite
  Begleitschreiben zu vier Bestätigungen in je zwei Exemplaren (Beilage) für Konrad Zuse, Alfred Eckhard, Harro Stucken und Adolf Ritz zur leichteren Erlangung der Ausreisebewilligung bei den deutschen und alliierten Behörden (für die Mitwirkung an der Aufstellung der mathematischen Geräte in Zürich für die Zeit von Mitte April bis Mitte Mai 1950),
  Mitteilung, dass die schweizerische Einreisebewilligung bei der Fremdenpolizei beantragt worden sei
- 13. März 1950, 1 Seite
  Mitteilung an Konrad Zuse, Alfred Eckhard, Harro Stucken und Adolf Ritz, dass sie in der Zeit von Mitte April bis Mitte Mai 1950 in Zürich erwartet werden
- 9. August 1950, 1 Seite
  Eingangsbestätigung für die Abrechnung über die am Rechengerät Z4 vorgenommenen Überholungsarbeiten,
  Bestätigung, dass die Abrechnung der Zuse KG für die (bereits) erfolgte Auszahlung des [Gesamt]Betrags von 50 000 Franken genügt, Durchschlag an Eduard Stiefel

Zuses Briefe an Pallmann
- 28. Juli 1949, 1 Seite (Unterzeichner: Zuse und Stucken)
  Eingangsbestätigung für das Schreiben vom 22. Juli 1949,
  Bemerkung, dass die Einreiseformalitäten für Konrad Zuse einige Zeit in Anspruch nehmen werden und dass Zuse eine Besprechung in Konstanz begrüßen würde,
  Bekanntgabe des Umzugs des Zuse-Ingenieurbüros von Hopferau nach Neukirchen mit neuer Anschrift ab dem 1. August 1949
- 12. Oktober 1949, 1 Seite (Unterzeichner Zuse und Stucken)
  Feststellung, dass das im Schreiben vom 29. September 1949 von Hans Pallmann in Aussicht gestellte Schreiben für den Ausnahmefall noch nicht eingegangen sei,
  Erwähnung des anregenden Besuchs von Corrado Böhm und Harry Laett in Neukirchen,
  Wunsch Zuses, zunächst das Gerät in Ordnung zu bringen und den Besuch bei der ETH bis zur Aufstellung der Maschine in Zürich zu verschieben,
  Dank für die liebenswürdige Aufnahme Harro Stuckens an der ETH Zürich,
  Äußerung des größten Bedauerns über die Änderungen in der praktischen Durchführung des Vorhabens wegen der schwierigen Lage in Deutschland [Anpassung der Ratenzahlung durch den Mietvertrag],
  Genugtuung, dass der mit behördlicher Genehmigung versehende Mietvertrag am 11. Oktober 1949 an die ETH abgesandt wurde,
  Hoffnung auf eine tief gehende Zusammenarbeit zwischen der ETH und Zuse
- 27. Oktober 1949, 1 Seite (Unterzeichner: Zuse und Stucken)
  Empfangsbestätigung für ein Schreiben vom 20. Oktober 1949 für den Ausnahmefall,
  Ankündigung einer Orientierung über die Patentsituation und der neuen Schaltunterlagen samt deren Beschreibung,
  Bekanntgabe der Umwandlung der Firma Zuse-Ingenieurbüro in eine Kommanditgesellschaft namens Zuse KG (Anmeldung zur Eintragung im Handelsregister am 26. Oktober 1949)
- 1. November 1949, 1 Seite (Unterzeichner: Zuse und Stucken)
  Bestätigung, dass der gemäß 3c des Mietvertrages vereinbarte Betrag von 20 000 Franken mit

einem Gegenwert von 19 186,71 deutsche Mark am 28. Oktober 1949 auf dem Konto bei der Hessischen Bank, Filiale Hersfeld, eingegangen sei

- 10. Februar 1950, 1 Seite (Unterzeichner: Zuse und Eckhard)
  Eingangsbestätigung für den Auftrag für Zusatzeinrichtungen vom 6. Februar 1950 im Wert von 20 000 Franken, der in zwei Raten zahlbar sei (erste Rate bei der Auftragserteilung, zweite Rate bei der Vorabnahme in Deutschland)
- 26. Juli 1950, 1 Seite (Unterzeichner: Zuse und Stucken)
  Begleitschreiben zur Überreichung der Abrechnung über die an dem Rechengerät Z4 vorgenommenen Überholungsarbeiten;
  Erläuterung, dass der von der ETH zu leistende Betrag von 50 000 Schweizer Franken laut Vereinbarung zur Durchführung der Überholungsarbeiten verwendet werden und dass das Gerät der ETH als Gegenleistung für die Dauer von fünf Jahren für Rechnungen zur Verfügung stehen sollte;
  Darlegung, dass die Höhe des Mietzinses im Hinblick auf die Höhe der zu erwartenden Überholungskosten festgesetzt worden sei und in keinem rechnerischen Zusammenhang mit dem tatsächlichen Wert der Maschine stehe;
  Hinweis, dass die Maschine zum Zeitpunkt des Vertragsabschlusses [7. September 1949] einen reinen Materialwert von etwa 40 000 deutsche Mark dargestellt habe. Für ihre Entwicklung und ihren Bau seien rund 90 000 Arbeitsstunden erforderlich gewesen;
  Feststellung, dass laut Arbeitsabrechnung der Voranschlag für die Überholungsarbeiten [fehlt] etwas überschritten worden sei, was im Wesentlichen auf die nach Vertragsabschluss von der ETH gewünschten Änderungen zurückzuführen sei. Die Zuse KG habe sie nur deshalb ohne Mehrkosten für die ETH durchführen können, weil gleichzeitig andere Aufträge gelaufen seien, die die Finanzierung ermöglicht hätten;
  Ausdruck der Hoffnung, dass die Kostenaufstellung zum Verständnis für die Abwicklung der weiteren Zusammenarbeit mit der ETH diene, die zunächst, was die finanzielle Seite anbetreffe, mit einigen Opfern seitens der Zuse KG verbunden gewesen sei, deren Gegenwert sich die Zuse KG indessen durch Geschäftsverbindungen mit der schweizerischen Industrie erhoffe [Anschließend erteilte Remington Rand, Zürich, der Zuse KG einen Auftrag für die Entwicklung und Fertigung einer Serie von Rechenlochern M9].
  Anlage: Kostenaufstellung für die Überholung des Rechengerätes Z4

Anmerkungen
Der Begleitbrief der Zuse KG zur Abrechnung für das Rechengerät Z4 vom 26. Juli 1950 an den Präsidenten des Schweizerischen Schulrats und die Stellungnahmen von Stiefel und Pallmann belegen, dass die ETH für die Übernahme der Z4 einen Gesamtbetrag 50 000 Franken bezahlt hat. Die nach dem Abschluss des Hauptvertrags vom 7. September 1949 erfolgte Bestellung von Zusatzgeräten im Wert von 20 000 Franken ist offensichtlich in der Rechnung enthalten (unter Neuanfertigung). Pallmann forderte wegen des Abwertungsgewinns Mehrleistungen der Zuse KG. Die Verträge lauteten allerdings auf Schweizer Franken, das Wechselkursrisiko lag also bei der Zuse KG. Stiefel wies in seinem Brief vom 27. Januar 1950 an Pallmann darauf hin, dass Zuse Neuerungen in die Maschine eingebaut habe, die zum Teil sogar über den Prüfbericht von Corrado Böhm und Harry Laett hinausgingen. Der Grundvertrag vom 7. September 1949 ging von einer Maximalsumme von 50 000 Franken aus.

Briefe zum Zahlungsverkehr

Brief der Schweizerischen Verrechnungsstelle (Zürich) an Hans Pallmann (Präsident des Schweizerischen Schulrats)

- 24. August 1949, 1 Seite
  Angaben zum nicht offiziellen Umrechnungskurs Franken/deutsche Mark (100 DM = 129,45 Fr.) sowie
  Empfehlung, Angebote und Rechnungen in Franken oder Dollar auszustellen

Brief von Hans Pallmann (Präsident des Schweizerischen Schulrats) an Paul Hasenfratz (Chef des Rechnungswesens der ETH)
- 23. Oktober 1948, 1 Seite
  Gesuch um einen Vorschusskredit von 4191,20 Franken an Eduard Stiefel für eine nunmehr gelieferte Madas-Rechenmaschine

Briefe von Hans Pallmann (Präsident des Schweizerischen Schulrats) an die Kasse der ETH
- 20. Oktober 1949, 1 Seite
  Erteilung eines Zahlungsauftrags (Kassavorschuss) für eine telegrafische Überweisung von 20 000 Franken and die Zuse KG; Durchschlag an Eduard Stiefel
- 26. Juli 1950, 1 Seite
  Bitte um eine sofortige Überweisung eines Kassavorschusses von 10 000 Franken an die Zuse KG, Durchschlag an Eduard Stiefel

Briefe an die Grenzbehörden
Brief von Hans Pallmann (Präsident des Schweizerischen Schulrats) an die Schweizerische Grenzpolizei im Badischen Bahnhof, Basel
- 3. September 1949, 1 Seite
  Bestätigung der telefonischen Besprechungen vom 1. und 3. September 1949 zwischen der Grenzpolizei und Gustav Neukomm,
  Bitte um Erlaubnis des Grenzübertritts von Eduard Stiefel und Gustav Neukomm für Besprechungen mit deutschen Persönlichkeiten im deutschen Restaurant des Badischen Bahnhofs zu Basel [Vertragsunterzeichnung vom 7. September 1949]

Brief von Hans Pallmann (Präsident des Schweizerischen Schulrats) an die zuständigen Grenzorgane der schweizerisch-deutschen Grenze
- 20. Oktober 1949, 1 Seite
  Gesuch, Konrad Zuse, Harro Stucken und Alfred Eckhard sowie deren Familien nicht an der Schweizergrenze zurückzuweisen, falls sie in den nächsten Jahren infolge einer nahen und erheblichen Gefahr für Leib und Leben ins Ausland fliehen würden

Briefwechsel zwischen Hans Pallmann (Präsident des Schweizerischen Schulrats) **und dem Polizeiamt der Stadt Zürich** (Fremdenpolizei)
Pallmanns Briefe an die Fremdenpolizei
- 15. September 1949, 1 Seite
  Bitte um endgültige Arbeitsbewilligungen vom 1. Oktober 1949 bis 31. März 1950 für die Assistenten Corrado Böhm (Elektroingenieur, Assistent ab 1. April 1947) und Friedrich Krantz (Elektroingenieur, Assistent ab 1. Januar 1949)
- 13. März 1950, 1 Seite
  Gesuch für die Einreiseerlaubnis von Konrad Zuse, Alfred Eckhard, Harro Stucken und Adolf Ritz zur Montage der Z4 an der ETH Zürich
- 26. Oktober 1950, 1 Seite
  Danksagung für die vorläufige Arbeitsbewilligung für Veikko Seppälä für die Monate Oktober und November 1950 sowie für drei weitere Personen, Bitte um Übermittlung der schriftlichen Arbeitsbewilligung

Briefe der Fremdenpolizei an Pallmann

- 29. März 1950, 1 Seite
  Einreisebewilligung für Konrad Zuse, Alfred Eckhard, Harro Stucken und Adolf Ritz zur Montage der Z4 an der ETH Zürich, Aufenthaltsdauer: 1 Monat, Gebühr: 12 Franken
- 9. November 1950, 1 Seite
  Verlängerung der Arbeitsbewilligung von Veikko Seppälä bis 30. November 1950

Briefe von Hans Pallmann (Präsident des Schweizerischen Schulrats) **an das Allied Military Permit Office, Bern bzw. die Allied High Commission, Permit Office for Germany, Bern**

- 14. September 1949, 2 Seiten
  Gesuch um Bewilligung der Einreise nach Deutschland (insbesondere Neukirchen im Kreis Hünfeld, amerikanische Besetzungszone) für 10 bis 14 Tage für Corrado Böhm,
  5 Beilagen: Application for military permit to enter Germany (3 Stück), Registrierkarte an das Bureau des permis militaires und gültiger italienischer Reisepass
- 14. September 1949, 2 Seiten
  Gesuch um Bewilligung der Einreise nach Deutschland (insbesondere Neukirchen im Kreis Hünfeld, amerikanische Besetzungszone) für 10 bis 14 Tage für Harry A. Laett,
  5 Beilagen: Application for military permit to enter Germany (3 Stück), Registrierkarte an das Bureau des permis militaires und gültiger Schweizer Reisepass
- 20. Dezember 1949, 2 Seiten
  Visumsgesuch für Eduard Stiefel und Heinz Rutishauser für eine Reise vom 14. bis 21. Januar 1950 nach Deutschland (Neukirchen im Kreis Hünfeld), Durchschläge an die Kasse der ETH und Eduard Stiefel
  5 Beilagen: Application for a permit to enter Western Germany (3 Stück), zwei Registrierkarten an das Bureau de permis de voyages und gültige Schweizer Reisepässe
- 7. Januar 1950, 2 Seiten
  Visumsgesuch für Ambrosius Speiser für eine Reise nach Deutschland (Abreise am 15. Januar 1950), Durchschläge an die Kasse der ETH und Eduard Stiefel
  5 Beilagen: Application for a permit to enter Western Germany (3 Stück), Registrierkarte an das Bureau de permis de voyages und gültiger Schweizer Reisepass
- 23. März 1950, 2 Seiten
  Visumsgesuch für Ambrosius Speiser für eine Reise vom 2. April bis 15. Mai 1950 nach Deutschland, Durchschläge an die Kasse der ETH und Eduard Stiefel
  5 Beilagen: Application for a permit to enter Western Germany (3 Stück), Registrierkarte an die Haute commission alliée und gültiger Schweizer Reisepass
- 19. Juni 1950, 2 Seiten
  Visumsgesuch für Heinz Rutishauser für eine Reise vom 25. Juni bis 10. Juli 1950 nach Deutschland, Durchschläge an die Kasse der ETH und Eduard Stiefel
  5 Beilagen: Application for a permit to enter Western Germany (3 Stück), Registrierkarte an die Haute commission alliée und gültiger Schweizer Reisepass

Brief von Hans Pallmann (Präsident des Schweizerischen Schulrats) **an das italienische Generalkonsulat, Zürich**

- 10. September 1949, 1 Seite
  Gesuch um Erweiterung der Gültigkeit des Passes von Corrado Böhm auf die westlichen drei Besetzungszonen Deutschlands

Brief von Hans Pallmann (Präsident des Schweizerischen Schulrats) **an das Zollinspektorat Zürich**

- 30. Juni 1950, 2 Seiten
  Begleitschreiben zu einem Gesuch um zollfreie Einfuhr der Z4 am 5. Juli 1950, mit der Bitte um die Vermeidung einer Verzögerung durch Zollformalitäten, weil die Lieferung ohnehin schon verspätet sei,
  Erläuterung, dass sich die ETH zur Miete einer in Deutschland gebauten Maschine entschlossen habe, um den Ankauf einer modernen automatischen Rechenmaschine vermeiden zu können – wegen des sehr hohen Kaufpreises und weil solche Maschinen bei der raschen Entwicklung in diesem Gebiet bald veralten würden,
  Hinweis, dass die ETH bei Nichtverlängerung des Mietvertrages nach fünf Jahren die Maschine nach Deutschland zurückschicken müsse oder sie ankaufen könne, Durchschlag an Eduard Stiefel
  Beilage: Gesuch

Briefe von Hans Pallmann (Präsident des Schweizerischen Schulrats) **an die Abteilung für Flugwesen und Fliegerabwehr, Bern**
- 2. Mai 1950, 1 Seite
  Gesuch um Verschiebung des militärischen Wiederholungskurses (19. Juni bis 8. Juli 1950) von Oberleutnant Ambros Speiser (Terminüberschneidung mit der Aufstellung der Z4 an der ETH), Speiser sei der einzige Fachmann mit den erforderlichen Spezialkenntnissen, nur er sei in Deutschland mit dem Rechengerät vertraut gemacht worden, Durchschlag an Ambros Speiser
- 22. Mai 1950, 3 Seiten (an Oberstdivisionär F. Rihner, Waffenchef der Flieger- und Fliegerabwehrtruppen)
  Wiedererwägungsgesuch um Verschiebung des militärischen Wiederholungskurses (19. Juni bis 8. Juli 1950) von Oberleutnant Ambros Speiser (Terminüberschneidung mit der Aufstellung der Z4 an der ETH), Speiser sei der alleinige Spezialist im Institut für angewandte Mathematik, welcher die Montagearbeiten übernehmen könne, Durchschläge an Eduard Stiefel und Ambros Speiser

Briefe von Hans Pallmann (Präsident des Schweizerischen Schulrats) **an die Eidgenössische Bauinspektion, Zürich**
- 20. Dezember 1949, 1 Seite
  Mitteilung, dass das Institut für angewandte Mathematik Anfang März 1950 eine große moderne Rechenmaschine erhalten werde, die im damaligen Modellsaal 12d aufgestellt werden sollte
  Bitte um Prüfung der baulichen Untersuchungen von Eduard Stiefel und Beschleunigung des Umzuges [aus den Räumen 23c und $20c_1$ des ETH-Hauptgebäudes],
  Beilagen
- 6. Januar 1950, 1 Seite
  Begleitbrief zum Aufstellungsplan von Eduard Stiefel für die Zusesche Rechenmaschine,
  Feststellung, dass die Stromlieferungsanlage eine Umformergruppe umfasse, bestehend aus einem Motor und zwei Generatoren sowie einem Antriebsmotor für die Maschine,
  Bekanntgabe, dass die Umformergruppe, die zur Hauptsache im Kellergeschoss aufgestellt werden solle, und die Schaltanlagen ein Geschenk der Industrie seien,
  Beilage: Aufstellungsplan

Briefwechsel zwischen Hans Pallmann (Präsident des Schweizerischen Schulrats) **und Betriebstechniker Hans Hasler der ETH Zürich**

Pallmanns Brief an Hasler
- 21. Februar 1950, 1 Seite
  Ermächtigung zur Möblierung der Räume 12d und 13d nach den Wünschen von Eduard Stiefel, Durchschlag an Eduard Stiefel

Haslers Brief an Pallmann
- 15. Februar 1950, 2 Seiten
  Bitte um Ermächtigung der für die Möblierung der Räume 12d und 13d des Instituts für angewandte Mathematik notwendigen Mobiliaranschaffungen und Instandstellungsarbeiten, Gesamtkosten von 2680 Franken für Mobiliargegenstände sowie das Überholen und Auffrischen von acht verschieden großen Tischen, die durch den Unterricht in Maschinenzeichnen übermäßig beansprucht worden seien,
  Beilage: Schreiben von Eduard Stiefel

Briefe von Hans Pallmann (Präsident des Schweizerischen Schulrats) **an die Direktion der AG Brown, Boveri & Cie, Baden**
- 17. Mai 1950, 1 Seite
  Danksagung für die schenkungsweise Überlassung eines Antriebsmotors und einer Umformergruppe im Gesamtwert von 6000 Franken
- 18. August 1950, 1 Seite
  Danksagung für die Schenkung einer von Jean von Freudenreich konstruierten Integrieranlage (Analogiegerät) durch die BBC, Durchschläge an Eduard Stiefel, Betriebstechniker Hans Hasler und Fritz Stüssi (Rektor der ETH 1949–1951)

Briefe von Hans Pallmann (Präsident des Schweizerischen Schulrats) **an die Direktion der Sprecher & Schuh AG, Aarau**
- 17. Mai 1950, 1 Seite
  Danksagung für die Abgabe einer Schalttafel für einen um rund 1000 Franken ermäßigten Preis
- 18. August 1950, 1 Seite
  Danksagung für die Schenkung einer von Jean von Freudenreich konstruierten Integrieranlage

Notizaustausch zwischen Hans Pallmann (Präsident des Schweizerischen Schulrats) **und Hans Bosshardt** (Sekretär des Schweizerischen Schulrats, Zürich)

Pallmanns Notiz an Bosshardt
- 29. Januar 1950, 1 Seite
  „Wir haben wohl keinen Rechtsanspruch auf Abwertungsgewinn?!"

Bosshardts Notiz an Pallmann
- 26. Juli 1950, 1 Seite
  Mitteilung, dass die letzte Zahlung erst nach Ablieferung einer Rechnung erfolgen dürfe, der Preis von 50 000 Franken sei ausdrücklich als Maximalzahlung bezeichnet worden

Brief von Heinz Rutishauser (Assistent am Institut für angewandte Mathematik) **an Hans Pallmann** (Präsident des Schweizerischen Schulrats)
- 1. Mai 1950, 1 Seite
  Anfrage zur Übernahme der Reisespesen von Charles Blanc, Lausanne, für die Teilnahme an der

Sitzung der Kommission zur Entwicklung von Rechengeräten in der Schweiz,
Beilage: Reiserechnung

Brief von John von Neumann (Institute for advanced study, Princeton) **an Hans Pallmann** (Präsident des Schweizerischen Schulrats)

– 5. Juli 1949, 1 Seite (auf Deutsch)
  Ausdruck der Freude über den Besuch der Schweizer Kollegen Eduard Stiefel und Heinz Rutishauser (Antwort auf einen Brief Pallmanns an von Neumann vom 9. Juni 1949)

Brief von Hans Pallmann (Präsident des Schweizerischen Schulrats) **an Howard Aiken** (Harvard-Universität, Cambridge, Massachusetts)

– 9. Juni 1949, 1 Seite (auf Englisch)
  Danksagung für die freundliche Aufnahme von Eduard Stiefel und (ab Februar 1949) Ambros Speiser, Durchschlag an Eduard Stiefel

Brief von Hans Pallmann (Präsident des Schweizerischen Schulrats) **an Wallace Eckert** (Columbia-Universität, New York)

– 9. Juni 1949, 1 Seite (auf Englisch)
  Danksagung für die freundliche Aufnahme von Eduard Stiefel, Heinz Rutishauser und Ambros Speiser, Durchschlag an Eduard Stiefel

Brief von Hans Pallmann (Präsident des Schweizerischen Schulrats) **an den Präsidenten des Massachusetts Institute of Technology** (Cambridge, Massachusetts)

– 18. August 1949, 2 Seiten (auf Deutsch)
  Danksagung für die gute Aufnahme von Eduard Stiefel im Frühjahr 1949, Ausdruck der Bereitschaft für einen Dozentenaustausch zwischen dem MIT und der ETH

Brief von Eduard Stiefel (Vorstand des Instituts für angewandte Mathematik der ETH Zürich) **an Howard Aiken** (Harvard-Universität, Cambridge, Massachusetts)

– 24. August 1949, 1 Seite (auf Englisch)
  Bekanntgabe, dass Ambros Speiser die ETH am zweiten Symposion on large-scale digital calculating machinery (13. bis 16. September 1949) vertreten werde, Kopie an Hans Pallmann

Briefwechsel zwischen Eduard Stiefel (Vorstand des Instituts für angewandte Mathematik der ETH Zürich) **und der Firma Zuse, Neukirchen** (Kreis Hünfeld)

Stiefels Briefe an Zuse

– 16. Juli 1949 (verschollen)
– 6. Februar 1950, 2 Seiten
  Bestellung von Zusatzeinrichtungen für die Rechenmaschine vom Typ Zuse V4:
  1 Druckwerk zum Niederschreiben der errechneten Ergebnisse,
  1 Lochstreifenwerk zum Lochen von Zahlen auf Filmstreifen,
  elektrische Steuerungseinrichtungen hierzu sowie Anschluss der Geräte an die Maschine,
  Bestätigung, dass für diese Zusatzeinrichtungen ein Gesamtpreis von 20 000 Schweizer Franken vereinbart wurde,
  Fälligkeit der ersten Rate von 10 000 Franken mit der Auftragserteilung vom 6. Februar 1950

und der zweiten Rate bei der Vorabnahme in Neukirchen, Bestätigung der Erteilung des Zahlungsauftrags für die erste Rate
- 13. Februar 1950 (verschollen)
- 21. Dezember 1950, 1 Seite
  Mitteilung, dass die Z4 noch rührender Pflege bedürfe und dem Institutspersonal ans Herz gewachsen sei, verbunden mit dem Wunsch, dass sich die von Zuse erfundene Technik nun auch in Deutschland durch den Bau weiterer Maschinen durchsetze und dass die amerikanischen Erfahrungen bei den europäischen Geräten berücksichtigt werden
- 18. Juni 1951, 2 Seiten
  schwere Vorwürfe, dass Zuse nach seiner blitzartigen Abreise vom 26. Mai 1951 das Institut mit einer absolut nicht betriebsbereiten Maschine allein gelassen habe, es habe diesmal zwar nur wenige Störungen im Speicherwerk gegeben, aber tief liegende und äußerst schwer zu ortende umfassende Störungen im Rechen- und Befehlswerk. Auch im Druckprozess seien Fehler aufgetreten. Hauptsächliche Ursache sei der Einbau der neuen Schaltwalze. Seit dem 1. April 1951 habe die Z4 kaum mehr geleistet als ein einzelner Handrechner und habe dabei drei qualifizierte Arbeitskräfte mit dem Umtrieb der Fehlersuche beschäftigt. Man habe mehrere Aufträge absage müssen.

Zuses Briefe an Stiefel
- 1. November 1949 (verschollen)
- 3. November 1949 (verschollen)
- 18. Januar1950, 1 Seite (Unterzeichner: Zuse und Stucken)
  Stellungnahme zu höheren Leistungen der Zuse KG als Folge der Kursänderung der deutschen Mark
  Hinweis, dass bei einem in Schweizer Franken vereinbarten Rechnungsbetrag das Kursrisiko in jedem Fall von der Zuse KG getragen werde, die Zuse KG halte sich nicht grundsätzlich zu höheren Leistungen verpflichtet,
  Darlegung, dass die Zuse KG größten Wert auf eine möglichst gründliche Herrichtung der Rechenmaschine lege und daher als Entgegenkommen fast sämtliche im Prüfbericht von Corrado Böhm und Harry Laett vom 17. Oktober 1949 geäußerten, über den ursprünglichen Vertrag [vom 7. September 1949] hinausgehenden Wünsche ohne Mehrkosten für die ETH in das Überholungsprogramm einbeziehe
- 10. Februar 1950, 1 Seite (Unterzeichner: Zuse und Eckhard)
  Bestätigung des Auftrags vom 6. Februar 1950 für Zusatzeinrichtungen im Wert von 20 000 Franken,
  Wunsch für eine mündliche Unterhaltung über die Lage, soweit sie sich durch den Kauf der Zusatzeinrichtungen gegenüber der ersten Vereinbarung vom 7. September 1949 geändert habe,
  Bitte um Einladungsschreiben für die für die Montage der Z4 an der ETH in Frage kommenden Herren, d.h. Konrad Zuse, Alfred Eckhard, Harro Stucken und Adolf Ritz, zur Erteilung der Pässe,
  Anlage: Auftragsbestätigung
- 16. Februar 1950, 1 Seite (Unterzeichner: Stucken)
  Bemerkung, dass die Einladungen (nach Zürich) vom 13. Februar 1950 am besten mit der Aufstellung der Geräte an der ETH begründet werden können,
  Dank dafür, dass Stiefel gleich die Bestätigungen der schweizerischen Fremdenpolizei mitübersenden wolle
- 7. Juni 1950 (verschollen)

- 27. Juli 1950, 1 Seite
  Telegramm „Abrechnung kein Vertragspunkt, folgt trotzdem, erbitten Anruf heute“

Brief des Zuse-Ingenieurbüros, Hopferau, an Hans Brändli (Direktor der Contraves AG, Zürich)

- 20. Juli 1949, 1 Seite (Unterzeichner: Zuse und Stucken)
  Empfangsbestätigung für das Schreiben von Eduard Stiefel vom 18. Juli 1949, der Konrad Zuse mitteilte, dass die ETH bereit sei, auf Zuses Vorschläge einzugehen

Briefe des Zuse-Ingenieurbüros, Neukirchen, an Gustav Neukomm (Kanzlei des Schweizerischen Schulrats, Zürich)

- 10. September 1949, 1 Seite (Unterzeichner: Stucken)
  Bitte um eine rasche Zusendung eines kurzen Einladungsschreibens für einige Tage zu einem Vortrag vom 28. September 1949 in Zürich
- 11. Oktober 1949, 1 Seite (handschriftlich aus Frankfurt, Unterzeichner: Stucken)
  Zusendung der beiden Exemplare des Vertrags direkt aus Frankfurt, gleich nachdem sie unterschrieben und gestempelt wurden (um keine Zeit zu verlieren)
- 12. Oktober 1949, 1 Seite (Unterzeichner: Zuse und Stucken)
  Erwähnung, dass am 11. Oktober 1949 zwei genehmigte Exemplare des Mietvertrags an die ETH Zürich abgesandt wurden;
  Bitte um telegrafische Überweisung des Geldes, weil Zuse in Schwierigkeiten stecke und die Überweisungsdauer ansonsten zwei bis drei Wochen betrage

Brief von Eduard Stiefel (Vorstand des Instituts für angewandte Mathematik der ETH Zürich) **an Hans Brändli** (Direktor der Contraves AG, Zürich)

- 8. September 1949, 1 Seite
  Dank an Hans Brändli und Max Lattmann für die Mitarbeit bei der Aufsetzung des ersten Vertragsentwurfs über die Übernahme der Rechenmaschine Z4; Kopie an Gustav Neukomm

Brief von Eduard Stiefel (Vorstand des Instituts für angewandte Mathematik der ETH Zürich) **an die Direktion der AG Brown, Boveri & Cie, Baden**

- 15. August 1950, 1 Seite
  Dank (besonders an Herrn Franz Ribary) für die Schenkung einer von Jean von Freudenreich konstruierten Integrieranlage (Analogiegerät) durch die BBC, Durchschlag an Hans Pallmann

Briefwechsel zwischen Eduard Stiefel (Vorstand des Instituts für angewandte Mathematik der ETH Zürich) **und Hans Bosshardt** (Sekretär des Schweizerischen Schulrats, Zürich)

Stiefels Brief an Bosshardt

- 25. Oktober 1950, 1 Seite
  Bitte um Verlängerung der Arbeitsbewilligung für die Schweiz von Veikko Seppälä (finnischer Staatsangehöriger) bis längstens Ende November 1950

Bosshardts Briefe an Stiefel

- 27. Juli 1949, 1 Seite
  Mitteilung, dass ein Kreditgesuch vorläufig ausschließlich an die Eidgenössische Volkswirtschaftsstiftung und nicht gleichzeitig an den Jubiläumsfonds gerichtet werden soll,
  Empfehlung, dass bei einer Ablehnung des Gesuchs durch die Volkswirtschaftsstiftung ein Gesuch an den Delegierten für Arbeitsbeschaffung z. Hd. der Arbeitsbeschaffungskredite eingereicht werden solle

- 19. Dezember 1950, 2 Seiten
  Zusendung von 30 Exemplaren des Regulativs vom 2. Dezember 1950 für die Ausführung mathematischer Arbeiten im Institut für angewandte Mathematik der ETH (Nutzung der Z4 durch Dritte, Gebührenansätze für die Ausführung von Aufträgen, Rechnungsstellung, Zahlungsverkehr, Regelung von Privataufträgen), Durchschlag an die Kasse der ETH
  Beilagen (erwähnt)

Brief von Eduard Stiefel (Vorstand des Instituts für angewandte Mathematik der ETH Zürich) **an Gustav Neukomm** (Kanzlei des Schweizerischen Schulrats, Zürich)
- 8. September 1949, 1 Seite
  Dank für die unermüdliche Mitarbeit in Sachen Zuse, sein fachmännischer Rat habe ihm die Übernahme der Verantwortung für die ganze Angelegenheit sehr erleichtert,
  wegen Ferienabwesenheit von 10. bis 25. September 1949 Bitte um Überwachung der Ratifizierung des Vertrags durch Hans Pallmann und Mitteilung an Konrad Zuse und die beiden Assistenten Corrado Böhm und Harry Laett (für ihre sofortige Reise nach Deutschland) und administrative Regelung der Deutschlandreise der beiden Assistenten (Entschädigung, Einreisevisum),
  Hinweis auf die Fälligkeit der ersten Rate Ende September oder Anfang Oktober

Brief von Gustav Neukomm (Kanzlei des Schweizerischen Schulrats, Zürich) **an Hans Bosshardt** (Sekretär des Schweizerischen Schulrats, Zürich)
- 9. August 1949, 4 Seiten (handschriftlich, aus dem Urlaub in St. Antönien GR)
  Zusendung des überarbeiteten Vertragsentwurfs (von Neukomm als „1. Entwurf ETH vom 9. August 1949" bezeichnet),
  Empfehlung, dass nicht die ETH oder das Schulratspräsidium, sondern das Institut für angewandte Mathematik den Vertrag schließen soll,
  Beilagen: erster Vertragsentwurf ETH vom 9. August 1949, Entwurf zu einem Schreiben an Eduard Stiefel und Ernst Baumann, Vertragsentwurf von Hans Brändli, Brief von Konrad Zuse vom 28. Juli 1949

Brief von Gustav Neukomm (Kanzlei des Schweizerischen Schulrats, Zürich) **an das Polizeiamt der Stadt Zürich** (Fremdenpolizei)
- 29. August 1949, 1 Seite
  Gesuch um eine Einreisebewilligung für Harro Stucken für einen kurzen Aufenthalt, mit formeller Verpflichtung von Eduard Stiefel, für den ganzen Lebensunterhalt von Harro Stucken während seines Aufenthalts in der Schweiz aufkommen, Durchschläge an Eduard Stiefel und Harro Stucken
  Beilagen: Gesuch um Einreisebewilligung für Stucken sowie Stiefels Verpflichtung zur Kostenübernahme

Brief von Betriebstechniker Hans Hasler an Hans Bosshardt (Sekretär des Schweizerischen Schulrats, Zürich)
- 10. Juli 1950, 1 Seite
  Mitteilung, dass die von Eduard Stiefel geforderte zusätzliche Versicherung der Z4 als Dritteigentum gegen Wasserschaden und ggf. Diebstahl nach Ansicht der Eidgenössischen Versicherung aus grundsätzlichen Erwägungen nicht sinnvoll sei, denn die Gefahr sei nicht größer als bei anderen, z.T. erheblich teureren, der ETH selbst gehörenden Maschinen und Einrichtungen (z.B. Elektronenmikroskop, Zyklotronanlage)

„Verschollene" Dokumente

- Jahresbericht des Institutes für angewandte Mathematik für das Studienjahr 1948/49 (Erwähnung in einem Brief von 17. Januar 1950 von Hans Pallmann an Eduard Stiefel)
- Voranschlag für die Überholungsarbeiten (Z4, Erwähnung im Brief von Konrad Zuse an Hans Pallmann vom 26. Juli 1950)
- vollständiges Schalt- und Verdrahtungsschema [Z4], welches Instandstellungs- und Reparaturarbeiten in Zürich ermöglicht (Erwähnung in der technischen Beilage vom 6. September 1949 zum Vertrag zwischen der ETH und Zuse)/Schaltungspläne des algebraischen Rechengerätes V_4 (Erwähnung in einem Brief vom 17. Oktober 1949 von Hans Pallmann an Eduard Stiefel sowie in einem Brief vom 27. Januar 1950 von Eduard Stiefel an Hans Pallmann)
- Prinzipschema der Anlage [Z4] (Erwähnung in der technischen Beilage vom 6. September 1949 zum Vertrag zwischen Zuse und der ETH)
- Ausbau des algebraischen Zuse-Rechengerätes [Z4] (Erwähnung in der technischen Beilage vom 6. September 1949 zum Vertrag zwischen Zuse und der ETH)
- Ansätze einer Theorie des allgemeinen Rechnens und dessen Anwendungen auf Relaisschaltungen (theoretische Abhandlungen von Konrad Zuse, die seine mathematischen Gedanken zur Theorie der Rechenmaschine enthält (Erwähnung in einem Brief vom 17. Oktober 1949 von Hans Pallmann an Eduard Stiefel). Hinweis: Eine Kurzfassung dieses Aufsatzes ist enthalten in: Konrad Zuse: Der Plankalkül, Gesellschaft für Mathematik und Datenverarbeitung, Bericht Nr. 63, Bonn 1972, Seiten 1–32 (Nachdruck: GMD Research Series, Nr. 25, GMD – Forschungszentrum für Informationstechnik, Sankt Augustin 2001, Seiten 1–32)
- Bedienungs- und Prüfungsanweisung mit vorbereitetem numerischem Prüfungsbeispiel [Z4] (Erwähnung in der technischen Beilage vom 6. September 1949 zum Vertrag zwischen Zuse und der ETH)/kurze Anleitung für das Arbeiten an der gegenwärtigen Maschine [Z4] (Erwähnung in einem Brief vom 17. Oktober 1949 von Hans Pallmann an Eduard Stiefel)
- Darstellung der Grundideen Zuses zur Entwicklung eines weiteren rein mechanischen Rechengeräts (Erwähnung in einem Brief vom 17. Oktober 1949 von Hans Pallmann an Eduard Stiefel)
- Verpfändungserklärung [Z4] (Erwähnung im Vertrag zwischen der ETH und Zuse vom 7. September 1949 und in einem Brief vom 17. Oktober 1949 von Eduard Stiefel an Hans Pallmann)/ Sicherheitsübereignung [Z4]
- Zusammenstellung der Änderungen nach Wünschen der ETH [Z4] (Erwähnung in einem Brief vom 18. Januar 1950 der Zuse KG an Eduard Stiefel)
- Simulationsprogramm von Hans Peter Biland zur Z4 für Apple II sowie Dokumentation und Code (Erwähnung in: Erwin Engeler (Hg.): Konrad Zuse und die Frühzeit des wissenschaftlichen Rechnens an der ETH. Dokumentation zu einer Ausstellung um die Z4 – den ersten an der ETH eingesetzten Computer (1950–1955), (ETH Zürich, 17. Juni bis 15. Juli 1981)
- Simulationsprogramm von Hans Peter Biland zur Ermeth für Apple II sowie Dokumentation und Code

Hinweise
Laut der Vereinbarung über die Rückgabe der Relais-Rechenmaschine Z4 an die Firma Zuse KG vom 21. Januar 1955 wurden gewisse technische Unterlagen der Zuse KG übergeben.
In mehreren Schriften werden die beiden (unveröffentlichten) Berichte angeführt: Konrad Zuse: Ansätze einer allgemeinen Theorie des Rechnens (1943) sowie Konrad Zuse: „Plankalkül", Theorie der angewandten Logistik (1945). Ein Aufsatz: Ansätze einer allgemeinen Theorie des Rechnens unter besonderer Berücksichtigung des Aussagenkalküls und dessen Anwendung auf Relaisschaltungen ist enthalten in: Konrad Zuse: Der Plankalkül, Gesellschaft für Mathematik und Datenverarbeitung, Bericht Nr. 63, Bonn 1972.
Die Simulationsprogramme gingen wahrscheinlich im Winterthurer Technorama verloren.

Schulratsprotokolle

Die Protokolle des Schulrats der Eidgenössischen Technischen Hochschule Zürich sind im Netz unter http://www.sr.ethbib.ethz.ch/digbib/home verfügbar. Diese Urkunden stellen eine zuverlässige Quelle zur Geschichte der ETH Zürich dar. Sie liegen seit der Gründung 1854/55 bis zur Bildung des ETH-Bereichs im Jahre 1968 vor. Ein Jahrgang umfasst jeweils die Protokolle des Schweizerischen Schulrates, die Verfügungen des Präsidenten (auch Präsidialprotokolle genannt), den gemeinsamen Anhang und ein gemeinsames Register. Schutzfrist: Aus Gründen des Persönlichkeitsschutzes unterliegen die Schulratsprotokolle einer 50-jährigen Schutzfrist.

Weitere Quellen

Staats-, Stadt- und Unternehmensarchive, Universitätsarchive, Handelsregisterämter, Museen

Personen-, Orts- und Sachverzeichnis

Wichtig!
Dieses Stich- und Schlagwortverzeichnis vereint ein Namenverzeichnis und ein Sachverzeichnis. Somit muss man je Band nur an einer einzigen Stelle nachschlagen. Das Namenverzeichnis schließt sowohl Personennamen als auch Ortsnamen ein, ebenso Namen von Institutionen.

Eigennamen und Begriffe, die in den zahlreichen Listen, Tabellen und Zeittafeln sowie in den Bildzeilen und Gebrauchsanweisungen vorkommen, wurden nur teilweise aufgenommen. Es wird insbesondere auf die tabellarischen Übersichten (Kapitel 8 sowie Abschnitt 16.7) sowie auf die umfangreiche Zeittafel (Kapitel 5) hingewiesen.

Bitte beachten Sie auch Sammeleinträge wie
- Abkürzungen
- Fachbegriffe
- Funde
- Listen.

https://doi.org/10.1515/9783110669671-010

F

N

O

T

Praise for Football School

"Will spark a love of learning in any child who reads it…
Intelligent, inspiring, funny…"
Head of Education, Premier League

"Section on poo is especially good!"
Simon Kuper, Financial Times columnist

"Sports-mad fans of the Horrible Histories books
will find this hard to put down."
The Sun

"Brilliant … a treasure trove of fascinating
football facts and trivia."
The Week Junior

"Funny, cheeky and a little bit naughty!"
TalkSPORT

"Funny, informative, and hugely entertaining…"
BookTrust

To Maya, midfield marvel – A.B.

To ABC, with love – B.L.

First published 2016 by Walker Books Ltd
87 Vauxhall Walk, London SE11 5HJ

This edition published 2017

8 10 9 7

This book has been typeset in Palatino

Printed and bound by CPI Group (UK) Ltd, Croydon CR0 4YY

British Library Cataloguing in Publication Data:
a catalogue record for this book is available from the British Library

ISBN 978-1-4063-7340-0

WALKER BOOKS

FSC www.fsc.org MIX Paper from responsible sources FSC® C020471

www.walker.co.uk

www.footballschool.co

FOOTBALL SCHOOL

Season 1

WHERE FOOTBALL EX~~PLAI~~NS THE WORLD
RULES

Alex Bellos & Ben Lyttleton

Illustrated by Spike Gerrell

Welcome to Football School!
It's really great to meet you. I'm Alex.
And I'm Ben. We're your teachers.
But you can call us coaches - because this is not a normal school.
That's right! Every lesson here is about football.
The best kind of lesson! Because football is a great way to learn about the world.
You will learn stuff even your friends and parents don't know.
Like why geography makes Brazilians the most skilful players!
And how psychology can make you take the perfect penalty.
We'll give you a sniff of the biology of footballers' poo.
And show that sports photography is more than just clicking a button.
AB
BL

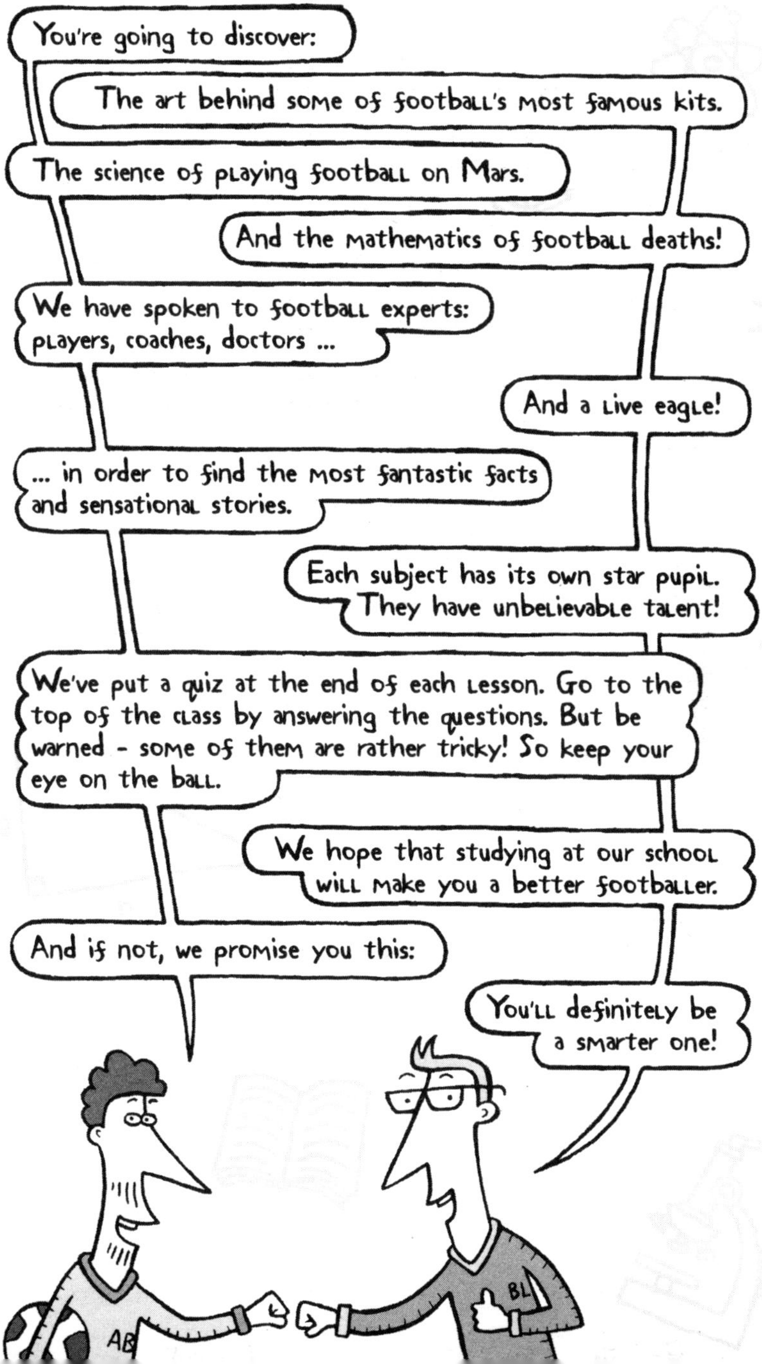
You're going to discover:
The art behind some of football's most famous kits.
The science of playing football on Mars.
And the mathematics of football deaths!
We have spoken to football experts: players, coaches, doctors ...
And a live eagle!
... in order to find the most fantastic facts and sensational stories.
Each subject has its own star pupil. They have unbelievable talent!
We've put a quiz at the end of each lesson. Go to the top of the class by answering the questions. But be warned - some of them are rather tricky! So keep your eye on the ball.
We hope that studying at our school will make you a better footballer.
And if not, we promise you this:
You'll definitely be a smarter one!
AB
BL

MEET YOUR COACHES

ALEX "BELLINHOS" BELLOS

coach stats

Birthplace: Oxford
Countries lived in: UK, Brazil
Home: London
Siblings: Two little sisters
First football memory: Scotland qualifying for the 1978 World Cup
Favourite football memory: Being in Rio de Janeiro when Brazil won the 2002 World Cup
Position: Right midfield
Real job: Writes books about maths, puzzles and Brazilian football
Dream job: Explorer
Supports: Paysandu Sport Club (Brazil)
Footballer pal: Pelé
Trick: Really good at calculating times tables. And league tables. And goal difference...

coach stats

Birthplace: London
Home: London
Siblings: One older brother
First football memory: Finishing my first Panini sticker album in 1981
Greatest football moment: Scoring a penalty in front of 25,000 fans
Favourite kit: Roma away, 2014–2015
Position: Left midfield
Real job: Football writer and pundit. Also a penalty expert
Dream job: Footballer
Supports: Littleton FC (Midland League Division One)
Footballer pal: Antonin Panenka
Trick: Never misses a penalty

BEN "THE PEN" LYTTLETON

TIMETABLE

	MONDAY	TUESDAY
REGISTRATION		
LESSON 1	BIOLOGY 10–19	ZOOLOGY 42–53
LESSON 2	ENGLISH 20–31	PHSE 54–65
LESSON 3		HISTORY 66–77
LESSON 4	MATHS 32–41	
LUNCH		
LESSON 5	MATHS	PSYCHOLOGY 78–87

WEDNESDAY	THURSDAY	FRIDAY
8.30–8.40AM		
DESIGN TECHNOLOGY 88–97	PHOTOGRAPHY 132–143	POLITICS 174–185
	BUSINESS STUDIES 144–153	
GEOGRAPHY 98–109	FASHION 154–163	MUSIC 186–195
DRAMA 110–119		
1.00–2.00PM		
PHILOSOPHY 120–131	COMPUTER SCIENCE 164–173	PHYSICS 196–203

Monday
Lesson 1
BIOLOGY
Hey, Alex, what's brown and sticky?
I know this! Nice try, Ben, but you can't catch me out so easily! It's a stick.
Well, you're wrong. It's a POO.

Welcome to the first lesson of the week at Football School. We're going to begin with the wonderful – and whiffy! – subject of poo.

Footballers take their digestive systems very seriously. Not only do they need to eat the right food so they stay fit and healthy, they also need to think about their poo. No one wants to be caught out in the middle of a game, as you can't rush to the toilet with 50,000 fans watching you. So top footballers plan when to go to the loo.

FARE PLAY

There are two parts to planning a poo. You need to eat the right sort of food, and you need to eat it at the right time. Footballers have special food doctors – called nutritionists – who make sure they eat properly. Here are two main meals often served before a match:

And here are two meals that would never be served before a match:

Food gives you the energy and the nutrients you need to survive. Potatoes and rice are served before matches because they contain lots of carbohydrates, which give you energy. Since you need lots of energy to run around for 90 minutes chasing a ball, footballers will have extra large helpings of potatoes and rice.

Footballers also eat lots of chicken and fish because they are packed with protein, which helps your body's cells grow and repair.

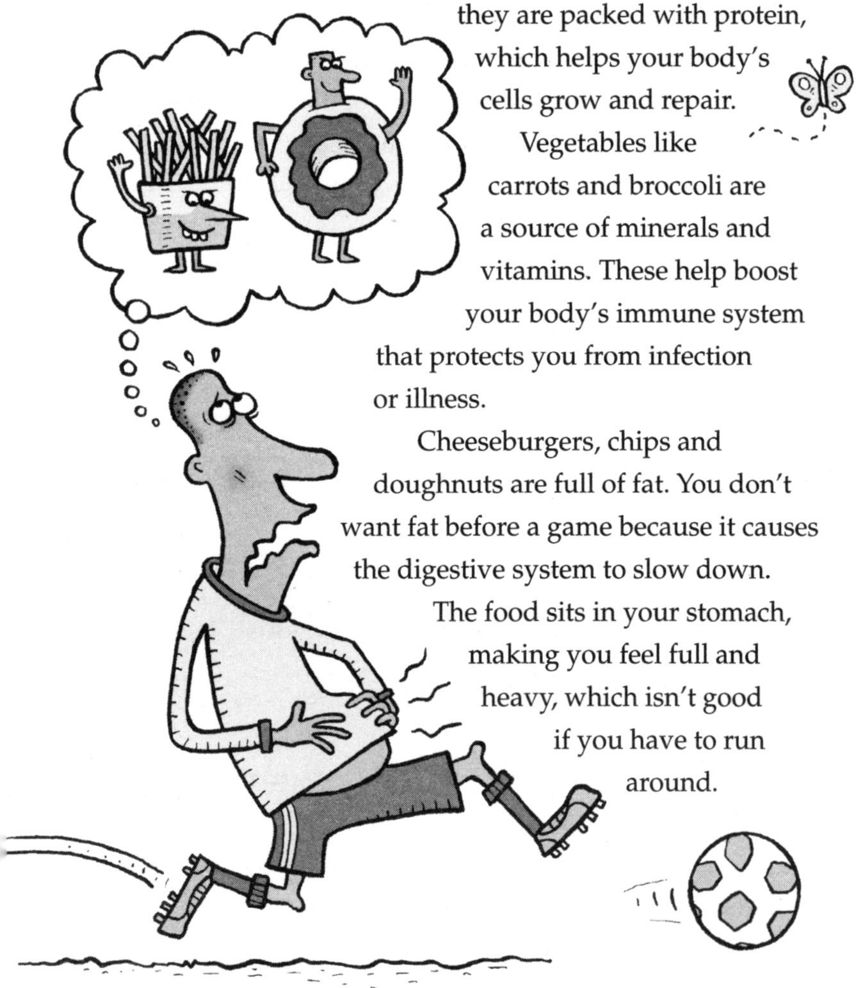

Vegetables like carrots and broccoli are a source of minerals and vitamins. These help boost your body's immune system that protects you from infection or illness.

Cheeseburgers, chips and doughnuts are full of fat. You don't want fat before a game because it causes the digestive system to slow down. The food sits in your stomach, making you feel full and heavy, which isn't good if you have to run around.

TOILET TIMINGS

In order to perfectly time a poo you need to plan when you eat. Clubs make sure their players eat a meal THREE HOURS before a game. This allows plenty of time for the food to pass through the digestive system.

The digestive system is the part of your body that takes in food, breaks it down, absorbs the nutrients and, last but not least, makes poo.

The journey starts with food entering the **mouth**. After you give it a good chew, the mashed-up food plummets down a long tube, called the **oesophagus**, to the **stomach**. There it is churned around and chemicals in the stomach break down the food, with the help of other organs such as the **liver** and **pancreas**. The final stage is the **small** and **large intestines**, where the nutrients are absorbed into the blood and what remains is expelled through your **rectum** and **anus** (your bum) as poo. In an adult, the oesophagus, stomach and intestines – what we call our gut, or **alimentary canal** – is about nine metres long.

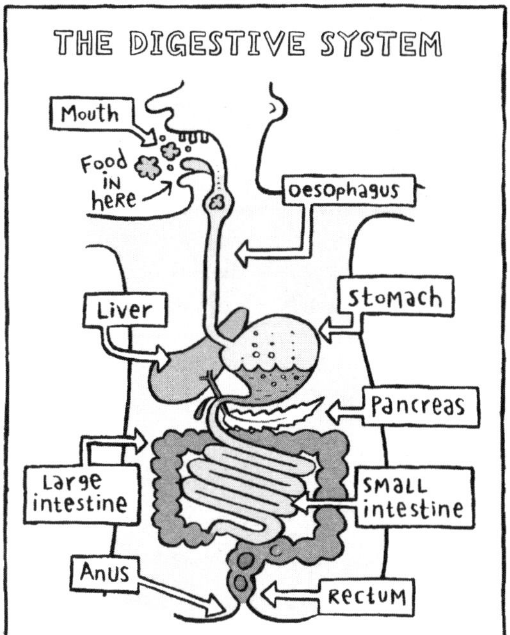

GET IT ALL OUT

By the time it's kick-off, a footballer's meal will have been completely broken down and any waste food will be ready to poo out. At one of the biggest clubs in the Premier League, there is a secret, malodorous ritual before a game starts. The players have a pooing procedure. They go to the toilet cubicles in a pre-determined order, partly based on seniority in the team. The most senior person poos first – for obvious, smell-related reasons! Then with empty stomachs they are ready for the game.

But it can be difficult to fix mealtimes (and pooing times) for footballers because kick-offs are spread throughout the day. Weekend kick-offs are at lunchtime or in the afternoon, and midweek kick-offs are in the evening.

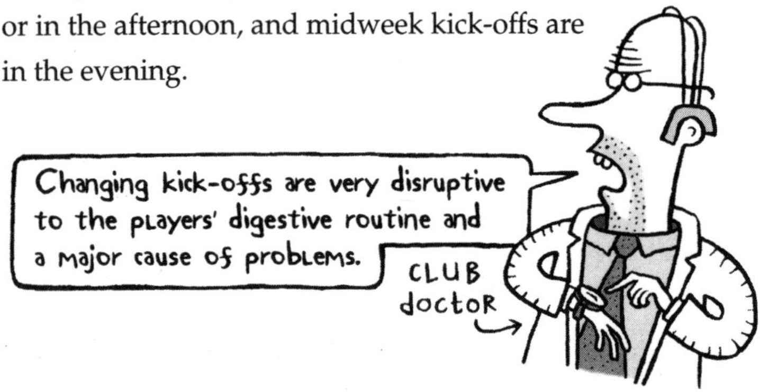

TUMMY TERROR

There's another reason why footballers tend to poo just before games, no matter what food they have eaten: fear.

When you get really, really scared, you want to poo. And just before a big match, a footballer will be full of fear. They will be scared of playing badly and losing.

Fear triggers funny feelings in our bellies because of an inbuilt survival system common to all animals. Imagine you are an animal minding your own business and all of a sudden another, bigger, nasty-looking animal appears in your path. You need to make an instant decision about whether to fight it or to run away. In either case – fight or flight – your muscles must be ready, so the body will start diverting blood to them.

Whenever humans sense danger and get scared, like a footballer before a game or a student before an exam, we respond in the same way. Blood is diverted to our muscles, we produce a chemical called adrenaline and the chemistry of our body is altered, making it feel extra sensitive. This also causes tension in our gut, which is what gives us that butterfly sensation, and can make us flee ... to the loo.

Remember, anyone can get butterflies in their stomachs – even the most famous footballers in the world. And sometimes, despite all this pre-match planning, pooing can still go badly wrong.

HAVE WE GOT POOS FOR YOU

WIPE

Gary Lineker was one of England's best ever strikers. At the 1986 World Cup, he scored six goals and won the prize, known as the Golden Boot, for top scorer. But the 1990 World Cup started quite, well, poo-rly for him. "I tried to tackle someone, stretched and relaxed myself and erm..." Lineker said of the moment he pooed himself on the pitch against the Republic of Ireland in England's first game of the tournament. "I was not very well, I was poorly at half-time. I was very fortunate that it rained that night so I could do something about it, but it was messy. You can see myself rubbing the ground like a dog trying to clean it. It was the most horrendous experience of my life." There was some good news: the Irish players did not want to get too close to him. "I have never found so much space after that in my life," he laughed.

FOUL

Mexico were drawing 1–1 with local rivals the USA in 2011 and there were just a few minutes left to play when Mexican midfielder Omar Arellano bent down to adjust his socks. As the TV cameras panned in for a close-up, there was a surprise for viewers: a suspicious-looking

brown stain on the back of his white shorts, which was aired around the world.

YUK

"I was on two lots of antibiotics at the time for a kick on my leg, which resulted in an upset stomach," said Welsh midfielder Robbie Savage about the day his Leicester City team played Aston Villa in the Premier League in April 2002. "I had a bad case of diarrhoea on the day of the game, so had to go there and then, and the nearest place was the referee's toilet." It was an expensive decision: the referee, Graham Poll, reported him to the Football Association for "improper conduct" and Savage had to pay a £10,000 fine.

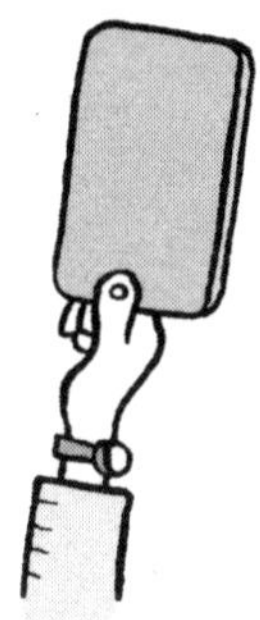

CHEEK

English winger Jason Puncheon ran off the pitch in the middle of the second half during a Premier League game for Southampton against Everton in 2013. He returned a few minutes later with a grin on his face and the fans chanting a song that suggested he had gone for a poo. Puncheon appeared to confirm their suspicions when he celebrated scoring his next goal a couple of weeks later: he ran to the corner flag, bent down and pretended to wipe his bum.

DOGGIE DOO

Football is not the only sport where poo is better out than in. In greyhound racing, it is said that the dog who does a poo just before the start will win the race. Fans like to keep a close eye on the dogs just in case any of them start to squat…

BIOLOGY QUIZ

1. Which of the following is NOT part of the digestive system?

a) Oesophagus
b) Stomach
c) Liver
d) Nose

2. If an adult stretched out his or her intestines they would be as long as:

a) the height of a goal post.
b) the width of a goal.
c) the width of a football pitch.
d) the distance from the centre circle to the nearest toilet.

3. How many times will a person fart on average every 100 minutes?

a) 0 times
b) 1 time
c) 10 times
d) 100 times

4. What was Brazilian striker Ronaldo caught doing while playing in a match at the 1996 Olympic Games?

a) Eating his bogey
b) Farting in an opponent's face
c) Weeing out of the side of his shorts
d) Burping at the referee

5. Wembley Stadium has more toilets than any other stadium in the world. How many does it have?

a) 418
b) 818
c) 1,318
d) 2,618

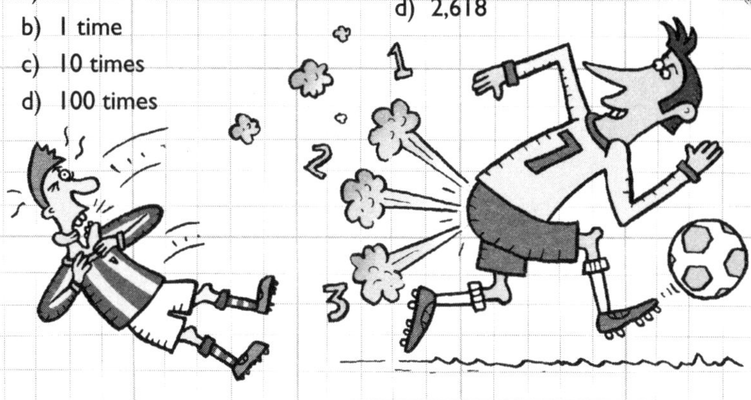

Monday
Lesson 2+3
ENGLISH
This is a lesson of two halves.
What do you mean?
At the end of the day football is not played on paper.
You've lost me totally. Are you feeling OK?
I'm feeling 110 per cent!
That just doesn't add up. I think you need a magic sponge!

This lesson is about the language of football. In order to enjoy the game, you need to be able to talk the talk. Can you tell the difference between a howler and a screamer? No, it's not about the noise they make.

Football language is famous for its **clichés**, which are expressions that are used so much they become completely unoriginal things to say. An example is "it's a funny old game". You may have spotted a few in our cartoon.

Today we are looking at the *ABCD*, which is short for *Alex and Ben's Classroom Dictionary*. It is full of football **jargon**, which is the special language that is not understood by outsiders. We explain some of the intriguing origins of these words and phrases. The vocabulary will help you understand the game at a deeper level. It will also mean that when you listen to commentators or professional players, you will be able to understand the words they are using – even if they are talking nonsense, which they often are!

4-4-2 • a tactical formation that refers to four defenders, four midfielders and two attacking players in the starting eleven. Goalkeepers are not mentioned as everyone knows they are there. 4-4-2 has traditionally been the most common formation in English football, although today's teams often play with four defenders, two defensive midfielders, three attacking midfielders and one centre-forward. This formation is called a 4-2-3-1. ⚽

the beautiful game • a phrase often used to describe football. It's an English translation of the Portuguese phrase "o jogo bonito", which was made famous by Alex's mate, the Brazilian footballer Pelé.

bicycle kick • a kick where the player jumps and swings one foot to kick the ball over their head while their body is horizontal. At the moment of the kick it looks like the player is riding an imaginary bicycle in the air. The bicycle kick is not to be confused with the overhead kick, which is when the player hangs vertically upside down to kick the ball.

Key players

➤ Famous bicycle kicks

Mark Hughes
(**Wales** v. Spain, 1985)
Jean-Pierre Papin
(**France** v. Belgium, 1992)
Peter Crouch
(**Liverpool** v. Galatasaray, 2006)
Wayne Rooney
(**Manchester United** v. Manchester City, 2011)
Lisa De Vanna
(**Sky Blue** v. Boston Breakers, 2013)

Key | ⚽ = tactic | = origin | = technique | = jargon

bogey team • "Bogey" is an old word for a ghost, goblin or evil spirit. A bogey team is one you always lose to, or who bring you bad luck. In golf the word is also linked to bad luck: a bogey is a score of one more than the expected score, or par, for a hole. In neither case are bogeys related to the green stuff that comes out your nose.

brace • when two goals are scored by the same player in the same match, it is called a brace. This comes from the French word for arms ("bras"), of which we have two.

catenaccio • a system of defensive play invented in Italy that uses an extra player behind the defence to ensure all attacks on the goal are blocked. When the strategy works, the attacking side cannot get through. "Catenaccio" is Italian for "doorbolt".

(El) Clásico • most commonly used to mean a match between Spanish clubs Real Madrid and Barcelona. It can also mean any match between two rival teams, usually from the same area, in Spanish-speaking countries such as Argentina or Mexico.

clean sheet • when a team doesn't let in any goals in a match. In America, this is known as a shutout.

derby *(pronounced* ***"darby")*** • a match between two teams from the same area. The word comes from the 12th Earl of Derby, who founded a famous horse race in 1780 at Epsom, near London, which is still held every year. The term "derby" came to be used for any grand sporting event, and then for an important sporting event between two local teams. ♁

drubbing • a resounding defeat, such as the game in 2002 when Stade Olympique L'Emyrne, the previous season's champions of Madagascar, lost 149–0 to rivals AS Adema. The match holds the world record for the highest score in professional football. Even though SOE lost the game, they scored all 149 goals. This is because they were all own goals scored in protest at refereeing decisions that had gone against them in previous matches. The SOE coach was banned from football for three years after the game. ○

Stats and facts

➤ Famous derbies

COUNTRY	RIVAL TEAMS	NAME OF DERBY
England	Manchester United v. Liverpool	North-West Derby
France	Paris Saint-Germain v. Marseille	Le Classique
Germany	Borussia Dortmund v. Bayern Munich	Der Klassiker
Italy	Inter Milan v. Juventus	Derby d'Italia
Portugal	Benfica v. Porto	O Classico
Spain	Real Madrid v. Barcelona	El Clásico

➤ Famous drubbings

YEAR	COUNTRY	WINNERS	LOSERS	SCORE
1885	Scotland	Arbroath	Bon Accord	36–0
1971	Tahiti	Tahiti	Cook Islands	30–0
2001	Australia	Australia	American Samoa	31–0
2013	Nigeria	Plateau United Feeders	Akurba	79–0

dugout • the bench or benches where the coach and substitutes sit during a match. It used to be dug out of the ground but usually isn't any more.

fair-weather fan • a fan who supports their team only when the team are doing well. The comparison is to a person who goes outside in good weather, but stays indoors when the weather is bad. So a fair-weather fan stops supporting a team when they are losing.

galáctico ***("galactic" in Spanish)*** • originally a name for the star players recruited by Real Madrid, this is now used to describe only the most famous international players. The term comes from a description of football as coming from another galaxy.

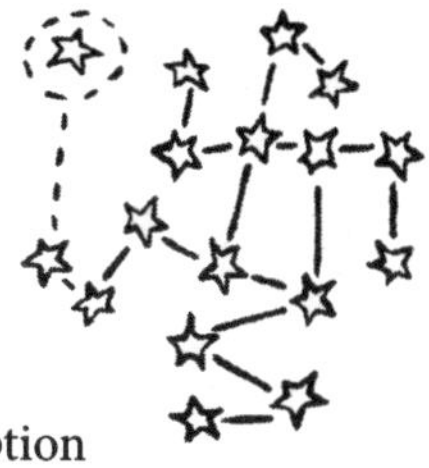

group of death • a group in the first stages of a competition with so many strong teams that at least one of them will be knocked out early.

hat-trick • when three goals are scored by the same player in the same match. The term dates back to 1858, when the cricketer H. H. Stephenson took three wickets with three consecutive deliveries. Fans were so impressed they raised some money and bought him a hat. The phrase "hat-trick" caught on and became used in other sports. The perfect hat-trick in football consists of one goal scored with the left foot, one with the right foot and one with the head.

magic sponge • used by club doctors to treat players when they are lying on the pitch injured. It's just a normal sponge with no real magic powers, but often a splash of cold water can help hurt players recover. Cold water reduces the blood supply to the injured area, preventing swelling and allowing the players to get back to the game. That's why the sponge is seen as magical.

Matildas • the nickname for the Australia national women's team, after "Waltzing Matilda", the most famous song in Australia and the country's unofficial national anthem.

nutmeg • to nutmeg means to pass the ball through an

Key | = tactic | = origin | = technique | = jargon

opponent's legs. The origin of the verb is not known, although several derivations have been suggested: **1.** The word nutmeg is Cockney rhyming slang for leg. **2.** The nutmeg is a reference to the "nuts", or testicles, of the player between whose legs the ball is passed. **3.** In the nineteenth century the phrase "to be nutmegged" meant "to be deceived", since nutmegs were very expensive and often sellers conned people by adding wooden nuts into bags of nutmegs.

parking the bus • when almost all of the players in a team stay in defence. This has the same effect as parking the team bus in front of their goal.

Stats and facts

➤ Anyone for nutmeg?

Other countries have their own unique words and phrases to describe the act of kicking a ball between a player's legs.

LANGUAGE	TERM
Arabic (Egypt, Jordan, Syria)	egg
Austrian	gherkin
Danish	tunnel
Dutch	gate
Finnish	collar
French	little bridge
German	tunnel
Hebrew	to thread a needle
Italian	tunnel
Korean	to hatch an egg
Portuguese (Brazil)	pen
Spanish (Latin America)	spout
Swedish	tunnel
Turkish	cradle

plum tie • not a cravat with a purple fruit pattern on it, but a particularly exciting fixture. Plum can also mean "desirable", and the word tie means a sports event.

poacher • in football, a poacher is a striker who loiters around the goal area and is particularly lethal at scoring from fleeting chances. The name is because a poacher is someone who goes hunting in places they are not allowed to.

rabona • a "crossed" kick in which the kicking foot goes round the back of the standing leg, thus making the legs cross. In 1948 the Argentinian player Ricardo Infante scored the earliest recorded goal like this – from 35 yards out. When reporting on the match, a local sports magazine wanted to get across the cheekiness of the move, so it said that Infante – whose name means "child" in Spanish – was doing a "rabona", meaning he was skipping school. The name stuck.

Key players

➤ Rabona experts

Eden Hazard
Erik Lamela
Angel di Maria
Neymar
Cristiano Ronaldo

six-pointer • a game between two teams who are neck-and-neck in the league table, usually towards the end of the season and when the teams are in the running for promotion or relegation. The winners of a game of football get three points, and the losers get no points. When the teams are neck-and-neck, however, not only do the winners get three points, but the losers are also denied the three points that they could have got had they been playing another team. The three points gained plus the three points denied adds up to six points.

Key | = tactic | = origin | = technique | = jargon

square ball • when a ball is passed sideways, rather than forwards or backwards. Not a ball that isn't round.

stepover • a trick where the player moves their foot over the ball without touching it, so as to fool the opposing player into thinking that they are moving with the ball in that direction. Pedro Calomino, an Argentinian player for Boca Juniors in the early twentieth century, is believed to have invented it.

supersub • a substitute who often wins games by scoring a crucial late goal. Some strikers are experts at coming on to the pitch and finding space when defenders are tired.

tiki-taka • a style of football, developed at Barcelona, where the players make lots of short passes and maintain possession for long periods.

vuvuzela • a plastic horn that makes a very loud noise when you blow it, and which was used by fans at the 2010 World Cup in South Africa.

Key players

➤ Supersub kings

Roger Milla (Cameroon, 1973–94)
David Fairclough (Liverpool, 1975–83)
Ole Gunnar Solskjaer (Manchester United, 1996–2007)
Henrik Larsson (Barcelona, 2004–06)
Mohamed Nagy (Egypt, 2009–)

KICK-TIONARY CORNER

The nine words below can be used for different types of kick, from a terrible one (howler) to a brilliant one (screamer). Can you think of any others?

ENGLISH QUIZ

1. Which of the following clichés is NOT used for scoring a goal?

a) Finding the back of the net
b) Beating the keeper
c) Rattling the woodwork
d) Slamming it home

2. Which is the correct cliché? The striker leapt like a:

a) Giraffe
b) Kangaroo
c) Flea
d) Salmon

3. What is a banana kick?

a) A goal scored by a player in yellow boots
b) A pass or shot that curls
c) A goalkeeper's kick that goes so high monkeys in trees could catch it
d) When a player slips on the pitch

4. What is a Christmas tree formation?

a) A tradition in Lapland where the league leader at Christmas gives presents to opposition fans
b) A pile of dirty boots that look like presents at the bottom of a tree
c) A tactical system of 4-3-2-1, which when viewed from above has the shape of a Christmas tree
d) The league table on 25 December

5. Why is the ripple effect that goes around a stadium when fans stand up with their hands in the air and then sit down again called a "Mexican wave"?

a) Mexico's coast has the highest waves in the world
b) A Mexican fan once threw a fajita up in the air because it burnt his mouth and others copied him
c) They became popular during the 1986 World Cup in Mexico
d) Mexico City has lots of roundabouts

Monday
Lesson 4+5

MATHS

Get your calculators out! This lesson we're doing some sums.

We're going to work out the risk of dying during a game of football – because some really unlucky things could happen to you on the pitch.

You could be struck by lightning.

You could be whacked by a falling crossbar.

You could collide with a wall by the side of the pitch.

You could score a goal, celebrate by somersaulting in the air, land badly and break your back.

Footballers have died in all these circumstances. :-(We don't want any of you to die at Football School, so we're going to find out how dangerous football really is. We'll also discover what is the greatest health risk to footballers and what's being done about it.

But just to be safe: don't play during lightning storms, check the crossbar, don't run into walls and practise your somersaults.

WHAT ARE THE CHANCES?

In order to calculate the risk of dying while playing football, we need to count all the people who have died playing football and divide this number by the total number of people who have ever played football.

Because this is maths, we can write this as an **equation**:

$$\text{chance of death playing football} = \frac{\text{number of football deaths}}{\text{number of people who have played football}}$$

Easy! Well, not quite. It is impossible to know all the people who have ever died playing football, since no one has kept a list.

However, a university in Germany counted all the people in one city who died playing sports over a ten-year period. We are going to use this data to calculate the annual risk of a person dying during a game of football.

The table below shows the number of deaths from different sports in Hamburg, a city with a population of 1.7 million, between 1997 and 2006. Table tennis had the fewest deaths, swimming the most, and football is in the middle.

SPORT	NUMBER OF DEATHS BETWEEN 1997–2006 INCLUSIVE
Table tennis	7
Horse riding	10
Tennis	15
Football	17
Running	18
Cycling	19
Swimming	31

In order to calculate the chances of dying while playing football in Hamburg we need to divide 17 – the number of football deaths – by the total number of people in Hamburg who played football in that ten year period.

But how do we find out how many Hamburgers play football? According to FIFA, one fifth of the total population of Germany plays football. We can therefore assume that one fifth of the population of Hamburg played football during that time. That's one fifth of 1.7 million, which is:

$$1{,}700{,}000 \div 5 = 340{,}000$$

Now we can return to the equation and do our calculation.

In Hamburg for the period between 1997 and 2006 inclusive, we can say that:

$$\text{chance of death playing football} = \frac{\text{number of football deaths}}{\text{number of people who have played football}} = \frac{17}{340{,}000}$$

When we divide top and bottom by 17 we get:

$$= \frac{1}{20{,}000} \quad \text{or 1 in 20,000}$$

So, in the ten years from 1997 to 2006, one person in 20,000 died in Hamburg playing football. We want to find the chance of dying in a single year, which is going to be one-tenth the chance of dying over ten years. One tenth of 1/20,000 is 1/10 x 1/20,000 = 1/200,000, or 1 in 200,000.

We have our answer! We've calculated that between 1997 and 2006, the annual chance of dying while playing a game of football in Hamburg was about 1 in 200,000.

We can assume that the number has stayed about the same, because it wasn't long ago. And since the lifestyle in Hamburg is similar to the UK, we can generalize and say that the annual chance of death playing football in the UK is probably also about 1 in 200,000.

But that's not *your* chance of dying while playing football. The 1 in 200,000 figure applies to all people: young and old, professional and amateur, fat and thin. The Hamburg study found that most football deaths were from heart attacks. Those most at risk were unfit adults, whose hearts were not able to take the pressure of vigorous exercise. If you are young and healthy, the risk of dying from a heart attack while playing football is very, very small.

And the risk of being hit by a lightning strike or a crossbar falling on your head is even smaller.

BROKEN HEART

In rare cases, top footballers have suffered from a weak heart. In 2003, midfielder Marc-Vivien Foé collapsed and died while playing for Cameroon against Colombia in the Confederations Cup semi-final. It turned out that Foé had a type of heart disease that had gone undetected all his life.

As a result of Foé's death, FIFA introduced safety procedures to try to make sure no professional died from an undetected heart condition ever again. In the top leagues players are now screened for heart disease before tournaments. Major stadiums must have **defibrillators**, which are machines used on people who have had heart attacks. They deliver electric shocks through the chest that can return the heart to a normal rhythm.

These new procedures have already saved a life.

In 2012 Bolton Wanderers midfielder Fabrice Muamba was playing an FA Cup match against Tottenham Hotspur. After 43 minutes, he suddenly fell to the ground. His heart had stopped beating. This is called a **cardiac arrest** and happens when the heart stops pumping blood around the body. He was 23 years old.

Medical staff hurried to help Muamba and gave him **cardio pulmonary resuscitation**, known as CPR, pumping the chest to artificially keep oxygen flowing around the body. The team also used the stadium's defibrillators.

Muamba's heart did not beat for 78 minutes before it started working properly again. One Spurs fan who was at the game, Dr Andrew Deaner, rushed onto the pitch to help and then treated Muamba at the London Chest Hospital, where he worked. Muamba thanked Deaner and everyone was happy at the result – even the Spurs fans.

LET'S HAVE SUM FUN

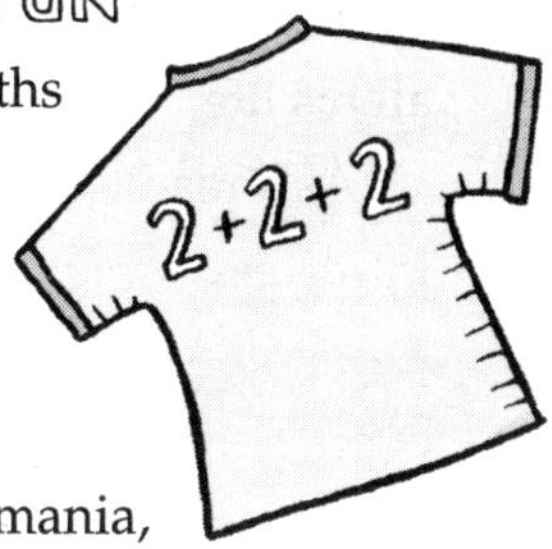

There are safer ways of talking about maths at Football School. Alex developed his love of numbers when he was at school by looking at league tables and working out the goal difference between teams.

That was taken one step further in Romania, when the national team had fun with their shirt numbers for a friendly against Spain. The players wore sums on their backs, and the answer to the sum was their normal shirt number. The player who usually wore 6 wore 2 + 2 + 2. The player who wore 46 ÷ 2 had squad number 23, and the number 14 was now 2 x 7. The head of Romanian football, Ben's friend Razvan Burleanu, said they did it to give children a different way of discovering maths. Razvan has the right idea: he can come and teach maths at Football School anytime.

IVAN A LAUGH

Chilean striker Iván Zamorano took a leaf out of Romania's maths book back in 1998 when he lost his favourite shirt number to Brazilian teammate Ronaldo at Inter Milan. Ronaldo was given the number 9 shirt but Zamorano wanted to keep his number, so he wore 18 but made the kit designers add a little + sign between the numbers – as 1 + 8 = 9. Good thinking Iván!

MATHS QUIZ

1. Which sport causes the most deaths according to research mentioned in the lesson?

a) Swimming
b) Running
c) Horse riding
d) Table tennis

2. If the chances of something happening are 4 in 20, this is the same as:

a) 1 in 3
b) 1 in 4
c) 1 in 5
d) 1 in 20

3. Why does Italian striker Mario Balotelli wear the number 45 shirt?

a) He changes his hairstyle 45 times a year.
b) He scored 45 goals in his first season as a professional.
c) He wanted to wear number 9 and 4 + 5 = 9.
d) He was born in 1945.

4. What shirt number was Moroccan striker Hicham Zerouali allowed to wear when he played for Scottish club Aberdeen in 2000?

a) 0
b) 1
c) 1000
d) Infinity

5. What did the referee do when Croatian defender Goran Tunjic collapsed after a heart attack in a fifth division game in 2010?

a) He gave him mouth-to-mouth resuscitation.
b) He booked him for diving.
c) He asked if there were any doctors in the crowd.
d) He carried him off the pitch and waved play on.

Tuesday
Lesson 1

ZOOLOGY

Enough about death! Here at Football School we prefer life in all its manifestations – especially animals. Ben has a pet dog who he runs with every day in the park. Alex doesn't have a pet but scratches his back like a monkey.

In this lesson we'll talk about teams and their animal mascots, which are the animals that fans believe symbolize their team and bring them good luck. We are only interested in real, live animals, rather than those mascots who are just giant costumes with people inside them. Many teams have live animal mascots. Their job is a risky one, as we will see. Giddy up!

GOOOAAAAAAAAAT

A goat wearing a snazzy red cloak trots into the stadium of German club Cologne. Fans cheer and take pictures. The glamorous mammal is Hennes VIII, Cologne's mascot, who watches every home game from the same patch of grass by a corner flag.

Hennes is the most famous goat in Germany. In fact, he's the only famous goat in Germany!

Hennes is a billy goat, which is the name for a male goat. (Females are called nanny goats.) In Europe, farmers mainly keep goats for their milk, which is then turned into cheese. But in Africa, Asia and the Caribbean, goat meat is a speciality – don't tell Hennes!

During matches Hennes stands next to his handler Ingo Reipka, who keeps him on a short leather leash. The goat munches on carrots and bread and even finds the pitch tasty. "Sometimes he eats the grass – the only thing he doesn't like is the white markings," says Reipka. Hennes gets a bit restless when the linesman runs past him, and he isn't so keen when the action comes his way because he is afraid of the ball.

On one occasion Nigerian striker Anthony Ujah got in trouble over Hennes. After scoring a goal for Cologne, he ran to where Hennes was standing and pulled his horns. Ouch! Reipka had to calm the billy goat down. Ujah later said, "Apologies to Hennes for my hard celebration."

The goat is called Hennes VIII because he is the eighth goat called Hennes to occupy the role of Cologne mascot. It is said that the tradition started in 1950, when a circus owner gave a billy goat to the club as a lucky charm. They named him after Hennes Weisweiler, who was Cologne coach at the time.

Goats only have a lifespan of about fifteen years, so when Hennes died he was replaced by Hennes II, and so on until Hennes VIII became the mascot in 2008 after an online ballot of fans to choose between four candidates. The most famous of Cologne's goats was Hennes VII. He even appeared in TV shows, including once as a murder victim in a German crime drama. Hennes used to travel with the players on the team coach, but it's safer for his handler to take him to games on his own. Hennes VIII now lives in a log cabin in Cologne Zoo which he shares with Anneliese, his favourite nanny goat. The cabin has a fireplace filled with hay, and the walls are covered with Cologne flags and photos.

The Hennes tradition became so popular with the club that he is now on their club badge, and Cologne are known in Germany as the Billy Goats.

YOU HAVE GOAT TO BE KIDDING ME

Cologne are not the only football team with a horned history. Over 100 years ago, Manchester United had a goat as a mascot. In 1906 the director of Benson's, a travelling theatre company, gave defender Charlie Roberts a goat called Billy. No one knows why. A dog called Major had been United's mascot, but Billy took over the duties. Before every match, he was paraded around the pitch. After some games, Billy even went with the players to the local pub and toasted wins with a little drink.

Billy's last game was the 1909 FA Cup final, when Manchester United beat Bristol City 1–0. He joined the Manchester United players celebrating after the game, but he died of suspected alcohol poisoning soon after. It was thought that he had drunk too much beer or champagne. That was the last time Manchester United had a live animal as a mascot. *Hic!*

OWL ABOUT THAT?

As Billy proved, being a mascot can be a dangerous job. In 2011 a Colombian league game turned ugly after Panamanian defender Luis Moreno was accused by opposition fans of "murdering" an owl during a match. The owl, who lived in the stadium roof, was the mascot of the Barranquilla side Atlético Junior. He had been hit

by the ball and was lying on the pitch with an injured leg. Moreno, apparently keen for the game to continue, was seen to kick the owl towards the touchline with his left foot. Fans chanted "Murderer!" at the player. Vets were later unable to save the owl's life. Moreno apologized "to the entire Colombian country" and was given a lecture about owls at his local zoo. He promised to return to the zoo once a month to help out.

EAGLES HAVE LANDED

Talking of birds, did you know the most common animal mascot for football teams is the eagle?

The eagle, in fact, has been a symbol of strength, superiority and courage since ancient times, because of its awesome fighting skills and beautiful appearance.

Eagles are birds of prey, which means that they kill and eat other animals. Usually they go for small mammals like rabbits and mice, but they can even kill wolves and foxes.

Eagles are speedy birds. They can fly at up to 55 mph and can dive at 100 mph, which is faster than cars on the motorway.

Their eyesight is incredible too. We have eyes on the front of our face and so can only see forwards, but eagles have eyes on the sides of their head so they can see forwards, to the sides and (almost) behind themselves. On top of this, their eyesight is around four times better than ours. They can spot a rabbit from a mile away. That's why when someone is very observant we call them "eagle-eyed".

One expert told us that the eagle's beaked face makes it look majestic. No wonder that throughout history the eagle has been called the "king of the skies".

REGAL EAGLES

In ancient Rome the eagle represented power, freedom, wisdom and nobility. Every unit of soldiers in an ancient Roman army had an eagle **standard**, which was the military equivalent of a mascot. Losing the eagle standard would represent defeat for the army.

This is why the Italian team Lazio, who are based in Rome, have an eagle on their badge and fly a live eagle, called Olimpia, around the stadium before games. "The eagle is very important for us, it is our history," explained Lazio owner Claudio Lotito. Olimpia lives at the club training ground and receives regular visits from Lazio fans and players.

FIVE FAMOUS EAGLE MASCOTS

Olimpia (Lazio, Italy)
Victory (Benfica, Portugal)
Celeste (Club América, Mexico)
Kayla (Crystal Palace, England)
Attila (Eintracht Frankfurt, Germany)

Ancient Rome's use of the eagle as a symbol of freedom spread around the world. In 1782 the USA adopted the bald eagle, which can only be found in North America, as its national bird. Today some Native Americans use eagle feathers on headdresses as they believe they have religious and spiritual significance.

In 1904 the Portuguese team Sport Lisboa, who later became Benfica, were one of the first teams to use the eagle as a sports emblem. Other teams followed suit. In 1973 Crystal Palace's manager Malcolm Allison changed the club's nickname from The Glaziers to The Eagles – because Benfica was one of Europe's top teams at the time. Now lots of teams are known as The Eagles.

FIVE FAMOUS EAGLE TEAMS

Black Eagles (Beşiktaş, Turkey)
Green Eagles (Ferencvaros, Hungary)
Little Eagles (Pirin Blagoevgrad, Bulgaria)
Violet Eagles (Arges Pitesti, Romania)
Eaglets (Nice, France)

KAYLA THE EAGLE

Crystal Palace's nickname stuck and the eagle was adopted as the club's mascot. In captivity, eagles can live until they are 50. Kayla, the current Crystal Palace mascot, is in her mid-twenties, so has many more years of flying around the stadium before games and at half-time. Kayla was born in Canada, but in 2010 she moved to England and became the London team's mascot.

We will stop at nothing to find out fascinating facts for you, so we spoke to her handler, Alan Ames. He said that her full wingspan of 2 metres is a very impressive sight, but you need to keep an eye on her: sometimes she will leave a poo-shaped present on opposition fans' heads. He told us that when Millwall fans chanted, "You're just a pigeon!" at her, she swooped down but was not quite able to snatch one fan's pork pie.

Ames says that crowds never stress Kayla out but a strong wind does. Before one match, a powerful gust blew her above the roof of the stadium and she was temporarily lost. Luckily she was wearing a tracking device and her handler quickly found her.

She loves meeting fans although she is not sure what to make of Palace's other eagle mascots, Pete and Alice, who are adults wearing eagle costumes. "She thinks they are prats in fancy dress and she mostly ignores them," said Ames. "She knows that she's the boss."

KAYLA SPEAKS

We even interviewed the most famous eagle in football. (We had to use her handler Alan Ames as our interpreter as he told us he speaks Eaglish.)

Favourite player?

The goalkeeper; he didn't drop me.

Favourite band?

Kings of Leon. I was on their album cover.

What do you think of humans?

Crazy, I only work for 8 minutes a day.

Favourite song?

Eagles! Eagles!

ZOOLOGY QUIZ

1. Which of the following is a bird of prey?

a) Chicken
b) Flamingo
c) Eagle
d) Robin

2. What animal are all dogs descended from?

a) Wolf
b) Hairy mammoth
c) Rabbit
d) Fox

3. Three of these countries have an eagle on their national flags. The fourth has another kind of winged animal. Which country is it, and what's the animal?

a) Albania
b) Mexico
c) Wales
d) Egypt

4. What is the name of the Canadian Club Toronto's flying mascot?

a) Bitchy the Hawk
b) Freddy the Falcon
c) Ticker the Rooster
d) Stolly the Unicorn

5. Which team is nicknamed the Monkey Hangers after people in their town hanged a monkey in the early 1800s because they thought it was a French spy?

a) Scunthorpe United
b) Hartlepool United
c) Crewe Alexandra
d) Plymouth Argyle

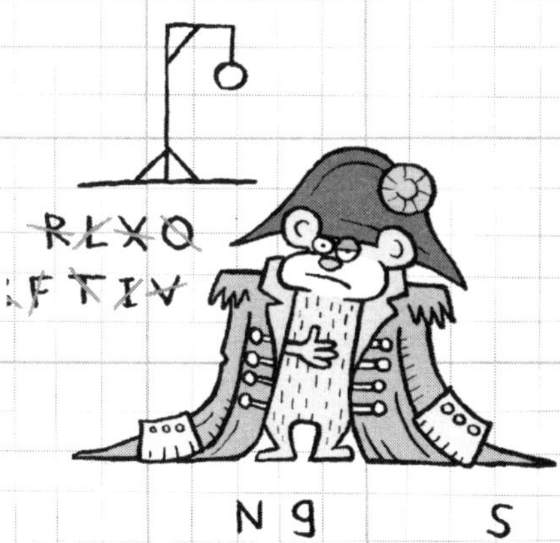

Tuesday
Lesson 2

PHSE

Are you an only child? Do you have brothers or sisters? If so, are you the eldest, youngest or in the middle?

And what on earth does this have to do with football? Quite a lot, actually.

This lesson is about the influence of our families on our football skills. Mum and Dad play a role, obviously – but so do brothers and sisters. It turns out that your chances of footballing glory are influenced by whether you were born first or last.

One final question: when is your birthday? This is also important to your footballing career. (And we want to send you a birthday card.)

SIBLING SUCCESS

Brothers and sisters can be really, really annoying. But here's the rub: if you want to be a professional footballer, they can be really useful to have.

This is because chances are your siblings are often around at home. When you want to kick a ball around, they will be there to play with as ready-made teammates. And the more you practise, the better you will be.

Take the case of Paul Pogba, the French midfielder, and his twin older brothers, Florentin and Mathias. "I told Paul he was wasting his time playing with kids his own age, so he played with me and Mathias," said Florentin, who is two years older. "It was hard for him but it built up his character. Sometimes he came home in tears because we were stronger than him, but it helped him improve."

Mathias added, "Paul, as the youngest, wanted to be like us... We told him: 'Come and play with us and your game will progress quicker, you'll become stronger.' Just look at him now. It worked." Eventually, Paul became better than his brothers and one of the French team's most important players. Florentin and Mathias play for Guinea, the African country where their dad was born.

LITTLE TERRORS

As in the case of Paul Pogba, it is often really helpful to have siblings who are older than you, since you will be forced to play at their level. Some of the world's best strikers have older brothers or sisters.

PLAYER	OLDER SIBLINGS
Gareth Bale (Wales)	Vicky
Harry Kane (England)	Charlie
Marta (Brazil)	Angela, Valdir and José
Lionel Messi (Argentina)	Rodrigo and Matias
Luis Suarez (Uruguay)	Paolo, Giovanna and Leticia

Scientists have investigated the phenomenon of younger siblings doing better than older siblings in sport. Dr Michael Perkin, an expert in child health at St George's Hospital in London, counted the number of eldest, middle and youngest children among footballers in one league in English football. He discovered that 46 per cent – that's almost half – of the footballers surveyed were youngest children.

It really is an advantage being the baby in the family!

Research into other sports has shown that youngest children play in a different way from eldest children. For example, a study found elder children who play baseball feel more responsibility and don't take many risks, while youngest children take more risky decisions during play.

Taking risks isn't good if you are a goalkeeper, but it can be a really useful thing if you are further up the field. Sometimes risks can lead to scoring great goals.

Dr Perkin made another discovery. He showed that the average number of siblings a player has changes depending on their position.

On average, if you only have one sibling, you're more likely to be in goal. And on the whole, attackers have more brothers and sisters than defenders.

Although this doesn't always hold true. Former France captain Patrice Evra has 24 (yes, TWENTY-FOUR) brothers and sisters. And yet he was a defender. Imagine trying to brush your teeth in the morning in a house that size...

NATURE V. NURTURE

So big bro and big sis can help you in your football career. Most important, however, are Mum and Dad. They influence you in two ways, whether you like it or not.

1. NATURE:

Inside every cell in our body is a catalogue of information – our genes – that determines what our body looks like, and to a certain extent how we behave. Our genes are a mixture of each of our parents' genes. This is why we quite often look like them and have the same traits. If your parents both have bright red hair, then you are quite likely to have it too. And if they are both talented at sports, then you might be too.

2. NURTURE:

The environment that you are born into and the way you are brought up also play a big part in who you are. If you play a lot of sport from an early age and put in hours and hours of practice, you have a better chance of making it as a professional.

So it is a combination of nature and nurture that makes us the people we are.

KEEP IT IN THE FAMILY

If one (or both) of your parents is a footballer, you will have both nature and nurture in your favour: sporty genes and a home environment where football is appreciated. Several children of professional footballers have also become professionals too. But these football families are quite rare. Of the 125 different players named in England's nine World Cup squads between 1982 and 2014, only four had dads who also played for England. That's less than 4 per cent.

PLAYER	DAD
Alex Oxlade-Chamberlain	Mark Chamberlain
Mark Hateley	Tony Hateley
Frank Lampard, Jnr	Frank Lampard, Snr
Sean Wright-Phillips	Ian Wright

Some (but not many) top players in England's Women's Super League also come from footballing families.

PLAYER	RELATION
Eniola Aluko	Sone Aluko (brother)
Natasha Dowie	Iain Dowie (uncle)
Danielle Hill	Mark Hateley (uncle)

So don't be put off your football dreams if neither your parents nor family are professional athletes. Hardly anyone else's are either.

HOW MUCH PRACTICE, MUM?

Whatever help you get from your family, continual practice is crucial to becoming an amazing footballer. The more you practise the better you will be, but how much is enough? Some people say that if you spend 10,000 hours practising anything, you will become an expert in it. That's a long time. If you spent 12 hours a day, every day, practising free kicks, you would only reach 10,000 hours after two years and three months of doing nothing else. You would have no friends and a very boring life, but you would be brilliant at free kicks.

Here are some other jobs that the 10,000-hour rule applies to:

HAPPY BIRTHDAYS, UNHAPPY BIRTHDAYS

Belgian midfielder Eden Hazard had the ideal childhood for becoming a footballer. Both nature and nurture were on his side. His dad Thierry and his mum Carine were both footballers. And behind his back garden in Belgium was a field where he practised his tricks day after day. (But who knows if it was for 10,000 hours!) Hazard had one other factor that helped his aim of becoming a footballer. He was born on 7 January.

This date makes a difference because you have more chance of succeeding as a young footballer if you are born earlier in the school year and are one of the oldest in your class. In Belgium, where Hazard was born, the school year age cut-off is January 1. This means that the oldest pupils in the year are born in January and the youngest in December.

(England is a bit different – the cut-off is 1 September, so the oldest pupils are born in September, and the youngest in August.)

At school, older children are often bigger, faster and stronger than their younger classmates, since they have had a few extra months to grow. And if you are a bit bigger, faster and stronger, you are more likely to get picked for the school team, which in turn will help you improve, so you have more chances of getting picked for a football club's youth academy. This is called the **relative age effect**.

This phenomenon helps explain this curious fact: children who are born early in the school year dominate the academies of top clubs. In one season, 57 per cent of players at Premier League academies were born between September and December. Only 14 per cent were born between May and August. "Where are the May to August kids?" asked Nick Levett, the Football Association's national development manager at the time. "The simple fact is that adults have voted them out of the game because of our desire to pick bigger, stronger, faster players."

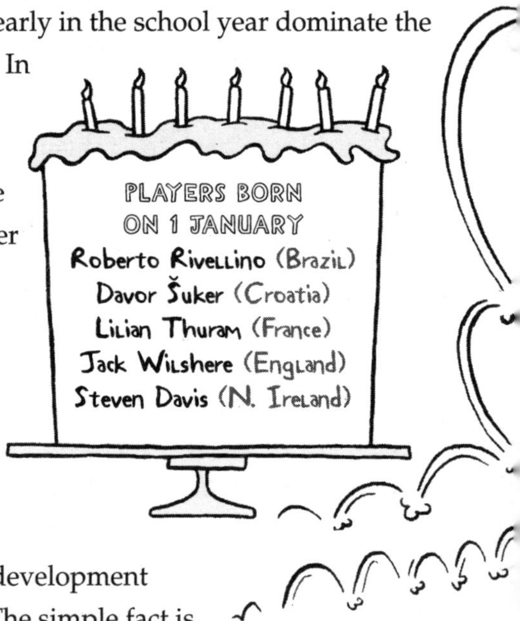

But it is not all good news for those who are born early in the school year. Yes, they are more likely to become a

professional footballer at a young age – but they could also be more likely to get injured and end their careers earlier.

It's a bit like the fable of the hare and the tortoise. The hare sprints into an early lead, but it is the plodding tortoise that gets there in the end. Children who are born later in the school year tend to join clubs later but often have the longest careers.

ACADEMY AGES

Football clubs are only just beginning to understand how important it is to make sure that all children have a chance to make it when they are still at school age, not just the ones born early in the year. Often players who are born late in the school year slip through the net, a shame for them and their clubs.

Ajax in the Netherlands has introduced a new system to tackle this problem. Their academy doesn't split children into Under-8s, Under-9s and Under-10s. Instead it has three broader age groups: 6–11, 12–15 and 16–19. These categories mean that even those born at the beginning of the school year will sometimes be playing with older players. Each player will have a different experience: sometimes being the oldest in the age category and sometimes being the youngest. It is hoped that this will eliminate the relative age effect.

Premier League teams have also started to take note and now organize tournaments with young players picked not based on their age, but according to their physical maturity. And that's what we believe here at Football School. Age and size should make no difference to how you do anything. If you're good, you're good!

PHSE QUIZ

1. France midfielder Paul Pogba's elder twin brothers, Florentin and Mathias, play for which national team?

a) France
b) Guinea
c) Ivory Coast
d) Australia

2. To play the game Happy Families, you need:

a) A special pack of cards
b) A great-grandmother
c) A football
d) An open space

3. What was unusual about the substitution of Arnor Gudjohnsen when Iceland played Estonia in 1996?

a) His wife was having a baby in the stands.
b) His son Eidur replaced him.
c) He got married on the pitch before the game.
d) His sister was the assistant coach.

4. What was special about Toni Vidigal, Luis Vidigal and Beto Vidigal, who played in midfield for the Portuguese side Elvas CAD in 1993?

a) They had the same surname but were not related.
b) They were cousins and their uncle Victor was the coach.
c) They were brothers.
d) In the same season, three Vidigals also played for the local women's team, Elvenses.

5. Alex is looking at a picture of a man and states, "Brothers and sisters have I none, but that man's father is my father's son." Who is the man in the picture?

a) Alex's son
b) Alex
c) Alex's father
d) Ben

Tuesday
Lesson 3+4
HISTORY
Imagine you had been born 1,000 years ago.
Wow, Life would be amazing. Totally different!
Yes. No computers, no cars, no TV...
And not as much history to learn at school!
Q. 1066 ?
A. Not happened Yet

Football as we know it now is only about 150 years old, which for historians makes it a very recent invention. But for the thousands of years before football, people across the world played other types of ball games.

In this lesson we are going to go back in time to look at three of these ancient sports. One is from China, one is from Japan and the other is from Central America. We'll see how all of these games contain elements of what football is today.

We're not, however, going to encourage anyone to play these sports here at Football School. The rules would require us to smear the losing team with white powder, whip them in public or chop their heads off. The classroom would get very messy!

CUJU

Where: China, Korea, Vietnam
When: From about 200 BC to AD 1400
The ball: Spherical-shaped. Originally it was stitched leather stuffed with fur or feathers, but in later years it was filled with air, a bit like balls today.
The goal: Sometimes crescent-shaped, sometimes a sheet with a hole in it suspended from two bamboo posts.
The rules: Two teams of up to sixteen players faced each other on a pitch with goals at each end. Players were not allowed to use their hands.
Kit: Long robes.
Who played: At first only soldiers in the army who spent a lot of time on horses played cuju, in order to get the blood circulating in their legs. Later the game spread to civilians and royalty; women were allowed to play. Over time, the best players were able to make a living as cuju professionals in organized leagues.

When played: At royal feasts and diplomatic events.
Winners' prize: Silver bowls or nice fabric.

Losers' prize: Their faces smeared with white powder and a public whipping.
Famous players: Emperor Wu of Han.
Spin-offs: A type of cuju with no goals, where two teams had to pass the ball to each other and were penalized for making mistakes, was also popular. Players were allowed to use any part of their body to pass the ball except their hands.
How is cuju similar to football? It was an organized game with two teams using a spherical ball, in which the aim was to score more goals than your opponent. It was very popular, with professional leagues and famous players.

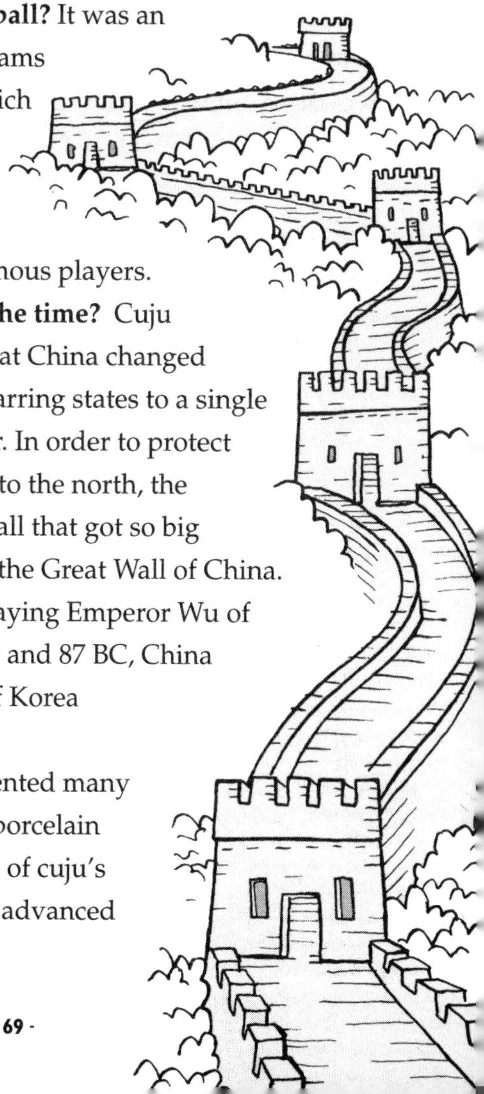

What else was going on at the time? Cuju emerged at the same time that China changed from being a collection of warring states to a single empire, ruled by an emperor. In order to protect this new empire from tribes to the north, the Chinese started to build a wall that got so big and long it's now known as the Great Wall of China.

Under the rule of cuju-playing Emperor Wu of Han, who lived between 156 and 87 BC, China expanded to include parts of Korea and Vietnam.

The ancient Chinese invented many things, such as paper, steel, porcelain and gunpowder. By the time of cuju's demise, China was the most advanced civilization in the world.

KEMARI

Where: Japan

When: AD 600 to 1900

The ball: Hollow, spherical and made from deerskin.

The pitch: A square bounded by four trees, one at each corner. For this reason the game was also known as "Standing among the trees". The trees were usually a pine, a cherry, a willow and a maple.

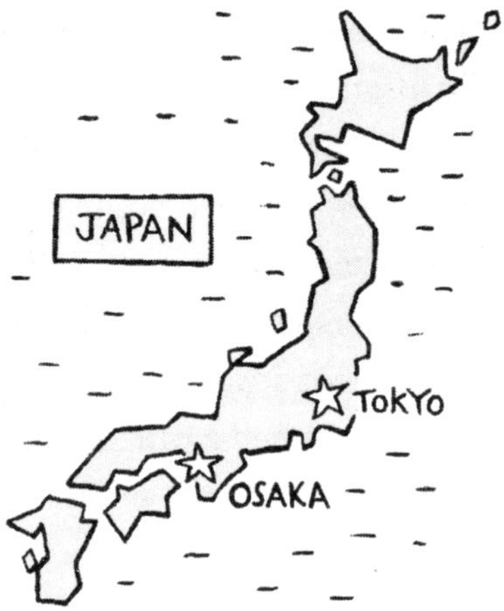

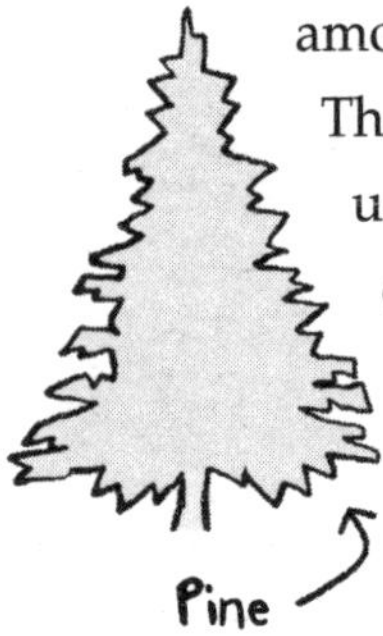

The aim: Kemari was just like playing keepy-uppy as a group. The players kicked the ball in the air as many times as they could without it touching the ground, while passing it between themselves.

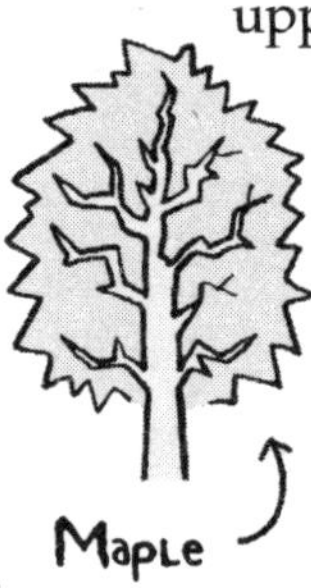

The rules: Players were allowed to use their upper bodies to knock the ball down to their foot or leg. They could also bounce the ball off the trees.

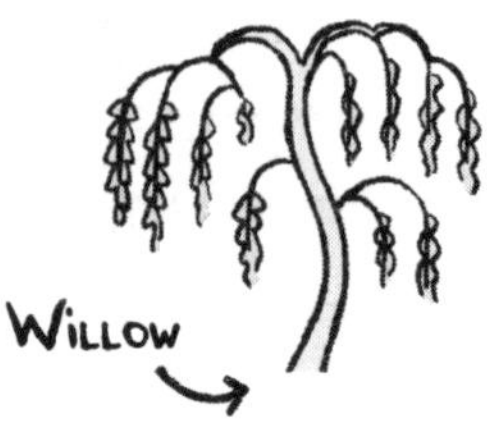

Kit: Formal Japanese clothing with very large sleeves, and a rimless hat. Socks were colour-coded according to rank and skill.

Who played: Warriors and royals.

Language: When a player kicked a ball to himself, he shouted, "Ari", "Ya" or "Oh", which are the names of gods who were believed to live in the trees.

Positions: Between six and eight people played the game, standing in a circle. The best four players were each in front of one of the trees.

The game: The players walked on to the pitch in order of rank, with the highest coming on first. All players had a practice kick to get used to the ball. The game started when the player of the highest rank kicked off. The game ended when the same player kicked the ball high and caught it in his robes.

Length of a game: Usually about fifteen minutes, although an old text says that an emperor and his kemari team once kept the ball in the air for more than a 1,000 kicks.

Still around today? Yes. A few Japanese have preserved the tradition. George H. W. Bush, former president of the USA, played kemari on an official visit to Japan in 1992.

How is kemari similar to football? Kemari was a kicking game using a spherical ball that is almost identical to skill training games that footballers play today.

What else was going on at the time? From around 1100 until 1600, Japan was a country dominated by warriors called samurai. These fierce fighters had distinctive armour and were famous for their long, curved swords, their self-discipline and their code of honour. Gradually samurai principles of loyalty and duty became part of Japanese culture generally.

In the 1630s Japan's military leader banned all foreigners from entering the country and all Japanese people from leaving it. For the next 200 years Japan was almost totally disconnected from the rest of the world. During this period they kept on playing kemari. Sushi – blocks of rice with raw fish on top – was invented and activities such as puppet theatre and writing haikus also flourished around this time.

A haiku poem has three lines, with five syllables (stresses) in the first and last lines and seven in the middle line. Usually a haiku makes an observation about life or nature. Here are two we've written on our favourite subject:

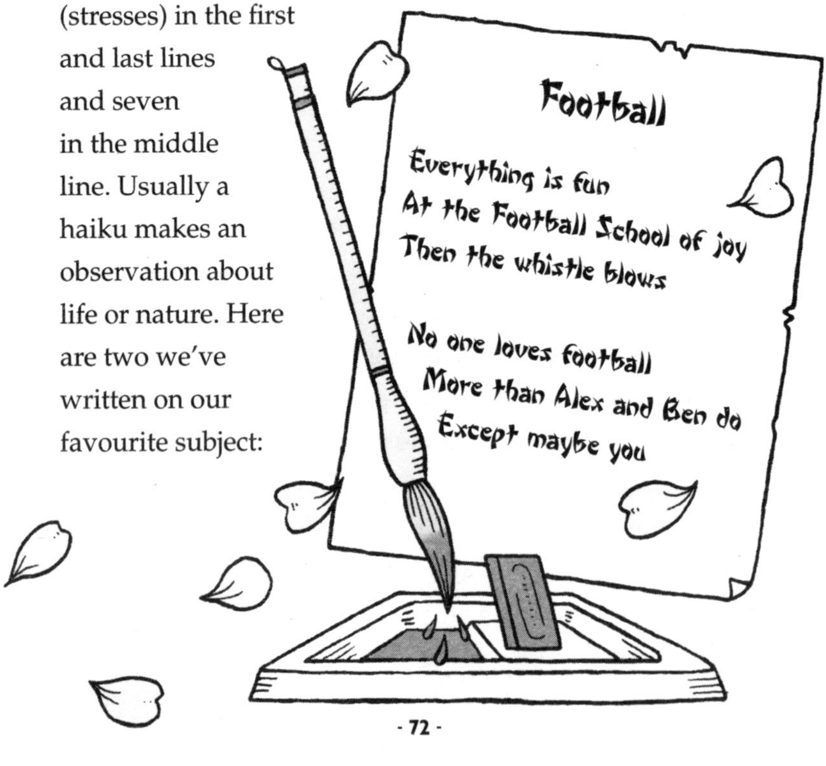

PITZ

Where: Central America (the area including Mexico, Guatemala, Belize, Honduras, Nicaragua, El Salvador and Costa Rica)

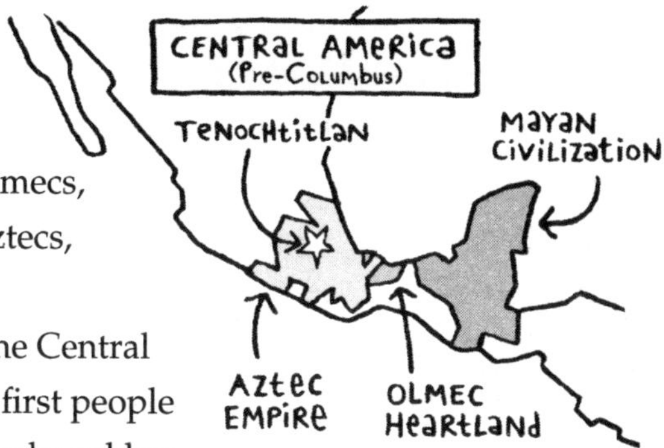

When: 1500 BC to AD 1500

Who played: The Olmecs, the Maya and the Aztecs, among others.

The ball: Bouncy! The Central Americans were the first people to discover how to make rubber, which comes from latex – a milky substance found in a tree. The balls made for pitz were solid rubber and probably a bit bigger and heavier than a basketball.

The pitch: Narrower than a football pitch, and sometimes shaped like a capital I. Usually sloping stone walls were on the left and right sides of the pitch. Archaeologists, the people who study the remains of civilizations, have discovered more than 1,500. The pitch sizes vary from smaller than a tennis court to about the size of a full-length football field.

The goals: Most of the pitches didn't have goals, but towards the end of the Maya period people started to hang a stone ring high up on each of the two side walls. The idea seems to have been to get the ball through the ring, although this was probably quite difficult to do.

The rules: No one knows the rules any more, it's probable that over 3,000 years they changed a lot. The most likely theory is that two teams would face each other and bounce the ball between them using only their hips.

Kit: Pictures and sculptures from the era show that the basic kit consisted of a loincloth and a hip guard. But there were many accessories: helmets, headdresses, chest protectors, shin pads and gloves.

Dangers: The ball was very heavy and historians believe that players got bruised a lot. Some players may have died when the ball hit them in the mouth or stomach.

Purpose: The game was an important religious ritual and also sometimes used as a way of settling disputes.

Religious significance? The sacred book of the Maya is called the Popol Vuh. It had the same function as the Bible does for Christians or the Koran does for Muslims, in that it provided stories about the creation of the world.

The central story is based around a game of pitz. The two heroes are the twins Hunahpu and Xbalanque. The lords of the underworld – they're the equivalent of the devil – challenged the twins to a ball game. After many hair-raising escapades in the underworld, including the time that Hunahpu's head was chopped off by a bat and used as the ball (a turtle made him a new one), eventually Hunahpu and Xbalanque defeated the evil empire. When they re-entered the real world, the twins rose high into the sky and became the sun and the moon.

Winners' prize: Treated to a feast.

Losers' prize: Their heads were chopped off. Some historians say that their skulls were then used as the basis of a new ball.

Still around today? Yes. The game of ulama, which is descended from pitz, is still played in a few places in Mexico.

How is pitz similar to football? Pitz was a ball game between two teams in which you were not allowed to use your hands. It was hugely popular and culturally important. Large stadiums were built to play and watch it.

What else was going on at the time? Chocolate! The cocoa bean, which is the main ingredient in chocolate, is native to the Americas and was made into a drink enjoyed all over Central America. It tasted very different from the chocolate we eat now because the Maya and the Aztecs didn't have sugar. Instead, they mixed ground cocoa beans with water, chilli peppers and cornmeal. Yuk!

HISTORY QUIZ

1. What did the ancient Chinese build along their northern border that is thousands of miles long?

a) A running track
b) A wall
c) A zip wire
d) A football pitch

2. Which of these countries is situated where the Maya used to live?

a) Greenland
b) Great Britain
c) Guatemala
d) Japan

3. The samurai sword was special in what way?

a) It was straight.
b) It had two blades.
c) It had a long grip for both hands.
d) It was made of gold.

4. Which of the following did the Chinese NOT invent?

a) Toothpaste
b) Printing
c) Silk
d) The compass

5. The Olmecs were the first major civilization in Central America. What does their name mean?

a) Rubber people
b) Fierce people
c) Ball people
d) Chosen people

Tuesday
Lesson 5

PSYCHOLOGY

Scoring a penalty should be easy. You place the ball on the white spot a few metres in front of the goal and then kick it, with only the goalkeeper standing in your way.

But penalties are not that easy.

Some of the best players in the world, including Alex's friend Pelé, have missed important penalties. Argentinian midfielder Diego Maradona, one of football's best ever players, once missed five penalties in a row!

Luckily we have a world expert on penalties here at Football School. Ben spent two years studying everything there is to know about penalties, and even wrote a brilliant book on them. In this lesson he will reveal his five top tips to score the perfect penalty.

It's good that we're in the classroom and not out on the pitch, because the overwhelming message is that when it comes to penalty kicks, the most important part of your body is not your foot, but your brain.

ON THE SPOT

Penalties happen when:

1. The referee believes a foul or a handball has taken place in the penalty area.
2. A knockout game ends with the score level after extra time. Then there is a penalty shoot-out – each team takes five penalties and whoever scores the most wins.

BEN'S TIPS FOR THE PERFECT PENALTY

Imagine you are about to take a penalty in front of a stadium packed full of fans. Follow these top tips from Ben and learn how to be at the top of your mental game.

BEN'S TIP No. 1
BE POSITIVE

Read this carefully: I want you to clear your mind from thinking about elephants. Absolutely do NOT think about elephants. Especially a pink elephant in a tutu.

Are we ready? I bet you are thinking about a pink elephant in a tutu.

You are having these thoughts because it is impossible for humans to *not* think about something that has been suggested to them. We can't do it!

In the same way, if you are about to take a penalty you should not say to yourself, "I must not miss, I must not miss." Because thinking about NOT missing is the same as thinking about missing.

And you don't want to be thinking about missing, because then you will be more likely to miss. When you take a penalty you want to be thinking about scoring.

In order not to fill your mind with thoughts about missing, **focus** hard on what you are doing – for example, counting the steps in your run-up. And think, "I will score."

MY ALL-TIME TOP FIVE PENALTY TAKERS

1. Matt Le Tissier (England)
Scored 47 out of 48 penalties in his career

2. Gaizka Mendieta (Spain)
Always waited for the keeper to move – then went the other way

3. Antonín Panenka (Czech Republic)
Invented a slow lobbed penalty down the middle of the goal – now called the "Panenka" in his honour

4. Brandi Chastain (USA)
Took a penalty to win the 1999 Women's World Cup final

5. Zinedine Zidane (France)
Usually kicked to his right side – but hit it so accurately it was virtually unstoppable

BEN'S TIP No. 2
TAKE YOUR TIME

England have two world records when it comes to penalties:

1. England miss more penalties in shoot-outs than any other national team.
2. Once the ref blows their whistle, England players take their penalties quicker on average than any other country.

Do you think these two records are related? Of course they are! Rushing can lead to mistakes, in life and in football.

So my advice is this: once the ref blows their whistle, be calm. **Don't rush. Take an extra breath. Compose yourself.** Make sure you are ready. And then take the penalty.

BEN'S TIP No. 3
HUG YOUR TEAMMATE (EVEN IF THEY MISS)

Team spirit is really important for staying positive. You need to feel it in the good times and the bad. In fact, you need it more when things get bad.

So if a player misses a penalty, don't get angry with them. Walk up to them, **give them a hug** and say nice things to them.

Trust me: teams that celebrate goals and hug players who miss in a penalty shoot-out are more likely to win the penalty shoot-out.

If players know that they will still be loved by their team even if they miss, they become less scared of missing and therefore more likely to score.

BEN'S TIP No. 4
KEEP EYE CONTACT WITH THE KEEPER

Once the ball is on the penalty spot, you need to mark out your run-up. You have two choices. Either you can walk backwards, while always keeping an eye on the goal and the goalkeeper, or you can walk with your back to the keeper before turning around to face the ball.

Most England players walk with their back to the keeper, thus avoiding eye contact with him. And we know that lots of England players miss!

Some psychologists think that avoiding eye contact shows fear and gives the goalkeeper an advantage. Instead, it's better to face the challenge head-on. **Keep eye contact**. Let your opponent think you are confident. That will make *them* start worrying!

BEN'S TIP No. 5
PRACTISE WITH PURPOSE

When England lost a penalty shoot-out to Italy in Euro 2012, England coach Roy Hodgson said that practising penalties before the game had been no help: "You can't reproduce the pressure. You can't reproduce the nervous tension." Previous England coaches have said something very similar.

They are right. You can't.

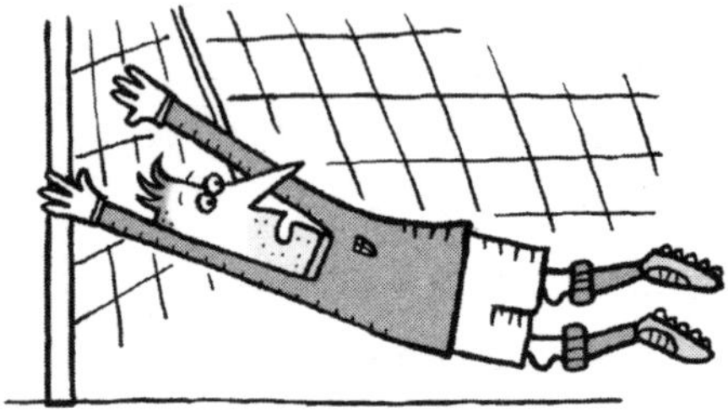

But the same is true of most sports: you can never copy the exact conditions for a tennis player serving to win Wimbledon, or a golfer putting to win the Ryder Cup, or a cyclist scaling a hill climb at the Tour de France. But those athletes still practise, don't they?

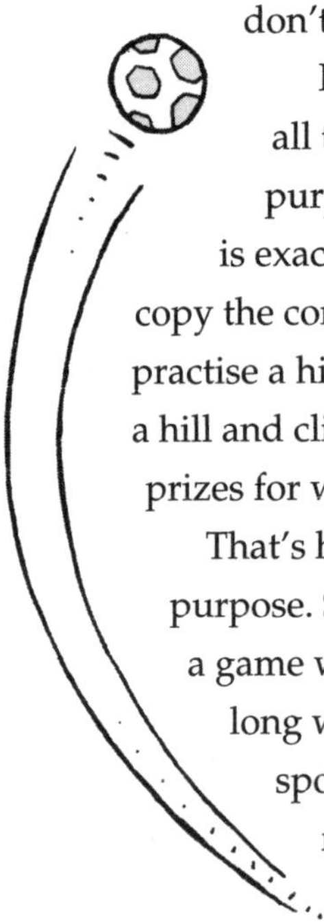

In fact, a tennis player, a golfer and a cyclist all told me the same thing: they practise with purpose. That means they pretend the situation is exactly the same, even if it isn't. They try to copy the conditions as much as possible. A cyclist won't practise a hill climb on a flat road, will they? They'll find a hill and climb it! And they'll make it competitive, with prizes for winning and forfeits for losing.

That's how players can practise for penalties – with purpose. So that means taking penalties at the end of a game when you're tired. It means practising the long walk from the centre circle to the penalty spot in a shoot-out. It means waiting for the referee to blow the whistle and imagining the world is watching. **Preparation for anything will increase your chances of success**. Penalties are no different!

In fact, we think you can handle tricky situations in life in the same way you handle penalties.

Anytime you face a tough challenge, use this handy summary of Ben's five tips to help you.

They work from the penalty spot on the pitch, so why not off the pitch too?

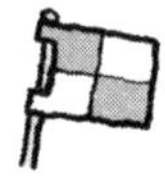

1. Focus
2. Don't rush
3. Be supportive
4. Look the challenge in the eye
5. Be prepared

MY ALL-TIME TOP FIVE PENALTY SHOOT-OUTS

West Germany 5 France 4 (1982 World Cup semi-final)
The first World Cup shoot-out, and the first on live TV.

Brazil 3 Italy 2 (1994 World Cup final)
The world's best player at the time, Robert Baggio, missed the final penalty and Italy lost.

KK Palace 17 Civics 16 (2005 Namibian Cup Final)
It took a world-record 48 kicks for this shoot-out to end.

Liverpool 3 AC Milan 2 (2005 Champions League final)
The Reds' keeper Jerzy Dudek waved his arms to put off kickers.

Netherlands U21 13 England U21 12
(2007 European Under-21 Championship semi-final)
Netherlands' body language expert told players to give positive signals.

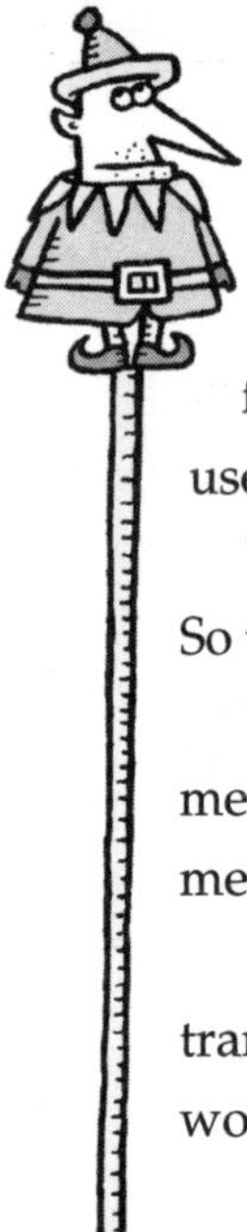

TWELVE YARDS

Often commentators will talk about the penalty spot being twelve yards from the goal. The yard is an old-fashioned unit of measurement that seems only to be used when talking about distances in sport.

Twelve inches make a foot, and three feet make a yard. So the penalty spot is 36 feet from the goal, or 432 inches.

Nowadays we tend to use the metric system of measurement for distances. Twelve yards is equal to 10.97 metres, which is almost eleven metres.

In German the word for penalty is “elfmeter”, which translates as “eleven metres”, since “elf” is the German word for eleven. So “elfmeter” has nothing to do with measuring Santa’s little helpers!

PSYCHOLOGY QUIZ

1. What is a penalty that is slowly chipped down the middle of the goal called?

a) Zidane
b) Panenka
c) Unlucky
d) Le Tissier

2. What happens if the scores are level in a penalty shoot-out after both teams have taken five penalties?

a) The coaches take penalties.
b) They keep going until one team misses and the other scores.
c) The captains play scissors-paper-stone.
d) They toss a coin.

3. What was special about Martin Palermo's performance for Argentina in a 1999 Copa América game against Colombia?

a) He scored three penalties.
b) He missed three penalties.
c) He scored a penalty and saved a penalty.
d) He broke the crossbar with a penalty.

4. What did French midfielder Zinedine Zidane do before scoring a penalty against England at Euro 2004?

a) Kissed the referee
b) Sang the French national anthem, "La Marseillaise"
c) Vomited on the edge of the penalty area
d) Shook the hands of all his teammates for luck

5. Why is Alex Molodetsky famous in the world of penalties?

a) He trained elephants to score penalties.
b) He once scored a penalty with his head.
c) He could save penalties blindfolded.
d) He invented a ball that veers into the goal even if it's aimed off target.

Wednesday
Lesson 1+2

DESIGN TECHNOLOGY

In the last lesson we forgot to mention another essential element in penalty-taking. Indeed this element is essential for all parts of the game. If you want to play well, you need a good pair of boots.

Imagine playing in boots that went over your ankles. They would be heavier than the boots you play in today. You would run more slowly and use up more energy. Not great! Yet that is what football boots were like up until the 1950s.

Shoemakers today put a lot of thought into the design of football boots and the materials they use to make them. In this lesson we are going to see how the design of boots has changed over time. But first, let's see just what a difference the right boots can make to a game.

STUDS-U-LIKE

Hungary were big favourites to win the 1954 World Cup final against West Germany in Bern, Switzerland. But the Mighty Magyars lost 3–2, handing the Germans their first World Cup trophy. Many commentators said the Germans' victory was down to their football boots, which had screw-in studs. It rained heavily and the pitch was muddy: the Germans were able to screw in larger studs to their regular boots, giving them an advantage on the slippy turf. After that game everyone in football realized just how important it is to have the right boots.

A HIS-TOE-RY OF FOOTIE FOOTWEAR

1500s:

King Henry VIII owned one of the earliest pairs of boots specifically made for playing football. We know he had a pair because they were listed in a palace document as having been made by his personal shoemaker, Cornelius Johnson, in 1526. Historians think the boots were ankle-high, made from strong leather and heavier than normal boots. In the Tudor period football wasn't the game we play today, but a kind of organized brawl that often led to riots. Off the pitch, Henry VIII could be ruthless: he had six wives and chopped the heads off two of them. So pity anyone who got in his way during a game.

1850–1900:

The first boots designed solely for modern football were made from thick leather and had leather studs to grip the turf. They were heavy and doubled in weight when wet.

1900–50:

Famous boot producers, such as Gola in the UK and hummel in Germany, opened for business. One big German company, the Dassler Brothers Shoe Factory, introduced replaceable studs that could be changed depending on the weather. Later the company split into two.

1950s:

Brazilian designers removed the ankle part of the football boot. English forward Stanley Matthews saw Brazil play in the 1950 World Cup and bought a pair of their boots. He returned home and asked the Heckmondwike Boot and Shoe Works to copy them. The lower-cut design was lighter, allowing players to run faster.

1960-70:

Leather was replaced by lighter materials such as rubber. In 1970 English midfielder Alan Ball became the first player to wear white boots. He was paid £2,000 by hummel to do so. But hummel didn't have a pair that fit, so the marketing director painted Ball's adidas boots white and then added chevrons to make them look like a hummel boot.

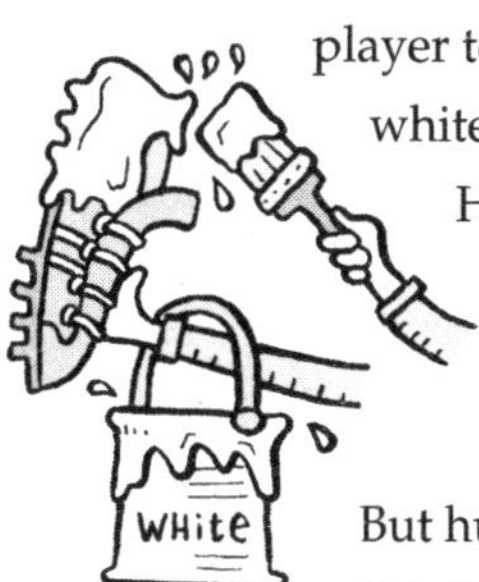

1980s:

Liverpool ex-midfielder Craig Johnston wanted to help kids he was coaching control the ball better. He designed a new boot, the Adidas Predator, which had rubber fins to help that. The Predator is still worn today. Other boot designers followed his lead.

2000-PRESENT:

In recent years new technology has inspired lots of weird and wacky boots. These include boots without laces and boots made using sharkskin leather, with holes in the soles like gills.

MATERIAL WORLD

Football boots need to be many things. They need to be comfy, so players enjoy wearing them. They need to be tough, so the feet are protected. They need to be hard-wearing, so they don't fall apart in the middle of a game, and they need to be light, so they don't weigh players down. These factors decide the many different materials that go into the modern boot.

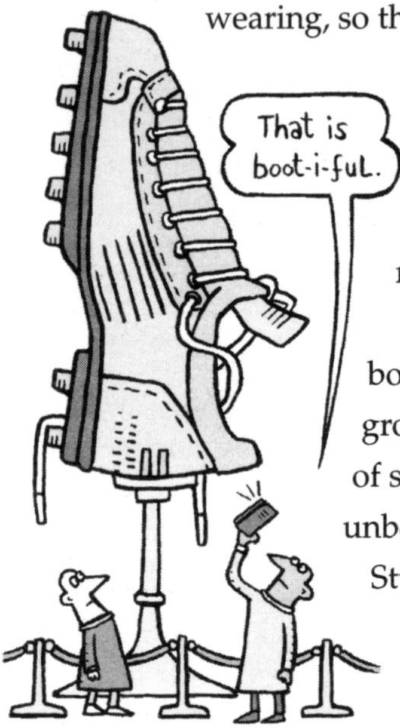

The studs are the hardest part of a boot. The stud's job is to penetrate the ground so that you can grip instead of slipping. The material must be unbendable, unbreakable and tough. Studs are usually made from a light metal such as **aluminium**, or a hard **plastic**, or a mixture of both.

The sole of a boot has to be stiff enough to keep the studs in place, flexible enough so that it doesn't shatter when you run and hard enough to protect the foot. The most suitable material is a light plastic, but one that is more flexible than the hard plastic used for studs. Some boots use a plastic that only bends in one direction, since the extra stiffness that you get from it not bending in the other direction can increase the power of a kick.

The upper of the boot covers the sides and top of your foot. It needs to be flexible so you can control the ball and so it's comfy when you run. The material also has to be tough so you are protected if you are trodden on, and so it doesn't get damaged when you kick the ball. **Leather** is best for this job, as it is very hard-wearing and performs well in all temperatures and weather conditions. Scientists have invented many amazing materials, but when it comes to boots nothing is as versatile as the skin of a cow.

Modern boots also have plastic ridges and skins on the upper that create texture to help you control the ball.

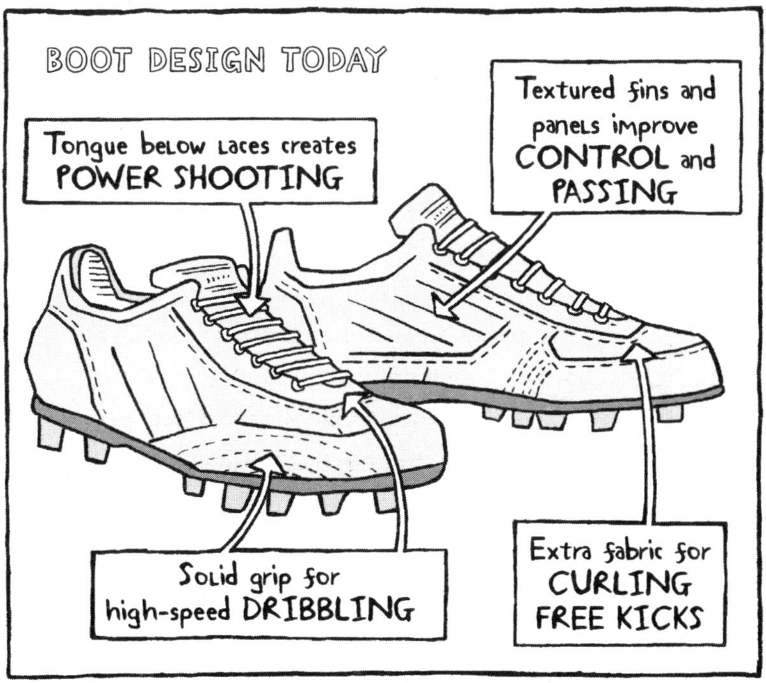

HAPPY FEET

The best players in the world don't have to go shopping for football boots: bootmakers give them pairs for free.

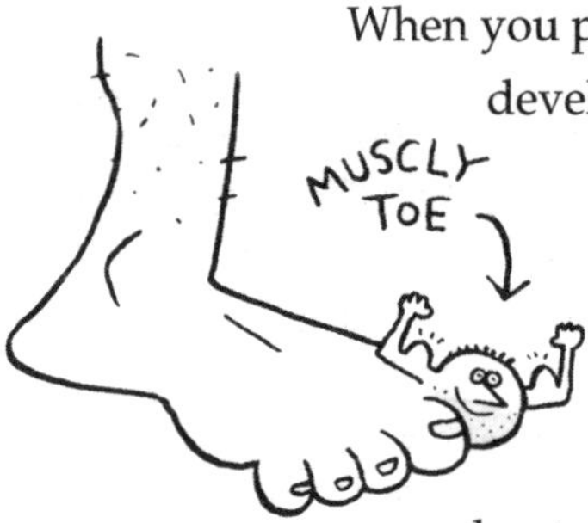

When you play football every day, your feet develop extra muscle in the toes. In order to protect this muscle and not be too tight, professional footballers' boots sometimes have more padding around the toes. And what's more, the bootmakers take a mould of each player's feet and use them to make boots that will fit perfectly, like a second skin. Argentinian forward Lionel Messi says he likes his boots to "feel more like slippers than shoes". Maybe he should wear a dressing-gown too!

Most professionals rotate four or five pairs of boots over a season; like your favourite clothes, they become more comfortable the more you wear them. But everyone is different: Dutch winger Memphis Depay told us he likes to wear his boots fresh out of the box for big games.

PIMP MY BOOT

Often players like to personalise the design of their boots with words or images:

PLAYER	BOOTMAKER	PERSONALISATION
Pierre-Emerick Aubameyang	Nike	Encrusted with 4,000 Swarovski crystals and his initials, PEA
Lionel Messi	adidas	Sons' names and Argentina flag
Mario Balotelli	Puma	Fake mohawk hairstyle on the heel
Neymar	Nike	"Courage" and "joy" on side, NJR11 on the heel
Memphis Depay	Under Armour	"Memphis" signature on the heel

DON'T TREAD ON MY TOES

Not all players like to wear boots. India were invited to play in the 1950 World Cup but did not turn up after the organizers, FIFA, said that all players had to wear football boots. India's team had played in the 1948 Olympics with some of their players wearing only bandages on their feet, as they found it more comfortable (and lighter) that way.

FAMILY FEUD

Adidas and Puma are two of the biggest sports brands, but did you know they were founded by two brothers who hated each other? Adi and Rudolf Dassler started the Dassler Brothers Shoe Factory in the 1920s. But the brothers fell out and in 1948 Adi established adidas and Rudolf set up a company that became Puma. The two factories were in the same town in Germany, on opposite sides of the river. The brothers never became friends again.

DESIGN TECHNOLOGY QUIZ

1. What is the name of the top part of a boot?

a) The downer
b) The middler
c) The upper
d) The topper

2. Which of these is a desirable property of the sole of a football boot?

a) Elastic
b) Porous
c) Aromatic
d) Rigid

3. Why do referees check players' studs before they come on the pitch?

a) To make sure they don't have chewing gum on their soles
b) To ensure the studs are not sharp or dangerous to opponents
c) To check that both shoes have the same number studs
d) It's a tradition dating back to horse-drawn carts, when drivers used to check horses' hooves.

4. What would be the most sensible material for boot laces from the ones below?

a) Cotton
b) Rubber
c) Spaghetti
d) Straw

5. Which of these football boots does NOT exist?

a) Hypervenom
b) Mercurial Vapor
c) Evo Goal 90
d) Purple Power Cat

Wednesday
Lesson 3

GEOGRAPHY

For this lesson we're going to fly down to Brazil, the most successful country in international football. Brazil has won the World Cup more times than anyone else: in 1958, 1962, 1970, 1994 and 2002.

Brazil has also produced more top footballers than any other nation, and they continue to sell more professional players around the world than anyone else.

So how come the Brazilians are so good? What have they got that no one else has? Alex used to live in Rio de Janeiro, and this is what he found out.

BIG IS BEAUTIFUL

Brazil is the largest country in South America. It's massive – you could fit the UK into it about 33 times.

It is also full of people – there are almost as many Brazilians as there are people in the UK, France and Germany put together. So that's one reason there are lots of Brazilian footballers: there are lots of Brazilians.

If you look at how many people live in each country in the world, you can see that Brazil is in the top five:

COUNTRY	POPULATION	% OF WORLD POPULATION
China	1.4 billion	20%
India	1.3 billion	19%
USA	324 million	5%
Indonesia	258 million	4%
Brazil	206 million	3%

TROPICAL TURF TROUBLES

Brazil also has lots of animals. In fact, it has more species of animal than anywhere else in the world, including armadillos, monkeys, sloths and vampire bats. This variety is called **biodiversity** and is due to Brazil being a tropical country with many different habitats, such as the Amazon rainforest, desert, savannah and swamps. The climate is nearly always hot, and the weather alternates between blistering sun and torrential rain storms.

When it comes to football, Brazilians tend to be very skilful players. They are known for their ball control and their repertoire of tricks. Believe it or not, the extreme weather plays an important part in this.

Thunderous downpours and scorching heat are brilliant for the plants that live in the rainforest – but terrible for grass.

In Brazil it is almost impossible to maintain a grass lawn … or a football pitch. In fact, the country has almost NO grass football pitches. Schools don't have grass fields for children to practise on and there are very few parks. The very few grass pitches that there are in Brazil are mostly in stadiums, where gardeners have to tend them every day.

You might think that because almost no young Brazilians learn to play on grass they would be WORSE, not better footballers, but, as we will see, the opposite is the case.

MEGACITIES

Most Brazilians live in towns and cities. Brazil's cities have grown so fast in recent decades that many of them have several million people in them. The biggest city, São Paulo, has almost as many people living in it as the whole of Australia does.

These megacities are crammed full of people, with few large open spaces for people to run around on (apart from the beach, if the city has one). In the poorest parts of these cities there are almost no roads: simple brick homes are built on top of each other with only tiny pathways between them. There is hardly any space to swing a cat, let alone kick a ball. But the Brazilians use this to their advantage too.

POPULATION OF BIGGEST CITIES

THE ADVANTAGES OF DISADVANTAGES

With no grass pitches and little space in cities to play football, instead people learn the game on patches of dirt and on the street.

If you are playing on gnarled, knobbly terrain where the ball will bounce in unpredictable directions, you will develop really fast reactions and good technique.

If you are playing on concrete where you can't fall without hurting yourself, you will develop amazing control and balance. If you are playing football in tiny spaces, you will develop brilliant ball skills.

In other words, one of the reasons why Brazil's footballers are so good is because the geography – that's the climate and the cities – provides so many obstacles to playing.

A PITCH WITH A DIFFERENCE

There are two other places where the Brazilians find space to play football, and they are also important:

1. INDOORS

Because of the lack of outdoor pitches, many young Brazilians learn to play football indoors on a hard court floor. The indoor game is called futsal. It is five-a-side football played on a pitch roughly the size of a basketball court and using a smaller, heavier ball.

Because the futsal ball does not bounce very well, it requires much more technique to master. Futsal players have less space to move around in than footballers on a full-sized pitch, which means that futsal players have to be very quick, with better close ball control and no fear of dribbling. The result is that if you play futsal, you become a fast and fearless player.

Futsal was invented in Uruguay, Brazil's neighbour, but the game became more popular in Brazil than anywhere else. In fact, more Brazilians play futsal than play football.

Brazil even has a professional futsal league. Many of the country's best players started out playing futsal. Now we know why they are so good!

2. THE BEACH

Brazil has about 5,000 miles of coastline and beaches cover much of it. There are beaches in many of Brazil's major cities – such as Rio de Janeiro, Santos, Salvador and Recife – and football gets played on them.

Beach football is much harder to play than normal football because you need more energy to run on sand. Since the ball hardly bounces you have to be much more accurate with passes, and also use lots of different parts of your body to control the ball. So if you play beach football, you will be very fit and have great technique.

DANCING OFF THE PITCH

As well as the sun, the rain, the cities, the indoor courts and the beaches, Brazilians have another big advantage when it comes to football – they love to dance. Brazil's national musical style is called samba. Samba is very fast, uplifting and rhythmical, and is usually played on percussion instruments such as small drums, shakers and the tambourine. Samba also has its own special style of dancing, in which you tap your feet and wiggle your hips a lot. Children growing up in Brazil learn how to samba, so they learn to move their feet and shake their hips much better than children in other countries. Wiggling your hips is very useful in football also – for wiggling past defenders and twisting your body to strike the ball.

WHO NEEDS A BALL ANYWAY?

Brazil has many families who are too poor to buy a football for their children to play with. Lots of people told Alex that it's common for children from these families to learn to play football using coconuts, oranges and even eggs.

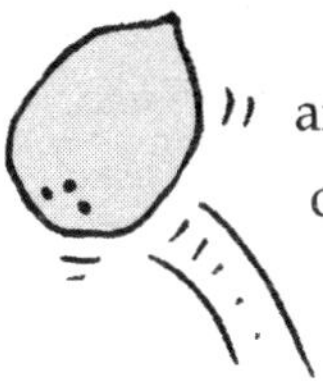

If you learn to play football with a coconut you are going to get sore feet. If you learn with an orange you are going to get sticky feet. And if you learn with an egg, someone is going to get splatted!

But there are advantages to using such unconventional (and tasty) objects as footballs. It is much more difficult to play football with fruit than it is with a nice pumped-up ball, so children who learn with unusual objects are going to develop better ball skills. Imagine trying to do keepy-uppies with an egg! (We do not suggest you do this at home.) You will need to have an almost insane level of control to kick and catch the egg without it breaking.

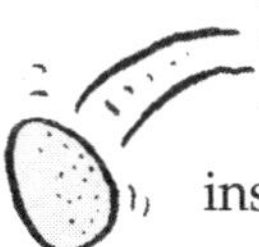

So when we look at Brazil, we can see that for aspiring footballers, adversity breeds creativity. This means that the greater a challenge is, the more resourceful you need to be to overcome it. Young Brazilians are faced with many challenges when it comes to playing football, and as a result they develop amazing, world-beating skills.

GEOGRAPHY QUIZ

1. What is the capital of Brazil?

a) Belo Horizonte
b) Brasília
c) Rio de Janeiro
d) São Paulo

2. The biggest club in São Paulo, Brazil's largest city, is named after which British team?

a) Corinthians
b) Wanderers
c) The Spartans
d) Rangers

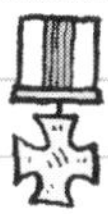

3. What is the name of the razor-toothed Amazon fish that likes to eat raw flesh and is strong enough to bite your finger off?

a) Anaconda
b) Caiman
c) South American Finger-Muncher
d) Piranha

4. What is the full name of FIFA Player of the Century Pelé?

a) Ronaldo de Assis Moreira
b) Mário Jorge Lobo Zagallo
c) Edson Arantes do Nascimento
d) Diego Armando Maradona Franco

5. Brazil's flag is a blue circle inside a gold rhombus on a green background. But what is in the blue circle?

a) 1 military cross
b) 5 footballs
c) 8 scorpions
d) 27 white stars

Wednesday
Lesson 4

DRAMA

In some ways footballers are like famous actors. People pay to see them perform live. You can watch them on prime-time telly. They feature in adverts and in celebrity magazines. And, on the pitch, they also do a lot of acting.

In this lesson we are going to look at the different ways footballers act. There's both good and bad acting. Everyone loves the player or team who celebrates their goal with a jubilant piece of theatre. On the other hand, fans and commentators criticize players who scream in pretend agony when they are not really hurt.

We'll see how football often involves acting without words and how, sometimes, the game is as dramatic as the plays of ancient Greece – although you don't need to wear a toga to enjoy this lesson.

THE GOAL CELEBRATION OSCAR

First, let's look at some of the best celebrations in football. To do this, we have to go all the way to Iceland and a small team called Stjarnan. Thanks to some inspirational acting, for a brief moment this team was among the most famous in the world.

At the time the team were playing in Iceland's first division. The players were friends as well as teammates, since they had all grown up in a small town called Garðabær and had played together for over a dozen years. In Iceland they were already famous for their funny goal celebrations – but then one elaborate performance caught the whole world's imagination.

In a game against rivals Fylkir, striker Halldor Orri Bjornsson scored a match-winning penalty in the last minute. He ran to the edge of the area. He stretched out one arm as though he was casting out a fishing-rod. His teammate, Johann Laxdal, fell onto his side about six metres away. As Bjornsson pretended to reel him in with his other hand, Laxdal flopped towards him bouncing on his shoulder and hip like a fish out of water. Laxdal was apparently chosen for the role because in Icelandic, "laxdal" means "valley of the salmon".

There was more to come. Once Laxdal had flopped at the goalscorer's feet, four more teammates lifted him up and held him on his side, as though showing off their catch for a photo. Another teammate, Baldvin Sturluson, got down on one knee and pretended to take a photo of the "salmon". The celebration was inevitably named "The Salmon". A video of it went viral and was watched by millions around the world, showing football and drama make for a great match.

Planning sequences of movement in this way is known as **choreography**. Stjarnan continued to celebrate their goals with choreographed theatrical flourishes. Here are some of their highlights. Action!

STJARNAN CELEBRATIONS

1. The Toilet – One player goes down on all fours, with two others behind him (they are the seat and flusher). The scorer sits on the back of the crouching player, pretends to read a newspaper, then stands up and pulls the hand of the flusher.

2. The Bicycle – Two players kneel on the ground with one lying in between them. The back player puts his hands on the front player's shoulders. The scorer jumps on the back player's shoulders and pedals, using the player on the floor.

3. The Diver – One player kneels on the ground and the goalscorer dives off his back into an imaginary swimming pool and swims.

4. The Ballroom Dancers – The goalscorer grabs his nearest teammate and dances a waltz with him. Six other teammates pair up and do the same dance.

5. The Bobsled – Four players push an imaginary bar in the same direction, then sit in a line with legs outstretched. They lean left and then right as though in a bobsled.

ACTIONS SPEAK LOUDER THAN WORDS

There are other effective ways of acting on a pitch. When we watch football on TV or even in a stadium, we can't hear what the players are saying. But we know what they are thinking, because their bodies give it away. This is called **body language**. It's a way of communicating without words and is an important tool of an actor's trade.

The defender who puts the palms of his hands together and waves them in the direction of the referee? He wants justice. The striker who storms over and puts his nose right next to his opponent's nose? He is angry.

Sometimes our bodies respond in a natural way: we smile when we are happy, we grimace or cry out when we are hurt. But in a competitive environment like a football match, some players exaggerate their reactions to events. They are doing just what clowns in the circus do: overemphasizing their facial expressions and body gestures in order to communicate wordlessly. This is a type of acting called **mime**. Players use the techniques of mime so the other players, the referee and the fans can understand their feelings on the pitch without them having to speak.

Here are some acting expressions that all footballers know (and also know how to exaggerate them for maximum effect):

FACIAL EXPRESSION GUIDE
HAPPINESS
Scoring a goal
SADNESS
Conceding a goal
ANGER
Unfair decision
CONTEMPT
Unfair decision
FEAR
Standing in a wall
PAIN
Being fouled
DISGUST
Opponent cheating
PITY
Teammate missing chance
CONCENTRATION
Taking a penalty
EMBARRASSMENT
Missing an open goal

CROWD CHORUS

Footballers may behave like actors, but watching a football match is different from watching a play or a film. When you are in the theatre, cinema or just watching TV at home, usually you want silence so you can hear what is going on.

Football is the opposite. You want to be noisy, because it means you are part of the action. If you're watching a game at a stadium and singing loudly enough, the players can hear you, which can inspire them to play well and distract their opponents.

Sometimes fans boo a player if they used to play for their team in the past, or if they foul someone, or if they just have had a bad haircut. These noises from the crowd – cheers for the heroes, boos for the villains – are a way of commenting on the main characters in the action.

This used to happen in the very first plays, that were performed in ancient Greece nearly 3,000 years ago. During a play, a group of actors called the **chorus** would stand near the stage and provide a commentary on the action. They might sing a song to describe what a character is thinking, or move the plot along by adding information. So think about it the next time you go to a match: your words can also become the story. That makes you an important part of the game.

DIVING COMPETITION

But perhaps the most common form of acting during a football game is when a player pretends they have been fouled to try to gain an advantage, either by winning a free kick or a penalty, or getting their opponent sent off.

This tactic is called diving. A player falls to the ground and writhes in agony. Their teammates protest that the victim was pushed or kicked. Once the referee has made a decision, the player stands up, not looking so injured after all.

A survey of the first 32 games played at the 2014 World Cup revealed that of the 302 players who collapsed on the pitch during the tournament, only nine were injured. That's about 3%. Most players were fibbing when they fell.

Many players claim they never dive, but chances are they have. Former England striker Michael Owen admitted that it's a bit of a grey area. "I don't think that in my career I ever actually dived," he said in an interview. "I certainly went down on occasions. Two of the biggest were against Argentina at World Cups, in 1998 and 2002. I went to ground in situations where it would have been just about possible for me to stay on my feet."

Referees can punish dives with a yellow card. The official term for the offence is "simulation". Writer Dave Eggers said that diving is "essentially a combination of acting, lying, begging and cheating, and these four behaviours make for an unappealing mix." At Football School, we don't like it either.

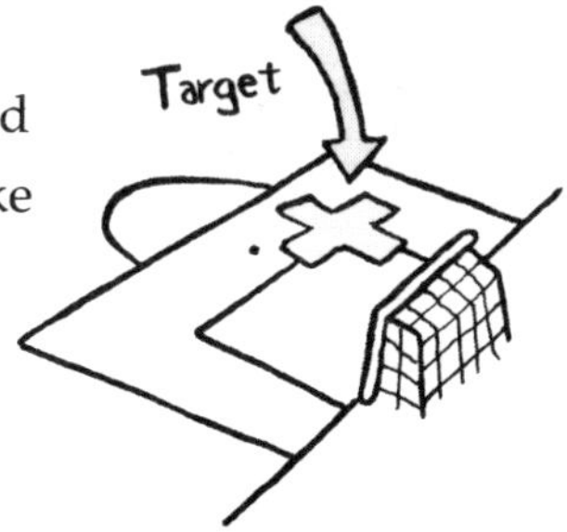

THREE FAMOUS FOOTBALL FAKES

1. Roberto Rojas (Brazil v. Chile, 1989)

The Chilean goalkeeper was banned for life after pretending that he had been injured by a firecracker that had been thrown onto the pitch. He dived into the smoke of the firecracker and emerged bleeding, but it turned out that he had cut himself using a razor blade in his gloves.

2. Rivaldo (Brazil v. Turkey, 2002)

Turkish defender Hakan Ünsal kicked the ball at Rivaldo's leg and the Brazilian midfielder fell down clutching his face. Ünsal was sent off but Rivaldo was later fined.

3. Arjen Robben (Netherlands v. Mexico, 2014)

The Dutch winger apologized after trying to win a penalty by diving in the first half of a tense World Cup tie.

DRAMA QUIZ

1. Which of these celebrations did Stjarnan players once attempt after scoring a goal?

a) The Bicycle
b) The Volcano
c) The Cha-Cha-Cha
d) The Moonwalk

2. Closing your fist and keeping one thumb up is the symbol for what in most countries?

a) That's great
b) The number one
c) Do you have any nail scissors?
d) Look, my thumb cannot bend

3. What do actors traditionally say to each other before going on-stage?

a) "Sorry for farting!"
b) "Break a leg!"
c) "Don't forget your lines!"
d) "I love you darling!"

4. A bad actor, or one who over-acts, can be called a:

a) Bacon
b) Pig
c) Ham
d) Sausage

5. Which masks did Gabonese forward Pierre-Emerick Aubameyang and his teammate Marco Reus wear to celebrate the striker's goal for Borussia Dortmund against rivals Schalke?

a) Batman and Robin
b) Tom and Jerry
c) Spiderman and Superman
d) Mickey and Minnie Mouse

Wednesday
Lesson 5
PHILOSOPHY
What is the meaning of life?
That's a tough one!
What are we on this world for?
Are you OK?
Is that a real question?
Only if this is a real answer!

Philosophers are thinkers who ask deep questions about the meaning of life. Like René Descartes, who in 1637 said, "Cogito, ergo sum," which is Latin for, "I think, therefore I am."

That's why the Football School motto is Kickito, Ergo Sum, which is made-up Latin for, "I kick, therefore I am."

A set of rules that guide you is called a philosophy, and you don't need to speak Latin or have been dead for centuries to have one. Ben's philosophy for life is: be yourself; love your family; tell jokes; eat pizza; take penalties. Alex's is: have fun; be a good friend; go cycling; do your times tables; pick your nose.

Footballers can also have philosophies for how they play. For example a philosophy could be: always attack; keep the ball on the ground; never dive.

And coaches will have sets of rules for how they approach training and tactics. In this lesson, we will tell the story of the coach Rinus Michels, whose philosophy revolutionized football. We'll see how the vision he had half a century ago still impacts the game today.

A COACH IS BORN

Marinus "Rinus" Michels was born in Amsterdam, in the Netherlands, in 1928. He dreamt of becoming a footballer, and for his ninth birthday his dad gave him his first pair of football boots and the white-and-red kit of Ajax, who at that time were a semi-professional side.

Michels' dream came true when he was eighteen and he started playing for Ajax as a centre-forward. In his debut match in 1946 he scored five times. He was regarded as a real team player, as he worked hard and always put his team first. Although he was thought to be a little clumsy with the ball at his feet, he always kept moving and was brilliant at heading. In the 269 games he played for Ajax, he scored 121 goals. He also played five games for the Netherlands, before he retired with an injured back, aged 30.

With his playing career over, Michels became a gymnastics teacher at a school for deaf children. Accounts say Michels was a very strict teacher. During these years he developed strategies for how to get the best out of people. Then Michels had a brainwave: why not combine his teaching skills and love of football by becoming a football coach? So in January 1965, when he learned that Ajax wanted a new coach, he applied for the job and got it.

When he took over as coach, Ajax were struggling in the league. But in their first game with Michels in charge they won 9–3. The club not only avoided relegation, but the next year went on to win the Dutch Championship, and the one the year after that, and the one after that. Three in a row! In 1971, Ajax won the European Cup (the competition now called the Champions League) for the best team in Europe. No club has ever come from such a low point – either before then or since – to win this famous trophy.

THE GENERAL'S PHILOSOPHY

So how did Michels do it? He had a new approach to football and a new philosophy for the game. First, he was tough on his team and strict about discipline. His players nicknamed him "The General" because he set up four training sessions every day to get his team as fit as possible.

Most clubs would have one or two sessions per day, not four. Michels also introduced new tactics borrowed from other countries. He made his defenders attack, like they did in Brazil, and he encouraged his players to rotate positions, like they did in Hungary. So if a midfielder moved to the wing, the winger would replace him in midfield. This versatile new way of playing became known as "total football". These changes had amazing results.

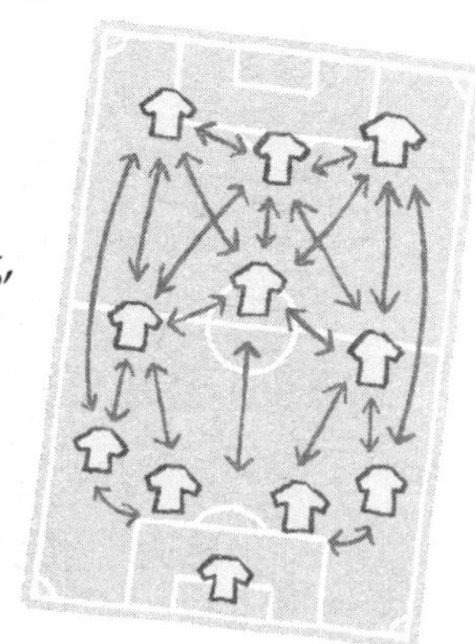
Total football

A THINKING MAN'S TROPHIES

After his success at Ajax, Michels went to coach Barcelona in Spain, where he continued to use his innovative training methods and tactics. Under his guidance, Barcelona won the Spanish league for the first time in fourteen years.

He was then made coach of the Dutch national side. At that time, the Netherlands (often called Holland) had a mediocre team. When Michels was younger he had played for his country, but they never won, once even losing 6–1 to Sweden. But as a coach he turned them into one of the best teams in the world. They narrowly lost the 1974 World Cup final to West Germany. Later, he led his country to the only football trophy the Netherlands have ever won: the 1988 European Championship. What an incredible achievement! In 1999 Michels was named FIFA Coach of the Century.

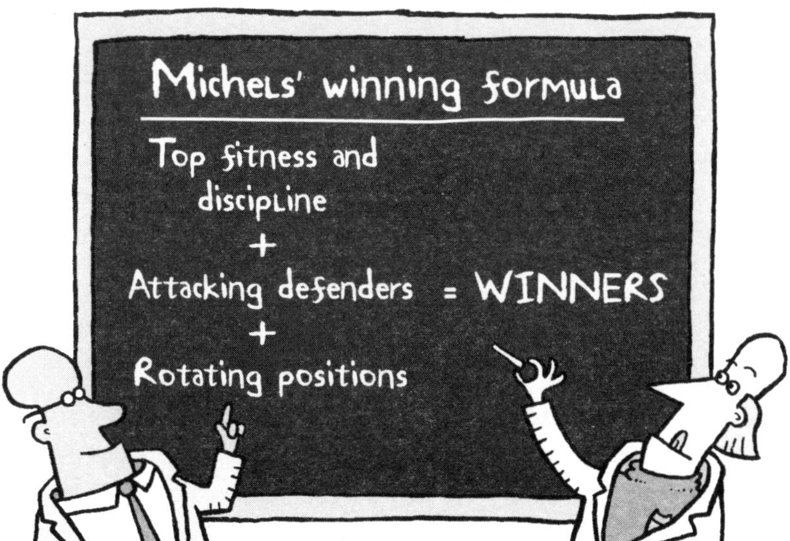

LASTING LEGACY

Rinus Michels is important in the history of football not only because he won lots of trophies, but also because he left a legacy.

A legacy is something handed down through the generations, like the vase your mum is always telling you not to touch, or a picture of your grandparents when they were children.

It doesn't have to be an object: it can be your auntie's bad breath or, in this case, a way of doing things.

Michels' legacy is his philosophy of "total football", in which a team always has defenders who attack and players who can swap positions. Let's take a look at how the way Barcelona play today is a consequence of Michels' work all those years ago.

HELPING FOOT

Michels had one important bit of luck when establishing his legacy. When he was coach at Ajax, his best player was the Dutch forward Johan Cruyff. It was said that Cruyff was "four-footed", because he was the first player to kick with the outside as well as the inside of his foot. Cruyff understood Michels' ideas about "total football" better than anyone. He even pointed and told his teammates where to make runs during matches. Cruyff also played for Barcelona when Michels was coach there.

When Cruyff stopped playing he also became a coach, first at Ajax and then at Barcelona, just like his former boss. At Ajax, Cruyff made sure that the team played in the Michels style. And they still do today – from the Under-11s right up to the senior team. At Barcelona, Cruyff did the same thing. Michels' philosophy became Cruyff's philosophy. Today the Barcelona youth academy, where Lionel Messi and many other great players were trained, still teaches its young stars to play in the way invented by Michels and continued by Cruyff. And it works.

WORLD PHILOSOPHY

In recent years, Barcelona have turned more players into coaches than any other team. Take Pep Guardiola, the Spanish midfielder, who played in the team for eleven years and went on to coach Barcelona to six trophies in a single year in 2009.

In fact, ten of Guardiola's teammates, some of whom were coached by Cruyff in 1996, became coaches at clubs all over the world. Michels' original philosophy is now a global phenomenon.

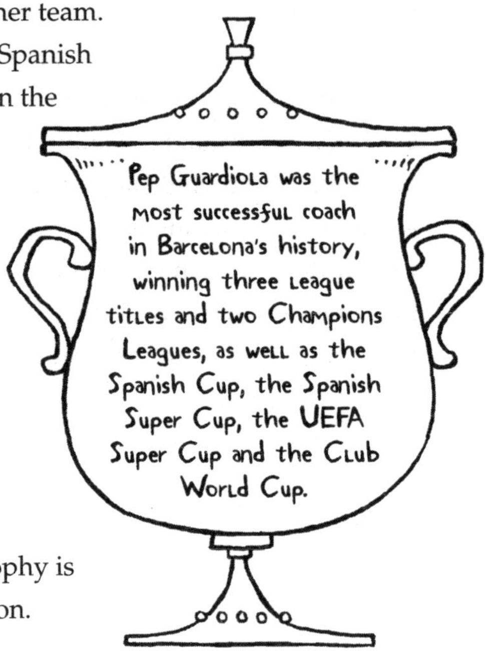

MICHELS' PHILOSOPHY AROUND THE WORLD

BARCELONA 1996 PLAYER	TEAMS WENT ON TO COACH
Abelardo	Sporting Gijon
Guillermo Amor	Adelaide United
Sergi Barjuán	Almeria
Laurent Blanc	Bordeaux/France/PSG
Luis Enrique	Celta Vigo/Roma/Barcelona
Albert Ferrer	Real Mallorca

DUTCH DELIGHT

Another of Michels' legacies is the stunning success of Dutch football. The Netherlands, whose population is not even in the top ten in Europe, often do well at World Cups. Consider that England did not even reach a single final in the 48 years after winning the World Cup in 1966. Well, the Netherlands, four times smaller, have reached THREE finals and TWO semi-finals since then.

The Netherlands also produce more successful football coaches than other small countries. Over 50 years after Michels first took the job as Ajax coach, his methods are still being used. That's why some people call him the inventor of modern football. Cruyff carried on his work, but Michels was football's most important philosopher.

BARCELONA 1996 PLAYER	TEAMS WENT ON TO COACH
Óscar García	Mac. Tel Aviv/Brighton/RB Salzburg
Pep Guardiola	Barcelona/Bayern Munich/Man. City
Julen Lopetegui	Spain Under-21s/Porto
Juan Antonio Pizzi	San Lorenzo/Valencia/Chile
Robert Prosinečki	Red Star Belgrade/Azerbaijan
Hristo Stoichkov	Bulgaria/CSKA Sofia

RIDDLE ME THIS

Johan Cruyff was also regarded as being a football philosopher, often because of his enigmatic or puzzling remarks. Here are five of his classic lines:

PHILOSOPHY QUIZ

1. Which philosopher came up with the line "Cogito, ergo sum"?

a) René Descartes
b) Plato
c) Dele Alli
d) Aristotle

2. The word "philosophy" comes from two Greek words: "philo", which means "lover of", and "sophia", which means what?

a) Wisdom
b) Laughing
c) Girls
d) Sofas

3. Which of the following coaches has NOT worked as a teacher?

a) Rinus Michels
b) Jose Mourinho
c) Pep Guardiola
d) Louis van Gaal

4. Complete the quote by French philosopher Albert Camus: "All that I know most surely about morality and obligation, I owe to…"

a) Tintin
b) Goalkeepers
c) Football
d) Antoine Griezmann

5. Which clever man said, "If you want to live a happy life, tie it to a goal, not to people or things"?

a) Albert Einstein
b) Petr Cech
c) Stephen Hawking
d) Jean-Paul Sartre

Thursday
Lesson 1

PHOTOGRAPHY

Taking photos of a football match is easy, right? Since all you do is point your camera at the pitch and press a button. Well, it's a little bit more complicated than that.

The job of a professional photographer at a match is a little bit like the job of a footballer: you need to have great technique, be fast, create chances and have a good intuition for the game. The thrill of getting a great picture is like the thrill of scoring a great goal. In this lesson you'll learn how to take a knockout photo. But first we need to understand just how a camera works. Smile!

LET THERE BE LIGHT

The eye is an amazing organ. When you see an object, light rays reflect off that object, pass through a **lens** at the front of your eye and register an **image** at the back of your eye. To start with this image is upside down. Our brains turn it the right way up – otherwise we would get very dizzy.

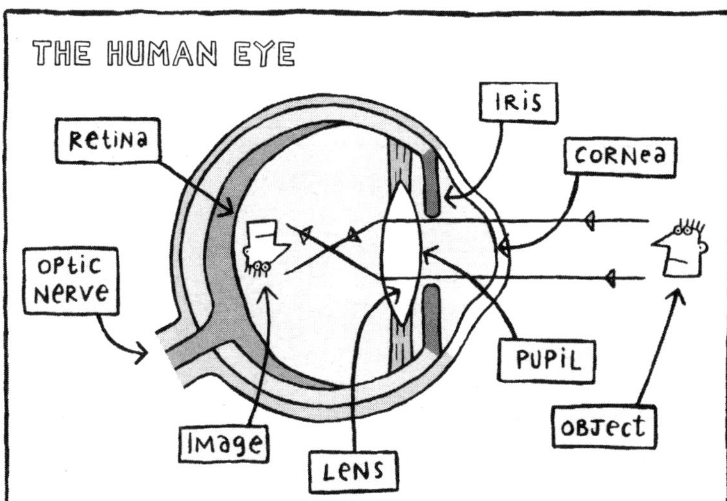

A camera is a mechanical eye. The front part has a lens and the back part has a **sensor**, where the image is captured.

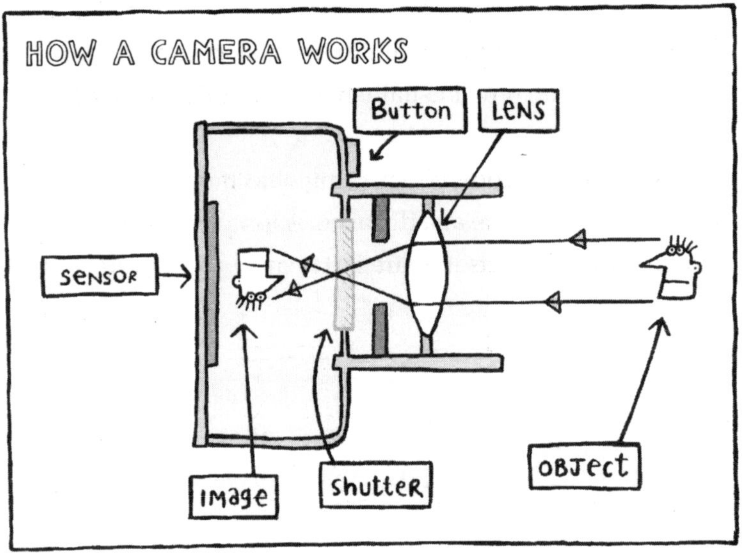

The image on the back sensor is also upside down, and this time the computer in the camera turns it the right way up.

The camera also has a **shutter**, which is just in front of the back sensor. The shutter makes sure no light can get to the back. When you press the **button** on the camera it opens the shutter for a brief moment, letting the light reach the sensor and creating the photograph.

When taking pictures of footballers during a game, a photographer will set the shutter to open for only 1/1600 of a second per picture. If it is open for any longer, there is a risk the footballers will move and the picture will be blurred.

BAG OF LENSES

Professional cameras come in two parts: the **body** (which has the sensor, the button and the shutter) and the lens. This is because photographers often need to change lenses depending on what they want to shoot. A photographer at a football match will usually have about five lenses in their bag.

A short lens is good for shooting objects that are close, or to capture a big scene at a distance. A long lens is good for zooming in on objects that are far away.

The biggest lenses are just like telescopes. They are so long and heavy that photographers have to balance them on a stick to take the weight.

MATCH ROUTINE

A photographer will arrive about three hours before kick-off to set up and get in position. They will be allocated a spot near the touchline where they must stay for the length of the match.

Once the starting whistle has blown, the photographer's job is to take pictures of the *significant* moments in a game.

What are these moments? Goals, definitely; important saves; perhaps crucial fouls or tackles. These are the shots that the newspapers and websites want to have.

Like a hunter tracking an animal through the viewfinder of a gun, most photographers will be tracking the ball through the viewfinder of their camera. Even the language of hunting and photography are similar: you *shoot* with a gun and you *shoot* with a camera.

Usually the action is where the ball is, so a photographer will always be watching it. But they will also have half an eye on the rest of the pitch, as football is very fast and unpredictable.

When the ball is near the goal the photographers will be tensing their fingers ready to take a picture – but not just one picture. A professional sports camera has a motor attached to the button, so when you press down it takes twelve pictures a second. Click-click-click-click-click-click-click-click-click-click-click-click. It's more like a machine-gun than a camera.

You need to take so many photos one after another because the action is so fast you may otherwise miss the moment when a player shoots.

If a match is exciting, a photographer may take more than a thousand pictures during it, which is about a picture every five seconds. If the match is boring, they may take a hundred or so, which is about one picture a minute.

Once a goal has been scored you don't need a picture of the ball in the net. All balls and all nets look the same. You want a picture of the scorer celebrating! The joyful expression on their face will tell the story.

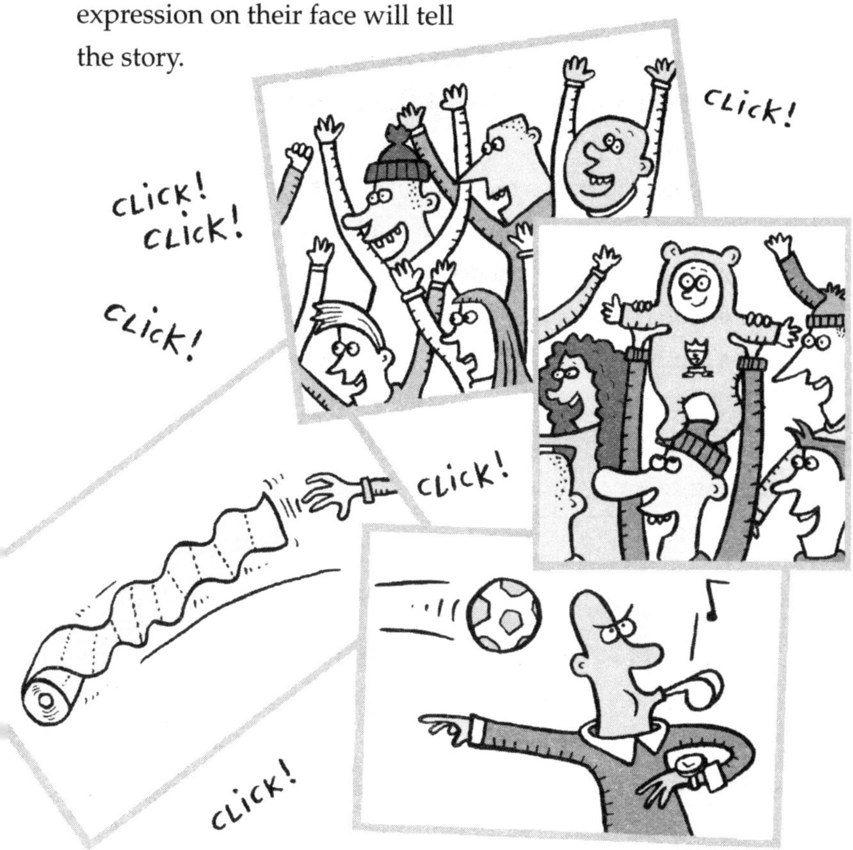

An experienced photographer will also make sure they are aware of what is happening off the pitch. Sometimes the behaviour of the manager on the touchline or a group of colourful fans in the stadium can make for a brilliant photo that explains the game.

A good picture should not only capture the moment, but it must also be in **focus** and well **framed**.

FOCUSING

When you point a camera at an object in the distance the object will usually be blurred. The process of making the image sharp and clear is called **focusing** and involves a subtle adjustment of the lens.

Thankfully all modern cameras have autofocus, which means that the focusing is done automatically by computer.

However, a camera can only focus at any one time on objects at the same distance from the camera. So if there are several enthusiastic fans in the stands, different distances away, you need to decide which one you want to have in focus. The photographer decides which part of the picture to have in focus using the viewfinder, which in Nikon cameras often looks like this.

The photographer has a choice of 51 parts of the image to focus on, each indicated by a little box. Using their thumb, they can move through the boxes to select the one they want.

YOU'VE BEEN FRAMED

To get a good picture you need to be fast with your eyes, fingers and thumbs. But it is not just about technique: a great photographer is also an artist.

If you are taking a picture of a footballer, ideally you want them in the centre of the image, or **frame**. What you don't want is the top of their head cut off or another player in the way, or something distracting in the background.

The best photographs are like paintings. The difference is that with a painting you can choose what you want to show. With a photograph you can only capture what happens in front of you.

In fact, taking great football pictures is a real challenge. There are a lot of things to remember: getting the right lens, making sure it is in focus, framing the shot – and not missing the moment. Rob MacNeice, senior camera expert at Nikon, told us that the speed and unpredictability of the game means that Premier League football is one of the most difficult sports to photograph in the world.

RACE TO PUBLISH

Many cameras are now set up with wireless transmitters that send pictures as soon as they are taken to a dongle in the photographer's pocket. From the dongle they are transmitted via satellite to the sports desk of a newspaper or website. The picture editor will then choose the best one to use. It can take as little as ten seconds for a picture to go from the camera to being available for everyone to see online.

PHOTOGRAPHY QUIZ

1. Which of the following words also means photograph?

a) Snap
b) Crackle
c) Pop
d) Fizz

2. How many legs does a tripod have?

a) One
b) Two
c) Three
d) Four

3. After Arsenal won the FA Cup in 2015, midfielder Santi Cazorla was celebrating by the goal line when he picked up a camera that had been left there by a photographer. What did he do next?

a) He threw it into the crowd.
b) He pretended it was a ball and kicked it into the air.
c) He took a selfie of himself and his teammates.
d) He ran off with it.

4. A paparazzo is:

a) an Italian photographer who specializes in the Serie A football league.
b) a photographer who takes shots of celebrities and their partners in public places and sells them to magazines and websites.
c) an affectionate name for the eldest and most fatherly photographer at a football match.
d) a photographer who takes aerial shots of football matches from a parachute.

5. Digital images are made up of tiny dots called pixels. For most sports pictures in magazines, how many pixels will fit in a line one inch (2.54 cm) long like this?

a) 50
b) 150
c) 300
d) 1000

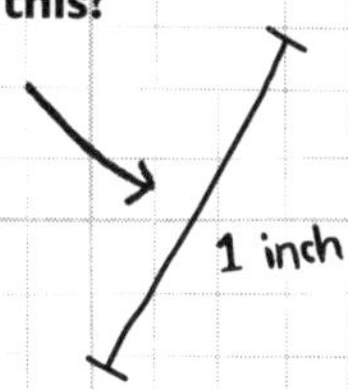

Thursday
Lesson 2

BUSINESS STUDIES

Professional footballers can be really rich. The top players at Manchester United and Real Madrid will earn more in a single week than doctors, farmers, teachers, scientists, the prime minister, estate agents, gardeners, cabbies, chefs, airline pilots, soldiers, personal trainers, dog walkers and astronauts earn in a whole year. Why is it that being a footballer is one of the highest-paid jobs in the world? In this lesson we are going to look at how the business of football works, and see how it has changed over the last few decades. It might be hard to imagine now, but once upon a time footballers earned not much at all.

BUSINESS IS A PIECE OF CAKE

Let's start by looking at why footballers are so valuable. At the weekend we were at Football School's fête and there was only one slice left at the cake stand. We both love cake and were really hungry. Let's show you what happened.

The cake went to Ben, because he could afford to pay the most. And this is just what happens in football. Players are like slices of cake: clubs will pay as much as they have in their pockets for the slices of cake they want.

In other words, the best footballers are fantastically well-paid because their clubs can afford it. If you really want something you will pay as much as you can. So what we need to find out now is why clubs have so much money.

MONEY-GO-ROUND

Most businesses work on the basis that they will have money coming in (called **revenue**) and money going out (called **expenditure**).

MONEY OUT:

Players' wages.

Wages of other staff, such as the coach, the chef, the person who mows the pitch and the driver of the team bus.

Building the stadium and maintaining it once it is built.

MONEY IN:

Match tickets. Fans who want to see their team buy tickets for games and this money goes to the club.

TV rights. Broadcasters like Sky and BT Sport pay money to clubs for the right to show their games on their sports channels, because they know that fans will buy the subscriptions to watch those channels.

Sponsorship. Companies pay money to clubs to put their brand name on the front of the team's shirt or on the stadium, in order to get the brand seen by as many people as possible.

Merchandising. Fans buy official replica shirts, key rings, mugs, calendars and other licensed products, and some of this money goes back into the club.

Winning competitions. If you win the Premier League or the Champions League you get cash as well as a trophy.

Gifts. Some clubs have rich owners who will often dip their hands in their pockets to help out their team.

If you exclude gifts from owners and cash from trophies, all revenue ultimately comes from fans...

When we go to a match, we hand over money.

Ker-ching!

When we buy pyjamas with our team badge, we hand over money.

Ker-ching!

When we subscribe to a sports TV channel, we hand over money.

Ker-ching!

Football fans might not be rich, but there are millions of us. If we all pay small amounts through tickets, TV subscriptions and club shirts, then it soon adds up. Clubs have lots of money because of you and me. The money leaves our pockets and eventually arrives in footballers' pockets.

RICH GET RICHER

In business, if you have money already it is usually easier to make more money.

The richest clubs have the most money, so they can build the biggest stadiums. If they have the biggest stadiums, they can sell the most tickets. If they sell the most tickets, they make the most money. So they get even richer.

SUCCESS BREEDS SUCCESS

In football, if you have the best players already it is usually easier to carry on buying the best players.

The richest clubs can afford to buy the best players, so they have the best chance of winning trophies. The more trophies a club wins, the more prize money they get and the more TV money they get (because they will be shown on TV more often). So they will remain one of the richest clubs and will carry on being able to buy the best players.

MODERN MILLIONAIRES

You might assume that top footballers have always lived in mansions, driven expensive cars and worn snazzy clothes. But it's not true. The millionaire footballer is a recent phenomenon. Until 1961 footballers were only allowed to earn up to £20 a week, or about £400 a week in today's money, less than what a primary school teacher earns.

Footballers were so angry that they were paid so little, they threatened to stop playing unless they were allowed more money. The Football League caved in to the players' demands, and as soon as the £20 a week limit was lifted Johnny Haynes of Fulham became the best-paid player in the country, earning £100 a week (about £2,000 today).

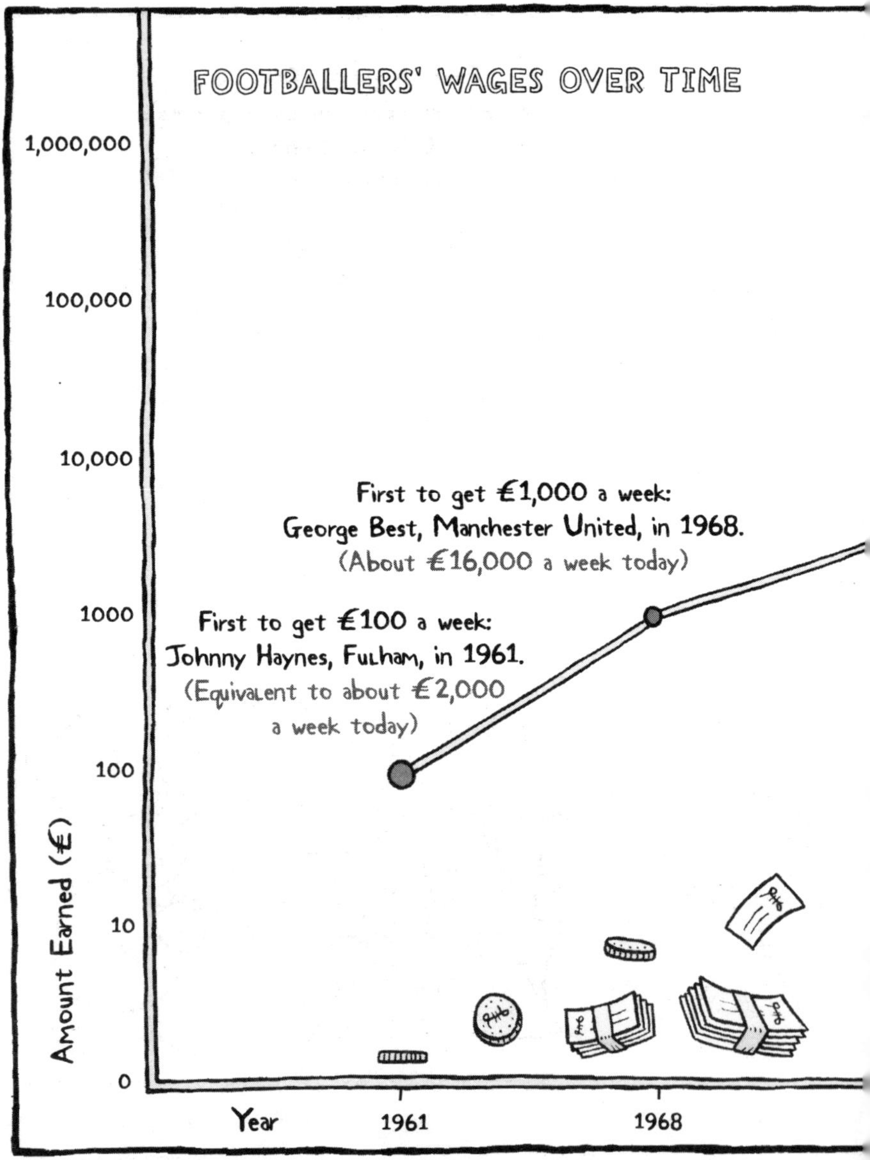

Here is a graph that shows the highest earning footballers of their day. The growth has been incredible: Ronaldo earns about 500 times what Haynes did in 1961.

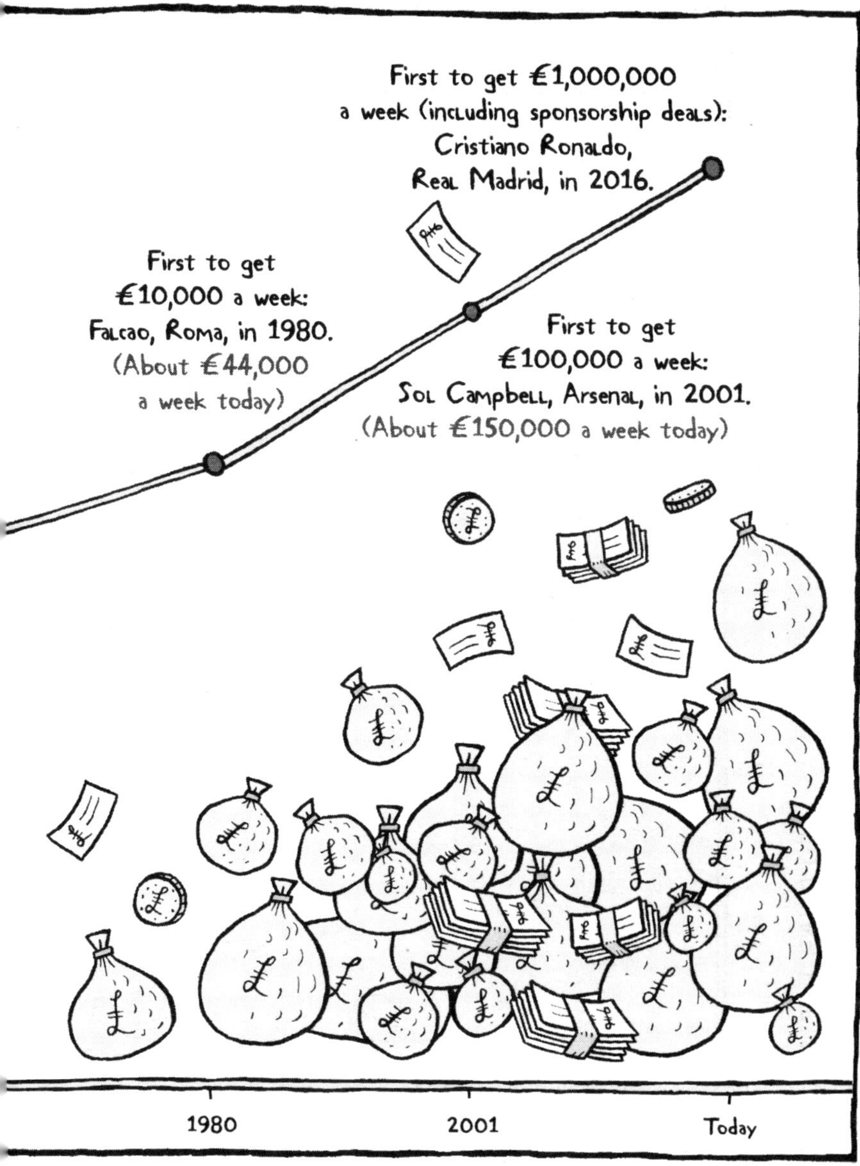

Wages have risen so fast because there is now much more money in football. There are a few reasons for this:

1. Ticket prices have gone up and stadiums are bigger, so clubs make more money on match days.
2. The money paid to clubs for TV rights has increased massively. TV companies can afford to pay clubs more, using the income from fans' subscriptions.

3. More football is shown on TV, with audiences watching all around the world. This has raised the profile of the game and clubs can now earn more money for sponsorship and merchandising deals.

BUSINESS STUDIES QUIZ

1. What is the currency in Spain?

a) The tortilla
b) The Spanish dollar
c) The peseta
d) The euro

2. If a footballer earns £1,000,000 in a week, how much do they earn per second?

a) 0.16p
b) 1.6p
c) 16p
d) £1.65

3. List the following from richest to poorest.

a) World's richest footballer
b) World's richest boxer
c) World's richest film star
d) World's richest banker

4. Manchester City is owned by Sheikh Mansour, one of the richest men in the world. Where is he from?

a) United Arab Emirates
b) Hong Kong
c) Egypt
d) Saudi Arabia

5. What did Cristiano Ronaldo, the highest-earning sportsman in the world, buy for his agent Jorge Mendes as a wedding present?

a) A copy of *Football School*
b) A pair of Mr and Mrs pillowcases
c) A Real Madrid season ticket
d) A Greek island

Thursday
Lesson 3+4

FASHION

The Blues! The Reds! The Whites! The Yellows!

No, we're not talking about Ben's collection of felt-tip pens, but about football clubs and their shirts. Shirt colour is such an important part of a club's identity that fans often use it as a nickname for the team. In this lesson we will learn how some famous clubs gained their distinctive colours.

And we'll look at national strips too. Why is it that some countries play in the colours of their national flag, but others don't? Behind every shirt there is a colourful story. But first we need to go back in time to the game's early days.

FOOTIE CAPS

In the middle of the nineteenth century, football teams didn't wear a standard kit. Instead players wore whatever they had. Sometimes that was cricket whites, since cricket was already an established sport by this time. In order to tell the teams apart, the players wore different coloured caps on their heads or sashes over their shirts.

But this could get confusing – imagine what would happen if everyone's caps fell off!

In the 1860s, the first English football clubs were founded. Over the next ten years, they decided that their players would wear coloured shirts. Many clubs took their team colours from schools – either ones where the founders had studied or ones with teams they admired. Blackburn Rovers, for example, based the half-and-half style of their kit on the strip of Malvern College, a school in Worcestershire.

COPY-KITS

Most early kits were colours such as white, black, blue or red because they were cheaper to buy. Clubs that were founded later on often based their strip on those of other more established teams.

TEAM	COLOURS	INSPIRED BY
Arsenal	red shirts	Nottingham Forest
Athletic Bilbao	red/white stripes	Southampton
Juventus	black/white stripes	Notts County
Leeds	white	Real Madrid

CROSBY TO CATALONIA

There's a story behind the colour of every team's kit. Look at the history of Barcelona's blue and red shirts. It's actually two stories, since no one knows which is correct.

Our first story begins in Crosby, near Liverpool, at the end of the nineteenth century. It's home to a famous school called Merchant Taylors'. The school's coat of arms has a lion on a blue background surrounded by red ornamental features. Note the colours: blue and red.

Sport-mad brothers Arthur and Ernest Witty went to school at Merchant Taylors'. After they left school they moved to Barcelona in Spain, where their dad ran a shipping company. Soon after October 1899 they became involved with a new football team called Barcelona. Their dad's company imported leather balls, nets and referee's whistles from England for the team to use.

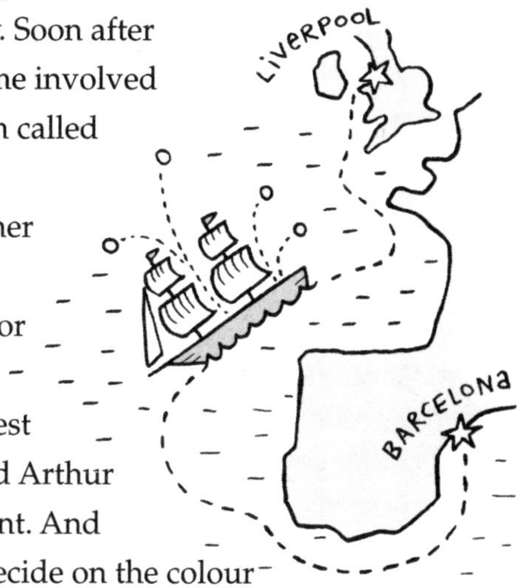

Both Arthur and Ernest played for Barcelona and Arthur became the club president. And when the team had to decide on the colour of their strip they picked ... blue and red! It seems like the Witty brothers chose their old school colours for Barcelona.

The club was not well known at the time, but later became one of the most successful clubs in the world, winning La Liga and the Champions League many times. Barcelona's red and blue shirts are one of the most recognizable kits in sport, and they might have come from the colours of a school in the north of England.

But now for our second story. The other explanation for Barcelona's kit is that the Swiss founder of the club, who grew up in Basel in Switzerland, based it on Basel's colours – which are also blue and red.

Historians will debate the origins of this iconic kit until the end of time. But here at Football School we like to think that the real inspiration was Merchant Taylors'. We schools have got to stick together!

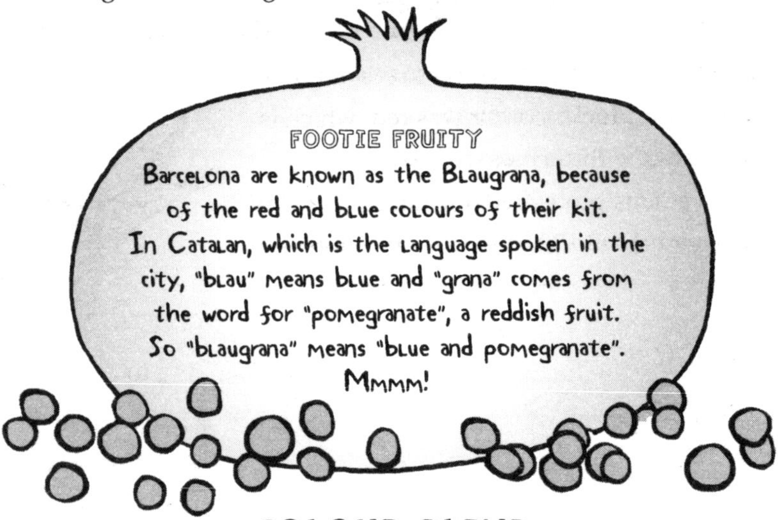

FOOTIE FRUITY

Barcelona are known as the Blaugrana, because of the red and blue colours of their kit. In Catalan, which is the language spoken in the city, "blau" means blue and "grana" comes from the word for "pomegranate", a reddish fruit. So "blaugrana" means "blue and pomegranate". Mmmm!

COLOUR BLIND

As we've just seen, kits are an important part of a club's identity. Fans can feel very protective of their team's colours. Just look at what happened to Cardiff City a few years ago.

In May 2010 Vincent Tan, a wealthy businessman from Malaysia, bought Cardiff City. Fans were very excited because he promised to spend lots of money to help the team get promoted to the Premier League.

But he had a condition: he wanted to change Cardiff's kit from blue to red. Now Cardiff City have worn blue since they first took that name in 1908. Not only that, but

they have a bluebird on their team badge and their nickname is the Bluebirds.

Tan had a proposal about that too. He wanted to change the bluebird to a dragon. And his reason for all of this? Tan said his lucky colour was red, which is associated with success in Asia.

Most fans protested, but Tan got his way. He spent about £70 million on the club and Cardiff City started playing in red. Some supporters were so angry they stopped going to games. But Tan's plan worked and Cardiff were promoted to the Premier League.

Then their fortunes changed again. They won only seven matches in the Premier League and finished bottom of the table. Six months after relegation, Tan switched the kit back to blue and reinstated the bluebird on the team badge. He claimed his mother had reminded him of the importance of "togetherness, unity and happiness". The team might not have been winning as much, but at least the fans were happy again.

VISIONS OF BLUE

Cardiff City are known as the Bluebirds. Many other clubs are simply nicknamed the Blues:

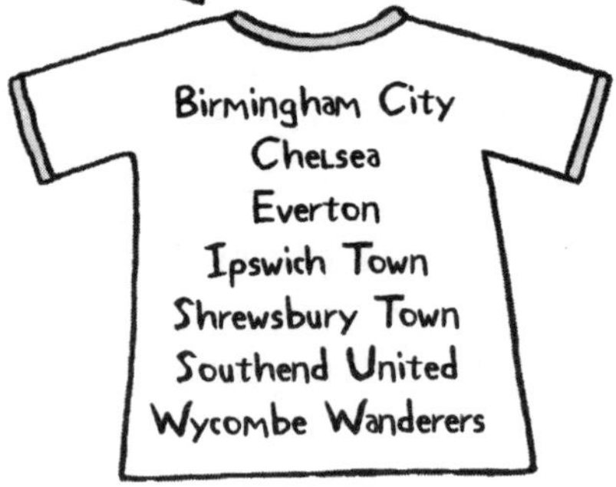

And some national teams too:

WE'RE FLAGGING

But how do national teams decide what colours to wear? Most of them wear the colours of their country's flag.

This trend started with the first ever international game between England and Scotland in 1872. England wore white shirts to match the background colour of England's flag, which is called the St George's Cross. Scotland wore blue shirts to match the background colour of the Scottish flag, which is called the St Andrew's Cross.

England and Scotland still wear these colours. England also usually wear blue shorts, according to the Football Association, historian David Barber, because blue was the FA's official colour. The three lions on the England badge are blue for the same reason. But who has ever seen a blue lion before?

OFF-COLOUR COUNTRIES

Some national kits don't reflect the colours of their flag at all, which can be confusing.

The Netherlands' flag is red, white and blue, but they wear orange. Italy's flag is red, white and green, but they wear blue. Were their kit designers colour-blind? Not quite...

Both strips make reference to old rulers. For the Netherlands it is William of Orange, who led a Dutch revolt against Spanish rule in 1568 that resulted in the Netherlands' independence in 1648. Funnily enough, even though William of Orange is a national hero, the town of Orange that his name refers to is hundreds of miles from the Netherlands in France. Even funnier, this Orange has nothing to do with the colour orange. It was named Arausio after an ancient water god by the ancient Romans, and over time became the word "orange". Those Dutch used a bit of artistic licence!

For Italy, their blue kit comes from one of the oldest royal families in the world, the Casa Savoia, who ruled from 1861 until 1946. Blue was their official colour, while their coat of arms, a white cross on red background, was the badge on Italy's kit at the 1934 World Cup. Here are some other countries whose kit doesn't match their flags:

TEAM	KIT	FLAG
Australia	green/gold	blue/white/red
Germany	white	black/red/yellow
India	blue	orange/white/green
Japan	blue	white/red
Slovenia	green/white	red/white/blue

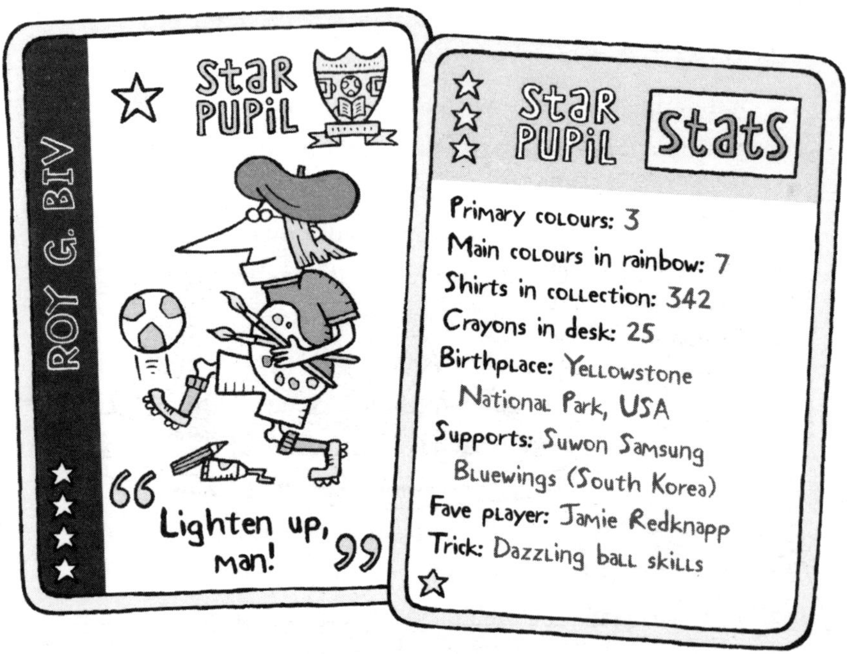

FASHION QUIZ

1. What fruit is associated with the kit colour of Barcelona?

a) Pineapple
b) Pomegranate
c) Raspberry
d) Clementine

2. Who lives in the White House?

a The Queen
b) The President of the USA
c) The England football team manager
d) Cristiano Ronaldo

3. What two colours do poetry experts say have no words to rhyme with them?

a) Turquoise and blue
b) Copper and sienna
c) Fuchsia and yellow
d) Orange and purple

4. Which Italian club produced a green and grey camouflage away strip in 2013?

a) Bologna
b) Perugia
c) Napoli
d) Torino

5. Which goalkeeper designed his own fluorescent kit to wear at the 1994 World Cup?

a) Jorge Campos (Mexico)
b) Claudio Taffarel (Brazil)
c) Bogdan Stelea (Romania)
d) Joseph-Antoine Bell (Cameroon)

COMPUTER SCIENCE

Thursday
Lesson 5

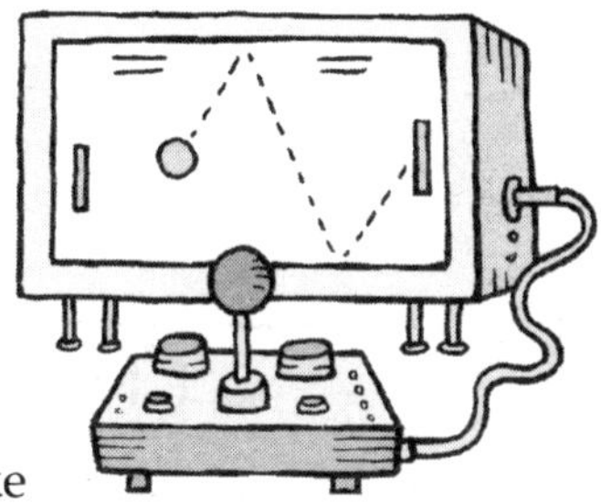

Being a top footballer is often really boring. You have lots of time with nothing to do. You spend hours on buses and planes to and from matches and hours in hotel rooms for away games or international tournaments. So it's not surprising that footballers like playing video games. Whenever we speak to players, they always tell us that it's their favourite way to relax and unwind. And even though they play real football almost every day, professional players also love to play football-based video games.

In this lesson we're going to learn about what computers are and how you can turn footballers, with all their individual skills, into video game characters.

We will also find out if playing video games can make you a better player. But you need to be careful – sometimes it can have a negative effect on your game. At Inter Milan, Swedish striker Zlatan Ibrahimović used to play video games for ten hours at a stretch. We suspect that it caused a drop in his performances. And when former England keeper David James let in three goals in one match, he blamed it on too much PlayStation. "I was getting carried away playing [it] for hours on end," he said.

NUMBERS GAME

A computer is an electronic machine that carries out tasks when you give it a **program**, or set of instructions. Computers store information using only the digits 0 and 1, which are called binary digits or **bits**. A group of eight bits is called a **byte**.

Video games are a type of program, which means they are made up of bytes. The information contained in the game *Football Manager* amounts to well over a **gigabyte**, which is a billion bytes. That's a lot of 0s and 1s.

In *Football Manager*, you are the coach of a club and you pick computer versions of real players for your team. Your team then plays against other teams. You decide which players to pick based on their individual strengths and characteristics.

What's exciting is that *Football Manager* is very realistic. Players perform just like they do in real life. To do this the game stores lots of information about each player as a set of numbers, which are then translated into bytes.

The numbers that define each player's characteristics are a mark out of 20. Players are scored on more than 250 qualities, such as:

ability, acceleration, adaptability, ambition, anticipation, concentration, corners, crossing, potential ability, decisions, dirtiness, dribbling, first touch, flair, free kicks, heading, injury proneness, jumping ability, leadership, loyalty, marking, natural fitness, passing, pressure, professionalism, stamina, strength, tackling, technique, teamwork, versatility, vision, work rate.

Once you start thinking about it, the list of qualities that make a good footballer is a very long one.

When your player faces an opponent during a match, the game has an **algorithm** – a step-by-step process – that decides what will happen next by comparing each player's numbers.

This system is exactly the same as that used by Match Attax cards. On a Match Attax card players are given marks for the following categories: Speed, Tackle, Power, Shoot, Skill, Pass, Defence and Attack. When you compare two players, the one who has the highest number in the relevant category wins.

Football Manager also compares players' numbers, but it does so in more than 250 categories, almost instantaneously, during every moment of the match. That's what makes it feel so realistic.

QUALITY CONTROL

For *Football Manager* to be true to life, it needs to have the best data possible. The game has a network of 1,300 scouts, all around the world, who watch the real-life players closely so they can be as accurate as possible when they mark them out of 20 for the game.

If a player always wears the captain's armband and their teammates look up to them, they might score 20 on leadership. If they are so fat they can barely lift themselves off the ground, they might score a 1 on jumping ability.

But some qualities are more difficult to judge. How do you measure skill, ambition, heart or versatility? Or how much of an oddball they are?

Football Manager gives goalkeepers a rating for eccentricity. It's a footballing cliché that goalkeepers are off their rockers. Many brilliant keepers have been notable characters, such as the Colombian René Higuita, who invented the scorpion kick, and the Liverpool hero Bruce Grobbelaar, who wobbled his legs to distract opponents during the 1984 European Cup final penalty shoot-out. Here are five cuckoo keepers.

NAME	COUNTRY	CRAZINESS
Fabien Barthez	France	Teammates would kiss his bald head before France games at 1998 World Cup
José Luis Chilavert	Paraguay	Scored free kicks and penalties when not defending his goal
Hugo Gatti	Argentina	Would pat strikers on the head after catching crosses
René Higuita	Colombia	Invented the scorpion kick, a clearance with the heels after a somersault
Jens Lehmann	Germany	Once appeared to wee behind the goal and borrowed a fan's glasses

FAMOUS FANS

When professional footballers play football video games, they are in the weird position of being able to pick computer versions of themselves for their teams.

French midfielder Paul Pogba was playing for Juventus when he appointed himself as manager of Chelsea on *Football Manager*. One signing he made was a French midfielder called … Paul Pogba. Was this an indication he wanted to move to Chelsea in real life? Pogba's *Football Manager* team was made public when the French Football Federation released footage of Pogba playing the game on its YouTube channel. It was actually a bit embarrassing for Pogba, because he'd dropped Chelsea's captain at the time, English defender John Terry, and picked only three of his Juventus teammates to play alongside him at Chelsea. Awkward!

Norwegian striker Ole Gunnar Solskjær, who once scored in the Champions League final for Manchester United, always wanted to become a coach. In preparation he played *Football Manager*, which he said taught him a lot about young players and management. When he finally did become a coach at Molde, his hometown club in Norway, he won the league in his first season.

TRAIN THE BRAIN

Video games are fun – but can they make you a better footballer?

The training staff at Manchester United thought so. They asked their footballers to play a game called *NeuroTracker*, where eight balls bounce around a screen. The aim is to follow four of the balls without getting distracted by the others. At the beginning of the session the player is told which four balls to follow, and at the end they are asked to point them out again. They get top marks if they get all four correct.

This game sounds pretty boring – there are no racing cars or battles or monsters – but it is thought that it improves concentration, focus and spatial awareness and sharpens reactions, all qualities that are required to be a good player.

Scientists are divided about whether "brain-training" video games like this one really can make you a better footballer. These games may well improve reaction times and motor skills – and will of course make you better at following four balls around a screen – but whether or not this is useful when playing in front of 90,000 fans at Wembley, no one yet knows. Even if Manchester United were hoping so!

RATINGS RELEGATION

A Premier League player once complained to the makers of a football video game because he felt his ratings in the game were unfairly low. He said that dressing-room morale was affected by it. But the video game company held firm and did not change his ratings. It was the right decision: the team finished bottom of the league and were relegated.

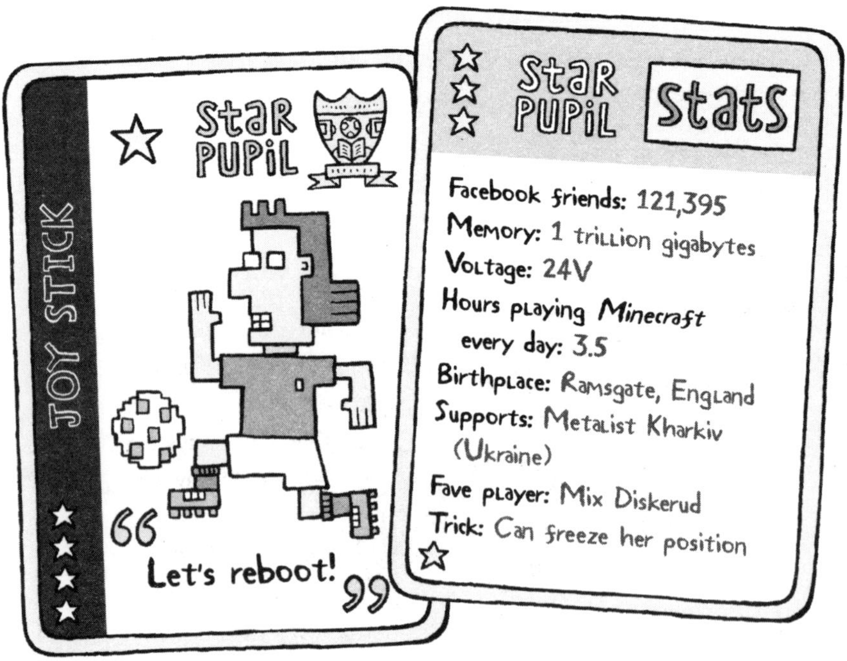

COMPUTER SCIENCE QUIZ

1. What is a megabyte?

a) A cool byte
b) A triple-decker sandwich
c) Something a shark does
d) A million bytes

2. Which of the following attributes are useful for a footballer?

a) Sense of smell
b) Musical taste
c) Loyalty
d) Likes animals

3. Which player spent three hours in the afternoon playing a football computer game before scoring in the World Cup final that night?

a) Ronaldo (Brazil, 2002)
b) Andrea Pirlo (Italy, 2006)
c) Andrés Iniesta (Spain, 2010)
d) Mario Götze (Germany, 2014)

4. Which team does the man who runs the *Football Manager* game support and has sponsored in the past?

a) Watford
b) Arsenal
c) Chelsea
d) West Ham

5. What was unique about the video game *FIFA 2016*?

a) You could change the hairstyles of players.
b) Players got injured during goal celebrations.
c) One tactical system you could play with used ten forwards.
d) It featured women's teams for the first time.

Friday
Lesson 1+2

POLITICS

Football has an amazing capacity to bring people together.

Like when you make friends kicking a ball about in the park. Like when you meet someone who supports the same team as you and become friends for life. Like when the country goes football-crazy during the World Cup.

But football can also push people apart.

In this lesson we will see how the game can bring countries together and also create tensions between them. Because when two countries face each other, the match can be about more than just eleven players versus eleven players. It is about the collective hopes and fears of each nation.

Matters concerning how countries are run and how they get on with each other are what we call politics. Football can impact politics – sometimes for the good and sometimes for the bad.

CHRISTMAS TRUCE

The First World War lasted between 1914 and 1918 and involved the most powerful countries in the world at the time, with many others also joining in. Germany was on one side and the United Kingdom, France and Russia were on the other.

The main battlefield in Europe consisted of two lines of ditches, known as **trenches**, which ran alongside each other for hundreds of miles. British and French soldiers lived in the trenches on one side, and German soldiers lived in the trenches on the other side. Between the two lines was an area called **no man's land**, which was covered in barbed wire and sometimes only a few dozen metres wide. Soldiers who stepped onto no man's land would be immediately shot at by the enemy.

Life in the trenches was miserable and dangerous. It was dirty, cold, and infested by rats and constantly shaken by the thunder of guns and bombs. In December 1914, the German High Command sent Christmas trees to their trenches to cheer the soldiers up. A short distance away in the British trenches, the soldiers were also missing home and their families. When the Germans sang the Christmas carol "Silent Night" ("Stille Nacht" in German), one group of British soldiers heard them, applauded and asked for more.

On Christmas Day 1914 an incredible thing happened. In some of the trenches, British and German soldiers put down their weapons and walked into no man's land. But they didn't attack each other. Instead, they shook hands, exchanged gifts and decided to play football together. The matches were chaotic. The soldiers' boots were heavy, the leather ball soon got soggy and goalposts were caps or helmets. Even more confusingly, some of the matches along the trenches were 100-a-side.

After the Christmas period the soldiers returned to their trenches and the war carried on as before. By the end of the war, the total number of soldiers who died was about eleven million. The Christmas Day truce of 1914 represented a moment of togetherness during one of the darkest times in European history. When they played each other at football, the British and the Germans were not enemies but friends.

SYMBOL OF PEACE

Something similar happened between the USA and Iran during the 1998 World Cup in France. The governments of the USA and Iran used to be good friends, but in 1979 the Iranian leader was overthrown and a new government took control. This Iranian leadership did not like the USA.

The two countries entered a period of hostility and distrust. They criticized each other a lot. When they were both drawn in the same group at the World Cup, organizers FIFA were worried that bad feelings and threats would overshadow the match.

Thankfully the game, which was played in France, passed peacefully. The Iran team gave each American player a bouquet of white roses, a symbol of peace in Iran, before kick-off. Iran won the game 2–1 but the impact went beyond the result. "We did more in 90 minutes than the politicians did in 20 years," said USA defender Jeff Agoos.

Things went so well, in fact, that the two countries played a friendly match against each other 18 months later in California. "[That] was far more significant because ... it needed the co-operation of both sides," said Mehrdad Masoudi, who worked with the Iran team at the World Cup fixture. "But it could only have happened if the match at France '98 was a success."

FIGHTING TALK

Here at Football School we don't like war. It is a nasty activity that pits people against each other with horrific and tragic consequences.

Even so, have you noticed that the words and phrases we use to talk about football are very similar to those we use to describe a war? Commentators, coaches and players talk so much about enemies, plans of attack and glory that they sound like army generals:

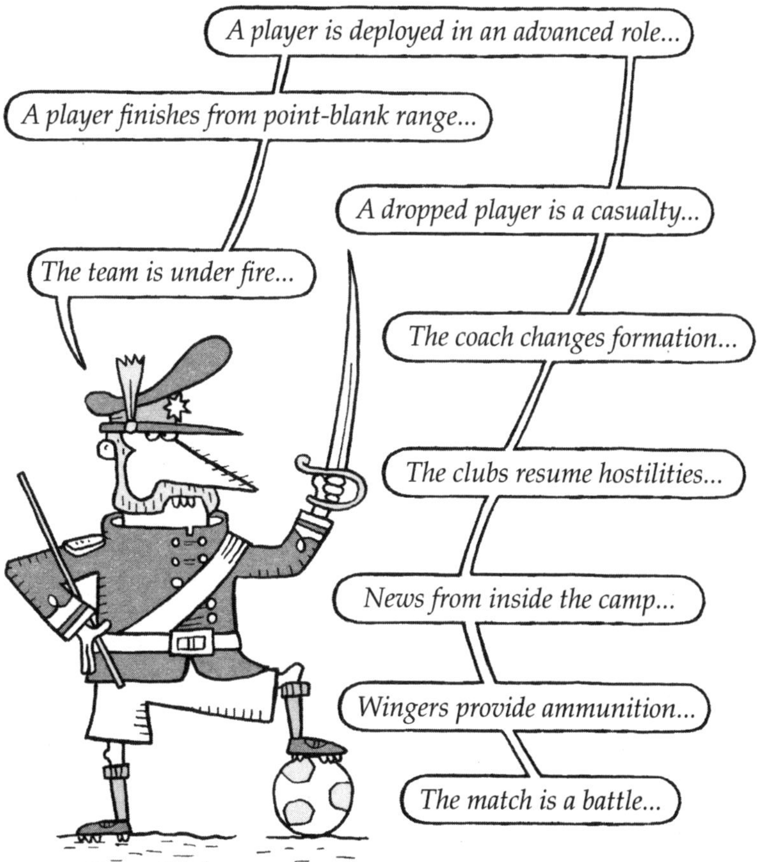

SPORTING REGALIA

Another parallel between football and war is that both footballers and soldiers wear special clothes to do their jobs. Footballers wear kit and soldiers wear uniforms, and for much the same reasons, too:

ARMY UNIFORM	FOOTBALL KIT	PURPOSE
Chevrons on arm	Armband	To denote authority
Armour	Shin pads	For protection
Medals	Star for World Cup victory	To represent past honours
Insignia	Badge	To denote team/regiment

And there are other similarities between the world of a soldier and that of a footballer:

SOLDIER	FOOTBALLER	PURPOSE
Rosettes/scarves	Rosettes/scarves	To show allegiance
Flag	Fan banner	To show allegiance
General in control room	Coach in dugout	To give orders
Marching tune	Fans' chant	To improve morale
Animal on a standard	Three lions	A mascot to defend

In international football the link between football and war is even more apparent. National teams stir up strong feelings and can rekindle historical resentments towards other countries. In one famous case, three World Cup qualifying matches served as a tipping point for a short but deadly war.

THE FOOTBALL WAR

In 1969 Honduras and El Salvador faced each other in qualifiers for the 1970 World Cup. The countries are neighbours in Central America and were already bickering like brothers and sisters about all sorts of issues. The three matches made relations worse.

The first game was in Honduras. Newspapers reported that in order to stop the El Salvador team getting a good night's sleep, Honduran fans deliberately made lots of noise outside the team's hotel. After Honduras won 1–0, fans fought each other in the stadium.

The atmosphere was even more tense for the return game in El Salvador. The Salvadorans smashed the windows of the hotel where the Honduras team were staying and threw rotten eggs and dead rats through them. Fans had burned the Honduras flag, so when their national anthem was played a dirty dishcloth was run up the stadium flagpole instead. During the match, the pitch was lined with soldiers holding guns. Salvador won the game 3–0, causing riots of jubilation in the streets.

With one win each, there was to be a decider. Because of the escalating violence between the supporters of both teams, it was decided that the match would be played in another country – Mexico. The game was hard-fought and El Salvador scored in extra time to win 3–2.

Less than three weeks later the countries were at war. Salvadoran planes bombed Honduras and the Salvadoran army invaded. The war lasted four days (or 100 hours) and cost the lives of about 3,000 people, mostly civilians.

Even though the roots of the conflict were to do with things like jobs and migration and trade, the decision to go to war was a result of the fervent **patriotism** (love for your country) stoked up by the World Cup qualifiers. For that reason, the episode is now known as the Football War.

El Salvador didn't win a game, or score a goal, at the 1970 World Cup.

BATTLE FOR PEACE

But football can help bring about peace. It's the job of politicians to run countries – but sometimes they need a little bit of help. In Ivory Coast the striker Didier Drogba played an important role in ending a war between rival factions in his country. Drogba is Ivory Coast's most famous player. He was

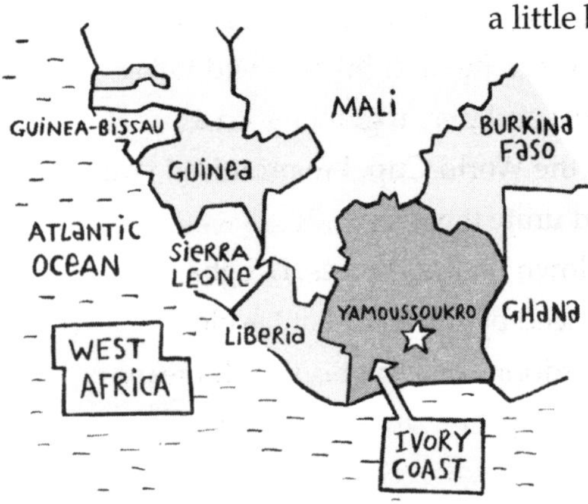

African Footballer of the Year twice and scored 104 goals for Chelsea.

In 2002 a **civil war** in Ivory Coast had been going on for five years. A civil war means that people in the same country are fighting each other, and in Ivory Coast hundreds, if not thousands had died. But also in 2005 the country qualified to play in the World Cup for the first time.

Ivory Coast's final qualifying match for the 2006 World Cup saw them win against Sudan. As soon as the full-time whistle blew, the players, who were all from different parts of Ivory Coast, celebrated with each other, hugging and dancing.

In the dressing-room afterwards, Drogba gave a live TV interview. "Men and women of Ivory Coast, from the north, south, centre, and west," he said. "We proved today that all Ivorians can co-exist and play together with a shared aim, to qualify for the World Cup. We promised you that the celebration would unite the people."

The players all went down on their knees. Drogba, from the south, was embraced by his teammate, Kolo Touré, from the north. "Pardonnez!" Drogba said. It means "forgive" in French. "Pardonnez! Pardonnez! Please lay down your weapons. Hold elections. All will be better."

His words helped bring the whole country together and made the warring factions listen to each other. It was reported that Drogba then spent months behind the scenes persuading the two sides to talk.

"Drogba [was] involved in lots of quiet, but successful, football diplomacy," said a report about football's role in bringing peace to Africa. "He personally intervened to convince [the opposing sides] to agree [to a peace treaty]."

Drogba said later, "I have won many trophies in my time, but nothing will ever top helping win the battle for peace in my country."

POLITICS QUIZ

1. On what special day in 1914 did German and British soldiers lay down weapons and play football with each other?

a) New Year's Day
b) Easter Sunday
c) Christmas Day
d) Alex's birthday

2. What military term do coaches often shout at strikers?

a) Stand to attention
b) Take cover
c) Shoot
d) Form a phalanx

3. In which country did the boss of the biggest football club become president?

a) Argentina
b) Germany
c) Russia
d) USA

4. Which team does Prince William, who is President of the English FA, support?

a) Aston Villa
b) Crystal Palace
c) Queens Park Rangers
d) Newcastle United

5. Argentinian forward Diego Maradona claimed his goal against England in the 1986 World Cup was divine "revenge" for the Falklands War. But what did "God" use to score?

a) The Head of God
b) The Foot of God
c) The Hand of God
d) The Backheel of God

Friday
Lesson 3+4

MUSIC

Doesn't a singalong make the world seem a better place? It certainly makes football more fun to watch.

Football songs – or chants – are as old as the game itself. Singing brings the fans and the team together. Fans feel part of something bigger than themselves, and the team feel the support. Coaches sometimes say that the loud singing of fans plays a part in a victory. After all, players are just like everyone else, and respond better to cheers than boos. Imagine if *you* were playing football and someone booed every time you touched the ball. It would be hard to concentrate.

In this lesson, we will find out where football chants come from and why we sing them. We'll see how in some ways they are similar to ancient Greek poetry – although luckily we don't have to sing them in Greek.

We will also look at national anthems, which are sung before every international match played between two different countries. National anthems often reflect the personality of a whole country, and fans love to sing them as loudly as possible. Sometimes the players join in and sometimes they don't. At Football School we want everyone to sing along, whatever the tune – this lesson is going to be a noisy one!

FOOTBALL FOLK

Thousands of football songs have been written over the years and singing at games has become the norm. But there is no committee that meets during a match and decides what songs will be sung. There is no elected songwriter who writes or sings the funniest tunes of the day. Instead, anyone who has a song they want to sing simply stands up and sings it. If other people like it, they join in.

Some people see these songs as a form of **folk music**. The former Poet Laureate Andrew Motion, who was appointed by the Queen to write poetry for significant events (he wrote about important subjects such as war, bullying and climate change), described football chants as "a huge reservoir of folk poetry".

Folk music usually has no known composer and is passed from person to person by listening and repeating. This method of sharing was how some of the world's first poems came to be heard. The "Iliad" and the "Odyssey", which are believed to have been composed by the ancient Greek poet Homer, date back nearly 3,000 years. These epic poems weren't originally written down, but were passed from person to person by word of mouth, much like some of the most memorable football songs.

STEADY ON

The oldest football song that can still be heard in the stands today was written in the 1890s for a local factory team on England's east coast. It became the official song of nearby Norwich City when the team was founded in 1902. Today, over 100 years later, Norwich fans still sing it before every match.

Rousing stuff or what!

The word "scrimmage" means struggle. It is used in different sports, most famously in rugby, where it gave us the word "scrum". It can also mean a practice match.

WHAT A TUNE

Football brings people together. If you are singing the same song as thousands of other fans, you feel close to them even if you don't know them. Celebrating your support for a team, even if they are losing, can be a joyful experience. The tunes of the songs are often well-known melodies or borrowed from recent pop songs.

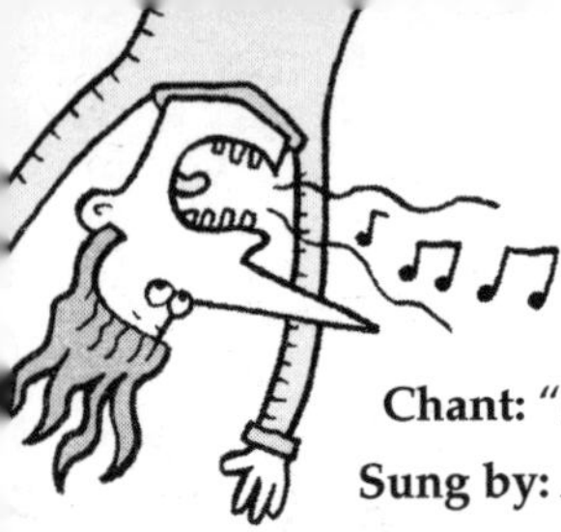

CHANT ORIGINS

Chant: *"Stand up if you hate [opposition team]!"*
Sung by: Almost every European team about their rivals
Original song: "Go West" by Village People (1979)
Meaning: The original song is encouraging gay Americans to travel to San Francisco, where they will be welcomed. It became more popular in 1993 when English group the Pet Shop Boys released their version.

Chant: *"One [name of player], there's only one [name of player]…"*
Sung by: Almost every team about their star player
Original song: "Guantanamera" by Joseíto Fernández (1920s)
Meaning: This Cuban song was written about a man who fell in love with a woman from Guantánamo after she made him a steak sandwich. The Sandpipers, an American band, reworked it in 1966 and it became an international hit.

Chant: *"You'll never walk alone…"*
Sung by: Liverpool, Celtic, Club Brugge, Tokyo, Borussia Dortmund
Original song: "You'll Never Walk Alone" by Rodgers and Hammerstein (1945)
Meaning: The song first appeared in the musical *Carousel*. It was sung to a woman after her husband killed himself by falling on his knife while trying to escape capture after a robbery. Liverpool-based band Gerry and the Pacemakers covered it in 1963, and it became an anthem for Liverpool and many other clubs.

Football songs can also be funny. Fans of Spanish side Cádiz always sing, "Referee, you're gorgeous!" just to be different from all those who usually complain about referees. Humour is a big part of football chants, and often the most popular songs are the ones that are funniest.

The Football School team also need a song. If you have any ideas, let us know!

NATIONAL ANTHEMS

At international games teams sing their country's **national anthem**, a piece of music recognized by the people and the government as the official song of the country.

The first ever national anthem took a while to catch on. It was written in the 1560s in praise of the Dutch ruler William of Orange, and was called "Het Wilhelmus" ("The William"). It took another 200 years before the next anthem emerged. This one came from England.

The United Kingdom's anthem, "God Save the King" (or Queen, depending on who is on the throne), became widespread in 1745 and was so popular that dozens of countries – including Sweden, Germany and Russia – used the same tune but sang different words.

In fact, when England next play Liechtenstein, listen to the national anthems before the game. Liechtenstein still use the tune for their anthem "Up above the Young Rhine".

Most anthems only became official in the 1920s. Nowadays, anthems divide into roughly five types:

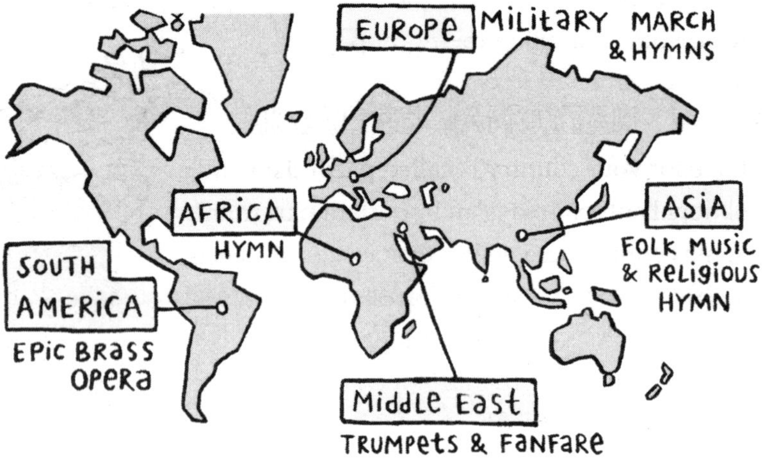

Most fans love to sing the national anthem before an international match, but not all players do. Sometimes they stay silent, preferring to save their energy and focus on the game. Some have no option: Spain's national anthem has no words. The anthems of Uruguay and Argentina have long musical sections before the words begin, but because FIFA only allows 90 seconds for each anthem, the players often sing the words to the wrong tune.

Players have been criticized for not singing their national anthem. Some people think it means that they don't care about their country. Germany's team at the 2010 World Cup came under fire for not singing their national anthem, and the England coach at the time, Roy Hodgson, told his players they had to join in with "God Save the Queen" before matches at the 2014 World Cup. However his assistant coach Gary Neville never sang it before any of his 85 England games, as he said he was "focusing on the match". Singing didn't help England in 2014: they may have sung loudly but they didn't win a single match and went home bottom of their group.

NATIONAL EMOTION

Love for your country is called **patriotism** and a national anthem plays an important part in this. Some countries are newer than others and their anthems can be very emotional for fans. When Yugoslavia broke up into different states in 1991, countries such as Croatia, Slovenia, Macedonia and Bosnia and Herzegovina were formed with their own national anthems. The Bosnia and Herzegovina anthem has caused some problems: politicians in the country have still not been able to agree on the best lyrics to keep everyone happy, so it has no words at all. In some countries where there has been conflict, such as Rwanda and Iraq, anthems have been used to try to heal divisions.

Fans of newer countries tend to display their patriotism more and sing their anthems loud and proud. That's because when a country is newer, the people who live there tend to love it a bit more and want to show it off – like Ben does when he wears brand new trainers.

Whatever team you're following, we recommend that you support them by singing loud and proud. The players will like it, and you will enjoy it too – even if your voice sounds like your granny screaming after she's stubbed her toe!

ALEX AND BEN'S SONGBOOK
TOP FIVE FAVOURITE NATIONAL ANTHEMS

BY NAME:

1. Senegal – "Pluck your Koras, Strike your Bafalons"
2. Norway – "Yes, We Love this Country"
3. Bangladesh – "My Golden Bengal"
4. Honduras – "Your Flag is a Heavenly Light"
5. Nepal – "Made of Hundreds of Flowers"

BY TUNE:

1. Italy – "The Song of the Italians"
2. Brazil – "Brazilian National Anthem"
3. France – "La Marseillaise"
4. Uruguay – "National Hymn"
5. USA – "Star-Spangled Banner"

MUSIC QUIZ

1. The Netherlands has the world's oldest national anthem. It is called:

a) Boring Tune
b) The Bit We Hum
c) Tra-La-La-La-Boom-Di-Ay
d) The William

2. Which of the following is a line from the Real Madrid anthem "Hala Madrid"?

a) "I wear your shirt right next to my heart!"
b) "We are called Real Madrid because we are real!"
c) "Madrid has the best restaurants in the world!"
d) "We love you more than we love life!"

3. Which is the only country in the world to have a national anthem that was co-written by its president?

a) Kazakhstan
b) Bolivia
c) North Korea
d) Swaziland

4. Finish the classic song title by 1990s pop group Half Man Half Biscuit: "All I want for Christmas is a..."

a) Racing Genk home kit
b) Admira Wacker home kit
c) Dukla Prague away kit
d) Skonto Riga away kit

5. What lyrics did Portuguese club Porto complain to UEFA about, after Manchester City fans made up a tune about their Brazilian forward Hulk?

a) "You're not incredible!"
b) "You're green and you know you are!"
c) "Stand up if you smell Hulk!"
d) "Where is your Spiderman?"

Friday
Lesson 5

PHYSICS

Let's start our final lesson of the week with some bad news: we're all doomed!

The number of people on Earth is growing, and we are running out of space for homes and growing food. There will come a time when there is no room left.

Now for the good news: there's a whole universe out there to explore.

We're going to leave Football School far behind and see if it is possible to play football on Mars.

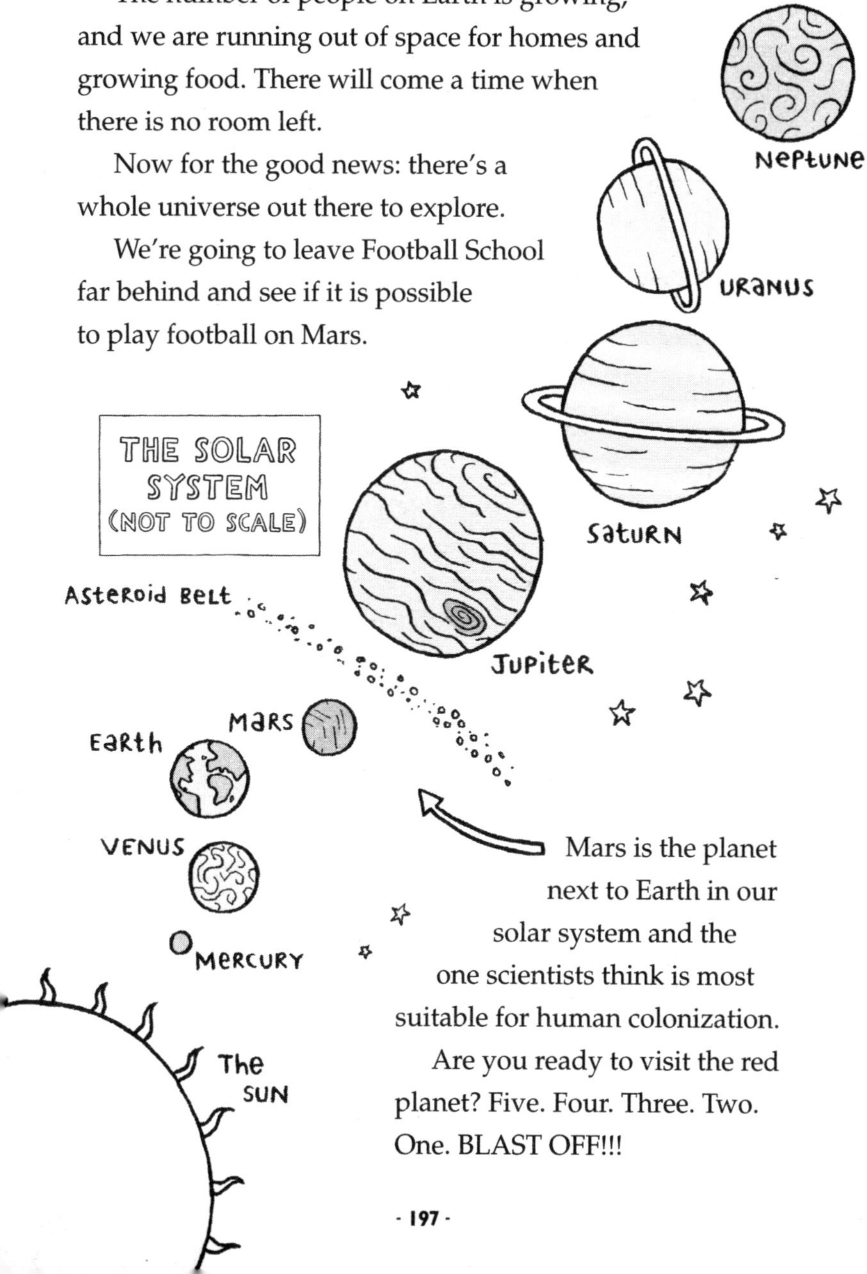

Mars is the planet next to Earth in our solar system and the one scientists think is most suitable for human colonization.

Are you ready to visit the red planet? Five. Four. Three. Two. One. BLAST OFF!!!

COLD AND DARK

There are many challenges to living on Mars. Firstly, it is bum-spankingly cold. The average temperature is about –60°C, the same as winter in the South Pole. Secondly, there's not enough oxygen in the atmosphere. Humans need oxygen in order to breathe, so if we went outside we would need to wear oxygen masks at all times.

Thirdly, there is about half the amount of light as there is on Earth, since it is further from the sun.

Still, these are only minor inconveniences and they would not stop us from playing football – if not outside, then on floodlit indoor pitches.

WHAT AN ATMOSPHERE

However, football on Mars would be a very different game from the one we enjoy on Earth. This is because of phenomena that it's impossible to do anything about.

When you kick a ball on Mars it will go much higher and travel much further than when you kick one on Earth. This is for two reasons:

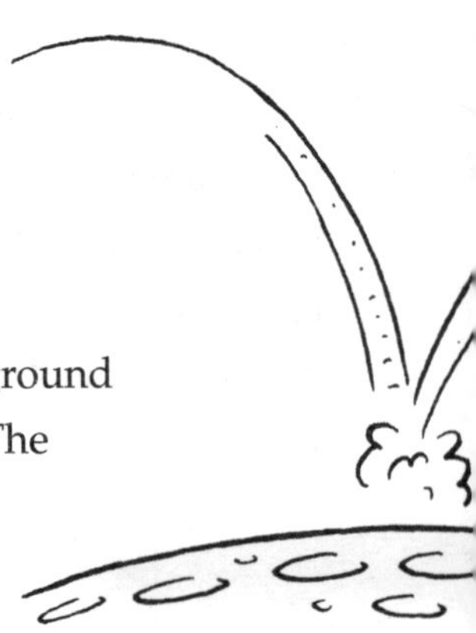

1. GRAVITY

The force that makes objects fall to the ground when you drop them is called **gravity**. The gravity on Mars is about a third of the gravity on Earth. This is mainly because Mars is a smaller and lighter planet than Earth.

If you drop a ball on Mars it will fall to the ground more slowly than it would if you dropped it on Earth. So when you kick a ball on Mars, it will travel much further before it lands than on Earth, as it is not being pulled down as quickly.

If you kick a ball upwards on Mars it will go much higher, too. When a goalkeeper takes a goal kick, they will easily shoot the ball out of the stadium.

The lower gravity will also mean that you can jump about three times higher than you could on Earth. This will make headers a lot more entertaining.

2. AIR RESISTANCE

Air is what we call the invisible gases that surround the earth. These gases – mostly nitrogen and oxygen – are made up of tiny **particles**. But what are particles? Wave your hand quickly in front of you and you will feel a gust. That's the feeling of billions of particles hitting your hand. When a football moves through air, it will also cause a gust. The air particles that are in the way of the ball slow it down. This effect is called **air resistance**.

There is also air on Mars – mostly a gas called carbon dioxide – but it is about a hundred times thinner than the air on Earth. In other words, the air on Mars has far fewer particles in it. A kicked ball will travel further because there are fewer gas particles slowing it down.

DON'T BEND IT LIKE...

The tiny amount of air resistance on Mars means that playing football will be different in another way, too: it will be impossible to bend the ball when you kick it. On Earth, in order to curve a free kick or a corner you need to slice the ball, so that it spins as it moves. The spinning ball hits the air particles and this causes it to curve. But if you slice a ball on Mars, the spinning ball will not curve because there are not enough particles for it to hit. Players who are famous for curling their free kicks would be rubbish on Mars.

FUTURE FOOTBALL

So playing football on Mars will be a challenge. A future FMFA (Fédération Martien de Football Association) will have to decide whether to counter the problems by changing the rules of the game.

In order to make sure the ball does not travel such long distances, players will have to learn to kick it with less force than normal. Or the FMFA could introduce a much heavier, less bouncy ball. But these options might make matches slow and boring to watch.

Another option for the FMFA would be to increase the size of the pitch so that players could kick the ball further, but this might make it unpleasant for fans, who may need to bring binoculars to see what is going on.

Football can make the transition to Mars – but only time will tell if the Martians are going to enjoy it quite as much as we do now.

ANOTHER PLANET

Planets in the solar system that are more distant than Mars present even bigger challenges for football.

PLANET	MAIN PROBLEM	OUTCOME
Venus	460 °C	Ball melts
Jupiter	No solid surface	Running on liquid
Neptune	Too windy	Ball flies away

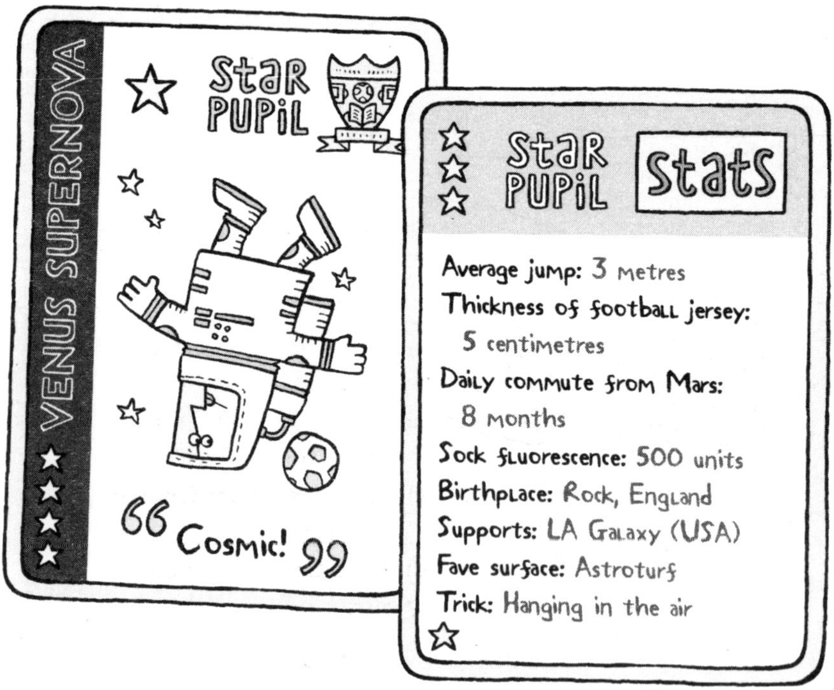

PHYSICS QUIZ

1. Which planet is closest to the sun?

a) Saturn
b) Mercury
c) Venus
d) Jupiter

2. What does gravity explain?

a) Why this book falls to the floor when you drop it

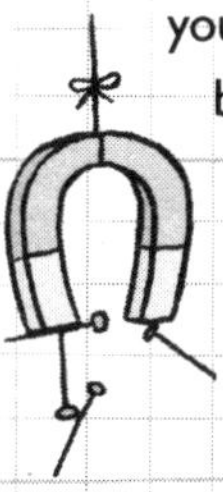

b) Why iron nails stick to a magnet
c) Why you can't breathe on Mars
d) Why gravy is delicious

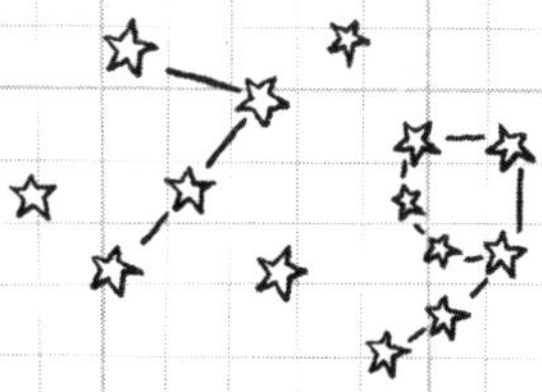

3. Why is Mars known as the red planet?

a) The person who discovered it supported Manchester United.
b) It is very hot.
c) It is covered with red dust.
d) It used to be called RedLand.

4. Which American team did English midfielder David Beckham play for?

a) New York Cosmos
b) Houston Dynamo
c) LA Galaxy
d) Colorado Comets

5. Which recently discovered galaxy was named after a footballer?

a) Red Star 7, named after Raheem Sterling
b) Cosmos Redshift 7, named after Cristiano Ronaldo
c) Luminous Meteor 9, named after Lionel Messi
d) Novo Golaço 9, named after Neymar

It's time to go back down to Earth!
Yes, with a bump. How sad! It's the end of the book.
The final whistle is about to blow...
But we've learnt loads of new things!
Yes! We now know that having an older sibling can actually be a good thing—
Which countries have brass operas for national anthems—
Why pomegranates are important to Barcelona—
And the countries whose match against each other virtually started a war.
AB
BL

I've had a lot of fun and I feel so much smarter now!
That's funny, you don't look it.
Watch it, Bellinhos! I bet I can still beat you at penalties!
I'll look forward to seeing that!
You know what I'm looking forward to?
What's that?
Our next *Football School* book is out next season!
Result!
See you all back then!
78
AB

QUIZ ANSWERS

BIOLOGY
1. d
2. b
3. b
4. c
5. d

ENGLISH
1. c
2. d
3. b
4. c
5. c

MATHS
1. a
2. c
3. c
4. a
5. b

ZOOLOGY
1. c
2. a
3. c, dragon
4. a
5. b

PHSE
1. b
2. a
3. b
4. c
5. a

HISTORY
1. b
2. c
3. c
4. a
5. a

PSYCHOLOGY
1. b
2. b
3. b
4. c
5. b

DESIGN TECHNOLOGY
1. c
2. d
3. b
4. a
5. c

GEOGRAPHY
1. b
2. a
3. d
4. c
5. d

DRAMA
1. a
2. a
3. b
4. c
5. a

PHILOSOPHY
1. a
2. a
3. c
4. c
5. a

PHOTOGRAPHY
1. a
2. c
3. c
4. b
5. c

BUSINESS STUDIES
1. d
2. b
3. d c a b
4. a
5. d

FASHION
1. b
2. b
3. d
4. c
5. a

COMPUTER SCIENCE
1. d
2. c
3. b
4. a
5. d

POLITICS
1. c
2. c
3. a
4. a
5. c

MUSIC
1. d
2. a
3. a
4. c
5. a

PHYSICS
1. b
2. a
3. c
4. c
5. b

ACKNOWLEDGEMENTS

All the best teams need support from other people. Alex and Ben were thrilled to have illustrator Spike Gerrell as their teammate. Spike, you are a genius.

We were lucky that friends, family and experts were happy to contribute to Football School in many different ways. Our agents Rebecca Carter and David Luxton always offered the right advice and encouragement.

We couldn't have wished for a more enthusiastic, dedicated and creative squad at Walker Books. There's only one Denise Johnstone-Burt, Daisy Jellicoe, Iree Pugh, Louise Jackson and Alice Primmer!

We would like to thank the following for their time and expertise: Peter Alegi, Alan Ames, Tim Angel, David Barber, Rosa Bransky, Ciaran Brennan, Razvan Burleanu, Greg Cohen, Pete Etchells, Dion Fanning, Ian Forgacs, Tai Foster, James Hartnett, Eagle Heights, Stephen Hunt, Leigh Ireland, Miles Jacobson, Professor David James, Tom Jenkins, Simon Kuper, Andrew Lawn, Steve Lawrence, Mark Lyttleton, Robert MacNeice, Alex Marshall, Steve McNally, Don McPherson, Mark Miodownik, James Montague, Ben Oakley, Sarah Oakley, Sam Pilger, Josh Rattet, Adam Rutherford, Richard Sadlier, David Spiegelhalter, Alan Spurgeon, Luis Vidigal, David Winner.

Thanks to our original Star Pupils: Dylan Auerbach, Joe Baden-Powell, Rafi and Zak Bartfeld, Maya and Joshie Greenslade, Thibaut Lyttleton, and Saul and Gabriel Pardon.

Alex would like to thank Ruth Shurman and Roman Pardon for helping with the germination of the idea. He couldn't have done it without Natalie's love and encouragement and Zak's early morning wake-up calls.

Ben would also like to thank Annie for her inspiration and support; and Clemmy and Bibi, the sweetest proof-readers anyone could wish for.

ABOUT YOUR COACHES

Alex Bellos writes for the *Guardian* and has written several bestselling popular science books.

Ben Lyttleton is an author, broadcaster and consultant to professional football clubs.

Spike Gerrell draws cartoons for magazines and books.

MORE FROM FOOTBALL SCHOOL

footballschool.co

youtube.com/FootballSchoolFacts